リー群と表現論

リー群と表現論

小林俊行・大島利雄

岩波書店

まえがき

　リー群論・リー環論は19世紀後半に生まれ，それ自身，あるいはその表現論を通して，現代数学のほとんど全ての分野を結びつける重要な鍵として発展してきた．本書は，数学や数理物理の広範な読者を対象とし，リー群論と表現論の根幹となる考え方と手法を初歩から解説する．

　リー群・リー環やその表現論では，同じ定理を証明するのに解析的な手法・幾何的な手法・代数的な手法のいずれもが可能となる場合がある．これは偶然ではなく，むしろこの分野の特性というべきものである．そうした特性が生命力となり，また，壮大な理論につながって数学そのものを前進させる原動力にもなってきた．

　本書では，代数に限らず解析・幾何的なアプローチも積極的に紹介し，その相互の関わり合いを含めて解説する．基礎的な題材においても，こうすることによって初めて視界が開け，より深い理解に到達することができると考えたからである．

　"リー群"とは，現代数学の用語でいえば，多様体の構造をもつ群である．例えば，Euclid 空間 $\mathbb{R}^n$ は加法群とみなすことによってリー群となる．また，一般線型群 $GL(n,\mathbb{R})$，直交群 $O(n)$，ユニタリ群 $U(n)$，シンプレクティック群 $Sp(n,\mathbb{R})$ や Euclid 運動群なども古くから知られていたリー群の例である．リー群は幾何的な対象であるのに対し，リー群を無限小のレベルで考えることによって生まれる代数的な対象がリー環である．リー群の局所構造はリー環によって完全に決定され，さらに大域構造もリー環によってかなり統制することができる．

　1つのリー群は有限次元から無限次元まで多種多様な空間に作用しうる．例えば，一般線型群 $GL(n,\mathbb{R})$ は Euclid 空間 $\mathbb{R}^n$ にも球面 S^{n-1} にも Grassmann 多様体 $Gr_k(\mathbb{R}^n)$ $(1 \leqq k \leqq n)$ にも作用する．同時に，これらの幾何的対象の上に定義された関数や微分作用素のなす無限次元の空間にも作用する．

　リー群・リー環に関する研究を大きく2つに分けると，1つはリー群・リー環・等質空間自身の構造や性質の研究であり，もう1つは作用の研究（変換群論），特にベクトル空間への線型な作用の研究（表現論）である．これらは互いに高めあって車の両輪のごとく発展してきた．

　本書の構成を簡単に述べよう．前半では，コンパクト群の Peter–Weyl の定理を多角的に理解することを1つの目標において，位相群の構造と表現論の入門的な解説を行う．そこでは Fourier 解析や関数解析などの解析学における伝統的な手法を並行して説明する．次に，リー群は局所的には行列群に実現できるという視点に立ち，リー群・リー環の一般理論を初歩から解説し，さらに，変換群・等質空間・等質ファイバー束の幾何的な基礎を例と共に詳述する．さて，単純リー群の既約表現はリー群の表現の中で「最小単位」ともいうべきものである．本書の後半では，まず，古典型リー群の具体例を通して有限次元既約表現の分類理論を解説する．そこでは Cartan–Weyl の最高ウェイト理論を代数的な視点だけではなく，前半に述べた解析的な手法との関連を強調して証明を与えた．最後に，同変ファイバー束に関して，その切断の意味に焦点を当てて解説した後，Borel–Weil 理論や無限次元ユニタリ表現論について根幹となる考え方を紹介した．これらについては，今のところ適当な入門書がないことに鑑み，ゆったりと説明した．それまでの章で述べられたリー群論・表現論が複素多様体論，ファイバー束の幾何，Fourier 解析やエルゴード的な群作用の理論などと融合してゆくさまの一端を感じてもらえれば嬉しい．

　本書では全体を通じて，単に天下り的に定義を与えて抽象的な知識を伝えるという方法を避けた．むしろ，1つの大きな理論がどのように生み出されたか，それが現代数学とどう関わり合っているか，本質的な部分が浮かび上がるような典型例は何か，などに意を用い，定理の陰に隠れがちな手法や考

え方をも取り上げ明示するよう努めた．また，証明や定式化では，行列群の具体例を多く用い，できるだけ少ない予備知識で本質的なアイディアに到達できるように，様々な新しい工夫を試みた．

本書は辞典としてではなく，読み通すことを前提に書かれている．第 1 章から第 13 章まであせらずにじっくりと通読するのが望ましい．興味に応じて，いくつかの章を抜き出して読むことも可能である．例えば以下は，それぞれ半年〜1 年間の講義の分量に相当する内容であろう．

- $1 \to (2) \to 3 \to 4$　　　コンパクト群の Peter–Weyl の定理
- $(1,3) \to 5 \to 6 \to 7$　　　リー群，リー環，等質空間
- $(3,4,6,7) \to 8 \to 9$　　　古典群の有限次元表現論
- $(5) \to 6 \to 10$　　　多様体やファイバー束への群作用
- $2 \to 10 \to 11$　　　Fourier 解析と $GL(n,\mathbb{R})$ の既約ユニタリ表現
- $8 \to 10 \to 12 \to 13$　　　Borel–Weil 理論

本文中には実解析・多様体・関数解析・複素多様体・トポロジー・群論・数論など様々な分野の書物を折に触れ引用した．初学者はこれにとらわれず，先に読み進まれると良いと思う．多くの書物を引用したのは，本書を読むために多くの予備知識が必要であるという意味ではなく，リー群論や表現論を通じて現代数学の生きた姿に触れ，さらに進んだ数学への興味をもつきっかけとしてほしいという希望からである．

本書の題名にある「リー群」は，ノルウェーの数学者 Marius Sophus Lie (1842–1899) に由来する．Lie は不変式の概念を解析学と微分幾何に導入するという独創的なアイディアによって，連続変換群と無限小変換の理論を生み出し，リー群論・リー環論の基礎を築いた．本文中では岩波講座の表記法に従い，リー群を Lie 群，リー環を Lie 環と記している．

本書の執筆は，第 5, 6 章を大島が担当し，他の部分を小林が担当した．ま

た，青本和彦，有川英寿，飯田正敏，岡田聡一，落合啓之，笹木集夢，清水義之，示野信一，杉浦光夫，関口英子，谷口健二，土居正明，西山享，野崎亮太，橋本義武，真野元，山本敦子，吉川謙一，吉野太郎の諸氏（五十音順）は，本書の一部あるいは全部に目を通して貴重なご意見をくださった．この場を借りて厚くお礼を申し上げます．

本書は岩波講座『現代数学の基礎』の「Lie 群と Lie 環 1, 2」を単行本化したものである．執筆の際に多大な励ましとご助力をいただいた岩波書店編集部の方々，とりわけ濱門麻美子さんに心から感謝を述べたいと思います．

2005 年 3 月

小林俊行・大島利雄

付記

3 刷で軽微な修正を行った．誤りや不明な点をご指摘くださった松尾清史氏に感謝します．また，その後見つかったいくつかの誤りを 10 刷で修正した．誤りをご指摘くださった，大島芳樹，田森有好の両氏に感謝します．

理論の概要と目標

野山に咲く花の形や天然に産する鉱物の結晶，澄んだ音，文様，装飾，歴史的な建築物，あるいは数学の公式や宇宙論から素粒子論にいたるまで，我々が単純で美しいと感じるものの背後にはしばしば「対称性」が潜んでいる．逆に，「対称性のくずれ」の中にほっとするような落ち着きを感じることもあろう．

そもそも，対称性とは何だろうか？

1つの図形を動かして，もとの図形とぴったり重ね合わせられれば，その図形にある種の対称性を感じる．例えば，正方形を重心のまわりに90度回転させると，もとの正方形にぴったり重なる．これは正方形の対称性を表している．ぴったり重ね合わせる動かし方は，もとの図形の自己同型を与える変換である．このような変換の合成は，再び変換を与える．もとの図形を忘れて，変換の合成法則だけを抽象したのが群の概念である．例えば，正方形を90度回転させるという変換 T を4回繰り返すと，恒等写像になる．従って，T で生成される群は有限巡回群 $\mathbb{Z}/4\mathbb{Z}$ である．正方形と正六角形の対称性の違いは，変換群の群構造に現れている．

もっと対称性が高い図形を考えてみよう．例えば，円板は重心のまわりにどんな角度で回転させてもぴったり重なる．従って，連続なパラメータをもつ(円板の)変換の族が定義できる．さらに C^∞ 級に回転させることもできる．これを正確に定式化すると，位相群やLie群やその作用という概念に到達する．大まかにいうと，位相群は「連続性」が定義できる群であり，Lie群は「連続性と微分」が定義できる群である．

位相群やLie群は，正方形や円板のような平面図形だけではなく，曲がった空間や無限次元空間における対称性をも捉えることができる．これを正確に述べるためには，作用や表現という考え方が必要になる．

変換の中で，最も基本的で重要なものは線型変換である．群がベクトル空間に線型変換として作用しているとき，その作用を表現という．従って，表現は最も基本的な作用といえる．逆に，群 G の空間 X への作用を与えたとき，X 上の関数空間を考えることにより群 G の表現が得られる．このように，群と作用・表現とは不可分なものである．位相群や Lie 群においては，その内在的な構造論と同時に，変換群としての作用や表現論を展開することによって，より深い理解に到達することができる．

本書の前半部の主テーマは「位相群と表現論」と「Lie 群と Lie 環」である．まず位相群をその表現論を通して解説し，その後，位相群の特別なクラスである Lie 群の基礎的な理論を展開する．

さて，物質をどんどん細かく「分解」すると，分子や原子に到達する．さらに視点を変えて「最小単位」を追求すれば素粒子という概念も生まれる．これと同じように，Lie 群やその表現においても「最小単位」は根本的な概念である．何が「最小」かはもちろんその視点に依存するが，自然な最小単位は次のようにまとめられよう：

(ⅰ) Lie 環において原子にあたるのは，単純 Lie 環と $\mathbb{R}$ である．
(ⅱ) Lie 群において原子にあたるのは，単純 Lie 群と $\mathbb{R}$ と $\mathbb{T}$ である．
(ⅲ) Lie 群の作用において原子にあたるのは，等質空間である．
(ⅳ) 表現で原子にあたるのは，既約表現である．

これらは，Lie 群論，Lie 環論，その表現論で最も基本的な対象である．そこで，単純 Lie 群(環)，その既約表現，等質空間上における既約表現の幾何的実現を本書の後半部の主テーマとする．

それでは，本書の全体の構成を述べよう．

位相群と表現論

第 1 章では，位相群とその表現の基礎概念を解説する．位相群の典型的な例と共に，位相群の中における Lie 群の位置づけなどを交えながら，定義とその意義に親しむことを目標とする．例えば，トーラス群 $\mathbb{T}$ は，(ⅰ) 絶対値

1 の複素数からなる乗法群,(ii) 実数 $\mathbb{R}$ の商群 $\mathbb{R}/\mathbb{Z}$,(iii) 特殊直交群 $SO(2)$ という 3 種類の捉え方ができる.これらは位相群としてすべて同型であるといった証明を理解しながら,位相群における商群や部分群などの概念になじむ.

位相群は位相空間と(抽象)群の構造を兼ね備えた概念であり,その表現は,(抽象)群の代数的な表現に連続性の概念を取り込んだものとなる.特に表現空間が無限次元の場合には,関数解析的な手法を用いて直和分解や既約分解などの概念を定義する.第 1 章では,本書全体の中で重要な役割を担う事項だけを取り上げ,位相群論特有の話題には深入りしない.

Fourier 解析とコンパクト群の表現論

第 2 章から第 4 章までは,位相群とその表現論を主題とし,Peter–Weyl の定理を 1 つの頂点として組み立てられている.

この定理は,トーラス群 $\mathbb{T}$ に対する Fourier 級数論を,可換とは限らないコンパクト群 G に拡張した結果である.そこで,第 2 章の前半では,Fourier 級数と Fourier 変換を,まず古典的な解析の視点で簡単に紹介する.次に,調和振動子 $e^{\sqrt{-1}\xi t}$ は可換群 $\mathbb{T}$ および $\mathbb{R}$ の既約ユニタリ表現であり,可換群 $\mathbb{T}$ や $\mathbb{R}$ のユニタリ表現 $L^2(\mathbb{T})$ や $L^2(\mathbb{R})$ の既約分解が Fourier 級数(変換)によって与えられるという表現論からの視点を説明する.特に,調和振動子 $\{e^{\sqrt{-1}nt} : n \in \mathbb{Z}\}$ の L^2-完備性(定理 2.4)と $\mathbb{T}$ の既約ユニタリ表現の分類(定理 2.3)が表裏一体となっていることに注目する.この見方は,第 4 章で述べる Peter–Weyl の定理の証明において柱となるアイディアにつながる.

次に,$\mathbb{R}^n$ の変換群としてアファイン変換群 $GL(n,\mathbb{R}) \ltimes \mathbb{R}^n$ を考える.可換群 $\mathbb{R}^n$ の表現としては $L^2(\mathbb{R}^n)$ は既約ではないが,アファイン変換群 $GL(n,\mathbb{R}) \ltimes \mathbb{R}^n$ の表現としては $L^2(\mathbb{R}^n)$ は既約になる.さらに,この中間に存する場合として,$\mathbb{R}^n \subset G \subset GL(n,\mathbb{R}) \ltimes \mathbb{R}^n$ となる群 G の表現 $L^2(\mathbb{R}^n)$ が既約であるかどうかが,「群の作用のエルゴード性」という幾何的な条件によって判定できることを証明する(§2.2).この判定条件は,Hardy 空間が定義できる根拠でもあり,また,第 11 章では $GL(n,\mathbb{R})$ の無限次元既約ユニタリ表現論の性質

を調べる鍵にもなる．

さて，トーラス群 $\mathbb{T}$ における Fourier 級数論を可換とは限らないコンパクト群 G に一般化するには，
（1） 調和振動子 $e^{\sqrt{-1}\xi t}$ に対応する「良い関数」を群 G 上で定義する
（2） Lebesgue 積分に対応する「積分」の概念を群 G 上で定義する
という2点が必要になる．これが第3章の主題となる．(1)に対応するのは既約表現の行列成分であり，(2)に対応するのは Haar 測度である．

ここで群上の Haar 測度について簡単に触れよう．これは実数 $\mathbb{R}$ 上の Lebesgue 測度の一般化であり，局所コンパクト群の表現論では最も強力な道具でもある．初学者にとっては，群上の積分の数学的なイメージがつかみにくいかもしれないが，独楽に絵を描いて回転させたときに平均された色模様を想像してもらえれば，変換群に関して積分するという概念は直感的には理解できることと思う．第3章では，ロシアの Gelfand 学派が用いた計算手法などを紹介しながら，まず，Haar 測度の種々の具体例を通して群上の積分に慣れることから始める．この準備の後，Schur の直交関係式(§3.3)や指標の基本的性質(§3.4)など，行列要素と不変積分に関わる基本定理を解説する．なお，Lie 群やその等質空間に対する不変積分は，微分形式を用いて定義することができる(§6.4)．

第4章では，Peter–Weyl の定理をできるだけ多角的な立場で解説する．具体的には，正則表現 $L^2(G)$ の既約分解，行列要素による連続関数の一様近似定理，L^2-ノルムに関する Parseval–Plancherel 型の公式，Fourier 変換と逆 Fourier 変換に対応する変換の明示公式，$*$-環としての代数構造などの側面から Peter–Weyl の定理を掘り下げる．

さらに，Peter–Weyl の定理を応用して，「コンパクト群が Lie 群の構造をもつための必要十分条件はそれが $GL(n,\mathbb{R})$ の部分群として実現できることである」という定理を証明する．また，有限群はコンパクト群の特別な場合であるから Peter–Weyl の定理が成り立つ．その応用例として，Burnside の定理などの有限群論の定理を証明する．

Peter–Weyl の定理の証明法としては，Stone–Weierstrass による多項式近似定理を使う方法(§4.2)とコンパクト作用素のスペクトル分解を用いる方法(§4.3)の 2 種類の証明法を解説する．いずれも解析学の長い歴史の中で育まれてきた重要な考え方が多く盛り込まれている．

Lie 群と Lie 環

第 5 章では，Lie 群の一般論を展開する．Lie 群の導入の仕方は大きく分けて 2 通りある．1 つは，C^ω 級の群演算が定義された C^ω-多様体として Lie 群を定義する導入法(§1.4)である．もう 1 つは一般線型群 $GL(n,\mathbb{R})$ の部分群あるいはそれと局所同型な位相群を Lie 群の定義とする導入法(§5.1)である．前者は Lie 群を内在的に捉え，後者は Lie 群を($\mathbb{R}^n$ の)変換群として捉えた考え方である．第 5 章では後者の定義から出発し，最終的に前者の定義に一致することを証明する．その根幹は，「$GL(n,\mathbb{R})$ の閉部分群は C^ω-部分多様体の構造をもつ」という von Neumann の定理と「有限次元の Lie 環は忠実な表現をもつ」という Ado–岩澤の定理である．このとき，Lie 群の多様体としての座標は行列の指数写像で定義される．

Lie 群 G を多様体とみたとき，単位元の接空間 $\mathfrak{g} := T_e G$ には Lie 群の積構造を反映するブラケット積 $[\ ,\ ]$ が定義される．ブラケット積は，Jacobi 律を満たす歪対称双線型写像 $[\ ,\ ]: \mathfrak{g} \times \mathfrak{g} \to \mathfrak{g}$ であり，$\mathfrak{g}$ を Lie 群 G の Lie 環という(§5.3)．$G = GL(n,\mathbb{R})$ ならば $\mathfrak{g} \simeq M(n,\mathbb{R})$ であり，ブラケット積は $[X,Y] = XY - YX$ で与えられる．連結 Lie 群 G が複素 Lie 群の構造をもつための必要十分条件は，Lie 環 $\mathfrak{g}$ が複素 Lie 環であることである．

Lie 群の局所的な構造は Lie 環で一意的に決定されるというのが Lie 理論である．Lie 理論によって，Lie 群という幾何的な対象を Lie 環という代数的な対象を通して研究することができる．

一方，Lie 群の大域的な構造も Lie 環によってかなり統制することができる．連結な Lie 群の普遍被覆空間は自然に Lie 群の構造をもち，しかも両者の Lie 環は同型である．同型な Lie 環をもつ連結 Lie 群は，単連結な Lie 群の中心部分群によって分類できる(§6.1)．

任意の連結 Lie 群は，それに含まれている極大なコンパクト部分群とホモトピー同値である．§6.3 では，この定理を簡約 Lie 群（例えば $GL(n,\mathbb{C})$）の場合に Cartan 分解を用いて証明する．次に，コンパクト Lie 群の構造は，極大トーラスと呼ばれる可換部分群を用いて調べることができる．「任意のユニタリ行列は対角化可能である」という線型代数のよく知られた結果は，「連結コンパクト Lie 群の任意の元は極大トーラスの元と共役である」という定理に拡張される（§6.5）．コンパクト単純 Lie 群の普遍被覆がコンパクトであるという Weyl の定理は，極大トーラスの性質と $SU(2)$ の埋め込みを用いた手法で証明される．なお，第 10 章では，Weyl の定理を Lie 群の de Rham コホモロジー群を用いて別証明を行う（§10.5）．第 6 章で解説した極大トーラスは Weyl 群と共にコンパクト Lie 群の表現論で重要な役割を果たす（第 8，9 章）．

等質空間

群が作用している空間の「最小単位」は，その群の軌道がただ 1 つの場合，すなわち，群が推移的に作用する場合である．

Lie 群 G が多様体 X に推移的に作用しているとき，X の 1 点を選び，その点を動かさない元全体のなす G の部分群を H とすると，右剰余類の集合 G/H（等質空間）と X との間に全単射対応が存在する．等質空間 G/H には Lie 環の指数写像を用いて多様体の構造を定義することができる．そして，Lie 群の 2 種類の定義が同等であったのと同じように，G/H に（内在的に）定義された多様体の構造と（G が変換群として作用している）X の多様体の構造が一致する（定理 6.32）．この定理は，第 10 章では同変ファイバー束に対して拡張され（§10.3），Lie 群の様々な表現の構成に用いられる．

等質空間の例は多種多様にわたるため，例は列挙するのではなく，その豊富さの一端を味わうための観点に絞って例示する．§7.3 では，1 つの多様体を等質空間として表す方法は，ときに何通りもあるという典型例として球面 S^{n-1} を取り上げる．一般線型群 $GL(n,\mathbb{R})$，直交群 $O(n)$，Lorentz 群 $O(n,1)$ など様々な Lie 群の等質空間として，同じ球面 S^{n-1} を表せることを

示し，その表示の背後には別種の幾何構造があることを解説する．

単純 Lie 群

任意の有限次元 Lie 環 $\mathfrak{g}$ に対し，$\mathfrak{g}^{(i+1)}$ が $\mathfrak{g}^{(i)}$ のイデアルとなる列
$$\mathfrak{g} = \mathfrak{g}^{(0)} \supset \mathfrak{g}^{(1)} \supset \cdots \supset \mathfrak{g}^{(m)} = \{0\}$$
を選んで，$\mathfrak{g}^{(i)}/\mathfrak{g}^{(i+1)}$ が単純 Lie 環あるいは $\mathbb{R}$ となるようにできる．このようなイデアルの列はこれ以上細かくできない．そこで，「単純 Lie 環がどのくらい存在するか？」という問題に直面する．実は，($\mathbb{R}$ 上の) 単純 Lie 環は有限個(22 個)の例外型 Lie 環を除くと，それぞれが無限個の単純 Lie 環からなる古典型の 10 系列

$$\mathfrak{sl}(n,\mathbb{R}),\ \mathfrak{sp}(n,\mathbb{R}),\ \mathfrak{su}^*(2n),\ \mathfrak{so}^*(2n),\ \mathfrak{so}(p,q),\ \mathfrak{su}(p,q),\ \mathfrak{sp}(p,q),$$
$$\mathfrak{sl}(n,\mathbb{C}),\ \mathfrak{so}(n,\mathbb{C}),\ \mathfrak{sp}(n,\mathbb{C})$$

に分類される(É. Cartan, 1914)．§7.1 では，これらの Lie 環をもつ古典群を行列群として具体的に与える．そこでは，古典群を単に羅列するのではなく，4 つの観点，すなわち，(i) $\mathbb{R} \subset \mathbb{C} \subset \mathbb{H}$ という体拡大からの観点，(ii) 複素単純 Lie 群の分類とその実形という観点，(iii) 双線型形式などの自己同型群としての観点，(iv) 対称対などによる古典群の包含関係からの観点からそれぞれの解説を加え，古典群の理解が深められるように試みた．また，$SO(n)$ の二重被覆群であるスピノル群は Clifford 代数を用いて構成される (§7.2)．

有限次元既約表現の分類

Peter–Weyl の定理(第 4 章)により，コンパクト群の任意の既約ユニタリ表現は有限次元である．特に，コンパクト群の既約ユニタリ表現の同値類の分類と有限次元既約表現の同値類の分類は同等になる．それでは，有限次元既約表現はどのくらい存在するのであろうか？ 第 8 章と第 9 章の主題は，コンパクト Lie 群の有限次元既約表現の同値類を分類すること(Cartan–Weyl の最高ウェイト理論)である．

第 8 章では，最小限の予備知識でユニタリ群 $U(n)$ の有限次元既約表現を

分類し，その指標や次元公式も具体的に求める．本書では，$U(n)$ の Peter–Weyl の定理と n 次元トーラス $\mathbb{T}^n$ の Peter–Weyl の定理（Fourier 級数論）を比較するという解析的な手法を用いて Cartan–Weyl の最高ウェイト理論を証明する．非可換群 $U(n)$ と可換群 $\mathbb{T}^n$ の橋渡しとなるのが Weyl の積分公式であり，積分公式における密度関数が対称式と交代式を結びつけるというのが証明のからくりである．

この証明法を一般化することによって，第 9 章では，コンパクトな古典 Lie 群の有限次元既約表現を分類する．その過程で，コンパクト Lie 群の極大トーラス，Weyl 群，ルート系などを具体的な計算とともに解説する．$U(n)$ に対する見事な計算が，一般のコンパクト Lie 群における美しい理論に昇華してゆく場面を十分に鑑賞してほしい．

同変ファイバー束とその切断

同変ファイバー束は Lie 群が変換群として作用しているファイバー束であり，基礎的な概念であるが，Lie 群の表現論の初学者にとって，その幾何的なイメージがわかりづらいことが多いように思われる．

そこで第 10 章では，「切断を理解する」ことに視点をおいて，同変ファイバー束を初等的なレベルから解説する．特に，等質空間上の同変ファイバー束の不変元を解釈することによって，等質空間上の不変測度（§6.4）や不変 Riemann 計量の存在に関する判定条件を与え，また，等質空間や Lie 群のコホモロジー群の計算を行い，さらに，コンパクト単純 Lie 群の基本群が有限群であるという Weyl の定理（§6.5）の別証明を与える（§10.5）．

誘導表現による無限次元表現の構成

コンパクトではない Lie 群の既約ユニタリ表現は，有限次元とは限らない．無限次元のユニタリ表現をどのように構成すればよいのであろうか？ その 1 つの解答は誘導表現による構成法である．大まかにいうと，誘導表現とは「小さな群の表現から大きな群の表現を構成する」という操作（函手）である．第 11 章のテーマは，等質空間上の同変ファイバー束を用いて誘導表現を構

成し，誘導表現に関わる重要な事項を典型例を通して学ぶことである．

さて，誘導表現の既約分解と表現の制限の既約分解（分岐則）はいずれも表現論の基本課題である．コンパクト群の場合には「両者は表裏一体の概念である」ことを表す Frobenius の相互律が成り立つ（§11.1）．その応用例として，2次元球面上の L^2-関数の空間 $L^2(S^2) = L^2(SO(3)/SO(2))$ を $SO(3)$ の表現とみなして既約分解を実行する．この既約分解は球面上のラプラシアンの固有空間分解に他ならない．これによって，球面調和関数に関する古典的な結果が表現論を用いて簡明に理解できるのである．

誘導表現は既約ユニタリ表現を生み出す泉でもある．Lie 群の多くの既約ユニタリ表現は L^2-誘導表現によって構成できる．ここでは，簡約 Lie 群の典型例として一般線型群 $GL(n, \mathbb{R})$ を取り上げ，その L^2-誘導表現としてユニタリ主系列表現とよばれるユニタリ表現の族を取り扱う．その既約性を証明するのに，表現を（コンパクトとは限らない）部分群に制限してその分解の様子を調べるというアイディアを用いる（§11.2）．そして，アファイン変換群の作用のエルゴード性という幾何的な判定条件（第2章で準備した定理）に帰着させるのである．

Weyl のユニタリ・トリック

Cartan–Weyl の理論は第9章では解析的手法で証明したが，Lie 環の最高ウェイト表現として代数的な手法で証明することもできる．また，コンパクトな複素多様体上の正則な直線束の正則切断の空間に，既約表現を幾何的に構成することもできる（第13章で述べる Borel–Weil 理論）．有限次元表現論における，解析的な手法，代数的な手法，幾何的な手法の三者を結びつけるのが Weyl のユニタリ・トリックである．その手法は正則関数の一致の定理と解析接続に基づく初等的なものであり，その結果はかなり有用である．

第12章では，Lie 群の表現論における「複素化と実形」の関係を系統的に扱う．さらに等質空間やその不連続群による商多様体である Clifford–Klein 形にも Weyl のユニタリ・トリックを自然な形で拡張する（§12.3）．例えば，特性数に関して Hirzebruch の比例性原理として知られている定理が，Weyl

のユニタリ・トリックの考え方を用いることによって，非常に広範な設定で成り立つことがわかる．

Borel–Weil 理論

第 13 章の主題は，Borel–Weil 理論をできるだけ初等的に解説することである．Borel–Weil 理論は一言でいうと，複素多様体上で既約表現の幾何的実現を与える定理である．具体的には，コンパクト Lie 群の代表としてユニタリ群 $G = U(n)$ を取り上げ，群 G の旗多様体や広義の旗多様体の上の正則ベクトル束の正則切断の空間がいつ 0 になるかを判定し，さらに 0 にならない場合には群 G の既約表現を定めていること，逆に任意の有限次元既約表現は Borel–Weil 理論によって構成できることなどを証明する．この結果と証明方法は，ほぼそのままの形でコンパクト Lie 群に拡張することができる．

Borel–Weil 理論は，コンパクト複素多様体上に既約表現を具体的に構成する美しい幾何的理論であり，第 13 章に述べた結果は，最近では無限次元の既約表現の構成にも大きく一般化されている．

目　次

まえがき ・・・・・・・・・・・・・・・・・・・ v
理論の概要と目標 ・・・・・・・・・・・・・・・ ix

第1章　位相群の表現 ・・・・・・・・・・・・ 1

§1.1　位相群 ・・・・・・・・・・・・・・・ 1
　（a）　位相群 ・・・・・・・・・・・・・・・ 1
　（b）　位相群の直積，半直積，商群 ・・・・・ 4

§1.2　位相群の表現 ・・・・・・・・・・・・ 9
　（a）　群の表現をなぜ考えるか ・・・・・・・ 9
　（b）　表現の定義 ・・・・・・・・・・・・・ 10
　（c）　G-線型写像 ・・・・・・・・・・・・ 12
　（d）　部分表現，既約表現 ・・・・・・・・・ 13
　（e）　位相群の連続表現 ・・・・・・・・・・ 16
　（f）　ユニタリ表現 ・・・・・・・・・・・・ 17
　（g）　ユニタリ表現の直和 ・・・・・・・・・ 21
　（h）　無限次元表現の位相について ・・・・・ 22
　（i）　Schur の補題 ・・・・・・・・・・・・ 25
　（j）　既約分解，重複度 ・・・・・・・・・・ 28

§1.3　種々の表現を構成する操作 ・・・・・・ 32
　（a）　ベクトル空間の操作 ・・・・・・・・・ 32
　（b）　線型作用素の操作 ・・・・・・・・・・ 33
　（c）　群の表現の操作 ・・・・・・・・・・・ 35
　（d）　ユニタリ表現の操作 ・・・・・・・・・ 36
　（e）　表現の外部テンソル積 ・・・・・・・・ 38
　（f）　ユニタリ表現と反傾表現，共役表現 ・・ 39

§1.4　Hilbert の第5問題 ・・・・・・・・・ 40
　（a）　$\mathbb{R}^N$ の閉集合と位相群 ・・・・・・・・ 41

- (b) Hilbert の第 5 問題と von Neumann による定式化 ・ 41
- (c) C^r-多様体と C^r-構造 ・ 42
- (d) Hilbert の第 5 問題の肯定的解決 ・ 44

要　約 ・ 45

演習問題 ・ 46

第 2 章　Fourier 解析と表現論 ・ 47

§2.1　Fourier 級数 ・ 48
- （a）トーラス上の調和解析 ・ 48
- （b）表現論から見た Fourier 級数論 ・ 52

§2.2　Fourier 変換とアファイン変換群 ・ 53
- （a）Fourier 変換 ・ 54
- （b）アファイン変換群と Fourier 変換 ・ 57
- （c）エルゴード性と既約性 ・ 62

要　約 ・ 64

演習問題 ・ 64

第 3 章　行列要素と不変測度 ・ 67

§3.1　行列要素 ・ 68
- （a）表現の行列要素 ・ 69
- （b）正則表現 ・ 70
- （c）ユニタリ表現の行列要素 ・ 73

§3.2　群上の不変測度 ・ 74
- （a）群上の不変測度 ・ 75
- （b）Haar 測度とモジュラー関数 ・ 78
- （c）様々な群の不変測度の例 ・ 82
- （d）行列群の不変測度 ・ 86
- （e）群の不変元 ・ 89
- （f）ユニタリ化 ・ 92

§3.3　Schur の直交関係式 ・ 94
- （a）行列要素の直交関係 ・ 94

（b）　行列要素と環準同型 ・・・・・・・・・・・・・・・ *98*

§3.4　指　　標 ・・・・・・・・・・・・・・・・・・・・・ *102*
　　　（a）　指標の定義と基本的性質 ・・・・・・・・・・・・・ *102*
　　　（b）　コンパクト群の指標 ・・・・・・・・・・・・・・・ *105*
　　　（c）　直積群の表現 ・・・・・・・・・・・・・・・・・ *109*
　　　（d）　直積群の有限次元既約表現 ・・・・・・・・・・・・ *112*

要　　約 ・・・・・・・・・・・・・・・・・・・・・・・・ *113*
演習問題 ・・・・・・・・・・・・・・・・・・・・・・・・ *114*

第4章　Peter–Weyl の定理 ・・・・・・・・・・・・・・・ *117*

§4.1　Peter–Weyl の定理 ・・・・・・・・・・・・・・・・・ *118*
　　　（a）　Peter–Weyl の定理 ・・・・・・・・・・・・・・・ *118*
　　　（b）　主定理の証明の方針 ・・・・・・・・・・・・・・・ *121*
　　　（c）　Parseval–Plancherel の公式 ・・・・・・・・・・・ *122*
　　　（d）　類　関　数 ・・・・・・・・・・・・・・・・・・ *128*
　　　（e）　Fourier 級数論と Peter–Weyl の定理 ・・・・・・・ *132*
　　　（f）　コンパクト Lie 群の特徴づけ ・・・・・・・・・・・ *133*
　　　（g）　指標による直交射影 ・・・・・・・・・・・・・・・ *135*

§4.2　Peter–Weyl の定理の証明
　　　（その1：Stone–Weierstrass の定理を用いる方法） ・・ *138*
　　　（a）　Stone–Weierstrass の定理 ・・・・・・・・・・・・ *138*
　　　（b）　行列要素による一様近似 ・・・・・・・・・・・・・ *141*

§4.3　Peter–Weyl の定理の証明
　　　（その2：関数解析を用いる方法） ・・・・・・・・・・ *145*
　　　（a）　コンパクト作用素と Hilbert–Schmidt 作用素 ・・・ *145*
　　　（b）　L^2-完備性 ・・・・・・・・・・・・・・・・・・・ *150*
　　　（c）　積分核と積分作用素 ・・・・・・・・・・・・・・・ *153*
　　　（d）　積分作用素と一様近似 ・・・・・・・・・・・・・・ *157*

§4.4　有限群論への応用 ・・・・・・・・・・・・・・・・・・ *161*
　　　（a）　共　役　類 ・・・・・・・・・・・・・・・・・・ *161*
　　　（b）　いくつかの恒等式 ・・・・・・・・・・・・・・・・ *163*

要　　約 · *166*
　　演習問題 · *166*

第 5 章　Lie 群と Lie 環 · · · · · · · · · · · · · *169*

　§5.1　Lie 群 · *170*
　　（a）位相群 $\mathbb{R}$ の行列表現 · · · · · · · · · · · · *170*
　　（b）線型 Lie 群 · · · · · · · · · · · · · · · · · · *171*
　　（c）部分 Lie 群 · · · · · · · · · · · · · · · · · · *173*

　§5.2　行列の指数関数 · · · · · · · · · · · · · · · *175*
　　（a）収束ベキ級数 · · · · · · · · · · · · · · · · · *176*
　　（b）行列のベキ級数 · · · · · · · · · · · · · · · · *178*

　§5.3　Lie 環 · *182*
　　（a）Lie 群への指数写像 · · · · · · · · · · · · · · *182*
　　（b）一般の Lie 環 · · · · · · · · · · · · · · · · · *184*

　§5.4　Lie 群と Lie 環の例 · · · · · · · · · · · · · *187*
　　（a）複素数体，四元数体の乗法群 · · · · · · · · · *187*
　　（b）線型 Lie 群の Lie 環 · · · · · · · · · · · · · *189*

　§5.5　Lie 群の解析性 · · · · · · · · · · · · · · · · *189*
　　（a）Lie 群が定める Lie 環 · · · · · · · · · · · · · *189*
　　（b）局所座標 · · · · · · · · · · · · · · · · · · · *192*
　　（c）可換 Lie 群と簡約 Lie 群 · · · · · · · · · · · *198*

　§5.6　Lie 群と Lie 環の対応 · · · · · · · · · · · · *202*
　　（a）接空間とベクトル場 · · · · · · · · · · · · · · *202*
　　（b）不変ベクトル場 · · · · · · · · · · · · · · · · *204*
　　（c）不変微分作用素 · · · · · · · · · · · · · · · · *207*
　　（d）1 パラメータ部分群 · · · · · · · · · · · · · · *209*
　　（e）微分表現 · · · · · · · · · · · · · · · · · · · *211*
　　（f）解析的部分群 · · · · · · · · · · · · · · · · · *218*
　　（g）C^{ω}-Lie 群 · *220*

　　要　　約 · *222*
　　演習問題 · *223*

第6章　Lie 群と等質空間の構造　・・・・・・　225

§6.1　普遍被覆群　・・・・・・　226
（a）　基　本　群　・・・・・・　226
（b）　Lie 環の準同型の Lie 群への持ち上げ　・・・・・・　236

§6.2　複素 Lie 群　・・・・・・　240
（a）　複素化と実形　・・・・・・　240
（b）　正則準同型　・・・・・・　243

§6.3　等質空間　・・・・・・　247
（a）　Lie 群の剰余類集合　・・・・・・　247
（b）　Lie 群が推移的に作用する空間　・・・・・・　250
（c）　等質空間の基本群　・・・・・・　253
（d）　Lie 群とその作用の例　・・・・・・　256

§6.4　Lie 群上の積分　・・・・・・　265
（a）　多様体上の積分と微分形式　・・・・・・　265
（b）　Lie 群上の不変測度　・・・・・・　267
（c）　等質空間上の不変測度　・・・・・・　271

§6.5　コンパクト Lie 群　・・・・・・　275
（a）　極大トーラス　・・・・・・　276
（b）　共　役　類　・・・・・・　278
（c）　コンパクト Lie 群の構造　・・・・・・　282

要　　約　・・・・・・　292

演習問題　・・・・・・　292

第7章　古典群と種々の等質空間　・・・・・・　295

§7.1　いろいろな古典群　・・・・・・　296
（a）　一般線型群　・・・・・・　296
（b）　複素数と四元数の行列表示　・・・・・・　297
（c）　複素古典群　・・・・・・　302
（d）　古典型コンパクト群　・・・・・・　303
（e）　非コンパクトな実古典群　・・・・・・　305

- (f) 古典型線型群と複素 Lie 群 *310*
- (g) 双線型形式と古典群 *311*
- (h) 対称対と対称空間 *315*

§7.2　Clifford 代数とスピノル群 *317*

§7.3　等質空間の例 1: 球面の種々の表示 *326*
- (a) 球面の等長変換群 *326*
- (b) 一般線型群の球面への作用 *328*
- (c) 球面の共形変換群 *330*
- (d) 複素数や四元数による球面表示 *332*

§7.4　等質空間の例 2: $SL(2,\mathbb{R})$ の等質空間 *333*

要　約 *337*

演習問題 *338*

第 8 章　ユニタリ群 $U(n)$ の表現論 *339*

§8.1　Weyl の積分公式 *339*
- (a) 対称群とユニタリ群 *339*
- (b) 極大トーラスと Weyl 群 *341*
- (c) ユニタリ群に対する Weyl の積分公式 *347*

§8.2　極大トーラス上の対称式と交代式 *351*
- (a) 対称式と交代式 *351*
- (b) 極大トーラス上の単項対称式と単項交代式 *359*

§8.3　$U(n)$ の有限次元既約表現の分類と指標公式 *361*
- (a) 有限次元表現のウェイト *361*
- (b) $U(n)$ の既約表現の指標公式 *366*
- (c) $U(n)$ に対する Cartan–Weyl の最高ウェイト理論 .. *369*
- (d) Weyl の次元公式 *371*

要　約 *376*

演習問題 *377*

第9章　古典群の表現論 ・・・・・・・・・・ *379*

§9.1　古典群のルート系と Weyl の積分公式 ・・・・ *380*
（a）古典群の極大トーラス ・・・・・・・・・・・ *380*
（b）古典群のルート系 ・・・・・・・・・・・・・ *382*
（c）古典群の Weyl 群 ・・・・・・・・・・・・・ *387*
（d）コンパクト Lie 群の極大トーラス ・・・・・・ *393*
（e）Weyl の積分公式 ・・・・・・・・・・・・・ *396*

§9.2　Weyl 群の不変式と交代式 ・・・・・・・・・ *398*
（a）Weyl 群の符号表現 ・・・・・・・・・・・・ *399*
（b）Weyl 群の不変式と交代式 ・・・・・・・・・ *399*
（c）Weyl 群の単項対称式と単項交代式 ・・・・・・ *400*

§9.3　有限次元既約表現の分類と指標公式 ・・・・・ *402*
（a）差積の一般化と ρ ・・・・・・・・・・・・・ *402*
（b）Cartan–Weyl の最高ウェイト理論と指標公式 ・・ *408*

要　約 ・・・・・・・・・・・・・・・・・・・・ *415*

演習問題 ・・・・・・・・・・・・・・・・・・・ *416*

第10章　ファイバー束と群作用 ・・・・・・・・ *417*

§10.1　ファイバー束と切断 ・・・・・・・・・・・ *418*
（a）関数とグラフ ・・・・・・・・・・・・・・・ *418*
（b）ファイバー束と切断の定義 ・・・・・・・・・ *421*
（c）ファイバー束の変換関数 ・・・・・・・・・・ *424*
（d）変換関数と切断 ・・・・・・・・・・・・・・ *427*

§10.2　ベクトル束と主ファイバー束 ・・・・・・・ *428*
（a）ファイバー束の構造群 ・・・・・・・・・・・ *428*
（b）C^∞ 級ファイバー束と正則ファイバー束の構造群 ・・ *428*
（c）ベクトル束 ・・・・・・・・・・・・・・・・ *429*
（d）主ファイバー束 ・・・・・・・・・・・・・・ *431*
（e）等質空間と主ファイバー束 ・・・・・・・・・ *434*

§10.3　主束に同伴するファイバー束 ・・・・・・・ *435*

（a）主束に同伴するファイバー束 ・・・・・・・・ *435*
　　　（b）ファイバー束への群作用 ・・・・・・・・・・ *440*
　　　（c）等質ファイバー束と群作用 ・・・・・・・・・ *444*
　　　（d）等質ファイバー束の例 ・・・・・・・・・・・ *447*
　§10.4　群作用と切断 ・・・・・・・・・・・・・・・・ *449*
　　　（a）同伴ファイバー束の切断の空間 ・・・・・・・ *449*
　　　（b）G-同変なファイバー束の切断 ・・・・・・・・ *454*
　　　（c）等質ファイバー束と誘導表現 ・・・・・・・・ *455*
　§10.5　G-不変な切断 ・・・・・・・・・・・・・・・・ *458*
　　　（a）等質ファイバー束の G-不変な切断 ・・・・・・ *458*
　　　（b）例 1：等質多様体上の不変測度 ・・・・・・・ *459*
　　　（c）例 2：等質多様体上の Riemann 計量 ・・・・・ *461*
　　　（d）例 3：等質多様体上のベクトル場 ・・・・・・ *463*
　　　（e）例 4：等質多様体上の微分形式とコホモロジー ・ *465*
　要　　約 ・・・・・・・・・・・・・・・・・・・・・・ *470*
　演習問題 ・・・・・・・・・・・・・・・・・・・・・・ *470*

第 11 章　誘導表現と無限次元ユニタリ表現 ・・・ *473*

　§11.1　Frobenius の相互律 ・・・・・・・・・・・・・ *474*
　　　（a）表現の制限と分岐則 ・・・・・・・・・・・・ *474*
　　　（b）コンパクト群の誘導表現 ・・・・・・・・・・ *478*
　　　（c）Frobenius の相互律 ・・・・・・・・・・・・・ *480*
　　　（d）Frobenius の相互律の証明 ・・・・・・・・・・ *481*
　　　（e）$L^2(S^2)$ の展開定理 ・・・・・・・・・・・・・ *485*
　§11.2　無限次元表現の構成 ・・・・・・・・・・・・・ *486*
　　　（a）ユニタリ表現の L^2-誘導表現 ・・・・・・・・・ *486*
　　　（b）$GL(n,\mathbb{R})$ のユニタリ主系列表現 ・・・・・・・ *490*
　　　（c）退化主系列表現と Fourier 解析 ・・・・・・・ *494*
　　　（d）放物型部分群の無限次元既約表現 ・・・・・・ *497*
　要　　約 ・・・・・・・・・・・・・・・・・・・・・・ *503*
　演習問題 ・・・・・・・・・・・・・・・・・・・・・・ *504*

第12章　Weyl のユニタリ・トリック ・・・・・ 507

§12.1　複素化と実形 ・・・・・・・・・・ 508
（a）Lie 環の複素化と実形 ・・・・・・・・・・ 508
（b）Lie 群の複素化と実形 ・・・・・・・・・・ 511

§12.2　Weyl のユニタリ・トリック ・・・・・・ 514
（a）Weyl のユニタリ・トリック──単連結の場合 ・・・ 514
（b）Weyl のユニタリ・トリック──一般の場合 ・・・ 518

§12.3　等質空間におけるユニタリ・トリック ・・・・ 523
（a）簡約型等質空間と複素化 ・・・・・・・・・ 523
（b）Clifford–Klein 形と Hirzebruch の比例性原理 ・・・ 525

要　　約 ・・・・・・・・・・・・・・・・・ 528

演習問題 ・・・・・・・・・・・・・・・・・ 529

第13章　Borel–Weil 理論 ・・・・・・・・・・ 531

§13.1　旗多様体 ・・・・・・・・・・・・・ 532
（a）Borel 部分群 ・・・・・・・・・・・・・ 532
（b）旗多様体 ・・・・・・・・・・・・・・ 534
（c）旗多様体の名前の由来 ・・・・・・・・・・ 536

§13.2　Borel–Weil の定理 ・・・・・・・・・・ 539
（a）旗多様体上の正則直線束 ・・・・・・・・・ 539
（b）Borel–Weil の定理 ・・・・・・・・・・・ 539
（c）$G=U(\mathbf{2})$ の場合 ・・・・・・・・・・・ 540

§13.3　Borel–Weil の定理の証明 ・・・・・・・・ 545
（a）表現の幾何的実現 ・・・・・・・・・・・ 545
（b）岩澤分解 ・・・・・・・・・・・・・・ 548
（c）$\mathcal{O}(\mathcal{L}_\lambda)$ の有限次元性 ・・・・・・・・・・ 551
（d）既　約　性 ・・・・・・・・・・・・・ 556
（e）正則切断の消滅定理 ・・・・・・・・・・ 557

§13.4　Borel–Weil の定理の一般化 ・・・・・・・ 559

	(a)	放物型部分群と広義の旗多様体 ·············	*559*
	(b)	広義の旗多様体上での Borel–Weil の定理 ·····	*560*
	(c)	階段定理 ····························	*562*
要　　約 ·································	*567*
演習問題 ·································	*567*
現代数学への展望 ······························	*569*
参考文献 ···································	*579*
演習問題解答 ································	*583*
索　　引 ···································	*599*

1 位相群の表現

「球面が丸い」とか「直線はまっすぐである」という感覚は,「(球面を)回転させる」とか「(直線を)平行移動する」といった変換をしてもその図形が不変であるという性質によって説明できる.「空間の対称性」を数学的にきちんと記述する概念が, 群による作用(変換群)である.

さて, 球面や直線のように距離や微分が考えられるような空間に対しては, 群による作用にも「連続性」や「微分可能性」を考えるのが自然である. そこで, 群と位相空間の両方を兼ね備えた概念である「位相群」を, 本書の出発点として最初に説明する. 後述する Lie 群は, 位相群の中で特に良い性質をもつものであって, 群と多様体の両方を兼ね備えた対象である. 大まかにいうと, 位相群は「連続性」が定義できる群であり, Lie 群は「微分」が定義できる群である.

群の作用において最も基本的で重要なのは, 線型な作用(表現)である. 第1章では, 具体例を通して, 位相群およびその表現の基本概念になじむことを目標とする. そこでは, 表現空間が無限次元である場合も取り扱う.

§1.1 位相群

(a) 位相群

実数 $\mathbb{R}$ には, 収束の概念(位相空間の構造)があり, 同時に加法(群の構造)

もある．この 2 つの構造は次の意味で「両立」している：
$$\lim_{n\to\infty} a_n = a, \ \lim_{n\to\infty} b_n = b \ \text{ならば}, \ \lim_{n\to\infty}(a_n \pm b_n) = a \pm b.$$
すなわち，群の演算は連続である．

すぐ下の例 1.2 で見るように，一般線型群 $GL(n,\mathbb{R})$ も行列の自然な位相に関して，群の演算(行列の積)が連続になっている．$\mathbb{R}$ や $GL(n,\mathbb{R})$ に共通する性質を公理化して得られる概念が「位相群」であり，これは O. Schreier によって 1925 年に導入された．本書の主題の 1 つである「Lie 群」は，ノルウェーの数学者 S. Lie により 1870 年代に「連続パラメータをもつ変換の族」として創始された．§1.4 で後述するように，現代的な定義では，「Lie 群」は位相群の中で特に良い性質をもつものとして特徴づけられる．

定義 1.1（位相群）G を(抽象)群かつ Hausdorff 位相空間とする．次の 2 つの条件が満たされるとき，G を**位相群**(topological group)という．

（ⅰ）直積位相空間 $G \times G$ から G への写像 $(x,y) \mapsto xy$ は連続である．

（ⅱ）位相空間 G から G への写像 $x \mapsto x^{-1}$ は連続である． □

平たくいえば，群としての構造と位相空間としての構造が両立しているのが位相群である．定義 1.1 における条件を 1 つにまとめることもできる(演習問題 1.1 参照)．

例 1.2 一般線型群 $GL(n,\mathbb{R})$ が位相群であることを示そう．$n=2$ のときの証明のアイディアは n を一般にしてもそのまま適用できるので，ここでは $n=2$ の場合に確かめてみよう．

$$M(2,\mathbb{R}) := \left\{ \begin{pmatrix} a & b \\ c & d \end{pmatrix} : a,b,c,d \in \mathbb{R} \right\}$$

とおくと，

$$GL(2,\mathbb{R}) := \left\{ \begin{pmatrix} a & b \\ c & d \end{pmatrix} : a,b,c,d \in \mathbb{R}, \ ad-bc \neq 0 \right\}$$

は $M(2,\mathbb{R}) \simeq \mathbb{R}^4$ の開集合である．$GL(2,\mathbb{R})$ の積および逆元をとる写像をそれぞれ座標で書くと

$$\left(\begin{pmatrix} a & b \\ c & d \end{pmatrix}, \begin{pmatrix} p & q \\ r & s \end{pmatrix} \right) \mapsto \begin{pmatrix} ap+br & aq+bs \\ cp+dr & cq+ds \end{pmatrix}$$

$$\begin{pmatrix} a & b \\ c & d \end{pmatrix} \mapsto \frac{1}{ad-bc} \begin{pmatrix} d & -b \\ -c & a \end{pmatrix}$$

となり，$ap+br$ などの各座標成分は a,b,c,d,p,q,r,s の連続関数として表されるので，確かに定義 1.1 における連続性の仮定 (i), (ii) が満たされる．従って，$GL(2,\mathbb{R})$ は位相群である． □

例 1.3 ベクトル空間はベクトルの加法によって群となる．ベクトル空間に位相が定義されており，位相群の構造をもつとき，**線型位相空間**(topological vector space)（あるいは位相ベクトル空間）と呼ぶ．$\mathbb{R}$ 上あるいは $\mathbb{C}$ 上の有限次元線型空間 V において Euclid 空間としての通常の位相を考えると，群演算

$$V \times V \to V, \quad (x,y) \mapsto x+y$$
$$V \to V, \qquad x \mapsto -x$$

は明らかに連続なので，V は線型位相空間である． □

例 1.2, 例 1.3 は Lie 群の例でもある．Lie 群の定義は §1.4(d) と §5.1 (c)，Lie 群の基本的性質は第 5 章，Lie 群の様々な例は第 7 章などで述べる．Lie 群ではない位相群は本書のテーマからはそれるが，例を 1 つだけ与えておこう．

例 1.4（p 進整数） p を $2,3,5,\cdots$ などの素数とし，自然な射影

$$\cdots \to \mathbb{Z}/p^4\mathbb{Z} \to \mathbb{Z}/p^3\mathbb{Z} \to \mathbb{Z}/p^2\mathbb{Z} \to \mathbb{Z}/p\mathbb{Z}$$

の射影極限 $\varprojlim_n \mathbb{Z}/p^n\mathbb{Z}$ を $\mathbb{Z}_p$ と表す．$\mathbb{Z}_p$ は Lie 群ではないが，コンパクト位相群の構造をもつことが知られている．$\mathbb{Z}_p$ の元は **p 進整数**(p-adic integer) と呼ばれ，数論において重要な役割を果たす（興味ある読者は例えばノイキルヒ『代数的整数論』（シュプリンガー東京）第 II 章を見られるとよい）． □

注意 1.5 任意のコンパクト群は，$\mathbb{Z}_p$ の構成法と同様に，コンパクト Lie 群（上の例では有限群 $\mathbb{Z}/p^n\mathbb{Z}$）の射影極限として得られることが知られている．これは，位相群の理論の中でも，特に美しい結果の 1 つであるが，証明は多くの準備を必要とするので，ここでは行わない(Pontryagin [40] 第 8 章参照)．大まかにいえば，任意のコンパクト群は，いくらでも精密にコンパクト Lie 群によって近

似できる.

次の定理は，位相群の定義が自然な概念であることを表している．

定理 1.6 $g \in G$ を 1 つ選ぶ．
$$L_g\colon G \to G,\ x \mapsto gx \quad (g\text{による左移動})$$
$$R_g\colon G \to G,\ x \mapsto xg \quad (g\text{による右移動})$$
$$\Psi\colon G \to G,\ x \mapsto x^{-1}$$

とおくと，L_g, R_g, Ψ はそれぞれ G から G の上への同相写像である．

[証明] L_g および $L_{g^{-1}}$ は定義 1.1(i) より連続であって，
$$L_g \circ L_{g^{-1}} = L_{g^{-1}} \circ L_g = \mathrm{id}_G \quad (G\text{における恒等写像})$$

となるので，L_g は同相写像である．同様に R_g も同相写像となる．一方，Ψ は定義 1.1(ii) より連続写像であり，逆写像 $\Psi^{-1} = \Psi$ も連続写像なので Ψ も同相写像である． ∎

定義 1.7 G および G' を位相群とする．写像 $\varphi\colon G \to G'$ が(抽象)群の間の準同型であり，かつ連続写像であるとき，φ を**位相群の準同型写像**という．さらに φ が G から G' への同相写像であるとき，φ を**位相群の同型写像**という．G から G' への位相群の同型写像が存在するとき，G と G' は**位相群として同型**であるという． ∎

次の項の例 1.8 で，位相群の「同型」の最も簡単な例を示す．

(b) 位相群の直積，半直積，商群

(抽象)群に関しておなじみの概念である部分群，商群，直積群，半直積群などは，位相群に対してもほぼ同様に定義される．このとき，位相に関してどのような注意を払えばよいか説明しよう．

部 分 群

位相群 G の(代数的な意味での)部分群 H は自然に位相群となる．すなわち，H における部分集合 U に対して，

$$U \subset H \text{ が開集合} \iff \begin{array}{l} G \text{ の開集合 } V \text{ であって} \\ U = H \cap V \text{ となるものが存在する} \end{array}$$

と定義することによって，G の部分集合である H に位相を定める．これを G における H の**相対位相**(relative topology)という．この位相に関して H は位相群となることは容易に確かめられる．H は必ずしも G の閉集合とは限らないことに注意しよう．

商　群

さらに，H が G の閉部分集合でもあるとき，H を G の**閉部分群**(closed subgroup)という．H が G の閉正規部分群ならば，商群 G/H は位相群となる．すなわち，$\pi\colon G \to G/H$ を商写像として

$$U \subset G/H \text{ が開集合} \iff \pi^{-1}(U) \subset G \text{ が開集合}$$

と定義することによって G/H に位相を入れる．これを**商位相**(quotient topology)という．この位相に関して，商群 G/H は位相群となるのである．ここで，H が閉部分群でなければ，G/H は Hausdorff 位相空間にならず，位相群としての商群が定義されない．

例 1.8　次の 3 つの位相群

（i）　トーラス $\mathbb{T} := \mathbb{R}/2\pi\mathbb{Z}$

（ii）　単位円周 $S^1 := \{z \in \mathbb{C} : |z| = 1\}$

（iii）　2 次元特殊直交群 $SO(2) := \left\{g \in M(2, \mathbb{R}) : {}^t g g = \begin{pmatrix} 1 & 0 \\ 0 & 1 \end{pmatrix}, \det g = 1\right\}$

は互いに同型である．ここで

（i）　$\mathbb{T}$ の位相 … 商写像 $\mathbb{R} \to \mathbb{R}/2\pi\mathbb{Z}$ に関する商位相

　　　　群演算 … 通常の加法 $(x \mod 2\pi) + (y \mod 2\pi) = (x+y) \mod 2\pi$

（ii）　S^1 の位相 … $\mathbb{C}$ の部分集合としての相対位相

　　　　群演算 … 複素数の積

（iii）　$SO(2)$ の位相 … $M(2, \mathbb{R}) \simeq \mathbb{R}^4$ の部分集合としての相対位相

　　　　群演算 … 行列の積

と定義して $\mathbb{T}, S^1, SO(2)$ をそれぞれ位相群とみなすのである．

$SO(2)$ の形を具体的に求めてみよう．$g = \begin{pmatrix} a & b \\ c & d \end{pmatrix}$ とおいて方程式 ${}^t g g = \begin{pmatrix} 1 & 0 \\ 0 & 1 \end{pmatrix}$ を成分ごとに計算すると

$$\begin{pmatrix} a & c \\ b & d \end{pmatrix} \begin{pmatrix} a & b \\ c & d \end{pmatrix} = \begin{pmatrix} 1 & 0 \\ 0 & 1 \end{pmatrix},$$

すなわち，
$$a^2 + c^2 = 1, \quad ab + cd = 0, \quad b^2 + d^2 = 1$$

となる．第1式，第3式より適当に $\theta, \varphi \in \mathbb{R}$ を選べば $a = \cos\theta$, $c = \sin\theta$, $b = \sin\varphi$, $d = \cos\varphi$ と表すことができる．これを $ab + cd = 0$ に代入して三角関数の和公式を使うと $\sin(\theta + \varphi) = 0$ が得られる．よって $\theta + \varphi = n\pi$ となる n が存在する．このとき $b = (-1)^{n+1}\sin\theta$, $d = (-1)^n \cos\theta$ となるが，仮定 $\det g = 1$ より

$$1 = ad - bc = (-1)^n (\cos^2\theta + \sin^2\theta) = (-1)^n.$$

従って，$b = -\sin\theta$, $d = \cos\theta$ である．よって $g \in SO(2)$ は次の形に限る．

(1.1) $$g = \begin{pmatrix} \cos\theta & -\sin\theta \\ \sin\theta & \cos\theta \end{pmatrix} \quad (\theta\text{ は実数}).$$

逆に，(1.1)の形の元は $SO(2)$ に入ることが容易に確かめられるので

$$SO(2) = \left\{ \begin{pmatrix} \cos\theta & -\sin\theta \\ \sin\theta & \cos\theta \end{pmatrix} : \theta \text{ は実数} \right\}$$

が証明された．

この表示を用いると，位相群 $\mathbb{T}, S^1, SO(2)$ は次の写像によって互いに位相群として同型であることがわかる：

$$\mathbb{T} \simeq S^1, \qquad \theta \mod 2\pi \mapsto e^{\sqrt{-1}\theta} = \cos\theta + \sqrt{-1}\sin\theta$$

$$S^1 \simeq SO(2), \quad z = x + \sqrt{-1}\, y \mapsto \begin{pmatrix} x & -y \\ y & x \end{pmatrix}$$

$$SO(2) \simeq \mathbb{T}, \quad \begin{pmatrix} \cos\theta & -\sin\theta \\ \sin\theta & \cos\theta \end{pmatrix} \mapsto \theta \mod 2\pi$$

□

直積群

次に，G, H を位相群とする．直積群 $G \times H$ に直積位相を入れると，$G \times H$ は自然に位相群となる．

半直積群

G, H を位相群とし，$\mathrm{Aut}(H)$ を位相群 H の自己同型写像全体からなる群

とする．(代数的な)準同型写像
$$\pi: G \to \mathrm{Aut}(H)$$
が与えられたとする．π によって引き起こされた写像
$$G \times H \to H, \quad (g,h) \mapsto \pi(g)h$$
が連続であるならば，直積集合 $G \times H$ に

　　群演算 … $(g_1, h_1) \cdot (g_2, h_2) := (g_1 g_2, h_1(\pi(g_1)h_2))$ $(g_1, g_2 \in G, h_1, h_2 \in H)$
　　位相 … 直積位相

を与えると位相群が得られる．これを $G \underset{\pi}{\ltimes} H$ と書き，G と H の**半直積群** (semidirect product group) という．前後の関係で π が明らかなときには，$G \ltimes H$ と略して書くことにする．$\pi(g) = \mathrm{id}_H (\forall g \in G)$ のときは $G \ltimes H$ は直積群に他ならない．G の単位元を e と表し，$G \ltimes H$ の部分群 $\{(e,h): h \in H\}$ を H と同一視すると，H は $G \ltimes H$ の閉正規部分群であり，位相群としての同型 $(G \ltimes H)/H \simeq G$ が得られる．

　半直積群における群演算は一見奇妙に見えるかもしれない．これを次の例によって理解してみよう．

例 1.9（アファイン変換群と Euclid 運動群）　$A \in GL(n, \mathbb{R})$ および $b \in \mathbb{R}^n$ を用いて
$$(1.2) \qquad (A, b): \mathbb{R}^n \to \mathbb{R}^n, \quad x \mapsto Ax + b$$
と表される $\mathbb{R}^n$ の変換を**アファイン変換** (affine transformation) という．$\mathbb{R}^n$ のアファイン変換全体 $\mathrm{Aff}(\mathbb{R}^n)$ は合成に関して群になる．$\mathrm{Aff}(\mathbb{R}^n)$ を**アファイン変換群**と呼ぶ．合成法則
$$(A_1, b_1)((A_2, b_2)x) = (A_1, b_1)(A_2 x + b_2) = A_1(A_2 x + b_2) + b_1 = A_1 A_2 x + A_1 b_2 + b_1$$
より，群 $\mathrm{Aff}(\mathbb{R}^n)$ は，直積集合 $GL(n, \mathbb{R}) \times \mathbb{R}^n$ に群演算を
$$(A_1, b_1) \cdot (A_2, b_2) := (A_1 A_2, b_1 + A_1 b_2)$$
と定義した群に他ならない．すなわち群同型
$$\mathrm{Aff}(\mathbb{R}^n) \simeq GL(n, \mathbb{R}) \ltimes \mathbb{R}^n \quad \text{（半直積群）}$$
が得られた．この同型の右辺は位相群なので，$\mathrm{Aff}(\mathbb{R}^n)$ も位相群とみなせる（実は Lie 群でもある）．アファイン変換群 $\mathrm{Aff}(\mathbb{R}^n)$ を $GL(n+1, \mathbb{R})$ の部分群

$$\left\{ \begin{pmatrix} A & b \\ 0 & 1 \end{pmatrix} : A \in GL(n, \mathbb{R}),\ b \in \mathbb{R}^n \right\}$$

として実現することもできる．このとき，$\mathbb{R}^{n+1}$ の第 $n+1$ 成分 $=1$ となる元と $\mathbb{R}^n$ の元を同一視すると，

$$\mathbb{R}^{n+1} \to \mathbb{R}^{n+1}, \quad \begin{pmatrix} x \\ 1 \end{pmatrix} \mapsto \begin{pmatrix} A & b \\ 0 & 1 \end{pmatrix} \begin{pmatrix} x \\ 1 \end{pmatrix} = \begin{pmatrix} Ax + b \\ 1 \end{pmatrix}$$

という変換が(1.2)に対応する．

アフィン変換群と同様に，$\mathrm{Aff}(\mathbb{R}^n)$ の部分群 $O(n) \ltimes \mathbb{R}^n$ も定義できる．ここで

$$O(n) := \{ A \in GL(n, \mathbb{R}) : {}^t\!A A = I_n \}$$

は直交群と呼ばれるコンパクト Lie 群である(§7.1(d)参照)．$A \in O(n)$, $b \in \mathbb{R}^n$ ならば(1.2)は $\mathbb{R}^n$ の等長変換である．半直積群 $O(n) \ltimes \mathbb{R}^n$ を **Euclid 運動群**(Euclidean motion group)という．$n=2$ の場合の Euclid 運動群 $O(2) \ltimes \mathbb{R}^2$ は初等幾何における平面の合同変換群に他ならない． □

上の例で述べたアファイン変換などを群の作用という一般的な概念として述べておこう．

定義 1.10（変換群） G を位相群とし，X を位相空間とする．直積空間 $G \times X$ から X への連続写像

(1.3) $\qquad\qquad G \times X \to X, \quad (g, x) \mapsto g \cdot x$

が与えられて，任意の $x \in X$ に対して

(1.4) $\qquad e \cdot x = x \quad$ かつ $\quad g_1 \cdot (g_2 \cdot x) = (g_1 g_2) \cdot x \quad (\forall g_1, g_2 \in G)$

が成り立つとき，G は X に(**左から**)**連続に作用する**という．このとき，G を X の**変換群**(transformation group)という．X から X の上への同相写像全体のつくる群を $\mathrm{Homeo}(X)$ とおくと，条件(1.4)は次の写像

$$G \to \mathrm{Homeo}(X), \quad g \mapsto (x \mapsto g \cdot x)$$

が群の準同型写像になっていることと同値である． □

例 1.11

（ⅰ） G を位相群とすると，直積群 $G \times G$ は位相空間 G に

$$(G \times G) \times G \to G, \quad ((g_1, g_2), g) \mapsto g_1 g g_2^{-1}$$

として左から連続に作用する．

（ii） アファイン変換群 $GL(n, \mathbb{R}) \ltimes \mathbb{R}^n$ は $\mathbb{R}^n$ に左から連続に作用する（例1.9）. □

§1.2　位相群の表現

（a）　群の表現をなぜ考えるか

　群の表現とは，抽象的な群から全単射線型写像のつくる群への準同型写像のことである．表現論は群論において中核的な役割を果たす．その理由を理解するためには，群という代数的な対象が，何を抽象して生まれたのかを遡って考えるとよい．

　例えば，有限集合からそれ自身への全単射写像全体は写像の合成によって群（置換群）となる．また，ベクトル空間の全単射線型写像全体も写像の合成によって群（一般線型群）となる．さらに，平面において回転，平行移動，裏返しの繰り返しで得られる変換全体もまた変換の合成によって群（Euclid 運動群，平面の合同変換群）となる．このように，種々の空間に作用する変換の全体は写像の合成によって群となる．ところが，まったく異なる空間における変換が，合成法則（すなわち，群としての代数構造）だけを見れば同じになっていることがある．群の定義とは，それがどのような空間に作用しているかを忘れて，これらの例で述べたような変換写像の合成法則だけを代数的に抽象化したものである．

　いったん抽象化して得られた群に対して，"ある特定の群がどのような空間にどのような変換として作用するか"という問題を研究することは，群の本来の形を探ることであり，また群論の非常に重要な課題でもある．

　変換の中で最も扱いやすいのはベクトル空間における線型変換である．群がベクトル空間に線型変換として作用しているとき，その作用を**群の表現**という．非線型な変換が与えられたときでも，「線型化」によって群の表現を構成することができ，それは重要な役割を果たす．「線型化」の基本的な2つの例を述べよう．その1つは，作用の固定点における線型化で，これは通常の

関数の Taylor 展開 $f(x) = f(0) + xf'(0) + \cdots$ において，$f(0) = 0$（固定点に相当）の場合に $f'(0)$ が第 1 近似の係数であることに相当する．例えば，Lie 群の随伴（adjoint）表現や等質空間における等方（isotropy）表現はその典型例である（第 5, 6 章参照）．もう 1 つは，ある空間上に非線型な作用が与えられたとき，それを直接調べるのではなく，その空間上の関数全体への作用を考えることによって群の表現を定義するという線型化である．例えば，群の正則表現（§3.1(b)参照）や等質空間上の準正則表現（第 11 章参照）などはその一例である．群 G の自分自身への作用（左移動あるいは右移動）は素朴で単純に見えるかもしれない．しかしその作用には，群の構造そのものが内包されているのであって，その構造は「線型化」を通じてより明示的に捉えることができる．すなわち，この作用の「線型化」に相当する群の正則表現の理論（Peter–Weyl の定理や関数環 $C(G)$ の $*$-代数としての構造）が，もとの群の性質を浮き彫りにするのである．多様体自身を考えるかわりに多様体上の関数全体を考えるという考え方は，代数幾何や微分幾何をはじめ 20 世紀の数学の諸分野を躍進させた重要な観点であり，幾何的な意味での対称性を研究する変換群論にも群の表現論が深く関わっている 1 つの裏付けを与えている．

(b) 表現の定義

V を複素ベクトル空間とするとき，V から V への複素線型写像全体を $\mathrm{End}_{\mathbb{C}}(V)$ と書く．さらに，V から V への全単射な複素線型写像全体を $GL_{\mathbb{C}}(V)$ と書く．$GL_{\mathbb{C}}(V)$ は $\mathrm{End}_{\mathbb{C}}(V)$ の部分集合である．$S, T \in \mathrm{End}_{\mathbb{C}}(V)$ とするとき，$V \to V, x \mapsto S(T(x))$ によって与えられる写像を S と T の合成写像といい，$S \circ T$ と表す．$S, T \in GL_{\mathbb{C}}(V)$ ならば $S \circ T \in GL_{\mathbb{C}}(V)$ である．$S \circ T$ を S と T の積とし，恒等写像 id_V を単位元とすることにより $GL_{\mathbb{C}}(V)$ は群となる．V が有限次元の数ベクトル空間 $\mathbb{C}^n$ の場合は，$GL_{\mathbb{C}}(V)$ は**一般線型群**（general linear group）

$$GL(n, \mathbb{C}) := \{g \in M(n, \mathbb{C}) : \det g \neq 0\}$$

と自然に同一視される．

定義 1.12（群の表現）　G を群，V を複素ベクトル空間とする．G の単位

元を e と書くことにしよう．写像
$$\pi : G \to GL_{\mathbb{C}}(V)$$
が与えられて，

(1.5) $\quad\quad\quad\quad \pi(x)\pi(y) = \pi(xy) \quad (\forall x, \forall y \in G)$

(1.6) $\quad\quad\quad\quad \pi(e) = \mathrm{id}_V$

を満たすとき，π を群 G の V 上の**表現**(representation)といい，V を**表現空間**(representation space)という．すなわち，群 G の表現とは，G から $GL_{\mathbb{C}}(V)$ への群準同型写像のことである．表現空間を明示したいときは，単に π と書くかわりに (π, V) と書く．ベクトル空間 V の次元を表現 π の**次元**(dimension)(あるいは表現 π の**次数**(degree))といって $\dim \pi$ (あるいは $\deg \pi$)と記す．$\dim \pi = \infty$ のとき π は**無限次元表現**(infinite dimensional representation)と呼ばれる． □

なお，$\dim \pi = \infty$ の場合は，無限次元ベクトル空間 V の位相を考慮して表現を考えるのが自然であり，これに関しては項(e)以後で解説する．

また，$V = \mathbb{C}^n$ のとき，準同型写像 $\pi : G \to GL(n, \mathbb{C})$ を**行列表現**と呼ぶこともある．

定義 1.12 では V を複素ベクトル空間としたが，もっと一般に，勝手な体 K 上のベクトル空間 V に対して，G から $GL_K(V)$ への群準同型写像を考えることができる．これを群 G の**体 K 上の表現**という．体 K 上の表現も群の表現論の重要な研究対象である．しかし，本書で扱う群は主に Lie 群であり，Lie 群の表現では $K = \mathbb{C}$ すなわち複素数体上のベクトル空間を表現空間とする表現が最も重要であり，しかも扱いやすい．従って，本書では主として複素ベクトル空間上の表現を考察する．

例 1.13（自明な表現） 群 G のすべての元に，ベクトル空間 V の恒等作用素 id_V を対応させる写像は G の表現である．これを G の**自明な表現**(trivial representation)という．1 次元の自明な表現を **1** とも書く． □

例 1.14（自然表現） 群 G を $GL(n, \mathbb{C})$ の部分群とするとき，埋め込み写像 $G \hookrightarrow GL(n, \mathbb{C})$ は群の準同型写像であるから G の n 次元表現が得られる．

これを G の**自然表現**(natural representation)という．例えば，ユニタリ群
$$U(n) := \{g \in GL(n,\mathbb{C}) : g^*g = I_n\}$$
(ただし $g^* = \overline{{}^t g}$(転置行列の複素共役))は自然に $GL(n,\mathbb{C})$ の部分群となっているので n 次元の自然表現をもつ．別の例として複素シンプレクティック群
$$Sp(n,\mathbb{C}) := \{g \in GL(2n,\mathbb{C}) : {}^t g J_n g = J_n\}$$
(ただし，$J_n := \begin{pmatrix} 0 & I_n \\ -I_n & 0 \end{pmatrix} \in GL(2n,\mathbb{C})$)は自然に $GL(2n,\mathbb{C})$ の部分群となっているので，$2n$ 次元の自然表現をもつ．第 7 章では，様々な古典群を定義するときに多くの類似の例を見るであろう． □

(c)　G-線型写像

定義 1.15　$(\pi, V), (\pi', V')$ をそれぞれ群 G の表現とする．V から V' への線型写像 T が

(1.7) $\qquad\qquad \pi'(g) \circ T = T \circ \pi(g) \quad (\forall g \in G)$

を満たすとき，言い換えれば，次の図式

(1.8)
$$\begin{array}{ccc} V & \xrightarrow{T} & V' \\ {\scriptstyle \pi(g)}\downarrow & \circlearrowleft & \downarrow{\scriptstyle \pi'(g)} \\ V & \xrightarrow{T} & V' \end{array}$$

が任意の $g \in G$ に対して可換になるとき，T を (π, V) から (π', V') への **G-線型写像**あるいは**絡作用素**(intertwining operator)という． □

(π, V) から (π', V') への G-線型写像全体のつくる集合を

(1.9) $\qquad\qquad \mathrm{Hom}_G(V, V') \quad$ あるいは $\quad \mathrm{Hom}_G(\pi, \pi')$

と書く．S および T を (π, V) から (π', V') への G-線型写像とし，$a, b \in \mathbb{C}$ とするとき，写像 $aS + bT : V \to V'$ を $(aS + bT)(v) := aS(v) + bT(v)$ によって定義すると，$aS + bT$ もまた G-線型写像になる．従って，$\mathrm{Hom}_G(V, V')$ は複素ベクトル空間になる．

定義 1.16　$(\pi, V), (\pi', V')$ をそれぞれ群 G の表現とし，$T \in \mathrm{Hom}_G(V, V')$

§1.2 位相群の表現 —— 13

が全単射となるものが存在するならば，(π, V) は (π', V') と**同値**(equivalent)
な表現であるといい $\pi \simeq \pi'$ あるいは $(\pi, V) \simeq (\pi', V')$ と表記する．この "同
値" の定義は，同値関係(equivalence relation)の公理

 （ⅰ）　反射律：$\pi \simeq \pi$．
 （ⅱ）　対称律：$\pi \simeq \pi'$ ならば $\pi' \simeq \pi$．
 （ⅲ）　推移律：$\pi \simeq \pi'$ かつ $\pi' \simeq \pi''$ ならば，$\pi \simeq \pi''$．

を満たすので，G の表現全体をこの同値関係で類別することができる．各同
値類を G の**表現の同値類**と呼ぶ．なお，連続表現の同値およびユニタリ表現
の同値についてはそれぞれ定義 1.28，定義 1.31 で説明する．　　　　　　□

(d)　部分表現，既約表現

　(π, V) を群 G の表現とし，W を V の部分ベクトル空間とする．G の各元
$g \in G$ に対し，
$$\pi(g)W := \{\pi(g)w : w \in W\}$$
とおくと $\pi(g)W$ は V の部分ベクトル空間である．
(1.10) 　　　　　　　$\pi(g)W \subset W \quad (\forall g \in G)$
が成り立つとき，W を **G-不変な部分空間**，あるいは簡単に，**不変部分空間**
(invariant subspace)という．

　W を G-不変な部分空間としよう．このとき，$\pi(g^{-1})W \subset W$ も成り立つの
で，その両辺に $\pi(g)$ を施すと $W \subset \pi(g)W$ となる．すなわち，条件(1.10)
は
$$\pi(g)W = W \quad (\forall g \in G)$$
と同値である．W が G-不変な部分空間とするとき，$\pi_W : G \to GL(W)$ を
$g \mapsto \pi(g)|_W$ で定めると (π_W, W) も G の表現となる．これを G の**部分表現**
(subrepresentation)という．

　またこのとき，各 $g \in G$ に対し $\pi(g)$ は商ベクトル空間 V/W の自己同型
$$\pi_{V/W}(g) : V/W \to V/W, \quad v \bmod W \mapsto \pi(g)v \bmod W$$
を引き起こす．$\pi_{V/W} : G \to GL(V/W)$ も G の表現を定める．このようにして
得られた表現 $(\pi_{V/W}, V/W)$ を G の**商表現**(quotient representation)という．

定義 1.17 (π, V) を群 G の表現とする．$\{0\}$ と V 以外に G-不変な部分空間が存在しないならば，(π, V) は G の**既約表現**(irreducible representation) であるという．既約でない表現を**可約**(reducible) であるという． □

定義 1.18 群 G の($\mathbb{C}$ 上の)有限次元既約表現の同値類の全体を $\widehat{G}_f$ と書く． □

(π, V) および (σ, W) を群 G の 2 つの表現とするとき，直和ベクトル空間 $V \oplus W$ を表現空間とする G の表現

$$\pi \oplus \sigma \colon G \to GL_{\mathbb{C}}(V \oplus W)$$

を $(\pi \oplus \sigma)(g)(v, w) := (\pi(g)v, \sigma(g)w)$ $(g \in G,\ v \in V,\ w \in W)$ によって定義することができる．$(\pi \oplus \sigma, V \oplus W)$ を**直和表現**という．

定義 1.19 (π, V) を群 G の表現とする．V の任意の G-不変部分空間 W に対し，V における W の補空間 U であって G-不変なものが存在するとき表現 (π, V) を**完全可約**(completely reducible) と呼ぶ． □

定義 1.19 の設定において，(π, V) は G の 2 個の部分表現 (π_W, W) と (π_U, U) の直和表現に同型であることは明らかであろう．

簡単な例を通して以上の定義のおさらいをしておこう．

例 1.20 1 次元表現は常に既約である． □

例 1.21 $GL(n, \mathbb{C})$ の自然表現は既約である．実際，W を $\mathbb{C}^n$ の $\{0\}$ でない部分空間としよう．v を $\mathbb{C}^n$ の 0 でない任意の元とすると，$gv \in W$ となる適当な $g \in GL(n, \mathbb{C})$ を選ぶことができる．W は $GL(n, \mathbb{C})$-不変な部分空間なので，$v \in g^{-1}W = W$ となる．故に，$W = \mathbb{C}^n$ となる．これは $GL(n, \mathbb{C})$ の自然表現が既約であることを示している． □

例 1.22(完全可約でない表現) $G = \mathbb{R}$ を実数の加法群とし，

$$\pi \colon \mathbb{R} \to GL(2, \mathbb{C}), \quad t \mapsto \begin{pmatrix} 1 & t \\ 0 & 1 \end{pmatrix}$$

によって 2 次元表現 $(\pi, \mathbb{C}^2)$ を定義すると，$W := \mathbb{C} \begin{pmatrix} 1 \\ 0 \end{pmatrix}$ は G-不変部分空間である．従って，$(\pi, \mathbb{C}^2)$ は可約である．

さらに，$(\pi, \mathbb{C}^2)$ の G-不変部分空間は $\{0\}, W, \mathbb{C}^2$ の 3 つのみであることが

簡単な計算でわかる．特に，$(\pi, \mathbb{C}^2)$ は可約であるが，完全可約ではない． □

この例は，次に述べる可約な表現の一般的な行列表示の典型例でもある．

命題 1.23（可約な表現の行列表示）(π, V) を群 G の有限次元表現，W を V の G-不変部分空間とする．このとき，V の基底を適当にとれば，$\pi(g)$ $(g \in G)$ の行列表示は次のようなブロック行列になる．

$$\begin{pmatrix} \pi_1(g) & * \\ 0 & \pi_2(g) \end{pmatrix}$$

ここで，π_1 は部分表現 (π_W, W) の行列表示，π_2 は商表現 $(\pi_{V/W}, V/W)$ の行列表示である．

[証明] W の基底 $v_1, \cdots, v_m$ を選び，次に V/W の基底 $v_{m+1} \bmod W, \cdots, v_{m+n} \bmod W$ を選ぶ．ここで $m = \dim W$，$n = \dim V/W$ である．このとき V の基底 $\{v_1, \cdots, v_m, v_{m+1}, \cdots, v_{m+n}\}$ に関して，$\pi(g)$ を行列表示すればよい． ∎

次の補題は有限次元表現ではよく知られた重要な性質であるが，無限次元表現では一般に正しくない(定理 2.7 参照)．

補題 1.24 (π, V) を G の有限次元表現とする．このとき，既約な部分表現 (π_W, W) ($\{0\} \subsetneq W \subset V$) が存在する．

[証明] (π, V) が既約であれば $W = V$ とすればよい．可約であればそれより小さい部分表現を考える．その部分表現が可約であればさらにその部分表現を考える．V が有限次元なので，この操作は有限回で終わる(1 次元表現は常に既約である)． ∎

次に完全可約な表現の既約分解を与えよう：

補題 1.25 (π, V) を G の有限次元の完全可約な表現とする．このとき (π, V) は既約表現の直和

(1.11) $\qquad (\sigma_1, W_1) \oplus (\sigma_2, W_2) \oplus \cdots \oplus (\sigma_r, W_r) \quad (r \geqq 1)$

に同型である．

(1.11) を表現 (π, V) の**既約分解**(irreducible decomposition)と呼ぶ．

[証明] 補題 1.24 より (π, V) の既約な部分表現が存在するので，それを 1 つ選び，(π_{W_1}, W_1) と表す．(π, V) は完全可約なので，W_1 の V における

G-不変な補空間 U_1 が存在する．

以下，$k=1,2,3,\cdots$ に関して帰納的に
- U_k の既約な G-不変部分空間 $W_{k+1}(\neq \{0\})$ を1つ選び，
- $W_1\oplus\cdots\oplus W_{k+1}$ の V における G-不変な補空間を U_{k+1} とする．

この手続きを $W_1\oplus\cdots\oplus W_{k+1}$ が V に一致するまで行えば，求める既約分解が得られる． ∎

(e) 位相群の連続表現

次に，群 G およびベクトル空間 V にそれぞれ位相が定められているとする．すなわち，G は位相群，V は線型位相空間とする．このとき，V を表現空間とする G の表現の定義には，なんらかの連続性を仮定するのが自然であろう．この条件を正確にいえば次のようになる：

定義 1.26（連続表現） G を位相群，V を複素線型位相空間とする．群の準同型写像
$$\pi\colon G \to GL_{\mathbb{C}}(V)$$
が与えられていて，写像

(1.12) $\qquad\qquad G\times V \to V, \quad (g,v)\mapsto \pi(g)v$

が直積位相空間 $G\times V$ から V への連続写像であるとき，(π,V) を位相群 G の V 上の**連続表現**(continuous representation)という．特に G は V に連続に作用している（定義 1.10 参照）．線型位相空間を表現空間とする位相群の表現は連続表現のみが重要なので，連続表現を単に表現と呼ぶことにする．∎

項(c)および(d)で説明した G-線型写像，同値，既約などの概念は，位相群の線型位相空間上の（連続）表現を考える場合には，その定義にどのような変更点が必要になるだろうか．

まずは，絡作用素について考えよう．定義 1.15 と異なり，絡作用素と G-線型写像を次のように使い分ける．

定義 1.27（連続表現の絡作用素） 位相群 G の線型位相空間上の表現 $(\pi,V),(\pi',V')$ が与えられたとする．線型写像 $T\colon V\to V'$ が（抽象）群のベクトル空間上の（連続）表現として G-線型写像（定義 1.15）であり，かつ，T が

連続なとき，T を (π, V) から (π', V') への**絡作用素**という． □

(π, V) から (π', V') への連続な G-線型写像全体のつくる複素ベクトル空間を（V や V' に位相の入っていない場合と同じ記号を用いて）

(1.13) $\qquad \mathrm{Hom}_G(V, V')$ あるいは $\mathrm{Hom}_G(\pi, \pi')$

と表記する．V および V' に位相が入っていない場合と同じ記号を用いるが，本書の位相群の表現論では常に写像の連続性を仮定するので特に混乱はないであろう．

定義 1.28（連続表現の同値） T および T^{-1} が連続となるような全単射 G-線型写像 $T: V \to V'$ が存在するとき，位相群 G の線型位相空間上の（連続）表現 (π, V) と (π', V') は **同値**あるいは**同型**であるという． □

位相ベクトル空間 V の部分空間 W が閉集合であるとき，W を**閉部分空間**と呼ぶ．連続表現における既約性の定義においては，閉部分空間とならないような不変部分空間は考察の対象にしないのが，ポイントである．すなわち，次の定義をする．

定義 1.29（連続表現の既約性） (π, V) を位相群 G の線型位相空間 V 上の（連続）表現とする．$\{0\}$ と V 以外に G-不変な V の閉部分空間が存在しないとき，(π, V) を G の**既約表現**という． □

なお，表現空間 V, V' が有限次元ならば，任意の線型写像 $T: V \to V'$ は自動的に連続になり（基底を決めて行列表示すれば明らかである），また V の任意の部分空間は閉集合となるから，この項(e)で定義した絡作用素，表現の同値性，既約表現の概念は，有限次元表現の場合に項(c), (d)で既に定義したものと一致している．群の無限次元表現を扱う際に位相を考慮するために生じる種々の変更点は，それが自然なものであるかどうか直観的にはわかりにくいかもしれない．いくらかでも理解の助けになるように，その雰囲気を項(h)で伝えようと思う．

（f） ユニタリ表現

$\mathbb{C}$ 上のベクトル空間 V に内積 $(\,,\,)$ が定められているとする．V のノルムを

(1.14) $$\|v\| \equiv \|v\|_V = (v,v)^{\frac{1}{2}} \quad (v \in V)$$
と書く．このノルムは中線定理
(1.15) $$\|u+v\|^2 + \|u-v\|^2 = 2(\|u\|^2 + \|v\|^2) \quad (u,v \in V)$$
を満たす．逆に，ノルムが(1.15)を満たすならば，分極公式(polarization identity)

(1.16) $$4(u,v) = \|u+v\|^2 - \|u-v\|^2 + \sqrt{-1}\,(\|u+\sqrt{-1}\,v\|^2 - \|u-\sqrt{-1}\,v\|^2)$$

によって内積が復元される(証明は省略する)．$v, w \in V$ の距離を $\|v-w\|$ と定義すると V は距離空間となる．V が距離空間として完備であるとき，すなわち，任意の Cauchy 列が収束するとき，V を **Hilbert 空間**と呼ぶ．本書では，Hilbert 空間は主に可分(separable)なものを考える．位相空間が可分であるとは，高々可算個の点からなる稠密な部分集合が存在するということであるが，Hilbert 空間においては，基底の個数が高々可算であるということとも同値である．Hilbert 空間上に定義されたユニタリ表現は，表現の中でも特に重要である．項(f), (g)ではユニタリ表現の定義と基礎事項を解説する．その証明で用いる Hilbert 空間論は初等的なものだけであるが，まとまった形で述べられている成書はないようなので少し丁寧に解説する．

V, W を Hilbert 空間とする．線型写像 $A: V \to W$ が

(1.17) $$\|Av\|_W = \|v\|_V \quad (\forall v \in V)$$

を満たすとき，A を**等長写像**と呼ぶ．(1.17)は

(1.18) $$(Av, Au)_W = (v, u)_V \quad (\forall v, \forall u \in V)$$

と同値である．等長な線型写像は，もちろん連続かつ単射である．A が等長全射であって，かつ，全単射であるとき，A を**ユニタリ作用素**(unitary operator)という．

定義 1.30 (ユニタリ表現) (π, V) は群 G の表現とする．V が Hilbert 空間であって，任意の $g \in G$ に対して $\pi(g)$ が等長作用素であるとき，すなわち

(1.19) $$\|\pi(g)v\| = \|v\| \quad (\forall v \in V)$$

が成立するとき，(π, V) を群 G の**ユニタリ表現**(unitary representation)と

いう．$\pi(g)$ は全単射写像(逆写像は $\pi(g^{-1})$)なので，$\pi(g)$ に対して「等長作用素 $\Longleftrightarrow$ ユニタリ作用素」が成り立つことに注意しておく．G が位相群の場合は，連続な表現 (π, V) が(1.19)を満たすときにユニタリ表現と呼ぶ．$G = \mathbb{R}$ のとき，$\{\pi(t) : t \in \mathbb{R}\}$ は強連続ユニタリ群をなすということもある(例えば，『実関数とフーリエ解析』(高橋[50])例 7.16 参照)． □

定義 1.31 (ユニタリ表現の同値)　(π, V) および (σ, W) が群 G のユニタリ表現であるとき，ユニタリな G-線型写像 $T : V \to W$ が存在するならば，(π, V) と (σ, W) はユニタリ表現として同値，あるいは簡単に，ユニタリ同値であるという．このとき T^{-1} もユニタリな G-線型写像であることに注意しよう． □

定義 1.32 (ユニタリ双対 $\widehat{G}$)　位相群 G のユニタリ表現 (π, V) が既約(定義 1.29 参照)であるとき，(π, V) を既約ユニタリ表現(irreducible unitary representation)と呼ぶ．群 G の既約ユニタリ表現の同値類(定義 1.31 参照)の全体を G のユニタリ双対(unitary dual)といい，$\widehat{G}$ と書く． □

注意 1.33　(π, V) および (σ, W) を位相群 G の既約ユニタリ表現とするとき，

(π, V) と (σ, W) が連続表現として同値(定義 1.28)
$\Longleftrightarrow$ (π, V) と (σ, W) がユニタリ表現として同値(定義 1.31)

となる．実際，$T : V \to W$ が連続な G-線型写像ならば，後述する Schur の補題に関する注意 1.46 より，T を適当にスカラー倍すればユニタリ作用素になるからである．

定理 1.34　群 G のユニタリ表現 (π, V) の部分空間 W が G-不変であるならば，その直交補空間(orthogonal complement)
$$W^\perp := \{v \in V : (v, w) = 0 \ (\forall w \in W)\}$$
は G-不変な閉部分空間となる．

［証明］　$W^\perp$ が閉部分空間であることは明らか．次に，$w \in W$, $v \in W^\perp$, $g \in G$ のとき，
$$(\pi(g)v, w) = (v, \pi(g^{-1})w) = 0$$

となるので，$\pi(g)v \in W^\perp$ である．すなわち $W^\perp$ は不変部分空間となる． ∎

この定理では，W を閉部分空間と仮定する必要はないが，W が閉部分空間ならば，

(1.20) $\qquad V = W \oplus W^\perp$ （Hilbert 空間の直和分解）

となることに注意しよう（例えば，『関数解析』（黒田[28]）の定理 3.4 を参照されたい）．従って (1.20) は G の表現としての直和分解になる．

定理 1.34 と補題 1.25 より次の定理が成り立つことがわかる．

定理 1.35 群の任意の有限次元ユニタリ表現は完全可約であり，既約表現の直和と同型になる． □

この定理の対偶を考えると，例えば例 1.22 で述べた群 $\mathbb{R}$ の 2 次元表現は（$\mathbb{C}^2$ のどのような内積を考えても）ユニタリ表現にならないことがわかる．

次の命題は，ユニタリ表現を構成するときに有用である．

命題 1.36（完備化して得られるユニタリ表現） $\mathbb{C}$ 上のベクトル空間に内積 $(\,,\,)$ が定められているとする．対応するノルム $\|\cdot\|$ に関して V を完備化して得られる Hilbert 空間を $\widetilde{V}$ と書く．位相群 G の表現 (π, V) が

$$\|\pi(g)v\| = \|v\| \quad (\forall g \in G, \forall v \in V)$$

を満たすと仮定する．このとき，各 $g \in G$ に対して，次の図式

$$\begin{array}{ccc} V & \xrightarrow{\pi(g)} & V \\ \text{完備化} \cap & \circlearrowleft & \cap \text{完備化} \\ \widetilde{V} & \xdashrightarrow{\widetilde{\pi}(g)} & \widetilde{V} \end{array}$$

を可換にするようなユニタリ作用素 $\widetilde{\pi}(g): \widetilde{V} \to \widetilde{V}$ が一意的に存在し，$(\widetilde{\pi}, \widetilde{V})$ は群 G のユニタリ表現を定める．

［証明のスケッチ］ $\pi(g): V \to V$ は等長写像だから，$\widetilde{V}$ 上の等長写像 $\widetilde{\pi}(g)$ に一意的に拡張される．$\widetilde{\pi}(g)$ の逆写像は $\widetilde{\pi}(g^{-1})$ だから，$\widetilde{\pi}(g)$ はユニタリ作用素となる．一方，$g, g_0 \in G$; $v, v_0, v_1 \in \widetilde{V}$ に対し，不等式

$$\|\widetilde{\pi}(g)v - \widetilde{\pi}(g_0)v_0\| \leq \|\widetilde{\pi}(g)v - \widetilde{\pi}(g)v_0\| + \|\widetilde{\pi}(g)v_0 - \widetilde{\pi}(g_0)v_0\|$$
$$\leq \|v - v_0\| + 2\|v_0 - v_1\| + \|\widetilde{\pi}(g)v_1 - \widetilde{\pi}(g_0)v_1\|$$

が成り立つ．特に $v_1 \in V$ を十分 v_0 に近く選べば，$G \times V \to V$ の連続性より

$G \times \widetilde{V} \to \widetilde{V}$ の連続性が導かれる． ∎

(g) ユニタリ表現の直和

(π_λ, V_λ) $(\lambda \in \Lambda)$ を位相群 G のユニタリ表現の可算個の族とする．Hilbert 空間 V_λ の内積を $(\ ,\ )_{V_\lambda}$, ノルムを $\|\ \|_{V_\lambda}$ で表す．V_λ $(\lambda \in \Lambda)$ の代数的直和としてベクトル空間

$$\bigoplus_{\lambda \in \Lambda} V_\lambda := \left\{ v = (v_\lambda)_{\lambda \in \Lambda} : \begin{array}{l} \text{(i) 各 } \lambda \in \Lambda \text{ に対して } v_\lambda \in V_\lambda, \\ \text{(ii) 有限個の } \lambda \text{ を除いて } v_\lambda = 0. \end{array} \right\}$$

を定義する．$\bigoplus_{\lambda \in \Lambda} V_\lambda$ には，各成分に G を同時に作用させることによって G の表現 $\bigoplus_{\lambda \in \Lambda} \pi_\lambda$ を定義することができる．式で書くと

$$\left(\bigoplus_{\lambda \in \Lambda} \pi_\lambda\right)(g)(v_\lambda)_{\lambda \in \Lambda} = (\pi_\lambda(g)v_\lambda)_{\lambda \in \Lambda}$$

である．一方，$u = (u_\lambda)_{\lambda \in \Lambda}$, $v = (v_\lambda)_{\lambda \in \Lambda}$ に対し，

$$(u, v) := \sum_{\lambda \in \Lambda} (u_\lambda, v_\lambda)_{V_\lambda} \quad (\text{実際は，有限和})$$

とおくことにより，ベクトル空間 $\bigoplus_{\lambda \in \Lambda} V_\lambda$ には，内積が定義される．$\lambda \neq \mu$ のとき，この内積に関して直和成分 V_λ と V_μ は互いに直交していることに注意しよう．この内積に関して $\bigoplus_{\lambda \in \Lambda} V_\lambda$ を完備化して得られる Hilbert 空間を Hilbert 空間 V_λ $(\lambda \in \Lambda)$ の**離散直和**(discrete sum)あるいは **Hilbert 空間としての直和**と呼び，$\sum_{\lambda \in \Lambda}^{\oplus} V_\lambda$ と表す．また，この内積によって定義されるノルムを単に $\|\ \|$ と書くことにしよう．$v = (v_\lambda)_{\lambda \in \Lambda}$ に対して，

$$\|v\|^2 = \sum_{\lambda \in \Lambda} \|v_\lambda\|_{V_\lambda}^2$$

となる．本書では，$\bigoplus$ （代数的直和）と $\sum^{\oplus}$（Hilbert 空間としての直和）とを常に区別する．

Hilbert 空間としての直和の最も簡単な例を挙げておこう．

例 1.37 $\Lambda = \mathbb{Z}$, $V_n = \mathbb{C}$ $(\forall n \in \mathbb{Z})$ のとき，

$$\bigoplus_{n \in \mathbb{Z}} \mathbb{C} = \{\text{数列}\, \{a_n\}_{n \in \mathbb{Z}} : \text{有限個の } n \text{ を除いて } a_n = 0\}$$

$$\sum_{n \in \mathbb{Z}}^{\oplus} \mathbb{C} = \left\{\text{数列}\, \{a_n\}_{n \in \mathbb{Z}} : \sum_{n \in \mathbb{Z}} |a_n|^2 < \infty\right\}$$

となる.$\sum_{n \in \mathbb{Z}}^{\oplus} \mathbb{C}$ は通常 $l^2(\mathbb{Z})$ あるいは,単に l^2 と書く(§2.1 参照). □

さて,$g \in G,\ v = (v_\lambda)_{\lambda \in \Lambda} \in \bigoplus_{\lambda \in \Lambda} V_\lambda$ に対し

$$\left\|\left(\bigoplus_{\lambda \in \Lambda} \pi_\lambda\right)(g)(v_\lambda)_{\lambda \in \Lambda}\right\|^2 = \|(\pi_\lambda(g) v_\lambda)_{\lambda \in \Lambda}\|^2$$
$$= \sum_{\lambda \in \Lambda} \|\pi_\lambda(g) v_\lambda\|_{V_\lambda}^2$$
$$= \sum_{\lambda \in \Lambda} \|v_\lambda\|_{V_\lambda}^2$$
$$= \|(v_\lambda)_{\lambda \in \Lambda}\|^2$$

が成り立つから,各 $g \in G$ に対し

$$\left(\bigoplus_{\lambda \in \Lambda} \pi_\lambda\right)(g) \colon \bigoplus_{\lambda \in \Lambda} V_\lambda \to \bigoplus_{\lambda \in \Lambda} V_\lambda$$

は等長な線型写像である.従って,命題 1.36 より,$\bigoplus_{\lambda \in \Lambda} V_\lambda$ を完備化した Hilbert 空間 $\sum_{\lambda \in \Lambda}^{\oplus} V_\lambda$ に一意的に拡張することができる.この表現を $\sum_{\lambda \in \Lambda}^{\oplus} \pi_\lambda$ と書く.$\left(\sum_{\lambda \in \Lambda}^{\oplus} \pi_\lambda, \sum_{\lambda \in \Lambda}^{\oplus} V_\lambda\right)$ は G のユニタリ表現である.図で表すと,

$$\begin{array}{ccc} \bigoplus_{\lambda \in \Lambda} V_\lambda & \xrightarrow{\left(\bigoplus_{\lambda \in \Lambda} \pi_\lambda\right)(g)} & \bigoplus_{\lambda \in \Lambda} V_\lambda \\ \text{完備化} \cap & & \cap \text{完備化} \\ \sum_{\lambda \in \Lambda}^{\oplus} V_\lambda & \xrightarrow{\left(\sum_{\lambda \in \Lambda}^{\oplus} \pi_\lambda\right)(g)} & \sum_{\lambda \in \Lambda}^{\oplus} V_\lambda \end{array}$$

である.

(h) 無限次元表現の位相について

V が無限次元空間のとき,位相群 G の表現 (π, V) の連続性をどう定義するかは微妙な問題である.本書のレベルをやや越えてしまうが,興味ある読

者のため，V が Hilbert 空間の場合に，無限次元表現の微妙な性質を反映している例を用いて，その雰囲気を説明しよう．この項は，初読の際は飛ばし読みされても構わない．

（見かけは）定義1.26より弱い連続性の定義として次の定義を考える．

定義 1.38（見かけが弱い連続性） 各 $v \in V$ に対して
$$G \to V, \quad g \mapsto \pi(g)v$$
が G から V への写像として連続であるとき，表現 $\pi\colon G \to GL_{\mathbb{C}}(V)$ は（弱い意味で）連続表現という． □

写像
$$G \times V \to V, \quad (g,v) \mapsto \pi(g)v$$
が連続ならば，$v \in V$ を止めた写像
$$G \to V, \quad g \mapsto \pi(g)v$$
は連続であるから，定義1.26の条件が満たされるならば定義1.38の条件は自動的に満たされる．実は逆も成り立つ．すなわち，定義1.26と定義1.38による表現の連続性は同値になることが知られている（辰馬伸彦[54]第5章§3参照）．この事実は，与えられた表現の連続性を確かめるのに有用である．

一方，定義1.26より強い連続性の定義として次の定義（悪い定義）も考えることができる．

定義 1.39（悪い定義；強すぎる連続性） V から V への連続な線型写像の全体（$= V$ 上の線型有界作用素全体）を $\mathcal{B}(V)$ と表す．$\mathcal{B}(V)$ に**作用素ノルム**を

(1.21) $$\|T\| := \sup_{\|v\|=1} \|Tv\| \quad (T \in \mathcal{B}(V))$$

と定義する．$\mathcal{B}(V)$ はこのノルムにより線型位相空間になる．
$$\pi\colon G \to \mathcal{B}(V), \quad g \mapsto \pi(g)$$
が G から $\mathcal{B}(V)$ への写像として連続であるとき，表現 (π, V) を（強い意味で）連続表現と呼ぶことにする． □

この定義は一見自然そうに見えるが，定義1.39を表現の連続性の定義に採用すれば，条件が強すぎて，重要な表現が"連続表現"ではなくなってし

まう．すなわち，定義 1.39 は適切な定義ではない．その例を 1 つ挙げよう．

例 1.40　$G = \mathbb{R}$, $V = L^2(\mathbb{R})$（$\mathbb{R}$ 上の Lebesgue 測度に関する 2 乗可積分関数全体のつくる Hilbert 空間）とし，
$$\pi \colon G \to GL_{\mathbb{C}}(V)$$
を
$$(\pi(x)f)(y) := f(y-x) \quad (x, y \in \mathbb{R},\ f \in L^2(\mathbb{R}))$$
と定める．(π, V) は定義 1.26 の意味で連続表現である．実際，$\{a_n\}$ を $a \in \mathbb{R}$ に収束する点列とするとき，任意の $f \in L^2(\mathbb{R})$ に対し，
$$\lim_{n \to \infty} f(y - a_n) = f(y - a) \quad (y\text{の関数としての}L^2\text{-収束})$$
が成り立つ(例えば，『実関数とフーリエ解析』(高橋[50])定理 5.30 参照)．従って，(π, V) は定義 1.38 の仮定を満たす．定義 1.38 と定義 1.26 は同値なので，(π, V) は定義 1.26 の仮定も満たす．

一方，(π, V) は定義 1.39 の仮定を満たさない．実際，
$$\varphi(x) := \begin{cases} 1 & 0 \leqq x \leqq 1 \\ 0 & x < 0\ \text{または}\ 1 < x \end{cases}$$
と定義すると $\|\sqrt{n}\,\varphi(nx)\|_{L^2(\mathbb{R})} = 1$ $(\forall n = 1, 2, \cdots)$ であり，
$$\left\|\pi\left(\frac{1}{n}\right) - \pi(0)\right\| \geqq \left\|\left(\pi\left(\frac{1}{n}\right) - \pi(0)\right)(\sqrt{n}\,\varphi(nx))\right\|_{L^2(\mathbb{R})} = \sqrt{2}$$
となる．従って，$\pi\left(\dfrac{1}{n}\right)$ は $n \to \infty$ のとき $\pi(0)$ に作用素ノルムに関して収束しない．すなわち $\pi \colon G \to \mathcal{B}(V) \cap GL_{\mathbb{C}}(V)$ は，G から(作用素ノルムを考えた場合の) $\mathcal{B}(V)$ への写像として連続でない．　　　□

このように，定義 1.39 は「表現の連続性」としては強すぎる仮定であり，適切な概念ではない．そこで定義 1.26(あるいは同値な定義 1.38)を「表現の連続性」の(正しい)定義としたのである．

次に，既約表現の定義(定義 1.29)において，「不変な閉部分空間が存在しない」と「閉」に限定したことについてコメントしておこう．実際，閉でない不変な部分空間まで存在してはいけないことにすると，Lie 群の無限次元の既約ユニタリ表現は存在しなくなってしまう．その雰囲気を最も簡単な場

§1.2 位相群の表現 ── 25

合で説明しよう.

例 1.41 符号 $(1,1)$ の不定値ユニタリ群を
$$G = SU(1,1) := \left\{ \begin{pmatrix} a & b \\ \bar{b} & \bar{a} \end{pmatrix} : |a|^2 - |b|^2 = 1,\ a, b \in \mathbb{C} \right\}$$
と定義する.単位円周 $S^1 = \{z \in \mathbb{C} : |z| = 1\}$ 上の 2 乗可積分関数のつくる Hilbert 空間 $V = L^2(S^1)$ に,各 $\lambda \in \mathbb{R}$ に対して G の表現
$$\pi_\lambda \colon G \times L^2(S^1) \to L^2(S^1), \quad (g, f) \mapsto \pi_\lambda(g)f$$
を
$$(\pi_\lambda(g)f)(z) := |bz + \bar{a}|^{-1 - \sqrt{-1}\lambda} f\left(\frac{az + \bar{b}}{bz + \bar{a}} \right) \quad \left(g = \begin{pmatrix} a & b \\ \bar{b} & \bar{a} \end{pmatrix},\ z \in S^1 \right)$$
という式によって定義する.このとき,π_λ は既約表現である.すなわち,$L^2(S^1)$ には表現 π_λ に関して G-不変な閉部分空間は存在しない.$SU(1,1)$ は $SL(2, \mathbb{R})$ と同型な群であり,π_λ は $SL(2, \mathbb{R})$ の主系列表現(第 11 章)と同一視される.π_λ の既約性に関しては,より一般的な定理を §11.2 で証明するので,ここでは立入らない.ところで,例えば,$C^\infty(S^1)$ は Hilbert 空間 $L^2(S^1)$ の稠密な G-不変部分空間である.同様に,$C^k(S^1)$ (S^1 上の k 階連続微分可能な関数全体)も $L^2(S^1)$ の G-不変部分空間である.しかし,$C^\infty(S^1)$ や $C^k(S^1)$ は $L^2(S^1)$ の中で稠密な部分空間であり,群の表現の立場から見ると $L^2(S^1)$ と「ほぼ同じ」表現なので,「本当の部分表現」とはいえないのである. □

上の例で見られるように,無限次元表現における部分表現や既約性は,閉部分空間だけに注目して定義する(定義 1.29)のが自然な考え方なのである.

(i) Schur の補題

この項では,表現論で最も初等的かつ基本的な Schur の補題について述べよう.$\dim V < \infty$ かつ $\dim V' < \infty$ の場合が原型であるが,ここでは少し一般の形,すなわち,V あるいは V' の一方が無限次元の場合も含む形で述べよう.なお,V および V' の両方が無限次元の場合にも,Schur の補題の様々な一般化が知られている(注意 1.46 参照).

定理 1.42（Schur の補題） 群 G の 2 つの既約表現を π, π' とし，それぞれが作用する $\mathbb{C}$ 上の Hilbert 空間を V, V' とする．V および V' の少なくとも一方は有限次元と仮定する．連続な線型写像 $A\colon V \to V'$ が
$$A\pi(g) = \pi'(g)A \quad (g \in G)$$
を満たすとする．

(i) π と π' が同型でないならば，$A = 0$．

(ii) π と π' が同型であるとし，同型写像 $T\colon V \to V'$ を 1 つ選ぶ．このとき，適当な $\lambda \in \mathbb{C}$ をとれば，$A = \lambda T$ と表される．特に，$(\pi, V) = (\pi', V')$ であるならば，$A = \lambda \operatorname{id}_V$ と表される．ここで id_V は V の恒等写像である． □

なお，定理 1.42 の 2 つの主張 (i), (ii) をまとめて記号で表せば
$$\operatorname{Hom}_G(V, V') = \begin{cases} 0 & (\pi \not\simeq \pi' \text{ のとき}) \\ \mathbb{C}T & (\pi \simeq \pi' \text{ のとき}) \end{cases}$$
となる．

［証明］ まず，$\operatorname{Ker} A$ および $\operatorname{Image} A := \{Av \in V' : v \in V\}$ はそれぞれ，G-不変な閉部分空間であることを確かめよう．

$v \in \operatorname{Ker} A$ とする．
$$A\pi(g)v = \pi'(g)Av = 0$$
より，$\pi(g)v \in \operatorname{Ker} A$ となる．従って，$\operatorname{Ker} A$ は (π, V) の G-不変部分空間である．

次に，$u \in \operatorname{Image} A$ とする．$u = Av \; (v \in V)$ と表すことができるから，
$$\pi'(g)u = \pi'(g)Av = A\pi(g)v \in \operatorname{Image} A$$
となる．従って，$\operatorname{Image} A$ は (π', V') の G-不変部分空間である．

A は連続写像であるから，$\operatorname{Ker} A$ は V の閉部分空間である．一方，V' が有限次元ならば，$\operatorname{Image} A$ は明らかに V' の閉部分空間である．V が有限次元ならば，$\operatorname{Image} A$ は有限次元であり，Hilbert 空間の有限次元部分空間は常に閉集合なので，やはり $\operatorname{Image} A$ は V' の閉部分空間となる．いずれの場合も $\operatorname{Image} A$ が V' の閉部分空間であることが示された．

さて，$A \neq 0$ としよう．(π, V) および (π', V') は既約表現だから，$\mathrm{Ker}\, A = \{0\}$, $\mathrm{Image}\, A = V'$ でなければならない．すなわち，A は線型同型写像となる．故に (π, V) と (π', V') は同型な表現であり(i)が証明された．

以下(ii)を証明する．一般の場合は，A を $T^{-1} \circ A$ に置き換えればよいので，$(\pi, V) = (\pi', V')$ の場合を考えよう．$A : V \to V$ は有限次元複素ベクトル空間の線型写像であるから，A の固有値 λ が少なくとも 1 つは存在する．$A - \lambda \,\mathrm{id}_V$ もまた $\pi(g)$ $(g \in G)$ と可換な線型写像なので，$\mathrm{Ker}(A - \lambda \,\mathrm{id}_V)$ は (π, V) の G-不変部分空間である．このとき，
$$\{0\} \subsetneq \mathrm{Ker}(A - \lambda \,\mathrm{id}_V) \subset V$$
であり，(π, V) は既約なので $\mathrm{Ker}(A - \lambda \,\mathrm{id}_V) = V$ でなければならない．故に $A = \lambda \,\mathrm{id}_V$ となり，定理が証明された． ■

Schur の補題の応用として，可換群 G の体 $\mathbb{C}$ 上の有限次元表現 (π, V) を考えてみよう．$g, g' \in G$ に対し $\pi(g)$ と $\pi(g')$ は互いに可換になるので，$\pi(g) \in \mathrm{Hom}_G(V, V)$ がわかる．もし，π が既約ならば，Schur の補題(定理1.42(ii))から，$\pi(g) = \lambda_g \,\mathrm{id}_V$ $(\lambda_g \in \mathbb{C})$ と書けることがわかる．特に，V のすべての部分空間は G-不変となる．従って，(π, V) が既約ならば，$\dim_\mathbb{C} V = 1$ でなければならない．よって次の系を得る．

系 1.43 可換群の体 $\mathbb{C}$ 上の有限次元既約表現は，1 次元である． □

Schur の補題の証明の後半では，線型写像に固有値が存在することを使った．このためにはベクトル空間が複素数体 $\mathbb{C}$ 上定義されていたことが重要である．実際，実数体 $\mathbb{R}$ 上のベクトル空間に対しては定理 1.42(ii) や系 1.43 に相当する結果は成り立たない．その最も簡単な例を説明しよう．

例 1.44 可換群 $G = \mathbb{R}$ の 2 次元ベクトル空間 $\mathbb{R}^2$ を表現空間とする表現
$$\pi : \mathbb{R} \to GL(2, \mathbb{R}), \quad t \mapsto \pi(t) := \begin{pmatrix} \cos t & -\sin t \\ \sin t & \cos t \end{pmatrix}$$
は，$\mathbb{R}$ 上の表現としては既約である．すなわち，$\mathbb{R}$ 上のベクトル空間では可換群の 2 次元既約表現が存在する．

[例 1.44 の証明] $(\pi, \mathbb{R}^2)$ が $\mathbb{R}$ 上の表現として可約ならば，1 次元の不変部分空間が存在する．不変性から，その元はすべての t に対して $\pi(t)$ の実固

有ベクトルでなければならない．しかし，$t \notin \pi\mathbb{Z}$ では，$\pi(t)$ は実固有値をもたないので，矛盾である．よって $(\pi, \mathbb{R}^2)$ は既約表現である． ∎

例 1.44 では簡単な行列計算によって
$$\mathrm{Hom}_G(\mathbb{R}^2, \mathbb{R}^2) \simeq \{a\pi(\theta) \colon a \in \mathbb{R},\ \theta \in \mathbb{R}\}$$
となることがわかる．右辺は $\mathbb{R}$ 上 2 次元のベクトル空間であるが，$a\pi(\theta) \mapsto ae^{\sqrt{-1}\theta} \in \mathbb{C}$ という対応によって体 $\mathbb{C}$ と同型になる．この例は次の定理に一般化される．

定理 1.45（$\mathbb{R}$ 上の **Schur** の補題） $\mathbb{R}$ 上の有限次元既約表現 (π, V) に対して，$\mathrm{Hom}_G(V, V)$ は $\mathbb{R}, \mathbb{C}, \mathbb{H}$（Hamilton の四元数体）のいずれかに同型である． ∎

定理 1.45 の証明は『群論』（寺田-原田[55]）定理 2.13 を参照されたい．

なお，例 1.44 における行列表現 π を $\mathbb{C}$ 上のベクトル空間 $\mathbb{C}^2$ 上の表現と見たときは，$(\pi, \mathbb{C}^2)$ は既約ではない．実際，
$$\mathbb{C}^2 = \mathbb{C}\begin{pmatrix} 1 \\ \sqrt{-1} \end{pmatrix} \oplus \mathbb{C}\begin{pmatrix} 1 \\ -\sqrt{-1} \end{pmatrix}$$
が $(\pi, \mathbb{C}^2)$ の既約分解を与えることは
$$\pi(t)\begin{pmatrix} 1 \\ \sqrt{-1} \end{pmatrix} = \begin{pmatrix} \cos t - \sqrt{-1}\sin t \\ \sin t + \sqrt{-1}\cos t \end{pmatrix} = e^{-\sqrt{-1}t}\begin{pmatrix} 1 \\ \sqrt{-1} \end{pmatrix} \quad (\forall t \in \mathbb{R})$$
などの計算より明らかであろう．

注意 1.46 V および V' が無限次元の Hilbert 空間の場合にも，次の定理が成り立つ．(π, V) および (π', V') を群 G の既約ユニタリ表現とする．このとき
$$\mathrm{Hom}_G(\pi, \pi') = \begin{cases} 0 & (\pi \not\simeq \pi' \text{ のとき}) \\ \mathbb{C}T & (\pi \simeq \pi' \text{ のとき}) \end{cases}$$
となる（左辺の定義は(1.13)参照）．ここで，$T \colon V \to V'$ は (π, V) と (π', V') の同型を与えるユニタリ作用素である．これは定理 1.42 の 1 つの一般化である．

（j） 既約分解，重複度

定理 1.47（表現の重複度） 群 G の有限次元表現 (π, V) が，既約表現の

直和 $V = V_1 \oplus \cdots \oplus V_k$ に分解されたとする. G の既約表現 (τ, W) に対し,

(1.22) $\quad \dim \mathrm{Hom}_G(W, V) = \#\{i : W \text{ は } V_i \text{ と同値な表現}\}$

が成り立つ. ただし, 集合 S に対し, $\#S$ は S の個数を表すものとする. この次元を $[\pi:\tau]$ と書き, τ の π における**重複度**(multiplicity)という.

[証明] $I = \{i : W \simeq V_i\} \subset \{1, 2, \cdots, k\}$ とおく. 各 $i \in I$ に対し, W と V_i の同型を与える写像 $(0 \neq) \Psi_i \in \mathrm{Hom}_G(W, V_i)$ を選ぶ. このとき, 任意の $C_i \in \mathbb{C}$ に対し

$$\Phi = \sum_{i \in I} C_i \Psi_i$$

と定義すると明らかに $\Phi \in \mathrm{Hom}_G(W, V)$ である. そこで線型写像

(1.23) $\quad \mathbb{C}^{\#I} \to \mathrm{Hom}_G(W, V), \quad (C_i)_{i \in I} \mapsto \sum_{i \in I} C_i \Psi_i$

が線型同型写像であることを示せばよい.

まず, j を固定して考える. V_j および $V_j' := \bigoplus_{\nu \neq j} V_\nu$ は, G-不変である. 直和分解 $V = V_j \oplus V_j'$ に応じて $v \in V$ を

$$v = v_1 + v_2 \quad (v_1 \in V_j, \ v_2 \in V_j')$$

と表そう. V から V_j への射影を p_j とする. すなわち $p_j(v) = v_1$ と定義するのである. $g \in G$ とすると, $\pi(g)v_1 \in V_j$, $\pi(g)v_2 \in V_j'$ であるから, 次の等式

$$\pi(g)v = \pi(g)v_1 + \pi(g)v_2$$

より, $p_j(\pi(g)v) = \pi(g)p_j(v)$ となる. 故に $p_j \in \mathrm{Hom}_G(V, V_j)$ である.

(1.23) の逆写像を構成しよう. 任意の $\Phi \in \mathrm{Hom}_G(W, V)$ をとると, $p_j \circ \Phi \in \mathrm{Hom}_G(W, V_j)$ である. Schur の補題(定理 1.42)より, $j \notin I$ ならば $p_j \circ \Phi = 0$ であり, 一方, $j \in I$ ならば $p_j \circ \Phi = C_j \Psi_j$ となる $C_j \in \mathbb{C}$ が一意的に存在する. 従って

$$\Phi = \sum_{j=1}^{k} p_j \circ \Phi = \sum_{i \in I} C_i \Psi_i$$

が成り立ち, この対応 $\Phi \mapsto (C_i)_{i \in I}$ が (1.23) の逆写像を与える. 故に (1.23) は線型同型写像であり, $\dim \mathrm{Hom}_G(W, V) = \#I$ が証明された. ∎

定義 1.48（V の τ-成分） G の表現 (π, V) が与えられたとき，$(\tau, W) \in \widehat{G}_f$（定義 1.18 参照）に対し，

$$V_\tau := \sum_{\Phi \in \mathrm{Hom}_G(W, V)} \mathrm{Image}\, \Phi$$

とおく．ここで，右辺は有限和

$$\Phi_1(w_1) + \cdots + \Phi_l(w_l)$$
$$(l = 1, 2, \cdots;\ w_1, \cdots, w_l \in W;\ \Phi_1, \cdots, \Phi_l \in \mathrm{Hom}_G(W, V))$$

という形の元全体のつくる V の部分ベクトル空間である．V_τ を V の **τ-成分**（τ-component）と呼ぶ． □

V が有限次元既約表現の直和 $V = V_1 \oplus \cdots \oplus V_k$ になっていれば，定理 1.47 の証明からわかるように $I = \{i : W \simeq V_i\} \subset \{1, 2, \cdots, k\}$ とおくと

$$V_\tau = \bigoplus_{i \in I} V_i$$

である．従って有限次元表現 (π, V) が完全可約ならば

(1.24)
$$V = \bigoplus_{\tau \in \widehat{G}_f} V_\tau$$

が成り立つ．

次の命題の 2 番目の主張は，V_τ の重複度がどんなに大きくても（極端な場合，∞ であっても）その各元 v は高々 $(\dim \tau)^2$ 次元の不変部分空間 $\sum_{g \in G} \mathbb{C}\pi(g)v$ に含まれるという強い結果である．$(\dim \tau)^2$ という自然数には第 4 章の Peter–Weyl の定理（G がコンパクト群のとき）で，再びお目にかかることになる（定理 4.1 および定理 4.18 参照）．

命題 1.49 (π, V) を群 G の表現とし，$(\tau, W) \in \widehat{G}_f$ とする．

（i） V_τ は，G-不変で，τ と同値な表現の直和に分解される．

（ii） $v \in V_\tau$ に対し，$\dim \sum_{g \in G} \mathbb{C}\pi(g)v \leqq (\dim \tau)^2$.

［証明］ （i） V_τ が G-不変な V の部分空間であることは定義より明らかである．これが τ と同値な表現の直和に分解されることを示そう．$\mathrm{Hom}_G(W, V)$ の $\mathbb{C}$-線型空間としての基底 $\{\Phi_i : i \in I\}$ を 1 つとると，$V_\tau = \sum_{i \in I} \mathrm{Image}\, \Phi_i$ とな

るが，これが直和分解であることを示す．このためには，任意の $\{i_1,\cdots,i_m\}\subset I$ に対し，$v_j\in\mathrm{Image}\,\Phi_{i_j}$ が $v_1+\cdots+v_m=0$ を満たすのが $v_1=\cdots=v_m=0$ のときに限ることを示せばよい．

$\widetilde{W}$ を W の m 個の直和空間として，$\Phi\in\mathrm{Hom}_G(\widetilde{W},V)$ を $\Phi(w_1,\cdots,w_m)=\sum_{j=1}^{m}\Phi_{i_j}(w_j)$ で定める．また，j 番目の成分への射影を $p_j\colon\widetilde{W}\to W$ とおく．

$\mathrm{Ker}\,\Phi\neq\{0\}$ と仮定し，矛盾を示せばよい．$\mathrm{Ker}\,\Phi$ は，$\widetilde{W}$ の不変部分空間であるが，その 0 でない既約部分空間の 1 つを W_0 とおく（補題 1.24 より，このような W_0 は存在する）．$W_0\neq\{0\}$ なので，少なくとも 1 つの j ($1\leqq j\leqq m$) に対して射影 p_j を W_0 に制限した写像
$$p_j|_{W_0}\colon W_0\to W$$
は 0 でない．W_0 と W は既約なので，W_0 と W は同型である．同型写像 $q\colon W\simeq W_0$ を 1 つ選ぶと，各 j ($1\leqq j\leqq m$) に対して $p_j\circ q\in\mathrm{Hom}_G(W,W)$ であるから，これは恒等写像のスカラー倍である．そのスカラーを C_j とおくと，$W_0\neq\{0\}$ であるから，少なくとも 1 つの C_j は 0 でない．任意の $w\in W$ に対し，
$$0=\Phi(q(w))=\sum_j\Phi_{i_j}(p_j\circ q(w))=\sum_j C_j\Phi_{i_j}(w)$$
となるので，$\Phi_{i_1},\cdots,\Phi_{i_m}$ が一次従属ということになり，$\{\Phi_i:i\in I\}$ が基底であることに矛盾する．

(ii) W の基底を $\{w_1,\cdots,w_d\}$ とする．$v\in\sum_{j=1}^{m}\mathrm{Image}\,\Phi_{i_j}$ とすると，
$$v=\sum_{j=1}^{m}\sum_{k=1}^{d}C_{j,k}\Phi_{i_j}(w_k)\quad(C_{j,k}\in\mathbb{C})$$
と表せる．$\Psi_k:=\sum_{j=1}^{m}C_{j,k}\Phi_{i_j}$ とおくと
$$\pi(g)v=\sum_{j=1}^{m}\sum_{k=1}^{d}C_{j,k}\Phi_{i_j}(\tau(g)w_k)$$
$$=\sum_{k=1}^{d}\Psi_k(\tau(g)w_k)\in\sum_{k=1}^{d}\Psi_k(W)$$
となるので，$d=\dim W$ に注意すると，$\dim\sum_g\mathbb{C}\pi(g)v\leqq d^2$ が証明された．■

§1.3　種々の表現を構成する操作[*1]

この節では，与えられたベクトル空間 V や W から，別のベクトル空間 $\overline{V}$, $V^\vee$, $V\otimes W$ などが構成できることに対応して，群の表現についても，与えられた表現から，共役表現，反傾表現，テンソル表現などの別の表現が自然に構成できることを説明する．

（a）　ベクトル空間の操作

V, W を $\mathbb{C}$ 上の有限次元のベクトル空間とすると，新たに，以下のような $\mathbb{C}$ 上のベクトル空間を作ることができる．

$$(1.25)\quad \begin{cases} \overline{V} & (V \text{ の複素共役}) \\ V^\vee = \mathrm{Hom}_\mathbb{C}(V, \mathbb{C}) & (V \text{ の双対空間}) \\ V \otimes W & (\text{テンソル積}) \\ \wedge V = \bigoplus_{k=0}^{\dim V} \wedge^k V & (\text{外積}) \\ SV = \bigoplus_{k=0}^{\infty} S^k V & (\text{対称テンソル積}) \end{cases}$$

ここで $\overline{V}$ は次のような記号を用いて定義される複素ベクトル空間である：

集合として，

$$\overline{V} := \overline{v}\ (v \in V) \text{ という記号で表される元の全体}.$$

集合 $\overline{V}$ に，加法およびスカラー倍を

$$\overline{v} + \overline{w} := \overline{v+w} \qquad (v, w \in V)$$
$$(x + \sqrt{-1}\,y) \cdot \overline{v} := \overline{(x - \sqrt{-1}\,y)v} \quad (x, y \in \mathbb{R})$$

と定めると，$\overline{V}$ は複素ベクトル空間としての構造をもつ．ここで，$\overline{v}$ は単なる記号であって，V の実形(real form) $V_\mathbb{R}$ に関する共役をとったわけではないことに注意しておく（実形については第 12 章で詳しく述べる）．

次の命題は複素ベクトル空間 $\overline{V}$ の定義から明らかであろう：

[*1]　ここでの「操作」は圏(category)における函手(functor)として述べられるものであるが，本書では極度の抽象化は避けた．

§1.3 種々の表現を構成する操作——33

命題 1.50 写像 $\varphi\colon V \to \overline{V}$ を $v \mapsto \overline{v}$ と定義すると，φ は $\mathbb{R}$-線型同型であり，

(1.26) $$\varphi(av) = \overline{a}\varphi(v) \quad (a \in \mathbb{C}, v \in V)$$

が成り立つ． □

上記のベクトル空間の基底を与えておこう．$\{v_1, v_2, \cdots, v_m\}$ を V の $\mathbb{C}$ 上の基底，$\{v_1^\vee, v_2^\vee, \cdots, v_m^\vee\}$ を $V^\vee$ における双対基底とする．すなわち $V^\vee$ と V の自然なペアリングを $\langle\,,\,\rangle$ で表せば，

$$\langle v_i, v_j^\vee \rangle = \begin{cases} 1 & (i = j) \\ 0 & (i \neq j) \end{cases}$$

である．また $\{w_1, w_2, \cdots, w_n\}$ を W の $\mathbb{C}$ 上の基底とする．このとき，次のように $\mathbb{C}$ 上の基底を選ぶことができる．

(1.27)
$$\begin{cases} \overline{V} \text{ の基底} & \{\overline{v_1}, \overline{v_2}, \cdots, \overline{v_m}\} \\ V^\vee \text{ の基底} & \{v_1^\vee, v_2^\vee, \cdots, v_m^\vee\} \\ V \otimes W \text{ の基底} & \{v_i \otimes w_j : 1 \leqq i \leqq m,\ 1 \leqq j \leqq n\} \\ \wedge^k V \text{ の基底} & \{v_{i_1} \wedge v_{i_2} \wedge \cdots \wedge v_{i_k} : 1 \leqq i_1 < i_2 < \cdots < i_k \leqq m\} \\ S^k V \text{ の基底} & \{v_{i_1} \otimes v_{i_2} \otimes \cdots \otimes v_{i_k} : 1 \leqq i_1 \leqq i_2 \leqq \cdots \leqq i_k \leqq m\} \end{cases}$$

（b） 線型作用素の操作

前項(a)では，複素ベクトル空間 V, W が与えられたときに，そこから別のベクトル空間 $\overline{V}, V^\vee, V \otimes W, \wedge^k V, S^k V$ を作る操作を説明した．同様の操作は線型写像に対しても定義できる．すなわち，もとの空間の線型写像 $A \in \mathrm{End}_{\mathbb{C}}(V), B \in \mathrm{End}_{\mathbb{C}}(W)$ が与えられたとき，新たに作られたベクトル空間に

(1.28)
$$\begin{cases} \overline{A} \in \mathrm{End}_{\mathbb{C}}(\overline{V}) \\ A^{\vee} \in \mathrm{End}_{\mathbb{C}}(V^{\vee}) \\ A \otimes B \in \mathrm{End}_{\mathbb{C}}(V \otimes W) \\ \bigwedge^k A \in \mathrm{End}_{\mathbb{C}}(\bigwedge^k V) \\ S^k A \in \mathrm{End}_{\mathbb{C}}(S^k V) \end{cases}$$

という $\mathbb{C}$-線型写像を，それぞれ次の式で定義することができる．

(1.29)
$$\begin{cases} \overline{A}\overline{v} & := \overline{Av} & (v \in V) \\ \langle v, A^{\vee} f \rangle & := \langle Av, f \rangle & (v \in V,\ f \in V^{\vee}) \\ (A \otimes B)(v \otimes w) & := Av \otimes Bw & (v \in V,\ w \in W) \\ (\bigwedge^k A)(u_1 \wedge \cdots \wedge u_k) & := Au_1 \wedge \cdots \wedge Au_k & (u_1, \cdots, u_k \in V) \\ (S^k A)(u_1 \otimes \cdots \otimes u_k) & := Au_1 \otimes \cdots \otimes Au_k & (u_1, \cdots, u_k \in V) \end{cases}$$

A に逆写像 A^{-1}，B に逆写像 B^{-1} が存在するとき，
$$\overline{A^{-1}},\quad (A^{-1})^{\vee},\quad A^{-1} \otimes B^{-1},\quad \bigwedge^k(A^{-1}),\quad S^k(A^{-1})$$
はそれぞれ
$$\overline{A},\quad A^{\vee},\quad A \otimes B,\quad \bigwedge^k A,\quad S^k A$$
の逆写像となる．従って，(1.28)はそれぞれ正則な線型写像の間の対応

$$\begin{cases} GL_{\mathbb{C}}(V) \to GL_{\mathbb{C}}(\overline{V}), & A \mapsto \overline{A} \\ GL_{\mathbb{C}}(V) \to GL_{\mathbb{C}}(V^{\vee}), & A \mapsto A^{\vee} \\ GL_{\mathbb{C}}(V) \times GL_{\mathbb{C}}(W) \to GL_{\mathbb{C}}(V \otimes W), & (A,B) \mapsto A \otimes B \\ GL_{\mathbb{C}}(V) \to GL_{\mathbb{C}}(\bigwedge^k V), & A \mapsto \bigwedge^k A \\ GL_{\mathbb{C}}(V) \to GL_{\mathbb{C}}(S^k V), & A \mapsto S^k A \end{cases}$$

を与える．

V の基底および $V^{\vee}$ での双対基底を用いて $\mathrm{End}_{\mathbb{C}}(V)$, $\mathrm{End}_{\mathbb{C}}(\overline{V})$, $\mathrm{End}_{\mathbb{C}}(V^{\vee})$ をいずれも $m \times m$ 正方行列のなす環 $M(m, \mathbb{C})$ と同一視すれば，

$\overline{A}$ $\cdots$ 行列 A の各成分の複素共役をとった行列

$A^\vee$ … 行列 A の転置行列

となることは容易にわかるだろう．

また上記の操作は $\overline{V}$ に対するものを除いて，$\mathbb{R}$ 上のベクトル空間に対しても同様に定義できる．

(c) 群の表現の操作

今まで述べてきたベクトル空間および線型作用素に関する操作(函手)を群の表現に適用してみよう．

群 G の有限次元表現 (π, V) および (σ, W) が与えられたとする．すなわち，$\pi\colon G \to GL_{\mathbb{C}}(V)$ および $\sigma\colon G \to GL_{\mathbb{C}}(W)$ が与えられたとする．このとき，G の新たな表現

$$(1.30) \quad \begin{cases} \overline{\pi}\colon G \to GL_{\mathbb{C}}(\overline{V}) \\ \pi^\vee\colon G \to GL_{\mathbb{C}}(V^\vee) \\ \pi \otimes \sigma\colon G \to GL_{\mathbb{C}}(V \otimes W) \\ \bigwedge^k \pi\colon G \to GL_{\mathbb{C}}(\bigwedge^k V) \\ S^k \pi\colon G \to GL_{\mathbb{C}}(S^k V) \end{cases}$$

を次のように定義することができる：$g \in G$ に対して

$$(1.31) \quad \begin{cases} \overline{\pi}(g) := \overline{\pi(g)} & \in \operatorname{End}_{\mathbb{C}}(\overline{V}) \\ \pi^\vee(g) := (\pi(g^{-1}))^\vee & \in \operatorname{End}_{\mathbb{C}}(V^\vee) \\ (\pi \otimes \sigma)(g) := \pi(g) \otimes \sigma(g) & \in \operatorname{End}_{\mathbb{C}}(V \otimes W) \\ (\bigwedge^k \pi)(g) := \bigwedge^k (\pi(g)) & \in \operatorname{End}_{\mathbb{C}}(\bigwedge^k V) \\ (S^k \pi)(g) := S^k(\pi(g)) & \in \operatorname{End}_{\mathbb{C}}(S^k V) \end{cases}$$

ここで(1.31)の右辺はそれぞれ(1.29)の操作によって定義したものである．$\pi^\vee(g)$ の定義において，$\pi(g)^\vee$ ではなく $(\pi(g^{-1}))^\vee$ としたのは $\pi^\vee\colon G \to GL_{\mathbb{C}}(V^\vee)$ が準同型写像，すなわち，

$$(1.32) \quad \pi^\vee(g_1 g_2) = \pi^\vee(g_1) \pi^\vee(g_2)$$

を満たすようにするためである．式(1.32)を確かめてみよう．$A, B \in \operatorname{End}_{\mathbb{C}}(V)$

ならば，$(AB)^\vee = B^\vee A^\vee$ となることに注意すると

$$\begin{aligned}
\pi^\vee(g_1 g_2) &= (\pi((g_1 g_2)^{-1}))^\vee \\
&= (\pi(g_2^{-1})\ \pi(g_1^{-1}))^\vee \\
&= \pi(g_1^{-1})^\vee\ \pi(g_2^{-1})^\vee \\
&= \pi^\vee(g_1)\ \pi^\vee(g_2).
\end{aligned}$$

従って $\pi^\vee\colon G \to GL_{\mathbb{C}}(V^\vee)$ が準同型写像であることが示された．(1.30)の他の写像がそれぞれ準同型写像であることは明らかであろう．

V の基底および $V^\vee$ での双対基底を用いて $GL_{\mathbb{C}}(V), GL_{\mathbb{C}}(\overline{V}), GL_{\mathbb{C}}(V^\vee)$ をいずれも $GL(m, \mathbb{C})$ と同一視すれば前項(b)で見たように

$$\overline{\pi}(g) = \overline{\pi(g)} \quad (\text{行列}\pi(g)\text{の各成分の複素共役をとった行列})$$
$$\pi^\vee(g) = {}^t(\pi(g^{-1})) \quad (\text{行列}\pi(g^{-1})\text{の転置行列})$$

となる．

G の表現 (π, V) に対して，$(\overline{\pi}, \overline{V})$ を**共役表現**(conjugate representation)と呼ぶ．また，$(\pi^\vee, V^\vee)$ を (π, V) の**反傾表現**(contragredient representation)あるいは**双対表現**(dual representation)と呼ぶ．また，$(\pi \otimes \sigma, V \otimes W)$ を (π, V) と (σ, W) の**テンソル積表現**(tensor product representation)と呼ぶ．

(d) ユニタリ表現の操作

前項では与えられた表現から種々の表現を構成した．この操作はユニタリという性質を保つ．すなわち，G のユニタリ表現 (π, V)（および (σ, W)）が与えられたとき，$(\overline{\pi}, \overline{V})$, $(\pi^\vee, V^\vee)$, $(\pi \otimes \sigma, V \otimes W)$, $(\bigwedge^k \pi, \bigwedge^k V)$, $(S^k \pi, S^k V)$ を G のユニタリ表現として定義することができる．この項ではこれを説明しよう．理解を容易にするために V および W が有限次元であると仮定し，

$$\begin{cases} \{v_1, \cdots, v_m\} \text{ を } V \text{ の正規直交基底} \\ \{v_1^\vee, \cdots, v_m^\vee\} \text{ を } V^\vee \text{ の正規直交基底} \\ \{w_1, \cdots, w_n\} \text{ を } W \text{ の正規直交基底} \end{cases}$$

とする．このとき(1.27)で述べた基底がそれぞれのベクトル空間の正規直交基底となるように $\overline{V}, V^\vee, V \otimes W, \bigwedge^k V, S^k V$ に内積を定義する．このようにして定義された内積は V や W の正規直交基底のとり方によらない．このことは基底の変換行列を用いて簡単に確かめられるのでここでは証明を省略する．さらに，(1.29)における線型写像の定義から，(1.28)はユニタリ作用素にユニタリ作用素を対応させることがわかる．従って，次の命題を得る．

命題 1.51 $(\pi, V), (\sigma, W)$ が G の有限次元ユニタリ表現ならば，(1.30) で定義した表現 $(\overline{\pi}, \overline{V}), (\pi^\vee, V^\vee), (\pi \otimes \sigma, V \otimes W), (\bigwedge^k \pi, \bigwedge^k V), (S^k \pi, S^k V)$ は G のユニタリ表現となる． □

上の命題は V や W が無限次元のときにも成り立つ．反傾表現 $(\pi^\vee, V^\vee)$ の場合を解説しよう．V を Hilbert 空間とする．$T \in \mathrm{Hom}_{\mathbb{C}}(V, \mathbb{C})$ に対し，

$$\|T\| := \sup_{\substack{v \in V \\ v \neq 0}} \frac{|\langle v, T \rangle|}{\|v\|_V} = \sup_{\substack{v \in V \\ \|v\| = 1}} |\langle v, T \rangle|$$

とおく．$\dim_{\mathbb{C}} V < \infty$ ならば常に $\|T\| < \infty$ となるが，$\dim_{\mathbb{C}} V = \infty$ のときは $\|T\| < \infty$ とは限らない．そこで，

$$V^\vee := \{T \in \mathrm{Hom}_{\mathbb{C}}(V, \mathbb{C}) : \|T\| < \infty\}$$

と定義すると，$V^\vee$ は $\|\cdot\|$ をノルムとする Banach 空間になる．ノルム $\|T\|$ を $\|T\|_{V^\vee}$ とも書く．このノルムは中線定理の等式(1.15)を満たすので，$V^\vee$ は Hilbert 空間の構造をもつ(補題 1.53 の証明で述べる Riesz の表現定理を用いても，$V^\vee$ に Hilbert 空間の構造が入ることが簡単にわかる)．

さて，(π, V) を群 G のユニタリ表現とし，$g \in G, T \in V^\vee, v \in V$ に対し，$\pi^\vee(g) T \in \mathrm{Hom}_G(V, \mathbb{C})$ を $\langle v, \pi^\vee(g) T \rangle := \langle \pi(g^{-1}) v, T \rangle$ と定義すると，

$$\|\pi^\vee(g) T\|_{V^\vee} = \sup_{\substack{v \in V \\ \|v\| = 1}} |\langle \pi(g)^{-1} v, T \rangle| = \sup_{\substack{u \in V \\ \|u\| = 1}} |\langle u, T \rangle| = \|T\|_{V^\vee}$$

となるので，$\pi^\vee : G \to GL_{\mathbb{C}}(V^\vee)$ はユニタリ表現となる．

注意 1.52 V, W が無限次元 Hilbert 空間の場合にも命題 1.51 を拡張するためには $V \otimes W, \bigwedge^k V, S^k V$ は命題 1.36 を用いて完備化をすればよい．

（e） 表現の外部テンソル積

最後に表現の外部テンソル積を定義しておこう．群 G_1 の表現 (π_1, V_1)，群 G_2 の表現 (π_2, V_2) が与えられたとする．$g_1 \in G_1$, $g_2 \in G_2$ に対して
$$\pi_1(g_1) \in GL_{\mathbb{C}}(V_1), \ \pi_2(g_2) \in GL_{\mathbb{C}}(V_2)$$
$$\Downarrow$$
$$\pi_1(g_1) \otimes \pi_2(g_2) \in GL_{\mathbb{C}}(V_1 \otimes V_2)$$
が(1.29)の操作により定義される．
$$\pi_1 \boxtimes \pi_2 \colon G_1 \times G_2 \to GL_{\mathbb{C}}(V_1 \otimes V_2), \quad (g_1, g_2) \mapsto \pi_1(g_1) \otimes \pi_2(g_2)$$
と定義すると，$\pi_1(g_1) \otimes \mathbf{1}$ と $\mathbf{1} \otimes \pi_2(g_2)$ は可換なので，

$$\begin{aligned}
& (\pi_1 \boxtimes \pi_2)(g_1 g_1', g_2 g_2') \\
={} & \pi_1(g_1 g_1') \otimes \pi_2(g_2 g_2') \\
={} & (\pi_1(g_1 g_1') \otimes \mathbf{1})(\mathbf{1} \otimes \pi_2(g_2 g_2')) \\
={} & (\pi_1(g_1) \otimes \mathbf{1})(\pi_1(g_1') \otimes \mathbf{1})(\mathbf{1} \otimes \pi_2(g_2))(\mathbf{1} \otimes \pi_2(g_2')) \\
={} & (\pi_1(g_1) \otimes \mathbf{1})(\mathbf{1} \otimes \pi_2(g_2))(\pi_1(g_1') \otimes \mathbf{1})(\mathbf{1} \otimes \pi_2(g_2')) \\
={} & (\pi_1(g_1) \otimes \pi_2(g_2))(\pi_1(g_1') \otimes \pi_2(g_2')) \\
={} & (\pi_1 \boxtimes \pi_2)(g_1, g_2)(\pi_1 \boxtimes \pi_2)(g_1', g_2')
\end{aligned}$$

となる(ただし $g_1, g_1' \in G_1$, $g_2, g_2' \in G_2$)．従って，$\pi_1 \boxtimes \pi_2$ は直積群 $G_1 \times G_2$ の表現を定める．この表現を**外部テンソル積表現**(outer tensor product representation)と呼ぶ．

特に，$G_1 = G_2$（$= G$ と書く）のとき，$\mathrm{diag}\colon G \to G \times G$, $g \mapsto (g, g)$ とおくと，外部テンソル積表現 $(\pi_1 \boxtimes \pi_2, V_1 \otimes V_2)$ を $G \times G$ の部分群
$$\mathrm{diag}(G) := \{(g, g) \in G \times G \colon g \in G\} \ (\simeq G)$$
に制限した表現がテンソル積表現 $(\pi_1 \otimes \pi_2, V_1 \otimes V_2)$ に他ならない．図式で表すと，次のようになる．

§1.3 種々の表現を構成する操作 —— 39

$$G \times G \xrightarrow{\pi_1 \boxtimes \pi_2} GL_{\mathbb{C}}(V_1 \otimes V_2)$$

$$\text{diag} \cup \qquad \nearrow \pi_1 \otimes \pi_2$$

$$G$$

(f) ユニタリ表現と反傾表現,共役表現

(π, V) を G の有限次元表現とし,基底をとって V を数ベクトル空間 $\mathbb{C}^n$ と同一視する.この同一視で $\pi(g) \in GL(n, \mathbb{C})$ と見たとき,項(c)で示したように $\overline{\pi}(g) = \overline{\pi(g)}$, $\pi^\vee(g) = {}^t(\pi(g)^{-1})$ となるから

$$\overline{\pi}(g) = \pi^\vee(g) \iff \overline{\pi(g)} = {}^t(\pi(g)^{-1}) \iff \pi(g) \text{ はユニタリ行列}$$

となる.すなわち「$\overline{\pi} \simeq \pi^\vee \iff \pi$ はユニタリ行列」である.V が無限次元の場合も同様の結果が成り立つ.基底を用いない証明を次に紹介しておこう.

補題 1.53 (π, V) を G の表現とし,V は Hilbert 空間とする.$\mathbb{C}$-線型写像 ψ を

(1.33) $$\psi: \overline{V} \to V^\vee, \quad \overline{v} \mapsto (\ , v)_V$$

と定義する.ここで,$\overline{V}$ の任意の元は $\overline{v}$ $(v \in V)$ と表されていたことを思い出そう.一方,$v \in V$ に対して $(\ , v)_V$ は連続な $\mathbb{C}$-線型写像

$$V \to \mathbb{C}, \quad u \mapsto (u, v)_V$$

を定めるので,$(\ , v)_V \in V^\vee$ とみなした.このとき,次の 2 条件は同値である.

(ⅰ) (π, V) はユニタリ表現.

(ⅱ) ψ は $(\overline{\pi}, \overline{V})$ から $(\pi^\vee, V^\vee)$ への G-線型写像.

さらに,(ⅰ)(あるいは(ⅱ))が成り立つとき,ψ はユニタリ表現の同値を与える.

[証明] まず,ψ がユニタリ作用素であることを示そう.

$$\|\psi(\overline{v})\|_{V^\vee} = \sup_{\substack{u \in V \\ \|u\|=1}} |\langle u, \psi(\overline{v})\rangle| = \sup_{\substack{u \in V \\ \|u\|=1}} |(u, v)_V| = \|v\|_V = \|\overline{v}\|_{\overline{V}}$$

となるので ψ は等長写像である.さらに,F. Riesz の表現定理(例えば,『関数解析』(黒田[28])定理 8.5 参照)より ψ は全射となる.故に ψ はユニタリ

作用素である.

$$
\begin{aligned}
\text{(ii)} &\iff \psi(\overline{\pi(g)\overline{v}}) = \pi^{\vee}(g)(\ ,v) && (\forall g \in G,\ \forall v \in V) \\
&\iff \langle u, \psi(\overline{\pi(g)v})\rangle = \langle u, \pi^{\vee}(g)(\ ,v)\rangle && (\forall g \in G,\ \forall u, \forall v \in V) \\
&\iff (u, \pi(g)v)_V = (\pi(g)^{-1}u, v)_V && (\forall g \in G,\ \forall u, \forall v \in V) \\
&\iff (\pi(g)w, \pi(g)v)_V = (w, v)_V && (\forall g \in G,\ \forall v, \forall w \in V) \\
&\iff (\pi, V) \text{ はユニタリ表現}
\end{aligned}
$$

より(i)と(ii)の同値が証明された. ψ がユニタリ作用素であることは既に示したので, 最後の主張は明らかである. ∎

§1.4 Hilbertの第5問題

位相群は, 位相空間に(連続な)群演算が定義された対象であった. 位相群における群構造という代数的な性質は, 位相的な性質にも強い制約を与える(例えば, 演習問題1.2, 1.3参照). さて, 第5章で詳しく解説するLie群とは, 大まかにいえば, 多様体に群演算が定義された位相群の特別な例である. 実は, Lie群ではその群構造のおかげで, 位相的な性質のみならず, 微分構造や解析的な構造まで非常に「素直」なものになることがわかる. その1つの側面は, Lie群の連続準同型写像が解析的になるという定理(定理5.49)である. さらに強く, Lie群が位相空間に位相変換群として推移的に作用するなら, 解析的変換群であるような C^{ω}-構造は一意であるという定理(定理6.32)も成り立つ. これらの証明の中核になるのは exp 写像の解析性であるが, 遡ってみれば, 位相群における群構造が幾何構造に強い制約を与えていることがその根底にある.

この節では, 位相群における群構造が位相的性質に強い制約を与える例として, また位相群からLie群への橋渡しとして, Hilbertの第5問題について触れよう. そして, Lie群の微分位相幾何構造の「素直さ」の全体像をつかむために, (群構造に無関係な)微分位相幾何の種々の定理との比較を紹介する. なお, その証明は本書のレベルを越えるため, ここでは立入らない.

Hilbert の第 5 問題の研究史については，杉浦光夫氏による精緻な論文[48]を参照されたい．

(a) $\mathbb{R}^N$ の閉集合と位相群

まず，手始めに §5.5 で述べる von Neumann の定理を考えよう．

定理 1.54 (von Neumann(1927)) $M(n,\mathbb{R}) \simeq \mathbb{R}^{n^2}$ の閉集合 G が，行列の群演算に関して閉じていれば，G は $M(n,\mathbb{R})$ の相対位相に関して Lie 群となる．特に G は多様体となる． □

一方，$\mathbb{R}^N$ の閉集合というだけでは，多様体にならないものがたくさんある．例えば Cantor 集合がその例である．

von Neumann の定理は，$M(n,\mathbb{R}) \simeq \mathbb{R}^{n^2}$ の部分集合 S であって，

$$\begin{cases} S \text{ は Cantor 集合と同相} \\ S \text{ は行列の積について閉じている} \end{cases}$$

というような S は存在しないことを主張している．

一方，(Lie 群ではない) コンパクト位相群であって，位相空間としては Cantor 集合と同相なものが存在する．例えば，$\mathbb{Z}/2\mathbb{Z}$ の可算個の直積として得られる位相群がその例である．このように，von Neumann の定理は，位相群が $M(n,\mathbb{R}) \simeq \mathbb{R}^{n^2}$ の閉集合に実現されているという仮定だけで，極めて強い結論を導く定理であることが感じられると思う．

(b) Hilbert の第 5 問題と von Neumann による定式化

1900 年にパリで開かれた国際数学者会議で，D. Hilbert は 20 世紀の数学の進歩に役立つと考えた 23 の問題を提起した(杉浦光夫編[47]参照)．その第 5 番目の問題は:

[Hilbert の第 5 問題] "S. Lie の連続変換群の理論は，問題の関数に対する微分可能性の仮定なしで，どこまで到達できるか?"

という形で表現した．1900 年当時は，多様体や位相群の概念が生まれる以前であったので，現代数学から見ると上の表現はあいまいな形になっている．実際，多様体の概念が数学的に厳密に定義されたのは H. Weyl の著書

"Die Idee der Riemannschen Fläche"(1913)の中でRiemann面(複素1次元多様体)が定義されたのが初めてであり，一方，近傍系による位相空間の定義(Hausdorff, 1914)を経て，位相群の概念がSchreierによって定式化されたのは1925年である．

また，19世紀のLieの理論では作用を受ける空間のパラメータが群のパラメータと対等に扱われていたため，Hilbertの第5問題を，変換群としての問題として定式化すべきなのか，位相群自身の問題として定式化すべきなのかが1900年の時点では明らかではなかった．von Neumannは，変換群としてのHilbertの第5問題に否定的な例を与え，位相群自身の問題として次の形で新しく定式化し直した(*Ann. of Math.*, 1933)．これが，現在通常に述べられるHilbertの第5問題である：

[Hilbertの第5問題′] "位相群Gが局所的にEuclid空間と同相であるとき，GはLie群となるか？"

この問題をさらに言い換えるために(ここだけの用語で)C^r-Lie群($r = 0, 1, \cdots, \infty, \omega$)という概念を導入しよう．

(c)　C^r-多様体とC^r-構造

まず，多様体の定義を復習する．Mを可分なHausdorff位相空間とする．

$$M\text{の開被覆} \quad M = \bigcup_{\alpha \in \Lambda} U_\alpha$$
$$\mathbb{R}^n\text{の開集合} \quad V_\alpha \ (\alpha \in \Lambda)$$
$$\text{同相写像} \quad \psi_\alpha : U_\alpha \to V_\alpha \ (\alpha \in \Lambda)$$

が与えられ，変換関数

$$\psi_\beta \circ \psi_\alpha^{-1} : \psi_\alpha(U_\alpha \cap U_\beta) \to \psi_\beta(U_\alpha \cap U_\beta)$$

が，$U_\alpha \cap U_\beta \neq \emptyset$となる任意の$\alpha, \beta \in \Lambda$に対して$\mathbb{R}^n$の開集合$\psi_\alpha(U_\alpha \cap U_\beta)$から$\psi_\beta(U_\alpha \cap U_\beta)$への$C^r$級写像($r = 0, 1, 2, \cdots, \infty, \omega$)のとき，$M$を**$C^r$-多様体**という．ここで，$\mathbb{R}^n$の開集合から$\mathbb{R}^n$への写像$f = \begin{pmatrix} f_1 \\ \vdots \\ f_n \end{pmatrix}$が$C^r$級とは

各座標成分 f_i が C^r 級の関数であることを意味する．ただし，C^0 級は連続，C^∞ 級は無限回微分可能，C^ω 級は実解析的であることを意味する．C^0-多様体は位相多様体，C^∞-多様体は可微分多様体，C^ω-多様体は実解析的多様体ともいう．

C^r-多様体 ($r=0,1,\cdots,\infty,\omega$) の C^r-座標系の C^r-同値類をその多様体の **C^r-構造**(C^r-structure)という．C^r-多様体には，その基礎構造として C^s-構造 ($0 \leqq s \leqq r$) が存在するのは明らかである．逆に，$r<s$ なる s に対してもとの C^r-多様体の構造と両立する C^s-多様体の構造は存在するだろうか？　次の定理は Whitney の埋め込み定理の帰結である．

定理 1.55（H. Whitney の埋め込み定理, 1936）　任意の C^1-多様体には，C^s-多様体($s=1,2,\cdots,\infty,\omega$)の構造が存在する．さらに，$s=1,2,\cdots,\infty$ のとき，もとの C^1-構造と両立する C^s-構造は一意的である． □

Whitney の定理で証明されなかった $s=\omega$ の場合の一意性は，のちに H. Grauert(1958) によって肯定的に解決された．

一方，C^0-構造と C^1-構造の差は大きい．実際，C^0-多様体(位相多様体)の上には，相異なる C^r-構造が存在しうる．例えば，J. Milnor(1956)は，各奇数 $k \in \mathbb{Z}$ に対して写像

$$f_k \colon S^3 \to SO(4), \quad \xi \mapsto f_k(\xi) \quad \left(\eta \mapsto \xi^{\frac{k+1}{2}} \eta \xi^{\frac{1-k}{2}}\right)$$

(η, ξ は四元数体 $\mathbb{H}$ の元で $|\xi|=1$) となるものを考え，f_k に対応する S^4 上の S^3-束は S^7 と位相多様体として同相であるが，C^∞-多様体の特性類から k^2 mod 7 で C^∞-構造が分離される(すなわち，この値が異なれば C^∞-構造が異なる)ことを示した．すなわち，同じ C^0-基礎構造をもつ C^∞-多様体が複数存在しうる．このようにして J. Milnor–M. Z. Kervaire–E. Brieskorn は

定理 1.56　7次元球面の上に，相異なる C^∞-多様体の構造が存在する． □

ことを証明した．これらの微分多様体はエギゾティック球面とも呼ばれる．これらのエギゾティック球面は不自然な貼り合わせを用いて人工的に作られるのではなく，代数多様体として構成されていることに注意しよう．

一方，いかなる C^∞-多様体の構造も両立しない C^0-多様体の例も 1960 年

代初頭に Kervaire，Kuiper，Smale，田村一郎などによって発見された．

(d) Hilbert の第 5 問題の肯定的解決

一方，位相群では前項(c)で述べたことはどうだろうか？ G が C^r-多様体かつ(抽象)群であり，

(1.34) $$G \times G \to G, \quad (x, y) \mapsto xy^{-1}$$

が C^r-写像であるとき，G を(ここだけの用語で)**C^r-Lie 群**と呼ぶことにしよう．特に，群 G が C^∞-多様体でありかつ(1.34)が C^∞-写像であるとき G を C^∞-Lie 群と呼び，群 G が実解析的多様体でありかつ(1.34)が実解析的写像であるとき G を C^ω-Lie 群と呼ぶ．このとき Hilbert の第 5 問題' は次のように言い換えられる．

[Hilbert の第 5 問題''] "C^0-Lie 群 G は，G の C^0-構造と両立する C^r-Lie 群 ($r = 1, 2, \cdots, \infty, \omega$) としての構造を許すか？"

すなわち，

"C^0-多様体 G が位相群であるとき，C^0-多様体の構造の上に定義された C^r-多様体 ($r = 1, 2, \cdots, \infty, \omega$) の構造が存在し，しかもその C^r-構造に関して群演算(1.34)は C^r-写像となるか？"

ということである．Hilbert の第 5 問題は，群がコンパクト群の場合には J. von Neumann(1933)が，群が可換群の場合には Pontryagin(1934)が解決した．そして，岩澤健吉，倉西正武，後藤守邦，山辺英彦や A. M. Gleason などの重要な仕事を経て，一般の場合には 1952 年に D. Montgomery-L. Zippin が肯定的に解決した．すなわち，C^0-Lie 群 G には，C^r-構造 ($r = 1, 2, \cdots, \infty, \omega$) が存在し，この C^r-構造に関して G は C^r-Lie 群となる．しかも，この C^r-構造は一意的である．なお，もう少し弱い結果として「C^3-Lie 群ならば C^r-Lie 群 ($r = 3, 4, \cdots, \infty, \omega$) の構造が一意的に存在する」という定理は微分方程式を用いて比較的簡単に証明することができる．この証明は Pontryagin の古典的な教科書[40]に詳しい．

前述したように，群構造をもたない多様体に関しては C^0-構造 $\Longrightarrow$ C^1-構造の一意性は一般には正しくなく，また C^0-構造 $\Longrightarrow$ C^1-構造の存在も一般

には正しくない．Hilbertの第5問題の肯定的な解決が意味するところは，微分位相幾何におけるC^0-構造とC^1-構造の間の微妙な差はLie群では現れない，すなわち，群構造という代数的な性質のおかげで，多様体としての微分構造が非常に素直になっているということである．

Hilbertの第5問題の肯定的解決によってC^r-Lie群$(r=0,1,2,\cdots,\infty,\omega)$は結果的には同じ対象になる．そこで，$C^r$-Lie群を単に**Lie群**(Lie group)と定義するのである．言い換えるとLie群は必要に応じてC^0-Lie群，C^∞-Lie群，C^ω-Lie群の性質をもっているものとして扱ってよい．なお，第5章では多様体を表に出さない形でLie群の別の定義を与え(定義5.3参照)，それがこの項で述べたLie群の定義と一致することを示す(定理5.63)．

《要約》

1.1 群演算と位相空間の構造が両立している群を位相群という．

1.2 位相群が多様体の構造をもつときLie群になる(Hilbertの第5問題)．

1.3 位相群の起源は変換群であり，特に基本的な変換は表現(線型な作用)である．

1.4 位相群の表現では連続性を考慮する．線型位相空間上の無限次元表現では，G-不変な部分空間として閉部分空間のみが重要である．

1.5 $\mathbb{C}$上の既約な連続表現における絡作用素はスカラー倍を除いて一意的である(Schurの補題)．

1.6 ベクトル空間の様々な操作(テンソル積，双対，…)に応じて，与えられた表現から様々な表現を自然に構成できる．

1.7 (用語)位相群の定義，部分群，直積，半直積，商群，位相群の連続表現，有限次元表現，無限次元表現，ユニタリ表現，既約表現，ユニタリ双対，Schurの補題，既約分解，Hilbert空間の離散直和，重複度，テンソル積表現，反傾表現，C^r-Lie群，Lie群

―――――― 演習問題 ――――――

1.1 位相群の定義 1.1(i),(ii) の 2 条件は次の 1 つの条件にまとめられることを示せ.

直積位相空間 $G \times G$ から G への写像 $(x,y) \mapsto xy^{-1}$ は連続である.

1.2 位相群 G は**正則空間**であることを示せ(Kolmogorov). すなわち,任意の点 g の任意の近傍 U に対し,$g \in \overline{V} \subset U$ となる開集合 V ($\ni g$) が存在する. ここで,$\overline{V}$ は V の閉包である.

1.3 H を位相群 G の部分群とする. 右剰余類の空間 G/H に商位相を入れたとき,商写像 $\pi \colon G \to G/H$ は開かつ連続的な写像であることを示せ.

1.4 $(\pi, V), (\pi', V')$ を群 G の 2 つの有限次元表現とする. $\mathrm{Hom}_{\mathbb{C}}(V, V')$ 上の G の表現を各元 $g \in G$ に対し

(1.35) $\quad \tau(g) \colon \mathrm{Hom}_{\mathbb{C}}(V, V') \to \mathrm{Hom}_{\mathbb{C}}(V, V'), \quad f \mapsto \pi'(g) \circ f \circ \pi(g^{-1})$

と定義する.

(1) これは G の表現になっていることを確かめよ.

(2) $V' = \mathbb{C}$ で π' が自明な表現のとき,(1.35)で定義した G の表現 $\mathrm{Hom}_{\mathbb{C}}(V, \mathbb{C})$ と反傾表現 $V^{\vee}$ は同値であることを示せ.

(3) 自然な線型同型写像

$$T \colon V^{\vee} \otimes V' \simeq \mathrm{Hom}_{\mathbb{C}}(V, V'), \quad h \otimes u' \mapsto T(h \otimes u') \quad (v \mapsto h(v) u')$$

は G の表現としても同値であることを示せ.

1.5 群 G の有限次元ユニタリ表現 (π, V) に対して,

$$\mathrm{End}_G(V) := \{T \in \mathrm{End}_{\mathbb{C}}(V) : T\pi(g) = \pi(g)T \ (\forall g \in G)\}$$

とおくとき,次の同値を示せ.

(1) $\mathrm{End}_G(V)$ が 1 次元 $\iff (\pi, V)$ が既約.

(2) $\mathrm{End}_G(V)$ が 可換環 $\iff (\pi, V)$ の既約分解における重複度が 1 以下.

Fourier 解析と表現論

　解析学の基本的な手法である Fourier 解析とは，本来トーラス $\mathbb{T}$ または実数 $\mathbb{R}$ 上の任意の関数を調和振動 $e^{\sqrt{-1}\xi t}$ に分解することを意味する．

　群論の立場から見ると，$\mathbb{T}$ や $\mathbb{R}$ は可換群であり，調和振動 $e^{\sqrt{-1}\xi t}$ は可換群 $\mathbb{T}$ や $\mathbb{R}$ の既約ユニタリ表現である．この見方を推し進めて，群 G が作用している空間 X 上の任意の関数を，調和振動に相当する "良い関数"（群 G の既約ユニタリ表現の行列成分）で展開して，X 上の大域的な解析を行うことを非可換調和解析という．非可換という用語は群 G が非可換ということを強調したものだが，これに対応する用語として Fourier 級数や Fourier 変換の研究を（可換）調和解析ということもある．

　この章では，Fourier 級数および Fourier 変換を古典的な解析の立場と（可換群）$\mathbb{T}$ や $\mathbb{R}$ の表現論の立場の両方から説明する．トーラス $\mathbb{T}$ に対応した Fourier 級数の結果は，Peter–Weyl の定理として第 4 章で任意のコンパクト群上の非可換調和解析に一般化される．さらに $\mathbb{R}^n$ の Fourier 解析に関しては，$L^2(\mathbb{R}^n)$ を可換群 $\mathbb{R}^n$ の表現として見るだけではなく，非可換群であるアファイン変換群 $GL(n,\mathbb{R}) \ltimes \mathbb{R}^n$ やその部分群の表現としてとらえ，無限次元表現の既約性が群の作用のエルゴード性という幾何的な条件によって決定されることを解説しよう．この結果は第 11 章で $GL(n,\mathbb{R})$ の既約ユニタリ表現を論じるときの主要な手法になる．

　この章の役割は，後の章の解析的な部分の理解を深めるためのウォーミン

グアップである．特に，この第 2 章で説明する内容は，前半部のハイライトである Peter–Weyl の定理(第 4 章)の原型となっている．初読の際は(特に測度論など未習の読者は)，証明のわからない部分は軽く飛ばし，「古典的な調和解析と群の表現論がどのように絡み合っているか」について全体のイメージをしっかりつかむことに時間をかけて読まれることをお勧めする．そうすれば他の章を読むときに，理解がより豊かになることと思う．

§2.1　Fourier 級数

まず，Fourier 級数論を実解析の立場，および，表現論の立場から概観する．

(a)　トーラス上の調和解析

トーラス $\mathbb{T} = \mathbb{R}/2\pi\mathbb{Z}$ は，実数の加法群 $\mathbb{R}$ において 2π の整数倍だけ異なる 2 つの元を同一視して得られる可換群である．実数 t を含む同値類を $t \bmod 2\pi$ と表すと，例 1.8 で述べたように
$$\mathbb{T} \to S^1, \quad t \bmod 2\pi \mapsto e^{\sqrt{-1}t} = \cos t + \sqrt{-1}\sin t$$
という全単射によってトーラス $\mathbb{T}$ は単位円周 $S^1 = \{z \in \mathbb{C} : |z| = 1\}$ と同一視できる．トーラス $\mathbb{T}$ 上の関数 f と実数 $\mathbb{R}$ 上の周期 2π の周期関数 F は
$$f(t \bmod 2\pi) = F(t)$$
によって同一視できる．そこで，以下では f と F を同一視し，$f(t \bmod 2\pi)$ を単に $f(t)$ と表す．

トーラス上の連続関数 $f(t)$ の **Fourier 係数** $\widehat{f}(n)$ $(n \in \mathbb{Z})$ は

(2.1) $$\widehat{f}(n) = \frac{1}{2\pi}\int_0^{2\pi} f(t)e^{-\sqrt{-1}nt}dt$$

によって与えられる．逆に f が 2 回連続微分可能ならば

(2.2) $$f(t) = \sum_{n=-\infty}^{\infty} \widehat{f}(n)e^{\sqrt{-1}nt}$$

という公式によって Fourier 係数 $\widehat{f}(n)$ $(n \in \mathbb{Z})$ から f を復元することができ

る．(2.2) を f の **Fourier 級数展開**という．(2.2) の右辺が絶対かつ一様に収束することを確かめてみよう．f が周期 2π をもつことに注意して部分積分を 2 度繰り返すと，

$$\widehat{f''}(n) = \frac{1}{2\pi}\int_0^{2\pi} f''(t)e^{-\sqrt{-1}nt}dt = \frac{\sqrt{-1}\,n}{2\pi}\int_0^{2\pi} f'(t)e^{-\sqrt{-1}nt}dt$$
$$= \frac{(\sqrt{-1}\,n)^2}{2\pi}\int_0^{2\pi} f(t)e^{-\sqrt{-1}nt}dt = (\sqrt{-1}\,n)^2 \widehat{f}(n)$$

が成り立つ．従って，$C := \sup_{t\in\mathbb{T}} |f''(t)|$ とおいたとき

$$|\widehat{f}(n)| = \frac{1}{n^2}|\widehat{f''}(n)| = \frac{1}{n^2}\left|\frac{1}{2\pi}\int_0^{2\pi} f''(t)e^{-\sqrt{-1}nt}dt\right| \leqq \frac{C}{n^2} \quad (\forall n \in \mathbb{Z}\setminus\{0\})$$

となる．故に，

$$\sum_{n=-\infty}^{\infty} |\widehat{f}(n)e^{\sqrt{-1}nt}| = |\widehat{f}(0)| + \sum_{n\in\mathbb{Z}\setminus\{0\}} |\widehat{f}(n)| \leqq |\widehat{f}(0)| + 2C\sum_{n=1}^{\infty}\frac{1}{n^2} < \infty.$$

すなわち，(2.2) の右辺は絶対かつ一様に収束する．(2.2) の等式を示すために，$h(t) = f(t) - \sum_{n=-\infty}^{\infty} \widehat{f}(n)e^{\sqrt{-1}nt}$ とおく．このとき，$\widehat{h}(n) = 0\ (\forall n\in\mathbb{Z})$ が成り立つから，「$\widehat{h}(n) = 0\ (\forall n\in\mathbb{Z}) \Longrightarrow h\equiv 0$」をいえばよい．これは $L^2(\mathbb{T})$ において $\{e^{\sqrt{-1}nt}\}$ の完備性と同値であり，本書では第 4 章の Stone–Weierstrass の定理の特別な場合として示すことになる (§4.1(e), §4.2(a) 参照)．以上が等式 (2.2) の証明のあらましである．

注意 2.1 J.-B.-J. Fourier は (証明は厳密ではなかったが) 等式 (2.2) を主張して熱伝導の方程式を種々の境界条件の下で解いた (19 世紀初頭)．なお，$f'(t)$ に対する Parseval の等式 (2.4) と Schwarz の不等式を用いれば，等式 (2.2) の右辺は，f が連続関数で，かつ，区分的に C^1 級のときにも一様収束することがわかる．この場合にも Fourier 級数展開 (2.2) は成り立つ (**Dirichlet の定理**)．Fourier 級数の収束の研究には長い歴史がある．Dirichlet の定理の証明など，興味のある方は『実関数とフーリエ解析』(高橋 [50]) 第 2 章を参照されたい．

Fourier 級数展開 (2.2) は，Euler の公式

$$e^{\sqrt{-1}t} = \cos t + \sqrt{-1}\sin t$$

を用いて

(2.3)
$$f(t) = a_0 + \sum_{n=1}^{\infty} (a_n \cos nt + b_n \sin nt)$$
$$= a_0 + \lim_{N \to \infty} \sum_{n=1}^{N} (a_n \cos nt + b_n \sin nt)$$

の形に表すこともある．ここで

$$a_0 = \widehat{f}(0), \quad a_n = \widehat{f}(n) + \widehat{f}(-n), \quad b_n = \sqrt{-1}(\widehat{f}(n) - \widehat{f}(-n)) \quad (n \geqq 1).$$

特に，f が実数値関数のときは，すべての n に対して

$$a_n \in \mathbb{R}, \quad b_n \in \mathbb{R}$$

が成り立つ．正弦波 $\sin(\nu t)$ あるいは余弦波 $\cos(\nu t)$ において定数 ν を**周波数**と呼ぶ．式(2.3)は，周波数が一定の数 N 以下の正弦波と余弦波の重ね合わせによって，最初に与えた関数 $f(t)$ を近似する公式といえる．例えば，区分的に C^1 級の関数 $f(t) = |t - \pi|$ $(0 \leqq t \leqq 2\pi)$ の Fourier 級数展開の収束の様子を図示してみよう（図 2.1）．

$$\lim_{N \to \infty} \left(\frac{\pi}{2} + \frac{4}{\pi} \sum_{k=0}^{N} \frac{\cos(2k+1)t}{(2k+1)^2} \right)$$

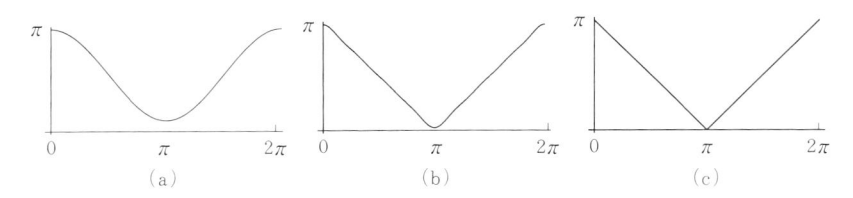

図 **2.1** 余弦波の重ね合わせ
(a) $N = 0$, (b) $N = 3$, (c) $f(t) = |t - \pi|$ $(0 \leqq t \leqq 2\pi)$

トーラス $\mathbb{T}$ 上の連続関数 $f(t), g(t)$ の**畳み込み**（convolution）$f * g$ を

$$(f * g)(t) := \frac{1}{2\pi} \int_0^{2\pi} f(t-s) g(s) ds$$

と定義すると，$f * g$ は再び周期 2π の関数になるのでトーラス $\mathbb{T}$ 上の関数とみなせる．$f * g$ の Fourier 係数は

§2.1 Fourier 級数

$$\widehat{(f*g)}(n) := \frac{1}{2\pi}\int_0^{2\pi}(f*g)(t)e^{-\sqrt{-1}nt}dt$$

で与えられるが，二重積分の順序を交換して計算すると

$$\widehat{(f*g)}(n) = \frac{1}{(2\pi)^2}\int_0^{2\pi}\int_0^{2\pi}f(t-s)g(s)e^{-\sqrt{-1}nt}dsdt$$

$$= \frac{1}{(2\pi)^2}\int_0^{2\pi}\int_0^{2\pi}f(u)g(s)e^{-\sqrt{-1}nu}e^{-\sqrt{-1}ns}dsdu$$

$$= \widehat{f}(n)\widehat{g}(n)$$

となる．そこで $f^*(t) := \overline{f(-t)}$ ($f(-t)$ の複素共役) とおくと，

$$(f*f^*)(0) = \frac{1}{2\pi}\int_0^{2\pi}f(-s)\overline{f(-s)}ds = \|f\|_{L^2(\mathbb{T})}^2$$

$$\widehat{f^*}(n) = \frac{1}{2\pi}\int_0^{2\pi}\overline{f(-t)}e^{-\sqrt{-1}nt}dt = \overline{\widehat{f}(n)}$$

が成り立つ．そこで，$f*f^*$ に関する Fourier 級数展開

$$(f*f^*)(t) = \sum_{n\in\mathbb{Z}}\widehat{f*f^*}(n)e^{\sqrt{-1}nt}$$

に $t=0$ を代入すると

(2.4) $$\|f\|_{L^2(\mathbb{T})}^2 = \sum_{n=-\infty}^{\infty}|\widehat{f}(n)|^2$$

を得る．この公式を **Parseval の等式** という．

以上の結果を現代風に述べてみよう．まず，

$$l(\mathbb{Z}) := \mathrm{Map}(\mathbb{Z},\mathbb{C}) = 数列\{a_n\}_{n\in\mathbb{Z}}全体$$

$$l^2(\mathbb{Z}) := \left\{\{a_n\}_{n\in\mathbb{Z}} \in l(\mathbb{Z}) : \sum_{n=-\infty}^{\infty}|a_n|^2 < \infty\right\}$$

とおく．例 1.37 で述べたように，$l^2(\mathbb{Z})$ は

$$(\{a_n\}_{n\in\mathbb{Z}}, \{b_n\}_{n\in\mathbb{Z}}) := \sum_{n=-\infty}^{\infty}a_n\overline{b_n}$$

を内積として Hilbert 空間になる．また $l(\mathbb{Z})$ は

(2.5) $$\{a_n\}_{n\in\mathbb{Z}} \cdot \{b_n\}_{n\in\mathbb{Z}} := \{a_nb_n\}_{n\in\mathbb{Z}}$$

を積として可換環になる.

定理 2.2(Fourier 級数の基本的性質)
（ⅰ） 線型写像 $C(\mathbb{T}) \to l^2(\mathbb{Z})$, $f \mapsto \hat{f}$ は単射である.
（ⅱ） $C^2(\mathbb{T}) \to l^2(\mathbb{Z})$, $f \mapsto \hat{f}$ の逆変換は，Fourier 級数展開(2.2)で与えられる.
（ⅲ） $C(\mathbb{T}) \to l(\mathbb{Z})$, $f \mapsto \hat{f}$ は，畳み込み $*$ による環 $C(\mathbb{T})$ から (2.5) によって定めた可換環 $l(\mathbb{Z})$ への(環としての)準同型写像である.
（ⅳ） $L^2(\mathbb{T}) \simeq l^2(\mathbb{Z})$, $f \mapsto \hat{f}$ は Hilbert 空間の間のユニタリ作用素である.
□

(b) 表現論から見た Fourier 級数論

Fourier 級数論を群の表現論から解釈してみよう.

まず，Fourier 係数の定義に用いられた調和振動 $e^{\sqrt{-1}nt}$ にどういう意味があるかを考えよう. 各整数 $n \in \mathbb{Z}$ に対して，
$$\chi_n : \mathbb{T} \to \mathbb{C}^\times, \quad t \bmod 2\pi \mapsto e^{\sqrt{-1}nt}$$
という写像を考える. このとき，任意の $s, t \in \mathbb{T}$ に対して
$$\chi_n(s+t) = \chi_n(s)\chi_n(t)$$
を満たすので，χ_n はトーラス群 $\mathbb{T} = \mathbb{R}/2\pi\mathbb{Z}$ から乗法群 $\mathbb{C}^\times$ への群準同型写像である. 群同型 $\mathbb{C}^\times \simeq GL(1, \mathbb{C})$ によって χ_n を $\mathbb{T}$ から $GL(1, \mathbb{C})$ への群準同型写像とみなすと，χ_n はトーラス群の 1 次元表現を与える. さらに，
$$|\chi_n(s)| = 1 \quad (s \in \mathbb{T})$$
を満たすので，χ_n はユニタリ表現である.

逆に，$\chi : \mathbb{T} \to \mathbb{C}^\times$ をトーラス群 $\mathbb{T}$ の(連続な)1 次元表現としたとき，χ は χ_n (n は整数)という形でなければならないことを示そう. 議論を簡単にするため χ は微分可能であると仮定する(実は，定理 5.49 で後述するように χ は自動的に微分可能になる). 等式
$$\chi(s+t) = \chi(s)\chi(t)$$
を s に関して微分して，$s = 0$ を代入すると，
$$\chi'(t) = \chi'(0)\chi(t)$$

を得る．$\lambda = \chi'(0)$ とおき，この微分方程式を解くと
$$\chi(t) = \chi(0)e^{\lambda t} = e^{\lambda t}$$
となる．周期性 $\chi(t+2\pi) = \chi(t)$ より $\lambda = \sqrt{-1}\,n$ (n は適当な整数)という形でなければならない．故に，$\chi \simeq \chi_n$ が示された．さらに，"可換群の有限次元既約表現はすべて1次元である" という定理(Schur の補題の系；系 1.43)を思い出せば，次の定理が成り立つことがわかる：

定理 2.3 トーラス群 $\mathbb{T}$ の任意の有限次元既約表現は，ある $n \in \mathbb{Z}$ に対するユニタリ表現 χ_n と同値である． □

一方，§2.1(a)で述べた Fourier 級数論における Parseval の等式より，次の定理が成り立つ：

定理 2.4 $\{e^{\sqrt{-1}\,nt} : n \in \mathbb{Z}\}$ は $L^2(\mathbb{T})$ の完全正規直交系である． □

定理 2.3 は表現論の定理だが，定理 2.4 は解析学の定理であり，この両者は一見まったく異なるように見えるかもしれない．ところが驚くべきことに，この両者は表裏一体なのである．トーラス群のみならず，任意のコンパクト群に対してこの2つのタイプの定理を結びつけるのが第4章で述べる Peter–Weyl の定理である．言い換えると連結コンパクト群の最も簡単な例であるトーラス群 $\mathbb{T}$ に Peter–Weyl の定理を適用したとき，上記の2つの定理が同値であることがわかる．第3章および第4章では非可換なコンパクト群に対して定理 2.2 がどのような定式化と手法によって拡張されていくかをじっくりと解説する．

§2.2　Fourier 変換とアファイン変換群

実数 $\mathbb{R}$ に対しての Fourier 変換は，前節で述べたトーラス $\mathbb{T}$ 上の Fourier 級数の理論にほぼ平行して展開される(ただし，定理 2.7 のように $\mathbb{R}$ がコンパクトでないために生じる相違点もある)．

この両者は可換群 $\mathbb{T}$ や $\mathbb{R}$ (あるいは $\mathbb{T}^n$ や $\mathbb{R}^n$)の既約ユニタリ表現(1次元)を用いた調和解析という観点から**可換調和解析**(commutative harmonic analysis)と呼ばれることがある．一方，本書の多くの部分では，非可換な

Lie 群やその表現(既約なものは 1 次元とは限らず無限次元のこともありうる)を扱う．その表現を用いた大域解析が**非可換調和解析**(non-commutative harmonic analysis)である．

この節では，古典的な Fourier 変換の理論を要約し，可換群 $\mathbb{R}$ の表現論の立場から(トーラス群 $\mathbb{T}$ に対する)Fourier 級数論との比較を行う．さらに可換群の枠組みを離れて，非可換な群であるアファイン変換群 $\mathrm{Aff}(\mathbb{R}^n)$ あるいはその部分群が無限次元 Hilbert 空間 $L^2(\mathbb{R}^n)$ にいつ既約ユニタリ表現として作用するかをエルゴード性と関連づけて調べる．この結果は第 11 章で $GL(n,\mathbb{R})$ の既約ユニタリ表現を調べる際に基本的な役割を果たす．

（a） Fourier 変換

Fourier 変換は解析の基本的な道具であり，それに関する多数の和書も出版されている．ここでは §2.1 の Fourier 級数とのつながりに留意して，重要な点を短くまとめる．なお，Fourier 変換は 1 次元のベクトル空間 $\mathbb{R}$ 上の場合が基本的であるが，あとに述べる応用のため，n 次元のベクトル空間 $\mathbb{R}^n$ の場合も同時に解説する．

$$C(\mathbb{R}^n) = \mathbb{R}^n \text{上の(複素数値)連続関数全体}$$
$$\mathrm{supp}\, f := \{x \in \mathbb{R}^n : f(x) \neq 0\} \text{の} \mathbb{R}^n \text{における閉包} \quad (f \in C(\mathbb{R}^n))$$
$$C_c(\mathbb{R}^n) := \{f \in C(\mathbb{R}^n) : \mathrm{supp}\, f \text{はコンパクト}\}$$
$$= \text{十分遠くで恒等的に } 0 \text{ になる連続関数全体}$$
$$C^\infty(\mathbb{R}^n) := \mathbb{R}^n \text{上の(複素数値)} C^\infty \text{級関数全体}$$
$$C_c^\infty(\mathbb{R}^n) := C^\infty(\mathbb{R}^n) \cap C_c(\mathbb{R}^n)$$
$$L^2(\mathbb{R}^n) = \left\{ f : \mathbb{R}^n \to \mathbb{C} : \begin{array}{l} f \text{ は Lebesgue 可測関数,} \\ \|f\|_{L^2(\mathbb{R}^n)} := \left(\int_{\mathbb{R}^n} |f(x)|^2 dx\right)^{1/2} < \infty \end{array} \right\}$$

とおく．ここで，$f \in C(\mathbb{R}^n)$ に対し，
$$x \notin \mathrm{supp}\, f \iff x \text{の近傍} U_x \text{が存在して} f|_{U_x} \equiv 0$$
によって定義される $\mathbb{R}^n$ の閉集合 $\mathrm{supp}\, f$ を f の**台**(support)という．

定義 2.5 $C_c(\mathbb{R}^n) \ni f$ の **Fourier 変換**(Fourier transform)とは

(2.6)
$$\mathcal{F}f(\xi) := \frac{1}{(2\pi)^{\frac{n}{2}}} \int_{\mathbb{R}^n} f(x) e^{-\sqrt{-1}\langle x, \xi\rangle} dx$$
$$= \frac{1}{(2\pi)^{\frac{n}{2}}} \int_{-\infty}^{\infty} \cdots \int_{-\infty}^{\infty} f(x_1, \cdots, x_n) e^{-\sqrt{-1}(x_1\xi_1 + \cdots + x_n\xi_n)} dx_1 \cdots dx_n$$

で定義される $\xi = (\xi_1, \cdots, \xi_n) \in (\mathbb{R}^n)^\vee \simeq \mathbb{R}^n$ 上の関数のことである．$\mathcal{F}f$ を $\widehat{f}$ と書くこともある． □

Lebesgue 測度を既習の読者は，Fourier 変換(2.6)が $f \in L^1(\mathbb{R}^n)$ に対して定義できることが容易にわかるであろう．Riemann 積分のみ既習の読者は，当面は $f \in C_c(\mathbb{R}^n)$ と仮定して差しつかえない．まず $n = 1$ のときに Fourier 変換の基本的な性質を見よう．

§2.1 の Fourier 級数の結果(区間 $[0, 2\pi]$ あるいは $[-\pi, \pi]$ の場合)から，区間 $[-L, L]$ の上の関数 f に対する Fourier 級数展開((2.2)参照)は

$$f(x) = \sum_{n \in \mathbb{Z}} \frac{1}{2L} \left(\int_{-L}^{L} f(y) e^{-\frac{\sqrt{-1} n\pi y}{L}} dy \right) e^{\frac{\sqrt{-1} n\pi x}{L}}$$
$$= \frac{1}{2\pi} \sum_{\xi \in \frac{\pi}{L}\mathbb{Z}} \frac{\pi}{L} \left(\int_{-L}^{L} f(y) e^{-\sqrt{-1}\xi y} dy \right) e^{\sqrt{-1}\xi x}$$

となる．ここで形式的に $L \to \infty$ とすれば

(2.7)
$$f(x) = \frac{1}{\sqrt{2\pi}} \int_{\mathbb{R}} \mathcal{F}f(\xi) e^{\sqrt{-1}\xi x} d\xi$$

が得られる．例えば $f \in C_c^\infty(\mathbb{R})$ ならば(実際はもっと仮定をゆるめられる)，(2.7)の右辺は収束して左辺に一致することが証明され，(2.7)は逆 Fourier 変換の公式を与える．n 変数の場合も

$$e^{-\sqrt{-1}\langle x, \xi\rangle} = e^{-\sqrt{-1}x_1\xi_1} \cdots e^{-\sqrt{-1}x_n\xi_n}$$

が成り立つので，各変数ごとに「Fourier 変換 $\iff$ 逆 Fourier 変換」の対応を考えれば，$f \in C_c^\infty(\mathbb{R}^n)$ に対する逆変換の公式

(2.8)
$$f(x) = \frac{1}{(2\pi)^{\frac{n}{2}}} \int_{\mathbb{R}^n} \mathcal{F}f(\xi) e^{\sqrt{-1}\langle x, \xi\rangle} d\xi$$

が成り立つ．これは，Fourier 級数展開(2.2)に相当する公式である．そこで，

ξ の関数 $h(\xi)$ に対して
$$\mathcal{F}^{-1}h(x) = \frac{1}{(2\pi)^{\frac{n}{2}}} \int_{\mathbb{R}^n} h(\xi) e^{\sqrt{-1}\langle x,\xi\rangle} d\xi$$
の積分が可能なとき，$\mathcal{F}^{-1}h$ を h の**逆 Fourier 変換**と呼ぶ．

$\mathbb{R}^n$ の関数 $f\colon \mathbb{R}^n \to \mathbb{C}$ に対し，
$$f^*(x) := \overline{f(-x)}$$
とおく．また，$\mathbb{R}^n$ の関数の畳み込み $*$ を
$$(f*g)(x) := \int_{\mathbb{R}^n} f(x-y)g(y)dy \quad (f,g \in C_c(\mathbb{R}^n))$$
と定義すると，§2.1 の $\mathbb{T}$ の場合と同様の計算で

(2.9) $\quad (f*f^*)(0) = \int_{\mathbb{R}^n} |f(x)|^2 dx = \|f\|_{L^2(\mathbb{R}^n)}^2$

(2.10) $\quad \mathcal{F}(f^*)(\xi) = \overline{\mathcal{F}f(\xi)}$

(2.11) $\quad \mathcal{F}(f*g)(\xi) = (2\pi)^{\frac{n}{2}} \mathcal{F}f(\xi)\mathcal{F}g(\xi)$

が成り立つ．特に $f*f^*$ に対する逆 Fourier 変換の公式

(2.12) $\quad (f*f^*)(x) = \dfrac{1}{(2\pi)^{\frac{n}{2}}} \int_{\mathbb{R}^n} \mathcal{F}(f*f^*)(\xi) e^{\sqrt{-1}\langle x,\xi\rangle} d\xi$

に $x=0$ を代入することによって，**Plancherel の公式**

(2.13) $\quad \|f\|_{L^2(\mathbb{R}^n)}^2 = \|\mathcal{F}f\|_{L^2(\mathbb{R}^n)}^2$

が得られる．これは Fourier 級数論における Parseval の等式(2.4)に相当する．例えば $f \in C_c^\infty(\mathbb{R}^n)$ のとき，$f*f^* \in C_c^\infty(\mathbb{R}^n)$ であり，(2.12)は両辺とも積分可能で意味をもつ．一方，$C_c^\infty(\mathbb{R}^n)$ が Hilbert 空間 $L^2(\mathbb{R}^n)$ の中で稠密であること(例えば，新井仁之『フーリエ解析と関数解析学』(培風館)定理 4.12 参照)に注意すると，(2.13)により Fourier 変換 $\mathcal{F}\colon C_c^\infty(\mathbb{R}^n) \to L^2(\mathbb{R}^n)$ を
$$\mathcal{F}\colon L^2(\mathbb{R}^n) \to L^2(\mathbb{R}^n), \quad f(x) \mapsto \mathcal{F}f(\xi)$$
に等長変換として一意的に拡張することができる．さらに，逆変換 $\mathcal{F}^{-1}$ も $\mathcal{F}$ と同様の形($-\sqrt{-1}$ を $\sqrt{-1}$ に置き換えただけ)をしていることから，$\mathcal{F}^{-1}$ も変数 ξ に関する L^2-関数の空間 $L^2(\mathbb{R}^n)$ から変数 x に関する L^2-関数の空間 $L^2(\mathbb{R}^n)$ への等長変換を与え，$\mathcal{F}$ と $\mathcal{F}^{-1}$ は互いに逆写像になる．特に，$\mathcal{F}$ お

よび $\mathcal{F}^{-1}$ は全単射写像であるから，ユニタリ作用素になる．以上の結果を定理 2.2(Fourier 級数論)と平行な形で，次の定理としてまとめておく．

定理 2.6（Fourier 変換の基本的性質）
（ⅰ） Fourier 変換 $\mathcal{F}\colon C_c(\mathbb{R}^n) \to C(\mathbb{R}^n)$, $f \mapsto \mathcal{F}f$ は単射な線型写像である．
（ⅱ） （逆 Fourier 変換）$f \in C_c^\infty(\mathbb{R}^n)$ のとき，逆変換が(2.8)で与えられる．
（ⅲ） （環準同型）$(2\pi)^{\frac{n}{2}}\mathcal{F}\colon C_c(\mathbb{R}^n) \to C(\mathbb{R}^n)$ は環準同型写像である．ただし $C_c(\mathbb{R}^n)$ は畳み込み $*$ によって，$C(\mathbb{R}^n)$ は関数の通常の積によってそれぞれ環の構造を定義する．
（ⅳ） （Plancherel の定理）$L^2(\mathbb{R}^n)$ に拡張された Fourier 変換 $\mathcal{F}\colon L^2(\mathbb{R}^n) \simeq L^2(\mathbb{R}^n)$ は Hilbert 空間の間のユニタリ作用素である． □

（b） アファイン変換群と Fourier 変換

§2.1 において，Fourier 級数論を解析および表現論の両方の観点から見た．表現論の観点でのポイントは，調和振動を与える関数
$$\chi_k \colon \mathbb{T} \to \mathbb{C}^\times, \quad t \bmod 2\pi \mapsto e^{\sqrt{-1}kt}$$
が可換群 $\mathbb{T}$ の(1 次元)既約ユニタリ表現を与えているという事実であった．まったく同様に，各 $\xi = (\xi_1, \cdots, \xi_n) \in (\mathbb{R}^n)^\vee \simeq \mathbb{R}^n$ に対して
$$\chi_\xi \colon \mathbb{R}^n \to \mathbb{C}^\times, \quad x \mapsto e^{\sqrt{-1}\langle x, \xi \rangle} = \prod_{i=1}^n e^{\sqrt{-1}x_i\xi_i}$$
は可換群 $\mathbb{R}^n$ の(1 次元)既約ユニタリ表現を与えている．

さて，$f \in L^2(\mathbb{R}^n)$, $b, x \in \mathbb{R}^n$ に対し，$(\pi(b)f)(x) := f(x-b)$ とおく(例 1.40 参照)と，
$$\|\pi(b)f\|^2_{L^2(\mathbb{R}^n)} = \int_{\mathbb{R}^n} |f(x-b)|^2 dx = \int_{\mathbb{R}^n} |f(x)|^2 dx = \|f\|^2_{L^2(\mathbb{R}^n)}$$
となる．従って，
$$\mathbb{R}^n \times L^2(\mathbb{R}^n) \to L^2(\mathbb{R}^n), \quad (b, f) \mapsto \pi(b)f$$
によって定められる $\mathbb{R}^n$ の表現 $\pi \colon \mathbb{R}^n \to GL_\mathbb{C}(L^2(\mathbb{R}^n))$ はユニタリ表現となる．これは群の**正則表現**(regular representation)と呼ばれる表現の特別な場

合である(§3.1(b)参照). Planchereの定理(定理2.6(iv))は加法群 $\mathbb{R}^n$ のユニタリ表現 $(\pi, L^2(\mathbb{R}^n))$ を既約表現に分解する定理と解釈できる. ここまでは Fourier 級数と Fourier 変換の類似の性質といえる. 一方, 両者の最も大きな相違点は Fourier 級数 $\hat{f}(n)$ が離散集合 $\mathbb{Z}$ 上で定義されていたのに対し, Fourier 変換 $\mathcal{F}f(\xi)$ は連続的な集合 $\mathbb{R}$ 上で定義されていたことである. この相違点は逆変換((2.2) ↔ (2.8))や L^2-対応((2.4) ↔ (2.13))の右辺の形(離散和 ↔ $\mathbb{R}$ 上の積分)にも現れていた. 両者の本質的な相違を裏付けるのが次の定理である.

定理 2.7 加法群 $\mathbb{R}^n$ のユニタリ表現 $(\pi, L^2(\mathbb{R}^n))$ の任意の $\mathbb{R}^n$-不変な閉部分空間 $V(\neq \{0\})$ をとると

$$V \supsetneq V_1 \supsetneq V_2 \supsetneq \cdots$$

という $\mathbb{R}^n$-不変閉部分空間の無限列が存在する. 特に $(\pi, L^2(\mathbb{R}^n))$ には既約な部分表現は存在せず, $\{0\}$ でない不変部分空間は常に可約な無限次元空間である. □

有限次元表現では常に既約な部分表現が存在した(補題1.24)が, 定理2.7によると, 無限次元表現では同様の結果が成り立たないことがわかる.

また, 定理2.7においては, 加法群 $\mathbb{R}^n$ がコンパクトでないことも重要である. 実際, トーラス群 $\mathbb{T}$ のユニタリ表現である $L^2(\mathbb{T})$ には1次元の部分表現 $\mathbb{C}e^{\sqrt{-1}kt}$ $(k \in \mathbb{Z})$ が存在するので, 定理2.7の類似の結果は成り立たない. 一方, $\mathbb{R}^n$ は非コンパクトなので $e^{\sqrt{-1}\langle x,\xi\rangle}$ は $L^2(\mathbb{R}^n)$ の元でない. そのため, $\mathbb{R}^n$ の場合とトーラス群 $\mathbb{T}$ の場合との相違が現れるのである.

定理2.7は次の補題から導かれるが, Lebesgue 積分を未習の読者は, 証明を飛ばされても差しつかえない. $L^2(\mathbb{R}^n)$ の不変な閉部分空間の記述と $(\mathbb{R}^n)^\vee$ の図形 E が対応しているという事実をしっかりイメージしてほしい.

補題 2.8 加法群 $\mathbb{R}^n$ のユニタリ表現 $(\pi, L^2(\mathbb{R}^n))$ の $\mathbb{R}^n$-不変な閉部分空間 V は

$$\mathcal{F}^{-1}(L^2(E)), \quad E \subset (\mathbb{R}^n)^\vee \text{ は可測集合}$$

という形に限る. ここで E 上定義された関数を E の外で0に拡張することによって, Hilbert 空間

$$L^2(E) := \Big\{ f\colon E \to \mathbb{C} : f \text{ は可測かつ} \int_E |f(x)|^2 dx_1\cdots dx_n < \infty \Big\}$$

を自然に $L^2(\mathbb{R}^n)$ の閉部分空間とみなした. □

［定理 2.7 の証明］ 補題 2.8 より E を $(\mathbb{R}^n)^{\vee} \simeq \mathbb{R}^n$ の可測集合として $V = \mathcal{F}^{-1}(L^2(E))$ と表す.

$$E = E_0 \supset E_1 \supset E_2 \supset E_3 \supset \cdots$$

という可測集合の列で

$$E_{i+1} \text{ および } E_i \setminus E_{i+1} \text{ の測度が正}$$

となるように E_i を $i=0,1,2,\cdots$ に関して帰納的に選ぶ. このとき, $L^2(E) \supsetneq L^2(E_1) \supsetneq L^2(E_2) \supsetneq \cdots$ となる. そこで, $V_i := \mathcal{F}^{-1}(L^2(E_i))$ とおけばよい. ∎

［補題 2.8 の証明］ V の直交補空間を $V^{\perp}$ とする. V は $\pi(\mathbb{R}^n)$-不変だから,

$$f * g^*(x) = \int_{\mathbb{R}^n} f(x+y)\overline{g(y)}dy = (\pi(-x)f, g) = 0$$

が, 任意の $f \in V$ と $g \in V^{\perp}$ に対して成り立つ. 従って, (2.10) と (2.11) より,

(2.14) $\qquad \mathcal{F}f(\xi)\overline{\mathcal{F}g(\xi)} = 0 \quad$ (a.e. $\xi \in (\mathbb{R}^n)^{\vee} \simeq \mathbb{R}^n$)

が成り立つ. $\mathbb{R}^n$ 上の測度 μ を $d\mu(\xi) = e^{-\|\xi\|^2}d\xi_1\cdots d\xi_n$ と定義する.

$$\mathcal{V} := \{E \text{ は } \mathbb{R}^n \text{ の可測集合}: \exists f \in V,\ \mathcal{F}f(\xi) \neq 0 \text{ a.e. } \xi \in E\}$$

とおき,

$$A := \sup_{E \in \mathcal{V}} \mu(E) \leqq \mu(\mathbb{R}^n) < \infty$$

と定義する. $\lim_{j \to \infty} \mu(E_j) = A$ となる可測集合の列 $E_j \in \mathcal{V}$ を選び, $E := \bigcup_j E_j$ とおくと, E は可測集合であり $\mu(E) \geqq A$ が成り立つ. さて, (2.14) より, 任意の $g \in V^{\perp}$ は $\mathcal{F}g(\xi) = 0$ a.e. $\xi \in E_j$ をすべての j に対して満たすから,

$$V^{\perp} \subset \mathcal{F}^{-1}(L^2(\mathbb{R}^n \setminus E))$$

が成り立ち, 従って, その直交補空間は

$$V \supset \mathcal{F}^{-1}(L^2(E))$$

を満たす．逆に，$f \in V$ と可測集合 $E' \subset \mathbb{R}^n \setminus E$ に対して，$(\mathcal{F}f)(\xi) \neq 0$ a.e. $\xi \in E'$ となったとしよう．上と同じ議論から $V^\perp \subset \mathcal{F}^{-1}(L^2(\mathbb{R}^n \setminus (E \cup E')))$ および $V \supset \mathcal{F}^{-1}(L^2(E \cup E'))$ となるので，$E \cup E' \in \mathcal{V}$ がわかる．A の定義より $A \geqq \mu(E \cup E') = \mu(E) + \mu(E')$ であるが，一方，$\mu(E) \geqq A$ なので，$\mu(E') = 0$ が示された．これは，$(\mathcal{F}f)(\xi) = 0$ a.e. $\xi \in \mathbb{R}^n \setminus E$ を意味する．故に $V \subset \mathcal{F}^{-1}(L^2(E))$ も成り立ち，$V = \mathcal{F}^{-1}(L^2(E))$ が証明された． ∎

次にアファイン変換群 $\mathrm{Aff}(\mathbb{R}^n) \simeq GL(n, \mathbb{R}) \ltimes \mathbb{R}^n$ の作用 (例 1.9) を考える．$g = (A, b) \in GL(n, \mathbb{R}) \ltimes \mathbb{R}^n$ に対してアファイン変換を

$$g \colon \mathbb{R}^n \to \mathbb{R}^n, \quad x \mapsto g \cdot x = Ax + b$$

と定義し，さらに各 $\lambda \in \mathbb{C}$ に対して関数空間 $L^2(\mathbb{R}^n)$ への作用 (表現) を，

(2.15) $\quad \pi_\lambda(g) \colon L^2(\mathbb{R}^n) \to L^2(\mathbb{R}^n), \quad f(x) \mapsto |\det A|^{-\lambda} f(g^{-1} \cdot x)$

と定義する．このとき，$\pi_\lambda(g_1)\pi_\lambda(g_2) = \pi_\lambda(g_1 g_2)$ $(g_1, g_2 \in \mathrm{Aff}(\mathbb{R}^n))$ は容易に確かめられ，

$$\pi_\lambda \colon \mathrm{Aff}(\mathbb{R}^n) \to GL_\mathbb{C}(L^2(\mathbb{R}^n))$$

はアファイン変換群の無限次元表現となる．なお，本項 (b) と次項 (c) ではパラメータ $\lambda = 0$ の場合だけ扱っても本質を失わないが，後の第 11 章で $GL(n, \mathbb{R})$ の無限次元表現論に応用するために，ここでもパラメータ $\lambda \in \mathbb{C}$ をつけた形で議論を進めることにする．$g^{-1} \cdot x = A^{-1}x - A^{-1}b$ であることに注意すると，

$$\|\pi_\lambda(g)f\|_{L^2(\mathbb{R}^n)}^2 = |\det A|^{-2\mathrm{Re}\,\lambda} \int_{\mathbb{R}^n} |f(A^{-1}x - A^{-1}b)|^2 dx$$

$$= |\det A|^{1 - 2\mathrm{Re}\,\lambda} \|f\|_{L^2(\mathbb{R}^n)}^2$$

となる．故に

$$\pi_\lambda \text{ がユニタリ表現} \iff \lambda \in \frac{1}{2} + \sqrt{-1}\,\mathbb{R}$$

であることが示された．

表現 $(\pi_\lambda, L^2(\mathbb{R}^n))$ を Fourier 変換を用いて書き換えよう．任意の $g = (A, b) \in \mathrm{Aff}(\mathbb{R}^n)$ に対して下の図式

$$\S 2.2 \quad \text{Fourier 変換とアファイン変換群} \quad 61$$

(2.16)
$$\begin{array}{ccc} L^2(\mathbb{R}^n) & \stackrel{\mathcal{F}}{\to} & L^2(\mathbb{R}^n) \\ \pi_\lambda(g) \downarrow & & \downarrow \varpi_\lambda(g) \\ L^2(\mathbb{R}^n) & \underset{\mathcal{F}}{\simeq} & L^2(\mathbb{R}^n) \end{array}$$

が可換になるように線型写像 $\varpi_\lambda(g)$ を定義したい．$\varpi_\lambda(g)$ を具体的に求めよう．

$$\mathcal{F}(\pi_\lambda(g)f)(\xi) = \frac{|\det A|^{-\lambda}}{(2\pi)^{\frac{n}{2}}} \int_{\mathbb{R}^n} f(A^{-1}x - A^{-1}b) e^{-\sqrt{-1}\langle x, \xi \rangle} dx$$
$$= e^{-\sqrt{-1}\langle b, \xi \rangle} |\det A|^{1-\lambda} \mathcal{F}f({}^t A\xi)$$

が成り立つから，(2.16)を可換図式にするためには，

(2.17) $\quad \varpi_\lambda(g) \colon L^2(\mathbb{R}^n) \to L^2(\mathbb{R}^n), \quad h(\xi) \mapsto e^{\sqrt{-1}\langle b, \xi \rangle} |\det A|^{1-\lambda} h({}^t A\xi)$

とおけばよい．図式(2.16)の可換性は，アファイン変換群の表現の立場から次のように言い換えることができる．

補題 2.9 $\lambda \in \frac{1}{2} + \sqrt{-1}\mathbb{R}$ とする．Fourier 変換 $\mathcal{F} \colon L^2(\mathbb{R}^n) \to L^2(\mathbb{R}^n)$ はアファイン変換群 $\mathrm{Aff}(\mathbb{R}^n) \simeq GL(n,\mathbb{R}) \ltimes \mathbb{R}^n$ のユニタリ表現 $(\pi_\lambda, L^2(\mathbb{R}^n))$ からユニタリ表現 $(\varpi_\lambda, L^2(\mathbb{R}^n))$ の上へのユニタリ同値写像である． □

逆に，Schur の補題(注意 1.46)と以下の定理 2.10 より，$\lambda \in \frac{1}{2} + \sqrt{-1}\mathbb{R}$ のとき，$(\pi_\lambda, L^2(\mathbb{R}^n))$ と $(\varpi_\lambda, L^2(\mathbb{R}^n))$ のユニタリ同値を与える写像は，Fourier 変換の定数倍(絶対値 1 の複素数倍)に限ることがわかる．

本書における無限次元既約表現の最初の例は，次の定理において，$\mathrm{Aff}(\mathbb{R}^n)$ の表現 $(\pi_\lambda, L^2(\mathbb{R}^n))$ によって与えられる．

定理 2.10 $\lambda \in \frac{1}{2} + \sqrt{-1}\mathbb{R}$ のとき $(\pi_\lambda, L^2(\mathbb{R}^n))$ は $\mathrm{Aff}(\mathbb{R}^n)$ の既約ユニタリ表現である．

[証明] $\mathbb{R}^n \hookrightarrow \mathrm{Aff}(\mathbb{R}^n), \ b \mapsto (I_n, b)$ によって加法群 $\mathbb{R}^n$ を $\mathrm{Aff}(\mathbb{R}^n)$ の部分群とみなす．$L^2(\mathbb{R}^n) \supset V$ を $\{0\}$ でない $\mathrm{Aff}(\mathbb{R}^n)$-不変な閉部分空間とする．

$$\pi_\lambda(I_n, b) = \pi(b) \quad (b \in \mathbb{R}^n)$$

に注意すると，V は $\pi(\mathbb{R}^n)$ でも不変である．故に補題 2.8 より $\mathbb{R}^n$ の双対空間 $(\mathbb{R}^n)^\vee \ (\simeq \mathbb{R}^n)$ の可測集合 E が存在して

$$V = \mathcal{F}^{-1}(L^2(E))$$

と表される．さらに $\mathcal{F}(V) = L^2(E)$ は，補題 2.9 より $\varpi_\lambda(\mathrm{Aff}(\mathbb{R}^n))$-不変な部分空間である．(2.17)で述べた表現 ϖ_λ の定義より，E は(測度 0 の集合を除いて) $GL(n, \mathbb{R})$ の反傾表現

$$A\colon \mathbb{R}^n \to \mathbb{R}^n, \quad \xi \mapsto {}^t A^{-1} \xi \quad (\forall A \in GL(n, \mathbb{R}))$$

で不変でなければならない．しかしこのような可測集合は(測度 0 の集合を除いて) $\mathbb{R}^n$ しか存在しない．故に $V = \mathcal{F}^{-1}(L^2(\mathbb{R}^n)) = L^2(\mathbb{R}^n)$ となり，$(\pi_\lambda, L^2(\mathbb{R}^n))$ が既約であることが示された． ∎

（c） エルゴード性と既約性

定理 2.10 の証明を振り返ると，$(\mathbb{R}^n)^\vee \simeq \mathbb{R}^n$ の可測集合 E で $GL(n, \mathbb{R})$-不変なものは(測度 0 の集合を除いて) $\mathbb{R}^n$ か $\emptyset$ であるということが本質的であった．この性質は，測度空間における群の作用のエルゴード性という概念で捉えることができる．ここで，$h \in GL(n, \mathbb{R})$ の $(\mathbb{R}^n)^\vee \simeq \mathbb{R}^n$ への作用は，反傾表現として

$$h\colon \mathbb{R}^n \to \mathbb{R}^n, \quad \xi \mapsto {}^t h^{-1} \xi$$

という形の作用であったことを思い出して，次の定義を行う．

定義 2.11（エルゴード的な作用） H を $GL(n, \mathbb{R})$ の部分群とする．$\mathbb{R}^n$ の Lebesgue 測度 μ に関して

(2.18) $$\mu(E \setminus ({}^t h^{-1} \cdot E)) = 0 \quad (\forall h \in H)$$

を満たすような任意の可測集合 E が

$$\mu(E) = 0 \quad \text{または} \quad \mu(\mathbb{R}^n \setminus E) = 0$$

を満たすとき，H の $\mathbb{R}^n$ への(反傾表現における)作用を**エルゴード的な作用**(ergodic action)という． □

(2.18)の条件は H の $(\mathbb{R}^n)^\vee$ への反傾表現に関して E が H-不変であるという条件とほぼ同じであるが，測度論においては測度 0 の集合の差は常に許容しなければならないので，少しまどろっこしい(2.18)を用いてエルゴード性という概念を定義したのである．

例 2.12 H として $GL(n, \mathbb{R})$, $GL(n, \mathbb{Q})$, $(\mathbb{R}^\times)^n$, $(\mathbb{Q}^\times)^n$ などをとれば，そ

の $\mathbb{R}^n$ への作用はエルゴード的である．ここで $\mathbb{Q}$ は有理数体を表し，$\mathbb{Q}^{\times} := \mathbb{Q} \setminus \{0\}$ は $\mathbb{Q}$ の乗法群である． □

注意 2.13 エルゴード性は，もっと一般の測度空間に群が保測変換（measure-preserving transformation）として作用しているときにも定義 2.11 と同様に定義できる（例えば R. J. Zimmer "Ergodic Theory and Semisimple Groups", Birkhäuser (1984) を参照されたい）．エルゴード的という用語は，「長時間平均は相平均に等しい」という統計力学におけるエルゴード仮説に由来しており，エルゴード仮説が満たされるような変換を数学的に厳密に定式化したわけである．なお，統計力学や確率論では，1 つだけの保測変換 T に対するエルゴード性を扱うことが多いが，定義 2.11 の観点からいえばこれは $\mathbb{Z}$ と同型な可換群 $\{T^n : n \in \mathbb{Z}\}$ の作用に関するエルゴード性と解釈される．定義 2.11 は 1 つの保測変換だけではなく，複数の保測変換に対してもエルゴード性を定式化したものといえる．

群作用に関するエルゴード性の概念を用いて定理 2.10 を拡張しよう．なお，この結果は第 11 章で用いるが，結果だけではなく証明のアイディアをよく理解してほしい．ここでのアイディアは，Fourier 級数 $L^2(\mathbb{T}^n)$ への $SL(n, \mathbb{Z}) \ltimes \mathbb{T}^n$ の作用を調べるときも有効である（演習問題 2.2 参照）

定理 2.14 H を $GL(n, \mathbb{R})$ の部分群とし，$G := H \ltimes \mathbb{R}^n$（半直積群）とおく．$\lambda \in \frac{1}{2} + \sqrt{-1}\mathbb{R}$ を 1 つ選ぶ．アフィン変換群 $\mathrm{Aff}(\mathbb{R}^n)$ のユニタリ表現 $(\pi_\lambda, L^2(\mathbb{R}^n))$ を G に制限した表現 $(\pi_\lambda|_G, L^2(\mathbb{R}^n))$ が既約であるための必要十分条件は，H の $\mathbb{R}^n$ への（反傾表現における）作用がエルゴード的であることである．

［証明］ H が $\mathbb{R}^n$ にエルゴード的に作用しないならば，(2.18) を満たす $\mathbb{R}^n$ の可測集合 E であって $0 < \mu(E) (\leqq \infty)$, $0 < \mu(\mathbb{R}^n \setminus E) (\leqq \infty)$ を満たすものが存在する．ただし，μ は $\mathbb{R}^n$ 上の Lebesgue 測度を表す．そこで $V := \mathcal{F}^{-1}(L^2(E)) \subset L^2(\mathbb{R}^n)$ とおけば，V は $\pi_\lambda(G)$-不変な $L^2(\mathbb{R}^n)$ の閉部分空間であって $\{0\} \subsetneqq V \subsetneqq L^2(\mathbb{R}^n)$ が成り立つ．故に G の表現 $(\pi_\lambda|_G, L^2(\mathbb{R}^n))$ は既約ではない．

逆に H が $\mathbb{R}^n$ にエルゴード的に作用していれば定理 2.10 の証明と同様にして $(\pi_\lambda|_G, L^2(\mathbb{R}^n))$ は既約表現であることが示される．証明のポイントだけ

繰り返しておこう：

$$L^2(\mathbb{R}^n) \supset V \text{ が } \pi_\lambda(G)\text{-不変な閉部分空間}$$
$$\implies \exists E \subset (\mathbb{R}^n)^\vee,\ V = \mathcal{F}^{-1}(L^2(E))$$
$$\implies 測度\,0\,の集合を除いて\,E = \varnothing\,または\,(\mathbb{R}^n)^\vee$$
$$\implies V = \{0\}\,または\,L^2(\mathbb{R}^n).$$

ここで，最初の $\implies$ は補題 2.8，次の $\implies$ は H の作用のエルゴード性から導かれる． ∎

《 要 約 》

2.1 古典的な解析の立場からの Fourier 級数論や Fourier 変換の復習．

2.2 可換群 $\mathbb{T}$ や $\mathbb{R}$ のユニタリ表現 $L^2(\mathbb{T})$ や $L^2(\mathbb{R})$ の既約分解定理として，Fourier 解析を表現論的な立場から解釈できる．

2.3 可換群 $\mathbb{T}$ のユニタリ双対 $\widehat{\mathbb{T}}$ の分類と調和振動 $e^{\sqrt{-1}nt}$ の L^2-完備性には深いつながりがある．

2.4 アファイン変換群 $\mathrm{Aff}(\mathbb{R}^n)$ は $L^2(\mathbb{R}^n)$ 上に既約なユニタリ表現として作用する．この表現を $\mathrm{Aff}(\mathbb{R}^n)$ の部分群に制限したときの既約性は，作用のエルゴード性という幾何的な条件で記述される．

2.5 （用語）Fourier 級数展開，Parseval–Plancherel の定理，可換群の既約表現，畳み込み，Fourier 変換，逆 Fourier 変換，アファイン変換群，エルゴード的な作用

──────── 演習問題 ────────

2.1 $\mathrm{Aff}(\mathbb{R}^1)$ の連結成分 $\mathrm{Aff}(\mathbb{R}^1)_0 \simeq \left\{ \begin{pmatrix} a & b \\ 0 & 1 \end{pmatrix} : a > 0,\ b \in \mathbb{R} \right\}$ のユニタリ表現 $\left(\pi_{\frac{1}{2} + \sqrt{-1}\nu}, L^2(\mathbb{R}^1) \right)$ $(\nu \in \mathbb{R})$ は
$$L^2(\mathbb{R}) \simeq \mathcal{F}^{-1}(L^2(\mathbb{R}_+)) \oplus \mathcal{F}^{-1}(L^2(\mathbb{R}_-))$$

と既約分解されることを示せ．ここで $\mathbb{R}_\pm := \{\xi \in \mathbb{R} : \pm\xi > 0\}$（複号同順）である．$\mathcal{F}^{-1}(L^2(\mathbb{R}_+))$ は **Hardy** 空間と呼ばれ，$\mathbb{C}$ の上半平面 $\{z \in \mathbb{C} : \operatorname{Im} z > 0\}$ の正則関数の L^2-解析と関連して，実解析の分野では古くから研究されているテーマである(例えば，『実関数とフーリエ解析』(高橋[50])第 8 章参照)．

2.2 $SL^{\pm}(2, \mathbb{Z}) = \left\{ \begin{pmatrix} a & b \\ c & d \end{pmatrix} : a, b, c, d \in \mathbb{Z}, \ |ad - bc| = 1 \right\}$ とおく．$\mathbb{T}^2 \simeq \mathbb{R}^2/\mathbb{Z}^2$ と同一視して，$L^2(\mathbb{T}^2)$ を表現空間とする半直積群 $G = SL^{\pm}(2, \mathbb{Z}) \ltimes \mathbb{T}^2$ のユニタリ表現を

$$\left(\begin{pmatrix} a & b \\ c & d \end{pmatrix}, \begin{pmatrix} p \\ q \end{pmatrix} \right) : L^2(\mathbb{T}^2) \to L^2(\mathbb{T}^2), \quad f\begin{pmatrix} x \\ y \end{pmatrix} \mapsto f\left(\begin{pmatrix} a & b \\ c & d \end{pmatrix}^{-1} \begin{pmatrix} x - p \\ y - q \end{pmatrix} \right)$$

と定義する．この表現の既約分解を求めよ．

3 行列要素と不変測度

　この章では，Lie 群をはじめとする局所コンパクト群の表現論を解析的な手法で研究する際に，最も基本的で有用な概念である「行列要素」と「不変測度」を解説する．有限次元表現の場合の「行列要素」とは，群 G の表現を行列で表したときの各成分のことであり，それは群 G 上の関数である．表現空間を隠して群上の(スカラー値の)関数を考えることにより，逆に有限次元あるいは無限次元の表現を統一的に扱う出発点になる．

　一方，測度は「個数」や「長さ」や「面積」などの概念を一般化したものである．最も身近な例は，$\mathbb{R}$ 上の Lebesgue 測度である．区間 $[a,b]$ の長さと $[a+x,b+x]$ の長さが同じであるという事実は，Lebesgue 測度が足し算に関して不変であることを意味している．この不変性は第 2 章で Fourier 級数や Fourier 変換を定義したとき(当り前のように使うので通常は意識されにくいが)必要不可欠なものである．一方，$GL(n,\mathbb{R})$ や $U(n)$ のような非可換な群についても実は群の演算に関して不変な測度が存在する．

　この章では多くの例を通して「不変な測度」の意味をつかんだ後に，その応用として Schur の直交関係式など行列要素の積分を基盤とした表現論の基礎を学ぶ．

　慣れないうちは，(例えばユニタリ群 $U(n)$ などの)群上の測度を考え，その不変性を理解するのにとまどうかもしれない．そこで，この章では，具体例を計算しながら不変測度の概念に十分慣れるということに重点をおいた．

(Lie 群の場合の) 不変測度の存在や一意性などの抽象的な定理の証明はアイディアを例示するだけにとどめた．これらは，第 6 章で厳密に定式化と証明を行うが，多様体になじみのある読者には，この章で例示したアイディアを一般の Lie 群に対してどのように定式化すればよいか，想像しながら読むと楽しいと思う．

この章で扱う内容は後の章の土台となるので，もし定理や補題の意味がはっきりしないときは，例をよく検討していただきたい．

§3.1 行列要素

群 G の表現 (π, V) は，

$$G \text{ から } GL_{\mathbb{C}}(V) \text{ への群の準同型写像}$$

を与えるという抽象的な定義で与えられるものであった．この節では「表現の行列要素」という，より具体的な形で表現を群 G 上の関数としてとらえることを目標にする．ここでは，コンパクト群の有限次元ユニタリ表現に限って話を展開するが，行列要素は，非コンパクト群の (ユニタリとは限らない) 無限次元表現に対しても定義することができ，表現論の研究において見通しのよい手法を与える．行列要素を考える利点として

（ⅰ）異なる表現を「G 上の関数空間」という同じ土俵で扱える．特に，（未知の表現も含めて）G の表現を統一的にとらえることができる，

（ⅱ）G の作用する空間 X（例えば，等質空間) の上の関数の「良い基底」を与え，X 上の大域解析を研究する際の基礎を与える，

などが挙げられる．標語的に表せば

（抽象的定義）　$\pi: G \to GL_{\mathbb{C}}(V)$　　群の表現 (準同型写像)

$$\Downarrow \quad \Leftarrow \text{「表現の行列要素」}$$

（具体的対象）　　　G 上の関数

となる．行列要素を用いる考え方は，表現論や非可換調和解析における強力な道具を与えるのである．

(a) 表現の行列要素

(π, V) を位相群 G の有限次元既約表現とする．$(\pi^\vee, V^\vee)$ を (π, V) の反傾表現(§1.3(c)参照)とし，直積集合 $V \times V^\vee \times G$ から $\mathbb{C}$ への写像

$$V \times V^\vee \times G \to \mathbb{C}, \quad (v, f, g) \mapsto \langle \pi(g)^{-1} v, f \rangle$$

を考える．ここで $\langle\ ,\ \rangle: V \times V^\vee \to \mathbb{C}$ は自然な双線型形式である．反傾表現の定義より，

$$\langle \pi(g)^{-1} v, f \rangle = \langle v, \pi^\vee(g) f \rangle$$

が成り立つ．$v \in V$, $f \in V^\vee$ を固定して考えると，

(3.1) $\qquad \Phi_\pi(v, f)(g) := \langle \pi(g)^{-1} v, f \rangle = \langle v, \pi^\vee(g) f \rangle$

は G 上の連続関数となる．

さて，(3.1)で定義された写像

$$\Phi_\pi: V \times V^\vee \to C(G)$$

は双線型写像であるので，テンソル積 $V \otimes V^\vee$ からの線型写像

(3.2) $\qquad \Phi_\pi: V \otimes V^\vee \to C(G), \quad v \otimes f \mapsto \Phi_\pi(v, f)$

を引き起こす．同じ記号を使った方が混乱が少ないと思われるので，この写像も Φ_π と表した．すなわち，$\Phi_\pi(v, f)$ を $\Phi_\pi(v \otimes f)$ とも書くことにする．

定義 3.1 G 上の関数 $\Phi_\pi(v, f)$ あるいは $\Phi_\pi(v \otimes f)$ を表現 (π, V) の**行列要素**(matrix coefficient)という． □

行列要素の基本的な性質を命題として述べておこう．

命題 3.2 $v \in V$, $f \in V^\vee$, $g_1, g_2, g \in G$ とするとき

(3.3) $\qquad \Phi_\pi(\pi(g_1) v, \pi^\vee(g_2) f)(g) = \Phi_\pi(v, f)(g_1^{-1} g g_2)$

が成り立つ．

[証明] 定義に戻って考えれば

$$(3.3)\text{の左辺} = \langle \pi(g^{-1}) \pi(g_1) v, \pi^\vee(g_2) f \rangle$$
$$= \langle \pi(g_2^{-1}) \pi(g^{-1}) \pi(g_1) v, f \rangle$$
$$= \langle \pi((g_1^{-1} g g_2)^{-1}) v, f \rangle$$
$$= (3.3)\text{の右辺}$$

となり命題が証明された.

さて，ベクトル空間 V の基底 $\{v_1,\cdots,v_m\}$ を選び，$V^\vee$ における双対基底を $\{v_1^\vee,\cdots,v_m^\vee\}$ とすると，$GL_{\mathbb{C}}(V)$ および $GL_{\mathbb{C}}(V^\vee)$ はそれぞれ $GL(m,\mathbb{C})$ と同一視できる. すなわち，$A \in GL(m,\mathbb{C})$ に対し，A の i 行 j 列の成分を A_{ij} と表すと，

$$GL_{\mathbb{C}}(V) \simeq GL(m,\mathbb{C}) \simeq GL_{\mathbb{C}}(V^\vee)$$
$$T \quad \leftrightarrow \quad A \quad \leftrightarrow \quad S$$

の対応はそれぞれ

(3.4) $$\langle Tv_j, v_i^\vee \rangle = A_{ij} = \langle v_i, Sv_j^\vee \rangle$$

で与えられる. 特に，表現 $\pi: G \to GL_{\mathbb{C}}(V)$ と反傾表現 $\pi^\vee: G \to GL_{\mathbb{C}}(V^\vee)$ を

$$\pi: G \to GL(m,\mathbb{C})$$
$$\pi^\vee: G \to GL(m,\mathbb{C})$$

というように行列表示し，$g \in G$ に対して $\pi(g) \in GL(m,\mathbb{C})$ の i 行 j 列成分 $(\pi(g))_{ij} \in \mathbb{C}$ を対応させる関数を π_{ij} と表すと

(3.5) $$\pi_{ij}(g) = \langle \pi(g)v_j, v_i^\vee \rangle = \Phi_\pi(v_j, v_i^\vee)(g^{-1})$$

となる. 同様に $\pi^\vee(g) \in GL(m,\mathbb{C})$ の i 行 j 列成分を $\pi^\vee_{ij}(g)$ と書くと

$$\pi^\vee_{ij}(g) = \langle v_i, \pi^\vee(g)v_j^\vee \rangle = \Phi_\pi(v_i, v_j^\vee)(g)$$

が成り立つ. 故に

$$\Phi_\pi(v_i, v_j^\vee)(g) = \pi_{ji}(g^{-1}) = \pi^\vee_{ij}(g)$$

となる. このように，基底をとって考えると行列要素という用語が身近に感じられることと思う.

(b) 正則表現

位相群 G の複素数値連続関数の空間 $C(G)$ 上の左移動，右移動をそれぞれ各 $g \in G$ に対して

$$L(g): C(G) \to C(G), \quad F(\cdot) \mapsto F(g^{-1}\cdot)$$
$$R(g): C(G) \to C(G), \quad F(\cdot) \mapsto F(\cdot g)$$

と定義すると

$$(L(g_1)L(g_2)F)(g) = (L(g_2)F)(g_1^{-1}g)$$
$$= F(g_2^{-1}g_1^{-1}g)$$
$$= F((g_1g_2)^{-1}g)$$
$$= (L(g_1g_2)F)(g)$$
$$(R(g_1)R(g_2)F)(g) = (R(g_2)F)(gg_1)$$
$$= F(gg_1g_2)$$
$$= (R(g_1g_2)F)(g)$$

となるので L, R はそれぞれ

$$L(g_1)L(g_2) = L(g_1g_2) \quad (g_1, g_2 \in G)$$
$$R(g_1)R(g_2) = R(g_1g_2) \quad (g_1, g_2 \in G)$$

を満たす．従って L および R は群 G の表現を定義する．L を G の**左正則表現**(left regular representation)，R を G の**右正則表現**(right regular representation)という．位相空間 X の各点において相対コンパクトな近傍が存在するとき，X を**局所コンパクト位相空間**(locally compact topological space)と呼ぶ．Euclid 空間 $\mathbb{R}^n$ やコンパクト位相空間（およびその部分集合に相対位相を入れたもの）は局所コンパクト位相空間の例である．

定理 3.3 位相群 G は局所コンパクトとする．$C(G)$ に広義一様収束の位相を入れると右正則表現，左正則表現は共に G の連続な表現となる．

[証明] 右正則表現 R の場合に示そう．G 上の連続関数の列 f_n が f_0 に広義一様収束しているとする．$\forall g_0 \in G$, $\forall \varepsilon > 0$, 任意のコンパクト部分集合 $S \subset G$ に対し，$n_0 \in \mathbb{N}$ と g_0 のある近傍 V_0 が存在し，

$$(3.6) \quad \sup_{x \in S} |R(g)f_n(x) - R(g_0)f_0(x)| < 2\varepsilon \quad (\forall g \in V_0, \forall n \geqq n_0)$$

が成り立つことをいえばよい．まず，g_0 の相対コンパクトな近傍 V を選ぶと，SV は相対コンパクトだから，十分大きな n_0 が存在して

$$\sup_{y \in SV} |f_n(y) - f_0(y)| < \varepsilon \quad (\forall n \geqq n_0)$$

とできる．このとき，$g \in V$, $x \in S$, $n \geq n_0$ ならば
$$|R(g)f_n(x) - R(g_0)f_0(x)| \leq |f_n(xg) - f_0(xg)| + |f_0(xg) - f_0(xg_0)|$$
$$< \varepsilon + |F(xgg_0^{-1}) - F(x)|$$
が成り立つ．ただし，$F(y) := f_0(yg_0)$ ($y \in G$) とおいた．次の補題の W を用いて $V_0 := V \cap Wg_0$ とおけば，(3.6) が成り立つ． ■

補題 3.4（一様連続性） $F \in C(G)$ は次の意味で一様連続である．任意のコンパクト部分集合 $S \subset G$ と任意の $\varepsilon > 0$ に対し，e の近傍 W が存在して
$$\sup_{x \in S} \sup_{a \in W} |F(xa) - F(x)| \leq \varepsilon.$$
□

補題の証明は演習問題としよう（演習問題 3.1）．

さらに $g_1, g_2 \in G$ に対し
$$(L \times R)(g_1, g_2) \colon C(G) \to C(G)$$
を
$$((L \times R)(g_1, g_2)F)(g) := (L(g_1)R(g_2)F)(g) = F(g_1^{-1}gg_2)$$
によって定義すると，$L \times R$ は直積群 $G \times G$ の表現となる．この表現を G の**両側正則表現**あるいは簡単に**正則表現**（regular representation）と呼ぶ．これらの用語を使うと，命題 3.2 は次のように言い換えられる．

命題 3.5 (π, V) を位相群 G の有限次元表現とする．行列要素を与える写像
$$\Phi_\pi \colon V \otimes V^\vee \to C(G)$$
は直積群 $G \times G$ の外部テンソル積表現 $(\pi \boxtimes \pi^\vee, V \otimes V^\vee)$ から両側正則表現 $(L \times R, C(G))$ への $G \times G$-線型写像である． □

なお，無限次元表現に対しても行列要素を考えることができる．この場合は，$V^\vee$ を狭めて V 上の連続線型写像全体を $V^\vee$ のかわりに用いればよい．(π, V) がユニタリ表現の場合は，次項(c)の方法で行列要素を定義することもできる．

コンパクト群の行列要素については，命題 3.5 で述べた $G \times G$-線型性に加えて，

- L^2-対応は定理 3.36

- 環準同型としての性質は定理 3.41
- 像の完備性は Peter–Weyl の定理(§4.1 定理 4.1)

でそれぞれ詳しく扱う．

(c) ユニタリ表現の行列要素

項(a)において，行列要素を定義する際，反傾表現を用いて定義した(定義 3.1)．ユニタリ表現の場合は，内積を用いることによって，行列要素を以下のように定義することもできる．

(π, V) は位相群 G のユニタリ表現とする．$u, v \in V$, $g \in G$ に対して

$$(3.7) \qquad \Psi_\pi(u,v)(g) := (\pi(g)^{-1}u, v) = (u, \pi(g)v)$$

と定義すると，$\Psi_\pi(u,v)$ は G 上の連続関数となる．従って写像 $\Psi_\pi : V \times V \to C(G)$ が定義された．写像 Ψ_π は

$$\Psi_\pi(au, bv) = a\bar{b}\Psi_\pi(u,v) \quad (a, b \in \mathbb{C}, \ u, v \in V)$$

を満たす．すなわち，Ψ_π は，**半双線型写像**(sesqui-linear map)である．

§3.1 (a)で定義した写像 Φ_π と上記の Ψ_π とを比較しよう．

補題 1.53 より，共役表現 $(\bar{\pi}, \bar{V})$ と $(\pi^\vee, V^\vee)$ は G-線型写像

$$\psi : \bar{V} \to V^\vee, \quad \bar{v} \mapsto (\ , v)$$

によって，ユニタリ同値な表現となる．従って，

$$\Psi_\pi(u,v)(g) = (\pi(g)^{-1}u, v) = \langle \pi(g^{-1})u, \psi(\bar{v}) \rangle = \Phi_\pi(u \otimes \psi(\bar{v}))(g)$$

すなわち

$$(3.8) \qquad \Psi_\pi(u,v) = \Phi_\pi(u \otimes \psi(\bar{v})) \quad (u, v \in V)$$

が証明された．次の命題は基本的な公式であり，(ユニタリ表現に限っていえば)行列要素の定義として採用することもできる．証明もほぼ明らかであるが，今まで述べた定義の復習を兼ねて証明を書いておこう．

命題 3.6 (π, V) を群 G の有限次元ユニタリ表現とする．$\{v_1, \cdots, v_m\}$ を V の正規直交基底として行列表示すると

$$(3.9) \qquad \pi_{ij}(g) = (\pi(g)v_j, v_i)$$

が成り立ち，$(\pi_{ij}(g))_{1 \leq i,j \leq m}$ はユニタリ行列となる．

[証明] $\{v_1^\vee, \cdots, v_m^\vee\}$ を $V^\vee$ における双対基底とすると，写像 $\psi : \bar{V} \to V^\vee$

は $\psi(\overline{v_i}) = v_i^\vee$ を満たす. 従って

$$\begin{aligned}
\pi_{ij}(g) &= \Phi_\pi(v_j \otimes v_i^\vee)(g^{-1}) \quad (\because (3.5)) \\
&= \Phi_\pi(v_j \otimes \psi(\overline{v_i}))(g^{-1}) \\
&= \Psi_\pi(v_j, v_i)(g^{-1}) \quad (\because (3.8)) \\
&= (\pi(g)v_j, v_i) \quad (\because (3.7))
\end{aligned}$$

より (3.9) が示された. $\pi(g)$ がユニタリ作用素であることを使うと

$$\overline{\pi_{ji}(g)} = \overline{(\pi(g)v_i, v_j)} = (v_j, \pi(g)v_i) = (\pi(g^{-1})v_j, v_i) = \pi_{ij}(g^{-1})$$

となるから $(\pi_{ij}(g))_{1 \leq i,j \leq m}$ はユニタリ行列である. ∎

§3.2 群上の不変測度

群上の不変測度 (Haar 測度) は局所コンパクト群のユニタリ表現論の研究で最も重要な道具である. その存在証明は, 第二可算の場合に Haar(1933) により, 一般の場合に A. Weil(1940) によって与えられた. この節では "不変測度とは何か" を理解し, いくつかの例を計算してみることに主眼をおく. 測度を与えるということは, 大雑把にいうと積分を定義することと同じである. そこで局所コンパクト群上の測度が「不変」であるという性質を, 測度に対応する積分が「不変」であるという性質で与えることにする. なお, 興味ある読者のために測度と積分の関係をかいつまんで述べておこう.

局所コンパクト位相空間 X 上の複素数値の連続関数全体のなすベクトル空間を $C(X)$, その中でコンパクト台をもつ関数のなすベクトル空間を $C_c(X)$, X 上の非負実数値コンパクト台の連続関数全体を $C_c^+(X)$ と書く. X が局所コンパクト位相空間ならば, X 上の測度 μ として,

$$(3.10) \qquad C_c(X) \subset L^1(X, \mu)$$

となるものを考えるのが自然である. ここで X 上の測度 μ に対して, 可積分関数全体を

(3.11)
$$L^1(X,\mu) := \left\{ f\colon X \to \mathbb{C}\colon f(x) \text{ は } \mu\text{-可測}, \int_X |f(x)|d\mu(x) < \infty \right\}$$

と表した．測度 μ を省略して $L^1(X)$ と書くこともある．(3.10)を満たす測度を **Baire 測度**と呼ぶ．Baire 測度 μ に対して積分

(3.12) $\quad I\colon C_c^+(X) \to \mathbb{R}, \quad f \mapsto I(f) := \int_X f(x)\,d\mu(x)$

を考えると，I は $C_c^+(X)$ 上の加法的汎関数，すなわち

(3.13) $\qquad\qquad 0 \leqq I(f) < \infty \quad (f \in C_c^+(X))$

(3.14) $\quad I(af+bg) = aI(f)+bI(g) \quad (0 \leqq a,b < \infty,\ f,g \in C_c^+(X))$

を満たす．逆に，(3.13),(3.14)を満たす写像 $I\colon C_c^+(X) \to \mathbb{R}$ を $\mathbb{C}$-線型写像 $\widetilde{I}\colon C_c(X) \to \mathbb{C}$ に拡張すると，$C_c(X)$ の広義一様収束の位相に関して $\widetilde{I}$ は連続であること，すなわち

(3.15) 「関数列 $F_n \in C_c(X)$ が $F \in C_c(X)$ に一様収束し，しかも $\mathrm{supp}\,F_n$ が n に依存しないコンパクト集合に含まれているならば，$\lim_{n\to\infty} \widetilde{I}(F_n) = \widetilde{I}(F)$ が成り立つ」

ことが容易にわかる．さらに，(3.13),(3.14)を満たす写像 $I\colon C_c^+(X) \to \mathbb{R}$ を与えれば，$I(f)$ を積分(3.12)によって与えるような Baire 測度 μ が一意的に定まることが知られている．すなわち，局所コンパクト空間上の Baire 測度を与えることと，コンパクト台の連続関数全体 $C_c^+(X)$ 上の加法的汎関数を与えることとは同値である．以下ではこの事実を用いて，局所コンパクト群上の測度が不変であるということを，積分を用いて定義する．

(a) 群上の不変測度

位相群 G が，位相空間として局所コンパクトであるとき，**局所コンパクト位相群**(locally compact topological group)と呼ぶ．ベクトル空間 $\mathbb{R}^n$，コンパクト群，離散群，Lie 群は局所コンパクト群の例である．

定義 3.7 局所コンパクト位相群 G 上の Baire 測度 μ が

$$\int_G f(g_0 g) d\mu(g) = \int_G f(g) d\mu(g) \quad (\forall g_0 \in G, \ \forall f \in C_c(G))$$

を満たすとき，μ を**左不変な測度**(left invariant measure)という．同様に

$$\int_G f(g g_0) d\mu(g) = \int_G f(g) d\mu(g) \quad (\forall g_0 \in G, \ \forall f \in C_c(G))$$

を満たすとき，μ を**右不変な測度**(right invariant measure)という．左不変かつ右不変な測度を**両側不変な測度**という．以後，測度 $d\mu(g)$ はしばしば dg と略記する． □

定理 3.8（Haar 測度） G を任意の局所コンパクト位相群とする．
（ⅰ） G 上には，0 でない左不変な Baire 測度および右不変な Baire 測度がそれぞれ存在する．
（ⅱ） G 上の左不変な Baire 測度および右不変な Baire 測度は，それぞれ正の定数倍を除いて一意的である． □

定義 3.9 局所コンパクト群における左不変測度を**左 Haar 測度**，右不変測度を**右 Haar 測度**と呼ぶ．また，両側不変測度が存在するような群を**ユニモジュラー**(unimodular)といい，この測度を **Haar 測度**という． □

後述（系 3.14）するように，コンパクト位相群はユニモジュラーである．

G がコンパクト群の場合，(3.10) より $\int_G dg < \infty$ となる．そこで dg を適当に正の定数倍して，不変測度 dg を $\int_G dg = 1$ となるように正規化することができる．定理 3.8(ⅱ) と合わせて次の系が示された．

系 3.10（正規化された Haar 測度） コンパクト位相群 G 上には $\int_G dg = 1$ を満たす両側不変な Baire 測度が唯一つ存在する． □

系 3.10 における測度 dg を**正規化された Haar 測度**(normalized Haar measure)という．

この章では，定理 3.8 の証明に深入りしない．定理 3.8 の理解につながるようなコメントを述べよう．

［左 Haar 測度の存在(定理 3.8(ⅰ))］ この部分が最も本質的であるが，一般の局所コンパクト群の場合の証明には多くの準備が必要なので本書では行

わない．A. Weil [64]や壬生雅道[31]や辰馬伸彦[54]に証明がある．

本書では，G が Lie 群の場合に，微分形式を使って(左)Haar 測度の存在の別証明を §6.4 で行う（そのアイディアと計算方法は，この節の項(d)で厳密な数学的準備を後回しにして解説する）．この証明は著しく簡単であるが，Lie 群が多様体の構造をもつことを用いるので，一般の局所コンパクト群には適用できない．

[左 Haar 測度の存在 $\Longrightarrow$ 右 Haar 測度の存在] μ を G の左 Haar 測度とする．

$$I': C_c^+(G) \to \mathbb{R}, \quad f \mapsto \int_G f(x^{-1})d\mu(x)$$

とおく．I' も加法的汎関数となるから，Baire 測度による積分で与えられる．この測度を μ' とおく．すなわち，

(3.16) $$\int_G f(x^{-1})d\mu(x) = \int_G f(x)d\mu'(x)$$

$$\int_G f(x^{-1}a)d\mu(x) = \int_G f((a^{-1}x)^{-1})d\mu(x) = \int_G f(x^{-1})d\mu(x)$$

であるから，任意の $a \in G$ に対して

$$\int_G f(xa)d\mu'(x) = \int_G f(x)d\mu'(x)$$

が成り立つ．すなわち，μ' は右不変な測度である．故に，

左 Haar 測度の存在 $\Longrightarrow$ 右 Haar 測度の存在

が示された．

[Haar 測度の一意性(定理 3.8(ii))] G の(左)Haar 測度が定数倍を除いて一意であることの意味を理解するのが大事である．その意味と証明のアイディアを $G = \mathbb{R}$ の場合に，この節の項(c)の例 3.18 で解説する．

注意 3.11 Baire 測度は一意的に正則な Borel 測度に拡張され，逆に任意の正則な Borel 測度は(可測集合を制限して)一意的に Baire 測度を与える．従って，この両者は同一視してよい．なお，正則という条件をはずすと，例えば，各点の測度が 1 であるような離散的な測度も含まれてしまうので，左不変な Borel 測度

は必ずしも一意的ではなく,また,ユニモジュラーでなくても両側不変な Borel 測度が常に存在することがわかる.局所コンパクト群上で重要なのは,単に Borel 測度ではなく,正則な Borel 測度(あるいは Baire 測度)であることを強調しておく.

(b) Haar 測度とモジュラー関数

この項では,左不変測度と右不変測度がいつ一致するかを考察する.μ を局所コンパクト群 G の左 Haar 測度とする.$a \in G$ を 1 つ選び,

$$I_a : C_c^+(G) \to \mathbb{R}, \quad f \mapsto \int_G f(ga^{-1}) d\mu(g)$$

とおく.I_a は Baire 測度による積分で与えられる.この測度を μ_a と書けば,

$$\int_G f(g_0 g a^{-1}) d\mu(g) = \int_G f(ga^{-1}) d\mu(g) \quad (\forall f \in C_c(G), \forall g_0 \in G)$$

より

$$\int_G f(g_0 g) d\mu_a(g) = \int_G f(g) d\mu_a(g) \quad (\forall f \in C_c(G))$$

が成り立つ.すなわち,μ_a も左 Haar 測度である.左 Haar 測度の一意性(定理 3.8(ii))より,ある正の実数 $\Delta(a) > 0$ が存在し

$$\mu_a = \Delta(a) \mu$$

と書ける.積分の形で書けば

$$(3.17) \qquad \Delta(a) \int_G f(g) d\mu(g) = \int_G f(ga^{-1}) d\mu(g)$$

である.Δ を局所コンパクト群 G の**モジュラー関数**(modular function)という.群 G を強調したいときは Δ_G と書くことにする.

左 Haar 測度が定数倍を除いて一意的であることから,

- モジュラー関数 Δ は左 Haar 測度の選び方によらない,
- G に両側不変測度が存在する $\iff$ 左 Haar 測度が右不変である,

ということがわかる.一方,等式(3.17)より左 Haar 測度が右不変であるための必要十分条件は

$$\Delta(a) = 1 \quad (\forall a \in G)$$

が成り立つことである．以上から次の定理が示された．

定理 3.12 局所コンパクト群 G がユニモジュラーであるための必要十分条件はモジュラー関数 Δ が恒等的に 1 となることである． □

そこで，一般にモジュラー関数の性質を調べよう．

定理 3.13 $\Delta\colon G \to \mathbb{R}_+^\times$ は群 G から乗法群 $\mathbb{R}_+^\times$ への連続な準同型写像である．

［証明］ $a, b \in G$, $f \in C_c(G)$ とすると

$$\begin{aligned}
\Delta(ab) \int_G f(g) d\mu(g) &= \int_G f(g(ab)^{-1}) d\mu(g) \\
&= \int_G f((gb^{-1})a^{-1}) d\mu(g) \\
&= \Delta(a) \int_G f(gb^{-1}) d\mu(g) \\
&= \Delta(a)\Delta(b) \int_G f(g) d\mu(g)
\end{aligned}$$

となる．$\int_G f_0(g) d\mu(g) \neq 0$ となる $f_0 \in C_c(G)$ を選ぶと，$\Delta(ab) = \Delta(a)\Delta(b)$ が成り立つことがわかる．よって Δ は群準同型写像である．

次に，モジュラー関数 Δ が連続であることを示そう．W を G の任意のコンパクト近傍とすると，$a \in W$ のとき，$R(a^{-1})f_0$ の台 $\mathrm{supp}(R(a^{-1})f_0)$ は a に依存しないコンパクト集合 $(\mathrm{supp}\, f_0)W$ に含まれる．積分 $I\colon C_c(G) \to \mathbb{C}$, $f \mapsto \int_G f(g) d\mu(g)$ の連続性((3.15)参照)と，右正則表現の連続性(定理 3.3)より，

$$\Delta(a) = \frac{\int_G f_0(ga^{-1}) d\mu(g)}{\int_G f_0(g) d\mu(g)} = \frac{I(R(a^{-1})f_0)}{I(f_0)}$$

は W の内点 a で連続である．W は任意なので Δ は G 上の連続関数である． ■

なお，G が Lie 群の場合，$\mathfrak{g}$ をその Lie 環，$\mathrm{Ad}\colon G \to GL(\mathfrak{g})$ を随伴表現(定義 5.51 参照)とすると，モジュラー関数 Δ は

(3.18) $$\Delta(a) = |\det \mathrm{Ad}(a)|^{-1} \quad (a \in G)$$

という式によって与えられる (§6.4 系 6.44).

系 3.14 コンパクト位相群はユニモジュラーである.

[証明] G がコンパクト位相群ならば,$\Delta\colon G \to \mathbb{R}_+^\times$ の像もコンパクトでなければならない. $\mathbb{R}_+^\times$ のコンパクト部分群は $\{1\}$ に限る. 故に Δ は恒等的に 1 をとる写像である. 定理 3.12 より G はユニモジュラーとなる. ∎

さて,μ を左 Haar 測度とし,

$$I''\colon C_c^+(G) \to \mathbb{R}, \quad f \mapsto \int_G f(x^{-1})\Delta(x)^{-1}d\mu(x)$$

とおくと

$$\begin{aligned}
\int_G & f(ax^{-1})\Delta(x)^{-1}d\mu(x) \\
&= \int_G f((xa^{-1})^{-1})\Delta(xa^{-1})^{-1}\Delta(a)^{-1}d\mu(x) \quad (\because \text{定理 3.13}) \\
&= \Delta(a) \int_G f(y^{-1})\Delta(y)^{-1}\Delta(a)^{-1}d\mu(y) \quad (\because (3.17)) \\
&= \int_G f(y^{-1})\Delta(y)^{-1}d\mu(y).
\end{aligned}$$

従って,$I''(f(a\cdot)) = I''(f)$ となるので I'' は左不変である. 左 Haar 測度の一意性 (定理 3.8(ii)) より,ある定数 $C > 0$ が存在して,任意の $f \in C_c(G)$ に対して

(3.19) $$\int_G f(x^{-1})\Delta(x)^{-1}d\mu(x) = C \int_G f(x)d\mu(x)$$

が成り立つ. $C = 1$ であることを証明しよう. 任意の正数 $\varepsilon > 0$ を 1 つ選ぶ. $\Delta(e) = 1$ より,e の近傍 W が存在して $|\Delta(x)^{-1} - 1| < \varepsilon \ (\forall x \in W)$ とできる. さらに,W を $W \cap W^{-1}$ ととりかえることによって,最初から $W = W^{-1}$ が成り立っていると仮定してよい. ここで W^{-1} は $\{g \in G \colon g^{-1} \in W\}$ によって定義される集合である. 等式 (3.19) は,$\forall f \in C_c(G)$ に対して成り立つから,積分論の一般論より,定義域を広げて $\forall f \in L^1(G)$ に対しても成り立つ. 特に,f として W の特性関数

$$f(g) = \begin{cases} 1 & (g \in W) \\ 0 & (g \notin W) \end{cases}$$

をとる．まず $\int_G f(x)d\mu(x) = \int_W d\mu(x)$ であるから，この値を $\mathrm{vol}(W)$ とおく．vol は測度 μ に関する W の体積(volume)を表す．

$$\int_G f(x^{-1})\Delta(x)^{-1}d\mu(x) = \int_{W^{-1}} \Delta(x)^{-1}d\mu(x) = \int_W \Delta(x)^{-1}d\mu(x)$$

より

$$\left| \int_G f(x^{-1})\Delta(x)^{-1}d\mu(x) - \mathrm{vol}(W) \right| \leq \int_W |\Delta(x)^{-1} - 1|d\mu(x) < \varepsilon \, \mathrm{vol}(W).$$

この左辺は等式(3.19)より $|C-1|\mathrm{vol}(W)$ に等しい．故に $|C-1|<\varepsilon$ が示された．ε は任意だから，$C=1$ でなければならない．従って，次の定理が証明された．

定理 3.15 μ を局所コンパクト群の左 Haar 測度，Δ をモジュラー関数とすると

(3.20) $$\int_G f(x^{-1})\Delta(x)^{-1}d\mu(x) = \int_G f(x)d\mu(x)$$

が成り立つ． □

定理 3.15 より，(3.16)で定義した右 Haar 測度 μ' は，任意の $h \in C_c(G)$ に対して

(3.21) $$\int_G h(x)\Delta(x)^{-1}d\mu(x) = \int_G h(x^{-1})d\mu(x) = \int_G h(x)d\mu'(x)$$

という式で特徴づけられる．従って $d\mu'(x) = \Delta(x)^{-1}d\mu(x)$ が成り立つ．定理としてまとめておこう．

定理 3.16（右 Haar 測度）

（ i ） μ を G の左 Haar 測度とする．

$$d\mu'(x) = \Delta(x)^{-1}d\mu(x)$$

とおくと，μ' は群 G の右 Haar 測度となる．さらに，μ' は等式(3.21)を満たす．

（ii） 左移動に関して，μ' は次の等式を満たす((3.17)参照).
$$\int_G f(ag)d\mu'(g) = \Delta(a)\int_G f(g)d\mu'(g).$$
□

また，定理 3.12 と定理 3.15 を合わせることによって，次の定理も示された．

定理 3.17 局所コンパクト群 G がユニモジュラーであるとき，その Haar 測度を μ で表すと

(3.22) $$\int_G f(x)d\mu(x) = \int_G f(x^{-1})d\mu(x) \quad (\forall f \in C_c(G))$$

が成り立つ．特に G がコンパクト群ならば等式(3.22)が成り立つ． □

（c） 様々な群の不変測度の例

例 3.18（Lebesgue 測度） $G = \mathbb{R}$ を加法による群と見る．$\mathbb{R}$ は可換群なので，左不変な測度は自動的に両側不変になる．Lebesgue 測度 dx は任意の $x_0 \in \mathbb{R}$ に対して
$$\int_\mathbb{R} f(x_0+x)dx = \int_\mathbb{R} f(x)dx \quad (\forall f \in C_c(\mathbb{R}))$$
を満たすので，両側不変な測度である．すなわち Lebesgue 測度は加法群 $\mathbb{R}$ の Haar 測度である．

さて，「Haar 測度が定数倍を除いて一意的である」という定理 3.8(ii) の証明のスケッチを $G = \mathbb{R}$ の場合に行おう．G が一般の局所コンパクト群の場合，以下の $a(x)$ は Radon–Nikodým 微分に相当するが，ここでは深入りしない．$a(x)$ を $\mathbb{R}$ 上の連続関数（連続性の仮定は緩めることができる）で
$$a(x) > 0 \quad (\forall x \in \mathbb{R})$$
を満たすとすると，$d\mu(x) := a(x)dx$ は $\mathbb{R}$ 上の測度である．$d\mu(x)$ が加法群 $\mathbb{R}$ の不変測度となるための $a(x)$ の満たす必要十分条件を求めてみよう．$a(x)dx$ が不変測度であれば，任意の $f \in C_c(\mathbb{R})$，任意の $x_0 \in \mathbb{R}$ に対して
$$\int_\mathbb{R} f(x_0+x)a(x)dx = \int_\mathbb{R} f(x)a(x)dx$$

が成り立つ．Lebesgue 測度の不変性より
$$\int_{\mathbb{R}} f(x)a(x-x_0)dx = \int_{\mathbb{R}} f(x)a(x)dx,$$
すなわち，
$$\int_{\mathbb{R}} f(x)(a(x-x_0)-a(x))dx = 0$$
が，任意の $f \in C_c(\mathbb{R})$ に対して成り立つ．故に，
$$a(x-x_0)-a(x) = 0$$
でなければならない(**変分法の基本原理**; 例えば，小谷眞一『測度と確率』(岩波書店)§5.2 参照)．$x_0 \in \mathbb{R}$ は任意なので，これは関数 $a(x)$ が定数関数であることを意味する．故に，$d\mu(x) = a(x)dx$ が加法群 $\mathbb{R}$ 上の不変測度(Haar 測度)ならば，$d\mu(x)$ は Lebesgue 測度 dx の正の定数倍でなければならない． □

例 3.19 正の実数全体のなす乗法群を $\mathbb{R}_+^\times$ で表すとき，$\dfrac{dx}{x}$ が $\mathbb{R}_+^\times$ の不変測度である．これは乗法群 $\mathbb{R}_+^\times$ と加法群 $\mathbb{R}$ の間の同型写像 $x = e^t$ により $\dfrac{dx}{x} = dt$ となることを用いれば自明である．あるいは，直接計算して
$$\int_0^\infty f(ax)\frac{dx}{x} = \int_0^\infty f(x)\frac{dx}{x} \quad (\forall f \in C_c(\mathbb{R}_+^\times))$$
が任意の $a \in \mathbb{R}_+^\times$ に対して成り立つのを確かめるのも容易であろう． □

例 3.20 (一般線型群) $G = GL(n, \mathbb{R})$ 上の測度 dg を $f \in C_c(G)$ に対し，
$$\int_G f(g)dg := \int_G f(g)|\det g|^{-n} \prod_{1 \leq i,j \leq n} dg_{ij} \quad (g = (g_{ij})_{1 \leq i,j \leq n})$$
と定義する．$g_0 \in G$ を固定して考えたとき，
$$(3.23) \qquad d(g_0 g)_{11} \cdots d(g_0 g)_{nn} = |\det g_0|^n dg_{11} \cdots dg_{nn}$$
より
$$\int_G f(g_0 g)dg = \int_G f(g)dg$$
となる($n = 1, 2$ の場合に読者自ら等式(3.23)を確かめられたい)．同様に
$$\int_G f(gg_0)dg = \int_G f(g)dg$$

が成り立つ．従って，$dg = |\det g|^{-n} dg_{11} dg_{12} \cdots dg_{nn}$ は $GL(n, \mathbb{R})$ 上の両側不変な測度である． □

例 3.21（Heisenberg 群）

$$G := \left\{ \begin{pmatrix} 1 & x & y \\ 0 & 1 & z \\ 0 & 0 & 1 \end{pmatrix} : x, y, z \in \mathbb{R} \right\}$$

とすると，G は行列の掛け算によって **Heisenberg 群**と呼ばれるベキ零 Lie 群（冪零 Lie 群）（定義 5.55 参照）になる．このとき，

$$\int_G f(g)\,dg = \int_{\mathbb{R}^3} f\begin{pmatrix} 1 & x & y \\ 0 & 1 & z \\ 0 & 0 & 1 \end{pmatrix} dxdydz$$

とおくと，dg は Heisenberg 群 G の両側不変な測度である．

両側不変になる証明は直接の計算で示すことができるが，これは読者に委ねよう．次項(d)の計算方法の練習問題としても手頃であろう．なお，定理 6.46 で "連結ベキ零 Lie 群はユニモジュラーである" ことを示す． □

例 3.22 G を離散群とする．このとき，G 上の任意の関数は連続であり

$$f \in C_c(G) \iff 有限個の g \in G を除いて f(g) は 0 となる$$

に注意しよう．G 上の測度 μ を

$$\int_G f(g) d\mu(g) = \sum_{g \in G} f(g) \quad (f \in C_c(G))$$

と定義すると μ は両側不変な測度である．すなわち，任意の離散群はユニモジュラーである． □

上の5つの例で述べた群に対しては両側不変な測度が存在した．次に両側不変な測度が存在しない例を述べる．

例 3.23（$ax+b$ 群） 1次元のアファイン変換群

$$G = \left\{ \begin{pmatrix} x & y \\ 0 & 1 \end{pmatrix} : x \in \mathbb{R}^\times,\ y \in \mathbb{R} \right\}$$

上の測度 dg を

$$\int_G f(g)dg := \int_{\mathbb{R}^\times \times \mathbb{R}} f\begin{pmatrix} x & y \\ 0 & 1 \end{pmatrix} \frac{dxdy}{|x|} \quad (f \in C_c(G))$$

と定義する．この測度は右不変であるが，左不変ではない．これを直接の計算によって確かめてみよう．G の積は

$$\begin{pmatrix} x & y \\ 0 & 1 \end{pmatrix}\begin{pmatrix} a & b \\ 0 & 1 \end{pmatrix} = \begin{pmatrix} xa & xb+y \\ 0 & 1 \end{pmatrix}$$

で与えられる．そこで，$g_0 = \begin{pmatrix} a & b \\ 0 & 1 \end{pmatrix}$ とするとき，

$$\begin{aligned}\int_G f(gg_0)dg &= \int_{\mathbb{R}^\times \times \mathbb{R}} f\begin{pmatrix} xa & xb+y \\ 0 & 1 \end{pmatrix} \frac{dxdy}{|x|} \\ &= \int_{\mathbb{R}^\times \times \mathbb{R}} f\begin{pmatrix} x' & y' \\ 0 & 1 \end{pmatrix} \frac{dx'dy'}{|x'|} \\ &= \int_G f(g)dg\end{aligned}$$

となるので G 上の測度 dg は右不変である．一方，

$$\begin{aligned}\int_G f(g_0 g)dg &= \int_{\mathbb{R}^\times \times \mathbb{R}} f\begin{pmatrix} ax & ay+b \\ 0 & 1 \end{pmatrix} \frac{dxdy}{|x|} \\ &= \frac{1}{|a|} \int_{\mathbb{R}^\times \times \mathbb{R}} f\begin{pmatrix} x' & y' \\ 0 & 1 \end{pmatrix} \frac{dx'dy'}{|x'|} \\ &= \frac{1}{|a|} \int_G f(g)dg\end{aligned}$$

であるから dg は左不変ではない．故に G はユニモジュラーでない．定理 3.16(ii) よりモジュラー関数 $\Delta : G \to \mathbb{R}_+^\times$ は

$$\Delta\begin{pmatrix} a & b \\ 0 & 1 \end{pmatrix} = \frac{1}{|a|}$$

によって与えられる．G の左不変測度は演習問題 3.4 を参照されたい．同様に，n 次元アファイン変換群 $\mathrm{Aff}(\mathbb{R}^n) \simeq GL(n, \mathbb{R}) \ltimes \mathbb{R}^n$（§1.1 例 1.9 参照）はユニモジュラーでない． □

（d） 行列群の不変測度

G は $GL(n,\mathbb{R}) := \{g=(g_{ij}) \in M(n,\mathbb{R}) \colon \det g \neq 0\}$ の部分群とする．G 上の左不変測度（あるいは右不変測度）を与える微分形式を，座標 g_{ij} によって記述する便利な方法を紹介しよう．この方法は I. M. Gelfand の学派によって頻繁に用いられた．なお，$GL(n,\mathbb{R})$ の閉部分群 G は Lie 群の構造をもつので，厳密な扱いは，Lie 群の上の微分形式の項で述べることにし，ここでは計算の手法のみを証明する．不変測度を抽象的に存在する概念としてではなく，具体的に計算できる身近な概念として理解することがこの項の目標である．

i 行 j 列の成分が 1 次の微分形式 dg_{ij} となる $n \times n$ 行列を dg と表し，行列 $V(g)$ を

$$(3.24) \qquad V(g) := g^{-1} dg$$

と定義する．この項(d)では，dg は g の外微分として得られる 1 次の微分形式の行列を表し，$n>1$ のときは G 上の不変測度ではないことに注意する．現代風に多様体の用語でいえば，$\mathcal{E}^1(G)$ を G 上の 1 次の微分形式のなすベクトル空間とするとき，$V(g)$ は $M(n,\mathbb{R}) \otimes_\mathbb{R} \mathcal{E}^1(G)$ の元である．$x \in G$ を固定した元とし，$g \in G$ を変数としたとき，

$$d(xg) = x\,dg$$

であることに注意すると，

$$V(xg) = (xg)^{-1} d(xg) = g^{-1} dg = V(g)$$

となる．すなわち $V(g)$ の各行列成分は左 G-不変な 1 次の微分形式（**Maurer–Cartan 形式**という）からなる．従って，G の次元を N として，N 個の $V(g)_{ij}$ ($1 \leq i,j \leq n$) を選び，それらの外積を考えれば，G の左不変測度を与える N 次の微分形式が得られる．得られた測度はスカラー倍を除いて，N 個の $V(g)_{ij}$ ($1 \leq i,j \leq n$) の選び方によらない（選び方によっては 0 になりうるので，0 にならないように N 個の $V(g)_{ij}$ を選ぶ必要がある）．ここでは，$G \subset GL(n,\mathbb{R})$ としたが，$G \subset GL(n,\mathbb{C})$ の場合も同様に計算できる．

同様に，$M(n,\mathbb{R}) \otimes_\mathbb{R} \mathcal{E}^1(G)$ の元

$$(3.25) \qquad W(g) := (dg) g^{-1}$$

から得られる体積要素は G の右不変測度に対応する．

以下，具体的な計算をしながら，この公式の使い方を解説する．

例 3.24 (一般線型群)
$$G = GL(2,\mathbb{R}) = \left\{ \begin{pmatrix} x & y \\ z & w \end{pmatrix} : x, y, z, w \in \mathbb{R},\ xw - yz \neq 0 \right\}$$
に対して，(3.24) を計算すると
$$V\begin{pmatrix} x & y \\ z & w \end{pmatrix} = \frac{1}{(xw-zy)} \begin{pmatrix} w & -y \\ -z & x \end{pmatrix} \begin{pmatrix} dx & dy \\ dz & dw \end{pmatrix}$$
$$= \frac{1}{(xw-zy)} \begin{pmatrix} wdx - ydz & wdy - ydw \\ -zdx + xdz & -zdy + xdw \end{pmatrix}$$
となる．従って
$$(g^{-1}dg)_{11} \wedge (g^{-1}dg)_{12} \wedge (g^{-1}dg)_{21} \wedge (g^{-1}dg)_{22}$$
$$= -((g^{-1}dg)_{11} \wedge (g^{-1}dg)_{21}) \wedge ((g^{-1}dg)_{12} \wedge (g^{-1}dg)_{22})$$
$$= -\frac{1}{(xw-zy)^4} ((w\,dx - y\,dz) \wedge (-z\,dx + x\,dz))$$
$$\wedge ((w\,dy - y\,dw) \wedge (-z\,dy + x\,dw))$$
$$= -\frac{1}{(xw-zy)^4} (xw - yz) dx \wedge dz \wedge (xw - yz) dy \wedge dw$$
$$= (xw - yz)^{-2} dx \wedge dy \wedge dz \wedge dw$$

となる．よって $(xw - yz)^{-2} dxdydzdw$ が $GL(2,\mathbb{R})$ の左 Haar 測度を与える (同様の計算で，右 Haar 測度であることも容易にわかる)．これは例 3.20 の $n = 2$ の場合に相当する． □

例 3.25 (特殊線型群)　2 次の特殊線型群
$$G = SL(2,\mathbb{R}) := \left\{ \begin{pmatrix} x & y \\ z & w \end{pmatrix} : x, y, z, w \in \mathbb{R},\ xw - yz = 1 \right\}$$
の場合は，$xw - yz = 1$ の条件より

(3.26) $$x\,dw + w\,dx - y\,dz - z\,dy = 0$$

が成り立つことに注意する．例 3.24 と同じ $V(g)$ を用いて計算すると
$$(g^{-1}dg)_{11} \wedge (g^{-1}dg)_{12} \wedge (g^{-1}dg)_{21}$$
$$= -(g^{-1}dg)_{11} \wedge (g^{-1}dg)_{21} \wedge (g^{-1}dg)_{12}$$

$$= (w\,dx - y\,dz) \wedge (w\,dy - y\,dw) \wedge (-z\,dx + x\,dz)$$
$$= (-wx + yz)dx \wedge dz \wedge (w\,dy - y\,dw)$$
$$= -dx \wedge dz \wedge \left(\frac{1+yz}{x} dy - \frac{yz}{x} dy \right)$$
$$= \frac{1}{x} dx \wedge dy \wedge dz$$

となる．ここで，2つめの等号で(3.26)を用いた．従って，$\frac{1}{|x|} dx dy dz$ が $SL(2,\mathbb{R})$ の左不変測度となる．同様に(3.25)を用いると，右不変測度も同じ形をしていることがわかる．故にこの測度は両側不変である． □

例 3.26（特殊ユニタリ群） 行列 g に対し，$g^* = {}^t\overline{g}$ と書く．

(3.27) $\quad G = SU(2) = \{ g \in GL(2,\mathbb{C}) : g^*g = 1, \ \det g = 1 \}$

の不変測度を求めよう．$SU(2)$ は次の形の行列全体であることが簡単な計算でわかる（読者自ら確かめられたい）：

(3.28) $\quad SU(2) = \left\{ \begin{pmatrix} a & b \\ -\overline{b} & \overline{a} \end{pmatrix} : a, b \in \mathbb{C}, \ |a|^2 + |b|^2 = 1 \right\}$

$g = \begin{pmatrix} a & b \\ -\overline{b} & \overline{a} \end{pmatrix}$ とおくと，
$$g^{-1}dg = \begin{pmatrix} \overline{a} & -b \\ \overline{b} & a \end{pmatrix} \begin{pmatrix} da & db \\ -d\overline{b} & d\overline{a} \end{pmatrix} = \begin{pmatrix} \overline{a}\,da + b\,d\overline{b} & \overline{a}\,db - b\,d\overline{a} \\ \overline{b}\,da - a\,d\overline{b} & \overline{b}\,db + a\,d\overline{a} \end{pmatrix}.$$

$(g^{-1}dg)_{11} \wedge (g^{-1}dg)_{12} \wedge (g^{-1}dg)_{21}$ を計算しよう．

$$(g^{-1}dg)_{11} \wedge (g^{-1}dg)_{12} \wedge (g^{-1}dg)_{21}$$
$$= -(\overline{a}\,da + b\,d\overline{b}) \wedge (\overline{b}\,da - a\,d\overline{b}) \wedge (\overline{a}\,db - b\,d\overline{a})$$
$$= (|a|^2 + |b|^2) da \wedge d\overline{b} \wedge (\overline{a}\,db - b\,d\overline{a})$$

$|a|^2 + |b|^2 = 1$ を使うと，

(3.29) $\qquad\qquad = -\overline{a}\,da \wedge db \wedge d\overline{b} + b\,da \wedge d\overline{a} \wedge d\overline{b}$

となる．この式を，$SU(2) \simeq S^3$（同相）の座標を用いて書き換えてみよう．

(3.28)の表示式で，$a = x + \sqrt{-1}\,y$, $b = z + \sqrt{-1}\,w$ とおくと，
$$|a|^2 + |b|^2 = 1 \iff x^2 + y^2 + z^2 + w^2 = 1$$

であるから，$SU(2)$ と3次元球面

$$S^3 = \{(x,y,z,w) \in \mathbb{R}^4 : x^2+y^2+z^2+w^2 = 1\}$$

との間の同相写像

(3.30) $\quad SU(2) \simeq S^3, \quad \begin{pmatrix} x+\sqrt{-1}\,y & z+\sqrt{-1}\,w \\ -z+\sqrt{-1}\,w & x-\sqrt{-1}\,y \end{pmatrix} \mapsto (x,y,z,w)$

が得られる．(3.29)で得た $SU(2)$ 上の測度を S^3 の座標で書き直してみよう．$a = x+\sqrt{-1}\,y$, $b = z+\sqrt{-1}\,w$ を(3.29)に代入すると，

$$\begin{aligned}(3.29) &= -\bar{a}\,da \wedge db \wedge d\bar{b} + b\,da \wedge d\bar{a} \wedge d\bar{b} \\ &= 2\sqrt{-1}\,(x-\sqrt{-1}\,y)(dx+\sqrt{-1}\,dy) \wedge dz \wedge dw \\ &\quad -2\sqrt{-1}\,(z+\sqrt{-1}\,w)dx \wedge dy \wedge (dz-\sqrt{-1}\,dw)\end{aligned}$$

となる．一方，$x^2+y^2+z^2+w^2=1$ の全微分をとると
$$x\,dx + y\,dy + z\,dz + w\,dw = 0$$
であるから dw を消去して

$$\begin{aligned}(3.29) &= \frac{2(x^2+y^2)}{w} dx \wedge dy \wedge dz + \frac{2(z^2+w^2)}{w} dx \wedge dy \wedge dz \\ &= \frac{2\,dx \wedge dy \wedge dz}{\pm\sqrt{1-x^2-y^2-z^2}}\end{aligned}$$

が得られる．故に $SU(2)$ の不変測度を(3.30)によって S^3 上の座標で表せば定数倍を除いて，

$$\frac{dx\,dy\,dz}{\sqrt{1-x^2-y^2-z^2}}$$

となる．この測度は，$\mathbb{R}^4$ の標準計量から S^3 に誘導される体積要素に他ならない． $\square$

次の項(e), (f)では，コンパクト群上の不変測度を用いて得られる表現論の結果を述べよう．

(e) 群の不変元

(π, V) を位相群 G の連続表現とする．V の G-不変な元全体を

(3.31) $$V^G := \{v \in V : \pi(g)v = v \ (\forall g \in G)\}$$

と表す．表現 π を強調するときは V^G のかわりに V^π あるいは $V^{\pi(G)}$ とも書く．明らかに

$$\begin{cases} u, v \in V^G & \implies u+v \in V^G \\ u \in V^G, \ a \in \mathbb{C} \implies & au \in V^G \end{cases}$$

が成り立つから V^G は V の部分ベクトル空間である．

$$V^G = \bigcap_{g \in G} \mathrm{Ker}(\pi(g) - \mathrm{id}_V)$$

と表せば，V^G は閉部分空間 $\mathrm{Ker}(\pi(g) - \mathrm{id}_V)$ の交わりなので，V^G も閉部分空間である．

G をコンパクト位相群とし，(π, V) をユニタリ表現とする．G の両側不変測度 dg を $\int_G dg = 1$ となるように選ぶ．写像 $p: V \to V$ を

(3.32) $$p: V \to V, \quad v \mapsto \int_G \pi(g)v\, dg$$

によって定義する．ここで $\int_G \pi(g)v\, dg$ は，Hilbert 空間 V に値をもつ積分である．$V \simeq \mathbb{C}^n$（有限次元）の場合は，各成分ごとに積分をした結果と同じである．一般の Hilbert 空間（あるいは Banach 空間や Fréchet 空間）に値をもつ関数の積分の理論は実数値関数や複素数値関数（つまり $\mathbb{R}$ や $\mathbb{C}$ という 1 次元ベクトル空間に値をもつ関数）の Lebesgue 積分論と同様に展開される（興味のある読者は例えば吉田耕作 "Functional Analysis"（Springer）などの教科書を参照されたい）．Hilbert 空間値の積分という概念を避けて，$\int_G \pi(g)v\, dg$ は

$$\left(\int_G \pi(g)v\, dg,\, u\right) = \int_G (\pi(g)v, u) dg \quad (\forall u \in V)$$

によって特徴づけられる V の元であると初等的に理解してもよい（右辺は通常の積分である）．

次の補題は，定理 3.50（指標による射影）および §4.1 (g) 定理 4.18 の原形となる基本的な結果である．なお，読者の便宜を考えて，随伴作用素など，有界線型作用素の基本事項は §4.3 (a) にまとめておいた．

補題 3.27 p は V から V^G の上への射影作用素である．

[証明] 射影作用素の定義は次の(i)〜(iii)を満たすことであるから，これらを示せばよい．

(ⅰ) $p(V) \subset V^G$.

(ⅱ) p は V^G 上で恒等写像である．

(ⅲ) $p = p^*$ (p^* は p の随伴作用素)

まず，(i)を示す．$g' \in G$, $v \in V$ とすると，

$$\begin{aligned}
\pi(g')p(v) &= \pi(g') \int_G \pi(g) v \, dg \\
&= \int_G \pi(g')\pi(g) v \, dg \\
&= \int_G \pi(g'g) v \, dg \\
&= p(v) \quad (\because dg \text{ は左不変測度})
\end{aligned}$$

が成り立つ．従って，$v \in V$ ならば $p(v) \in V^G$ が証明された．

次に(ii)を示す．$v \in V^G$ ならば $\pi(g)v = v$ ($\forall g \in G$) なので

$$p(v) = \int_G \pi(g) v \, dg = \int_G v \, dg = v$$

となり，(ii)が示された．

最後に(iii)を示そう．任意の $v, u \in V$ に対し

$$\begin{aligned}
(p(v), u) &= \int_G (\pi(g)v, u) dg \\
&= \int_G (v, \pi(g^{-1})u) dg \quad (\because (\pi, V) \text{ はユニタリ}) \\
&= (v, p(u)) \quad (\because \text{定理 3.17})
\end{aligned}$$

が成り立つ．よって $p = p^*$ である．以上より補題が証明された． ∎

さて，群の不変元は，様々な状況で重要な役割を果たす．いろいろな具体例をこの段階で述べると，話が散漫になってしまうので，ここではこの章の後半で使われる例を1つだけ述べよう．第10章でファイバー束の切断の種々の幾何的な例を扱うときに再び「群の不変元」を取り上げる．

(π, V) および (σ, W) を群 G の有限次元ユニタリ表現とする．各元 $g \in G$ に対して，
$$\tau(g)\colon \mathrm{Hom}_{\mathbb{C}}(V,W) \to \mathrm{Hom}_{\mathbb{C}}(V,W), \quad f \mapsto \sigma(g) \circ f \circ \pi(g^{-1})$$
という変換によって，G の表現を $\mathrm{Hom}_{\mathbb{C}}(V,W)$ 上に定義する．G-線型同型 $\mathrm{Hom}_{\mathbb{C}}(V,W) = V^{\vee} \otimes W$（演習問題 1.4 参照）の右辺に命題 1.51 を用いて，$\mathrm{Hom}_{\mathbb{C}}(V,W)$ 上に G のユニタリ表現を定義する．このとき次の補題によって，G-線型写像という概念を不変元という一般的な枠組みの中で捉えることができる．

補題 3.28 G をコンパクト位相群，(π, V) および (σ, W) を群 G の有限次元ユニタリ表現とする．G 上の正規化された Haar 測度を dg とする．

（ⅰ） $\mathrm{Hom}_{\mathbb{C}}(V,W)$ の G-不変な元全体は G-線型写像の空間 $\mathrm{Hom}_G(V,W)$ に一致する．

（ⅱ） $\mathbb{C}$-線型写像 $\mathrm{Hom}_{\mathbb{C}}(V,W) \to \mathrm{Hom}_{\mathbb{C}}(V,W),\ f \mapsto \int_G \sigma(g) \circ f \circ \pi(g)^{-1} dg$ は $\mathrm{Hom}_G(V,W)$ の上への射影作用素を与える．

[証明] (ⅰ) $f \in \mathrm{Hom}_{\mathbb{C}}(V,W)$ とする．
$$f が G\text{-}不変な元 \iff \sigma(g) \circ f \circ \pi(g^{-1}) = f \quad (\forall g \in G)$$
$$\iff \sigma(g) \circ f = f \circ \pi(g) \quad (\forall g \in G)$$
$$\iff f \in \mathrm{Hom}_G(V,W)$$
より (ⅰ) は示された．

(ⅱ) は補題 3.27 を $\mathrm{Hom}_{\mathbb{C}}(V,W)$ に適用すればよい． ∎

（f） ユニタリ化

Haar 測度の表現論への別の応用を述べよう．

定理 3.29 (π, V) をコンパクト群 G の有限次元表現とする．このとき V 上に適当な内積を定義すれば，(π, V) は G のユニタリ表現となる．

[証明] V の内積を 1 つ選び，$(\ ,\ )$ と表記する．コンパクト群 G の Haar 測度 dg を用いて，V の新しい内積 $(\ ,\ )_\pi$ を
$$(v, w)_\pi := \int_G (\pi(g)v, \pi(g)w) dg \quad (v, w \in V)$$

§3.2 群上の不変測度 —— 93

と定義する．$(\pi(g)v, \pi(g)v)$ は G 上の連続関数であり，
$$(\pi(g)v, \pi(g)v) \geqq 0 \quad (\forall g \in G)$$
を満たすので $\infty > (v,v)_\pi \geqq 0$ である．ここで等号が成り立つとすれば，すべての $g \in G$ に対して $(\pi(g)v, \pi(g)v) = 0$ となり，特に $g = e$ として $(v,v) = 0$ すなわち $v = 0$ となる．故に $(\ ,\ )_\pi$ も V 上の内積を定める．

さらに，任意の $x \in G$ に対して，
$$\begin{aligned}(\pi(x)v, \pi(x)w)_\pi &= \int_G (\pi(g)\pi(x)v, \pi(g)\pi(x)w)dg \\ &= \int_G (\pi(gx)v, \pi(gx)w)dg \\ &= \int_G (\pi(g)v, \pi(g)w)dg \\ &= (v,w)_\pi\end{aligned}$$
となるので，(π, V) は内積 $(\ ,\ )_\pi$ に関してユニタリ表現となる． ■

注意 3.30 V が実ベクトル空間の場合にも，定理 3.29 と同様の結果が成り立つことが同様にわかる．

定理 3.29 のように，ユニタリ表現となるような内積を与えることを表現の**ユニタリ化**という．なお，定理 3.29 は V が無限次元 Hilbert 空間に対しても拡張される．すなわち，次の定理が成り立つ．

定理 3.31 π をコンパクト群 G の Hilbert 空間 V 上定義された任意の連続表現とする．このとき，V 上に適当な内積を定義すると，この内積に関して (π, V) はユニタリ表現となる． □

証明は $\dim V < \infty$ のときと基本的に同じである．ただし，$\dim V = \infty$ のとき，新しい内積 $(\ ,\ )_\pi$ および最初に与えた内積 $(\ ,\ )$ がそれぞれ定める V の位相が同相であることを示す必要がある．言い換えると，$A > 0$ が存在して
$$A^{-1}(v,v) \leqq (v,v)_\pi \leqq A(v,v) \quad (\forall v \in V)$$
となることを示す必要があるが，これは Banach–Steinhaus の一様有界性の定理(例えば『関数解析』(黒田[28])定理 7.21 を参照)から導かれる．

有限次元のユニタリ表現は完全可約である（定理 1.35）から，次の系を得る．

系 3.32 コンパクト群の有限次元表現は完全可約である． □

§3.3 Schur の直交関係式

（a） 行列要素の直交関係

次の定理は既約ユニタリ表現の行列要素の直交関係を与える．

定理 3.33（Schur の直交関係式） $(\pi, V), (\pi', V')$ をコンパクト群 G の 2 つの既約ユニタリ表現とする．V, V' の少なくとも一方は有限次元と仮定する．V の任意の元 u, v と V' の任意の元 u', v' に対して

$$(3.33) \quad \int_G (\pi(g)u, v)\overline{(\pi'(g)u', v')} dg = \begin{cases} 0 & (\pi \not\simeq \pi') \\ \dfrac{(u, u')\overline{(v, v')}}{\dim V} & (\pi = \pi') \end{cases}$$

が成立する．特に V および V' に正規直交基底を選んだときの $\pi(g), \pi'(g)$ の行列成分をそれぞれ $\pi_{ij}(g)$ $(1 \leqq i, j \leqq \dim V)$，$\pi'_{kl}(g)$ $(1 \leqq k, l \leqq \dim V')$ とすると，

$$\int_G \pi_{ij}(g)\overline{\pi'_{kl}(g)} dg = \begin{cases} 0 & (\pi \not\simeq \pi') \\ \dfrac{\delta_{ik}\delta_{jl}}{\dim V} & (\pi = \pi') \end{cases}$$

が成り立つ．ここで，δ_{ik} は Kronecker のデルタと呼ばれる記号で，次の数を表す：

$$\delta_{ik} = \begin{cases} 1 & (i = k \text{のとき}), \\ 0 & (i \neq k \text{のとき}). \end{cases}$$

□

注意 3.34 (i) この定理を用いて「コンパクト群の既約ユニタリ表現は常に有限次元である」ことを後の章で証明する（定理 4.1(i)）．従って，次元に関する仮定は最終的には不要であるが，循環論法を避けるため，上の形で定理を記述した．

(ii) 注意深い読者は，定理 3.33 において「$\pi \not\simeq \pi'$ と $\pi \simeq \pi'$」ではなく「$\pi \not\simeq \pi'$

と $\pi = \pi'$」に場合分けされていることに気付かれたと思う．これは，単に(3.33)を簡潔に記述するためである．$\pi \simeq \pi'$ の場合は，π と π' のユニタリ同値を与える等長写像を $T: V \xrightarrow{\sim} V'$ とすれば

$$\int_G (\pi(g)u, v)\overline{(\pi'(g)u', v')} dg = \frac{(Tu, u')\overline{(Tv, v')}}{\dim V} \quad (\pi \simeq \pi' \text{ のとき})$$

が成り立つ（証明は $\pi = \pi'$ の場合に容易に帰着する）．

[定理 3.33 の証明]　まず，半双線型写像

(3.34) $\qquad A: V' \times V \to \mathrm{Hom}_{\mathbb{C}}(V', V), \quad (u', u) \mapsto A_{u', u}$

を

$$A_{u', u}(v') := (v', u')u \quad (v' \in V')$$

という式で定義する．$u \neq 0$ のとき，線型写像 $A_{u', u}: V' \to V$ の像は V の 1 次元部分空間 $\mathbb{C}u$ であることに注意しよう．

次に，線型写像

(3.35) $\qquad \mathrm{Hom}_{\mathbb{C}}(V', V) \to \mathrm{Hom}_G(V', V), \quad A \mapsto \widetilde{A}$

を積分

$$\widetilde{A} := \int_G \pi(g) \circ A \circ \pi'(g^{-1}) dg$$

によって定義すると，補題 3.28 より $\widetilde{A} \in \mathrm{Hom}_G(V', V)$ である．

(3.34)と(3.35)を合成した写像

$$\widetilde{A_{u', u}} \in \mathrm{Hom}_G(V', V)$$

を具体的に書き表そう．任意の $v' \in V'$, $v \in V$ に対し

$$\begin{aligned}
(3.36) \quad (\widetilde{A_{u', u}}(v'), v) &= \int_G (\pi(g) \circ A_{u', u} \circ \pi'(g^{-1})v', v) dg \\
&= \int_G (\pi(g)(\pi'(g^{-1})v', u')u, v) dg \\
&= \int_G (\pi(g)u, v)(\pi'(g^{-1})v', u') dg \\
&= \int_G (\pi(g)u, v)(v', \pi'(g)u') dg
\end{aligned}$$

$$= \int_G (\pi(g)u, v)\overline{(\pi'(g)u', v')}dg.$$

一方,定理 1.42(Schur の補題)より $\pi \not\simeq \pi'$ ならば $\mathrm{Hom}_G(V', V) = \{0\}$ である.従って,$\widetilde{A_{u',u}} = 0$ でなければならないから,(3.36)の左辺 $= 0$ となり定理の前半部分が証明された.

次に $\pi = \pi'$ と仮定しよう.再び Schur の補題を用いると

(3.37) $$\widetilde{A_{u',u}} = \lambda \,\mathrm{id}_V \quad (\lambda \in \mathbb{C})$$

と表される.ただし,id_V は V の恒等写像である.両辺のトレースをとれば

$$\begin{aligned}\lambda \dim V &= \mathrm{Trace}\,\widetilde{A_{u',u}} \\ &= \mathrm{Trace}\int_G (\pi(g) \circ A_{u',u} \circ \pi(g)^{-1})dg \\ &= \int_G \mathrm{Trace}(\pi(g) \circ A_{u',u} \circ \pi(g)^{-1})dg \\ &= \int_G \mathrm{Trace}\,A_{u',u}\,dg \\ &= \mathrm{Trace}\,A_{u',u}\end{aligned}$$

が得られる.右辺の $\mathrm{Trace}\,A_{u',u}$ を計算しよう.V における $\mathbb{C}u$ の直交補空間を W とおく.直和分解 $V = W \oplus \mathbb{C}u$ において

$$A_{u',u}(u) = (u, u')u \in \mathbb{C}u$$
$$A_{u',u}(w) = (w, u')u \in \mathbb{C}u \quad (w \in W)$$

が成り立つから,$\mathrm{Trace}\,A_{u',u} = (u, u')$ である.故に,

(3.38) $$\lambda = \frac{\mathrm{Trace}\,A_{u',u}}{\dim V} = \frac{(u, u')}{\dim V}$$

が成り立つ.(3.36)と(3.37)と(3.38)を合わせて,次の等式を得る.

$$\int_G (\pi(g)u, v)\overline{(\pi(g)u', v')}dg = (\lambda v', v) = \frac{(u, u')\overline{(v, v')}}{\dim V}.$$

これで定理 3.33 が証明された. ∎

次に,群のユニタリ表現論を一層明確に表に出す形で,Schur の直交関係式(3.33)を定式化しよう.目標は定理 3.36 である.$F_1, F_2 \in C(G)$ に対し,

(3.39) $$(F_1, F_2) := \int_G F_1(g)\overline{F_2(g)}dg$$

とおく．内積 (F_1, F_2) を $(F_1, F_2)_{L^2(G)}$ とも表す．また，$\|F\| = (F,F)^{\frac{1}{2}}$ とおく．この内積に関して $C(G)$ を完備化した Hilbert 空間を $L^2(G)$ と定義する（この定義は，測度論を未習の読者を考慮した便宜的なものである）．測度論を既習の読者は，この定義による $L^2(G)$ と

$$\left\{f\colon G \to \mathbb{C} : f \text{ は Haar 測度に関して可測},\ \int_G |f(g)|^2 dg < \infty\right\}$$

とが同値になることが容易にわかると思う．このとき，コンパクト群の Haar 測度の両側不変性から次の命題が成り立つ．

命題 3.35 正則表現 $(L \times R, L^2(G))$ は直積群 $G \times G$ のユニタリ表現である． □

定理 3.33 を行列要素 $\varPhi_\pi\colon V \otimes V^\vee \to C(G)$ あるいは $\varPsi_\pi\colon V \times V \to C(G)$ を用いて書き換えてみよう．ここで $\varPhi_\pi$ および $\varPsi_\pi$ は

$$\varPhi_\pi(u \otimes f)(g) = \langle \pi(g)^{-1}u, f\rangle \quad (u \in V,\ f \in V^\vee)$$
$$\varPsi_\pi(u, v)(g) = (\pi(g)^{-1}u, v) \quad (u, v \in V)$$

で定義されていた（(3.1) および (3.7) 参照）．この 2 つの写像はユニタリ作用素 $\psi\colon \overline{V} \to V^\vee$, $\overline{v} \mapsto (\ , v)$（§1.3 補題 1.53）を用いて

$$\varPsi_\pi(u, v)(g) = \varPhi_\pi(u \otimes \psi(\overline{v}))(g)$$

という関係式を満たしていたこと（(3.8) 参照）を思い出そう．

$\varPsi_\pi$ を用いて (3.33) を書き換えると

$$(3.33) \text{の左辺} = \int_G \varPsi_\pi(u,v)(g^{-1})\, \overline{\varPsi_{\pi'}(u',v')(g^{-1})} dg$$
$$= \int_G \varPsi_\pi(u,v)(g)\, \overline{\varPsi_{\pi'}(u',v')(g)} dg \quad (\because \text{定理 3.17})$$

となる．次に，(3.33) の右辺の分母を払うため (π, V) に対し

(3.40) $$\widetilde{\varPhi_\pi} := \sqrt{\dim V}\, \varPhi_\pi = \sqrt{\dim \pi}\, \varPhi_\pi$$

とおくと，等式 (3.33) は次のように書き換えられる．

$$(\widetilde{\Phi}_\pi(u\otimes\psi(\overline{v})),\widetilde{\Phi}_{\pi'}(u'\otimes\psi(\overline{v'})))_{L^2(G)} = \begin{cases} 0 & (\pi \not\simeq \pi') \\ (u,u')_V \overline{(v,v')_V} & (\pi = \pi') \end{cases}$$

さらに,
$$\overline{(v,v')_V} = (\overline{v},\overline{v'})_{\overline{V}} = (\psi(\overline{v}),\psi(\overline{v'}))_{V^\vee},$$
$$(u,u')_V(f,f')_{V^\vee} = (u\otimes f, u'\otimes f')_{V\otimes V^\vee}$$

といった内積の間の関係式に注意すると,任意の $u \in V$, $u' \in V'$, $f \in V^\vee$, $f' \in (V')^\vee$ に対して

$$(\widetilde{\Phi}_\pi(u\otimes f), \widetilde{\Phi}_{\pi'}(u'\otimes f'))_{L^2(G)} = \begin{cases} 0 & (\pi \not\simeq \pi') \\ (u\otimes f, u'\otimes f')_{V\otimes V^\vee} & (\pi = \pi') \end{cases}$$

が成り立つことがわかる.$V \otimes V^\vee$ の任意の元は $u \otimes f$ の形の線型結合として表されるから,$\widetilde{\Phi}_\pi : V \otimes V^\vee \to L^2(G)$ は等長写像であることが証明された.命題 3.5 と合わせて次の定理を得る.

定理 3.36 (π, V) をコンパクト群 G の有限次元既約ユニタリ表現とする.このとき,$\widetilde{\Phi}_\pi(u \otimes f)(g) = \sqrt{\dim \pi} \langle \pi(g)^{-1}u, f \rangle$ によって定義される線型写像
$$\widetilde{\Phi}_\pi : V \otimes V^\vee \to L^2(G) \quad ((3.40) 参照)$$
は,ユニタリ表現 $(\pi \boxtimes \pi^\vee, V \otimes V^\vee)$ から両側正則表現 $(L \times R, L^2(G))$ の中への等長な $(G \times G)$-線型写像である.さらに,$\pi, \pi' \in \widehat{G}$ が互いに同値でないならば,$L^2(G)$ の部分空間 $\mathrm{Image}\,\widetilde{\Phi}_\pi$ と $\mathrm{Image}\,\widetilde{\Phi}_{\pi'}$ は内積 $(\ ,\ )_{L^2(G)}$ に関して直交する. □

この定理は第 4 章で述べる Peter–Weyl の定理(定理 4.1)の主要な一部となる.

(b) 行列要素と環準同型

(π, V) をコンパクト群の既約ユニタリ表現とする.行列要素を与える写像(定義は (3.1) 参照)は,$\mathbb{C}$-線型写像
$$\Phi_\pi : V \otimes V^\vee \to C(G)$$
として定義された.このとき

（ⅰ） Φ_π は $(G \times G)$-線型写像である（命題 3.5）．
（ⅱ） $\sqrt{\dim \pi}$ を掛けて正規化すると内積も保存する（定理 3.36）．

では，環構造についてはどうだろうか？ ここで $V \otimes V^\vee$ と $C(G)$ における環構造を定義しよう．まず，$V \otimes V^\vee$ には**縮約**(contraction)によって環構造を定義する．すなわち，
$$(u \otimes f) \cdot (v \otimes h) = f(v) u \otimes h \quad (u, v \in V,\ f, h \in V^\vee)$$
が，その積である．この積は，自然な線型同型 $V \otimes V^\vee \simeq \operatorname{End}_{\mathbb{C}}(V)$ における $\operatorname{End}_{\mathbb{C}}(V)$ の積と一致している（演習問題 3.6 参照）．

一方，$C(G)$ には関数を普通に掛け合わせることにより，環の構造を定義することもできるが，この積の定義には G が群であることを用いておらず，従って G の群構造がこの環の構造に反映されない．G が群であることを反映するものとして $C(G)$ における別の積 $*$ を

(3.41) $$(F_1 * F_2)(x) := \int_G F_1(xg^{-1}) F_2(g) dg$$

で定義する．この積を F_1 と F_2 の**畳み込み**という．これは，§2.1 で定義した $G = \mathbb{T}$ の場合の畳み込みの拡張である．G はコンパクトなので，右辺は収束し，$x \in G$ の連続関数を定める．すなわち，$F_1 * F_2 \in C(G)$ である．Fubini の定理より

$$F_1 * (F_2 * F_3) = (F_1 * F_2) * F_3$$

が成り立つので，$(C(G), *)$ は環となる．また，次の意味で $(C(G), *)$ は $\mathbb{C}$ 上の多元環となる．

定義 3.37（多元環） 体 K 上のベクトル空間 R が環(ring, associative algebra)であり，積を与える写像

$$R \times R \to R, \quad (a, b) \mapsto ab$$

が K-双線型であるとき，R を体 K 上の**多元環**(K-algebra)という． □

$F_1, F_2 \in L^1(G)$ ならば，Fubini の定理より $F_1 * F_2 \in L^1(G)$ となる．従って畳み込み $*$ は，$L^1(G)$ にも $\mathbb{C}$ 上の多元環の構造を定める．

さらに，$F \in L^1(G)$ に対して

(3.42) $$F^*(g) := \overline{F(g^{-1})}$$

とおくと，定理 3.17 より

$$\|F^*\|_{L^1(G)} = \int_G |F^*(g)|dg = \int_G |\overline{F(g^{-1})}|dg = \int_G |F(g)|dg = \|F\|_{L^1(G)}$$

であるから，次の写像

$$L^1(G) \to L^1(G), \quad F \mapsto F^*$$

は複素共役な，(L^1-ノルムに関する)等長写像であり，

(3.43) $$(F^*)^* = F$$
(3.44) $$(F_1 * F_2)^* = F_2^* * F_1^*$$

が成り立つ．すなわち $(L^1(G), *)$ や $(C(G), *)$ は $*$-環の構造をもつ．ここで $*$-環の定義を復習しておこう．

定義 3.38 ($*$-環)　$\mathbb{C}$ 上の多元環 R に $(3.43), (3.44)$ の 2 条件を満たすような複素共役写像 $F \mapsto F^*$ が定義されているとき，R を $*$-環(star algebra) と呼ぶ．　□

例 3.39　V を $\mathbb{C}$ 上の有限次元 Hilbert 空間とする．このとき $\mathrm{End}_{\mathbb{C}}(V)$ は $*$-環である．ただし環としての積は写像の合成によって定義し，$F \mapsto F^*$ は $F \in \mathrm{End}_{\mathbb{C}}(V)$ の随伴作用素 $F^* \in \mathrm{End}_{\mathbb{C}}(V)$ を対応させる写像として定義するのである．従って，自然な同型 $V \otimes V^\vee \simeq \mathrm{End}_{\mathbb{C}}(V)$ を通じて $V \otimes V^\vee$ も $*$-環となる．なお，$V \otimes V^\vee$ に直接 $*$-環の構造を定義することもできる(演習問題 3.7 参照)．

また，V が無限次元 Hilbert 空間の場合には，$\mathrm{End}_{\mathbb{C}}(V)$ のかわりに，V 上の有界線型作用素全体 $\mathcal{B}(V)$(詳しくは，§4.3(a) 参照)を考えれば，$\mathcal{B}(V)$ も $*$-環となる．　□

$C(G)$ (あるいは $L^1(G)$)の $*$-環としての代数構造を調べるために，次の補題を示しておく．

補題 3.40　G をコンパクト群とする．(π, V) は G の有限次元既約ユニタリ表現とし，正規直交基底に関する $\pi(g)$ の行列要素を $\pi_{ij}(g)$ ($1 \leqq i, j \leqq m = \dim \pi$) とおくと，$1 \leqq i, j, k, l \leqq m$ に対して次の等式が成り立つ．

$$\pi_{ij} * \pi_{kl} = \frac{1}{\dim \pi} \delta_{jk} \pi_{il} \tag{3.45}$$

$$(\pi_{ij})^* = \pi_{ji} \tag{3.46}$$

ここで $(\pi_{ab})^*$ は(3.42)によって定義された G 上の関数である.

[証明] 命題 3.6 より $(\pi_{ij}(g))_{1 \le i,j \le m}$ はユニタリ行列なので $\pi_{ij}(g^{-1}) = \overline{\pi_{ji}(g)}$ が成り立つ. 故に等式(3.46)が示された. 次に

$$\begin{aligned}
\pi_{ij} * \pi_{kl}(x) &= \int_G \pi_{ij}(xg^{-1})\pi_{kl}(g)dg \\
&= \sum_p \int_G \pi_{ip}(x)\pi_{pj}(g^{-1})\pi_{kl}(g)dg \\
&= \sum_p \pi_{ip}(x) \int_G \overline{\pi_{jp}(g)}\pi_{kl}(g)dg \quad (\because (3.46))
\end{aligned}$$

ここで Schur の直交関係式(定理 3.33)を用いると

$$\begin{aligned}
&= \sum_p \pi_{ip}(x) \frac{1}{\dim \pi} \delta_{jk} \delta_{pl} \\
&= \frac{1}{\dim \pi} \delta_{jk} \pi_{il}(x)
\end{aligned}$$

であるから,等式(3.45)が示された. ∎

次の定理は,適当なスカラー倍$(\dim \pi \text{ 倍})$をすれば Φ_π は環構造を保つことを主張している. L^2-内積との等長性のためには Φ_π を別のスカラー倍$(\sqrt{\dim \pi} \text{ 倍})$した写像 $\widetilde{\Phi_\pi}$(定理 3.36)を用いたことに注意しよう.

定理 3.41(行列要素と $*$-環構造) (π, V) をコンパクト群 G の有限次元既約表現とする. $\Phi'_\pi := (\dim \pi)\Phi_\pi$,すなわち

$$\Phi'_\pi : V \otimes V^\vee \to C(G), \quad u \otimes f \mapsto (\dim \pi)\Phi_\pi(u \otimes f)$$

とおくと,Φ'_π は $*$-環の準同型写像である. ただし,$V \otimes V^\vee$ には例 3.39 において定義した $*$-環構造を考えるものとする. ∎

この定理は,後述する Peter–Weyl の定理($\S 4.1$ 定理 4.1)の代数構造を与える.

[証明] 定理 3.29 より V に適当な内積を入れ,(π, V) はユニタリ表現としてよい. V の正規直交基底 $\{v_1, \cdots, v_m\}$ をとり,$\{v_1^\vee, \cdots, v_m^\vee\}$ を $V^\vee$ の双対基底とする. この基底に関する $\pi(g)$ の行列表示を $(\pi_{ij}(g))_{1 \le i,j \le m}$ とすると

$$\overline{\pi_{ji}(g^{-1})} = \pi_{ij}(g) = \Phi_\pi(v_j \otimes v_i^\vee)(g^{-1}) \quad (\text{等式}(3.5)\text{参照})$$

である．特に $\overline{\pi_{ij}} = \Phi_\pi(v_i \otimes v_j^\vee)$ である．Φ_π' が環準同型であることを基底に対して確かめよう．すなわち，$1 \leqq a, b, c, d \leqq m$ とするとき，

（3.47） $$\Phi_\pi'(v_a \otimes v_b^\vee) * \Phi_\pi'(v_c \otimes v_d^\vee) = \Phi_\pi'((v_a \otimes v_b^\vee) \cdot (v_c \otimes v_d^\vee))$$

を示したい．

$$\begin{aligned}
(3.47)\text{の左辺} &= (\dim \pi)^2 \Phi_\pi(v_a \otimes v_b^\vee) * \Phi_\pi(v_c \otimes v_d^\vee) \\
&= (\dim \pi)^2 \overline{\pi_{ab}} * \overline{\pi_{cd}} \\
&= (\dim \pi)^2 \overline{\pi_{ab} * \pi_{cd}} \\
&= (\dim \pi) \delta_{bc} \overline{\pi_{ad}} \quad (\because (3.45)) \\
(3.47)\text{の右辺} &= (\dim \pi) \Phi_\pi(\delta_{bc} v_a \otimes v_d^\vee) \\
&= (\dim \pi) \delta_{bc} \overline{\pi_{ad}}
\end{aligned}$$

となり，等式(3.47)が示された．Φ_π' は $\mathbb{C}$-線型写像であり，各基底の上で積を保つので，Φ_π' は環準同型写像であることがわかった．最後に，Φ_π' が $*$ の作用を保つことを示そう．$(v_i \otimes v_j^\vee)^* = v_j \otimes v_i^\vee$（演習問題 3.7 参照）より

（3.48） $$\Phi_\pi'(v_j \otimes v_i^\vee)(x) = (\Phi_\pi'(v_i \otimes v_j^\vee))^*(x)$$

を示せばよい．

$$\begin{aligned}
(3.48)\text{の左辺} &= (\dim \pi) \overline{\pi_{ji}(x)} = (\dim \pi) \pi_{ij}(x^{-1}) \\
(3.48)\text{の右辺} &= \overline{\Phi_\pi'(v_i \otimes v_j^\vee)(x^{-1})} = (\dim \pi) \pi_{ij}(x^{-1})
\end{aligned}$$

であるから等式(3.48)も示された．以上で定理3.41が証明された． ∎

§3.4 指　　標

この節では，表現の最も重要な不変量である指標について説明する．

(a) 指標の定義と基本的性質

定義 3.42（指標）　(π, V) を群 G の有限次元表現とする．
$$\chi_\pi(g) := \operatorname{Trace} \pi(g) \quad (g \in G)$$

によって定義される G 上の関数を π の**指標**(character)という. □

線型変換の Trace は基底のとり方によらないことを思い出そう. すなわち, V の基底 $\{v_1,\cdots,v_m\}$ をとったとき, この基底に関する π の行列要素を $\pi_{ij}(g)$ と書くと,
$$\chi_\pi(g) = \sum_{i=1}^m \pi_{ii}(g)$$
であり, 右辺は基底 $\{v_1,\cdots,v_m\}$ のとり方によらない.

(π,V) が位相群 G の連続表現ならば, 指標 χ_π は G 上の連続関数である. 定義から容易に確かめられる指標の性質をまとめておこう.

定理 3.43 $(\pi,V),(\tau,W)$ を群 G の有限次元表現とするとき, 次が成り立つ.

(i) $\pi \simeq \tau$ ならば $\chi_\pi = \chi_\tau$.
(ii) $\chi_\pi(gxg^{-1}) = \chi_\pi(x) \quad (\forall g, \forall x \in G)$.
(iii) $\chi_\pi(e) = \dim V$.
(iv) $\chi_{\bar\pi} = \overline{\chi_\pi}$.
(v) $\chi_{\pi\oplus\tau} = \chi_\pi + \chi_\tau$.
(vi) $\chi_{\pi\otimes\tau} = \chi_\pi \chi_\tau$.
(vii) $\chi_{\pi^\vee}(g) = \chi_\pi(g^{-1}) \quad (\forall g \in G)$.

[証明] 証明は容易であるが, 定義に慣れるために丁寧に説明しよう.

(i) $A: V \simeq W$ を (π,V) と (τ,W) の同型を与える G-線型写像とすると,
$$\chi_\pi(g) = \mathrm{Trace}\,\pi(g) = \mathrm{Trace}(A^{-1}\tau(g)A) = \mathrm{Trace}\,\tau(g) = \chi_\tau(g).$$

(ii) 任意の $g,x \in G$ に対して
$$\chi_\pi(gxg^{-1}) = \mathrm{Trace}\,\pi(gxg^{-1}) = \mathrm{Trace}(\pi(g)\pi(x)\pi(g)^{-1}) = \mathrm{Trace}\,\pi(x).$$

(iii) $\chi_\pi(e) = \mathrm{Trace}\,\mathrm{id}_V = \dim V$.

(iv) V の基底を $\{v_1,\cdots,v_m\}$ とし, この基底に関する π の行列表示を $\pi(g) = (\pi_{ij}(g))_{1\leq i,j\leq m}$ とする. このとき
$$\chi_\pi(g) = \sum_{i=1}^m \pi_{ii}(g)$$
である. 一方, $\overline{V}$ の基底 $\{\overline{v_1},\cdots,\overline{v_m}\}$ に関する $(\bar\pi,\overline{V})$ の行列表示は $\bar\pi(g) =$

$(\overline{\pi_{ij}(g)})$ で与えられる (§1.3(c)参照). すなわち,
$$\overline{\pi}_{ij}(g) = \overline{\pi_{ij}(g)}$$
が成り立つ. 従って,
$$\chi_{\overline{\pi}}(g) = \sum_{i=1}^{m} \overline{\pi}_{ii}(g) = \overline{\chi_{\pi}(g)}.$$

(v) W の基底 $\{w_1, \cdots, w_n\}$ を選び, $V \oplus W$ の基底として $\{v_1, \cdots, v_m, w_1, \cdots, w_n\}$ をとれば,

$$(\pi \oplus \tau)(g) = \begin{array}{c} m \updownarrow \\ n \updownarrow \end{array} \begin{pmatrix} \overset{\longleftarrow m \longrightarrow}{\pi(g)} & \overset{\longleftarrow n \longrightarrow}{0} \\ 0 & \tau(g) \end{pmatrix}$$

と行列表示されるので,
$$\chi_{\pi \oplus \tau}(g) = \mathrm{Trace}(\pi \oplus \tau)(g) = \chi_{\pi}(g) + \chi_{\tau}(g)$$
が成り立つ.

(vi) テンソル積 $V \otimes W$ の基底 $\{v_i \otimes w_j : 1 \leqq i \leqq m, \ 1 \leqq j \leqq n\}$ に関する行列要素 $(\pi \otimes \tau)_{(a,b)(i,j)}(g)$ を求めよう.

$$\begin{aligned}(\pi \otimes \tau)(g)(v_i \otimes w_j) &= \pi(g)v_i \otimes \tau(g)w_j \\ &= \Big(\sum_{a=1}^{m} \pi_{ai}(g)v_a\Big) \otimes \Big(\sum_{b=1}^{n} \tau_{bj}(g)w_b\Big) \\ &= \sum_{a=1}^{m}\sum_{b=1}^{n} \pi_{ai}(g)\tau_{bj}(g) v_a \otimes w_b.\end{aligned}$$

従って, 行列要素 $(\pi \otimes \tau)_{(a,b)(i,j)}$ は次の式で与えられる:
$$(\pi \otimes \tau)_{(a,b)(i,j)}(g) = \pi_{ai}(g)\tau_{bj}(g).$$
故に
$$\begin{aligned}\mathrm{Trace}(\pi \otimes \tau)(g) &= \sum_{i=1}^{m}\sum_{j=1}^{n}(\pi \otimes \tau)_{(i,j)(i,j)}(g) \\ &= \Big(\sum_{i=1}^{m}\pi_{ii}(g)\Big)\Big(\sum_{j=1}^{n}\tau_{jj}(g)\Big) \\ &= \chi_{\pi}(g)\chi_{\tau}(g).\end{aligned}$$

(vii) $V^\vee$ における双対基底 $\{v_1^\vee, \cdots, v_m^\vee\}$ に関して反傾表現 $(\pi^\vee, V^\vee)$ の行列表示は $\pi^\vee(g) = (\pi_{ji}(g^{-1}))_{1 \leq i,j \leq m}$ で与えられるから
$$\chi_{\pi^\vee}(g) = \sum_{i=1}^m \pi_{ii}(g^{-1}) = \chi_\pi(g^{-1})$$
が成り立つ. ∎

系 3.44 π が群 G の有限次元ユニタリ表現ならば,
$$\chi_\pi(g) = \overline{\chi_\pi(g^{-1})} \quad (g \in G).$$

[証明] 補題 1.53 より, $\bar{\pi} \simeq \pi^\vee$. 定理 3.43(i) より $\chi_{\bar{\pi}} = \chi_{\pi^\vee}$ であり, 定理 3.43(iv), (vii) より $\overline{\chi_\pi(g)} = \chi_\pi(g^{-1})$ $(g \in G)$ が成り立つ. ∎

例 3.45

(i) $G = S^1$ のとき, $n \in \mathbb{Z}$ に対して
$$\pi_n : S^1 \to \mathbb{C}^\times, \quad e^{\sqrt{-1}\theta} \mapsto e^{\sqrt{-1}n\theta}$$
とおくと π_n は 1 次元表現なので $\chi_{\pi_n}(g) = \pi_n(g)$ であり
$$\chi_{\pi_n}(e^{\sqrt{-1}\theta}) = \overline{\chi_{\pi_n}(e^{-\sqrt{-1}\theta})}$$
となる. これは系 3.44 の最も簡単な例である.

(ii) $G = U(n)$ のとき, $(\pi, \mathbb{C}^n)$ を自然表現とする. $t = \mathrm{diag}(t_1, \cdots, t_n) \in G$ (対角成分が $t_1, \cdots, t_n$ である対角行列) とするとき,
$$\chi_\pi(t) = t_1 + \cdots + t_n = \overline{t_1^{-1}} + \cdots + \overline{t_n^{-1}} = \overline{\chi_\pi(t^{-1})}. \quad \square$$

(b) コンパクト群の指標

G をコンパクト群とし, dg を G の正規化された Haar 測度とする.

定理 3.46(指標の直交関係式) (π, V) および (τ, W) をコンパクト群 G の 2 つの有限次元既約表現とする. このとき,
$$(3.49) \qquad \chi_\pi * \chi_\tau = \begin{cases} 0 & (\pi \not\simeq \tau \text{ のとき}) \\ \dfrac{1}{\dim \pi} \chi_\pi & (\pi \simeq \tau \text{ のとき}) \end{cases}$$

となる. ただし $*$ は (3.41) で定義した畳み込みを表す. 特に L^2-内積 (3.39) に関して次の等式が成り立つ.

$$(3.50) \qquad (\chi_\pi, \chi_\tau) = \begin{cases} 0 & (\pi \not\simeq \tau \text{ のとき}) \\ 1 & (\pi \simeq \tau \text{ のとき}) \end{cases}$$

[証明] 補題 3.40 と定理 3.43(i) より，$\pi \simeq \tau$ ならば $\chi_\pi * \chi_\tau = (\dim \pi)^{-1} \chi_\pi$ が成り立つ．一方，$\pi \not\simeq \tau$ のときも補題 3.40 と同様の計算 (Schur の直交関係式；定理 3.33 を使う) より $\chi_\pi * \chi_\tau = 0$ が成り立つ．よって (3.49) が証明された．

次に，系 3.44 を用いると

$$\chi_\pi * \chi_\tau(e) = \int_G \chi_\pi(x^{-1}) \chi_\tau(x) dx = \int_G \chi_\tau(x) \overline{\chi_\pi(x)} dx = (\chi_\tau, \chi_\pi)$$

であるから，等式 (3.49) の e における値として，等式 (3.50) を得る． ∎

表現 (τ, W) の n 個の直和を $n\tau$ で表そう．すなわち，

$$n\tau = \underbrace{\tau \oplus \cdots \oplus \tau}_{n}.$$

コンパクト群 G の任意の有限次元表現 (π, V) は系 3.32 より完全可約である．π を既約表現の直和に分解し，互いに同値な表現をまとめて

$$\pi \simeq n_1 \tau_1 \oplus \cdots \oplus n_k \tau_k$$

と表す．すなわち，$i \neq j$ ならば $\tau_i \not\simeq \tau_j$ であり，

$$n_i = \dim \mathrm{Hom}_G(\tau_i, \pi)$$

である．このとき，定理 3.43(v) より

$$\chi_\pi = \sum_{i=1}^{k} n_i \chi_{\tau_i}$$

が成り立つ．定理 3.46 より

$$n_i = (\chi_\pi, \chi_{\tau_i})$$

が成り立つ．従って，次の (形式的な) 既約分解の公式を得る．

定理 3.47 π をコンパクト群 G の有限次元表現とすると，π は

$$(3.51) \qquad \pi \simeq \bigoplus_{\tau \in \hat{G}} (\chi_\pi, \chi_\tau) \tau$$

と既約分解される． ∎

(3.51)の右辺は G の有限次元既約ユニタリ表現の同値類の全体にわたる和であるが、左辺は有限次元表現なので、有限個の $\tau \in \widehat{G}$ を除いて $(\chi_\pi, \chi_\tau) = 0$ でなければならない。特に、(3.51) の右辺は実際は有限個の直和である。

系 3.48 コンパクト群 G の 2 つの有限次元表現 π と σ が同値であるための必要十分条件は $\chi_\pi = \chi_\sigma$ となることである。すなわち、指標がコンパクト群の有限次元表現の同値類を決定する。

[証明] $\pi \simeq \sigma$ ならば $\chi_\pi = \chi_\sigma$ が成り立つことは、すでに定理 3.43 で見た。逆に、$\chi_\pi = \chi_\sigma$ なら前定理 3.47 より $\pi \simeq \sigma$ であることがわかる。 ∎

系 3.48 は、コンパクト群の表現の指標がもとの表現の情報をすべて含んでいることを意味する。従って、表現の種々の性質は、原理的には指標の言葉で書き表すことができる。次の定理はその例である。

定理 3.49 コンパクト群 G の有限次元表現 (π, V) が既約であるための必要十分条件は
$$(\chi_\pi, \chi_\pi) = 1$$
となることである。

[証明] $\pi \simeq n_1 \tau_1 \oplus \cdots \oplus n_k \tau_k \ (n_1, \cdots, n_k \in \mathbb{N})$ と既約分解すると、その指標は
$$\chi_\pi = \sum_{i=1}^k n_i \chi_{\tau_i}$$
で与えられる。$L^2(G)$ における内積を考えて
$$(\chi_\pi, \chi_\pi) = \sum_{i=1}^k \sum_{j=1}^k n_i n_j (\chi_{\tau_i}, \chi_{\tau_j}) = \sum_{i=1}^k n_i^2$$
を得る。従って、
$$(\chi_\pi, \chi_\pi) = 1 \iff \text{ある } n_i \text{ のみが 1 で、残りの } n_i \text{ はすべて } 0$$
$$\iff \pi \text{ は既約表現.} \quad \blacksquare$$

定理 3.47 では、与えられた表現 (π, V) の(抽象的な)既約分解の公式
$$\pi \simeq n_1 \tau_1 \oplus \cdots \oplus n_k \tau_k$$
を与えた。$n\tau = \tau \oplus \cdots \oplus \tau$ (τ は $\tau_1, \cdots, \tau_k$ のいずれか) の表現空間は V の部分空間

第 3 章　行列要素と不変測度

$$V_\tau = \sum_{A \in \mathrm{Hom}_G(\tau, \pi)} \mathrm{Image}\, A \quad (\text{定義 1.48 参照})$$

に他ならない．指標を用いて，V_τ を直接的な形で与えるのが次の定理である．

定理 3.50（指標による射影）　(π, V) をコンパクト群 G の有限次元ユニタリ表現とする．各 $\tau \in \widehat{G}$ に対して線型写像 $P_\tau : V \to V$ を

$$(3.52) \qquad P_\tau(v) := \dim \tau \int_G \overline{\chi_\tau(g)} \pi(g) v \, dg$$

で定義する．このとき，P_τ は G-線型写像であり，V の τ-成分 V_τ の上への射影作用素である． □

注意 3.51　$\tau = 1$（自明な表現）の場合，$V_1 = V^G$（G-不変元全体）であり，$\chi_\pi(g) = 1$ であるから，定理 3.50 は，補題 3.27 に他ならない．また，V が無限次元の場合への拡張は定理 4.18 で述べる．

[証明]　まず (π, V) の既約分解

$$(3.53) \qquad \pi \simeq n_1 \tau_1 \oplus \cdots \oplus n_k \tau_k, \quad V = V_{\tau_1} \oplus \cdots \oplus V_{\tau_k}$$

に応じて，V の基底を次のように選ぼう．τ_i の表現空間 W_{τ_i} の基底を $\{w_1^{(i)}, \ldots, w_{\dim \tau_i}^{(i)}\}$，$\mathrm{Hom}_G(\tau_i, \pi) \simeq \mathbb{C}^{n_i}$ の基底を $\{A_1^{(i)}, \ldots, A_{n_i}^{(i)}\}$ とする．τ_i が既約であることに注意すると，$A_j^{(i)} \neq 0$ なので $A_j^{(i)}$ は単射写像であることがわかる．このとき

$$\{A_j^{(i)}(w_l^{(i)}) : 1 \leq l \leq \dim \tau_i,\ 1 \leq j \leq n_i,\ 1 \leq i \leq k\}$$

が

$$V = V_{\tau_1} \oplus \cdots \oplus V_{\tau_k} = \underbrace{(W_{\tau_1} \oplus \cdots \oplus W_{\tau_1})}_{n_1 \text{個}} \oplus \cdots \oplus \underbrace{(W_{\tau_k} \oplus \cdots \oplus W_{\tau_k})}_{n_k \text{個}}$$

の基底となる．この基底に対して P_τ を施してみよう．

$$\begin{aligned} P_\tau(A_j^{(i)}(w_k^{(i)})) &= \dim \tau \int_G \overline{\chi_\tau(g)} \pi(g) \circ A_j^{(i)}(w_k^{(i)}) dg \\ &= \dim \tau \int_G \overline{\chi_\tau(g)} A_j^{(i)} \circ \tau_i(g)(w_k^{(i)}) dg \end{aligned}$$

$$= \dim\tau \sum_{l=1}^{\dim\tau_i} \int_G \overline{\chi_\tau(g)} A_j^{(i)}((\tau_i)_{lk}(g) w_l^{(i)}) dg$$

$$= \dim\tau \sum_{l=1}^{\dim\tau_i} \int_G \overline{\chi_\tau(g)} (\tau_i)_{lk}(g) dg\, A_j^{(i)}(w_l^{(i)})$$

$$= \begin{cases} 0 & (\tau_i \not\simeq \tau) \\ \dim\tau \displaystyle\sum_{l=1}^{\dim\tau_i} \frac{1}{\dim\tau} \delta_{lk} A_j^{(i)}(w_l^{(i)}) = A_j^{(i)}(w_k^{(i)}) & (\tau_i \simeq \tau) \end{cases}$$

よって,$v \in V_{\tau_i}$ に対して

$$P_\tau(v) = \begin{cases} 0 & (\tau_i \not\simeq \tau) \\ v & (\tau_i \simeq \tau) \end{cases}$$

が示された.さらに(3.53)はHilbert空間 V の直和分解であるから $(P_\tau)^* = P_\tau$ である(等式 $(P_\tau)^* = P_\tau$ は,補題3.27と同様に直接の計算によって証明することもできる).故に,P_τ は V から V_τ への射影作用素である.さらに,直和分解(3.53)は G の表現としての分解であり,その各成分の上で P_τ は 0 または恒等写像となっているから P_τ は G-線型写像にもなっている.以上から定理が証明された. ∎

(c) 直積群の表現

定理 3.52(直積群の既約表現) G_1 および G_2 をコンパクト群とし,$G := G_1 \times G_2$(直積群)とする.

(i) $\pi_1 \in (\widehat{G_1})_f$, $\pi_2 \in (\widehat{G_2})_f$ ならば $\pi_1 \boxtimes \pi_2$ は G の有限次元既約表現である.

(ii) 逆に,G の任意の有限次元既約表現 π は,G_1 および G_2 のそれぞれの有限次元既約表現 π_1 と π_2 との外部テンソル積 $\pi_1 \boxtimes \pi_2$ の形に表される.このような $\pi_1 \in (\widehat{G_1})_f$, $\pi_2 \in (\widehat{G_2})_f$ は同型を除いて一意的である.すなわち,次の全単射写像が存在する.

$$(\widehat{G_1})_f \times (\widehat{G_2})_f \simeq \widehat{G}_f, \quad (\pi_1, \pi_2) \mapsto \pi_1 \boxtimes \pi_2. \qquad \square$$

注意 3.53 後述する Peter–Weyl の定理(定理4.1(i))よりコンパクト群 G に

おいては，有限次元既約表現の同値類 $\widehat{G}_f$ と既約ユニタリ表現の同値類 $\widehat{G}$ (定義 1.32 参照) は同一視できる．従って，上の定理によって，
$$\widehat{G}_1 \times \widehat{G}_2 \simeq \widehat{G}$$
も示されたことになる．

定理 3.52 を証明する前に次の補題を準備する．

補題 3.54 G を群とする(コンパクト群と仮定しなくてよい)．任意の $\pi \in \widehat{G}_f$ に対し，ある $\tau_1 \in (\widehat{G_1})_f$ と $\tau_2 \in (\widehat{G_2})_f$ が存在して
$$\mathrm{Hom}_G(\tau_1 \boxtimes \tau_2, \pi) \neq 0$$
となる．

[証明] π を G の部分群 $G_1 \times \{e\} \simeq G_1$ に制限すると，補題 1.24 より，少なくとも 1 つは G_1-既約な部分表現が存在する．その 1 つを (τ_1, W_1) としよう．このとき $\mathrm{Hom}_{G_1}(W_1, V)$ は以下のようにして，群 G_2 の表現空間になる．まず $g_2 \in G_2$ に対して
$$\sigma(g_2) \colon \mathrm{Hom}_{G_1}(W_1, V) \to \mathrm{Hom}_{G_1}(W_1, V), \quad A \mapsto \pi(g_2) \circ A$$
という式で $\sigma(g_2)$ を定義しよう．$\sigma(g_2)$ が矛盾なく定義されていることを確かめなければならない．$g_1 \in G_1$, $w \in W_1$ のとき
$$\begin{aligned}
(\sigma(g_2)A)(\tau_1(g_1)w) &= \pi(g_2) \circ A(\tau_1(g_1)w) \\
&= \pi(g_2) \circ \pi(g_1) \circ A(w) \\
&= \pi(g_1) \circ \pi(g_2) \circ A(w) \quad (\because g_1 g_2 = g_2 g_1) \\
&= \pi(g_1)((\sigma(g_2)A)(w))
\end{aligned}$$
となるので，$\sigma(g_2)A \in \mathrm{Hom}_{G_1}(W_1, V)$ が成り立つ．故に $\sigma(g_2)$ は矛盾なく定義された写像である．さらに $\sigma(g_2)\sigma(g_2') = \sigma(g_2 g_2')$ ($g_2, g_2' \in G_2$) は明らかである．従って $(\sigma, \mathrm{Hom}_{G_1}(W_1, V))$ は G_2 の有限次元表現となる．

そこで，次の線型写像

(3.54) $\quad F \colon W_1 \otimes \mathrm{Hom}_{G_1}(W_1, V) \to V, \quad \sum_i v_i \otimes A_i \mapsto \sum_i A_i(v_i)$

を考える．$g_1 g_2 = g_2 g_1$ ($g_1 \in G_1$, $g_2 \in G_2$) が成り立つことに再び注意すると

$$F\Big(\sum_i \tau_1(g_1)v_i \otimes \sigma(g_2)A_i\Big) = \sum_i (\sigma(g_2)A_i)(\tau_1(g_1)v_i)$$
$$= \sum_i \pi(g_2)A_i(\tau_1(g_1)v_i)$$
$$= \sum_i \pi(g_2)\pi(g_1)A_i(v_i)$$
$$= \pi(g_1g_2)\sum_i A_i(v_i)$$
$$= \pi(g_1g_2)F\Big(\sum_i v_i \otimes A_i\Big)$$

となるから，F は G の表現 $\tau\boxtimes\sigma$ と π の間の G-線型写像である．さらに，τ_1 の選び方から F は 0 写像ではない．さて，G_2 の表現 $(\sigma, \mathrm{Hom}_{G_1}(W_1, V))$ には，少なくとも 1 つ既約な部分空間が存在するから，その 1 つを $(\tau_2, W_2) \in (\widehat{G_2})_f$ とする．このとき，写像 F の定義から

(3.55) $$F|_{W_1 \otimes W_2} : W_1 \otimes W_2 \to V$$

は G の表現 $\tau_1\boxtimes\tau_2$ から π への 0 でない G-線型写像である．故に補題 3.54 が証明された． ∎

［定理 3.52 の証明］（i）G_1 および G_2 の正規化された Haar 測度をそれぞれ dg_1, dg_2 と表すと，$G = G_1 \times G_2$ 上の測度 $dg_1 dg_2$ はコンパクト群 G の正規化された Haar 測度になっている．$\pi := \pi_1\boxtimes\pi_2$，$\pi_1, \pi_2$ の指標をそれぞれ $\chi_\pi, \chi_{\pi_1}, \chi_{\pi_2}$ と書くと

$$\chi_\pi(g_1, g_2) = \chi_{\pi_1}(g_1)\chi_{\pi_2}(g_2), \quad (g_1, g_2) \in G = G_1 \times G_2$$

が成り立つ．Fubini の定理より

$$(\chi_\pi, \chi_\pi)_{L^2(G)} = \int_G \chi_\pi(g_1, g_2)\overline{\chi_\pi(g_1, g_2)}dg_1 dg_2$$
$$= \int_{G_1 \times G_2} \chi_{\pi_1}(g_1)\chi_{\pi_2}(g_2)\overline{\chi_{\pi_1}(g_1)\chi_{\pi_2}(g_2)}dg_1 dg_2$$
$$= \int_{G_1} \chi_{\pi_1}(g_1)\overline{\chi_{\pi_1}(g_1)}dg_1 \int_{G_2} \chi_{\pi_2}(g_2)\overline{\chi_{\pi_2}(g_2)}dg_2$$
$$= (\chi_{\pi_1}, \chi_{\pi_1})_{L^2(G_1)}(\chi_{\pi_2}, \chi_{\pi_2})_{L^2(G_2)}$$

が成り立つ．π_1, π_2 が既約ならば，定理 3.46 より右辺 $= 1 \times 1 = 1$ である．定理 3.49 を G に適用すると，これは $\pi = \pi_1\boxtimes\pi_2$ が既約であることを意味す

(ii) π を G の任意の有限次元既約表現とする．補題 3.54 のように $\tau_1 \in (\widehat{G_1})_f$, $\tau_2 \in (\widehat{G_2})_f$ を選ぶ．(i) より $\tau_1 \boxtimes \tau_2$ および π は既約であるから，(3.55) で定義した写像 F は群 G の表現の同型を与える．故に $\pi \in \widehat{G}_f$ は $\pi \simeq \tau_1 \boxtimes \tau_2$ という形に表されることが示された．

最後に $\pi_1, \pi_1' \in (\widehat{G_1})_f$, $\pi_2, \pi_2' \in (\widehat{G_2})_f$ のとき
$$\pi_1 \boxtimes \pi_2 \simeq \pi_1' \boxtimes \pi_2' \iff \pi_1 \simeq \pi_1' \text{ かつ } \pi_2 \simeq \pi_2'$$
を示そう．系 3.48 より

$$\pi_1 \boxtimes \pi_2 \simeq \pi_1' \boxtimes \pi_2'$$
$$\iff \chi_{\pi_1 \boxtimes \pi_2}(g_1, g_2) = \chi_{\pi_1' \boxtimes \pi_2'}(g_1, g_2) \quad (\forall g_1 \in G_1, \forall g_2 \in G_2)$$
$$\iff \chi_{\pi_1}(g_1)\chi_{\pi_2}(g_2) = \chi_{\pi_1'}(g_1)\chi_{\pi_2'}(g_2) \quad (\forall g_1 \in G_1, \forall g_2 \in G_2)$$
$$\iff \chi_{\pi_1} = \chi_{\pi_1'} \text{ かつ } \chi_{\pi_2} = \chi_{\pi_2'}$$
$$\iff \pi_1 \simeq \pi_1' \text{ かつ } \pi_2 \simeq \pi_2'.$$

故に定理 3.52 が証明された． ∎

(d) 直積群の有限次元既約表現

前項(c)でコンパクト群の直積群の有限次元既約表現は，外部テンソル積で表されることを示した．実は，G がコンパクトでなくても直積群の有限次元既約表現は常に外部テンソル積の形で表せる．この項では本題からはちょっとそれるが，この事実を指標を使わないで証明してみよう．

定理 3.55 群 G_1 と群 G_2 の直積群 $G = G_1 \times G_2$ に対し
$$(\widehat{G_1})_f \times (\widehat{G_2})_f \to \widehat{G}_f, \quad (\tau_1, \tau_2) \mapsto \tau_1 \boxtimes \tau_2$$
は全単射となる． □

定理 3.55 では，特に $\tau_1 \boxtimes \tau_2$ が G の既約表現であることを主張しているが，それを証明する準備として，次の補題を述べておこう．

補題 3.56 $\tau_1, \tau_1' \in (\widehat{G_1})_f$; $\tau_2, \tau_2' \in (\widehat{G_2})_f$ とするとき，次の 3 つの条件は互いに同値である．

(ⅰ) $\tau_1 \simeq \tau_1'$ かつ $\tau_2 \simeq \tau_2'$.

(ⅱ) $\mathrm{Hom}_G(\tau_1'\boxtimes\tau_2', \tau_1\boxtimes\tau_2)\neq 0$.

(ⅲ) $\mathrm{Hom}_G(\tau_1'\boxtimes\tau_2', \tau_1\boxtimes\tau_2)\simeq\mathbb{C}$.

［証明］ $G=G_1\times G_2$ だから，演習問題 1.4 と補題 3.28(ⅰ) より
$$\mathrm{Hom}_G(\tau_1'\boxtimes\tau_2', \tau_1\boxtimes\tau_2)\simeq (((\tau_1')^\vee\boxtimes(\tau_2')^\vee)\otimes(\tau_1\boxtimes\tau_2))^{G_1\times G_2}$$
$$\simeq \mathrm{Hom}_{G_1}(\tau_1',\tau_1)\otimes\mathrm{Hom}_{G_2}(\tau_2',\tau_2)$$
が成り立つ．$\tau_1,\tau_1',\tau_2,\tau_2'$ はすべて既約なので(ⅱ) $\Longrightarrow$ (ⅰ) および(ⅰ) $\Longrightarrow$ (ⅲ)
が示された．(ⅲ) $\Longrightarrow$ (ⅱ) は明らか． ∎

［定理 3.55 の証明］ いくつかのステップに分ける．

ステップ(1) $\tau_1\in(\widehat{G_1})_f, \tau_2\in(\widehat{G_2})_f$ ならば $\tau_1\boxtimes\tau_2\in\widehat{G}_f$ を示そう．もし $\tau_1\boxtimes\tau_2$ が既約でないとすると既約な真部分表現 π' が存在する．π' に補題 3.54 を適用することにより，$\tau_1'\in(\widehat{G_1})_f, \tau_2'\in(\widehat{G_2})_f$ と 0 でない G-線型写像 $h\colon \tau_1'\boxtimes\tau_2'\to\pi'$ が存在する．$\pi'\subset\tau_1\boxtimes\tau_2$ であるから，$h\in\mathrm{Hom}_G(\tau_1'\boxtimes\tau_2',\tau_1\boxtimes\tau_2)$ となる．補題 3.56 より $\tau_1\simeq\tau_1'$ かつ $\tau_2\simeq\tau_2'$ であり，h は $\tau_1'\boxtimes\tau_2'$ から $\tau_1\boxtimes\tau_2$ への G-同型写像でなければならない．特に
$$\dim\pi' = (\dim\tau_1')(\dim\tau_2') = (\dim\tau_1)(\dim\tau_2)$$
となり，これは π' のとり方に矛盾する．故に $\tau_1\boxtimes\tau_2$ は既約である．すなわち $\tau_1\boxtimes\tau_2\in\widehat{G}_f$ が示された．

ステップ(2) 任意の $\pi\in\widehat{G}_f$ は $\pi\simeq\tau_1\boxtimes\tau_2$ ($\tau_1\in(\widehat{G_1})_f, \tau_2\in(\widehat{G_2})_f$) の形をしていることを示そう．補題 3.54 より，$\tau_1\in(\widehat{G_1})_f, \tau_2\in(\widehat{G_2})_f$ および 0 でない G-線型写像 $F\colon\tau_1\boxtimes\tau_2\to\pi$ が存在する．π および $\tau_1\boxtimes\tau_2$ は既約なので F は全単射である．従って，$\pi\simeq\tau_1\boxtimes\tau_2$ が示された．

ステップ(3) $\tau_1,\tau_1'\in(\widehat{G_1})_f, \tau_2,\tau_2'\in(\widehat{G_2})_f$ が $\tau_1'\boxtimes\tau_2'\simeq\tau_1\boxtimes\tau_2$ を満たすならば，補題 3.56 より明らかに，$\tau_1\simeq\tau_1'$ かつ $\tau_2\simeq\tau_2'$ が成り立つ．

ステップ(1), (2), (3) より定理 3.55 が示された． ∎

《要 約》

3.1 局所コンパクト群上の Baire 測度の不変性を積分によって定式化できる．左不変な Baire 測度は定数倍を除き一意的に存在する．これを左 Haar 測度とい

う．

3.2 コンパクト群には両側不変な測度が存在する．両側不変な Baire 測度は定数倍を除いて一意的である．

3.3 群の表現の行列要素は，群上の関数を与える．

3.4 G の表現 (π, V) の行列要素を定める写像 $\Phi_\pi: V \otimes V^\vee \to C(G)$ は，$C(G)$ の畳み込みの積に関する環構造や L^2-内積と相性がよい．すなわち，Φ_π を $\dim \pi$ 倍すれば環準同型写像になり，$\sqrt{\dim \pi}$ 倍すれば等長写像になる．

3.5 指標はコンパクト群の有限次元表現のすべての情報を含む．特に既約性の判定や各 τ-成分への射影を指標による積分で求めることができる．

3.6 (用語) 局所コンパクト群，Haar 測度，モジュラー関数，ユニモジュラー，正則表現，不変測度を求める Gelfand の方法，不変元，Schur の直交関係式，畳み込み積，指標による射影

―――――― 演習問題 ――――――

3.1 補題 3.4 (一様連続性) を示せ．

3.2 n 次の上三角実行列全体

$$B_+ := \left\{ \begin{pmatrix} x_{11} & \cdots & x_{1n} \\ & \ddots & \vdots \\ 0 & & x_{nn} \end{pmatrix} \in GL(n, \mathbb{R}): x_{ij} \in \mathbb{R} \right\}$$

上の左不変測度を求めよ．

3.3 1 次元アファイン変換群の部分群

$$H = \left\{ \begin{pmatrix} 2^n & y \\ 0 & 1 \end{pmatrix} : n \in \mathbb{Z}, y \in \mathbb{R} \right\} \simeq \mathbb{Z} \ltimes \mathbb{R}$$

の左不変測度，右不変測度を具体的に求めることによって H はユニモジュラーでないことを示せ (例 3.23 を参照せよ)．また H の単位元を含む連結成分 H_0 はユニモジュラーであることを確認せよ．

3.4 $ax+b$ 群 (例 3.23) の左不変な測度を具体的に与えよ．

3.5 (π, V) をコンパクト群 G の有限次元表現とし，χ_π をその指標，V^G を G-不変元全体のなすベクトル空間とする．このとき $\int_G \chi_\pi(g) dg = \dim V^G$ を示せ．

3.6 V を $\mathbb{C}$ 上の有限次元のベクトル空間とする．縮約によって定義される

$V \otimes V^\vee$ 上の積と，合成によって定義される $\operatorname{End}_\mathbb{C}(V)$ 上の積は，同型写像 $T\colon V \otimes V^\vee \simeq \operatorname{End}_\mathbb{C}(V)$ を通して一致することを示せ．ただし，T は，$T(u \otimes f)(v) := f(v)u$ として定義される写像である．

3.7 前問で V に内積が与えられているとする．$\{v_1,\cdots,v_m\}$ を V の正規直交基底，$\{v_1^\vee,\cdots,v_m^\vee\}$ を $V^\vee$ における双対基底とし，

$$*\colon V \otimes V^\vee \to V \otimes V^\vee, \quad \sum_{i,j} a_{ij} v_i \otimes v_j^\vee \mapsto \sum_{i,j} \overline{a_{ji}} v_i \otimes v_j^\vee$$

とおくと，$V \otimes V^\vee$ は $*$-環になり，自然な同型写像 $T\colon V \otimes V^\vee \simeq \operatorname{End}_\mathbb{C}(V)$ は $*$-環としての同型を与えることを示せ．

3.8 $(\pi, V), (\sigma, W)$ を群 G の有限次元表現とするとき，$\operatorname{Hom}_\mathbb{C}(W, V)$ 上に G の表現 τ を

$$\tau(g)\colon \operatorname{Hom}_\mathbb{C}(W, V) \to \operatorname{Hom}_\mathbb{C}(W, V), \quad f \mapsto \pi(g) \circ f \circ \sigma(g)^{-1}$$

と定義する．このとき τ の指標 $\chi_\tau(g)$ は $\chi_\pi(g) \chi_\sigma(g^{-1})$ に一致することを示せ．

3.9 (π, V) をコンパクト群 G の有限次元表現とし，その既約分解を

$$\pi \simeq n_1 \tau_1 \oplus n_2 \tau_2 \oplus \cdots \oplus n_k \tau_k$$

とするとき，テンソル積 $\pi \otimes \pi^\vee$ の既約分解における自明な表現の重複度は

$$n_1{}^2 + \cdots + n_k{}^2$$

に等しいことを示せ．

Peter–Weyl の定理 4

コンパクト群 G 上の関数空間 $L^2(G)$ 上には直積群 $G \times G$ のユニタリ表現（正則表現）が自然に定義される．このユニタリ表現を既約分解する公式が Peter–Weyl の定理である．この定理は群 G 上の任意の関数を群に内在的な "良い関数" によって近似する定理とも解釈できる．この章では Peter–Weyl の定理を単なる既約分解の公式だけではなく，種々の切り口から解説する．例えば，行列要素による写像の構成（逆 Fourier 変換の一般化），その逆写像の構成（Fourier 変換の一般化），L^2-対応（Parseval–Plancherel 型の定理），∗-環としての代数的構造（§3.3 定義 3.38 参照），一様収束による近似などである．∗-環としての代数的構造では，コンパクト群 G の群演算が G 上の関数空間 $C(G)$ の代数構造にどのように引き継がれるかを既約分解を通して詳しく調べる．またこの章の最後には有限群の表現論への応用を解説する．

行列要素の完備性の証明には，Stone–Weierstrass の定理を用いる方法とコンパクト作用素の一般論を用いる方法の 2 通りを解説する．これらの証明には，解析学の長い歴史の中で育まれてきた重要な手法，考え方や概念が多く盛り込まれている．Peter–Weyl の定理という目標に向かって，解析学の様々な手法や概念がどのように使われ役立つかをじっくりと味わっていただきたい．

第4章 Peter–Weyl の定理

§4.1 Peter–Weyl の定理

(a) Peter–Weyl の定理

これまでの章で準備してきた様々な概念や定理が，次に述べる Peter–Weyl の定理——コンパクト群上の調和解析と表現論を結びつける基本定理——に集積される．

§4.1 では Peter–Weyl の定理をいろいろな形で定式化する．§4.1(a)で述べる主定理(定理4.1)の証明は §4.2 と §4.3 で行う．Peter–Weyl の定理の使い方や様々な観点を理解するために，§4.1 の残りの項(c)–(g)では，主定理(定理4.1)からすぐに得られる応用や例を中心に解説する．

簡単に記号を復習しておこう．

G: コンパクト群．
$\widehat{G}_f$: G の有限次元既約表現の同値類全体(定義 1.18 参照)．
$\widehat{G}$: G の既約ユニタリ表現の同値類全体(定義 1.32 参照)．
$L \times R$: $L^2(G)$ (あるいは $C(G)$)を表現空間とする G の両側正則表現
$$((L \times R)(g_1, g_2)f)(g) = (L(g_1)R(g_2)f)(g) := f(g_1^{-1} g g_2).$$
$(\pi \boxtimes \pi^\vee, V \otimes V^\vee)$: $(\pi, V) \in \widehat{G}_f$ と反傾表現 $(\pi^\vee, V^\vee)$ の外部テンソル積．

次に，行列要素を与える写像の記号を復習しておこう．

$$\Phi_\pi \colon V \otimes V^\vee \to C(G) \quad (\text{定義 3.1})$$
$$\widetilde{\Phi_\pi} \colon V \otimes V^\vee \to C(G) \quad (\text{定義 3.36})$$
$$\Phi'_\pi \colon V \otimes V^\vee \to C(G) \quad (\text{定理 3.41})$$

は，それぞれ

$$\Phi_\pi(u \otimes f)(g) = \langle \pi(g)^{-1} u, f \rangle \quad (u \in V,\ f \in V^\vee)$$
$$\widetilde{\Phi_\pi} = \sqrt{\dim \pi}\, \Phi_\pi$$
$$\Phi'_\pi = (\dim \pi) \Phi_\pi$$

で定義される写像である．また，G はコンパクトなので

$$C(G) \subset L^2(G) \subset L^1(G)$$

となることに注意する.

定理 4.1（Peter–Weyl の定理） G をコンパクト群とする.

（ i ） G の任意の既約ユニタリ表現は有限次元である．さらに次の 3 つの集合：

（a） G の有限次元既約表現の同値類全体

（b） G の有限次元既約ユニタリ表現の同値類全体

（c） G の既約ユニタリ表現の同値類全体

は自然に同一視される．特に自然な全単射対応

$$\widehat{G} \simeq \widehat{G}_f$$

が成り立つ.

（ ii ） Hilbert 空間のユニタリ作用素

(4.1) $$\sum_{(\pi,V)\in \widehat{G}}^{\oplus} \widetilde{\Phi_\pi} : \sum_{(\pi,V)\in \widehat{G}}^{\oplus} (V \otimes V^{\vee}) \simeq L^2(G)$$

は，直積群 $G \times G$ のユニタリ表現の同型写像を与える．

（iii） $C(G)$ を畳み込み（§3.3(b)）によって環とみなすと，次の写像

$$\bigoplus_{(\pi,V)\in \widehat{G}} \Phi'_\pi : \bigoplus_{(\pi,V)\in \widehat{G}} (V \otimes V^{\vee}) \to C(G)$$

は単射な環準同型写像であり，その像は $C(G)$ において稠密である． □

Peter–Weyl の定理の意味することをいろいろな側面から見てみよう.

<u>表現論の立場</u> からは，Peter–Weyl の定理は

（両側）正則表現 $L \times R : G \times G \to GL_{\mathbb{C}}(L^2(G))$

の既約分解公式といえる．定理 3.52 より直積群 $G \times G$ の任意の有限次元既約ユニタリ表現は $\sigma \boxtimes \tau$ $(\sigma, \tau \in \widehat{G}_f)$ の形に表されるが，Peter–Weyl の定理は $\sigma, \tau \in \widehat{G} \simeq \widehat{G}_f$ に関する次の 3 つの条件が同値であることを主張している.

（ i ） $\mathrm{Hom}_{G \times G}(\sigma \boxtimes \tau, L^2(G)) \neq \{0\}$

（ ii ） $\mathrm{Hom}_{G \times G}(\sigma \boxtimes \tau, L^2(G)) \simeq \mathbb{C}$

（iii） $\tau \simeq \sigma^{\vee}$

特に，σ を止めたとき，$\sigma \boxtimes \tau$ が $L^2(G)$ の既約成分に現れるような $\tau \in \widehat{G}$

は $\tau \simeq \sigma^\vee$ と一意的に定まり,しかも $L^2(G)$ における $\sigma \boxtimes \sigma^\vee$ の重複度は1である.逆に τ を止めたときも同様である.本書では立入らないが,この性質を「$L^2(G)$ における左正則表現と右正則表現は **dual pair** をなす」という観点から解釈することもできる.

また,左正則表現だけに注目すると
$$L^2(G) \simeq \sum_{(\pi,V)\in\widehat{G}}^{\oplus} (\dim \pi^\vee) V$$
であるから
$$\dim \mathrm{Hom}_G(\pi, L^2(G)) = \dim \pi^\vee \,(= \dim \pi) \neq 0$$
となる.特に,G のすべての既約ユニタリ表現が(左)正則表現の既約成分として現れるということもわかる.この観点は Lie 群 G の既約ユニタリ表現を分類するときに「G 上の関数空間に実現される表現のみを考えればよい」という1つの指針を与える.第8章と第9章では,実際にユニタリ群 $U(n)$ などの古典群の既約表現の分類をこの指針に基づいて行う.

次に,<u>調和解析の立場</u>からは,Peter–Weyl の定理は,群上の関数を群に内在的な "良い関数" で近似する定理であるといえる.表にしてまとめると

群	トーラス $\mathbb{T}$	$\xrightarrow{\text{一般化}}$	コンパクト群 G
展開定理	Fourier 級数展開	$\Longrightarrow$	Peter–Weyl の定理
正規直交基底	調和振動 $e^{\sqrt{-1}nx}$	$\Longrightarrow$	行列要素 $\sqrt{\dim \pi}\,\pi_{ij}$

と表される.詳しくいうと,G の各既約ユニタリ表現の代表系として,行列表現 $\pi: G \to U(n)$ を選び(表現空間の正規直交基底を1つ選べばよい),$\pi(g) = (\pi_{ij}(g))$ と表し,行列成分 π_{ij} を G 上の関数と見る.このとき,Peter–Weyl の定理は,次のように解釈することもできる.

定理 4.2 ($L^2(G)$ の正規直交基底) G をコンパクト群とする.
$$\bigcup_{\pi \in \widehat{G}_f} \{\sqrt{\dim \pi}\,\pi_{ij} : 1 \leqq i, j \leqq \dim \pi\}$$
は $L^2(G)$ の正規直交基底を与える.ただし,π は $\widehat{G} \simeq \widehat{G}_f$ の各同値類から1つずつ選ぶものとする. □

各行列要素 $\pi_{ij}(g)$ は G 上の L^2-関数であるのみならず,連続関数でもある. Peter–Weyl の定理の最後の主張(定理 4.1(iii) の後半)を言い換えた次の定理は §4.2 と §4.3 で 2 通りの方法で証明される.

定理 4.3(群上の連続関数の一様近似) G をコンパクト群とする.このとき,G 上の任意の連続関数は,G の既約ユニタリ表現の行列要素の線型結合によって一様近似することができる.

言い換えると,任意の連続関数 $f \in C(G)$ と任意の正数 $\varepsilon > 0$ に対し,有限個の既約ユニタリ表現 $\pi^{(1)} = (\pi^{(1)}{}_{ij})$, $\cdots$, $\pi^{(k)} = (\pi^{(k)}{}_{ij})$ の行列表示と適当な複素数 $a_{ij}^{(l)}$ を選ぶと

$$\left| f(g) - \sum_{l=1}^{k} \sum_{i=1}^{\dim \pi^{(l)}} \sum_{j=1}^{\dim \pi^{(l)}} a_{ij}^{(l)} \pi^{(l)}{}_{ij}(g) \right| < \varepsilon \quad (\forall g \in G)$$

と近似することができる. □

定理 4.1(i) より,定理 4.3 は「既約ユニタリ表現」を「有限次元既約表現」に読み換えても成り立つことに念を押しておこう.

(b) 主定理の証明の方針

この章の後半は定理 4.1(Peter–Weyl の定理),定理 4.2 および定理 4.3 の証明を行う.その大まかな方針を説明しよう.その一部は既に第 3 章などで証明が済んでいる.

定理 4.1(i) の後半の主張は,前半の主張と次の 2 つの既述の結果 (i), (ii) から直ちに導かれる.

(i) コンパクト群の任意の(有限次元)表現がユニタリ化可能であること (§3.2(f) 定理 3.29),

(ii) (有限次元)既約ユニタリ表現に対して「表現として同値 $\iff$ ユニタリ表現として同値」(注意 1.33).

また,$\widetilde{\Phi_\pi}$ が等長写像であること(定理 4.1(ii) の主張の一部)は定理 3.36 において証明した.Φ'_π が環準同型であること(定理 4.1(iii) 前半)は定理 3.41 において証明した.

これから証明すべきことをまとめよう.

G の有限次元既約表現の行列成分で張られる $C(G)$ の部分空間を $R(G)$ と書く．行列要素を与える写像 $\widetilde{\Phi}_\pi$ を用いれば

(4.2) $$R(G) = \bigoplus_{(\pi,V)\in\widehat{G}_f} \widetilde{\Phi}_\pi(V\otimes V^\vee) \quad (\text{代数的直和})$$

である．なお，$R(G)$ は (4.16) で定義する $R'(G)$ と一致することが後に示される．主定理(定理 4.1, 定理 4.2, 定理 4.3)の証明を完結させるために示すべきことは，主に次の 3 つである．

(1) $R(G)$ は $C(G)$ において稠密である．
(2) $R(G)$ は $L^2(G)$ において稠密である．
(3) G の任意の既約ユニタリ表現は有限次元である．

この章では，まったく異なる 2 通りの方法(イ)と(ロ)でこれを示す．

(イ) Stone–Weierstrass の定理 $\Longrightarrow$ "(1) と (3)" $\Longrightarrow$ (2)

(ロ) コンパクト作用素のスペクトル理論 $\Longrightarrow$ "(2) と (3)" $\Longrightarrow$ (1)

(イ) は §4.2 で証明するが，そこでは

(4.3)　　コンパクト群 G が一般線型群の部分群である

という条件を仮定する．なお，定理 4.14 において

　　コンパクト群 G が (4.3) を満たす $\iff$ G はコンパクト Lie 群である

を示す．

一方，(ロ) は任意のコンパクト群に対して適用できる議論である．(ロ) は §4.3 で証明する．(ロ) における「(2) と (3) $\Longrightarrow$ (1)」の部分も古典的な結果であるが，積分作用素による平滑化の議論を現代風にアレンジした証明を述べる．

(c) Parseval–Plancherel の公式

Peter–Weyl の定理を **L^2-関数の展開定理**という観点から，より具体的な形に書き直してみよう．以下，G はコンパクト群とする．

まず，Peter–Weyl の定理を与える写像((4.1)参照)

$$\sum_{(\pi,V)\in\widehat{G}}^{\oplus} \widetilde{\Phi}_\pi : \sum_{(\pi,V)\in\widehat{G}}^{\oplus} V\otimes V^\vee \simeq L^2(G)$$

は表現の行列要素を与えることによって定義された(定理3.36参照). この逆写像を具体的に構成するのが, この項の課題である. この逆写像はトーラス $\mathbb{T}$ 上では与えられた関数の Fourier 係数をとることに対応する. まず, (4.1)の分解より, 各 $\pi \in \widehat{G}$ に対して

$$\text{正則表現 } (L \times R, L^2(G)) \text{ の } \pi \boxtimes \pi^\vee\text{-成分}$$
$$= \text{左正則表現 } (L, L^2(G)) \text{ の } \pi\text{-成分}$$
$$= \text{右正則表現 } (R, L^2(G)) \text{ の } \pi^\vee\text{-成分}$$
$$= \widetilde{\Phi}_\pi(V \otimes V^\vee)$$

が成り立つことに注意しよう. 従って, (4.1)の逆写像を構成するためには, 各 $(\pi, V) \in \widehat{G}$ に対して

(4.4) $\quad L^2(G) \xrightarrow{\text{直交射影 } P_\pi} \text{左正則表現の } \pi\text{-成分} = \widetilde{\Phi}_\pi(V \otimes V^\vee) \xrightarrow{\widetilde{\Phi}_\pi^{-1}} V \otimes V^\vee$

の合成を具体的な公式で与えればよい. 以下, この写像を計算しよう.

まず, $(\pi, V) \in \widehat{G}$, $f \in L^1(G)$ に対して

(4.5) $\qquad\qquad \pi(f) := \int_G f(g)\pi(g)dg$

とおく.

なお, $G = \mathbb{T}$(トーラス群)の例では, $\pi(f)$ は Fourier 級数における各係数に他ならないことを項(d)で確かめる.

さて, 定義式(4.5)の右辺が収束することを確認しておこう. V の正規直交基底 $\{v_1, \cdots, v_n\}$ ($n = \dim V$) をとって, π を行列表現 $\pi: G \to U(n)$ とみなすと(§3.1 命題3.6参照), 行列 $\pi(f)$ の (i,j)-成分 $\pi(f)_{ij} = \langle \pi(f)v_j, v_i^\vee \rangle = (\pi(f)v_j, v_i)$ は

$$\pi(f)_{ij} = \int_G f(g)\pi_{ij}(g)dg$$

によって与えられる. $\pi(g)$ がユニタリ行列であることから $|\pi_{ij}(g)| \leq 1$ ($\forall i, \forall j$) が成り立ち, 従って,

$$\int_G |f(g)\pi_{ij}(g)|dg \leq \int_G |f(g)|dg < \infty$$

となるので，$\pi(f)_{ij}$ を与える積分が収束する．従って，(4.5)の右辺が存在し，$\pi(f) \in \mathrm{End}_{\mathbb{C}}(V)$ が定義された．以上より，

(4.6) $$\pi : L^1(G) \to \mathrm{End}_{\mathbb{C}}(V)$$

が定義されることが示された．

なお，G はコンパクトなので $C(G) \subset L^2(G) \subset L^1(G)$ となり，従って $f \in C(G)$ や $f \in L^2(G)$ に対しても $\pi(f)$ は定義されることに注意しよう．

補題 4.4 (π, V) をコンパクト群 G の有限次元既約ユニタリ表現とする．このとき $\pi : L^1(G) \to \mathrm{End}_{\mathbb{C}}(V)$ は ∗-環(§3.3 定義 3.38 参照)の準同型写像である．すなわち，$F_1, F_2, F \in L^1(G)$ に対して

$$\pi(F_1 * F_2) = \pi(F_1) \circ \pi(F_2)$$
$$\pi(F^*) = \pi(F)^*$$

が成り立つ．ここで，$F^*(g) = \overline{F(g^{-1})}$ であり，$\pi(F)^*$ は $\pi(F)$ の随伴作用素である．

[証明] 定義に戻って計算すればよい．

$$\pi(F_1 * F_2) = \int_G (F_1 * F_2)(g)\pi(g)dg$$
$$= \int_G \int_G F_1(gx^{-1})F_2(x)\pi(g)dxdg$$
$$= \int_G \int_G F_1(y)F_2(x)\pi(yx)dxdy$$
$$= \int_G \int_G F_1(y)F_2(x)\pi(y)\pi(x)dxdy$$
$$= \pi(F_1) \circ \pi(F_2)$$
$$\pi(F^*) = \int_G \overline{F(g^{-1})}\pi(g)dg$$
$$= \int_G \overline{F(g)}\pi(g^{-1})dg$$
$$= \int_G \overline{F(g)}(\pi(g))^*dg \quad (\because \pi \text{ はユニタリ})$$
$$= \left(\int_G F(g)\pi(g)dg\right)^*$$
$$= \pi(F)^*$$

注意 4.5 §3.3(b) の定理 3.41 において，行列要素を与える写像
$$\Phi'_\pi : V \otimes V^\vee \to C(G)$$
は $*$-環の間の準同型写像であることを示した．$V \otimes V^\vee \simeq \mathrm{End}_\mathbb{C}(V)$, $C(G) \subset L^1(G)$ であるから，Φ'_π は $\mathrm{End}_\mathbb{C}(V)$ から $L^1(G)$ への $*$-環の準同型写像ともみなせる．補題 4.4 と合わせて，$\mathrm{End}_\mathbb{C}(V) \rightleftarrows L^1(G)$ の両方向に $*$-環の準同型が得られたことになる．なお，左辺は有限次元であり，右辺は (G が有限群でない限り) 無限次元なので，これらの準同型写像はもちろん同型ではない．

注意 4.6 補題 4.4 は
$$\text{群 } G \text{ の表現} \quad \pi \colon G \to GL_\mathbb{C}(V)$$
から
$$\text{群環 } L^1(G) \text{ の表現} \quad \pi \colon L^1(G) \to \mathrm{End}_\mathbb{C}(V), \ f \mapsto \pi(f) = \int_G f(g)\pi(g)dg$$
に移行するという観点を与えている．この観点を推し進めることによって，Lie 群 G の表現とその Lie 環 $\mathfrak{g}$ の微分表現 (あるいは普遍包絡環 (universal enveloping algebra) $U(\mathfrak{g}) \simeq \mathbb{D}(G)$ の表現) を群環 $\mathcal{E}'(G)$ の表現の特別な場合として統一的に扱えるということを大まかに説明しよう．なお，この項は超函数論 (と Lie 群論) になじみのある読者のために，本書のレベルを越えて解説する．

Lie 群 G に対して

$\mathcal{E}'(G) :=$ コンパクト台をもつ G 上の超函数 (Schwartz の distribution) 全体
$\simeq$ コンパクト台をもつ G 上の一般化された関数
 (Gelfand の generalized function) 全体

とおく．ただし，両者の同一視は Lie 群 G の左 Haar 測度によって行う．G がコンパクト Lie 群ならば，$C(G) \subset L^1(G) \subset \mathcal{E}'(G)$ が成り立つことに注意しよう．このとき
$$\text{群 } G \text{ の表現} \quad \pi \colon G \to GL_\mathbb{C}(V)$$
を
$$\text{群環 } \mathcal{E}'(G) \text{ の表現} \quad \pi \colon \mathcal{E}'(G) \to \mathrm{End}_\mathbb{C}(V), \ f \mapsto \pi(f) := \int_G f(g)\pi(g)dg$$
と拡張する．

$$G \hookrightarrow \mathcal{E}'(G), \quad g \mapsto \delta_g \ (g \text{ に台をもつ Dirac のデルタ関数})$$
$$U(\mathfrak{g}) \hookrightarrow \mathcal{E}'(G), \quad u \mapsto (C^\infty(G) \to \mathbb{C}, \ f \mapsto (uf)(e))$$

によって群 G, 普遍包絡環 $U(\mathfrak{g})$ (特に Lie 環 $\mathfrak{g}$) を $\mathcal{E}'(G)$ に埋め込むことができ

る．言い換えると群環 $\mathcal{E}'(G)$ の表現の特別な場合として群 G の表現およびその Lie 環 $\mathfrak{g}$ の微分表現(あるいは普遍包絡環 $U(\mathfrak{g})$ の表現)が得られるというわけである．

さて，$\mathrm{End}_{\mathbb{C}}(V)$ と $V \otimes V^{\vee}$ は自然に同一視される．基底 $\{v_1,\cdots,v_m\}$ を使ってこの同一視を表せば

(4.7) $\qquad \mathrm{End}_{\mathbb{C}}(V) \simeq V \otimes V^{\vee}, \quad T=(T_{ij}) \mapsto \sum_{i,j} T_{ij} v_i \otimes v_j^{\vee}$

がその対応である．(4.7)は基底のとり方によらない．同型(4.7)によって $\pi(f) \in \mathrm{End}_{\mathbb{C}}(V)$ は

$$\sum_{i,j} \int_G f(g)\pi_{ij}(g) dg\, v_i \otimes v_j^{\vee} \in V \otimes V^{\vee}$$

と同一視される．

G がコンパクト群ならば

$$L^2(G) \subset L^1(G)$$

であるので，特に線型写像

$$L^2(G) \to V \otimes V^{\vee}, \quad f \mapsto \pi(f)$$

が得られたことになる．この写像が，定数倍を除いて合成写像(4.4)に他ならないことを示そう．すなわち，次の補題が成り立つ．

補題 4.7 $f \in L^2(G)$ に対して

(4.8) $\qquad\qquad\qquad P_\pi f = \Phi'_\pi(\pi(f))$

[証明] 定義に戻って計算すればよい．

$$\begin{aligned}
\Phi'_\pi(\pi(f))(x) &= \Phi'_\pi\left(\sum_{i,j} \pi(f)_{ij} v_i \otimes v_j^{\vee}\right)(x) \\
&= \dim \pi \sum_{i,j} \pi(f)_{ij} \langle \pi(x)^{-1} v_i, v_j^{\vee}\rangle \\
&= \dim \pi \sum_{i,j} \left(\int_G f(g)\pi_{ij}(g) dg\right) \pi_{ji}(x^{-1}) \\
&= \dim \pi \int_G f(g) \sum_{i,j} \pi_{ij}(g) \pi_{ji}(x^{-1}) dg
\end{aligned}$$

§4.1 Peter–Weylの定理 —— *127*

$$= \dim \pi \int_G f(g) \sum_i (\pi(g)\pi(x^{-1}))_{ii} dg$$

$$= \dim \pi \int_G f(g) \operatorname{Trace} \pi(gx^{-1}) dg$$

ここで $y = xg^{-1}$ と変数変換する(x は固定する)と，dg は両側不変な測度であるから，$dy = dg$ が成り立つ．π の指標を χ_π と書くと，

$$= \dim \pi \int_G f(y^{-1}x)\chi_\pi(y^{-1}) dy$$

$$= \dim \pi \int_G \overline{\chi_\pi(y)}(L(y)f)(x) dy \quad (\because \S 3.4 \text{ 系 } 3.44)$$

$$= (P_\pi f)(x) \quad (\because \S 3.4 \text{ 定理 } 3.50)$$

となる．故に等式(4.8)が示された． ∎

$f \in L^2(G)$ のとき，$f = \sum_{\pi \in \widehat{G}} P_\pi f$（右辺は $L^2(G)$ における収束）であるから

(4.9) $$f = \sum_{\pi \in \widehat{G}} \Phi'_\pi(\pi(f))$$

が得られた．公式(4.9)は，Peter–Weylの定理における既約分解に従って $f \in L^2(G)$ を既約成分に展開した公式といえる．

また $\widetilde{\Phi}_\pi = \sqrt{\dim \pi}\, \Phi_\pi = (\dim \pi)^{-\frac{1}{2}} \Phi'_\pi$ は等長写像であるから，補題4.7より

$$\|P_\pi f\|_{L^2(G)} = \sqrt{\dim \pi}\, \|\pi(f)\|_{V \otimes V^\vee}$$

が成り立つ．$\pi \not\simeq \pi'$ のとき $\operatorname{Image} P_\pi$ と $\operatorname{Image} P_{\pi'}$ は互いに直交するから，

$$\|f\|^2_{L^2(G)} = \sum_{\pi \in \widehat{G}} \|P_\pi f\|^2_{L^2(G)} = \sum_{\pi \in \widehat{G}} \dim \pi \|\pi(f)\|^2_{\mathrm{HS}}$$

$$= \sum_{\pi \in \widehat{G}} \dim \pi \operatorname{Trace}(\pi(f)\pi(f)^*)$$

となる．ここで $V \otimes V^\vee \simeq \operatorname{End}_\mathbb{C}(V)$ の同一視において，$V \otimes V^\vee$ における自然なノルム(§1.3(d))に対応する $\operatorname{End}_\mathbb{C}(V)$ のノルムを $\|\ \|_{\mathrm{HS}}$ と表した．$\|\ \|_{\mathrm{HS}}$ は作用素のHilbert–Schmidtノルムとして，後で詳しく解説する(定義式(4.19)および演習問題4.2参照)．まとめると

定理 4.8（Parseval–Plancherel型の公式と逆変換の公式） G をコンパクト群とする．$(\pi, V) \in \widehat{G}$，$f \in L^2(G)$ に対し(4.5)で定義したように

$$\pi(f) = \int_G f(g)\pi(g)dg \in \mathrm{End}_{\mathbb{C}}(V) \simeq V \otimes V^{\vee}$$

とおくと，Peter–Weyl の定理において行列要素をとることによって定義された同型写像(4.1)の逆対応は

$$L^2(G) \simeq \sum_{(\pi,V) \in \widehat{G}}^{\oplus} V \otimes V^{\vee}, \quad f \mapsto \sum_{\pi \in \widehat{G}} \sqrt{\dim \pi}\, \pi(f)$$

で与えられる．特に，次の公式が成り立つ．

(Peter–Weyl の定理における逆変換の公式)

$$(4.10) \qquad f = \sum_{\pi \in \widehat{G}} \Phi'_{\pi}(\pi(f)) = \sum_{\pi \in \widehat{G}} (\dim \pi) \Phi_{\pi}(\pi(f))$$

(Parseval–Plancherel 型の公式)

$$(4.11) \quad \|f\|^2_{L^2(G)} = \sum_{\pi \in \widehat{G}} \dim \pi \|\pi(f)\|^2_{\mathrm{HS}} = \sum_{\pi \in \widehat{G}} \dim \pi \,\mathrm{Trace}(\pi(f)\pi(f)^*)$$

□

ただし，逆変換(4.10)の公式の右辺は L^2-収束の意味である．なお，もっと仮定を強めて，G がコンパクト Lie 群かつ f が C^{∞} 級ならば，任意の有限階の微分をこめて一様収束することも知られている．

(d) 類 関 数

位相群 G の有限次元表現 (π, V) の指標 $\chi_{\pi}(x) = \mathrm{Trace}\,\pi(x)$ は

$$\chi_{\pi}(x) = \chi_{\pi}(g^{-1}xg) \quad (\forall g \in G)$$

という対称性を満たす．この性質に注目して次の定義を行う．

定義 4.9（類関数） G 上の連続関数 f が

$$(4.12) \qquad f(x) = f(g^{-1}xg) \quad (\forall g, \forall x \in G)$$

を満たすとき，f を**類関数**(class function)という． □

例 4.10

(ⅰ) 有限次元表現の指標は類関数である．

(ⅱ) 可換群上の任意の連続関数は類関数である．

(ⅲ) $G = GL(n, \mathbb{C})$ とし，$g \in G$ の固有値を $\lambda_1(g), \cdots, \lambda_n(g) \in \mathbb{C}$ と書く．h を n 変数の対称式とするとき，

$$G \to \mathbb{C}, \quad g \mapsto h(\lambda_1(g), \cdots, \lambda_n(g))$$

は類関数である．この例は§8.2で再びお目にかかることになる． □

さて，$g \in G$, $f \in C(G)$ に対して

(4.13) $\qquad (\mathrm{Ad}(g)f)(x) := f(g^{-1}xg) \quad (x \in G)$

とおくことによって，群 G の表現 $\mathrm{Ad}: G \to GL_{\mathbb{C}}(C(G))$ を定義する．すなわち，直積群 $G \times G$ の正則表現 $L \times R$ を部分群

$$\mathrm{diag}(G) = \{(g, g) \in G \times G: g \in G\}$$

に制限した表現が Ad である（下の可換図式を参照）：

$$\begin{array}{ccc} G \times G & \xrightarrow{L \times R} & GL_{\mathbb{C}}(C(G)) \\ {\scriptstyle \mathrm{diag}} \cup & \nearrow{\scriptstyle \mathrm{Ad}} & \\ G & & \end{array}$$

このとき，$f \in C(G)$ が $\mathrm{Ad}(G)$-不変元 $\iff f(g^{-1}xg) = f(x)$ $(\forall g \in G)$ であることを強調して，類関数全体を $C(G)^{\mathrm{Ad}}$ と表そう．これは，§3.2(e)（群の不変元）の記号を用いた表記である．

$C(G)$ のかわりに Hilbert 空間 $L^2(G)$ を表現空間として，群 G の表現 Ad を(4.13)で定義すると，正則表現 $(L \times R, L^2(G))$ は直積群のユニタリ表現である（§3.3 命題3.35 参照）から，この表現の制限として $(\mathrm{Ad}, L^2(G))$ は G のユニタリ表現となる．$\mathrm{Ad}(G)$-不変元全体のなす閉部分空間を $L^2(G)^{\mathrm{Ad}}$ と表す．ここに現れた関数空間を整理すると

$$\begin{array}{ccc} L^2(G)^{\mathrm{Ad}} & \subset & L^2(G) \\ \cup & & \cup \\ C(G)^{\mathrm{Ad}} & \subset & C(G) \end{array}$$

となる．そこで Peter–Weyl の定理を類関数に適用すると次の定理を得る：

定理 4.11（類関数の近似定理）　G をコンパクト群とする．

（ⅰ）G 上の任意の類関数は，既約ユニタリ表現の指標の線型結合で一様近似できる．すなわち，$f \in C(G)^{\mathrm{Ad}}$ ならば，任意の正数 $\varepsilon > 0$ に対して有限個の指標 $\chi_{\pi_1}, \cdots, \chi_{\pi_k}$ と複素数 $a_1, \cdots, a_k$ を適当に選んで

$$\left| f(g) - \sum_{j=1}^{k} a_j \chi_{\pi_j}(g) \right| < \varepsilon \quad (\forall g \in G)$$

とできる.

（ⅱ） $\{\chi_\pi : \pi \in \widehat{G}\}$ は Hilbert 空間 $L^2(G)^{\mathrm{Ad}}$ の完全正規直交系である. □

G がコンパクトな可換群(例えば，トーラス群や有限 Abel 群)の場合は，任意の既約ユニタリ表現は 1 次元であり，既約表現 $\pi(g)$ は単なる G 上の関数で表されて，その指標 $\chi(g)$ と一致する. 従って，可換群の場合は定理 4.11 と Peter–Weyl の定理は同じ結果を意味する.

定理 4.11 の証明のアイディアは，Peter–Weyl の定理(定理 4.1(ⅲ))を用いて得られた関数の近似列を平均化することによって，$\mathrm{Ad}(G)$-不変性をもつ関数による近似列を構成するという考え方である. $\mathrm{Ad}(G)$-不変性を与えるためには，線型写像 $P\colon L^2(G) \to L^2(G)$ を $f \in L^2(G)$ に対し

$$(4.14) \qquad (Pf)(x) := \int_G f(g^{-1}xg) dg$$

と平均化すればよい. (4.14)の右辺における積分は，各 $x \in G$ を止めたとき，G の部分集合($\mathrm{Ad}(G)$-軌道)

$$\mathrm{Ad}(G) \cdot x := \{g^{-1}xg \in G : g \in G\}$$

上の積分であることから**軌道積分**(orbital integral)と呼ばれる. 次の補題の(ⅰ)は§3.2 補題 3.27 の特別な場合である.

補題 4.12 G はコンパクト群とする.

（ⅰ） $P\colon L^2(G) \to L^2(G)$ は，$L^2(G)^{\mathrm{Ad}}$ の上への直交射影作用素である.

（ⅱ） P を連続関数全体のなす空間 $C(G)$ に制限して考えると，$P\colon C(G) \to C(G)$ は，$C(G)$ の広義一様収束位相に関して連続であり，その像は $C(G)^{\mathrm{Ad}}$ に一致する. □

補題 4.12 の(ⅱ)で「連続」というのは，関数列 $f_k \in C(G)$ $(k=1,2,\cdots)$ が $f \in C(G)$ にコンパクト群 G 上一様収束するならば，Pf_k も Pf に一様収束するということを意味する. (ⅱ)の証明も(ⅰ)と同様なので省略する.

表現の行列要素に対し，射影 P を施すと次の公式を得る.

補題 4.13 (π, V) をコンパクト群 G の既約ユニタリ表現とし，$\pi(x) =$

$(\pi_{ij}(x))$ を V の正規直交基底に関する行列表示とすると次の公式が成り立つ.

$$(P\pi_{ij})(x) = \int_G \pi_{ij}(g^{-1}xg)dg = \begin{cases} 0 & (i \neq j) \\ \dfrac{\chi_\pi(x)}{\dim \pi} & (i = j) \end{cases}$$

［証明］ Schur の直交関係式(定理 3.33)を用いて直接計算すればよい.

$$\begin{aligned}\int_G \pi_{ij}(g^{-1}xg)dg &= \sum_{a,b}\int_G \pi_{ia}(g^{-1})\pi_{ab}(x)\pi_{bj}(g)dg \\ &= \sum_{a,b}\pi_{ab}(x)\int_G \overline{\pi_{ai}(g)}\pi_{bj}(g)dg \\ &= \frac{1}{\dim \pi}\sum_{a,b}\pi_{ab}(x)\delta_{ab}\delta_{ij} \\ &= \frac{1}{\dim \pi}\delta_{ij}\chi_\pi(x)\end{aligned}$$

［定理 4.11 の証明］ (i) $f \in C(G)$ を任意の類関数とする. 定理 4.3 より, G 上の関数 f_k $(k=1, 2, \cdots)$ であって,

- f_k は G の既約ユニタリ表現の行列要素の線型結合で表される
- $k \to \infty$ のとき f_k は f に G 上一様収束する

という性質をもつものを選べる. 射影 $P: C(G) \to C(G)$ の連続性から, Pf_k は Pf に一様収束する. $Pf = f$ だから Pf_k は f に一様収束する. 一方, 各 k に対して Pf_k は $P\pi_{ij}$ (π_{ij} は既約表現の行列要素)の線型和で表される. さらに補題 4.13 より $P\pi_{ij}$ は指標 χ_π の定数倍である. 従って, 定理 4.11(i) が証明された.

(ii) 指標の直交関係式(§3.4 定理 3.46)より

$$\{\chi_\pi : \pi \in \widehat{G}\}$$

が $L^2(G)$ の正規直交系であることがわかる. これらが $L^2(G)^{\mathrm{Ad}}$ の中で完備であることをいえばよい. (i)より $\{\chi_\pi : \pi \in \widehat{G}\}$ の線型和として表される関数全体は $C(G)^{\mathrm{Ad}}$ で稠密となる. 一方 $C(G)$ は Hilbert 空間 $L^2(G)$ で稠密なので, 補題 4.12 より $C(G)^{\mathrm{Ad}}$ は Hilbert 空間 $L^2(G)^{\mathrm{Ad}}$ で稠密である. 故に $\{\chi_\pi : \pi \in \widehat{G}\}$ が完全正規直交系を与えることが証明された. ∎

(e) Fourier 級数論と Peter–Weyl の定理

Peter–Weyl の定理を，最も簡単なコンパクト群の 1 つであるトーラス群 $G=\mathbb{T}:=\mathbb{R}/2\pi\mathbb{Z}$ に適用すると，§2.1 で述べたように，Fourier 級数論になる．この節で述べた定理をよりよく理解するために，$G=\mathbb{T}$ を例として，この節のいろいろな定義を復習しながら，定理をたどってみよう．

まず，整数 n に対して

$$\chi_n \colon \mathbb{T} \to \mathbb{C}^\times, \quad t \bmod 2\pi \mapsto e^{\sqrt{-1}nt}$$

とおくと，χ_n はトーラス群 $\mathbb{T}$ の既約ユニタリ表現である．逆に $\mathbb{T}$ の任意の既約ユニタリ表現は $\mathbb{T}$ がコンパクトなので定理 4.1(i) より有限次元であり，$\mathbb{T}$ が可換なので結局 1 次元表現となる（§1.2 系 1.43）．従ってこのような表現は必ず χ_n という形で表されることがわかる．すなわち，

$$\widehat{\mathbb{T}} \simeq \{\chi_n \colon n \in \mathbb{Z}\}$$

である．表現 χ_n は 1 次元表現であるから，χ_n の指標および（正規直交基底に関する）行列要素は χ_n 自身に一致する．故に，

- 定理 4.2 を $G=\mathbb{T}$ に適用すると，
  $\{\chi_n \colon n \in \mathbb{Z}\}$ は $L^2(\mathbb{T})$ の完全正規直交系である（定理 2.4）．
- 定理 4.3 を $G=\mathbb{T}$ に適用すると，
  トーラス $\mathbb{T}$ 上の任意の連続関数は，$\sum_{n \in \mathbb{Z}} a_n e^{\sqrt{-1}nt}$（有限和）の形の関数で一様に近似される．

ことがわかる．

さらに，$f \in L^1(\mathbb{T})$ に対し等式 (4.5) に従って

$$\chi_{-n}(f) := \int_\mathbb{T} f(t) \chi_{-n}(t) dt = \frac{1}{2\pi} \int_0^{2\pi} f(t) e^{-\sqrt{-1}nt} dt$$

とおくと，$\chi_{-n}(f)$ は f の Fourier 係数 $\widehat{f}(n)$（等式 (2.1) 参照）に他ならない．$\widetilde{\varPhi_{\chi_{-n}}}$ の定義式 (3.40) に戻って計算すると

$$\widetilde{\varPhi_{\chi_{-n}}}(\chi_{-n}(f))(t) = \sqrt{\dim \chi_{-n}}\, \chi_{-n}(f) \chi_{-n}(t)^{-1} = \chi_{-n}(f) e^{\sqrt{-1}nt} = \widehat{f}(n) e^{\sqrt{-1}nt}$$

であるから，定理 4.8 をこの場合に適用すると

$$f(t) = \sum_{n \in \mathbb{Z}} \widehat{f}(n) e^{\sqrt{-1}nt} \quad (L^2\text{-収束})$$

$$\|f\|^2_{L^2(\mathbb{T})} = \sum_{n \in \mathbb{Z}} |\widehat{f}(n)|^2$$

となる．すなわち，定理 4.8 を $G=\mathbb{T}$ に適用すると，Fourier 級数の逆変換公式および Parseval の公式が得られるわけである（定理 2.2(ii), (iv) 参照）．

（f） コンパクト Lie 群の特徴づけ

§4.3 で証明する Peter–Weyl の定理（Lie 群とは限らない一般のコンパクト群の場合）を用いると，任意のコンパクト Lie 群は，$U(n), O(n), Sp(n), \cdots$ などのように一般線型群の部分群として実現されることが証明できる．すなわち，次の定理が成り立つ．

定理 4.14 コンパクト位相群 G に関する次の 2 条件は同値である．
（ⅰ） G は一般線型群の部分群と（位相群として）同型である．
（ⅱ） G は Lie 群である． □

注意 4.15
（ⅰ） $GL(n,\mathbb{R}) \subset GL(n,\mathbb{C}) \subset GL(2n,\mathbb{R})$ なので，定理の(i)は $\mathbb{C}$ 上の一般線型群としても $\mathbb{R}$ 上の一般線型群としても同じ条件を与える．

（ⅱ） §1.4 で述べたように C^r-Lie 群 $(r=0,1,\cdots,\infty,\omega)$ の概念はすべて一致するので，これを単に Lie 群と呼んだ．第 5 章では，Lie 群の別の定義も与え，それが既に述べた定義と一致することを示す（定理 5.63 参照）．

（ⅲ） コンパクトでない Lie 群 G は，必ずしも一般線型群の部分群として実現できない．例えば，$SL(2,\mathbb{R})$ の被覆群と同型な $GL(n,\mathbb{R})$ の部分群は存在しない（§12.1 例 12.16 参照）．

証明は，第 5 章で述べる Lie 群の初歩的な知識は仮定して行おう．

[定理 4.14 の証明] (i) $\Longrightarrow$ (ii) $GL(n,\mathbb{R})$ のコンパクト集合は閉集合であるから，G は $GL(n,\mathbb{R})$ の閉部分群として実現される．von Neumann–Cartan の定理（§5.5 定理 5.27）より，G は C^ω-Lie 群になる．

(ii) $\Longrightarrow$ (i) まず次の補題を示そう．この補題は，「コンパクト群の既約表現が"たくさん"存在する」ことを定式化した点で，意義がある．

補題 4.16 $H \neq \{e\}$ をコンパクト群 G の閉部分群とする．このとき，$\pi|_H \not\equiv \mathrm{id}_V$ となる $(\pi, V) \in \widehat{G}_f$ が存在する．

[証明] もし，このような (π, V) が存在しないならば，$R(G)$（定義は(4.2)参照）に属する任意の関数は H 上定数関数となる．一方，H に制限したとき定数関数とならないような G 上の連続関数 f をとると，$f \in C(G)$ を $R(G)$ の関数で一様近似することはできない．これは定理 4.3 に矛盾する．故に補題が示された． ∎

さて，定理の証明(ii) $\Longrightarrow$ (i)に戻ろう．G をコンパクト Lie 群とする．

補題 4.16 を $H = G$ として適用すると，
$$\pi_1|_G \not\equiv \mathrm{id}_{V_1}$$
となる $(\pi_1, V_1) \in \widehat{G}_f$ が存在する．$G_1 := \mathrm{Ker}\,\pi_1$ とおく．G_1 は G の閉部分群である．帰納的に $\pi_{j+1}|_{G_j} \not\equiv \mathrm{id}_{V_{j+1}}$ となる $(\pi_{j+1}, V_{j+1}) \in \widehat{G}_f$ を選び，$G_{j+1} := \bigcap_{i=1}^{j+1} \mathrm{Ker}\,\pi_i$ とおく．これを繰り返してコンパクト Lie 群の降下列
$$(4.15) \qquad G \supsetneq G_1 \supsetneq G_2 \supsetneq \cdots \supsetneq G_i \supsetneq \cdots$$
を構成する．一方，コンパクト Lie 群の連結成分は高々有限個であり，次元も高々有限である．各 i に対して $G_i \supsetneq G_{i+1}$ ならば，$\dim G_i > \dim G_{i+1}$ または G_{i+1} の連結成分の個数は G_i の連結成分の個数より真に小さくなる．故に，降下列(4.15)は有限回で止まり，ある j に対して $G_j = \{e\}$ となる．このとき表現の直和
$$\pi_1 \oplus \cdots \oplus \pi_j : G \to GL_{\mathbb{C}}(V_1 \oplus V_2 \oplus \cdots \oplus V_j)$$
を考えると，その核 $\mathrm{Ker}(\pi_1 \oplus \cdots \oplus \pi_j) = \bigcap_{i=1}^{j} \mathrm{Ker}\,\pi_i = \{e\}$ となるので，$\pi_1 \oplus \cdots \oplus \pi_j$ は単射である．故に G は一般線型群 $GL_{\mathbb{C}}(V_1 \oplus \cdots \oplus V_j)$ の部分群として実現される．G はコンパクトであり，$GL_{\mathbb{C}}(V_1 \oplus \cdots \oplus V_j)$ は Hausdorff なので，連続写像 $\pi_1 \oplus \cdots \oplus \pi_j$ は G から $\mathrm{Image}(\pi_1 \oplus \cdots \oplus \pi_j)$ の上への位相同型を与える．故に，Lie 群 G は位相群として，(相対位相による)位相群 $\mathrm{Image}(\pi_1 \oplus \cdots \oplus \pi_j)$ と同型となり，定理の証明が完結した． ∎

（g） 指標による直交射影

Peter–Weyl の定理の応用として，§3.4 で述べた定理 3.50（指標による射影）を無限次元表現の場合に拡張しておこう．いくつかの定義を復習しておく．

(π, V)：コンパクト群 G のユニタリ表現

$(\tau, W) \in \widehat{G} \simeq \widehat{G}_f$

$V_\tau = \sum_{\Phi \in \mathrm{Hom}_G(W, V)} \mathrm{Image}\,\Phi$：$V$ の τ-成分（§1.2 定義 1.48）

$P_\tau : V \to V, \quad v \mapsto \dim \tau \int_G \overline{\chi_\tau(g)} \pi(g) v \, dg$（§3.4 定理 3.50）

次の補題は定理 3.50 の証明において（$\dim V < \infty$ のとき）用いたものであるが，$\dim V = \infty$ のときも同様に成り立つ．

補題 4.17 $\tau, \tau' \in \widehat{G}$ とする（G はコンパクトなので $\widehat{G} \simeq \widehat{G}_f$ に注意しよう）．このとき次が成り立つ．

（ⅰ）
$$P_\tau \circ P_{\tau'} = \begin{cases} 0 & (\tau \not\simeq \tau' \text{ のとき}) \\ P_\tau & (\tau \simeq \tau' \text{ のとき}) \end{cases}$$

（ⅱ） $\quad P_\tau^* = P_\tau \quad$ （ただし P_τ^* は P_τ の随伴作用素）

[証明] （ⅰ）は定理 3.46 より明らか．（ⅱ）は補題 3.27 の証明と同様． ∎

次の定理は，任意のユニタリ表現に対し，各 τ-成分を具体的に与える公式である．

定理 4.18（指標による射影）　(π, V) をコンパクト群のユニタリ表現とする．

（ⅰ）　$P_\tau : V \to V$ は G-線型写像である．

（ⅱ）　$P_\tau : V \to V$ は V_τ の上への射影作用素である．特に，V_τ は G-不変な閉部分空間である．

（ⅲ）　次の Hilbert 空間の同型が成立する（右辺の定義は §1.2(g) 参照）．
$$V \simeq \sum_{\tau \in \widehat{G}}^{\oplus} V_\tau, \quad v \mapsto (P_\tau(v))_{\tau \in \widehat{G}}$$

特に，任意のユニタリ表現は τ-成分 V_τ ($\tau \in \widehat{G}$) の離散直和に分解する．

[証明] (i) $\tau \in \widehat{G}_f$ に対して $d_\tau = \dim \tau$ とおく．$x \in G, v \in V$ に対して

$$\begin{aligned}
\pi(x) \circ P_\tau(v) &= \pi(x) d_\tau \int_G \overline{\chi_\tau(g)} \pi(g) v \, dg \\
&= d_\tau \int_G \overline{\chi_\tau(g)} \pi(xgx^{-1}) \pi(x) v \, dg \\
&= d_\tau \int_G \overline{\chi_\tau(x^{-1}gx)} \pi(g) \pi(x) v \, dg \quad (\because d(x^{-1}gx) = dg) \\
&= d_\tau \int_G \overline{\chi_\tau(g)} \pi(g) \pi(x) v \, dg \\
&= P_\tau \circ \pi(x) v
\end{aligned}$$

となるから，P_τ は G-線型写像であることが示された．

(ii) $u \in V_\tau$ とすると，§1.2 命題 1.49 より，$\sum_{g \in G} \mathbb{C}\pi(g)u$ は τ と同値な表現の有限個(高々 d_τ 個)の直和に分解される．故に定理 3.50 より $P_\tau|_{V_\tau} = \mathrm{id}_{V_\tau}$ がわかる．特に $V_\tau \subset \mathrm{Image}\, P_\tau$ が示された．

次に $\mathrm{Image}\, P_\tau \subset V_\tau$ を示そう．任意の $v \in V$ に対し，$P_\tau(v) \in V_\tau$ を示す．

$$\begin{aligned}
\pi(x) P_\tau(v) &= \int_G d_\tau \overline{\chi_\tau(g)} \pi(x)\pi(g) v \, dg \\
&= \int_G d_\tau \sum_i \overline{\tau_{ii}(g)} \pi(xg) v \, dg \\
&= \int_G d_\tau \sum_i \overline{\tau_{ii}(x^{-1}g)} \pi(g) v \, dg \\
&= \int_G d_\tau \sum_{i,j} \overline{\tau_{ij}(x^{-1})} \, \overline{\tau_{ji}(g)} \pi(g) v \, dg \\
&\in \sum_{i=1}^{d_\tau} \sum_{j=1}^{d_\tau} \mathbb{C} \int_G \overline{\tau_{ji}(g)} \pi(g) v \, dg .
\end{aligned}$$

よって，$V' := \sum_{x \in G} \mathbb{C}\pi(x) P_\tau(v)$ とおくと，$\dim V' \leqq (d_\tau)^2$ となる(なお，この不等式は $P_\tau(v) \in V_\tau$ を示した後ならば，命題 1.49(ii) から直ちに導かれる)．一方，$P_\tau \circ P_\tau = P_\tau$ および $P_\tau \in \mathrm{End}_G(V)$ より $P_\tau(\pi(x)P_\tau(v)) = \pi(x)P_\tau(v)$ となるから，P_τ は V' 上で恒等写像である．定理 3.50 より V' は τ と同型な表

現の有限個の直和に分解される．よって $P_\tau(v) \in V' \subset V_\tau$ である．$v \in V$ は任意であったから $\mathrm{Image}\, P_\tau \subset V_\tau$ となる．以上より $V_\tau = \mathrm{Image}\, P_\tau$ かつ $P_\tau|_{V_\tau} = \mathrm{id}_{V_\tau}$ が示された．補題 4.17 より，P_τ は V から V_τ の上への射影作用素であることが証明された．

(iii) $\tau \not\cong \tau'$ となる $\tau' \in \widehat{G}$ をとる．$P_\tau \circ P_{\tau'} = 0$ および $P_\tau^* = P_\tau$（補題 4.17）より，
$$(P_\tau(v), P_{\tau'}(u)) = (v, P_\tau^* \circ P_{\tau'}(u)) = (v, P_\tau \circ P_{\tau'}(u)) = 0$$
となるので，$V_\tau \perp V_{\tau'}$ がわかる．

最後に完備性，すなわち $\sum_{\tau \in \widehat{G}}^\oplus V_\tau$ が V に一致することを示そう．$w \in V$ が $w \perp V_\tau\ (\forall \tau \in \widehat{G})$ を満たすとする．このとき，$w = 0$ をいえばよい．
$$f(x) := \int_G (\pi(x)\pi(g)w, \pi(g)w) dg$$
とおくと，$f \in C(G)^{\mathrm{Ad}}$ であり $f(e) = (w, w)$ を満たす．一方，任意の $\tau \in \widehat{G}$ に対し，
$$\begin{aligned}
(f, \chi_\tau) &= \int_G \Bigl(\int_G (\pi(x)\pi(g)w, \pi(g)w) dg\Bigr) \overline{\chi_\tau(x)} dx \\
&= \int_G \Bigl(\int_G (\overline{\chi_\tau(x)}\pi(x)\pi(g)w, \pi(g)w) dx\Bigr) dg \\
&= d_\tau^{-1} \int_G (P_\tau(\pi(g)w), \pi(g)w) dg \\
&= d_\tau^{-1} \int_G (\pi(g)P_\tau w, \pi(g)w) dg \\
&= d_\tau^{-1} (P_\tau w, w) \\
&= 0
\end{aligned}$$
が成り立つ．指標の完備性（定理 4.11）より $f = 0$ となる．故に $w = 0$ が示された．∎

トーラス群 $\mathbb{T}$ の正則表現 $L^2(\mathbb{T})$ の既約分解は Fourier 級数展開で与えられ (§2.1)，$\mathbb{T}$ の既約表現の離散直和に分解した．一方，非コンパクトな群 $\mathbb{R}$ の正則表現 $L^2(\mathbb{R})$ の既約分解は Fourier 変換で与えられたが(§2.2)，Fourier 変換は調和振動 $e^{\sqrt{-1}x\zeta}$ における $\zeta \in \mathbb{R}$ という"連続的な"パラメータによる既

約分解であり，離散直和ではなかった（この差は $e^{\sqrt{-1}xn} \in L^2(\mathbb{T})$ だが $e^{\sqrt{-1}x\xi} \notin L^2(\mathbb{R})$ ということに帰因する）．次の系は，コンパクト群に対しては，任意のユニタリ表現は必ず離散的に分解することを示すものである．

系 4.19（ユニタリ表現の離散分解定理）　コンパクト群 G の任意のユニタリ表現 (π, V) は，G の既約表現の離散直和（§1.2(g)参照）に既約分解する．

［証明］　前定理 4.18 より，V は τ-成分 V_τ $(\tau \in \widehat{G})$ の離散直和に同型である．従って，各 $(\tau, W) \in \widehat{G}$ に対して，V_τ が W の有限個あるいは無限個の直和に分解することを示せばよい．これは，V_τ が有限次元の場合は命題 1.49(i) で示した．$\dim V_\tau = \infty$ の場合を考えよう．$W^\vee \otimes V$ は $\dim \tau$ 個の Hilbert 空間 V の直和として Hilbert 空間になる．従って，$\mathrm{Hom}_G(W, V) \simeq (W^\vee \otimes V)^G$ も $W^\vee \otimes V$ の閉部分空間として Hilbert 空間になる．そこで，$\mathrm{Hom}_G(W, V)$ の完全正規直交系 $\{T_j\}$ をとれば，

$$V_\tau \simeq \sum_j{}^\oplus T_j(W)$$

という Hilbert 空間の直和分解によって，V_τ は無限個の (τ, W) の離散直和とユニタリ同値となる．τ は任意だったから，系が証明された．　∎

§4.2　Peter–Weyl の定理の証明
（その 1 : Stone–Weierstrass の定理を用いる方法）

この節ではコンパクト群 G が一般線型群 $GL(n, \mathbb{C})$ の部分群であることを仮定して，Peter–Weyl の定理の初等的な証明を与える．その鍵になるのは Stone–Weierstrass の定理である．

（a）Stone–Weierstrass の定理

古典的な数値解析において多項式が重要な役割を果たす裏付けとして最も基本的なものは，次の **Weierstrass の多項式近似定理** である：

定理 4.20　M は $\mathbb{R}^n$ のコンパクト集合とする．f を M 上の任意の連続関数とすると，多項式の列で f に M 上一様収束するものが存在する．　∎

Weierstrass の定理 4.20 は Stone によって一般化され，次のように抽象化されている．

定理 4.21（Stone–Weierstrass の定理） M をコンパクトな位相空間，$C(M)$ を M 上の複素数値連続関数のなす線型空間とする．$C(M)$ の線型部分空間 V が以下の 4 つの条件を満たすならば，一様収束の位相による V の閉包 $\overline{V}$ は，$C(M)$ に一致する．すなわち，任意の M 上の連続関数に対し，V の元からなる関数列で，その連続関数に一様収束するものが存在する．

(1) V は定数関数を含む．

(2) M の異なる任意の 2 点 x,y に対しそれを分離する $f \in V$（すなわち，$f(x) \neq f(y)$ となるもの）が存在する．

(3) $f, h \in V \implies fh \in V$．

(4) $f \in V \implies \overline{f} \in V$．

ただし，$f(x) = g(x) + \sqrt{-1}\, h(x)$（$g, h$ は実数値関数）と書いたとき，
$$\overline{f}(x) = g(x) - \sqrt{-1}\, h(x)$$
によって $\overline{f}$ を定義する． □

Weierstrass の多項式近似定理（定理 4.20）は，定理 4.21 において V を，$\mathbb{R}^n$ 上の多項式を M に制限した関数のなす線型空間とおけば得られる．Stone–Weierstrass の定理は応用範囲が広い定理なのでこの機会に証明を述べておく．

[定理 4.21 の証明] 8 つのステップに分けて証明を行う．

<u>ステップ (1)</u> 条件 (4) より $\operatorname{Re} f = \dfrac{f + \overline{f}}{2},\ \operatorname{Im} f = \dfrac{f - \overline{f}}{2\sqrt{-1}} \in V$ となるので，$C(M)$ でなくて，実数値連続関数の空間の場合に同様なことを示せばよい．

<u>ステップ (2)</u> V の閉包である $\overline{V}$ も定理の条件 (1)–(4) を満たしている．なんとなれば，$f, h \in \overline{V}$ ならば，f, h に一様収束する V の元の関数列 $\{f_j\}, \{h_j\}$ が存在するが，$\{f_j h_j\}$ は fh に一様収束するので，$fh \in \overline{V}$ となる．よって，$\overline{V}$ は (3) を満たし，同様な考察により (4) も満たすことが示される．従って，$\overline{V}$ も定理の (1)–(4) の条件を満たしていることが示された．

<u>ステップ (3)</u> 任意の正整数 n に対し，$\max\limits_{0 \leqq x \leqq 1} |p_n(x) - \sqrt{x}| < \dfrac{1}{n}$ となる多項

式 $p_n(x)$ が存在する．これを示そう．x を $1-x$ で置き換えて，$\sqrt{x}$ の代わりに $\sqrt{1-x}$ の場合を示せばよい．$0<C<1$ を満たす C を 1 に十分近くとって，

$$\max_{0\le x\le 1}|\sqrt{1-Cx}-\sqrt{1-x}|<\frac{1}{2n}$$

となるようにする．

$\sqrt{1-Cx}$ の原点でのベキ級数展開は，収束半径が $\dfrac{1}{C}\,(>1)$ であり，$|x|\le 1$ では，$\sqrt{1-Cx}$ に一様収束する．よって，十分大きい自然数 m をとり，このベキ級数展開の m 次までとった多項式を h とすると，

$$\max_{0\le x\le 1}|h(x)-\sqrt{1-Cx}|\le\frac{1}{2n}$$

となる．従って，

$$\max_{0\le x\le 1}|h(x)-\sqrt{1-x}|\le\frac{1}{n}$$

が示された．

　ステップ(4)　$f\in\overline{V}\Longrightarrow|f|\in\overline{V}$.

　$f\in\overline{V}$ とする．M はコンパクトなので $|f|<A$ となるように正数 A をとることができる．$Ap_m\left(\dfrac{f^2}{A^2}\right)\in\overline{V}$ が $|f|$ の近似列となるので $|f|\in\overline{V}$ である．

　ステップ(5)　$f_1,\cdots,f_n\in\overline{V}\Longrightarrow\max\{f_1,\cdots,f_n\}\in\overline{V},\ \min\{f_1,\cdots,f_n\}\in\overline{V}$.

　ただし，$\max\{f_1,\cdots,f_n\}$ および $\min\{f_1,\cdots,f_n\}$ は，各 $x\in M$ に対し，実数 $f_1(x),\cdots,f_n(x)$ のなかで最大，あるいは，最小の値を与える関数を意味する．

　$\min\{f_1,\cdots,f_n\}=-\max\{-f_1,\cdots,-f_n\}$ より，$\max$ のみ示せばよい．さらに，$\max\{f_1,\cdots,f_n\}=\max\{\max\{f_1,\cdots,f_{n-1}\},f_n\}$ であるから，$n=2$ のときのみ示せ，一般の n でも正しいことは帰納法からわかる．

　$\max\{f_1,f_2\}=\dfrac{f_1+f_2+|f_1-f_2|}{2}$ であるから，ステップ(4)より $\max\{f_1,f_2\}\in\overline{V}$．よって，このステップが示された．

　ステップ(6)　M 上の実数値連続関数 f が与えられたとする．2 点 $x,y\in M$ を与えたとき，$F(x)=f(x)$ かつ $F(y)=f(y)$ となる $F\in V$ が存在すること

を示そう．このような関数 F は一意的ではないが，2点 x と y に依存していることを強調して $F_{x,y}$ と表すことにしよう．

$x=y$ のときは $F_{x,y}$ の存在は明らかである．$x \neq y$ のときは，2点 x,y を分離する関数 $h \in V$ と，定数関数の一次結合

$$F := \frac{f(x)-f(y)}{h(x)-h(y)} h + \frac{h(x)f(y)-f(x)h(y)}{h(x)-h(y)}$$

が求める関数である．

<u>ステップ(7)</u> M 上の実数値連続関数 f が与えられたとする．$\varepsilon>0$ を任意に固定しておく．さらに，x を止めておいて，

$$U_y := \{p \in M : F_{x,y}(p) > f(p)-\varepsilon\}$$

とおくと，U_y は y の近傍となり，$M = \bigcup_{y \in M} U_y$ である．M はコンパクトなので，$M = \bigcup_{j=1}^{m} U_{y_j}$ となる有限個の点 $y_1,\cdots,y_m \in M$ が選べる．そこで，

$$F_x = \max\{F_{x,y_1},\cdots,F_{x,y_m}\}$$

とおくと，$F_x \in \overline{V}$ で，$F_x(x)=F(x)$，$F_x(p)>f(p)-\varepsilon$ $(\forall p \in M)$ となる．

<u>ステップ(8)</u> 各 $x \in M$ に対して，ステップ(7)のように $F_x \in \overline{V}$ を選び，x の近傍 $W_x := \{p \in M : F_x(p) < f(p)+\varepsilon\}$ を定義すると，$M = \bigcup_x W_x$ はコンパクト集合 M の開被覆となるので，$M = \bigcup_{k=1}^{n} W_{x_k}$ となる有限個の点 $x_1,\cdots,x_n \in M$ を選ぶことができる．$\widetilde{f} = \min\{F_{x_1},\cdots,F_{x_n}\}$ とおくと，$\widetilde{f} \in \overline{V}$ であり，しかも $f(p)-\varepsilon < \widetilde{f}(p) < f(p)+\varepsilon$ $(\forall p \in M)$ を満たす．故に定理が証明された．∎

(b) 行列要素による一様近似

この項ではコンパクト群 G が $GL(n,\mathbb{C})$ の部分群であると仮定する．G を $GL(n,\mathbb{C})$ の部分群とするとき，

$$G \hookrightarrow GL(n,\mathbb{C})$$

という表現を G の自然表現と呼ぶのであった(例1.14参照)．それを π_0 と表すことにする．G 上の連続関数全体のなす線型空間 $C(G)$ の部分空間として，

(4.16)
$$R'(G) := \{\mathbf{1}, \pi_0, \overline{\pi_0} \text{ とそのテンソル積の分解で得られる}$$

有限次元既約表現の行列要素で張られる$\mathbb{C}$-線型空間}
を定義する．$R'(G)$ は $R(G)$ の部分空間である（系 4.23 において，$R(G)$ と $R'(G)$ が一致することを証明する）．ただし，G の既約表現 σ が π_0 と $\overline{\pi_0}$ のテンソル積の分解で得られるとは，適当な自然数 $m, n\,(\geqq 0)$ を選んで G のテンソル積表現

（4.17）
$$\underbrace{\pi_0\otimes\cdots\otimes\pi_0}_{m}\otimes\underbrace{\overline{\pi_0}\otimes\cdots\otimes\overline{\pi_0}}_{n}$$

を既約分解したときに σ が既約成分として現れる，すなわち，
$$\mathrm{Hom}_G(\sigma, \pi_0\otimes\cdots\otimes\pi_0\otimes\overline{\pi_0}\otimes\cdots\otimes\overline{\pi_0})\neq\{0\}$$
であることを意味する．ただし，(4.17)は，$(m,n)=(1,0)$ のとき π_0，$(m,n)=(0,1)$ のとき $\overline{\pi_0}$，$(m,n)=(0,0)$ のとき自明表現 $\mathbf{1}$ を表すものと解釈する．

補題 4.22 G は $GL(n,\mathbb{C})$ のコンパクト部分群とするとき，$R'(G)$ は，一様収束の位相において $C(G)$ の中で稠密である．さらに，$R'(G)$ は Hilbert 空間 $L^2(G)$ においても稠密である．

[証明] Stone–Weierstrass の定理を適用すればよい．その仮定を確かめよう．

（1） 恒等関数 $1\in C(G)$ は，自明な表現 $\mathbf{1}$ の行列要素なので，$\mathbf{1}\in R'(G)$ である．

（2） $\Phi(g)$ が表現 π の行列要素ならば $\overline{\Phi(g)}$ は複素共役表現 $\overline{\pi}$(§1.3 参照) の行列要素である．従って，$f\in R'(G)$ ならば $\overline{f}\in R'(G)$ が成り立つ．

（3） G の相異なる元 g_1, g_2 をとる．π_0 は単射なので，$\pi_0(g_1)\neq\pi_0(g_2)$ となる．特に，ある (i,j) 成分について $\pi_0(g_1)_{ij}\neq\pi_0(g_2)_{ij}$ となるから，$R'(G)$ に属する関数は G の点 g_1, g_2 を分離する．

（4） $R'(G)$ が積について閉じていることを確かめる．$R'(G)$ の $\mathbb{C}$ 上の基底に対して確かめればよい．(σ, V) を π_0 と $\overline{\pi_0}$ のテンソル積の分解で得られる表現とし，V の基底 $v_1,\cdots,v_m$ に関する行列要素を $\sigma_{ij}(g)$ と書く．同様に (τ, W) を π_0 と $\overline{\pi_0}$ のテンソル積の分解で得られる表現とし，W の基底 $w_1,\cdots,w_n$ に関する行列要素を $\tau_{kl}(g)$ と表すと，

$$\sigma_{ij}(g)\tau_{kl}(g) = \langle \sigma(g)v_i, v_j^\vee \rangle \langle \tau(g)w_k, w_l^\vee \rangle$$
$$= \langle (\sigma \otimes \tau)(g)(v_i \otimes w_k), v_j^\vee \otimes w_l^\vee \rangle$$

なので，積 $\sigma_{ij}\tau_{kl}$ は，テンソル積 $\sigma \otimes \tau$ の行列要素となる．$\sigma \otimes \tau$ の各既約成分は，π_0 および $\overline{\pi_0}$ のテンソル積を分解して得られるので $\sigma_{ij}\tau_{kl} \in R'(G)$ である．故に $f_1, f_2 \in R'(G)$ ならば $f_1 f_2 \in R'(G)$ が示された．

(1), (2), (3), (4) より Stone–Weierstrass の定理が適用でき，従って $R'(G)$ は一様収束の位相に関して $C(G)$ の中で稠密であることが示された．また，
$$R'(G) \subset C(G) \subset L^2(G)$$
において，$C(G)$ は $L^2(G)$ において稠密であるので，$R'(G)$ は $L^2(G)$ においても稠密である． ∎

系 4.23 コンパクト群 G が $GL(n, \mathbb{C})$ の部分群に実現されているとする．対応する自然表現を
$$\pi_0 \colon G \to GL(n, \mathbb{C})$$
と表す．このとき，G の任意の既約ユニタリ表現は，π_0 と π_0 の複素共役 $\overline{\pi_0}$ のテンソル積の分解の既約成分として現れる．

特に，G の任意の既約ユニタリ表現は有限次元表現である． □

G の既約ユニタリ表現の(ユニタリ同値に関する)同値類を $\widehat{G}$ と書くのであった．G がコンパクトなら任意の有限次元表現には(ユニタリ同値を除いて)一意的にユニタリな内積が定義できるので，上記の定理は，$\widehat{G}$ と $\widehat{G}_f$ が**同一視できる**ことを意味している．

これはコンパクト群に特徴的な性質であって，一般の非コンパクト群 G に対しては，たとえ G が $GL(n, \mathbb{C})$ の部分群であっても，$\widehat{G}$ (既約ユニタリ表現の同値類)と $\widehat{G}_f$ (有限次元既約表現の同値類)はまったく違う集合である．例えば，$G = SL(n, \mathbb{R})$ $(n \geqq 2)$ のとき，$\widehat{G}$ および $\widehat{G}_f$ はそれぞれ無限個からなる集合であるが，
$$\widehat{G} \cap \widehat{G}_f = \{1 \text{ 次元の自明表現}\}$$
となることが知られており(証明は難しくない．第 12 章(Weyl のユニタリ・トリック)の演習問題 12.3 参照)，$\widehat{G}$ と $\widehat{G}_f$ にはほとんど共通部分が存在し

ない.

[系 4.23 の証明] G の既約ユニタリ表現(この段階では $\dim V = \infty$ かもしれない)であって,π_0 と $\overline{\pi_0}$ のテンソル積の既約分解に現れない表現 (π, V) が存在すると仮定して矛盾を導こう.V の任意の元 $v(\neq 0)$ を 1 つ選び,
$$f(g) := (\pi(g)v, v) \quad (g \in G)$$
とおく.$f \in C(G) \, (\subset L^2(G))$ である.Schur の直交関係式(定理 3.33)より,
$$\int_G f(g)\overline{\Phi(g)}dg = 0$$
が,任意の $\Phi \in R'(G)$ に対して成り立つ.

補題 4.22 より $R'(G)$ は $L^2(G)$ の稠密な部分空間であるから,$f(g)$ は $L^2(G)$ と直交する.すなわち,$f \equiv 0$ でなければならない.これは f が $f(e) = (v, v) \neq 0$ を満たす G 上の連続関数であることに矛盾する.よって,系の前半が示された.

π_0 および $\overline{\pi_0}$ は有限次元表現であるから,そのテンソル積の既約分解に現れる表現は明らかに有限次元である.従って,系の後半も証明された. ∎

Peter–Weyl の定理では,$GL(n, \mathbb{C})$ のコンパクト部分群を扱った.その典型的な例(コンパクト古典群)を挙げておこう.

直交群	$O(n)$	$:= \{g \in GL(n, \mathbb{R}) : {}^t g g = I_n\}$
特殊直交群	$SO(n)$	$:= \{g \in GL(n, \mathbb{R}) : {}^t g g = I_n, \det g = 1\}$
ユニタリ群	$U(n)$	$:= \{g \in GL(n, \mathbb{C}) : g^* g = I_n\}$
特殊ユニタリ群	$SU(n)$	$:= \{g \in GL(n, \mathbb{C}) : g^* g = I_n, \det g = 1\}$
シンプレクティック群	$Sp(n)$	$:= \{g \in U(2n) : {}^t g J_n g = J_n\}$

ここで ${}^t g$ は g の転置行列,$g^* := \overline{{}^t g}$(転置行列 ${}^t g$ の複素共役),I_n は n 次の単位行列,$J_n = \begin{pmatrix} 0 & I_n \\ -I_n & 0 \end{pmatrix} \in GL(2n, \mathbb{R})$ を表す.これらの群がコンパクト Lie 群になることは §7.1 定理 7.6 で示す.

また,n 次の対称群 $\mathfrak{S}_n$ も $GL(n, \mathbb{R})$ の有限部分群,特にコンパクトな部分群として実現される.例えば,$n = 3$ のとき

$$\left\{ \begin{pmatrix} 1 & 0 & 0 \\ 0 & 1 & 0 \\ 0 & 0 & 1 \end{pmatrix}, \begin{pmatrix} 1 & 0 & 0 \\ 0 & 0 & 1 \\ 0 & 1 & 0 \end{pmatrix}, \begin{pmatrix} 0 & 1 & 0 \\ 1 & 0 & 0 \\ 0 & 0 & 1 \end{pmatrix}, \right.$$
$$\left. \begin{pmatrix} 0 & 1 & 0 \\ 0 & 0 & 1 \\ 1 & 0 & 0 \end{pmatrix}, \begin{pmatrix} 0 & 0 & 1 \\ 1 & 0 & 0 \\ 0 & 1 & 0 \end{pmatrix}, \begin{pmatrix} 0 & 0 & 1 \\ 0 & 1 & 0 \\ 1 & 0 & 0 \end{pmatrix} \right\}$$

は3次の対称群と同型な $GL(3, \mathbb{R})$ のコンパクトな部分群である. 任意の有限群は, 対称群の部分群として実現される(**Cayleyの定理**, 演習問題4.3参照). 従って, 任意の有限群は, 十分大きな n に対して $GL(n, \mathbb{C})$ の部分群として実現できる.

定理4.14で述べたように, 位相群 G が $GL(n, \mathbb{C})$ のコンパクトな部分群として実現されるための必要十分条件は G がコンパクトLie群であることなので, この節で証明したことは一般のコンパクトなLie群に対するPeter–Weylの定理といえる(有限群もコンパクトLie群であることに注意しよう). 次の節では G がLie群でない場合も含めてPeter–Weylの定理の別証明を行う.

§4.3 Peter–Weylの定理の証明
(その2：関数解析を用いる方法)

(a) コンパクト作用素とHilbert–Schmidt作用素

最初に関数解析の必要な定理を手短に解説する. ここでの結果は関数解析の標準的な教科書に載っているので, 証明は引用文献を与えるにとどめ, そのかわり有限次元の行列の例をまぜながら, これらの諸定理を使いこなすための感覚を身につけてもらえるように必要最小限の説明をする.

V を $\mathbb{C}$ 上のHilbert空間とする. V の内積を $(\ ,\ )$, ノルムを $\|\ \|$ で表す. 空間 V を強調したいときは, $(\ ,\ )_V$ あるいは $\|\ \|_V$ と書くことにする.

線型写像 $T\colon V \to V$ の**作用素ノルム**(operator norm)を

$$(4.18) \qquad \|T\| := \sup_{\substack{v \in V \\ \|v\|=1}} \|Tv\|_V \quad (\leqq \infty)$$

と定義する. さらに, $\{v_k\}$ を V の正規直交基底とするとき, T の**Hilbert–**

Schmidt ノルムを

(4.19) $$\|T\|_{\mathrm{HS}} := \left(\sum_k \|Tv_k\|_V^2\right)^{\frac{1}{2}} \quad (\leqq \infty)$$

によって定義する．右辺の値は(無限の場合も有限の場合も) V の正規直交基底 $\{v_k\}$ のとり方によらない．

例 4.24 V の恒等写像 id_V に対して

$$\|\mathrm{id}_V\| = 1$$
$$\|\mathrm{id}_V\|_{\mathrm{HS}} = \sqrt{\dim V}$$

が成り立つ．特に $\|\mathrm{id}_V\|_{\mathrm{HS}} < \infty$ となるのは V が有限次元の場合に限る． □

例 4.25 感覚をつかむために V が有限次元の場合に，作用素ノルムおよび Hilbert–Schmidt ノルムを行列の言葉で理解しておこう．$n = \dim_{\mathbb{C}} V$ とする．V の正規直交基底に関して，T が行列 $(T_{ij})_{1 \leqq i, j \leqq n}$ と表されたとする．$v = {}^t(v_1, \cdots, v_n) \in \mathbb{C}^n$ に対し

$$\|Tv\|^2 = \sum_i \left|\sum_j T_{ij} v_j\right|^2 \leqq \sum_i \left(\sum_j |T_{ij}|^2 \sum_j |v_j|^2\right) = \left(\sum_{i,j} |T_{ij}|^2\right) \|v\|^2$$

であるから

$$\|T\| \leqq \left(\sum_{i,j} |T_{ij}|^2\right)^{\frac{1}{2}}$$

となる．また

(4.20) $$\max_{i,j} |T_{ij}| \leqq \|T\| \leqq \sqrt{n} \max_{i,j} |T_{ij}|$$

という評価も簡単に示される．一方，Hilbert–Schmidt ノルムに関しては

$$\|T\|_{\mathrm{HS}} = \left(\sum_{i,j} |T_{ij}|^2\right)^{\frac{1}{2}}$$

が，定義より直ちにわかる．従って，$\|T\|$ および $\|T\|_{\mathrm{HS}}$ いずれのノルムも V に同じ位相を与える．さらに T が Hermite 行列(つまり $T_{ij} = \overline{T_{ji}}$)の場合，$T$

の固有値を $\lambda_1, \cdots, \lambda_n$ と書くと, T はユニタリ行列によって対角化できるので,

$$\|T\| = \max_{1 \leqq i \leqq n} |\lambda_i|$$

$$\|T\|_{\mathrm{HS}} = \left(\sum_{i=1}^n |\lambda_i|^2 \right)^{\frac{1}{2}}$$

が成り立つ. □

定義 4.26 $T: V \to V$ を Hilbert 空間 V 上定義された線型写像とする.
(1) T が**有限階の作用素** $\iff$ $\mathrm{Image}\, T$ が有限次元である.
(2) T が **Hilbert–Schmidt 作用素** $\iff$ $\|T\|_{\mathrm{HS}} < \infty$.
(3) T が**コンパクト作用素** $\iff$ $B := \{v \in V : \|v\| < 1\}$ とするとき $T(B)$ が V の相対コンパクトな集合である.
(4) T が**有界作用素**(bounded operator) $\iff$ $\|T\| < \infty$.

とそれぞれ定義する. なお, 線型写像 T が有界作用素であることと, T が V から V への連続写像であることとは同値であることが容易に証明できる(例えば, 『関数解析』(黒田[28])定理 7.1 参照). □

有限階作用素の全体を $\mathcal{B}(V)_F$
Hilbert–Schmidt 作用素の全体を $\mathcal{B}(V)_{\mathrm{HS}}$
コンパクト作用素の全体を $\mathcal{B}(V)_C$
有界作用素の全体を $\mathcal{B}(V)$

と表すと,

$$\mathcal{B}(V)_F \subset \mathcal{B}(V)_{\mathrm{HS}} \subset \mathcal{B}(V)_C \subset \mathcal{B}(V)$$

が成り立つ. V が有限次元の場合は, もちろん

$$\mathcal{B}(V)_F = \mathcal{B}(V)_{\mathrm{HS}} = \mathcal{B}(V)_C = \mathcal{B}(V)$$

である. 一方, V が無限次元ならば, V の恒等写像を id_V と書くと

$$\mathrm{id}_V \in \mathcal{B}(V) \text{ であるが,} \quad \mathrm{id}_V \notin \mathcal{B}(V)_C$$

である.

$\mathcal{B}(V)_C$ は作用素ノルムに関する位相で, $\mathcal{B}(V)$ の閉部分空間であることが

知られている．さらに V が可分ならば，有限階の作用素によって，コンパクト作用素および Hilbert–Schmidt 作用素を近似することができる．厳密に述べると，次の補題を得る．

補題 4.27（例えば，Gelfand 他[9]第 4 巻参照） V を可分な Hilbert 空間とする．

 (i) $\mathcal{B}(V)_{HS}$ は Hilbert–Schmidt ノルムによる $\mathcal{B}(V)_F$ の完備化である．

(ii) $\mathcal{B}(V)_C$ は作用素ノルムによる $\mathcal{B}(V)_F$ の完備化である． □

注意 4.28 $S, T \in \mathcal{B}(V)_{HS}$ ならば，$\mathrm{Trace}(ST^*)$ を定義することができる（V が無限次元の場合には Trace の定義には核型作用素に関する若干の関数解析の知識が必要になるので，本書では省略する）．実は $\mathcal{B}(V)_{HS}$ は
$$(S, T)_{HS} := \mathrm{Trace}(ST^*) \quad (S, T \in \mathcal{B}(V)_{HS})$$
を内積として Hilbert 空間になり，$\|T\|_{HS}^2 = (T, T)_{HS}$ が成り立つ（V が有限次元の場合の証明は簡単なので，読者自ら検証されたい）．

V が可分ならば，補題 4.27 の(ii)の性質を用いてコンパクト作用素の定義とすることもできる．その他コンパクト作用素に関していくつかの同値な条件が知られているので，簡単にまとめておく（次の補題は本書では用いないが，一度目を通しておくとコンパクト作用素の感覚を身につけるのに役立つだろう）．

補題 4.29 可分な Hilbert 空間 V の線型写像 $T: V \to V$ に関する以下の 4 つの条件は同値である．

(1) T はコンパクト作用素である（定義 4.26）．

(2) V において弱収束する任意の点列 $v_n \to v$ に対して，$Tv_n \to Tv$ が強収束する．すなわち，$\lim_{n \to \infty}(v_n, u) = (v, u)$ $(\forall u \in V)$ ならば $\lim_{n \to \infty}\|Tv_n - Tv\| = 0$．

(3) $\{e_k\}, \{f_k\}$ を V の任意の 2 つの正規直交基底とするとき，
$$\lim_{k \to \infty}(Te_k, f_k) = 0.$$

(4) 有限階作用素の列 $P_k: V \to V$ $(k = 1, 2, \cdots)$ が存在して，
$$\lim_{k \to \infty}\|T - P_k\| = 0$$

§4.3 Peter–Weyl の定理の証明(その2) — 149

となる. □

次に,$T\colon V \to V$ が有界な線型作用素とする.T の**随伴作用素**(adjoint operator)$T^*\colon V \to V$ は,次の条件によって特徴づけられる有界線型作用素である.

$$(Tu, v) = (u, T^*v) \quad (\forall u, \forall v \in V)$$

$T = T^*$ が成り立つとき,T を**自己共役作用素**(self-adjoint operator)と呼ぶ.これらの概念は,V が有限次元の場合には線型代数で用いる概念と同じである.

注意 4.30 T が有界でない場合にも自己共役作用素の概念を拡張して定義することができる.この章のためには T が有界な場合で十分である.

この節で最も重要な道具は,有限次元の Hermite 行列の対角化を一般化した理論である.必要な事項を以下のように1つの定理にまとめておく.証明に興味のある読者は,関数解析の教科書,例えば黒田[28]第11章を参照されたい.

定理 4.31(コンパクト自己共役作用素のスペクトル分解) $T\colon V \to V$ を Hilbert 空間 V における,コンパクト自己共役作用素とする.$\lambda \in \mathbb{C}$ に対して,$V_\lambda := \mathrm{Ker}(T - \lambda\,\mathrm{id}_V)$ とおく.このとき,有限個または無限個の実数 $\lambda_k \neq 0$ $(k = 1, 2, \cdots)$ が存在して,次の性質(i)〜(v)を満たす.

(i) $\lambda \neq 0$ に対して,$V_\lambda \neq 0 \iff \lambda \in \{\lambda_1, \lambda_2, \cdots\}$.

(ii) V_{λ_k} は有限次元ベクトル空間である$(k = 1, 2, \cdots)$.

(iii) $\{\lambda_k : k = 1, 2, \cdots\}$ の集積点は 0 のみである(λ_k が無限個の場合).

(iv) $\lambda \neq \mu$ ならば V_λ と V_μ は互いに直交する.

(v) $V = V_0 \oplus \sum_{k \geq 1}^{\oplus} V_{\lambda_k}$(Hilbert 空間の直和分解). □

$V_0 = \mathrm{Ker}\, T$ は V の閉部分空間であり,無限次元になることも有限次元になることもありうる.

(b)　L^2-完備性

コンパクト作用素のスペクトル分解を使って，次の補題をまず証明しよう．

補題 4.32　G をコンパクト群とする．

(ⅰ)　G の任意のユニタリ表現 (π, V) には，有限次元の既約な部分空間 W が存在する．

(ⅱ)　G の任意の既約ユニタリ表現は有限次元である．　　　□

前節の系 4.23 においては「G が $GL(n,\mathbb{C})$ のコンパクト部分群である」ことを仮定して補題 4.32(ⅱ)を証明した．ここでは，この条件を仮定しない一般的な設定で別証明を与える．

なお，補題 4.32 の(ⅰ)は，補題 4.34 の証明の鍵となる．

注意 4.33　Hilbert 空間の有限次元部分空間は常に閉集合であるので，補題 4.32(ⅰ)における W は G の閉部分空間となる．

[補題 4.32 の証明]　V の元 v でノルム $\|v\|=1$ となるものを 1 つ選び，射影作用素

$$P: V \to V, \quad u \mapsto (u, v)v$$

を定義する．$\mathrm{Image}\, P = \mathbb{C}v$ なので，P は有限階の作用素であり，

$$(Pu, w) = (u, v)(v, w) = (u, (w, v)v) = (u, Pw) \quad (\forall u, \forall w \in V)$$

なので，P は自己共役である．補題 3.28 を適用すると，

$$\widetilde{P} := \int_G \pi(g)^{-1} \circ P \circ \pi(g) dg$$

は (π, V) から (π, V) への G-線型写像である．また各 $g \in G$ に対し $\pi(g)^{-1} \circ P \circ \pi(g)$ が有限階の作用素であることに注意すると，$\mathcal{B}_C(V)$ は $\mathcal{B}(V)$ の閉部分空間なので $\widetilde{P}$ はコンパクト作用素でもある．さらに $\widetilde{P}$ の随伴作用素を $(\widetilde{P})^*$ と書くと，

$$\begin{aligned}(\widetilde{P})^* &= \int_G \pi(g)^* \circ P^* \circ (\pi(g)^{-1})^* dg \\ &= \int_G \pi(g)^{-1} \circ P \circ \pi(g) dg \quad (\because \pi \text{ はユニタリ表現})\end{aligned}$$

であるから，$\widetilde{P}$ は自己共役でもある．定理 4.31 を $\widetilde{P}$ に適用し，そこで使われた記号を用いる．特に，$V_0 = \operatorname{Ker}\widetilde{P}$ である．まず，
$$\operatorname{Ker}\widetilde{P} \subset \operatorname{Ker} P$$
すなわち，
(4.21) $$V_0 \perp v$$
を示そう．$u \in V_0$ とする．$\widetilde{P}u = 0$ であるから，
$$0 = (\widetilde{P}u, u) = \int_G (P\pi(g)u, \pi(g)u)dg$$
$$= \int_G (P\pi(g)u, P\pi(g)u)dg \quad (\because P = P^2 = P^*P)$$
であり，
$$G \to V, \quad g \mapsto P\pi(g)u$$
は連続写像であるから
$$P\pi(g)u = 0 \quad (\forall g \in G)$$
が成り立つ．特に，$g = e$ として $Pu = 0$ が示された．これは $u \perp v$ を意味する．故に $V_0 \perp v$ が示された．

$V = V_0 \oplus \left(\sum_{k \geq 1}^{\oplus} V_{\lambda_k}\right)$ は直交する部分空間による直和分解であるから，(4.21) より $v \in \sum_{k \geq 1}^{\oplus} V_{\lambda_k}$ がいえた．特に，$\operatorname{Ker}(\widetilde{P} - \lambda_k \operatorname{id}) \neq 0$ となる $\widetilde{P}$ の固有値 $\lambda_k \neq 0$ が存在するが，定理 4.31 よりその固有空間は有限次元である．さらに，$\widetilde{P} \in \operatorname{Hom}_G(V, V)$ より $\operatorname{Ker}(\widetilde{P} - \lambda_k \operatorname{id})$ は G-不変な有限次元部分空間であることがわかった．従って，$\operatorname{Ker}(\widetilde{P} - \lambda_k \operatorname{id})$ を既約分解して，その既約成分の 1 つを (π_W, W) とすると，W が求めるものである．よって(i)が示された．

(ii)は(i)より明らかである． ∎

補題 4.32 を用いて，Peter–Weyl の定理 4.1 および定理 4.2 の証明を完成させよう．残っているのは完備性の証明，すなわち次の補題だけである：

補題 4.34 定理 4.1 の設定の下で，$R(G)$ は $L^2(G)$ の稠密な部分空間である．

[証明] $L^2(G)$ における $R(G) = \bigoplus_{(\pi, V) \in \widehat{G}_f} \widetilde{\Phi}_\pi(V \otimes V^\vee)$ ((4.2)参照)の直交補空間を U とする．$U = \{0\}$ をいえばよい．$U \neq \{0\}$ として矛盾を導こう．ユ

ニタリ表現の部分表現なので，$((L \times R)_U, U)$ は $G \times G$ のユニタリ表現である．簡単のため，右正則表現 R のみに注目すると（関数空間 $R(G)$ の記号と混乱しないように注意してほしい），特に (R_U, U) は G のユニタリ表現である．補題 4.32(i) に従って，U の G-不変な有限次元部分空間 W で (R_W, W) が既約なものをとる．$\tau = R_W$, $n = \dim W$ とおく．W の正規直交基底 $\{w_1, \cdots, w_n\}$ を選び，τ を行列表示して $\tau = (\tau_{ij})$ と書き表す．すなわち，

$$\tau(g)w_j = \sum_{i=1}^{n} \tau_{ij}(g) w_i \quad (g \in G,\ 1 \leqq j \leqq n)$$

である．

一方，$w_1, \cdots, w_n$ は G 上の関数であり，$\tau = R_W$ であるから，

$$w_j(g) = (R(g)w_j)(e) = (\tau(g)w_j)(e) = \sum_{i=1}^{n} \tau_{ij}(g) w_i(e) \quad (g \in G,\ 1 \leqq j \leqq n)$$

が成り立つ．ところが

$$\tau_{ij} \in \bigoplus_{(\pi, V) \in \widehat{G}_f} \widetilde{\Phi}_\pi(V \otimes V^\vee) \quad (1 \leqq \forall i, \forall j \leqq n)$$

であるから，その一次結合として

$$w_j \in \bigoplus_{(\pi, V) \in \widehat{G}_f} \widetilde{\Phi}_\pi(V \otimes V^\vee) \quad (1 \leqq \forall j \leqq n)$$

である．しかるに $w_j \in W \subset U$ であるが

$$U \perp \bigoplus_{(\pi, V) \in \widehat{G}_f} \widetilde{\Phi}_\pi(V \otimes V^\vee)$$

なので $(w_j, w_j) = 0$ となり $\{w_j\}$ が正規直交基底であることに矛盾する．故に $U = \{0\}$ でなければならない．従って補題が示された．■

以上から，一般のコンパクト群に対して Peter–Weyl の定理 4.1(i), (ii) および定理 4.2 の証明が，完結したことになる．上の証明で使われた議論の中で，次の結果は有用なので命題としてまとめておこう：

命題 4.35 G をコンパクト群とし，線型写像 $T: L^2(G) \to L^2(G)$ はコンパクト自己共役作用素であって，かつ左正則表現 L に関する G-線型写像（すなわち，$T \circ L(g) = L(g) \circ T\ (\forall g \in G)$）とする．このとき，$\lambda \neq 0$ ならば，

§4.3 Peter–Weyl の定理の証明(その2) —— 153

$\mathrm{Ker}(T-\lambda\,\mathrm{id})$ は G の有限個の有限次元既約表現 $(\pi_1,V_1),\cdots,(\pi_N,V_N)$ の行列要素の線型和で張られる. すなわち, $\lambda\neq 0$ ならば

$$\mathrm{Ker}(T-\lambda\,\mathrm{id})\subset\bigoplus_{i=1}^{N}\widetilde{\varPhi_{\pi_i}}(V_i\otimes V_i^{\vee})$$

が成り立つ. T が右正則表現に関する G-線型写像(すなわち, $T\circ R(g)=R(g)\circ T\ (\forall g\in G)$)の場合も同じ結論を得る. □

(c) 積分核と積分作用素

前項で証明した L^2-完備性(定理 4.2)から連続関数に対する近似定理(定理 4.3)を導きたい. このために, まず, 第 2 章で解説した Fourier 級数による近似を復習しよう. $\widehat{f}(n)=(f,e^{\sqrt{-1}nt})_{L^2(\mathbb{T})}=\int_{\mathbb{T}}f(t)e^{-\sqrt{-1}nt}dt$ とおく. $f\in L^2(\mathbb{T})$ に対しては

$$f\in L^2(\mathbb{T})\implies \left\lceil \lim_{N\to\infty}\sum_{n=-N}^{N}\widehat{f}(n)e^{\sqrt{-1}nt}\text{ は }f(t)\text{ に }L^2\text{-収束する}\right\rfloor$$

が成り立つのであった. 一方, 連続関数 $f\in C(\mathbb{T})$ に対しては

(4.22)
$$f\in C(\mathbb{T})\implies \left\lceil \lim_{N\to\infty}\sum_{n=-N}^{N}\widehat{f}(n)e^{\sqrt{-1}nt}\text{ は }f(t)\text{ に一様収束する}\right\rfloor$$

という"主張"は正しくない. 従って, L^2-収束するという結果の類似として, 一様収束するという結論を引き出すことは一般にはできない. 我々の目標は補題 4.34(L^2-収束)から定理 4.3(一様収束)を引き出すことであるが, それには一工夫必要である. そこで, $f\in C^2(\mathbb{T})$ と仮定すれば主張(4.22)が成り立つという事実(§2.1)を思い出そう(なお, Dirichlet の定理(注意 2.1)より, f は $C^1(\mathbb{T})$ でもよい).

与えられた関数 $f(t)$ を $e^{\sqrt{-1}nt}$ の有限個の線型和で一様近似させるというのは, 必ずしも(4.22)の形でなくともよい. すなわち, 二重数列 $a_N(n)$ ($n\in\mathbb{Z}$, $N\in\mathbb{N}$, $|n|\leqq N$) を考え,

(4.23) $\left\lceil \lim_{N\to\infty}\sum_{n=-N}^{N}a_N(n)e^{\sqrt{-1}nt}\text{ は }f(t)\text{ に一様収束する}\right\rfloor$

とすればよいのである．$a_N(n) = \widehat{f}(n)$ ならば(4.22)の主張になるわけだから，(4.23)は(4.22)より弱い主張である．さて，$a_N(n)$ はどのように見つければよいのだろうか．まず，$a_N(n)$ の性質を調べよう．

$$\widehat{f}(n) = \int_{\mathbb{T}} f(t) e^{-\sqrt{-1}nt} dt = \int_{\mathbb{T}} \left(\lim_{N \to \infty} \sum_{k=-N}^{N} a_N(k) e^{\sqrt{-1}kt} \right) e^{-\sqrt{-1}nt} dt$$

$$= \lim_{N \to \infty} \sum_{k=-N}^{N} a_N(k) \int_{\mathbb{T}} e^{\sqrt{-1}(k-n)t} dt$$

$$= \lim_{N \to \infty} a_N(n)$$

なので

$$\text{各 } n \text{ を止めると } \lim_{N \to \infty} a_N(n) = \widehat{f}(n)$$

が成り立つ．$f \in C^2(\mathbb{T})$ なら $a_N(n) = \widehat{f}(n)$ $(\forall N)$ とおけば(4.23)が成り立つ．(4.23)を満足させるような $a_N(n)$ は一意的ではなく，古典的な近似法(Fejér 核など)として種々の作り方が知られている．その抽象的な枠組みは次のように説明できる．

<u>ステップ(1)</u>　$f \in C(\mathbb{T})$ を C^2 級の関数 $\{F_N : N = 1, 2, \cdots\}$ で一様に近似する．

<u>ステップ(2)</u>　$F_N(t)$ を Fourier 級数の有限和 $\sum_{n=-N}^{N} \widehat{F_N}(n) e^{\sqrt{-1}nt}$ で一様に近似する．そこで，$a_N(n) = \widehat{F_N}(n)$ とおけば(4.23)が成り立つ．

ステップ(1)において，f を近似する C^2 級の関数列 $\{F_N\}$ のとり方はもちろん一意的ではなく，それに応じて Fourier 級数の様々な近似法が存在する．

　一般のコンパクト群 G についても同じ考え方を適用しよう．Lie 群ではないコンパクト群上の関数には「微分可能な」という概念はないが，上記の C^2 級の関数 $F(t)$ の代わりに，適当な積分作用素で $f(t)$ を「平滑化」した関数(後の記号で $T_K f(x)$)を用いるのである．この項では，積分作用素として定義される Hilbert 空間の間の線型写像(これが「平滑化」に相当する)の性質を，その積分核の性質を通して調べる．

　G をコンパクト群とし，dg を G の正規化された Haar 測度とする(ただし，以下の議論の前半では，G が群である必要はなく，コンパクト位相空間

§4.3 Peter–Weyl の定理の証明(その2)

に Baire 測度が定義されていることのみを使う). $L^2(G \times G)$ に属する関数 $K(x, y)$ を与えたとき, 線型写像 $T_K: L^2(G) \to L^2(G)$ を

$$(T_K f)(x) := \int_G K(x, y) f(y) dy$$

で定義する. まず T_K が矛盾なく定義されていること, すなわち $T_K f \in L^2(G)$ を示そう. Cauchy–Schwarz の不等式より

$$|(T_K f)(x)|^2 = \left| \int_G K(x, y) f(y) dy \right|^2 \leq \int_G |K(x, y)|^2 dy \int_G |f(y)|^2 dy$$

であり, 従って

$$\|T_K f\|_{L^2(G)} \leq \|K\|_{L^2(G \times G)} \|f\|_{L^2(G)}$$

となるから, $T_K f \in L^2(G)$ が示された. さらに, 作用素ノルムの定義(4.18)より $\|T_K\| \leq \|K\|_{L^2(G \times G)}$ となる. 故に T_K は有界な線型作用素である. $K(x, y)$ は**積分核**(integral kernel), T_K は K を積分核とする**積分作用素**(integral operator)と呼ばれる.

次に, $L^2(G)$ の正規直交基底 $\{f_k\}$ を選ぶ. $\{f_i(x)\overline{f_j(y)}\}$ は $L^2(G \times G)$ の正規直交基底となるから,

$$a_{ij} := \int_{G \times G} K(x, y) \overline{f_i(x)} f_j(y) dx dy \quad \in \mathbb{C}$$

とおくと, Hilbert 空間 $L^2(G \times G)$ における収束の意味で

$$K(x, y) = \sum_{i, j} a_{ij} f_i(x) \overline{f_j(y)}$$

が成り立つ. 特に

$$\|K\|_{L^2(G \times G)}^2 = \sum_{i, j} |a_{ij}|^2$$

であり, また

$$T_K f_j(x) = \sum_i a_{ij} f_i(x)$$

であるから, Hilbert–Schmidt ノルムの定義(4.19)より

$$\text{(4.24)} \quad \|T_K\|_{\mathrm{HS}}^2 = \sum_j \|T_K f_j\|_{L^2(G)}^2 = \sum_j (\sum_i |a_{ij}|^2) = \|K\|_{L^2(G\times G)}^2 < \infty$$

が成り立つ．故に線型写像 $T_K: L^2(G) \to L^2(G)$ は $\|K\|_{L^2(G\times G)}$ を Hilbert–Schmidt ノルムとする Hilbert–Schmidt 作用素(特にコンパクト作用素)である．

さて，積分核 $K(x,y) \in L^2(G\times G)$ が

$$\text{(4.25)} \quad K(x,y) = \overline{K(y,x)} \quad (x,y \in G)$$

を満たしていると仮定しよう．このとき，$f, h \in L^2(G)$ に対して

$$\begin{aligned}
(f, T_K h) &= \int_G f(x)\overline{T_K h(x)} dx \\
&= \int_G \int_G f(x)\overline{K(x,y)h(y)} dx dy \\
&= \int_G \left(\int_G f(x) K(y,x) dx\right) \overline{h(y)} dy \\
&= \int_G (T_K f)(y) \overline{h(y)} dy \\
&= (T_K f, h)
\end{aligned}$$

が成り立つから，T_K は自己共役作用素である．以上の議論を命題としてまとめておこう．

命題 4.36

(ⅰ) $K(x,y) \in L^2(G\times G)$ ならば(特に，$K(x,y) \in C(G\times G)$ ならば)，$K(x,y)$ を積分核とする線型写像 T_K は Hilbert–Schmidt 作用素であり，その Hilbert–Schmidt ノルムは $\|T_K\|_{\mathrm{HS}} = \|K\|_{L^2(G\times G)}$ で与えられる．

(ⅱ) さらに $K(x,y) = \overline{K(y,x)}$ ($\forall x, \forall y \in G$) ならば(正確には，ほとんど至る所等しいならば)，T_K は自己共役作用素である． □

ここまでの議論では，G が群であることは使わなかった．次に，G が群であることに注目して，T_K がいつ G-線型写像になるかを考えよう．

命題 4.37

(ⅰ) 積分核 $K(x,y) \in L^2(G\times G)$ が

$$\text{(4.26)} \quad K(gx, gy) = K(x,y) \quad (\forall g \in G)$$

を満たすならば，K を積分核とする積分作用素 $T_K: L^2(G) \to L^2(G)$ は G の左正則表現 $(L, L^2(G))$ に関する連続な G-線型写像である．すなわち，
$$T_K \circ L(g) = L(g) \circ T_K \quad (\forall g \in G)$$
が成り立つ．

(ii) 同様に，$K(x,y) \in L^2(G \times G)$ が
$$K(xg, yg) = K(x,y) \quad (\forall g \in G)$$
を満たすならば，K を積分核とする積分作用素 T_K は G の右正則表現 $(R, L^2(G))$ に関する連続な G-線型写像である．

[証明] (i)も(ii)も同様であるので，(i)のみ示そう．なぜ条件(4.26)が現れたのか，発見的考察をしながら証明することにする．$g \in G$ および $f \in L^2(G)$ とする．
$$\begin{aligned}(T_K \circ L(g)f)(x) &= \int_G K(x,y) f(g^{-1}y) dy \\ &= \int_G K(x, gy) f(y) dy \quad (\because dy \text{ は不変測度})\end{aligned}$$
一方，
$$(L(g) \circ T_K f)(x) = (T_K f)(g^{-1}x) = \int_G K(g^{-1}x, y) f(y) dy$$
そこで $K(x, gy) = K(g^{-1}x, y)$ が恒等的に成り立てば $T_K \circ L(g) = L(g) \circ T_K$ が成り立つことがわかる．等式(4.26)が成り立てば x を $g^{-1}x$ と変数変換して，確かに $K(x, gy) = K(g^{-1}x, y)$ が成り立つので，$L(g) \circ T_K = T_K \circ L(g)$ ($\forall g \in G$) となることが証明された． ■

(d) 積分作用素と一様近似

前項(c)でアイディアを説明したように，「少し滑らかな」関数ならば級数展開が一様に収束することが期待される．積分作用素を用いて「少し滑らかな」関数を構成するのが次の補題である．

補題 4.38 $K(x,y) \in C(G \times G)$ は $K(x,y) = \overline{K(y,x)}$ を満たすとし，

$$T_K : L^2(G) \to L^2(G), \quad f(y) \mapsto (T_K f)(x) = \int_G K(x,y) f(y) dy$$

を対応する積分作用素とする．このとき，$\operatorname{Image} T_K$ の元は，T_K の 0 以外の固有値に対応する固有関数で一様かつ絶対収束する級数に展開される．

［証明］　命題 4.36 より T_K は自己共役な Hilbert–Schmidt 作用素(特にコンパクト作用素)である．定理 4.31 を T_K に適用すると，T_K の固有関数による正規直交系 $\{\varphi_k\}$ ($k \in \Lambda$) を選ぶことができる．φ_k に対応する固有値を λ_k とする(λ_k には重複するものもありうる)．$\Lambda' := \{k \in \Lambda : \lambda_k \ne 0\}$ は可算集合である．このとき

$$K(x,y) = \sum_{k \in \Lambda} \lambda_k \varphi_k(x) \overline{\varphi_k(y)} \quad (L^2(G \times G) \text{ における収束})$$

が成り立つ．また $C := \max_{x,y \in G} |K(x,y)| \, (<\infty)$ とおく．さて，$F \in \operatorname{Image} T_K$，すなわち，$F = T_K f$ ($f \in L^2(G)$) とする．複素数列 $\{a_k\}$ を $a_k = (f, \varphi_k)_{L^2(G)}$ で定義すると，f は

$$f(y) = \sum_{k \in \Lambda} a_k \varphi_k(y) \quad (L^2(G) \text{ における収束})$$

と級数展開される．従って，任意の正数 $\varepsilon > 0$ に対し，Λ の適当な有限集合 Λ_ε をとれば

$$\left\| \sum_{k \notin \Lambda_\varepsilon} a_k \varphi_k \right\|_{L^2(G)} = \left\| f - \sum_{k \in \Lambda_\varepsilon} a_k \varphi_k \right\|_{L^2(G)} < \frac{\varepsilon}{C}$$

とできる．このとき，

$$\begin{aligned} \left| F(x) - \sum_{k \in \Lambda_\varepsilon} a_k \lambda_k \varphi_k(x) \right|^2 &= \left| T_K \left(\sum_{k \in \Lambda} a_k \varphi_k \right)(x) - T_K \left(\sum_{k \in \Lambda_\varepsilon} a_k \varphi_k \right)(x) \right|^2 \\ &= \left| T_K \left(\sum_{k \notin \Lambda_\varepsilon} a_k \varphi_k \right)(x) \right|^2 \\ &\le \left(\int_G \left| K(x,y) \sum_{k \notin \Lambda_\varepsilon} a_k \varphi_k(y) \right| dy \right)^2 \end{aligned}$$

であるので，Cauchy–Schwarz の不等式より

§4.3 Peter–Weyl の定理の証明(その 2) —— 159

$$\leqq \int_G |K(x,y)|^2 dy \int_G \left| \sum_{k \notin \Lambda_\varepsilon} a_k \varphi_k(y) \right|^2 dy$$

$$< C^2 \frac{\varepsilon^2}{C^2} = \varepsilon^2$$

となる．よって，

$$\left| F(x) - \sum_{k \in \Lambda_\varepsilon} a_k \lambda_k \varphi_k(x) \right| < \varepsilon \quad (\forall x \in G)$$

が成り立つ．故に，級数 $\sum_{k \in \Lambda} a_k \lambda_k \varphi_k(x) = \sum_{k \in \Lambda'} a_k \lambda_k \varphi_k(x)$ は $F(x)$ に G 上一様収束する．従って，補題が証明された． ∎

以上の準備の下に定理 4.3 の証明を与えよう．

[定理 4.3 の証明] f を G 上の任意の連続関数とする．任意の正数 $\varepsilon > 0$ を選ぶ．G はコンパクトなので f は一様連続である．すなわち，単位元 e の適当な近傍 W が存在して，$x^{-1}y \in W$ なる任意の $x, y \in G$ に対し

$$|f(x) - f(y)| < \frac{\varepsilon}{2}$$

が成り立つ(補題 3.4)．W は必要なら $W \cap W^{-1}$ にとりかえることによって，$W = W^{-1}$ を満たすと仮定してもよい．この W に対して，U を $\overline{U} \subset W$ となる e の近傍とする．G はコンパクトな Hausdorff 空間なので，位相空間の一般論より，特に正規空間(normal space)であり，Uryson の定理が適用できる．特に G 上の実数値連続関数 $k_1(g)$ であって

$$0 \leqq k_1(g) \leqq 1 \quad (\forall g \in G)$$

$$k_1(g) = \begin{cases} 0 & (g \notin W) \\ 1 & (g \in \overline{U}) \end{cases}$$

となるものが選べる．$k_2(g) = a(k_1(g) + k_1(g^{-1}))$ とおく．ただし正数 $a > 0$ は $\int_G k_2(g) dg = 1$ となるように決める．

$$K(x, y) := k_2(x^{-1}y) \quad (x, y \in G)$$

とおく．$K(x, y) \neq 0$ ならば，$x^{-1}y \in W$ であることに注意しよう．このように

して定義した関数 $K(x,y)$ は $G \times G$ 上の連続関数であり，$K(x,y) = \overline{K(y,x)}$ かつ $K(gx,gy) = K(x,y)$ $(\forall g, \forall x, \forall y \in G)$ を満たす．従って，命題 4.36 および命題 4.37 より，K を核とする積分作用素 $T_K : L^2(G) \to L^2(G)$ は自己共役なコンパクト作用素であり，しかも左正則表現に関する G-線型写像となる．

次に不等式

(4.27) $\qquad |f(x) - T_K f(x)| < \dfrac{\varepsilon}{2} \quad (\forall x \in G)$

を示そう．

$$\begin{aligned}|f(x) - T_K f(x)| &= \left| \int_G K(x,y)(f(x) - f(y)) dy \right| \\ &\leqq \int_G k_2(x^{-1}y) |f(x) - f(y)| dy \\ &= \int_{xW} k_2(x^{-1}y) |f(x) - f(y)| dy \\ &< \frac{\varepsilon}{2} \int_G k_2(x^{-1}y) dy = \frac{\varepsilon}{2}\end{aligned}$$

より (4.27) が示された．一方，補題 4.38 より，$T_K f$ は T_K の 0 でない固有値 λ_k に対する固有関数 φ_k の族で一様かつ絶対収束する級数に展開される．すなわち，補題 4.38 の記号を用いると適当な有限集合 Λ_δ を選べば，

$$\left| T_K f(x) - \sum_{k \in \Lambda_\delta} a_k \lambda_k \varphi_k(x) \right| < \frac{\varepsilon}{2}$$

とできる．従って

$$\begin{aligned}\left| f(x) - \sum_{k \in \Lambda_\delta} a_k \lambda_k \varphi_k(x) \right| &\leqq |f(x) - T_K f(x)| + \left| T_K f(x) - \sum_{k \in \Lambda_\delta} a_k \lambda_k \varphi_k(x) \right| \\ &< \varepsilon\end{aligned}$$

となる．ところが，命題 4.35 よりこれらの固有関数 φ_k は G の有限次元既約表現の行列要素の線型和で表される．故に定理 4.3 が証明された． ∎

以上で，§4.1 で述べた定理 4.1，定理 4.2，定理 4.3 はすべて証明された．

§4.4 有限群論への応用

第 4 章を終える前に，Peter–Weyl の定理の有限群への応用を述べよう．

有限群はもちろんコンパクト群である．従って，コンパクト群に対して成り立つ定理は有限群に対してすべて成り立つ．

この節では，Peter–Weyl の定理，および，その系を有限群の場合に適用することによって，有限群論のいくつかの結果を学ぶと共に，Peter–Weyl の定理の理解を深めることを目指す．

逆に，読者が有限群の初等的な表現論を一通り学ばれているならば，有限群論独自のアプローチとこの章におけるもっと一般的な手法とを比較するのも面白いであろう．

(a) 共役類

G を有限群とする．G の元の総数を $\#G$ で表し，有限群 G の**位数**(order)と呼ぶ．G 上の任意の(複素数値)関数は連続である．従って $C(G) \simeq \mathbb{C}^{\#G}$. G の正規化された Haar 測度 dg は，各点に重み $\dfrac{1}{\#G}$ を与えた離散的な測度であり，具体的には積分が

$$\int_G f(g)dg = \frac{1}{\#G} \sum_{g \in G} f(g) \quad (f \in C(G))$$

として与えられる．従って有限群 G 上の任意の関数は 2 乗可積分でもある．よって，

$$C(G) = L^2(G) \simeq \mathbb{C}^{\#G}.$$

定義 4.39（共役類） 群 G の 2 つの元 x, y に対して
$$y = gxg^{-1} \quad (\exists g \in G)$$
となるとき，x と y は互いに**共役**(conjugate)であるという．

これは同値関係を定める．この同値関係に関する G の同値類を**共役類**(conjugacy class)という． □

有限群 G の共役類それぞれの元の個数を $n_1, n_2, \cdots, n_k$ とすると，
$$\#G = n_1 + \cdots + n_k$$

が成り立つ．これを G の**類等式**(class equation)という．$G_x := \{g \in G : gxg^{-1} = x\}$ とおくと，右剰余類 G/G_x と G の元 x を含む共役類 $\{gxg^{-1} : g \in G\}$ との間に全単射が存在するから，x を含む共役類の個数は $\#G/\#G_x$ となる．従って，$n_1, \cdots, n_k$ はすべて $\#G$ の約数である．

例 4.40（対称群） n 次対称群 $\mathfrak{S}_n$ の元 σ を巡回表示
$$(i_1\ i_2\ \cdots\ i_a)(j_1\ j_2\ \cdots\ j_b)\cdots(l_1\ l_2\ \cdots\ l_z)$$
で表す．すなわち，
$$\sigma(i_1) = i_2,\ \sigma(i_2) = i_3,\ \cdots,\ \sigma(i_a) = i_1;\ \cdots;\ \sigma(l_1) = l_2,\ \cdots,\ \sigma(l_z) = l_1$$
となるような表示である．例えば，$n = 7$ のとき
$$\sigma = \begin{pmatrix} 1 & 2 & 3 & 4 & 5 & 6 & 7 \\ 3 & 1 & 5 & 7 & 2 & 6 & 4 \end{pmatrix} \iff \sigma = (1\ 3\ 5\ 2)(4\ 7)(6)$$
という対応である．$\{a, b, \cdots, z\}$ を**巡回表示の型**と呼ぼう($a, b, \cdots, z$ の順序は問わない)．上の σ では $\{4, 2, 1\}$ が巡回表示の型である．

巡回表示において，1 個の元を ( ) でくくった項(上の例では (6))を省略すると便利である．上の σ では $\sigma = (1\ 3\ 5\ 2)(4\ 7)$ と書くのである．

このとき，$\sigma, \tau \in \mathfrak{S}_n$ に対して
$$\sigma と \tau が共役 \iff \sigma と \tau の巡回表示の型が一致する$$
となる(この事実の証明は簡単であるが，本筋から離れるので省略する)．

例えば，$\mathfrak{S}_2$ の共役類は $\{e\}, \{(1\ 2)\}$ の 2 つであり，それぞれ巡回表示の型 $\{1, 1\}, \{2\}$ に対応する．類等式は $2! = 1 + 1$ である．

$\mathfrak{S}_3$ の共役類は，$\{e\}, \{(1\ 2), (1\ 3), (2\ 3)\}, \{(1\ 2\ 3), (1\ 3\ 2)\}$ の 3 つであり，それぞれ巡回表示の型 $\{1, 1, 1\}, \{2, 1\}, \{3\}$ に対応する．類等式は
$$3! = 1 + 3 + 2$$
である．

$\mathfrak{S}_4$ では，巡回表示の 5 通りの型 $\{1, 1, 1, 1\}, \{2, 1, 1\}, \{3, 1\}, \{2, 2\}, \{4\}$ に対応し，類等式は
$$4! = 1 + 6 + 8 + 3 + 6$$
となる．

$\mathfrak{S}_5$ では巡回表示の 7 通りの型

$\{1,1,1,1,1\}, \{2,1,1,1\}, \{3,1,1\}, \{4,1\}, \{2,2,1\}, \{3,2\}, \{5\}$

に対応して，類等式は
$$5! = 1 + 10 + 20 + 30 + 15 + 20 + 24$$
となる． □

(b) いくつかの恒等式

G 上の類関数(定義 4.9)は各共役類の上で一定の値をとる関数に他ならない．従って，有限群 G の共役類の個数を k とすると，類関数の空間は
$$C(G)^{\mathrm{Ad}} = L^2(G)^{\mathrm{Ad}} \simeq \mathbb{C}^k$$
となる．

Peter–Weyl の定理を類関数に適用した定理 4.11 によれば $\{\chi_\pi : \pi \in \widehat{G}\}$ は $L^2(G)^{\mathrm{Ad}}$ の正規直交基底である．$L^2(G)^{\mathrm{Ad}}$ は k 次元ベクトル空間であるから，$\widehat{G}$ の個数 $\#\widehat{G}$ も k でなければならない．故に次の定理が証明された．

定理 4.41（既約表現の個数） 有限群 G の既約ユニタリ表現の同値類の個数 $\#\widehat{G}$ は，G の共役類の個数に等しい． □

例 4.42 例 4.40 の結果から
$$\#\widehat{\mathfrak{S}}_2 = 2, \quad \#\widehat{\mathfrak{S}}_3 = 3, \quad \#\widehat{\mathfrak{S}}_4 = 5, \quad \#\widehat{\mathfrak{S}}_5 = 7. \qquad \Box$$

定理 4.43（**Burnside の定理**） 有限群 G の既約ユニタリ表現の同値類を $\widehat{G} = \{\pi_1, \cdots, \pi_k\}$ とし，π_j の次元を m_j $(1 \leqq j \leqq k)$ と表す．このとき，

$$(4.28) \qquad \#G = \sum_{j=1}^{k} m_j^2$$

が成り立つ．さらに，群環 $C(G)$ は直積環 $M(m_1, \mathbb{C}) \oplus \cdots \oplus M(m_k, \mathbb{C})$ と同型である．

[証明] 群環 $C(G)$ の積は，$(f_1 * f_2)(g) = \dfrac{1}{\#G} \sum_{x \in G} f_1(gx^{-1}) f_2(x)$ で定義されていた．Peter–Weyl の定理(定理 4.1)における直和は有限和なので，(完備化する必要はなく)
$$C(G) = L^2(G) \simeq (\pi_1 \boxtimes \pi_1^{\vee}) \oplus \cdots \oplus (\pi_k \boxtimes \pi_k^{\vee})$$
が成り立つ．両者の次元を比較して，等式(4.28)を得る．さらに，行列要素

を対応させる写像 $\Phi'_{\pi_j}: \pi_j \boxtimes \pi_j^{\vee} \hookrightarrow C(G)$ は §3.3 定理 3.41 より環準同型である．よって後半の主張も示された． ∎

さらに，表現の次元について次の定理が成り立つ．

定理 4.44 有限群 G の任意の既約ユニタリ表現の次元は G の位数 $\#G$ の約数である．

[証明] (π, V) を G の既約ユニタリ表現とし，χ_π をその指標とする．§3.4 定理 3.46 より

$$\chi_\pi * \chi_\pi = \frac{1}{\dim \pi} \chi_\pi$$

であるから，これを繰り返せば

$$\underbrace{\chi_\pi * \chi_\pi * \cdots * \chi_\pi}_{m+1 \text{個}} = \frac{1}{(\dim \pi)^m} \chi_\pi$$

が成り立つ．両辺の単位元の値を比較して

$$\frac{1}{(\#G)^m} \sum_{\substack{g_1, g_2, \cdots, g_{m+1} \in G \\ g_1 g_2 \cdots g_{m+1} = e}} \chi_\pi(g_1) \chi_\pi(g_2) \cdots \chi_\pi(g_{m+1}) = \frac{1}{(\dim \pi)^{m-1}}$$

を得る．後述する補題 4.47 から

$$\sum_{\substack{g_1, g_2, \cdots, g_{m+1} \in G \\ g_1 g_2 \cdots g_{m+1} = e}} \chi_\pi(g_1) \chi_\pi(g_2) \cdots \chi_\pi(g_{m+1})$$

は代数的整数であり，これが

$$\frac{(\#G)^m}{(\dim \pi)^{m-1}} \quad (\text{有理数})$$

に一致するのは次に述べる補題 4.46 より $\dfrac{(\#G)^m}{(\dim \pi)^{m-1}}$ が整数になるときに限る．m は任意の自然数なので，$\dim \pi$ は $\#G$ の約数である． ∎

上の証明で使われた用語を補足する．

定義 4.45 適当な整数 $a_1, a_2, \cdots, a_n \in \mathbb{Z}$ が存在して

$$(4.29) \qquad \lambda^n + a_1 \lambda^{n-1} + a_2 \lambda^{n-2} + \cdots + a_n = 0$$

が成り立つとき，複素数 $\lambda \in \mathbb{C}$ を**代数的整数**(algebraic integer)であるという． □

例えば $\sqrt{2}$ や $\sqrt{-1}$ は代数的整数であるが，円周率 π は代数的整数ではない．代数的整数全体は可換環になる(これを $\mathbb{Z}$ の $\mathbb{C}$ における整閉包という)．すなわち代数的整数の和，および，積はまた代数的整数である(例えばノイキルヒ『代数的整数論』(シュプリンガー東京)第I章§2参照)．

定理4.44の証明は，次の2つの補題によって完結する．

補題 4.46 有理数が代数的整数であるのは整数であるときに限る．

[証明] p と q を互いに素な整数($q \neq 1$)として，有理数 $\dfrac{p}{q}$ が方程式(4.29)を満たすとする．$\lambda = \dfrac{p}{q}$ を(4.29)に代入して分母を払った式
$$p^n = -q(a_1 p^{n-1} + a_2 p^{n-2} q + \cdots + a_n q^{n-1})$$
を見ると，p と q が互いに素であるという仮定に矛盾する．よって補題が示された． ■

補題 4.47 (π, V) を有限群 G の有限次元表現とする．指標 χ_π の各点 $g \in G$ における値は代数的整数である．

[証明] $\pi(g) \in GL_\mathbb{C}(V)$ の固有値を $\mu_1, \cdots, \mu_N$ とする．$g^{\#G} = e$ より $\pi(g)^{\#G}$ は V の恒等作用素である．特に，$\mu_1, \cdots, \mu_N$ は $\lambda^{\#G} - 1 = 0$ の解であるから，代数的整数である．故に，その和である $\chi_\pi(g) = \mu_1 + \cdots + \mu_N$ も代数的整数である． ■

定理4.43，および，定理4.44は有限群の既約表現の次元について有用な情報を与える．小さな群では，これだけですべての既約表現の次元が決定されることさえある．

例 4.48 対称群 $\mathfrak{S}_n$ には，自明な表現 **1**，および，符号表現 sgn という2つの1次元表現が存在する．$n = 2, 3, 4$ のとき，これ以外の表現の次元を求めよう．

$n = 2$ のとき $\#\widehat{G} = 2$ より，$\widehat{G} = \{\mathbf{1}, \mathrm{sgn}\}$．

$n = 3$ のとき $\#\widehat{G} = 3$ より，$\widehat{G} = \{\mathbf{1}, \mathrm{sgn}, \pi\}$ とすると，
$$1^2 + 1^2 + (\dim \pi)^2 = 3! \quad \therefore \dim \pi = 2$$

$n=4$ のとき $\#\widehat{G} = 5$ より, $\widehat{G} = \{\mathbf{1}, \mathrm{sgn}, \pi_1, \pi_2, \pi_3\}$ と書くと,
$$1^2 + 1^2 + (\dim \pi_1)^2 + (\dim \pi_2)^2 + (\dim \pi_3)^2 = 4!.$$
これを満たす自然数 $(\dim \pi_1, \dim \pi_2, \dim \pi_3)$ の組は $(2, 3, 3)$ (順不同) に限る. よって $\mathfrak{S}_4$ の既約表現の同値類には 1 次元表現が 2 つ, 2 次元表現が 1 つ, 3 次元表現が 2 つ存在する. □

《 要 約 》

4.1 コンパクト群の任意の既約ユニタリ表現は有限次元である.

4.2 Peter–Weyl の定理は, 表現論の立場では, コンパクト群 G の両側正則表現 $L^2(G)$ の既約分解を与える定理といえる. 解析の立場では, 群上の関数を行列要素という「良い関数」によって展開する (L^2-収束, 一様近似など) 定理といえる.

4.3 コンパクト群 G が Lie 群になるための必要十分条件は G が行列群の部分群として実現されることである.

4.4 G がトーラスの場合には, 行列要素は調和振動 $e^{\sqrt{-1}nt}$ に対応し, Peter–Weyl の定理は古典的な Fourier 級数論に他ならない.

4.5 (用語) 正則表現, Peter–Weyl の定理, Parseval–Plancherel 型の定理, 行列要素, ∗-環構造, 指標による射影, Stone–Weierstrass の定理, コンパクト作用素のスペクトラム, 有限群の Burnside の定理

──────── 演習問題 ────────

4.1 (π, V) をコンパクト群 G の既約表現とし, χ_π をその指標とする. 次を示せ.
(1) $\chi_\pi(g^2) = \chi_{S^2\pi}(g) - \chi_{\wedge^2\pi}(g)$
(2) $\int_G \chi_\pi(g^2) dg$ は $0, 1, -1$ のいずれかの値をとる.
(3) $\int_G \chi_\pi(g^2) dg \neq 0 \iff \pi$ は反傾表現 $\pi^\vee$ と同値な表現である.

4.2 V を $\mathbb{C}$ 上の有限次元 Hilbert 空間とする. 自然な同型 $T: V \otimes V^\vee \simeq$

$\mathrm{End}_{\mathbb{C}}(V)$ は等長同型であることを示せ(環同型を主張した演習問題 3.6 とも比較せよ). ただし,$V\otimes V^{\vee}$ の内積は §1.3(d)のように定義し,$\mathrm{End}_{\mathbb{C}}(V)$ は(4.19)で定義した Hilbert–Schmidt ノルムを考える.

4.3 任意の有限群は対称群の部分群として実現されることを示せ(Cayley の定理).

4.4 コンパクト群 G に対して,$\#G=\infty \iff \#\widehat{G}=\infty$ を示せ.

5 Lie 群と Lie 環

　可逆な行列の全体は，位相群であるが多様体という幾何学的構造をもっている．これの部分群の直交群や特殊線型群なども，群という代数的性質と多様体という性質を合わせもっており，それらは Lie 群と呼ばれる．Lie 群の上では豊富な解析が展開され，その一例である Peter–Weyl の定理も，より深い意味をもったものであることが具体的に解明できる．

　この章では，「可逆な行列のなす群 $GL(n,\mathbb{R})$ の閉部分群は C^ω-部分多様体として Lie 群になる」という von Neumann–Cartan の定理をまず考察する．「位相群の構造が入る」という仮定から閉部分集合の形状に関する強い条件が導かれることに注目してほしい．

　Lie 群の単位元での接空間は，単位元の 1 次の無限小近傍と考えられる．群の積の構造に基づいた 2 次の無限小，すなわち群の積の非可換性を表す構造をその接空間に入れたものが Lie 環である．この Lie 環の構造が，もとの群の単位元の 3 次，4 次というような高次の無限小近傍のみならず，実際の近傍における群構造を一意的に決めてしまう，という大変強い結論を得ることができる．すなわち，Lie 群の局所構造は，Lie 環という代数的な構造から決まってしまうのである．

　さらに，連結な Lie 群の間の連続準同型も Lie 環の準同型から一意に決まってしまうことなど，Lie 群における多くの問題が Lie 環の問題に帰着されることがわかる．

§5.1 Lie 群

この節で Lie 群を定義する．C^ω-多様体の構造をもつ位相群で，群演算が C^ω 級となるものを Lie 群と定義する書物が多い（例えば Helgason [10]）．本章では，多様体論からの導入より近づきやすいと考え，局所的に $GL(n,\mathbb{C})$ の部分 Lie 群とみなせるものを Lie 群と定義した．それが前者の意味で Lie 群となることが，定理 5.27 で示される．C^ω-Lie 群の項に述べるように，実は両者の概念は一致する．

(a) 位相群 $\mathbb{R}$ の行列表現

一般線型群 $GL(n,\mathbb{C})$ の部分群 G に関しては，$GL(n,\mathbb{C})$ から誘導された相対位相を考えることができる．すなわち，G の 2 つの元が近いかどうかを，行列の成分を比べて測ることができる．一般の位相群に関しても，それが $GL(n,\mathbb{C})$ の部分群と同型であれば，$GL(n,\mathbb{C})$ からの相対位相と比較することができる．

位相群 G の n 次元の忠実な連続表現とは，G から $GL(n,\mathbb{C})$ の部分群への連続な群同型写像のことに他ならない．この逆写像の連続性を考えてみよう．逆写像も連続ならば，位相も込めて G は $GL(n,\mathbb{C})$ の部分群に相対位相を入れた位相群と同一視できるので大変都合がよい．

実数 $\mathbb{R}$ は加法により位相群となる．これを

$$(5.1) \quad GL(2,\mathbb{C}) = \left\{ \begin{pmatrix} z_{11} & z_{12} \\ z_{21} & z_{22} \end{pmatrix} : (z_{11}, z_{12}, z_{21}, z_{22}) \in \mathbb{C}^4, \ z_{11}z_{22} \neq z_{12}z_{21} \right\}$$

の部分群と同一視することを考えてみよう．

$$(5.2) \quad \mathbb{R} \to GL(2,\mathbb{C}), \quad t \mapsto \begin{pmatrix} 1 & t \\ 0 & 1 \end{pmatrix}$$

という写像は，連続な単射準同型である．像は
$$z_{11} = z_{22} = 1, \quad z_{21} = 0, \quad \overline{z}_{12} = z_{12}$$
で定義される $GL(2,\mathbb{C})$ の閉部分群であり，逆写像も明らかに連続である．す

なわち，位相群 $\mathbb{R}$ のこの 2 次元表現は，$GL(2,\mathbb{C})$ の閉部分群の上への位相同型写像となっている．

これとは異なるが

(5.3) $$\mathbb{R} \to GL(2,\mathbb{C}), \quad t \mapsto \begin{pmatrix} e^t & 0 \\ 0 & e^{-t} \end{pmatrix}$$

も連続な単射準同型で，像は
$$z_{12} = z_{21} = 0, \quad z_{11}z_{22} = 1, \quad z_{11} = \overline{z}_{11} > 0$$
で定義される $GL(2,\mathbb{C})$ の閉部分群となる．$x > 0$ のとき $\log x$ は x の連続関数であるから，やはりこの写像も $\mathbb{R}$ と $GL(2,\mathbb{C})$ のある閉部分群との位相群としての同型写像を与えている．そこで次のように定義しよう．

(b) 線型 Lie 群

定義 5.1（線型 Lie 群） $GL(n,\mathbb{C})$ の閉部分群を $GL(n,\mathbb{C})$ からの相対位相によって位相群とみなして**線型 Lie 群**と定義する．より一般に，この線型 Lie 群と位相群として同型な位相群も線型 Lie 群と呼ぶことにする． □

閉でない部分群

$GL(n,\mathbb{C})$ の部分群 G に関して，閉という条件をつけた．その条件をはずすと，「G の元の列 $\{g_n\}$ が，$GL(n,\mathbb{C})$ の元 g に収束しても，g は G の元でない」ということが起こってしまう．つまり，相対位相では G が完備でなくなって不都合である．このような部分群は考えなくてよいのであろうか？

位相群 $\mathbb{R}$ の例に戻ろう．実数 λ を 1 つ選んで，

(5.4) $$\mathbb{R} \to GL(2,\mathbb{C}), \quad t \mapsto g(t) = \begin{pmatrix} e^{\sqrt{-1}t} & 0 \\ 0 & e^{\sqrt{-1}\lambda t} \end{pmatrix}$$

という表現を考えてみよう．まず，この写像の単射性を調べてみる．

実数 s, t に対して $e^{\sqrt{-1}s} = e^{\sqrt{-1}t}$, $e^{\sqrt{-1}\lambda s} = e^{\sqrt{-1}\lambda t}$ となっているとすると，整数 m, n によって $s - t = 2\pi m$, $\lambda(s - t) = 2\pi n$ と表せることになる．すなわち，$\lambda m = n$ となる．λ を無理数にとっておけば，これが成立するのは $m = n = 0$ のときのみであるので，(5.4)は単射になる．

そこで，λ を無理数，例えば $\sqrt{2}$ としておく．(5.4)は単射準同型なので，

その像である $GL(2,\mathbb{C})$ の部分群とは,群として同型である.

このとき $\{e^{\sqrt{-1}2\pi\lambda n}\}_{n=1,2,\cdots}$ という複素数列は有界なので,収束部分列をもつ.例えば,部分列 $\{e^{\sqrt{-1}2\pi\lambda n_j}\}_{j=1,2,\cdots}$ が収束部分列であったとする.$m_j = n_{j+1} - n_j$ とおくと,$|e^{\sqrt{-1}2\pi\lambda n_{j+1}} - e^{\sqrt{-1}2\pi\lambda n_j}| = |e^{\sqrt{-1}2\pi\lambda m_j} - 1|$ であるから,数列 $\{e^{\sqrt{-1}2\pi\lambda m_j}\}$ は,$j \to \infty$ のときに 1 に収束することがわかる.$t_j = 2\pi m_j$ とおくと,$g(t_j)$ が $j \to \infty$ のとき $GL(2,\mathbb{C})$ の単位元に収束することを意味している.一方 $m_j > 0$ は整数であるから,t_j は 0 には収束しない.これは,(5.4)の逆写像が連続ではないこと,すなわち(5.4)は像の上への位相同型ではないことを意味している.

また,上のことは,$j \to \infty$ のとき,$|\lambda m_j - p_j| \to 0$ となる整数 p_j が存在することを示している.$\lambda m_j \neq p_j$ であるから,任意に実数 μ を選んだとき,$q_j(\lambda m_j - p_j)$ が μ に収束するように整数 q_j をとることができる.$t_j = 2\pi m_j q_j$ ととると,$g(t_j)$ は $g_\infty = \begin{pmatrix} 1 & \\ & e^{\sqrt{-1}2\pi\mu} \end{pmatrix}$ に収束する.この元 g_∞ は一般には(5.4)の像に入っていないことが,以下のようにしてわかる.

$g(t) = g_\infty$ と書けたとしてみよう.$e^{\sqrt{-1}t} = 1$,$e^{\sqrt{-1}\lambda t} = e^{\sqrt{-1}2\pi\mu}$ である.最初の式は,ある整数 p によって,$t = 2\pi p$ と書けることを意味している.次の式より $q = \lambda p - \mu$ は整数であることがわかる.例えば,$\lambda = \sqrt{2}$,$\mu = \sqrt{3}$ とすると,$q^2 = 2p^2 - 2\sqrt{6}p + 3$ であるが,これを成立させる整数 p, q は存在しない.

このような不都合を避けるにはどうしたらよいであろうか?

位相は,集合の元どうしが近いかどうかを測るものであることに戻って考えれば,あまり離れていない元どうしについて,どの程度近いかどうかがわかれば十分である.

例えば,$\mathbb{R}$ の元 t_0 に対し,(t_0-1, t_0+1) という開区間を考えてみる.(t_0-1, t_0+1) に(5.4)を制限して考えれば,(5.4)が単射ならば離れている点が埋め込み写像によっていくらでも近づいてしまうようなことは起こらない.すなわち,埋め込まれた像全体でなくて,もとの $\mathbb{R}$ について局所的に考えれば,(5.4)による埋め込みの像によって $\mathbb{R}$ の任意の点の近傍へ位相を定義し

たものは，もとの $\mathbb{R}$ における位相と一致している．

一方，一般に位相群 G と G の元 g に対し，$G \to G$, $x \to gx$ という写像は，G の点 x_0 の近傍から gx_0 の近傍の上への同相写像になるから，任意の点，例えば単位元の近傍のみで位相を定めておけば，G 全体での位相が定まることになる．そこで，以下のように位相群の局所同型，および $GL(n,\mathbb{C})$ の部分 Lie 群や，より一般の Lie 群を定義しよう．

(c) 部分 Lie 群

定義 5.2（局所同型） 位相群 G と H に対し，G の単位元の近傍 V と，H の単位元の近傍 U を適当にとると，V から U の上への同相写像 ι が存在し，$x, y \in V$ に対し

$$(5.5) \quad \begin{aligned} xy \in V &\iff \iota(x)\iota(y) \in U, \\ xy \in V &\implies \iota(x)\iota(y) = \iota(xy) \end{aligned}$$

となっているとき，位相群 G と H は**局所同型**(locally isomorphic)であるという． □

定義 5.3（Lie 群） 位相群 G が $GL(n,\mathbb{C})$ の部分群であって，G の単位元の近傍 V を適当にとると，

(5.6) V の位相は $GL(n,\mathbb{C})$ からの相対位相に等しい

(5.7) V を閉部分集合として含む $GL(n,\mathbb{C})$ の単位元の近傍 U が存在する．すなわち，$x_j \in V$ が $j \to \infty$ のとき $y \in U$ に収束すれば $y \in V$

および

(5.8) G の連結成分の数は，高々可算個

という条件が共に満たされるとき，G を $GL(n,\mathbb{C})$ の**部分 Lie 群**(Lie subgroup)という．

適当な n に対し，$GL(n,\mathbb{C})$ の部分 Lie 群と局所同型となるような位相群で，連結成分の数が高々可算個のものを **Lie 群**(Lie group)と呼ぶ．

Lie 群 $\widetilde{G}$ の部分 Lie 群 G とは，$\widetilde{G}$ の部分群であって，$GL(n,\mathbb{C})$ を $\widetilde{G}$ に読みかえて，上記の部分 Lie 群の条件(5.6)〜(5.8)を満たすもののことをいう． □

位相群 $G \subset GL(n,\mathbb{C})$ に対し，(5.6)と(5.7)の条件は，G の単位元の近傍 V を適当にとると，(5.6)かつ

(5.9)　V は $GL(n,\mathbb{C})$ の閉集合

となることと同値である．実際，(5.9)ならば $U = GL(n,\mathbb{C})$ として(5.7)が成立する．逆に(5.6)と(5.7)を満たす U, V に対し，U に含まれる $GL(n,\mathbb{C})$ の単位元の閉近傍 U_0 をとると，$V \cap U_0$ が(5.9)を満たす．

定義 5.3 の(5.8)以外の条件の下では，部分 Lie 群や Lie 群の定義における条件(5.8)は

(5.10)　G は第二可算公理を満たす

という条件と同値であることが，§5.5(b)で示される．

注意 5.4　多様体の構造をもつ位相群で $GL(n,\mathbb{C})$ への単射連続準同型が存在するものを線型 Lie 群，あるいは，部分 Lie 群と定義する場合もあるが，それはここでは採らない．

閉でない部分群として述べた例は，定義 5.3 の意味で $GL(2,\mathbb{C})$ の部分 Lie 群となっている．

$GL(n,\mathbb{C})$ の部分群 G が部分多様体となっているなら，G は自然に部分 Lie 群とみなせる．定理 5.27 で，この逆が成立することが示される．

$GL(n,\mathbb{C})$ に離散位相を入れたものは Lie 群ではない．これは(5.8)以外の定義 5.3 の仮定を満たしている．

Lie 群の部分 Lie 群が，Lie 群となることは定義からわかる．

線型 Lie 群は $GL(n,\mathbb{C})$ の閉部分群として実現されるので，明らかに(5.9)および(5.10)を満たし，$GL(n,\mathbb{C})$ の部分 Lie 群となる．

連結成分

位相空間 X に空でない真部分集合 Y で開かつ閉となっているものがないとき，X は連結であるという．Y が開かつ閉であるならば Y の元はその補集合 $X \setminus Y$ の元の収束先にならず，また，$X \setminus Y$ の元も Y の元の収束先にならないので，位相的には X は，Y と $X \setminus Y$ の2つの空間に分かれてしまう．

X の部分集合 Y が相対位相で連結となるとき，Y を連結部分集合という．さらに，X の元 x を含む連結部分集合すべての合併を，x を含む X の連結

成分という.連結部分集合の閉包は連結で,また共通元をもつ連結部分集合の合併も連結であるから,x を含む X の連結成分は,x を含む最大の連結部分集合で閉となることがわかる.また,X は,その連結成分たちの互いに素な和集合として表せることもわかる.

注意 5.5 連結成分は一般には開集合とは限らない.例えば,$\mathbb{R}$ の中の有理数の全体に相対位相を入れた位相群((5.7)を満たさない)では,各有理数が連結成分となる.一方,Lie 群の場合は連結成分がすべて開集合となる(補題 5.30).

定義 5.3 から (5.8) の仮定を除いた位相群の連結成分,あるいはそれと局所同相な位相群の連結成分は,定理 5.27 の証明から弧状連結なことがわかるので,元 x を含む連結成分とは,G 内の連続曲線をたどって x から到達可能な元全体の集合であるといっても同じである.

命題 5.6(単位元成分) 位相群 G の単位元を含む連結成分 G_0 は,G の正規閉部分群である.これを G の**単位元成分**(identity component)という.

[証明] 連結集合の直積や,連続写像による連結集合の像は連結となることに注意しよう.すると写像 $G_0 \times G_0 \to G$, $(x, y) \mapsto xy^{-1}$ の像は連結で単位元を含むから G_0 に含まれる.すなわち,G_0 は部分群である.

$g \in G$ に対して,$G \to G$, $x \mapsto gxg^{-1}$ は同相な群同型写像であるから,gG_0g^{-1} も G_0 と同様の性質をもつ.従って,$G_0 = gG_0g^{-1}$. ∎

定理 5.27 で示されるように,Lie 群は多様体の構造をもつ.多様体論では多くの場合,連結な多様体を考える.Lie 群論でも多くの場合,連結な Lie 群を考えるが,それのみでは不便なことがあるので,必ずしも連結性は仮定しない.ただし,商群 G/G_0 が複雑なものは普通は Lie 群論では扱わない.せいぜい簡単な有限群か,$\mathbb{Z}$ のようなものの場合のみである.

§5.2 行列の指数関数

前節では,$\mathbb{R}$ から $GL(2, \mathbb{C})$ への連続な準同型の 3 種類の例を考察した.行列の指数関数を用いると,それぞれ

$$\exp t\begin{pmatrix} 0 & 1 \\ 0 & 0 \end{pmatrix}, \quad \exp t\begin{pmatrix} 1 & 0 \\ 0 & -1 \end{pmatrix}, \quad \exp t\begin{pmatrix} \sqrt{-1} & 0 \\ 0 & \sqrt{-1}\lambda \end{pmatrix}$$

と表せる. Lie 群 $\mathbb{R}$ から一般の Lie 群への連続準同型は, 常に指数写像で表され, その積の構造を考察することから, Lie 環の概念が得られる.

行列の指数関数の定義から始めて, その性質を詳しく調べてみよう.

(a) 収束ベキ級数

実 n 変数の関数 $f(x_1, \cdots, x_n)$ が, 点 $x^o = (x_1^o, \cdots, x_n^o)$ で**実解析的**, あるいは, C^ω **級**とは, 点 x^o のある近傍 $U_r(x^o) := \{x \in \mathbb{R}^n : |x_1 - x_1^o| < r, \cdots, |x_n - x_n^o| < r\}$ で

$$(5.11) \quad f(x) = \sum_{j_1=0}^{\infty} \cdots \sum_{j_n=0}^{\infty} c_{j_1,\cdots,j_n}(x_1 - x_1^o)^{j_1} \cdots (x_n - x_n^o)^{j_n}$$

と収束するベキ級数で表せることである $(c_{j_1,\cdots,j_n} \in \mathbb{C})$. $|x_1 - x_1^o| = \cdots = |x_n - x_n^o| = R < r$ のときに (5.11) の右辺は収束することより

$$(5.12) \quad 0 < R < r \implies \exists C_R > 0,\ |c_{j_1,\cdots,j_n}| \leqq \frac{C_R}{R^{j_1 + \cdots + j_n}} \quad (\forall j_1, \cdots, \forall j_n)$$

でなければならない. また, 逆にこれが成立するとき, このベキ級数の収束半径は r 以上であるといい, $x \in U_r(x^o)$ のとき $|x_j - x_j^o| < R < r$ となるように R をとれば

$$\sum_{j_1=0}^{\infty} \cdots \sum_{j_n=0}^{\infty} |c_{j_1,\cdots,j_n}(x_1 - x_1^o)^{j_1} \cdots (x_n - x_n^o)^{j_n}|$$
$$\leqq C_R \frac{1}{1 - \frac{|x_1 - x_1^o|}{R}} \cdots \frac{1}{1 - \frac{|x_n - x_n^o|}{R}}$$

となって, ベキ級数は収束する.

$x^1 \in U_r(x^o)$ に対して, $x_j - x_j^o = (x_j - x_j^1) + (x_j^1 - x_j^o)$ とおいて, (5.11) の右辺を x^1 でのベキ級数展開に直すと, それは, $U_{r'}(x^1)$ で収束するベキ級数になることがわかる. ただし, r' は $0 < r' \leqq r - |x_j^1 - x_j^o|\ (j = 1, \cdots, n)$ となるようにとった.

よって (5.11) の右辺で定義される関数は, $U_r(x^o)$ の各点で C^ω 級となり,

収束ベキ級数が項別に微分可能であることに注意すると，$U_r(x^o)$ で C^∞ 級であることもわかる．

C^ω 級ということは C^∞ 級より強い条件であるが，C^ω 級関数の積や合成は，再び C^ω 級となり，陰関数の定理なども C^ω 級関数のなかで成立する．

一方，(5.11) の右辺は x や x^o の成分が複素数でも意味があり，$U_r^{\mathbb{C}}(x^o) := \{x \in \mathbb{C}^n : |x_1 - x_1^o| < r, \cdots, |x_n - x_n^o| < r\}$ で，(5.11) の右辺が収束することと，(5.12) の評価式が成立することとはやはり同値である．変数を複素変数にまで広げて考えてみよう．複素変数の関数で，定義域の各点の近傍で収束ベキ級数で表せる関数を正則関数 (holomorphic function) という．

Cauchy の積分公式を用いると

$$c_{j_1,\cdots,j_n} = \frac{1}{(2\pi\sqrt{-1})^n} \int_{|x_1 - x_1^o| = R} \cdots$$
$$\cdots \int_{|x_n - x_n^o| = R} \frac{f(x)}{(x_1 - x_1^o)^{j_1+1} \cdots (x_n - x_n^o)^{j_n+1}} dx_1 \cdots dx_n$$

と書けるので，

$$|c_{j_1,\cdots,j_n}| \leq \frac{\max_{|x_1 - x_1^o| = \cdots = |x_n - x_n^o| = R} |f(x)|}{R^{j_1 + \cdots + j_n}} \quad (0 < \forall R < r)$$

が得られる．この **Cauchy の評価式**を用いると，$U_r^{\mathbb{C}}(x^o)$ で収束ベキ級数で表される関数が，$U_r^{\mathbb{C}}(x^o)$ で広義一様にある関数に収束したとすると，その関数もやはり $U_r^{\mathbb{C}}(x^o)$ で収束するベキ級数で表されることがわかる．このような結果は，変数を複素数にまで広げて考えることによって，はじめて得られる．

以上の議論から，次の定理が得られる．

定理 5.7（Weierstrass の定理） 開集合上で定義された正則関数の広義一様収束極限は，正則関数となる． □

さらに，$x_1 = \xi_1 + \sqrt{-1}\eta_1, \cdots, x_n = \xi_n + \sqrt{-1}\eta_n$ と，実部と虚部に分けて $\mathbb{C}^n = \mathbb{R}^{2n}$ とみなすと，(5.11) の右辺は，点 x^o の周りで $2n$ 変数のベキ級数で表すことができ，C^ω 級の関数となる．また，それを $\mathbb{R}^{2n}$ の C^ω-部分多様体に制限したものは，その多様体上の C^ω 級関数となる．

なお，$\mathbb{R}^m$ の開集合から $\mathbb{R}^n$ への関数 $F(x) = (f_1(x), \cdots, f_n(x))$ が C^ω 級であるとは，すべての $f_j(x)$ がその性質をもつことをいう．同様に，$F(x) = (f_1(x), \cdots, f_n(x))$ が $\mathbb{C}^m$ の開集合から $\mathbb{C}^n$ への関数で各 $f_j(x)$ が正則となるとき，$F(x)$ は正則であるという．

(b) 行列のベキ級数

n 次元複素ベクトル空間 $\mathbb{C}^n$ の元 $v = \begin{pmatrix} v_1 \\ \vdots \\ v_n \end{pmatrix}, w = \begin{pmatrix} w_1 \\ \vdots \\ w_n \end{pmatrix}$ に対し，自然な内積

$$(v, w) = v_1 \overline{w}_1 + \cdots + v_n \overline{w}_n$$

とベクトルのノルム

$$\|v\| = \sqrt{(v, v)}$$

を定めておく．$\mathbb{C}^n$ 上の線型変換は n 次正方行列 $X = (X_{ij}) \in M(n, \mathbb{C})$ で表せるが，その作用素ノルムは

(5.13) $$\|X\| = \sup_{\|v\| = 1, \, v \in \mathbb{C}^n} \|Xv\|$$

と定義される．このとき「行列 X_j が $j \to \infty$ のとき X に収束する」という条件は，「$\|X - X_j\|$ が $j \to \infty$ のとき 0 に収束する」という条件と同じであることが，§4.3(a)の評価式(4.20)からわかる．

また

(5.14) $$|X \text{ の任意の固有値}| \leqq \|X\|$$

であることも，固有ベクトルを考えれば明らかであろう．

$X, Y \in M(n, \mathbb{C})$ に対し，以下が成り立つことに注意しておこう．

(5.15) $$\begin{cases} \|cX\| = |c| \, \|X\| \quad (c \in \mathbb{C}), \\ \|X + Y\| \leqq \|X\| + \|Y\|, \\ \|XY\| \leqq \|X\| \, \|Y\|. \end{cases}$$

補題 5.8（行列のベキ級数）

(5.16) $$f(t) = \sum_{j=1}^{\infty} c_j t^j$$

を，収束半径が R 以上のベキ級数とする($c_j \in \mathbb{C}$)．$X \in M(n, \mathbb{C})$ が，$\|X\| < R$ を満たすならば，

(5.17) $$f(X) = \sum_{j=1}^{\infty} c_j X^j$$

は収束し，$\{X \in M(n, \mathbb{C}) : \|X\| < R\}$ 上で $X = (X_{ij})$ の正則な関数となる．

［証明］ $F(t) = \sum_{j=1}^{\infty} |c_j| t^j$ と定義されるベキ級数を考えると，$F(t)$ も $|t| < R$ で収束し，t に関して連続な関数を定めている．
$f_k(X) = \sum_{j=1}^{k} c_j X^j$ という部分和を考える．正整数 $k > l$ に対し，

$$\|f_k(X) - f_l(X)\| = \left\| \sum_{j=l+1}^{k} c_j X^j \right\| \leq \sum_{j=l+1}^{k} |c_j| \|X\|^j$$

となるので，$\|X\| < R$ ならば，$F(\|X\|)$ が収束することから $f(X)$ も収束することがわかる．$f_l(X)$ の各成分は，X の成分 X_{ij} の多項式で表され，またこの収束は $\{X \in M(n, \mathbb{C}) : \|X\| < R\}$ 上で広義一様となるので，Weierstrass の定理から $f(X)$ は X の正則関数となる． ■

補題 5.9 $f(t), h(t), u(t)$ を収束ベキ級数とし，$f(t)$ と $h(t)$ の収束半径はそれぞれ R, R' 以上であるとする．$\|X\| < R$ を満たす $X \in M(n, \mathbb{C})$ を考える．

（ i ） $R = R'$, $u(t) = f(t) + h(t) \implies u(X) = f(X) + h(X)$.
（ ii ） $R = R'$, $u(t) = f(t) h(t) \implies u(X) = f(X) h(X)$.
（iii） $\|X\| < R$ のとき，$\|f(X)\| < R'$ が成り立つとする．
$$u(t) = h(f(t)) \implies u(X) = h(f(X)).$$

［証明］ $f(t) = \sum c_j t^j$ とする．適当な $g \in GL(n, \mathbb{C})$ を選んだとき

$$gXg^{-1} = \begin{pmatrix} \lambda_1 & & 0 \\ & \ddots & \\ 0 & & \lambda_n \end{pmatrix} \implies f(gXg^{-1}) = \begin{pmatrix} f(\lambda_1) & & 0 \\ & \ddots & \\ 0 & & f(\lambda_n) \end{pmatrix}.$$

$|\lambda_j|<R$ であり，$gX^n g^{-1}=(gXg^{-1})^n$ であるから $gf(X)g^{-1}=f(gXg^{-1})$ などとなることを考えれば，X が対角化可能なときは，補題が成立することは明らかである．

一般の X でも，適当な $g\in GL(n,\mathbb{C})$ によって $Y=gXg^{-1}$ を上三角行列にすることができる．$E(s)$ を j 番目の対角成分が s^j となる対角行列とすると，$0<|s|\ll 1$ のとき，$Y(s)=Y+E(s)$ の固有値はすべて異なるので，対角化可能である．$X=\lim_{s\to 0}g^{-1}Y(s)g$ となるから，すべての行列は，対角化可能行列の極限で表せることがわかる．

一方，証明したい式の両辺は X に関して連続であり，対角化可能行列では等号が成立しているので，補題がいえる．∎

ベキ級数

$$\exp t = e^t = \sum_{j=0}^\infty \frac{t^j}{j!}$$

は収束半径が ∞，

$$\log(t+1)=\sum_{j=1}^\infty \frac{(-1)^{j-1}}{j}t^j$$

は収束半径が 1 であって，

(5.18)　　　　$|s-1|<1 \implies e^{\log s}=s,$

(5.19)　　　　$|t|<\log 2 \implies \log e^t = t$

が成立する．$X\in M(n,\mathbb{C})$ が $\|X\|<\log 2$ を満たせば，$\|e^X-I_n\|\le \sum_{j=1}^\infty \frac{\|X\|^j}{j!} = e^{\|X\|}-1<1$ となることに注意すると，補題 5.9 より次の補題がわかる．

補題 5.10（行列の指数関数と対数関数）　$X\in M(n,\mathbb{C})$ に対して

(5.20)　　$\exp X = e^X := \sum_{j=0}^\infty \frac{X^j}{j!},$

(5.21)　　$\log X := \sum_{j=1}^\infty \frac{(-1)^{j-1}}{j}(X-I_n)^j,\quad$ ただし $\|X-I_n\|<1$

と定義すると

$$\|X - I_n\| < 1 \quad \text{のとき} \quad e^{\log X} = X,$$
$$\|X\| < \log 2 \quad \text{のとき} \quad \log e^X = X$$

が成立する. □

$e^{s+t} = e^s e^t \ (s, t \in \mathbb{C})$ であるが, $X, Y \in M(n, \mathbb{C})$ の場合は, $e^{X+Y} = e^X e^Y$ とは限らない. ただし, $XY = YX$ が成立するなら, e^{s+t} の場合と同様

$$e^{X+Y} = \sum_{j=0}^{\infty} \frac{1}{j!}(X+Y)^j = \sum_{j=0}^{\infty} \frac{1}{j!} \sum_{i=0}^{j} \frac{j!}{i!(j-i)!} X^i Y^{j-i}$$
$$= \sum_{j=0}^{\infty} \sum_{i=0}^{j} \frac{X^i}{i!} \frac{Y^{j-i}}{(j-i)!} = \left(\sum_{j=0}^{\infty} \frac{X^i}{i!}\right)\left(\sum_{k=0}^{\infty} \frac{Y^k}{k!}\right) = e^X e^Y$$

となる.

補題 5.11（指数関数の性質） $X, Y \in M(n, \mathbb{C})$ のとき

(5.22) $\qquad XY = YX \implies e^{X+Y} = e^X e^Y$

(5.23) $\qquad m \in \mathbb{Z} \implies (e^X)^m = e^{mX}$

(5.24) $\qquad e^{tX} = \sum_{j=0}^{k} \frac{t^j X^j}{j!} + O(t^{k+1})$

(5.25) $\qquad \dfrac{d}{dt} e^{tX} = e^{tX} X = X e^{tX}$

□

補題における $O(t^{k+1})$ とは, t に応じて定まる $M(n, \mathbb{C})$ の元 R_t で, ある正数 C に対して $\|R_t\| \leqq C|t|^{k+1}$ $(0 < |t| \ll 1)$ を満たすものを一般的に表している. なお, 正数 C がいくらでも小さくとれるとき, O を小文字にして $o(t^{k+1})$ と書く.

[証明] (5.23)は $Y = -X$, $Y = (m-1)X$ などとおいて最初の等式を使えば, 帰納的にわかる. また

$$\left\| e^{tX} - \sum_{j=0}^{k} \frac{t^j X^j}{j!} \right\| = \left\| \sum_{j=k+1}^{\infty} \frac{t^j X^j}{j!} \right\|$$
$$\leqq |t^{k+1}| \|X^{k+1}\| \left\| \sum_{i=0}^{\infty} \frac{t^i X^i}{(i+k+1)!} \right\|$$
$$\leqq |t^{k+1}| \|X^{k+1}\| e^{|t|\|X\|}$$

より(5.24)が得られ，さらに
$$e^{(t+h)X} - e^{tX} = e^{tX}(e^{hX} - I_n) = e^{tX}(hX + O(h^2))$$
などから(5.25)が得られる． ∎

§5.3 Lie 環

行列の群の単位元の近傍は，指数関数を用いて，行列における零行列の近傍と同一視できる．行列の群のそのままの成分ではなくて，この写像を用いて単位元の近傍を表すと，逆元やベキなどの群の積の構造が見やすい．ただし行列の指数関数は一般に $e^X e^Y = e^{X+Y}$ を満たさない．その差を記述するものとして Lie 群の Lie 環が登場する．

(a) Lie 群への指数写像

定義 5.12（Lie 群の Lie 環） $GL(n,\mathbb{C})$ の部分 Lie 群 G に対し，G の Lie 環 $\mathrm{Lie}(G)$ を

$$(5.26) \qquad \mathrm{Lie}(G) := \{X \in M(n,\mathbb{C}) : e^{tX} \in G \ (\forall t \in \mathbb{R})\}$$

と定義する．一般の Lie 群 G に対しては，G と局所同型な $GL(n,\mathbb{C})$ の部分 Lie 群の Lie 環を G の Lie 環と定義する． □

Lie 群をローマ字で表したとき，その Lie 環を $\mathfrak{g} := \mathrm{Lie}(G)$ のようにドイツ文字の小文字で表す習慣がある．

次の命題は，定義から直ちに従う．

命題 5.13 $GL(n,\mathbb{C})$ の2つの部分 Lie 群 G と H の Lie 環をそれぞれ $\mathfrak{g}$ と $\mathfrak{h}$ とするとき，$G \cap H$ の Lie 環は $\mathfrak{g} \cap \mathfrak{h}$ となる． □

$GL(n,\mathbb{C})$ の単位元の近傍の元は $e^X\ (X \in M(n,\mathbb{C}))$ と表せるので，この表示で群の積がどうなるか調べてみよう．

補題 5.14（指数関数の非可換性） 行列 $X, Y \in M(n,\mathbb{C})$ の指数関数は，$\mathbb{C} \ni t \to 0$ のときに以下の関係を満たす．

$$(5.27) \qquad e^{tX} e^{tY} = \exp\left(t(X+Y) + \frac{t^2}{2}[X,Y] + O(t^3) \right)$$

§5.3 Lie 環 —— 183

(5.28) $\quad e^{tX}e^{tY}e^{-tX} = \exp\left(tY + t^2[X,Y] + O(t^3)\right)$

(5.29) $\quad e^{tX}e^{tY}e^{-tX}e^{-tY} = \exp\left(t^2[X,Y] + O(t^3)\right)$ □

なお，$[X,Y]$ は行列 X,Y の**交換子**(commutator)で

(5.30) $\quad\quad\quad\quad\quad [X,Y] := XY - YX$

と定義される．

$e^{tX} = I_n + tX + O(t^2)$ であるから，$X \in M(n,\mathbb{C})$ に対して e^{tX} を $o(t^1)$ で考えることは，$GL(n,\mathbb{C})$ の単位元の1次の無限小近傍を考えているとみなせる．1次の無限小のみを考えていると，それは互いに可換であり，群としての非可換な積の構造が現れてこない．上記の補題からわかるように，2次の無限小まで考慮すると，非可換性をとらえることができる．すなわち，$X \in M(n,\mathbb{C})$ は単位元の1次の無限小，$[X,Y]$ は群の非可換性を記述する2次の無限小であると考えられる．

(5.27)の右辺の高次の一般項を具体的に与える式に，Campbell–Hausdorff の公式がある((5.72)を参照)．

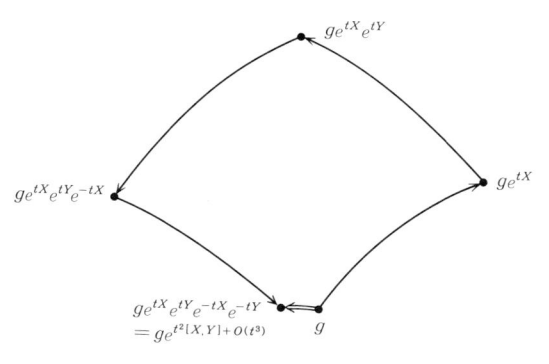

図 **5.1** $\quad g \mapsto ge^{tX}$

[補題 5.14 の証明]　(5.27)の左辺を Z とおくと

$$Z = e^{tX}e^{tY}$$
$$= \left(I_n + tX + \frac{t^2}{2}X^2 + O(t^3)\right)\left(I_n + tY + \frac{t^2}{2}Y^2 + O(t^3)\right)$$

$$= I_n + t(X+Y) + \frac{t^2}{2}(X^2+2XY+Y^2) + O(t^3),$$

$$\log e^{tX}e^{tY} = \log Z = (Z-I_n) - \frac{1}{2}(Z-I_n)^2 + O(\|Z-I_n\|^3)$$

$$= t(X+Y) + \frac{t^2}{2}(X^2+2XY+Y^2) - \frac{t^2}{2}(X+Y)^2 + O(t^3)$$

$$= t(X+Y) + \frac{t^2}{2}[X,Y] + O(t^3).$$

上の式の X と Y を，それぞれ $(X+Y) + \frac{t}{2}[X,Y] + O(t^2)$ と $-X$ で置き換えると

$$\log e^{tX}e^{tY}e^{-tX} = t\Big(\big(X+Y+\frac{t}{2}[X,Y]\big)+(-X)\Big) + \frac{t^2}{2}[X+Y,-X] + O(t^3)$$

$$= tY + t^2[X,Y] + O(t^3).$$

同様に X と Y を，$Y+t[X,Y]+O(t^2)$ と $-Y$ で置き換えると

$$\log(e^{tX}e^{tY}e^{-tX}e^{-tY})$$

$$= t\Big((Y+t[X,Y])+(-Y)\Big) + \frac{t^2}{2}[Y,-Y] + O(t^3) = t^2[X,Y] + O(t^3).$$

定理 5.23 で示されるように，$\mathfrak{g} := \mathrm{Lie}(G)$ は線型空間となるのみならず，$[X,Y]\in\mathfrak{g}$ ($\forall X, Y\in\mathfrak{g}$) を満たす．この構造をもつものは，一般に Lie 環と呼ばれる．次節では，Lie 環についての基本的な用語を述べておこう．

(b) 一般の Lie 環

$\mathbb{R}$ 上の線型空間 V の上の線型変換 $X,Y\in\mathrm{End}(V)$ に対しても，式(5.30)で $[X,Y]\in\mathrm{End}(V)$ を定義する．容易にわかるように

(5.31) $$[X,X] = 0,$$

(5.32) $$[a_1X_1+a_2X_2, b_1Y_1+b_2Y_2] = \sum_{i=1}^{2}\sum_{j=1}^{2} a_ib_j[X_i,Y_j] \quad (\forall a_i, \forall b_j \in \mathbb{R})$$

であるが，$[X,[Y,Z]] = [X,YZ-ZY] = XYZ-XZY-YZX+ZYX$ などに注意して計算すれば

(5.33) $$[X,[Y,Z]]+[Y,[Z,X]]+[Z,[X,Y]] = 0 \quad (\textbf{Jacobi 律})$$

が得られる.

定義 5.15(Lie 環)　$\mathbb{R}$(または$\mathbb{C}$)上の線型空間 L で，その任意の 2 元 X, Y に対して L の元 $[X, Y]$ を対応させる演算が定義されていて，(5.31)～(5.33)の条件が満たされるとき，それを $\mathbb{R}$(または$\mathbb{C}$)上の**Lie 環**(Lie algebra)という．ただし，$\mathbb{C}$ 上の Lie 環の場合は，(5.32)において $a_i, b_j \in \mathbb{C}$ とする．　□

なお，(5.31), (5.32)より $0 = [X+Y, X+Y] = [X,X]+[X,Y]+[Y,X]+[Y,Y] = [X,Y]+[Y,X]$ であるから，

(5.34)　　　　　$[X,Y]+[Y,X] = 0$　（反可換性）

がわかる．

例 5.16　$M(n, \mathbb{C})$ は(5.30)により自然に $\mathbb{C}$ 上の n^2 次元の Lie 環となる．一方，$M(n, \mathbb{C})$ は，$\mathbb{R}$ 上の $2n^2$ 次元の線型空間で，その元は $\mathbb{C}^n \simeq \mathbb{R}^{2n}$ 上の線型変換とみなせるが，それによって自然に $\mathbb{R}$ 上の $2n^2$ 次元の Lie 環ともみなせる．　□

定義 5.17　Lie 環 L の部分空間 L' で，$[L', L'] \subset L'$ を満たすものは，自然に Lie 環となる．このような L' を L の**部分 Lie 環**(Lie subalgebra)という．特に，$[L, L'] \subset L'$ を満たすものを，L の**イデアル**(ideal)という．

2 つの Lie 環 L_1, L_2 の間の線型写像 $\varPhi: L_1 \to L_2$ で，$\varPhi([X,Y]) = [\varPhi(X), \varPhi(Y)]$ $(X, Y \in L_1)$ を満たすものを，Lie 環の**準同型写像**という．

$X \in L_1$, $Y \in \mathrm{Ker}\,\varPhi$ ならば，$\varPhi([X,Y]) = [\varPhi(X), \varPhi(Y)] = 0$ となる．すなわち，$[L_1, \mathrm{Ker}\,\varPhi] \subset \mathrm{Ker}\,\varPhi$ である．よって，$\mathrm{Ker}\,\varPhi$ は，L_1 のイデアルとなる．また $\mathrm{Image}\,\varPhi$ は，L_2 の部分 Lie 環となる．$\varPhi$ が全単射となるとき，$\varPhi$ は Lie 環の**同型写像**(isomorphism)であるといい，Lie 環 L_1 と L_2 は**同型**(isomorphic)であるという．

線型空間 V 上の線型変換の全体 $\mathrm{End}(V)$ を式(5.30)により Lie 環とみなしたものを $\mathfrak{gl}(V)$ と書く．特に Lie 環 L から $\mathfrak{gl}(V)$ への準同型写像 $\varPhi$，あるいは $(\varPhi, V)$ の組を，Lie 環 L の**表現**(representation)という．

Lie 環 L のイデアル $\{X \in L : [X, Y] = 0\ (\forall Y \in L)\}$ を L の**中心**(center)という．中心が全体 L に等しい自明な Lie 環を**可換 Lie 環**という．

自分自身と 0 という自明なイデアル以外のイデアルをもたず可換でない Lie 環を**単純 Lie 環**(simple Lie algebra)という.

Lie 環 $\mathfrak{g}$ がそのイデアルの線型空間としての直和に $\mathfrak{g} = \mathfrak{g}_1 \oplus \cdots \oplus \mathfrak{g}_k$ と表せるとき,$\mathfrak{g}$ は Lie 環 $\mathfrak{g}_1, \cdots, \mathfrak{g}_k$ の**直和**(direct sum)であるという.このとき,$[\mathfrak{g}_i, \mathfrak{g}_j] \subset \mathfrak{g}_i \cap \mathfrak{g}_j$ となるので $i \neq j$ ならば $X \in \mathfrak{g}_i$ と $Y \in \mathfrak{g}_j$ は $[X,Y] = 0$ を満たす.よって,$\mathfrak{g}$ の Lie 環としての構造は,その直和成分の Lie 環の構造から一意に定まっている.

単純 Lie 環の直和となる Lie 環は**半単純 Lie 環**(semisimple Lie algebra)と呼ばれる.また,可換 Lie 環と半単純 Lie 環の直和となる Lie 環は**簡約 Lie 環**(reductive Lie algebra)と呼ばれる.

$\mathfrak{h}$ が Lie 環 $\mathfrak{g}$ のイデアルであるとする.このとき線型空間 $\mathfrak{g}/\mathfrak{h}$ には,射影 $\mathfrak{g} \to \mathfrak{g}/\mathfrak{h}$ が準同型となるような Lie 環の構造が一意に入る.これを $\mathfrak{h}$ による $\mathfrak{g}$ の**商 Lie 環**(quotient Lie algebra)という.実際 $X_1, X_2, Y_1, Y_2 \in \mathfrak{g}$ で $X_1 - X_2 \in \mathfrak{h}$, $Y_1 - Y_2 \in \mathfrak{h}$ ならば $[X_1, Y_1] = [X_2 + (X_1 - X_2), Y_2 + (Y_1 - Y_2)] = [X_2, Y_2] + [X_1 - X_2, Y_1] + [X_2, Y_1 - Y_2] \in [X_2, Y_2] + \mathfrak{h}$ であるから $\mathfrak{g}/\mathfrak{h}$ は Lie 環となる.

Lie 環の準同型写像 $\Phi: L_1 \to L_2$ から自然に Lie 環の同型写像 $L_1/\operatorname{Ker}\Phi \simeq \operatorname{Image}\Phi$ が定義される.これを Lie 環における**準同型定理**という. □

例 5.18(随伴表現) Lie 環 $\mathfrak{g}$ に対し,線型写像 $\operatorname{ad}: \mathfrak{g} \to \operatorname{End}(\mathfrak{g})$ を

(5.35) $$\operatorname{ad}(X)Y := [X, Y] \quad (\forall X, Y \in \mathfrak{g})$$

と定義する.Jacobi 律(5.33)の左辺の 3 項目を右辺に移項して Lie 環の反可換性を使うと

(5.36) $$[\operatorname{ad}(X), \operatorname{ad}(Y)] = \operatorname{ad}([X, Y])$$

がわかる.すなわち $(\operatorname{ad}, \mathfrak{g})$ は $\mathfrak{g}$ の表現となる.この表現を $\mathfrak{g}$ の**随伴表現**(adjoint representation)という.

準同型定理により

(5.37) $$\mathfrak{g}/\operatorname{Ker}\operatorname{ad} \simeq \operatorname{ad}(\mathfrak{g})$$

を得る.特に $\mathfrak{g}$ の中心が 0 なら,$\mathfrak{g} \simeq \operatorname{ad}(\mathfrak{g}) \subset \operatorname{End}(\mathfrak{g})$ である. □

§5.4 Lie 群と Lie 環の例

(a) 複素数体，四元数体の乗法群

例 5.19（複素数体）
$$\widetilde{J}_2 = \begin{pmatrix} 0 & -1 \\ 1 & 0 \end{pmatrix}$$
とおくと，$\widetilde{J}_2^2 = -I_2$ を満たす．従って，$\mathbb{C}$ から
$$M_2 = \left\{ \begin{pmatrix} p & -q \\ q & p \end{pmatrix} \in M(2, \mathbb{R}) \right\}$$
への全単射
$$\iota : \mathbb{C} \to M_2, \quad z = p + q\sqrt{-1} \mapsto pI_2 + q\widetilde{J}_2$$
は，和と積を保つ $\mathbb{R}$-線型写像となる．0 でない複素数全体 $\mathbb{C}^\times := GL(1, \mathbb{C})$ は線型 Lie 群である．上の写像を $\mathbb{C}^\times$ に制限すれば，$\mathbb{C}^\times$ から $GL(2, \mathbb{R})$ の部分 Lie 群 $M_2' := M_2 \cap GL(2, \mathbb{R})$ の上への Lie 群としての同型写像となる．すなわち，$\mathbb{C}^\times$ は，$GL(2, \mathbb{R})$ の閉部分 Lie 群と同一視できる．

M_2' の Lie 環を求めてみよう．$X \in M(2, \mathbb{C})$ に対し，$e^{tX} = I_n + tX + O(t^2)$ に注意すれば，$e^{tX} \in M_2'$ $(t \in \mathbb{R}) \Longrightarrow X \in M_2$ がわかる．また
$$e^{t\begin{pmatrix} p & -q \\ q & p \end{pmatrix}} = \begin{pmatrix} e^{tp} \cos tq & -e^{tp} \sin tq \\ e^{tp} \sin tq & e^{tp} \cos tq \end{pmatrix}$$
であるから，M_2' の Lie 環は M_2 となる．
$$M(n, \mathbb{C}) \to M(2n, \mathbb{R}), \quad \bigl(z_{ij}\bigr) \mapsto \bigl(\iota(z_{ij})\bigr) = \begin{pmatrix} \iota(z_{11}) & \cdots & \iota(z_{1n}) \\ \cdots\cdots\cdots\cdots\cdots \\ \iota(z_{n1}) & \cdots & \iota(z_{nn}) \end{pmatrix}$$
は，$M(n, \mathbb{C})$ から $M(2n, \mathbb{R})$ への $\mathbb{R}$-線型写像で，和と積を保つ．これを $GL(n, \mathbb{C})$ に制限することにより，$GL(n, \mathbb{C})$ は $GL(2n, \mathbb{R})$ の閉部分 Lie 群と同一視できる． □

例 5.20 Hamilton の**四元数体** $\mathbb{H}$ は，$\mathbb{R}$ 上の 4 次元の線型空間 $\{p + q\boldsymbol{i} + r\boldsymbol{j} + s\boldsymbol{k}; \ p, q, r, s \in \mathbb{R}\}$ で，以下のように積が定義されたものである：$\boldsymbol{i}, \boldsymbol{j}, \boldsymbol{k} \in$

$\mathbb{H}$ は,
$$i = jk = -kj, \quad j = ki = -ik, \quad k = ij = -ji,$$
$$i^2 = j^2 = k^2 = -1$$

という関係式を満たす．一般の元の積は，$\mathbb{R}$-双線型，すなわち $\alpha, \beta, \gamma, \delta \in \mathbb{R}$, $x, y, u, v \in \mathbb{H}$ に対し
$$(\alpha x + \beta y)(\gamma u + \delta v) = \alpha\gamma xu + \alpha\delta xv + \beta\gamma yu + \beta\delta yv$$
となるように定義される．
$$\widetilde{J}_3 = \begin{pmatrix} 0 & -\sqrt{-1} \\ -\sqrt{-1} & 0 \end{pmatrix}, \quad \widetilde{J}_4 = \begin{pmatrix} \sqrt{-1} & 0 \\ 0 & -\sqrt{-1} \end{pmatrix}$$
とおくと，$\widetilde{J}_2 = \widetilde{J}_3\widetilde{J}_4 = -\widetilde{J}_4\widetilde{J}_3$, $\widetilde{J}_3 = \widetilde{J}_4\widetilde{J}_2 = -\widetilde{J}_2\widetilde{J}_4$, $\widetilde{J}_4 = \widetilde{J}_2\widetilde{J}_3 = -\widetilde{J}_3\widetilde{J}_2$, $\widetilde{J}_2^2 = \widetilde{J}_3^2 = \widetilde{J}_4^2 = -I_2$ となる．よって
$$\mathbb{H} \to M(2,\mathbb{C}), \quad p + q\boldsymbol{i} + r\boldsymbol{j} + s\boldsymbol{k} \mapsto pI_2 + q\widetilde{J}_2 + r\widetilde{J}_3 + s\widetilde{J}_4$$
は，$\mathbb{H}$ から $M(2,\mathbb{C})$ への $\mathbb{R}$-線型写像で，和と積を保つ．この像は
$$M_4 = \left\{ \begin{pmatrix} a & -b \\ \overline{b} & \overline{a} \end{pmatrix} : (a, b) \in \mathbb{C}^2 \right\}$$
である．

$h = p + q\boldsymbol{i} + r\boldsymbol{j} + s\boldsymbol{k} \in \mathbb{H}$ の共役四元数を $\overline{h} = p - q\boldsymbol{i} - r\boldsymbol{j} - s\boldsymbol{k}$ とおく．
$$\det(pI_2 + qJ_2 + rJ_3 + sJ_4) = p^2 + q^2 + r^2 + s^2 = h\overline{h} = \overline{h}h$$
であるから，$(p, q, r, s) \neq 0$ のときこの行列は可逆で，逆行列は，$(p^2 + q^2 + r^2 + s^2)^{-1}(pI_2 - q\widetilde{J}_2 - r\widetilde{J}_3 - s\widetilde{J}_4)$ となる．

$\mathbb{H}^\times := \mathbb{H} \setminus \{0\}$ は積により Lie 群となるが，それは上の写像により $GL(2,\mathbb{C})$ の部分 Lie 群
$$M_4' = \left\{ \begin{pmatrix} a & -b \\ \overline{b} & \overline{a} \end{pmatrix} \in GL(2,\mathbb{C}) \right\}$$
と，従って，$GL(4,\mathbb{R})$ の部分 Lie 群とも同一視される．

M_4' の Lie 環は，$\mathbb{C}^\times$ のときと同様な考察により M_4 に含まれるが，実は M_4 に等しい．直接確かめられるが，次の注意 5.21 を使ってもよい． □

注意 5.21 後述の定理 5.43 を使うと，$GL(n,\mathbb{C})$ の部分 Lie 群 G の Lie 環は

$$\{X \in M(n,\mathbb{C}) \colon I_n + tX \in G \mod o(t)\}$$

であることがわかる．これは具体的な線型 Lie 群の Lie 環を計算するのに役立つ．

(b) 線型 Lie 群の Lie 環

例 5.22 $GL(n,\mathbb{C})$ の Lie 環 $\mathfrak{gl}(n,\mathbb{C})$ は $M(n,\mathbb{C})$ で，$GL(n,\mathbb{R})$ の Lie 環 $\mathfrak{gl}(n,\mathbb{R})$ は $M(n,\mathbb{R})$ である．

$\det(e^{sX}) = e^{s\operatorname{Trace}(X)}$ に注意すれば，$SL(n,\mathbb{C}), SL(n,\mathbb{R})$ の Lie 環は

$$\mathfrak{sl}(n,\mathbb{C}) := \{X \in \mathfrak{gl}(n,\mathbb{C}) = M(n,\mathbb{C}) \colon \operatorname{Trace}(X) = 0\},$$
$$\mathfrak{sl}(n,\mathbb{R}) := \{X \in \mathfrak{gl}(n,\mathbb{R}) = M(n,\mathbb{R}) \colon \operatorname{Trace}(X) = 0\}.$$

n 次ユニタリ群 $U(n)$ は，${}^t\overline{g}g = I_n$ を満たす $g \in GL(n,\mathbb{C})$ のなす $GL(n,\mathbb{C})$ の部分 Lie 群として定義される．$g = e^{sX}$ とおくと，$I_n = \overline{{}^t e^{sX}} e^{sX} = e^{s{}^t\overline{X}} e^{sX} = (I_n + s{}^t\overline{X} + o(s))(I_n + sX + o(s)) = I_n + s({}^t\overline{X} + X) + o(s)$ より，${}^t\overline{X} = -X$ でなければならない．逆にこの条件を満たしていれば $\overline{{}^t e^{sX}} e^{sX} = e^{-s{}^t\overline{X}} e^{sX} = e^{-sX} e^{sX} = I_n$ である．よって，$U(n)$ の Lie 環は

$$\mathfrak{u}(n) := \{X \in \mathfrak{gl}(n,\mathbb{C}) \colon {}^t\overline{X} + X = 0\}$$

すなわち歪 Hermite 行列の全体となる．n 次直交群 $O(n)$ は，$O(n) = U(n) \cap GL(n,\mathbb{R})$ を満たすので，その Lie 環 $\mathfrak{o}(n)$ は $\mathfrak{u}(n) \cap \mathfrak{gl}(n,\mathbb{R})$ に等しい．すなわち実歪対称行列の全体となる：

$$\mathfrak{o}(n) := \{X \in \mathfrak{gl}(n,\mathbb{R}) \colon {}^tX + X = 0\}. \qquad \square$$

§5.5 Lie 群の解析性

(a) Lie 群が定める Lie 環

定義 5.12 で定義した Lie 群の Lie 環が定義 5.15 の意味で Lie 環になることは，次の定理で保証される：

定理 5.23 $GL(n,\mathbb{C})$ の部分 Lie 群 G の Lie 環を $\mathfrak{g}$ とする．
(i) $\mathfrak{g}$ は $M(n,\mathbb{C})$ の $\mathbb{R}$-線型部分空間となる．
(ii) $[\mathfrak{g}, \mathfrak{g}] \subset \mathfrak{g}$. $\qquad \square$

部分 Lie 群の定義は，定義 5.3 で与えたが，そこにおける U, V はさらに

次のようにとることができる:

補題 5.24 G を $GL(n,\mathbb{C})$ の部分 Lie 群とする. G の単位元の近傍 V を適当に選ぶと, V の位相は $GL(n,\mathbb{C})$ からの相対位相に等しく, V を閉部分集合として含む $GL(n,\mathbb{C})$ の単位元の近傍 U で

(5.38) $$x, y \in V,\ xy \in U \implies xy \in V$$

となるものが存在する.

[証明] G の単位元の閉近傍 V で, (5.6)かつ(5.9)を満たすものをとる. 写像 $G \times G \to G$, $(x,y) \mapsto xy$ は連続であるから, G の単位元の開近傍で, $V_0 V_0 \subset V$ となるものが存在する. V の位相は $GL(n,\mathbb{C})$ からの相対位相に等しいから, $GL(n,\mathbb{C})$ の単位元の開近傍 U で $V_0 = V \cap U$ となるものが存在する. V_0 は U の閉部分集合で,

$$x, y \in V_0,\ xy \in U \implies xy \in V \cap U = V_0$$

となるので, この V_0 が補題の条件を満たす. ∎

Lie 環は, Lie 群の単位元の近傍の構造から決まる:

補題 5.25 $GL(n,\mathbb{C})$ の部分 Lie 群の任意の単位元の近傍 W に対して

(5.39) $$\mathfrak{g}_W := \{X \in M(n,\mathbb{C}) : e^{tX} \in W\ (0 < \forall t \ll 1)\}$$

は, G の Lie 環に一致する. □

$g \in G$ ならば, $g^m \in G\ (\forall m \in \mathbb{Z})$ であるから, $\mathfrak{g}_W \subset \mathfrak{g}$ は明らか.

逆の包含関係も一見明らかなようであるが, そうではなく, 条件(5.8)が必要である($GL(n,\mathbb{C})$ に離散位相を入れたものを考えてみよ).

この補題の証明は後にまわし, 補題 5.24 の仮定にある V を W と選んだときの $\mathfrak{g}_W$ を $\mathfrak{g}$ であるとみなして, すなわち

(5.40) $$\mathfrak{g} = \{X \in M(n,\mathbb{C}) : e^{tX} \in V\ (0 < \forall t \ll 1)\}$$

とおいて, 定理 5.23 と定理 5.27 を証明する. 補題 5.25 は定理 5.27 の証明の途中で示される.

[(5.40)のもとでの定理 5.23 の証明] (i) <u>ステップ(1)</u> $X \in \mathfrak{g}$ ならば, $c > 0$ に対して $cX \in \mathfrak{g}$ となることは, (5.40)から明らか. $-X \in \mathfrak{g}$ を示そう.

V の位相は $GL(n,\mathbb{C})$ の部分集合としての相対位相であるから

(5.41)
$$M(\varepsilon) := \{X \in M(n, \mathbb{C}) : \|X\| < \varepsilon\},$$
$$U_\varepsilon := \exp M(\varepsilon)$$

とおくと，$V \cap U_\varepsilon$ ($\varepsilon > 0$) が G の単位元の基本近傍系になる．写像 $G \to G$, $g \mapsto g^{-1}$ は連続であるから，$\varepsilon > 0$ を十分小さくとれば，$g \in V \cap U_\varepsilon \Longrightarrow g^{-1} \in V$ が成り立つ．よって，$X \in \mathfrak{g}$ のとき，$0 < t \ll 1$ ならば，$e^{tX} \in V \cap U_\varepsilon \Longrightarrow e^{t(-X)} = (e^{tX})^{-1} \in V$ より $-X \in \mathfrak{g}$ がわかる．

<u>ステップ(2)</u> $X, Y \in \mathfrak{g}$ のとき，$X + Y \in \mathfrak{g}$ となることを示そう．そのために，e^{tX} と e^{tY} を使って $e^{t(X+Y)}$ を表したい．その鍵となるのが，(5.27)の式である．

補題5.24にある U は，$GL(n, \mathbb{C})$ の単位元の近傍であるから，正数 ε を十分小さくとれば，$U_\varepsilon \subset U$ となることに注意しておこう．必要なら U をより小さくとって V を $V \cap U$ に置き換えれば，補題5.24の U, V は閉集合であるとしてよい．

$e^{\frac{t}{m}X} e^{\frac{t}{m}Y} = e^{\frac{t}{m}(X+Y) + O\left(\frac{t^2}{m^2}\right)}$ であるから，$0 < t \ll 1$ ならば，m の如何にかかわらず，この元の m 個までの積は U_ε の元で，従って U の元であるから(5.38)より V の元となる．そのような t を固定して考えると，V が閉であって

(5.42)
$$\lim_{m \to \infty} \left(e^{\frac{t}{m}X} e^{\frac{t}{m}Y}\right)^m = \lim_{m \to \infty} \left(e^{\frac{t}{m}(X+Y) + O\left(\frac{1}{m^2}\right)}\right)^m$$
$$= \lim_{m \to \infty} e^{t(X+Y) + O\left(\frac{1}{m}\right)}$$
$$= e^{t(X+Y)}$$

であるから，$e^{t(X+Y)} \in V$ を得る．よって，$X + Y \in \mathfrak{g}$ である．

(ii) 同様に考えて，$e^{\frac{t}{m}X} e^{\frac{t}{m}Y} e^{\frac{-t}{m}X} e^{\frac{-t}{m}Y} = e^{\frac{t^2}{m^2}[X,Y] + O\left(\frac{t^3}{m^3}\right)}$ であるから，$X, Y \in \mathfrak{g}$ かつ $0 < t \ll 1$ ならば，この元の m^2 乗は V の元であり，

(5.43)
$$\lim_{m \to \infty} \left(e^{\frac{t}{m}X} e^{\frac{t}{m}Y} e^{\frac{-t}{m}X} e^{\frac{-t}{m}Y}\right)^{m^2} = \lim_{m \to \infty} \left(e^{\frac{t^2}{m^2}[X,Y] + O\left(\frac{1}{m^3}\right)}\right)^{m^2}$$
$$= \lim_{m \to \infty} e^{t^2[X,Y] + O\left(\frac{1}{m}\right)}$$

$$= e^{t^2[X,Y]}$$

は，やはり V の元となる．よって，$[X,Y] \in \mathfrak{g}$ がわかる．

一般の Lie 群 $\widetilde{G}$ とは，部分 Lie 群 $G \subset GL(n, \mathbb{C})$ と局所同型な位相群であり，G の Lie 環をもって $\widetilde{G}$ の Lie 環と定義した．よって一般の Lie 群に対しても，その Lie 環に対し，定理 5.23 が成立するが，定義 5.15 の意味での Lie 環としての構造が G のとり方によらずに定まることが，後に示す定理 5.49 からわかる．

定義 5.26（Lie 環の指数写像） Lie 群 $\widetilde{G}$ と，それと局所同型な部分 Lie 群 $G \subset GL(n, \mathbb{C})$ に対し，G の単位元の近傍 V から $\widetilde{G}$ の単位元の近傍 $\widetilde{V}$ の上への局所同型を与える写像を ι とおく．この V を必要なら縮めることによって，V は定義 5.3 にあるもので，そこの U は (5.41) で与えた U_ε であるとしてよい．このようにとると，補題 5.25 の $\mathfrak{g}_V$ を用いて，一般の Lie 群 $\widetilde{G}$ に対し，その **Lie 環の指数写像**

$$\exp : \mathrm{Lie}(\widetilde{G}) \to \widetilde{G}, \quad X \mapsto e^X$$

が定義される：

$X \in \mathfrak{g}_V$ に対し，十分大きな自然数 N をとれば，$m \geqq N \Longrightarrow \left\| \dfrac{X}{m} \right\| < \dfrac{\varepsilon}{2}$ となるので，$e^X = \left(\iota \left(e^{\frac{X}{m}} \right) \right)^m$ と定義する． □

この定義において $m' \geqq N$ とすると，ι が局所同型を与えているから

$$e^X = \left(\iota \left(e^{\frac{X}{m}} \right) \right)^m = \left(\left(\iota \left(e^{\frac{X}{mm'}} \right) \right)^{m'} \right)^m = \left(\iota \left(e^{\frac{X}{mm'}} \right) \right)^{mm'}$$

となるので，e^X の定義は m のとり方によらないことがわかる．また，この指数写像の連続性も，定義から明らかである．

（b） 局所座標

定理 5.27（von Neumann–Cartan の定理） G を Lie 群，$\mathfrak{g}$ をその Lie 環とする．

（ⅰ） 線型空間 $\mathfrak{g}$ の部分空間への任意の直和分解 $\mathfrak{g} = \mathfrak{g}_1 \oplus \cdots \oplus \mathfrak{g}_m$ に対し，正数 ε を十分小さくとると

$$\text{(5.44)} \quad \begin{array}{ccc} \mathfrak{g}(\varepsilon) = \mathfrak{g}_1(\varepsilon) \oplus \cdots \oplus \mathfrak{g}_m(\varepsilon) & \to & G \\ \cup & & \cup \\ (X_1, \cdots, X_m) & \mapsto & xe^{X_1}\cdots e^{X_m} \end{array}$$

は，G における x のある近傍の上への同相写像となる．ここで

$$\text{(5.45)} \quad \mathfrak{g}_i(\varepsilon) = \{X \in \mathfrak{g}_i : \|X\| < \varepsilon\}$$

とおいた．

(ii) G は写像(5.44)を C^ω 級微分同相とする C^ω-多様体となる．特に，定義5.1の線型Lie群は $GL(n,\mathbb{C})$ の C^ω-閉部分多様体となる．

(iii) 群演算 $G \times G \to G$, $(x,y) \mapsto xy^{-1}$ は C^ω 級写像である． □

注意 5.28 von Neumann は，$GL(n,\mathbb{R})$ の閉部分群は C^ω-閉部分多様体となることを証明した．従ってそれは§1.4(d)の意味で C^ω-Lie群となる．Cartan はその結果を一般の Lie 群の場合に拡張した．

注意 5.29 Lie 群 G の Lie 環 $\mathfrak{g}$ の基底 $\{X_1, \cdots, X_m\}$ を固定したとき

$$\exp: \mathbb{R}^m \to G, \quad x = (x_1, \cdots, x_m) \mapsto e^{x_1 X_1 + \cdots + x_m X_m}$$

は，G の単位元の近傍の局所座標を与える．これを $\{X_1, \cdots, X_m\}$ に関する**標準座標系**という．一方，

$$\exp: \mathbb{R}^m \to G, \quad x = (t_1, \cdots, t_m) \mapsto e^{t_1 X_1} \cdots e^{t_m X_m}$$

も G の単位元の近傍の局所座標となる．前者を第1種標準座標系，後者を第2種標準座標系ということもある．両者の座標の関係は単純ではないが，それは後で示すCampbell–Hausdorffの公式で与えられる．

[(5.40)のもとでの定理5.27の証明] (i)–(ii) 定理5.23 の証明における記号(5.41)を踏襲しよう．

<u>ステップ(1)</u> exp と log とは，$GL(n,\mathbb{C})$ の Lie 環 $M(n,\mathbb{C})$ の 0 の近傍と $GL(n,\mathbb{C})$ の単位元の近傍との間の C^ω 級微分同相を与えている．

$x \in GL(n,\mathbb{C})$ による左移動と合成すると，写像

$$\text{(5.46)} \quad M(\varepsilon) \to xU_\varepsilon, \quad X \mapsto xe^X$$

は，$M(n,\mathbb{C})$ の 0 の近傍 $M(\varepsilon)$ と C^ω-多様体 $GL(n,\mathbb{C})$ の点 x の近傍 xU_ε との間の C^ω 級微分同相となる．特に，$G = GL(n,\mathbb{C})$ で $m=1$ のときは，定理

の(i), (ii)が正しい.

　ステップ(2)　G の単位元の近傍をある $GL(n, \mathbb{C})$ の部分 Lie 群の単位元の近傍と同一視して考える.

　ε を十分小さな正数として $V_\varepsilon := V \cap U_\varepsilon$ とおいたとき,

(5.47) $$V_\varepsilon = \{e^X : X \in \mathfrak{g} \cap M(\varepsilon)\}$$

となることを仮定しよう. この仮定は, $G = GL(n, \mathbb{C})$ のときは正しいことに注意.

　$x \in G$ とすると, $g \in xV_\varepsilon \iff x^{-1}g \in V_\varepsilon$ であるから, 写像

(5.48) $$\Phi_x : \{X \in \mathfrak{g} : \|X\| < \varepsilon\} \to xV_\varepsilon, \quad X \mapsto xe^X$$

は, G の元 x の近傍 xV_ε の上への同相写像となる. そこで

(5.49) $$\Psi_x : \{X = X_1 + \cdots + X_m \in \mathfrak{g} : X_j \in \mathfrak{g}_j\} \to G, \quad X \mapsto xe^{X_1}\cdots e^{X_m}$$

とおく. $\mathfrak{g}$ の原点の近傍に制限して写像 $F := \Phi_x^{-1} \circ \Psi_x$ を考えると

$$F(X_1, \cdots, X_m) = \log(e^{X_1}\cdots e^{X_m})$$
$$= X_1 + \cdots + X_m + o\left(\sum_{j=1}^m \|X_j\|\right)$$

となるので, F は C^ω 級で, 原点で Jacobi 行列が単位行列になることがわかる. よって, F は $\mathfrak{g}$ の原点のある近傍から原点の近傍の上への C^ω 級微分同相となる.

　特に $G = GL(n, \mathbb{C})$ の場合は, $m = 1$ の結果(ステップ(1))と比較して Ψ_x は $\mathfrak{g}$ の原点のある近傍から点 x の近傍の上への C^ω 級微分同相となることがわかる. よって $GL(n, \mathbb{C})$ の場合は, 定理の(i), (ii)が示されたことになる. 一般の G の場合は, (5.47)と $m = 1$ のときの証明が残っている.

　ステップ(3)　次に(5.47)を証明しよう.

　$X \in \mathfrak{g} \cap M(\varepsilon)$ ならば, (5.40)より十分大きな正整数 N に対し $e^{\frac{X}{N}} \in V$ となるが, $e^{\frac{X}{N}}$ の N 個までの積は $U_\varepsilon (\subset U)$ の元なので, 補題 5.24 より $e^X = \left(e^{\frac{X}{N}}\right)^N \in V \cap U_\varepsilon = V_\varepsilon$ がわかる. 特に, $V_\varepsilon \supset \exp(\mathfrak{g} \cap M(\varepsilon))$ である.

　逆の包含関係を証明するために $M(n, \mathbb{C}) = \mathfrak{q} \oplus \mathfrak{g}$ となる $M(n, \mathbb{C})$ の $\mathbb{R}$-線型部分空間 $\mathfrak{q}$ をとる. ε を十分小さな正数とすれば, ステップ(2)で示したように写像

$$\{(X,Y): X \in \mathfrak{q},\ Y \in \mathfrak{g},\ \|X\| < \varepsilon,\ \|Y\| < \varepsilon\} \to GL(n,\mathbb{C}),\ (X,Y) \mapsto e^X e^Y$$

は，$GL(n,\mathbb{C})$ の単位元の近傍の上への C^ω 級微分同相写像である．

(5.47)の仮定が成立しないとしてみよう．すると，十分大きな任意の自然数 k に対して

$$g_k \in V \cap U_\varepsilon,\quad X_k \in \mathfrak{q},\quad Y_k \in \mathfrak{g},$$
$$g_k = e^{X_k} e^{Y_k},\quad \|g_k - I_n\| < \frac{\varepsilon}{k},\quad 0 \neq \|X_k\| < \frac{\varepsilon}{k},\quad \|Y_k\| < \frac{\varepsilon}{k}$$

となるものが存在する．$e^{X_k} = g_k e^{-Y_k} \in G$ に注意しよう．このことから矛盾を導くことにする．

自然数 r_k を $\varepsilon - \frac{\varepsilon}{k} < \|r_k X_k\| \leqq \varepsilon$ となるようにとると $r_k > k-1$ となる．$\{r_k X_k\}$ は有界であるので，適当な部分列をとると，ある $X \in \mathfrak{q}$ に収束する．その部分列をあらためて $\{X_k\}$ とおくことにする．$\|X\| = \varepsilon$ であるから，$X \neq 0$ に注意．

$0 \leqq t < 1$ を満たす任意の実数 t に対し tr_k を越えない最大整数を $[tr_k]$ と書くと

$$\exp tX = \lim_{k \to \infty} \exp\left(\frac{[tr_k]}{r_k} \cdot r_k X_k\right) \quad \left(\because \lim_{k \to \infty} \frac{[tr_k]}{r_k} = t\right)$$
$$= \lim_{k \to \infty} (\exp X_k)^{[tr_k]}.$$

一方，補題 5.24 および $\|[tr_k]X_k\| < \varepsilon$ より，$(\exp X_k)^{[tr_k]} \in V$ であるが，V は閉集合としてよいので，$\exp tX \in V$ がわかる．よって，$X \in \mathfrak{g}$ となって矛盾である．

以上によって(5.47)が証明され，(5.48)の Φ_x が同相写像であることもわかった．

<u>ステップ(4)</u> ここまでの証明では仮定(5.8)は使っておらず，$\mathfrak{g}$ は(5.40)によって定義したものであったことに注意しておこう．このとき，以下の補題を示すことができる．

単位元成分

補題 5.30 Lie 群 G の単位元成分を G_0 とする．

（i） G_0 は連結な開かつ閉部分集合である．

（ii） N を G の単位元の連結な近傍とすると，G_0 の任意の元は，N の元の有限個の積で表せる．

[証明] $GL(n,\mathbb{C})$ の部分 Lie 群の場合は，$0 < \varepsilon \ll 1$ に対し，$N = \exp(\mathfrak{g} \cap M(\varepsilon))$ は単位元の連結な基本近傍系となるので，(ii) はこの N について証明すればよい．一般の Lie 群の場合も，局所同型な $GL(n,\mathbb{C})$ の部分 Lie 群における N を G の単位元における基本近傍系と同一視して証明する．

$g \in G$ が有限個の N の元の積で表せるのならば，gN に含まれる元も，明らかにその性質をもち，これは g の近傍であるので，有限個の N の元の積で表せる元全体の集合を G' とするとそれは開集合となる．

一方，$g \notin G'$ と仮定する．もし $gN \cap G' \neq \emptyset$ なら，$g \in G'N^{-1} = G'N = G'$ となるから矛盾が生じる．よって $gN \cap G' = \emptyset$ である．すなわち，G' の補集合も開集合となる．

G' は単位元を含み開かつ閉なので，$G' \supset G_0$ を満たす．一方，$NN\cdots N$ は連結で単位元を含むので G_0 に含まれ，よって $G' \subset G_0$ がわかる．従って $G' = G_0$ である． ∎

上の証明における N は，$\mathfrak{g} \cap M(\varepsilon)$ と同相にとれ，$G_0 = \bigcup_{j=1}^{\infty} N^j$ であるから，G_0 は第二可算公理を満たす（すなわち，高々可算個の開集合の基底が存在する）．G の任意の連結成分 G'' は，$G'' \ni x$ によって，$G'' = xG_0$ と表せるので，Lie 群の定義における (5.8) の仮定は，G 自身が第二可算公理を満たすことと同値であることがわかる．

第二可算公理を満たす位相空間の任意の部分集合に相対位相を入れたものが第二可算公理を満たすことは明らかであるから，以下の命題と系が得られた．

命題 5.31 線型 Lie 群および Lie 群は，高々可算個の連結成分をもち，第二可算公理を満たす． □

ステップ(5)（補題 5.25 の証明） 混乱をさけるため，
$$\widetilde{\mathfrak{g}} = \{X \in M(n,\mathbb{C}) : e^{tX} \in G \ (\forall t \in \mathbb{R})\}$$

とおく. $\mathfrak{g}_W \subset \widetilde{\mathfrak{g}}$ はすでに述べたように明らか. また $0 < \varepsilon \ll 1 \Longrightarrow V_\varepsilon \subset W$ であるから $\mathfrak{g}_V \subset \mathfrak{g}_W$ がいえる.

$X \in \widetilde{\mathfrak{g}}$ で, $X \notin \mathfrak{g}_V$ となるものがあったとする. 写像 $\mathbb{R} \times \mathfrak{g}_V \to G$, $(t, Y) \mapsto e^{tX} e^Y$ は原点の近傍で単射であることに注意しよう. $0 < \varepsilon \ll 1$ のとき, $\exp(\mathfrak{g}_V \cap M(\varepsilon))$ は G の単位元の開近傍であるから, 互いに素な集合 $V(t) := e^{tX} \exp(\mathfrak{g}_V \cap M(\varepsilon))$ $(0 \leq t \ll 1)$ は, すべて G の開部分集合となる. これは, G が第二可算公理を満たすことに反する. 従って, $\mathfrak{g}_V \supset \widetilde{\mathfrak{g}}$.

以上により, 補題 5.25 が証明され, G が位相多様体であることと, 次の命題もわかる.

命題 5.32 Lie 群 G の Lie 環は, G の単位元成分 G_0 によって定まる. □

<u>ステップ (6)</u> 定理 5.27 の証明に戻ろう. $\mathrm{Image}\,\Phi_x \cap \mathrm{Image}\,\Phi_y \neq \varnothing$ のとき, $\Phi_x^{-1} \circ \Phi_y$ は, $\mathfrak{g}$ 上の開集合から開集合の上への写像を定義するが, それが C^ω 級であることを示せば, G には, Φ_x が C^ω 級微分同相となる C^ω-多様体の構造が入ることがわかる.

$\delta > 0$ を十分小さくとって $V_\delta V_\delta^{-1} V_\delta \subset V_\varepsilon$ であるとする.

$xe^X = ye^Y$ で, $X, Y \in V_\delta$ としよう. $x^{-1}y = e^X e^{-Y} \in V_\delta V_\delta^{-1}$ であるから, $e^Y \in V_\varepsilon$, $x^{-1}y \in V_\varepsilon$, $x^{-1}ye^Y \in V_\varepsilon$ となることに注意すれば, $\Phi_x^{-1} \circ \Phi_y(Y) = X = \log((x^{-1}y)e^Y)$ と表せる. 従って, $\Phi_x^{-1} \circ \Phi_y$ は $GL(n, \mathbb{C})$ の場合の写像とみなしてよいので, C^ω 級である.

よって必要なら ε を縮めることによって, Φ_x が G の C^ω-多様体の構造を定めていることがわかる. 特に, G が $GL(n, \mathbb{C})$ の閉部分 Lie 群であるなら, G は $GL(n, \mathbb{C})$ の C^ω-閉部分多様体である. ステップ (2), (3) より, 写像 (5.44) は, G の開集合の上への C^ω 級微分同相となることもわかる.

(iii) <u>ステップ (7)</u> 最後に G 上の $(x, y) \mapsto xy^{-1}$ という写像が C^ω 級であることを示そう. $\Phi_x, \Phi_y, \Phi_{xy^{-1}}$ を用いれば, $(X, Y) \mapsto \Phi_{xy^{-1}}^{-1}(\Phi_x(X) \Phi_y(Y)^{-1})$ という写像が, $\mathfrak{g} \times \mathfrak{g}$ の原点で C^ω 級であることを確かめればよい.

$\Phi_{xy^{-1}}^{-1}(\Phi_x(X) \Phi_y(Y)^{-1}) = \log(yx^{-1}xe^X e^{-Y} y^{-1}) = \log(ye^X e^{-Y} y^{-1})$ であるから, y が単位元のときは, $\log(e^X e^{-Y})$ と表せ, C^ω 級である. あとは, 内部自己同型 $G \to G$, $x \mapsto yxy^{-1}$ が単位元の近傍で C^ω 級であることを示せばよい.

G が $GL(n,\mathbb{C})$ の部分 Lie 群のときは，$ge^X g^{-1}=e^{gXg^{-1}}$ で，$\mathfrak{g}\to\mathfrak{g}$, $X\mapsto gXg^{-1}$ は線型写像なので，C^ω 級である．一般の Lie 群の場合も，(5.63) より $\mathrm{Ad}(g)$ という線型写像になることが示されるので，群演算が C^ω 級であることがわかる． ∎

以上により，定理 5.27 の証明が完了した．ただし，一般の Lie 群の場合に群演算が C^ω 級となることは，内部自己同型が C^ω 級となることの証明に帰着されたが，その証明が残っている．実は，Lie 群の間の連続準同型写像は，すべて C^ω 級となる(定理 5.49 参照)．

(c) 可換 Lie 群と簡約 Lie 群

位相群 G の部分群 H に対し，その各元が相対位相で孤立点となっているとき，H を G の**離散部分群**(discrete subgroup)という．

命題 5.33（離散部分群）　Lie 群 G の部分群 H に対し，次の 3 条件は同値である．

（ⅰ）　H は G の離散部分群．
（ⅱ）　$H\cap U=\{e\}$ を満たす G の単位元の近傍 U が存在する．
（ⅲ）　H は G の閉部分群で，$\mathrm{Lie}(H)=\{0\}$ を満たす．

[証明]　(ⅲ)$\Longrightarrow$(ⅱ)は定理 5.27 からわかる．H の元 h に対し，$H\cap U=\{e\}\Longrightarrow H\cap hU=\{h\}$ であるから，(ⅱ)$\Longrightarrow$(ⅰ)がわかる．また(ⅰ)ならば，H は閉部分群であるから，(ⅲ)は補題 5.25 からわかる． ∎

次に可換 Lie 群の構造を調べてみよう．

定理 5.34　G が連結 Lie 群ならば，G が可換群 $\Longleftrightarrow$ $\mathfrak{g}$ が可換 Lie 環．

[証明]　G が可換ならば，(5.29)より $\mathfrak{g}$ が可換になる．一方，$\mathfrak{g}$ が可換ならば補題 5.11 より $\{e^X:X\in\mathfrak{g},\|X\|\ll 1\}$ の元は，互いに可換で，定理 5.27 と補題 5.30(ⅱ)より G が可換となることがわかる． ∎

連結な可換 Lie 群の構造は以下の定理からわかる．

定理 5.35　A を連結な可換 Lie 群で，$\mathfrak{a}$ をその Lie 環とする．このとき，$\exp:\mathfrak{a}\to A$ は全射で，非負整数 k と $\mathfrak{a}$ の基底 $\{X_1,\cdots,X_n\}$ を適当に選ぶと

$\exp^{-1}(e) = \sum_{i=1}^{k} \mathbb{Z}X_i$ となる．よって，A は Lie 群 $\mathbb{T}^k \times \mathbb{R}^{n-k}$ と同型となる．

[証明] 全射性 $X, Y \in \mathfrak{a}$ に対し，$e^X e^Y = e^{X+Y}$ であり，A の元は A の単位元の近傍の元の有限個の積で表せるので，$\exp$ は全射となる．

離散部分群 $n = \dim \mathfrak{a}$ とおくと，$\mathfrak{a} \simeq \mathbb{R}^n$ は加法により Lie 群とみなせる．$\Gamma = \exp^{-1}(e)$ とおく．Γ は $\mathfrak{a}$ の閉部分群となるが，$\exp$ は単位元の近傍で単射なので，$\text{Lie}(\Gamma) = \{0\}$ である．よって Γ は $\mathbb{R}^n$ の離散部分群となるので，$\mathbb{R}^n$ の離散部分群が $\sum_{i=1}^{k} \mathbb{Z}X_i$ のように表示できることを示せばよい．n に関する帰納法で示す．

X_1 の選択 $\Gamma = \{0\}$ なら定理は明らかだから 0 でない $X \in \Gamma$ が存在するとしよう．$tX \in \Gamma$ を満たす正数 t で最小のものを t_o とし，$Y = t_o X$ とおく．このとき，$\mathbb{R}Y \cap \Gamma = \mathbb{Z}Y$ である．実際，整数でない $s \in \mathbb{R}$ で $sY \in \Gamma$ となるものが存在するならば，$\Gamma \ni sY - [s]Y = (s-[s])t_o X$ となって，t_o が最小のものとしたことに矛盾する．特に，$n = 1$ ならば，求める $\{X_i\}$ の存在は示された．なお，$[s]$ は s を超えない最大整数である．

次元を下げる $p : \mathbb{R}^n \to \mathbb{R}^n / \mathbb{R}Y \simeq \mathbb{R}^{n-1}$ という自然な射影による Γ の像を $\overline{\Gamma}$ とおく．$\overline{\Gamma}$ が $\mathbb{R}^{n-1}$ の離散部分群でないと仮定しよう．これは，$Y_i \in \Gamma$ と $t_i \in \mathbb{R}$ ($i = 1, 2, \cdots$) で，$Y_i \notin \mathbb{R}Y$ かつ $i \to \infty$ のとき $Y_i - t_i Y \to 0$ となるものが存在することを意味している．Y_i を $Y_i - [t_i]Y$ で置き換えれば，$0 \leq t_i < 1$ と仮定してよい．さらに必要なら $\{Y_i\}$ の部分列を選んで $\lim_{i \to \infty} t_i = t_\infty$ となる $t_\infty \in \mathbb{R}$ が存在するとしてよい．すなわち $\lim_{i \to \infty} Y_i = t_\infty Y$ である．Γ は閉集合であるから $t_\infty Y \in \Gamma$ となるが，0 でない Γ の元 $Y_i - t_\infty Y$ は $i \to \infty$ のとき，0 に収束するので，Γ が離散部分群であることに矛盾する．

Γ の生成元 $\overline{\Gamma}$ は $\mathbb{R}^{n-1}$ の離散部分群であるから，帰納法の仮定により，$X_2, \cdots, X_n \in \Gamma$ を選んで，$\sum_{i=2}^{n} \mathbb{R}p(X_i) = \mathbb{R}^{n-1}$，$\overline{\Gamma} = \sum_{i=2}^{k} \mathbb{Z}p(X_i)$ とできる．すなわち，$X \in \Gamma$ に対し $p(X) = \sum_{i=2}^{k} m_i p(X_i)$ を満たす $m_i \in \mathbb{Z}$ が存在する．このとき，$X - \sum_{i=2}^{k} m_i X_i \in \mathbb{R}Y \cap \Gamma = \mathbb{Z}Y$ であるから，$X_1 = Y$ とおけば $\{X_1, \cdots, X_n\}$ は $\mathfrak{a}$ の基底で $\Gamma = \sum_{i=1}^{k} \mathbb{Z}X_i$ となる．

以上により，$\mathfrak{a} \big/ \sum_{i=1}^{k} \mathbb{Z} X_i \to A$ という写像が定義されるが，これは Lie 群としての同型写像であり，$\mathfrak{a} \big/ \sum_{i=1}^{k} \mathbb{Z} X_i$ は Lie 群として $\mathbb{T}^k \times \mathbb{R}^{n-k}$ に同型となる． ∎

定義 5.36（簡約 Lie 群） 線型 Lie 群 $G \subset GL(n, \mathbb{C})$ が，${}^t\overline{g} \in G \ (\forall g \in G)$ を満たし，G の連結成分の数が有限のとき，**簡約 Lie 群**（reductive Lie group）という．さらに，このような Lie 群と局所同型で連結成分の数が有限の Lie 群も簡約 Lie 群という． □

例 5.37 $\mathbb{R}$ または $\mathbb{C}$ 上の一般線型群や特殊線型群，さらに第 7 章で述べる $Sp(n, \mathbb{C}), Sp(n, \mathbb{R}), O(p, q), U(p, q), Sp(p, q), O^*(2n), U^*(2n)$ などの群は，標準的に線型 Lie 群とみなすと，$\overline{G} = G$ となるので，簡約 Lie 群である． □

例 5.38 コンパクト Lie 群 G は線型 Lie 群である（定理 4.14）が，G の表現はユニタリ化可能なので（定理 3.31），適当な n により $G \subset U(n)$ とみなせる．また，G の連結成分の数は有限なので，コンパクト Lie 群は簡約 Lie 群である． □

簡約 Lie 群の Lie 環は，以下の構造をもつ．

定理 5.39

(i) 簡約 Lie 群の Lie 環 $\mathfrak{g}$ に対し，$\mathfrak{g}$ の中心を $\mathfrak{z}$ とし，$\mathfrak{g}_1 = [\mathfrak{g}, \mathfrak{g}]$ とおくと $\mathfrak{g}_1$ は半単純 Lie 環か 0 で，Lie 環の直和分解
$$\mathfrak{g} = \mathfrak{z} \oplus \mathfrak{g}_1$$
が成り立つ．すなわち，$\mathfrak{g}$ は簡約 Lie 環となる．

(ii) 半単純 Lie 環 $\mathfrak{h}$ に対し，その単純 Lie 環への直和分解
$$\mathfrak{h} = \mathfrak{h}_1 \oplus \cdots \oplus \mathfrak{h}_m$$
は直和成分の順序を除いて一意である．

補題 5.40

(i) 線型 Lie 群 $G \subset GL(n, \mathbb{C})$ が $\overline{G} = G$ を満たすならば，$\mathfrak{g} := \mathrm{Lie}(G) \subset \mathfrak{gl}(n, \mathbb{C})$ も ${}^t\overline{\mathfrak{g}} = \mathfrak{g}$ を満たす．

(ii) Lie 環 $\mathfrak{g} \subset \mathfrak{gl}(n, \mathbb{C})$ が ${}^t\overline{\mathfrak{g}} = \mathfrak{g}$ を満たすとする．

§5.5 Lie 群の解析性 —— 201

(5.50) $\quad (X, Y) := \operatorname{Re} \operatorname{Trace} {}^t X \overline{Y} \quad (X, Y \in \mathfrak{g})$

と定めると，(,) は $\mathfrak{g}$ 上の内積で

(5.51) $\quad (\operatorname{ad}(X)Y, Z) = (Y, \operatorname{ad}(\overline{{}^t X})Z) \quad (X, Y, Z \in \mathfrak{g})$

が成立する．

[証明] (i) $\overline{{}^t e^{sX}} = e^{s {}^t \overline{X}}$ $(s \in \mathbb{R})$ より (i) は明らか．

(ii) $(Y, X) = \operatorname{Re} \operatorname{Trace} {}^t Y \overline{X} = \operatorname{Re} \operatorname{Trace} \overline{{}^t X} Y = \overline{(X, Y)}$, $(X, X) = \sum_{i,j} |X_{ij}|^2$ $(X = (X_{ij}))$ などから，(,) は $\mathfrak{g}$ 上の内積であることがわかる．また

$$\begin{aligned}
(\operatorname{ad}(X)Y, Z) &= \operatorname{Re} \operatorname{Trace} {}^t(XY - YX)\overline{Z} \\
&= \operatorname{Re} \operatorname{Trace} {}^t Y {}^t X \overline{Z} - \operatorname{Re} \operatorname{Trace} {}^t X {}^t Y \overline{Z} \\
&= \operatorname{Re} \operatorname{Trace} {}^t Y {}^t X \overline{Z} - \operatorname{Re} \operatorname{Trace} {}^t Y \overline{Z} {}^t X \\
&= (Y, \operatorname{ad}(\overline{{}^t X})Z)
\end{aligned}$$

∎

[定理 5.39 の証明] (i) 補題 5.40 により，$\overline{{}^t \mathfrak{g}} = \mathfrak{g}$ と仮定してよいので，その補題の記号を用いよう．$\mathfrak{h}$ を $\mathfrak{g}$ のイデアルとし，$\mathfrak{h}'$ を内積 (,) に関する $\mathfrak{h}$ の直交補空間とする．$X \in \mathfrak{g}$, $Y \in \mathfrak{h}'$, $Z \in \mathfrak{h}$ に対し $\operatorname{ad}(\overline{{}^t X})Z \in [\mathfrak{g}, \mathfrak{h}] \subset \mathfrak{h}$ であるから (5.51) より，$(\operatorname{ad}(X)Y, Z) = 0$ がわかる．よって $\operatorname{ad}(X)Y \in \mathfrak{h}'$ がわかり，$\mathfrak{h}'$ も $\mathfrak{g}$ のイデアルで，$\mathfrak{g}$ は $\mathfrak{h}$ と $\mathfrak{h}'$ の Lie 環としての直和である．内積を $\mathfrak{h}$ と $\mathfrak{h}'$ に制限して同様の議論が適用できるので，次元に関する帰納法によって $\mathfrak{g}$ はいくつかの 1 次元の可換イデアルと単純イデアルの直和に分解する：

$$\mathfrak{g} = \mathfrak{g}(1) \oplus \cdots \oplus \mathfrak{g}(m).$$

$\mathfrak{g}(i)$ は，$i = 1, \cdots, r$ のとき 1 次元の可換イデアルで，$i = r+1, \cdots, n$ のとき単純としてよい．$\mathfrak{g}(i)$ が単純なら，$[\mathfrak{g}(i), \mathfrak{g}(i)]$ は 0 でない $\mathfrak{g}(i)$ のイデアルであるから $\mathfrak{g}(i)$ に一致する．よって，$[\mathfrak{g}, \mathfrak{g}] = \mathfrak{g}(r+1) \oplus \cdots \oplus \mathfrak{g}(m)$ となり，$\mathfrak{z} = \mathfrak{g}(1) \oplus \cdots \oplus \mathfrak{g}(r)$ である．

(ii) $\mathfrak{h} = \mathfrak{h}'_1 \oplus \cdots \oplus \mathfrak{h}'_{m'}$ も同様の分解とする．各 $\mathfrak{h}_i$ に対し $\mathfrak{h}_i = [\mathfrak{h}_i, \mathfrak{h}] = [\mathfrak{h}_i, \mathfrak{h}'_1 \oplus \cdots \oplus \mathfrak{h}'_{m'}]$ であるので，ある $j(i)$ に対し $[\mathfrak{h}_i, \mathfrak{h}'_{j(i)}] \neq 0$ となる．$[\mathfrak{h}_i, \mathfrak{h}'_{j(i)}]$ は $\mathfrak{h}_i$ および $\mathfrak{h}'_{j(i)}$ のイデアルであるので，$\mathfrak{h}_i = [\mathfrak{h}_i, \mathfrak{h}'_{j(i)}] = \mathfrak{h}'_{j(i)}$ となる．各 i に対し $j(i)$ は一意に定まり，単純成分への直和分解の一意性がわかる． ∎

注意 5.41 半単純 Lie 環 $\mathfrak{g}$ の随伴表現 $\operatorname{ad}: \mathfrak{g} \to \mathfrak{gl}(\mathfrak{g})$ は単射となるが，$\mathfrak{g}$ の基

底をうまくとって行列表示すると，${}^t\mathrm{ad}(X) = \mathrm{ad}(X)$ とできることが知られている．$\mathrm{ad}(\mathfrak{g})$ に対応する $GL(\mathfrak{g})$ の解析的部分群（§5.6(f)参照）は，Lie 環 $\mathrm{ad}(\mathfrak{g})$ をもつ簡約 Lie 群になる．このことを使うと，任意に与えられた簡約 Lie 環に対し，それと同型な Lie 環をもつ簡約 Lie 群の存在がわかる．すなわち，簡約 Lie 環とは簡約 Lie 群の Lie 環のことであるといってもよい．

§5.6 Lie 群と Lie 環の対応

（a） 接空間とベクトル場

C^∞-多様体 M 上に定義された C^∞ 級関数 ϕ の偏微分を考えてみよう．M の次元を m とおき，点 $p \in M$ での局所座標を $(x_1, \cdots, x_m)$ とすると ϕ の p での偏微分係数は $\dfrac{\partial \phi}{\partial x_i}(p)$ $(i=1,\cdots,m)$ である．ϕ の偏微分係数を考えることは，$C^\infty(M)$ から $\mathbb{C}$ へのある線型写像を定義していることに注意しよう．これらは局所座標系のとり方によっているが，これらの m 個の線型写像で張られる $\mathbb{R}$ 上の線型空間を接空間といい，それは局所座標のとり方によらずに以下のように定義することができる．

多様体 M の点 p における**接空間**（tangent space）T_pM とは，$C^\infty(M)$ から $\mathbb{C}$ への $\mathbb{C}$-線型写像 v で，以下の条件を満たすものの全体をいう．

(5.52) $\qquad v(\phi\psi) = \phi(p)v(\psi) + \psi(p)v(\phi) \quad (\phi, \psi \in C^\infty(M))$

(5.53) $\qquad \phi \in C^\infty(M)$ が実数値関数ならば，$v(\phi) \in \mathbb{R}$.

この v は，p における M の**接ベクトル**（tangent vector）と呼ばれる．

M の次元を m として，点 p での M の局所座標系 $(x_1, \cdots, x_m)$ を考える．$p = (x_1^o, \cdots, x_m^o)$ とおく．$v \in T_pM$ とする．1 という実数値をとる定数関数 $\mathbf{1}$ は，$\mathbf{1} \cdot \mathbf{1}$ と書けるので，（5.52）より $v(\mathbf{1}) = 1v(\mathbf{1}) + 1v(\mathbf{1}) = 2v(\mathbf{1})$ が成り立ち，$v(\mathbf{1}) = 0$ でなければならないことがわかる．よって v は定数関数を 0 に写す．一般の $\phi \in C^\infty(M)$ は，$\phi_j \in C^\infty(M)$ を用いて

$$\phi(x) = \phi(p) + \sum_{j=1}^m \phi_j(x)(x_j - x_j^o)$$

と表せるので，再び(5.52)より
$$v(\phi) = \sum_{j=1}^{m} \phi_j(p) v(x_j)$$
がわかる．$\phi_j(p) = \dfrac{\partial \phi}{\partial x_j}(p)$ であるから，$a_j = v(x_j) \in \mathbb{R}$ とおくと
$$(5.54) \qquad v(\phi) = \sum_{j=1}^{m} a_j \frac{\partial \phi}{\partial x_j}(p)$$
と書けることがわかる．逆に，任意の $a_j \in \mathbb{R}$ に対し，この形の作用素は接ベクトルとなることも明らかである．各 j に対し，p の近傍で x_j に等しい $C^\infty(M)$ の元が存在するので，$v = 0$ ならば $a_1 = \cdots = a_m = 0$ がいえ，接空間の次元は，その多様体の次元 m に等しい．

多様体の間に C^∞ 級写像 $f : M \to N$ があったとき，M の点 p に対して $(df)_p : T_p M \to T_{f(p)} N$ という写像が，$((df)_p v)(\phi) = v(\phi \circ f)$ によって定義される．逆関数の定理より，f が点 p の近傍で C^∞ 級微分同相となることと，$(df)_p$ が全単射であることとは同値となることに注意しよう．

偏導関数とは各点での偏微分係数を考えることに対応するが，それを多様体上で考察するには，以下のようにすればよい．

$C^\infty(M)$ 上の C^∞ 級**ベクトル場**(vector field) X とは，$C^\infty(M)$ 上の線型変換で，
$$(5.55) \qquad X(\phi \psi) = \phi X(\psi) + \psi X(\phi) \quad (\phi, \psi \in C^\infty(M))$$
$$(5.56) \qquad \phi \in C^\infty(M) \text{ が実数値関数ならば，} X(\phi) \text{ も実数値．}$$

特に，M が C^ω-多様体で ϕ が C^ω 級のとき $X(\phi)$ も C^ω 級になるならば，X を C^ω 級ベクトル場という．

X をベクトル場とするとき，p の近傍の点 x を固定すると，$\phi \in C^\infty(M)$ に対して $X(\phi)(x)$ を対応させる写像は，$T_x M$ の元を定める．従って，p を x で置き換えて (5.54) を成立させる $a_j \in \mathbb{R}$ が存在する．この a_j を x によって定まる実数値関数と考えて $a_j(x)$ と書くと，この局所座標系で X は
$$X = \sum_{j=1}^{m} a_j(x) \frac{\partial}{\partial x_j}$$

という定数項のない1階の線型偏微分作用素とみなせる．$a_j(x)$ は実数値関数であるが，$C^\infty(M)$ を $C^\infty(M)$ に写すことから，$a_j(x)$ は C^∞ 級であることもわかる．逆に，M の各座標近傍でこのような表示をもつ作用素は，ベクトル場を定めている．ベクトル場が C^ω 級ということは，各 $a_j(x)$ が C^ω 級ということと同値であることも明らかであろう．

M 上のベクトル場の全体を $\mathfrak{X}(M)$ とおく．$X,Y \in \mathfrak{X}(M) \subset \mathrm{End}(C^\infty(M))$ に対して，
$$XY(\phi\psi) = X(\phi Y(\psi) + \psi Y(\phi))$$
$$= X(\phi)Y(\psi) + \phi XY(\psi) + X(\psi)Y(\phi) + \psi XY(\phi)$$
より，
$$[X,Y](\phi\psi) = \phi[X,Y](\psi) + \psi[X,Y](\phi)$$
となり，$[X,Y] \in \mathfrak{X}(M)$ がいえる．従って，$\mathfrak{X}(M)$ は Lie 環の構造をもつことがわかる．

$C^\infty(M)$ の元は，掛け算により $C^\infty(M)$ 上の線型変換を定義する．$C^\infty(M)$ 上の掛け算作用素と見たときの M 上の実数値 C^∞ 級関数の全体とベクトル場 $\mathfrak{X}(M)$ とで $\mathbb{R}$ 上の多元環として生成される $C^\infty(M)$ 上の線型変換の全体を $\mathcal{D}(M)$ とおき，実数値 C^∞ 級関数を係数とする M 上の**線型偏微分作用素の環**という．$\mathcal{D}(M)$ の元 P は M 上の実数値 C^∞ 級関数係数の線型偏微分作用素と呼ばれ，局所座標を用いると
$$P = \sum_{i_1,\cdots,i_m} a_{i_1,\cdots,i_m}(x) \frac{\partial^{i_1}}{\partial x_1^{i_1}} \cdots \frac{\partial^{i_m}}{\partial x_m^{i_m}}$$
と表示できる．ただし，和は有限和で，$i_1,\cdots,i_m$ は非負整数，$a_{i_1,\cdots,i_m}(x)$ は実数値 C^∞ 級関数である．

注意 5.42 解析学では，係数に複素数値関数を許した $\mathcal{D}(M) \otimes_\mathbb{R} \mathbb{C}$ を線型偏微分方程式の環として考えることが多い．

(b) 不変ベクトル場

$g \in G$ に対して，$C^\infty(M)$ 上の左正則表現 $\pi_L(g)$，右正則表現 $\pi_R(g)$ の定義は，$(\pi_L(g)\phi)(x) = \phi(g^{-1}x)$，$(\pi_R(g)\phi)(x) = \phi(xg)$ であった．$\mathcal{D}(G)$ の元 P

§5.6 Lie 群と Lie 環の対応 —— 205

が，左正則表現と可換なとき（すなわち，$\pi_L(g) \circ P = P \circ \pi_L(g) \ (\forall g \in G)$），$P$ を**左不変微分作用素**といい，右正則表現と可換なときは**右不変微分作用素**という．P がベクトル場のときは，それぞれ，**左不変ベクトル場，右不変ベクトル場**という．

定理 5.43 Lie 群 G に対し，その Lie 環を $\mathfrak{g}$，G 上の左不変ベクトル場の全体を $\mathfrak{X}_L(G)$，右不変ベクトル場の全体を $\mathfrak{X}_R(G)$ とおく．

（i） 次の線型写像は，全単射である．

(5.57)
$$\iota: \quad \mathfrak{g} \quad \to \quad T_e G$$
$$\cup \qquad\qquad \cup$$
$$X \mapsto \left(C^\infty(G) \to \mathbb{C}, \ f \to \frac{d}{dt} f(e^{tX}) \Big|_{t=0} \right)$$

（ii） $\mathfrak{g}$ の元 X は $\mathfrak{X}_L(G)$ の元と

$$X \mapsto \left(C^\infty(G) \to C^\infty(G), \ f(x) \mapsto \frac{d}{dt} f(x e^{tX}) \Big|_{t=0} \right)$$

により対応し，この対応は Lie 環の全射同型写像となる．

（iii） $\mathfrak{g}$ の元 X は $\mathfrak{X}_R(G)$ の元と

$$X \mapsto \left(C^\infty(G) \to C^\infty(G), \ f(x) \mapsto \frac{d}{dt} f(e^{-tX} x) \Big|_{t=0} \right)$$

により対応し，この対応は Lie 環の全射同型写像となる．

[証明] （i） 写像 ι が $T_e G$ の元を定めることは，積の微分の公式から容易にわかる．また，定理 5.27 の(i)で，$x = e$，$m = 1$ の場合を考えれば全単射となることもわかる．

（ii） **1対1対応** $f \in C^\infty(G)$ とする．$X \in \mathfrak{g}$ に対して $\widetilde{X} f \in C^\infty(G)$ を，$(\widetilde{X} f)(x) = \dfrac{d}{dt} f(x e^{tX}) \Big|_{t=0}$ と定めると，$\widetilde{X}$ は $\mathfrak{X}(G)$ の元となることが同様にわかり，左不変なことも明らか．逆に，$\widetilde{X} \in \mathfrak{X}_L(G)$ に対して，$\pi_L(x^{-1}) \widetilde{X} f = \widetilde{X} \pi_L(x^{-1}) f$ であるから，両辺の単位元における値を比べると，$(\widetilde{X} f)(x) = \widetilde{X}_e (\pi_L(x^{-1}) f)$ となり，$\widetilde{X}$ は $\widetilde{X}_e \in T_e G$ から一意に定まることがわかる．従って(i)より，$\mathfrak{X}_L(G)$ と $\mathfrak{g}$ とが 1 対 1 に対応することがわかる．

第 5 章　Lie 群と Lie 環

<u>Taylor 展開</u>　Lie 環の対応を見るため，f の Taylor 展開を考察する．X, $X_1, X_2, \cdots \in \mathfrak{g}$ とする．

$$(\widetilde{X}f)(xe^{tX}) = \left.\frac{d}{ds}f(xe^{tX}e^{sX})\right|_{s=0} = \left.\frac{d}{ds}f(xe^{(s+t)X})\right|_{s=0}$$
$$= \frac{d}{dt}f(xe^{tX})$$

となるから，正整数 i に対して

$$(\widetilde{X}^i f)(xe^{tX}) = \frac{d^i}{dt^i}f(xe^{tX})$$

である．従って

$$(\widetilde{X}_1^{i_1}\widetilde{X}_2^{i_2}f)(x) = \left.\frac{\partial^{i_1}}{\partial t_1^{i_1}}(\widetilde{X}_2^{i_2}f)(xe^{t_1 X})\right|_{t_1=0}$$
$$= \left.\frac{\partial^{i_1}}{\partial t_1^{i_1}}\frac{\partial^{i_2}}{\partial t_2^{i_2}}f(xe^{t_1 X_1}e^{t_2 X_2})\right|_{t_1=t_2=0}$$

となり，一般には

$$(5.58) \quad (\widetilde{X}_1^{i_1}\cdots\widetilde{X}_k^{i_k}f)(x) = \left.\frac{\partial^{i_1}}{\partial t_1^{i_1}}\cdots\frac{\partial^{i_k}}{\partial t_k^{i_k}}f(xe^{t_1 X_1}\cdots e^{t_k X_k})\right|_{t_1=\cdots=t_k=0}$$

が得られる．よって $(t_1,\cdots,t_k)$ の関数 $f(xe^{t_1 X_1}\cdots e^{t_k X_k})$ の Taylor 展開は

$$(5.59) \quad f(xe^{t_1 X_1}\cdots e^{t_k X_k}) \sim \sum_{i_1=0}^{\infty}\cdots\sum_{i_k=0}^{\infty}\frac{t_1^{i_1}}{i_1!}\cdots\frac{t_k^{i_k}}{i_k!}(\widetilde{X}_1^{i_1}\cdots\widetilde{X}_k^{i_k}f)(x)$$

となる．

<u>Lie 環の対応</u>　この式で，$k=4$, $t_1=t_2=t_3=t_4=t$, $X_1=-X_3=X$, $X_2=-X_4=Y$ とおいてみると，

$$f(xe^{tX}e^{tY}e^{-tX}e^{-tY}) \sim \sum \frac{(-1)^{i_3+i_4}t^{i_1+i_2+i_3+i_4}}{i_1!\,i_2!\,i_3!\,i_4!}(\widetilde{X}^{i_1}\widetilde{Y}^{i_2}\widetilde{X}^{i_3}\widetilde{Y}^{i_4}f)(x)$$

となるので，t^1 の項はキャンセルし，t^2 の項まで計算すると

$$f(xe^{tX}e^{tY}e^{-tX}e^{-tY}) = f(x) + t^2(\widetilde{X}\widetilde{Y}-\widetilde{Y}\widetilde{X})f(x) + O(t^3)$$

が得られる．この左辺は，(5.29) すなわち $e^{tX}e^{tY}e^{-tX}e^{-tY} = e^{t^2[X,Y]+O(t^3)}$ より

$f(x)+t^2\bigl(\widetilde{[X,Y]}f\bigr)(x)+O(t^3)$ となるので
$$(\widetilde{[X,Y]}f)(x) = ([\widetilde{X},\widetilde{Y}]f)(x)$$
が得られる．よって，(ii) の対応が Lie 環としての同型対応を与えていることがわかる．

(iii) $X \in \mathfrak{g}$ に対し，$(\widetilde{X}f)(x) = \dfrac{d}{dt}f(e^{-tX}x)\Big|_{t=0}$ とおくことにより，(ii) と同様に証明される．このときは，

$$(\widetilde{X}_1^{i_1}\widetilde{X}_2^{i_2}f)(x) = \frac{\partial^{i_1}}{\partial t_1^{i_1}}(\widetilde{X}_2^{i_2}f)(e^{-t_1 X_1}x)\Big|_{t_1=0}$$
$$= \frac{\partial^{i_1}}{\partial t_1^{i_1}}\frac{\partial^{i_2}}{\partial t_2^{i_2}}f(e^{-t_2 X_2}e^{-t_1 X_1}x)\Big|_{t_1=t_2=0}$$

となり，$f(e^{-t_k X_k}\cdots e^{-t_1 X_1}x)$ の Taylor 展開が

(5.60) $\quad f(e^{-t_k X_k}\cdots e^{-t_1 X_1}x) \sim \displaystyle\sum_{i_1=0}^{\infty}\cdots\sum_{i_k=0}^{\infty}\frac{t_1^{i_1}}{i_1!}\cdots\frac{t_k^{i_k}}{i_k!}(\widetilde{X}_1^{i_1}\cdots\widetilde{X}_k^{i_k}f)(x)$

となる．(ii) の証明のときと同じ置き換えをすると

$$f(e^{-tY}e^{-tX}e^{tY}e^{tX}x) \sim \sum \frac{(-1)^{i_3+i_4}t^{i_1+i_2+i_3+i_4}}{i_1!i_2!i_3!i_4!}(\widetilde{X}^{i_1}\widetilde{Y}^{i_2}\widetilde{X}^{i_3}\widetilde{Y}^{i_4}f)(x)$$

が得られるので，$e^{-tY}e^{-tX}e^{tY}e^{tX}=e^{-t^2[X,Y]+O(t^3)}$ に注意すれば (ii) と同様に (iii) が証明される． ∎

(c) 不変微分作用素

Lie 群 G 上の左不変微分作用素全体の集合を $\mathbb{D}_L(G)$ とおく．$\mathbb{D}_L(G)$ は線型空間であるだけでなく，その元の積もやはり $\mathbb{D}_L(G)$ の元となっているので，$\mathbb{R}$ 上の多元環である．$\mathfrak{X}_L(G)$ は $\mathbb{D}_L(G)$ に含まれているが，$\mathbb{D}_L(G)$ は，次のように $\mathfrak{X}_L(G)$ によって生成されている．

定理 5.44 $\{X_1,\cdots,X_m\}$ を線型空間 $\mathfrak{X}_L(G) \simeq \mathfrak{g}$ の基底とする．

(i) $\mathbb{D}_L(G)$ の元
$$X_1^{i_1}\cdots X_m^{i_m} \quad (i_1 \geqq 0,\ \cdots,\ i_m \geqq 0)$$
は，線型空間 $\mathbb{D}_L(G)$ の基底となる．

(ⅱ) 自然数 k に対し，$\mathbb{D}_L(G)^{(k)} = \displaystyle\sum_{i_1+\cdots+i_m \leqq k} \mathbb{R} X_1^{i_1}\cdots X_m^{i_m}$ とおく．任意の $Y_1,\cdots,Y_k \in \mathfrak{g}$ に対して，$Y_1\cdots Y_k \in \mathbb{D}_L(G)^{(k)}$．

(ⅲ) $\mathfrak{g}$ のテンソル積代数を $\widetilde{\mathfrak{g}} := \displaystyle\bigoplus_{k=0}^{\infty} \otimes^k \mathfrak{g}$ とおき，$\widetilde{\mathfrak{g}}$ の線型部分空間 $\{X \otimes Y - Y \otimes X - [X,Y] : X,Y \in \mathfrak{g}\}$ で生成される $\widetilde{\mathfrak{g}}$ の両側イデアルを $\widetilde{\mathfrak{g}}_0$ とおく．商空間 $U(\mathfrak{g}) := \widetilde{\mathfrak{g}}/\widetilde{\mathfrak{g}}_0$ として定義される $\mathbb{R}$ 上の多元環を $\mathfrak{g}$ の**普遍包絡環**(universal enveloping algebra)という．このとき，$\mathfrak{g}$ を含む $\mathbb{R}$ 上の多元環として，$U(\mathfrak{g})$ と $\mathbb{D}_L(G)$ は同型である．

［証明］ (ⅰ) 定理 5.43 によって $\mathfrak{X}_L(G)$ と $\mathfrak{g}$ を同一視し G の元 $e^{t_1 X_1}\cdots e^{t_m X_m}$ を対応させることにより，$(t_1,\cdots,t_m)$ が G の単位元の近傍における局所座標系となることに注意しよう．$f \in C^{\infty}(G)$ は，単位元の近傍では $(t_1,\cdots,t_m)$ の関数と同一視できるが，その原点での Taylor 展開は (5.59) より

$$(5.61) \quad f(e^{t_1 X_1}\cdots e^{t_m X_m}) \sim \sum_{i_1=0}^{\infty}\cdots\sum_{i_m=0}^{\infty} \frac{t_1^{i_1}}{i_1!}\cdots\frac{t_m^{i_m}}{i_m!}(X_1^{i_1}\cdots X_m^{i_m}f)(e)$$

となる．

$X_1^{i_1}\cdots X_m^{i_m}$ は $\mathbb{D}_L(G)$ の元であるが，この Taylor 展開の式より，互いに一次独立なこと，および，$\mathbb{D}_L(G)$ の任意の元 D に対して

$$(5.62) \quad (Df)(e) = (\widetilde{D}f)(e) \quad (\forall f \in C^{\infty}(G))$$

となる適当な $X_1^{i_1}\cdots X_m^{i_m}$ の一次結合 $\widetilde{D}$ が存在することがわかる．このとき，左不変性より，$g \in G$ に対して $(Df)(g) = (\pi_L(g^{-1})Df)(e) = (D\pi_L(g^{-1})f)(e) = (\widetilde{D}\pi_L(g^{-1})f)(e) = (\pi_L(g^{-1})\widetilde{D}f)(e) = (\widetilde{D}f)(g)$ となるので，$D = \widetilde{D}$ が成立する．

(ⅱ) k についての帰納法で示す．$k \leqq 1$ のときは明らか．帰納法の仮定より，$Y_1\cdots Y_{k-1} \in \mathbb{D}_L(G)^{(k-1)}$ であるから，$Y_1\cdots Y_{k-1} = X_1^{i_1}\cdots X_m^{i_m} \in \mathbb{D}_L(G)^{(k-1)}$ と仮定して示せばよい ($i_1+\cdots+i_m = k-1$)．さらに，$Y_k = X_l$ ($l=1,\cdots,m$) の場合に示せばよい．すると

$$X_1^{i_1}\cdots X_m^{i_m} X_l = X_1^{i_1}\cdots X_{l-1}^{i_{l-1}} X_l^{i_l+1} X_{l+1}^{i_{l+1}}\cdots X_m^{i_m}$$
$$+ \sum_{j=l+1}^{m}\sum_{\nu=0}^{i_j-1} X_1^{i_1}\cdots X_{j-1}^{i_{j-1}} X_j^{\nu}[X_j,X_l] X_j^{i_j-\nu-1} X_{j+1}^{i_{j+1}}\cdots X_m^{i_m}$$

となるので，帰納法の仮定から，これが $\mathbb{D}_L(G)^{(k)}$ の元であることがわかる.

(iii) $\mathfrak{g}$ 上で恒等写像となる $\mathbb{R}$ 上の多元環の全射準同型 $\pi: \widetilde{\mathfrak{g}} \to \mathbb{D}_L(G)$ を考えると，$\operatorname{Ker} \pi \supset \widetilde{\mathfrak{g}}_0$ となるから全射準同型 $\bar{\pi}: U(\mathfrak{g}) \to \mathbb{D}_L(G)$ が誘導される．テンソル積記号を略して書くと，(ii)の証明と同様にして，$U(\mathfrak{g})$ は線型空間として $\{X_1^{i_1} \cdots X_m^{i_m}\}$ で生成されることが示せる．よって(i)より $\bar{\pi}$ が単射であることがわかる． ∎

注意 5.45 右不変微分作用素全体の集合 $\mathbb{D}_R(G)$ と右不変ベクトル場の集合 $\mathfrak{X}_R(G)$ に対しても，定理 5.44 とまったく同様の結果が成り立つ．

注意 5.46 Lie 環 $\mathfrak{g}$ の普遍包絡環 $U(\mathfrak{g})$ の基底として，定理 5.44(i) に述べたものをとることができるが，それを **Poincaré–Birkhoff–Witt の定理**という．ここでは，$\mathfrak{g}$ を Lie 環とする Lie 群 G を用いて証明したが，G の存在を使わなくても一般に証明できる．

(d) 1 パラメータ部分群

定義 5.47 実数 $\mathbb{R}$ から Lie 群 G への連続写像 $\mathbb{R} \to G$, $t \mapsto g(t)$ で $g(s+t) = g(s)g(t)$ を満たすものを G の **1 パラメータ部分群**という． ∎

$X \in \mathfrak{g}$ に対し，$g(t) = e^{tX}$ とおくと，これは G の 1 パラメータ部分群となるが，逆に 1 パラメータ部分群はこのような形のものに限る：

定理 5.48 Lie 群 G の 1 パラメータ部分群 $\{g(t): t \in \mathbb{R}\}$ は，$X \in \mathfrak{g}$ によって $g(t) = e^{tX}$ と表せる．これにより，G の 1 パラメータ部分群と $\mathfrak{g}$ の元とは 1 対 1 に対応する． ∎

[証明] $\mathfrak{g}$ の原点の近傍 V を，$\exp: V \to G$ が G の単位元の近傍への同相写像となるようにとり，さらに小さな開近傍 U を $0 \in U \subset 2U \subset V$ となるようにとる．

$g(t)$ は連続だから $|t| \leq t_0 \Longrightarrow g(t) \in \exp U$ となる正数 t_0 が存在する．このとき，$e^Y = g(t_0)$ となる $Y \in U$ が定まる．$g\left(\dfrac{t_0}{2}\right) \in \exp U$ なので $g\left(\dfrac{t_0}{2}\right) = e^Z$ となる $Z \in U$ が存在するが，$e^Y = g\left(\dfrac{t_0}{2}\right)^2 = e^{2Z}$ が成立し，$Y \in V$, $2Z \in V$ なので $Y = 2Z$，すなわち $g\left(\dfrac{t_0}{2}\right) = e^{\frac{Y}{2}}$ がわかる．$g\left(\dfrac{t_0}{4}\right)^2 = e^{\frac{Y}{2}}$ より，同様

210 ── 第 5 章　Lie 群と Lie 環

に $g\left(\dfrac{t_0}{4}\right) = e^{\frac{Y}{4}}$ が得られるが，これを続ければ帰納的に正整数 k に対して $g\left(\dfrac{t_0}{2^k}\right) = e^{\frac{Y}{2^k}}$ がわかる．整数 j に対して両辺の j 乗を考えれば $g\left(\dfrac{j}{2^k} t_0\right) = e^{\frac{j}{2^k} Y}$ が得られるが $\left\{\dfrac{j}{2^k}\right\}$ は実数の中で稠密なので，連続性から $g(st_0) = e^{sY}$ ($\forall s \in \mathbb{R}$) が得られる．$X = \dfrac{Y}{t_0}$, $t = st_0$ とおけば $g(t) = e^{tX}$ である．∎

準同型写像の解析性

定理 5.49　Lie 群 G から Lie 群 H への連続な準同型写像 ϕ は C^ω 級である．さらに，ϕ の単位元での微分 $d\phi_e : T_e G \to T_e H$ は，定理 5.43(i) の対応で Lie 環 $\mathfrak{g} := \mathrm{Lie}(G)$ から $\mathfrak{h} := \mathrm{Lie}(H)$ への準同型を引き起こし，$\phi(e^X) = e^{d\phi_e(X)}$ ($X \in \mathfrak{g}$) を満たす．

[証明]　<u>1 パラメータ部分群の対応</u>　$X \in \mathfrak{g}$ に対し，$\phi(e^{(s+t)X}) = \phi(e^{sX} e^{tX}) = \phi(e^{sX}) \phi(e^{tX})$ より写像 $\mathbb{R} \to H$, $t \mapsto \phi(e^{tX})$ は H の 1 パラメータ部分群となるので，$\phi(e^{tX}) = e^{tX'}$ を満たす $X' \in \mathfrak{h}$ が唯一つ定まる．これによって定まる $\mathfrak{g}$ から $\mathfrak{h}$ への対応を ι とおく．

<u>線型性</u>　$\iota(cX) = c\iota(X)$ ($c \in \mathbb{R}$) は明らかである．

定理 5.23 の証明と同様に考えて $X, Y \in \mathfrak{g}$ および $0 < t \ll 1$ に対し

$$\phi(e^{t(X+Y)}) = \phi(\lim_{m \to \infty} (e^{\frac{t}{m} X} e^{\frac{t}{m} Y})^m)$$
$$= \lim_{m \to \infty} \phi((e^{\frac{t}{m} X} e^{\frac{t}{m} Y})^m) \quad (\because \phi \text{ は連続})$$
$$= \lim_{m \to \infty} (\phi(e^{\frac{t}{m} X}) \phi(e^{\frac{t}{m} Y}))^m \quad (\because \phi \text{ は準同型})$$
$$= \lim_{m \to \infty} (e^{\frac{t}{m} \iota(X)} e^{\frac{t}{m} \iota(Y)})^m$$
$$= e^{t(\iota(X) + \iota(Y))}$$

となるので，$\iota(X+Y) = \iota(X) + \iota(Y)$ である．すなわち，ι は線型写像である．

<u>可微分性</u>　$X \in \mathfrak{g}$, $x \in G$ に対し，$\phi(x e^X) = \phi(x) \phi(e^X) = \phi(x) e^{\iota(X)}$ となるので，定理 5.27 より ϕ は C^ω 級であることがわかる．また，$f \in C^\infty(H)$ に対し，$\left.\dfrac{d}{dt} f(\phi(e^{tX}))\right|_{t=0} = \left.\dfrac{d}{dt} f(e^{t\iota(X)})\right|_{t=0}$ に注意すれば $d\phi_e = \iota$ もわかる．

<u>準同型性</u>　同様に

$$\begin{aligned}
\phi(e^{t^2[X,Y]}) &= \phi(\lim_{m\to\infty}(e^{\frac{t}{m}X}e^{\frac{t}{m}Y}e^{-\frac{t}{m}X}e^{-\frac{t}{m}Y})^{m^2})\\
&= \lim_{m\to\infty}(\phi(e^{\frac{t}{m}X})\phi(e^{\frac{t}{m}Y})\phi(e^{-\frac{t}{m}X})\phi(e^{-\frac{t}{m}Y}))^{m^2}\\
&= \lim_{m\to\infty}(e^{\frac{t}{m}\iota(X)}e^{\frac{t}{m}\iota(Y)}e^{-\frac{t}{m}\iota(X)}e^{-\frac{t}{m}\iota(Y)})^{m^2}\\
&= e^{t^2[\iota(X),\iota(Y)]}
\end{aligned}$$

であるので,$\iota([X,Y])=[\iota(X),\iota(Y)]$ が成立し,ι は Lie 環の準同型を定義している. ∎

(e) 微分表現

線型 Lie 群 G の有限次元表現 (π,V) を考える.$\dim V = n$ とすると,$g \in G$ に対し,$\pi(g) \in GL(V) \simeq GL(n,\mathbb{C})$ であるので,(π,V) は G から $GL(n,\mathbb{C})$ への連続な準同型写像と同一視される.定理 5.49 より,これは C^ω 級の写像である.また $d\pi_\varepsilon$ は Lie 環 Lie(G) から Lie$(GL(V)) \simeq$ End(V) への準同型写像となる.

定義 5.50 (π,V) を Lie 群 G の有限次元表現とする.$d\pi_e$ は表現空間 V 上の Lie(G) の表現を引き起こす.これを単に $d\pi$ と書いて,π の**微分表現** (differential representation) という. □

定義 5.51(**随伴表現**) G の元 g に対し,G の内部同型 $G \to G$, $x \mapsto gxg^{-1}$ の単位元での微分は,定理 5.49 により $\mathfrak{g} := $ Lie(G) の準同型を引き起こす.これを Ad(g) と書くと,Ad(g)Ad$(g') = $ Ad(gg') が成立するので (Ad, $\mathfrak{g}$) は,G の $\mathbb{R}$ 上の表現となる.この表現を G の**随伴表現**(adjoint representation) という. □

定義および定理 5.49 より

(5.63) $\qquad ge^{tX}g^{-1} = e^{t\,\mathrm{Ad}(g)X} \quad (\forall t \in \mathbb{R},\ \forall X \in \mathfrak{g})$

であるので,Ad(g)Ad$(g') = $ Ad(gg') は明らか.特に G が $GL(n,\mathbb{C})$ の部分 Lie 群ならば

(5.64) $\qquad \mathrm{Ad}(g)X = gXg^{-1} \quad (\forall X \in \mathfrak{g}).$

定理 5.52 Lie 群 G とその Lie 環 $\mathfrak{g}$ に対し

(5.65) $$d\,\mathrm{Ad} = \mathrm{ad},$$
(5.66) $$\mathrm{Ad}(e^X) = e^{\mathrm{ad}(X)} \quad (\forall X \in \mathfrak{g}).$$

［証明］ (5.63) より
$$e^{sX} e^{tY} e^{-sX} = e^{t\,\mathrm{Ad}(e^{sX})Y}$$

であるが，$|s| \ll 1$, $|t| \ll 1$ のときは，上記は $M(n, \mathbb{C})$ の中での式と見てよい．すると，$\mathrm{Ad}(e^{sX})Y = e^{sX} Y e^{-sX}$ であるから，

$$\begin{aligned}
d\,\mathrm{Ad}(X)Y &= \frac{d}{ds}\,\mathrm{Ad}(e^{sX})Y\Big|_{s=0} \\
&= \frac{d}{ds}(e^{sX} Y e^{-sX})\Big|_{s=0} \\
&= XY - YX \\
&= \mathrm{ad}(X)Y
\end{aligned}$$

となり，(5.65) を得る．よって，定理 5.49 で $\phi = \mathrm{Ad}$ とおくと $\mathrm{Ad}(e^X) = e^{d\,\mathrm{Ad}(X)} = e^{\mathrm{ad}(X)}$.　∎

次の定理により，Lie 環が Lie 群の局所的構造を規定していることがわかる．

定理 5.53 Lie 群 G と G' に対し

(5.67) G と G' が局所同型 $\iff$ $\mathrm{Lie}(G)$ と $\mathrm{Lie}(G')$ が同型．

［証明］ 補題 5.25 と定理 5.49 より，主張の $\Longrightarrow$ は明らか．

G の単位元のある近傍は，指数写像によって Lie 環の原点の近傍と C^ω 級微分同相であるが，Lie 群の群構造 $G \times G \to G$, $(x, y) \mapsto xy$ が，単位元の近傍では Lie 環の構造から決まってしまうことを示せばよい．

<u>局所座標系での表示</u>　$\mathfrak{g}$ の基底を $\{X_1, \cdots, X_m\}$ とし，X_j を多元環 $\mathbb{D}_L(G)$ の元と同一視する．$x = (x_1, \cdots, x_m)$, $y = (y_1, \cdots, y_m)$, $t = (t_1, \cdots, t_m) \in \mathbb{R}^m$ としたとき，$|x| \ll 1$ かつ $|y| \ll 1$ ならば，定理 5.27 により

(5.68) $$e^{x_1 X_1} \cdots e^{x_m X_m} e^{y_1 X_1} \cdots e^{y_m X_m} = e^{t_1 X_1} \cdots e^{t_m X_m}$$

を満たす $|t| \ll 1$ が唯一つ定まり，t は (x, y) の実解析関数となる．

<u>Taylor 展開の利用</u>　f を G の単位元の近傍における実解析関数とすると，

(5.61) より

$$f(e^{x_1 X_1}\cdots e^{x_m X_m} e^{y_1 X_1}\cdots e^{y_m X_m})$$
$$= \sum_{i_1=0}^{\infty}\cdots\sum_{i_m=0}^{\infty}\sum_{j_1=0}^{\infty}\cdots\sum_{j_m=0}^{\infty}$$
$$\left(\frac{(x_1 X_1)^{i_1}}{i_1!}\cdots\frac{(x_m X_m)^{i_m}}{i_m!}\frac{(y_1 X_1)^{j_1}}{j_1!}\cdots\frac{(y_m X_m)^{j_m}}{j_m!}f\right)(e),$$
$$f(e^{t_1 X_1}\cdots e^{t_m X_m}) = \sum_{\nu_1=0}^{\infty}\cdots\sum_{\nu_m=0}^{\infty}\left(\frac{(t_1 X_1)^{\nu_1}}{\nu_1!}\cdots\frac{(t_m X_m)^{\nu_m}}{\nu_m!}f\right)(e)$$

が成立する. $\mathbb{D}_L(G)$ の中で

$$X_1^{i_1}\cdots X_m^{i_m} X_1^{j_1}\cdots X_m^{j_m} = \sum_{\nu_1}\cdots\sum_{\nu_m} C_{i,j,\nu} X_1^{\nu_1}\cdots X_m^{\nu_m}$$

とおく. ここで, $f_l(e^{t_1 X_1}\cdots e^{t_m X_m}) := t_l$ $(1 \leqq l \leqq m)$ とおくと,

$$(X_1^{\nu_1}\cdots X_m^{\nu_m} f_l)(e) = \begin{cases} 1 & (\nu_1,\cdots,\nu_m) = (\delta_{1l},\cdots,\delta_{ml}) \text{ のとき} \\ 0 & (\nu_1,\cdots,\nu_m) \neq (\delta_{1l},\cdots,\delta_{ml}) \text{ のとき} \end{cases}$$

が成立するので

$$t_l = \sum_{i_1=0}^{\infty}\cdots\sum_{i_m=0}^{\infty}\sum_{j_1=0}^{\infty}\cdots\sum_{j_m=0}^{\infty} \frac{C_{i,j,(\delta_{1l},\cdots,\delta_{ml})}}{i_1!\cdots i_m! j_1!\cdots j_m!} x_1^{i_1}\cdots x_m^{i_m} y_1^{j_1}\cdots y_m^{j_m}$$

を得る. $C_{i,j,\nu}$ は $\mathfrak{g}$ の Lie 環の構造のみから決まる定数であるから, (5.68) で与えられる t は, Lie 環の構造と x, y とから一意的に定まる. ∎

別の方法で, より具体的に $\log(e^X e^Y)$ を求めてみよう. それは, 定理 5.53 の別証になっている. そこで $e^{Z(t)} = e^{tX} e^{tY}$ とおく. $Z(t) \in \mathfrak{g}$ は, $t=0$ で解析的で

(5.69) $$Z(t) = \sum_{j=1}^{\infty} t^j Z_j \quad (Z_j \in \mathfrak{g})$$

と収束ベキ級数に展開できる.

適当な n により $\mathfrak{g} \subset \mathfrak{gl}(n,\mathbb{C})$ とみなして, 上の式は $M(n,\mathbb{C})$ での等式と考えてよい. 実際,

$$\|e^{tX}e^{tY}-1\| \leqq \|e^{tX}(e^{tY}-1)\|+\|e^{tX}-1\|$$
$$\leqq e^{|t|\|X\|}(e^{|t|\|Y\|}-1)+(e^{|t|\|X\|}-1)$$
$$= e^{|t|(\|X\|+\|Y\|)}-1$$

であるから t のベキ級数 $Z(t)$ は $|t|<\dfrac{\log 2}{\|X\|+\|Y\|}$ ならば収束し，$\|Z(t)\|<\log 2$ を満たす．

$Z(t+s)=Z(t)+sZ'(t)+o(s)$ に注意して $e^{Z(t)}=e^{tX}e^{tY}$ の微分を考えると，

$$\frac{de^{Z(t)+sZ'(t)}}{ds}\Big|_{s=0} = \frac{de^{Z(t)}}{dt} = \frac{d}{dt}(e^{tX}e^{tY})$$
$$= e^{tX}Xe^{tY}+e^{tX}e^{tY}Y \quad (\because 補題 5.11)$$
$$= e^{Z(t)}(e^{-t\,\mathrm{ad}(Y)}X+Y). \quad (\because 定理 5.52)$$

ここで，次の公式を使う．

定理 5.54（指数写像の微分公式） $S,T\in\mathrm{Lie}(G)$ のとき，

(5.70) $$\frac{de^{-S}e^{S+sT}}{ds}\Big|_{s=0} = \sum_{p=0}^{\infty}(-1)^p\frac{\mathrm{ad}(S)^p}{(p+1)!}T = \frac{1-e^{-\mathrm{ad}(S)}}{\mathrm{ad}(S)}T.$$

すなわち，G の単位元の近傍で定義された任意の C^{ω} 級関数 f に対し

$$\frac{d}{ds}f(e^{-S}e^{S+sT})\Big|_{s=0} = \left(\left(\sum_{p=0}^{\infty}(-1)^p\frac{\mathrm{ad}(S)^p}{(p+1)!}T\right)f\right)(e)$$

が成立する．あるいは，(5.70) を $M(n,\mathbb{C})$ における行列の空間での等式とみなしてもよい． □

定理 5.54 の証明は後まわしにし，この公式を使って先に進もう．

(5.70) で $S=Z(t)$, $T=Z'(t)$ とおくと

$$\sum_{p=0}^{\infty}(-1)^p\frac{\mathrm{ad}(Z(t))^p}{(p+1)!}Z'(t) = e^{-t\,\mathrm{ad}(Y)}X+Y$$

が得られるので，$Z(t)$ は次式を満たすことがわかる．

$$Z'(t) = \sum_{p=1}^{\infty}(-1)^{p+1}\frac{\mathrm{ad}(Z(t))^p}{(p+1)!}Z'(t)+\sum_{p=0}^{\infty}(-1)^p\frac{(t\,\mathrm{ad}(Y))^p}{p!}X+Y.$$

ここで，両辺を t のベキ級数に展開して t^j の係数を比較すると，左辺は

$(j+1)Z_{j+1}$ で，右辺は $X, Y, Z_1, \cdots, Z_j$ によって定まるので，Z_j は j が小さいものから順に帰納的に定まることがわかる．その式は

$$(5.71) \quad (j+1)Z_{j+1} = \left(\left[\sum_{p=1}^{j} (-1)^{p+1} \frac{(\mathrm{ad}(tZ_1 + t^2 Z_2 + \cdots + t^j Z_j))^p}{(p+1)!} \right. \right.$$
$$\left. \left. (Z_1 + 2tZ_2 + \cdots + jt^{j-1} Z_j) \right] \text{の } t^j \text{ の係数} \right)$$
$$+ (-1)^j \frac{\mathrm{ad}(Y)^j}{j!} X + \delta_{0j} Y$$
$$= \sum_{q=2}^{j} \sum_{j_1 + \cdots + j_q = j+1} \frac{(-1)^q j_q}{q!} \mathrm{ad}(Z_{j_1}) \cdots \mathrm{ad}(Z_{j_{q-1}}) Z_{j_q}$$
$$+ (-1)^j \frac{\mathrm{ad}(Y)^j}{j!} X + \delta_{0j} Y$$

となる．最後の等号は，$q = p+1$ とおくと得られるが，$q = j+1$ に対応する項は 0 に等しいことに注意．

(5.71) の $j=0$ のときの右辺は，$X+Y$ となるので，$Z_1 = X+Y$ となる．$j=1$ のときの右辺は，$-[Y,X] = [X,Y]$ となるので，$Z_2 = \frac{1}{2}[X,Y]$ となる．$j=2$ のときの右辺は，$[Z_1, Z_2] + \frac{1}{2}[Z_2, Z_1] + \frac{1}{2}[Y,[Y,X]] = \frac{1}{2}[X+Y, \frac{1}{2}[X,Y]] - \frac{1}{2}[Y,[X,Y]] = \frac{1}{4}[X-Y,[X,Y]]$ より $Z_3 = \frac{1}{12}[X-Y,[X,Y]]$ となる．

次第に複雑になっていくが，これを続ければ

$$(5.72) \qquad e^{tX} e^{tY} = e^{t(X+Y) + \frac{1}{2} t^2 [X,Y] + \frac{1}{12} t^3 [X-Y,[X,Y]] + \cdots}$$

というようにいくらでも先まで具体的に求めていくことができる．これは **Campbell–Hausdorff の公式**と呼ばれる．一般に $\mathrm{ad}(\mathrm{ad}(U)V)W = \mathrm{ad}(U)\mathrm{ad}(V)W - \mathrm{ad}(V)\mathrm{ad}(U)W$ となることに注意すれば

(5.73)
$$Z_m = \begin{cases} X+Y & (m=1 \text{ のとき}) \\ \sum_{\varepsilon \in \{0,1\}^{m-2}} C_\varepsilon \, \mathrm{ad}(X_{\varepsilon_1}) \cdots \mathrm{ad}(X_{\varepsilon_{m-2}}) \mathrm{ad}(X) Y & (m \geq 2 \text{ のとき}) \end{cases}$$

の形になることが帰納的にわかる．ただし，$X_0 = X$, $X_1 = Y$ で C_ε は $\mathfrak{g}$ によ

らずに定まる有理数である.

特に $\|X\|+\|Y\|<\log 2$ ならば $\sum_{m=1}^{\infty} Z_m$ は収束して $\left\|\sum_{m=1}^{\infty} Z_m\right\|<\log 2$ かつ

(5.74) $$e^X e^Y = \exp \sum_{m=1}^{\infty} Z_m$$

となることに注意しよう.

定義 5.55(ベキ零 Lie 群) Lie 環 $\mathfrak{g}$ に対し, $\mathfrak{g}_0 = \mathfrak{g}$ とおき, $\mathfrak{g}_i = [\mathfrak{g}_{i-1}, \mathfrak{g}]$ によって, $\mathfrak{g}_i$ $(i=1,2,\cdots)$ を帰納的に定義する. 容易にわかるように, $\mathfrak{g}_i$ は $\mathfrak{g}$ のイデアルとなる. 十分大きな k に対し $\mathfrak{g}_k = 0$ となるとき, $\mathfrak{g}$ を**ベキ零 Lie 環**(nilpotent Lie algebra)という. 連結な**ベキ零 Lie 群**(nilpotent Lie group)とは, その Lie 環がベキ零となる連結 Lie 群のことと定義する. □

上三角で対角成分が 0 の $\mathfrak{gl}(n,\mathbb{C})$ の元の全体はベキ零 Lie 環となる. また, ベキ零 Lie 環の部分 Lie 環は, やはりベキ零 Lie 環となる. 有限次元のベキ零 Lie 環は, このようなものと同型となることが知られているが, それは後述の Ado–岩澤の定理の証明の重要なステップである.

ベキ零 Lie 群においては, Campbell–Hausdorff の公式で, $m \gg 1$ のとき $Z_m = 0$ となるので $Z(t)$ は t の多項式になり, 指数写像の解析性から公式 (5.74) が任意の $X, Y \in \mathfrak{g}$ について成立することがわかる. 連結 Lie 群の元は, $\{e^X : X \in \mathfrak{g}\}$ の有限個の積で表せるので, 次の系がいえる.

系 5.56 連結ベキ零 Lie 群は, その Lie 環からの指数写像が全射となる.
□

[定理 5.54 の証明] 指数写像の解析性から, S, T が原点の近傍の元のとき (5.70) を示せばよい. よって, S, T は行列としてよい.

$S, T \in M(n, \mathbb{C})$ が可換ならば, (5.70) の両辺は T となって一致する. また両辺は S に連続に依存しているので, 補題 5.9 の証明と同様に S は対角化可能と仮定してよいが, $GL(n, \mathbb{C})$ による内部同型で写して考えると, さらに $S = \mathrm{diag}(\lambda_1, \cdots, \lambda_n)$ としてよい. 一方, 両辺は T について線型なので, $T = E_{ij}$((i,j)-成分が 1 で, 他の成分が 0 の行列)の場合に (5.70) を示せばよい.

$\lambda = \lambda_i - \lambda_j$ とおくと, $\mathrm{ad}(S)T = \lambda T$ となるが, $[S, T] \neq 0$ と仮定してよいので, $\lambda \neq 0$ かつ $i \neq j$ である. $\lambda_j I_n$ は S, T と可換であるので, S を $S - \lambda_j I_n$

§5.6 Lie 群と Lie 環の対応 —— 217

で置き換えても (5.70) の両辺は変化しない．従って，$\lambda_j = 0$ と仮定できる．このとき，$ST = \lambda T$, $TS = T^2 = 0$ となることに注意しよう．すると正整数 p に対して
$$(S+sT)^p = S^p + s\lambda^{p-1}T$$
となることが帰納法によりわかる．実際，$p=1$ のときは明らかで，$p>1$ のときは $(S+sT)^p = (S+sT)(S^{p-1}+s\lambda^{p-2}T) = S^p+s\lambda^{p-1}T$ となる．よって

$$\begin{aligned}\frac{de^{-S}e^{S+sT}}{ds}\Big|_{s=0} &= \frac{d}{ds}e^{-S}\left(\sum_{p=0}^{\infty}\frac{S^p}{p!}+s\sum_{p=1}^{\infty}\frac{\lambda^{p-1}}{p!}T\right)\Big|_{s=0} \\ &= \frac{e^{\lambda}-1}{\lambda}e^{-S}T \\ &= \frac{e^{\lambda}-1}{\lambda}e^{-\lambda}T \\ &= \frac{1-e^{-\lambda}}{\lambda}T \\ &= \sum_{p=0}^{\infty}(-1)^p\frac{\mathrm{ad}(S)^p}{(p+1)!}T.\end{aligned}$$

∎

次の系は Campbell–Hausdorff の公式から直ちに得られる．

系 5.57 指数写像 $\exp\colon U = \{X \in \mathfrak{gl}(n,\mathbb{R})\colon \|X\| < \log 2\} \to GL(n,\mathbb{R})$ の逆写像を $\log$ とおく．$\mathfrak{g}$ を $\mathfrak{gl}(n,\mathbb{R})$ の部分 Lie 環とすると
$$X, Y \in \mathfrak{g} \text{ かつ } \|X\|+\|Y\| < \log 2 \implies \log(e^X e^Y) \in \mathfrak{g}.$$

[証明] $\log(e^X e^Y) = \sum_{m=1}^{\infty} Z_m$ となるが，それは (5.73) で与えられるので $\mathfrak{g}$ の元である．∎

系 5.58 Lie 群 G と H の Lie 環をそれぞれ $\mathfrak{g}, \mathfrak{h}$ とする．Lie 環の準同型 $\tau\colon \mathfrak{g} \to \mathfrak{h}$ に対し，$\mathfrak{g}$ の単位元の適当な近傍 U において
$$e^X e^Y = e^Z \ (X, Y, Z \in U) \implies e^{\tau(X)} e^{\tau(Y)} = e^{\tau(Z)}.$$

[証明] U を十分小さくとれば，$X, Y \in U$ のとき $e^Z = e^X e^Y$ を満たす $Z \in \mathfrak{g}$ および $e^{Z'} = e^{\tau(X)} e^{\tau(Y)}$ を満たす $Z' \in \mathfrak{h}$ を，Campbell–Hausdorff の公式によって，それぞれ (X, Y) から定めることができる．Z' を求める公式は，前者の (X, Y) を $(\tau(X), \tau(Y))$ に置き換えたものである．τ は Lie 環の準同型で

あるから，(5.73)において

$$\tau\Bigl(\sum_{\varepsilon\in\{0,1\}^{m-2}}C_\varepsilon\,\mathrm{ad}(X_{\varepsilon_1})\cdots\mathrm{ad}(X_{\varepsilon_{m-2}})\,\mathrm{ad}(X)Y\Bigr)$$
$$=\sum_{\varepsilon\in\{0,1\}^{m-2}}C_\varepsilon\,\mathrm{ad}(\tau(X_{\varepsilon_1}))\cdots\mathrm{ad}(\tau(X_{\varepsilon_{m-2}}))\,\mathrm{ad}(\tau(X))\tau(Y)$$

となるので $Z'=\tau(Z)$ がわかる． ∎

(f) 解析的部分群

Lie 群 G とその部分 Lie 群 H の組があれば，$T_eG\supset T_eH$ により，Lie 環とその部分 Lie 環の組 $\mathrm{Lie}(G)\supset\mathrm{Lie}(H)$ が得られる．逆に任意の部分 Lie 環に対して，それを Lie 環とする部分 Lie 群が存在する：

定理 5.59（解析的部分群） Lie 群 G の Lie 環を $\mathfrak{g}$ とする．$\mathfrak{g}$ の任意の部分 Lie 環 $\mathfrak{h}$ に対し，G の連結部分 Lie 群 H で，$\mathrm{Lie}(H)=\mathfrak{h}$ となるものが唯一つ存在する．この H を Lie 環を $\mathfrak{h}$ とする G の**解析的部分群**という．

[証明] $\mathfrak{g}$ の基底 $\{X_1,\cdots,X_m\}$ を，$\{X_1,\cdots,X_k\}$ が $\mathfrak{h}$ の基底になるように選ぶ．$\mathbb{R}^n$ の原点の近傍 W を $\exp\colon W\to G$, $t=(t_1,\cdots,t_m)\mapsto e^{t_1X_1+\cdots+t_mX_m}$ が G の原点の近傍への C^ω 級微分同相となるように選ぶ．より小さい $\mathbb{R}^m$ の原点の連結閉近傍 $U_\varepsilon:=\{t\in\mathbb{R}^m\colon |t|\leqq\varepsilon\}$ を $\exp U_\varepsilon\exp U_\varepsilon\subset\exp W$ となるようにとり，$V_\varepsilon:=\{(t_1,\cdots,t_m)\in U_\varepsilon\colon t_{k+1}=t_{k+2}=\cdots=t_m=0\}$ とおく．

<u>H の定義</u>　H を $\{e^X\colon X\in\mathfrak{h}\}$ の元の有限個の積の全体とすると，H は G の連結部分群となる．H の位相は，$h\in H$ の基本近傍系を $\{h\exp V_{s\varepsilon}\colon 0<s<1\}$ とすることにより定める．

<u>Lie 群となること</u>　写像 $H\times H\to H$, $(x,y)\mapsto xy^{-1}$ が $(g_1,g_2)\in H\times H$ で連続となることを示そう．$X,Y\in\mathfrak{h}$ に対し，$g=g_1^{-1}g_2$ とおくと $(g_1e^X)^{-1}g_2e^Y=e^{-X}g_1^{-1}g_2e^Y=ge^{-\mathrm{Ad}(g^{-1})X}e^Y$ となる．$Z\in\mathfrak{h}$ ならば $\mathrm{Ad}(e^Z)X=e^{\mathrm{ad}(Z)}X\in\mathfrak{h}$ より，$-\mathrm{Ad}(g^{-1})X\in\mathfrak{h}$ がわかり，X と Y が $\mathfrak{h}$ の原点の十分小さな近傍の元のとき，系 5.57 より $\log(e^{-\mathrm{Ad}(g^{-1})X}e^Y)\in\mathfrak{h}$ であって，$X,Y\to0$ のとき 0 に収束することがわかる．すなわち，H は位相群である．また，U,V を，$U_\varepsilon,V_\varepsilon$ とおくと，H が G の部分 Lie 群であることの定義の条件（定義 5.3）を満たし

ていることは明らか.

一意性 $\mathfrak{h}$ を Lie 環とする G の連結部分 Lie 群 H は $\{e^X : X \in \mathfrak{h}\}$ で生成されるから，その一意性も明らかである． ∎

注意 5.60 $\mathfrak{h} \subset \mathfrak{X}_L(G) \subset \mathfrak{X}(G)$ とみなし，$\mathfrak{h}_x := \{X_x : X \in \mathfrak{h}\} \subset T_x G \ (x \in G)$ とおくと，H は $\mathfrak{h}$ の**極大積分多様体**となる．すなわち，$\mathfrak{h}_h = T_h H \ (\forall h \in H)$ が成立する．「完全積分可能条件

(5.75) $$[X, Y]_x \in \mathfrak{h}_x \quad (\forall x \in G)$$

が満たされると，極大積分多様体が存在する」という事実は Frobenius の定理として知られているが，ここでは，その H の存在を Campbell–Hausdorff の公式から証明した．なお (5.75) は，「$\mathfrak{h}$ が $\mathfrak{g}$ の部分 Lie 環である」という条件に対応していることに注意しよう．

さて，「有限次元の Lie 環 $\mathfrak{g}$ に対し，その Lie 環が $\mathfrak{g}$ と同型になるような Lie 群が存在するか」という問題を考えてみよう．もし $\mathfrak{g}$ が $\mathfrak{gl}(n, \mathbb{C})$ の部分 Lie 環であるなら，定理 5.59 により $\mathfrak{g}$ を Lie 環とする $GL(n, \mathbb{C})$ の解析的部分群が存在することがわかる．一方，$\mathfrak{g}$ から $\mathfrak{gl}(n, \mathbb{C})$ への Lie 環の構造を保つ写像とは，$\mathfrak{g}$ の表現のことに他ならない．よって，$\mathfrak{g}$ の忠実な（すなわち，$\mathrm{Ker}\,\rho = 0$ となる）有限次元表現 (ρ, V) が存在すれば，$\mathfrak{g}$ とその像とを同一視することにより，Lie 環 $\mathfrak{g}$ をもつ Lie 群の存在がいえる．

有限次元の Lie 環 $\mathfrak{g}$ の自然な表現として，随伴表現 $(\mathrm{ad}, \mathfrak{g})$ を考えてみよう．$\mathrm{Ker}\,\mathrm{ad}$ は，$\mathfrak{g}$ の中心であるので，$\mathfrak{g}$ の中心が 0 ならば ad は忠実な表現となる．一方，$\mathrm{Ker}\,\mathrm{ad}$ は可換であるが，それは忠実な表現をもつ．例えば，$\mathrm{Ker}\,\mathrm{ad} = \mathbb{R} X_1 \oplus \cdots \oplus \mathbb{R} X_m$ のとき

$$\rho(c_1 X_1 + \cdots + c_m X_m) \to \begin{pmatrix} 0 & c_1 & \cdots & c_m \\ 0 & \cdots\cdots & & 0 \\ \vdots & & & \vdots \\ 0 & \cdots\cdots & & 0 \end{pmatrix}$$

は，表現空間を $V = \mathbb{C}^{m+1}$ とする $\mathrm{Ker}\,\mathrm{ad}$ の忠実な表現 (ρ, V) となる．この表現を含んだ $\mathfrak{g}$ の表現が構成できればよい．すなわち，$\mathfrak{g}$ の表現 $(\tilde{\rho}, \tilde{V})$ で，$V \subset \tilde{V}$ かつ $\tilde{\rho}(X)|_V = \rho(X) \ (\forall X \in \mathrm{Ker}\,\mathrm{ad})$ となるものの存在がいえればよい．

そうすれば，$\mathrm{ad}\oplus\tilde{\rho}$ が $\mathfrak{g}$ の忠実な表現となる．

$\mathfrak{g}$ がそのある部分代数 $\mathfrak{h}_1$ と $\mathrm{Ker\,ad}$ の直和ならば，$\mathfrak{h}_1$ 上で 0 とすることにより，ρ の拡張 $\tilde{\rho}$ が構成できる．実は直和でなくても，$\mathrm{Ker\,ad}$ の補空間となる部分代数 $\mathfrak{h}_1$ が存在すれば，$\tilde{\rho}$ が構成できる．一般にはこれは仮定できないが，$\mathfrak{g}$ の部分代数の列 $\mathfrak{g}_0 = \mathrm{Ker\,ad} \subset \mathfrak{g}_1 \subset \cdots \subset \mathfrak{g}_m = \mathfrak{g}$ と，$\mathfrak{g}_{i+1}$ における $\mathfrak{g}_i$ の補空間となる部分代数 $\mathfrak{h}_i$ で，$[\mathfrak{h}_i, \mathfrak{g}_i] \subset \mathfrak{g}_i$ を満たすものが存在し，表現 ρ を $\mathfrak{g}_1$ 上の表現に，次に $\mathfrak{g}_2$ 上の表現にと，うまく拡張していって，$\mathfrak{g}_m$ 上の表現 $\tilde{\rho}$ まで拡張していくことが可能である．その証明はいくつか Lie 環論の基本定理を必要とするなどのため長く，ここは述べることはできないが，その結果は以下のように知られている(例えば東郷重明[57]を参照されたい)．

定理 5.61 (Ado–岩澤の定理) 有限次元の Lie 環は忠実な表現をもつ． □

定理 5.59 と定理 5.61 から次の定理が得られる．

定理 5.62 任意の $\mathbb{R}$ 上の有限次元 Lie 環に対し，それを Lie 環にもつ Lie 群が存在する． □

(g)　C^ω-Lie 群

可算個の連結成分をもつ位相群で，局所的には $GL(n,\mathbb{R})$ の局所閉部分集合と同相で，群演算も含めて局所同型となるものを見てきたが，それは群演算が C^ω 級となるような C^ω-多様体の構造を一意にもつことがわかった．逆に，群演算が C^ω 級となる多様体の構造をもった位相群から始めるとどうなるであろうか？　実は両者の概念は一致するのであるが，この項では前者の Lie 群を局所線型 Lie 群，後者を C^ω-Lie 群と呼んで区別して扱うことにする．多様体から出発するよりも行列の方が近づきやすいと考えて，この章では前者を Lie 群の定義として採用した．

C^ω-Lie 群 G に対しても，局所線型 Lie 群のときと同じ結果が成立することを見てみよう．定理 5.43 を念頭に入れて，G 上の左不変ベクトル場の空間 $\mathfrak{X}_L(G)$ に，その元の交換子を考えることによって G の Lie 環 $\mathfrak{g}$ を定義する．単位元で定義する接ベクトルを考えることにより，$\mathfrak{X}_L(G)$ と $T_e G$ とは線型空間として同型になる．特に G の次元を m とすれば，$\mathfrak{g}$ も m 次元である．

§5.6 Lie 群と Lie 環の対応―――221

$X \in \mathfrak{X}_L(G)$ に対し，曲線 $c: \mathbb{R} \to G$ で，$c(0) = e$ および
$$\frac{d}{dt} f(c(t)) = (Xf)(c(t)) \quad (\forall t \in \mathbb{R})$$
を満たすもの，すなわち e を通る X の積分曲線によって $e^{tX} := c(t)$ と指数関数を定義する．ここで，f は $c(t)$ の近傍での任意の C^ω 級関数である．局所座標を用いて $X = \sum_{j=1}^{m} a_j(x) \frac{\partial}{\partial x_j}$, $c(t) = (c_1(t), \cdots, c_m(t))$ となっていれば
$$\frac{dc_j}{dt} = a_j(c(t)) \quad (j = 1, \cdots, m)$$
であり，$c(t)$ は初期条件 $c(0) = e$ を満たすこの微分方程式の解として存在して唯一つに定まる．

X は左不変であるから，$x \in G$ に対して $\frac{d}{dt} f(xc(t)) = (Xf)(xc(t))$ が成立する．特に $e^{sX} e^{tX}$ はこの微分方程式の解で初期条件が $t=0$ のとき e^{sX} となるが，$e^{(s+t)X}$ も同様であるので，微分方程式の解の一意性から，
$$e^{sX} e^{tX} = e^{(s+t)X} \quad (s, t \in \mathbb{R})$$
を得る．Lie 環からの指数写像 $\exp: \mathfrak{g} \to G$ は C^ω 級になるが，指数写像で G の局所座標が構成できるという定理 5.27(i) が逆関数の定理から示されることは，局所線型 Lie 群の場合と同様である．また，G の単位元の近傍では，$\exp$ の逆写像が存在するので，それを $\log$ と定義する．さらに，$(Xf)(xe^{tX}) = \frac{d}{dt} f(xe^{tX})$ に注意すれば，この式から (5.59) を得たのと同様に
$$f(xe^{t_1 X_1} \cdots e^{t_m X_m}) \sim \sum_{i_1=0}^{\infty} \cdots \sum_{i_m=0}^{\infty} \frac{t_1^{i_1}}{i_1!} \cdots \frac{t_m^{i_m}}{i_m!} (X_1^{i_1} \cdots X_m^{i_m} f)(x)$$
が得られる．f が C^ω 級で各 X_j が十分小さければ，上の式で $t_1 = \cdots = t_k = 1$ のときに右辺の和は収束して左辺になる．このことから G 上の左不変微分作用素環 $\mathbb{D}_L(G)$ の構造に関する定理 5.44 も同様に成立することがわかる．

また，局所線型 Lie 群のときに基本的だった
$$e^{tX} = \sum_{i=0}^{\infty} \frac{t^i}{i!} X^i$$
という等式も，右移動として C^ω 級関数に作用させたときに，ある点での Taylor 展開の意味で成立する式，あるいはその展開を $|t|$ が十分小さいとき

に実際に収束して成立する式，と解釈することによって意味をもたせることができる．ただし $X\in\mathfrak{g}$ による右移動とは，単にそれを作用させること，すなわち $(Xf)(x)=\dfrac{d}{dt}f(xe^{tX})\Big|_{t=0}$ と解釈する．この意味で，X が十分小さければ，$\log(1+X):=\sum_{j=1}^{\infty}\dfrac{(-1)^{j-1}}{j}X^j$ を考えることができ，それは exp の逆関数となる．

定理 5.63 C^{ω}-Lie 群は局所線型 Lie 群となる．従って両者の概念は一致する．

［証明］ 定理 5.53 の証明は C^{ω}-Lie 群の場合もそのまま通用するので，Lie 環が同型な C^{ω}-Lie 群は互いに局所同型であることがわかる．一方，定理 5.62 より，C^{ω}-Lie 群の Lie 環と同型な Lie 環をもつ局所線型 Lie 群が存在する．局所線型 Lie 群に局所同型な Lie 群は，定義から局所線型 Lie 群となる． ∎

上記の定理は，証明を述べることのできなかった Ado–岩澤の定理を使うが，この章で述べている結果は，C^{ω}-Lie 群が局所線型 Lie 群となることを使わなくても，その証明も含めて上記定理の直前に述べた解釈によって正当化することができる．例えば，Campbell–Hausdorff の公式も，Lie 環の原点の近傍で証明しておけば，両辺が Lie 環の元に実解析的に依存しているので，すべての Lie 環の元に対して正しいことがわかる．

《要約》

5.1 Lie 群には，その Lie 環からの指数写像によって C^{ω}-多様体の構造が入る．特に，$GL(n,\mathbb{C})$ の閉部分群は C^{ω}-部分多様体となる．

5.2 Lie 群 G に対し，G の Lie 環，単位元での接空間，左不変ベクトル場の全体，右不変ベクトル場の全体，1 パラメータ部分群の全体は，その各元がすべて自然に対応している．

5.3 Lie 群の間の連続な準同型写像は，C^{ω} 級となり，Lie 環の準同型写像を定義する．

5.4 Lie 群が局所同型 $\iff$ Lie 群の Lie 環が同型．

5.5 Lie 群 G の連結な部分 Lie 群と，G の Lie 環の部分 Lie 環とは，1 対 1 に

対応する.

5.6 （用語）Lie 群とその Lie 環，線型 Lie 群，Lie 環のイデアル，（半）単純 Lie 環，簡約 Lie 環，von Neumann–Cartan の定理，標準座標，不変微分作用素，普遍包絡環，Poincaré–Birkhoff–Witt の定理，微分表現，随伴表現，Campbell–Hausdorff の公式，離散部分群，可換 Lie 群，簡約 Lie 群，ベキ零 Lie 群，解析的部分群，C^ω-Lie 群

―――――― 演習問題 ――――――

5.1 $\mathbb{M}(n,\mathbb{C})$ の元 X に対し，$\{e^{tX}: t \in \mathbb{R}\}$ が $GL(n,\mathbb{C})$ の閉集合になる条件を決定せよ．

5.2 $\exp: \mathfrak{sl}(2,\mathbb{R}) \to SL(2,\mathbb{R})$ の像を決定せよ（全射でないことに注意）．

5.3 $GL(n,\mathbb{R})$ の Lie 環 $\mathfrak{gl}(n,\mathbb{R}) \simeq M(n,\mathbb{C})$ の元 E_{ij} を (i,j)-成分のみ 1 で他の成分が 0 の基本行列とする．E_{ij} に対応する左不変ベクトル場，および右不変ベクトル場を $GL(n,\mathbb{R})$ の成分を座標にとって表せ．

5.4 $GL(2,\mathbb{R})$ の Lie 環の元に関して前問と同様な記号 E_{ij} を用い，それを左不変微分作用素と同一視する．このとき $\Delta = (E_{11}+I_2)E_{22} - E_{21}E_{12}$ は G 上の両側不変微分作用素になることを示し，それを $GL(2,\mathbb{R})$ の成分の座標で表せ．

5.5 Campbell–Hausdorff の公式の t^4 の項を計算せよ．

6 Lie 群と等質空間の構造

　前章で，Lie 群の局所的な構造は，有限次元の線型空間に Lie の括弧積 [,] の構造が入った Lie 環という代数的なもので完全に決まってしまうことが示された．しかも連結な Lie 群の大域的構造は単位元の近傍の構造を解析接続したものである．

　Lie 環の間に準同型があると，それは Lie 群の単位元の近傍での局所準同型を一意的に定義するが，それが Lie 群の準同型に拡張されるかどうかは明らかではない．ただし，写像は C^ω 級であるから，Lie 群が連結であるならば，拡張が存在すれば一意的である．拡張可能性については，大域的な問題，すなわちトポロジーの基本群が関係してくる．このような障害のない連結な Lie 群は単連結となるもので，普遍被覆群と呼ばれ，その Lie 環から同型を除いて一意的に定まる．

　Lie 群あるいはそれが作用する空間の上での解析を行うには，Lie 群が作用する空間をまず調べる必要がある．その最も基本的な単位は Lie 群が推移的に作用する空間であり，一般にはそれらが集まったものが Lie 群の作用する空間である．Lie 群自身のように Lie 群が推移的に作用する空間は等質空間と呼ばれるが，その構造がどのようにして定まるかを調べ，さらに，Lie 群あるいは等質空間上での積分の概念を定義する．これらの考察にも Lie 環の概念が基本的役割を演じている．この積分の概念は表現論の研究に大変有効であり，それはすでに述べた Peter–Weyl の定理からも推測されるであろう．

そのほか Lie 群の複素化を定義し，例えばコンパクト Lie 群の複素化は，後の章で扱う Weyl のユニタリ・トリックなどに見られるように，コンパクトでない Lie 群の表現の研究をコンパクト Lie 群での結果に帰着させるのに用いられる．

またこの章では，コンパクト Lie 群について，その共役類や Lie 環の構造を調べ，最後により一般の Lie 群との関連を述べる．

§6.1 普遍被覆群

Lie 群 G の Lie 環 $\mathfrak{g}$ は Lie 群の単位元の連結成分のみによって定まるので，連結でない Lie 群の構造は，Lie 環のみからではわからない．そこで G を連結とし，G は Lie 環 $\mathfrak{g}$ からどのように決まるかを，この節で考察する．

(a) 基本群

Lie 環 $\mathfrak{g}$ をもつ連結 Lie 群 G の中心に自明でない離散部分群 Γ が存在すれば，G/Γ もやはり Lie 環 $\mathfrak{g}$ をもつ Lie 群となり，写像 $G \to G/\Gamma$ は全射準同型で，局所同型となる．この写像の左辺の G は，$G' = G/\Gamma$ より大きな群とみなせる．そのようなものの中で最大のものが存在し，それを普遍被覆群という．すなわち，最初に G' が与えられたとき，最も大きな G が普遍被覆群で，それを最初に構成する．

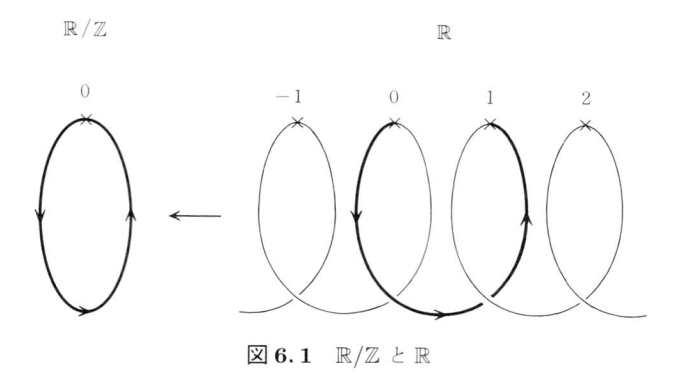

図 6.1　$\mathbb{R}/\mathbb{Z}$ と $\mathbb{R}$

§6.1 普遍被覆群

連結 Lie 群 G の元 g は有限個の $X_1,\cdots,X_N \in \mathfrak{g}$ によって $g=e^{X_1}\cdots e^{X_N}$ と表せるから,これが G 上でどうなるかを調べたい.このようなものがいつ等しくなるか,同値関係を入れて考える.そこで $c(t)=e^{tX_1}e^{tX_2}\cdots e^{tX_n}$ とおいてみると,$c\colon [0,1]\to G$ は,単位元を始点として g に到達する曲線を描く.このような曲線は G 上でも G' 上でも考察することが可能であるが,G' 上では $c(1)=e$ でも G 上では $c(1)\neq e$ となることがある.$G'=\mathbb{R}/\mathbb{Z}$,$G=\mathbb{R}$ の場合を考察するとよいであろう(図 6.1 参照).

定義 6.1(ホモトピー) 位相空間 X 上の点 x と y とを結ぶ 2 つの連続曲線($i=0,1$)
$$c_i\colon [0,1]\to X,\quad c_i(0)=x,\ c_i(1)=y$$
に対し,連続写像
$$F\colon [0,1]\times [0,1]\to X$$
で
$$F(0,t)=c_0(t),\quad F(1,t)=c_1(t),\quad F(s,0)=x,\quad F(s,1)=y$$
を満たすものが存在するとき,2 つの曲線 c_0 と c_1 は**ホモトピー同値**あるいは**ホモトープ**といい,F をその**ホモトピー**という.このとき,$c_0\simeq c_1$ と表す. □

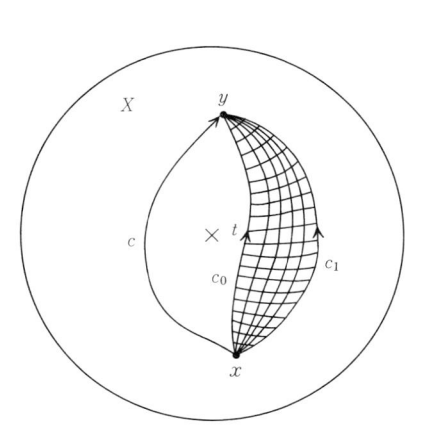

図 6.2 曲線のホモトピー:X は中心の抜けた円板.c と c_0 はホモトピー同値でない.

$c_s(\cdot) = F(s, \cdot)$ は, x を始点, y を終点とする曲線の族となり, パラメータ s で始点と終点を保ったまま曲線を連続変形していくことにより, X 内で c_0 が c_1 に変形できることを, この定義はいっている.

同値関係 G を連結な Lie 群とする. 単位元 e を始点とする G 上の連続曲線の全体に対し, ホモトピー同値という同値関係 $\sim$ で割ったものを考える.

(6.1)
$$\widehat{G} := \{c \colon [0,1] \to G \colon c \text{ は連続で } c(0) = e\},$$
$$\widetilde{G} := \widehat{G}/\sim$$

$\sim$ が $\widehat{G}$ における同値関係となっていることは容易にわかる:

- $c \in \widehat{G}$ に対し, $F(s,t) := c(t)$ は, c と c のホモトピーを与える. すなわち, $c \sim c$.
- $c_0 \in \widehat{G}$ と $c_1 \in \widehat{G}$ がホモトピー $F(s,t)$ でホモトピー同値ならば, $F(1-s,t)$ が c_1 と c_0 のホモトピーとなる. すなわち, $c_0 \sim c_1 \Longrightarrow c_1 \sim c_0$.
- $c_0, c_1, c_2 \in \widehat{G}$ に対し, c_0 と c_1 のホモトピー $F(s,t)$ と, c_1 と c_2 のホモトピー $F'(s,t)$ が存在すれば,

$$F''(s,t) := \begin{cases} F(2s,t) & (0 \leq 2s \leq 1 \text{ のとき}) \\ F'(2s-1,t) & (1 \leq 2s \leq 2 \text{ のとき}) \end{cases}$$

は, c_0 と c_2 のホモトピーとなる. すなわち, $c_0 \sim c_1, c_1 \sim c_2 \Longrightarrow c_0 \sim c_2$.

射影 $p \colon \widehat{G} \to \widetilde{G}$ を自然な射影とする. $p(c) = p(c')$ ならば, $c(1) = c'(1)$ であるので, 写像

(6.2) $\qquad q \colon \widetilde{G} \to G, \quad q(p(c)) \mapsto c(1) \quad (c \in \widehat{G})$

が定義される. G は弧状連結であるから, q は全射である.

群構造 まず $\widetilde{G}$ に群構造を定義しよう. $\widehat{G}$ の元 c と c' に対し, その積 cc' を

$$cc'(t) := c(t)c'(t)$$

とおく. ただし, 右辺の積は G における群演算である.

c_0 と c_1 がホモトピー F でホモトープであって, c'_0 と c'_1 がホモトピー F' でホモトープならば, $F''(s,t) = F(s,t)F'(s,t)$ は, $c_0 c'_0$ と $c_1 c'_1$ のホモトピー

を与えるので，上の積 cc' は $\widetilde{G}$ の元に対して定義可能である．

$\widetilde{e}(t)=e$ という曲線は，$\widetilde{G}$ の単位元を定めている．これとホモトープな G 内の曲線を **0** にホモトープな曲線といい，$\widetilde{G}$ の単位元とは，それの作る同値類である．c が 0 にホモトープなことを，$c\sim 0$ と表す．一方，$c'(t)=c(t)^{-1}$ とおくと，$cc'=c'c=\widetilde{e}$ となるので，$\widetilde{G}$ の任意の元に対しその逆元がある．従って $\widetilde{G}$ は群となり，q は準同型写像となる．

例 $G=\mathbb{R}/\mathbb{Z}$ のとき，図 6.1 にあるような 1 回転して 0 に戻る曲線は 0 にホモトープでない．それは単位元とは異なる $\widetilde{G}$ の元に対応することになる．実は $\widetilde{G}\simeq\mathbb{R}$ となるが，この例を参考にしながら以下を考えるとよいであろう．

<u>位相</u>　次に $\widetilde{G}$ の位相を定義しよう．$\mathfrak{g}$ の原点の開近傍 W を $\exp\colon W\to G$ が像の上への C^ω 級微分同相となるようにとり，さらに小さな開集合 $U=\{X\in\mathfrak{g}\colon \|X\|<\delta\}$ を $\exp U\exp U\subset \exp W$ となるようにとる．$\widetilde{G}$ の単位元の基本近傍系を $\widetilde{U}_\varepsilon:=\{p(e^{tX})\colon X\in\varepsilon U\}$ $(0<\varepsilon\leq 1)$ と定める．さらに $c\in\widehat{G}$ に対し，$p(c)\in\widetilde{G}$ の基本近傍系を $\{p(c)\widetilde{U}_\varepsilon\colon 0<\varepsilon\leq 1\}$ で定める．簡単のため，$\widetilde{U}=\widetilde{U}_1$ とおく．

<u>局所同型</u>　曲線 $c\colon [0,1]\to \exp W$ という $\exp W$ 内の曲線と $e^{t\log c(1)}$ という曲線の間に

$$F(s,t)=\exp\bigl(st\log c(1)+(1-s)\log c(t)\bigr)$$

というホモトピーが存在するので，$p(c)=p(e^{t\log c(1)})$ がわかる．すなわち，$c(t)\in\exp W$ $(\forall t\in[0,1])$ ならば，$p(c)$ は $c(t)$ の終点のみできまる．特に $X,Y\in U$ ならば $p(e^{tX}e^{tY})=p(e^{t\log(e^X e^Y)})$ である．従って

$$q|_{\widetilde{U}}\colon \widetilde{U}\to G$$

は単射で，像は $\exp U$ となり

$$x,y\in\widetilde{U},\ q(x)q(y)=q(xy)\in\exp U\implies xy\in\widetilde{U}$$

がわかる．よって，$x\in\widetilde{U}$ に対し $\varepsilon>0$ を十分小さくとれば $x\widetilde{U}_\varepsilon\subset\widetilde{U}$ である．

$x\in\widetilde{G}$ に対して

$$q|_{x\widetilde{U}}\colon x\widetilde{U}\to G$$

を考えよう．$y \in x\widetilde{U}$ のとき，$x^{-1}y \in \widetilde{U}$ であるから，$0 < \varepsilon \ll 1$ ならば $x^{-1}y\widetilde{U}_\varepsilon \subset \widetilde{U}$，すなわち $y\widetilde{U}_\varepsilon \subset x\widetilde{U}$ であって，$\{y\widetilde{U}_\varepsilon\}$ および $\{q(y)\exp(\varepsilon U)\}$ が $y \in \widetilde{G}$ および $q(y) \in G$ の基本近傍系を与えるので，$q|_{x\widetilde{U}}$ は開集合の間の同相写像となっている．よって q は局所同相写像である．G 上では群演算は連続であり，q は準同型かつ局所同相であるから，$\widetilde{G}$ 上でも群演算は連続となる．

<u>分離公理</u> $\widetilde{G}$ が Hausdorff の分離公理を満たすことを示そう．$\widetilde{G}$ の異なる 2 点を $p(c), p(c')$ とする．q は局所同相で G は Hausdorff であるから，$c(1) \neq c'(1)$ ならば $p(c)$ と $p(c')$ は開集合で分離できる．よって $c(1) = c'(1)$ と仮定する．$p(c)\widetilde{U} \cap p(c')\widetilde{U} \neq \varnothing$ ならば $c(t)e^{tX} \sim c'(t)e^{tX'}$ となる $X, X' \in U$ が存在することになるが，$c(1)e^X = c'(1)e^{X'}$ より $X = X'$ がわかる．これは $c \sim c'$ を意味するので矛盾である．

<u>連結性</u> 曲線 $c \in \widehat{G}$ を考え，$v \in [0,1]$ に対し $c_v(t) := c(vt)$ という曲線を考える．
$$\Phi \colon [0,1] \times [0,1] \to G, \quad (v,t) \mapsto \Phi(v,t) := c(vt)$$
という連続写像は，
$$\overline{\Phi} \colon [0,1] \to \widetilde{G}, \quad v \mapsto \overline{\Phi}(v) := p(c_v)$$
という $\widetilde{G}$ 内の連続曲線を定義することを示そう．さて $v_0 \in [0,1]$ のとき，$v \in [0,1]$ が $|v - v_0| \ll 1$ であるなら，$s \in [0,1]$ に対し $X(v,s) := \log(\Phi(sv+(1-s)v_0,1)^{-1}\Phi(v,1))$ は U の元となる．$v \to v_0 \Longrightarrow X(v,s) \to 0$ に注意．

$c(v)$ を終点とする曲線に対する $F(s,t) := \Phi(sv+(1-s)v_0,t)e^{tX(v,s)}$ というホモトピーは，$F(0,t) = \Phi(v_0,t)e^{tX(v,0)}$ および $F(1,t) = \Phi(v,t)$ を満たすので，$\overline{\Phi}(v) = p(\Phi(v_0,t)e^{tX(v,0)})$ がわかる．よって $v \to v_0 \Longrightarrow \overline{\Phi}(v) \to \overline{\Phi}(v_0)$．すなわち，写像 $[0,1] \to \widetilde{G}, v \mapsto p(c_v)$ は，単位元を始点とし，$p(c)$ を終点とする $\widetilde{G}$ の連続曲線となる．特に，$\widetilde{G}$ は（弧状）連結である．

従って，$\widetilde{G}$ は G と局所同型な連結 Lie 群であることがわかった．

一般に，弧状連結な位相空間 X から位相空間 Y の上への写像 $\omega \colon X \to Y$ が次の条件を満たすとき**被覆写像**（covering map）と呼ばれる．

(6.3) Y の各点に対し，その開近傍 V を適当にとれば，$\omega^{-1}(V)$ の各連結成分は ω によって V の上へ同相に写される．

§6.1 普遍被覆群 —— 231

命題 6.2 連結な Lie 群の間の連続な準同型 $\tau\colon G'\to G$ が局所同型ならば，τ は被覆写像となる．

［証明］ τ は開写像であるから $\mathrm{Image}\,\tau$ は G の開部分群となるが，G は連結であるから（補題 5.30(ii) より）$\mathrm{Image}\,\tau = G$ となる．

G' の単位元の連結開近傍 $\widetilde{U}, \widetilde{V}$ を $\tau|_{\widetilde{U}}\colon \widetilde{U}\to\tau(\widetilde{U})$ が同相で，$\widetilde{V}^{-1}=\widetilde{V}$, $\widetilde{V}\widetilde{V}\subset\widetilde{U}$ となるようにとり，$V=\tau(\widetilde{V})$ とおく．$g\in G$ に対し g の開近傍 gV が (6.3) を満たすことを示そう．

$$x\in\tau^{-1}(gV) \implies \tau(x)\in gV \implies \tau(x\widetilde{V})=\tau(x)V \ni g \implies$$
$$x\widetilde{V}\cap\tau^{-1}(g)\neq\varnothing\ (\because \tau\colon x\widetilde{V}\to\tau(x)V \text{ は同相}) \implies x\in\tau^{-1}(g)\widetilde{V}.$$

一方，$x, x'\in\tau^{-1}(g)$ に対し，

$$x\widetilde{V}\cap x'\widetilde{V}\neq\varnothing \implies x^{-1}x'\in\widetilde{V}\widetilde{V}^{-1}\subset\widetilde{U} \implies$$
$$x^{-1}x'=e\ (\because \tau(x^{-1}x')=e) \implies x=x'.$$

よって，$\tau^{-1}(gV)=\bigcup_{x\in\tau^{-1}(g)} x\widetilde{V}$ は互いに素な和集合となって (6.3) がわかる．∎

定義 6.3 $\widetilde{G}$ を G の**普遍被覆群**(universal covering group)といい，被覆写像 $q\colon\widetilde{G}\to G$ を**普遍被覆写像**という．$\widetilde{G}$ の離散部分群 $q^{-1}(e)$ を G の**基本群**(fundamental group)といい，それを $\pi_1(G)$ と表す．基本群が自明なとき**単連結**(simply connected)という． □

注意 6.4 命題 6.2 の直前の議論から，G 内の原点を始点とする曲線 $c\colon[0,1]\to G$ に対し，

(6.4) $\qquad\widetilde{c}\colon[0,1]\to\widetilde{G},\quad v\to p([0,1]\to G,\ t\mapsto c(vt))$

は，$q\circ\widetilde{c}=c$, $\widetilde{c}(0)=e$ を満たす $\widetilde{G}$ 内の曲線となることがわかる．この曲線 $\widetilde{c}$ を，被覆写像 $q\colon\widetilde{G}\to G$ に対する曲線 c の**持ち上げ**(lift)という．

命題 6.5 G が単連結ならば，始点と終点が同じ曲線はすべてホモトピー同値になる．

［証明］ 群で移動して始点は単位元としてよい．c と c' を，始点が単位元 ($c(0)=c'(0)=e$) で，終点が同じ点 ($c(1)=c'(1)$) となる曲線とする．$\widetilde{c}(t)$

を，$0 \leqq 2t \leqq 1$ のとき $c(2t)$，$1 \leqq 2t \leqq 2$ のとき $c'(2-2t)$ と定めた閉曲線とする．$\widetilde{c}$ は，$\widetilde{e}(t) = e$ という自明な曲線にホモトープなので，そのホモトピーを $\widetilde{F}(s,t)$ とすると

$$F(s,t) = \begin{cases} \widetilde{F}\left(3s(1-t), \dfrac{1}{2}t\right) & (0 \leqq 3s \leqq 1 \text{ のとき}) \\ \widetilde{F}\left(1-t, \dfrac{1}{2}t + (1-t)(3s-1)\right) & (1 \leqq 3s \leqq 2 \text{ のとき}) \\ \widetilde{F}\left((3-3s)(1-t), 1-\dfrac{1}{2}t\right) & (2 \leqq 3s \leqq 3 \text{ のとき}) \end{cases}$$

は c と c' とのホモトピーである． ∎

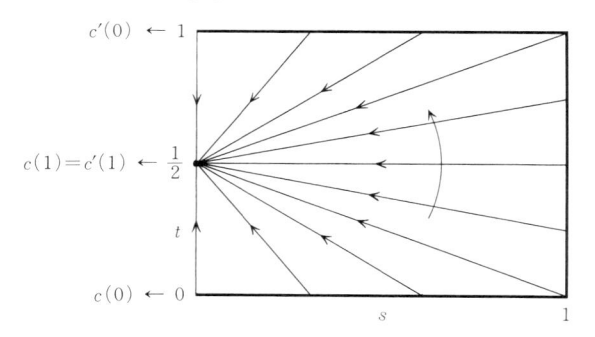

図 6.3 命題 6.5 のホモトピー：太線は $\widetilde{F}$ で e に写る．

定理 6.6 連結 Lie 群 G の基本群は，$\widetilde{G}$ の中心の部分群である．特に基本群は可換群である．

［証明］ q は準同型かつ局所同型であるから，$g \in q^{-1}(e)$ に対し $\mathrm{Ad}(g)X = \mathrm{Ad}(q(g))X = X$ ($\forall X \in \mathfrak{g}$) が成立する．$G$ は連結で e^X ($X \in \mathfrak{g}$) で生成され，$ge^X = e^{\mathrm{Ad}(g)X}g$ であるから，g は $\widetilde{G}$ の各元と可換になる． ∎

G の基本群とは，連続曲線 $c \colon [0,1] \to G$ で，$c(0) = c(1) = e$ を満たすもの全体のホモトピー同値類のことである．$c_1(1) = c_2(1) = e$ を満たす $c_1, c_2 \in \widehat{G}$ に対して，$c_1(t)c_2(t)$ という積が，基本群の群構造を定めている．ここで

$$F(s,t) = c_1(sL(2t) + (1-s)t)c_2(sL(2t-1) + (1-s)t)$$

$$L(t) = \begin{cases} 0 & (t \leq 0 \text{ のとき}) \\ t & (0 \leq t \leq 1 \text{ のとき}) \\ 1 & (1 \leq t \text{ のとき}) \end{cases}$$

とおくと，$F(s,0) = e$，$F(s,1) = c_1(1)c_2(1)$ を満たすので，F は，$F(0,t) = c_1(t)c_2(t)$ と $F(1,t)$ すなわち

$$c'(t) = \begin{cases} c_1(2t) & (0 \leq 2t \leq 1 \text{ のとき}) \\ c_2(2t-1) & (1 \leq 2t \leq 2 \text{ のとき}) \end{cases}$$

とのホモトピーとなる．c' は，曲線 c_1 と c_2 をつなげた曲線であることに注意しよう．

<u>連結多様体の基本群</u>　群構造がない連結多様体でも，ある点を始点とし，そこに戻ってくる連続曲線(閉曲線)の集合には，曲線をつなげるという操作を積として群構造が入り，それのホモトピー同値類に群構造が誘導されて基本群が定義される．

なお，$F(s,t) = c_1(sL(2t-1)+(1-s)t)c_2(sL(2t)+(1-s)t)$ とすると，c' の定義で c_1 と c_2 を入れ換えたものができる．これからも Lie 群 G の基本群が可換であることがわかる．ただし，一般の多様体の場合は，その基本群が可換であるとは限らない．

<u>始点の変更</u>　連結多様体における基本群の定義で，異なる始点 x と x' を選んだらどうなるか考えてみよう．x を始点とし x' を終点とする曲線 c_0 を固定する．x を始点とする閉曲線 c に対して $T_x^{x'} c\colon [0,1] \to M$ を，$[3t]$ が $0,1,2,3$ となるのに応じて，$c_0(1-3t), c(3t-1), c_0(3t-2), x'$ とおくと，これは c_0^{-1}, c, c_0 を順につなげた曲線で x' を始点とする閉曲線になる．一方，$c_1(t) := c_0(1-t)$ を用いると x と x' を逆にした $T_x^{x'}$ が構成され $T_x^{x'} T_{x'}^x c \sim c$ となることを容易に示すことができる．また，$c \sim c'$ ならば $T_x^{x'} c \sim T_x^{x'} c'$ となることも容易にわかり，$T_x^{x'}$ を考えれば，逆も成立する．よって，ホモトピー群の定義は始点のとり方によらない．

注意 6.7　この章では，多様体が単連結といったときは，多様体が連結である

ことを仮定する.

命題 6.8 連結多様体 M に対し，M が単連結なるための必要十分条件は，任意の閉曲線 $c\colon [0,1] \to M$ に対し，連続写像 $F\colon [0,1] \times [0,1] \to M$ で $c(t) = F(0,t)$, $F(1,t) = F(1,0)$, $F(s,0) = F(s,1)$ ($\forall s, t \in [0,1]$) となるものが存在する(すなわち閉曲線をその始点が動くことも許して M 内で連続変形して 1 点に縮めることができる)ことである.

[証明] 条件の必要性は明らかなので，定理の F が存在すると仮定する. $s \in [0,1]$ に対して

$$c_s(t) = \begin{cases} F((1+2s)t, 0) & (0 \leqq (1+2s)t \leqq s \text{ のとき}) \\ F(s, (1+2s)t - s) & (s \leqq (1+2s)t \leqq s+1 \text{ のとき}) \\ F(1+2s - (1+2s)t, 1) & (s+1 \leqq (1+2s)t \leqq 1+2s \text{ のとき}) \end{cases}$$

は，$c(0)$ を始点とする閉曲線の族であるが，$\widetilde{F}(s,t) = c_s(t)$ をホモトピーとして，$c \sim c_1$ となる. $c_1(t) = c_1(1-t)$ が成立するので，$c_1(t) = c_1\left(\frac{1}{2} - \left|\frac{1}{2} - t\right|\right)$ となり，ホモトピー $H(s,t) := c_1\left((1-s)\left(\frac{1}{2} - \left|\frac{1}{2} - t\right|\right)\right)$ により，c_1 は 1 点 $c_1(0)$ にホモトープとなる. ∎

<u>部分多様体</u> 多様体 M の部分多様体 N の基本群 $\pi_1(N)$ を考えてみよう. N の点 x を始点とする N 内の閉曲線 c, c' が N 内でホモトープならば，そのホモトピーは M におけるホモトピーでもある. よって $\pi_1(N) \to \pi_1(M)$ とい

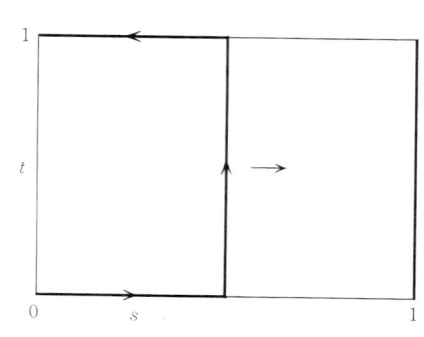

図 **6.4** 命題 6.8 のホモトピー

う写像が定義されることがわかる.

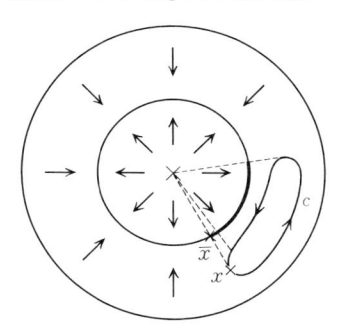

多様体 M に対し, 連続写像 $\Phi\colon [0,1]\times M \to M$ で $\Phi(0,x)=x$ $(\forall x \in M)$ で各 s に関して $M_s := \{\Phi(s,x)\colon x \in M\}$ が M の部分多様体となるものがあったとき, M は M の部分多様体 M_1 に**ホモトピー同値**であるといい, Φ をその**ホモトピー**という. 特に M_1 が 1 点となる Φ が存在するとき M は**可縮** (contractible) という. M の点 x を始点とする閉曲線 c は, $\bar{c}(t):=\Phi(1,c(t))$ により, $\bar{x}:=\Phi(1,x)$ を始点とする M_1 内の閉曲線に移される.

図 **6.5** ホモトピー同値の例.
$M=\{(r\cos\theta, r\sin\theta)\colon 0<r<2,\ \theta\in\mathbb{R}\}$
$\Phi(s,(r\cos\theta, r\sin\theta))$
$\quad = ((r-(r-1)s)\cos\theta, (r-(r-1)s)\sin\theta)$

命題 **6.9**

(i) 互いに同相な多様体の基本群は同型となる.

(ii) 連結な多様体 M が M の部分多様体 M_1 にホモトピー同値ならば M の基本群と M_1 の基本群とは同型になる. 特に, 可縮な多様体は単連結となる.

(iii) 連結な多様体 M_1, M_2 に対し, $\pi_1(M_1 \times M_2) \simeq \pi_1(M_1) \times \pi_1(M_2)$.

[証明] (i) 多様体の間の同相写像は, 多様体上の閉曲線やホモトピーの対応も与えるので, 同相な多様体の基本群の同型対応も与える.

(ii) c と c' を M_1 の点 $\bar{x}$ を始点とする M 内の閉曲線とする. ホモトピー $\Phi(s,c(t))$ により, c は $\bar{x}$ を始点とする M_1 内の閉曲線 $\bar{c}(t)=\Phi(1,c(t))$ とホモトープとなる. 一方, $\bar{c}'(t)=\Phi(1,c'(t))$ とおくと $c\sim\bar{c},\ c'\sim\bar{c}'$ である

が，c と c' がホモトピー $F(s,t)$ でホモトープならば，$\bar{c}$ と $\bar{c'}$ とは，$\overline{F}(s,t) = \Phi(1, F(s,t))$ によって M_1 内でホモトープとなる．よって，写像 $\pi_1(M_1) \to \pi_1(M)$ は全射で同型写像となる．

(iii) $M_1 \times M_2$ の点 $x = (x_1, x_2)$ を始点とする閉曲線 $c = (c_1, c_2)$ と，点 x_1 を始点とする M_1 の閉曲線 c_1 と点 x_2 を始点とする M_2 の閉曲線の組とは自然に対応している．また同時に，$M_1 \times M_2$ 内の閉曲線に対するホモトピー $F = (F_1, F_2)$ は，M_1 内の閉曲線に対するホモトピー F_1 と M_2 内の閉曲線に対するホモトピー F_2 の組に対応しているので，定理の主張は明らかである． ∎

（b） Lie 環の準同型の Lie 群への持ち上げ

連結 Lie 群 G, H を考えよう．Lie 群の準同型は Lie 環の準同型を引き起こすことに注意し，逆に，それらの Lie 環 $\mathfrak{g}$ と $\mathfrak{h}$ との間に準同型 ϕ があったとして出発してみよう．ϕ は単位元のいわば無限小近傍における準同型とみなせるが，系 5.58 で示したように，それが G の単位元のある近傍から H への群構造を保つ連続写像に一意に拡張される．さらに G から H への Lie 群の準同型にまで拡張できるかどうかを考察してみよう．

そこで系 5.58 における U をとる．必要なら U を縮め，$\exp\colon U \to G$ は開集合の上への C^ω 級微分同相であるとしてよい．G の単位元の開近傍 V を $V^{-1} = V$，$VV \subset \exp U$ となるようにとり，$\Phi_o \colon V \to H$，$e^X \mapsto e^{\phi(X)}$ とおく．系 5.58 により $x, y \in V \Longrightarrow \Phi_o(x^{-1}y) = \Phi_o(x^{-1})\Phi_o(y)$ に注意しよう．特に，$x = y$ ととると，$\Phi_o(x^{-1}) = \Phi_o(x)^{-1}$ がわかる．また $x_1, \cdots, x_m \in V$ が，$x_1 x_2 \cdots x_\nu \in V$ $(\nu = 1, \cdots, m)$ を満たすなら，$\Phi_o(x_1)\Phi_o(x_2)\cdots\Phi_o(x_m) = \Phi_o(x_1 x_2 \cdots x_m)$ となることも m に関する帰納法で容易にわかる．

まず次の補題を示そう．

補題 6.10

(i) G の単位元を始点とする連続曲線 $c\colon [0,1] \to G$ が与えられると，H の単位元を始点とする連続曲線 $c'\colon [0,1] \to H$ で，以下の条件(C)を満たすものが一意に存在する．

(C) $0 \leqq s_0 \leqq s_1 \leqq 1$ が

(6.5) $\qquad s, t \in [s_0, s_1] \implies c(s)^{-1}c(t) \in V$

を満たすなら $c'(s)^{-1}c'(t) = \Phi_o(c(s)^{-1}c(t))$ $(s, t \in [s_0, s_1])$.

(ii) G 上の 2 つの曲線 c_0 と c_1 がホモトープならば，これらに対応した H 上の曲線 c'_0 と c'_1 もホモトープである．

[証明] (i) 一意性 N を十分大きくとって $[0,1]$ を N 等分して $t_i = \dfrac{i}{N}$ とおいたとき，$[s_0, s_1] = [t_{i-1}, t_i]$ が，$i = 1, \cdots, N$ に対して補題の条件 (6.5) を満たすようにする．

$t \in [t_{j-1}, t_j]$ としよう．このとき

$$c'(t_{j-1})^{-1}c'(t) = \Phi_o\bigl(c(t_{j-1})^{-1}c(t)\bigr),$$
$$c'(t_{\nu-1})^{-1}c'(t_\nu) = \Phi_o\bigl(c(t_{\nu-1})^{-1}c(t_\nu)\bigr) \quad (\nu = 1, \cdots, i-1)$$

であることから，

$$c'(t) = (c'(t_0)^{-1}c'(t_1))\cdots\bigl(c'(t_{j-2})^{-1}c'(t_{j-1})\bigr)\bigl(c'(t_{j-1})^{-1}c'(t)\bigr)$$
$$= \Phi_o(c(t_0)^{-1}c(t_1))\cdots\Phi_o\bigl(c(t_{j-2})^{-1}c(t_{j-1})\bigr)\Phi_o\bigl(c(t_{j-1})^{-1}c(t)\bigr)$$

となるはずである．よって一意性が示された．

存在 $c'(t)$ をこの式で定めたとき，補題の条件が満たされることを示せば補題の証明が完了する．

$s \in [t_{i-1}, t_i]$, $t \in [t_{j-1}, t_j]$ とする．まず $i \leq j$ の場合を考えると

$$c'(s)^{-1}c'(t) = \Phi_o\bigl(c(t_{i-1})^{-1}c(s)\bigr)^{-1}\Phi_o\bigl(c(t_{i-1})^{-1}c(t_i)\bigr)\cdots$$
$$\cdots\Phi_o\bigl(c(t_{j-2})^{-1}c(t_{j-1})\bigr)\Phi_o\bigl(c(t_{j-1})^{-1}c(t)\bigr)$$

であるが，

$$\Phi_o\bigl(c(t_{i-1})^{-1}c(s)\bigr)^{-1} = \Phi_o(c(s)^{-1}c(t_{i-1}))$$

で，

$$(c(s)^{-1}c(t_{i-1}))(c(t_{i-1})^{-1}c(t_i))\cdots(c(t_{\nu-2})^{-1}c(t_{\nu-1}))$$
$$= c(s)^{-1}c(t_{\nu-1}) \in V \quad (i \leq \nu \leq j),$$
$$(c(s)^{-1}c(t_{j-1}))(c(t_{j-1})^{-1}c(t)) = c(s)^{-1}c(t) \in V$$

となっているから，$c'(s)^{-1}c'(t)=\Phi_o(c(s)^{-1}c(t))$ が成立する．

$i>j$ の場合は，s と t を逆にして $c'(t)^{-1}c'(s)=\Phi_o(c(t)^{-1}c(s))$ となることから，やはり $c'(s)^{-1}c'(t)=\Phi_o(c(t)^{-1}c(s))^{-1}=\Phi_o(c(s)^{-1}c(t))$ である．

(ii) G 上の曲線 c_0 と c_1 のホモトピー $F(s,t)$ が与えられたとする．$c_s(t):=F(s,t): t\mapsto F(s,t)$ という曲線に対して(i)で構成した H 上の曲線を $c'_s(t)$ とおき，$F'(s,t):=c'_s(t)$ とおくと，これが c'_0 と c'_1 のホモトピーになることを示す．

N を十分大きくとって，$s,s',t,t'\in[0,1]$ が $|s-s'|\leq\dfrac{1}{N}$，$|t-t'|\leq\dfrac{1}{N}$ を満たせば，$F(s,t)^{-1}F(s',t')\in V$ となるようにする．このとき以下を示せばよい．

(6.6)　　$s,s'\in[t_i,t_{i+1}]$, $t,t'\in[t_j,t_{j+1}]$
$$\implies c'_{s'}(t')=c'_s(t)\Phi_o(c_s(t)^{-1}c_{s'}(t'))$$

上式が成り立てば，$F'(s,t)$ が連続なこと，および，$t=t'=1$ とおくと，$c_s(1)$ が s によらないことから $c'_s(1)$ も s によらないことがわかり，$F'(s,1)=c'_0(1)$ となるので，$F'(s,t)$ は c'_0 と c'_1 のホモトピーである．

この(6.6)を，j に関する帰納法で示す．
$$c_s(t')=c_s(t)g_{s,t,t'},$$
$$c_{s'}(t)=c_s(t)g'_{t,s,s'}$$

とおく．$c'_s,c'_{s'}$ の定義より
$$c'_s(t)=c'_s(t_j)\Phi_o(g_{s,t_j,t}),\quad c'_{s'}(t')=c'_{s'}(t_j)\Phi_o(g_{s',t_j,t'})$$

であるが，帰納法の仮定から $c'_{s'}(t_j)=c'_s(t_j)\Phi_o(g'_{t_j,s,s'})$ であるので（これは，$j=0$ のとき正しい）

$$c'_{s'}(t')=c'_s(t)\Phi_o(g_{s,t_j,t})^{-1}\Phi_o(g'_{t_j,s,s'})\Phi_o(g_{s',t_j,t'})$$
$$=c'_s(t)\Phi_o(c_s(t)^{-1}c_{s'}(t'))$$

を得る．実際，
$$g_{s,t_j,t}^{-1}g'_{t_j,s,s'}\in V,\quad g_{s,t_j,t}^{-1}g'_{t_j,s,s'}g_{s',t_j,t'}=c_s(t)^{-1}c_{s'}(t')\in V$$

からこの等式がわかる．以上により，補題は証明された． ∎

定理 6.11 連結 Lie 群の間の連続な準同型 $\tau\colon G' \to G$ が，Lie 環の同型を引き起こしているとする．単位元を始点とする G 内の任意の連続曲線 $c\colon [0,1]\to G$ に対し，c の**持ち上げ**，すなわち，単位元を始点とする G' 内の連続曲線 $c'\colon [0,1]\to G'$ で，$\tau\circ c'=c$ を満たすものが唯一つ存在する．また，c_1 を c とホモトープな G 内の連続曲線とすると，c_1 の持ち上げ c_1' は c' とホモトープとなる．

［証明］ $d\tau^{-1}$ は，$\mathrm{Lie}(G)$ から $\mathrm{Lie}(G')$ の上への同型対応となっているので，$\phi:=d\tau^{-1}$, $H:=G'$ に関して補題 6.10 を適用する．$\tau\circ\Phi_o=\mathrm{id}$ であることに注意すれば，補題 6.10 の条件 (C) の等式は $\tau(c'(s)^{-1}c'(t))=c(s)^{-1}c(t)$ と同値で当然成り立つべき条件であり，逆に (C) が成り立てば，$\tau\circ c'=c$ がいえる．よって，定理は補題 6.10 に帰着される． ∎

定理 6.12 連結 Lie 群 G の普遍被覆群 $\widetilde{G}$ は基本群が自明，すなわち，**単連結**である．

［証明］ $\widetilde{c}\colon [0,1]\to \widetilde{G}$ を，$\widetilde{c}(0)=\widetilde{c}(1)=e$ を満たす $\widetilde{G}$ 内の任意の連続曲線とする．被覆写像 $q\colon \widetilde{G}\to G$ に対し，$\widetilde{c}$ は $q\circ\widetilde{c}$ の持ち上げに他ならないが，注意 6.4 と $\widetilde{G}$ の定義から $q\circ\widetilde{c}$ は 0 にホモトープであることがわかる．よって，定理 6.11 より持ち上げの $\widetilde{c}$ も 0 にホモトープとなる．これは $\widetilde{G}$ が単連結であることを意味する． ∎

注意 6.13 一般の連結多様体 M に対しても，群の場合と同様にして，単連結な多様体 $\widetilde{M}$ と被覆写像 $q\colon \widetilde{M}\to M$ が構成できる．この $\widetilde{M}$ は，M の普遍被覆空間と呼ばれる．

定理 6.14 単連結 Lie 群 G と連結 Lie 群 H とそれらの Lie 環の間の任意の準同型写像 $\phi\colon \mathfrak{g}\to\mathfrak{h}$ に対し，G から H への連続な準同型写像 Φ で $d\Phi_e=\phi$ となるものが唯一つ存在する．特に ϕ が上への同型であるなら，$\Phi^{-1}(e)$ は H の基本群に等しい．

［証明］ 補題 6.10 とその証明における記号を用いよう．G が単連結ならば，単位元を始点とし $g\in G$ を終点とする曲線 $c\colon [0,1]\to G$ に対して定義した H 上の曲線 c' の終点での値 $c'(1)$ は，補題 6.10(ii) より c のとり方に

よらずに定まる．それを $\Phi(g)$ とおくと，$d\Phi_e = \phi$ となっている．また $g = g_1 g_2 \cdots g_m$ $(g_1, \cdots, g_m \in V)$ ならば，$\Phi(g) = \Phi(g_1)\Phi(g_2)\cdots\Phi(g_m)$ が成立する．従って，Φ が連続な準同型写像を定義していることがわかる．条件 $d\Phi_e = \phi$ から局所準同型 $\Phi|_V$ は一意に定まるので，Φ の一意性もわかる．

以上から，互いに同型な Lie 環をもつ単連結 Lie 群は同型であることがわかる．次に ϕ が同型写像であるとする．H の普遍被覆群を $\tilde{H}$ とすると，$\tilde{H}$ と G とは同型となるので 2 つを同一視する．被覆写像 $q: \tilde{H} \to H$ に対し，dq も Lie 環の同型を引き起こしているので，すでに証明した Φ の一意性から $q^{-1}(e) \simeq \Phi^{-1}(e)$ が得られる． ∎

この定理より以下の系が得られる．

系 6.15 同型な Lie 環をもつ連結かつ単連結な Lie 群は互いに同型である． ∎

系 6.16 単連結 Lie 群 G に局所同型な連結 Lie 群 H は，G の中心に含まれる適当な離散部分群 Γ による商群 G/Γ と同型となり，Γ が H の基本群に等しい．

∎

系 6.17 単連結 Lie 群 G の Lie 環 $\mathfrak{g}$ の任意の有限次元表現は，G の表現に持ち上げることができる．よって，G の有限次元表現と $\mathfrak{g}$ の有限次元表現とは 1 対 1 に対応する． ∎

§6.2 複素 Lie 群

(a) 複素化と実形

多様体 M に対し，開被覆 $M = \bigcup U_i$ と各 U_i から $\mathbb{C}^m$ の開集合の上への同相写像 $\phi_i: U_i \to \mathbb{C}^m$ があって，$U_i \cap U_j \neq \emptyset$ ならば $\phi_j \circ \phi_i^{-1}|_{\phi_i(U_i \cap U_j)}$ が $\phi_i(U_i \cap U_j)$ 上で正則な写像となっているとき，M を m 次元の**複素多様体**(complex manifold)という．このとき，U_i を座標近傍といい，$(z_1, \cdots, z_m) = \phi_i(p)$ を U_i の点 p の**正則局所座標**(holomorphic local coordinate system)という．複素多様体 M から N への写像 $f: M \to N$ が**正則**(holomorphic)あるいは**複素解**

析的とは，正則局所座標を使って f を表したとき，それが正則な関数となっているときをいう．m 次元複素多様体は $2m$ 次元 C^ω-多様体となることを注意しておく．

Lie 群 G が複素多様体であって，群演算 $G \times G \to G$, $(g_1, g_2) \mapsto g_1^{-1} g_2$ が複素解析的となるとき，G を**複素 Lie 群**という．

Lie 群 $GL(n, \mathbb{C})$ は複素多様体であって，群演算が複素解析的であるので，複素 Lie 群となる．$\mathfrak{gl}(n, \mathbb{C})$ も $\mathbb{C}$ 上の Lie 環となっていて，それは $GL(n, \mathbb{R})$ の Lie 環 $\mathfrak{gl}(n, \mathbb{R})$ の複素化に一致しており，$GL(n, \mathbb{C})$ は，多様体としても $GL(n, \mathbb{R})$ の複素化とみなせる．一般に，Lie 群や Lie 環が，別の Lie 群あるいは Lie 環の複素化とみなせるのはどのようなときであるか考察してみよう．

Lie 環 $\mathfrak{g}_0 \subset \mathfrak{gl}(n, \mathbb{R})$ に対し，その**複素化**(complexification)
$$\mathfrak{g}_\mathbb{C} := \{X + \sqrt{-1} Y : X, Y \in \mathfrak{g}_0\}$$
が定義され，それは $\mathbb{C}$ 上のベクトル空間で，$\mathfrak{gl}(n, \mathbb{C})$ の部分 Lie 環となる：
$$[X_1 + \sqrt{-1} Y_1, X_2 + \sqrt{-1} Y_2] = ([X_1, X_2] - [Y_1, Y_2]) + \sqrt{-1}([X_1, Y_2] + [Y_1, X_2])$$
$$(\forall X_1, \forall Y_1, \forall X_2, \forall Y_2 \in \mathfrak{g}_0).$$

$\mathfrak{g}_\mathbb{C}$ 上には $\sqrt{-1}$ 倍するという作用が定義されるが，これをあえて J とおき，$\mathfrak{g}_\mathbb{C}$ を $\mathfrak{g}$ と書くと，

(6.7) $$J^2 = -\mathrm{id},$$
$$[X, JY] = J[X, Y] \quad (\forall X, \forall Y \in \mathfrak{g}).$$

複素 Lie 環には，$\sqrt{-1}$ 倍の作用があるので，上の(6.7)を満たす J が定義されていることに注意しよう．

定義 6.18 Lie 環 $\mathfrak{g}$ に対して(6.7)を満たす $J \in \mathrm{End}_\mathbb{R}(\mathfrak{g})$ を $\mathfrak{g}$ の**複素構造**(complex structure)という． □

複素構造 J をもつ Lie 環 $\mathfrak{g}$ の元 X と，$a, b \in \mathbb{R}$ に対して
$$(a + b\sqrt{-1})X = aX + bJX$$
と定義する．J の固有値は $\sqrt{-1}$ と $-\sqrt{-1}$ であるから，$a + b\sqrt{-1} \neq 0$, $X \neq 0 \Longrightarrow aX + bJX \neq 0$ に注意しよう．

$$(a+b\sqrt{-1})((c+d\sqrt{-1})X) = ((a+b\sqrt{-1})(c+d\sqrt{-1}))X,$$
$$[(a+b\sqrt{-1})X, (c+d\sqrt{-1})Y] = (a+b\sqrt{-1})(c+d\sqrt{-1})[X,Y]$$

などから，$\mathfrak{g}$ は $\mathbb{C}$ 上の Lie 環とみなせる．このとき

定義 6.19 $\mathbb{C}$ 上の Lie 環 $\mathfrak{g}$ に対し，$\mathfrak{g}_0 + J\mathfrak{g}_0 = \mathfrak{g}$, $\mathfrak{g}_0 \cap J\mathfrak{g}_0 = 0$ を満たす $\mathbb{R}$ 上の部分 Lie 環 $\mathfrak{g}_0 (\subset \mathfrak{g})$ を $\mathfrak{g}$ の**実形**(real form)という． □

注意 6.20 $\mathfrak{g}_0$ を $\mathfrak{g}$ の実形とするとき，$\sigma(X+JY) = X-JY$ $(X, Y \in \mathfrak{g}_0)$ は $\mathfrak{g}$ の複素共役な対合的自己同型となる．$\mathfrak{g}_0 = \{X \in \mathfrak{g} : \sigma(X) = X\}$ であるが，これにより $\mathfrak{g}$ の複素共役な対合的自己同型写像 σ と $\mathfrak{g}$ の実形 $\mathfrak{g}_0$ とが 1 対 1 に対応する（命題 12.8）．

命題 6.21 連結 Lie 群 G の Lie 環 $\mathfrak{g}$ が複素構造 J と実形 $\mathfrak{g}_0$ をもつとする．$\mathfrak{g}_0$ の基底 $\{X_1, \cdots, X_m\}$ に対し，$\mathbb{C}^m$ の原点の開近傍 U を十分小さくとれば
$$\Phi_g : U \to G, \quad (x_1 + \sqrt{-1}\,y_1, \cdots, x_m + \sqrt{-1}\,y_m) \mapsto g e^{x_1 X_1 + y_1 J X_1 + \cdots + x_m X_m + y_m J X_m}$$
は，G の開集合の上への C^ω 級微分同相となり，Φ_g によって G は群演算が複素解析的となるような複素多様体の構造をもつ．このとき Lie 環 $\mathfrak{g}_0$ をもつ G の部分 Lie 群 G_0 を複素 Lie 群 G の**実形**という．

［証明］ 複素多様体となること（定理 5.27 の証明のステップ(6)参照) 定理 5.27 により，Φ_g が C^ω 級微分同相であることはわかるので，$\text{Image}\,\Phi_g \cap \text{Image}\,\Phi_{g'} \neq \emptyset$ のとき，$(\Phi_g)^{-1} \circ \Phi_{g'}$ が正則写像であることを示せばよい．$\mathfrak{g}_0 \subset \mathfrak{gl}(n, \mathbb{R})$ とみなせば，$GL(n, \mathbb{C})$ の単位元の近傍で $e^X e^{z_1 X_1 + \cdots + z_m X_m} = e^{z'_1 X_1 + \cdots + z'_m X_m}$ となる $(z'_1, \cdots, z'_m) \in \mathbb{C}^m$ が $(z_1, \cdots, z_m)$ の正則関数として与えられることと同じである．ここで，$g^{-1}g'$ は単位元に十分近いとしてよいので，原点の近傍の $X \in \mathfrak{g}$ によって $g^{-1}g' = e^X$ と表した．$GL(n, \mathbb{C})$ は $\mathbb{C}^{n^2}$ の開集合として複素多様体で，その群演算は複素解析的であり，$\mathfrak{gl}(n, \mathbb{C})$ の原点の近傍と $GL(n, \mathbb{C})$ との間の指数写像も双正則写像であるから，$(z'_1, \cdots, z'_m)$ は $(z_1, \cdots, z_m)$ の正則関数となる．

群演算が複素解析的なこと 定理 5.27 の証明のステップ(7)をみれば，$g \in$

§6.2 複素 Lie 群——243

G に対し，$\mathrm{Ad}(g)$ が $\mathbb{C}$-線型となることに帰着されることがわかる．G は連結なので，$\mathrm{Ad}(G)$ は $\mathrm{Ad}(e^X) = e^{\mathrm{ad}\,X}$ $(X \in \mathfrak{g})$ で生成されるが，$\mathrm{ad}(X)$ は $\mathbb{C}$-線型なので，$\mathrm{Ad}(g)$ も同様である． ∎

注意 6.22 この命題で G の連結性は必要である．例えば，$\widehat{G} = \{\pm 1\} \ltimes SL(2, \mathbb{C})$ とおき，$\widehat{G}$ の元 (ε, g) と (ε', g') の積を $(\varepsilon\varepsilon', g\tau_\varepsilon(g'))$，$\tau_1(g') = g'$，$\tau_{-1}(g') = \overline{g}'$ と定義すると，$\widehat{G}$ は自然に複素多様体であるが，群演算は正則ではない．

(b) 正則準同型

以下，C^ω-多様体の場合の §5.6 と対比して考えるとよい．m 次元複素多様体 M の点 p に対し，p の近傍で定義された正則関数の空間 $\mathcal{O}_p$（正則局所座標を用いると，p を中心とする収束ベキ級数の空間）から $\mathbb{C}$ への線型写像 v で，$\phi, \psi \in \mathcal{O}_p$ に対して (5.52) の条件 $v(\phi\psi) = \phi(p)v(\psi) + \psi(p)v(\phi)$ を満たすものを p での**正則接ベクトル**という．その全体を p での**正則接空間**といい，$T_p^{\mathbb{C}} M$ と書くことにする．局所座標系 $(z_1, \cdots, z_m)$ を用いると，$T_p^{\mathbb{C}} M$ は，$\left(\dfrac{\partial}{\partial z_1}\right)_p, \cdots, \left(\dfrac{\partial}{\partial z_m}\right)_p$ を基底とする $\mathbb{C}$ 上の m 次元ベクトル空間となる．p の近傍で定義された**正則ベクトル場** X とは，その近傍で定義された正則関数 ϕ, ψ に対し (5.55) を満たすもののことで，局所座標を用いれば，正則関数 $a_j(z)$ を用いて

$$(6.8) \qquad X = \sum_{j=1}^m a_j(z) \frac{\partial}{\partial z_j}$$

と表すことができる．

$z_j = x_j + \sqrt{-1}\, y_j$ とおくと，$(x_1, y_1, \cdots, x_m, y_m)$ は M を $2m$ 次元 C^ω-多様体と見たときの局所座標となる．$T_p M \otimes_{\mathbb{R}} \mathbb{C}$ の元 $\dfrac{1}{2}\left(\left(\dfrac{\partial}{\partial x_j}\right)_p - \sqrt{-1}\left(\dfrac{\partial}{\partial y_j}\right)_p\right)$ を考えると，$\mathcal{O}_p$ に対する作用は $\left(\dfrac{\partial}{\partial z_j}\right)_p$ に等しいので

$$(6.9) \qquad \left(\frac{\partial}{\partial z_j}\right)_p = \frac{1}{2}\left(\left(\frac{\partial}{\partial x_j}\right)_p - \sqrt{-1}\left(\frac{\partial}{\partial y_j}\right)_p\right)$$

とおき（定義域を拡大したと考えてもよい），さらに

$$\text{(6.10)} \qquad \left(\frac{\partial}{\partial \overline{z}_j}\right)_p = \frac{1}{2}\left(\left(\frac{\partial}{\partial x_j}\right)_p + \sqrt{-1}\left(\frac{\partial}{\partial y_j}\right)_p\right)$$

と定義する．$\overline{\phi}$ が正則になるとき ϕ を反正則(anti-holomorphic)というが，正則関数の空間を反正則関数の空間に置き換えて定義した接空間を $\overline{T}_p^{\mathbb{C}} M$ とおくと，$\left(\frac{\partial}{\partial \overline{z}_1}\right)_p, \cdots, \left(\frac{\partial}{\partial \overline{z}_m}\right)_p$ がその基底となり

$$\text{(6.11)} \qquad T_p M \otimes_{\mathbb{R}} \mathbb{C} = T_p^{\mathbb{C}} M \oplus \overline{T}_p^{\mathbb{C}} M$$

が成立する．$T_p^{\mathbb{C}} M$ の元は反正則関数を 0 に移すことで特徴づけられること，また $v \in T_p M \otimes_{\mathbb{R}} \mathbb{C}$ に対し $\overline{v}(\phi) := \overline{v(\overline{\phi})}$ とおくと，$\overline{\left(\frac{\partial}{\partial z_j}\right)_p} = \left(\frac{\partial}{\partial \overline{z}_j}\right)_p$ となることに注意しよう．

m 次元複素 Lie 群に対し，G 上の左不変正則ベクトル場 X の全体を G の Lie 環 $\mathfrak{g}$ と定義すると，それは $\mathbb{C}$ 上の m 次元ベクトル空間となる．指数関数 e^{zX} は，$\mathbb{C}$ から G への正則写像で，M 上で局所的に定義された正則関数 f に対して $\frac{d}{dz}f(e^{zX}) = (Xf)(e^{zX})$ を満たすものとして定義できる．$X_1, \cdots, X_m$ を $\mathfrak{g}$ の基底とすれば

$$\text{(6.12)} \qquad \mathbb{C}^m \to G, \quad (z_1, \cdots, z_m) \mapsto g e^{z_1 X_1 + \cdots + z_m X_m}$$

によって，$g \in G$ の近傍での正則局所座標が定義できる．

$$\text{(6.13)} \qquad X_j^0 = X_j + \overline{X}_j, \quad X_j^1 = \frac{1}{\sqrt{-1}}(X_j - \overline{X}_j)$$

とおくと，これらは G を C^ω-Lie 群と見たときの Lie 環とみなせ，

$$\text{(6.14)} \qquad e^{z_1 X_1 + \cdots + z_m X_m} = e^{x_1 X_1^0 + y_1 X_1^1 + \cdots + x_m X_m^0 + y_m X_m^1}$$

となる．

定義 6.23 複素 Lie 群 G から複素 Lie 群 H への連続な準同型が複素解析的なとき，それを正則準同型という．G の有限次元表現は，表現の次元を n とすると，G から $GL(n, \mathbb{C})$ への連続準同型とみなせるが，これが正則準同型であるとき，複素 Lie 群 G の**複素解析的表現**(holomorphic representation)という． □

命題 6.24

(i) 連結な複素 Lie 群 G から複素 Lie 群 H への連続準同型が正則であ

るための必要十分条件は，それが引き起こす Lie 環の準同型が $\mathbb{C}$-線型となることである．

（ⅱ）　連結な複素 Lie 群 G の有限次元表現が複素解析的であるための必要十分条件は，その微分表現が $\mathbb{C}$-線型となることである．

［証明］　上記の G の Lie 環を用いた G の局所座標系で見れば，定理 5.49 から明らかである． ∎

例 6.25（$SL(2,\mathbb{C})$ の実形）　複素構造 J をもつ Lie 環 $\mathfrak{g} \subset \mathfrak{gl}(n,\mathbb{R})$ のある実形を $\mathfrak{g}_0$ とすると，写像 $\mathfrak{g} \to \mathfrak{gl}(n,\mathbb{C})$, $X+JY \mapsto X+\sqrt{-1}Y$ $(X,Y \in \mathfrak{g}_0)$ という同型により，$\mathfrak{g}$ は自然に $\mathfrak{gl}(n,\mathbb{C})$ の中での $\mathfrak{g}_0 \subset \mathfrak{gl}(n,\mathbb{R})$ の複素化とみなせる．

例えば，$\mathfrak{g}_0 = \mathfrak{sl}(2,\mathbb{R})$ は，

$$(6.15) \quad X = \begin{pmatrix} 0 & 1 \\ 0 & 0 \end{pmatrix}, \quad Y = \begin{pmatrix} 0 & 0 \\ 1 & 0 \end{pmatrix}, \quad H = \begin{pmatrix} 1 & 0 \\ 0 & -1 \end{pmatrix}$$

を基底とする Lie 環で，$[X,Y]=H$, $[H,X]=2X$, $[H,Y]=-2Y$ という基本関係式を満たす．$\mathfrak{g} := \mathfrak{sl}(2,\mathbb{C})$ の基底は，$X, \sqrt{-1}X, Y, \sqrt{-1}Y, H, \sqrt{-1}H$ で，$\sqrt{-1}$ 倍が複素構造 J に対応する．混乱を避けるため $\sqrt{-1}$ 倍のことを J を使って表そう．

$\mathfrak{g}$ の実形 $\mathfrak{g}'$ とは，$\mathfrak{g}' + J\mathfrak{g}'$ を満たす $\mathfrak{g}$ の 3 次元の部分 Lie 環のことである．そのようなものには

$$(6.16) \quad \mathfrak{g}_1 := \mathbb{R}JH + \mathbb{R}(X-Y) + \mathbb{R}J(X+Y)$$

がある．実際，$\mathfrak{g} = \mathfrak{g}_1 + J\mathfrak{g}_1$ は容易にわかり，

$$(6.17) \quad \begin{aligned} [JH, X-Y] &= 2J(X+Y) \\ [JH, J(X+Y)] &= -2(X-Y) \\ [X-Y, J(X+Y)] &= 2JH \end{aligned}$$

が成立している．このとき $t \in \mathbb{R}$ に対し

$$(6.18) \quad \exp(tJH) = e \iff t \in 2\pi\mathbb{Z}$$

に注意しておこう．実形 $\mathfrak{g}_1$ に対する $GL(2,\mathbb{C})$ の解析的部分群は，$SU(2)$ に他ならない．また

$$\mathfrak{g}_2 := \mathbb{R}JH + \mathbb{R}J(X-Y) + \mathbb{R}(X+Y)$$

も実形であり，$[JH, J(X-Y)] = -2(X+Y)$，$[JH, X+Y] = 2J(X-Y)$，$[J(X-Y), X+Y] = 2JH$ が成立する．$\mathfrak{g}_2$ に対応する $GL(2, \mathbb{C})$ の解析的部分群は，$SU(1,1)$ である．一方，

$$JH \mapsto X-Y, \quad J(X-Y) \mapsto H, \quad X+Y \mapsto X+Y$$

によって定義される $\mathfrak{g}_2$ から $\mathfrak{g}_0$ への線型写像は，Lie 環の同型を引き起こす．これは，$SU(1,1)$ と $SL(2,\mathbb{R})$ との同型にまで持ち上がる（自分で確かめてみよ．複素化して $SL(2,\mathbb{C})$ 上の同型の制限と考えるとよい）．

<u>複素 Lie 環の複素化</u>　$\mathfrak{sl}(2,\mathbb{C})$ を実 Lie 環とみなし，それを複素化するとどのような Lie 環となるであろうか？　実はそれは，複素 Lie 環として $\mathfrak{sl}(2,\mathbb{C}) \oplus \mathfrak{sl}(2,\mathbb{C})$ と同型な Lie 環になる．これは一般的事実なので，それを見てみよう．

複素 Lie 環 $\mathfrak{g}$ が実形 $\mathfrak{g}_0$ をもつとしよう．$\mathfrak{g}$ を実 Lie 環とみなしたものを，混乱を避けるため $\mathfrak{g}_\mathbb{R}$ とおき，$\sqrt{-1}$ 倍を J と表し，$\mathfrak{g}_\mathbb{R} = \mathfrak{g}_0 \oplus J\mathfrak{g}_0$ と考える．$\mathfrak{g}_\mathbb{R}$ の複素化 $\mathfrak{g}_\mathbb{C}$ は，線型空間としては $\mathfrak{g}_0$ の 4 つの直和で，$X, Y, U, V \in \mathfrak{g}_0$ によって，$X + JY + \sqrt{-1}U + \sqrt{-1}JV$ と表せる．$\sqrt{-1}^2 = J^2 = -1$，$\sqrt{-1}J = J\sqrt{-1}$ が成立していることに注意しよう．

$\mathfrak{g}_1 := \{X + \sqrt{-1}JY : X, Y \in \mathfrak{g}_0\}$ は $\mathfrak{g}_\mathbb{C}$ の部分 Lie 環で，$\mathfrak{g}_\mathbb{C} = \mathfrak{g}_1 \oplus \sqrt{-1}\mathfrak{g}_1$ となるので，$\mathfrak{g}_\mathbb{C}$ の実形である．さらに，$[X \mp \sqrt{-1}JX, Y \mp \sqrt{-1}JY] = 2([X,Y] \mp \sqrt{-1}J[X,Y])$ となることから

$$\iota_\mp \colon \mathfrak{g}_0 \to \mathfrak{g}_1, \quad X \mapsto \frac{1}{2}(X \mp \sqrt{-1}JX)$$

という写像は，実 Lie 環としての準同型を与えていることがわかる．よって，$\iota_- \oplus \iota_+$ という写像は，実 Lie 環 $\mathfrak{g}_0 \oplus \mathfrak{g}_0$ と $\mathfrak{g}_1$ との同型対応である．次の同型はこの実 Lie 環の同型対応の複素化である．

命題 6.26　複素構造 J をもつ複素 Lie 環 $\mathfrak{g}$ を実 Lie 環とみなして複素化した複素 Lie 環 $\mathfrak{g}_\mathbb{C} := \mathfrak{g} + \sqrt{-1}\mathfrak{g}$ は，

$$\iota_\mathbb{C} \colon \mathfrak{g} \oplus \mathfrak{g} \to \mathfrak{g}_\mathbb{C}, \quad (\widetilde{X}, \widetilde{U}) \mapsto \frac{1}{2}(\widetilde{X} - \sqrt{-1}J\widetilde{X}) + \frac{1}{2}(\widetilde{U} + \sqrt{-1}J\widetilde{U})$$

によって複素 Lie 環 $\mathfrak{g}$ の 2 つの直和と複素 Lie 環として同型である．　□

注意 6.27 直接計算すれば明らかなように,命題 6.26 は $\mathfrak{g}$ が実形をもたなくても正しい.また,第 1 成分および第 2 成分の像は,それぞれ正則ベクトル場,反正則ベクトル場に対応している.

§6.3 等質空間

(a) Lie 群の剰余類集合

群 G の部分群 H が与えられると,剰余類集合が考えられる.例えば右剰余類とは,gH $(g \in G)$ という G の部分集合のことである.g' を gH の任意の元とする.すると,$h \in H$ によって $g' = gh$ と書けるので,$gH = g'h^{-1}H = g'H$ となる.従って,G は右剰余類の互いに素な和集合として表せる.この右剰余類全体の集合を G/H と書く.G/H には,群 G が左から作用する:

(6.19) $\qquad G \times (G/H) \to G/H, \quad (g, xH) \mapsto gxH$

また,明らかに $(gg')xH = g(g'xH)$ であるから,G/H には,群 G が自然に左から作用している.

群 G が位相群ならば,自然な射影

(6.20) $\qquad\qquad p: G \to G/H, \quad g \mapsto gH$

を通じて,G/H は位相空間となる.G/H の部分集合 U が開集合になるのは,$p^{-1}(U)$ が G の開集合になるときと定義する(商位相).これは,p を連続にする位相のうちで最も強い(すなわち,開部分集合が最も多い)位相である.

H が G の閉部分群でないとしてみよう.すると,H に属さない H の閉包の元 g が存在する.g を含む任意の開集合は,H と共通点をもつので,$gH \in G/H$ を含む任意の G/H の開部分集合は H も含んでしまう.$gH \neq H$ であるから,G/H は Hausdorff の分離公理を満たさないことになる.

そこで,H は G の閉部分群である場合のみを考えることにする.特に G が Lie 群のときは,以下の定理が成り立つ.

定理 6.28 H を Lie 群 G の閉部分群とする.このとき,(6.20)の射影 p は開写像となり,位相空間 G/H には(6.19)が C^ω 級写像になるような C^ω-

多様体の構造が一意に定まる.

[証明] G と H の局所座標　$\mathfrak{h} = \mathrm{Lie}(H)$ とおき, $\mathfrak{g} = \mathfrak{q} \oplus \mathfrak{h}$ となるように $\mathfrak{g}$ の部分空間 $\mathfrak{q}$ を選ぶ. H は G の閉部分群であるから, 定理 5.27 より, 写像 $\mathfrak{q} \oplus \mathfrak{h} \to G$, $(X, Y) \mapsto e^X e^Y$ は $\|X\| \ll 1$, $\|Y\| \ll 1$ のとき G の単位元の近傍の局所座標を与え, その座標系で H は $X = 0$ と定義されることがわかる. すなわち, $\mathfrak{q}$ と $\mathfrak{h}$ の原点の開近傍 $\widetilde{U}, V$ を十分小さくとると,

(6.21) $$\widetilde{U} \times V \to G, \quad (X, Y) \mapsto e^X e^Y$$

は, G の単位元の開近傍 $\exp \widetilde{U} \exp V$ の上への C^ω 級同相で,

(6.22) $$\exp \widetilde{U} \exp V \cap H = \exp V$$

となる.

座標近傍の定義　$\mathfrak{q}$ の原点の開近傍 U を $-U = U$ かつ $\exp U \exp U \subset \exp \widetilde{U}$ となるよう十分小さくとり, $g \in G$ に対して

(6.23) $$\psi_g : U \to G/H, \quad X \mapsto g e^X H$$

という写像を考える. これが開集合の上への同相写像であることを示したい.

ψ_g の連続性　Ω を G/H の開集合とすると, $p^{-1}(\Omega)$ は G の開集合であるから, $\psi_g^{-1}(\Omega) = \{X \in U : e^X \in g^{-1} p^{-1}(\Omega)\}$ も U の開集合となり, ψ_g は連続であることがわかる.

ψ_g の単射性　$X, X' \in U$ が $g e^X H = g e^{X'} H$ を満たすとする. $e^{-X} e^{X'} \in H \cap \exp \widetilde{U} = \{e\}$ であるから, $e^X = e^{X'}$ となるが, (6.21)は単射なので, $X = X'$ である. よって ψ_g は単射となる.

ψ_g が開写像であること　W を U の開部分集合とする. $\exp V \subset H$ に注意すると $p^{-1}(\psi_g(W)) = g \exp W H = \bigcup_{h \in H} g \exp W \exp V h$ で, $g \exp W \exp V h$ は G の開部分集合であるから, その $h \in H$ に対する合併集合も開集合であり, $\psi_g(W)$ は G/H の開集合となる. すなわち, ψ_g は開写像(開集合を開集合に写す写像)であることが示された.

よって, ψ_g が開集合の上への同相写像であること, また p が開写像であることがわかった.

G/H が Hausdorff の分離公理を満たすこと　$gH \neq g'H$ と仮定しよう. ψ_e が同相写像であるから, 必要なら U を小さくとり直して $\exp U \cap g^{-1} g' H =$

§6.3 等質空間──249

∅ と仮定してよい．$\mathfrak{g}$ の原点の開近傍 N を $\exp N \exp N \subset \exp UH$ となるようにとると，$\exp N \exp NH \cap g^{-1}g'H = \emptyset$，すなわち
$$g \exp NH \cap g \exp(-N)g^{-1}g'H = \emptyset$$
となる．よって，gH と $g'H$ は開集合 $p(g \exp N)$ と $p(\exp(-\mathrm{Ad}(g)N)g')$ とで分離される．

<u>G/H が C^ω-多様体となること</u>　以上により，G/H には，ψ_g が開集合の上への同相写像となるような多様体の構造が入ることがわかった．$\Omega := \psi_{g'}(U) \cap \psi_g(U)$ が空でないとする．X_o を $\psi_g^{-1}(\Omega)$ の任意の元とすると，$ge^{X_o} = g'e^{X'_o}h$ となる $X'_o \in U$，$h \in H$ が定まる．$\|X - X_o\| \ll 1$ を満たす $X \in \mathfrak{q}$ に対して，$g'^{-1}ge^X h^{-1} = e^{X'}e^Y$ となる $X' \in U$，$Y \in V$ が唯一つ定まり，写像 $\{X \in U : \|X - X_o\| \ll 1\} \to U$，$X \mapsto X'$ は C^ω 級である．$\psi_g(X) = \psi_{g'}(X')$ であるから，$\psi_{g'}^{-1} \circ \psi_g$ は，X_o の近傍で C^ω 級となる．すなわち，$\psi_{g'}^{-1} \circ \psi_g$ は C^ω 級となり，ψ_g によって G/H に C^ω-多様体の構造が入る．

<u>(6.19)が C^ω 級となること</u>　$xH \in G/H$，$g \in G$ とする．$(Z, X) \in \mathfrak{g} \times U$ が，$\|Z\| \ll 1$，$\|X\| \ll 1$ を満たすならば，$ge^Z xe^X = gxe^{X'}e^Y$ となる $X' \in U$，$Y \in V$ が，(Z, X) の C^ω 級関数として定まる．$\psi_{gx}^{-1}(ge^Z xe^X H) = X'$ に注意すれば，これは(6.19)が C^ω 級であることを意味している．

<u>C^ω-多様体の構造の一意性</u>　G/H は，以上のように自然な C^ω-多様体の構造をもつことがわかったが，それとは別に，位相空間 G/H に(6.19)が C^ω 級になる多様体の構造を任意に入れたものを M とする．同相写像 $\iota : G/H \to M$ が C^ω-多様体としての同型となることを示したい．

G の M への作用(6.19)は C^ω 級であるから，$U \to M$，$X \mapsto ge^X \iota(H) = \iota(ge^X H)$ は C^ω 級となり，G/H の C^ω-多様体としての定義から ι は C^ω 級写像となることがわかる．

ι の $\bar{g} := gH \in G/H$ における微分を $d\iota_{\bar{g}} : T_{\bar{g}}(G/H) \to T_{\bar{g}}M$ とおく．G/H の多様体の構造より，$T_{\bar{g}}(G/H)$ は $\mathfrak{q}$ と同一視できる．$X \in \mathfrak{q}$ が $d\iota_{\bar{g}}(X) = 0$ を満たすとしよう．任意の $f \in C^\infty(M)$ に対し $0 = d\iota_{\bar{g}}(X)f = \dfrac{d}{dt}f(ge^{tX}H)\Big|_{t=0}$ である．$f_s(xH) := f(e^{sX}g^{-1}xH)$ とおくと，

$$0 = \frac{d}{dt} f_s(ge^{tX}H)\Big|_{t=0} = \frac{d}{dt} f(e^{sX}e^{tX}H)\Big|_{t=0} = \frac{d}{ds} f(e^{sX}H)$$

となる．すなわち，$f(e^{sX}H)$ は任意の $f \in C^\infty(M)$ に対し $s \in \mathbb{R}$ によらない定数である．これは $e^{sX} \in H$ を意味するので，$X \in \mathfrak{h}$ である．$X \in \mathfrak{q}$ であったから，$X = 0$ がわかる．すなわち，ι の微分は各点で単射である．一方，C^ω 級写像 ι は同相写像であるから，陰関数の定理より，ι は局所 C^ω 級微分同相でなければならない．よって ι の逆写像も C^ω 級となる． ■

(b) Lie 群が推移的に作用する空間

Lie 群 G が多様体 M に作用しているとは
$$(6.24) \qquad G \times M \to M, \quad (g, x) \mapsto gx$$
という連続写像で，$g_1(g_2 x) = (g_1 g_2)x$ $(g_1, g_2 \in G, x \in M)$ が成り立つことであった．特に M が C^ω-多様体で (6.24) が C^ω 級のとき，G は M に C^ω 級に作用しているという．

M の点 x に対し，M の部分集合 Gx を M における G の **軌道** (orbit) という．軌道 Gx に属する点 y は，G のある元 g によって $y = gx$ と表せるから $Gy = Ggx = Gx$ である．よって，M は G の軌道に分解できる．M が G の1つの軌道になるとき，すなわち M の任意の2点が G の作用で移り合うとき，G の作用が **推移的** (transitive) であるという．Lie 群 G の作用が推移的になる多様体としては，この節ですでに考察した商空間 G/H があるが，実はそれ以外には存在しないことを次に示す．

定理 6.29 M を Lie 群 G が左から連続かつ推移的に作用する多様体とする．X の点 x を任意にとり，その **等方部分群** (isotropy subgroup) $\{g \in G : gx = x\}$ を H とおくと，写像 $G/H \to M$, $gH \mapsto gx$ は，同相写像となる．

[証明] **写像の定義** G の作用は連続であるから，H は G の閉部分群となることに注意しよう．$\pi : G \to M$, $g \mapsto gx$ という写像を考えると，π は全射となり，また，$\pi(g) = \pi(g')$ すなわち $gx = g'x$ は，$g^{-1}g \in H$ すなわち $gH = g'H$ と同値である．従って $\bar{\pi} : G/H \to M$, $gH \mapsto gx$ という全単射が得られ，これにより G/H と M とが集合として同一視される．

連続性 $p: G \to G/H$ を自然な射影とすると，M の開集合 U に対して，$p^{-1}\bar{\pi}^{-1}(U) = \pi^{-1}(U)$ は G の開集合となるので，G/H の位相の決め方から，$\bar{\pi}$ は連続である．

開写像 $\bar{\pi}$ が同相写像であることを示すには，$\bar{\pi}$ が開写像であることを示せばよい．それには，π が開写像であることを示せばよいが，G の元 g による M への作用 $M \to M$, $y \mapsto gy$ は同相写像であるから，G の単位元の近傍 U に対し，Ux が M における x の近傍であることを示せば十分である．

カテゴリー定理 G の単位元のコンパクトな近傍 V を $V^{-1}V \subset U$ となるようにとる．G は第二可算公理を満たすので，$G = \bigcup_{n=1}^{\infty} g_n V$ となるように $\{g_n : n = 1, 2, \cdots\} \subset G$ を選ぶことができる．すると，$M = \bigcup_{n=1}^{\infty} g_n Vx$ であるが，次の Baire のカテゴリー定理により，ある n に対して $g_n Vx$ が内点をもつことがわかる．すなわち，$W \subset g_n Vx$ となる M の空でない開集合 W が存在する．$g_n gx \in W$ となる $g \in V$ を選ぶと，$x \in g^{-1}g_n^{-1}W \subset g^{-1}Vx \subset Ux$ となり $g^{-1}g_n^{-1}W$ は M の開集合であるから，Ux は x の近傍となる． ∎

定理 6.30（Baire のカテゴリー定理） 局所コンパクトな Hausdorff 位相空間 X がコンパクト部分集合 K_n によって $X = \bigcup_{n=1}^{\infty} K_n$ と書かれているならば，少なくとも 1 つの K_n は内点をもつ．

[証明] すべての K_n が内点をもたないと仮定しよう．V を X の相対コンパクト（V の閉包 $\bar{V}$ がコンパクト）な空でない開集合とする．$V \not\subset K_1$ であるから，$\bar{V}_1 \subset V \setminus K_1$ となる空でない開集合 V_1 を選ぶことができる（局所コンパクトな Hausdorff 位相空間は正則空間となる）．これを続けて帰納的に $\bar{V}_n \subset V_{n-1} \setminus K_n$ となるように空でない開集合 V_n を選ぶと，$\bar{V}_n \subset V_{n-1}$ で，しかも $j \leq n$ のとき $\bar{V}_n \cap K_j = \emptyset$ となっている．$\{\bar{V}_n : n = 1, 2, \cdots\}$ はコンパクト集合の減少列であるので，$p \in \bigcap_{n=1}^{\infty} \bar{V}_n$ となる X の点 p が存在する．この p は，すべての n に対して $p \in \bar{V}_n$，よって $p \notin K_n$ を満たすので，$X = \bigcup_{n=1}^{\infty} K_n$ に矛盾する． ∎

定義 6.31（等質空間） Lie 群 G の閉部分群 H による剰余類集合 G/H は G が推移的かつ C^ω 級に作用する C^ω-多様体となる．これを G の**等質空間**

（homogeneous space）あるいは**等質多様体**(homogeneous manifold)と呼ぶ．

G が推移的かつ C^ω 級に作用する多様体 M と M' との間に G の作用を保つ C^ω 級微分同相写像があるとき，両者は G-多様体として同型であるという． □

定理 6.28，定理 6.29 をまとめると以下のことがわかる．

定理 6.32 Lie 群 G が推移的かつ連続に作用する多様体 M には，G の作用が C^ω 級となるような C^ω-多様体としての構造が一意的に入る．M の点 x の等方部分群を H とおくと，G が C^ω 級に作用する G-多様体として M は G/H と同型になる． □

M の点は，$g \in G$ によって gx と表せるが，gx の等方部分群は gHg^{-1} となる．従って次のような自然な対応ができる．

(6.25)
$$\{\text{Lie 群 } G \text{ の閉部分群の共役類}\} \leftrightarrow \{\text{Lie 群 } G \text{ の等質空間の同型類}\}$$

例 6.33（群多様体） Lie 群 G 自身も G が推移的に作用する多様体で，等質空間とみなせる．左移動だけを考えれば 1 点の等方部分群は単位元のみである．両側移動を考えれば

$$(G \times G) \times G \to G, \quad ((g, g'), x) \mapsto gxg'^{-1}$$

により，G は直積群 $G \times G$ が左から推移的に作用する等質空間とみなせる．このとき，単位元の等方部分群は

$$\operatorname{diag} G := \{(g, g) : g \in G\}$$

であり，$(G \times G)/\operatorname{diag} G \simeq G$ という C^ω 級微分同相が定義される．

一般に Lie 群 G からある Lie 群 G' への全射準同型写像 Φ があると，その核 $H := \Phi^{-1}(e)$ は G の閉正規部分群となり，等質空間 G/H は G' と C^ω 級微分同相になる．なお，$g \in G$ ならば $\Phi(gHg^{-1}) = \Phi(g)\Phi(H)\Phi(g^{-1}) = \Phi(g)\Phi(g)^{-1} = e$ より，$gHg^{-1} \subset H$ がわかる．H は正規部分群であるから，$G/H \times G/H \to G/H$，$(xH, yH) \mapsto xyH$ によって G/H には群構造が入り，G/H は Lie 群として G' と同型になる．一般に次の定理が成り立つ．

定理 6.34 H を Lie 群 G の閉正規部分群とすると，等質空間 G/H は自然に Lie 群とみなせ，その Lie 環は $\mathfrak{g}/\mathfrak{h}$ である．この G/H を**商 Lie 群**とい

§6.3 等質空間──253

う.

[証明] G/H は,群構造をもち,群作用が C^ω 級の C^ω-多様体となるので Lie 群である.自然な射影の原点での微分は,Lie 環の準同型を引き起こすが,それは全射で核が $\mathfrak{h}$ となるから,G/H の Lie 環は $\mathfrak{g}/\mathfrak{h}$ と同型になる. ∎

(c) 等質空間の基本群

最後に,基本群の計算に役立つ定理をあげておこう.

定理 6.35 G を連結な Lie 群で H をその閉部分群,H_0 を H の単位元成分とする.

(i) G が単連結ならば,G/H の基本群は H/H_0 に等しい.

(ii) H が連結ならば,G/H が連結 $\iff$ G が連結.

(iii) H を連結と仮定し,$p: \widetilde{G} \to G$ を G の普遍被覆写像とする.$H' := p^{-1}(H)$ とおき,その単位元成分を H'_0 とおく.

(6.26) $$\pi_1(G/H) \simeq \pi_1(G)/(\pi_1(H)/\pi_1(H'_0)).$$

特に,H が単連結ならば $\pi_1(G) \simeq \pi_1(G/H)$ となり,G/H が単連結ならば $\pi_1(G) \simeq \pi_1(H)/\pi_1(H'_0)$ である.

[証明] この定理は,ファイバー束のホモトピー群に関して成立する長完全列

(6.27) $\to \pi_2(G/H) \to \pi_1(H) \to \pi_1(G) \to \pi_1(G/H)$
$\to \pi_0(H) \to \pi_0(G) \to \pi_0(G/H) \to 1$

から得られるが,ここでは直接の証明の概略を述べる.

(i) <u>曲線族の持ち上げ</u> 連続関数 $F: [0,1] \times [0,1] \to G/H$ が $F(s,0) = eH$ を満たすなら,それの G への持ち上げ $\widetilde{F}: [0,1] \times [0,1] \to G$,すなわち,$\widetilde{F}$ は連続で $\pi(\widetilde{F}(s,t)) = F(s,t)$,$\widetilde{F}(s,0) = e$ となるものを構成しよう.

G/H には(6.23)の ψ_g によって座標が入る.$\psi_g(U) = g \exp U H \subset G$ であるが,$U \times H \to G$,$(X,h) \mapsto g e^X h$ は,G の開集合の上への微分同相となっていることに注意しよう.$x \in g \exp U H$ に対し,$u_g(x) \in \exp U$,$h_g(x) \in H$ を $x = g u_g(x) h_g(x)$ によって定める.

第6章　Lie群と等質空間の構造

有限個の $g_\nu \in G$ を選んで $\bigcup \psi_{g_\nu}(U) \supset F([0,1]\times[0,1])$ とできる．次に N を十分大きくとり，$I_\nu := \left[\dfrac{\nu-1}{N}, \dfrac{\nu}{N}\right]$ とおいたとき，各 $I_{ij} := I_i \times I_j$ がどれかの $\psi_{g_\nu}(U)$ に含まれるようにする．各 I_{ij} に対しこのような g_ν を選んで g_{ij} とおき，$\widetilde{F}(s,t)$ を I_{ij} 上で帰納的に定義する．すなわち，i の小さなものから，i が同じときは j の小さなものから定義する．I_{ij} の境界 $\left(\left\{\dfrac{i-1}{N}\right\} \times I_j\right) \cap \left(I_i \times \left\{\dfrac{j-1}{N}\right\}\right)$ ですでに定義されているものの定義域を I_{ij} に広げればよい．ただし $i=1$ のときは，$t \in I_j$ に対し

$$\widetilde{F}(0,t) = g_{ij} u_{g_{ij}}(\psi_{g_{ij}}^{-1}(F(0,t))) h_{g_{ij}}\left(\widetilde{F}\left(0, \dfrac{j-1}{N}\right)\right)$$

と定めておくと，いずれの場合も

$$\widetilde{F}(s,t) = \begin{cases} g_{ij} u_{g_{ij}}(\psi_{g_{ij}}^{-1}(F(s,t))) h_{g_{ij}}\left(\widetilde{F}\left(s-t+\dfrac{j-1}{N}, \dfrac{j-1}{N}\right)\right) \\ \qquad \left(s - \dfrac{i-1}{N} \geq t - \dfrac{j-1}{N} \text{ のとき}\right) \\ g_{ij} u_{g_{ij}}(\psi_{g_{ij}}^{-1}(F(s,t))) h_{g_{ij}}\left(\widetilde{F}\left(\dfrac{i-1}{N}, t-s+\dfrac{i-1}{N}\right)\right) \\ \qquad \left(s - \dfrac{i-1}{N} \leq t - \dfrac{j-1}{N} \text{ のとき}\right) \end{cases}$$

によって I_{ij} 上で $\widetilde{F}$ が定義できる．$\widetilde{F}$ は各 I_{ij} 上で連続だから，$[0,1]\times[0,1]$ 上で連続となる．

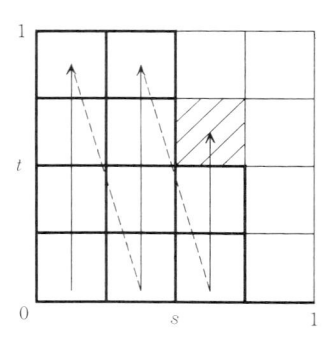

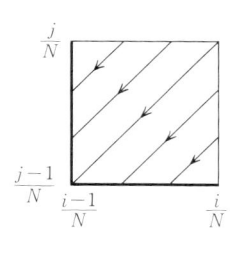

図 6.6　$\widetilde{F}(s,t)$ の H-成分の定義

§6.3 等質空間 —— 255

<u>閉曲線の持ち上げ</u>　単位元を始点とする G/H 内の閉曲線を c とする. 今示したことの特別の場合として, $F(s,t) := c(t)$ とおいて c の持ち上げ $\tilde{c} \colon [0,1] \to G$ が存在することがわかる. すなわち, $p \circ \tilde{c} = c$, $\tilde{c}(0) = e$ を満たす. 別の持ち上げ $\tilde{c}'$ との差を考えよう. 写像 $[0,1] \to H$, $t \mapsto (\tilde{c}(t))^{-1} \tilde{c}'(t)$ は原点を始点とする H 内の連続曲線であるから, H_0 内に留まっている. 従って, 終点 $\tilde{c}(1)$ と $\tilde{c}'(1)$ は, H の同じ連結成分に属することがわかる. よって, c の持ち上げ方によらず H/H_0 の元 $\tilde{c}(1)H_0$ が定まることがわかった.

一方, G/H の単位元を始点とする閉曲線 c_0 と c_1 がホモトープならば, そのホモトピー F の持ち上げ $\widetilde{F}$ を考えると, 写像 $[0,1] \to H$, $s \mapsto \widetilde{F}(s,1)$ は H 内の曲線となるので, $\tilde{c}_0(1)$ と $\tilde{c}_1(1)$ とは H の同じ連結成分に属する. よって

(6.28) $$\pi_1(G/H) \to H/H_0$$

という写像が定義できることがわかった.

<u>全射性</u>　H の各連結成分 $\gamma \in H/H_0$ に含まれる点 h_γ と, 単位元を始点として h_γ を終点とする G 内の曲線 $\bar{c}_\gamma$ を固定しておく. $\bar{c}_\gamma$ は $p \circ \bar{c}_\gamma$ の持ち上げであるから, (6.28)は全射である.

(i) <u>単射性</u>　$\tilde{c}(1) \in h_\gamma H_0$ とする. $\tilde{c}(1)$ を始点, h_γ を終点とする H 内の曲線 $\tilde{c}''$ を用いて

$$\bar{c}(t) = \begin{cases} \tilde{c}(2t) & (0 \leq 2t \leq 1 \text{ のとき}) \\ \tilde{c}''(2t-1) & (1 \leq 2t \leq 2 \text{ のとき}) \end{cases}$$

とおくと, 明らかに $p \circ \bar{c} \sim c$ となる. 一方 G は単連結であるから, $\bar{c} \sim \bar{c}_\gamma$ となり, そのホモトピーを p で写せば, $p \circ \bar{c} \sim p \circ \bar{c}_\gamma$ となる. よって(6.28)が単射となることがわかった.

(ii) H が連結で G が連結でないなら H は G の単位元成分 G_0 に属する. G_0 および $G \setminus G_0$ は開集合で p は開写像であるから, G_0/H は G/H の中で開かつ閉集合で空でも全体でもない. すなわち G/H は連結でない. 一方 G が連結ならば, 連続写像による G の像として G/H も連結となる.

(iii) $\widetilde{G}/H' \simeq G/H$ であるから, (i)より $\pi_1(G/H) \simeq H'/H'_0$ である. 一方

$H' = p^{-1}(e)H_0'$ であるから，$H'/H_0' \simeq p^{-1}(e)/(p^{-1}(e) \cap H_0')$ となる．$q\colon \widetilde{H} \to H_0'$ を H_0' の普遍被覆写像とすると，$\pi_1(H) = (p \circ q)^{-1}(e)$，$\pi_1(H_0') = q^{-1}(e)$ であるから $p^{-1}(e) \cap H_0' = (p|_{H_0'})^{-1}(e) \simeq (p \circ q)^{-1}(e)/q^{-1}(e)$ となるが，$\pi_1(G) = p^{-1}(e)$ であるから定理の等式が成り立つ． ∎

（d） Lie 群とその作用の例

2 次元の Lie 群

$\mathbb{R}$ 上の 1 次元の Lie 環は可換 Lie 環で，定理 5.34，定理 5.35 より対応する連結 Lie 群は $\mathbb{R}$ と $\mathbb{R}/\mathbb{Z}$ のみである．そこで，$\mathbb{R}$ 上の 2 次元の Lie 環で可換でないものを考えてみよう．その基底を $\{H, X\}$ とおくと，$[\mathfrak{g}, \mathfrak{g}] = \mathbb{R}[H, X]$ となるので，X が $[\mathfrak{g}, \mathfrak{g}]$ の生成元であるとしても一般性を失わない．$[H, X] = CX$ と書けるが，H をスカラー倍して $C = 2$ としてよい．よって 2 次元 Lie 環は可換 Lie 環であるか，あるいは

$$[H, X] = 2X$$

によって定義される Lie 環 $\mathfrak{g} = \mathbb{R}X + \mathbb{R}H$ のいずれかに同型である．$\mathfrak{g}$ は中心が $\{0\}$ なので随伴表現が忠実な表現となり，$\mathfrak{g} \subset \mathfrak{gl}(2, \mathbb{R})$ とみなせる．それとは異なる表現であるが

$$H = \begin{pmatrix} 1 & 0 \\ 0 & -1 \end{pmatrix}, \quad X = \begin{pmatrix} 0 & 1 \\ 0 & 0 \end{pmatrix}$$

という対応で，$\mathfrak{gl}(2, \mathbb{R})$ の部分 Lie 環とみなせる．

$$\begin{pmatrix} h & x \\ 0 & -h \end{pmatrix}^{2n} = \begin{pmatrix} h^{2n} & 0 \\ 0 & h^{2n} \end{pmatrix}^{2n}, \quad \begin{pmatrix} h & x \\ 0 & -h \end{pmatrix}^{2n+1} = \begin{pmatrix} h^{2n+1} & h^{2n}x \\ 0 & -h^{2n+1} \end{pmatrix}^{2n}$$

より

$$\exp\begin{pmatrix} h & x \\ 0 & -h \end{pmatrix} = \begin{pmatrix} e^h & \dfrac{e^h - e^{-h}}{2h}x \\ 0 & e^{-h} \end{pmatrix}$$

がわかる．ただし $\dfrac{e^h - e^{-h}}{2h}$ は $h = 0$ のときは 1 と定義される h の整関数である．像は

§6.3 等質空間 —— 257

$$(6.29) \qquad P_0 := \left\{ \begin{pmatrix} a & b \\ 0 & a^{-1} \end{pmatrix} : a > 0,\ b \in \mathbb{R} \right\}$$

という対角成分が正で行列式が 1 の実上三角行列のなす Lie 群である．特に Lie 環からの指数写像は P_0 の上への C^ω 級微分同相となり，P_0 は明らかに単連結である．

$g = \begin{pmatrix} a & b \\ 0 & a^{-1} \end{pmatrix} \in P_0$ が P_0 の中心の元であったとする．$\mathrm{Ad}(g)X = X$ より $a = 1$，$\mathrm{Ad}(g)H = H$ より $b = 0$ がわかるので，中心は単位元のみからなる．従って $\mathfrak{g}$ を Lie 環とする連結 Lie 群は P_0 と同型なものしかない．

以上および可換 Lie 群の場合の定理 5.35 により，2 次元の連結 Lie 群は，$\mathbb{R}^2$, $\mathbb{R} \times (\mathbb{R}/\mathbb{Z})$, $(\mathbb{R}/\mathbb{Z})^2$, P_0 のいずれかと同型になる．

2 次元球面への Lie 群の作用

$\mathbb{C}$ 上の 2 次の一般線型群 $GL(2,\mathbb{C})$ は，自然に $\mathbb{C}^2$ に作用している:

$$\begin{pmatrix} a & b \\ c & d \end{pmatrix} \begin{pmatrix} z_1 \\ z_2 \end{pmatrix} = \begin{pmatrix} az_1 + bz_2 \\ cz_1 + dz_2 \end{pmatrix}.$$

この作用での軌道分解は $\mathbb{C}^2$ の原点とそれの補集合 $\mathbb{C}^2 \setminus \{0\}$ となる．また，この作用は $\mathbb{C}$ によるスカラー倍の作用と可換なので，**Riemann 球面** $\mathbb{P}^1\mathbb{C} = (\mathbb{C}^2 \setminus \{0\}) / \mathbb{C}^\times$ への $GL(2,\mathbb{C})$ の作用が誘導される．ここで，$\mathbb{C}^\times \simeq GL(1,\mathbb{C}) = \mathbb{C} \setminus \{0\}$ で，$\mathbb{C}^2 \setminus \{0\}$ に対し，その 2 元 (z_1, z_2), (z_1', z_2') がある $C \in \mathbb{C}^\times$ によって $(z_1', z_2') = (Cz_1, Cz_2)$ という関係にあるとき同値 $(z_1, z_2) \sim (z_1', z_2')$ と定義して同一視したものが $\mathbb{P}^1\mathbb{C}$ である．このような同一視を考慮した (z_1, z_2) を $\mathbb{P}^1\mathbb{C}$ の**同次座標**(homogeneous coordinate)という．

$\mathbb{P}^1\mathbb{C}$ の同次座標で $z_2 \neq 0$ の部分を U_0 とおくと，$(z_1, z_2) \sim \left(\dfrac{z_1}{z_2}, 1 \right)$ より $z = \dfrac{z_1}{z_2}$ という対応で U_0 は $\{(z, 1) : z \in \mathbb{C}\}$ という集合，すなわち複素平面 $\mathbb{C}$ と同一視できる．一方 $z_2 = 0$ の部分は同次座標で $(1, 0)$ という 1 点なので，それを ∞ と書いて**無限遠点**(point at infinity)という．これにより $\mathbb{P}^1\mathbb{C} = U_0 \amalg \{\infty\} \simeq \mathbb{C} \amalg \{\infty\}$ であって，$\mathbb{P}^1\mathbb{C}$ は複素平面に無限遠点を付け加えたものとみなせる．この同一視による $GL(2,\mathbb{C})$ の作用は

と表せる.

$$GL(2,\mathbb{C}) \times \mathbb{P}^1\mathbb{C} \to \mathbb{P}^1\mathbb{C}, \quad \left(\begin{pmatrix} a & b \\ c & d \end{pmatrix}, z\right) \mapsto \frac{az+b}{cz+d}$$

$\mathbb{P}^1\mathbb{C}$ の $z_1 \neq 0$ の部分 U_∞ も,$w = \dfrac{z_2}{z_1}$ によって複素平面と同一視される.$\mathbb{P}^1\mathbb{C} = U_0 \cup U_\infty$ は開被覆であって,$U_0 \cap U_\infty$ はそれぞれの原点を除いた集合で $w = \dfrac{1}{z}$ という座標変換で対応づけられている.これによって $\mathbb{P}^1\mathbb{C}$ は 1 次元のコンパクト複素多様体となる.

以上の考察により,$\mathbb{P}^1\mathbb{C}$ は $GL(2,\mathbb{C})$ の等質空間となる.∞ の等方部分群は,$(2,1)$-成分が 0 となる $GL(2,\mathbb{C})$ の部分群 $\widetilde{B}$ となる.また,$GL(2,\mathbb{C})$ のスカラー行列は,$\mathbb{P}^1\mathbb{C}$ 上に恒等写像として作用するので,部分群 $SL(2,\mathbb{C})$ に制限しても作用は推移的である.よって,等質空間として

$$\mathbb{P}^1\mathbb{C} \simeq GL(2,\mathbb{C})/\widetilde{B} \simeq SL(2,\mathbb{C})/B,$$

$$\widetilde{B} := \left\{\begin{pmatrix} a & b \\ 0 & c \end{pmatrix} \in GL(2,\mathbb{C})\right\}, \quad B := \widetilde{B} \cap SL(2,\mathbb{C})$$

である.

$SL(2,\mathbb{C})$ の部分群 B の $\mathbb{P}^1\mathbb{C}$ への作用は

$$\begin{pmatrix} a & b \\ 0 & a^{-1} \end{pmatrix} z = a^2 z + ab$$

となる.$P = B \cap SL(2,\mathbb{R})$ の単位元成分は B の実形で,(6.29) で与えた P_0 に一致し,$P/P_0 \simeq \{\pm I_2\}$ である.この P_0 の作用を考えると,$\mathbb{P}^1\mathbb{C}$ は,4 つの P_0 軌道 $\{P_0 i, P_0, -P_0 i, \infty\}$ に分解することがわかる.それぞれ,上半平面 $H_+ := \{x + \sqrt{-1}y : x \in \mathbb{R}, y > 0\}$,実軸 $\mathbb{R}$,下半平面 $H_- := -H_+$,無限遠点である.$i = \sqrt{-1}$ の等方部分群は単位元のみからなるから,写像 $P_0 \to \mathbb{C}$, $g \mapsto gi$ は,P_0 と H_+ との C^ω 級微分同相となることに注意しておく.

次に $SL(2,\mathbb{R})$ の作用を調べてみよう.各 P_0 軌道は $SL(2,\mathbb{R})$ 軌道のいずれかに含まれることに注意しよう.実数 a,b,c,d が $ad-bc=1$ を満たすならば $\dfrac{a\sqrt{-1}+b}{c\sqrt{-1}+d} = \dfrac{bd+ac+\sqrt{-1}}{c^2+d^2}$ となるので,$SL(2,\mathbb{R})i \subset H_+$ がわかる.これらから,$SL(2,\mathbb{R})$ による作用は H_+, H_-, $\mathbb{R} \cup \{\infty\} \simeq \mathbb{R}/\mathbb{Z}$ の 3 つの軌道へ

の分解を与えることがわかる．

i の等方部分群の元は，$bd+ac=0$, $c^2+d^2=1$, $ad-bc=1$ を満たすので
$SO(2) = \left\{ k_\theta := \begin{pmatrix} \cos\theta & -\sin\theta \\ \sin\theta & \cos\theta \end{pmatrix} : \theta \in \mathbb{R} \right\}$ がその等方部分群となり，o の等方部分群は $B \cap SL(2,\mathbb{R}) = P$ である．よって

$$H_+ \simeq SL(2,\mathbb{R})/SO(2) \simeq P_0, \quad \mathbb{R}/\mathbb{Z} \simeq \mathbb{R} \cup \{\infty\} \simeq SL(2,\mathbb{R})/P$$

が得られる．

なお，$SL(2,\mathbb{R})$ の元 g に対し $gi = p(g)i$ となる $p(g) \in P_0$ が一意に決まり，H_+ と P_0 の同一視から $p(g)$ は g の C^ω 級関数となることがわかる．このとき $k(g) := p(g)^{-1}g$ は i を動かさないので $SO(2)$ の元であることがわかる．以上により次の C^ω 級微分同相が得られる．これは $SL(2,\mathbb{R})$ の **岩澤分解** にあたる．

(6.30) $\qquad P_0 \times SO(2) \simeq SL(2,\mathbb{R}), \quad (p,k) \mapsto pk$．

従って，$SL(2,\mathbb{R})$ は連結で，その基本群は $SO(2) \simeq \mathbb{R}/\mathbb{Z}$ の基本群に等しく，$\mathbb{Z}$ であることがわかる．

$G = SL(2,\mathbb{R})$ の普遍被覆群を $\widetilde{G}$ とすると，$\widetilde{G}$ は $\mathbb{R}^3$ と同相で，普遍被覆写像 $p: \widetilde{G} \to G$ の核は $\mathbb{Z}$ と同型になる．この $\widetilde{G}$ は線型 Lie 群ではないことが以下のようにしてわかる：$\pi: \widetilde{G} \to GL(N,\mathbb{R})$ という任意の表現を考える．これは $\mathfrak{sl}(2,\mathbb{R})$ の N 次元表現を引き起こす．複素化すると $\mathfrak{sl}(2,\mathbb{C})$ の N 次元の $\mathbb{C}$-線型の表現となる．すぐ後で示すように $SL(2,\mathbb{C})$ は単連結であるから，これは $SL(2,\mathbb{C})$ の複素解析的表現に持ち上がり，それを制限すれば G の表現となる．すなわち $\text{Ker}\,\pi \supset \text{Ker}\,p$ となる．$\widetilde{G}$ が線型 Lie 群ならば単射な π が存在するはずであるから矛盾である．

注意 6.36 まったく同じ議論で単連結複素 Lie 群の実形が単連結でなければ，その実形の普遍被覆群は線型 Lie 群ではないことがわかる．

$U(2)$ は $\mathbb{C}^2$ 上の標準内積 $((z_1,z_2),(z_1',z_2')) = z_1\overline{z_1'} + z_2\overline{z_2'}$ に関する正規直交基底のなす集合に推移的に作用している．$\mathbb{P}^1\mathbb{C}$ の同次座標は，この内積での大きさが 1 のものが選べるから，$U(2)$ は $\mathbb{P}^1\mathbb{C}$ に推移的に作用していることがわかる．スカラー行列が自明に作用しているので，$SU(2)$ に制限しても推移

的である.このとき ∞ の等方部分群は
$$B \cap SU(2) = \left\{ \mathrm{diag}(a,b) := \begin{pmatrix} a & 0 \\ 0 & b \end{pmatrix} : a = e^{i\theta},\ b = e^{-i\theta},\ \theta \in \mathbb{R} \right\}$$
となり,これは $SO(2)$ と同型な Lie 群なので $SO(2) \subset SU(2)$ とみなして
$$\mathbb{P}^1\mathbb{C} \simeq SU(2)/SO(2)$$
がわかる.

3 次元球面への Lie 群の作用

$U(2)$ の $\mathbb{C}^2$ への自然な作用は,3 次元球面 $S^3 = \{|z_1|^2 + |z_2|^2 = 1 : (z_1, z_2) \in \mathbb{C}^2\}$ を不変にしている.この作用は S^3 上推移的なので,任意の $(z_1, z_2) \in S^3$ に対し $g(1,0) = (z_1, z_2)$ となる $g \in U(2)$ がある.$\det g = e^\theta$ とおくと $\bar{g} = g\,\mathrm{diag}(1, e^{-\theta}) \in SU(2)$ に対して $\bar{g}(1,0) = (z_1, z_2)$ が満たされる.すなわち,S^3 に $SU(2)$ が推移的に作用している.

$g \in SU(2)$ が $(1,0)$ を動かさないとする.S^3 の元 $(0,1)$ は g によって $(1,0)$ と直交する元に移されるから,それは $(0,a)$ の形をしている.このとき g の行列式は a となるので $a = 1$ がわかる.すなわち g は単位行列となる.よって $S^3 = SU(2)(1,0)$ という対応で,次の C^ω 級微分同相が得られる(例 3.26 の (3.30) 参照):
$$S^3 \simeq SU(2)$$
さて
$$S^3 \setminus \{(1,0)\} \to \mathbb{R}^3, \quad (x_1 + iy_1, x_2 + iy_2) \mapsto (1 - x_1)^{-1}(y_1, x_2, y_2)$$
により,S^3 から点 $(1,0)$ を除いた集合は $\mathbb{R}^3$ に同相となる.c を $(0,1)$ を始点とする S^3 内の閉曲線とする.c を少し変形すれば c とホモトープな $(1,0)$ を通らない閉曲線 c' が存在することがわかる.c' は $S^3 \setminus \{(1,0)\} \simeq \mathbb{R}^3$ において 0 にホモトープなので,S^3 でも同様である.これは S^3 が単連結なことを意味している.よって $SU(2)$ は連結かつ単連結であることがわかった.

直積群 $G = SL(2, \mathbb{R}) \times SL(2, \mathbb{R})$ は
$$G \times M(2, \mathbb{R}) \to M(2, \mathbb{R}), \quad ((g, g'), X) \mapsto gXg'^{-1}$$
により 2 次の実行列の空間 $M(2, \mathbb{R})$ に作用している.零行列を除き正のスカラー倍で移るものを同一視した空間 $(M(2, \mathbb{R}) \setminus \{0\})/\mathbb{R}_+^\times$ は自然に S^3 とみな

§6.3 等質空間――― *261*

すことができ，これにより G の作用が S^3 に誘導される．

行列式の正，負，0 に対応して S^3 を 2 つの開集合 S_+^3, S_-^3 と閉集合 S_0^3 に分け，$I_2^\pm = \begin{pmatrix} 1 & 0 \\ 0 & \pm 1 \end{pmatrix}$ に対応する S^3 の点を $p_\pm$, $\begin{pmatrix} 1 & 0 \\ 0 & 0 \end{pmatrix}$ に対応する S^3 の点を p_0 とおくと，$S_\pm^3 = Gp_\pm$, $S_0^3 = Gp_0$ となり，以下も容易に確かめられる．

$$\begin{cases} gp_\pm = p_\pm \iff g \in \Delta G_\pm := \{(g, I_2^\pm g I_2^\pm) : g \in SL(2,\mathbb{R})\} \\ gp_0 = p_0 \iff g \in \widetilde{P} := \left\{ \left(\begin{pmatrix} a & b \\ 0 & a^{-1} \end{pmatrix}, \begin{pmatrix} c & 0 \\ d & c^{-1} \end{pmatrix} \right) : ac > 0;\ b,c \in \mathbb{R} \right\} \end{cases}$$

よって S^3 は 2 つの $SL(2,\mathbb{R})$ に境界 $G/\widetilde{P}$ を付加してコンパクト化した多様体で，$SL(2,\mathbb{R})$ が左と右から作用しているとみなせる．

$$S^3 = S_+^3 \amalg S_-^3 \amalg S_0^3, \quad S_\pm^3 \simeq G/\Delta G_\pm \simeq SL(2,\mathbb{R}), \quad S_0^3 \simeq G/\widetilde{P}$$

$SU(2)$ と $SO(3)$

$SU(2)$ は $\mathbb{P}^1\mathbb{C} \simeq S^2$ に作用しているが，S^2 に自然に作用する Lie 群は $SO(3)$ である．ともに 3 次元のコンパクト Lie 群であることに注意し，両者の関係を調べてみよう．そこで，$SU(2)$ の S^2 への作用を別の方法で構成してみる．

$SU(2)$ の随伴表現は実 3 次元のユニタリ表現であるから，そこにおける 2 次元球面を不変にするはずである．(6.16)の記号を使って $\mathfrak{su}(2)$ の基底を $\{JH,\ X-Y,\ J(X+Y)\}$ と定めると，$\mathrm{ad}(JH), \mathrm{ad}(X-Y), \mathrm{ad}(J(X+Y))$ は，歪対称となり自然に $\mathrm{ad}(\mathfrak{su}(2)) = \mathfrak{o}(3)$ がわかる．よって $\mathrm{Ad}(SU(2))$ は，$\mathfrak{o}(3)$ に対応する $GL(3,\mathbb{R})$ の解析的部分群，すなわち $O(3)$ の単位元成分 $O(3)_0$ である．

一方，z が $SU(2)$ の中心に属する元とすると，$\mathrm{Ad}(z)JH = JH$ より，z は対角行列であることがわかり，さらに $\mathrm{Ad}(z)(X-Y) = X-Y$ より z はスカラー行列であることがわかる．すなわち z は I_2 または $-I_2$ である．よって $\mathrm{Ad}(SU(2)) \simeq SU(2)/\{\pm I_2\}$. 以上により，$SU(2)$ と局所同型な連結 Lie 群は，$SU(2)$ あるいは $SU(2)/\{\pm I_2\}$ と同型なことが結論される．

$SO(3) \supset O(3)_0$ であるが，両者を比べてみる．xyz-空間内の単位球面上の

点 (x, y, z) は，x 軸の周りの回転により $z = 0$ に移り，次に z 軸の周りの回転により $(1, 0, 0)$ に移る．よって $O(3)_0$ が S^2 に推移的に作用していることがわかる．一方 $(1, 0, 0)$ を動かさない $SO(3)$ の元は x 軸の周りの回転のみであることが容易にわかる．よって $S^2 \simeq SO(3)/SO(2)$ となって，定理 6.35 (ii) より $SO(3)$ が連結であることがわかり，$O(3)_0 = SO(3)$ が結論される．以上から

$$\mathrm{Ad}_{SU(2)}\colon SU(2) \to SO(3)$$

は連結 Lie 群 $SO(3)$ の普遍被覆写像とみなせる．特に $SO(3) \simeq SU(2)/\{\pm I_2\}$ の基本群は $\mathbb{Z}/2\mathbb{Z}$ である．

Cartan 分解

最後に $SL(2, \mathbb{C})$ の基本群を計算しよう．$SL(2, \mathbb{R})$ のときのように岩澤分解を用いてもよいが，別の分解を用いて考察してみよう．

補題 6.37 n 次の Hermite 行列の全体を $\mathfrak{p} := \{X \in M(n, \mathbb{C}) \colon \overline{X} = X\}$，そのうちで正値のもの全体を $\mathfrak{p}_+ := \{X \in \mathfrak{p} \colon (Xv, v) > 0, \ \forall v \in \mathbb{C}^n \setminus \{0\}\}$ とおく．このとき

$$\exp\colon \mathfrak{p} \to \mathfrak{p}_+$$

は全射な C^ω 級微分同相となる．

［証明］ Hermite 行列を Hilbert 空間 $\mathbb{C}^n$ 上の線型変換と見ると，$\mathbb{C}^n$ は固有空間の直和に分解し，その固有値は実数である．すなわち，Hermite 行列を与えることは，Hilbert 空間 $\mathbb{C}^n$ の直和分解とその直和成分上に異なった実数の固有値を与えることに対応し，また正値 Hermite は，その固有値がすべて正，ということに対応している．指数写像は，その固有空間の上に制限すれば，単に固有値の指数関数倍という写像である．実数上の指数関数は実数から正の実数の上への全単射であることより，$\exp\colon \mathfrak{p} \to \mathfrak{p}_+$ は全単射であることがわかる．これが C^ω 級であることは明らかなので，あとはこれの Jacobi 行列式が $\exp X$ $(X \in \mathfrak{p})$ で消えないことを示せばよい．

$\mathfrak{gl}(n, \mathbb{C})$ 上の内積 $(\ ,\ )$ を §5.5 の補題 5.40 のように定める．(5.51) より $X \in \mathfrak{p}$ ならば，$\mathrm{ad}(X)$ はこの内積に関して $\mathfrak{gl}(n, \mathbb{C})$ 上の Hermite 変換となることがわかる．特に $\mathrm{ad}(X)$ は対角化可能で，その固有値はすべて実数であ

る.

定理 5.54 より $\det(d\exp_X) = \det\left(\dfrac{1-e^{-\mathrm{ad}(X)}}{\mathrm{ad}(X)}\right)$ であり, $d\exp_X$ の固有値は $\mathrm{ad}(X)$ の固有値 λ によって $\dfrac{1-e^{-\lambda}}{\lambda}$ と表せる. λ が実数であることから, $d\exp_X$ は固有値 0 をもたない. よって $\det(d\exp_X) \neq 0$. ∎

$g \in GL(n,\mathbb{C})$ に対し $X := \dfrac{1}{2}\exp^{-1}(\overline{{}^t g}g) \in \mathfrak{p}$, $u := ge^{-X}$ とおく.

$$\overline{{}^t u}u = e^{-X}\overline{{}^t g}ge^{-X} = e^{-X}e^{2X}e^{-X} = I_n,$$

すなわち $u \in U(n)$ がわかる. 一方, $g = ue^X$ ($u \in U(n)$, $X \in \mathfrak{p}$) と書けているとすると, $\overline{{}^t g}g = e^{2X}$ となるので, $X \in \mathfrak{p}$ は g により唯一つに定まる. よって次の定理を得る.

定理 6.38 次の写像は $GL(n,\mathbb{C})$ の上への C^ω 級微分同相である.
$$U(n) \times \mathfrak{p} \simeq GL(n,\mathbb{C}), \quad (u,X) \mapsto ue^X.$$

[証明] この写像が C^ω 級の全単射であることはすでに示した. 一方
$$X = \frac{1}{2}(\exp|_\mathfrak{p})^{-1}(\overline{{}^t g}g), \quad u = ge^{-X}$$

であるから, 逆写像も C^ω 級である. ∎

$\mathfrak{p}$ はその成分を座標と見て $\mathbb{R}^{n^2}$ と同相なので, 定理 6.38 より $GL(n,\mathbb{C})$ は $U(n)$ とホモトピー同値であることがわかる. $GL(n,\mathbb{C})$ を $SL(n,\mathbb{C})$, $GL(n,\mathbb{R})$, $SL(n,\mathbb{R})$ へ制限して考察すれば同様にして, **Cartan 分解**

$$SU(n) \times \mathfrak{p}^o \simeq SL(n,\mathbb{C}), \quad \mathfrak{p}^o := \{X \in \mathfrak{p} : \mathrm{Trace}\, X = 0\}$$
$$O(n) \times \mathfrak{p}_\mathbb{R} \simeq GL(n,\mathbb{R}), \quad \mathfrak{p}_\mathbb{R} := \mathfrak{p} \cap M(n,\mathbb{R})$$
$$SO(n) \times \mathfrak{p}_\mathbb{R}^o \simeq SL(n,\mathbb{R}), \quad \mathfrak{p}_\mathbb{R}^o := \mathfrak{p}^o \cap M(n,\mathbb{R})$$

が得られ, それぞれ $SU(n)$, $O(n)$, $SO(n)$ にホモトピー同値である. 例えば, $g \in SL(n,\mathbb{C})$ を $GL(n,\mathbb{C})$ の元とみなして Cartan 分解 $g = ue^X$ を考えたとき $\mathrm{Trace}\, X = 0$ を示せばよいが, $e^{2X} = \overline{{}^t g}g$ より $1 = \det e^{2X} = e^{2\,\mathrm{Trace}\, X}$ で $X \in \mathfrak{p}$ であるから, $\mathrm{Trace}\, X = 0$ を得る. また $g \in SL(n,\mathbb{R})$ のときは, $\overline{e^{2X}} = e^{2X}$ が示され, $\exp|_\mathfrak{p}$ の単射性から $\overline{X} = X$ を得る.

上記から $SL(2,\mathbb{C})$ は単連結なことがわかる. また, $n = 2$ の場合と同様 $SU(n)$ は S^{2n-1} に推移的に作用し, $S^{2n-1} \simeq SU(n)/SU(n-1)$ となることが

容易にわかる(§7.3(d)参照). 2次元以上の球面 S^m は，1点を除くと $\mathbb{R}^m$ と同相になるので S^3 の場合と同様単連結なことがわかる．よって定理 6.35 により，帰納的に $SU(n)$ が連結でかつ単連結なことが示される．従って $SL(n,\mathbb{C})$ も連結かつ単連結となる．

一方，$S^n \simeq SO(n+1)/SO(n)$, $\pi_1(SO(3)) \simeq \mathbb{Z}/2\mathbb{Z}$ に注意すると，定理 6.35 より，$n \geq 3$ のとき $SO(n)$ の基本群は，$\mathbb{Z}/2\mathbb{Z}$ または 1 であることがわかるが，実際は $\mathbb{Z}/2\mathbb{Z}$ であることが定理 7.49 で示される．よって $SL(n,\mathbb{C})$ の実形 $SL(n,\mathbb{R})$ の基本群は，$n=2$ のとき $\mathbb{Z}$, $n \geq 3$ のとき $\mathbb{Z}/2\mathbb{Z}$ である．

この Cartan 分解はより一般の線型簡約 Lie 群(定義 5.36 参照)で成り立つ:

定理 6.39（Cartan 分解） $\overline{{}^tG} = G$ を満たす線型簡約 Lie 群 G ($\subset GL(n,\mathbb{C})$) の Lie 環を $\mathfrak{g}$ とおき，$\mathfrak{k} = \mathfrak{g} \cap \mathfrak{u}(n)$, $\mathfrak{p}_0 = \mathfrak{g} \cap \mathfrak{p}$, $K = G \cap U(n)$ とおくと Lie 環の Cartan 分解

(6.31) $$\mathfrak{g} = \mathfrak{k} + \mathfrak{p}_0$$

および Lie 群の Cartan 分解

(6.32) $$\Phi: K \times \mathfrak{p}_0 \simeq G, \quad (k, X) \mapsto ke^X$$

が成立し，前者は線型空間としての直和分解，後者は C^ω-多様体としての全射 C^ω 級微分同相写像となる．

[証明] <u>Lie 環の場合</u> 補題 5.40(i) より $\overline{{}^t\mathfrak{g}} = \mathfrak{g}$ に注意すると，

$$X = \frac{X + \overline{{}^tX}}{2} + \frac{X - \overline{{}^tX}}{2}$$

と表せることから，Lie 環の Cartan 分解が示される．

<u>Φ の像</u> $\mathfrak{k}$ は K の Lie 環であることに注意．$\dim G = \dim K + \dim \mathfrak{p}_0$ なので，$K \times \mathfrak{p}_0$ は $U(n) \times \mathfrak{p}$ の閉部分多様体でその次元は G の次元に等しい．$GL(n,\mathbb{C})$ の Cartan 分解より，Φ の像は $GL(n,\mathbb{C})$ の $\dim G$ 次元の閉部分多様体であり，Φ は像の上への C^ω 級微分同相である．

<u>連結な場合</u> G および K の単位元成分をそれぞれ G_0, K_0 とおく．$\Phi(K_0 \times \mathfrak{p}_0)$ は G_0 に含まれ，両者は共に $GL(n,\mathbb{C})$ の $\dim G$ 次元の連結な閉部分多様体であるから，$\Phi(K_0 \times \mathfrak{p}_0) = G_0$ である．

__一般の場合__ $g \in G$ を $g = ke^X$ $(k \in U(n), X \in \mathfrak{p})$ と表すと ${}^t\bar{g}g = e^{2X} \in G$ となるが，G/G_0 は有限群であるので，$e^{2mX} \in G_0$ を満たす正整数 m が存在する．定理 6.38 および $\Phi(K_0 \times \mathfrak{p}_0) = G_0$ より $2mX \in \mathfrak{p}_0$ すなわち $X \in \mathfrak{p}_0$ がわかり，$k = ge^{-X} \in G \cap U(n) = K$ となるので，Image $\Phi = G$ が示された． ∎

命題 6.9 および定理 6.39 により連結な線型簡約 Lie 群の基本群は，その Cartan 分解に現れるコンパクト Lie 群の基本群に等しいことがわかる．

__系 6.40__ $\mathfrak{g}$ を $\mathfrak{gl}(n, \mathbb{C})$ の部分 Lie 環で
$$X \in \mathfrak{g} \implies {}^t\bar{X} \in \mathfrak{g}$$
を満たすとする．$\mathfrak{g}$ と $\mathfrak{k}$ に対応する $GL(n, \mathbb{C})$ の解析的部分群をそれぞれ G, K とする．K が $GL(n, \mathbb{C})$ の中で閉集合なら G も同様である．

［証明］ 定理 6.39 の記号を用い，写像 Φ を考えると，K が閉集合ならばその証明がそのまま有効で，$GL(n, \mathbb{C})$ の Cartan 分解より G も閉となることがわかる． ∎

§6.4 Lie 群上の積分

(a) 多様体上の積分と微分形式

C^∞-多様体 M の各点 $p \in M$ の接空間 T_pM を集めたもの $TM = \bigcup_{p \in M} T_pM$ を M の接ベクトル束(tangent vector bundle)という．M の次元が m であるとき，TM は自然に $2m$ 次元の C^∞-多様体となる．TM の元 v が T_pM に属するとき $\pi(v) = p$ と定義すると，π は TM から M の上への C^∞ 級写像となる．M 上の C^∞ 級のベクトル場 X とは，M から TM への C^∞ 級写像で，$\pi \circ X = \mathrm{id}_M$ を満たすものに他ならない．M の局所座標 $(x_1, \cdots, x_m)$ を用いれば，T_pM の基底は $\left\{\left(\dfrac{\partial}{\partial x_i}\right)_p : i = 1, \cdots, m\right\}$ となり，X は $\sum_{i=1}^m a_i(x) \dfrac{\partial}{\partial x_i}$ のように $a_i \in C^\infty(M)$ を用いて表せる．

T_pM の双対空間を $T_p^\vee M$ と書き，点 p における M の余接空間という．それを集めたもの $T^\vee M = \bigcup_{p \in M} T_p^\vee M$ は $2m$ 次元 C^∞-多様体となるが，それを M の余接ベクトル束(cotangent vector bundle)という．$T^\vee M$ から M への

自然な全射を τ と書こう．$T_p^\vee M$ の基底として $\left\{\left(\dfrac{\partial}{\partial x_i}\right)_p : i=1,\cdots,m\right\}$ の双対基底 $\{(dx_i)_p : i=1,\cdots,m\}$ がとれる．M から $T^\vee M$ への C^∞ 級写像 ω で，$\tau\circ\omega=\mathrm{id}_M$ を満たすものは C^∞ 級 1 形式の空間と呼ばれる．それは局所座標により

$$(6.33) \qquad \omega = \sum_{i=1}^m h_i(x)dx_i$$

と実数値の $h_i\in C^\infty(M)$ を用いて表示され，別の局所座標系 $(y_1,\cdots,y_m)$ では

$$(6.34) \qquad \sum_{i=1}^m h_i(x)dx_i = \sum_{j=1}^m \left(\sum_{i=1}^m h_i(x)\dfrac{\partial x_i}{\partial y_j}\right)dy_j$$

となる．これは $\left(\dfrac{\partial}{\partial x_i}\right)_p = \sum_{j=1}^m \dfrac{\partial y_j}{\partial x_i}(p)\left(\dfrac{\partial}{\partial y_i}\right)_p$ および，$\sum_{j=1}^m \dfrac{\partial x_i}{\partial y_j}(p)\dfrac{\partial y_j}{\partial y_k}(p) = \delta_{ik}$ からわかる．

余接空間の k 次交代テンソルの空間 $\bigwedge^k T_p^\vee M$ を集めた

$$\bigwedge^k T^\vee M = \bigcup_{p\in M} \bigwedge^k T_p^\vee M$$

は，自然に $\binom{m}{k}+m$ 次元の C^∞-多様体となる．$\bigwedge^k T^\vee M$ から M への自然な全射を τ と書いたとき，M から $\bigwedge^k T^\vee M$ への C^∞ 級写像 ω で，$\tau\circ\omega=\mathrm{id}_M$ を満たすものを，M 上の C^∞ 級 k 形式という．特に，0 形式とは C^∞ 級関数のことに他ならない．一方，最も高次の m 形式 ω は，

$$(6.35) \qquad \omega = \rho(x)dx_1\wedge\cdots\wedge dx_m$$

と表せ，別の座標系との間では

$$(6.36) \qquad \rho(x)dx_1\wedge\cdots\wedge dx_m = \rho(x)\det\left(\dfrac{\partial x_i}{\partial y_j}\right)dy_1\wedge\cdots\wedge dy_m$$

が成立している．

M 上に C^∞ 級 m 形式 ω が与えられたとき，コンパクト台をもつ連続関数 $f\in C_c(M)$ の積分 $\int_M f|\omega|$ は次のように定義される：$M=\bigcup_i U_i$ という相対コンパクトな開座標近傍による M の局所有限な被覆を選び，$f=\sum_i f_i$, $f_i\in C_c(M)$ で，f_i の台が U_i に含まれるように f を分解する．このとき

$$\text{(6.37)} \qquad \int_M f|\omega| = \sum_i \int_{U_i} f_i |\omega|$$

とおく．この右辺は，局所座標のもとで(6.35)の表示を用いて

$$\text{(6.38)} \qquad \int_{U_i} f_i(x) |\rho(x)| dx_1 \cdots dx_m$$

と定義される．異なる座標系と比べると

$$\text{(6.39)} \quad \int f_i(x)|\rho(x)|dx_1\cdots dx_m = \int f_i(x)|\rho(x)| \left|\det\left(\frac{\partial x_i}{\partial y_j}\right)\right| dy_1 \cdots dy_m$$

が成立するので，$\int_M f|\omega|$ は，M の開被覆，f の分解，局所座標系のとり方によらずに定義できていることがいえる．このとき

$$\text{(6.40)} \qquad I_\omega : C_c(M) \to \mathbb{R}, \quad f \mapsto I_\omega(f) = \int_M f|\omega|$$

は，M 上の Baire 測度を定めている．容易にわかるように m 形式 ω と ω' とが M 上で同一の Baire 測度を与えるための必要十分条件は，M の各点で $\omega(p) = \omega'(p)$ または $\omega(p) = -\omega'(p)$ となることである．

(b) Lie 群上の不変測度

Lie 群 G 上の左移動 L_g は，接空間の同型 $(dL_g)_x : T_xG \to T_{gx}G$ を引き起こすので，これは $(L_g^\vee)_x : T_{gx}^\vee G \to T_x^\vee G$，およびさらに一般に $(L_g^\vee)_x : \bigwedge^k T_{gx}^\vee G \to \bigwedge^k T_x^\vee G$ という同型を誘導する．右移動 R_g からも同様な同型 $(dR_g)_x$, $(R_g^\vee)_x$ が定義される．

$\bigwedge^k T_e^\vee G$ の元 ω_e に対し，G 上の k 形式 ω_L を $\omega_L(g) = (L_g^\vee)_e^{-1} \omega_e$ と定義すると，ω_L は k 形式となる．左移動 $L_{g'}$ に対し $(L_{g'}^\vee)_g^{-1} \omega_L(g) = (L_{g'}^\vee)_g^{-1} (L_g^\vee)_e^{-1} \omega_e = (L_{g'g}^\vee)_e^{-1} \omega_e = \omega_L(g'g)$，すなわち $L_{g'}^\vee \omega_L = \omega_L$ となるから，この ω_L は左移動で不変な k 形式となる．逆に左移動で不変な k 形式 ω は ω_e から上記のようにして一意的に定まる．同様に $\omega_R(g) = (R_G^\vee)_e^{-1} \omega_e$ により，右移動で不変な k 形式が定まる．

G の次元を m とする．$\bigwedge^m T_e^\vee G$ は 1 次元となるが，その 0 でない元 ω_e を固定して，m 形式 ω_L と ω_R を定める．ω_L は左移動で，ω_R は右移動で不変

な m 形式で，条件 $\omega_L(e) = \omega_R(e) = \omega_e$ により唯一つに定まる．すると $|\omega_L|$ は左不変な，$|\omega_R|$ は右不変な測度となる．その測度をそれぞれ $d_L g, d_R g$ と書くことにする．このとき，$f \in C_c(G)$, $g_o \in G$ に対して $\int_G f d_L g = \int_G (f \circ L_{g_o}) L_{g_o}^\vee d_L g = \int_G f(g_o g) d_L g$ などから

$$\text{(6.41)} \quad \begin{aligned} \int_G f(g_o g) d_L g &= \int_G f(g) d_L g \quad (\forall g_o \in G), \\ \int_G f(g g_o) d_R g &= \int_G f(g) d_R g \quad (\forall g_o \in G) \end{aligned}$$

が成立することがわかる．

両方の不変測度を比べてみよう．そこで $\omega_R(g) = c(g)\omega_L(g)$ とおく．$\omega_R(g) = (R_g^\vee)_e^{-1}\omega_e$, $\omega_L(g) = (L_g^\vee)_e^{-1}\omega_e$ であるから $(L_g^\vee)_e (R_g^\vee)_e^{-1}$ は，$\bigwedge^m T_e^\vee G$ 上で $c(g)$ 倍として作用することがわかる．$I(g)x = gxg^{-1}$ とおくと，$I(g)$ は G 上の C^ω 級写像で，$dI(g)_e = \mathrm{Ad}(g)$ となっている．$(L_g^\vee)_e (R_g^\vee)_e^{-1}$ は，$T_e^\vee G$ 上に $dI(g)_e$ から引き起こされる写像 $I(g)_e^\vee$ を $\bigwedge^m T_e^\vee G$ に持ち上げたものである．従って $c(g) = \det \mathrm{Ad}(g)$ がわかる:

定理 6.41

$$\begin{aligned} \omega_R(g) &= \det \mathrm{Ad}(g) \omega_L(g), \\ d_R g &= |\det \mathrm{Ad}(g)| d_L g. \end{aligned} \qquad \square$$

また，$g_o \in G$ に対して，$L_{g_o}^\vee d_R g = L_{g_o}^\vee (|\det \mathrm{Ad}(g)| d_L g) = |\det \mathrm{Ad}(g_o g)| d_L g = |\det \mathrm{Ad}(g_o) \det \mathrm{Ad}(g)| d_L g = |\det \mathrm{Ad}(g_o)| d_R g$ となる．$d_L g$ についても同様である:

系 6.42

$$L_{g_o}^\vee d_R g = |\det \mathrm{Ad}(g_o)| d_R g, \quad R_{g_o}^\vee d_L g = |\det \mathrm{Ad}(g_o)|^{-1} d_L g \quad (\forall g_o \in G). \qquad \square$$

G 上の写像 $I: g \mapsto g^{-1}$ に対し，$I^\vee \omega_L$ は G 上の右不変 m 形式となる．一方 dI_e は $T_e G$ に -1 倍として作用するので，$(I^\vee \omega_L)(e) = (-1)^{\dim G} \omega_L(e)$ となる．よって右不変 m 形式の一意性により次の定理がわかる．

定理 6.43

$$d_L(g^{-1}) = d_R g = |\det \mathrm{Ad}(g)| d_L g. \qquad \square$$

系 6.44 Lie 群 G のモジュラー関数 Δ は

で与えられる．特に G が**ユニモジュラー**となる（すなわち両側不変な Baire 測度をもつ）ための必要十分条件は

$$|\det \mathrm{Ad}(g)| = 1 \quad (\forall g \in G).$$

［証明］

$$(6.42) \quad \int_G f(ga^{-1})d_L g = \int_G f(ga^{-1})|\det \mathrm{Ad}(g)|^{-1}d_R g \quad (\because \text{定理 } 6.41)$$

$$= \int_G f(g)|\det \mathrm{Ad}(ga)|^{-1}d_R g \quad (\because \text{右不変性})$$

$$= |\det \mathrm{Ad}(a)|^{-1} \int_G f(g)d_L g \quad (\because \text{定理 } 6.41)$$

より，(3.17) と比べて $\Delta(a) = |\det \mathrm{Ad}(a)|^{-1}$ がわかる．

最後の必要性は，不変測度の一意性（定理 6.50）に帰着される． ∎

定理 6.45 連結成分が有限個の Lie 群 G がユニモジュラーとなるための必要十分条件は

$$\mathrm{Trace}\,\mathrm{ad}(X) = 0 \quad (\forall X \in \mathrm{Lie}(G)).$$

［証明］ Lie 群 G の単位元成分を G_0 とおく．$\det \mathrm{Ad}(e^{tX}) = \det e^{\mathrm{ad}(tX)} = e^{t\,\mathrm{Trace}\,\mathrm{ad}(X)}$ であるから，$|\det \mathrm{Ad}(e^X)| = 1$ $(\forall X \in \mathrm{Lie}(G))$ の必要十分条件は，$\mathrm{Trace}\,\mathrm{ad}(X) = 0$ $(\forall X \in \mathrm{Lie}(G))$ となる．$\mathrm{Ad}(g)$ は G 上の C^ω 級関数であるから，これは $\det \mathrm{Ad}(g) = 1$ $(\forall g \in G_0)$ と同値である．一方，これが成立すれば，有限群 G/G_0 から正の乗法群への準同型が存在することになるが，それは恒等的に 1 を対応させるものしか存在しない． ∎

なお，連結成分が無限個ある場合は，定理 6.45 は一般には正しくない（演習問題 3.3 参照）．

定理 6.46 連結なベキ零 Lie 群はユニモジュラーである．

［証明］ 十分大きな k に対して $\mathrm{ad}(X)^k = 0$ $(\forall X \in \mathrm{Lie}(G))$ となるので，$\mathrm{ad}(X)$ の固有値はすべて 0 である．よって定理 6.45 に帰着される． ∎

定理 6.47 簡約 Lie 群は，ユニモジュラーである．

［証明］ 簡約 Lie 群の Lie 環を $\mathfrak{g}$ とし，$\mathfrak{g}$ の表現

$$\pi : \mathfrak{g} \to \mathbb{R}, \quad X \mapsto \mathrm{Trace}\,\mathrm{ad}(X)$$

を考える.

定理5.39より $\mathfrak{g}$ は $\mathfrak{g}$ の中心 $\mathfrak{z}$ と，有限個の単純 Lie 環 $\mathfrak{h}_i$ との直和になっている．まず $\pi(\mathfrak{z})=\{0\}$ に注意しよう．一方，もし $\pi(\mathfrak{h}_i)=\mathbb{R}$ ならば，$\mathfrak{h}_i \cap \mathrm{Ker}\,\pi$ は $\mathfrak{h}_i$ の余次元 1 のイデアルとなって，$\mathfrak{h}_i$ が単純であることに矛盾する．よって，$\pi(\mathfrak{h}_i)=\{0\}$ がわかり，$\pi(\mathfrak{g})=\{0\}$ となる． ■

コンパクト Lie 群は簡約 Lie 群であるから(例 5.38 参照)，次の系を得る (§3.2 系 3.14 に別証がある).

系 6.48 コンパクトな Lie 群はユニモジュラーである． □

この系と定理 6.50 から以下を得る．

系 6.49 コンパクトな Lie 群 G 上には，$\int_G dg=1$ を満たす両側不変測度が唯一つ存在する．これを G 上の**正規化された Haar 測度**という． □

最後に不変測度の一意性を，証明しておく：

定理 6.50 Lie 群上の左不変な Baire 測度(左 Haar 測度)および右不変な Baire 測度(右 Haar 測度)はそれぞれ $d_L g$ および $d_R g$ の正の定数倍に限る．

［証明］ 同様なので，左不変の場合のみを示す．そこで，$d\mu$ を左不変な Baire 測度とする．左不変性より，U を G の十分小さな単位元の近傍とするとき

$$(6.43) \qquad \int f\,d\mu = C \int f\,d_L g \quad (\forall f \in C^+[U])$$

となる定数 C の存在を示せばよい．ただし，$C^+[U]$ は台が U に含まれ，非負実数の値をとる G 上の連続関数の全体である．

適当な局所座標系をとり，$0<\varepsilon \ll 1$ に対し，$\phi_\varepsilon \in C^+[U]$ を $\phi_\varepsilon(e)>0$ で，その台が単位元の ε 近傍に含まれているように定める．必要なら定数倍して $\int_G \phi_\varepsilon\,d_L x = 1$ としてよい．

$f_\varepsilon(g) = \int_G f(gx)\phi_\varepsilon(x)d_L x$ とおき，積分 $I_\varepsilon = \int_G f_\varepsilon\,d\mu$ を考える．

$$f_\varepsilon(g) - f(g) = \int_G (f(gx) - f(g))\phi_\varepsilon(x)d_L x$$

であるが，f の台はコンパクトであるから，x が ϕ_ε の台に含まれていると

きの $|f(gx)-f(g)|$ の最大値を M_ε とすると, M_ε は $\varepsilon \to 0$ のとき 0 に収束する. $|f_\varepsilon(g)-f(g)| \leq \int_G M_\varepsilon \phi_\varepsilon(x) d_L x = M_\varepsilon$ であるから, $\varepsilon \to 0$ のとき, f_ε の台はある一定のコンパクト集合に含まれ, f_ε は f に一様収束することがわかる. $d\mu$ は Baire 測度であるから, $\lim_{\varepsilon \to 0} I_\varepsilon = \int_G f d\mu$ となる.

$y = gx$, $z = y^{-1}g$ とおくと, $d_L x$ と $d\mu$ の左不変性から

$$I_\varepsilon = \int_G \int_G f(gx)\phi_\varepsilon(x) d_L x\, d\mu(g)$$

$$= \int_G \int_G f(y)\phi_\varepsilon(g^{-1}y) d_L y\, d\mu(g)$$

$$= \int_G \int_G \phi_\varepsilon(g^{-1}y) d\mu(g) f(y) d_L y$$

$$= \int_G \phi_\varepsilon(z^{-1}) d\mu(z) \int_G f(g) d_L g$$

と変形される.よって, $f \not\equiv 0$ とすると, $\int_G f(g) d_L g > 0$ であるから, 極限 $\lim_{\varepsilon \to 0} \int_G \phi_\varepsilon(z^{-1}) d\mu(z)$ の存在がわかり, その値を C とすると $\int_G f d\mu = C \int_G f d_L g$ となる. ∎

(c) 等質空間上の不変測度

等質空間 $M := G/H$ には, 写像
$$G \times M, \quad (g, xH) \mapsto \tau_g(xH) := gxH$$
によって G が左から作用しているが, この G の作用で不変な G/H 上の測度が存在する場合, それを G/H 上の $(G\text{-})$不変測度と呼ぶ. そのようなものがいつ存在するか, また存在する場合にはどのように表せるかを考えてみよう. §10.5(b)では, 同変ファイバー束の不変元という立場で不変測度の解釈を与える.

$\mathfrak{g} = \mathrm{Lie}(G)$, $\mathfrak{h} = \mathrm{Lie}(H)$, $\pi : G \to G/H$ を自然な射影とし, $p = \pi(e)$ とおく. $\mathfrak{h}$ の $\mathfrak{g}$ における補空間 $\mathfrak{q}$ を1つとり, $\mathfrak{q}$ の原点の開近傍 U を十分小さくとれば

(6.44) $$\Phi_x : U \to M, \quad X \mapsto xe^X H$$

は，M の点 xH のある開近傍 $\Phi_x(U)$ の上への C^ω 級微分同相を与えていた．$m = \dim M$ とする．群の場合にならって，$\bigwedge^m T_p^\vee M$ の元 ω_e を固定し，$\Phi_x(U)$ 上の k 形式 ω_x を $\omega_x(xe^X) = (\tau_{xe^X}^\vee)_p^{-1}\omega_e$ と定義しよう．$\Phi_x(U)$ に台をもつ $f \in C(M)$ の元に対して $\int_V f|\omega_x|$ と定義することによって，$\Phi_x(U)$ 上の測度 $d\mu_x$ が定義できる．

$x, y \in G$ に対して $V = \Phi_x(U) \cap \Phi_y(U) \neq \varnothing$ のとき

(6.45) $\qquad d\mu_x(q) = d\mu_y(q) \quad (\forall q \in V)$

が成立しているなら，$d\mu_x(q)$ ($x \in G$) によって M 上の測度が定まるので，それを $d\mu$ とおくことにする．定義から $\tau_g^\vee(d\mu_x) = d\mu_{g^{-1}x}$ ($\forall g \in G$) がわかるので，$d\mu$ は M 上の不変測度となる．

そこで条件 (6.45) を見てみよう．$q = xe^X p = ye^Y p$ となる $X, Y \in U$ が存在している．$x' = xe^X$, $y' = ye^Y$ とおくと，$q = x'H = y'H$ である．$\omega_x(q) = (\tau_{x'}^\vee)_p^{-1}\omega_e$ であるから，一般に条件

(6.46) $\qquad gH = g'H \implies (\tau_g^\vee)_p^{-1}\omega_e = \varepsilon(\tau_{g'}^\vee)_p^{-1}\omega_e$

が成り立てば，(6.45) は満たされる．ただし，ε は 1 または -1 のいずれかである．一方 $h = g^{-1}g'$ とおくと $h \in H$ となるが，上の左辺は $(\tau_g^\vee)_p(\tau_{g'}^\vee)_p^{-1} = (\tau_h^\vee)_p^{-1}$ が $\bigwedge^m T_p^\vee M$ 上に $+1$ 倍，または -1 倍として作用することと言い換えられる．これを $(d\tau_h)_p : T_pM \to T_pM$ の条件に直すと，以下が成立すれば，M 上に不変測度が存在することが示されたことになる：

(6.47) $\qquad |\det(d\tau_h)_p| = 1 \quad (\forall h \in H).$

なおこの H の表現

(6.48) $\qquad H \to GL(T_pM), \quad h \mapsto (d\tau_h)_p$

を M の点 p における等方部分群 H の**等方表現** (isotropy representation) という．

この等方表現を Lie 環を用いて表そう．$d\pi_e$ は全射でその核は $\mathfrak{h}$ であるので，T_pM は $\mathfrak{g}/\mathfrak{h}$ と自然に同一視できる．H の元 h に対し $\mathrm{Ad}(h)\mathfrak{h} \subset \mathfrak{h}$ より，$\mathrm{Ad}(h)$ は $\mathfrak{g}/\mathfrak{h}$ 上の線型変換を誘導するのでそれを $\mathrm{Ad}_{\mathfrak{g}/\mathfrak{h}}(h)$ とおく．一方 $\tau_h\pi(e^{tX}) = he^{tX}H = he^{tX}h^{-1}H = e^{t\mathrm{Ad}(h)X}H = \pi(e^{t\mathrm{Ad}(h)X})$ ($\forall t \in \mathbb{R}$, $X \in \mathfrak{g}$) となることより $(d\tau_h)_p = \mathrm{Ad}_{\mathfrak{g}/\mathfrak{h}}(h)$ がわかる．よって次の補題を得る．

§6.4 Lie 群上の積分

補題 6.51
$$\det(d\tau_h)_p = \frac{\det \mathrm{Ad}_G(h)}{\det \mathrm{Ad}_H(h)}.$$

ただし，$h \in H$ に対し，$\mathrm{Ad}_G(h)\,(=\mathrm{Ad}(h))\colon \mathfrak{g} \to \mathfrak{g}$, $\mathrm{Ad}_H(h)\,(=\mathrm{Ad}(h)|_\mathfrak{h})\colon \mathfrak{h} \to \mathfrak{h}$ とおいた． □

定理 6.52 Lie 群 G の等質空間 G/H 上に不変測度が存在するための必要十分条件は

(6.49)　　　　$|\det \mathrm{Ad}_G(h)| = |\det \mathrm{Ad}_H(h)|$ 　$(\forall h \in H)$

である．また，G/H 上の不変測度は，存在すれば定数倍を除いて一意に定まる． □

系 6.53 コンパクト Lie 群の等質空間 M には，不変測度 $d\mu$ が存在する．$d\mu$ は，条件 $\int_M d\mu = 1$ で一意的に定まる．これを正規化された M 上の不変測度という． □

例 6.54 Lie 群 G を例 6.33 のように $G \times G$ の等質空間とみると，G 上の両側不変測度の存在条件(系 6.44)は，定理 6.52 に帰着される．

[定理 6.52 の証明] 定理の条件が成立すれば，M 上に不変測度が存在することはすでに示した．そこで，$d\mu$ を G/H 上の不変測度，$d_H(h)$ を H 上の左不変測度としよう．

$\phi \in C_c^+(G)$ に対して，写像 $G/H \to \mathbb{R}$, $gH \mapsto \overline{\phi}(gH) = \int_H \phi(gh) d_H h$ は，$C_c(G/H)$ の元 $\overline{\phi}$ を定めることに注意しよう．

$$I(\phi) = \int_{G/H} \int_H \phi(\overline{x}h) d_H(h) d\mu(x)$$

とおくと，これは G 上の左不変測度 $d_G(g)$ を与える．ただし，$x \in G/H$ に対し，$\overline{x}$ は $\overline{x}H = x$ を満たす G の任意の元である．

<u>条件の必要性</u>　$h_o \in H$ をとり，$g' = gh_o^{-1}$ とおくと，(6.42)より

$$\int_G \phi(h_o g h_o^{-1}) d_G(g) = \int_G \phi(gh_o^{-1}) d_G(g) = |\det \mathrm{Ad}_G(h_o)|^{-1} I(\phi)$$

であるが，一方，同様に

$$\int_G \phi(h_o g h_o^{-1}) d_G(g) = \int_{G/H} \int_H \phi(h_o \overline{x} h h_o^{-1}) d_H(h) d\mu(x)$$
$$= \int_{G/H} \int_H \phi(\overline{x} h h_o^{-1}) d_H(h) d\mu(x)$$
$$= \int_{G/H} \int_H |\det \mathrm{Ad}_H(h_o)|^{-1} \phi(\overline{x} h) d_H(h) d\mu(x)$$
$$= |\det \mathrm{Ad}_H(h_o)|^{-1} I(\phi)$$

となる．$d\mu, d_H(h), \phi$ がいずれも 0 でなければ $I(\phi) > 0$ であるから，この $d\mu$ の存在は，条件(6.49)を意味する．

<u>不変測度の一意性</u>　G/H 上に不変測度 $d\mu$ と $d\mu'$ および，$\Psi, \Psi' \in C_c(G/H)$ が存在して，$\int_{G/H} \Psi d\mu = \int_{G/H} \Psi d\mu' \neq 0$, $\int_{G/H} \Psi' d\mu \neq \int_{G/H} \Psi' d\mu'$ が成立していると仮定しよう．$I(\phi)$ と同様，$I'(\phi) = \int_{G/H} \int_H \phi(\overline{x} h) d_H(h) d\mu'(x)$ とおく．補題 6.55 より，$\psi, \psi' \in C_c(G)$ を $\overline{\psi} = \Psi, \overline{\psi'} = \Psi'$ となるようにとると，$I(\psi) = I'(\psi) \neq 0$, $I(\psi') \neq I'(\psi')$ となる．これは G 上の左不変測度が定数倍を除いて一意的であることに矛盾する．∎

補題 6.55　写像
$$C_c(G) \to C(G/H), \quad f \mapsto \overline{f}(gH) = \int_H f(gh) dh$$

の像は $C_c(G/H)$ となる．

[証明]　π を G から G/H への自然な射影とすると，$\overline{f}$ の台は f の台を π で写したものに含まれるから，像が $C_c(G/H)$ に含まれることがわかる．

$\Psi \in C_c(G/H)$ とし，Ψ の台を K とおく．G の各点 g に対して相対コンパクトな開近傍 U_g をとると，$\pi(U_g)$ は開集合であって，$\bigcup_{g \in G} \pi(U_g) \supset K$ であるから，ある有限個の $\pi(U_{g_1}), \cdots, \pi(U_{g_N})$ の合併が K を含む．$\widetilde{K} = \bigcup_{i=1}^N \overline{U_{g_i}}$ とおくと，$\widetilde{K}$ はコンパクトで，$\pi(\widetilde{K}) \supset K$ を満たす．

$\phi \in C_c^+(G)$ で，$\phi(g) = 1$ $(\forall g \in \widetilde{K})$ となるものを1つとると，$\overline{\phi}(x) > 0$ $(\forall x \in \pi(\widetilde{K}))$ となる．そこで

$$f(g) = \begin{cases} \phi(g)\dfrac{\Psi(\pi(g))}{\overline{\phi}(\pi(g))} & (g \in \widetilde{K} \text{ のとき}) \\ 0 & (g \notin \widetilde{K} \text{ のとき}) \end{cases}$$

と定めれば，$\overline{f} = \Psi$ を満たす． ∎

定理 6.52 の証明から容易にわかるように

系 6.56 等質空間 G/H 上に不変測度 $d_{G/H}$ が存在するならば，G, H 上の左不変測度 d_G, d_H を適当に定数倍して調節することにより，次の式が成り立つようにできる．

$$\int_G \phi(g) d_G(g) = \int_{G/H} \int_H \phi(\overline{x}h) d_H(h) d_{G/H}(x) \quad (\forall \phi \in C_c(G))$$

特に，G がコンパクトなら，正規化された不変測度に対し上式が成立する．ここで，$x \in G/H$ に対し $\overline{x}$ は，$\overline{x}H = x$ となる G の元の1つとする． □

§6.5 コンパクト Lie 群

コンパクト群の表現の指標は，コンパクト群の各共役類の上で定数であるから，共役類の代表系がうまくパラメトライズできれば有難い．$U(n)$ の場合を考察してみよう．内積 $(\ ,\ )$ の定義された n 次元の複素ベクトル空間 $\mathbb{C}^n$ の線型変換で，その内積を不変にするもの，すなわちユニタリ変換の全体は，n 次ユニタリ群 $U(n)$ であるが，$\mathbb{C}^n$ の正規直交基底を固定して考えれば，$U(n)$ は $GL(n, \mathbb{C})$ の元 g で，${}^t\overline{g}g = I_n$ を満たすもの全体のなす Lie 群とみなせる．g を $U(n)$ の元とする．u を g の固有ベクトルとすると，g はユニタリであるから，その固有値 λ は絶対値1の複素数となる．また $\mathbb{C}u$ の直交補空間の元 v に対し，$(u, gv) = (g^{-1}u, v) = (\overline{\lambda}u, v) = 0$ であるから，g は $\mathbb{C}v$ の直交補空間を不変にしている．このことは，$\mathbb{C}^n$ の正規直交基底として，g の固有ベクトルからなるものがとれることを意味している．正規直交基底の間の変換はユニタリ行列であるから，適当な $g_o \in U(n)$ によって $g_o g g_o^{-1}$ は成分が絶対値1の対角行列となることを意味している．従って

$$\mathbb{T}_n := \left\{ \mathrm{diag}(e^{i\lambda_1}, \cdots, e^{i\lambda_n}) := \begin{pmatrix} e^{i\lambda_1} & & 0 \\ & \ddots & \\ 0 & & e^{i\lambda_n} \end{pmatrix} : \lambda_1 \in \mathbb{R}, \cdots, \lambda_n \in \mathbb{R} \right\}$$

とおくと

(6.50) $$U(n) = \bigcup_{g \in U(n)} g \mathbb{T}_n g^{-1}$$

すなわち，$U(n)$ の元の共役類の代表元が $\mathbb{T}_n$ の中にとれることがわかる．1 つの正規直交基底のベクトルたちの置換はユニタリ変換であり，また，重複度込みの g の固有値の集合は $g_o g g_o^{-1}$ という変換で不変であるから，$\mathbb{T}_n$ の元が $U(n)$ の中で共役となるのは，その対角成分が順序を除いて等しいときであることがわかる．以上のようにして，$U(n)$ の元の共役類，および，その代表元がわかる．

$U(n)$ の有限次元表現の指標 χ は，$\mathbb{T}_n$ 上での値で決まるが，それはその表現を $\mathbb{T}_n$ に制限したもののトレースである．一方 $\mathbb{T}_n$ はコンパクトな可換群であるから，表現は完全可約で，既約表現は n 個の整数 $(m_1, \cdots, m_n)$ によってパラメトライズされる $\mathbb{T}_n \to \mathbb{C}$, $\mathrm{diag}(a_1, \cdots, a_n) \mapsto a_1^{m_1} \cdots a_n^{m_n}$ という 1 次元表現である．よって，適当な非負整数 $c(m_1, \cdots, m_n)$ によって $\chi(\mathrm{diag}(a_1, \cdots, a_n)) = \sum c(m_1, \cdots, m_n) a_1^{m_1} \cdots a_n^{m_n}$ と表せることがわかる．この事実は，第 8 章で見るように $U(n)$ の表現を調べる上できわめて重要である．

$GL(n, \mathbb{C})$ の元の共役類は，その Jordan 標準形でわかるように，$U(n)$ よりはるかに複雑である．しかし，一般のコンパクト Lie 群の元の共役類については，$U(n)$ と同様な事実が成立する．

この節では，G をコンパクト Lie 群とし，$\mathfrak{g} = \mathrm{Lie}(G)$ とする．

(a) 極大トーラス

定義 6.57 コンパクト Lie 群 G に含まれる連結で可換な閉部分群を G の**トーラス**(torus)という．包含関係において極大な G のトーラスを**極大トーラス**(maximal torus)と呼ぶ．コンパクト Lie 群の Lie 環についても，可換な部分 Lie 環をトーラス，そのうちで極大なものを極大トーラスと呼ぶ． □

T を G のトーラスとし，$\mathfrak{t}$ を T の Lie 環とする．定理 5.35 より，$l = \dim T$ とおくと $T \simeq \mathbb{T}^l$ で，$\exp \mathfrak{t} = T$ となることに注意しよう．

定理 6.58 G の極大トーラス T と $\mathfrak{g}$ の極大トーラス $\mathfrak{t}$ とは，$T = \exp \mathfrak{t}$, $\mathfrak{t} = \mathrm{Lie}(T)$ により 1 対 1 に対応する．

[証明] $\mathfrak{t}$ を $\mathfrak{g}$ の極大トーラスとする．$T = \exp \mathfrak{t}$ は G の連結な可換部分群となり，その閉包 $\overline{T}$ は G のトーラスになる．$\widetilde{T}$ を $\overline{T}$ を含むトーラスとし，$\widetilde{\mathfrak{t}} = \mathrm{Lie}(\widetilde{T})$ とおく．$\widetilde{\mathfrak{t}}$ は可換で $\mathfrak{t}$ を含むので，$\mathfrak{t}$ の極大性から $\widetilde{\mathfrak{t}} = \mathfrak{t}$ がわかる．$\widetilde{T} = \exp \widetilde{\mathfrak{t}}$ であるから，$\widetilde{T} = \overline{T} = T$ がわかる．従って，$\exp \mathfrak{t}$ は G の極大トーラスとなる．

逆に T を G の極大トーラスとするとき，$\mathrm{Lie}(T)$ を含む $\mathfrak{g}$ の極大トーラスを $\mathfrak{t}$ とおくと，$T \subset \exp \mathfrak{t}$ であるから，$T = \exp \mathfrak{t}$ となり，$\mathrm{Lie}(T) = \mathfrak{t}$ は $\mathfrak{g}$ の極大トーラスである． ■

随伴表現 $(\mathrm{Ad}, \mathfrak{g})$ はコンパクト Lie 群の $\mathbb{R}$ 上の表現であるから，これがユニタリ表現となるような $\mathfrak{g}$ 上の内積が存在する．その 1 つを $(\ ,\ )$ とする．$\mathrm{Ad}(g)$ はユニタリであるから，$\mathbb{C}$ 上で対角化可能で，その固有値はすべて絶対値 1 の複素数となる．$X \in \mathfrak{g}$ に対し $\mathrm{Ad}(e^{tX}) = e^{t\,\mathrm{ad}(X)}$ $(t \in \mathbb{R})$ はユニタリなので，$\mathrm{ad}(X)$ は $\mathbb{C}$ 上で対角化可能で，その固有値はすべて純虚数である．

$\mathfrak{g}$ の元 X に対して

(6.51)
$$Z_{\mathfrak{g}}(X) := \{Y \in \mathfrak{g} : [X, Y] = 0\},$$
$$Z_G(X) := \{g \in G : \mathrm{Ad}(g)X = X\}$$

とおく．$\mathfrak{g}$ の部分集合 U に対しても同様に

(6.52)
$$Z_{\mathfrak{g}}(U) := \{Y \in \mathfrak{g} : [X, Y] = 0, \ \forall X \in U\},$$
$$Z_G(U) := \{g \in G : \mathrm{Ad}(g)X = X, \ \forall X \in U\}$$

とおく．

補題 6.59 $\mathfrak{g}$ のトーラス $\mathfrak{t}$ に対し，$Z_{\mathfrak{g}}(X) = Z_{\mathfrak{g}}(\mathfrak{t})$ となる $X \in \mathfrak{t}$ が存在する．特に $\mathfrak{t}$ が極大トーラスであれば，$Z_{\mathfrak{g}}(X) = \mathfrak{t}$ となる．

[証明] $\mathfrak{t}$ の基底を $\{X_1, \cdots, X_l\}$ とすると，$Z_{\mathfrak{g}}(\mathfrak{t}) = \bigcap_{i=1}^{l} \mathrm{Ker}\,\mathrm{ad}(X_i)$ である．一方，$\mathrm{ad}(X_i)$ $(i = 1, \cdots, l)$ は互いに可換であるから，同時対角化可能である．よって，$0 < \varepsilon \ll 1$ に対して $X = X_1 + \varepsilon X_2 + \varepsilon^2 X_3 + \cdots + \varepsilon^{l-1} X_l$ とおけば，そ

れが条件を満たすことがわかる．なお，$\mathfrak{t}$ が極大トーラスならば，$\mathfrak{t} = Z_\mathfrak{g}(\mathfrak{t})$ となることに注意．　∎

(b) 共役類

定理 6.60　コンパクト Lie 群の極大トーラスは，互いに共役となる．

［証明］　T と T' をコンパクト Lie 群 G の極大トーラスとし，$\mathfrak{t}, \mathfrak{t}'$ をその Lie 環とする．$gTg^{-1} = T'$ となる $g \in G$ の存在をいえばよいが定理 6.58 より，これは $\mathrm{Ad}(g)\mathfrak{t} = \mathfrak{t}'$ と同値である．

補題 6.59 により，X, X' を $Z_\mathfrak{g}(X) = \mathfrak{t}$, $Z_\mathfrak{g}(X') = \mathfrak{t}'$ となる $\mathfrak{g}$ の元とする．コンパクト Lie 群 G 上の連続関数

$$(6.53) \qquad G \to \mathbb{R}, \quad g \mapsto (\mathrm{Ad}(g)X, X')$$

は最大値をもつので，$(\mathrm{Ad}(g_o)X, X')$ が最大であったとする．$X'' := \mathrm{Ad}(g_o)X$ とおくと，$Y \in \mathfrak{g}$ に対して $\dfrac{d}{dt}(\mathrm{Ad}(e^{tY}g_o)X, X')\Big|_{t=0} = 0$ が成立するので

$$(\mathrm{ad}(Y)X'', X') = 0 \quad (\forall Y \in \mathfrak{g}).$$

一般に，$X_1, X_2, Z \in \mathfrak{g}$ のとき $(\mathrm{Ad}(e^{tZ})X_1, \mathrm{Ad}(e^{tZ})X_2) = (X_1, X_2)$ $(t \in \mathbb{R})$ となるが，この両辺を t で微分して $t = 0$ とおくと

$$(6.54) \qquad ([Z, X_1], X_2) + (X_1, [Z, X_2]) = 0$$

が得られる．

よって $([X'', Y], X') = 0$ より，$(Y, [X'', X']) = 0$ がわかる．Y は $\mathfrak{g}$ の任意の元であったので，$[X'', X'] = 0$ が結論される．$X'' \in Z_\mathfrak{g}(X') = \mathfrak{t}'$ であるので，$Z_\mathfrak{g}(X'') \supset \mathfrak{t}'$ である．一方，$Z_\mathfrak{g}(X'') = Z_\mathfrak{g}(\mathrm{Ad}(g_o)X) = \mathrm{Ad}(g_o)\mathfrak{t}$ は $\mathfrak{g}$ のトーラスであるから，$\mathfrak{t}'$ の極大性より $\mathrm{Ad}(g_o)\mathfrak{t} = \mathfrak{t}'$ が得られる．　∎

系 6.61　$\mathfrak{t}$ をコンパクト Lie 群 G の Lie 環 $\mathfrak{g}$ の極大トーラスとすると

$$(6.55) \qquad \mathfrak{g} = \bigcup_{g \in G} \mathrm{Ad}(g)\mathfrak{t}.$$

［証明］　任意の $\mathfrak{g}$ の元 X に対し，$\mathbb{R}X$ は可換で，それを含む極大トーラス $\mathfrak{t}' \subset \mathfrak{g}$ が存在する．前定理から $\mathrm{Ad}(g)\mathfrak{t} = \mathfrak{t}'$ となる $g \in G$ がある．　∎

定理 6.62　T を連結なコンパクト Lie 群 G の極大トーラスとする．G の

任意の元は適当な T の元に共役となる．すなわち $G = \bigcup_{g \in G} gTg^{-1}$．

[証明] 次の C^ω 級写像が全射となることを示せばよい．
$$(6.56) \qquad \Psi : G \times T \to G, \quad (g, t) \mapsto gtg^{-1}$$
G と T はコンパクトであるから，Ψ の像はコンパクト，すなわち閉集合になる．像が開集合であることを示せば，G は連結であるから全射であることが従う．

$g_o \in G$, $t \in T$ に対して，$g_o t g_o^{-1}$ が像の内点であることを示す．T を $g_o T g_o^{-1}$ に置き換えて考えると，$g_o = e$ と仮定してよいことがわかる．$G' := \{g \in G : gt = tg\}$ とおくと，連続性から G' は G の閉部分群となるのでコンパクト Lie 群であり，T は G' の極大トーラスでもある．

$\mathfrak{t} := \mathrm{Lie}(T)$, $\mathfrak{g}' := \mathrm{Lie}(G')$ とおく．$\mathfrak{g}' = \{X \in \mathfrak{g} : \mathrm{Ad}(t)X = X\}$ となって，系 6.61 より
$$\Psi(G', T) = \bigcup_{g \in G'} gt\exp(\mathfrak{t})g^{-1} = \bigcup_{g \in G'} t\exp(\mathrm{Ad}(g)\mathfrak{t}) = t\exp(\mathfrak{g}')$$
である．$\Psi(G, T) \supset g\Psi(G', T)g^{-1}$ $(g \in G)$ であるから，写像
$$(6.57) \qquad \Phi : \mathfrak{g} \oplus \mathfrak{g}' \to G, \quad (X, Y) \mapsto e^X t e^Y e^{-X}$$
の像が t を内点にもつことを示したい．それには Φ の原点での微分が全射であることを示せばよい．

一方，$(dL_t)_e : \mathfrak{g} \simeq T_e G \to T_t G$ という同一視により，Φ の原点での微分は
$$(6.58) \qquad d\Phi_0 : \mathfrak{g} \oplus \mathfrak{g}' \to \mathfrak{g}, \quad (X, Y) \mapsto \mathrm{Ad}(t)^{-1}X + Y - X$$
となる．

$\mathrm{Ad}(t)$ は $\mathbb{C}$ 上対角化可能で，$\mathfrak{g}'$ は固有値 1 の固有空間に他ならない．よって，$\mathrm{Ad}(t)$ は商空間 $\mathfrak{g}/\mathfrak{g}'$ 上の線型変換を引き起こすが，それは固有値 1 をもたない．すなわち，$\mathrm{Ad}(t)^{-1} - \mathrm{id}$ は，$\mathfrak{g}/\mathfrak{g}'$ 上で可逆となる．これは $d\Phi_0$ が全射であることを意味する． ∎

系 6.63 連結なコンパクト Lie 群は，その Lie 環からの指数写像が全射となる．

[証明] 定理 6.62 の記号を使うと，任意の $x \in G$ に対し，$x = gtg^{-1}$ とな

る $g \in G$ と $t \in T$ が存在する．$Z \in \mathfrak{t}$ を用いて $t = e^Z$ と表すと $x = e^{\mathrm{Ad}(g)Z}$. ∎

群のすべての元と可換な元 z に対し，z と共役な元は z のみであるから，次のことがわかる．

系 6.64 連結なコンパクト Lie 群 G の中心は，G の任意の極大トーラスに含まれる． □

定理 6.66 を示すため，次の **Dirichlet の定理**を引用しよう．あとからこれより強い定理 6.70 を示す．

定理 6.65 $1, \lambda_1, \cdots, \lambda_n$ は $\mathbb{Q}$ 上一次独立な実数であるとする．$\lambda = (\lambda_1, \cdots, \lambda_n)$ とおくと，射影 $\mathbb{R}^n \to \mathbb{T}^n$ による $\sum_{k \in \mathbb{Z}} k\lambda$ の像は稠密となる． □

定理 6.66 連結なコンパクト Lie 群 G のトーラス A に対し，A の各元と可換な G の元 g が与えられたとき，g と A を含む G のトーラスが存在する．

［証明］ $\widetilde{A}$ を $\sum_{n \in \mathbb{Z}} g^n A$ の閉包とし，$\widetilde{A}_0$ を $\widetilde{A}$ の単位元成分とする．$\widetilde{A}$ は可換群で，$\widetilde{A}_0$ は A を含む G のトーラスである．$\widetilde{A}$ はコンパクトであるから，連結成分の数は有限個で，$\widetilde{A}/\widetilde{A}_0$ は可換な有限群である．よって $g^k \in \widetilde{A}_0$ となる正整数 k が存在する．

$X, Y \in \mathrm{Lie}(\widetilde{A}_0)$ を，$g^k = e^X$ かつ $\{e^{nY} : n \in \mathbb{Z}\}$ の閉包が $\widetilde{A}_0$ となるように選び，$e^Z = ge^{\frac{1}{k}(Y-X)}$ となる $Z \in \mathrm{Lie}(G)$ をとる．Y の存在は定理 6.65 から，Z の存在は系 6.63 からわかる．$\overline{A}$ を $\{e^{tZ} : t \in \mathbb{R}\}$ の閉包とすると，$\overline{A}$ はトーラスである．$\overline{A} \ni e^{kZ} = e^Y$ であるから，$\overline{A} \supset \widetilde{A}_0$ であり，従って $g = e^Z e^{\frac{1}{k}(X-Y)} \in \overline{A}\widetilde{A}_0 = \overline{A}$ となる． ∎

系 6.67 コンパクト連結 Lie 群 G のトーラス A の中心化群 $\{g \in G : gz = zg \ (\forall z \in A)\}$ は連結である．

［証明］ 定理 6.66 より A の中心化群は，A を含むすべてのトーラスの合併であることがわかる． ∎

系 6.68 コンパクト連結 Lie 群の極大トーラスの中心化群はそれ自身に一致する． □

以下は，定理 6.65 の証明で使うが，それ自身興味ある結果である．

定理 6.69 $1, \lambda_1, \cdots, \lambda_n$ が $\mathbb{Q}$ 上一次独立な実数であるならば

$$\int_{\mathbb{T}^n} f\, dx = \lim_{N\to\infty} \frac{1}{N} \sum_{k=1}^{N} f(k\lambda) \quad (\forall f \in C(\mathbb{T}^n)).$$

[証明] 任意の $\varepsilon > 0$ に対して $e^{m_1 x_1 + \cdots + m_n x_n}$ $(m_1, \cdots, m_n \in \mathbb{Z}^n)$ の適当な有限一次結合 $f_\varepsilon(x) = \sum C_{m_1, \cdots, m_n} e^{\sqrt{-1}\, 2\pi(m_1 x_1 + \cdots + m_n x_n)}$ をとると $|f(x) - f_\varepsilon(x)| < \varepsilon$ $(\forall x \in \mathbb{T}^n)$ とできることが,Fourier 級数論,あるいは定理 4.3 からわかる.このとき,

$$\left| \frac{1}{N} \sum_{k=1}^{N} (f(k\lambda) - f_\varepsilon(k\lambda)) \right| < \varepsilon$$

となるので $f(x) = e^{2\pi i(m_1 x_1 + \cdots + m_n x_n)}$ のときに定理を証明すればよい.

$(m_1, \cdots, m_n) = 0$ のときは明らかであり,それ以外のときに,定理の式の左辺は 0 だから右辺も 0 となることを示せばよい.実際このとき,一次独立性から $e^{\sqrt{-1}\, 2\pi(m_1\lambda_1 + \cdots + m_n\lambda_n)} \neq 1$ であるので,右辺は

$$\left| \frac{1}{N} \sum_{k=1}^{N} e^{\sqrt{-1}\, 2\pi k(m_1\lambda_1 + \cdots + m_n\lambda_n)} \right| = \frac{1}{N} \frac{|1 - e^{\sqrt{-1}\, 2\pi N(m_1\lambda_1 + \cdots + m_n\lambda_n)}|}{|1 - e^{\sqrt{-1}\, 2\pi(m_1\lambda_1 + \cdots + m_n\lambda_n)}|}$$

$$\leq \frac{1}{N} \frac{2}{|1 - e^{\sqrt{-1}\, 2\pi(m_1\lambda_1 + \cdots + m_n\lambda_n)}|}$$

となり,これは $N \to \infty$ のとき 0 に収束する. ■

この定理は $\{k\lambda : k = 1, 2, \cdots\}$ が $\mathbb{T}^n$ 上に一様に分布することを示している:

定理 6.70 $\dfrac{1}{2}$ 以下の任意の正数 δ と $p = (p_1, \cdots, p_n) \in \mathbb{R}^n$ に対し, $I_\delta(p) = [p_1 - \delta, p_1 + \delta] \times \cdots \times [p_n - \delta, p_n + \delta]$ とおくと,定理 6.65 の条件を満たす λ に対して

$$\lim_{N\to\infty} \frac{1}{N} \#\{k \in \{1, 2, \cdots, N\} : k\lambda \in I_\delta(p) + \mathbb{Z}^n\} = (2\delta)^n.$$

[証明] $a \leqq b$ を満たす正数 a, b に対し,

$$\phi_{a,b}(t) := \begin{cases} 1 & (|t| \leqq a \text{ のとき}) \\ \dfrac{b - |t|}{b - a} & (a < t \leqq b \text{ のとき}) \\ 0 & (b < |t| \text{ のとき}) \end{cases}$$

とおく. $0 < \delta_1 < \delta_2 = \delta_3 = \delta < \delta_4$ のとき, $i = 1, 2, 3$ に対して

$$f_i(x) := \sum_{z \in \mathbb{Z}^n} \phi_{\delta_i, \delta_{i+1}}(z_1 + x_1 - p_1) \cdots \phi_{\delta_i, \delta_{i+1}}(z_n + x_n - p_n)$$

とおく．$f_1(x) \leqq f_2(x) \leqq f_3(x)$ および
$$\#\{k \in \{1, 2, \cdots, N\} : k\lambda \in I_\delta(p) + \mathbb{Z}^n\} = \sum_{k=1}^{N} f_2(k\lambda)$$
であることに注意しよう．
$\dfrac{1}{N}\sum_{k=1}^{N} f_1(k\lambda) \leqq \dfrac{1}{N}\sum_{k=1}^{N} f_2(k\lambda) \leqq \dfrac{1}{N}\sum_{k=1}^{N} f_3(k\lambda)$ において $N \to \infty$ の極限を考えると，f_1 および f_3 は連続なので，定理 6.69 より，

$$(2\delta_1)^n \leqq \int_{\mathbb{T}^n} f_1 \, dx \leqq \liminf_{N \to \infty} \frac{1}{N} \#\{k \in \{1, 2, \cdots, N\} : k\lambda \in I_\delta(p) + \mathbb{Z}^n\}$$
$$\leqq \limsup_{N \to \infty} \frac{1}{N} \#\{k \in \{1, 2, \cdots, N\} : k\lambda \in I_\delta(p) + \mathbb{Z}^n\}$$
$$\leqq \int_{\mathbb{T}^n} f_3 \, dx \leqq (2\delta_4)^n$$

となるので，定理が得られる． ■

(c) コンパクト Lie 群の構造

この項では，Lie 環上に定義される Killing 形式を有効な手段として，コンパクト Lie 群の構造を調べる．

定義 6.71（Killing 形式） Lie 環 $\mathfrak{g}$ 上の
$$\langle X, Y \rangle := \mathrm{Trace}\, \mathrm{ad}(X)\, \mathrm{ad}(Y), \quad X, Y \in \mathfrak{g}$$
と定義される対称 2 次形式を $\mathfrak{g}$ の **Killing 形式**という． □

$$\mathrm{Trace}(\mathrm{ad}(X)\,\mathrm{ad}(Y)\,\mathrm{ad}(Z) - \mathrm{ad}(Y)\,\mathrm{ad}(X)\,\mathrm{ad}(Z))$$
$$= \mathrm{Trace}(\mathrm{ad}(Y)\,\mathrm{ad}(Z)\,\mathrm{ad}(X) - \mathrm{ad}(Y)\,\mathrm{ad}(X)\,\mathrm{ad}(Z))$$

であるから以下が成立する．

(6.59) $\qquad \langle \mathrm{ad}(X)Y, Z \rangle + \langle Y, \mathrm{ad}(X)Z \rangle = 0$.

補題 6.72 Lie 環 $\mathfrak{g}$ が，イデアル $\mathfrak{g}_1$ と $\mathfrak{g}_2$ の直和になっているとする．$\mathfrak{g}, \mathfrak{g}_1, \mathfrak{g}_2$ の Killing 形式を $\langle \ , \ \rangle, \langle \ , \ \rangle_1, \langle \ , \ \rangle_2$ とおくと
$$\langle X_1 + X_2, Y_1 + Y_2 \rangle = \langle X_1, Y_1 \rangle_1 + \langle X_2, Y_2 \rangle_2, \quad X_1, Y_1 \in \mathfrak{g}_1,\ X_2, Y_2 \in \mathfrak{g}_2 .$$

[証明] $[\mathfrak{g}_1, \mathfrak{g}_2] = 0$ であるから，$X_1 \in \mathfrak{g}_1$, $X_2 \in \mathfrak{g}_2$ のとき $\mathrm{ad}(X_1)\,\mathrm{ad}(X_2)\mathfrak{g} \subset \mathrm{ad}(X_1)\mathfrak{g}_2 = 0$ すなわち $\langle X_1, X_2 \rangle = 0$ がわかる．一方，$X_i, Y_i \in \mathfrak{g}_i$ $(i = 1, 2)$ の

とき $\mathrm{ad}(X_i)\mathrm{ad}(Y_i)\mathfrak{g}_j = 0$ $(i \neq j)$ で, $\mathrm{ad}(X_i)\mathfrak{g}_i \subset \mathfrak{g}_i$, $\mathrm{ad}(Y_i)\mathfrak{g}_i \subset \mathfrak{g}_i$ となるから $\langle X_i, Y_i \rangle = \langle X_i, Y_i \rangle_i$ である. これから補題は明らか. ∎

コンパクト Lie 群の Lie 環 $\mathfrak{g}$ は簡約 Lie 環であって, $\mathfrak{g}$ の中心 $\mathfrak{z}$ と半単純 Lie 環 $\mathfrak{g}_1$ の直和に分解できることを思い出そう §5.5(c).

定理 6.73 コンパクト Lie 群の Lie 環 $\mathfrak{g}$ に対し, 定理 5.39 の記号の下で
$$\langle X, X \rangle < 0 \quad (\forall X \in \mathfrak{g}_1 \setminus \{0\})$$
$$\langle Z, X \rangle = 0 \quad (\forall Z \in \mathfrak{z}, X \in \mathfrak{g})$$
特に Killing 形式は半単純成分 $\mathfrak{g}_1$ 上負定値で, $\mathfrak{g}_1$ 上への制限は $\mathfrak{g}_1$ の Killing 形式に一致する.

[証明] コンパクト Lie 群の随伴表現 $(\mathrm{Ad}, \mathfrak{g})$ に内積を入れてユニタリ表現とすると, その微分表現は $\mathrm{ad}: \mathfrak{g} \to \mathfrak{o}(N)$ とみなせる. $N = \dim \mathfrak{g}$ である. $\mathfrak{g}_1$ は中心が 0 であるので, $X \in \mathfrak{g}_1$ が 0 でなければ $\mathrm{ad}(X)$ は 0 でない実歪対称行列となる. よって $X \in \mathfrak{g}_1$ ならば $\mathrm{Trace}\,\mathrm{ad}(X)\mathrm{ad}(X) = \sum_i \sum_\nu \mathrm{ad}(X)_{i\nu} \mathrm{ad}(X)_{\nu i}$ $= -\sum_i \sum_\nu (\mathrm{ad}(X)_{i\nu})^2 < 0$. さらに, $\mathfrak{z}$ と $\mathfrak{g}_1$ は $\mathfrak{g}$ のイデアルであり, $\mathfrak{z}$ 上では Killing 形式は恒等的に 0 なので, 前補題より定理がわかる. ∎

命題 6.74 Lie 環 $\mathfrak{g}$ の**自己同型群**(automorphism group)は
$$\mathrm{Aut}(\mathfrak{g}) := \{a \in GL(\mathfrak{g}) : [aX, aY] = a[X, Y], \ \forall X, Y \in \mathfrak{g}\}$$
と定義される. $\mathfrak{g}$ の Killing 形式が非退化ならば $\mathrm{Lie}(\mathrm{Aut}(\mathfrak{g})) = \mathrm{ad}(\mathfrak{g})$.

[証明] 連続性から $\mathrm{Aut}(\mathfrak{g})$ は $GL(\mathfrak{g})$ の閉集合となるので Lie 群である.

$\mathrm{Ad}(e^{tX}) = e^{t\,\mathrm{ad}(X)}$ は $\mathfrak{g}$ の準同型であったから $e^{t\,\mathrm{ad}(X)} \in \mathrm{Aut}(\mathfrak{g})$ $(t \in \mathbb{R},\ X \in \mathfrak{g})$ となって, $\mathrm{Lie}(\mathrm{Aut}(\mathfrak{g})) \supset \mathrm{ad}(\mathfrak{g})$ は明らか.

$\langle\ ,\ \rangle$ は非退化なので, $\mathfrak{g} \mapsto \mathfrak{g}^\vee := \mathrm{Hom}_\mathbb{R}(\mathfrak{g}, \mathbb{C})$, $X \mapsto \langle X, \cdot \rangle$ は単射となるが, 次元を考えれば全射でもあることに注意しよう.

$D \in \mathrm{Lie}(\mathrm{Aut}(\mathfrak{g}))$ とする. $e^{tD}[Y, Z] = [e^{tD}Y, e^{tD}Z]$ を t で微分して $t = 0$ とおくと, $D[Y, Z] = [DY, Z] + [Y, DZ]$ となるから $D\,\mathrm{ad}(Y) = \mathrm{ad}(DY) + \mathrm{ad}(Y)D$ を得る.

一方, 写像 $\mathfrak{g} \to \mathbb{R}$, $Z \mapsto \mathrm{Trace}\,D\,\mathrm{ad}(Z)$ は $\mathfrak{g}^\vee$ の元を定めるので,
$$\mathrm{Trace}\,D\,\mathrm{ad}(Z) = \langle X_D, Z \rangle \quad (\forall Z \in \mathfrak{g})$$

を満たす $X_D \in \mathfrak{g}$ が存在する．このとき

$$\begin{aligned}
\langle DY, Z\rangle &= \operatorname{Trace} \operatorname{ad}(DY)\operatorname{ad}(Z) \\
&= \operatorname{Trace}(D\operatorname{ad}(Y) - \operatorname{ad}(Y)D)\operatorname{ad}(Z) \\
&= \operatorname{Trace} D\operatorname{ad}(Y)\operatorname{ad}(Z) - \operatorname{Trace} D\operatorname{ad}(Z)\operatorname{ad}(Y) \\
&= \operatorname{Trace} D\operatorname{ad}([Y,Z]) \\
&= \langle X_D, [Y,Z]\rangle \\
&= \langle [X_D, Y], Z\rangle \quad (\because (6.59))
\end{aligned}$$

が任意の $Z \in \mathfrak{g}$ について成立する．よって $DY = \operatorname{ad}(X_D)Y \ (\forall Y \in \mathfrak{g})$ であり，これは逆の包含関係を意味している． ∎

定義 6.75 Lie 環 $\mathfrak{g}$ に対し $\operatorname{ad}(\mathfrak{g})$ に対応する $GL(\mathfrak{g})$ の解析的部分群を $\operatorname{Int}(\mathfrak{g})$ で表して，$\mathfrak{g}$ の**内部(自己)同型群**(inner automorphism group)という．

□

命題 6.76 Lie 環 $\mathfrak{g}$ の Killing 形式が非退化ならば $\operatorname{Int}(\mathfrak{g})$ は $GL(\mathfrak{g})$ の閉部分群で，その Lie 環は $\mathfrak{g}$ と同型である．

［証明］ $\operatorname{Int}(\mathfrak{g})$ の Lie 環は $\operatorname{ad}(\mathfrak{g})$ であるが，Killing 形式が非退化なので，$\operatorname{ad}: \mathfrak{g} \to \operatorname{ad}(\mathfrak{g})$ は Lie 環の同型写像である．$\operatorname{Aut}(\mathfrak{g})$ と $\operatorname{Int}(\mathfrak{g})$ は，その Lie 環が一致することが前命題からわかるが，$\operatorname{Aut}(\mathfrak{g})$ は $GL(\mathfrak{g})$ の閉部分群なので，それの単位元成分 $\operatorname{Int}(\mathfrak{g})$ も閉部分群である． ∎

定理 6.77 Killing 形式が負定値となる実 Lie 環 $\mathfrak{g}$ に対し，$G := \operatorname{Int}(\mathfrak{g})$ とおくと

(ⅰ) G はコンパクトな線型 Lie 群で，その Lie 環は $\mathfrak{g}$ と同型．

(ⅱ) G の中心は単位元のみからなり，G の普遍被覆群の中心は G の基本群 $\pi_1(G)$ に等しい．

(ⅲ) $\pi_1(G)$ は有限群であり，G と局所同型な連結 Lie 群はすべてコンパクト．

［証明］ (ⅰ) (6.59)より $\mathfrak{g}$ 上の内積 $(X,Y) = -\langle X,Y\rangle$ に対し $\operatorname{ad}(Z) \ (Z \in \mathfrak{g})$ は歪対称であるから，$\mathfrak{g}$ の正規直交基底のもとで，$G \subset SO(N)$ となる．$N = \dim \mathfrak{g}$ である．よって前命題から G はコンパクトな線型 Lie 群で

$\mathrm{Lie}(G) \simeq \mathfrak{g}$ がわかる.

(ii) G' を Lie 環 $\mathfrak{g}$ をもつ連結 Lie 群とする. $\mathrm{Ad}(G')$ は Lie 環 $\mathrm{ad}(\mathfrak{g})$ をもつ $GL(\mathfrak{g})$ の解析的部分群となるから, $\mathrm{Ad}(G') = G$ である.

$\mathrm{Ad}(z)$ を G の中心の元とする $(z \in G')$. このとき, $t \in \mathbb{R}$, $X \in \mathfrak{g}$ とすると, (5.63) および (5.66) より

$$e^{t\,\mathrm{ad}(\mathrm{Ad}(z)X)} = \mathrm{Ad}(e^{t\,\mathrm{Ad}(z)X}) = \mathrm{Ad}(ze^{tX}z^{-1})$$
$$= \mathrm{Ad}(z)\mathrm{Ad}(e^{tX})\mathrm{Ad}(z)^{-1} = \mathrm{Ad}(e^{tX}) = e^{t\,\mathrm{ad}(X)}$$

であるから $\mathrm{ad}(\mathrm{Ad}(z)X) = \mathrm{ad}(X)$ となる. ad は単射なので

(6.60) $$\mathrm{Ad}(z)X = X \quad (\forall X \in \mathfrak{g}).$$

すなわち, $\mathrm{Ad}(z)$ は単位元である.

これは, $ze^{tX}z^{-1} = e^{tX}$ を意味するが, G' は連結なので, z は G' の中心に属する元である. 逆に G' の中心を Z とおくと, $z \in Z$ ならば $\mathrm{Ad}(z)$ は単位元となる. よって, $Z = \mathrm{Ad}^{-1}(e)$ で,

(6.61) $$G'/Z \simeq \mathrm{Ad}(G')$$

が成立する. 特に G' を G の普遍被覆群とすると Z は G の基本群である.

(iii) 次に述べる $|\pi_1(G)| < \infty$ の証明は, 若干長いが重要なアイデアを含んでいるので, まずそれを説明しよう. なお, §10.5 の系 10.60 では, コンパクト Lie 群のコホモロジー群の消滅定理によって別証明を与える.

<u>証明のアイデア</u> この定理の条件を満たす最も次元の小さな Lie 群は, $SO(3)$ か $SU(2)$ であるが, G が十分にたくさんの $SU(2)$ または $SO(3)$ を部分群として含んでいることを証明する. その部分群と G の極大トーラスとの共通部分が $\mathbb{R}/\mathbb{Z}$ と同型で, その共通部分から極大トーラスが生成されるほど十分にたくさんという意味である. $SU(2)$ は単連結であるから, G の普遍被覆群に持ち上げてもその部分がそれ以上膨らむことはない. これを使うと極大トーラスを G の普遍被覆群まで持ち上げてもあまり膨らまず, コンパクトのままであることがわかる. これから定理の主張が得られる.

<u>$\mathfrak{g}_{\mathbb{C}}$ のルート空間分解</u> 証明は, $\mathfrak{su}(2)$ と同型な $\mathfrak{g}$ の部分 Lie 環の構成が鍵である. その構成は $\mathfrak{g}$ のルート系の理論として知られていることからわかるが,

ここでは定理の証明に必要な部分のみ解説する．T を G の極大トーラスとし，その Lie 環を $\mathfrak{t}$ とおく．$\exp: \mathfrak{t} \to T$ の核が $2\pi\mathbb{Z}H_1 + \cdots + 2\pi\mathbb{Z}H_n$ となるように $H_j \in \mathfrak{t}$ を選ぶ．$\mathfrak{t}, \mathfrak{g}$ の複素化を $\mathfrak{t}_\mathbb{C}, \mathfrak{g}_\mathbb{C}$ とおく．複素共役を $\overline{X + \sqrt{-1}Y} = X - \sqrt{-1}Y$ $(X, Y \in \mathfrak{g})$ とする．$(\mathrm{Ad}|_T, \mathfrak{g}_\mathbb{C})$ は完全可約で，$\mathfrak{g}_\mathbb{C} = \bigoplus_{m \in \mathbb{Z}^n} V_m$ と直和分解される．ただし

(6.62) $\quad X \in V_m \implies \mathrm{ad}(H_j)X = m_j\sqrt{-1}X \quad (j = 1, \cdots, n)$

である．このとき，$V_0 = \mathfrak{t}_\mathbb{C}$，$\overline{V_m} = V_{-m}$ となる．さらに，$H \in \mathfrak{t}$ に対し，
$$\mathrm{ad}(H)[X, Y] = [\mathrm{ad}(H)X, Y] + [X, \mathrm{ad}(H)Y]$$
が成立するから

(6.63) $\quad\quad\quad\quad\quad [V_m, V_{m'}] \subset V_{m+m'}$

となることに注意しよう．$\mathfrak{t}$ の元 H^j を $\langle H_i, H^j \rangle = \delta_{ij}$ となるように定めると，$\{H^1, \cdots, H^n\}$ も $\mathfrak{t}$ の基底となる．$m \neq 0$ ならば $\dim V_m \leqq 1$ となることを示すのが最初の目標である．

<u>ルート空間の次元</u>　Killing 形式 $\langle , \rangle$ を $\mathfrak{g}_\mathbb{C}$ 上に $\mathbb{C}$-双線型に拡張したものも同じ記号で表す．すなわち，$X, Y \in \mathfrak{g}_\mathbb{C}$ に対し，$\mathrm{ad}(X)\mathrm{ad}(Y)$ を $\mathfrak{g}_\mathbb{C}$ 上の $\mathbb{C}$-線型写像と見たときのトレースが $\langle X, Y \rangle$ である．特に $X \in V_m$, $Y \in V_{m'}$ で，$m + m' \neq 0$ ならば $\mathrm{ad}(X)\mathrm{ad}(Y): V_l \to V_{l+m+m'}$ となるので，$\langle X, Y \rangle = 0$ がわかる．すなわち，$m + m' \neq 0$ ならば Killing 形式に関して，$V_m \perp V_{m'}$ となる．

$H(m) = \sum m_j H^j$, $\|m\| = \sqrt{-\langle H(m), H(m) \rangle}$ とおく．$H = \sum t_j H_j$ ならば，$t_j = \langle H^j, H \rangle$ であるから，

(6.64) $\quad \mathrm{ad}(H)X = \sqrt{-1}\langle H(m), H \rangle X \quad (\forall H \in \mathfrak{t}, X \in V_m)$

となることに注意しよう．

$m \neq 0$, $V_m \neq 0$ のとき，$0 \neq X \in V_m$ を 1 つとる．$Y \in V_{-m}$ に対し，$[X, Y] \in V_0 = \mathfrak{t}_\mathbb{C}$ で $\langle H_j, [X, Y] \rangle = \langle [H_j, X], Y \rangle = m_j\sqrt{-1}\langle X, Y \rangle$ となるので，

(6.65) $\quad\quad\quad\quad\quad [X, Y] = \sqrt{-1}\langle X, Y \rangle H(m)$

を得る．

$Y \in V_{-m}$ を $\langle X, Y \rangle = 1$ となるようにとる．$0 \neq Z \in V_{-m}$ が $\langle X, Z \rangle = 0$ を満たしたとする．このとき，$[X, Z] = 0$ かつ $\mathrm{ad}(X)\mathrm{ad}(Y) = \mathrm{ad}(Y)\mathrm{ad}(X) +$

§6.5 コンパクトLie群 ——— 287

$\mathrm{ad}([X,Y])$ であるから $(6.65), (6.64)$ より

$$\mathrm{ad}(X)\mathrm{ad}(Y)Z = \sqrt{-1}[H(m),Z] = -\langle -H(m), H(m)\rangle Z = -\|m\|^2 Z.$$

よって

$$\mathrm{ad}(X)\mathrm{ad}(Y)^k Z = -\frac{k(k+1)}{2}\|m\|^2 \mathrm{ad}(Y)^{k-1} Z$$

がわかる.実際 $\mathrm{ad}(Y)^{k-1}Z \in V_{-km}$ であるから,帰納法により

$$\mathrm{ad}(X)\mathrm{ad}(Y)^k Z = \mathrm{ad}(Y)\mathrm{ad}(X)\mathrm{ad}(Y)^{k-1}Z + \sqrt{-1}\,\mathrm{ad}(H(m))\mathrm{ad}(Y)^{k-1}Z$$
$$= -\mathrm{ad}(Y)\|m\|^2\frac{(k-1)k}{2}\mathrm{ad}(Y)^{k-2}Z - k\|m\|^2\mathrm{ad}(Y)^{k-1}Z$$
$$= -\frac{k(k+1)}{2}\|m\|^2 \mathrm{ad}(Y)^{k-1}Z$$

である.これより帰納的に $\mathrm{ad}(Y)^k Z \neq 0$ がわかるが,$V_{-km} \neq 0$ $(k=1,2,\cdots)$ となって $\mathfrak{g}$ が有限次元であることに反する.従って $Z \in V_{-m}$ に対し $\langle Z, X\rangle = 0$ は $Z=0$ を意味することが示され,$\dim V_{-m} = 1$ がわかる.よって,一般に $m \neq 0$ なら $\dim V_m \leqq 1$ である.

<u>$\mathfrak{su}(2)$-部分Lie環</u> 特に「$0 \neq X \in V_m, m \neq 0 \Longrightarrow \langle X, \overline{X}\rangle \neq 0$」が得られた.このとき,$(6.65)$より $[X,\overline{X}] = \sqrt{-1}\langle X,\overline{X}\rangle H(m)$ である.よって

$$B_m = X + \overline{X}, \quad C_m = \sqrt{-1}(X - \overline{X}), \quad A_m = \frac{1}{2}[B_m, C_m]$$

とおくと $A_m, B_m, C_m \in \mathfrak{g}$ で $A_m = -\sqrt{-1}[X,\overline{X}] = \langle X, \overline{X}\rangle H(m)$ となる.一方,定理の仮定より $\langle B_m, B_m\rangle = 2\langle X,\overline{X}\rangle$ は負であるから,X を正数倍して,$\langle X,\overline{X}\rangle\|m\|^2 = -2$ と仮定してよい.すると (6.64) より

$$[A_m, X] = \sqrt{-1}\langle X,\overline{X}\rangle\langle H(m),H(m)\rangle X = 2\sqrt{-1}X,$$

さらに $[A_m, \overline{X}] = -2\sqrt{-1}\,\overline{X}$ から

$$[A_m, B_m] = 2C_m, \quad [A_m, C_m] = -2B_m$$

を得る.(6.17)と比較すると $\mathfrak{g}_m = \mathbb{R}A_m + \mathbb{R}B_m + \mathbb{R}C_m$ は $\mathfrak{su}(2)$ と同型なLie環となることがわかる.

$\Lambda := \{m \in \mathbb{Z}^n : m \neq 0, V_m \neq 0\}$ とおき $A_m\ (m \in \Lambda)$ のすべてに直交する $H \in \mathfrak{t}$ を考えよう.このとき,$H(m)$ は A_m のスカラー倍であるから

$$m \in \Lambda,\ X \in V_m \implies \operatorname{ad}(H)X = \sqrt{-1}\langle H(m), H\rangle X = 0$$

となり，H は $\mathfrak{g}$ の中心に属することになる．よって，$H = 0$ となって，$\sum_{m \in \Lambda} \mathbb{R} A_m = \mathfrak{t}$ がわかる．

<u>普遍被覆写像</u>　$q: \widetilde{G} \to G$ を普遍被覆写像とし，$\exp: \mathfrak{g} \to \widetilde{G}$ を考察する．$Z := q^{-1}(e)$ は G の基本群で，$G \simeq \widetilde{G}/Z$ となる．

$\mathfrak{g}_m$ に対応する $\widetilde{G}$ の解析的部分群は，その Lie 環が $\mathfrak{o}(3)$ と同型であるから，$SU(2)$ あるいは，$SO(3)$ と同型なことがわかる．特に (6.18) より $\exp 2\pi A_m = 1$ が成立することがわかる．

$\widetilde{T} := \exp \mathfrak{t}$ とおくと $\operatorname{Ker} \exp \supset \sum_{m \in \Lambda} \mathbb{Z} 2\pi A_m$ となるので，$\widetilde{T} \simeq \mathfrak{t}/(\mathfrak{t} \cap \operatorname{Ker} \exp)$ はコンパクトである．よって $\Phi: \widetilde{G}/Z \times \widetilde{T} \to \widetilde{G}$，$(gZ, t) \mapsto gtg^{-1}$ の像は閉集合となる．従って，定理 6.62 の証明がそのまま有効で，Φ の像は $\widetilde{G}$ 全体となり，Φ の像である $\widetilde{G}$ もコンパクトとなる．$\pi_1(\widetilde{G}) = Z$ で Z は $\widetilde{G}$ の離散部分群であるから，Z は有限群である．

また，G と局所同型な連結 Lie 群は Z の適当な部分群 Γ による商群 $\widetilde{G}/\Gamma$ と同型となるからコンパクトである．∎

連結なコンパクト Lie 群 G の複素化を構成しよう．G には忠実な表現が存在するのでその表現の次元を N とすると，$G \subset U(N)$ とみなせる．$\mathfrak{g} = \operatorname{Lie}(G) \subset \mathfrak{u}(N)$ であるが，その複素化 $\mathfrak{g}_{\mathbb{C}} = \mathfrak{g} + \sqrt{-1}\mathfrak{g} \subset \mathfrak{gl}(N, \mathbb{C})$ の $GL(N, \mathbb{C})$ における解析的部分群を $G_{\mathbb{C}}$ とおく．

定理 6.78　連結コンパクト Lie 群 G に対し，その複素化 $G_{\mathbb{C}}$ で
$$\Phi: G \times \mathfrak{g} \simeq G_{\mathbb{C}}, \quad (g, X) \mapsto g e^{\sqrt{-1} X}$$
が C^ω 級微分同相となるものが同型を除いて唯一つ存在する．さらに，$G \subset U(N)$ ならば，$G_{\mathbb{C}}$ は $GL(N, \mathbb{C})$ の閉部分群として実現される．

[証明]　$G \subset U(N)$ とする．$\mathfrak{g}_{\mathbb{C}} \subset \mathfrak{gl}(N, \mathbb{C})$ は系 6.40 の仮定を満たすので，$GL(n, \mathbb{C})$ の解析的部分群として定義した $G_{\mathbb{C}}$ は連結閉部分群となり定理 6.39 が適用できる．よって Φ は C^ω 級微分同相となる．

同様なものが 2 つ存在すればそれらは局所同型であるが，Φ を通じてその局所同型が群上の C^ω 級微分同相に持ち上がることがわかるので，2 つは Lie

群として同型になる.

定理 6.79 G をコンパクトな連結 Lie 群とする. G の中心 Z の単位元成分を Z_0, $[\mathrm{Lie}(G), \mathrm{Lie}(G)]$ に対応する解析的部分群を G_1 とおくと, Z_0 および G_1 は G の閉部分群で $G = Z_0 G_1$ となり, $Z_0 \cap G_1$ は有限群となる. よって $G \simeq (Z_0 \times G_1) / \{(g, g^{-1}) : g \in Z_0 \cap G_1\}$.

[証明] Z は閉であるから Z_0 も同様である. 定理 6.73 より $\mathfrak{g}_1 := [\mathrm{Lie}(G), \mathrm{Lie}(G)]$ はその Killing 形式が負定値であるから, 定理 6.77 より G_1 はコンパクトで, 中心は有限である. $\mathfrak{z} = \mathrm{Lie}(Z)$ とおくと $\mathfrak{g} = \mathfrak{z} \oplus \mathfrak{g}_1$ であるので, 任意の $g \in G$ に対し $e^{Z+X} = g$ となる $Z \in \mathfrak{z}$, $X \in \mathfrak{g}_1$ が存在する. $e^{Z+X} = e^Z e^X$ であるから $G = Z_0 G_1$ がわかる. また, $Z_0 \cap G_1$ は G_1 の中心の部分群であるから, 有限群である. ∎

例 6.80 $U(n)$ の Lie 環は, $\mathfrak{u}(n) = \mathfrak{c} + \mathfrak{su}(n)$ と直和分解される. $\mathfrak{c}$ は対角成分が純虚数のスカラー行列の全体である. 従って
$$U(n) \simeq \mathbb{T} \times SU(n) / D,$$
$$D = \{(g, g^{-1}) : g = \mathrm{diag}(e^{\sqrt{-1} 2\pi \frac{k}{n}}, \cdots, e^{\sqrt{-1} 2\pi \frac{k}{n}}), k = 1, \cdots, n\}.$$

定理 6.79 の Z_0 はトーラスにすぎないので, 連結なコンパクト Lie 群の分類を行おうとすると, それは半単純な Lie 環をもったコンパクト Lie 群すなわち**コンパクト半単純 Lie 群**の分類の問題に帰着する.

そこで $\mathfrak{g}$ をコンパクト半単純 Lie 群 G の Lie 環とし, $\mathfrak{g} = \mathfrak{g}_1 \oplus \cdots \oplus \mathfrak{g}_m$ を単純 Lie 環への分解とする. $\mathfrak{g}_i$ に対応する単連結 Lie 群を $\widetilde{G}_i$, その中心を Z_i とおくと $\widetilde{G} = \widetilde{G}_1 \times \cdots \times \widetilde{G}_m$ は Lie 環を $\mathfrak{g}$ とする単連結コンパクト Lie 群で, その中心 Z は $Z = Z_1 \times \cdots \times Z_m$ となっている. よって, 有限可換群 Z の有限部分群 Γ によって $G \simeq \widetilde{G}/\Gamma$ と表せる. Γ は G の基本群に等しい.

以上の考察により, 連結なコンパクト Lie 群の分類は, 連結かつ単連結な**コンパクト単純 Lie 群**とその中心を調べることに帰着される. なお, 単純 Lie 環をもつ連結 Lie 群を**単純 Lie 群** (simple Lie group) と呼ぶ.

コンパクト単純 Lie 群の分類においては, 定理 6.77 の (ii) の証明で用いられた随伴表現を極大トーラスに制限したときに現れる $\{m : V_m \neq 0, m \neq 0\}$

というFourier級数，あるいはLie環の表現でいえば極大トーラスの表現の固有値の集合の構造が重要な役割を果たし，それは**ルート系**(root system)と呼ばれるものになる．定理6.77(iii)の証明で示したが，0以外の固有値mの重複度が1であること，V_mとV_{-m}で生成されるLie環が$\mathfrak{sl}(2,\mathbb{C})$と同型になることは，最も基本的な事実である．このルート系に関しては多くの解説書があるのでここではこれ以上深入りしないが，単連結コンパクト単純Lie群はたくさんは存在せず，以下のリストで尽くされる．

型	群	中心	次元
$A_n(n \geqq 1)$	$SU(n+1)$	$\mathbb{Z}/(n+1)\mathbb{Z}$	$n(n+2)$
$B_n(n \geqq 2)$	$\widetilde{SO}(2n+1)$	$\mathbb{Z}/2\mathbb{Z}$	$n(2n+1)$
$C_n(n \geqq 3)$	$Sp(n)$	$\mathbb{Z}/2\mathbb{Z}$	$n(2n+1)$
$D_n(n \geqq 4)$	$\widetilde{SO}(2n)$	$\mathbb{Z}/4\mathbb{Z}$ (n が奇数) $\mathbb{Z}/2\mathbb{Z}\oplus\mathbb{Z}/2\mathbb{Z}$ (n が偶数)	$n(2n-1)$
E_6	E_6	$\mathbb{Z}/3\mathbb{Z}$	78
E_7	E_7	$\mathbb{Z}/2\mathbb{Z}$	133
E_8	E_8	1	248
F_4	F_4	1	52
G_2	G_2	1	14

上記の型というのは，ルート系の分類に基づいて付けられた名前であり，その添え字の数字はランクと呼ばれるルート系が実現されるEuclid空間の次元である．ランクは対応するコンパクトLie群の極大トーラスの次元に等しい．また，$SO(m)$ $(m \geqq 3)$ の基本群は $\mathbb{Z}/2\mathbb{Z}$ となるので，その普遍被覆群を$\widetilde{SO}(m)$と表したが，それは$Spin(m)$と書かれる**スピノル群**(§7.2参照)であり，§7.2でその構成法を解説する．

A_n, B_n, C_n, D_n に対応する群は**古典群**(classical group)と呼ばれ，それ以外に存在する5つのE_6, E_7, E_8, F_4, G_2に対応するものは**例外群**(exceptional group)と呼ばれる．

なお，次の同型が成り立つ．

$$SU(2) \simeq \widetilde{SO}(3) \simeq Sp(1)$$
$$SU(2) \times SU(2) \simeq \widetilde{SO}(4), \quad \widetilde{SO}(5) \simeq Sp(2)$$
$$SU(4) \simeq \widetilde{SO}(6)$$

一方,ここではその証明を省略するが,連結なコンパクト半単純 Lie 群 G と連結な複素半単純 Lie 群 $G_\mathbb{C}$ とは定理 6.78 による対応で 1 対 1 に対応する.よって上記の連結コンパクト単純 Lie 群の分類表は,連結複素単純 Lie 群の分類表とみなすこともできる.また,定理 4.14 よりコンパクト Lie 群は線型 Lie 群であるので,定理 6.78 から連結複素単純 Lie 群は適当な $GL(N,\mathbb{C})$ の部分群として実現でき,その基本群は有限可換群となることがわかる.

実半単純 Lie 群の分類については,以下のような考察ができる.実単純 Lie 環 $\mathfrak{g}$ の分類が基本であるが,実 Lie 環に関してその Killing 形式が非退化なことと,Lie 環が半単純なことの同値性は Cartan の定理として知られている.また半単純 Lie 環 $\mathfrak{g}$ の基底を適当にとって $\mathfrak{g} \simeq \mathrm{ad}(\mathfrak{g})$ とみなすと,$^t\mathrm{ad}(\mathfrak{g}) = \mathrm{ad}(\mathfrak{g})$ となることも証明される.このことから,$\mathfrak{g} = \mathfrak{k} + \mathfrak{p}$ という Lie 環の Cartan 分解を考えることができる.このとき,$\mathfrak{g}_c = \mathfrak{k} + \sqrt{-1}\mathfrak{p}$ 上では Killing 形式が負定値になることがわかる.コンパクトな半単純 Lie 群の Lie 環,あるいは,複素半単純 Lie 環は分類されているとして $\mathfrak{g}_\mathbb{C} = \mathfrak{g} + \sqrt{-1}\mathfrak{g}$ の実形の分類の問題になる.これはコンパクト Lie 群の分類より複雑になるが,やはりルート系の考察により完全に分類が得られている.

$\mathrm{Int}(\mathfrak{g})$ は Lie 環 $\mathfrak{g}$ に対応する $GL(\mathfrak{g})$ の解析的部分群で閉部分群になり,その基本群は Lie 環 $\mathfrak{g}$ をもつ連結かつ単連結 Lie 群の中心に等しい.連結な半単純 Lie 群の基本群の問題は Lie 群の Cartan 分解により,複素半単純 Lie 群の場合と同様,コンパクト Lie 群の基本群の問題に帰着される.

実単純 Lie 群は,コンパクト単純 Lie 群,複素単純 Lie 群の他は,古典型のものは定理 7.14 で述べるように $SL(n,\mathbb{R})$, $SU^*(2n)$, $SO_0(p,q)$, $SU(p,q)$, $Sp(p,q)$, $Sp(n,\mathbb{R})$, $SO^*(2n)$ のいずれかと局所同型になり,例外型では複素化が E_6, E_7, E_8, F_4, G_2 となるものがそれぞれ局所同型を除いて 4 個,3 個,2 個,2 個,1 個存在する.

《要約》

6.1 Lie 環 $\mathfrak{g}$ をもつ Lie 群には，連結かつ単連結となる普遍被覆群 G が同型を除いて唯一つ存在する．この G の中心に含まれる離散部分群 Γ による商群 G/Γ の基本群は Γ に等しい．G と局所同型な連結 Lie 群は，このようにして作った商群 G/Γ のいずれかと同型になる．

6.2 Lie 環の準同型 $\phi\colon \mathfrak{g} \to \mathfrak{h}$ は，$\mathfrak{g}$ を Lie 環とする普遍被覆群 G から，$\mathfrak{h}$ を Lie 環とする Lie 群 H への連続準同型に一意に拡張できる．特に，普遍被覆群 G の表現とその Lie 環 $\mathfrak{g}$ の表現とは 1 対 1 に対応する．

6.3 複素 Lie 群の表現が複素解析的になるための必要十分条件は，対応する複素 Lie 環の表現が $\mathbb{C}$-線型になることである．

6.4 Lie 群 G が連続かつ推移的に作用している多様体 M は，作用 $G \times M \to M$, $(g,x) \mapsto gx$ が C^ω 級となるような C^ω-多様体の構造が唯一つ入り，G の等質空間とみなせる．

6.5 Lie 群 G に両側不変な測度が存在する条件や，G の等質空間に不変測度が存在する条件は，G の随伴表現の表現行列の行列式を使って述べることができる．特に，連結なベキ零 Lie 群や連結成分が有限個の簡約 Lie 群には両側不変な測度が存在する．

6.6 コンパクト Lie 群の極大トーラスは互いに共役である．

6.7 連結コンパクト Lie 群 G の極大トーラスの 1 つを T とすると，$G = \bigcup_{g \in G} gTg^{-1}$ が成立する．また，G の Lie 環からの指数写像は全射となる．

6.8 連結 Lie 群 G の Killing 形式が負定値 $\iff G$ は連結で中心が有限のコンパクト Lie 群．

6.9 （用語）普遍被覆群，基本群，複素 Lie 群，複素解析的表現，等質空間，Cartan 分解，Lie 群および等質空間上の不変測度，極大トーラス，Dirichlet の定理，Killing 形式，半単純 Lie 群

---────── 演習問題 ──────

6.1 連結で単連結なベキ零 Lie 群は，Lie 環からの指数写像が全射な C^ω 級微分同相になることを示せ．

6.2 岩澤分解(6.30)によって，$P_0 \times SO(2) \simeq SL(2,\mathbb{R})$ という同一視を行ったとき，対応する P_0 と $SO(2)$ の元を $SL(2,\mathbb{R})$ の元の成分を使って具体的に表せ．

6.3 3次元の可換でない連結なコンパクトLie群は，$SU(2)$ または $SO(3)$ と同型であることを示せ．

6.4 極大トーラスの次元が1の連結コンパクトLie群は，$\mathbb{T}$ または $SU(2)$ または $SO(3)$ と同型である．

6.5 $SU(n)$ は単純Lie群であることを示せ．

6.6 複素Lie環 $\mathfrak{g}$ の Killing 形式は，$X \in \mathfrak{g}$ に対し $\mathrm{ad}(X)$ を $\mathrm{End}_{\mathbb{C}}(\mathfrak{g})$ とみなして，実Lie環のときと同様 $\langle X, Y \rangle := \mathrm{Trace}\, \mathrm{ad}(X)\mathrm{ad}(Y)$ と定義される．

(1) 複素Lie環 $\mathfrak{gl}(n,\mathbb{C})$ の Killing 形式は
$$\langle X, Y \rangle = 2n \,\mathrm{Trace}\, XY - 2\,\mathrm{Trace}\, X \cdot \mathrm{Trace}\, Y$$
となることを示せ．

(2) $\mathfrak{gl}(n,\mathbb{C})$ の実形（例えば，$\mathfrak{gl}(n,\mathbb{R})$ や $\mathfrak{u}(n)$）の Killing 形式も上の形で表せることを示せ．

6.7
(1) 複素Lie環 $\mathfrak{sl}(n,\mathbb{C})$，およびそれの実形 $\mathfrak{sl}(n,\mathbb{R})$ や $\mathfrak{su}(n)$ の Killing 形式は
$$\langle X, Y \rangle = 2n \,\mathrm{Trace}\, XY$$
となることを示せ．

(2) $\mathfrak{sl}(n,\mathbb{C})$ 上の複素対称2次形式 $\langle\ ,\ \rangle'$ で
$$\langle \mathrm{ad}(X)Y, Z \rangle' + \langle Y, \mathrm{ad}(X)Z \rangle' = 0$$
を満たすものは，Killing 形式のスカラー倍となることを示せ．

6.8 次を示せ．
(1) $\mathfrak{su}(2)$ の元 X を $M(2,\mathbb{C})$ の元と見たときの固有値を $\pm\sqrt{-1}\lambda$ とおくと
$$\langle X, X \rangle = -8\lambda^2$$

(2) $V = \{X \in \mathfrak{su}(2) : \langle X, X \rangle > -8\pi^2\}$ とおくと $\exp: V \to SU(2)$ は V から $SU(2) \setminus \{-I_2\}$ の上への C^ω 級微分同相となる．

7 古典群と種々の等質空間

　この章では，Lie 群や等質空間の多くの例を，様々な観点から説明する．第 5, 6 章の抽象的な定理をより深く理解するとともに，第 8 章以降で展開する表現論の舞台を用意するのが目的である．

　最初に古典型の(簡約)Lie 群を列挙する．単に古典群を羅列するのではなく，4 つの観点，すなわち，(i) $\mathbb{R} \subset \mathbb{C} \subset \mathbb{H}$ という体の拡大からの観点，(ii) 複素化と実形の観点，(iii) 双線型形式などの自己同型群としての観点，(iv) 対称対などによる古典群の相互の包含関係の観点からそれぞれ解説し，古典群が身近な対象として理解できるようにした．

　次に，上記の方法で構成できない重要な Lie 群として，$SO(n)$ $(n \geqq 3)$ の普遍被覆群であるスピノル群 $Spin(n)$ を Clifford 代数を用いて構成し，古典型の(簡約)Lie 群のリストを終える．

　等質空間については，例が非常に多いため，この章では，例を列挙するのではなく，次の形で説明した：(i) 1 つの多様体(球面 S^n)を例にとり，それが様々な Lie 群の等質空間として表示でき，それぞれの表示の背後に別種の幾何学があること．(ii) 1 つの Lie 群($SL(2, \mathbb{R})$)を例にとり，その等質空間として様々な多様体が現れること．これらの例から，Lie 群の等質空間に，多種多様な幾何学が広がっていることを感じてほしい．

§7.1 いろいろな古典群

(a) 一般線型群

最初に，$\mathbb{R}, \mathbb{C}, \mathbb{H}$（Hamilton の四元数体）上の一般線型群
$$GL(n, \mathbb{R}), \quad GL(n, \mathbb{C}), \quad GL(n, \mathbb{H})$$
を復習しよう．$K = \mathbb{R}, \mathbb{C}$ または $\mathbb{H}$ とし，縦ベクトル空間 K^n に"右から" K を作用させて，K^n を K 上のベクトル空間とみなす．すなわち，

$$K^n \to K^n, \quad u = \begin{pmatrix} u_1 \\ \vdots \\ u_n \end{pmatrix} \mapsto u\alpha := \begin{pmatrix} u_1 \alpha \\ \vdots \\ u_n \alpha \end{pmatrix}$$

をスカラー $\alpha \, (\in K)$ 倍の定義とするのである．$K = \mathbb{R}, \mathbb{C}$ の場合，K の積は可換なので，K の K^n への作用は左からでも右からでも同じことになる（従って，$u\alpha$ は通常のように αu と書いてもよい）．一方，$K = \mathbb{H}$ の場合，積は非可換であるので，左からの作用と右からの作用とを区別する必要がある．後の議論のためには，K のスカラー倍の作用は右から行うものと決めておくと都合がよい．

(7.1)
$$\begin{aligned} M(n, K) &:= \{A: K^n \to K^n : A \text{ は } K\text{-線型写像}\} \\ &\simeq \text{各成分が } K \text{ である } n \text{ 次正方行列全体} \\ GL(n, K) &:= \{A: K^n \to K^n : A \text{ は全単射な } K\text{-線型写像}\} \end{aligned}$$

と定義する．同型(7.1)は，$K = \mathbb{R}, \mathbb{C}$ のときおなじみだが，$K = \mathbb{H}$ のときも確認しておこう．A を正方行列とするとき，四元数の積の結合法則より，
$$(Au)\alpha = A(u\alpha) \quad (u \in \mathbb{H}^n, \, \alpha \in \mathbb{H})$$
となり，写像 $u \mapsto Au$ は $\mathbb{H}$-線型写像 $\mathbb{H}^n \to \mathbb{H}^n$ を定める．逆に，$\mathbb{H}$-線型写像 $\mathbb{H}^n \to \mathbb{H}^n$ が与えられたとき，標準基底の像を考えることにより n 次正方行列が得られる．故に同型(7.1)は $K = \mathbb{H}$ の場合にも成り立つ．$M(n, K)$ は行列の和と積によって K 上の多元環（定義は§3.3 定義 3.37 参照）となる．$GL(n, K)$ は積に関して群となる．これを**一般線型群**（general linear group）と

いう．GL という記法は general linear の頭文字に由来する．特に $GL(n,\mathbb{R})$ を**実一般線型群**，$GL(n,\mathbb{C})$ を**複素一般線型群**という．線型代数でよく知られているように，$K=\mathbb{R}$ または $\mathbb{C}$ なら，「A が全単射 $\iff \det A \neq 0$」である．従って，

$$GL(n,\mathbb{R}) = \{A \in M(n,\mathbb{R}) : \det A \neq 0\}$$
$$GL(n,\mathbb{C}) = \{A \in M(n,\mathbb{C}) : \det A \neq 0\}$$

となる．$GL(n,\mathbb{R})$, $GL(n,\mathbb{C})$ はそれぞれ $M(n,\mathbb{R}) \simeq \mathbb{R}^{n^2}$, $M(n,\mathbb{C}) \simeq \mathbb{C}^{n^2}$ の開集合なので多様体の構造が入り，Lie 群となる．特に $GL(n,\mathbb{C})$ は複素 Lie 群の構造をもつ．一方，四元数体 $\mathbb{H}$ 上では，行列式 $\det$ に相当する概念をどのように定義すればよいかは自明でない．そこで次の項(b)において $M(n,\mathbb{H})$ を $M(2n,\mathbb{C})$ の部分集合として実現し，それによって写像 A が全単射かどうか判定しよう．

(b) 複素数と四元数の行列表示

複素数 $p+\sqrt{-1}q \in \mathbb{C}$ に行列 $\begin{pmatrix} p & -q \\ q & p \end{pmatrix}$ を対応させると，複素数における和や積は行列における和や積に対応する．すなわち，

$$MJ(2,\mathbb{R}) := \left\{ \begin{pmatrix} p & -q \\ q & p \end{pmatrix} : p,q \in \mathbb{R} \right\}$$

とおくと

(7.2) $\quad \mathbb{C} \simeq MJ(2,\mathbb{R}), \quad p+\sqrt{-1}q \mapsto \begin{pmatrix} p & -q \\ q & p \end{pmatrix}$

は $\mathbb{R}$ 上の多元環の同型を与える．すなわち，和と積を保つ $\mathbb{R}$-線型同型写像である．

この行列表示(7.2)を発見的に見つけるためには，次のように考えればよい．まず複素数 $\mathbb{C}$ を実ベクトル空間 $\mathbb{R}^2$ と

$$\mathbb{C} \simeq \mathbb{R}^2, \quad x+\sqrt{-1}y \mapsto \begin{pmatrix} x \\ y \end{pmatrix}$$

によって同一視する．$p+\sqrt{-1}q$ によるスカラー倍を与える写像

$$x+\sqrt{-1}\,y \mapsto (p+\sqrt{-1}\,q)(x+\sqrt{-1}\,y) = (px-qy)+\sqrt{-1}\,(py+qx)$$

は，$\mathbb{R}^2$ における $\mathbb{R}$-線型写像

$$\mathbb{R}^2 \to \mathbb{R}^2, \quad \begin{pmatrix} x \\ y \end{pmatrix} \mapsto \begin{pmatrix} px-qy \\ py+qx \end{pmatrix}$$

に対応する．これは行列 $\begin{pmatrix} p & -q \\ q & p \end{pmatrix}$ を左から $\begin{pmatrix} x \\ y \end{pmatrix}$ に掛ける写像に他ならない．この対応によって環準同型

$$\begin{array}{ccccc}
\mathbb{C} & \simeq & \mathrm{End}_{\mathbb{C}}(\mathbb{C}) & \subset & \mathrm{End}_{\mathbb{R}}(\mathbb{R}^2) \simeq M(2,\mathbb{R}) \\
\cup & & \cup & & \cup \\
p+\sqrt{-1}\,q & \mapsto & (p+\sqrt{-1}\,q\text{ のスカラー倍}) & \mapsto & \begin{pmatrix} p & -q \\ q & p \end{pmatrix}
\end{array}$$

が得られる．これが(7.2)の発見的考察である．

四元数 $\mathbb{H}$ に対して同様の考察をしよう．複素数 $\mathbb{C}$ の $\sqrt{-1}$ と四元数 $\mathbb{H}$ の $\boldsymbol{i}$ とを同一視する．四元数 $\mathbb{H}$ と複素ベクトル空間 $\mathbb{C}^2$ を，次の写像

(7.3) $$\mathbb{H} \simeq \mathbb{C}^2, \quad x+\boldsymbol{j}y \mapsto \begin{pmatrix} x \\ y \end{pmatrix}$$

によって同一視する．ここで(7.3)の左辺において，$\mathbb{C} \simeq \mathbb{R}+\mathbb{R}\boldsymbol{i}$ のスカラー倍を $\mathbb{H}$ における(右からの)積で定義して $\mathbb{H}$ を $\mathbb{C}$-加群とみなすと，(7.3)は $\mathbb{C}$-線型同型である．

次に，$a+\boldsymbol{j}b \in \mathbb{H}$ $(a,b \in \mathbb{C})$ を，今度は左から $\mathbb{H}$ に掛ける演算

(7.4) $$(a+\boldsymbol{j}b)(x+\boldsymbol{j}y) = ax-\bar{b}y+\boldsymbol{j}(\bar{a}y+bx)$$

を考えよう．$\mathbb{H}$ において左からの積と右からの積は順序を変えてもよい($\mathbb{H}$ の積の結合法則)ので，$a+\boldsymbol{j}b$ を左から掛ける演算は $\mathrm{End}_{\mathbb{H}}(\mathbb{H})$ の元を定める．ここで

$$\mathrm{End}_{\mathbb{H}}(\mathbb{H}) = \{T \in \mathrm{End}_{\mathbb{R}}(\mathbb{H}) : T(xw) = T(x)w \ (\forall w, \forall x \in \mathbb{H})\}.$$

一方，演算(7.4)を同型(7.3)の右辺で考えれば，この演算は $\mathbb{C}^2$ における $\mathbb{C}$-線型写像

$$\mathbb{C}^2 \to \mathbb{C}^2, \quad \begin{pmatrix} x \\ y \end{pmatrix} \mapsto \begin{pmatrix} a & -\bar{b} \\ b & \bar{a} \end{pmatrix} \begin{pmatrix} x \\ y \end{pmatrix}$$

に対応する．従って環準同型写像

$$\begin{array}{ccccc} \mathbb{H} & \simeq & \mathrm{End}_{\mathbb{H}}(\mathbb{H}) & \subset & \mathrm{End}_{\mathbb{C}}(\mathbb{C}^2) & \simeq & M(2,\mathbb{C}) \\ \cup & & \cup & & \cup & & \\ a+\boldsymbol{j}b & \mapsto & (a+\boldsymbol{j}b\text{を左から掛ける}) & \mapsto & \begin{pmatrix} a & -\bar{b} \\ b & \bar{a} \end{pmatrix} \end{array}$$

が得られた．$a+\boldsymbol{j}b = a+\bar{b}\boldsymbol{j}$ であることに注意して，$\bar{b}$ を b とあらためて書き，

$$MJ(2,\mathbb{C}) := \left\{ \begin{pmatrix} a & -b \\ \bar{b} & \bar{a} \end{pmatrix} : a, b \in \mathbb{C} \right\}$$

とおくと，四元数 $\mathbb{H}$ と $MJ(2,\mathbb{C})$ は，$\mathbb{R}$-線型写像

$$(7.5) \qquad \mathbb{H} \simeq MJ(2,\mathbb{C}), \quad a+b\boldsymbol{j} \mapsto \begin{pmatrix} a & -b \\ \bar{b} & \bar{a} \end{pmatrix}$$

によって $\mathbb{R}$ 上の多元環として同型となることがわかった．

これらの対応は，次のように行列環 $M(n,\mathbb{C})$, $M(n,\mathbb{H})$ に拡張することができる．まず，記号を導入しよう．I_n を n 次正方行列の単位行列として

$$(7.6) \qquad J \equiv J_n := \begin{pmatrix} O & I_n \\ -I_n & O \end{pmatrix} \in GL(2n,\mathbb{R})$$

と定義する．$J_n^2 = -I_{2n}$ となることに注意しよう．

$$(7.7) \qquad MJ(2n,\mathbb{R}) := \{Z \in M(2n,\mathbb{R}) : ZJ = JZ\}$$
$$(7.8) \qquad MJ(2n,\mathbb{C}) := \{Z \in M(2n,\mathbb{C}) : \overline{Z}J = JZ\}$$

とおく．

注意 7.1 $\begin{pmatrix} 0 & 1 \\ -1 & 0 \end{pmatrix}$ を対角ブロックに n 個並べた $2n$ 次の正方行列を J' とおく．(7.6) の J のかわりに J' を用いて $MJ(2n,\mathbb{R})$, $MJ(2n,\mathbb{C})$, … を定義しても以下の議論は同様である(見かけは違うが同型な対象が得られる)．

補題 7.2 ($M(n,\mathbb{C}) \subset M(2n,\mathbb{R})$, $M(n,\mathbb{H}) \subset M(2n,\mathbb{C})$ の実現)

（ i ） $MJ(2n,\mathbb{R})$ は $M(2n,\mathbb{R})$ の $2n^2$ 次元の部分 $\mathbb{R}$-多元環であり，

$$(7.9) \qquad \eta_{\mathbb{C}} : M(n,\mathbb{C}) \simeq MJ(2n,\mathbb{R}), \quad A+\sqrt{-1}B \mapsto \begin{pmatrix} A & -B \\ B & A \end{pmatrix}$$

は $\mathbb{R}$-多元環としての同型写像である.

(ii) $MJ(2n,\mathbb{C})$ は $M(2n,\mathbb{C})$ の $4n^2$ 次元の部分 $\mathbb{R}$-多元環であり,

(7.10) $\quad \eta_H \colon M(n,\mathbb{H}) \simeq MJ(2n,\mathbb{C}), \quad A+B\boldsymbol{j} \mapsto \begin{pmatrix} A & -B \\ \overline{B} & \overline{A} \end{pmatrix}$

は $\mathbb{R}$-多元環としての同型写像である. ただし, η_H の定義では四元数 $\mathbb{H}$ の $\boldsymbol{i}$ と複素数 $\mathbb{C}$ の $\sqrt{-1}$ とを同一視した.

[証明] (i)と(ii)の証明は同様なので, ここでは(ii)のみを示す. $X, Y \in M(n,\mathbb{H})$, $\lambda, \mu \in \mathbb{R}$ ならば

$$\eta_H(\lambda X + \mu Y) = \lambda \eta_H(X) + \mu \eta_H(Y)$$

$$\eta_H(I_n) = I_{2n}$$

は自明である. すなわち, η_H は $\mathbb{R}$-線型写像である. さらに

$$\eta_H(XY) = \eta_H(X)\eta_H(Y)$$

は簡単な計算によって確かめられる. よって η_H は $\mathbb{R}$-多元環としての準同型写像である. また明らかに η_H は単射である. 最後に, $Z = \begin{pmatrix} A & B \\ C & D \end{pmatrix} \in M(2n,\mathbb{C})$ (A, B, C, D は n 次の複素正方行列)とすると

$$\overline{Z}J = JZ \text{ を満たす} \iff C = -\overline{B}, \ D = \overline{A}$$

であるから η_H は全射でもある. 故に補題が証明された. ■

次の補題によって, $\mathbb{H}^n$ から $\mathbb{H}^n$ への $\mathbb{H}$-線型写像が全単射かどうかを $2n$ 次の複素正方行列の行列式で判定することができる.

補題 7.3 $X \in M(n,\mathbb{H})$ に対して

(i) $X \in GL(n,\mathbb{H}) \iff \eta_H(X) \in GL(2n,\mathbb{C})$

(ii) $X \in GL(n,\mathbb{H})$ ならば $\eta_H(X^{-1}) = \eta_H(X)^{-1}$ が成り立つ.

[証明] $X \in GL(n,\mathbb{H})$ とすると, X の逆元 $Y \in GL(n,\mathbb{H})$ が存在して $XY = YX = I_n$ となる. 補題 7.2(ii) より

$$I_{2n} = \eta_H(I_n) = \eta_H(XY) = \eta_H(X)\eta_H(Y)$$

となるので, $\eta_H(X)^{-1} = \eta_H(X^{-1})$ および $\eta_H(X) \in GL(2n,\mathbb{C})$ が示された.

逆に $\eta_H(X) \in GL(2n,\mathbb{C})$ とする. 補題 7.2 より $\eta_H(X) \in MJ(2n,\mathbb{C})$ であるから, $\overline{\eta_H(X)}J_n = J_n\eta_H(X)$ となる. 従って, $\overline{\eta_H(X)^{-1}}J_n = J_n\eta_H(X)^{-1}$ とな

り，$\eta_H(X)^{-1} \in MJ(2n,\mathbb{C})$ が成り立つ．η_H は $MJ(2n,\mathbb{C})$ の上への全射だから，$\eta_H(X)^{-1} = \eta_H(Y)$ となる $Y \in M(n,\mathbb{H})$ が存在する．このとき
$$\eta_H(XY) = \eta_H(X)\eta_H(Y) = \eta_H(X)\eta_H(X)^{-1} = I_{2n} = \eta_H(I_n).$$
同様に $\eta_H(YX) = \eta_H(I_n)$ が成り立つ．η_H は単射だから $XY = YX = I_n$ が示された．故に $X \in GL(n,\mathbb{H})$ である． ∎

命題 7.4 $GL(n,\mathbb{H})$ は次の表示をもつ Lie 群である．

(7.11) $\qquad GL(n,\mathbb{H}) \simeq \{X \in GL(2n,\mathbb{C}) : \overline{X} J_n = J_n X\}$

［証明］ 位相群として同型であることは補題 7.2 と補題 7.3 よりわかる．(7.11) の右辺が Lie 群の構造をもつことを示そう．$X_k \in GL(2n,\mathbb{C})$ ($k=1,2,\cdots$) が (7.11) の右辺に属しており，$k \to \infty$ のとき $X \in GL(2n,\mathbb{C})$ に収束すると仮定する．等式 $\overline{X}_k J_n = J_n X_k$ において $k \to \infty$ とすれば $\overline{X} J_n = J_n X$ が成り立つ．これは (7.11) の右辺が，$GL(2n,\mathbb{C})$ の閉集合であることを意味している．従って (7.11) の右辺は一般線型群 $GL(2n,\mathbb{C})$ の閉部分群となり，von Neumann–Cartan の定理（§5.5 定理 5.27）より Lie 群の構造が定義される． ∎

次に行列式が 1 であるような行列の群を次で定義する．

$$SL(n,\mathbb{R}) := \{X \in M(n,\mathbb{R}) : \det X = 1\} \quad \text{(実特殊線型群)}$$
$$SL(n,\mathbb{C}) := \{X \in M(n,\mathbb{C}) : \det X = 1\} \quad \text{(複素特殊線型群)}$$
$$SL(n,\mathbb{H}) := \{X \in M(2n,\mathbb{C}) : \overline{X} J_n = J_n X, \ \det X = 1\}$$

これらもすべて von Neumann–Cartan の定理より Lie 群となる．$SL(n,K)$ という記法は**特殊線型群**(special linear group)の頭文字に由来する．$GL(n,\mathbb{H})$ を $U^*(2n)$ と書き，$SL(n,\mathbb{H})$ を $SU^*(2n)$ と書くこともある．

Lie 群 $GL(n,\mathbb{R})$, $GL(n,\mathbb{C})$, $GL(n,\mathbb{H})$, $SL(n,\mathbb{R})$, $SL(n,\mathbb{C})$, $SL(n,\mathbb{H})$ の Lie 環を，それぞれドイツ語の小文字を用いて表すと

$\mathfrak{gl}(n,\mathbb{R}) \simeq M(n,\mathbb{R})$ （n 次実正方行列全体）

$\mathfrak{gl}(n,\mathbb{C}) \simeq M(n,\mathbb{C})$ （n 次複素正方行列全体）

$$\simeq MJ(2n,\mathbb{R}) = \left\{ \begin{pmatrix} A & -B \\ B & A \end{pmatrix} : A, B \in M(n,\mathbb{R}) \right\}$$

$$\mathfrak{gl}(n,\mathbb{H}) \simeq M(n,\mathbb{H}) \quad (n \text{ 次四元数正方行列全体})$$
$$\simeq MJ(2n,\mathbb{C}) = \left\{ \begin{pmatrix} A & -B \\ \bar{B} & \bar{A} \end{pmatrix} : A, B \in M(n,\mathbb{C}) \right\}$$
$$\mathfrak{sl}(n,\mathbb{R}) \simeq \{A \in M(n,\mathbb{R}) : \operatorname{Trace} A = 0\}$$
$$\mathfrak{sl}(n,\mathbb{C}) \simeq \{A \in M(n,\mathbb{C}) : \operatorname{Trace} A = 0\}$$
$$\simeq \left\{ \begin{pmatrix} A & -B \\ B & A \end{pmatrix} \in M(2n,\mathbb{R}) : \operatorname{Trace} A = \operatorname{Trace} B = 0 \right\}$$
$$\mathfrak{sl}(n,\mathbb{H}) \simeq \left\{ \begin{pmatrix} A & -B \\ \bar{B} & \bar{A} \end{pmatrix} \in M(2n,\mathbb{C}) : \operatorname{Trace} A \in \sqrt{-1}\,\mathbb{R} \right\}$$

となる.

問1 $GL(n,K)$, $SL(n,K)$ ($K=\mathbb{R},\mathbb{C},\mathbb{H}$) の（実多様体としての）次元を求めよ.
答. Lie 環 $\mathfrak{gl}(n,K)$, $\mathfrak{sl}(n,K)$ の表示より, それぞれ, $K=\mathbb{R}$ のとき n^2, n^2-1 次元; $K=\mathbb{C}$ のとき $2n^2$, $2n^2-2$ 次元; $K=\mathbb{H}$ のとき $4n^2$, $4n^2-1$ 次元.

(c) 複素古典群

次の位相群は複素古典群と呼ばれる複素 Lie 群である.

$$GL(n,\mathbb{C}) := \{g \in M(n,\mathbb{C}) : \det g \neq 0\} \quad (\text{複素一般線型群})$$
$$SL(n,\mathbb{C}) := \{g \in GL(n,\mathbb{C}) : \det g = 1\} \quad (\text{複素特殊線型群})$$
$$O(n,\mathbb{C}) := \{g \in GL(n,\mathbb{C}) : {}^t g g = I_n\} \quad (\text{複素直交群})$$
$$SO(n,\mathbb{C}) := \{g \in SL(n,\mathbb{C}) : {}^t g g = I_n\} \quad (\text{複素特殊直交群})$$
$$Sp(n,\mathbb{C}) := \{g \in SL(2n,\mathbb{C}) : {}^t g J_n g = J_n\}$$
（複素斜交群, 複素シンプレクティック群）

ここで ${}^t g$ は g の転置行列を表す. J_n は(7.6)で定義した $2n$ 次正方行列である. $GL(n,\mathbb{C})$ と $SL(n,\mathbb{C})$ についてはすでに前項(a), (b)で説明した. 他の群, 例えば $O(n,\mathbb{C})$ や $Sp(n,\mathbb{C})$ は双線型形式を保つ群として自然に現れる群である（項(g)で後述する）. これらの群はすべて一般線型群の閉部分群であるから, von Neumann–Cartan の定理より Lie 群の構造が定義される. さら

にこれらの Lie 群が複素 Lie 群であることを確かめるには，その Lie 環が複素 Lie 環であることをいえばよい．これは，以下に列記する Lie 環の表示式より明らかである．

$$\mathfrak{gl}(n,\mathbb{C}) \simeq M(n,\mathbb{C})$$
$$\mathfrak{sl}(n,\mathbb{C}) \simeq \{X \in \mathfrak{gl}(n,\mathbb{C}) \colon \mathrm{Trace}\, X = 0\}$$
$$\mathfrak{o}(n,\mathbb{C}) = \mathfrak{so}(n,\mathbb{C}) \simeq \{X \in \mathfrak{sl}(n,\mathbb{C}) \colon X + {}^t X = O\}$$
$$\mathfrak{sp}(n,\mathbb{C}) \simeq \{X \in \mathfrak{sl}(2n,\mathbb{C}) \colon {}^t X J_n + J_n X = O\}$$

注意 7.5 $Sp(n,\mathbb{C})$ を $Sp_{2n}(\mathbb{C})$ と書く流儀もある．

(d) 古典型コンパクト群

この項では，例えば，直交行列を全部集めた集合 $O(n)$ がコンパクトな Lie 群になることを示す．このようなタイプの例をまず列挙してみよう．

$$U(n) := \{g \in GL(n,\mathbb{C}) \colon g^* g = I_n\}$$
$$SU(n) := \{g \in SL(n,\mathbb{C}) \colon g^* g = I_n\} \quad = SL(n,\mathbb{C}) \cap U(n)$$
$$O(n) := \{g \in GL(n,\mathbb{R}) \colon {}^t g g = I_n\} \quad = GL(n,\mathbb{R}) \cap U(n)$$
$$SO(n) := \{g \in SL(n,\mathbb{R}) \colon {}^t g g = I_n\} \quad = SL(n,\mathbb{R}) \cap U(n)$$
$$Sp(n) := \{g \in U(2n) \colon {}^t g J_n g = J_n\} \quad = Sp(n,\mathbb{C}) \cap U(2n)$$

ここで複素正方行列 g に対して $g^* = \overline{{}^t g}$ (g の転置行列の複素共役)を表す．

定理 7.6 $U(n), SU(n), O(n), SO(n), Sp(n)$ はすべてコンパクトな Lie 群である．

[証明] $G = O(n)$ の場合に示そう．$O(n)$ は定義より $GL(n,\mathbb{R})$ の閉部分群であるから，von Neumann–Cartan の定理より $O(n)$ には自然に Lie 群の構造が定義される．また，${}^t g g = I_n$ ならば $\det g \neq 0$ だから，
$$O(n) = \{g \in M(n,\mathbb{R}) \colon {}^t g g = I_n\}$$
であり，従って $O(n)$ は $M(n,\mathbb{R}) \simeq \mathbb{R}^{n^2}$ の閉集合でもある．次に，
$$O(n) \subset \{g \in GL(n,\mathbb{R}) \colon \mathrm{Trace}({}^t g g) = n\}$$

$$=\left\{g=(g_{ij})\in M(n,\mathbb{R})\colon \sum_{i,j}g_{ij}^2=n\right\}$$

であるから，$O(n)$ は $M(n,\mathbb{R})\simeq \mathbb{R}^{n^2}$ の有界集合である．Euclid 空間 $\mathbb{R}^{n^2}$ の有界な閉集合はコンパクトであるから，$O(n)$ はコンパクトな Lie 群である．他の群は同様なので省略する． ∎

$Sp(n)$ は，次の項(e)の系 7.11 で述べるように四元数を用いて
$$Sp(n)\simeq \{g\in GL(n,\mathbb{H})\colon g^*g=I_n\}$$
と実現することもできる．この表記を見れば，$O(n)\subset U(n)\subset Sp(n)$ が，体 $\mathbb{R}\subset \mathbb{C}\subset \mathbb{H}$ に対応した類似の系列のコンパクト Lie 群であることがわかる．

$U(n)$ は**ユニタリ群**(unitary group)，$SU(n)$ は**特殊ユニタリ群**(special unitary group)，$O(n)$ は**直交群**(orthogonal group)，$SO(n)$ は**特殊直交群**(special orthogonal group)と呼ばれる．それぞれの Lie 環は

$$\mathfrak{u}(n)\simeq \{X\in \mathfrak{gl}(n,\mathbb{C})\colon X^*+X=O\}$$
$$\mathfrak{su}(n)\simeq \{X\in \mathfrak{sl}(n,\mathbb{C})\colon X^*+X=O\}$$
$$\mathfrak{o}(n)=\mathfrak{so}(n)\simeq \{X\in \mathfrak{sl}(n,\mathbb{R})\colon {}^tX+X=O\}$$
$$\mathfrak{sp}(n)\simeq \{X\in \mathfrak{u}(2n)\colon {}^tXJ_n+J_nX=O\}$$

で与えられる．最後に，$U(n)$ と $SU(n)$，$O(n)$ と $SO(n)$ を比較しておこう．

命題 7.7

（ⅰ）　$SU(n)$ は $U(n)$ の正規部分群であり，$U(n)/SU(n)\simeq \mathbb{T}$ である．

（ⅱ）　$SO(n)$ は $O(n)$ の正規部分群であり，$O(n)/SO(n)\simeq \{\pm 1\}$ である．特に，$O(n)$ の連結成分は 2 個である．

［証明］　（ⅰ）$\det\colon U(n)\to \mathbb{T}$ が全射であり，その核(kernel)が $SU(n)$ であることより明らか．

（ⅱ）$\det\colon O(n)\to \{\pm 1\}$ が全射であり，その核が $SO(n)$ であることより，同型 $O(n)/SO(n)\simeq \{\pm 1\}$ がわかる．$SO(n)$ は連結なので $O(n)$ の連結成分は 2 個となる． ∎

(e) 非コンパクトな実古典群

$\mathbb{C}$ および $\mathbb{H}$ の共役を

(7.12) $\qquad \overline{a+\sqrt{-1}\,b} = a - \sqrt{-1}\,b \quad (a, b \in \mathbb{R})$

(7.13) $\qquad \overline{a+b\boldsymbol{i}+c\boldsymbol{j}+d\boldsymbol{k}} = a - b\boldsymbol{i} - c\boldsymbol{j} - d\boldsymbol{k} \quad (a, b, c, d \in \mathbb{R})$

と定義し, $K = \mathbb{R}, \mathbb{C}, \mathbb{H}$ 上のベクトル空間 K^{p+q} の Hermite 形式を

$$B_{p,q} \colon K^{p+q} \times K^{p+q} \to K, \quad (z, w) \mapsto \sum_{i=1}^{p} \overline{w_i} z_i - \sum_{i=p+1}^{p+q} \overline{w_i} z_i$$

と定義する. ただし, $z = {}^t(z_1, \cdots, z_{p+q})$, $w = {}^t(w_1, \cdots, w_{p+q}) \in K^{p+q}$. 複素数あるいは四元数を成分とする行列 g に対し, 各成分の共役をとった行列を $\overline{g}$ と表す. また $g^* = \overline{{}^t g}$ (転置行列の共役) とおく. $\overline{{}^t g} = {}^t(\overline{g})$ が成り立つことに注意しよう. $n = p+q$ とおき,

$$U(p, q; K) := \{g \in GL(n, K) \colon B_{p,q}(gu, gv) = B_{p,q}(u, v) \ (\forall u, \forall v \in K^{p+q})\}$$
$$= \{g \in GL(n, K) \colon {}^t\overline{v}({}^t\overline{g} I_{p,q} g)u = {}^t\overline{v} I_{p,q} u \ (\forall u, \forall v \in K^{p+q})\}$$
$$= \{g \in GL(n, K) \colon g^* I_{p,q} g = I_{p,q}\}$$

と定義する. ただし

(7.14) $\qquad I_{p,q} := \begin{pmatrix} \overbrace{\begin{matrix} 1 & & \\ & \ddots & \\ & & 1 \end{matrix}}^{p\,\text{個}} & \\ & \overbrace{\begin{matrix} -1 & & \\ & \ddots & \\ & & -1 \end{matrix}}^{q\,\text{個}} \end{pmatrix} \in GL(p+q, \mathbb{R})$

とおいた.

$U(p, q; K)$ は Lie 群 $GL(n, K)$ の閉部分群なので, $U(p, q; K)$ は Lie 群となる. さらに次の命題より簡約 Lie 群としての構造をもつことがわかる (§5.5 定義 5.36 参照).

命題 7.8　$n=p+q$, $K=\mathbb{R},\mathbb{C},\mathbb{H}$ とする．$g\in M(n,K)$ に対し，
$$g^*I_{p,q}g = I_{p,q} \iff gI_{p,q}g^* = I_{p,q}$$
が成り立つ．特に，$g\in U(p,q;K) \iff g^* \in U(p,q;K)$．

[証明]　まず $\implies$ を示す．$g^*I_{p,q}g = I_{p,q}$ とすると，$(I_{p,q}g^*I_{p,q})g = I_n$．従って $I_{p,q}g^*I_{p,q}$ は g の逆行列である．故に $g(I_{p,q}g^*I_{p,q}) = I_n$ が成り立つ．よって $gI_{p,q}g^* = I_{p,q}$ が示された．$\impliedby$ はまったく同様である．■

次の記号もよく用いられる．
$$O(p,q) := U(p,q;\mathbb{R})$$
$$U(p,q) := U(p,q;\mathbb{C})$$
$$Sp(p,q) := U(p,q;\mathbb{H})$$
$O(p,q)$ を**不定値直交群**（indefinite orthogonal group）または**擬直交群**（pseudo-orthogonal group）と呼び，$U(p,q)$ を**不定値ユニタリ群**または**擬ユニタリ群**と呼ぶ．特に，$O(3,1)$ を **Lorentz 群**といい，$O(4,1)$ を **de Sitter 群**という．また，$q=0$ あるいは $p=0$ の場合は，

$$O(p,0) \simeq O(0,p) \simeq O(p)$$
$$U(p,0) \simeq U(0,p) \simeq U(p)$$
$$Sp(p,0) \simeq Sp(0,p) \simeq Sp(p)$$

が成り立つ（最後の同型は系 7.11 で示す）．$K=\mathbb{R}$ または $\mathbb{C}$ の場合は，行列式 $=1$ の部分群をとって
$$SO(p,q) := SL(n,\mathbb{R}) \cap O(p,q)$$
$$SU(p,q) := SL(n,\mathbb{C}) \cap U(p,q)$$
と定義する．これらの Lie 群に対する Lie 環は，

$$\mathfrak{o}(p,q) = \mathfrak{so}(p,q) \simeq \{X \in \mathfrak{gl}(p+q,\mathbb{R}) : {}^tXI_{p,q} + I_{p,q}X = O\}$$
$$\mathfrak{u}(p,q) \simeq \{X \in \mathfrak{gl}(n,\mathbb{C}) : X^*I_{p,q} + I_{p,q}X = O\}$$
$$\mathfrak{su}(p,q) \simeq \{X \in \mathfrak{sl}(n,\mathbb{C}) : X^*I_{p,q} + I_{p,q}X = O\}$$
$$\mathfrak{sp}(p,q) \simeq \{X \in M(n,\mathbb{H}) : X^*I_{p,q} + I_{p,q}X = O\}$$

で与えられる．

なお, $p,q \geqq 1$ のとき $SO(p,q)$ の連結成分は 2 個, $O(p,q)$ の連結成分は 4 個ある(演習問題 7.2 参照). その単位元を含む連結成分は今までの記法に倣えば $SO(p,q)_0$ となるが, 習慣で $SO_0(p,q)$ と書くことが多い.

群 $Sp(p,q)$ は四元数を使わずに, 次のように $GL(2(p+q),\mathbb{C})$ の部分群に実現することもできる.

命題 7.9 (複素行列による $Sp(p,q)$ の表示) $p+q=n$ とし,
$$I_{p,q;p,q} := \mathrm{diag}(\underbrace{1,\cdots,1}_{p\text{個}},\underbrace{-1,\cdots,-1}_{q\text{個}},\underbrace{1,\cdots,1}_{p\text{個}},\underbrace{-1,\cdots,-1}_{q\text{個}}) \in GL(2n,\mathbb{R})$$
とおく.

(ⅰ) $G := \{g \in M(2n,\mathbb{C}) : gI_{p,q;p,q}g^* = I_{p,q;p,q}\}$ とおくと, G は $U(2p,2q)$ と同型な Lie 群である.

(ⅱ) 補題 7.2 における線型同型写像 $\eta_\mathbb{H} : M(n,\mathbb{H}) \simeq MJ(2n,\mathbb{C})$ は Lie 群の同型写像
$$Sp(p,q) \simeq \left\{ g = \begin{pmatrix} A & -B \\ \overline{B} & \overline{A} \end{pmatrix} \in M(2n,\mathbb{C}) : gI_{p,q;p,q}g^* = I_{p,q;p,q} \right\}$$
を導く. 特に, $Sp(p,q)$ は $U(2p,2q)$ の部分 Lie 群として実現される. □

注意 7.10 $g \in M(2n,\mathbb{C})$ が $gI_{p,q;p,q}g^* = I_{p,q;p,q}$ を満たすならば, $\det g \neq 0$ となるので, 上記の命題 7.9 における $M(2n,\mathbb{C})$ を $GL(2n,\mathbb{C})$ に置き換えてもよい.

[命題 7.9 の証明のスケッチ]

(ⅰ) $g_0 I_{p,q;p,q} g_0^* = I_{2p,2q}$ となる $g_0 \in GL(2n,\mathbb{R})$ を選ぶと,
$$g I_{2p,2q} g^* = I_{2p,2q} \iff (g_0^{-1}gg_0)I_{p,q;p,q}(g_0^{-1}gg_0)^* = I_{p,q;p,q}$$
であるから, $g \in U(2p,2q) \iff g_0^{-1}gg_0 \in G$ が成り立つ. 故に, $g \mapsto g_0^{-1}gg_0$ は $U(2p,2q)$ から G への Lie 群の同型写像を与える.

(ⅱ) $q=0$ のときが本質的なので, 計算を簡単にするため $q=0$ を仮定して証明を行う.

$A,B \in M(n,\mathbb{C})$ とし, $\mathbb{C}$ の $\sqrt{-1}$ と $\mathbb{H}$ の $\boldsymbol{i}$ を同一視すると,
$$(A+B\boldsymbol{j})(A+B\boldsymbol{j})^* = (A+B\boldsymbol{j})(A^* - \boldsymbol{j}B^*)$$
$$= AA^* + BB^* + B\boldsymbol{j}A^* - A\boldsymbol{j}B^*$$

$$= AA^* + BB^* + (B^tA - A^tB)\boldsymbol{j}$$

であるから，以下の同値が成り立つ：

$$\begin{aligned}
A + B\boldsymbol{j} \in Sp(n,0) &\iff (A+B\boldsymbol{j})(A+B\boldsymbol{j})^* = I_n \\
&\iff AA^* + BB^* = I_n \text{ かつ } A^tB = B^tA \\
&\iff \begin{pmatrix} A & -B \\ B & A \end{pmatrix}\begin{pmatrix} A & -B \\ B & A \end{pmatrix}^* = I_{2n} \\
&\iff \eta_H(A+B\boldsymbol{j}) \in U(2n).
\end{aligned}$$

従って(ii)が($q=0$ の場合に)示された．∎

系7.11 次の2つの Lie 群

$Sp(n,0) = \{g \in GL(n,\mathbb{H}): g^*g = I_n\}$

$Sp(n) = \{g \in U(2n): {}^tgJ_ng = J_n\} = Sp(n,\mathbb{C}) \cap U(2n)$ （前項(d)参照）

は同型な Lie 群である．

［証明］ 前命題7.9 より $\eta_H: Sp(n,0) \simeq MJ(2n,\mathbb{C}) \cap U(2n)$ は同型である．従って，$g \in U(2n)$ のとき

(7.15) $\qquad g \in MJ(2n,\mathbb{C}) \iff g \in Sp(n,\mathbb{C})$

をいえばよい．$g \in U(2n)$ だから，${}^tg^{-1} = \overline{g}$ である．故に，

$$J_n g = \overline{g}J_n \iff J_n g = {}^tg^{-1}J_n$$

となり，確かに(7.15)の同値が成り立つ．従って系が証明された．∎

上記の命題7.9 は，$\mathbb{C}$-線型同型 $\mathbb{H} \simeq \mathbb{C}^2$ ((7.3)参照)に基づくものであった．同様に，$\mathbb{R}$-線型同型 $\mathbb{C} \simeq \mathbb{R}^2$ を用いれば，次の命題が得られる．

命題7.12（実行列による $U(p,q)$ の表示）　$p+q=n$ とする．

(i) $\{g \in M(2n,\mathbb{R}): gI_{p,q;p,q}{}^tg = I_{p,q;p,q}\}$ は $O(2p,2q)$ と同型な Lie 群である．

(ii) 補題7.2 における線型同型写像 $\eta_C: M(n,\mathbb{C}) \simeq MJ(2n,\mathbb{R})$ は，Lie 群の同型写像

$$U(p,q) \simeq \left\{g = \begin{pmatrix} A & -B \\ B & A \end{pmatrix} \in M(2n,\mathbb{R}): gI_{p,q;p,q}{}^tg = I_{p,q;p,q}\right\}$$

を導く．特に $U(p,q)$ は $O(2p,2q)$ の部分 Lie 群として実現される．　∎

最後に Lie 群 $O^*(2n), SO^*(2n), Sp(n,\mathbb{R})$ を定義しよう．まず

$$SU^*(2n) = SL(n, \mathbb{H}) \simeq \{g \in M(2n, \mathbb{C}) : \overline{g}J_n = J_n g, \ \det g = 1\}$$

の部分群として

$$SO^*(2n) := \{g \in M(2n, \mathbb{C}) : \overline{g}J_n = J_n g, \ \det g = 1, \ {}^t g g = I_{2n}\}$$

と定義する．すなわち，

(7.16) $\quad SO^*(2n) \simeq SU^*(2n) \cap O(2n, \mathbb{C}) = SL(n, \mathbb{H}) \cap O(2n, \mathbb{C})$

である．

同様に，

$$U^*(2n) = GL(n, \mathbb{H}) \simeq \{g \in GL(2n, \mathbb{C}) : \overline{g}J_n = J_n g\}$$

の部分群として

$$O^*(2n) := \{g \in GL(2n, \mathbb{C}) : \overline{g}J_n = J_n g, \ {}^t g g = I_{2n}\}$$

と定義する．すなわち，

(7.17) $\quad O^*(2n) \simeq U^*(2n) \cap O(2n, \mathbb{C}) = GL(n, \mathbb{H}) \cap O(2n, \mathbb{C})$

である．特に

$$O^*(2n) \subset O(2n, \mathbb{C}), \quad SO^*(2n) \subset SO(2n, \mathbb{C})$$

となることに注意しよう．Lie群 $SO^*(2n)$ および $O^*(2n)$ のLie環は

$$\mathfrak{o}^*(2n) = \mathfrak{so}^*(2n) \simeq \{X \in \mathfrak{sl}(2n, \mathbb{C}) : \overline{X}J_n = J_n X, \ {}^t X + X = O\}$$

で与えられる．$g \in GL(2n, \mathbb{C})$ が $\overline{g}J_n = J_n g$ を満たす，すなわち $g \in MJ(2n, \mathbb{C})$ ならば，$\det g > 0$ が成り立つので，実は $O^*(2n) \subset SO(2n, \mathbb{C})$ となる．従って次の命題が成り立つ．

命題 7.13 $\quad SO^*(2n) = O^*(2n)$. $\hfill\square$

また，複素シンプレクティック群

$$Sp(n, \mathbb{C}) = \{g \in SL(2n, \mathbb{C}) : {}^t g J_n g = J_n\}$$

の部分群として

$$Sp(n, \mathbb{R}) := \{g \in SL(2n, \mathbb{R}) : {}^t g J_n g = J_n\}$$

と定義する．$Sp(n, \mathbb{R})$ は実斜交群，あるいは，実シンプレクティック群 (real symplectic group) と呼ばれる．このLie環は

$$\mathfrak{sp}(n, \mathbb{R}) \simeq \{X \in \mathfrak{sl}(2n, \mathbb{R}) : {}^t X J_n + J_n X = O\}$$

で与えられる．

問2 $O(p,q)$, $U(p,q)$, $Sp(p,q)$, $O^*(2n)$, $Sp(n,\mathbb{R})$ の次元を求めよ.
答. $\frac{1}{2}(p+q)(p+q-1)$, $(p+q)^2$, $(p+q)(2p+2q+1)$, $n(2n-1)$, $n(2n+1)$.

（f） 古典型線型群と複素 Lie 群

以上に述べた古典型線型群を次の形でリストにしておくと便利である.

$$
\begin{aligned}
&GL(n,\mathbb{R}),\ U(p,q) &&\subset GL(n,\mathbb{C}) &&(p+q=n)\\
&U^*(2m) &&\subset GL(2m,\mathbb{C})\\
&SL(n,\mathbb{R}),\ SU(p,q) &&\subset SL(n,\mathbb{C}) &&(p+q=n)\\
&SU^*(2m) &&\subset SL(2m,\mathbb{C})\\
&O(p,q) &&\subset O(n,\mathbb{C}) &&(p+q=n)\\
&O^*(2m) &&\subset O(2m,\mathbb{C})\\
&Sp(n,\mathbb{R}),\ Sp(p,q) &&\subset Sp(n,\mathbb{C}) &&(p+q=n)
\end{aligned}
$$

これらの包含関係は Lie 群の複素化と実形(定義 12.10 参照)の関係になっている(例 12.11～例 12.13 参照). これらについては，第 12 章で詳しく述べる．

以上で述べた Lie 群はすべて簡約 Lie 群(定義 5.36 参照)となっている．すなわち, $G \subset GL(N,\mathbb{C})$ と実現したとき, $G^* = G$ が成り立つ. G に対して, G の極大コンパクト部分群 $K := G \cap U(N)$, $\mathfrak{k} + \sqrt{-1}\mathfrak{p}$ の極大な可換部分空間の次元(これを $\mathrm{rank}\,G$ と書き G の**ランク**という), $\mathfrak{p}$ の極大な可換部分空間の次元(これを $\mathbb{R}$-$\mathrm{rank}\,G$ と書き G の**実ランク** (real rank) という) と一緒に表にまとめておこう．ただし，下の表で $[x]$ は x を超えない最大の整数を表すものとする．なお，G のランクおよび G の次元は，G の複素化のみで決まることに注意されたい．

定理 7.14（古典型単純 Lie 群） $SL(n,\mathbb{C})$ $(n\geq 2)$, $SO(n,\mathbb{C})$ $(n\geq 5)$, $Sp(n,\mathbb{C})$ $(n\geq 1)$, $SL(n,\mathbb{R})$ $(n\geq 2)$, $SU(p,q)$ $(p+q\geq 2)$, $SU^*(2m)$ $(m\geq 1)$, $SO_0(p,q)$ $(p+q\geq 5)$, $SO^*(2m)$ $(m\geq 3)$, $Sp(n,\mathbb{R})$ $(n\geq 1)$, $Sp(p,q)$ $(p+q\geq 1)$ はそれぞれ連結な Lie 群である．これらは，すべて単純 Lie 群である． □

単純 Lie 環の分類(É. Cartan, 1914)から，任意の単純 Lie 群は，上記の

表 7.1 古典型単純 Lie 群

G	K	$\dim G$	$\mathrm{rank}\, G$	$\mathbb{R}\text{-rank}\, G$
$SL(n,\mathbb{C})$	$SU(n)$	$2n^2-2$	$2n-2$	$n-1$
$SO(n,\mathbb{C})$	$SO(n)$	$n(n-1)$	$2\left[\dfrac{n}{2}\right]$	$\left[\dfrac{n}{2}\right]$
$Sp(n,\mathbb{C})$	$Sp(n)$	$4n^2+2n$	$2n$	n
$SL(n,\mathbb{R})$	$SO(n)$	n^2-1	$n-1$	$n-1$
$SU(p,q)$	$S(U(p)\times U(q))$	$(p+q)^2-1$	$p+q-1$	$\min(p,q)$
$SU^*(2m)$	$Sp(m)$	$4m^2-1$	$2m-1$	$m-1$
$SO_0(p,q)$	$SO(p)\times SO(q)$	$\dfrac{(p+q)(p+q-1)}{2}$	$\left[\dfrac{p+q}{2}\right]$	$\min(p,q)$
$SO^*(2m)$	$U(m)$	$m(2m-1)$	m	$\left[\dfrac{m}{2}\right]$
$Sp(n,\mathbb{R})$	$U(n)$	$2n^2+n$	n	n
$Sp(p,q)$	$Sp(p)\times Sp(q)$	$(p+q)(2p+2q+1)$	$p+q$	$\min(p,q)$

Lie 群(古典型単純 Lie 群と呼ばれる)か例外型単純 Lie 群(局所同型を除いて 22 個存在する)のいずれかであることが知られている.単純 Lie 群の抽象的な分類理論は Helgason [10] や Knapp [20],(コンパクト)例外型単純 Lie 群の具体的構成については,横田一郎[68]を参照されたい.

[定理 7.14 の証明のスケッチ] 定理で挙げた群 G はすべて簡約 Lie 群であるので Cartan 分解 $G \simeq K \times \mathfrak{p}$ が成り立ち,「G が連結 $\iff$ K が連結」となる.表 7.1 における K はすべて連結だから,G も連結であることが示された.

G が単純 Lie 群であることを示すためには,随伴表現 $\mathrm{Ad}\colon G \to GL_{\mathbb{R}}(\mathfrak{g})$ が $\mathbb{R}$ 上の既約表現であることを示せばよい.このためには,複素 Lie 群 $G_{\mathbb{C}} = SL(n,\mathbb{C}), SO(n,\mathbb{C}), Sp(n,\mathbb{C})$ に対して,随伴表現 $\mathrm{Ad}\colon G_{\mathbb{C}} \to GL_{\mathbb{C}}(\mathfrak{g}_{\mathbb{C}})$ が既約表現であることを示せば十分である(第 12 章の Weyl のユニタリ・トリック参照).これは,第 8 章および第 9 章で解説する古典群の既約表現の分類から直ちに導かれる(演習問題 8.3,演習問題 9.7). ∎

(g) 双線型形式と古典群

今までに列挙した古典群を,今度は別の観点として,双線型形式などの自

己同型群とみなすことによって統一的に扱ってみよう．

$K=\mathbb{R},\mathbb{C},\mathbb{H}$ とする．V を K 上の n 次元ベクトル空間とする．最初に，線型代数の基礎的ないくつかの用語を確認しておこう．

定義 7.15　写像 $B\colon V\times V\to K$ が次の 2 条件

(7.18) $$B(xa+yb,z) = B(x,z)a+B(y,z)b$$

(7.19) $$B(x,ya+zb) = \overline{a}B(x,y)+\overline{b}B(x,z)$$

($\forall x,\forall y,\forall z\in V,\ \forall a,\forall b\in K$) を満たすとき，$B$ を V 上の半双線型形式 (sesquilinear form) という．スカラー倍の左右は $K=\mathbb{H}$ の場合のみ注意を払う必要がある．$K=\mathbb{R},\mathbb{C}$ の場合は，もちろん，条件 (7.18) は

$$B(ax+by,z) = aB(x,z)+bB(y,z)$$

と同値である．$V=K^n$ ($K=\mathbb{R},\mathbb{C},\mathbb{H}$) の場合，$B$ は行列 $S\in M(n,K)$ を用いて，

$$B(u,v) = v^*Su \quad (u,v\in K^n)$$

と表される．

次に，$K=\mathbb{R}$ または $\mathbb{C}$ のとき (7.19) のかわりに

(7.20) $$B(x,ya+zb) = B(x,y)a+B(x,z)b$$

を考える．条件 (7.18) と (7.20) を満たすとき，B を V 上の双線型形式 (bilinear form) という．　□

定義 7.16（対称形式と Hermite 形式）

（ⅰ）　$K=\mathbb{R}$ または $\mathbb{C}$ とし，B を双線型形式とする．

　B は対称 (symmetric) $\iff B(x,y)=B(y,x) \quad (\forall x,\forall y\in V)$

　B は歪対称 (skew-symmetric) $\iff B(x,y)=-B(y,x) \quad (\forall x,\forall y\in V)$

（ⅱ）　$K=\mathbb{C}$ または $\mathbb{H}$ とし，B を半双線型形式とする．

　B は **Hermite** 形式 $\iff B(x,y)=\overline{B(y,x)} \quad (\forall x,\forall y\in V)$

　B は歪 **Hermite** 形式 $\iff B(x,y)=-\overline{B(y,x)} \quad (\forall x,\forall y\in V)$　□

定義 7.17　B は双線型形式または半双線型形式とする．$\{x\in V:B(x,y)=0\ (\forall y\in V)\}=\{0\}$ かつ $\{y\in V:B(x,y)=0\ (\forall x\in V)\}=\{0\}$ のとき，B は非

退化 (non-degenerate) であるという.

B を V 上の非退化な双線型形式または半双線型形式とするとき
(7.21)
$$\mathrm{Aut}(B) := \{T \in \mathrm{End}_K(V) : B(Tx, Ty) = B(x, y) \ (\forall x, \forall y \in V)\}$$
とおく.

命題 7.18 $\mathrm{Aut}(B)$ は Lie 群である.

[証明] <u>ステップ(1)</u> $\mathrm{Aut}(B)$ が群であることを示そう. $\mathrm{id}_V \in \mathrm{Aut}(B)$ は明らかである (単位元の存在). $T \in \mathrm{Aut}(B)$ とする. B は非退化なので「$Tx = 0 \Longrightarrow x = 0$」が成り立つ. 故に T^{-1} が存在する. このとき
$$B(T^{-1}x, T^{-1}y) = B(T(T^{-1}x), T(T^{-1}y)) = B(x, y) \quad (\forall x, \forall y \in V)$$
だから $T^{-1} \in \mathrm{Aut}(B)$ である (逆元の存在). また $S, T \in \mathrm{Aut}(B)$ なら
$$B(STx, STy) = B(Tx, Ty) = B(x, y) \quad (\forall x, \forall y \in V)$$
より $ST \in \mathrm{Aut}(B)$ である. 以上より $\mathrm{Aut}(B)$ は群である.

<u>ステップ(2)</u> $\mathrm{Aut}(B)$ は $GL_K(V)$ の閉集合である. よって von Neumann–Cartan の定理より $\mathrm{Aut}(B)$ は Lie 群の構造をもつ. ∎

以下の例で $\mathrm{Aut}(B)$ の形を決定しよう. これらはすべて既述の古典型 Lie 群と同型になることがわかる. 個々の例の証明には深入りしないが, K が非可換体 $\mathbb{H}$ の場合, $T \in M(n, K)$ と $v \in K^n$ に対して $^t(Tv) = {}^tv{}^tT$ ではなく,
$$(Tv)^* = v^*T^*$$
が成り立つことに注意しておこう.

例 7.19 $K = \mathbb{R}$, B は非退化対称形式のとき, V の適当な基底をとって, $V \simeq \mathbb{R}^n$ と同一視すると,
$$B(x, y) = x_1 y_1 + \cdots + x_p y_p - x_{p+1} y_{p+1} - \cdots - x_{p+q} y_{p+q} \quad (p+q=n)$$
$$= {}^t x I_{p,q} y$$
と表される. しかも自然数の組 (p, q) は基底のとり方によらず, 一意に定まる (**Sylvester** の慣性法則). 故に
$$\mathrm{Aut}(B) \simeq O(p, q)$$
となる. 組 (p, q) は符号数あるいは慣性指数という. もちろん $p=0$ または $q=0$ なら $\mathrm{Aut}(B) \simeq O(n)$ である. ∎

例 7.20 $K=\mathbb{R}$, B は非退化歪対称形式のとき,自動的に $n=\dim_{\mathbb{R}} V$ は偶数となるので $n=2m$ とおく. V の適当な基底をとって $V\simeq\mathbb{R}^{2m}$ と同一視すれば
$$B(x,y) = x_1 y_{m+1} + \cdots + x_m y_{2m} - x_{m+1} y_1 - \cdots - x_{2m} y_m$$
$$= {}^t x J_m y$$
と表される.故に $\mathrm{Aut}(B)\simeq Sp(m,\mathbb{R})$ という同型が得られる. □

例 7.21 $K=\mathbb{C}$, B は非退化対称形式のとき,V の適当な基底をとって $V\simeq\mathbb{C}^n$ と同一視すれば
$$B(x,y) = x_1 y_1 + \cdots + x_n y_n$$
とできるので,$\mathrm{Aut}(B)\simeq O(n,\mathbb{C})$ という同型が得られる. □

例 7.22 $K=\mathbb{C}$, B は非退化歪対称形式のとき,例 7.20 と同様に,$n=\dim_{\mathbb{C}} V$ は偶数となるので $n=2m$ とおくと,$V\simeq\mathbb{C}^{2m}$ の適当な基底をとって $\mathrm{Aut}(B)\simeq Sp(m,\mathbb{C})$ という同型が得られる. □

例 7.23 $K=\mathbb{C}$, B は非退化 Hermite 形式のとき,例 7.19 と同様に,V の適当な基底を選んで $V\simeq\mathbb{C}^n$ と同一視すると,B は
$$B(x,y) = x_1 \overline{y_1} + \cdots + x_p \overline{y_p} - x_{p+1} \overline{y_{p+1}} - \cdots - x_{p+q} \overline{y_{p+q}} \quad (p+q=n)$$
$$= {}^t x I_{p,q} \overline{y}$$
と表される.よって $\mathrm{Aut}(B)\simeq U(p,q)$ という同型が得られる.例 7.19 と同様に整数の組 (p,q) は基底のとり方によらず B によって一意的に定まる. □

例 7.24 $K=\mathbb{H}=\mathbb{R}+\mathbb{R}\boldsymbol{i}+\mathbb{R}\boldsymbol{j}+\mathbb{R}\boldsymbol{k}$, B は非退化歪 Hermite 形式.V の適当な基底をとって,$V\simeq\mathbb{H}^n$ と同一視し,
$$B(x,y) = \overline{y_1}\boldsymbol{j} x_1 + \cdots + \overline{y_n}\boldsymbol{j} x^n$$
と定めると,
$$B(xa,y) = B(x,y)a \quad (a\in\mathbb{H})$$
$$B(x,yb) = \overline{b} B(x,y) \quad (b\in\mathbb{H})$$
$$\overline{B(x,y)} = \overline{x_1}(-\boldsymbol{j})y_1 + \cdots + \overline{x_n}(-\boldsymbol{j})y_n = -B(y,x)$$
となり,B は歪 Hermite 形式である.このとき,
$$\mathrm{Aut}(B) = \{g\in GL(n,\mathbb{H}) : g^*(\boldsymbol{j}I_n)g = \boldsymbol{j}I_n\}$$

$$\simeq \{A \in GL(2n, \mathbb{C}) : \overline{A}J_n = J_n A,\ A^* J_n A = J_n\}$$
$$= \{A \in GL(2n, \mathbb{C}) : \overline{A}J_n = J_n A,\ {}^t\!A A = I_{2n}\}$$

となるので，$\mathrm{Aut}(B) \simeq O^*(2n) \simeq GL(n, \mathbb{H}) \cap O(2n, \mathbb{C})$ ((7.17)参照) という同型が得られる． □

例 7.25 $K = \mathbb{H}$，B は非退化 Hermite 形式のとき，V の適当な基底をとって，$V \simeq \mathbb{H}^n$ と同一視すると

$$B(x, y) = \overline{y_1}x_1 + \cdots + \overline{y_p}x_p - \overline{y_{p+1}}x_{p+1} - \cdots - \overline{y_{p+q}}x_{p+q} \quad (p+q=n)$$

と表される．例 7.19 と同様に整数の組 (p, q) は基底のとり方によらず，B によって一意に定まる．よって $\mathrm{Aut}(B) \simeq Sp(p, q)$ という同型が得られた． □

以上の結果を表の形に整理しておこう．V を $K = \mathbb{R}, \mathbb{C}, \mathbb{H}$ 上の n 次元ベクトル空間とし，B は V 上の非退化な双線型形式または半双線型形式とする．また，$B = \varnothing$ のときに $\mathrm{Aut}(B) := GL_K(V)$ と約束しておくと便利である．以下では p, q, m は $p+q=n$，$2m=n$ となる自然数とする．このとき，古典群を $\mathrm{Aut}(B)$ という形で表 7.2 のように実現することができる．

表 7.2 古典群の同型群 $\mathrm{Aut}(B)$ としての実現

K	B	$\mathrm{Aut}(B)$
$\mathbb{R}$	$\varnothing$	$GL(n, \mathbb{R})$
$\mathbb{R}$	対称	$O(p, q)$
$\mathbb{R}$	歪対称	$Sp(m, \mathbb{R})$
$\mathbb{C}$	$\varnothing$	$GL(n, \mathbb{C})$
$\mathbb{C}$	対称	$O(n, \mathbb{C})$
$\mathbb{C}$	歪対称	$Sp(m, \mathbb{C})$
$\mathbb{C}$	Hermite	$U(p, q)$
$\mathbb{H}$	$\varnothing$	$GL(n, \mathbb{H}) \simeq U^*(2n)$
$\mathbb{H}$	歪 Hermite	$O^*(2n)$
$\mathbb{H}$	Hermite	$Sp(p, q)$

(h) 対称対と対称空間

古典群の定義を少し変形して

$$g \in O(n) \iff g \in GL(n,\mathbb{R}) \text{ が等式 } g = {}^t g^{-1} \text{ を満たす}$$
$$g \in U(p,q) \iff g \in GL(n,\mathbb{C}) \text{ が等式 } g = I_{p,q}(g^*)^{-1}I_{p,q} \text{ を満たす}$$
$$g \in GL(n,\mathbb{R}) \iff g \in GL(n,\mathbb{C}) \text{ が等式 } g = \overline{g} \text{ を満たす}$$

というふうに書き直してみると,多くの古典群 H は
$$g \in H \iff g \in G \text{ が等式 } g = \sigma(g) \text{ を満たす}$$
という形で(すでによく知っている群 G の部分群として)定義されていることに気付くであろう.ここで,$\sigma(g)$ は

(7.22) $\qquad {}^t g^{-1}, \quad I_{p,q}(g^*)^{-1}I_{p,q}, \quad \overline{g}, \quad \cdots$

などを表す.$g \mapsto \sigma(g)$ が定める連続写像 $\sigma: G \to G$ は,上の例 (7.22) では次の 2 つの条件

(7.23) $\qquad \sigma(e) = e, \quad \sigma(g_1 g_2) = \sigma(g_1)\sigma(g_2) \quad (\forall g_1, \forall g_2 \in G)$

(7.24) $\qquad \sigma \circ \sigma = \mathrm{id}_G$

を満たす.条件 (7.23) は σ が Lie 群 G の自己同型写像であることを意味する.(7.24) の性質を対合的 (involutive) という.まとめて,上の 2 条件を満たす σ を対合的自己同型 (involutive automorphism) という.このとき
$$G^\sigma := \{g \in G : g = \sigma(g)\}$$
とおくと,(7.23) より次の命題が成り立つことがわかる.

命題 7.26 G^σ は G の閉部分群である. □

この命題と von Neumann–Cartan の定理より,G^σ は Lie 群の構造をもつ.

さて,G が連結であっても G^σ は連結とは限らないことに注意しよう.そこで,G^σ の連結成分を $(G^\sigma)_0$ と書く.

例 7.27 $G = U(n)$, $\sigma(g) = \overline{g}$ とすると,$G^\sigma = O(n)$, $(G^\sigma)_0 = SO(n)$ である.特に,G は連結であるが G^σ は連結でない. □

定義 7.28 σ を Lie 群 G の対合的自己同型とする.G の部分群 H が

(7.25) $\qquad (G^\sigma)_0 \subset H \subset G^\sigma$

を満たすとき,(G, H) を対称対 (symmetric pair) という.このとき H は自動的に G の閉部分群となる.等質空間 G/H を対称空間 (symmetric space)

という．定義より，特に，(G, G^σ) および $(G, (G^\sigma)_0)$ は対称対である． □

例 7.29 $(U(n), O(n))$ や $(U(n), SO(n))$ は対称対である． □

例 7.30 この項の最初に述べた式より，$(GL(n, \mathbb{R}), O(n))$，$(GL(n, \mathbb{C}),$ $U(p, q))$ $(p+q=n)$，$(GL(n, \mathbb{C}), GL(n, \mathbb{R}))$ などは対称対の例である． □

このような例をつなげると
$$SL(2n, \mathbb{C}) \supset SL(2n, \mathbb{R}) \supset Sp(n, \mathbb{R}) \supset GL(n, \mathbb{R}) \supset O(p, q) \quad (p+q = n)$$
$$SU(2p, 2q) \supset Sp(p, q) \supset U(p, q) \supset O(p, q)$$
$$SL(2n, \mathbb{C}) \supset SU^*(2n) \supset SO^*(2n) \supset U(n)$$

など，それぞれの包含関係が対称対を表すような古典群の列をたくさん見つけることもできる．これらの包含関係は，古典群が単独に存在しているのではなく，互いに連関しあって存在していることを表すものである．

最後に，群自身が対称空間とみなせることに注意しよう．

例 7.31 G_1 を Lie 群とし，$\sigma: G_1 \times G_1 \to G_1 \times G_1$, $(x, y) \mapsto (y, x)$ とおくと，σ は直積群 $G = G_1 \times G_1$ の対合的自己同型写像であり，
$$G^\sigma = \mathrm{diag}(G_1) := \{(g, g) \in G_1 \times G_1 : g \in G_1\}$$
となる．全単射写像 $G/G^\sigma \to G_1$, $(x, y)G^\sigma \mapsto xy^{-1}$ によって，対称空間 G/G^σ は群 G_1 と微分同相であることがわかる． □

§7.2 Clifford 代数とスピノル群

前節§7.1 では古典群を列挙した．それらは $\mathrm{Aut}(B)$ や $\det = 1$ という条件で統一的に構成できることを見た．しかし，このような形では構成できない古典群も存在する．それが，スピノル群 $Spin(n)$ である（厳密には $n \leq 6$ のときは §7.1 で述べた古典群あるいはその直積と同型になる）．この節でスピノル群を導入する目的は，$SO(n)$ の普遍被覆群（定義は §6.1 参照）を抽象的存在ではなく，具体的な群として構成することである．なお，$SU(n)$ や $Sp(n)$ は単連結である（系 7.58）ので，それ自身が普遍被覆群である．従って，G_2, F_4, E_6, E_7, E_8 という記号で表される例外群を除いてコンパクト単純群の普遍被覆群がすべて構成できたことになる．

それではスピノル群の構成の手段として Clifford 代数の定義から始める．

定義 7.32（Clifford 代数） $n \in \mathbb{N}$ とし，$\mathbb{R}^n$ の標準基底を $e_1, \cdots, e_n$ とする．テンソル代数 $T(\mathbb{R}^n) = \bigoplus_{k=0}^{\infty} T^k(\mathbb{R}^n)$ において，
$$e_k \otimes e_k + 1, \quad e_i \otimes e_j + e_j \otimes e_i \ (i \neq j) \quad (1 \leqq i, j, k \leqq n)$$
で生成される両側イデアルを I とする．商 $C_n := T(\mathbb{R}^n)/I$ を **Clifford 代数**（Clifford algebra）と呼ぶ．C_n は $\mathbb{R}$-多元環である．C_n の積は $a \cdot b$ $(a, b \in C_n)$ と表す． □

例 7.33 $n = 1$ のとき $C_1 \simeq \mathbb{R}[x]/(x^2 + 1) \simeq \mathbb{C}$． □

例 7.34 $n = 2$ のとき $C_2 \simeq \mathbb{R} + \mathbb{R}e_1 + \mathbb{R}e_2 + \mathbb{R}e_1 \cdot e_2$ は Hamilton の四元数体 $\mathbb{H} = \mathbb{R} + \mathbb{R}\boldsymbol{i} + \mathbb{R}\boldsymbol{j} + \mathbb{R}\boldsymbol{k}$ と $\mathbb{R}$-多元環として同型になる．このことを確かめるために，$\mathbb{R}^2$ の基底 e_1, e_2 をそれぞれ $\boldsymbol{i}, \boldsymbol{j}$ に対応させることによって得られる $\mathbb{R}$-線形写像 $\psi : \mathbb{R}^2 \to \mathbb{H}$ をテンソル代数 $T(\mathbb{R}^2)$ から $\mathbb{H}$ への環準同型写像 $\Psi : T(\mathbb{R}^2) \to \mathbb{H}$ に拡張する．このとき，$\Psi(e_k \otimes e_k) = \Psi(e_k)^2 = -1$ $(k = 1, 2)$，$\Psi(e_1 \otimes e_2 + e_2 \otimes e_1) = \boldsymbol{ij} + \boldsymbol{ji} = 0$ となることから，Ψ はイデアル I 上で零写像となり，従って環準同型写像 $\overline{\Psi} : C_2 \to \mathbb{H}$ が引き起こされる（下図参照）．

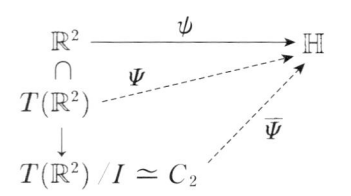

$$\begin{array}{ccc} \mathbb{R}^2 & \xrightarrow{\psi} & \mathbb{H} \\ \cap & \nearrow \Psi & \\ T(\mathbb{R}^2) & \dashrightarrow & \\ \downarrow & \nearrow \overline{\Psi} & \\ T(\mathbb{R}^2)/I \simeq C_2 & & \end{array}$$

$\mathbb{H}$ は $\mathbb{R}$-多元環として $\boldsymbol{i}, \boldsymbol{j}$ で生成されるので $\overline{\Psi}$ は全射であり，特に $\dim_{\mathbb{R}} C_2 \geqq \dim_{\mathbb{R}} \mathbb{H} = 4$ が成り立つ．逆に，次の補題の証明のステップ (1) で示すように，$\dim_{\mathbb{R}} C_n \leqq 2^n$ が一般に成り立つので，特に $\dim_{\mathbb{R}} C_2 \leqq 4$ である．故に，$\overline{\Psi}$ は Clifford 代数 C_2 と四元数体 $\mathbb{H}$ の $\mathbb{R}$-多元環としての同型を与える．$\overline{\Psi}$ の逆写像は

(7.26) $\quad \mathbb{H} \to C_2, \quad 1 \mapsto 1, \quad \boldsymbol{i} \mapsto e_1, \quad \boldsymbol{j} \mapsto e_2, \quad \boldsymbol{k} \mapsto e_1 \cdot e_2$

という基底の対応によって得られる．なお，補題 7.37(iii) で後述する $\overline{x}$ は四元数の共役と対応している． □

補題 7.35（Clifford 代数の $\mathbb{R}$-基底） $e_{i_1}\cdots e_{i_k} = e_{i_1}\otimes\cdots\otimes e_{i_k} + I$ $(i_1<\cdots<i_k)$ は C_n の $\mathbb{R}$-基底である．特に $\dim_\mathbb{R} C_n = 2^n$.

[証明] <u>ステップ(1)</u> C_n の任意の元が $\{e_{i_1}\otimes\cdots\otimes e_{i_k}+I : i_1<\cdots<i_k\}$ の $\mathbb{R}$-線型結合で表されることを示そう．$T(\mathbb{R}^n)$ の $\mathbb{R}$-基底として $\{e_{j_1}\otimes\cdots\otimes e_{j_N} : N=0,1,2,\cdots,\ j_l\in\{1,\cdots,n\}\}$ を考える．$e_i\otimes e_j \equiv -e_j\otimes e_i \mod I$ を繰り返して使うことにより，$\{j_1,\cdots,j_N\}$ を小さい順に並べかえた数列を $i_1,\cdots,i_N$（すなわち，$i_1\leqq\cdots\leqq i_N$）とするとき

$$e_{j_1}\otimes\cdots\otimes e_{j_N} \equiv \pm e_{i_1}\otimes\cdots\otimes e_{i_N} \mod I$$

が成り立つ．従って，$j_1\leqq\cdots\leqq j_N$ の場合だけで C_n を張ることがわかる．最後に $j_l=j_{l+1}$ となる部分に $e_i\otimes e_i\equiv -1 \mod I$ を繰り返して代入すれば，$j_1<\cdots<j_N$ の場合だけで C_n を張ることがわかる．

<u>ステップ(2)</u> $\{e_{i_1}\otimes\cdots\otimes e_{i_k}+I : i_1<\cdots<i_k\}$ が一次独立であることを証明しよう．このために，$\dim_\mathbb{R} C_n = 2^n$ を n に関する帰納法で示そう．例 7.33 および例 7.34 より $n=1,2$ のとき O.K. である．帰納法（$n\Rightarrow n+2$）を進めるため，Clifford 代数 C_n を複素化して得られる $\mathbb{C}$-多元環 $C_n\otimes_\mathbb{R}\mathbb{C}$ を $(C_n)_\mathbb{C}$ と表記する．以下の証明では，単にベクトル空間としての構造だけでなく，より深い内容として，$\mathbb{C}$-多元環としての同型（**Bott の周期性定理**）

$$(C_{n+2})_\mathbb{C} \simeq (C_n)_\mathbb{C}\otimes (C_2)_\mathbb{C}$$

が成り立つことも同時に示す．混乱を避けるために $\mathbb{R}^{n+2}, \mathbb{R}^n, \mathbb{R}^2$ の標準基底を順に $\{e_j : 1\leqq j\leqq n+2\}$，$\{f_j : 1\leqq j\leqq n\}$，$\{h_1, h_2\}$ と表記し，基底の対応

$$\psi(e_j) = if_j\otimes h_1 h_2 \quad (1\leqq j\leqq n), \quad \psi(e_{n+1}) = 1\otimes h_1, \quad \psi(e_{n+2}) = 1\otimes h_2$$

によって $\mathbb{C}$-線型写像 $\psi:\mathbb{C}^{n+2}\to (C_n)_\mathbb{C}\otimes(C_2)_\mathbb{C}$ を定める．例 7.34 で説明した同型写像 $C_2\xrightarrow{\sim}\mathbb{H}$ の構成と同様に，$\mathbb{C}$-線型写像 ψ を $\mathbb{C}$-多元環の準同型写像 $\Psi : T(\mathbb{C}^{n+2})\to (C_n)_\mathbb{C}\otimes(C_2)_\mathbb{C}$ に拡張する．このとき，

$$\Psi(e_j\otimes e_j) = -f_j f_j\otimes h_1 h_2 h_1 h_2 = -1 \quad (1\leqq j\leqq n)$$

$$\Psi(e_{n+1}\otimes e_{n+1}) = 1\otimes h_1^2 = -1$$

などの計算から，Ψ は $T(\mathbb{C}^{n+2}) = T(\mathbb{R}^{n+2})\otimes_\mathbb{R}\mathbb{C}$ のイデアル $I\otimes_\mathbb{R}\mathbb{C}$ の生成元上で零になり，従って，環準同型写像

$$\overline{\Psi} : (\mathbb{C}^{n+2})_\mathbb{C} \to (C_n)_\mathbb{C}\otimes(C_2)_\mathbb{C}$$

が引き起こされることがわかる．さて，$(C_n)_{\mathbb{C}} \otimes (C_2)_{\mathbb{C}}$ は $\mathbb{C}$-多元環として $f_j \otimes h_1 h_2$ $(1 \leqq j \leqq n)$, $1 \otimes h_1$, $1 \otimes h_2$ で生成されるので，$\overline{\Psi}$ は全射であることがわかる．このことを用いて

$$(*) \qquad \dim_{\mathbb{C}} (C_n)_{\mathbb{C}} = 2^n$$

が成り立つことの証明を完結させよう．この等式は $n=1,2$ では正しいので，n で成り立つとして $\dim_{\mathbb{C}}(C_{n+2})_{\mathbb{C}} = 2^{n+2}$ となることを示せばよい．まず，ステップ(1)より $\dim_{\mathbb{C}}(C_{n+2})_{\mathbb{C}} \leqq 2^{n+2}$ は既に証明されている．一方，$\overline{\Psi}$ が全射であることから，帰納法の仮定により

$$(**) \qquad \dim_{\mathbb{C}}(C_{n+2})_{\mathbb{C}} \geqq \dim_{\mathbb{C}}(C_n)_{\mathbb{C}} \cdot \dim_{\mathbb{C}}(C_2)_{\mathbb{C}} = 2^n \cdot 2^2 = 2^{n+2}$$

が成り立つ．従って，$(*)$ が $n+2$ の場合に成り立つことが示された．また $(**)$ の不等式において等号が成り立つのは $\overline{\Psi}$ が単射であることと同値なので，$\overline{\Psi}$ が単射，従って全単射であることも示された．

以上より，Bott の周期性定理および補題 7.35 が証明された．

注意 7.36 補題 7.35 で得られた基底を用いて

$$\mathbb{R} \simeq \{a + I : a \in \mathbb{R}\} \subset C_n, \quad \mathbb{R}^n \simeq \left\{ \sum_{j=1}^{n} a_j e_j + I : a_j \in \mathbb{R} \right\} \subset C_n$$

とみなすことができる．以後，しばしば $\mathbb{R} \subset C_n$, $\mathbb{R}^n \subset C_n$ と略記する．

補題 7.35 より，$\mathbb{R}$-線型写像 $C_n \to C_n$ は基底 $\{e_{i_1} \cdot \cdots \cdot e_{i_k}\}$ 上で定義できる．そこで次の $\mathbb{R}$-線型写像を考えよう．

補題 7.37 (Clifford 代数の共役写像)

(i) 次の $\mathbb{R}$-線型同型写像

$$(7.27) \qquad \tau : C_n \to C_n, \quad e_{i_1} \cdot \cdots \cdot e_{i_k} \mapsto (-1)^{\frac{k(k-1)}{2}} e_{i_1} \cdot \cdots \cdot e_{i_k}$$

は $\tau(a \cdot b) = \tau(b) \tau(a)$ $(\forall a, \forall b \in C_n)$ を満たす．

(ii) 次の $\mathbb{R}$-線型同型

$$(7.28) \qquad \alpha : C_n \to C_n, \quad e_{i_1} \cdot \cdots \cdot e_{i_k} \mapsto (-1)^k e_{i_1} \cdot \cdots \cdot e_{i_k}$$

は $\alpha(a \cdot b) = \alpha(a) \alpha(b)$ $(\forall a, \forall b \in C_n)$ を満たす．

(iii) $x \in C_n$ に対し

(7.29) $$\bar{x} := \alpha \circ \tau(x) = \tau \circ \alpha(x)$$

とおく．$C_n \to C_n$, $x \mapsto \bar{x}$ は $\mathbb{R}$-線型同型であり，$\overline{a \cdot b} = \bar{b} \cdot \bar{a}$ を満たす．

(iv) $N : C_n \to C_n$, $x \mapsto x \cdot \bar{x}$ とおくと，$x \in \mathbb{R}^n$ に対して，$N(x) = \|x\|^2$ が成り立つ（注意 7.36 のように $\mathbb{R}^n \subset C_n$, $\mathbb{R} \subset C_n$ とみなす）．ここで $\|\cdot\|$ は $\mathbb{R}^n$ の標準内積に関するノルムである． □

注意 7.38 上の定義を整理すると，$x = e_{i_1} \cdot \cdots \cdot e_{i_k}$ のとき，$\bar{x} = x$ ($k \equiv 0, 3 \mod 4$), $\bar{x} = -x$ ($k \equiv 1, 2 \mod 4$).

[証明] (i) $e_{i_k} \cdot \cdots \cdot e_{i_1} = (-1)^{\frac{k(k-1)}{2}} e_{i_1} \cdot \cdots \cdot e_{i_k}$ より明らか．
(ii) 明らか．
(iii) (i) と (ii) より明らか．
(iv) $x = \sum_{i=1}^n a_i e_i$ とすると，$N(x) = \left(\sum_i a_i e_i\right)\left(\sum_j -a_j e_j\right) = \sum_i a_i^2 = \|x\|^2$． ■

次に $C_n^\times$ を C_n の乗法群とする．すなわち，$x \in C_n$ に対して
$$x \in C_n^\times \iff \exists y \in C_n, \; x \cdot y = y \cdot x = 1.$$

定義 7.39 注意 7.36 に従って $\mathbb{R}^n \subset C_n$ とみなし，乗法群 $C_n^\times$ の部分集合 Γ_n を次の式で定義する：

(7.30) $$\Gamma_n := \{x \in C_n^\times : \alpha(x) \cdot v \cdot x^{-1} \in \mathbb{R}^n \; (\forall v \in \mathbb{R}^n)\}.$$ □

補題 7.40 Γ_n は $C_n^\times$ の部分群である．さらに α および τ で不変である．

[証明] $1 \in \Gamma_n$ は明らか．$x \in \Gamma_n$ とする．このとき，
$$\mathbb{R}^n \to \mathbb{R}^n, \quad v \mapsto \alpha(x) \cdot v \cdot x^{-1}$$
の逆写像は，$u \mapsto \alpha(x^{-1}) \cdot u \cdot x$ で与えられる．故に $x^{-1} \in \Gamma_n$.

次に $x, y \in \Gamma_n$ とする．$v \in \mathbb{R}^n$ に対して $\alpha(y) \cdot v \cdot y^{-1} = w$ とおくと
$$\alpha(x \cdot y) \cdot v \cdot (x \cdot y)^{-1} = \alpha(x) \cdot (\alpha(y) \cdot v \cdot y^{-1}) \cdot x^{-1} = \alpha(x) \cdot w \cdot x^{-1} \in \mathbb{R}^n$$
となるから $x \cdot y \in \Gamma_n$. 故に Γ_n は部分群である．

また $\mathbb{R}^n \subset C_n$ は α および τ で不変な部分空間であるから，$\alpha(x) \cdot v \cdot x^{-1} \in \mathbb{R}^n$ ($\forall v \in \mathbb{R}^n$) に α あるいは τ を施せば $\alpha(x) \in \Gamma_n$, $\tau(x) \in \Gamma_n$ がわかる（$\alpha \circ \tau = \tau \circ \alpha$ を用いる）． ■

さて，$g \in \Gamma_n$ に対し，$\rho(g) : \mathbb{R}^n \to \mathbb{R}^n$, $v \mapsto \alpha(g) \cdot v \cdot g^{-1}$ は線型写像である．

また $\rho(x\cdot y)=\rho(x)\rho(y)\ (x,y\in \Gamma_n)$ が成り立つから，群 Γ_n の n 次元表現
$$\rho: \Gamma_n \to GL_{\mathbb{R}}(\mathbb{R}^n) \tag{7.31}$$
が得られた．

補題 7.41　$\operatorname{Ker}\rho = \mathbb{R}^{\times}\cdot 1$．

［証明］$\alpha^2 = \operatorname{id}_{C_n}$ だから，C_n は α の固有値 ± 1 に対する固有空間 $C_n^{\pm}$ に直和分解される．α は $\mathbb{R}$-多元環 C_n の同型写像だから，
$$C_n^+ \cdot C_n^+ \subset C_n^+,\quad C_n^- \cdot C_n^- \subset C_n^+,\quad C_n^+ \cdot C_n^- \subset C_n^-,\quad C_n^- \cdot C_n^+ \subset C_n^- \tag{7.32}$$
が成り立つ．また，補題 7.35 で与えた C_n の基底は $C_n^{\pm}$ に分割されて
$$\{e_{i_1}\cdot\cdots\cdot e_{i_k} : i_1 < \cdots < i_k,\ k \text{ は偶数}\}\text{ は } C_n^+ \text{ の } \mathbb{R}\text{-基底}$$
$$\{e_{i_1}\cdot\cdots\cdot e_{i_k} : i_1 < \cdots < i_k,\ k \text{ は奇数}\}\text{ は } C_n^- \text{ の } \mathbb{R}\text{-基底}$$
となることに注意しよう．

さて，$x\in \operatorname{Ker}(\rho)$ とすると，$\alpha(x)\cdot v = v\cdot x\ (\forall v\in \mathbb{R}^n)$ が成り立つ．$x = x^+ + x^-\ (x^+ \in C_n^+,\ x^- \in C_n^-)$ と分解すると，$\alpha(x) = x^+ - x^-$ だから等式 $(x^+ - x^-)\cdot v = v\cdot(x^+ + x^-)$ を得る．そこで (7.32) を適用して
$$x^+\cdot v = v\cdot x^+,\quad x^-\cdot v = -v\cdot x^- \quad (\forall v\in \mathbb{R}^n)$$
が得られる．簡単な計算(演習問題 7.4 参照)より，$x^+ = c\cdot 1\ (\exists c\in \mathbb{R})$，$x^- = 0$ となる．故に $x = x^+ + x^- = c\cdot 1$ となる．x には逆元が存在するから $c\neq 0$ である．逆に，$x = c\cdot 1\ (c\neq 0)$ が $\operatorname{Ker}\rho$ に含まれることは明らかである．以上より補題が証明された．∎

補題 7.42　$x\in \Gamma_n$ なら $\overline{x}\cdot x = x\cdot \overline{x}\in \mathbb{R}^{\times}\cdot 1$ である．

［証明］$v\in \mathbb{R}^n$ とする．$x\in \Gamma_n$ なら $\alpha(x)\cdot v\cdot x^{-1}\in \mathbb{R}^n\ (\subset C_n)$ であり，τ は $\mathbb{R}^n$ 上では恒等写像として作用するから
$$\alpha(x)\cdot v\cdot x^{-1} = \tau(\alpha(x)\cdot v\cdot x^{-1}) = \tau(x^{-1})\cdot v\cdot \tau(\alpha(x))$$
となる．この等式と $\alpha(\overline{x}) = \tau(x)$ を用いると
$$\rho(\overline{x}\cdot x)v = \alpha(\overline{x}\cdot x)\cdot v\cdot(\overline{x}\cdot x)^{-1} = \tau(x)\cdot \alpha(x)\cdot v\cdot x^{-1}\cdot \overline{x}^{-1} = v$$
が得られる．故に，$\rho(\overline{x}\cdot x) = \operatorname{id}_{\mathbb{R}^n}$ が示された．一方，$\overline{x} = \alpha\circ\tau(x)\in \Gamma_n$ ($\because$ 補題 7.40)であり，Γ_n は群だから $\overline{x}\cdot x \in \Gamma_n$ である．よって，補題 7.41 より $\overline{x}\cdot x\in \mathbb{R}^{\times}\cdot 1\ (\subset C_n)$ となる．故に $\overline{x}$ は x^{-1} のスカラー倍である．従って $x\cdot \overline{x} = $

$\overline{x} \cdot x \in \mathbb{R}^\times \cdot 1$ となる. ∎

命題 7.43 $N: C_n \to C_n$ を Γ_n に制限した写像 $N|_{\Gamma_n}: \Gamma_n \to \mathbb{R}^\times \cdot 1$ は群準同型写像である. さらに $N(\alpha(x)) = N(x)$ ($\forall x \in \Gamma_n$) が成り立つ.

［証明］ $N(1) = 1$ は明らか. $x, y \in \Gamma_n$ とすると, $N(y) = y \cdot \overline{y} \in \mathbb{R}^\times \cdot 1$ より
$$N(x \cdot y) = x \cdot y \cdot \overline{y} \cdot \overline{x} = x \cdot N(y) \cdot \overline{x} = N(x)N(y).$$
よって $N|_{\Gamma_n}$ は準同型写像である. さらに
$$N(\alpha(x)) = \alpha(x) \cdot \overline{\alpha(x)} = \alpha(x) \cdot \alpha(\overline{x}) = \alpha(x \cdot \overline{x}) = \alpha(N(x)) = N(x).$$
よって命題が示された. ∎

命題 7.44 $\rho(\Gamma_n) \subset O(n)$.

［証明］ $x \in \Gamma_n, v \in \mathbb{R}^n$ とする. 命題 7.43 の証明と同様にして
$$N(\rho(x)v) = N(\alpha(x) \cdot v \cdot x^{-1}) = \alpha(x) \cdot v \cdot x^{-1} \cdot \overline{x^{-1}} \cdot \overline{v} \cdot \overline{\alpha(x)}$$
$$= N(\alpha(x))N(v)N(x^{-1}) = N(v)$$
となる. 補題 7.37 より $N(\cdot)$ は $\mathbb{R}^n$ 上では標準ノルム $\|\cdot\|$ と一致するから, $\|\rho(x)v\| = \|v\|$ となる. よって $\rho(x) \in O(n)$ が示された. ∎

補題 7.45

（ i ） $\mathbb{R}^n \subset C_n$ （注意 7.36 参照）と $\Gamma_n \subset C_n$ の間に次の包含関係がある.
$$\mathbb{R}^n \setminus \{0\} \subset \Gamma_n.$$

（ii） $x \in \mathbb{R}^n \setminus \{0\}$ ならば, $\rho(x) \in O(n)$ は x を法線とする超平面に関する鏡映(reflection)である. すなわち

(7.33) $$\rho(x)v = v - \frac{2(x, v)}{(x, x)} x \quad (v \in \mathbb{R}^n).$$

［証明］ (i)と(ii)を同時に示す. 補題 7.41 より $\rho(c \cdot x) = \rho(x)$ ($\forall c \in \mathbb{R}^\times$) となるから, 補題を証明するにあたって $x \in \mathbb{R}^n \setminus \{0\}$ は $\|x\| = 1$ と仮定してよい. このとき, $\overline{x} = -x, x^2 = -N(x) = -1$ であることに注意する. (7.33) を $x \perp v$ の場合と $x \in \mathbb{R}v$ の場合に分けて示そう. $x = \sum a_i e_i, v = \sum b_j e_j$ とする. $x \perp v$ ならば $\sum a_i b_i = 0$ だから,
$$x \cdot v = \sum_{i,j} a_i b_j e_i \cdot e_j = \sum_{i \neq j} a_i b_j e_i \cdot e_j = -\sum_{i \neq j} a_i b_j e_j \cdot e_i = -v \cdot x$$

となる．よって
$$\rho(x)v = -x \cdot v \cdot x^{-1} = v \cdot x \cdot x^{-1} = v$$
となり，(7.33)が成り立つ．一方，$v = cx$ $(c \in \mathbb{R})$ ならば
$$\rho(x)v = -x \cdot (cx) \cdot x^{-1} = -cx = -v$$
となり，やはり(7.33)が成り立つ．以上から(i)および(ii)が示された．∎

定義 7.46 群準同型写像 $N|_{\Gamma_n} : \Gamma_n \to \mathbb{R}^\times \cdot 1$（命題 7.43 参照）および $\rho : \Gamma_n \to GL(n, \mathbb{R})$（$\rho$ の定義は(7.31)参照）を用いて次の群を定義する．

(7.34) $\quad Pin(n) := \mathrm{Ker}(N|_{\Gamma_n} : \Gamma_n \to \mathbb{R}^\times \cdot 1) \subset \Gamma_n,$

(7.35) $\quad Spin(n) := \rho^{-1}(SO(n)) \cap Pin(n)$
$$= \{r \in \Gamma_n : N(r) = 1,\ \rho(r) \in SO(n)\}.$$

$Pin(n)$ をピノル群(pinor group)，$Spin(n)$ をスピノル群(spinor group)という．∎

以上の写像を整理しておこう．

$$\begin{array}{ccccccc}
 & & C_n & \xrightarrow{N} & C_n & & \\
 & & \cup & & \cup & & \\
Spin(n) & \subset\ Pin(n)\ \subset & \Gamma_n & \xrightarrow{N|_{\Gamma_n}} & \mathbb{R}^\times \cdot 1 & & \\
\downarrow & \downarrow & \downarrow \rho & & & & \\
SO(n) & \subset\quad O(n)\quad \subset & GL(n,\mathbb{R}) & & & &
\end{array}$$

定理 7.47 ρ の制限 $\rho|_{Pin(n)} : Pin(n) \to O(n)$ は全射な準同型写像であり，その核は $\{\pm 1\}$ である．

［証明］ 任意の直交行列は超平面に関する鏡映の積で表される（演習問題7.3 参照）から，補題 7.45 より，$\rho|_{Pin(n)} : Pin(n) \to O(n)$ は全射である．さらに，補題 7.41 より
$$\mathrm{Ker}(\rho : \Gamma_n \to GL(n, \mathbb{R})) \cap Pin(n) = \mathbb{R}^\times \cdot 1 \cap Pin(n) = \{\pm 1\}$$
となるから，定理 7.47 が証明された．∎

$Spin(n)$ の連結性は定義 7.46 からは明らかでない．そこで次の補題を準備する．この補題は，スピノル群 $Spin(n)$ の極大トーラスを具体的に記述するときにも有用である（§9.1 例 9.5 参照）．

補題 7.48 $n \geq 2$ のとき,

(7.36) $\qquad r: \mathbb{R} \to C_n, \quad t \mapsto \cos t + \sin t\, e_1 \cdot e_2$

は $Spin(n)$ の 1 パラメータ部分群である.

[証明] $r(0)=1$ は明らか. $(e_1 \cdot e_2)^2 = -1$ と三角関数の加法公式より
$$r(s)r(t) = r(s+t) \quad (\forall s, \forall t \in \mathbb{R})$$
が成り立つ. 特に $r(t)^{-1} = r(-t)$ となる. さらに, $\alpha(r(t)) = r(t)$ となるから, $\rho(r(t))v = r(t) \cdot v \cdot r(-t)$ ($v \in \mathbb{R}^n$) が成り立つ. このことから, 簡単な計算で

(7.37) $\quad \rho(r(t))v = \begin{cases} (\cos 2t)e_1 + (\sin 2t)e_2 & (v = e_1) \\ -(\sin 2t)e_1 + (\cos 2t)e_2 & (v = e_2) \\ v & (v = e_i,\ i \geq 3) \end{cases}$

がわかる. 故に $r(t) \in \Gamma_n$ かつ $\rho(r(t)) \in SO(2n)$ が任意の $t \in \mathbb{R}$ に対して成り立つ. 以上で補題が示された. ∎

定理 7.49 (スピノル群)

(ⅰ) ρ を $Spin(n)$ に制限すると, $\rho|_{Spin(n)}: Spin(n) \to SO(n)$ は全射であり, その核は $\{\pm 1\}$ である.

(ⅱ) $Spin(n)$ ($n \geq 2$) は連結なコンパクト Lie 群であり, その次元は $\frac{1}{2}n(n-1)$ である.

(ⅲ) $Spin(n)$ ($n \geq 3$) は単連結である. 特に, $SO(n)$ の普遍被覆群となる.

[証明] (ⅰ) 全射であることは, 定義 7.46 と定理 7.47 より明らか. $-1 \in Spin(n)$ であることは補題 7.48 で $t = \pi$ とおけばわかる.

(ⅱ) $SO(n)$ は連結であり, -1 と 1 は $Spin(n)$ の曲線 $r(t)$ で結ぶことができる (補題 7.48) から $Spin(n)$ も連結である. 従って, (ⅰ) より $\rho|_{Spin(n)}$ は二重被覆写像である. 故に, $Spin(n)$ は $SO(n)$ と同様にコンパクトな Lie 群であり, 次元は $\frac{1}{2}n(n-1)$ となる.

(ⅲ) $SO(n)$ ($n \geq 3$) の基本群は $\{1\}$ または $\mathbb{Z}_2$ ($:= \mathbb{Z}/2\mathbb{Z}$) であることを §6.3 で既に見た. $\rho|_{Spin(n)}$ は二重被覆写像なので, $\pi_1(SO(n)) \simeq \mathbb{Z}_2$, $\pi_1(Spin(n)) \simeq \{1\}$ が示された. ここで $\mathbb{Z}/2\mathbb{Z}$ を $\mathbb{Z}_2$ と略記した. ∎

上の証明中に示したように，特殊直交群の基本群は次の形になる．

系 7.50（直交群の基本群）

$$\pi_1(SO(n)) \simeq \begin{cases} \mathbb{Z} & (n=2) \\ \mathbb{Z}_2 & (n \geqq 3) \end{cases}$$
□

系 7.51 次の Lie 群の同型が成り立つ：
$Pin(n)/Spin(n) \simeq \mathbb{Z}_2,\ Pin(n)/\{\pm 1\} \simeq O(n),\ Spin(n)/\{\pm 1\} \simeq SO(n).$

［証明］ 定理 7.47，定理 7.49 より明らか． ■

最後に n が小さいときのスピノル群 $Spin(n)$ と他の古典群との同型を証明なしで述べておこう：

命題 7.52 次の Lie 群の同型が成り立つ．
$$Spin(3) \simeq SU(2) \simeq Sp(1)$$
$$Spin(4) \simeq SU(2) \times SU(2) \simeq Sp(1) \times Sp(1)$$
$$Spin(5) \simeq Sp(2)$$
$$Spin(6) \simeq SU(4)$$
□

§7.3 等質空間の例 1：球面の種々の表示

等質空間の例は非常に豊富にある．この節では例を羅列するのとは逆に，1 つの例（球面 S^{n-1}）だけを丁寧に説明しよう．すなわち，多様体としては $n-1$ 次元球面 S^{n-1} だけを扱うが，球面 S^{n-1} 上の様々な幾何に対応して，種々の変換群（Lie 群）によって球面 S^{n-1} を表示する方法を説明する．ここでは，球面 S^{n-1} に推移的に作用する変換群として次の Lie 群を考える：$O(n),\ SO(n);\ GL(n,\mathbb{R}),\ SL(n,\mathbb{R});\ O(n,1);\ U\left(\dfrac{n}{2}\right),\ U\left(\dfrac{n}{2},1\right)$（$n$ が偶数のとき）；$Sp\left(\dfrac{n}{4}\right),\ Sp\left(\dfrac{n}{4},1\right)$（$n$ が 4 の倍数のとき）．順を追って説明しよう．

（a） 球面の等長変換群

Euclid 空間 $\mathbb{R}^n$ の標準内積を $(\ ,\ )$ と表す．$\mathbb{R}^n$ の単位球面 S^{n-1} は

§7.3 等質空間の例1: 球面の種々の表示

$$S^{n-1} := \{x = {}^t(x_1, \cdots, x_n) \in \mathbb{R}^n : x_1^2 + \cdots + x_n^2 = 1\}$$
$$= \{x \in \mathbb{R}^n : (x, x) = 1\}$$

で定義される多様体である．$g \in O(n)$ ならば
$$(gx, gx) = (x, x) \quad (\forall x \in \mathbb{R}^n)$$
が成り立つから，直交群 $O(n)$ の球面 S^{n-1} への作用
$$O(n) \times S^{n-1} \to S^{n-1}, \quad (g, x) \mapsto gx$$
が定義される．この作用が推移的であることを見よう．$u_1 \in S^{n-1}$ を任意にとる．$\mathbb{R}u_1$ の直交補空間の正規直交基底 $u_2, \cdots, u_n$ をとって $g := (u_1, \cdots, u_n)$ とおけば行列 g は直交行列であり，しかも
$$g \cdot e_1 = u_1$$
となる．ここで $e_1 = {}^t(1, 0, \cdots, 0) \in S^{n-1}$．故に $O(n)$ の S^{n-1} への作用は推移的であることが示された．次に，e_1 における等方部分群を求めよう．$g = (g_{ij})_{1 \leq i,j \leq n} \in O(n)$ が $g \cdot e_1 = e_1$ を満たすとする．このとき $g_{11} = 1$, $g_{i1} = 0$ ($2 \leq \forall i \leq n$) が成り立つ．g の第1列である縦ベクトル ${}^t(g_{11}, \cdots, g_{n1}) = e_1$ は他の列ベクトル ${}^t(g_{1j}, \cdots, g_{nj})$ ($2 \leq j \leq n$) に直交するから，
$$g_{12} = g_{13} = \cdots = g_{1n} = 0$$
でなければならない．故に g は

$$(7.38) \qquad g = \begin{pmatrix} 1 & 0 & \cdots & 0 \\ 0 & & & \\ \vdots & & A & \\ 0 & & & \end{pmatrix}, \quad A \in GL(n-1, \mathbb{R})$$

という形でなければならない．このとき $g \in O(n)$ より $A \in O(n-1)$ が直ちにわかる．逆に (7.38) の形の行列 g は $ge_1 = e_1$ を満たす．以上から $e_1 \in S^{n-1}$ における $O(n)$ の等方部分群は

$$\left\{ \begin{pmatrix} 1 & 0 & \cdots & 0 \\ 0 & & & \\ \vdots & & A & \\ 0 & & & \end{pmatrix} : A \in O(n-1) \right\} \simeq O(n-1)$$

であることが示された．以上から，次の微分同相写像が得られた：

(7.39) $\qquad O(n)/O(n-1) \simeq S^{n-1}, \quad gO(n-1) \mapsto ge_1.$

まったく同様にして，次の微分同相写像も示される．

(7.40) $\qquad\qquad SO(n)/SO(n-1) \simeq S^{n-1} \quad (n>1).$

球面 S^{n-1} の変換群に直交群 $O(n)$ あるいは特殊直交群 $SO(n)$ を考える背景の 1 つとして，次の 2 つの定理における幾何的性質が知られている．

定理 7.53 (球面 S^{n-1} の変換群としての直交群 $O(n)$)

(ⅰ) 直交群 $O(n)$ は S^{n-1} の距離を保つ．

(ⅱ) 逆に S^{n-1} から自分自身の上への全単射写像で距離を保つ変換は，適当な直交行列の変換として表される． □

定理 7.54 (球面 S^{n-1} の変換群としての特殊直交群 $SO(n)$)

(ⅰ) 特殊直交群 $SO(n)$ は S^{n-1} の距離および向きづけを保つ．

(ⅱ) 逆に，S^{n-1} から自分自身の上への全単射写像で距離および向きづけを保つ変換は，適当な $g \in SO(n)$ の変換として表される． □

ここで，S^{n-1} の 2 点 p, q の距離 $d(p, q)$ は p と q を結ぶ最短曲線の長さとして定義する．なお，この最短曲線は，p, q と原点を通る 2 次元平面と S^{n-1} の交わりとして得られる大円の弧の一部になる(図 7.1 参照)．このことは，$S^2 \subset \mathbb{R}^3$ の場合は直観的に明らかであろう．なお，Riemann 幾何の言葉でいうと，S^{n-1} の大円は測地線である．

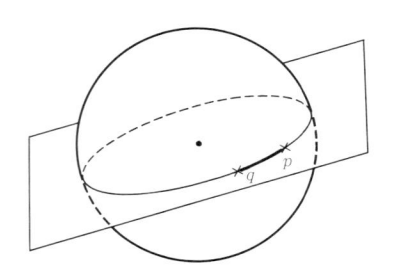

図 **7.1** p と q を結ぶ最短曲線

(b) 一般線型群の球面への作用

次に，一般線型群 $GL(n, \mathbb{R})$ の自然表現，すなわち，縦ベクトル空間 $\mathbb{R}^n$ へ

§7.3 等質空間の例1：球面の種々の表示 —— 329

の作用を考える．$GL(n,\mathbb{R})$ は $\mathbb{R}^n\setminus\{0\}$ に推移的に作用する．

さて，$\mathbb{R}^n\setminus\{0\}$ に同値関係 $\sim$ を，$x,y\in\mathbb{R}^n\setminus\{0\}$ に対して

$$x\sim y \iff x=ay \text{ となる実数 } a>0 \text{ が存在する}$$

と定義すると，この同値関係による同値類 $[x]$ の集合 $(\mathbb{R}^n\setminus\{0\})/\sim$ は S^{n-1} と同一視できる．さらに $g\in GL(n,\mathbb{R})$ とすると $x\sim y$ ならば $gx\sim gy$ が成り立つから，次の図式が可換になるように $S^{n-1}\simeq (\mathbb{R}^n\setminus\{0\})/\sim$ の同相写像 $\overline{g}$ を定義することができる．

$$\begin{array}{ccc} g: & \mathbb{R}^n\setminus\{0\} & \stackrel{\simeq}{\to} & \mathbb{R}^n\setminus\{0\} \\ & \downarrow & & \downarrow \\ \overline{g}: & (\mathbb{R}^n\setminus\{0\})/\sim & \dashrightarrow & (\mathbb{R}^n\setminus\{0\})/\sim \end{array}$$

このようにして定義された $GL(n,\mathbb{R})$ の S^{n-1} への作用は推移的であり，$[e_1]$ における等方部分群は

$$Q^{GL}:=\left\{\begin{pmatrix} a_1 & a_2 & \cdots & a_n \\ 0 & & & \\ \vdots & & A & \\ 0 & & & \end{pmatrix} : \begin{array}{l} a_1>0,\ A\in GL(n-1,\mathbb{R}), \\ a_j\in\mathbb{R}\ (2\leq j\leq n) \end{array}\right\}$$

で与えられる．故に，次の微分同相写像が得られた．

(7.41) $\qquad GL(n,\mathbb{R})/Q^{GL} \simeq S^{n-1}, \quad gQ^{GL}\mapsto [ge_1]=\overline{g}[e_1]$.

この等質空間 $GL(n,\mathbb{R})/Q^{GL}$ は，第11章で述べる $GL(n,\mathbb{R})$ のユニタリ主系列表現のうち，最も簡単なもの（§11.2(b) 定義11.30で $n_1=1$ かつ $k=2$ のとき）の構成に用いられる（正確には $S^{n-1}/\mathbb{Z}_2$ が用いられる）．

$GL(n,\mathbb{R})$ の S^{n-1} への作用は次の面白い幾何的性質をもっている：

定理 7.55 $GL(n,\mathbb{R})$ の作用で S^{n-1} の大円は大円に移る． □

すなわち，S^{n-1} の測地線を測地線に（集合として）移す．

[証明] $\mathbb{R}^n$ の原点を通る2次元平面を α とすると，$[\alpha\setminus\{0\}]$ が $S^{n-1}\simeq (\mathbb{R}^n\setminus\{0\})/\sim$ の大円に他ならない．$GL(n,\mathbb{R})$ の $\mathbb{R}^n$ への作用は2次元平面を2次元平面に移すことから，S^{n-1} の大円を大円に移す． ∎

注意 7.56 まったく同様の議論で，$SL(n,\mathbb{R})$ も S^{n-1} に推移的に作用するこ

とがわかる．従って，次の微分同相写像も得られる．
$$(7.42) \qquad SL(n,\mathbb{R})/(SL(n,\mathbb{R}) \cap Q^{GL}) \simeq S^{n-1}.$$

（c） 球面の共形変換群

次に，不定値直交群 $O(n,1)$ の $\mathbb{R}^{n+1}$ への作用を考える．$\mathbb{R}^{n+1}$ の錐 Ξ を
$$\Xi := \{{}^t(x_1,\cdots,x_{n+1}) \in \mathbb{R}^{n+1} \setminus \{0\} : x_1^2 + \cdots + x_n^2 - x_{n+1}^2 = 0\}$$
と定義すると，$O(n,1)$ は Ξ を不変にする．さて，Ξ に同値関係 $\sim$ を，$x, y \in \Xi$ に対して
$$x \sim y \iff x = ay \text{ となる } a \in \mathbb{R}\setminus\{0\} \text{ が存在する}$$
と定義する．この同値関係による同値類 $[x]$ の集合を $\Xi/\sim$ と表す．$\Xi/\sim$ の代表として，超平面 $x_{n+1}=1$ と Ξ の交わり
$$\{(x_1,\cdots,x_n,1) \in \mathbb{R}^{n+1} : x_1^2 + \cdots + x_n^2 = 1\} \simeq S^{n-1}$$
の元を一意的に選ぶことができるから，$\Xi/\sim$ と S^{n-1} は同一視できる．$g \in O(n,1)$ とすると，$x \sim y$ ならば $gx \sim gy$ が成り立つから，次の図式が可換になるように $S^{n-1} \simeq \Xi/\sim$ の同相写像 $\bar{g}$ を定義することができる．

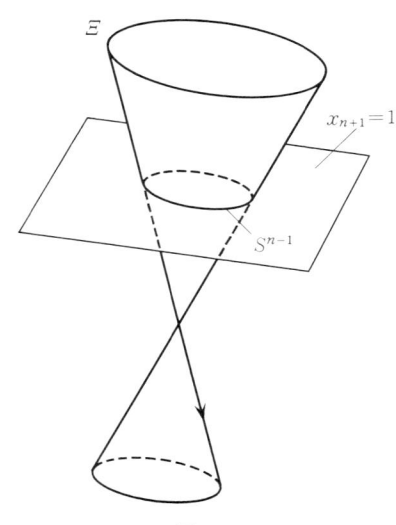

図 **7.2**

§7.3 等質空間の例 1: 球面の種々の表示 ―― 331

$$
\begin{array}{ccc}
g: & \Xi & \longrightarrow & \Xi \\
& \downarrow & & \downarrow \\
\bar{g}: & \Xi/\sim & \dashrightarrow & \Xi/\sim
\end{array}
$$

このようにして定義された $O(n,1)$ の $S^{n-1} \simeq \Xi/\sim$ への作用も推移的であり，$[{}^t(1,0,\cdots,0,1)]$ における等方部分群を $Q_{n,1}$ とすると，

$$Q_{n,1} := \left\{ g = (g_{ij})_{1 \leq i,j \leq n+1} \in O(n,1) : \begin{array}{l} g_{i1} + g_{i,n+1} = 0 \ (2 \leq i \leq n), \\ g_{11} + g_{1,n+1} = g_{n+1,1} + g_{n+1,n+1} \end{array} \right\}$$

となる．故に微分同相写像

(7.43) $$O(n,1)/Q_{n,1} \simeq S^{n-1}$$

が得られた．

　群 $O(n,1)$ の球面 S^{n-1} への作用の幾何的な性質に関して次の定理が知られているが，本書では証明しない (興味ある読者は [22] を参照されたい)．

定理 7.57 (球面 S^{n-1} への共形変換群としての $O(n,1)$)

(1) 　群 $O(n,1)$ の球面への作用は共形的 (conformal) である．

(2) 　逆に S^{n-1} における任意の共形変換 (conformal transformation) は $O(n,1)$ の適当な元による変換として表される． □

　ここで，共形変換とは，直観的にいうと「角度を保つ」写像である (2 次元の場合は**等角写像**ともいう)．より正確に述べると，S^{n-1} の 1 点で交わる 2 つの曲線の角度を，その点における接線どうしのなす ($\mathbb{R}^n$ における) 角度として定義する．写像 $\varphi: S^{n-1} \to S^{n-1}$ が任意の点において角度を保存するとき，φ を共形的というのである (図 7.3 参照)．距離を保つ変換は共形的である．

　以上の 3 つの例を群論的に見ると，Lie 群の包含関係

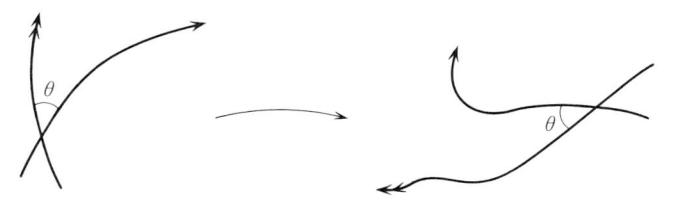

図 **7.3** 共形的な写像

$$\begin{array}{ccccc} GL(n,\mathbb{R}) & \hookleftarrow & O(n) & \hookrightarrow & O(n,1) \\ \cup & & \cup & & \cup \\ Q^{GL} & \hookleftarrow & 1\times O(n-1) & \hookrightarrow & Q_{n,1} \end{array}$$

が，$Q^{GL} \cap O(n) = Q_{n,1} \cap O(n) = 1 \times O(n-1) \simeq O(n-1)$ を満たし，微分同相写像

$$GL(n,\mathbb{R})/Q^{GL} \simeq O(n)/O(n-1) \simeq O(n,1)/Q_{n,1} \simeq S^{n-1}$$

を導いていると解釈することもできる．そして，それぞれの表示は，球面 S^{n-1} 上の違う種類の幾何的な特徴をとらえているわけである．

（d） 複素数や四元数による球面表示

最後に n が偶数 $(n=2m)$ とする．$\mathbb{R}$-線型同型 $\mathbb{C}^m \simeq \mathbb{R}^{2m}$ に着目すると，

$$\begin{aligned}\{z \in \mathbb{C}^m &: |z_1|^2 + |z_2|^2 + \cdots + |z_m|^2 = 1\} \\ &\simeq \{(x_1, y_1, \cdots, x_m, y_m) \in \mathbb{R}^{2m} : (x_1^2 + y_1^2) + \cdots + (x_m^2 + y_m^2) = 1\} \\ &\simeq S^{2m-1}\end{aligned}$$

が得られる．直交群の場合と同じ証明によって，$U(m)$ の部分群

$$1 \times U(m-1) = \left\{ \begin{pmatrix} 1 & 0 & \cdots & 0 \\ 0 & & & \\ \vdots & & A & \\ 0 & & & \end{pmatrix} : A \in U(m-1) \right\}$$

を $U(m-1)$ と略記すると次の微分同相写像が得られる．

(7.44) $\quad U(m)/U(m-1) \simeq S^{2m-1}, \quad gU(m-1) \mapsto ge_1$.

同様に，特殊ユニタリ群 $SU(m)$ も推移的に作用し，

(7.45) $\quad SU(m)/SU(m-1) \simeq S^{2m-1}, \quad gSU(m-1) \mapsto ge_1$

という微分同相が得られる．同様に n が 4 の倍数$(n=4k)$のとき，$\mathbb{H}^k \simeq \mathbb{R}^{4k}$ に着目して，

$$S^{4k-1} \simeq \{{}^t(u_1, \cdots, u_k) \in \mathbb{H}^k : |u_1|^2 + \cdots + |u_k|^2 = 1\}$$

と表示すれば，$Sp(k)$ が S^{4k-1} に推移的に作用することがわかる．このようにして球面 S^{4k-1} を $Sp(k)$ の等質空間として表すことができる．

(7.46) $\quad Sp(k)/Sp(k-1) \simeq S^{4k-1}, \quad g\,Sp(k-1) \mapsto ge_1$

系 7.58 $SU(n), Sp(n) \ (n \geq 1)$ は連結かつ単連結である．

[証明] n に関する帰納法で示す．球面 $S^l \ (l \geq 2)$ は連結かつ単連結であるから，(7.45) と (7.46) と定理 6.35 より

S^{2n-1} と $SU(n-1)$ が連結かつ単連結 $\Longrightarrow SU(n)$ が連結かつ単連結 $(n \geq 2)$

S^{4n-1} と $Sp(n-1)$ が連結かつ単連結 $\Longrightarrow Sp(n)$ が連結かつ単連結 $(n \geq 1)$

となり，系が証明された． ■

上記の微分同相 (7.44) と (7.46) は，群論的には，群の包含関係

$$\begin{array}{ccccc} Sp(k) & \subset & U(2k) & \subset & O(4k) \\ \cup & & \cup & & \cup \\ Sp(k-1) & \subset & U(2k-1) & \subset & O(4k-1) \end{array}$$

によって微分同相写像

$$Sp(k)/Sp(k-1) \simeq U(2k)/U(2k-1) \simeq O(4k)/O(4k-1) \simeq S^{4k-1}$$

が誘導されたものと解釈できる．この解釈は，第 10 章で後述する Hopf ファイバー束（例 10.19，演習問題 10.2 参照）を理解するときに役立つ．

球面を等質空間として表示する方法には，この他にもいろいろある．例えば，前項で共形変換群 $O(n,1)$ の等質空間として球面 S^{n-1} を表示したのと同様に，$U(n,1)$ の等質空間として球面 S^{2n-1} を表示することや，$Sp(n,1)$ の等質空間として球面 S^{4n-1} を表示することも可能である．これらの表示は，幾何的に面白いだけでなく，実ランク 1 の半単純 Lie 群 $O(n,1), U(n,1), Sp(n,1)$ の無限次元表現（例えば，第 11 章で扱う $GL(n,\mathbb{R})$ の主系列表現と類似の表現）を研究するのに便利であるが，これ以上の深入りはしないことにする．

注意 7.59 この節で，球面を様々な等質空間として表示したが，対称空間となるのは $O(n)/O(n-1)$ あるいは $SO(n)/SO(n-1)$ の表示だけであり，それ以外の表示は対称空間ではない．

§7.4 等質空間の例 2: $\boldsymbol{SL(2,\mathbb{R})}$ の等質空間

前節では，1 つの多様体が様々な Lie 群の等質空間として表示できることを，球面 S^{n-1} を例に挙げて説明した．逆に，1 つの Lie 群 G を決めたとき，

G の等質空間には様々な多様体が現れる．この節では，議論を簡単にするため，$G = SL(2,\mathbb{R})$ に絞って話を進める．1 つの Lie 群の等質空間だけを考えても，多様な幾何が広がっていることを少しでも感じていただければ幸いである．

1 次元の多様体 S^1 が $SL(2,\mathbb{R})$ の等質空間として表されることは，既に §7.3 で見た ((7.42) 参照)．また，$SL(2,\mathbb{R})$ には，等質空間 $SL(2,\mathbb{R})/\Gamma$ が 3 次元コンパクト多様体となるような離散部分群 Γ が存在する．この離散部分群は，種数 2 以上の閉 Riemann 面の基本群として実現され，保型形式や Teichmüller 空間や 3 次元 Lorentz 多様体などの研究に深く関連するが，本書では立入らない．この節では，主として 2 次元の (コンパクトでない) 等質空間を考える．

Lie 群 G の随伴表現 $\mathrm{Ad}: G \to GL(\mathfrak{g})$ を考える．各 $X \in \mathfrak{g}$ を通る軌道
$$\mathrm{Ad}(G) \cdot X := \{\mathrm{Ad}(g) X : g \in G\}$$
は Lie 環 $\mathfrak{g}$ の部分多様体になる．これを，(X を通る) 随伴軌道 (adjoint orbit) という．$G_X := \{g \in G : \mathrm{Ad}(g) X = X\}$ とおくと，$\mathrm{Ad}(G) \cdot X$ は等質空間 G/G_X と微分同相な多様体である．

$G = SL(2,\mathbb{R})$ の場合に目で見える形で随伴軌道をすべて求めよう．まず，$\mathfrak{g} \simeq \mathfrak{sl}(2,\mathbb{R})$ に次の座標を入れる:
$$\mathfrak{g} \simeq \left\{ \begin{pmatrix} x & y+z \\ y-z & -x \end{pmatrix} : x, y, z \in \mathbb{R} \right\} \simeq \mathbb{R}^3.$$
さて，行列式の性質より
$$\det(gXg^{-1}) = \det(X) \quad (\forall g \in G, \ \forall X \in \mathfrak{g})$$
であるから，各随伴軌道は
$$\mathcal{O}_c := \{(x, y, z) \in \mathbb{R}^3 : -x^2 - y^2 + z^2 = c\} \quad (c \text{ は実定数})$$
の部分集合である．図 7.4 で見るように，$\mathcal{O}_c$ ($c > 0$) は二葉双曲面，$\mathcal{O}_c$ ($c < 0$) は一葉双曲面である．$c = 0$ のとき，錐 $\mathcal{O}_0$ を光錐 (light cone) という．これは，(次元は異なるが) 相対性理論の用語に由来している．

$c \geqq 0$ のとき，
$$\mathcal{O}_c^\pm := \{(x, y, z) \in \mathbb{R}^3 : -x^2 - y^2 + z^2 = c, \ \pm z > 0\}$$

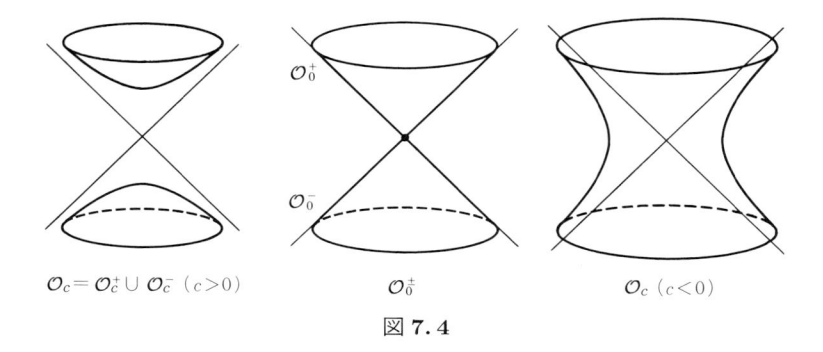

$$\mathcal{O}_c = \mathcal{O}_c^+ \cup \mathcal{O}_c^- \ (c>0) \qquad \mathcal{O}_0^\pm \qquad \mathcal{O}_c \ (c<0)$$

図 **7.4**

とおく．$\mathcal{O}_c = \mathcal{O}_c^+ \cup \mathcal{O}_c^- \ (c>0)$, $\mathcal{O}_0 = \mathcal{O}_0^+ \cup \{0\} \cup \mathcal{O}_0^-$ である．

定理 7.60 ($SL(2,\mathbb{R})$ の随伴軌道の分類)

（ⅰ） $SL(2,\mathbb{R})$ の随伴軌道は次のいずれかと一致する．

(7.47) $\qquad \mathcal{O}_c^\pm \ (c>0), \quad \mathcal{O}_0^\pm, \quad \{0\}, \quad \mathcal{O}_c \ (c<0)$

（ⅱ） 上記の各随伴軌道は，等質空間として次のように表示される．

$$\begin{aligned}
\mathcal{O}_c^\pm &\simeq G/K \quad (c>0) \quad &(\text{二葉双曲面の一方}) \\
\mathcal{O}_0^\pm &\simeq G/MN \quad &(\text{光錐の一方}) \\
\mathcal{O}_c &\simeq G/MA \quad (c<0) \quad &(\text{一葉双曲面}) \\
\{0\} &\simeq G/G \quad &(\text{原点})
\end{aligned}$$

ただし，$G = SL(2,\mathbb{R})$ の閉部分群を

$$K = SO(2) = \{k_\theta : 0 \leqq \theta \leqq 2\pi\}, \quad k_\theta := \begin{pmatrix} \cos\theta & -\sin\theta \\ \sin\theta & \cos\theta \end{pmatrix},$$

$$M = \left\{ \pm \begin{pmatrix} 1 & 0 \\ 0 & 1 \end{pmatrix} \right\},$$

$$N = \left\{ \begin{pmatrix} 1 & x \\ 0 & 1 \end{pmatrix} : x \in \mathbb{R} \right\},$$

$$A = \left\{ \begin{pmatrix} a & 0 \\ 0 & a^{-1} \end{pmatrix} : a > 0 \right\}$$

と定義した．

［証明］ (i) $G=SL(2,\mathbb{R})$ は連結なので，各軌道も連結である．さらに，各軌道は $\mathcal{O}_c$ (c は定数) に含まれることから，(7.47)のいずれかに含まれる ($c=0$ のときは，$\{0\}$ が1つの軌道であり，$\mathcal{O}_0 \setminus \{0\}$ は2つの連結成分 $\mathcal{O}_0^+$ と $\mathcal{O}_0^-$ に分かれることに注意せよ)．従って，G が(7.47)の各々に推移的に作用することをいえば証明が完了する．どの場合も同様なので，$\mathcal{O}_c^+$ ($c>0$) に対して示してみよう．$c=\lambda^2$ ($\lambda>0$) を1つ選び，$q=(0,0,\lambda)\in\mathcal{O}_c^+$ とする．$p=(x,y,z)\in\mathcal{O}_c$ を任意の点とする．

$$k_\theta \begin{pmatrix} x & y+z \\ y-z & -x \end{pmatrix} k_\theta^{-1} = \begin{pmatrix} x' & y'+z' \\ y'-z' & -x' \end{pmatrix}$$

と書くと，

$$x'=x\cos 2\theta - y\sin 2\theta, \quad y'=x\sin 2\theta - y\cos 2\theta, \quad z'=z \quad (>0)$$

となるから，適当に θ を選べば，$x'=0$, $y'\geqq 0$ としてよい．次に，$z'>y'\geqq 0$ に注意して $a^4=(y'+z')^{-1}(z'-y')$ となる $a>0$ を選ぶと，

$$\begin{pmatrix} a & 0 \\ 0 & a^{-1} \end{pmatrix} \begin{pmatrix} 0 & y'+z' \\ y'-z' & 0 \end{pmatrix} \begin{pmatrix} a & 0 \\ 0 & a^{-1} \end{pmatrix}^{-1} = \begin{pmatrix} 0 & \lambda \\ -\lambda & 0 \end{pmatrix}$$

となる．これは，G の元によって点 p を点 q に移せることを意味している．よって G は $\mathcal{O}_c^+$ に推移的に作用することがわかった．証明のアイディアを図

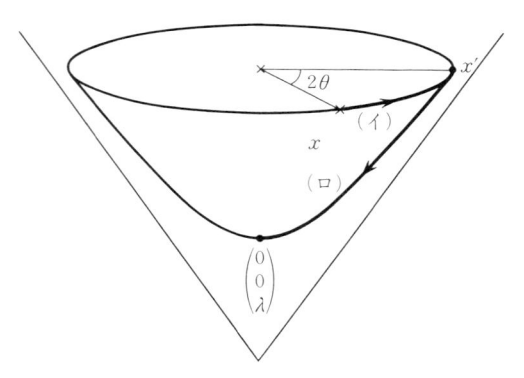

図 **7.5** 二葉双曲面 $\mathcal{O}_c^+$ への作用．
(イ) $\mathrm{Ad}(k_\theta)$ の作用，(ロ) $\mathrm{Ad}\begin{pmatrix} a & 0 \\ 0 & a^{-1} \end{pmatrix}$ の作用．

7.5 で目に見える形に書いておこう．

(ii) $X \in \mathfrak{g}$ が次のいずれかの場合

$$\pm \begin{pmatrix} 0 & \sqrt{c} \\ -\sqrt{c} & 0 \end{pmatrix} \in \mathcal{O}_c^{\pm} \quad (c > 0),$$

$$\pm \begin{pmatrix} 0 & 1 \\ 0 & 0 \end{pmatrix} \in \mathcal{O}_0^{\pm},$$

$$\begin{pmatrix} \sqrt{-c} & 0 \\ 0 & -\sqrt{-c} \end{pmatrix} \in \mathcal{O}_c \quad (c < 0),$$

X の G における等方部分群 G_X は，それぞれ K, MN, MA に一致する．実際，これは，$gX = Xg$ を g の成分に関する連立 1 次方程式とみて解けば容易にわかる．以上から定理 7.60 が示された．■

注意 7.61 G の分解 $G = KAK$ (定理 6.39 の Cartan 分解と少し異なるが，これも **Cartan 分解**と呼ぶ) を用いると，$\mathcal{O}_c \simeq G/K = KA \cdot o$ ($o = eK$) となる．この意味で図 7.5 は，Cartan 分解を「目で見ている」ということになる．

$\mathbb{R}^3$ に $ds^2 = dx^2 + dy^2 - dz^2$ という擬 Riemann 計量を入れ，それを $\mathcal{O}_c^{\pm}$ ($c > 0$) や $\mathcal{O}_c$ ($c < 0$) に制限すると，$\mathcal{O}_c^{\pm}$ ($c > 0$) は双曲幾何 (負の定曲率の Riemann 多様体)，$\mathcal{O}_c$ ($c < 0$) は定曲率の Lorentz 多様体となる．逆に，これらの空間の等長変換群として本質的に (有限群の差を除いて) $SL(2, \mathbb{R})$ が復元される．$\mathcal{O}_c^{\pm}$ ($c > 0$) や $\mathcal{O}_c$ ($c < 0$) やその高次元化は擬 Riemann 幾何 (pseudo-Riemannian geometry) のモデル空間として重要な空間であるが，ここではこれ以上の説明をしない．

《要約》

7.1 古典型単純 Lie 群を列挙する．さらにそれらを統一的に解釈するための様々な観点を与える．

7.2 Clifford 代数を用いて，$SO(n)$ の普遍被覆群であるスピノル群が構成できる．

7.3 球面上の様々な幾何構造に応じて，様々な Lie 群がその変換群として推移的に作用する．これらは，同じ多様体に異なる等質空間としての表示を与える．

7.4 (用語) 一般線型群，特殊線型群，ユニタリ群，斜交群，四元数，不定値ユニタリ群，双線型形式の自己同型，対合，Clifford 代数，スピノル群，等長変換，測地線，共形変換，双曲幾何，定曲率 Lorentz 多様体

———————— 演習問題 ————————

7.1 η_C, η_H は補題 7.2 で定義した $\mathbb{R}$-線型写像とする．
(1) $X \in M(n, \mathbb{C})$ のとき $\eta_C(X^*) = {}^t(\eta_C(X))$ を示せ．
(2) $X \in M(n, \mathbb{H})$ のとき，$\eta_H(X^*) = (\eta_H(X))^*$ を示せ．

7.2 $p, q \geqq 1$ のとき $O(p, q)$ の連結成分は 4 つあることを示せ．

7.3 $O(n)$ の任意の元は(高々 n 個の)超平面に関する鏡映の積で表されることを示せ．

7.4 (補題 7.41 参照)
(1) $x^+ \cdot v = v \cdot x^+$ ($\forall v \in \mathbb{R}^n$) となる Clifford 代数の元 $x^+ \in C_n^+$ は 1 のスカラー倍であることを示せ．
(2) $x^- \cdot v = -v \cdot x^-$ ($\forall v \in \mathbb{R}^n$) となる $x^- \in C_n^-$ は 0 に限ることを示せ．

7.5 単位元を含む $O(2,1)$ の連結成分を $SO_0(2,1)$ とすると，$SL(2,\mathbb{R})$ は $SO_0(2,1)$ の二重被覆群であることを示せ．

8 ユニタリ群 $U(n)$ の表現論

　この章では，コンパクト Lie 群の典型例であるユニタリ群 $U(n)$ の有限次元既約表現を分類し，その指標公式および次元公式を与える．その証明は，表現の指標に焦点を当てて Peter–Weyl の定理を用いるという解析的な手法に基づく．一方，第 12 章では Lie 環を用いた代数的な分類法への橋渡しとなる Weyl のユニタリ・トリックを解説し，第 13 章では幾何的な表現の構成法である Borel–Weil の定理を解説し，既約表現の分類において解析的手法，代数的手法，幾何的手法が交錯する様子を見る．なお，この章では，$U(n)$ の行列表示を積極的に使って個々の補題や定理の証明を簡略化することに努めた．Lie 群の表現論につきものの多くの記号と定義に足をとられないで素早く議論の筋道が見えるようにするためである．第 9 章では，この章の手法を分析し，($SO(n)$ や $Sp(n)$ などの古典型の) コンパクト Lie 群の表現論を展開する．

§8.1　Weyl の積分公式

(a)　対称群とユニタリ群

　この章のテーマはユニタリ群 $U(n)$ の表現論である．まず，ユニタリ群の定義を念のため復習しておく．

　n 次の複素正方行列 g の転置行列を $^t g$，複素共役を $\bar{g}$ と表し，$g^* = \overline{^t g}$ と書

く.
$$gg^* = g^*g = I_n \quad (\text{単位行列})$$
のとき，g を**ユニタリ行列**という．このとき，$g^* = g^{-1}$ であるから g は可逆行列，すなわち $g \in GL(n, \mathbb{C})$ である．ユニタリ行列全体を $U(n)$ と表すと，
$$U(n) = \{g \in GL(n, \mathbb{C}) : gg^* = g^*g = I_n\}$$
は $GL(n, \mathbb{C})$ の部分群である．$U(n)$ を $(n$ 次$)$**ユニタリ群**と呼んだ．前章の定理 7.6 を再掲しておこう．

命題 8.1 ユニタリ群 $U(n)$ はコンパクトな Lie 群である． □

次に，n 個の数字 $\{1, 2, \cdots, n\}$ の置換全体のなす集合を $\mathfrak{S}_n$ と書く．$\mathfrak{S}_n$ の各元 w は全単射写像
$$w : \{1, 2, \cdots, n\} \to \{1, 2, \cdots, n\}$$
と同一視できる．w を表示するのに
$$\begin{pmatrix} 1 & 2 & \cdots & n \\ w(1) & w(2) & \cdots & w(n) \end{pmatrix}$$
という記法は便利である．例えば $n = 3$ のとき $\begin{pmatrix} 1 & 2 & 3 \\ 3 & 1 & 2 \end{pmatrix}$ は $w(1) = 3$, $w(2) = 1$, $w(3) = 2$ となる $\{1, 2, 3\}$ の置換 $w \in \mathfrak{S}_3$ を表す．全単射写像の合成によって $\mathfrak{S}_n$ に積を定めると，$\mathfrak{S}_n$ は $n!$ 個の元からなる有限群となる．この群 $\mathfrak{S}_n$ を n 次の**対称群**(symmetric group)と呼ぶ．

対称群 $\mathfrak{S}_n$ の自然表現 $\pi_0 : \mathfrak{S}_n \to GL_{\mathbb{C}}(\mathbb{C}^n) = GL(n, \mathbb{C})$ を

(8.1) $$\pi_0(w) \begin{pmatrix} t_1 \\ \vdots \\ t_n \end{pmatrix} = \begin{pmatrix} t_{w^{-1}(1)} \\ \vdots \\ t_{w^{-1}(n)} \end{pmatrix}$$

と定める．すなわち，$\pi_0(w)$ の i 行 j 列の成分 $(\pi_0(w))_{ij}$ は
$$\pi_0(w)_{ij} = \begin{cases} 1 & (i = w(j)) \\ 0 & (i \neq w(j)) \end{cases}$$
である．

例 8.2 $n=3$, $w = \begin{pmatrix} 1 & 2 & 3 \\ 3 & 1 & 2 \end{pmatrix}$ のとき, $\pi_0(w) = \begin{pmatrix} 0 & 1 & 0 \\ 0 & 0 & 1 \\ 1 & 0 & 0 \end{pmatrix}$. □

準同型写像 $\pi_0: \mathfrak{S}_n \to GL(n,\mathbb{C})$ は単射である. その像を $\pi_0(\mathfrak{S}_n) = W$ と書こう. 上の例で見たように, W は

$$\begin{cases} \text{各行に 1 つだけ 1 があり, 残りは 0} \\ \text{各列に 1 つだけ 1 があり, 残りは 0} \end{cases}$$

という性質をもつ行列全体に他ならない. また明らかに, $\pi_0(w)$ $(w \in \mathfrak{S}_n)$ は $\mathbb{C}^n$ の標準内積を保つから $W \subset U(n)$ である. 有限群 W は, 定義 8.5 で後述するように $U(n)$ の Weyl 群と同一視され, ユニタリ群 $U(n)$ の表現論に強力な働きをする.

(b) 極大トーラスと Weyl 群

第 3 章の指標の理論によれば, コンパクト群の表現のすべての結果は, (原理的には) 指標の言葉で記述できる (系 3.48 参照). 指標は G 上の類関数, すなわち,

$$f(g^{-1}xg) = f(x) \quad (\forall g, \forall x \in G)$$

を満たす. 従って, 指標は G の同値関係

$$x \sim y \iff \text{ある } g \in G \text{ が存在して } y = g^{-1}xg \text{ となる}$$

による同値類の代表系における値で定まる. この代表系を上手に見つけようというのが, 「極大トーラス」の考え方である.

さて, ユニタリ行列 $x \in U(n)$ は $xx^* = x^*x = I_n$ を満たすので, 特に正規行列である. 従って, (適当な) ユニタリ行列 $g \in U(n)$ を選べば

$$gxg^{-1} = \begin{pmatrix} t_1 & & 0 \\ & \ddots & \\ 0 & & t_n \end{pmatrix} \quad (t_1, \cdots, t_n \in \mathbb{C})$$

と対角化することができる. $g, x \in U(n)$ より, 右辺もユニタリ行列である. 故に,

$$|t_1| = |t_2| = \cdots = |t_n| = 1$$

となる．対角行列を表すのに便利な記号

$$\mathrm{diag}(t_1, \cdots, t_n) := \begin{pmatrix} t_1 & & 0 \\ & \ddots & \\ 0 & & t_n \end{pmatrix}$$

を用いて

$$T := \{\mathrm{diag}(t_1, \cdots, t_n) : t_j \in \mathbb{C},\ |t_j| = 1\ (1 \leqq j \leqq n)\}\ (\subset U(n))$$

とおく．T は直積群

$$\mathbb{T}^n := \underbrace{\mathbb{T} \times \mathbb{T} \times \cdots \times \mathbb{T}}_{n 個}$$

と同型なコンパクト可換 Lie 群である．T は $U(n)$ の**極大トーラス**(maximal torus)と呼ばれる．位相的には，T は $n=1$ のとき円周と同相であり，$n=2$ のとき 2 次元トーラス(「ドーナツの皮」)と同相である(図 8.1)．

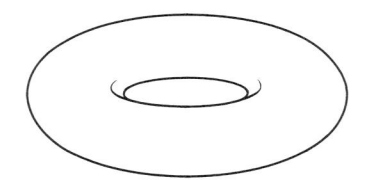

図 8.1 $U(2)$ の極大トーラス $\simeq \mathbb{T}^2$

「極大」性については次の補題が成り立つ．

補題 8.3 T の $G = U(n)$ における中心化群

(8.2) $$Z_G(T) := \{g \in G : gtg^{-1} = t\ (\forall t \in T)\}$$

は T に一致する．特に $T \subset T'$ となる可換群 T' は T に一致する．

[証明] $T \subset Z_G(T)$ は明らかである．

$Z_G(T) \subset T$ を示そう．$g = (g_{ij})$, $t = \mathrm{diag}(t_1, \cdots, t_n)$ とおくと，$gt = tg$ より
$$g_{ij} t_j = t_i g_{ij} \quad (\forall i, \forall j).$$

特に，t として $t_i \neq t_j$ ($\forall i \neq \forall j$) なる元を選ぶと
$$g_{ij} = 0 \quad (\forall i \neq \forall j)$$

が成り立たなければならない．従って g は次の形で表される:

§8.1 Weylの積分公式 —— 343

$$g = \operatorname{diag}(g_{11}, g_{22}, \cdots, g_{nn}).$$

この形の g が $U(n)$ に属するので，$|g_{11}| = \cdots = |g_{nn}| = 1$，すなわち，$g \in T$ でなければならない．よって $Z_G(T) \subset T$ が示された．∎

次に，極大トーラスの「一般の位置」にある点全体として

(8.3) $$T_{\mathrm{reg}} := \{t = \operatorname{diag}(t_1, \cdots, t_n) : t_j \in \mathbb{C} \ (1 \leq j \leq n),\ t_i \neq t_j \ (\forall i \neq \forall j)\}$$

と定義する．reg.は regular の略である．T_{reg} は T の稠密な開集合である．上の補題の証明から，$t \in T_{\mathrm{reg}}$ を1つ選んで止めると，$g \in G$ に対し

(8.4) $$gtg^{-1} = t \iff g \in T$$

が成り立つ．言い換えると，極大トーラス T の一般の位置にある1点 t から，その元と可換な元をすべて集めて T を復元することができるのである．

T の中心化群が決定できたので，次に，T の正規化群を決定しよう．

補題 8.4 極大トーラス T の $G = U(n)$ における正規化群を

(8.5) $$N_G(T) := \{g \in G : gtg^{-1} \in T \ (\forall t \in T)\}$$

とおく．

(i) $Z_G(T) (= T)$ は $N_G(T)$ の閉正規部分群である．

(ii) 次の写像

(8.6) $$W \times Z_G(T) \to N_G(T), \quad (\sigma, t) \mapsto \sigma t$$

は全単射である．写像 (8.6) は，$N_G(T)$ と半直積群 $W \ltimes Z_G(T)$（半直積群の定義は §1.1(b) 参照）の同型を与える．

(iii) 商群 $N_G(T)/Z_G(T)$ は対称群 $\mathfrak{S}_n$ に同型である．

［証明］ (i) 明らか．

(ii) 前項のように，$\mathfrak{S}_n$ の自然表現を $\pi_0 : \mathfrak{S}_n \to U(n)$ と書くと，$w \in \mathfrak{S}_n$，$t = \operatorname{diag}(t_1, \cdots, t_n) \in T$ とするとき，

$$\pi_0(w) t \pi_0(w)^{-1} = \operatorname{diag}(t_{w^{-1}(1)}, t_{w^{-1}(2)}, \cdots, t_{w^{-1}(n)})$$

が成り立つから，$W = \pi_0(\mathfrak{S}_n) \subset N_G(T)$ がわかる．

次に，$g \in N_G(T)$ を任意にとる．$t \in T_{\mathrm{reg}}$ すなわち，$t_i \neq t_j \ (\forall i \neq \forall j)$ となるような $t = \operatorname{diag}(t_1, \cdots, t_n) \in T$ を1つ選ぶ．$gtg^{-1} \in T$ であるから，gtg^{-1} は t を対角化した行列，すなわち，対角線上の成分に固有値 $t_1, \cdots, t_n$ を適当な順

序で並べかえた行列である．従って，適当な置換 $w \in \mathfrak{S}_n$ を選ぶことによって，$\pi_0(w)(gtg^{-1})\pi_0(w)^{-1} = t$ とできる．すなわち
$$(\pi_0(w)g)t = t(\pi_0(w)g)$$
が成り立つ．(8.4)の同値性より $\pi_0(w)g \in T$ である．$\sigma = \pi_0(w) \in W$, $t' = \pi_0(w)g \in T = Z_G(T)$ とおくと $g = \sigma^{-1}t'$ であるから，写像
$$W \times Z_G(T) \to N_G(T), \quad (\sigma, t) \mapsto \sigma t$$
が全射であることが示された．この写像が単射であることは，$\sigma_1, \sigma_2 \in W$, $t_1, t_2 \in Z_G(T) = T$ が
$$\sigma_1 t_1 = \sigma_2 t_2$$
を満たすとき
$$\sigma_2^{-1}\sigma_1 = t_2 t_1^{-1} \in W \cap T = \{e\}$$
となることよりわかる．

(iii) $Z_G(T)$ は $N_G(T)$ の正規部分群であり，W は対称群 $\mathfrak{S}_n$ に同型であることより(iii)が示された．以上から，補題が証明された．■

定義 8.5（Weyl 群） 補題 8.3 と補題 8.4 より，商群 $N_G(T)/Z_G(T)$ は $G = U(n)$ の場合，$W \simeq \mathfrak{S}_n$（対称群）と同型な有限群である．商群 $N_G(T)/Z_G(T)$ を G の **Weyl 群**（Weyl group）という． □

注意 8.6 $G = U(n)$ の場合は，補題 8.4 で見たように

(8.7)

部分群 $W \subset N_G(T)$ が存在して群同型 $N_G(T) \simeq W \ltimes Z_G(T)$ が成り立つ．

そこで本章では，Weyl 群 $N_G(T)/Z_G(T)$ の作用を，より具体的な $W \simeq \mathfrak{S}_n$ の作用としばしば比較する．なお，他の古典群に対しては(8.7)は必ずしも成り立たないので，次章では一般の連結なコンパクト Lie 群における Weyl 群（定義 9.14 参照）は常に商群 $N_G(T)/Z_G(T)$ として扱う．

定義 8.7（Weyl 群の極大トーラスへの作用） Weyl 群 $N_G(T)/Z_G(T)$ は極大トーラス T に自己同型群として作用する．すなわち $gZ_G(T) \in N_G(T)/Z_G(T)$ に対して，
$$T \to T, \quad t \mapsto gtg^{-1}$$

とおくと，この T の同型写像は右剰余類 $gZ_G(T)$ の代表元のとり方によらないで定まる．Weyl 群 $N_G(T)/Z_G(T)$ を $W \simeq \mathfrak{S}_n$ と同一視すれば，Weyl 群の極大トーラスへの作用は，$w \in \mathfrak{S}_n$ に対して

$$\begin{aligned} w: T &\to T, \\ t = \mathrm{diag}(t_1, t_2, \cdots, t_n) &\mapsto w \cdot t := \mathrm{diag}(t_{w^{-1}(1)}, t_{w^{-1}(2)}, \cdots, t_{w^{-1}(n)}) \end{aligned} \tag{8.8}$$

によって定義される対称群 $\mathfrak{S}_n$ の T への作用に他ならない（$\mathfrak{S}_n$ の自然表現 (8.1) と同じ形である）． □

定義 8.8（Weyl 群の旗多様体への作用） 等質空間 G/T を**旗多様体**(flag variety あるいは flag manifold) という．旗多様体はコンパクトな複素多様体になるが，この幾何的な性質については，第 13 章で詳しく解説する．$\sigma \in W$ に対して

$$G/T \to G/T, \quad gT \mapsto g\sigma T \tag{8.9}$$

と定める．(8.9) が右剰余類 gT の代表元 $g \in G$ のとり方によらず矛盾なく定義できることは，$t \in T$ とするとき

$$(gt)\sigma T = g\sigma(\sigma^{-1}t\sigma)T = g\sigma T$$

が成り立つことからわかる．式 (8.9) によって Weyl 群 $N_G(T)/Z_G(T) \simeq W$ は旗多様体 G/T に右から作用する（通常のように左からの作用とするためには，σ を σ^{-1} に置き換えればよい）．なお $g\sigma T = gT\sigma$ であるので，作用を

$$\sigma: G/T \to G/T, \quad gT \mapsto gT\sigma$$

とも書く．Weyl 群の作用は G の G/T への自然な左作用と可換である．すなわち

$$(g'(gT))\sigma = g'((gT)\sigma) \quad (\forall g' \in G, \ \forall \sigma \in W)$$

が成り立つ． □

例 8.9 $n = 2$ のとき，$G/T \simeq \mathbb{P}^1\mathbb{C}$ への Weyl 群 $W \simeq \mathfrak{S}_2$ の作用を考える．$\sigma = \begin{pmatrix} 0 & 1 \\ 1 & 0 \end{pmatrix} \in W$, $g = \begin{pmatrix} a & b \\ -\bar{b} & \bar{a} \end{pmatrix} \in U(2)$ とするとき $g\sigma = \begin{pmatrix} b & a \\ \bar{a} & -\bar{b} \end{pmatrix}$ だから σ は gT に対応する $\mathbb{P}^1\mathbb{C}$ の点 $\dfrac{a \cdot 0 + b}{-\bar{b} \cdot 0 + \bar{a}}$ を $g\sigma T$ に対応する $\mathbb{P}^1\mathbb{C}$ の点 $\dfrac{b \cdot 0 + a}{\bar{a} \cdot 0 - \bar{b}}$

に写す. $z = \dfrac{b}{\bar{a}}$ とおくと, $\dfrac{a}{-\bar{b}} = -\dfrac{1}{\bar{z}}$ だから,具体的に座標で書けば,
$$\sigma : \mathbb{P}^1\mathbb{C} \to \mathbb{P}^1\mathbb{C}, \quad z \mapsto -\dfrac{1}{\bar{z}}$$
という反正則写像(anti-holomorphic map)が Weyl 群の元 σ の作用となる. □

$G = U(n)$ に対し,

(8.10) $\quad G_{\text{reg}} := \{g \in G : g \text{ の固有値はすべて互いに相異なる}\}$

とおく.G_{reg} は G の稠密な開集合である.T_{reg} を(8.3)で定義された T の稠密な開集合とする.(8.10)と比較すると,$T_{\text{reg}} = T \cap G_{\text{reg}}$ となることに注意しよう.

定理 8.10 $G = U(n)$ とし,$T \simeq \mathbb{T}^n$ をその極大トーラスとする.

(i) 写像 $A : G/T \times T \to G$ を $(gT, t) \mapsto gtg^{-1}$ とおくと,A は矛盾なく定義され,全射である(別証として定理 6.62 参照).

(ii) 写像 A を $G/T \times T_{\text{reg}}$ に制限すると,
$$A : G/T \times T_{\text{reg}} \to G_{\text{reg}}$$
は全射であり,さらに

(8.11) $\quad A(gT, t) = A(g'T, t') \iff \exists w \in W,\ g'T = gw^{-1}T,\ t' = w \cdot t$

が成り立つ.

[証明] (i) まず,$t \in T$ とすると G の元 gtg^{-1} は右剰余類 gT の代表元のとり方によらないから,写像 A は矛盾なく定義できる.また,この節の最初に見たように,任意のユニタリ行列は,適当なユニタリ行列によって対角化できる.故に,A は全射である.

(ii) $A(G/T \times T_{\text{reg}}) = G_{\text{reg}}$ であることは,G_{reg} の定義より明らかである.次に,$g, g' \in G$, $t, t' \in T_{\text{reg}}$ に対して
$$A(gT, t) = A(g'T, t')$$
が成り立つとする.これは,$gtg^{-1} = g't'(g')^{-1}$ を意味する.従って
$$t = (g^{-1}g')t'(g^{-1}g')^{-1}$$
となる.$t' \in T_{\text{reg}}$ であることに注意して補題 8.4 の証明で使われた議論を思い出すと $g^{-1}g' \in N_G(T)$ がわかる.従って,$\sigma \in W$, $a \in T$ が存在して,$g^{-1}g' =$

σa と表される. 故に,
$$t = (\sigma a)t'(\sigma a)^{-1} = \sigma t' \sigma^{-1} = \sigma \cdot t'$$
$$g'T = g\sigma aT = g\sigma T$$
が成り立ち, (8.11)の $\Longrightarrow$ が示された. 逆に, $\sigma \in W$ のとき
$$A(g\sigma T, \sigma^{-1} \cdot t) = A(g\sigma T, \sigma^{-1} t \sigma) = (g\sigma)(\sigma^{-1} t \sigma)(g\sigma)^{-1} = A(gT, t)$$
であるから(8.11)の $\Longleftarrow$ も示された. 故に, 定理8.10が証明された. ∎

(c) ユニタリ群に対するWeylの積分公式

解析的な手法によるコンパクトLie群の表現論において, 中核的な役割を果たすのがWeylの積分公式である. これを説明しよう.

$G = U(n)$, T を G の極大トーラスとする. 極大トーラス T 上の複素数値関数(**差積**) $D: T \to \mathbb{C}$ を次の式で定義する:

(8.12) $$D(\mathrm{diag}(t_1, \cdots, t_n)) := \prod_{1 \leq i < j \leq n} (t_i - t_j).$$

以下の議論では, $D(\mathrm{diag}(t_1, \cdots, t_n))$ を $D(t_1, \cdots, t_n)$ あるいは $D(t)$ と略記することもある. ユニタリ群 G 上のHaar測度を dg, 旗多様体 G/T 上の左不変測度を $d(gT)$, 極大トーラス T 上のHaar測度を dt とし, それぞれ

$$\int_G dg = \int_{G/T} d(gT) = \int_T dt = 1$$

と正規化しておく. 特に,

(8.13) $$\int_G f(g) dg = \int_{G/T} \left(\int_T f(gt) dt \right) d(gT)$$

である.

この節の主定理を述べよう.

定理 8.11 (Weylの積分公式) $G = U(n)$ 上の任意の連続関数 f に対して

(8.14) $$\int_G f(g) dg = \frac{1}{n!} \int_{G/T} \int_T f(gtg^{-1}) |D(t)|^2 \, dt \, d(gT)$$

が成り立つ．ただし，$D(t)$ は(8.12)によって定義した T 上の関数である． □

この定理から，次の系が直ちに得られる．

系 8.12 f が $G=U(n)$ 上の類関数ならば，
$$\int_G f(g)dg = \frac{1}{n!}\int_T f(t)|D(t)|^2 dt.$$
□

この系において，$f\equiv 1$（恒等関数）を代入すると，初等関数の多重定積分のちょっと面白い公式が得られる（演習問題 8.1 参照）．

定理 8.11 の証明のために，記号の準備をする．G の Lie 環を $\mathfrak{g}$，T の Lie 環を $\mathfrak{t}$ とする．$\mathfrak{g}, \mathfrak{t}$ は行列を用いて

$$\mathfrak{g} \simeq \mathfrak{u}(n) = \{X \in M(n,\mathbb{C}): X + X^* = O\}$$
$$\cup$$
$$\mathfrak{t} \simeq \{X = \mathrm{diag}(x_1,\cdots,x_n): x_j \in \sqrt{-1}\mathbb{R}\ (1 \leqq \forall j \leqq n)\}$$

と表される．また
$$\mathfrak{g}' := \{X = (X_{ij})_{1\leqq i,j\leqq n} \in \mathfrak{u}(n): X_{ii} = 0\ (1 \leqq \forall i \leqq n)\}$$
とおく．このとき，$\mathbb{R}$ 上のベクトル空間として直和分解
$$\mathfrak{g} = \mathfrak{g}' + \mathfrak{t}$$
が成り立つ．この直和分解によって $\mathfrak{g}'$ と $\mathfrak{g}/\mathfrak{t}$ を同一視する．左移動 $L_g: G \to G$，$x \mapsto gx$ の微分
$$(dL_g)_e: \mathfrak{g} = T_eG \simeq T_gG, \quad X \mapsto (dL_g)_eX \quad (g \in G)$$
によって，各点 $g \in G$ の接空間 T_gG を Lie 環 $\mathfrak{g}$ と同一視する．同様に，左移動 $(dL_g)_e$ によって

(8.15) $\qquad\qquad \mathfrak{t} = T_eT \simeq T_tT \quad (t \in T)$

(8.16) $\qquad\qquad \mathfrak{g}' \simeq \mathfrak{g}/\mathfrak{t} \simeq T_{gT}(G/T) \quad (gT \in G/T)$

と同一視する．このとき，$G, T, G/T$ 上の不変測度 $dg, dt, d(gT)$ は，それぞれ最高次数の外積代数（従って 1 次元のベクトル空間）の元
$$\textstyle\bigwedge^{\dim \mathfrak{g}} \mathfrak{g}^\vee \ni \omega_G, \quad \bigwedge^{\dim \mathfrak{t}} \mathfrak{t}^\vee \ni \omega_T, \quad \bigwedge^{\dim \mathfrak{g}/\mathfrak{t}}(\mathfrak{g}/\mathfrak{t})^\vee \simeq \bigwedge^{\dim \mathfrak{g}/\mathfrak{t}}(\mathfrak{g}')^\vee \ni \omega_{G/T}$$
をそれぞれ左移動して得られる外微分形式に他ならない．直和分解 $\mathfrak{g} = \mathfrak{t} \oplus \mathfrak{g}'$ から引き起こされる同型
$$\textstyle\bigwedge^{\dim \mathfrak{g}} \mathfrak{g}^\vee \simeq \left(\bigwedge^{\dim \mathfrak{t}} \mathfrak{t}^\vee\right) \wedge \left(\bigwedge^{\dim \mathfrak{g}/\mathfrak{t}}(\mathfrak{g}')^\vee\right)$$

において，(8.13) は
$$\omega_G = \pm \omega_T \wedge \omega_{G/T}$$
を意味していることに注意しよう．

さて，定理 8.11 の証明をしよう．前項において調べた写像
$$A: G/T \times T_{\mathrm{reg}} \to G_{\mathrm{reg}}, \quad (gT, t) \mapsto gtg^{-1}$$
は，定理 8.10(ii) と下の補題 8.13 より被覆写像（定義は §6.1(a) 参照）であり，その被覆の次数は $\#W = n!$ となる．従って $f \in C(G)$ に対して

(8.17) $$\int_G f(g) dg = \frac{1}{n!} \int_{G/T} \int_T f(gtg^{-1}) \det(dA_{(gT,t)}) dt \, d(gT)$$

が成り立つ．ここで Jacobi 行列式の具体表示である $\det(dA_{(gT,t)})$ の定義について一言触れておこう．A の $(gT, t) \in G/T \times T$ における微分
$$dA_{(gT,t)}: T_{gT}(G/T) \oplus T_t T \to T_{gtg^{-1}} G$$
は左移動 (8.15)，(8.16) によって $\mathfrak{g} \simeq \mathfrak{g}' \oplus \mathfrak{t}$ から $\mathfrak{g}$ への線型写像と同一視されるので，$\mathrm{End}(\mathfrak{g}) \ni dA_{(gT,t)}$ とみなして $\det(dA_{(gT,t)})$ が定義されるのである．

補題 8.13 $g \in G$, $t = \mathrm{diag}(t_1, \cdots, t_n) \in T$ とするとき，
$$\det(dA_{(gT,t)}) = \det(\mathrm{Ad}(t^{-1})|_{\mathfrak{g}'} - \mathrm{id}_{\mathfrak{g}'})$$
が成り立つ．ここで右辺の $\det$ は $\mathrm{End}(\mathfrak{g}')$ における行列式である．

［証明］ $u = \exp(sY) \in T$ ($s \in \mathbb{R}$, $Y \in \mathfrak{t}$) とすると，
$$A(gT, tu) = g(tu)g^{-1} = gtg^{-1} gug^{-1} = gtg^{-1} \exp(s \, \mathrm{Ad}(g)Y)$$
であるから
$$dA_{(gT,t)}(0, Y) = \frac{d}{ds}\bigg|_{s=0} L_{gtg^{-1}} \exp(s \, \mathrm{Ad}(g)Y)$$
$$= d(L_{gtg^{-1}})_e \, \mathrm{Ad}(g) Y$$

従って，左移動 $d(L_{gtg^{-1}})_e: T_e G \simeq T_{gtg^{-1}} G$ による同一視の下で
(8.18) $$dA_{(gT,t)}(0, Y) = \mathrm{Ad}(g) Y \quad (Y \in \mathfrak{t})$$
となる．

一方，$v = \exp(sX)$ ($s \in \mathbb{R}$, $X \in \mathfrak{g}'$) とするとき，
$$A(gvT, t) = gvtv^{-1}g^{-1} = gtg^{-1}(gt^{-1}vtv^{-1}g^{-1})$$
であるから，

$$dA_{(gT,t)}(X,0) = d(L_{gtg^{-1}})_e \operatorname{Ad}(g) \frac{d}{ds}\Big|_{s=0} (t^{-1}\exp(sX)t\exp(-sX))$$
$$= d(L_{gtg^{-1}})_e \operatorname{Ad}(g)(\operatorname{Ad}(t^{-1})X - X).$$

よって左移動 $d(L_{gtg^{-1}})_e \colon T_eG \simeq T_{gtg^{-1}}G$ による同一視の下で

(8.19) $\quad dA_{(gT,t)}(X,0) = \operatorname{Ad}(g)(\operatorname{Ad}(t^{-1}) - \operatorname{id}_{\mathfrak{g}'})X \quad (X \in \mathfrak{g}')$

となる．そこで，$\det \operatorname{Ad}(g) = 1$ に注意して等式(8.18)と(8.19)を用いれば，
$$\det(dA_{(gT,t)}) = \det(\operatorname{Ad}(t^{-1})|_{\mathfrak{g}'} - \operatorname{id}_{\mathfrak{g}'})$$
が示された．ここで左辺の $\det$ は $\operatorname{End}_{\mathbb{R}}(\mathfrak{g})$ における行列式，右辺の $\det$ は $\operatorname{End}_{\mathbb{R}}(\mathfrak{g}')$ における行列式である．

等式(8.17)と補題 8.13 により，$\det(\operatorname{Ad}(t^{-1})|_{\mathfrak{g}'} - \operatorname{id}_{\mathfrak{g}'})$ の具体的な公式を与える次の補題を示せば，定理 8.11 が証明されたことになる．補題 8.14 は，実 Lie 環のままで証明することもできるが，「複素化」して $\operatorname{End}_{\mathbb{C}}(\mathfrak{g}' \otimes_{\mathbb{R}} \mathbb{C})$ において考えることにより証明が著しく簡単になる．このアイディアは第 12 章で後述する「Weyl のユニタリ・トリック」につながるものである（§12.3 定理 12.37 参照）．

補題 8.14 $\quad t = \operatorname{diag}(t_1, t_2, \cdots, t_n) \in T$ とするとき，
$$\det(\operatorname{Ad}(t)^{-1}|_{\mathfrak{g}'} - \operatorname{id}_{\mathfrak{g}'}) = |D(t)|^2$$

［証明］ $\mathbb{R}$-線型写像 $\operatorname{Ad}(t)^{-1} - \operatorname{id}\colon \mathfrak{g} \to \mathfrak{g}$ を複素化した $\mathbb{C}$-線型写像も同じ記号を用いて $\operatorname{Ad}(t)^{-1} - \operatorname{id}\colon \mathfrak{g} \otimes_{\mathbb{R}} \mathbb{C} \to \mathfrak{g} \otimes_{\mathbb{R}} \mathbb{C}$ と書く．このとき，
$$\mathfrak{g} \otimes_{\mathbb{R}} \mathbb{C} \simeq \mathfrak{gl}(n, \mathbb{C})$$
が成り立つ．実際，次の写像

(8.20) $\quad \mathfrak{u}(n) \oplus \mathfrak{u}(n) \to \mathfrak{gl}(n,\mathbb{C}), \quad (X,Y) \mapsto X + \sqrt{-1}\,Y$

は単射であり，次元の等式
$$\dim_{\mathbb{R}} \mathfrak{u}(n) + \dim_{\mathbb{R}} \mathfrak{u}(n) = 2n^2 = \dim_{\mathbb{R}} \mathfrak{gl}(n,\mathbb{C})$$
より，写像(8.20)は全射でもある．従って $\mathfrak{g} \otimes_{\mathbb{R}} \mathbb{C} \simeq \mathfrak{gl}(n,\mathbb{C})$ という同型が得られた．

$E_{ij} \in \mathfrak{gl}(n,\mathbb{C})$ を，i 行 j 列のみ 1 で，他は 0 となる n 次正方行列とすると，$\mathfrak{g} \otimes_{\mathbb{R}} \mathbb{C}$ の部分空間 $\mathfrak{g}' \otimes_{\mathbb{R}} \mathbb{C}$ は，同型 $\mathfrak{g} \otimes_{\mathbb{R}} \mathbb{C} \simeq \mathfrak{gl}(n,\mathbb{C})$ の中で $\mathfrak{g}' \otimes_{\mathbb{R}} \mathbb{C} \simeq \sum_{i \neq j} \mathbb{C} E_{ij}$

と表される.一方,$t = \mathrm{diag}(t_1, \cdots, t_n) \in T$ に対して
$$(\mathrm{Ad}(t^{-1}) - \mathrm{id})E_{ij} = \left(\frac{t_j}{t_i} - 1\right)E_{ij}$$
が成り立つ.すなわち,E_{ij} は $\mathrm{Ad}(t^{-1}) - \mathrm{id}$ の固有ベクトルである.故に,

$\mathbb{R}$-線型写像 $\mathrm{Ad}(t^{-1}) - \mathrm{id} : \mathfrak{g}' \to \mathfrak{g}'$ の行列式
$= \mathbb{C}$-線型写像 $\mathrm{Ad}(t^{-1}) - \mathrm{id} : \mathfrak{g}' \otimes_{\mathbb{R}} \mathbb{C} \to \mathfrak{g}' \otimes_{\mathbb{R}} \mathbb{C}$ の行列式
$= \displaystyle\prod_{i \neq j} \left(\frac{t_j}{t_i} - 1\right)$

となる.$\overline{t_i} = \dfrac{1}{t_i}$ に注意すると
$$\prod_{i<j}\left(\frac{t_j}{t_i} - 1\right) = \overline{\prod_{i<j}\left(\frac{t_i}{t_j} - 1\right)} = \overline{\prod_{i>j}\left(\frac{t_j}{t_i} - 1\right)}$$
であるから,
$$\begin{aligned}
\prod_{i \neq j}\left(\frac{t_j}{t_i} - 1\right) &= \prod_{i>j}\left(\frac{t_j}{t_i} - 1\right)\prod_{i<j}\left(\frac{t_j}{t_i} - 1\right) \\
&= \prod_{i>j}\left(\frac{t_j - t_i}{t_i}\right)\overline{\prod_{i>j}\left(\frac{t_j - t_i}{t_i}\right)} \\
&= \prod_{i>j}(t_j - t_i)\overline{\prod_{i>j}(t_j - t_i)} \quad (\because |t_i|^2 = 1) \\
&= |D(t)|^2
\end{aligned}$$
となる.よって補題 8.14 が証明された. ∎

補題 8.13,補題 8.14 と等式 (8.17) より定理 8.11 の証明が完結した.

§8.2 極大トーラス上の対称式と交代式

(a) 対称式と交代式

ユニタリ群 $U(n)$ の Weyl 群 $W \simeq N_G(T)/Z_G(T)$ は n 次の対称群 $\mathfrak{S}_n$ と同型な有限群であった(定義 8.5).対称群 $\mathfrak{S}_n$ の符号を sgn で表す.sgn は符号 (signature) の略である.すなわち,sgn は

(8.21) $\quad \mathrm{sgn}: \mathfrak{S}_n \to \{\pm 1\}, \quad \sigma \mapsto \begin{cases} 1 & (\sigma \text{ は偶置換}) \\ -1 & (\sigma \text{ は奇置換}) \end{cases}$

によって定義される写像である．符号 sgn は Weyl 群 $W \simeq \mathfrak{S}_n$ の 1 次元表現を与えるので符号表現ともいう．また，$\mathbf{1}: W \to \{1\} \subset GL(1,\mathbb{C})$ はいつものように W の自明な 1 次元表現を表すことにする．

定義 8.15 極大トーラス T 上の連続関数 $f(t)$ に対して

$f(t)$ は**対称関数** $\iff f(w^{-1}\cdot t) = f(t) \; (\forall w \in W)$
$\phantom{f(t) \text{ は対称関数}} \iff f(t_{w(1)}, \cdots, t_{w(n)}) = f(t_1, \cdots, t_n) \; (\forall w \in \mathfrak{S}_n)$
$f(t)$ は**交代関数** $\iff f(w^{-1}\cdot t) = \mathrm{sgn}(w) f(t) \; (\forall w \in W)$

と定義する． □

さて，$1 \leqq l, m \leqq n$ なる l, m ($l \neq m$) を選んだとき，
$$\sigma(i) = i \; (i \neq l, m); \quad \sigma(l) = m; \quad \sigma(m) = l$$
となる置換 $\sigma \in \mathfrak{S}_n$ を**互換**といい，$\sigma = (l, m)$ と書く．特に，$m = l+1$ のときの互換 $(l, l+1)$ を**隣接互換**という．

交代関数であることを確かめるのに次の補題は便利である．

補題 8.16 $f \in C(T)$ が交代関数であるための必要十分条件は，任意の $1 \leqq l \leqq n-1$ に対して，

(8.22)
$$f(t_1, \cdots, t_n) = -f(t_1, \cdots, t_{l-1}, t_{l+1}, t_l, t_{l+2}, \cdots, t_n) \quad (\forall (t_1, \cdots, t_n) \in T)$$
が成り立つことである．

[証明] $1 \leqq l \leqq n-1$ に対して隣接互換を $s_l = (l, l+1) \in \mathfrak{S}_n$ と書く．任意の l ($1 \leqq l \leqq n-1$) に対して，$f \in C(T)$ が (8.22)，すなわち，$s_l f = -f$ を満たすと仮定する．対称群の任意の元 σ は隣接互換の積として
$$\sigma = s_{l_1} s_{l_2} \cdots s_{l_k} \quad (1 \leqq l_1, \cdots, l_k \leqq n)$$
と表されるから，
$$\sigma f = s_{l_1} s_{l_2} \cdots s_{l_k} f = (-1)^k f = \mathrm{sgn}(\sigma) f$$
となり f が交代関数であることがわかる．逆は明らか． ∎

§8.2 極大トーラス上の対称式と交代式

Weyl 群 W の表現論の言葉で対称関数,交代関数を言い換えよう.

T 上の連続関数全体を $C(T)$ とするとき,$C(T)$ を表現空間とする Weyl 群 W の表現が自然に定義される.すなわち,$w \in W$, $f \in C(T)$ に対して
$$(w \cdot f)(t) := f(w^{-1} \cdot t) \quad (t \in T)$$
と定めるのである.このとき,

$C(T)$ の **1**-成分　　$C(T)_1 = \{T$ 上の対称関数全体$\}$

$C(T)$ の sgn-成分　$C(T)_{\mathrm{sgn}} = \{T$ 上の交代関数全体$\}$

である.**1**-成分とは W-不変な元のことであるから,§3.2(e)(群の不変元)の記号の使い方にならって $C(T)_1$ のかわりに $C(T)^W$ と書いてもよい.

$R(T)$ を T 上の **Laurent 多項式**全体,すなわち,

(8.23) $$\sum_{k_1,\cdots,k_n \in \mathbb{Z}} a_{k_1\cdots k_n} t_1^{k_1} t_2^{k_2} \cdots t_n^{k_n} \quad (a_{k_1\cdots k_n} \in \mathbb{C})$$

という形の元全体のなす複素ベクトル空間とする.ただし,複素数 $a_{k_1\cdots k_n}$ は有限個の $(k_1,\cdots,k_n) \in \mathbb{Z}^n$ を除いて 0 とする.従って (8.23) は有限和である.ここでは,$k_1,\cdots,k_n$ が負の整数の場合も考えていることに注意しよう.(8.23) は,多重指数 $\alpha = (k_1,\cdots,k_n)$ を用いて

$$\sum_{\alpha \in \mathbb{Z}^n} a_\alpha t^\alpha$$

と略記するのが便利である.なおコンパクト可換群 T 上の任意の行列要素は $t_1^{k_1}\cdots t_n^{k_n}$ の形をしているので,$R(T)$ は T 上の行列要素の(有限個の)線型和として表される関数のなすベクトル空間である.従って,$R(T)$ という記法は,第 4 章 (Peter–Weyl の定理) で一般のコンパクト群に対して用いた記法 (§4.1(d) 参照) と一致している.

$C(T)$ の場合と同様に,対称 Laurent 多項式の空間 $R(T)_1$ および,交代 Laurent 多項式の空間 $R(T)_{\mathrm{sgn}}$ が定義される.

Fourier 級数論(第 2 章)あるいは Peter–Weyl の定理を可換なコンパクト群 T に適用した結果により,$R(T)$ は $C(T)$ の一様収束の位相に関して稠密である.従って,$R(T)_1 \subset C(T)_1$, $R(T)_{\mathrm{sgn}} \subset C(T)_{\mathrm{sgn}}$ もまたそれぞれの空間

において，一様収束の位相に関して稠密である．

$R_{\mathbb{Z}}(T)$ を $t=(t_1,\cdots,t_n)$ の $\mathbb{Z}$-係数 Laurent 多項式全体とする．すなわち，$R_{\mathbb{Z}}(T)$ は

$$\sum_{\alpha\in\mathbb{Z}^n} a_\alpha t^\alpha\ (\text{有限和}),\quad a_\alpha\in\mathbb{Z}\ (\forall\alpha\in\mathbb{Z}^n)$$

という形の関数からなる $\mathbb{Z}$-加群である．定義より $R_{\mathbb{Z}}(T)\subset R(T)$ である．

(8.24) $\qquad\qquad R_{\mathbb{Z}}(T)_{\mathbf{1}}:=R_{\mathbb{Z}}(T)\cap C(T)_{\mathbf{1}}$

(8.25) $\qquad\qquad R_{\mathbb{Z}}(T)_{\mathrm{sgn}}:=R_{\mathbb{Z}}(T)\cap C(T)_{\mathrm{sgn}}$

とおく．次節の補題 8.32(ii) で見るように，$U(n)$ の任意の有限次元表現 (π,V) の指標 χ_π を T に制限した関数 $\chi_\pi|_T$ は $R_{\mathbb{Z}}(T)_{\mathbf{1}}$ に属する．

例 8.17 基本対称式(elementary symmetric function)

$$t_1+t_2+\cdots+t_n,\quad t_1t_2+t_1t_3+\cdots+t_{n-1}t_n,\quad\cdots,\quad t_1t_2\cdots t_n$$

は $R_{\mathbb{Z}}(T)_{\mathbf{1}}$ の元である．$R_{\mathbb{Z}}(T)_{\mathbf{1}}$ の任意の元は

$$t_1,\cdots,t_n\ \text{の対称多項式}\times(t_1\cdots t_n)^k\quad(k\in\mathbb{Z})$$

の形に表され，$t_1,\cdots,t_n$ の対称多項式は基本対称式の多項式(すなわち，基本対称式の積の線型結合)として表すことができる(対称式の基本定理，例えば酒井文雄『環と体の理論』(共立出版)定理 2.59 参照)． □

例 8.18 差積 $D(t_1,\cdots,t_n)=\displaystyle\prod_{1\leqq i<j\leqq n}(t_i-t_j)$ ((8.12)参照)は交代式である．従って，$D\in R_{\mathbb{Z}}(T)_{\mathrm{sgn}}$. □

差積が交代式であることは，線型代数でおなじみであると思う．この例は，交代式と対称式の 1 対 1 対応を与える定理 8.24 の基礎となる重要な補題であり，またユニタリ群 $U(n)$ の Weyl 群である対称群 $\mathfrak{S}_n$ のみならず他の Weyl 群(定理 9.15 参照)に対する類似の結果(定理 9.42 参照)の原型ともなるので簡単に証明を復習しておこう．

［例 8.18 の証明］ $\sigma\in\mathfrak{S}_n$ が隣接互換 $s_l=(l,l+1)$ $(1\leqq l\leqq n-1)$ のとき，
$$(s_l\cdot D)(t_1,\cdots,t_n)=D(t_1,\cdots,t_{l-1},t_{l+1},t_l,t_{l+2},\cdots,t_n)$$

$$= (t_{l+1} - t_l) \times \prod_{\substack{1 \leq i < j \leq n \\ (i,j) \neq (l, l+1)}} (t_i - t_j)$$

$$= -D(t_1, \cdots, t_n)$$

となるので，$s_l \cdot D = -D$ が成り立つ．補題 8.16 より D は交代式である． ∎

次の定理は不変式論（invariant theory）とも関連する重要な結果である．

定理 8.19 $G = U(n)$ 上の連続関数を極大トーラス T に制限する写像 $C(G) \to C(T)$ は，類関数の空間 $C(G)^{\mathrm{Ad}}$ と対称式の空間 $C(T)_{\mathbf{1}}$ の同型

$$C(G)^{\mathrm{Ad}} \xrightarrow{\sim} C(T)_{\mathbf{1}}, \quad f \mapsto f|_T$$

を誘導する．同様に同型 $R(G)^{\mathrm{Ad}} \xrightarrow{\sim} R(T)_{\mathbf{1}}$ も誘導する．ここで $R(G)$ は G 上の行列要素の有限線型結合として表される関数空間である． □

注意 8.20 特性類の定義を Chern–Weil 理論によって行う場合にも，不変多項式環 $R(G)^{\mathrm{Ad}}$ の生成元を記述することが重要になる．興味ある読者は，上記の定理 8.19 に関連して，『微分形式の幾何学』（森田[32]）定理 5.26 や §6.5 で，不変多項式の使い方を参照されたい．

例 8.21 π を $G = U(n)$ の有限次元表現とし，$\chi_\pi = \mathrm{Trace}\, \pi$ をその指標とする．このとき，$\chi_\pi \in R(G)^{\mathrm{Ad}}$ であるから，$\chi_\pi|_T \in R(T)_{\mathbf{1}}$ となる． □

理解の助けになるように，定理 8.19 および後述する定理 8.24 を図示しておこう．

$$
\begin{array}{ccccc}
C(G) & \xrightarrow{\text{制限}} & C(T) & & \\
\cup & & \cup & & \\
C(G)^{\mathrm{Ad}} & \simeq & C(T)_{\mathbf{1}} & \underset{(\times D)}{\xrightarrow{\sim}} & C(T)_{\mathrm{sgn}} \\
\text{稠密}\,\cup & & \cup\,\text{稠密} & & \cup\,\text{稠密} \\
R(G)^{\mathrm{Ad}} & \simeq & R(T)_{\mathbf{1}} & \underset{(\times D)}{\xrightarrow{\sim}} & R(T)_{\mathrm{sgn}}
\end{array}
$$

[定理 8.19 の証明]　同型 $C(G)^{\mathrm{Ad}} \xrightarrow{\sim} C(T)_{\mathbf{1}}$ を 3 つのステップに分けて証明する．

<u>ステップ(1)</u>　写像 $C(G)^{\mathrm{Ad}} \to C(T)_{\mathbf{1}}$ が矛盾なく定義されていることをまず見よう．$f \in C(G)^{\mathrm{Ad}}$，$g \in N_G(T)$，$t \in T$ ならば $f(gtg^{-1}) = f(t)$ である．特に

$g \in W$ とすれば $f|_T$ が T 上の対称式，すなわち $f|_T \in C(T)_1$ であることがわかる．故に写像は矛盾なく定義されている．

　<u>ステップ(2)</u> 写像 $C(G)^{\mathrm{Ad}} \to C(T)_1$ が単射であることを示そう．定理 8.10 (i) より G の任意の元は極大トーラスの元と共役であるから，$f \in C(G)^{\mathrm{Ad}}$ が $f|_T \equiv 0$ を満たすとき $f \equiv 0$ が成り立つ．故に単射性が示された．

　<u>ステップ(3)</u> 写像 $C(G)^{\mathrm{Ad}} \to C(T)_1$ が全射であることを証明しよう．$C(T)_1 \ni h$ とする．$g \in G$ の固有値を重複度を込めて $\lambda_1(g), \cdots, \lambda_n(g)$ とし，

$$(8.26) \qquad f(g) := h(\lambda_1(g), \lambda_2(g), \cdots, \lambda_n(g))$$

と定義すると，h は対称式なので，(8.26) の右辺は固有値のとり方の順序によらない．従って，G 上の関数 f が定義された．さらに g を局所的に動かしたとき，固有値の順序を適当に選べば $\lambda_1(g), \cdots, \lambda_n(g)$ がそれぞれ G 上の連続関数になる (これを厳密に証明するためには，複素関数論の Rouché の定理を使えばよい)．これは f が G 上の連続関数であることを意味している．さらに f が類関数であり $f|_T = h$ となることは (8.20) の定義から明らかである．h は任意の対称式であったので，写像 $C(G)^{\mathrm{Ad}} \to C(T)_1$ は全射である．

　以上から同型 $C(G)^{\mathrm{Ad}} \xrightarrow{\sim} C(T)_1$ が証明された．

　最後に $C(G)$ を $R(G)$ に変えたときの変更点を述べておこう．制限写像 $R(G)^{\mathrm{Ad}} \to R(T)_1$ が矛盾なく定義され (つまり，像が $R(T)_1$ に含まれ)，かつ，単射であることの証明は同様である．一方，全射性については (関数の通常の積に関する) 環構造に注目すればよい．すなわち，制限写像 $R(G)^{\mathrm{Ad}} \to R(T)_1$ は環準同型写像であるから，環準同型写像 $R(G)^{\mathrm{Ad}} \to R(T)_1$ の像が $R(T)_1$ の環としての生成元 (例 8.17 参照) を含むことをいえばよい．このためには，後述する例 8.34 において，$U(n)$ の自然表現 $(\pi_0, \mathbb{C}^n)$ の外積表現 $(\wedge^k(\pi_0), \wedge^k(\mathbb{C}^n))$ の指標 $\chi_{\wedge^k(\pi_0)}$ ($\in R(G)^{\mathrm{Ad}}$) を T に制限すると k 次の基本対称式となることに注意すればよい．このようにして，$R(G)^{\mathrm{Ad}} \to R(T)_1$ は全射であることが示された．

　以上より定理が証明された．　∎

　$1 \leqq i, j \leqq n\ (i \neq j)$ なる (i, j) に対し，極大トーラス T の閉部分集合 S_{ij} を

$$S_{ij} := \{t = \mathrm{diag}(t_1, \cdots, t_n) \in T : t_i = t_j\}$$

と定義する．この記号を用いると(8.3)で定義した「一般の位置」にある T の元全体の集合 T_{reg} は，

$$T_{\mathrm{reg}} = T \setminus \bigcup_{1 \leqq i < j \leqq n} S_{ij}$$

と表される．

補題 8.22 $1 \leqq i, j \leqq n \ (i \neq j)$ となる (i, j) を選ぶ．$f \in R(T)$ が $f(t) = 0$ ($\forall t \in S_{ij}$) を満たすならば，$\psi \in R(T)$ が存在して
$$f(t) = (t_i - t_j)\psi(t)$$
と表される．さらに $f \in R_{\mathbb{Z}}(T)$ ならば $\psi \in R_{\mathbb{Z}}(T)$ である．

[証明] $t_j \ (1 \leqq j \leqq n)$ の絶対値が 1 の場合に
$$(8.27) \qquad t_i = t_j \implies f(t_1, \cdots, t_n) = 0$$
が成り立つので，正則関数の解析接続の原理より $t_1, \cdots, t_n$ の Laurent 多項式としても(8.27)が成り立つ．十分大きな整数 N を選べば，$F(t) := (t_1 \cdots t_n)^N f(t)$ は $t_1, \cdots, t_n$ の多項式となり，F に対しても(8.27)が成り立つ．従って，$F(t)$ は $t_i - t_j$ で割り切れる．$F(t) = (t_i - t_j)\varphi(t)$ と表して，$\psi(t) := (t_1 \cdots t_n)^{-N}\varphi(t)$ とおけば，$\psi(t)$ が求める関数である．f が $\mathbb{Z}$-係数の Laurent 多項式ならば，F, φ, ψ の順に $\mathbb{Z}$-係数であることがわかるので最後の主張も示された． ∎

補題 8.23 $f \in R(T)_{\mathrm{sgn}}$ ならば，適当な $\psi \in R(T)$ が存在して，$f = \psi D$ が成り立つ．さらに $f \in R_{\mathbb{Z}}(T)_{\mathrm{sgn}}$ ならば $\psi \in R_{\mathbb{Z}}(T)$ である．ここで D は(8.12) で定義した差積を表す．

[証明] 前補題の証明のように $t_1, \cdots, t_n$ を独立変数と見て，前補題 8.22 を繰り返し適用すればよい． ∎

定理 8.24 $D(t) = \prod_{1 \leqq i < j \leqq n}(t_i - t_j)$ とする．

(ⅰ) 次の写像
$$Q: R(T)_1 \to R(T)_{\mathrm{sgn}}, \qquad \varphi \mapsto \varphi D$$
は極大トーラス T 上の対称 Laurent 多項式の空間 $R(T)_1$ から T 上の交代 Laurent 多項式の空間 $R(T)_{\mathrm{sgn}}$ への全単射写像を与える．

（ii） $(t_1,\cdots,t_n)$ をトーラスの元（すなわち t_j は絶対値 1 の複素数）としてではなく n 個の独立変数と見たときにも，写像 Q は，独立変数 $t_1,\cdots,t_n$ に関する対称 Laurent 多項式の空間から，独立変数 $t_1,\cdots,t_n$ に関する交代 Laurent 多項式の空間への全単射を与える．

（iii） 全単射写像 Q は $\mathbb{Z}$-係数で表される部分空間 $R_\mathbb{Z}(T)_1$ と $R_\mathbb{Z}(T)_{\mathrm{sgn}}$ の全単射写像も与えている．

[証明] 3 つのステップに分けて(i)を証明しよう．

<u>ステップ(1)</u> （写像 Q が矛盾なく定義されていること）$\varphi\in R(T)_1$ ならば，任意の元 $\sigma\in W$ に対して
$$\sigma\cdot(\varphi D)=\varphi\times(\mathrm{sgn}\,\sigma)D=(\mathrm{sgn}\,\sigma)\varphi D$$
となるから，$\varphi D\in R(T)_{\mathrm{sgn}}$ である．故に，$D\mapsto \varphi D$ は $R(T)_1$ から $R(T)_{\mathrm{sgn}}$ への写像を定める．

<u>ステップ(2)</u> （単射）$\varphi D=0$ とする．T_{reg} 上で D は決して 0 にならないから
$$\varphi(t)=0 \quad (\forall t\in T_{\mathrm{reg}})$$
となる．一方，T_{reg} は T において稠密であるから，φ の連続性より $\varphi\equiv 0$．

<u>ステップ(3)</u> （全射）任意の $f\in R(T)_{\mathrm{sgn}}$ に対し前補題 8.23 を適用すると，$\varphi\in R(T)$ が存在して $f=\varphi D$ と表される．$t\in T_{\mathrm{reg}}$ ならば $D(t)\neq 0$ より，$\varphi(t)=\dfrac{f(t)}{D(t)}$ である．従って任意の $\sigma\in W$ に対し
$$(\sigma\cdot\varphi)(t)=\frac{f(\sigma^{-1}\cdot t)}{D(\sigma^{-1}\cdot t)}=\frac{\mathrm{sgn}(\sigma)f(t)}{\mathrm{sgn}(\sigma)D(t)}=\frac{f(t)}{D(t)}=\varphi(t) \quad (\forall t\in T_{\mathrm{reg}})$$
となる．T_{reg} は T において稠密であり，φ および $\sigma\cdot\varphi$ は T 上の連続関数であるから，
$$(\sigma\cdot\varphi)(t)=\varphi(t) \quad (\forall t\in T)$$
である．故に，$\varphi\in R(T)_1$．従って，全射性が示された．

以上で(i)が証明された．

（ii）および(iii)の証明：補題 8.22 および補題 8.23 は証明中に見たように $t_1,\cdots,t_n$ が独立変数であると見たときにも成り立つから，Q は独立変数 $t_1,\cdots,t_n$ の対称 Laurent 多項式の空間と交代 Laurent 多項式の空間の同型を

与える．また補題 8.22 および補題 8.23 は $\mathbb{Z}$-係数の場合にも成り立つから，Q は $R_{\mathbb{Z}}(T)_1$ と $R_{\mathbb{Z}}(T)_{\mathrm{sgn}}$ の全単射をも与える． ∎

(b) 極大トーラス上の単項対称式と単項交代式

多重指数 $\alpha = (\alpha_1, \alpha_2, \cdots, \alpha_n) \in \mathbb{Z}^n$ に対し，極大トーラス T の既約(1次元)ユニタリ表現 χ_α を

(8.28) $\qquad \chi_\alpha : T \to \mathbb{C}^\times, \quad t = \mathrm{diag}(t_1, t_2, \cdots, t_n) \mapsto t_1^{\alpha_1} t_2^{\alpha_2} \cdots t_n^{\alpha_n}$

と定義する．前述したように，$\chi_\alpha(t)$ を多重指数 α によるベキ乗として t^α とも書く．$\widehat{T}$ を T の既約ユニタリ表現(の同値類)全体とすると，

(8.29) $\qquad\qquad\qquad \mathbb{Z}^n \simeq \widehat{T}, \quad \alpha \mapsto \chi_\alpha$

は全単射であり，$\{t^\alpha : \alpha \in \mathbb{Z}^n\}$ は複素ベクトル空間 $R(T)$ の基底となる．Weyl 群 W の $\widehat{T}$ への作用を，$\sigma \in W, \chi \in \widehat{T}$ に対し，

(8.30) $\qquad\qquad\qquad (\sigma \cdot \chi)(t) := \chi(\sigma^{-1} \cdot t)$

で定義する．

対称群 $\mathfrak{S}_n$ の $\mathbb{Z}^n$ への作用を，$\sigma \in \mathfrak{S}_n, \alpha = (\alpha_1, \cdots, \alpha_n) \in \mathbb{Z}^n$ に対して

(8.31) $\qquad\qquad\qquad \sigma \cdot \alpha := (\alpha_{\sigma^{-1}(1)}, \cdots, \alpha_{\sigma^{-1}(n)})$

と定義すると，$W \simeq \mathfrak{S}_n$ および $\widehat{T} \simeq \mathbb{Z}^n$ ((8.29)参照)の同一視の下で，(8.26)による W の $\widehat{T}$ への作用と，(8.31)による $\mathfrak{S}_n$ の $\mathbb{Z}^n$ への作用は一致する．なぜならば，

$$(\sigma \cdot \chi_\alpha)(t) = \chi_\alpha(\sigma^{-1} \cdot t) = \chi_\alpha(t_{\sigma(1)}, \cdots, t_{\sigma(n)})$$
$$= t_{\sigma(1)}^{\alpha_1} \cdots t_{\sigma(n)}^{\alpha_n} = t_1^{\alpha_{\sigma^{-1}(1)}} \cdots t_n^{\alpha_{\sigma^{-1}(n)}} = \chi_{\sigma \cdot \alpha}(t)$$

となるからである．

定義 8.25 多重指数 $\alpha = (\alpha_1, \cdots, \alpha_n) \in \mathbb{Z}^n$ に対し

(8.32) $\qquad\qquad\qquad S_\alpha(t) := \dfrac{1}{\#W_\alpha} \sum_{\sigma \in W} t^{\sigma \cdot \alpha}$

(8.33) $\qquad\qquad\qquad A_\alpha(t) := \sum_{\sigma \in W} \mathrm{sgn}(\sigma) t^{\sigma \cdot \alpha}$

と定義する．ただし，$\#W_\alpha$ は W の α における等方部分群

$$W_\alpha := \{\sigma \in W : \sigma \cdot \alpha = \alpha\}$$

の位数を表す．$S_\alpha(t)$ の定義式において，$\#W_\alpha$ で割っているのは，各単項式の係数を 1 にするためである．一方，$W_\alpha \neq \{e\}$ のとき(すなわち，$\alpha = (\alpha_1, \cdots, \alpha_n)$ において $\alpha_i = \alpha_j$ となる $i \neq j$ が存在するとき)，$A_\alpha(t) = 0$ になる．これは，$A_\alpha(t)$ を行列式を用いて書き換えた次の公式より直ちにわかる：

$$(8.34) \qquad A_\alpha(t) = \det \begin{pmatrix} t_1^{\alpha_1} & t_1^{\alpha_2} & \cdots & t_1^{\alpha_n} \\ t_2^{\alpha_1} & t_2^{\alpha_2} & \cdots & t_2^{\alpha_n} \\ \cdots\cdots\cdots\cdots\cdots \\ t_n^{\alpha_1} & t_n^{\alpha_2} & \cdots & t_n^{\alpha_n} \end{pmatrix}$$

$S_\alpha(t)$ を**単項対称式**(monomial symmetric function)，$A_\alpha(t)$ を**単項交代式**(monomial alternating function)と呼ぶ． □

例 8.26 基本対称式(例 8.17)は単項対称式 $S_\alpha(t)$ において $\alpha_j \leqq 1 \ (\forall j)$ に対応する．

(i) $\alpha = (1, 0, \cdots, 0)$ ならば，$S_\alpha(t) = t_1 + t_2 + \cdots + t_n$．

(ii) $\alpha = (1, 1, 0, \cdots, 0)$ ならば，

$$\begin{aligned} S_\alpha(t) = t_1 t_2 + t_1 t_3 + &\cdots + t_1 t_n \\ + t_2 t_3 + &\cdots + t_2 t_n \\ &\cdots \\ &+ t_{n-1} t_n \end{aligned}$$

□

例 8.27 (van der Monde の行列式) $\alpha = (n-1, n-2, \cdots, 1, 0)$ ならば，

$$(8.35) \qquad A_\alpha(t) = \det \begin{pmatrix} t_1^{n-1} & t_1^{n-2} & \cdots & 1 \\ t_2^{n-1} & t_2^{n-2} & \cdots & 1 \\ \cdots\cdots\cdots\cdots\cdots \\ t_n^{n-1} & t_n^{n-2} & \cdots & 1 \end{pmatrix} = \prod_{1 \leqq i < j \leqq n} (t_i - t_j)$$

が成り立つ．真中の式を **van der Monde の行列式**という．これは(8.12)で定義した差積 $D(t)$ に他ならない．この公式(8.35)は，後述する Weyl の指標公式(定理 8.36)の自明な 1 次元表現の場合に相当する． □

命題 8.28 ($R_{\mathbb{Z}}(T)_1$ と $R_{\mathbb{Z}}(T)_{\mathrm{sgn}}$ の基底)

(i) $\{S_\alpha(t) : \alpha \in \mathbb{Z}^n, \ \alpha_1 \geqq \alpha_2 \geqq \cdots \geqq \alpha_n\}$ は $R_{\mathbb{Z}}(T)_1$ の $\mathbb{Z}$-基底を与える．

（ⅱ）$\{A_\alpha(t): \alpha \in \mathbb{Z}^n, \alpha_1 > \alpha_2 > \cdots > \alpha_n\}$ は $R_\mathbb{Z}(T)_{\mathrm{sgn}}$ の $\mathbb{Z}$-基底を与える.

[証明] $f(t) = \sum_{\alpha \in \mathbb{Z}^n} a_\alpha t^\alpha \in R_\mathbb{Z}(T)$ とする.このとき係数 a_α はすべて整数であり,有限個の α を除いて $a_\alpha = 0$ である.和の順序を変えて整理すると,

（ⅰ）$f(t)$ が対称式ならば,$f(t) = \sum_{\substack{\alpha \in \mathbb{Z}^n \\ \alpha_1 \geqq \cdots \geqq \alpha_n}} a_\alpha S_\alpha(t)$

（ⅱ）$f(t)$ が交代式ならば,$f(t) = \sum_{\substack{\alpha \in \mathbb{Z}^n \\ \alpha_1 > \cdots > \alpha_n}} a_\alpha A_\alpha(t)$

と表されるので,命題は明らかである. ∎

補題 8.29 $\alpha, \beta \in \mathbb{Z}^n$ が $\alpha_1 > \cdots > \alpha_n, \beta_1 > \cdots > \beta_n$ を満たしているとする.

$$(A_\alpha, A_\beta)_{L^2(T)} = \begin{cases} \#W = n! & (\alpha = \beta \text{ のとき}) \\ 0 & (\alpha \neq \beta \text{ のとき}) \end{cases}$$

[証明] $\lambda = (\lambda_1, \cdots, \lambda_n), \mu = (\mu_1, \cdots, \mu_n) \in \mathbb{Z}^n$ のとき,

$$\begin{aligned}
(t^\lambda, t^\mu)_{L^2(T)} &= \int_T t^\lambda \overline{t^\mu}\, dt \\
&= \frac{1}{(2\pi)^n} \int_0^{2\pi} \cdots \int_0^{2\pi} e^{\sqrt{-1}(\lambda_1 - \mu_1)\theta_1} \cdots e^{\sqrt{-1}(\lambda_n - \mu_n)\theta_n}\, d\theta_1 \cdots d\theta_n \\
&= \begin{cases} 1 & (\lambda = \mu) \\ 0 & (\lambda \neq \mu) \end{cases}
\end{aligned}$$

を用いて $(A_\alpha, A_\beta)_{L^2(T)}$ を展開すればよい. ∎

§8.3 $U(n)$ の有限次元既約表現の分類と指標公式

(a) 有限次元表現のウェイト

(π, V) をユニタリ群 $G = U(n)$ の有限次元表現とする.この表現の性質を調べるために,まず,表現 (π, V) を極大トーラス T に制限して考える.表現を T に制限しても,もとの表現の性質は失われない(指標の理論).一方,T は可換なコンパクト群であり,その既約表現はすべて 1 次元である.従って,非可換な群である G より可換群 T の方がずっと簡単に扱える.以下では,このアイディアに沿って議論を展開する.

T はコンパクト群であるから,(π, V) を T の表現とみなしたとき,(π, V) は T の既約表現に分解される.既約分解の公式(分岐則)を具体的に書くために,まず $\lambda \in \mathbb{Z}^n$ に対し,χ_λ-成分を V_λ と書く(χ_λ の定義は(8.28)参照).式で表すと

(8.36) $\qquad V_\lambda := \{v \in V : \pi(t)v = \chi_\lambda(t)v \ (\forall t \in T)\}$

である.このとき,

(8.37) $\qquad\qquad\qquad V = \bigoplus_{\lambda \in \mathbb{Z}^n} V_\lambda$

が χ_λ-成分への直和分解を与える.ここで V_λ は有限個の λ を除いて $\{0\}$ である.$V_\lambda \neq \{0\}$ となる $\lambda \in \mathbb{Z}^n\,(\simeq \widehat{T})$ を V の T に関する**ウェイト**(weight),V_λ の元 v を**ウェイトベクトル**(weight vector)と呼ぶ.ウェイトの集合を

(8.38) $\qquad\qquad \Delta(V, T) := \{\lambda \in \widehat{T} : V_\lambda \neq \{0\}\}$

と書く.V は有限次元であるから,$\Delta(V, T)$ は $\widehat{T}\,(\simeq \mathbb{Z}^n)$ の有限集合である.$\lambda \in \widehat{T}$ に対して

(8.39) $\qquad\qquad\qquad m_\lambda := \dim_\mathbb{C} V_\lambda \in \mathbb{N}$

は,V における λ の**重複度**(multiplicity)と呼ばれる.従って,(π, V) を T に制限したときの T の既約分解の公式(分岐則)は

$$\pi|_T \simeq \bigoplus_{\lambda \in \mathbb{Z}^n} m_\lambda \chi_\lambda = \bigoplus_{\lambda \in \Delta(V,T)} m_\lambda \chi_\lambda$$

で与えられる.

さて,直和分解(8.37)は $\pi(t)\,(t \in T)$ に関する固有空間分解とみなせる.特に,(π, V) の指標 χ_π を T に制限すると,

(8.40) $\quad \chi_\pi(t) = \sum_{\lambda \in \mathbb{Z}^n}(\dim_\mathbb{C} V_\lambda)\chi_\lambda(t) = \sum_{\lambda \in \mathbb{Z}^n} m_\lambda \chi_\lambda(t) \quad (t \in T)$

が成り立つ.$m_\lambda \neq 0$ となるのは,$\lambda \in \Delta(V, T)$ に限られるので,

$$\chi_\pi(t) = \sum_{\lambda \in \Delta(V,T)} m_\lambda \chi_\lambda(t) \quad (t \in T)$$

となる.

有限集合 $\Delta(V, T)$ にめりはりをつけるため,次の順序を導入する.

§8.3 $U(n)$ の有限次元既約表現の分類と指標公式

定義 8.30（$\widehat{T} \simeq \mathbb{Z}^n$ の辞書式順序） $\mathbb{Z}^n$ に次の順序関係（$\succ$）を定義する. $\lambda = (\lambda_1, \cdots, \lambda_n),\ \mu = (\mu_1, \cdots, \mu_n) \in \mathbb{Z}^n$ に対して

$\lambda \succ \mu \iff$

$\quad \lambda_1 > \mu_1$

$\quad$ または「$\lambda_1 = \mu_1$ かつ $\lambda_2 > \mu_2$」

$\quad$ または「$\lambda_1 = \mu_1$ かつ $\lambda_2 = \mu_2$ かつ $\lambda_3 > \mu_3$」

$\quad \quad \cdots\cdots$

$\quad$ または「$\lambda_1 = \mu_1$ かつ $\lambda_2 = \mu_2$ かつ $\cdots$ $\lambda_{n-1} = \mu_{n-1}$ かつ $\lambda_n > \mu_n$」

順序関係 $\succ$ は**辞書式順序**（lexicographic order）の例である. □

定義 8.31（最高ウェイト） ユニタリ群 $G = U(n)$ の有限次元表現 (π, V) に対し，有限集合 $\Delta(V, T)\, (\subset \widehat{T} \simeq \mathbb{Z}^n)$ の中で，順序 $\succ$ に関して最大の元を**最高ウェイト**（highest weight）と呼ぶ．最高ウェイトに対応するウェイトベクトルを**最高ウェイトベクトル**（highest weight vector）と呼ぶ．同様に，順序 $\succ$ に関して最小の元を**最低ウェイト**と呼ぶ． □

補題 8.32 (π, V) を $G = U(n)$ の有限次元表現とする.

(i) $w \in W$ とすると，各 $\lambda \in \widehat{T}$ に対して $\pi(w): V \to V$ は V_λ から $V_{w \cdot \lambda}$ の上への全単射写像を引き起こす.

(ii) ウェイトの集合 $\Delta(V, T)\, (\subset \widehat{T} \simeq \mathbb{Z}^n)$ は Weyl 群 $W \simeq \mathfrak{S}_n$ で不変な有限集合である．さらに，$m_\lambda = m_{w \cdot \lambda}\ (\forall w \in W, \forall \lambda \in \widehat{T})$ が成り立つ．特に $\chi_\pi|_T = \sum_{\lambda \in \Delta(V,T)} m_\lambda \chi_\lambda$ は $R_\mathbb{Z}(T)_1$ の元である.

(iii) (π, V) の最高ウェイトを $(\lambda_1, \cdots, \lambda_n) \in \mathbb{Z}^n$ とすると，
$$\lambda_1 \geqq \lambda_2 \geqq \cdots \geqq \lambda_n$$
が成り立つ.

[証明] (i) $w \in W,\ v \in V_\lambda,\ t \in T$ とする．Weyl 群 W の T への作用は $w^{-1} \cdot t := w^{-1}tw \in T$ で与えられたことを思い出そう.

$$\begin{aligned}
\pi(t)(\pi(w)v) &= \pi(w)\pi(w^{-1}tw)v \\
&= \pi(w)\chi_\lambda(w^{-1}tw)v \\
&= \pi(w)\chi_\lambda(w^{-1} \cdot t)v
\end{aligned}$$

$$= \chi_{w\cdot\lambda}(t)\pi(w)v \quad ((8.30) 参照).$$

これは，「$v \in V_\lambda \Longrightarrow \pi(w)v \in V_{w\cdot\lambda}$」が成り立つことを意味する．よって線型写像 $\pi(w)|_{V_\lambda}: V_\lambda \to V_{w\cdot\lambda}$ が定義できた．$\pi(w)|_{V_\lambda}$ の逆写像は $\pi(w^{-1})$ によって与えられる．以上から(i)が示された．

(ii)は例 8.21 で既に示したが，(i)からも明らかである．(iii)は(ii)より明らかである． ∎

例 8.33 ($U(n)$ の自明表現) $U(n)$ の自明表現 $\mathbf{1}: U(n) \to GL(1, \mathbb{C})$ に対して，$\Delta(\mathbb{C}, T) = \{0\}$，最高ウェイトは $0 \in \mathbb{Z}^n (\simeq \widehat{T})$ となる．また，その指標 χ_1 は，$\chi_1(g) = 1 \ (\forall g \in U(n))$ で与えられる． □

例 8.34 ($U(n)$ の基本表現) ユニタリ群 $U(n)$ の自然表現 $\pi_0: U(n) \hookrightarrow GL(n, \mathbb{C})$ の k 次外積表現 $(\bigwedge^k(\pi_0), \bigwedge^k(\mathbb{C}^n))$ を考えよう(§1.3(c)参照)．$\mathbb{C}^n$ の標準基底を $e_1, e_2, \cdots, e_n$ とする．

$$\begin{pmatrix} t_1 & & 0 \\ & t_2 & \\ & & \ddots \\ 0 & & & t_n \end{pmatrix} e_j = t_j e_j$$

であるから，e_j は $t = \mathrm{diag}(t_1, \cdots, t_n)$ の固有値 t_j に対応する固有ベクトルである．故に，$\bigwedge^k(\mathbb{C}^n)$ の各基底 $e_{i_1} \wedge e_{i_2} \wedge \cdots \wedge e_{i_k} \ (1 \leqq i_1 < \cdots < i_k \leqq n)$ には，t がスカラー $t_{i_1} t_{i_2} \cdots t_{i_k}$ 倍として作用する．

$\mathbb{Z}^n$ の標準基底を $\{f_i: 1 \leqq i \leqq n\}$ とする．$\widehat{T} \simeq \mathbb{Z}^n \ (\chi_\lambda \leftrightarrow \lambda)$ の同一視の下で，$f_{i_1} + f_{i_2} + \cdots + f_{i_k} \in \mathbb{Z}^n$ に対応する $\widehat{T}$ の元 $\chi_{f_{i_1} + \cdots + f_{i_k}}$ は

$$\chi_{f_{i_1} + f_{i_2} + \cdots + f_{i_k}}(t) = t_{i_1} t_{i_2} \cdots t_{i_k} \quad (t = \mathrm{diag}(t_1, \cdots, t_n) \in T)$$

と与えられる．よって，k 次外積表現 $(\bigwedge^k(\pi_0), \bigwedge^k(\mathbb{C}^n))$ のウェイトの集合は

$$\Delta(\bigwedge^k(\mathbb{C}^n), T) = \{f_{i_1} + f_{i_2} + \cdots + f_{i_k}: 1 \leqq i_1 < i_2 < \cdots < i_k \leqq n\}$$

である．特に，$(\bigwedge^k(\pi_0), \bigwedge^k(\mathbb{C}^n))$ の最高ウェイトは

$$(8.41) \qquad \lambda_k := f_1 + f_2 + \cdots + f_k = (\underbrace{1, 1, \cdots, 1}_{k}, \underbrace{0, 0, \cdots, 0}_{n-k})$$

であり，$e_1 \wedge e_2 \wedge \cdots \wedge e_k$ (あるいは，そのスカラー倍)が，最高ウェイトベクトルになる．

§8.3 $U(n)$ の有限次元既約表現の分類と指標公式 —— 365

さらに,表現 $(\bigwedge^k(\pi_0), \bigwedge^k(\mathbb{C}^n))$ の指標を $\chi_{\bigwedge^k(\pi_0)}$ と書くと,

$$\chi_{\bigwedge^k(\pi_0)}(t) = \sum_{1 \leq i_1 < i_2 < \cdots < i_k \leq n} t_{i_1} t_{i_2} \cdots t_{i_k} = S_{\lambda_k}(t) \quad (t = \mathrm{diag}(t_1, t_2, \cdots, t_n) \in T)$$

が成り立つ.ただし $S_{\lambda_k}(t)$ は(8.32)で定義した単項対称式であるが,特に例 8.17 で定義した基本対称式にもなっている.故に表現 $(\bigwedge^k(\pi_0), \bigwedge^k(\mathbb{C}^n))$ の指標が基本対称式となることがわかった.

最後に任意の k $(1 \leq k \leq n)$ に対し,外積表現 $(\bigwedge^k(\pi_0), \bigwedge^k(\mathbb{C}^n))$ は $G = U(n)$ の既約表現であることに注意しておこう.これは,$(\bigwedge^k(\pi_0), \bigwedge^k(\mathbb{C}^n))$ が G の部分群 $N_G(T) = W \ltimes T$ の表現として既に既約であること(演習問題 8.2 参照)から直ちにわかる.また,G-既約性の別証明を例 8.43 では Weyl の次元公式を用いて与える.$\{(\bigwedge^k(\pi_0), \bigwedge^k(\mathbb{C}^n)): 1 \leq k \leq n\}$ をユニタリ群 $U(n)$ の**基本表現**(fundamental representation)と呼ぶ. □

例 8.35(対称テンソル表現) $U(n)$ の自然表現 $\pi_0: U(n) \hookrightarrow GL(n, \mathbb{C})$ の k 次の対称テンソル表現 $(S^k(\pi_0), S^k(\mathbb{C}^n))$ を考えよう.基底 $e_{i_1} \otimes e_{i_2} \otimes \cdots \otimes e_{i_k}$ $(1 \leq i_1 \leq i_2 \leq \cdots \leq i_k \leq n)$ には,$t = \mathrm{diag}(t_1, \cdots, t_n) \in T$ がスカラー $t_{i_1} t_{i_2} \cdots t_{i_k}$ で作用するから,ウェイトの集合は次の形で与えられる.

$$\Delta(S^k(\mathbb{C}^n), T) = \{f_{i_1} + f_{i_2} + \cdots + f_{i_k}: 1 \leq i_1 \leq i_2 \leq \cdots \leq i_k \leq n\}.$$

故に,k 次対称テンソル表現 $(S^k(\pi_0), S^k(\mathbb{C}^n))$ の最高ウェイトは

$$k f_1 = (k, 0, \cdots, 0)$$

であり,対応する最高ウェイトベクトルは $\underbrace{e_1 \otimes e_1 \otimes \cdots \otimes e_1}_{k \text{個}}$ のスカラー倍である.さらに,各ウェイトの重複度が 1 であることから,表現 $(S^k(\pi_0), S^k(\mathbb{C}^n))$ の指標 $\chi_{S^k(\mathbb{C}^n)}$ の極大トーラス上での値は

$$\chi_{S^k(\mathbb{C}^n)}(t) = \sum_{1 \leq i_1 \leq i_2 \leq \cdots \leq i_k \leq n} t_{i_1} t_{i_2} \cdots t_{i_k} \quad (t = \mathrm{diag}(t_1, \cdots, t_n) \in T)$$

で与えられる.特に,$n = 2$ なら

$$(8.42) \qquad \chi_{S^k(\mathbb{C}^2)}(t) = \frac{t_1^{k+1} - t_2^{k+1}}{t_1 - t_2}$$

である.任意の k, n に対して $(S^k(\pi_0), S^k(\mathbb{C}^n))$ は $U(n)$ の既約表現である(後

述の例 8.43 で証明する）．これをユニタリ群 $U(n)$ の**対称テンソル表現**という． □

(b) $U(n)$ の既約表現の指標公式

例 8.35 で特に $n=2$ の場合，等式 (8.42) より指標 $\chi_{S^k(\mathbb{C}^2)}(t)$ に差積 $D(t) = t_1 - t_2$ を掛けると $t_1^{k+1} - t_2^{k+1} = A_{(k+1,0)}(t)$ という簡単な交代式になる．この項では，「指標に差積を掛けると簡単な多項式になる」という原理を解明することによって指標公式を求める．

(π, V) をユニタリ群 $G = U(n)$ の任意の有限次元表現とする．その指標 χ_π は G 上の類関数であり，極大トーラス T への制限は $\chi_\pi|_T \in R_\mathbb{Z}(T)_1$ を満たす（例 8.21 あるいは補題 8.32(ii) 参照）．定理 8.24 より，差積 $D(t)$ を掛けると $\chi_\pi(t)D(t) \in R_\mathbb{Z}(T)_{\mathrm{sgn}}$ となる．従って，命題 8.28(ii) より，$\alpha_1 > \alpha_2 > \cdots > \alpha_n$ を満たす各 $\alpha = (\alpha_1, \cdots, \alpha_n) \in \mathbb{Z}^n$ に対して，一意的に $k_\alpha \in \mathbb{Z}$ が存在して（ただし，有限個の α を除いて $k_\alpha = 0$）

$$\chi_\pi(t) D(t) = \sum_{\substack{\alpha \in \mathbb{Z}^n \\ \alpha_1 > \cdots > \alpha_n}} k_\alpha A_\alpha(t)$$

と表される．この表示における k_α を求めることによって，既約表現の指標を決定しよう．

以下，(π, V) は $G = U(n)$ の有限次元既約表現とし，最高ウェイト $(\lambda_1, \cdots, \lambda_n) \in \mathbb{Z}^n$ をもつと仮定しよう．定理 3.46 より

$$(\chi_\pi, \chi_\pi)_{L^2(G)} = 1$$

であり，一方，Weyl の積分公式の系（系 8.12）より

$$(\chi_\pi, \chi_\pi)_{L^2(G)} = \frac{1}{\#W} \int_T |\chi_\pi(t)|^2 |D(t)|^2 dt$$

$$= \frac{1}{\#W} \int_T \left| \sum_{\substack{\alpha \in \mathbb{Z}^n \\ \alpha_1 > \cdots > \alpha_n}} k_\alpha A_\alpha(t) \right|^2 dt$$

が成り立つ．そこで，補題 8.29 を用いると

$$(\chi_\pi, \chi_\pi)_{L^2(G)} = \sum_{\substack{\alpha \in \mathbb{Z}^n \\ \alpha_1 > \cdots > \alpha_n}} k_\alpha^2$$

が成り立つ．任意の α に対し，$k_\alpha \in \mathbb{Z}$ であるから，$(\chi_\pi, \chi_\pi)_{L^2(G)} = 1$ となるためには，整数 k_α が ± 1 となる α が唯一つ存在し，残りの k_α はすべて 0 でなければならない．故に，

(8.43) $$\chi_\pi(t) = \pm \frac{A_\alpha(t)}{D(t)}$$

となる．この符号は常に $+$ となることを示そう．(8.43) の分母を払うと

(8.43)' $$A_\alpha(t) = \pm D(t) \chi_\pi(t)$$

となる．等式 (8.43)' の両辺はそれぞれ $t_1, t_2, \cdots, t_n$ の多項式である．絶対値 1 の任意の複素数 $t_1, t_2, \cdots, t_n$ に対して (8.43)' が成り立つので，正則関数の解析接続の原理より，$t_1, t_2, \cdots, t_n$ の多項式としても恒等式 (8.43)' が成り立つ．

(8.43)' の左辺を $\sum_{\mu \in \mathbb{Z}^n} a_\mu t^\mu$ という形の Laurent 多項式に展開し，降ベキの順に整理する(すなわち，有限集合 $\{\mu \in \mathbb{Z}^n : a_\mu \neq 0\}$ を辞書式順序(定義 8.30)で大きいものから小さなものへという順序に並べる)と，$\alpha_1 > \cdots > \alpha_n$ であるから，その第 1 項は $A_\alpha(t)$ の定義(定義 8.25 参照)より

$$t_1^{\alpha_1} t_2^{\alpha_2} \cdots t_n^{\alpha_n}$$

である．一方，差積 $D(t) = \prod_{1 \leq i < j \leq n} (t_i - t_j)$ を降ベキの順で整理すると，第 1 項は

$$t_1^{n-1} t_2^{n-2} \cdots t_{n-1}$$

である．また，$\chi_\pi(t) = \sum_{\mu \in \mathbb{Z}^n} (\dim V_\mu) t^\mu = \sum_{\mu \in \mathbb{Z}^n} m_\mu t^\mu$ ((8.40) 参照) を降ベキの順で整理すると，$\lambda = (\lambda_1, \cdots, \lambda_n)$ が最高ウェイトであるから，第 1 項は，

$$m_\lambda t_1^{\lambda_1} t_2^{\lambda_2} \cdots t_n^{\lambda_n}$$

となる．よって，等式 (8.43)' の両辺を比較して

$$\pm t_1^{\alpha_1} t_2^{\alpha_2} \cdots t_n^{\alpha_n} = m_\lambda t_1^{\lambda_1 + n - 1} t_2^{\lambda_2 + n - 2} \cdots t_n^{\lambda_n}$$

を得る．$m_\lambda \geq 1$ だから，等式 (8.43) の符号は $+$ であり，

(8.44) $$\alpha_j = \lambda_j + n - j \quad (1 \leqq j \leqq n)$$
最高ウェイト λ の重複度 $m_\lambda = 1$

が成り立つことも同時に示された．

(8.45) $$\rho = (n-1, n-2, \cdots, 1, 0) \in \mathbb{Z}^n$$

とおくと
$$\alpha = \lambda + \rho$$

が成り立つ．以上をまとめて次の定理を得る．

定理 8.36（Weyl の指標公式） (π, V) をユニタリ群 $U(n)$ の有限次元既約表現とし，$\lambda \in \mathbb{Z}^n$ をその最高ウェイト（定義 8.31 参照）とする．このとき，(π, V) の指標 χ_π の極大トーラス T 上での値は，$t = (t_1, \cdots, t_n)$ に対して

(8.46) $$\chi_\pi(t) = \frac{\sum_{\sigma \in \mathfrak{S}_n} \operatorname{sgn}(\sigma) t^{\sigma \cdot (\lambda + \rho)}}{\prod_{1 \leqq i < j \leqq n} (t_i - t_j)}$$

となる．ただし，$\mathfrak{S}_n (\simeq W)$ の $\mathbb{Z}^n (\simeq \widehat{T})$ への作用は通常の定義（(8.31) 参照）で与えられるものとする．恒等式 (8.34) を用いて次の形に書き直すこともできる．

(8.47) $$\chi_\pi(t) = \frac{1}{\prod_{1 \leqq i < j \leqq n}(t_i - t_j)} \times \det \begin{pmatrix} t_1^{\lambda_1 + n - 1} & t_1^{\lambda_2 + n - 2} & \cdots & t_1^{\lambda_n} \\ t_2^{\lambda_1 + n - 1} & t_2^{\lambda_2 + n - 2} & \cdots & t_2^{\lambda_n} \\ \cdots\cdots\cdots\cdots\cdots\cdots\cdots\cdots\cdots\cdots\cdots\cdots \\ t_n^{\lambda_1 + n - 1} & t_n^{\lambda_2 + n - 2} & \cdots & t_n^{\lambda_n} \end{pmatrix}.$$

$\chi_\pi(t)$ は $t = (t_1, \cdots, t_n)$ の多項式となるが，この多項式を **Schur 多項式**（Schur polynomial）という． □

等式 (8.47) を π が自明な 1 次元表現の場合（$\lambda = 0$）に考えると，van der Monde の行列式の有名な公式（例 8.27）の別証明が得られる．同様に，(8.46) において $\lambda = 0$ を代入した公式を系として書き留めておこう．

系 8.37
$$\prod_{1 \leqq i < j \leqq n}(t_i - t_j) = \sum_{w \in \mathfrak{S}_n} \operatorname{sgn}(w) t_{w(1)}^{n-1} t_{w(2)}^{n-2} \cdots t_{w(n)}^0.$$

[証明] (8.46)において $\lambda=0$, $w=\sigma^{-1}$ とおけばよい. $\mathrm{sgn}(w)=\mathrm{sgn}(\sigma)$ に注意すると, 系が得られる. ∎

(c) $U(n)$ に対する Cartan–Weyl の最高ウェイト理論

定理8.36 よりユニタリ群 $U(n)$ の有限次元既約表現の最高ウェイトによってその表現の指標が決定される. 一方, コンパクト群の有限次元表現(の同値類)は指標によって決定される(系 3.48). 故に, $U(n)$ の有限次元既約表現は, その最高ウェイトによって分類できる. 次の定理は, $U(n)$ の有限次元既約表現(あるいは既約ユニタリ表現)の分類を与えるものである.

(8.48) $(\mathbb{Z}^n)_+ := \{\lambda = (\lambda_1, \cdots, \lambda_n) \in \mathbb{Z}^n : \lambda_1 \geq \lambda_2 \geq \cdots \geq \lambda_n\}$

とおく.

定理 8.38 (Cartan–Weyl の最高ウェイト理論)

(i) (π, V) を $G=U(n)$ の任意の有限次元既約表現とし, $\lambda = (\lambda_1, \cdots, \lambda_n) \in \mathbb{Z}^n$ をその最高ウェイトとする. このとき, $\lambda \in (\mathbb{Z}^n)_+$ であり, 最高ウェイトの重複度 $m_\lambda \equiv \dim_{\mathbb{C}} \mathrm{Hom}_T(\chi_\lambda, \pi|_T)$ は 1 である.

(ii) 逆に, 任意の $\lambda \in (\mathbb{Z}^n)_+$ に対して, λ を最高ウェイトとする有限次元既約ユニタリ表現が存在し, それは表現の同型を除いて一意的である. すなわち,

$$\widehat{G} \simeq \widehat{G}_f \simeq (\mathbb{Z}^n)_+$$

という全単射が存在する.

[証明] (i) $\lambda_1 \geq \lambda_2 \geq \cdots \geq \lambda_n$ であることは補題 8.32 で示した. $m_\lambda = 1$ であることは, 前定理 8.36 の証明中の(8.44)で示した.

(ii) 任意のコンパクト群 G に対して $\widehat{G} \simeq \widehat{G}_f$ が成り立つことは既に定理 4.1 で示した. $\pi \in \widehat{G}_f$ に対して, π の最高ウェイト $\lambda \in \mathbb{Z}^n$ を対応させる写像

(8.49) $\qquad\qquad \widehat{G}_f \to \mathbb{Z}^n$

を考える.

定理 8.36 により, $U(n)$ の有限次元既約表現の指標が最高ウェイトのみで決定されることから, λ を最高ウェイトとする有限次元既約表現は同型を除いて一意的であることがわかる. 故に(8.49)は単射である.

写像 (8.49) の像を $(\mathbb{Z}^n)'_+$ とおく．(i) より $(\mathbb{Z}^n)'_+ \subset (\mathbb{Z}^n)_+$ が成り立つ．(ii) を示すためには，$(\mathbb{Z}^n)'_+ = (\mathbb{Z}^n)_+$ が成り立つことをいえばよい．$(\mathbb{Z}^n)_+ \setminus (\mathbb{Z}^n)'_+ \neq \varnothing$ として矛盾を示そう．

まず，$\lambda \in (\mathbb{Z}^n)_+$ に対し，$A_{\lambda+\rho}(t) \in R(T)_{\mathrm{sgn}}$ であるから，定理 8.24 より
$$A_{\lambda+\rho}(t) = \varphi_\lambda(t) D(t)$$
となる $\varphi_\lambda(t) \in R(T)_1$ が存在する．$\lambda+\rho = (\lambda_1+n-1, \lambda_2+n-2, \cdots, \lambda_n)$ は
$$\lambda_1+n-1 > \lambda_2+n-2 > \cdots > \lambda_n$$
を満たすから，$A_{\lambda+\rho} \neq 0$ となることに注意しよう．

さて，$\varphi_\lambda(t)$ は T 上の対称式であるから，定理 8.19 より
$$\widetilde{\varphi_\lambda}(t) = \varphi_\lambda(t) \quad (\forall t \in T)$$
となる G 上の類関数 $\widetilde{\varphi_\lambda} \in C(G)^{\mathrm{Ad}}$ が唯一つ存在する．

一方，$\mu \in (\mathbb{Z}^n)'_+$ とし，μ を最高ウェイトとする有限次元既約表現を π_μ と書く．上記と同様に G 上の類関数 $\widetilde{\varphi_\mu} \in C(G)^{\mathrm{Ad}}$ を考える．このとき，定理 8.19 と Weyl の指標公式 (定理 8.36) より
$$\widetilde{\varphi_\mu} = \chi_{\pi_\mu}$$
となる．$\widetilde{\varphi_\lambda}$ と $\widetilde{\varphi_\mu}$ の L^2-内積を計算しよう．

$$
\begin{aligned}
(\widetilde{\varphi_\lambda}, \widetilde{\varphi_\mu})_{L^2(G)} &= \frac{1}{n!} \int_T \widetilde{\varphi_\lambda}(t) \overline{\widetilde{\varphi_\mu}(t)} |D(t)|^2 dt \quad (\because \text{系 8.12; Weyl の積分公式}) \\
&= \frac{1}{n!} \int_T A_{\lambda+\rho}(t) \overline{A_{\mu+\rho}(t)} \, dt \\
&= \begin{cases} 1 & (\lambda = \mu) \\ 0 & (\lambda \neq \mu) \end{cases} \quad (\because \text{補題 8.29}).
\end{aligned}
$$

もし，$\lambda \in (\mathbb{Z}^n)_+ \setminus (\mathbb{Z}^n)'_+$ なる λ が存在するならば，類関数 $\widetilde{\varphi_\lambda} (\neq 0)$ は
$$\{\widetilde{\varphi_\mu} : \mu \in (\mathbb{Z}^n)'_+\} = \{\chi_\pi : \pi \in \widehat{G}\}$$
のすべての元と直交する．これは，$\{\chi_\pi : \pi \in \widehat{G}\}$ が $L^2(G)^{\mathrm{Ad}}$ の完全正規直交系であるという定理 4.11 の主張に矛盾する．故に，$(\mathbb{Z}^n)'_+ = (\mathbb{Z}^n)_+$ であることが示された．すなわち，任意の $\lambda \in (\mathbb{Z}^n)_+$ に対し，λ を最高ウェイトとする $U(n)$ の有限次元既約表現の存在が証明された． ∎

注意 8.39 この章では，Peter–Weyl の定理 ($\{\chi_\pi : \pi \in \widehat{G}\}$ の $L^2(G)^{\mathrm{Ad}}$ における

§8.3 $U(n)$ の有限次元既約表現の分類と指標公式 —— 371

完備性)と多項式の初等的な計算を主な道具として，ユニタリ群 $U(n)$ の既約表現の分類(Cartan–Weyl の最高ウェイト理論)や指標公式の決定ができることを証明した．次の章では，より一般の群に対してこれらの結果を拡張する．

一方，Peter–Weyl の定理をまったく使わないで，半単純(あるいは簡約)Lie 環の表現論として Cartan–Weyl の最高ウェイト理論を代数的に証明することもできる．第 12 章(Weyl のユニタリ・トリック)において，Lie 群の(解析的な)表現論と Lie 環の(代数的な)表現論のつながりを説明する．

さて，上記の定理 8.38 では，既約表現の分類は与えたが，表現を具体的にどう構成するかを与えていない．第 13 章では，最高ウェイトを与えたときに，既約表現を幾何的に構成する Borel–Weil の定理を解説する．標語的に書けば，

Cartan–Weyl 理論: $\widehat{G} \underset{\text{最高ウェイトをとる}}{\xrightarrow{\sim}} (\mathbb{Z}^n)_+$

Borel–Weil 理論: $\widehat{G} \underset{\text{表現の構成}}{\xrightarrow{\sim}} (\mathbb{Z}^n)_+$

となる．

(d) Weyl の次元公式

有限次元表現 (π, V) の指標を χ_π とすると
$$\chi_\pi(e) = \operatorname{Trace} \pi(e) = \dim_{\mathbb{C}} V$$
であるから，指標の具体的な形がわかれば，表現の次元もわかるはずである．この項では，λ を最高ウェイトとする $U(n)$ の有限次元既約表現 π_λ の次元の公式を求めよう．Weyl の指標公式(定理 8.36)において $t = \operatorname{diag}(1, \cdots, 1)$ をそのまま代入すると
$$\chi_\pi(e) = \frac{0}{0}$$
となるので，計算には少し工夫が必要である．

$\alpha = (\alpha_1, \cdots, \alpha_n) \in \mathbb{Z}^n,\ t = (t_1, \cdots, t_n)$ に対して
$$F(\alpha, t) = \frac{\sum_{\sigma \in \mathfrak{S}_n} \operatorname{sgn}(\sigma) t^{\sigma \cdot \alpha}}{\prod_{1 \leq i < j \leq n} (t_i - t_j)} = \frac{A_\alpha(t)}{D(t)}$$

とおく．交代 Laurent 多項式 $A_\alpha(t)$ は差積 $D(t)$ で割り切れる(定理 8.24)の

で，$F(\alpha,t)$ は $t_1,\cdots,t_n$ の多項式となる．従って極限

(8.50) $$H(\alpha) := \lim_{t \to (1,1,\cdots,1)} F(\alpha,t)$$

が存在する．定理 8.36(Weyl の指標公式)より
$$\chi_{\pi_\lambda}(t) = F(\lambda+\rho, t) \quad (t = \mathrm{diag}(t_1,\cdots,t_n) \in T)$$
であるから，

(8.51) $$\dim \pi_\lambda = H(\lambda+\rho)$$

が成り立つ．そこで $H(\alpha)$ を $\alpha=(\alpha_1,\cdots,\alpha_n)$ の具体的な公式として計算すればよい．

補題 8.40

（ⅰ） $\alpha_i = \alpha_j$ となる i,j $(i\neq j)$ が存在すれば $F(\alpha,t)=0$ $(\forall t \in T)$．特に，$H(\alpha)=0$ となる．

（ⅱ） $H(\alpha)$ は $\alpha_1,\cdots,\alpha_n$ の斉次多項式であり，その次数は $N:=\dfrac{1}{2}n(n-1)$ である．

[証明] （ⅰ） $\alpha_i=\alpha_j$ となる i,j $(i\neq j)$ が存在すれば交代式 $A_\alpha(t)=0$ となるので明らか．

（ⅱ）まず，$x_j \in \mathbb{R}$ を止めて $t_j=\exp(sx_j)$ $(1\leqq j \leqq n)$ とおき，$s\to 0$ の極限として(8.50)の右辺を計算しよう．

$t_j = 1+sx_j+o(s)$ $(s>0)$ であるから，
$$D(t) = \prod_{1\leqq i<j\leqq n}(t_i-t_j) = s^N \prod_{1\leqq i<j\leqq n}(x_i-x_j)+o(s^N) \quad (s\to 0)$$

となる．

一方，$t^{\sigma\cdot\alpha}=\exp s\sum_{j=1}^n (\alpha_{\sigma^{-1}(j)}x_j)$ を s について Taylor 展開したときの s^N の係数は

$$\frac{\left(\sum_{j=1}^n \alpha_{\sigma^{-1}(j)}x_j\right)^N}{N!}$$

である．故に，

$$H(\alpha) = \frac{\sum\limits_{\sigma \in \mathfrak{S}_n} \mathrm{sgn}(\sigma) \left(\sum\limits_{j=1}^n \alpha_{\sigma^{-1}(j)} x_j \right)^N}{N! \prod\limits_{1 \leq i < j \leq n} (x_i - x_j)}$$

が成り立つ．従って，$H(\alpha)$ は(0でないならば) α の斉次 N 次多項式である．

$\alpha = (\alpha_1, \cdots, \alpha_n) \in \mathbb{Z}^n$ が $\alpha_1 > \cdots > \alpha_n$ を満たすとき，$H(\alpha)$ は $\dim \pi_{\alpha-\rho}$ を表すから，$H(\alpha)$ は恒等的に 0 ではない．よって補題が示された．∎

さて，補題 8.40 の(i)より $H(\alpha)$ は差積 $\prod\limits_{1 \leq i < j \leq n}(\alpha_i - \alpha_j)$ で割り切れる．差積 $\prod\limits_{1 \leq i < j \leq n}(\alpha_i - \alpha_j)$ もまた $\alpha_1, \cdots, \alpha_n$ の斉次 $\frac{1}{2}n(n-1)$ 次多項式であるから，$H(\alpha)$ は

$$H(\alpha) = C \prod_{1 \leq i < j \leq n}(\alpha_i - \alpha_j) \quad (C \text{ は定数})$$

という形をしていなければならない．C を求めよう．$\alpha = \rho = (n-1, n-2, \cdots, 1, 0)$ を代入すると

$$H(\rho) = C(n-1)!(n-2)! \cdots 2!\, 1!.$$

一方，等式(8.51)より，$H(\rho)$ は 0 を最高ウェイトとする有限次元既約表現，すなわち，自明表現 **1** の次元 ($=1$) に等しい．よって $C = \left(\prod\limits_{k=1}^{n-1} k! \right)^{-1}$ となり，

(8.52) $$H(\alpha) = \frac{\prod\limits_{1 \leq i < j \leq n}(\alpha_i - \alpha_j)}{\prod\limits_{k=1}^{n-1} k!}$$

が示された．$\alpha_i = \lambda_i + n - i$ ($1 \leq i \leq n$) のとき，$\alpha_i - \alpha_j = \lambda_i - \lambda_j + j - i$ に注意すると，$\dim \pi_\lambda = H(\lambda + \rho)$(等式(8.51))より，次の定理が示された．

定理 8.41（Weyl の次元公式） $\lambda = (\lambda_1, \lambda_2, \cdots, \lambda_n) \in \mathbb{Z}^n$ ($\lambda_1 \geq \cdots \geq \lambda_n$) を最高ウェイトとする $U(n)$ の有限次元既約表現 π_λ の次元は次の公式

$$\dim \pi_\lambda = \frac{\prod\limits_{1 \leq i < j \leq n}(\lambda_i - \lambda_j + j - i)}{\prod\limits_{k=1}^{n-1} k!} = \frac{\prod\limits_{1 \leq i < j \leq n}(\lambda_i - \lambda_j + j - i)}{\prod\limits_{1 \leq i < j \leq n}(j - i)}$$

で与えられる．□

例 8.42 $(\lambda_1, \lambda_2) \in \mathbb{Z}^2$ $(\lambda_1 \geqq \lambda_2)$ を最高ウェイトとする $U(2)$ の既約表現の次元は $\lambda_1 - \lambda_2 + 1$ である. □

例 8.43 $(\underbrace{\mu, \mu, \cdots, \mu}_{k\text{個}}, \underbrace{0, 0, \cdots, 0}_{n-k\text{個}})$ $(\mu \in \mathbb{N})$ を最高ウェイトとする $U(n)$ の既約表現の次元を $D(k, \mu)$ と書く. Weyl の次元公式(定理 8.41)より

$$D(k, \mu)$$

$$= \frac{\prod\limits_{1 \leqq i < j \leqq k}(\mu - \mu + j - i) \prod\limits_{\substack{1 \leqq i \leqq k \\ k+1 \leqq j \leqq n}}(\mu - 0 + j - i) \prod\limits_{k+1 \leqq i < j \leqq n}(0 - 0 + j - i)}{\prod\limits_{l=1}^{n-1} l!}$$

$$= \frac{\prod\limits_{l=1}^{k-1} l! \prod\limits_{l=n-k+\mu}^{n+\mu-1} l! \prod\limits_{l=1}^{n-k-1} l!}{\prod\limits_{l=\mu}^{\mu+k-1} l! \prod\limits_{l=1}^{n-1} l!}$$

となる. 特に

（ i ） $k = 1$ のとき

$$D(1, \mu) = \frac{(n + \mu - 1)!}{\mu!\, (n-1)!} = \dim S^\mu(\mathbb{C}^n).$$

（ ii ） $\mu = 1$ のとき

$$D(k, 1) = \frac{n!}{(n-k)!\, k!} = \dim \bigwedge^k(\mathbb{C}^n).$$

例 8.34 において $U(n)$ の自然表現 π_0 の k 次外積表現 $(\bigwedge^k(\pi_0), \bigwedge^k(\mathbb{C}^n))$ は有限次元既約表現であることを示した. 上記の次元公式の結果を使えば, $\bigwedge^k(\mathbb{C}^n)$ が既約であることの別証明を与えることができる. 実際, $(\bigwedge^k(\pi_0), \bigwedge^k(\mathbb{C}^n))$ は最高ウェイト λ_k(定義は(8.41)参照)をもつから, 既約成分として π_{λ_k} を含む. 一方, 次元公式より $\dim \pi_{\lambda_k} = \dfrac{n!}{k!(n-k)!} = \dim_\mathbb{C} \bigwedge^k(\mathbb{C}^n)$ であるから, π_{λ_k} 以外に $\bigwedge^k(\pi_0)$ の既約成分は存在しない. 故に, $\bigwedge^k(\pi_0)$ は既約である.

同様に $U(n)$ の自然表現 $(\pi_0, \mathbb{C}^n)$ の k 次対称テンソル表現 $(S^k(\pi_0), S^k(\mathbb{C}^n))$(例 8.35 参照)は最高ウェイト $kf_1 = (k, 0, \cdots, 0)$ をもつ. 一方, 次元公式より $D(1, k)$ と $\dim S^k(\mathbb{C}^n)$ が一致することから, 各 $k \in \mathbb{N}$ に対して, k 次対称

テンソル表現 $(S^k(\pi_0), S^k(\mathbb{C}^n))$ も $U(n)$ の既約表現であることがわかる。 □

この章ではユニタリ群 $U(n)$ の表現のみを扱ったが，特殊ユニタリ群 $SU(n)$ の既約表現に関する結果は，$U(n)$ の結果に帰着できる．例えば Cartan–Weyl の最高ウェイト理論は次のように述べられる．

定理 8.44 $G = SU(n)$ の既約な有限次元表現は次の 3 条件
（ⅰ） $\lambda_1 \geqq \lambda_2 \geqq \cdots \geqq \lambda_n$
（ⅱ） $\lambda_i - \lambda_j \in \mathbb{Z}$ $(1 \leqq \forall i, \forall j \leqq n)$
（ⅲ） $\lambda_1 + \lambda_2 + \cdots + \lambda_n = 0$
を満たす $\lambda = (\lambda_1, \lambda_2, \cdots, \lambda_n)$ によってパラメトライズされる．また，次元公式は $U(n)$ に対する Weyl の次元公式（定理 8.41）と同一であり，指標公式は $U(n)$ に対する指標公式（定理 8.36）を $\mathbb{T}^n \cap SU(n) \simeq \mathbb{T}^{n-1}$ に制限した公式として与えられる．

［証明］ Schur の補題（定理 1.42）より，$U(n)$ の中心の元は $U(n)$ の有限次元既約表現にスカラー倍として作用する．$U(n)$ は，$SU(n)$ と $U(n)$ の中心 $\simeq \{\mathrm{diag}(t, \cdots, t) : t \in \mathbb{T}\}$ によって生成されるから，$U(n)$ の任意の有限次元既約表現を $SU(n)$ に制限しても既約である．

逆に，(π, V) を $SU(n)$ の任意の有限次元既約表現とするとき，(π, V) は $U(n)$ のある既約表現を $SU(n)$ に制限して得られることを示そう．ζ を 1 の原始 n 乗根とする．Schur の補題より，$SU(n)$ の中心の元 $z := \mathrm{diag}(\zeta, \cdots, \zeta)$ は (π, V) にスカラーとして作用する．このスカラーを $a \in \mathbb{C}$ とすると $z^n = I_n$ より $a^n = 1$ となる．従って，適当な $k \in \mathbb{Z}$ $(0 \leqq k \leqq n-1)$ を選べば，$a = \zeta^k$ となる．
$$Z := \{(\zeta^{-l}, z^l) \in \mathbb{T} \times SU(n) : 0 \leqq l \leqq n-1\}$$
とおくと Z は直積群 $\mathbb{T} \times SU(n)$ の正規部分群であり，全射な群準同型写像 $\mathbb{T} \times SU(n) \to U(n)$, $(t, g) \mapsto tg$ によって群同型写像 $(\mathbb{T} \times SU(n))/Z \simeq U(n)$ が誘導される．そこで，V を表現空間とする直積群 $\mathbb{T} \times SU(n)$ の表現を
$$\mathbb{T} \times SU(n) \to GL_{\mathbb{C}}(V), \quad (t, g) \mapsto t^k \pi(g)$$
によって定義すると，この表現は Z 上で自明になるので $U(n)$ の表現 τ を誘導する．定義から明らかに τ は $U(n)$ の既約表現であり，$SU(n)$ に制限する

と (π, V) に一致する.

次に，$U(n)$ の2つの既約表現 τ および σ の最高ウェイトを，それぞれ $(\mu_1, \cdots, \mu_n)$ および $(\nu_1, \cdots, \nu_n)$ とすると，τ と σ を $SU(n)$ に制限したときに同じ表現を与えるためには，整数 $m \in \mathbb{Z}$ が存在して $\nu_j = \mu_j + m$ $(1 \leqq \forall j \leqq n)$ とならなければならないことがわかる(ウェイトの集合を比較せよ).

逆に，$U(n)$ の既約表現 τ に対し，1次元表現 $(\det)^k : U(n) \to \mathbb{C}^\times$, $g \mapsto (\det g)^k$ をテンソル積して得られる表現 $\tau \otimes (\det)^m$ $(m \in \mathbb{Z})$ を考える．τ の最高ウェイトが $(\mu_1, \cdots, \mu_n)$ ならば，$\tau \otimes (\det)^m$ の最高ウェイトは $(\mu_1 + m, \cdots, \mu_n + m)$ となる．この2つの表現を $SU(n)$ に制限すると明らかに同値な表現になる．

以上より，$SU(n)$ の有限次元既約表現は $(\mathbb{Z}^n)_+ / \operatorname{diag} \mathbb{Z}$ でパラメトライズできることがわかった．故に，定理が証明された．∎

《要約》

8.1 ユニタリ群 $U(n)$ の極大トーラスは $\mathbb{T}^n$ と同型であり，Weyl 群は対称群 $\mathfrak{S}_n$ と同一視できる．

8.2 $U(n)$ に対する Weyl の積分公式の密度関数は差積の2乗の定数倍である．

8.3 トーラス上の交代式は対称式に差積を掛けた関数として一意的に表せる．

8.4 非可換なコンパクト群 $U(n)$ に対する Peter–Weyl の定理と可換群である極大トーラス上の Fourier 級数論とを用いて，$U(n)$ の既約表現の分類ができる．両者の橋渡しとなるのが Weyl の積分公式である．

8.5 最高ウェイトを与えると $U(n)$ の有限次元既約表現が一意的に定まり，その指標および次元公式を具体的に与えることができる．

8.6 （用語）$U(n)$，極大トーラス，旗多様体，Weyl 群，対称群，Weyl の積分公式，差積，Laurent 多項式，対称式，交代式，有限次元既約表現，最高ウェイト，Cartan–Weyl の分類理論，Weyl の指標公式，Weyl の次元公式

---------- 演習問題 ----------

8.1 Weyl の積分公式を用いて次の定積分を求めよ.
$$\int_0^{2\pi}\cdots\int_0^{2\pi}\left(\prod_{1\leqq i<j\leqq n}(1-\cos(\theta_i-\theta_j))\right)d\theta_1\cdots d\theta_n = n!\,\pi^n 2^{\frac{3n-n^2}{2}}.$$

8.2 $0\leqq k\leqq n$ とする.自然表現 $(\pi_0,\mathbb{C}^n)$ の k 次外積表現 $(\bigwedge^k(\pi_0),\bigwedge^k(\mathbb{C}^n))$ は $N_G(T)\simeq \mathfrak{S}_n\ltimes\mathbb{T}^n$ の表現として既約であることを示せ(例 8.34 参照).

8.3 $G=SU(n)$ の Lie 環を $\mathfrak{g}$ とする.Weyl の次元公式を用いて,$n\geqq 2$ のとき,複素化した随伴表現 $\mathrm{Ad}\colon G\to GL(\mathfrak{g}\otimes_{\mathbb{R}}\mathbb{C})$ が既約であることを示せ.特に,$SU(n)$ は単純 Lie 群である(演習問題 6.5 の別証明).

9 古典群の表現論

　前章では，Peter–Weyl の定理を基盤とする解析的な手法によって，ユニタリ群 $U(n)$ の既約表現を分類した．一方，数学の様々な分野に現れるコンパクトな古典群には，$U(n)$ 以外に直交群 $O(n)$ や斜交群 $Sp(n)$ などがある（第7章）．本章では，前章の証明方法を分析し一般化することによって，$U(n)$ 以外の古典群に対しても，その既約表現を分類し，指標公式や次元公式を決定する．前章と本章の結果は，古典的な Cartan–Weyl の理論の中核をなす．

　前章を丁寧に読まれた読者は，この章は軽快に読み進められると思う．$U(n)$ に対して前章で行った計算が，計算から手法へ，手法から理論へと昇華していく様子を感じとってほしい．

　なお，ルート系に関する若干の一般論を仮定すれば，本章の結果を5つの例外群 (G_2, F_4, E_6, E_7, E_8) を含めた任意のコンパクト Lie 群に容易に拡張することができる．ルート系の公理化された一般論は参考書（例えば，[4], [13], [20], [29], [30], [43], [46], [56], [57] など）も多く，学習に予備知識もほとんどいらないので，本書を読まれた後，一読されると理解が一層広がると思う．本章では公理化された抽象論を避け，できるだけ具体的な計算をしながら Lie 群の表現論に慣れ親しむことを1つの目標とした．

§9.1　古典群のルート系と Weyl の積分公式

(a)　古典群の極大トーラス

この章で扱うコンパクト古典型 Lie 群は主に次の 4 種類である(§7.1 参照).

$$
\begin{array}{ll}
\mathrm{A}_{n-1} \text{型} & U(n) = \{g \in GL(n, \mathbb{C}) : g^* g = I_n\} \\
\mathrm{B}_n \text{型} & SO(2n+1) = \{g \in SL(2n+1, \mathbb{R}) : {}^t g g = I_{2n+1}\} \\
\mathrm{C}_n \text{型} & Sp(n) = \{g \in GL(n, \mathbb{H}) : g^* g = I_n\} \\
\mathrm{D}_n \text{型} & SO(2n) = \{g \in SL(2n, \mathbb{R}) : {}^t g g = I_{2n}\}
\end{array}
$$

$SO(m)$ の表現論では，$SO(m)$ $(m \geq 3)$ の二重被覆群であるスピノル群 $Spin(m)$(§7.2 参照)の表現も合わせて考える．ユニタリ群 $U(n)$ の表現は既に前章で詳しく解説したが，他の古典群と比較するために，必要に応じて前章の結果や証明のアイディアを復習する．なお，特殊ユニタリ群 $SU(n)$ も重要な古典群であるが，$U(n)$ の場合と同様に扱えることを既に見た(定理 8.44)ので，この章では省略する($SU(n)$ は単連結なので定理 9.42 の仮定は常に満たされるという点で $U(n)$ より少し簡単になる).

さて，上記の群はすべて連結なコンパクト群である．従って極大トーラスが(共役を除いて)一意的に存在する(定理 6.60)．それぞれの古典群に対する極大トーラスを具体的に行列の中で実現してみよう．以下の例におけるトーラスが極大トーラスになることは命題 9.10 で後述する．

例 9.1 (ユニタリ群 $U(n)$ の極大トーラス)　$G = U(n)$ のとき，第 8 章で見たように $U(n)$ の部分群 T を

$$
T := \left\{ \mathrm{diag}(t_1, \cdots, t_n) = \begin{pmatrix} t_1 & & 0 \\ & \ddots & \\ 0 & & t_n \end{pmatrix} : t_j \in \mathbb{C},\ |t_j| = 1\ (1 \leq j \leq n) \right\}
$$

と定義すると，T は直積群 $\mathbb{T}^n \simeq \mathbb{T} \times \cdots \times \mathbb{T}$ と同型なコンパクト可換群であり，$G = U(n)$ の極大トーラスである(§8.1(b)参照)． □

他の古典群の極大トーラスは，例 9.1 と
$$U(n) \subset Sp(n), \quad U(n) \subset SO(2n) \subset SO(2n+1)$$
の埋め込みを利用して構成することができる.

例 9.2（斜交群 $Sp(n)$ の極大トーラス） $G=Sp(n)$ のとき，
$$\begin{pmatrix} t_1 & & 0 \\ & \ddots & \\ 0 & & t_n \end{pmatrix}, \quad t_j = x_j + y_j \boldsymbol{i},\ x_j, y_j \in \mathbb{R},\ x_j^2 + y_j^2 = 1\ (1 \leqq j \leqq n)$$
の形の行列全体を T とおくと，T は $G=Sp(n)$ の極大トーラスとなる．すなわち，写像 $\mathbb{C} \hookrightarrow \mathbb{H},\ x + \sqrt{-1}y \mapsto x + y\boldsymbol{i}$ によって $U(n) \equiv U(n; \mathbb{C})$ を $Sp(n) \equiv U(n; \mathbb{H})$ の部分群と見たとき，$U(n)$ の極大トーラス（例 9.1）は $Sp(n)$ の極大トーラスでもある. □

以下の例 9.3 および例 9.4 では $D(\theta) = \begin{pmatrix} \cos\theta & -\sin\theta \\ \sin\theta & \cos\theta \end{pmatrix}$ とおく.

例 9.3（直交群 $SO(2n)$ の極大トーラス） $G=SO(2n)$ のとき，
$$\begin{pmatrix} D(\theta_1) & & 0 \\ & \ddots & \\ 0 & & D(\theta_n) \end{pmatrix}, \quad \theta_1, \cdots, \theta_n \in \mathbb{R}/2\pi\mathbb{Z}$$
の形の行列全体を T とおくと，T は $G=SO(2n)$ の極大トーラスとなる．すなわち，$\mathbb{C}^n \simeq \mathbb{R}^{2n}$ によって $U(n)$ を $SO(2n)$ の部分群（命題 7.12 参照）とみなしたとき，$U(n)$ の極大トーラスは $SO(2n)$ の極大トーラスでもある（厳密にいうと，ここでの $U(n)$ の $SO(2n)$ への埋め込みは，式 (7.6) で定義した J の代わりに注意 7.1 で定義した J' を用いる）. □

例 9.4（直交群 $SO(2n+1)$ の極大トーラス） $G=SO(2n+1)$ のとき，
$$\begin{pmatrix} D(\theta_1) & & & 0 \\ & \ddots & & \\ & & D(\theta_n) & \\ 0 & & & 1 \end{pmatrix}, \quad \theta_1, \cdots, \theta_n \in \mathbb{R}/2\pi\mathbb{Z}$$
の形の行列全体を T とおくと，T は $G=SO(2n+1)$ の極大トーラスとなる．すなわち，$U(n) \subset SO(2n) \subset SO(2n+1)$ の包含関係において，$U(n)$ の極大

トーラス T は $SO(2n+1)$ の極大トーラスでもある. □

この章では,以上の4つの古典群が主な考察の対象となる.例9.1〜例9.4の表示を使うと,4つの古典群のいずれの場合も極大トーラスの座標として

(9.1) $$t = (t_1, \cdots, t_n) = (e^{\sqrt{-1}\theta_1}, \cdots, e^{\sqrt{-1}\theta_n}) \in \mathbb{T}^n$$

を用いることができる.最後に,$SO(m)$ の二重被覆群である $Spin(m)$ の極大トーラスを具体表示してみよう.

例 9.5(スピノル群の極大トーラス) C_m を m 次 Clifford 代数とする.$2j \leqq m$ となる正の整数 j に対し

$$r_j: \mathbb{R} \to C_m, \quad t \mapsto \cos t + (\sin t)e_{2j-1}e_{2j}$$

とおく.§7.2 補題 7.48 より $r_j(t) \in Spin(m)$ である.$m = 2n$ または $2n+1$ とすると,

$$\widetilde{T} := \{r_1(t_1)\cdots r_n(t_n) : t_1, \cdots, t_n \in \mathbb{R}/2\pi\mathbb{Z}\}$$

は $Spin(2n)$ および $Spin(2n+1)$ の極大トーラスである.

次の二重被覆写像(定理 7.49 参照)

(9.2) $$\rho|_{Spin(m)} : Spin(m) \to SO(m)$$

において,補題 7.48 の証明で用いた計算(7.37)より

$$\rho(r_1(t_1)\cdots r_n(t_n)) = \begin{pmatrix} \begin{matrix} \cos 2t_1 & \sin 2t_1 \\ -\sin 2t_1 & \cos 2t_1 \end{matrix} & & \text{\Large 0} \\ & \ddots & \\ & & \begin{matrix} \cos 2t_n & \sin 2t_n \\ -\sin 2t_n & \cos 2t_n \end{matrix} \\ \text{\Large 0} & & & (1) \end{pmatrix}$$

が成り立つ.ただし,右辺の行列の右下にある (1) は $m = 2n+1$ のときのみ 1 を表す.従って,$Spin(m)$ の極大トーラス $\widetilde{T}$ の (9.2) による像は $SO(m)$ の極大トーラス T(例 9.3,例 9.4)に一致する. □

(b) 古典群のルート系

T を連結なコンパクト Lie 群 G のトーラス,すなわち,連結なコンパクト可換部分群とする.$\mathfrak{t}, \mathfrak{g}$ をそれぞれ Lie 群 T, G の Lie 環とし,$\mathfrak{t}_\mathbb{C} := \mathfrak{t} \otimes_\mathbb{R} \mathbb{C}$,$\mathfrak{g}_\mathbb{C} := \mathfrak{g} \otimes_\mathbb{R} \mathbb{C}$ をその複素化とする.T はコンパクト群だから,随伴表現

$\mathrm{Ad}: T \to GL_{\mathbb{C}}(\mathfrak{g}_{\mathbb{C}})$ は完全可約である.T は可換群だから,任意の $\chi \in \widehat{T}$ は 1 次元表現であることに注意して,
$$(\mathfrak{g}_{\mathbb{C}})_\chi := \{X \in \mathfrak{g}_{\mathbb{C}} : \mathrm{Ad}(t)X = \chi(t)X \ (\forall t \in T)\}$$
とおくと,T の表現空間の直和分解

(9.3) $$\mathfrak{g}_{\mathbb{C}} = \bigoplus_{\chi \in \widehat{T}} (\mathfrak{g}_{\mathbb{C}})_\chi$$

が得られる.T の自明な 1 次元表現を $\mathbf{1}$ と書くと,明らかに $(\mathfrak{g}_{\mathbb{C}})_\mathbf{1} \supset \mathfrak{t}_{\mathbb{C}}$ である.さらに極大トーラスの定義より

(9.4) $\qquad (\mathfrak{g}_{\mathbb{C}})_\mathbf{1} = \mathfrak{t}_{\mathbb{C}} \iff T$ は極大トーラス

であることに注意する.この項(b)では,古典群に対し(9.3)の直和分解を具体的に与え,特に(9.4)の判定条件によって,例 9.1〜例 9.4 の T および例 9.5 における $\widetilde{T}$ がそれぞれの古典群の極大トーラスであることを確かめよう(命題 9.10).

さて,$\chi : T \to GL(1,\mathbb{C})$ はユニタリ表現であるから,その微分 $d\chi : \mathfrak{t} \to \mathfrak{gl}(1,\mathbb{C}) \simeq \mathbb{C}$ の像は純虚数である.従って $d\chi \in \sqrt{-1}\,\mathfrak{t}^*$ とみなすことができる.

定義 9.6(ルートとルート系) T を連結なコンパクト Lie 群 G のトーラスとする.
$$\Delta(G,T) := \{\chi \in \widehat{T} : (\mathfrak{g}_{\mathbb{C}})_\chi \neq \{0\}\} \setminus \{\mathbf{1}\}$$
$$\Delta(\mathfrak{g},\mathfrak{t}) := \{d\chi \in \sqrt{-1}\,\mathfrak{t}^* : (\mathfrak{g}_{\mathbb{C}})_\chi \neq \{0\}\} \setminus \{0\}$$
とおく.T は連結なので,
$$\Delta(G,T) \to \Delta(\mathfrak{g},\mathfrak{t}), \quad \chi \mapsto d\chi$$
は全単射写像である.さらに,T が極大トーラスのとき,$\mathfrak{t}$ を $\mathfrak{g}$ の **Cartan 部分代数**(Cartan subalgebra),$\Delta(\mathfrak{g},\mathfrak{t})$ の元を**ルート**(root),$\Delta(\mathfrak{g},\mathfrak{t})$ を**ルート系**(root system),$(\mathfrak{g}_{\mathbb{C}})_\chi$ の(0 でない)元をルート $d\chi$ に対する**ルートベクトル**(root vector)と呼ぶ.直和分解(9.3)を**ルート分解**(root decomposition)という.

以下の例 9.7〜例 9.9 では,例 9.1〜例 9.4 で与えたトーラス T に対して

それぞれ $\Delta(\mathfrak{g},\mathfrak{t})$ を計算してみよう．いずれの場合も最後に $(\mathfrak{g}_{\mathbb{C}})_1 = \mathfrak{t}_{\mathbb{C}}$ を示す．従って $\mathfrak{t}$ は $\mathfrak{g}$ の Cartan 部分代数となるが，「ルート」や「ルートベクトル」という用語は $(\mathfrak{g}_{\mathbb{C}})_1 = \mathfrak{t}_{\mathbb{C}}$ を示す以前から使用することにする． □

例 9.7（A_{n-1} 型のルート系）$G = U(n)$ のとき，$H_j := \sqrt{-1} E_{jj}$ $(1 \leq j \leq n)$ は，例 9.1 で与えた $U(n)$ のトーラス T の Lie 環 $\mathfrak{t}$ の $\mathbb{R}$-基底となる．$\sqrt{-1}\mathfrak{t}^*$ の $\mathbb{R}$ 上の基底 $\{f_1, \cdots, f_n\}$ を
$$\langle f_i, \sqrt{-1} E_{jj}\rangle = \sqrt{-1}\delta_{ij} \quad (1 \leq i, j \leq n)$$
となるように選ぶ．このとき，$\mathfrak{g}_{\mathbb{C}} \simeq \mathfrak{gl}(n,\mathbb{C})$ の元 E_{ij} $(i \neq j)$ はルート $f_i - f_j$ に対応するルートベクトルであり，

$$(9.5) \quad \Delta(\mathfrak{g},\mathfrak{t}) = \{\pm(f_i - f_j) : 1 \leq i < j \leq n\} \quad (\text{ルート系})$$
$$\mathfrak{g}_{\mathbb{C}} = \mathfrak{t}_{\mathbb{C}} + \sum_{i \neq j} \mathbb{C}E_{ij} \quad (\text{ルート分解})$$

となる． □

例 9.8（D_n 型および B_n 型のルート系）$G = SO(2n)$ および $SO(2n+1)$ の場合．例 9.3（$SO(2n)$ の場合）と例 9.4（$SO(2n+1)$ の場合）のトーラス T は同一視できるので，両者を同時に考えよう．

$1 \leq i \leq n$ に対して
$$H_i := E_{2i-1, 2i} - E_{2i, 2i-1}$$
とおくと，$\{H_1, \cdots, H_n\}$ は，例 9.3 あるいは例 9.4 で与えたトーラス T の Lie 環 $\mathfrak{t}$ の $\mathbb{R}$-基底となる．$\sqrt{-1}\mathfrak{t}^*$ の基底 $\{f_1, \cdots, f_n\}$ を
$$\langle f_i, H_j\rangle = \sqrt{-1}\delta_{ij} \quad (1 \leq i, j \leq n)$$
となるように選ぶ．
$$V_{pq} := E_{pq} - E_{qp}$$
とおく（特に，$H_k = V_{2k-1, 2k}$ となる）．$\varepsilon_1, \varepsilon_2, \varepsilon \in \{\pm 1\}$, $1 \leq i < j \leq n$, $1 \leq l \leq n$ に対して，$\mathfrak{g}_{\mathbb{C}} = \mathfrak{g} \otimes_{\mathbb{R}} \mathbb{C}$ の元を

(9.6)
$$X_{\varepsilon_1 f_i + \varepsilon_2 f_j} := V_{2i-1, 2j-1} - \sqrt{-1}\,\varepsilon_1 V_{2i, 2j-1} - \sqrt{-1}\,\varepsilon_2 V_{2i-1, 2j} - \varepsilon_1 \varepsilon_2 V_{2i, 2j}$$

(9.7)
$$X_{\varepsilon f_l} := V_{2l-1, 2n+1} - \sqrt{-1}\,\varepsilon V_{2l, 2n+1}$$

と定義する．ただし，(9.7)は $\mathfrak{g} = \mathfrak{so}(2n+1)$ の場合にのみ定義する．このとき，$\mathfrak{t}$ の任意の元 $H = \sum_{k=1}^{n} x_k H_k$ $(x_k \in \mathbb{R})$ に対し，

$$[H, X_{\varepsilon_1 f_i + \varepsilon_2 f_j}] = (\varepsilon_1 f_i + \varepsilon_2 f_j)(H) X_{\varepsilon_1 f_i + \varepsilon_2 f_j} = \sqrt{-1}\,(\varepsilon_1 x_i + \varepsilon_2 x_j) X_{\varepsilon_1 f_i + \varepsilon_2 f_j}$$
$$[H, X_{\varepsilon f_l}] = (\varepsilon f_l)(H) X_{\varepsilon f_l} = \sqrt{-1}\,\varepsilon x_l X_{\varepsilon f_l}$$

が成り立つことが，簡単な行列計算でわかる．すなわち，$X_{\varepsilon_1 f_i + \varepsilon_2 f_j}$, $X_{\varepsilon f_l}$ はそれぞれルート $\varepsilon_1 f_i + \varepsilon_2 f_j$, εf_l に対するルートベクトルである．

これらのルートベクトルを用いると，$\mathfrak{so}(2n)$ および $\mathfrak{so}(2n+1)$ の複素化である $\mathfrak{so}(2n, \mathbb{C})$ および $\mathfrak{so}(2n+1, \mathbb{C})$ は，それぞれ

$$\mathfrak{so}(2n, \mathbb{C}) = \sum_{k=1}^{n} \mathbb{C} H_k + \sum_{\substack{\varepsilon_1 = \pm 1 \\ \varepsilon_2 = \pm 1}} \sum_{1 \leq i < j \leq n} \mathbb{C} X_{\varepsilon_1 f_i + \varepsilon_2 f_j}$$

$$\mathfrak{so}(2n+1, \mathbb{C}) = \sum_{k=1}^{n} \mathbb{C} H_k + \sum_{\substack{\varepsilon_1 = \pm 1 \\ \varepsilon_2 = \pm 1}} \sum_{1 \leq i < j \leq n} \mathbb{C} X_{\varepsilon_1 f_i + \varepsilon_2 f_j} + \sum_{\varepsilon = \pm 1} \sum_{l=1}^{n} \mathbb{C} X_{\varepsilon f_l}$$

$$= \mathfrak{so}(2n, \mathbb{C}) + \sum_{\varepsilon = \pm 1} \sum_{l=1}^{n} \mathbb{C} X_{\varepsilon f_l}$$

と直和分解されるので，$(\mathfrak{g}_\mathbb{C})_1 = \mathfrak{t}_\mathbb{C}$ が $\mathfrak{g} = \mathfrak{so}(2n)$, $\mathfrak{so}(2n+1)$ いずれの場合も成り立つことがわかる．特に $\mathfrak{t}$ は $\mathfrak{g}$ の Cartan 部分代数であり，ルート系は

(9.8)
$$\Delta(\mathfrak{so}(2n), \mathfrak{t}) = \{\pm f_i \pm f_j : 1 \leq i < j \leq n\}$$

(9.9)
$$\Delta(\mathfrak{so}(2n+1), \mathfrak{t}) = \{\pm f_i \pm f_j : 1 \leq i < j \leq n\} \cup \{\pm f_l : 1 \leq l \leq n\}$$

で与えられる． □

問 1 $\mathfrak{so}(2n)$, $\mathfrak{so}(2n+1)$（歪対称行列の空間）の次元と上の直和分解による右辺の次元が一致することを確かめよ．

答．$\mathfrak{so}(2n)$, $\mathfrak{so}(2n+1)$ の次元はそれぞれ次の式で与えられる：
$$n(2n-1) = n + 2n(n-1),$$
$$n(2n+1) = n + 2n(n-1) + 2n.$$

例 9.9（C_n 型のルート系） $G = Sp(n)$ の場合，四元数体 $\mathbb{H}$ を用いて $Sp(n)$ を実現する（例 9.2 参照）と，G の Lie 環 $\mathfrak{g} = \mathfrak{sp}(n)$ は $M(n, \mathbb{H})$ の部分空間
$$\{X \in M(n, \mathbb{H}) : {}^t\overline{X} = -X\}$$
と同一視される．ただし $\mathbb{H}$ の共役は (7.13) で定義したように $\overline{a+b\boldsymbol{i}+c\boldsymbol{j}+d\boldsymbol{k}} = a - b\boldsymbol{i} - c\boldsymbol{j} - d\boldsymbol{k}$ $(a,b,c,d \in \mathbb{R})$ と定める．
$$H_k := \boldsymbol{i} E_{kk} \quad (1 \leqq k \leqq n)$$
とおくと，$\{H_1, \cdots, H_n\}$ は例 9.2 で与えた $G = Sp(n)$ のトーラス $T \simeq \mathbb{T}^n$ の Lie 環 $\mathfrak{t}$ の $\mathbb{R}$-基底となる．$\sqrt{-1}\mathfrak{t}^*$ の $\mathbb{R}$-基底 $\{f_1, \cdots, f_n\}$ を
$$\langle f_i, H_j \rangle = \sqrt{-1}\, \delta_{ij} \quad (1 \leqq i, j \leqq n)$$
となるように選ぶ．$\mathfrak{g}_\mathbb{C} \simeq \mathfrak{sp}(n, \mathbb{C})$ の元を

$$(9.10) \qquad X_{\varepsilon(f_p - f_q)} := E_{pq} - E_{qp} - \varepsilon\sqrt{-1}\,\boldsymbol{i}(E_{pq} + E_{qp})$$

$$(9.11) \qquad X_{\varepsilon(f_p + f_q)} := \boldsymbol{j}(E_{pq} + E_{qp}) - \varepsilon\sqrt{-1}\,\boldsymbol{k}(E_{pq} + E_{qp})$$

$$(9.12) \qquad X_{2\varepsilon f_r} := (\boldsymbol{j} - \varepsilon\sqrt{-1}\,\boldsymbol{k})E_{rr}$$

と定義する．$[\boldsymbol{i}E_{pp}, \boldsymbol{j}(E_{pq}+E_{qp})] = \boldsymbol{k}(E_{pq}+E_{qp})$ などの計算により，$X_{\varepsilon(f_p-f_q)}$, $X_{\varepsilon(f_p+f_q)}$, $X_{2\varepsilon f_r}$ がそれぞれ $\varepsilon(f_p - f_q)$, $\varepsilon(f_p + f_q)$, $2\varepsilon f_r$ をルートとするルートベクトルであることがわかる．このとき，$G = Sp(n)$ の Lie 環 $\mathfrak{sp}(n)$ の複素化 $\mathfrak{sp}(n, \mathbb{C})$ は，ルートベクトルを用いて

$$\mathfrak{sp}(n, \mathbb{C}) = \sum_{k=1}^{n} \mathbb{C}H_k + \sum_{\varepsilon = \pm 1} \sum_{1 \leqq p < q \leqq n} \mathbb{C}X_{\varepsilon(f_p - f_q)}$$
$$+ \sum_{\varepsilon = \pm 1} \sum_{1 \leqq p < q \leqq n} \mathbb{C}X_{\varepsilon(f_p + f_q)} + \sum_{\varepsilon = \pm 1} \sum_{r=1}^{n} \mathbb{C}X_{2\varepsilon f_r}$$

と直和分解される．故に $\mathfrak{t}$ は $\mathfrak{g}$ の Cartan 部分代数となり，またルート系は

$$(9.13) \quad \Delta(\mathfrak{sp}(n), \mathfrak{t}) = \{\pm f_p \pm f_q : 1 \leqq p < q \leqq n\} \cup \{\pm 2f_r : 1 \leqq r \leqq n\}$$

で与えられる． □

以上の例 9.7〜例 9.9 において，いずれも $(\mathfrak{g}_{\mathbb{C}})_1 = \mathfrak{t}_{\mathbb{C}}$ となっていることを見た．特に，(9.4)の判定条件より次の命題が成り立つ．

命題 9.10 例 9.1, 例 9.2, 例 9.3, 例 9.4 における T および例 9.5 における $\widetilde{T}$ は，それぞれ $U(n), Sp(n), SO(2n), SO(2n+1), Spin(m)$ の極大トーラスである． □

定義 9.11 (9.5), (9.9), (9.13), (9.8)によって与えられたルートの集合をそれぞれ $\mathbf{A}_{n-1}$ 型のルート系，$\mathbf{B}_n$ 型のルート系，$\mathbf{C}_n$ 型のルート系，$\mathbf{D}_n$ 型のルート系と呼ぶ． □

上のルート分解を見ると，各ルートの重複度は 1 であることがわかる．すなわち次の命題が成り立つ．

命題 9.12 G を $U(n), Sp(n), SO(2n), SO(2n+1)$ のいずれかとし，$\mathfrak{g}$ を G の Lie 環，T を G の極大トーラスとする．任意の $\chi \in \widehat{T}$ に対し，

$$\dim_{\mathbb{C}} \mathrm{Hom}_T(\chi, \mathfrak{g} \otimes_{\mathbb{R}} \mathbb{C}) = \begin{cases} 0 & (\chi \notin \Delta(G,T),\ \chi \neq \mathbf{1}) \\ 1 & (\chi \in \Delta(G,T)) \\ n & (\chi = \mathbf{1}) \end{cases}$$
□

注意 9.13 定理 6.77 の証明より，上の命題 9.12 と同様の結果が任意の連結なコンパクト群 G に対して成り立つことがわかる．ただし，n は G のランクである．

(c) 古典群の Weyl 群

第 8 章では，n 次の対称群 $\mathfrak{S}_n$ がユニタリ群 $U(n)$ の表現論に重要な役割を果たした．一般の連結なコンパクト Lie 群 G に対して，$\mathfrak{S}_n$ と類似の役割を果たす有限群 W (Weyl 群)を定義しよう．T を G の極大トーラスとする．§8.1 の(8.5), (8.2)と同様に

$$N_G(T) := \{g \in G : gtg^{-1} \in T\ (\forall t \in T)\}$$
$$= \{g \in G : \mathrm{Ad}(g)\mathfrak{t} = \mathfrak{t}\}$$
$$Z_G(T) := \{g \in G : gtg^{-1} = t\ (\forall t \in T)\}$$

$$= \{g \in T \colon \mathrm{Ad}(g)|_{\mathfrak{t}} = \mathrm{id}_{\mathfrak{t}}\}$$

とおく．それぞれの2番目の等式は，T が $\mathfrak{t}$ を Lie 環とする連結 Lie 群であることから明らかであろう．系 6.68 より $Z_G(T) = T$ である．T は $N_G(T)$ の正規部分群であるので，$U(n)$ に対する定義 8.5 に倣って次の定義をすることができる．

定義 9.14（Weyl 群）　商群 $W := N_G(T)/Z_G(T)$ をコンパクト Lie 群 G の **Weyl 群**という．　□

Weyl 群 W は極大トーラス T やその Lie 環 $\mathfrak{t}$（Cartan 部分代数）やその複素化 $\mathfrak{t}_{\mathbb{C}} := \mathfrak{t} \otimes_{\mathbb{R}} \mathbb{C}$ に

(9.14)
$$\begin{aligned} w &: T \to T, & t &\mapsto m_w t m_w^{-1} \\ w &: \mathfrak{t} \to \mathfrak{t}, & X &\mapsto \mathrm{Ad}(m_w) X \\ w &: \mathfrak{t}_{\mathbb{C}} \to \mathfrak{t}_{\mathbb{C}}, & X &\mapsto \mathrm{Ad}(m_w) X \end{aligned}$$

と作用する．上の定義は $w \in W$ の代表元 $m_w \in N_G(T)$ のとり方によらない．さらに，$\mathrm{Ad}(m_w) X = X$（$\forall X \in \mathfrak{t}$）ならば $m_w \in Z_G(\mathfrak{t}) = T$，すなわち $w = 1$ であるから，(9.14) によって定義される群準同型写像

$$W \to GL_{\mathbb{R}}(\mathfrak{t})$$

は単射である．従って W を $GL_{\mathbb{R}}(\mathfrak{t})$ の部分群とみなすことができる．さて，古典群 G に対しては，例 9.7〜例 9.9 において $\mathbb{R}$ 上のベクトル空間 $\mathfrak{t}$ の $\mathbb{R}$-基底 $H_1, \cdots, H_n$ を選んだ．この基底によって $\mathfrak{t} \simeq \mathbb{R}^n$ と同一視し，それぞれの Weyl 群を $GL_{\mathbb{R}}(\mathfrak{t}) \simeq GL(n, \mathbb{R})$ の部分群として具体的に記述してみよう．基底 H_j を入れ換える変換は，n 次の対称群 $\mathfrak{S}_n$ の自然表現 $\pi_0 \colon \mathfrak{S}_n \hookrightarrow GL(n, \mathbb{R})$ によって与えられる（§8.1(a) 参照）．一方，H_j を $-H_j$ に移す変換は行列

(9.15) $\qquad s_j := \mathrm{diag}\,(1, \cdots, 1, \underset{j}{-1}, 1, \cdots, 1) \in GL(n, \mathbb{R})$

によって与えられる．$s_j^2 = I_n$, $\pi_0(w) \circ s_j = s_{w(j)} \circ \pi_0(w)$ であるから，

$$\{\pi_0(w) s_1^{\varepsilon_1} \cdots s_n^{\varepsilon_n} : w \in \mathfrak{S}_n,\ \varepsilon_1, \cdots, \varepsilon_n \in \mathbb{Z}_2\}$$

は半直積群

$$\mathfrak{S}_n \ltimes (\mathbb{Z}_2)^n = \{(w, \varepsilon_1, \cdots, \varepsilon_n) : w \in \mathfrak{S}_n,\ \varepsilon_1, \cdots, \varepsilon_n \in \mathbb{Z}_2\}$$

と同型な有限群となる．ここで位数 2 の商群 $\mathbb{Z}/2\mathbb{Z}$ を $\mathbb{Z}_2$ と略記した．$(\mathbb{Z}_2)^n$ は $\mathfrak{S}_n \ltimes (\mathbb{Z}_2)^n$ の正規部分群である．また，上の表示で $\varepsilon_1 + \cdots + \varepsilon_n \equiv 0 \mod 2$ となる元だけ集めた集合は，半直積群

$$\mathfrak{S}_n \ltimes (\mathbb{Z}_2)^{n-1} = \left\{ (w, \varepsilon_1, \cdots, \varepsilon_n) : w \in \mathfrak{S}_n,\ \varepsilon_1, \cdots, \varepsilon_n \in \mathbb{Z}_2,\ \sum_{j=1}^n \varepsilon_j \equiv 0 \mod 2 \right\}$$

と同型な有限群である．以上の記号の下で次の定理が成り立つ．

定理 9.15 古典群の Weyl 群 W はそれぞれ次の有限群に同型である．

A_{n-1} 型　$G = U(n)$ のとき　　$W \simeq \mathfrak{S}_n$　（対称群）
B_n 型　　$G = SO(2n+1)$ のとき　$W \simeq \mathfrak{S}_n \ltimes (\mathbb{Z}_2)^n$
C_n 型　　$G = Sp(n)$ のとき　　$W \simeq \mathfrak{S}_n \ltimes (\mathbb{Z}_2)^n$
D_n 型　　$G = SO(2n)$ のとき　　$W \simeq \mathfrak{S}_n \ltimes (\mathbb{Z}_2)^{n-1}$

[証明のスケッチ]　A_{n-1} 型 ($G = U(n)$) については §8.1(b) で証明した．その証明法を他の古典群の場合に拡張しよう．W' を定理 9.15 の右辺，すなわち $\mathfrak{S}_n \ltimes (\mathbb{Z}_2)^n$ (B_n 型，C_n 型）または $\mathfrak{S}_n \ltimes (\mathbb{Z}_2)^{n-1}$ (D_n 型）とおく．まずは証明の筋道を明らかにするために，以下の主張 (1-a)〜(2-b) を列記しよう．

ステップ(1)　$W \supset W'$ を示す．
(1-a) $W \supset \mathfrak{S}_n$
(1-b) $W \supset (\mathbb{Z}_2)^n$ (B_n 型，C_n 型），または，$W \supset (\mathbb{Z}_2)^{n-1}$ (D_n 型）
ステップ(2)　$W \subset W'$ を示す．
(2-a) $X \in \mathfrak{t}'_{\mathrm{reg}}$, $g \in N_G(T)$ なら $\mathrm{Ad}(g)X = w \cdot X$ となる $w \in W'$ が存在する．
(2-b) $X \in \mathfrak{t}'_{\mathrm{reg}}$, $\mathrm{Ad}(g)X = X$ なら $g \in Z_G(T) = T$.
ただし，$\mathfrak{t} = \mathbb{R}H_1 \oplus \cdots \oplus \mathbb{R}H_n \simeq \mathbb{R}^n$ と表したとき，

(9.16)　$\mathfrak{t}'_{\mathrm{reg}} := \{ (a_1, \cdots, a_n) \in \mathbb{R}^n : a_i \neq a_j\ (\forall i \neq \forall j),\ a_k \neq 0\ (\forall k) \}$

とおく．$\mathfrak{t}'_{\mathrm{reg}}$ はルート系が B_n 型および C_n 型のときは

$\mathfrak{t}_{\mathrm{reg}} := \{ X \in \mathfrak{t} : \alpha(X) \neq 0\ (\forall \alpha \in \Delta(\mathfrak{g}, \mathfrak{t})) \}$

に一致する．D_n 型のときは $\mathfrak{t}'_{\mathrm{reg}} \subsetneq \mathfrak{t}_{\mathrm{reg}}$ となるが，証明において $SO(2n)$ と同時に $O(2n)$ も扱うため $\mathfrak{t}_{\mathrm{reg}}$ より $\mathfrak{t}'_{\mathrm{reg}}$ の方が自然な議論ができる．なお，(2-a) は $X \in \mathfrak{t}$ としても成り立つが，ここでは必要ない．

(2–a) と (2–b) から $W \subset W'$ が導かれることを見よう．$g \in N_G(T)$ を任意にとる．(2–a) において $X \in \mathfrak{t}'_{\mathrm{reg}}$ をとり $\mathrm{Ad}(g)X = w \cdot X$ となる $w \in W'$ をとる．ステップ (1) より $W' \subset W$ だから，$w \in W$ となる．そこで，w の代表元 $g' \in N_G(T)$ をとる．このとき，$\mathrm{Ad}(g)X = \mathrm{Ad}(g')X$ であるから，$\mathrm{Ad}(g^{-1}g')X = X$ となる．従って (2–b) より $g^{-1}g' \in Z_G(T)$ が成り立ち，$gZ_G(T) = g'Z_G(T) = w$ となる．故に $N_G(T)/Z_G(T) \subset W'$ が示された．■

以下，小ステップ (1–a), (1–b), (2–a), (2–b) の証明を順番に解説する．

[(1–a) の証明] $U(n) \subset Sp(n)$, $U(n) \subset SO(2n) \subset SO(2n+1)$ であり，$U(n)$ の極大トーラスは他の古典群の極大トーラスでもあるから，

$$\mathfrak{S}_n \simeq U(n) \text{ の Weyl 群} \subset \text{他の古典群の Weyl 群} = W$$

が成り立つ．■

[(1–b) の証明] $N_G(T)$ の元を具体的に見つければよい．

$G = Sp(n)$ の場合，$1 \leq j \leq n$ に対して $m_j := \mathrm{diag}(1, \cdots, 1, \boldsymbol{k}, 1, \cdots, 1)$ とおくと $m_j \in Sp(n)$ であり，四元数 $\mathbb{H}$ の演算 $\boldsymbol{kik}^{-1} = -\boldsymbol{i}$ より

$$\mathrm{Ad}(m_j)H_i = \begin{cases} H_i & (i \neq j \text{ のとき}) \\ -H_j & (i = j \text{ のとき}) \end{cases}$$

が成り立つ．故に $m_j \in N_G(T)$ であり，$m_j Z_G(T) \in N_G(T)/Z_G(T) = W$ の定める $\mathfrak{t}$ の線型変換は s_j (定義は (9.15) 参照) に一致する．よって $G = Sp(n)$ のとき $W \supset (\mathbb{Z}_2)^n$ が示された．

$G = SO(2n)$ の場合．$1 \leq j \leq n$ に対し

$$m_j := I_{2n} - 2E_{2j,2j} = \mathrm{diag}(1, \cdots, 1, -1, 1, \cdots, 1) \in O(2n)$$

とおく．$\det m_j = -1$ であるから $m_j \notin SO(2n)$ であるが，$m_1, \cdots, m_n$ を偶数個掛け合わせた元 $m_1^{\varepsilon_1} \cdots m_n^{\varepsilon_n}$ ($\varepsilon_j \in \mathbb{Z}_2$, $\varepsilon_1 + \cdots + \varepsilon_n \equiv 0 \mod 2$) は $N_G(T)$ の元であり，$\mathfrak{t}$ の線型変換 $s_1^{\varepsilon_1} \cdots s_n^{\varepsilon_n}$ を引き起こす．故に $G = SO(2n)$ の場合に $W \supset (\mathbb{Z}_2)^{n-1}$ が示された．

$G = SO(2n+1)$ の場合．$1 \leq j \leq n$ に対し

$$m_j := I_{2n} - 2E_{2j,2j} - 2E_{2n+1,2n+1}$$
$$= \mathrm{diag}(1, \cdots, 1, -1, 1, \cdots, 1, -1) \in SO(2n+1)$$

§9.1 古典群のルート系とWeylの積分公式

とおけば，$m_j \in N_G(T)$ であるから，$SO(2n)$ と同様に $W \supset (\mathbb{Z}_2)^n$ が示された．以上で(1–b)が示された．∎

[(2–a)の証明] 前章の補題 8.4 では $G=U(n)$ の場合に証明した．他の群にも同じアイディアを使う．すなわち，「（古典群に対する）Weyl 群の $\mathfrak{t}$ への線型作用は，行列を対角化したときの固有値の並べかえに対応している」ということを見抜けばよい．

$G=SO(2n+1)$ の場合．$g \in N_G(T)$, $X \in \mathfrak{t}_{\mathrm{reg}}$, $Y=\mathrm{Ad}(g)X \in \mathfrak{t}$ とする．行列表示で

$$X = \begin{pmatrix} 0 & -x_1 & & & & & 0 \\ x_1 & 0 & & 0 & & & 0 \\ & & \ddots & & & & \vdots \\ & 0 & & 0 & -x_n & 0 \\ & & & & x_n & 0 & 0 \\ 0 & 0 & \cdots & & 0 & 0 & 0 \end{pmatrix}, \quad Y = \begin{pmatrix} 0 & -y_1 & & & & & 0 \\ y_1 & 0 & & 0 & & & 0 \\ & & \ddots & & & & \vdots \\ & 0 & & 0 & -y_n & 0 \\ & & & & y_n & 0 & 0 \\ 0 & 0 & \cdots & & 0 & 0 & 0 \end{pmatrix}$$

と表す．$X \in \mathfrak{t}_{\mathrm{reg}}$ であるから，$x_k \neq 0$, $x_i \neq x_j$ $(i \neq j)$ である．さて，

$$\begin{pmatrix} 1 & 1 \\ -\sqrt{-1} & \sqrt{-1} \end{pmatrix}^{-1} \begin{pmatrix} 0 & -1 \\ 1 & 0 \end{pmatrix} \begin{pmatrix} 1 & 1 \\ -\sqrt{-1} & \sqrt{-1} \end{pmatrix} = \begin{pmatrix} \sqrt{-1} & 0 \\ 0 & -\sqrt{-1} \end{pmatrix}$$

であるから，$\begin{pmatrix} 1 & 1 \\ -\sqrt{-1} & \sqrt{-1} \end{pmatrix}$ を n 個対角ブロックとして並べた $(2n+1) \times (2n+1)$ 行列を g_0 とおき，$g'=g_0^{-1}gg_0$ とおくと，

$$g_0^{-1} Y g_0 = g_0^{-1} g X g^{-1} g_0 = g'(g_0^{-1} X g_0)(g')^{-1}$$

であるから，両辺を $\sqrt{-1}$ で割って

$$\begin{pmatrix} y_1 & & & & & & 0 \\ & -y_1 & & 0 & & & 0 \\ & & \ddots & & & & \vdots \\ & 0 & & y_n & & & 0 \\ & & & & -y_n & 0 \\ 0 & 0 & \cdots & & 0 & 0 & 0 \end{pmatrix} = g' \begin{pmatrix} x_1 & & & & & & 0 \\ & -x_1 & & 0 & & & 0 \\ & & \ddots & & & & \vdots \\ & 0 & & x_n & & & 0 \\ & & & & -x_n & 0 \\ 0 & 0 & \cdots & & 0 & 0 & 0 \end{pmatrix} (g')^{-1}$$

を得る．両辺の固有値は等しいから，対角行列 $\mathrm{diag}(y_1, -y_1, \cdots, y_n, -y_n, 0)$ は $\mathrm{diag}(x_1, -x_1, \cdots, x_n, -x_n, 0)$ の成分を並べかえた行列である．これは $x_1, \cdots, x_n$ の並べかえ（すなわち対称群 $\mathfrak{S}_n$ の作用）と $x_1, \cdots, x_n$ の符号の入れかえ（すな

わち $(\mathbb{Z}_2)^n$ の作用)によって得られる.従って,適当な $w \in \mathfrak{S}_n \ltimes (\mathbb{Z}_2)^n$ を選べば $w \cdot X = Y$ となる.故に $G = SO(2n+1)$ の場合に(2–a)が示された.

$G = SO(2n)$ の場合. $X \in \mathfrak{t}'_{\mathrm{reg}}$, $g \in N_G(T)$ とすると,$G = SO(2n+1)$ の場合と同様に

(9.17) $$\mathrm{Ad}(g)X = w \cdot X$$

となる $w \in \mathfrak{S}_n \ltimes (\mathbb{Z}_2)^n$ が存在する.このとき,$w \in \mathfrak{S}_n \ltimes (\mathbb{Z}_2)^{n-1}$ をいえばよい.$w \notin \mathfrak{S}_n \ltimes (\mathbb{Z}_2)^{n-1}$ とすると,(1–b)の議論を $O(2n)$ に対して適用することにより,

(9.18) $$\mathrm{Ad}(g')X = w \cdot X, \quad \det(g') = -1$$

となる $g' \in O(2n)$ が存在することがわかる.等式(9.17)と(9.18)を比較して $\mathrm{Ad}(g^{-1}g')X = X$ となり,従って $g^{-1}g' \in T$ となる(演習問題9.1 参照).これは $\det(g^{-1}g') = 1$ を意味するが,$\det(g) = 1$, $\det(g') = -1$ なので矛盾である.故に $w \in \mathfrak{S}_n \ltimes (\mathbb{Z}_2)^{n-1}$ が示された.

$G = Sp(n)$ の場合. $Sp(n)$ を $SU(2n)$ の部分群として実現する(§7.1 系7.11 参照)と,$\mathfrak{t} \subset \mathfrak{sp}(n)$ は $\mathfrak{su}(2n)$ の部分空間として

$$\{\mathrm{diag}(\sqrt{-1}\,x_1, -\sqrt{-1}\,x_1, \cdots, \sqrt{-1}\,x_n, -\sqrt{-1}\,x_n) : x_j \in \mathbb{R} \ (1 \leqq j \leqq n)\}$$

と実現される.$GL(2n, \mathbb{C})$ における対角化を考えれば,$G = SO(2n+1)$ の場合と同様に(2–a)が成り立つことがわかる. ∎

[(2–b)の証明] $X \in \mathfrak{t}_{\mathrm{reg}}$ に対して,$\exp(\mathbb{R}X)$ の閉包を A とおく.A は連結なコンパクト群 G のトーラスである.$Z_G(X) := \{g \in G : \mathrm{Ad}(g)X = X\}$ は $Z_G(A) := \{g \in G : ga = ag \ (\forall a \in A)\}$ に一致し,後者は連結である(系6.67参照).$Z_G(A)$ の Lie 環は

$$\{Y \in \mathfrak{g} : [Y, X] = 0\} = \mathfrak{t} \quad (\because X \in \mathfrak{t}_{\mathrm{reg}})$$

に含まれるから $Z_G(A) \subset T$ となる.故に $T \subset Z_G(X) = Z_G(A) \subset T$ が成り立ち,$Z_G(X) = T$ が示された. ∎

なお,$G = O(2n)$(非連結)の場合にも,(2–b)の類似の結果が成り立つことが直接の計算でわかる(演習問題9.1 参照).

(d) コンパクト Lie 群の極大トーラス

前章では,「任意のユニタリ行列 g は,適当なユニタリ行列 x によって対角化できる.さらに,g の固有値がすべて相異なる場合,xgx^{-1} が対角行列になるような x の集合は $n!$ 個の n 次元トーラス $\mathbb{T}^n$ と同相である」という事実をユニタリ群 $U(n)$ の極大トーラスの性質として定式化し,証明した(定理 8.10 参照).これを一般の連結なコンパクト Lie 群に拡張しよう(定理 9.21,系 9.22).なお,この項は §6.5(a) の精密化でもある.

最初に記号を準備する.

G を連結なコンパクト Lie 群とし,各 $g \in G$ に対し

$$(9.19) \quad \mathcal{T}_g := \{g \text{ を含む } G \text{ の極大トーラス } T\}$$
$$Z_G(g) := \{x \in G : xg = gx\}$$

と定義する.$g = e$ のとき全単射 $\mathcal{T}_e \simeq G/N_G(T)$ が成り立つ(演習問題 9.2 参照).$Z_G(g)$ は G の閉部分群であるから,コンパクト Lie 群となる.$Z_G(g)$ の単位元を含む連結成分を $Z_G(g)_0$ と書く.$Z_G(g)$ の Lie 環(同じことであるが,単位元を含む連結成分 $Z_G(g)_0$ の Lie 環)を $Z_\mathfrak{g}(g)$ と書くと,

$$Z_\mathfrak{g}(g) = \{X \in \mathfrak{g} : \mathrm{Ad}(g)X = X\}$$

となる.次の補題は $\mathcal{T}_g$ と $Z_G(g)$ を関係づける.

補題 9.16 各 $g \in G$ に対して $Z_G(g)_0 = \bigcup_{T \in \mathcal{T}_g} T$.

[証明] $T \in \mathcal{T}_g$ とする.このとき T の各元は g と可換だから $Z_G(g)_0 \supset T$ となる.故に $Z_G(g)_0 \supset \bigcup_{T \in \mathcal{T}_g} T$ が示された.逆に $x \in Z_G(g)_0$ とする.x を含む $Z_G(g)_0$ の極大トーラス S を選ぶ.g と S の任意の元は可換であるから,定理 6.66 より g と S を含む G の極大トーラス T' が存在する.$T' \in \mathcal{T}_g$ かつ $x \in S \subset T'$ だから $x \in \bigcup_{T \in \mathcal{T}_g} T$ がいえた.故に $Z_G(g)_0 \subset \bigcup_{T \in \mathcal{T}_g} T$ が示された. ∎

次に,G の極大トーラス T を 1 つ選ぶ.連結コンパクト Lie 群 G のランクは $\mathrm{rank}\, G = \dim T$ によって与えられる(§7.1(f) のランクの定義において $G = K$, $\mathfrak{p} = \{0\}$ とすればよい).

補題 9.17 $t \in T$ とする．このとき
$$(9.20) \qquad \#\mathcal{T}_t = 1 \iff \dim Z_G(t) = \operatorname{rank} G$$
が成り立つ．

［証明］ $\#\mathcal{T}_t = 1$ ならば，補題 9.16 より $Z_G(t)_0 = T$ となる．よって (9.20) の $\implies$ が示された．

一方，$\#\mathcal{T}_t > 1$ とする．$T_1, T_2 \in \mathcal{T}_t$ とし，$\mathfrak{t}_1, \mathfrak{t}_2$ を T_1, T_2 の Lie 環とすると，$Z_\mathfrak{g}(t) \supset \mathfrak{t}_1 + \mathfrak{t}_2$ であるから $\dim Z_G(t) = \dim Z_\mathfrak{g}(t) \geqq \dim(\mathfrak{t}_1 + \mathfrak{t}_2) > \operatorname{rank} G$ となる．以上より補題 9.17 が証明された． ∎

極大トーラス T の「一般の位置」にある点の集合を
$$(9.21) \qquad T_{\mathrm{reg}} := \{t \in T : \chi(t) \neq 1 \; (\forall \chi \in \Delta(G, T))\}$$
と定義する．ここで $\Delta(G, T)$ は定義 9.6 で与えられた有限集合であるので，T_{reg} は T の稠密な開集合である．T_{reg} の元の特徴づけを次の定理 9.18 および定理 9.21 で行う．

定理 9.18 $t \in T$ とする．このとき，
$$\#\mathcal{T}_t = 1 \iff t \in T_{\mathrm{reg}}.$$

［証明］ T の表現の直和分解 (9.3) より，$t \in T$ を固定したとき，
$$Z_\mathfrak{g}(t) \otimes_\mathbb{R} \mathbb{C} = \{X \in \mathfrak{g}_\mathbb{C} : \operatorname{Ad}(t)X = X\}$$
$$= \mathfrak{t}_\mathbb{C} + \bigoplus_{\substack{\chi \in \Delta(G,T) \\ \chi(t)=1}} (\mathfrak{g}_\mathbb{C})_\chi$$
となる．従って
$$\dim Z_G(t) = \operatorname{rank} G \iff \dim_\mathbb{R} Z_\mathfrak{g}(t) = \dim \mathfrak{t} \iff t \in T_{\mathrm{reg}}$$
であることが示された．補題 9.17 と合わせて，$\#\mathcal{T}_t = 1 \iff t \in T_{\mathrm{reg}}$ が証明された． ∎

補題 9.19 $t \in T_{\mathrm{reg}}$ とする．このとき $g \in G$ に対して
$$gtg^{-1} \in T \iff g \in N_G(T)$$
が成り立つ．

［証明］ $\impliedby$ は明らかである．$\implies$ を示そう．$gtg^{-1} \in T$ ならば，$T \subset \mathcal{T}_t$ かつ $g^{-1}Tg \in \mathcal{T}_t$ である．定理 9.18 より $\#\mathcal{T}_t = 1$ となるから，$T = g^{-1}Tg$ でなければならない．故に $g \in N_G(T)$． ∎

次に，Weyl 群 $W = N_G(T)/Z_G(T)$ の等質空間 G/T への右からの作用
$$w: G/T \to G/T, \quad gT \mapsto gwT$$
を思い出しておこう(定義 8.8 参照). $w \in W$ の代表元 $m_w \in N_G(T)$ をとると，$g m_w T$ は代表元 g や m_w の選び方によらず，$gT \in G/T$ と $w \in W$ のみによって定まる．そこで $g m_w T$ を gwT と書くのであった．この記法の下で，次の補題が成り立つ．

補題 9.20 $g_1, g_2 \in G$; $t_1, t_2 \in T_{\text{reg}}$ とする．このとき $g_1 t_1 g_1^{-1} = g_2 t_2 g_2^{-1}$ ならば，$w \in W$ が存在して
$$(9.22) \qquad t_2 = w \cdot t_1, \quad g_2 w T = g_1 T$$
が成り立つ．逆に，適当な $w \in W$ に対して(9.22)が成り立つならば $g_1 t_1 g_1^{-1} = g_2 t_2 g_2^{-1}$ が成り立つ．

[証明] $g = g_2^{-1} g_1$ とおくと $g t_1 g^{-1} = t_2$ となるから，補題 9.19 より $g \in N_G(T)$ である．$w := g Z_G(T) \in N_G(T)/Z_G(T)\ (= W)$ とおくと(9.22)が成り立つ．逆は明らかである． ∎

次の定理はユニタリ群 $U(n)$ に対する対角化を精密に記述した前章の定理 8.10 の一般化である．

定理 9.21 G を連結なコンパクト Lie 群とする．
$$(9.23) \qquad G_{\text{reg}} := \{g \in G : \dim Z_G(g) = \text{rank}\, G\}$$
とおく．

(i) G_{reg} は G の稠密な開集合である．

(ii) T を G の極大トーラスとすると，$T_{\text{reg}} = T \cap G_{\text{reg}}$ が成り立つ．さらに，$t \in T$, $g \in G$ のとき，$t \in T_{\text{reg}} \iff g t g^{-1} \in G_{\text{reg}}$ が成り立つ．

(iii) 写像 $A: G/T \times T \to G$ を $(gT, t) \mapsto g t g^{-1}$ とおくと，A は矛盾なく定義でき，しかも全射である．

(iv) 写像 A を $G/T \times T_{\text{reg}}$ に制限すると，$A: G/T \times T_{\text{reg}} \to G_{\text{reg}}$ は全射であり，さらに次の同値が成り立つ．
$$A(g_1 T, t_1) = A(g_2 T, t_2) \iff \exists w \in W, \ g_2 T = g_1 w^{-1} T,\ t_2 = w \cdot t_1.$$

[証明] (i) $f(\lambda, g) := \det(\text{Ad}(g) - \lambda \,\text{id}_{\mathfrak{g}})$ は λ の多項式として $(\lambda - 1)^{\text{rank}\, G}$ で割り切れる．その商を $h(\lambda, g)$ と書くと，$h(\lambda, g)$ は λ と g の連続関数であ

り，$h(1, g) \neq 0$ である．G_{reg} の定義式(9.23)を書き換えると
$$G_{\mathrm{reg}} = \{g \in G : h(1, g) \neq 0\}$$
となるから，G_{reg} は G の稠密な開集合である．

(ii) 補題 9.17 と定理 9.18 より直ちにわかる．

(iii) 前半は明らか．後半は定理 6.62 の言い換えである．

(iv) 全射であることは(ii)と(iii)よりわかる．後半は補題 9.20 で示した． ∎

定理 9.21 より次の系が直ちに得られる．

系 9.22 $x \in G_{\mathrm{reg}}$ とすると
$$\{g \in G : gxg^{-1} \in T\}$$
は $\#W$ 個の n 次元トーラス $\mathbb{T}^n$ と同相である． ∎

(e) Weyl の積分公式

ユニタリ群 $U(n)$ に対する Weyl の積分公式(§8.1(c))は，定理 9.21 を用いることによって，一般のコンパクト Lie 群 G に対して次のように一般化される．

定理 9.23 (Weyl の積分公式) G を連結なコンパクト Lie 群，T を G の極大トーラス，W を G の Weyl 群とする．T 上の関数 V を

(9.24) $$V(t) := \prod_{\chi \in \Delta(G, T)} (\chi(t^{-1}) - 1)$$

と定義する．G と T の Haar 測度を $\int_G dg = \int_T dt = 1$ となるように正規化し，等質空間 G/T（旗多様体）上の G-不変な測度を $\int_{G/T} d(gT) = 1$ となるように正規化しておく．このとき，G 上の任意の連続関数 f に対し，

$$\int_G f(g) dg = \frac{1}{\#W} \int_{G/T} \int_T f(gtg^{-1}) V(t) \, dt \, d(gT)$$

が成り立つ．ただし，$\#W$ は Weyl 群 W の位数である． ∎

定理より次の公式が直ちに得られる．

系 9.24 f がコンパクト Lie 群上の類関数ならば，

$$\int_G f(g)dg = \frac{1}{\#W}\int_T f(t)V(t)dt$$

が成り立つ. □

注意 9.25 (i) $V(t)$ の積公式(9.24)では，各 $\chi \in \Delta(G,T)$ に対して 1 度ずつ積を考えればよい．なぜならば，任意の $\chi \in \Delta(G,T)$ に対して $\dim_{\mathbb{C}}(\mathfrak{g}_{\mathbb{C}})_\chi = 1$ となるからである(命題 9.12, 注意 9.13 参照).

(ii) $\chi \in \Delta(G,T)$ ならば $\chi^{-1} \in \Delta(G,T)$ となるので，(9.24)は

(9.24)′ $$V(t) = \prod_{\chi \in \Delta(G,T)}(\chi(t) - 1)$$

とも書ける.

[定理 9.23 の証明] 前章の定理 8.11 の証明をなぞればよい．要点を述べておこう．まず，$\mathfrak{g}$ における $\mathfrak{t}$ の $\mathrm{Ad}(T)$-不変な補空間 $\mathfrak{g}'$ をとる．このとき，写像 $A: G/T \times T \to G$ の Jacobi 行列式は前章の補題 8.13 と同様に計算できて

$$V(t) = \det(\mathrm{Ad}(t^{-1})|_{\mathfrak{g}'} - \mathrm{id}_{\mathfrak{g}'})$$

を得る．次に $\mathrm{Ad}(t^{-1})|_{\mathfrak{g}'} - \mathrm{id}_{\mathfrak{g}'} \in \mathrm{End}_{\mathbb{R}}(\mathfrak{g}')$ を $\mathfrak{g}'_{\mathbb{C}} := \mathfrak{g}' \otimes_{\mathbb{R}} \mathbb{C}$ 上の複素線型写像に拡張する．ルート分解

$$\mathfrak{g}'_{\mathbb{C}} = \bigoplus_{\chi \in \Delta(G,T)} (\mathfrak{g}_{\mathbb{C}})_\chi$$

において，$\mathrm{Ad}(t^{-1}) - \mathrm{id}$ は固有空間 $(\mathfrak{g}_{\mathbb{C}})_\chi$ 上スカラー $\chi(t^{-1}) - 1$ で作用するから

$$V(t) = \det(\mathrm{Ad}(t^{-1})|_{\mathfrak{g}'_{\mathbb{C}}} - \mathrm{id}_{\mathfrak{g}'_{\mathbb{C}}}) = \prod_{\chi \in \Delta(G,T)}(\chi(t^{-1}) - 1)$$

となる．故に定理が証明された． ■

例 9.26 古典群 G に対して，$\#W$ と $V(t)$ は例 9.7〜例 9.9 のルート系 $\Delta(G,T)$ の計算より次の表で与えられる.

型	G	$\#W$	$V(t)$
A_{n-1}	$U(n)$	$n!$	$\left\| \prod_{1 \leq i < j \leq n} (t_i - t_j) \right\|^2$
B_n	$SO(2n+1)$	$n! \, 2^n$	$\left\| \prod_{1 \leq i < j \leq n} (t_i - t_j)(t_i t_j - 1) \prod_{1 \leq k \leq n} (t_k - 1) \right\|^2$
C_n	$Sp(n)$	$n! \, 2^n$	$\left\| \prod_{1 \leq i < j \leq n} (t_i - t_j)(t_i t_j - 1) \prod_{1 \leq k \leq n} (t_k^2 - 1) \right\|^2$
D_n	$SO(2n)$	$n! \, 2^{n-1}$	$\left\| \prod_{1 \leq i < j \leq n} (t_i - t_j) \prod_{1 \leq i < j \leq n} (t_i t_j - 1) \right\|^2$

[例 9.26 の証明のスケッチ] $U(n)$ の場合には補題 8.16 で証明した．$Sp(n)$ の場合に，例 9.9 のルート系を用いて，$V(t)$ を定義通りに計算すると，

$$V(t) = \left(\prod_{1 \leq i < j \leq n} \left(\frac{t_i}{t_j} - 1 \right) \left(\frac{t_j}{t_i} - 1 \right) (t_i t_j - 1) \left(\frac{1}{t_i t_j} - 1 \right) \right)$$
$$\times \left(\prod_{k=1}^{n} (t_k^2 - 1) \left(\frac{1}{t_k^2} - 1 \right) \right)$$

となる．そこで，$|t_1| = \cdots = |t_n| = 1$ の条件を使えば，補題 8.16 の証明の計算と同様にして

$$V(t) = \left| \prod_{1 \leq i < j \leq n} (t_i - t_j)(t_i t_j - 1) \prod_{1 \leq k \leq n} (t_k^2 - 1) \right|^2$$

が示される．B_n 型，D_n 型の場合も同様である． ∎

§9.2 Weyl 群の不変式と交代式

前章では，トーラス上の対称関数と交代関数という概念を導入した(定義 8.15)．その定義は，対称群 $\mathfrak{S}_n$ の作用に基づいて行った．一方，対称群 $\mathfrak{S}_n$ はコンパクト Lie 群 $U(n)$ の Weyl 群である．この節では，一般のコンパクト Lie 群の Weyl 群を用いて，対称関数や交代関数の概念を拡張しよう．

(a) Weyl群の符号表現

G を連結なコンパクトLie群とし，$W = N_G(T)/Z_G(T)$ をそのWeyl群とする．Weyl群 W の $\mathfrak{t}$ への表現((9.14)参照)
$$W \to GL_{\mathbb{R}}(\mathfrak{t})$$
と，$\det : GL_{\mathbb{R}}(\mathfrak{t}) \to \mathbb{R}^\times$ を合成して得られる1次元表現をWeyl群の**符号表現**と呼び，

(9.25) $$\mathrm{sgn} : W \to \mathbb{R}^\times$$

と書く．W は有限群だから，準同型写像 sgn の像も有限群である．$\mathbb{R}^\times$ の有限部分群は $\{1\}$，$\{\pm 1\}$ に限るから，いずれにしても $\mathrm{sgn}(w) \in \{\pm 1\}$ となる．

例 9.27（古典群のWeyl群の符号表現）

(i) (A_{n-1} 型) $W \simeq \mathfrak{S}_n$（対称群）のときは §8.2 で述べた対称群の符号表現(8.21)に一致する．すなわち，置換 $w \in \mathfrak{S}_n$ に対して
$$\mathrm{sgn}(w) = 1 \,(w\text{ が偶置換のとき}), \quad \mathrm{sgn}(w) = -1 \,(w\text{ が奇置換のとき}).$$

(ii) (B_n 型，C_n 型) $W \simeq \mathfrak{S}_n \ltimes (\mathbb{Z}_2)^n \ni \sigma = (w, (\varepsilon_1, \cdots, \varepsilon_n))$ とすると，
$$\mathrm{sgn}(\sigma) = \mathrm{sgn}(w) \varepsilon_1 \cdots \varepsilon_n$$
となる．ただし $\mathrm{sgn}(w)$ は(i)で述べた置換 $w \in \mathfrak{S}_n$ の符号を表す．

(iii) (D_n 型) $W \simeq \mathfrak{S}_n \ltimes (\mathbb{Z}_2)^{n-1} \ni \sigma = (w, (\varepsilon_1, \cdots, \varepsilon_n))$ とおく（ただし $\varepsilon_1 \cdots \varepsilon_n = 1$）．このとき $\mathrm{sgn}(\sigma) = \mathrm{sgn}(w)$． □

(b) Weyl群の不変式と交代式

極大トーラス T 上の関数空間
$$R_{\mathbb{Z}}(T) \subset R(T) \subset C(T)$$
を §8.2(a) とまったく同様に定義する．すなわち

$$\sum_{\chi \in \widehat{T}} a_\chi \chi \,(\text{有限和}) \,(a_\chi \in \mathbb{C}) \text{ という形の関数全体} = R(T)$$

$$\sum_{\chi \in \widehat{T}} a_\chi \chi \,(\text{有限和}) \,(a_\chi \in \mathbb{Z}) \text{ という形の関数全体} = R_{\mathbb{Z}}(T)$$

と定義するのである．コンパクト可換群 T に対する Peter–Weyl の定理より

$R(T)$ は $C(T)$ において稠密である．また $R(T) = R_{\mathbb{Z}}(T) \otimes_{\mathbb{Z}} \mathbb{C}$ が成り立つ．

Weyl 群 W の極大トーラス T への作用によって，$R(T)$ あるいは $C(T)$ を表現空間とする W の表現が自然に誘導される．すなわち，$w \in W$, $f \in R(T)$（あるいは $f \in C(T)$）に対して

(9.26) $\qquad (w \cdot f)(t) := f(w^{-1} \cdot t) \quad (t \in T)$

と定義するのである．Weyl 群 W の自明な 1 次元表現 **1**，および符号表現 sgn のそれぞれの成分を

(9.27) $\qquad R_{\mathbb{Z}}(T)_{\mathbf{1}} \subset R(T)_{\mathbf{1}} \subset C(T)_{\mathbf{1}}$

(9.28) $\qquad R_{\mathbb{Z}}(T)_{\mathrm{sgn}} \subset R(T)_{\mathrm{sgn}} \subset C(T)_{\mathrm{sgn}}$

と定義する．例えば，

$C(T)_{\mathbf{1}} = \{f \in C(T) : f(w^{-1} \cdot t) = f(t) \ (\forall w \in W, \ \forall t \in T)\}$

$C(T)_{\mathrm{sgn}} = \{f \in C(T) : f(w^{-1} \cdot t) = \mathrm{sgn}(w) f(t) \ (\forall w \in W, \ \forall t \in T)\}$

である．**1**-成分とは，W-不変な元全体に他ならないことに注意しよう．

（c） Weyl 群の単項対称式と単項交代式

次に §8.2(b) における対称群 $\mathfrak{S}_n$ の結果を，一般の Weyl 群に拡張しよう．Weyl 群 W は $\widehat{T}$ に左から作用する（(9.26) あるいは前章の (8.30) 参照）．

定義 9.28（単項対称式と単項交代式） $\chi \in \widehat{T}$ に対して

$$W_\chi := \{w \in W : w \cdot \chi = \chi\}$$

$$S_\chi(t) := \frac{1}{\#W_\chi} \sum_{w \in W} (w \cdot \chi)(t)$$

$$A_\chi(t) := \sum_{w \in W} \mathrm{sgn}(w) (w \cdot \chi)(t)$$

と定義する．このとき，明らかに $S_\chi \in R_{\mathbb{Z}}(T)_{\mathbf{1}}$, $A_\chi \in R_{\mathbb{Z}}(T)_{\mathrm{sgn}}$ である．$W = \mathfrak{S}_n$ の場合の用語（定義 8.25 参照）に倣って，S_χ を Weyl 群 W の**単項対称式**，A_χ を W の**単項交代式**と呼ぶ． □

例 9.29 G が B_2 型あるいは C_2 型のとき，$W \simeq \mathfrak{S}_2 \ltimes (\mathbb{Z}_2)^2$ である．このとき $\alpha = (2, 1)$，$t = (a, b) \in T \simeq \mathbb{T}^2$ に対して

$$A_{(2,1)}(a,b) = a^2b - a^2b^{-1} - a^{-2}b + a^{-2}b^{-1} - ab^2 + a^{-1}b^2 + ab^{-2} - a^{-1}b^{-2}$$
$$= a^{-2}b^{-2}(a-b)(a^2-1)(b^2-1)(ab-1).$$

同様に $k=1,2,\cdots$ に対して,
$$A_{(2k,k)}(a,b) = A_{(2,1)}(a^k, b^k) = a^{-2k}b^{-2k}(a^k-b^k)(a^{2k}-1)(b^{2k}-1)(a^k b^k - 1). \quad \square$$

G が古典型コンパクト Lie 群の場合に,さらに詳しく調べよう.G が古典型コンパクト Lie 群 $U(n)$ (A_{n-1}型),$SO(2n+1)$ (B_n型),$Sp(n)$ (C_n型),$SO(2n)$ (D_n型)のいずれかのとき,極大トーラス T を $\mathbb{T}^n$ と同一視し(例 9.1 〜例 9.4 参照),この同一視によって $\widehat{T}$ と $\mathbb{Z}^n$ を同一視する((8.29)参照).すなわち,多重指数 $\lambda = (\lambda_1, \cdots, \lambda_n) \in \mathbb{Z}^n$ と $\chi_\lambda \in \widehat{T}$ を
$$\chi_\lambda : T \to \mathbb{C}^\times, \quad t \mapsto t^\lambda = t_1^{\lambda_1} \cdots t_n^{\lambda_n}$$
という式によって対応させる.

定義 9.30(優整形式) $\widehat{T}$ の部分集合 $\widehat{T}_{\geqq 0}, \widehat{T}_{>0}$ をそれぞれ
$$\widehat{T}_{\geqq 0} := \{\lambda \in \mathbb{Z}^n : \lambda = (\lambda_1, \cdots, \lambda_n) \text{ は}(9.29)\text{を満たす}\},$$
$$\widehat{T}_{>0} := \{\lambda \in \mathbb{Z}^n : \lambda = (\lambda_1, \cdots, \lambda_n) \text{ は}(9.30)\text{を満たす}\}$$

と定義する.ここで,(9.29),(9.30)は古典型のコンパクト Lie 群 G に対して次のように定義される不等式である.

$$(9.29) \quad \begin{cases} \lambda_1 \geqq \cdots \geqq \lambda_{n-1} \geqq \lambda_n & (A_{n-1}\text{型}) \\ \lambda_1 \geqq \cdots \geqq \lambda_{n-1} \geqq \lambda_n \geqq 0 & (B_n, C_n\text{型}) \\ \lambda_1 \geqq \cdots \geqq \lambda_{n-1} \geqq |\lambda_n| & (D_n\text{型}) \end{cases}$$

$$(9.30) \quad \begin{cases} \lambda_1 > \cdots > \lambda_{n-1} > \lambda_n & (A_{n-1}\text{型}) \\ \lambda_1 > \cdots > \lambda_{n-1} > \lambda_n > 0 & (B_n, C_n\text{型}) \\ \lambda_1 > \cdots > \lambda_{n-1} > |\lambda_n| & (D_n\text{型}) \end{cases}$$

$\widehat{T}_{\geqq 0}$ の元を**優整形式**(dominant integral weight),$\widehat{T}_{>0}$ の元を**狭義の優整形式**(strictly dominant integral weight)と呼ぶ.それぞれ,支配的な整ウェイト,狭義の支配的な整ウェイトと呼ぶこともある. $\square$

次の補題 9.31 によって,上記の定義の意味を説明しよう.

補題 9.31 W を古典型コンパクト Lie 群の Weyl 群とする.
(i) 任意の $\chi \in \widehat{T}$ に対し, 適当な $w \in W$ が存在し, $w \cdot \chi \in \widehat{T}_{\geqq 0}$ となる.
(ii) $w \in W$ とする. $\chi \in \widehat{T}_{\geqq 0}$ かつ $w \cdot \chi \in \widehat{T}_{\geqq 0}$ ならば $w \cdot \chi = \chi$ が成り立つ.
(iii) $\chi \in \widehat{T}_{>0}$ とする. $w \in W$ に対し, $w \cdot \chi \in \widehat{T}_{>0}$ ならば $w = e$ が成り立つ.

[証明] 定理 9.15 で述べた Weyl 群の形から, 明らか. ∎

以上の準備により, 前章で対称群 $\mathfrak{S}_n$ に対して述べた命題 8.28 および補題 8.29 を(同じ証明法で)一般の Weyl 群に拡張することができる. すなわち, 次の命題と補題が成り立つ.

命題 9.32
(i) $\{S_\chi : \chi \in \widehat{T}_{\geqq 0}\}$ は $R_{\mathbb{Z}}(T)_{\mathbf{1}}$ の $\mathbb{Z}$-基底を与える.
(ii) $\{A_\chi : \chi \in \widehat{T}_{>0}\}$ は $R_{\mathbb{Z}}(T)_{\mathrm{sgn}}$ の $\mathbb{Z}$-基底を与える. ∎

補題 9.33 $\chi, \chi' \in \widehat{T}_{>0}$ とすると

$$(A_\chi, A_{\chi'})_{L^2(T)} = \begin{cases} \#W & (\chi = \chi' \text{ のとき}) \\ 0 & (\chi \neq \chi' \text{ のとき}) \end{cases}$$

∎

§9.3 有限次元既約表現の分類と指標公式

(a) 差積の一般化と ρ

G を古典型 Lie 群とし, その極大トーラス T を $\mathbb{T}^n$ と同一視する(例 9.1〜例 9.4 参照). $\alpha = (\alpha_1, \cdots, \alpha_n)$, $\beta = (\beta_1, \cdots, \beta_n) \in \mathbb{Z}^n$ に対し

$$(\alpha, \beta) := \sum_{j=1}^n \alpha_j \beta_j$$

と定義することによって, $\widehat{T} \simeq \mathbb{Z}^n$ に内積を入れる.

$$\Delta^+(G, T) := \{\alpha \in \Delta(G, T) : (\alpha, \beta) \geqq 0 \ (\forall \beta \in \widehat{T}_{\geqq 0})\}$$
$$\Delta^-(G, T) := \{\alpha \in \Delta(G, T) : (\alpha, \beta) \leqq 0 \ (\forall \beta \in \widehat{T}_{\geqq 0})\}$$

とおく. また全単射 $\Delta(G, T) \simeq \Delta(\mathfrak{g}, \mathfrak{t})$, $\chi \mapsto d\chi$(定義 9.6 参照)によって,

$\Delta(\mathfrak{g},\mathfrak{t})$ の部分集合 $\Delta^+(\mathfrak{g},\mathfrak{t})$, $\Delta^-(\mathfrak{g},\mathfrak{t})$ が定義される．$\Delta^+(\mathfrak{g},\mathfrak{t})$ は**正のルート系**(positive root system)と呼ばれる．

例 9.34 例 9.7〜例 9.9 の記号を用いると，$\widehat{T}_{\geqq 0}$((9.29)参照)に対応する正のルート系 $\Delta^+(\mathfrak{g},\mathfrak{t})$ は次の集合で与えられる．

(A_{n-1} 型) $\quad \{f_i - f_j : 1 \leqq i < j \leqq n\}$
(B_n 型) $\quad \{f_i \pm f_j : 1 \leqq i < j \leqq n\} \cup \{f_i : 1 \leqq i \leqq n\}$
(C_n 型) $\quad \{f_i \pm f_j : 1 \leqq i < j \leqq n\} \cup \{2f_i : 1 \leqq i \leqq n\}$
(D_n 型) $\quad \{f_i \pm f_j : 1 \leqq i < j \leqq n\}$

□

上の例から(古典群の場合には)容易にわかるように

(9.31) $\quad \chi_\alpha \in \Delta^+(G,T) \iff \chi_{-\alpha} = (\chi_\alpha)^{-1} \in \Delta^-(G,T)$

が成り立つ．さらに $(\alpha,\beta) = 0$ ($\forall \beta \in \widehat{T}_{\geqq 0}$) となる $\alpha \in \mathbb{Z}^n$ は $\alpha = 0$ に限ることから $\Delta^+(G,T) \cap \Delta^-(G,T) = \varnothing$, $\Delta^+(\mathfrak{g},\mathfrak{t}) \cap \Delta^-(\mathfrak{g},\mathfrak{t}) = \varnothing$ となる．従って，

(9.32) $\quad \Delta(G,T) = \Delta^+(G,T) \cup \Delta^-(G,T)$
$\quad\quad\quad \Delta(\mathfrak{g},\mathfrak{t}) = \Delta^+(\mathfrak{g},\mathfrak{t}) \cup \Delta^-(\mathfrak{g},\mathfrak{t})$

は互いに素な和集合(disjoint union)となる．

第 8 章における $U(n)$ の有限次元既約表現の分類の証明を分析しよう．そこでは「非可換な群 $U(n)$ の Peter–Weyl の定理」と「可換な群 $\mathbb{T}^n$(極大トーラス)の Peter–Weyl の定理(すなわち Fourier 級数論)」の橋渡しとして，差積 $D(t) = \prod_{1 \leqq i < j \leqq n}(t_i - t_j)$ が重要な役割を果たした．そのポイントは，差積のもつ 3 つの性質

(9.33) $\quad V(t) = |D(t)|^2$ （Weyl の積分公式の密度関数，定理 8.11）

(9.34) $\quad D(t) \in R_\mathbb{Z}(T)_{\text{sgn}}$ （例 8.18）

(9.35) $\quad R_\mathbb{Z}(T)_1 \simeq R_\mathbb{Z}(T)_{\text{sgn}}, \quad \varphi \mapsto \varphi D$ は全単射 （定理 8.24）

であった．そこで，一般のコンパクト Lie 群に対しても差積の役割を果たす交代式を見つけたい．これが，後述する定理 9.42 の目標である．その準備

として，

$$(9.36) \qquad \rho := \frac{1}{2} \sum_{\alpha \in \Delta^+(\mathfrak{g},\mathfrak{t})} \alpha \in \sqrt{-1}\,\mathfrak{t}^*$$

と定義する．次の補題は ρ の定義より明らかである．

補題 9.35 $\chi_{2\rho}$ は T 上 1 価の関数であり，

$$\chi_{2\rho} = \prod_{\alpha \in \Delta^+(\mathfrak{g},\mathfrak{t})} \chi_\alpha = \prod_{\chi \in \Delta^+(G,T)} \chi$$

が成り立つ． □

ρ の幾何的な意味は第 11 章で一般の等質空間で説明する（ただし，第 13 章で述べる旗多様体の同型 $G/T \simeq G_{\mathbb{C}}/B_-$ の右辺に対して第 11 章の一般論を適用する）．この章では，ρ の幾何的な意味には立入らず，初等的な代数の中で ρ を用いよう．

$\sqrt{-1}\,\mathfrak{t}^*$ の $\mathbb{R}$-基底 $\{f_1,\cdots,f_n\}$ によって $\sqrt{-1}\,\mathfrak{t}^*$ と $\mathbb{R}^n$ を同一視すると，古典群に対する ρ は次の式で与えられる．

例 9.36（ρ の具体形）

$(\mathrm{A}_{n-1}$ 型$)$ $\quad \rho = \left(\dfrac{n-1}{2}, \dfrac{n-3}{2}, \cdots, -\dfrac{n-3}{2}, -\dfrac{n-1}{2}\right)$

$\qquad\qquad\qquad = (n-1, n-2, \cdots, 1, 0) - \dfrac{n-1}{2}(1,1,\cdots,1)$

$(\mathrm{B}_n$ 型$)$ $\quad \rho = \left(n-\dfrac{1}{2}, n-\dfrac{3}{2}, \cdots, \dfrac{3}{2}, \dfrac{1}{2}\right)$

$(\mathrm{C}_n$ 型$)$ $\quad \rho = (n, n-1, \cdots, 2, 1)$

$(\mathrm{D}_n$ 型$)$ $\quad \rho = (n-1, n-2, \cdots, 1, 0)$

□

問 2 $\Delta^+(\mathfrak{g},\mathfrak{t}) = \{\alpha \in \Delta(\mathfrak{g},\mathfrak{t}) : (\alpha,\rho) > 0\}$ を古典型のルート系に対して確かめよ．

答．例 9.34 と例 9.36 より明らか．

問 3 $\lambda \in \widehat{T}_{\geqq 0}$ ならば $\lambda + \rho \in \widehat{T}_{>0}$ を示せ．

答．問 2 と定義 9.30 より明らか．

さて，形式的に

(9.37) $$D = \prod_{\alpha \in \Delta^+(\mathfrak{g},\mathfrak{t})} \left(\chi_{\frac{\alpha}{2}} - \chi_{-\frac{\alpha}{2}}\right)$$

とおく．D は T の原点 e の近傍で，

$$D(\exp X) = \prod_{\alpha \in \Delta^+(\mathfrak{g},\mathfrak{t})} \left(e^{\frac{1}{2}\alpha(X)} - e^{-\frac{1}{2}\alpha(X)}\right) \quad (X \in \mathfrak{t})$$

という式によって定義される関数である．ただし，T 全体では 1 価になるとは限らない．(9.36)で定義した ρ を用いると

(9.38) $$D = \chi_{-\rho} \prod_{\alpha \in \Delta^+(\mathfrak{g},\mathfrak{t})} (\chi_\alpha - 1) = \chi_{-\rho} \prod_{\chi \in \Delta^+(G,T)} (\chi - 1)$$

となる．$\prod_{\chi \in \Delta^+(G,T)} (\chi - 1)$ は T 上 1 価に定義されている関数であることに注意すると次の命題が成り立つことがわかる．

命題 9.37 次の 3 つの条件は互いに同値である．
(i) χ_ρ が T の表現に持ち上がる．
(ii) $\chi_{-\rho}$ が T の表現に持ち上がる．
(iii) D が T 上の 1 価関数に持ち上がる． □

特に，$G = Sp(n), SO(2n)$ のときは $\rho \in \mathbb{Z}^n$ なので D は T 上の関数に持ち上がる(次の例 9.38, 例 9.39 参照)．

例 9.38 $G = SO(2n)$ のとき $t = (t_1, \cdots, t_n) \in T$ とする．

$$\chi \in \Delta^+(G,T) \iff \chi(t) = \frac{t_i}{t_j} \text{ または } t_i t_j \ (1 \leq {}^\exists i < {}^\exists j \leq n)$$

であるから，

$$D(t) = \prod_{1 \leq i < j \leq n} \left(\sqrt{\frac{t_i}{t_j}} - \sqrt{\frac{t_j}{t_i}}\right)\left(\sqrt{t_i t_j} - \frac{1}{\sqrt{t_i t_j}}\right)$$
$$= \prod_{1 \leq i < j \leq n} \left(\left(t_i + \frac{1}{t_i}\right) - \left(t_j + \frac{1}{t_j}\right)\right).$$

□

例 9.39 $G = Sp(n)$ のとき

$$D(t) = \prod_{1 \leq k \leq n}\left(\sqrt{t_k^2} - \sqrt{\frac{1}{t_k^2}}\right) \prod_{1 \leq i < j \leq n}\left(\sqrt{\frac{t_i}{t_j}} - \sqrt{\frac{t_j}{t_i}}\right)\left(\sqrt{t_i t_j} - \frac{1}{\sqrt{t_i t_j}}\right)$$
$$= \prod_{1 \leq k \leq n}\left(t_k - \frac{1}{t_k}\right) \prod_{1 \leq i < j \leq n}\left(\left(t_i + \frac{1}{t_i}\right) - \left(t_j + \frac{1}{t_j}\right)\right). \qquad \square$$

一方,$G = U(n)$ や $SO(2n+1)$ の場合は χ_ρ は必ずしも T の表現に持ち上がらないので,$D(t)$ を考える際には若干の注意が必要である.

例 9.40 $G = U(n)$ のとき

$$D(t) = \prod_{1 \leq i < j \leq n}\left(\sqrt{\frac{t_i}{t_j}} - \sqrt{\frac{t_j}{t_i}}\right)$$
$$= (t_1 \cdots t_n)^{-\frac{n-1}{2}} \prod_{1 \leq i < j \leq n}(t_i - t_j).$$

これは n が奇数のときに限って T 上の 1 価関数となる.一方,対称群 $\mathfrak{S}_n$ の作用で不変な項 $(t_1 \cdots t_n)^{-\frac{n-1}{2}}$ を取り除いても (9.33)〜(9.35) の条件に影響を与えない.もちろん差積 $\prod_{1 \leq i < j \leq n}(t_i - t_j)$ はすべての n に対して T 上の 1 価関数である.そこで,前章では差積 $\prod_{1 \leq i < j \leq n}(t_i - t_j)$ に $D(t)$ という記号を用い,また例 9.36(A_{n-1} 型の場合)の ρ に $\frac{n-1}{2}(1, 1, \cdots, 1)$ を加えたベクトル $(n-1, n-2, \cdots, 1, 0)$ に ρ という記号を用いた(§8.3 の式 (8.45) 参照).

なお,$G = SU(n)$ の場合は $t_1 \cdots t_n = 1$ となるので $D(t)$ がそのままの形で 1 価に定義されることに注意しておく. $\square$

例 9.41 $G = SO(2n+1)$ のとき

$$D(t) = \prod_{1 \leq k \leq n}\left(\sqrt{t_k} - \frac{1}{\sqrt{t_k}}\right) \prod_{1 \leq i < j \leq n}\left(\sqrt{\frac{t_i}{t_j}} - \sqrt{\frac{t_j}{t_i}}\right)\left(\sqrt{t_i t_j} - \frac{1}{\sqrt{t_i t_j}}\right)$$
$$= (t_1 \cdots t_n)^{-\frac{1}{2}} \prod_{1 \leq k \leq n}(t_k - 1) \prod_{1 \leq i < j \leq n}\left(\left(t_i + \frac{1}{t_i}\right) - \left(t_j + \frac{1}{t_j}\right)\right)$$

となる.$(t_1 \cdots t_n)^{-\frac{1}{2}}$ はトーラス T 上の 1 価関数にならない(これは,$n = 1$ の場合を考えるとすぐわかるであろう).従って,D は $SO(2n+1)$ の極大ト

ーラス T の指標に持ち上がらない.しかし, $SO(2n+1)$ の二重被覆である $Spin(2n+1)$ の極大トーラス $\widetilde{T}$ 上では $D(t)$ は 1 価関数になる.実際, $\widetilde{T} \to T$ (例 9.5 参照) も二重被覆になり,

$$(9.39) \quad (\widetilde{T})\hat{} = \left\{(\lambda_1, \cdots, \lambda_n) \in \frac{1}{2}\mathbb{Z} : \lambda_i - \lambda_j \in \mathbb{Z} \ (1 \leqq \forall i, \forall j \leqq n)\right\}$$
$$\simeq \mathbb{Z}^n \cup \left\{u + \frac{1}{2}(1, \cdots, 1) : u \in \mathbb{Z}^n\right\}$$

が成り立つ.特に $(t_1 \cdots t_n)^{-\frac{1}{2}}$ は $\widetilde{T}$ 上 1 価関数として定義される. □

この項の今までの議論で目標にしてきたことは,ユニタリ群 $U(n)$ に対する差積 $\prod_{1 \leqq i < j \leqq n}(t_i - t_j)$ の役割を果たす関数を一般の (古典型) コンパクト群で見つけることである. (9.37) で定義した $D(t)$ が差積の役割を果たしていることを述べたのが次の定理である.

定理 9.42 G を連結な古典型コンパクト Lie 群とする. χ_ρ が T 上の 1 価関数として定義できると仮定する.このとき, $D(t)$ は次の 3 つの性質を満たす.

(i) $V(t) = |D(t)|^2$ ($V(t)$ の定義は (9.24) 参照)

(ii) $D(t) \in R_\mathbb{Z}(T)_{\mathrm{sgn}}$ ($R_\mathbb{Z}(T)_{\mathrm{sgn}}$ の定義は (9.28) 参照)

(iii) $R_\mathbb{Z}(T)_\mathbf{1} \to R_\mathbb{Z}(T)_{\mathrm{sgn}}, \varphi \mapsto \varphi D$ は全単射写像である.

[証明のスケッチ] (i) $\chi \in \Delta^+(G, T) \iff \chi^{-1} = \overline{\chi} \in \Delta^-(G, T)$ ((9.31) 参照) に注意して, (9.32) と (9.38) を用いると

$$D(t)\overline{D(t)} = |\chi_{-\rho}(t)|^2 \prod_{\chi \in \Delta(G,T)}(\chi(t) - 1) = \prod_{\chi \in \Delta(G,T)}(\chi(t) - 1)$$

となる.注意 9.25(ii) より, $V(t) = |D(t)|^2$ が成り立つ.

(ii) 例えば $G = Sp(n)$ の場合,例 9.39 で具体的に与えた $D(t)$ の公式より

特定の t_i と t_j を入れ換えると, $D(t) \to -D(t)$

特定の t_k を $\dfrac{1}{t_k}$ に置き換えると, $D(t) \to -D(t)$

となるから, $D(t)$ は Weyl 群 $\mathfrak{S}_n \ltimes (\mathbb{Z}_2)^n$ の符号表現 (例 9.27 参照) に従うことがわかる.他の場合も同様である.

(iii) 定理 8.24 の証明 ($D(t)$ が差積の場合) と同様なので省略する. ∎

注意 9.43 $G=U(n)$ (n は偶数), $G=SO(m)$ (m は奇数) のとき, 定理 9.42 の仮定は満たされない. しかし, 既に述べたように,

(ⅰ) $G=U(n)$ のときは, $D(t)$ のかわりに差積 $\prod_{1\leq i<j\leq n}(t_i-t_j)$ を使う,

(ⅱ) $G=SO(2n+1)$ のときは, $D(t)$ を $Spin(2n+1)$ の極大トーラス $\widetilde{T}$ 上で考える,

ことにより, 定理 9.42 と同様の結果が得られる. なお, $U(n)$ の場合は, (ⅱ) と同様に $U(n)$ の二重被覆群を考えてもよい. 実は, 任意の連結なコンパクト Lie 群に対して, 適当な有限被覆群を考えれば $D(t)$ は 1 価に定義できることが証明できる. 従って以下の諸定理には, 他の場合と同様の証明を行うことができるのである.

(b) Cartan–Weyl の最高ウェイト理論と指標公式

前章において $U(n)$ の表現論で用いた証明の主要なポイントは, 前項 (a) で定義した差積の一般化 $D(t)$ を用いてすべて拡張することができた. 従って, 古典群の有限次元既約表現の分類とその指標公式や次元公式を一気に求めることができる. 結果を記述しよう.

定義 9.44 G を連結な (古典型) コンパクト Lie 群, T を極大トーラスとする. (π, V) が G の有限次元表現であるとき,

(9.40) $\quad V_\chi := \{v \in V : \pi(t)v = \chi(t)v\ (\forall t \in T)\}\quad (\chi \in \widehat{T})$

(9.41) $\quad \Delta(V, T) := \{\chi \in \widehat{T} : V_\chi \neq \{0\}\}$

(9.42) $\quad \Delta(V, \mathfrak{t}) := \{d\chi \in \sqrt{-1}\,\mathfrak{t}^* : V_\chi \neq \{0\}\}$

とおく.

$\Delta(V,T)$ の元 χ を V の**ウェイト**, $V_\chi \ni v\,(\neq 0)$ を χ に対する**ウェイトベクトル**, $m_\chi := \dim V_\chi$ を χ の**重複度**と呼ぶ. 補題 8.32 と同様に, ウェイトの集合 $\Delta(V,T)$ は Weyl 群 W で不変な有限集合であり, $m_{w\cdot\chi} = m_\chi$ ($\forall w \in W$, $\forall \chi \in \widehat{T}$) が成り立つ.

$$\Delta(V,T) \xrightarrow{\sim} \Delta(V,\mathfrak{t}),\quad \chi \mapsto d\chi$$

は全単射なので, 上記の用語は $\Delta(V,\mathfrak{t})$ の元に対しても用いることにする.

有限集合 $\Delta(V,T) \simeq \Delta(V,\mathfrak{t})$ の中で，辞書式順序 $\succ$ ($\S 8.3$ 定義 8.30 参照) に関して最大の元 λ を (π, V) の**最高ウェイト**という． □

注意 9.45 (9.41)や(9.42)における定義は，$\chi = 1$ あるいは $d\chi = 0$ を除外していないという点で，$(\pi, V) = (\mathrm{Ad}, \mathfrak{g})$ のときに対応するルート系の定義(定義 9.6 参照)と違う．

定理 9.46（**Cartan–Weyl の最高ウェイト理論**） G は $U(n)$ (A_{n-1}型), $SO(2n+1)$ (B_n型), $Sp(n)$ (C_n型), $SO(2n)$ (D_n型)のいずれかとし，G の極大トーラス $T \simeq \mathbb{T}^n$ の指標全体を $\mathbb{Z}^n$ と同一視する．

（ⅰ） (π, V) を G の有限次元既約表現とする．(π, V) の最高ウェイト(定義 9.44 参照)$\lambda = (\lambda_1, \cdots, \lambda_n) \in \mathbb{Z}^n$ は次の不等式を満たす．

(9.43) $\lambda_1 \geq \lambda_2 \geq \cdots \geq \lambda_n$ （G が A_{n-1} 型のとき）

(9.44) $\lambda_1 \geq \lambda_2 \geq \cdots \geq \lambda_n \geq 0$ （G が B_n 型のとき）

(9.45) $\lambda_1 \geq \lambda_2 \geq \cdots \geq \lambda_n \geq 0$ （G が C_n 型のとき）

(9.46) $\lambda_1 \geq \lambda_2 \geq \cdots \geq \lambda_{n-1} \geq |\lambda_n|$ （G が D_n 型のとき）

また，最高ウェイト λ の (π, V) における重複度は 1 である．

（ⅱ） 逆に $\lambda \in \mathbb{Z}^n$ が(9.43)〜(9.46)の不等式を満たしているならば，λ を最高ウェイトとする G の有限次元既約表現が存在し，それは表現の同型を除いて一意的である．すなわち，それぞれの古典群に対し

$\widehat{G} \simeq \widehat{G}_f \simeq \widehat{T}_{\geq 0} = \{\lambda = (\lambda_1, \cdots, \lambda_n) \in \mathbb{Z}^n : \lambda \text{ は}(9.43)\sim(9.46)\text{を満たす}\}$

という全単射が存在する． □

定理 9.47（**Weyl の指標公式**） 定理 9.46(Cartan–Weyl の最高ウェイト理論)によって与えられた最高ウェイト λ に対応する G の既約表現 π_λ の指標を χ_{π_λ} とすると，χ_{π_λ} の極大トーラス T 上での値は

$$\chi_{\pi_\lambda}(t) = \frac{A_{\lambda+\rho}(t)}{D(t)} = \frac{\sum_{\sigma \in W} \mathrm{sgn}(\sigma) t^{\sigma \cdot (\lambda+\rho)}}{D(t)} \quad (t \in T)$$

によって与えられる(右辺は T 上の 1 価関数になる)．古典群に対して $\chi_\pi(t)$

を具体的な式で書くと以下のようになる.
$$E := \{\varepsilon = (\varepsilon_1, \cdots, \varepsilon_n) : \varepsilon_j = \pm 1 \ (1 \leqq j \leqq n)\}$$
とおく.

(A_{n-1} 型) $\quad \dfrac{\sum_{\sigma \in \mathfrak{S}_n} \mathrm{sgn}(\sigma) t_{\sigma(1)}^{\lambda_1+n-1} t_{\sigma(2)}^{\lambda_2+n-2} \cdots t_{\sigma(n)}^{\lambda_n}}{\prod_{1 \leqq i < j \leqq n} (t_i - t_j)}$

(B_n 型) $\quad \dfrac{\sum_{\sigma \in \mathfrak{S}_n} \sum_{\varepsilon \in E} \mathrm{sgn}(\sigma) \varepsilon_1 \cdots \varepsilon_n t_{\sigma(1)}^{\varepsilon_1(\lambda_1+n-\frac{1}{2})} t_{\sigma(2)}^{\varepsilon_2(\lambda_2+n-\frac{3}{2})} \cdots t_{\sigma(n)}^{\varepsilon_n(\lambda_n+\frac{1}{2})}}{\prod_{1 \leqq i < j \leqq n} \left(\left(t_i + \frac{1}{t_i}\right) - \left(t_j + \frac{1}{t_j}\right)\right) \prod_{i=1}^{n} \left(\sqrt{t_i} - \frac{1}{\sqrt{t_i}}\right)}$

(C_n 型) $\quad \dfrac{\sum_{\sigma \in \mathfrak{S}_n} \sum_{\varepsilon \in E} \mathrm{sgn}(\sigma) \varepsilon_1 \cdots \varepsilon_n t_{\sigma(1)}^{\varepsilon_1(\lambda_1+n)} t_{\sigma(2)}^{\varepsilon_2(\lambda_2+n-1)} \cdots t_{\sigma(n)}^{\varepsilon_n(\lambda_n+1)}}{\prod_{1 \leqq i < j \leqq n} \left(\left(t_i + \frac{1}{t_i}\right) - \left(t_j + \frac{1}{t_j}\right)\right) \prod_{i=1}^{n} \left(t_i - \frac{1}{t_i}\right)}$

(D_n 型) $\quad \dfrac{\sum_{\sigma \in \mathfrak{S}_n} \sum_{\substack{\varepsilon \in E \\ \varepsilon_1 \cdots \varepsilon_n = 1}} \mathrm{sgn}(\sigma) t_{\sigma(1)}^{\varepsilon_1(\lambda_1+n-1)} t_{\sigma(2)}^{\varepsilon_2(\lambda_2+n-2)} \cdots t_{\sigma(n)}^{\varepsilon_n \lambda_n}}{\prod_{1 \leqq i < j \leqq n} \left(\left(t_i + \frac{1}{t_i}\right) - \left(t_j + \frac{1}{t_j}\right)\right)}$ □

なお,(B_n 型)の $\chi_\pi(t)$ の公式の右辺は $\sqrt{t_i}$ の分枝のとり方によらず(分母分子で約分した結果)1 価に定まることに注意する.

系 9.48(Weyl の分母公式) 正のルート系 $\Delta^+(\mathfrak{g}, \mathfrak{t})$ に対して $\rho \in \sqrt{-1}\,\mathfrak{t}^*$ を(9.36)で定義する.このとき,$X \in \mathfrak{t}$ が十分に 0 に近いならば次の等式が成り立つ.
$$\prod_{\alpha \in \Delta^+(\mathfrak{g}, \mathfrak{t})} \left(e^{\frac{1}{2}\alpha(X)} - e^{-\frac{1}{2}\alpha(X)}\right) = \sum_{\sigma \in W} \mathrm{sgn}(\sigma) e^{\sigma \cdot \rho(X)}$$

［証明］ Weyl の指標公式(定理 9.47)において $\lambda = 0$ とすればよい. ∎

Weyl の指標公式における $t \to e$ の極限を,前章の定理 8.41 と同様に計算することにより,次元公式が得られる.

定理 9.49(Weyl の次元公式) $\chi_\lambda \in \widehat{T}_{\geqq 0}$ を最高ウェイトとする G の有限次元既約表現 π_λ の次元は

§9.3 有限次元既約表現の分類と指標公式──411

$$\dim \pi_\lambda = \frac{\prod_{\alpha \in \Delta^+(\mathfrak{g},\mathfrak{t})} \langle \lambda+\rho, \alpha \rangle}{\prod_{\alpha \in \Delta^+(\mathfrak{g},\mathfrak{t})} \langle \rho, \alpha \rangle}$$

で与えられる．ただし，ρ は(9.36)で定義した $\sqrt{-1}\mathfrak{t}^*$ の元である．具体的には，優整形式 $\lambda=(\lambda_1,\cdots,\lambda_n)\in\mathbb{Z}^n$ に対して $\dim\pi_\lambda$ はそれぞれ次の公式で与えられる．$\widetilde{\lambda}_i := \lambda_i - i$ $(1\leqq i\leqq n)$ とおく．

(A_{n-1} 型) $\quad \dfrac{\prod_{1\leqq i<j\leqq n}(\widetilde{\lambda}_i - \widetilde{\lambda}_j)}{\prod_{k=1}^{n-1} k!}$

(B_n 型) $\quad \dfrac{2^{2n}n! \prod_{1\leqq i<j\leqq n}(\widetilde{\lambda}_i - \widetilde{\lambda}_j)(\widetilde{\lambda}_i + \widetilde{\lambda}_j + 2n + 1) \prod_{k=1}^{n}\left(\widetilde{\lambda}_k + n + \frac{1}{2}\right)}{\prod_{k=1}^{n}(2k)!}$

(C_n 型) $\quad \dfrac{2^{n}n! \prod_{1\leqq i<j\leqq n}(\widetilde{\lambda}_i - \widetilde{\lambda}_j)(\widetilde{\lambda}_i + \widetilde{\lambda}_j + 2n + 2) \prod_{k=1}^{n}(\widetilde{\lambda}_k + n + 1)}{\prod_{k=1}^{n}(2k)!}$

(D_n 型) $\quad \dfrac{2^{n-1} \prod_{1\leqq i<j\leqq n}(\widetilde{\lambda}_i - \widetilde{\lambda}_j)(\widetilde{\lambda}_i + \widetilde{\lambda}_j + 2n)}{\prod_{k=1}^{n-1}(2k)!}$ □

注意 9.50 スピノル群 $Spin(2n+1)$（B_n 型）や $Spin(2n)$（D_n 型）に対しても，定理 9.46，定理 9.47，定理 9.49 における $SO(2n+1)$ や $SO(2n)$ の場合と同様の結果が成り立つ．唯一の変更点は，(9.39)に応じて，λ の定義域を $\lambda\in\mathbb{Z}^n$ から

(9.47) $\qquad \lambda\in\mathbb{Z}^n \quad \text{または} \quad \lambda\in\mathbb{Z}^n + \dfrac{1}{2}(1,1,\cdots,1)$

に拡張する点である．

条件(9.47)は次のように理解することができる．Lie 群の全射準同型

(9.48) $\qquad \psi: Spin(m) \to SO(m)$

と合成することにより，直交群 $SO(m)$ の任意の表現は，$\mathrm{Ker}\,\psi = \{\pm 1\}$ 上で自明な $Spin(m)$ の表現とみなすことができる．逆に，$Spin(m)$ の任意の有限次元既約表現 (π, V) に対して，-1 は $Spin(m)$ の中心の元なので $\pi(-1) = c\,\mathrm{id}_V$ $(c\in\mathbb{C})$

と表される(Schur の補題). このとき, $\pi(-1)^2 = \mathrm{id}_V$ より $c = \pm 1$ である. 上に述べたように, $c = 1$ のときは(9.48)を通じて $SO(m)$ の表現とみなされる. 最高ウェイト $\lambda \in (\widetilde{T})\hat{\ }$ に対応する $Spin(m)$ の有限次元既約表現を π_λ と書くと,

$$\lambda \in \mathbb{Z}^n + \frac{1}{2}(1,\cdots,1) \iff \pi_\lambda(-1) = -\mathrm{id} \quad (c = -1)$$
$$\lambda \in \mathbb{Z}^n \iff \pi_\lambda(-1) = \mathrm{id} \quad (c = 1)$$

が成り立つ.

Weyl の次元公式(定理 9.49)は表現の既約性を判定するのにも便利な道具である. 前章では, $U(n)$ の対称テンソル表現 $S^k(\mathbb{C}^n)$ や外積表現 $\bigwedge^k(\mathbb{C}^n)$ の既約性が, Weyl の次元公式を用いて簡単に証明できることを見た(例 8.43). ユニタリ群以外の古典群に対しても, Weyl の次元公式を用いて既約性が簡単に証明できることがある. ここでは 1 つだけ例を述べる.

例 9.51 $l \in \mathbb{N}$ とする. $U(2n)$ の対称テンソル表現 $S^l(\mathbb{C}^{2n})$ は $Sp(n)$ の表現としても既約である.

［証明］ $(l,0,\cdots,0) \in \mathbb{Z}^n$ $(l \in \mathbb{N})$ を最高ウェイトとする $Sp(n)$ の既約表現の次元は, 定理 9.49 の(C_n 型の)公式より

$$\frac{(l+2n-1)!}{l!(2n-1)!}$$

となる. これは $S^l(\mathbb{C}^{2n})$ の次元に一致する. 一方, $Sp(n)$ の自然表現 $\mathbb{C}^{2n}$ の l 次対称テンソル表現 $S^l(\mathbb{C}^{2n})$ は, 最高ウェイト $(l,0,\cdots,0)$ をもつ($U(n)$ の場合の例 8.35 と同様). 故に, 任意の $l \in \mathbb{N}$ に対して, 対称テンソル表現 $S^l(\mathbb{C}^{2n})$ $(l \in \mathbb{N})$ は $Sp(n)$ の既約表現である. ∎

Cartan–Weyl の既約表現の分類定理を, 正ルート $\Delta^+(\mathfrak{g},\mathfrak{t})$ のとり方によらない形で整理することもできる. そのために, 次の定義をする.

定義 9.52 (π,V) を G の有限次元表現とする. $\lambda \in \Delta(V,\mathfrak{t})$ が,
$$(\lambda,\lambda) \geqq (\lambda',\lambda') \quad (\forall \lambda' \in \Delta(V,\mathfrak{t}))$$
を満たすとき, λ を**最端ウェイト**(extremal weight)という. また $\chi \in \Delta(V,T)$ に対しても同じ用語を用いる. すなわち, $\lambda = d\chi$ のとき, $\chi \in \widehat{T}$ を最端ウェ

イトと呼ぶのである．

このとき，定理 9.46 は次の形で書き直される．

定理 9.53 G を連結な(古典型)コンパクト Lie 群とする．

（i）(π, V) が G の有限次元既約表現であるとき，$\chi \in \Delta(V, T)$ に関する次の 2 条件(イ)，(ロ)は同値である．

（イ）χ は (π, V) の最高ウェイトである．

（ロ）χ は優整形式かつ (π, V) の最端ウェイトである．

（ii）任意の $\chi \in \widehat{T}$ に対し，χ を最端ウェイトとするような G の有限次元既約表現が唯一つ存在する．

（iii）G の任意の有限次元既約表現 (π, V) の最端ウェイト全体の集合は，1 つの最端ウェイトの W-軌道である．

（iv）G の有限次元既約表現 (π, V) と (π', V') とが同型な表現であるための必要十分条件は，共通の最端ウェイトをもつことである(なお，(iii)より，V と V' の最端ウェイト全体の集合が一致することとも同値である)．

例 9.54 $G = Sp(2)$ の場合を考えよう．正のルートは次の集合である．
$$\Delta^+(\mathfrak{g}, \mathfrak{t}) = \{f_1 - f_2, f_1 + f_2, 2f_1, 2f_2\}.$$
あるいは，極大トーラスの指標の形で書けば，座標 $(a, b) \in \mathbb{T}^2$ に対して，
$$\Delta^+(G, T) = \left\{\frac{a}{b}, ab, a^2, b^2\right\}.$$

（i）$\lambda = (2, 0)$ を最高ウェイトとする既約表現 $\pi_{2,0}$ は 10 次元表現で，随伴表現の複素化 $\mathrm{Ad}: G \to GL_{\mathbb{C}}(\mathfrak{g} \otimes_{\mathbb{R}} \mathbb{C})$ と同型になる．この表現 $\pi_{(2,0)}$ の最端ウェイトの集合は $\{(2,0), (0,2), (-2,0), (0,-2)\}$ である．指標は
$$\chi_{\pi_{2,0}}(a, b) = a^2 + b^2 + a^{-2} + b^{-2} + ab + ab^{-1} + a^{-1}b + a^{-1}b^{-1} + 2$$
となる．ウェイト $(0, 0)$ の重複度が 2 であり，他のウェイトの重複度は 1 である．

（ii）$\lambda = (2, 1)$ を最高ウェイトとする既約表現 $\pi_{2,1}$ は 16 次元表現であり，その指標公式は例 9.29 の計算を使うと

$$\chi_{\pi_{2,1}}(a,b) = \frac{D(a^2,b^2)}{D(a,b)} = \frac{a^{-4}b^{-4}(a^2-b^2)(a^4-1)(b^4-1)(a^2b^2-1)}{a^{-2}b^{-2}(a-b)(a^2-1)(b^2-1)(ab-1)}$$
$$= a^{-2}b^{-2}(a+b)(a^2+1)(b^2+1)(ab+1)$$

となる. 最端ウェイトは次の 8 つのウェイトである.
$$\{(2,1),(1,2),(-1,2),(-2,1),(-2,-1),(-1,-2),(1,-2),(2,-1)\}$$

(iii) $\lambda=(4,2)$ を最高ウェイトとする既約表現 $\pi_{4,2}$ は 81 次元表現であり, その指標公式は

$$\chi_{\pi_{4,2}}(a,b) = \frac{D(a^3,b^3)}{D(a,b)}$$
$$= \frac{a^{-6}b^{-6}(a^3-b^3)(a^6-1)(b^6-1)(a^3b^3-1)}{a^{-2}b^{-2}(a-b)(a^2-1)(b^2-1)(ab-1)}$$
$$= a^{-2}b^{-2}(a^2+ab+b^2)(a^4+a^2+1)(b^4+b^2+1)(a^2b^2+ab+1)$$
$$= a^4b^2+a^4+a^3b^3+2a^3b+3a^2b^2+4a^2+4ab+5+\cdots$$

となる. 最端ウェイトは次の 8 つのウェイトである.
$$\{(4,2),(2,4),(-2,4),(-4,2),(-4,-2),(-2,-4),(2,-4),(4,-2)\}$$

以上 3 つの表現のウェイト (m,n) の重複度(指標公式の $a^m b^n$ の係数)を, 次の図 9.1 に表示してみよう. 図(i), (ii), (iii)では, 優整形式に対応する不

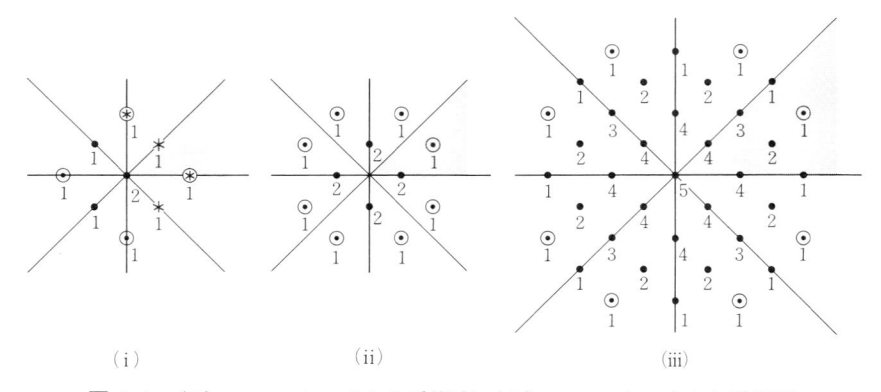

(i)　　　　　　　(ii)　　　　　　　(iii)

図 9.1 (i) $\pi_{(2,0)}$ のウェイトと重複度, (ii) $\pi_{(2,1)}$ のウェイトと重複度, (iii) $\pi_{(4,2)}$ のウェイトと重複度

等式 $m \geqq n \geqq 0$ を満たす (m,n) の領域を網かけで表し，⊙ で最端ウェイトを表す．従って，網かけ部分に含まれる ⊙ が最高ウェイトである．また，図(i)では $(0,0)$ 以外のウェイトは Lie 環のルートに対応するので，正のルートを * で表した． □

古典型の Lie 群だけではなく，すべての連結なコンパクト Lie 群(例えば古典群と局所同型な群や例外型の群)に対しても定理 9.53 が成り立つ．証明は，今まで述べてきたアイディアと手法をそのまま用いて行うことができるので，本書ではこれ以上深入りをしない．

《 要 約 》

9.1 古典群 $U(n), SO(m), Sp(n)$ に対して，行列の中で具体的に極大トーラスを与え，ルート系，Lie 環の複素化のルート分解，Weyl 群を求めた．

9.2 対称群 $\mathfrak{S}_n$ が古典群の Weyl 群の部分群として含まれることは，$SO(2n)$ や $SO(2n+1)$ や $Sp(n)$ が $U(n)$ を部分群として含み，極大トーラスを共有することを反映している．

9.3 A 型の群に対する差積の類似として，他の古典型の群に対しても極大トーラス上の Weyl 群交代式 $D(t)$ が局所的に定義できる．適当な被覆群を考えれば $D(t)$ は 1 価関数になる．

9.4 $|D(t)|^2$ は Weyl の積分公式の密度関数になる．また $D(t)$ は，極大トーラス上の Weyl 群不変式と交代式を結ぶ関数でもある．

9.5 上記の $D(t)$ の性質によって，非可換群である(古典型)コンパクト Lie 群の Peter–Weyl の定理と，極大トーラス上の Fourier 級数論を結びつけることができる．

9.6 連結コンパクト Lie 群の有限次元既約表現に対し，最高ウェイトが唯一つ定まり，それは優整形式になる．

9.7 優整形式を与えると，それを最高ウェイトとするコンパクト Lie 群の有限次元既約表現が一意的に定まり，その指標および次元公式を具体的に求めることができる．

9.8 (用語) Weyl 群, ルート系, ルート分解, A_n, B_n, C_n, D_n 型のルート系,

Weyl の積分公式，最高ウェイト，優整形式，最端ウェイト，Weyl 群の不変式，交代式，有限次元既約表現，Cartan–Weyl の分類理論，Weyl の指標公式，次元公式，Weyl の分母公式

——————————— 演習問題 ———————————

9.1 $T \simeq \mathbb{T}^n$ を $SO(2n)$ の極大トーラス（例 9.3 参照）とし，$\mathfrak{t}'_{\text{reg}}$ を (9.16) で定義した $\mathfrak{t}$ の開集合とする．$G = O(2n)$ とおく．このとき次を示せ．
(1) $g \in G$, $X \in \mathfrak{t}'_{\text{reg}}$ が $\mathrm{Ad}(g)X = X$ を満たすならば $g \in T$ となる．
(2) $Z_G(T) = T$．

9.2 T を連結コンパクト Lie 群の極大トーラスとする．全単射 $\mathcal{T}_e \simeq G/N_G(T)$ を示せ（(9.19) 参照）．

9.3 $G = U(2), SO(5), Sp(2), SO(4)$ のとき，$T \simeq \mathbb{T}^2$ の開集合 T_{reg}（定義は (9.21) 参照）の連結成分の個数を求めよ．

9.4 $SO(2n+1)$ の外積表現 $\bigwedge^k(\mathbb{C}^{2n+1})$ $(1 \leqq k \leqq n)$ は既約であることを示せ．

9.5 $SO(2n)$ の外積表現 $\bigwedge^k(\mathbb{C}^{2n})$ $(1 \leqq k < n)$ は既約であることを示せ．

9.6 $SO(2n)$ の外積表現 $\bigwedge^n(\mathbb{C}^{2n})$ は 2 つの既約表現の直和に分解されることを示せ．

9.7 $G = SO(2n+1), Sp(n), SO(2n)$ の Lie 環を $\mathfrak{g}$ とする．このとき，$G = SO(4)$ を除いて，複素化した随伴表現 $\mathrm{Ad}: G \to GL_{\mathbb{C}}(\mathfrak{g} \otimes_{\mathbb{R}} \mathbb{C})$ が既約であることを示せ（後述する補題 10.58 より，これはまた $G (\neq SO(4))$ が単純 Lie 群である，すなわち，随伴表現 $\mathrm{Ad}: G \to GL_{\mathbb{R}}(\mathfrak{g})$ が実既約表現であることと同値である）．

10 ファイバー束と群作用

　ファイバー束は，多様体上のベクトル場や微分形式の「住みか」を与える枠組みである．ベクトル場や微分形式は，特別なファイバー束の切断として解釈される．ファイバー束の切断とは関数の概念の一般化である．この章では，まず，ファイバー束およびその切断を厳密に定義する．

　この章の目標は，ファイバー束が構造群の作用から構成される場合に，そのファイバー束の切断の空間を表現論の考え方に基づいて記述し，深く解明することである．そのアイディアは，ダミーの変数をつけ加えて多変数化すること(与えられた同伴ファイバー束を主バンドル上に引き戻すこと)によって「ねじれ」をほどくという考え方である．

　これらの原理を，抽象的な定式化と多くの具体例でじっくりと学ぼう．この章に書かれたことが自在に使いこなせれば，コンパクト群の Frobenius の相互律(第 11 章)，簡約 Lie 群の主系列表現(第 11 章)，Borel–Weil の定理(第 13 章)などが，

$$幾何 \Longrightarrow 解析$$
$$多様体やファイバー束 \Longrightarrow その上の関数や切断$$
$$群が作用している幾何 \Longrightarrow 表現論$$

という枠組みの中でごく自然に生まれることが理解されるであろう．

　なお，ファイバー束に関して幾何的な立場で書かれた教科書は多くある(例えば，Steenrod [49]，森田 [32] などを参照)．一方，表現論や大域解析の舞

台としてファイバー束を使う立場からは，ファイバー束の幾何を理解すると同時に，(イ)切断の様々な記述の方法，(ロ)変換群の作用，の2点を特によく理解することが重要である．そこで，本章では，(イ)と(ロ)に焦点を当ててファイバー束を解説する．本章の主要な部分は，最小限の予備知識で読めるだろう．すなわち，多様体論と，本書の第1章，第5章，第6章の基礎事項のみを使う．

§10.1 ファイバー束と切断

(a) 関数とグラフ

中学以来おなじみのように，写像(実数値関数) $f: \mathbb{R} \to \mathbb{R}$ を与えることと，関数のグラフ $y = f(x)$ を与えることは同等である．

グラフとは $\mathbb{R}^2$ の図形($\mathbb{R}^2$ の部分集合)
$$\{(x, f(x)) \in \mathbb{R}^2 : x \in \mathbb{R}\}$$
のことであるが，$\mathbb{R}^2$ の図形のどれもが関数のグラフになっているわけではない．容易にわかるように，$\mathbb{R}^2$ の部分集合 S が，$\mathbb{R}$ 上定義された関数のグラフとなる必要十分条件は

(10.1) 任意の $a \in \mathbb{R}$ に対し，F_a が S とちょうど1点で交わる

ことである．ここで F_a は a を通って y 軸に平行な直線，すなわち $F_a :=$

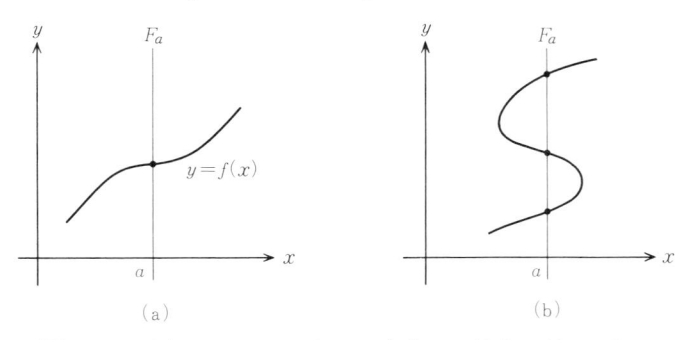

図 10.1 (a) $y = f(x)$ のグラフ，(b) $y = f(x)$ のグラフとして表せない図形

$\{(a,y) \in \mathbb{R}^2 : y \in \mathbb{R}\}$ とおいた.

例えば,図10.1(b)では,$x=a$ に対して S と F_a が3個の点で交わっているので,条件(10.1)は成り立たない.

一般化するために,もう少し抽象的に書き直してみよう.
$$E = \mathbb{R}^2 \qquad (xy\text{-平面})$$
$$X = \{(x,0) : x \in \mathbb{R}\} \simeq \mathbb{R} \qquad (x\text{軸})$$
$$\pi \colon E \to X, \quad (x,y) \mapsto x \qquad (x\text{軸への射影})$$
とおく.$F_x = \pi^{-1}(\{x\})$ であるから,条件(10.1)は,E の部分集合 S に関する条件として

(10.2)　任意の $x \in X$ に対し,$S \cap \pi^{-1}(\{x\})$ がちょうど1点である

と言い換えられる.この性質(10.2)を用いて「S が関数のグラフである」という概念を一般化しよう.

E および X を勝手な集合とし,全射写像
$$\pi \colon E \to X$$
が与えられているとする.E の部分集合 S が,条件(10.2)を満たすと仮定すると,各 $x \in X$ に対して

(10.3) $\qquad\qquad S \cap \pi^{-1}(\{x\}) = \{s(x)\}$

となる $s(x) \in E$ が唯一つ定まる.従って,写像
$$s \colon X \to E, \quad x \mapsto s(x)$$
が定義された.この写像 $s \colon X \to E$ は明らかに

(10.4) $\qquad\qquad \pi \circ s(x) = x \quad (\forall x \in X)$

を満たす.一般に,条件(10.4)を満たす写像 $s \colon X \to E$ は**切断**(section)と呼ばれる.

特に,E が直積集合 $X \times \mathbb{R}$ の場合,X 上の関数 $f \colon X \to \mathbb{R}$ に対して,
$$\text{グラフ} \qquad S = \{(x, f(x)) : x \in X\} \subset E = X \times \mathbb{R}$$
$$\text{切断} \qquad s \colon X \to E, \quad x \mapsto (x, f(x))$$
とおく.切断 $s(x)$ の第2成分がもとの関数 $f(x)$ に他ならない.最初にあげた例は $X = \mathbb{R}, E = \mathbb{R} \times \mathbb{R} = \mathbb{R}^2$ の場合に対応する.

一般の場合,E は直積集合 $X \times \mathbb{R}$ という形に書けるとは限らないが,上記

の場合の拡張として

グラフ $\overset{\text{一般化}}{\Longrightarrow}$ 部分集合 $S \subset E$: S は条件(10.2)を満たす
$\updownarrow$ $\updownarrow$ 関係式(10.3)
関数 $\overset{\text{一般化}}{\Longrightarrow}$ 切断 $s: X \to E$: s は条件(10.4)を満たす

という対応が得られた．

例えば，$P=(0,a)$, $Q=(0,-a)$, $P'=(1,a)$, $Q'=(1,-a)$ $(a>0)$ とする．$\mathbb{R}$ の区間 $[0,1]$ 上定義された関数 $f(x)$ が，$-a \leqq f(x) \leqq a$ $(\forall x \in [0,1])$ を満たすならば，このグラフは長方形 $PQQ'P'$ に含まれる．

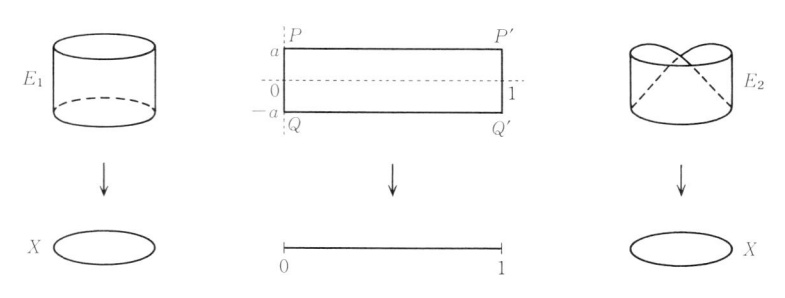

図 10.2 貼り合わせにより X 上のファイバー束を作る

次に，辺 PQ と辺 $P'Q'$ を P と P', Q と Q' がそれぞれ重なるように貼り合わせた図形を E_1 とする．また辺 PQ と辺 $P'Q'$ を P と Q', Q と P' がそれぞれ重なるように半分ひねって貼り合わせた図形(**Möbius の帯**)を E_2 とする．線分 $[0,1]$ の 0 と 1 を貼り合わせて作った円周を X とすると，自然な全射 $\pi_1: E_1 \to X$, $\pi_2: E_2 \to X$ がそれぞれ得られる．全射 $\pi_i: E_i \to X$ $(i=1,2)$ に対応する切断 $s_i: X \to E_i$ $(i=1,2)$ はどのように解釈できるだろうか？

$i=1$ のときは，E_1 の作り方から切断 $s_1: X \to E_1$ は，$f_1(0)=f_1(1)$ を満たす関数 $f_1: [0,1] \to [-a,a]$ と同一視できる．さらに，f_1 は

(10.5) $\qquad F_1(x+1) = F_1(x) \quad (\forall x \in \mathbb{R})$

を満たす周期関数 $F_1: \mathbb{R} \to [-a,a]$ に一意的に拡張される．ここで $F_1(x) = f_1(x)$ $(0 \leqq x \leqq 1)$ である．故に，

$\pi_1\colon E_1 \to X$ に対する切断 s_1

$\iff$ $\mathbb{R}$ 上の絶対値 a 以下の周期 1 の周期関数 F_1（(10.5) を満たす関数）

という 1 対 1 対応がわかった．

$i=2$ のときは，Möbius の帯 E_2 への切断 $s_2\colon X \to E_2$ は，$f_2(0)=-f_2(1)$ を満たす関数 $f_2\colon [0,1] \to [-a,a]$ と同一視できる．従って，f_2 は，

$$(10.6) \qquad F_2(x+1) = -F_2(x) \quad (\forall x \in \mathbb{R})$$

を満たす関数 $F_2\colon \mathbb{R} \to [-a,a]$ に一意的に拡張できる．故に，

$\pi_2\colon E_2 \to X$ に対する切断 s_2

$\iff$ $\mathbb{R}$ 上の絶対値 a 以下の"符号つき周期関数" F_2

（(10.6) を満たす関数）

という 1 対 1 対応がわかった．

このように，「変数の定義域を広げる」ことによって，ねじれた空間に対する切断を，何らかの等式（上の例では周期性を表す条件 (10.5) または (10.6)）を満たす普通の関数と同一視することができる．上の例では，円周 X を $\mathbb{R}$ に置き換えたことが「変数の定義域を広げる」に相当する．「変数の定義域を広げる」別の例としては，変数の個数を増やす場合もある（後述の例 10.38 参照）．この章では，E や X が一般の次元の多様体の場合を念頭において上の例を解明し，主ファイバー束とその同伴ファイバー束という概念を通じて，切断の理解を深める．Möbius の帯と"符号つき周期関数"に関する上記の例の群論的解釈は例 10.37 で後述する．

(b) ファイバー束と切断の定義

前項 (a) で扱った例では，いずれの場合にも E および X は位相空間であり，全射写像 $\pi\colon E \to X$ は連続，かつ

$$\pi^{-1}(\{x\}) \text{ と } \pi^{-1}(\{y\}) \text{ は，互いに同相である}(\forall x, \forall y \in X)$$

という性質が満たされている．さらに，$x \in X$ が連続的に動くとき，$\pi^{-1}(\{x\})$ も連続的に動く．これらの性質を満足するような幾何的対象が，次に述べるファイバー束である．

定義 10.1（ファイバー束） 位相空間 F, E, X と連続写像 $\pi\colon E \to X$ に対し，以下の条件(i), (ii)が成り立つとき，E は F を**ファイバー**(fiber)とする X 上の**ファイバー束**(fiber bundle)という．

（ i ） $\pi\colon E \to X$ は全射である．

（ ii ） X の開被覆 $\{U_\alpha : \alpha \in \Lambda\}$ と各 $\alpha \in \Lambda$ に対して同相写像

(10.7) $$\psi_\alpha \colon \pi^{-1}(U_\alpha) \simeq U_\alpha \times F$$

が存在し，

(10.8) $$p_1 \circ \psi_\alpha(z) = \pi(z) \quad (\forall z \in \pi^{-1}(U_\alpha))$$

が成り立つ．ここで，$p_1 \colon U_\alpha \times F \to U_\alpha$ は第 1 成分への射影である．これを次の図式にまとめておくと見やすいだろう．

$$\begin{array}{ccccc} E & \supset & \pi^{-1}(U_\alpha) & \underset{\psi_\alpha}{\simeq} & U_\alpha \times F \\ \pi\downarrow & & \downarrow & \circlearrowleft & \downarrow p_1 \\ X & \supset & U_\alpha & = & U_\alpha \end{array}$$

ファイバー束を表す記号としては，(E, X, π, F) や $\pi\colon E \to X$ あるいは単に E を用いることにする．写像 ψ_α を**局所自明化**(local trivialization)という．E はファイバー束の**全空間**(total space)，X は**底空間**(base space)，$\pi\colon E \to X$ はファイバー束の**射影**と呼ばれる．$x \in X$ に対し，$E_x := \pi^{-1}(\{x\})$ を x における**ファイバー**と呼ぶ．任意の $x \in X$ に対し，E_x は F と同相な位相空間である．特に F が 1 次元多様体（例えば $\mathbb{R}$）の場合，全空間 $E = \bigcup_{x \in X} E_x$ は繊維（ファイバー E_x）をびっしり並べて束ねた形になっている．このように繊維を束ねたものがファイバー束という概念に定式化されるのである．　□

本書で主に扱うのは，X, E, F が単なる位相空間ではなく，多様体や複素多様体の構造をもつ場合である．そこで次の定義を行う．

定義 10.2（C^∞ 級ファイバー束） F, E, X が（C^∞ 級の）多様体であって，定義 10.1 に現れた写像 $\pi, \psi_\alpha, \psi_\alpha^{-1}$ がすべて C^∞ 級であるとき，$\pi\colon E \to X$ は C^∞ **級のファイバー束**であるという．　□

定義 10.3（正則なファイバー束） F, E, X が複素多様体であって，定義 10.1 に現れた写像 $\pi, \psi_\alpha, \psi_\alpha^{-1}$ がすべて正則写像(holomorphic map)（複素解析

的写像ともいう)であるとき，$\pi\colon E \to X$ は**正則なファイバー束**(holomorphic fiber bundle)であるという。 □

例 10.4（直積束） F, X を位相空間，$E = X \times F$（直積空間）とし，$p_1\colon X \times F \to X$ を第 1 成分への射影とする。このとき $p_1\colon X \times F \to X$ は F をファイバーとするファイバー束である。これを**自明なファイバー束**(trivial fiber bundle)あるいは**直積束**(product bundle)という。 □

例 10.5（接ベクトル束） X を n 次元多様体，$T_p X$ を $p \in X$ における接空間(tangent space)，$T_p^{\vee} X$ をその双対空間とする。
$$TX = \bigcup_{p \in X} T_p X$$
$$T^{\vee} X = \bigcup_{p \in X} T_p^{\vee} X$$
とおく。TX や $T^{\vee} X$ に適当な位相を入れると，共に $\mathbb{R}^n$ をファイバーとする X 上のファイバー束である(実は，§10.2 で述べるベクトル束の例でもある)。TX を**接ベクトル束**(tangent vector bundle)あるいは簡単に**接バンドル**(tangent bundle)や接束などといい，$T^{\vee} X$ を**余接ベクトル束**(cotangent vector bundle)あるいは**余接バンドル**(cotangent bundle)や余接束などという。$T^{\vee} X$ は習慣で $T^* X$ と書くことが多い。 □

例 10.6 ファイバーが E の離散集合のとき，$\pi\colon E \to X$ は §6.1 で述べた X の被覆写像に他ならない。E が連結かつ単連結であるとき，$\pi\colon E \to X$ は普遍被覆に他ならない。 □

定義 10.7（ファイバー束の切断） $\pi\colon E \to X$ をファイバー束とする。写像 $s\colon X \to E$ が
$$\pi \circ s(x) = x \quad (\forall x \in X)$$
を満たすとき，s をファイバー束の**切断**という。切断 $s\colon X \to E$ が連続写像であるとき，**連続な切断**といい，連続な切断全体のつくる集合を $\Gamma(X, E)$ あるいは単に $\Gamma(E)$ と書く。また，$\pi\colon E \to X$ が C^∞ 級のファイバー束のとき，$s\colon X \to E$ が C^∞ 写像であるような切断 s を C^∞ **級の切断**と呼ぶ。C^∞ 級の切断全体のなす集合を $\Gamma^\infty(X, E)$ あるいは $C^\infty(X, E)$，または単に $\Gamma^\infty(E)$ と書く。 □

例 10.8

（ⅰ） $E = X \times F$（直積束）のとき，
$$\Gamma(E) \simeq \{f\colon X \to F \colon f \text{ は連続}\}$$
となる．特に，$F = \mathbb{C}$ ならば $\Gamma(E) \simeq C(X) = \{X \text{ 上の複素数値連続関数}\}$．

（ⅱ） M が多様体のとき，$\Gamma^{\infty}(TM) = \{M \text{ 上の } C^{\infty} \text{ 級ベクトル場}\}$．

$\Gamma^{\infty}(TM)$ には通常 $\mathfrak{X}(M)$ という記号を用いる． □

例 10.8(i) で見たように，関数は，特別なファイバー束（直積束）の切断と同一視される．逆に見ると，切断とは関数の一般化である．本章でファイバー束を導入した主目的は，ファイバー束そのものより，むしろその切断を定式化し，切断の空間 $\Gamma(E)$ を明確かつ具体的に理解することである．ファイバー束についての基礎的な準備をした後，切断の詳しい解説を行う．

定義 10.9（ファイバー束の同型）　2 つのファイバー束 $\pi_1\colon E_1 \to X_1$ と $\pi_2\colon E_2 \to X_2$ に対して，連続写像 $f\colon E_1 \to E_2$, $h\colon X_1 \to X_2$ が
$$\pi_2 \circ f(z) = h \circ \pi_1(z) \quad (\forall z \in E_1)$$
を満たすとき，すなわち次の図式

$$\begin{array}{ccc} E_1 & \xrightarrow{f} & E_2 \\ \pi_1 \downarrow & \circlearrowleft & \downarrow \pi_2 \\ X_1 & \xrightarrow{h} & X_2 \end{array}$$

が可換になるとき，写像の組 (f, h) をファイバー束 $E_1 \to X_1$ から $E_2 \to X_2$ への**ファイバー束の準同型写像**という．さらに，f と h が共に同相写像のとき (f, h) を**ファイバー束の同型写像**という．このとき，(f^{-1}, h^{-1}) も $E_2 \to X_2$ から $E_1 \to X_1$ への同型写像であることに注意しよう．同型写像が存在するとき，ファイバー束 $E_1 \to X_1$ と $E_2 \to X_2$ は**同型**であるという．これはファイバー束に同値関係を定める． □

（c）ファイバー束の変換関数

ファイバー束を「直積束（自明束）を貼り合わせたもの」として再構成しよう．

§10.1 ファイバー束と切断 —— 425

$\pi\colon E\to X$ をファイバー束とする.以下,定義 10.1 の記号を用いる.$U_\alpha\cap U_\beta\neq\varnothing$ のとき,2 つの同相写像(局所自明化を与える写像)
$$(U_\alpha\cap U_\beta)\times F \underset{\psi_\alpha^{-1}}{\tilde{\to}} \pi^{-1}(U_\alpha\cap U_\beta) \underset{\psi_\beta}{\tilde{\to}} (U_\alpha\cap U_\beta)\times F$$
を合成する(ψ_α や ψ_β を定義域 $\pi^{-1}(U_\alpha\cap U_\beta)$ に制限した写像も同じ記号を用いて ψ_α や ψ_β と書いている)と,同相写像
$$(10.9)\qquad \psi_\beta\circ\psi_\alpha^{-1}\colon (U_\alpha\cap U_\beta)\times F\to (U_\alpha\cap U_\beta)\times F$$
が得られる.

$p_2\colon (U_\alpha\cap U_\beta)\times F\to F$ を第 2 成分への射影とする.各 $z\in U_\alpha\cap U_\beta$ に対し,写像 $\varphi_{\beta\alpha}(z)\colon F\to F$ を
$$(10.10)\qquad \varphi_{\beta\alpha}(z)\colon F\to F,\quad f\mapsto p_2\circ\psi_\beta\circ\psi_\alpha^{-1}(z,f)$$
と定義する.$\varphi_{\beta\alpha}(z)$ は連続写像の合成なので,連続写像である.$\varphi_{\beta\alpha}(z)$ を用いると同相写像 (10.9) は
$$\psi_\beta\circ\psi_\alpha^{-1}\colon (U_\alpha\cap U_\beta)\times F\to (U_\alpha\cap U_\beta)\times F,\quad (z,f)\mapsto (z,\varphi_{\beta\alpha}(z)f)$$
という式によって与えられる.定義より,$\varphi_{\beta\alpha}(z)$ の逆写像は $\varphi_{\alpha\beta}(z)$ であり,$\varphi_{\alpha\beta}(z)$ も連続であるから,$\varphi_{\beta\alpha}(z)$ は F から F への同相写像である.

F から F への同相写像全体の作る群を $\mathrm{Homeo}(F)$ と表すと,上記の議論によって,写像
$$\varphi_{\beta\alpha}\colon U_\alpha\cap U_\beta\to \mathrm{Homeo}(F)$$
が定義された.この写像の族 $\{\varphi_{\beta\alpha}\}$ をファイバー束の**変換関数**(transition functions)と呼ぶ.変換関数の満たす条件を列挙しよう.

命題 10.10 変換関数 $\varphi_{\beta\alpha}\colon U_\alpha\cap U_\beta\to\mathrm{Homeo}(F)$ は
$$\varphi_{\alpha\beta}(z)=(\varphi_{\beta\alpha}(z))^{-1}\qquad (\forall z\in U_\alpha\cap U_\beta)$$
$$\varphi_{\alpha\alpha}(z)=\mathrm{id}_F\qquad (\forall z\in U_\alpha)$$
$$\varphi_{\beta\alpha}(z)\circ\varphi_{\alpha\gamma}(z)\circ\varphi_{\gamma\beta}(z)=\mathrm{id}_F\qquad (\forall z\in U_\alpha\cap U_\beta\cap U_\gamma)$$
を満たす(なお,1 番目の条件は 2 番目と 3 番目の条件から導くこともできる).さらに
$$(U_\alpha\cap U_\beta)\times F\to F,\quad (z,f)\mapsto \varphi_{\beta\alpha}(z)f$$
は連続写像である. □

証明は，変換関数 $\varphi_{\beta\alpha}$ の定義から明らかであろう．

逆に，

$$\begin{cases} \text{位相空間 } X \text{ と } F \\ X \text{ の開被覆 } \{U_\alpha : \alpha \in \Lambda\} \\ \text{命題 10.10 のすべての条件を満たす写像 } \varphi_{\beta\alpha} : U_\alpha \cap U_\beta \to \mathrm{Homeo}(F) \end{cases}$$

というデータが与えられたとき，ファイバー束 $\pi : E \to X$ を次のようにして復元できる．

まず，直積 $U_\alpha \times F$ の互いに素な和集合（disjoint union）$\coprod_{\alpha \in \Lambda} (U_\alpha \times F)$ を考える．集合 $\coprod_{\alpha \in \Lambda} (U_\alpha \times F)$ には

$W \times V$ （W はある $\alpha \in \Lambda$ に対する U_α の開集合，V は F の開集合）

と表される形の部分集合を開近傍系として自然に位相を定義することができる．$\coprod_{\alpha \in \Lambda} (U_\alpha \times F)$ の中に関係 $\sim$ を次のように定義する：$(x, u) \in U_\alpha \times F$, $(y, v) \in U_\beta \times F$ に対し

$$(x, u) \sim (y, v) \iff \begin{cases} x = y \\ v = \varphi_{\beta\alpha}(x)u \end{cases}$$

$\varphi_{\beta\alpha}$ が命題 10.10 のすべての条件を満たすことを用いると，$\sim$ は同値関係を定めることがわかる．この同値関係による商空間を

$$E := \coprod_{\alpha \in \Lambda} (U_\alpha \times F) / \sim$$

とおく．$(x, u) \in U_\alpha \times F$ を含む同値類を $[x, u] \in E$ と書く．写像 $\pi : E \to X$ を $[x, u] \mapsto x$ と定めると，$(x, u) \sim (y, v)$ ならば $x = y$ なので写像 π は矛盾なく定義された．

E に位相空間 $\coprod_{\alpha \in \Lambda} (U_\alpha \times F)$ の商空間としての位相を入れる．すなわち，

$W \subset E$ が開集合 $\iff$ $\pi^{-1}(W)$ が $\coprod_{\alpha \in \Lambda} (U_\alpha \times F)$ の開集合

と定義するのである．このとき，全射 $\pi : E \to X$ は連続な写像となり，F をファイバーとするファイバー束（定義 10.1）を与える．

以上から，

$$\text{ファイバー束} \iff \text{変換関数}$$

の対応がわかった.

(d) 変換関数と切断

$\pi: E \to X$ をファイバー束とし,$s \in \Gamma(E, X)$ とする.局所自明化写像 $\psi_\alpha: \pi^{-1}(U_\alpha) \simeq U_\alpha \times F$ によって s を表そう.$p_2: U_\alpha \times F \to F$ を第2成分への射影とし,

(10.11) $$f_\alpha := p_2 \circ \psi_\alpha \circ s: U_\alpha \to F$$

とおくと,f_α は連続写像,すなわち $f_\alpha \in C(U_\alpha, F)$ であり

$$\psi_\alpha(s(x)) = (x, f_\alpha(x)) \in U_\alpha \times F \quad (x \in U_\alpha)$$

が成り立つ.変換関数 $\varphi_{\beta\alpha}(x) \in \mathrm{Homeo}(F)$ の定義式(10.10)より

(10.12) $$\varphi_{\beta\alpha}(x) f_\alpha(x) = f_\beta(x) \quad (\forall x \in U_\alpha \cap U_\beta)$$

が成り立つ.逆に連続写像の族 $f_\alpha \in C(U_\alpha, F)$ $(\alpha \in \Lambda)$ が与えられて関係式(10.12)が $U_\alpha \cap U_\beta \neq \emptyset$ となる任意の $\alpha, \beta \in \Lambda$ に対して満たされるならば次の図式

$$\begin{array}{ccccc} \coprod_{\alpha \in \Lambda} f_\alpha: & \coprod_{\alpha \in \Lambda} U_\alpha & \longrightarrow & \coprod_{\alpha \in \Lambda} (U_\alpha \times F), & U_\alpha \ni x \mapsto (x, f_\alpha(x)) \in U_\alpha \times F \\ & \downarrow & \circlearrowleft & \downarrow & \\ s: & X & \dashrightarrow & E \simeq \coprod_{\alpha \in \Lambda} (U_\alpha \times F)/\sim & \end{array}$$

が可換になるような連続写像 s が唯一つ存在する.

以上から次の定理が示された.

定理 10.11 ファイバー束 $\pi: E \to X$ の連続な切断は,$U_\alpha \cap U_\beta \neq \emptyset$ となる任意の $\alpha, \beta \in \Lambda$ に対して(10.12)を満たす連続写像 f_α $(\alpha \in \Lambda)$ の族と同一視される.すなわち,

$$\Gamma(E, X) \simeq \{(f_\alpha)_{\alpha \in \Lambda}: f_\alpha \in C(U_\alpha, F) \ (\alpha \in \Lambda) \text{ は}(10.12)\text{を満たす}\}. \quad \square$$

§10.2 ベクトル束と主ファイバー束

(a) ファイバー束の構造群

前節では，ファイバー束 (E, X, π, F) の変換関数 $\varphi_{\alpha\beta}$ は $U_\alpha \cap U_\beta$ から F の同相写像全体のつくる群 $\mathrm{Homeo}(F)$ への写像として与えられた．$\mathrm{Homeo}(F)$ は非常に大きな群であるが，その部分群を考えることによってファイバー束により精密な構造を与えることができる．これが次に述べる構造群の考え方である．

定義 10.12（構造群）　G を $\mathrm{Homeo}(F)$ の部分群とする．変換関数
$$\varphi_{\alpha\beta}: U_\alpha \cap U_\beta \to \mathrm{Homeo}(F)$$
が
$$\varphi_{\alpha\beta}(z) \in G \quad (\forall z \in U_\alpha \cap U_\beta,\ \forall \alpha, \forall \beta \in \Lambda)$$
を満たすとき，ファイバー束 (E, X, π, F) は G を**構造群**(structure group)にもつという． □

(b) C^∞ 級ファイバー束と正則ファイバー束の構造群

E, F, X がすべて C^∞-多様体の場合，扱う写像はすべて C^∞ 級にするのが自然である．定義 10.2 において $\pi: E \to X$ が C^∞-写像，$\psi_\alpha: \pi^{-1}(U_\alpha) \simeq U_\alpha \times F$ が(C^∞ 級の)微分同相写像 ($\forall \alpha \in \Lambda$) のとき，$E \to X$ を C^∞ 級のファイバー束と呼んだ．このとき，変換関数 $\varphi_{\beta\alpha}(z)$ は F から F への微分同相写像を与える．すなわち，$\mathrm{Diffeo}(F)$ を F から F への(C^∞ 級の)微分同相写像全体のなす群とすると，$\mathrm{Diffeo}(F)$ は $\mathrm{Homeo}(F)$ の部分群であり
$$\varphi_{\beta\alpha}: U_\alpha \cap U_\beta \to \mathrm{Diffeo}(F)$$
となるので，C^∞ 級ファイバー束 $\pi: E \to X$ は $\mathrm{Diffeo}(F)$ を構造群とするファイバー束である．

同様に E, F, X がすべて複素多様体であるとき，正則なファイバー束の概念を定義することができる(定義 10.3 参照)．このとき，$\varphi_{\beta\alpha}(z)$ は F から F への**双正則写像**を与える．すなわち $\varphi_{\beta\alpha}(z): F \to F$ は全単射であり，$\varphi_{\beta\alpha}(z)$ と

$\varphi_{\beta\alpha}(z)^{-1}$ はいずれも正則写像である．従って，正則なファイバー束 $\pi\colon E \to X$ は，$\mathrm{Biholo}(F) := \{\psi\colon F \to F\colon \psi$ は双正則写像$\}$ を構造群とするファイバー束となる．もちろん $\mathrm{Biholo}(F) \subset \mathrm{Diffeo}(F) \subset \mathrm{Homeo}(F)$ である．Diffeo は微分同相（diffeomorphism），Biholo は双正則写像（biholomorphic map）の略である．

（c） ベクトル束

ファイバー V が体 K 上のベクトル空間（本書では主に $K = \mathbb{R}$ または $\mathbb{C}$ を扱う）であって，各変換関数 $\varphi_{\beta\alpha}(x)$ が $GL_K(V)$ $(\subset \mathrm{Homeo}(V))$ の元のとき，$\pi\colon E \to X$ を**ベクトル束**（vector bundle）という．ここでベクトル束であることを強調するため，ファイバーは F ではなく V という記号を用いた．言い換えると，ベクトル束とは，ファイバー V がベクトル空間であって構造群を $GL_K(V)$ に選べるファイバー束のことである．$\pi\colon E \to X$ がベクトル束ならば，各ファイバー $E_x = \pi^{-1}(\{x\})$ はベクトル空間である．実際，$x \in U_\alpha$ となる開近傍 U_α を選び，同相写像 $\psi_\alpha\colon \pi^{-1}(U_\alpha) \simeq U_\alpha \times V$ を用いて

$$u, v \in E_x \implies u + v := \psi_\alpha^{-1}(\psi_\alpha(u) + \psi_\alpha(v))$$

$$u \in E_x,\ a \in K \implies au := \psi_\alpha^{-1}(a\psi_\alpha(u))$$

と定義すれば，E_x にはベクトル空間としての演算（加法，スカラー倍）が定義される．ここで右辺の和およびスカラー倍は，$U_\alpha \times V$ の第 2 成分であるベクトル空間 V における演算として定義する．変換関数 $\varphi_{\beta\alpha}(x)$ は $GL_K(V)$ の元なので，上の定義は $x \in U_\alpha$ となる α の選び方によらない．

ベクトル束 $E \to X$ は $K = \mathbb{R}$ のとき**実ベクトル束**（real vector bundle），$K = \mathbb{C}$ のとき**複素ベクトル束**（complex vector bundle），$\dim_K V = 1$ のとき**直線束**（line bundle）とも呼ばれる．本書では，**複素直線束**（complex line bundle），すなわち $K = \mathbb{C}$ かつ $\dim_K V = 1$ の場合を特に多く扱う（第 11 章，第 13 章参照）．

また，正則なファイバー束（定義 10.3）$E \to X$ が複素ベクトル束の構造をもつとき，$E \to X$ を**正則ベクトル束**（holomorphic vector bundle）という．また，正則なファイバー束 $E \to X$ が複素直線束の構造をもつとき，$E \to X$

を**正則直線束**(holomorphic line bundle)という.

§1.3 で述べたベクトル空間の操作に応じて，与えられたベクトル束から新たにベクトル束を次のように構成することができる.

V, V' を $\mathbb{C}$ 上の(有限次元)ベクトル空間，(E, X, π, V), (E', X, π', V') をそれぞれ X 上のベクトル束とし，X の開被覆 $\{U_\alpha\}$ に対応する変換関数を
$$\varphi_{\beta\alpha}: U_\alpha \cap U_\beta \to GL_\mathbb{C}(V), \quad \varphi'_{\beta\alpha}: U_\alpha \cap U_\beta \to GL_\mathbb{C}(V')$$
と表す．このとき X 上の新たなベクトル束
$$\overline{E} \to X,\ E^\vee \to X,\ E \oplus E' \to X,\ E \otimes E' \to X,\ \textstyle\bigwedge^k E \to X,\ S^k E \to X$$
を §1.3 における操作を用いてそれぞれ構成することができる．そのファイバーと変換関数を次のように表にしてまとめよう．

表 10.1

ベクトル束	ファイバー	変換関数	$(x \in U_\alpha \cap U_\beta)$
$\overline{E}$	$\overline{V}$	$\overline{\varphi_{\beta\alpha}(x)}$	$\in GL_\mathbb{C}(\overline{V})$
$E^\vee$	$V^\vee = \mathrm{Hom}_\mathbb{C}(V, \mathbb{C})$	$(\varphi_{\beta\alpha}(x)^\vee)^{-1}$	$\in GL_\mathbb{C}(V^\vee)$
$E \oplus E'$	$V \oplus V'$	$\varphi_{\beta\alpha}(x) \oplus \varphi'_{\beta\alpha}(x)$	$\in GL_\mathbb{C}(V \oplus V')$
$E \otimes E'$	$V \otimes V'$	$\varphi_{\beta\alpha}(x) \otimes \varphi'_{\beta\alpha}(x)$	$\in GL_\mathbb{C}(V \otimes V')$
$\bigwedge^k E$	$\bigwedge^k V$	$\bigwedge^k(\varphi_{\beta\alpha}(x))$	$\in GL_\mathbb{C}(\bigwedge^k V)$
$S^k E$	$S^k V$	$S^k(\varphi_{\beta\alpha}(x))$	$\in GL_\mathbb{C}(S^k V)$

なお，V が実ベクトル空間のときは，すべて $\mathbb{R}$ 上のベクトル空間の操作として行う．例えば，$V^\vee = \mathrm{Hom}_\mathbb{R}(V, \mathbb{R})$ とするのである．$\mathbb{R}$ 上のベクトル空間の場合も，$\overline{V}$ を除いてまったく同様に表 10.1 の種々のベクトル束が定義できる．

例 10.13（微分形式） X を n 次元多様体とし，$T^\vee X$ を X の余接バンドルとする（$T^\vee X$ は T^*X と書くことも多い）．各 p $(1 \leqq p \leqq n)$ に対し，ベクトル束 $\bigwedge^p(T^\vee X) \to X$ の C^∞-切断は，X 上の p 次微分形式に他ならない．（C^∞ 級の）p 次の微分形式全体を $\mathcal{E}^p(X)$ と書くと，
$$\mathcal{E}^p(X) = \Gamma^\infty(X, \textstyle\bigwedge^p(T^\vee X))$$
である． □

(d) 主ファイバー束

ベクトル束の各点で基底 $\{e_1, \cdots, e_n\}$（**標構**という）をすべて同時に考えると，主ファイバー束の概念に到達する．これを説明しよう．

$\pi: E \to X$ はファイバーが $\mathbb{R}^n$ であるような X 上のベクトル束とする．点 $x \in X$ を固定し，x でのファイバー E_x の基底 $\{e_1, \cdots, e_n\}$ を全部考え，その集合を P_x と書く．$\mathbb{R}^n$ の自然な基底を $v_1 = {}^t(1, 0, \cdots, 0)$, $\cdots$, $v_n = {}^t(0, \cdots, 0, 1)$ とすると，E_x の基底 $\{e_1, \cdots, e_n\}$ を選ぶのは，線型同型写像

$$(10.13) \qquad f: \mathbb{R}^n \simeq E_x$$

を $f(v_j) = e_j$ $(1 \leq j \leq n)$ となるように選ぶのと同じことである．従って，P_x は線型同型写像(10.13)の全体とみなせる．すなわち，

$$P_x \simeq \{f \in \mathrm{Hom}_\mathbb{R}(\mathbb{R}^n, E_x): f \text{ は線型同型写像}\}$$

である．一般線型群 $G := GL(n, \mathbb{R})$ は P_x に右から作用する．すなわち，$g \in G$, $f \in P_x$ に対して写像 $f \cdot g: \mathbb{R}^n \to E_x$ を

$$(f \cdot g)(v) := f(gv) \quad (v \in \mathbb{R}^n)$$

という式で定義すれば $f \cdot g$ は線型同型写像となるので，$f \cdot g \in P_x$ である．$f_0 \in P_x$ を固定すると，任意の $f \in P_x$ は一意的に定まる $GL(n, \mathbb{R})$ の元 g によって $f = f_0 \cdot g$ と表されるので，P_x と群 $G = GL(n, \mathbb{R})$ は 1 対 1 に対応する．すなわち，G は P_x に**単純推移的**(simply transitive)に作用する．しかし，これは 1 つの基底 f_0 を選んだ上でつけた対応だから，自然な対応とはいえない（従って，P_x には自然に群の構造が入るわけではない）．

さて，$P = \bigcup_{x \in X} P_x$ とおき，射影 $\varpi: P \to X$ を $\varpi(P_x) = \{x\}$ で定義する．$\varpi: P \to X$ には次のようにしてファイバー束の構造を定義することができる．

まず，ベクトル束 $\pi: E \to X$ において X の開集合 U_α 上で局所自明化写像

$$\psi_\alpha: \pi^{-1}(U_\alpha) \simeq U_\alpha \times \mathbb{R}^n$$

を考える．各 $x \in U_\alpha$ に対し，$\{\psi_\alpha^{-1}(x, v_1), \cdots, \psi_\alpha^{-1}(x, v_n)\}$ はベクトル空間 $E_x = \pi^{-1}(\{x\})$ の基底を与える．この基底を $f_x \in P_x$ と書こう．このとき，$(x, g) \mapsto f_x \cdot g$ によって与えられる写像は，$U_\alpha \times GL(n, \mathbb{R})$ から $\varpi^{-1}(U_\alpha)$ の上への全単射写像を与える（次の図式参照）．

$$U_\alpha \times GL(n,\mathbb{R}) \simeq \varpi^{-1}(U_\alpha) = \bigcup_{x \in U_\alpha} P_x$$
$$\cup \qquad\qquad \cup$$
$$(x, g) \qquad \mapsto \qquad f_x \cdot g$$

この逆写像を $\widetilde{\psi_\alpha} \colon \varpi^{-1}(U_\alpha) \simeq U_\alpha \times GL(n,\mathbb{R})$ と書き，$\widetilde{\psi_\alpha}$ を通じて直積 $U_\alpha \times GL(n,\mathbb{R})$ の位相構造を $P = \bigcup_{x \in X} P_x$ に移すことにより，P に位相構造を入れる．これによって $\varpi \colon P \to X$ もファイバー束となることがわかる．ここで構成された $P \to X$ は**標構束**(frame bundle)と呼ばれ，次に定義する主ファイバー束の一例である．

定義 10.14（主ファイバー束） Lie 群 H を**構造群**とする X 上の**主ファイバー束**(principal bundle) $\varpi \colon P \to X$ とは，H をファイバーとし次の(i), (ii) の性質をもつファイバー束のことである：

（ⅰ） 群 H は P に右から作用している．すなわち，連続写像
$$P \times H \to P, \quad (u, g) \mapsto u \cdot g$$
が与えられていて，
$$u \cdot (hh') = (u \cdot h) \cdot h' \quad (h, h' \in H)$$
$$u \cdot e = u$$
が成り立っている．

（ⅱ） さらに，$\{U_\alpha\}$ を X の開被覆とするとき，各 α に対し，局所自明化写像
$$\psi_\alpha \colon \varpi^{-1}(U_\alpha) \simeq U_\alpha \times H$$
が 2 条件
$$(10.14) \qquad p_1 \circ \psi_\alpha(u) = \varpi(u) \qquad (u \in \varpi^{-1}(U_\alpha))$$
$$(10.15) \qquad \psi_\alpha(u \cdot h) = \psi_\alpha(u) \cdot h \quad (h \in H)$$
を満たす．ただし，$p_1 \colon U_\alpha \times H \to U_\alpha$ は第 1 成分への射影，$\psi_\alpha(u) \cdot h$ は第 2 成分の H において右から h を掛ける作用を表す．

H を構造群とする主ファイバー束 $\varpi \colon P \to X$ あるいは (P, X, ϖ, H) を簡単に**主 H-束**(principal H-bundle)または H-**主バンドル**，H-**主束**と呼ぶこともある．以下で述べる命題 10.17 より，ここで使った構造群という用語が

定義 10.12 で用いた「構造群」という用語の特別な場合であることがわかる．上記で全空間を表すのに，これまでの E の代わりに P を用いたがこれは，主バンドルであることを強調するためである（P は principal bundle の頭文字をとった）．構造群 H の P への作用はゲージ変換と呼ばれる変換（後述する定義 10.28 参照）の例である． □

定義 10.14 において次の補題が成り立つことは $P_x = \psi_\alpha^{-1}(\{x\} \times H)$ より明らかであろう．

補題 10.15

（i） $\varpi(u \cdot h) = \varpi(u)$. すなわち，$H$ は $P_x = \varpi^{-1}(\{x\})$ を P_x に移す．

（ii） $\varpi(u) = \varpi(v)$ ならば，$v = u \cdot h$ となる $h \in H$ が一意的に存在する．

すなわち，群 H は各ファイバー P_x に単純推移的に作用する． □

なお，P および X が C^∞-多様体の場合は（特に断らない限り）定義に現れる写像はすべて C^∞ 級とする．本書で扱う主ファイバー束は，主に P および X が C^∞-多様体の場合である．

主束の別の例を 1 つ挙げておこう．

例 10.16（普遍被覆）　X を連結な多様体，E を X の普遍被覆空間とすると，被覆写像 $\pi\colon E \to X$ は X の基本群 $\pi_1(X)$ を構造群とする主束の構造をもつ． □

次に，主ファイバー束の変換関数を計算してみよう．$U_\alpha \cap U_\beta \neq \varnothing$ とすると，合成写像

$$\psi_\beta \circ \psi_\alpha^{-1}\colon (U_\alpha \cap U_\beta) \times H \to (U_\alpha \cap U_\beta) \times H, \quad (x, h) \mapsto (x, \varphi_{\beta\alpha}(x)h)$$

は等式 (10.15) より H の右作用と可換である．従って

$$(\psi_\beta \circ \psi_\alpha^{-1})(x, h) = (\psi_\beta \circ \psi_\alpha^{-1}(x, e)) \cdot h$$

より

(10.16) $\qquad \varphi_{\beta\alpha}(x)h = (\varphi_{\beta\alpha}(x)e)h \quad (\forall h \in H)$

を得る．ここで $\varphi_{\beta\alpha}(x)h$ や $\varphi_{\beta\alpha}(x)e$ は $\varphi_{\beta\alpha}(x) \in \mathrm{Diffeo}(H)$ を h や e に作用させて得られる H の元を表す．また $(\varphi_{\beta\alpha}(x)e)h$ は H の元 $\varphi_{\beta\alpha}(x)e$ と h の積を表す．そこで，群 H の自分自身への左作用 L を

$$L_g\colon H \to H, \quad h \mapsto gh \quad (g \in H)$$

と表すと,等式(10.16)は
$$L_{\varphi_{\beta\alpha}(x)e}h = (\varphi_{\beta\alpha}(x)e)h = \varphi_{\beta\alpha}(x)h \quad (h \in H)$$
と書き表される.従って
$$L_{\varphi_{\beta\alpha}(x)e} = \varphi_{\beta\alpha}(x) \quad (\in \mathrm{Diffeo}(H))$$
が成り立つ.

故に
$$\psi_{\beta\alpha}\colon U_\alpha \cap U_\beta \to H, \quad x \mapsto \varphi_{\beta\alpha}(x)e$$
の対応を考えることで,変換関数 $\varphi_{\beta\alpha}$ は次式(10.17)のように $U_\alpha \cap U_\beta$ から H への写像と解釈することができる.

(10.17) $\quad U_\alpha \cap U_\beta \xrightarrow[\psi_{\beta\alpha}]{} H \xhookrightarrow{L} \mathrm{Diffeo}(H) \quad (\subset \mathrm{Homeo}(H)).$

ただし,(10.17)では Lie 群 H を左作用 L による変換群として $\mathrm{Diffeo}(H)$ の部分群とみなした.なお,記号を簡略化するため §10.3 では $\psi_{\beta\alpha}$ と $\varphi_{\beta\alpha}$ をしばしば同一視する.

ここで述べたことは,主ファイバー束から様々なファイバー束を構成するときに重要なので,命題としてまとめておこう.

命題 10.17 H-主束の変換関数 $\varphi_{\beta\alpha}\colon U_\alpha \cap U_\beta \to \mathrm{Diffeo}(H)$ は(左作用 L によって群 H を $\mathrm{Diffeo}(H)$ の部分群とみなしたとき),H に値をもつ写像
$$\psi_{\beta\alpha}\colon U_\alpha \cap U_\beta \to H$$
が存在して,$\varphi_{\beta\alpha} = L \circ \psi_{\beta\alpha}$ と表される. □

(e) 等質空間と主ファイバー束

前項(d)で述べたように,ベクトル束の標構全体を集めて構成した $GL(n,\mathbb{R})$-束や多様体の普遍被覆は主ファイバー束の典型例であった.ここでは,主ファイバー束の別の典型例を説明する.

G を Lie 群,H を G の閉部分群とする.このとき,等質空間 G/H に多様体の構造が入るという定理(定理 6.28)の証明から次の定理は明らかである.

定理 10.18 H を Lie 群 G の閉部分群とする.$\varpi\colon G \to G/H$ を商写像とする.このとき $(G, G/H, \varpi, H)$ は Lie 群 H を構造群とする等質空間 G/H

上の主ファイバー束である.ただし,全空間 G における H の右からの作用は,
$$h\colon G \to G, \quad g \mapsto gh \quad (h \in H)$$
によって定義するものとする. □

例 10.19(Hopf ファイバー束) $G = SU(2)$, $H = SO(2)$ とする.このとき
$$G \simeq S^3\,(\text{同相}), \quad G/H \simeq S^2\,(\text{同相}), \quad H \simeq S^1\,(\text{同相})$$
に注意すると,3 次元球面 S^3 は 2 次元球面 S^2 の上の S^1 をファイバーとする主ファイバー束の構造をもつ.このファイバー束はいろいろな構造をもつ面白いファイバー束であり,**Hopf ファイバー束**と呼ばれる. □

定理 10.18 は系 10.30 で一般化される.そこでは群の作用を含めて解説する.

§10.3 主束に同伴するファイバー束

(a) 主束に同伴するファイバー束

§10.2 の項(d)において,
$$\text{「実ベクトル束 } E \to X\text{」}$$
$$\Downarrow$$
$$\text{「}GL(n,\mathbb{R}) \text{ を構造群とする主ファイバー束 } P \to X\text{」}$$
という構成を行った.なお,本項ではこの構成は定理 10.22 で一般化される.逆に,この主束 $P \to X$ からベクトル束 $E \to X$ を復元することもできる.すなわち,直積空間 $P \times \mathbb{R}^n$ に $GL(n,\mathbb{R})$ を
$$g\colon P \times \mathbb{R}^n \to P \times \mathbb{R}^n, \quad (u,x) \mapsto (u \cdot g^{-1}, gv) \quad (g \in GL(n,\mathbb{R}))$$
で左から作用させると,その商空間 $(P \times \mathbb{R}^n)/GL(n,\mathbb{R})$ は E に同型になる(詳しい説明は定理 10.20 の証明参照).この構成法を一般化して同伴ファイバー束の概念に到達する.この説明から始めよう.

構造群が Lie 群 H である主ファイバー束 $\varpi\colon P \to X$ を考える.H が位相空間 F に左から作用しているとする.すなわち,準同型写像

$$\sigma\colon H \to \mathrm{Homeo}(F)$$

が与えられて，$H \times F \to F$, $(h, y) \mapsto \sigma(h)y$ が連続であるとする．このとき，直積集合 $P \times F$ に Lie 群 H を

$$h\colon P \times F \to P \times F, \quad (u, x) \mapsto (u \cdot h^{-1}, \sigma(h)x) \quad (h \in H)$$

という式によって左から作用させ，商空間 $(P \times F)/H$ を $P \times_H F$ と書く．すなわち，$P \times F$ における同値関係

$$(u, x) \sim (v, y) \in P \times F \iff v = u \cdot h^{-1},\ y = \sigma(h)x\ (\exists h \in H)$$

による同値類の全体が $P \times_H F$ である．$(u, x) \in P \times F$ を含む同値類を $[u, x] \in P \times_H F$ と書く．写像 $\pi\colon P \times_H F \to X$ を

$$\pi\colon P \times_H F \to X, \quad [u, x] \mapsto \varpi(u)$$

と定義する．ここで ϖ は主束 P から底空間 X への射影であった．$[u, x] = [v, y]$ ($u, v \in P$, $x, y \in F$) ならば $v = u \cdot h$ となる $h \in H$ が存在するので，$\varpi(v) = \varpi(u \cdot h) = \varpi(u)$ となる．従って，π は矛盾なく定義されている．以上の設定の下で次の定理が成り立つ．

定理 10.20（同伴ファイバー束）$(P \times_H F, X, \pi, F)$ は F をファイバーとする X 上のファイバー束である．さらに，X の開被覆 $\{U_\alpha\}$ に付随する主束 P の変換関数が $\varphi_{\beta\alpha}\colon U_\alpha \cap U_\beta \to H$（命題 10.17 参照）で与えられるとき，ファイバー束 $P \times_H F$ の変換関数 $\widetilde{\varphi_{\beta\alpha}}\colon U_\alpha \cap U_\beta \to \mathrm{Homeo}(F)$ は $\widetilde{\varphi_{\beta\alpha}} = \sigma \circ \varphi_{\beta\alpha}$ で与えられる．

さらに，主束 $P \to X$ が C^∞ 級ファイバー束であり，Lie 群 H が多様体 F に C^∞ 級に作用しているならば，得られたファイバー束 $P \times_H F$ も C^∞ 級のファイバー束である． □

定義 10.21 $P \times_H F$ を主束 P に**同伴したファイバー束**(associated fiber bundle)あるいは簡単に**同伴ファイバー束**と呼ぶ．H の F への作用 σ を強調したいときは，$P \times_H F$ のかわりに $P \times_\sigma F$ あるいは $P \times_H \sigma$ と書くこともある．F がベクトル空間であって H の F への作用が線型(すなわち (σ, F) は H の表現)であるときは $P \times_H F$ はベクトル束になる．これを特に(主束 P に)**同伴したベクトル束**(associated vector bundle)という． □

［定理 10.20 の証明］ U を X の任意の部分集合とする．群 H の直積空間

§10.3 主束に同伴するファイバー束 —— 437

$P\times F$ への作用は $\varpi^{-1}(U)\times F$ を保つことに注目して, 作用を局所的に考えよう. まず, 主束 $\varpi: P \to X$ の局所自明化写像
$$\psi_\alpha: \varpi^{-1}(U_\alpha) \simeq U_\alpha \times H$$
を用いて, $\varpi^{-1}(U_\alpha)\times F$ と $U_\alpha\times H\times F$ を同一視すると, 群 H の $\varpi^{-1}(U_\alpha)\times F$ への作用は, $U_\alpha\times H\times F$ への作用として, 次のように表される: $h\in H$ に対して
$$h: U_\alpha \times H \times F \to U_\alpha \times H \times F, \quad (x,g,y) \mapsto (x, gh^{-1}, \sigma(h)y).$$
このとき, $U_\alpha\times H\times F$ の商空間 $(U_\alpha\times H\times F)/H$ の完全代表系として $U_\alpha\times\{e\}\times F$ をとることができる. この対応によって同相写像
$$(U_\alpha\times H\times F)/H \simeq U_\alpha\times F, \quad [x,g,y]\mapsto (x,\sigma(g)y)$$
を得る. 逆写像は $[x,e,y] \leftarrow (x,y)$ の対応で与えられる.

次に変換関数を計算してみよう. 上記の全単射
$$U_\alpha\times F \simeq (U_\alpha\times H\times F)/H \underset{\psi_\alpha\times\mathrm{id}_F}{\simeq} \varpi^{-1}(U_\alpha)\times_H F \ \subset P\times_H F$$
を左から右にたどると, $U_\alpha\times F$ の元 (x,y) は $P\times_H F$ の元
$$[\psi_\alpha^{-1}(x,e), y]$$
に対応する. さて $x\in U_\alpha\cap U_\beta$ とする. $[\psi_\alpha^{-1}(x,e),y]\in \varpi^{-1}(U_\alpha\cap U_\beta)\times_H F$ であることに注意しよう. 次に U_β に対応する局所自明化写像を考える. 全単射写像
$$U_\beta\times F \simeq (U_\beta\times H\times F)/H \underset{\psi_\beta\times\mathrm{id}_F}{\simeq} \varpi^{-1}(U_\beta)\times_H F \ \subset P\times_H F$$
を右から左にたどろう. $P\times_H F$ の元 $[\psi_\alpha^{-1}(x,e),y]$ は, $(U_\beta\times H\times F)/H$ において
$$[\psi_\beta\circ\psi_\alpha^{-1}(x,e), y] = [x, \varphi_{\beta\alpha}(x), y]$$
に対応するので, $U_\beta\times F$ においては $(x, \sigma(\varphi_{\beta\alpha}(x))y)$ が対応する. すなわち同相写像
$$(U_\alpha\cap U_\beta)\times F \to (U_\alpha\cap U_\beta)\times F, \quad (x,y)\mapsto (x,\sigma(\varphi_{\beta\alpha}(x))y)$$
によって $\coprod_\alpha(U_\alpha\times F)$ を貼り合わせた空間が $P\times_H F$ である. 故に $P\times_H F$ は F をファイバーとする X 上のファイバー束であり, その変換関数 $\widetilde{\varphi_{\beta\alpha}}$ は

$$\widetilde{\varphi_{\beta\alpha}}(x) = \sigma(\varphi_{\beta\alpha}(x)) \in \mathrm{Homeo}(F) \quad (x \in U_\alpha \cap U_\beta)$$

で与えられることが証明された.これで定理 10.20 の前半が証明された.後半は上記の証明より明らかである. ∎

逆に,与えられたファイバー束を同伴ファイバー束として再構成するのが次の定理である.

定理 10.22 ファイバー束 (E, X, π, F) が Lie 群 G を構造群(定義 10.12 参照)にもつとする.このとき,G-主束 $\varpi\colon P \to X$ が存在して,その同伴ファイバー束 $P \times_G F \to X$ がファイバー束 $\pi\colon E \to X$ と同型になる.

[証明] X の開被覆に付随する $\pi\colon E \to X$ の変換関数を

(10.18) $\qquad \varphi_{\alpha\beta}\colon U_\alpha \cap U_\beta \to G \subset \mathrm{Homeo}(F)$

と表す.群 G の G 自身への左作用 L によって,変換関数を

(10.19) $\qquad \varphi_{\alpha\beta}\colon U_\alpha \cap U_\beta \to G \underset{L}{\hookrightarrow} \mathrm{Diffeo}(G)$

とみなす((10.17)参照)と,§10.1(c) の構成法により,G をファイバーとする X 上のファイバー束 $\varpi\colon P \to X$ を構成することができる.群 G の G 自身への右作用によって,ファイバー束 $\varpi\colon P \to X$ が G-主束の構造をもつことは命題 10.17 の証明と同様にわかる.さらに,同伴ファイバー束 $P \times_G F \to X$ の変換関数は (10.19) において $\varphi_{\alpha\beta}(x) \in G$ を F に作用させた変換,すなわち (10.18) の式によって与えられるから,$P \times_G F \to X$ と $E \to X$ は同じ変換関数をもつ.従って両者は同型なファイバー束である. ∎

次の定理は,「ベクトル空間の操作」(§1.3)が「同伴ファイバー束を構成するという操作」と相性がよいことを定式化したものである.

定理 10.23 $\varpi\colon P \to X$ を H-主束とし,(σ, V) と (σ', V') を H の表現,$\pi\colon E = P \times_H V \to X$, $\pi'\colon E' = P \times_H V' \to X$ をそれぞれ同伴ベクトル束とする.このとき以下の X 上のベクトル束の同型が成り立つ(ただし,1 行目は V が $\mathbb{C}$ 上のベクトル空間の場合のみ考える.2 行目以降は V が $\mathbb{C}$ 上でも $\mathbb{R}$ 上でもよい):

$$\overline{E} \simeq P \times_H \overline{V}$$
$$E^\vee \simeq P \times_H V^\vee$$

$$E \oplus E' \simeq P \times_H (V \oplus V')$$
$$E \otimes E' \simeq P \times_H (V \otimes V')$$
$$\wedge^k E \simeq P \times_H (\wedge^k V)$$
$$S^k E \simeq P \times_H (S^k V)$$

［証明］ 表 10.1 で述べた変換関数の記述と，同伴ファイバー束の構成法より明らか. ∎

定理 10.20 を主ファイバー束 $G \to G/H$（定理 10.18 参照）に適用すると次の系を得る.

系 10.24（等質ファイバー束の構成） G を Lie 群，H をその閉部分群とし，Lie 群 H が位相空間 F に作用しているとする．このとき主束 $G \to G/H$ に同伴したファイバー束 $G \times_H F$ は F をファイバーとする G/H 上のファイバー束である． □

系 10.24 で得られたファイバー束 $G \times_H F \to G/H$ を**等質ファイバー束**(homogeneous fiber bundle)という．等質ファイバー束の特徴づけを定理 10.32 で後述する.

系 10.24 の特別な場合として，次の重要な場合を書きとめておこう.

系 10.25 系 10.24 の設定の下で次が成り立つ.

(ⅰ) F がベクトル空間であり，H の F への作用が（線型）表現として与えられているならば，$G \times_H F \to G/H$ は G/H 上のベクトル束となる．これを**等質ベクトル束**(homogeneous vector bundle)という.

(ⅱ) G および H は複素 Lie 群であり，F は複素多様体とする．群 H の F への作用を与える写像 $H \times F \to F$ が正則写像ならば，$G \times_H F \to G/H$ は正則なファイバー束(定義 10.3)となる.

(ⅲ) (ⅰ)と(ⅱ)が共存する場合として，G および H は複素 Lie 群であり，複素ベクトル空間 F 上に群 H の複素解析的表現が与えられたとする．このとき，$G \times_H F \to G/H$ は複素多様体 G/H 上の正則ベクトル束となる．これを，**等質正則ベクトル束**(homogeneous holomorphic vector bundle)という．特に，$\dim_{\mathbb{C}} F = 1$ の場合，これを，**等質正則直線束**

(homogeneous holomorphic line bundle) という. □

例 10.26（等質ファイバー束としての Möbius の帯） $G = \mathbb{R}$（実数の加法群），$H = \mathbb{Z}$ とする．$G \to G/H$ すなわち $\mathbb{R} \to S^1 \simeq \mathbb{R}/\mathbb{Z}$ は $\mathbb{Z}$ を構造群とする主ファイバー束である（定理 10.18）．$\mathbb{R}$ の区間 $F := [-a, a]$ $(a > 0)$ を考える．H の F への作用 σ を
$$\sigma(n) \colon F \to F, \quad y \mapsto (-1)^n y \quad (n \in H = \mathbb{Z})$$
で定義すると，主束 $\mathbb{R} \to \mathbb{R}/\mathbb{Z}$ の同伴ファイバー束（定理 10.20 あるいは系 10.24 参照）として Möbius の帯が S^1 上のファイバー束であることがわかる．

$$
\begin{array}{ccc}
G \times_H F & \simeq & \text{Möbius の帯} \\
\downarrow & & \downarrow \\
G/H & \simeq & S^1
\end{array}
\tag{10.20}
$$

なお，σ のかわりに $\mathbb{Z}$ の $[-a, a]$ への自明な作用を考えると，$\mathbb{R}/\mathbb{Z} \simeq S^1$ 上の同伴ファイバー束は，直積バンドル $S^1 \times [-a, a]$ に他ならないことに注意しておく． □

(b) ファイバー束への群作用

前項 (a) の最後の例 10.26 では，底空間 S^1 と同時に全空間（Möbius の帯）を（ファイバー束として構造を保ちながら）回転させることができる．どれだけ回転させるかをラジアン（$\in \mathbb{R}$）で表せば，この回転は「群 $\mathbb{R}$ のファイバー束への作用」という概念で定式化できる．この項では「群のファイバー束への作用」という概念を説明しよう．

定義 10.27（G-同変なファイバー束） $\pi \colon E \to X$ をファイバー束とする．位相群 G が E に左から
$$\tau(g) \colon E \to E, \quad u \mapsto \tau(g)u \quad (g \in G)$$
で作用し，さらに G は X に左から
$$\sigma(g) \colon X \to X, \quad x \mapsto \sigma(g)x \quad (g \in G)$$
で作用しているとする．π が **G-同変**（G-equivariant）な写像，すなわち，
$$\pi(\tau(g)u) = \sigma(g)\pi(u) \quad (\forall u \in E, \forall g \in G) \tag{10.21}$$

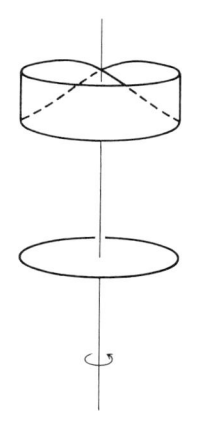

図 10.3 S^1 上のファイバー束を回転させる

が成り立つとき，$\pi\colon E \to X$ を **G-同変なファイバー束**(G-equivariant fiber bundle)と呼ぶ．等式(10.21)は，下の図式

$$
\begin{array}{ccc}
E & \xrightarrow{\tau(g)} & E \\
\pi \downarrow & \circlearrowleft & \downarrow \pi \\
X & \xrightarrow{\sigma(g)} & X
\end{array}
$$

が任意の $g \in G$ に対して可換になるということである．このとき，群 G はファイバー束 (E, X, π) に左から作用するという．右からの作用も同様に定義できる．

定義から $g \in G$ はファイバー間の同相写像

$$\tau(g)\colon E_x \simeq E_{\sigma(g)x}$$

を引き起こすことに注意しよう．さらに，$\pi\colon E \to X$ がベクトル束であり，$\tau(g)\colon E_x \simeq E_{\sigma(g)x}$ がすべての $g \in G$, $x \in X$ に対して線型同型写像であるとき，$\pi\colon E \to X$ を **G-同変なベクトル束**(G-equivariant vector bundle)という． □

なお，上記の定義において，G が Lie 群，(E, X, π) が C^∞ 級のファイバー束の場合は，G の作用 τ, σ も C^∞ 級であることを要請する．

定義 10.28(ゲージ変換) 群 G の底空間 X への作用 σ が自明であると

き，すなわち，$\sigma(g) = \mathrm{id}_X\ (\forall g \in G)$ が成り立つとき，G のファイバー束 E への作用を**ゲージ変換**(gauge transform)と呼ぶ． □

主束における構造群の(右)作用はゲージ変換の例である．

次の定理は，等質空間上の解析(第 11 章および第 13 章参照)において土台の役割を果たす．

定理 10.29 G を Lie 群とし，その閉部分群 H が多様体 F に(C^∞ 級に)作用していると仮定する．このとき主束 $G \to G/H$ に同伴したファイバー束 $G \times_H F$ (系 10.24 参照)は G-同変である．

[証明] 3 つのステップ(1), (2), (3)に分けて示す．

<u>ステップ(1)</u>(群 G の全空間 $G \times_H F$ への作用の定義) $G \times_H F$ は直積集合 $G \times F$ を
$$(g, y) \sim (g', y') \iff g' = gh^{-1},\ y' = h \cdot y \quad (\exists h \in H)$$
という同値関係で割った商空間として定義されていたことを思い出そう．

商写像を $G \times F \to G \times_H F,\ (g, y) \mapsto [g, y]$ と表す．Lie 群 G の $G \times_H F$ への左作用を，$x \in G$ に対し，

(10.22) $\qquad x \colon G \times_H F \to G \times_H F, \quad [g, y] \mapsto [xg, y]$

と定義する．$(g, y) \sim (g', y')$ ならば，$(xg, y) \sim (xg', y')$ であるから，上の写像(10.22)は矛盾なく定義されている．この作用が C^∞ 級であることの証明は，$F = \{1\ \text{点}\}$ の場合に相当する定理 6.28，すなわち，「$G \times G/H \to G/H,\ (x, gH) \mapsto xgH$ が C^∞ 級写像であること」の証明と同じであるから読者自ら確かめられたい．

<u>ステップ(2)</u>(群 G の底空間 G/H への作用) これは通常の左作用
$$L_x \colon G/H \to G/H, \quad gH \mapsto xgH \quad (x \in G)$$
で定義する．

<u>ステップ(3)</u>($\pi \colon G \times_H F \to G/H$ の G-同変性) $x \in G,\ [g, y] \in G \times_H F$ とするとき，
$$\pi(x \cdot [g, y]) = \pi([xg, y]) = xgH = L_x \pi([g, y])$$
であるから，π は G-同変である．

以上より，$(G \times_H F, G/H, \pi, F)$ は G-同変なファイバー束であることが証

明された.

系 10.30 G を Lie 群とし,Q および N は $G \supset Q \supset N$ を満たす G の閉部分群とする.等質空間の間の自然な商写像
$$\pi \colon G/N \to G/Q$$
を考える.
 (ⅰ) $(G/N, G/Q, \pi)$ は Q/N をファイバーとする G-同変なファイバー束である.
 (ⅱ) さらに,N が Q の正規部分群ならば,$(G/N, G/Q, \pi)$ は商群 Q/N を構造群とする主束となる. □

系 10.30 の(ⅱ)の主張において $N = \{e\}$ のときは定理 10.18 に他ならない.

[証明] (ⅰ) $(G/N, G/Q, \pi)$ を Q-主束 $\varpi\colon G \to G/Q$ の同伴ファイバー束として表そう.まず,等質空間 Q/N への群 Q の左作用を考え,主束 $\varpi\colon G \to G/Q$ に同伴したファイバー束を
$$\pi' \colon G \times_Q (Q/N) \to G/Q$$
と表す.これは Q/N をファイバーとする G-同変なファイバー束である(∵ 定理 10.29).全空間 $G \times_Q (Q/N)$ は直積集合 $G \times (Q/N)$ に同値関係
$$(g_1, h_1 N) \sim (g_2, h_2 N) \iff \exists h \in Q,\ g_2 = g_1 h\ \text{かつ}\ h_2 N = h^{-1} h_1 N$$
を入れた同値類全体の集合であった.$o := eN \in Q/N$ と書き,$(g, hN) \in G \times Q/N$ を含む同値類を $[g, hN]$ と表す.このとき,G の $G \times_Q (Q/N)$ への作用を考えよう.任意の $[g, hN] \in G \times_Q (Q/N)$ に対し,$gh^{-1} \cdot [e, o] = [gh^{-1}e, o] = [g, hN]$ であるから,G の作用は推移的である.一方,
$$g \cdot [e, o] = [e, o] \iff [g, o] = [e, o] \iff g \in N$$
であるから,$[e, o]$ における等方部分群は N である.故に
(10.23) $\qquad \varphi \colon G/N \simeq G \times_Q (Q/N), \quad gN \mapsto g \cdot [e, o]$
は G-同変な微分同相写像である.故に,次の可換図式が得られる:

$$\begin{array}{ccc} G/N & \xrightarrow{\pi} & G/Q \\ \varphi \downarrow & \circlearrowleft & \| \\ G \times_Q (Q/N) & \xrightarrow{\pi'} & G/Q \end{array}$$

以上から，$(G/N, G/Q, \pi)$ が Q/N をファイバーとする G-同変なファイバー束であることが示された．

(ii) N が Q の正規部分群ならば，商群 Q/N の G/N への右からの作用を
$$kN: G/N \to G/N, \quad gN \mapsto gkN \quad (kN \in G/N)$$
と定義することができるので，$(G/N, Q/N, \pi)$ は Q/N-主束となる．以上で系 10.30 が示された． ∎

例 10.31

（1） Hopf ファイバー束 $S^3 \to S^2$ は $SU(2)$-同変である．

（2） Möbius の帯を S^1 上のファイバー束と見たとき，$\mathbb{R}$-同変である．

これらは，Lie 群を用いた表示

$$\text{Hopf ファイバー束} \cdots\cdots SU(2) \to SU(2)/SO(2) \quad (\text{例 } 10.19)$$
$$\text{Möbius の帯} \cdots\cdots \mathbb{R} \times_\mathbb{Z} [-a, a] \to \mathbb{R}/\mathbb{Z} \quad (\text{例 } 10.26)$$

より明らかである． ∎

定理 10.29 は，部分群 H の作用を G に伸ばす構成法とみなすこともできる．次の形で簡単にまとめておこう：

$$\begin{array}{ccc} H & \curvearrowright & F \\ \cap & & \cap \\ G & \curvearrowright & G \times_H F \end{array} \quad \begin{array}{l} \text{小さな群 } H \text{ の作用} \\ \\ \text{大きな群 } G \text{ の作用} \end{array}$$

（c） 等質ファイバー束と群作用

G を Lie 群とする．定理 6.29 では，

$$G \text{ が推移的に作用する位相空間 } X \iff G \text{ の等質空間 } G/H$$

という 1 対 1 対応を見た（正確には，左辺において X の 1 点を 1 つ選んだときの対応である）．この節では，上記の対応を一般化して次の定理 10.32 を証明しよう．定理 10.32 において $F = \{1\text{点}\}$ の場合が定理 6.29 に他ならない．定理 10.32 は，与えられた G-同変なファイバー束を具体的に等質ファイバー束として表示したいときに有用である．

§10.3 主束に同伴するファイバー束 —— 445

定理 10.32 G を Lie 群, $\pi\colon E\to X$ を G-同変なファイバー束とする. G が底空間 X に推移的に作用しているならば, $E\to X$ は次のようにして構成される等質ファイバー束 $G\times_H F\to G/H$ と同型である.

群 G の E への作用を τ, X への作用を σ で表す. 1 点 $x_0\in X$ を選び,
$$H:=\{g\in G\colon \sigma(g)x_0=x_0\} \quad (\text{等方部分群})$$
$$F:=E_{x_0}\equiv \pi^{-1}(\{x_0\})$$
とおく. このとき写像
$$G\times F\to E,\quad (g,y)\mapsto \tau(g)y$$
が同相写像
$$G\times_H F\simeq E$$
を引き起こし, 等質ファイバー束 $G\times_H F\to G/H$ とファイバー束 $E\to X$ の自然な同型を与える. さらにこの同型は G の作用を保つ.

[証明] 同型写像が自然に構成されるので, 証明はその流れに乗ってゆけばよい. 同伴ファイバー束の概念に慣れるために, 7 つのステップに分けて詳しく解説してみよう.

ステップ(1) (底空間での同型) G は X に推移的に作用するから, 定理 6.29 より
$$\alpha\colon G/H\simeq X,\quad gH\mapsto \sigma(g)x_0$$
は同相写像である.

ステップ(2) (ファイバーへの作用) $h\in H$, $y\in E_{x_0}$ とすると
$$\pi(\tau(h)y)=\sigma(h)\pi(y)=\sigma(h)x_0=x_0$$
であるから, $\tau(h)y\in E_{x_0}$ となる. 従って, 群 H はファイバー $F=E_{x_0}$ に (τ によって) 左から作用する.

ステップ(3) (ファイバー束の同型写像 $\widetilde{\beta}$ の構成) ステップ(2) より等質ファイバー束 $\pi'\colon G\times_H F\to G/H$ を定義することができる. $G\times_H F$ と最初に与えられた全空間 E との間の同型写像 $\widetilde{\beta}$ を構成しよう.

連続写像 $\beta\colon G\times F\to E$, $(g,y)\mapsto \tau(g)y$ を考える.
$$\beta(gh^{-1},\tau(h)y)=\tau(gh^{-1})\tau(h)y=\tau(g)y\quad (\forall h\in H)$$
が成り立つから, β は商空間 $G\times_H F$ からの連続写像

を引き起こす. このとき次の図式が可換になることは定義からすぐにわかる.

$$\widetilde{\beta}: G\times_H F \to E, \quad [g,y] \mapsto \tau(g)y$$

$$\begin{array}{ccc} G\times_H F & \xrightarrow{\widetilde{\beta}} & E \\ \pi' \downarrow & & \downarrow \pi \\ G/H & \underset{\alpha}{\simeq} & X \end{array} \qquad \begin{array}{ccc} [g,y] & \longmapsto & \tau(g)y \\ \big\uparrow & & \big\uparrow \\ gH & \longmapsto & \sigma(g)x_0 \end{array}$$

<u>ステップ(4)</u> ($\widetilde{\beta}$ の単射性) $[g,y],[g',y']\in G\times_H F$ が $\widetilde{\beta}([g,y])=\widetilde{\beta}([g',y'])$ を満たすとする. $\tau(g)y=\tau(g')y'$ の両辺に π を施して $\sigma(g)x_0=\sigma(g')x_0$ を得る. 従って, $g'=gh$ となる $h\in H$ が存在する. このとき

$$y' = \tau(g')^{-1}\tau(g)y = \tau(gh)^{-1}\tau(g)y = \tau(h)^{-1}y$$

である. よって, $[g',y']=[gh,\tau(h)^{-1}y]=[g,y]$ となり, $\widetilde{\beta}$ は単射である.

<u>ステップ(5)</u> ($\widetilde{\beta}$ の全射性) $E\ni u$ を任意に選ぶ. G は X に推移的に作用するという仮定から, $\sigma(g)x_0=\pi(u)$ を満たす $g\in G$ が存在する. $y:=\tau(g)^{-1}u$ とおくと $\pi(y)=\sigma(g)^{-1}\pi(u)=x_0$ であるから $y\in F$ である. すなわち, $u=\tau(g)y=\widetilde{\beta}([g,y])$ となり, $\widetilde{\beta}$ が全射であることが示された.

<u>ステップ(6)</u> ($\widetilde{\beta}$ が同相写像であること) すでにステップ(3)で $\widetilde{\beta}$ が連続写像であることを示したので, $\widetilde{\beta}$ の逆写像の連続性をいえばよい. $x\in X$ を任意に選び固定する. $\alpha^{-1}(x)\in G/H$ の十分小さな近傍 V をとると,

$$s(v)H = v \quad (\forall v\in V)$$

となる C^∞ 写像 $s: V\to G$ が存在する. すなわち, s は主ファイバー束 $G\to G/H$ の局所的に定義された切断である. 次に, 連続写像 ψ を

$$\psi: \pi^{-1}(\alpha(V)) \to G, \quad u \mapsto s\circ\alpha^{-1}\circ\pi(u)$$

と定義する(次の図式参照):

$$\begin{array}{ccccc} G/H & \xrightarrow{\alpha}_{\simeq} & X & \xleftarrow{\pi} & E \\ \cup & & \cup & & \cup \\ V & \underset{\simeq}{} & \alpha(V) & \leftarrow & \pi^{-1}(\alpha(V)) \\ & {}_s\searrow & & \swarrow_\psi & \\ & & G & & \end{array}$$

このとき，写像
$$E \supset \pi^{-1}(\alpha(V)) \to G \times_H F, \quad u \mapsto [\psi(u), \tau(\psi(u))^{-1}u]$$
は，$\widetilde{\beta}|_{(\pi')^{-1}(V)} \colon (\pi')^{-1}(V) \simeq \pi^{-1}(\alpha(V))$ の逆写像を与えている．$x \in X$ は任意であったから，$\widetilde{\beta}$ の逆写像が連続であることが証明された．

<u>ステップ(7)</u>（G の作用を保つこと）
$$\widetilde{\beta}(g' \cdot [g, y]) = \tau(g')\widetilde{\beta}([g, y]) \quad (g' \in G, \ [g, y] \in G \times_H F)$$
を示せばよい．

$$\text{左辺} = \widetilde{\beta}([g'g, y]) = \tau(g'g)y$$
$$\text{右辺} = \tau(g')(\tau(g)y)$$

であるから確かに両者は一致する．

以上から定理 10.32 が証明された． ∎

（d） 等質ファイバー束の例

G を Lie 群，H をその閉部分群とする．このとき等質空間 G/H は多様体の構造をもつ．定理 10.32 を用いて，多様体 G/H の接空間 $T(G/H)$ を等質ベクトル束として表そう．

$\mathfrak{g}$ を Lie 群 G の Lie 環，$\mathfrak{h}$ を Lie 群 H の Lie 環とする．随伴表現
$$\mathrm{Ad} \colon G \to GL_{\mathbb{R}}(\mathfrak{g})$$
を部分群 H に制限すると，$\mathfrak{g}$ の部分空間 $\mathfrak{h}$ は H-不変である．すなわち，$h \in H$ に対し
$$X \in \mathfrak{h} \implies \mathrm{Ad}(h)X \in \mathfrak{h}$$
が成り立つ．そこで，商表現（これを $\mathrm{Ad}_{\mathfrak{g}/\mathfrak{h}}$ と書こう）
$$\mathrm{Ad}_{\mathfrak{g}/\mathfrak{h}} \colon H \to GL_{\mathbb{R}}(\mathfrak{g}/\mathfrak{h})$$
が定義できる．これを**等方表現**という．式で表すと，
$$\mathrm{Ad}_{\mathfrak{g}/\mathfrak{h}}(h)(X + \mathfrak{h}) = (\mathrm{Ad}(h)X) + \mathfrak{h} \quad (h \in H, \ X \in \mathfrak{g})$$
で定義される表現である．このとき次の命題が成り立つ．

命題 10.33（等質空間 G/H の接ベクトル束） Lie 群 G の等質空間 G/H の接ベクトル束 $T(G/H)$ は G-同変なベクトル束（定義 10.27 参照）であり，

主束 $G \to G/H$ に同伴するベクトル束として
$$T(G/H) \simeq G \times_H \mathfrak{g}/\mathfrak{h}$$
と表される．ここで群 H は実ベクトル空間 $\mathfrak{g}/\mathfrak{h}$ に等方表現 $\mathrm{Ad}_{\mathfrak{g}/\mathfrak{h}}$ として作用する．

[証明] $o := eH \in G/H$ とおく．$o \in G/H$ における G の等方部分群は H に他ならない．定理 10.32 を適用するためには，等方部分群 H のファイバー $T_o(G/H)$ への作用を調べればよい．順に検証していこう．

<u>ステップ(1)</u>（接ベクトル束 $T(G/H)$ が G-同変であること）$g \in G$ による左移動
$$L_g: G/H \to G/H, \quad xH \mapsto gxH$$
の微分は，接ベクトル束 $T(G/H)$ のファイバー間の線型同型写像
$$(dL_g)_{xH}: T_{xH}(G/H) \simeq T_{gxH}(G/H)$$
を引き起こす．故に，接ベクトル束 $T(G/H)$ は G-同変なベクトル束である．

<u>ステップ(2)</u>（等方部分群のファイバーへの作用）o における接空間 $T_o(G/H)$ と商空間 $\mathfrak{g}/\mathfrak{h}$ との自然な同型を $\iota: \mathfrak{g}/\mathfrak{h} \simeq T_o(G/H)$ と書こう（定理 6.28）．このとき，$h \in H$ に対して下の図式が可換になる：

$$\begin{array}{ccc} \mathfrak{g}/\mathfrak{h} & \stackrel{\iota}{\simeq} & T_o(G/H) \\ \mathrm{Ad}_{\mathfrak{g}/\mathfrak{h}}(h) \downarrow & & \downarrow (dL_h)_o \\ \mathfrak{g}/\mathfrak{h} & \stackrel{\iota}{\simeq} & T_o(G/H) \end{array}$$

故に，等方部分群 H のファイバー $T_o(G/H) \simeq \mathfrak{g}/\mathfrak{h}$ への（線型な）作用は等方表現 $\mathrm{Ad}_{\mathfrak{g}/\mathfrak{h}}$ に他ならない．

群 G が底空間 G/H に推移的に作用していることとステップ(1)から，定理 10.32 を適用することができ，ステップ(2)より接ベクトル束 $T(G/H) \to G/H$ は G-同変なベクトル束として $G \times_H \mathfrak{g}/\mathfrak{h} \to G/H$ と同型であることがわかる．従って，命題 10.33 が証明された． ∎

複素 Lie 群に対しても同様の命題が成り立つ．

命題 10.34 G を複素 Lie 群，H を複素閉部分群とする．複素等質空間 G/H の**正則接ベクトル束**(holomorphic tangent vector bundle) $T_{\mathrm{holo}}(G/H)$

は主ファイバー束 $G \to G/H$ に同伴する正則なベクトル束として
$$T_{\text{holo}}(G/H) \simeq G \times_H \mathfrak{g}/\mathfrak{h}$$
と表される．右辺において，複素 Lie 群 H は複素ベクトル空間 $\mathfrak{g}/\mathfrak{h}$ に複素解析的に作用している，すなわち $\text{Ad}_{\mathfrak{g}/\mathfrak{h}} \colon H \to GL_{\mathbb{C}}(\mathfrak{g}/\mathfrak{h})$ は複素解析的な準同型写像であることに注意しよう． □

§10.4 群作用と切断

この節では，ファイバー束に群が作用しているときにその切断の空間への群作用やその不変元の概念を理解し，様々な具体例を解説する．この節と次節 §10.5 は第 10 章のハイライトである．

(a) 同伴ファイバー束の切断の空間

まず，§10.3 で述べた定理 10.20 の設定を考えよう．すなわち，

$$\begin{cases} \text{構造群が Lie 群 } H \text{ である主ファイバー束 } \varpi \colon P \to X \\ \text{Lie 群 } H \text{ が(左から)作用している多様体 } F \text{ (作用を } \sigma \text{ で表す)} \end{cases}$$

という 2 つのデータが与えられたとき，F をファイバーとする同伴ファイバー束
$$\pi \colon P \times_H F \to X$$
を考えるのである．

P から F への連続な写像全体を $C(P, F)$ と書こう．群 H は $C(P, F)$ に次のように(左から)作用する：$h \in H$ に対して
$$h \colon C(P, F) \to C(P, F), \quad f(p) \mapsto \sigma(h) f(p \cdot h).$$
この作用に関する H-不変な元全体を $C(P, F)^H$ と表す．式で表すと
$$C(P, F)^H = \{f \in C(P, F) \colon \sigma(h) f(p \cdot h) = f(p) \ (\forall p \in P, \ \forall h \in H)\}$$
$$= \{f \in C(P, F) \colon f(p \cdot h) = \sigma(h)^{-1} f(p) \ (\forall p \in P, \ \forall h \in H)\}$$
である．同様に，P, F が C^∞-多様体のとき $C^\infty(P, F)$ および $C^\infty(P, F)^H$ を考えることができる．

定理 10.35　同伴ファイバー束 $\pi\colon P\times_H F\to X$ の(連続な)切断の空間 $\varGamma(P\times_H F)$ と $C(P,F)^H$ との間に

$$s\in\varGamma(P\times_H F)\leftrightarrow f\in C(P,F)^H$$

（10.24）
$$s(\varpi(p))=[p,f(p)]\in P\times_H F$$

で特徴づけられる全単射写像が存在する．

さらに，$\varpi\colon P\to X$ が C^∞ 級の主ファイバー束であり，Lie 群 H の多様体 F への作用が C^∞ 級ならば，C^∞ 級の切断の空間 $\varGamma^\infty(P\times_H F)$ と $C^\infty(P,F)^H$ との間の自然な全単射写像が存在する．

［証明］　定理 10.20 の証明の記号を用いる．$p_1\colon P\times F\to P$ を第 1 成分への射影とする．まず，次の可換図式

$$\begin{array}{ccc} P\times F & \longrightarrow & P\times_H F \\ {\scriptstyle p_1}\downarrow & & \downarrow{\scriptstyle \pi} \\ P & \xrightarrow{\varpi} & X \end{array}$$

を考える．

<u>ステップ(1)</u>　(f から s への対応) $f\in C(P,F)^H$ とする．切断 $s\in\varGamma(P\times_H F)$ を等式(10.24)で定義しよう．すなわち，$x\in X$ に対し，$\varpi(p)=x$ となる $p\in P$ を選び，

$$s(x):=[p,f(p)]$$

と定義するのである．右辺は $\varpi(p)=x$ となる $p\in P$ のとり方によらない．なぜならば，$\varpi(p)=\varpi(p')$ $(p,p'\in P)$ とすると，$p'=p\cdot h$ となる $h\in H$ が存在し，

$$[p',f(p')]=[p\cdot h,f(p\cdot h)]=[p\cdot h,\sigma(h)^{-1}f(p)]=[p,f(p)]$$

となるからである．

<u>ステップ(2)</u>　(s から f への対応) 逆に，$s\in\varGamma(P\times_H F)$ が与えられたとき，写像 $f\colon P\to F$ を等式(10.24)が満たされるように定義したい．まず，$p\in P$ に対し

（10.25）
$$s(\varpi(p))=[p',v]\in P\times_H F\quad(p'\in P,\ v\in F)$$

と表されたとする．$\pi \circ s = \mathrm{id}_X$ であるから，$\pi(s(\varpi(p))) = \pi([p', v])$ より
$$\varpi(p) = \varpi(p')$$
を得る．従って，$p' = p \cdot h$ となる $h \in H$ が唯一つ存在する．そこで，
$$s(\varpi(p)) = [p', v] = [p \cdot h, v] = [p, \sigma(h)v] \in P \times_H F$$
に注目して，$f(p) := \sigma(h)v$ とおくと等式 (10.24) が成り立つ．さらに $[p, v_1] = [p, v_2]$ ならば $v_1 = v_2$ でなければならないから，$f(p) \in F$ は (10.25) を満たす p', v の選び方によらずに定義できる．このようにして写像 $f: P \to F$ が定義された．このとき，任意の $h \in H$ に対して
$$[p \cdot h, f(p \cdot h)] = s(\varpi(p \cdot h)) = [p, f(p)]$$
が成り立つので，f は $f(p \cdot h) = \sigma(h)^{-1} f(p)$ を満たす．故に $f \in C(P, F)^H$ である．

さらに，「s が連続 $\iff f$ が連続」および「s が C^∞ 級 $\iff f$ が C^∞ 級」は，主ファイバー束 $\varpi: P \to X$ の局所的に連続な（あるいは，C^∞ 級の）切断 $t: V \to P$（V は X の開集合）を用いて証明することができる．これは定理 10.32 の証明のステップ (6) と同様であり，繰り返しになるので詳細は読者に委ねよう．

以上から，定理 10.35 が示された． ∎

ファイバー束が複素多様体の構造をもつ場合も類似の定理が成り立つ．

定理 10.36 複素 Lie 群 H を構造群とする主ファイバー束 $\varpi: P \to X$ が正則なファイバー束の構造をもつとする．特に，複素多様体 P への右作用を与える写像 $P \times H \to P$ は正則（複素解析的）とする．次に，複素多様体 F に Lie 群 H が左から作用し，その作用を与える写像 $H \times F \to F$ も正則と仮定する．このとき，同伴束 $P \times_H F \to X$ は正則なファイバー束になる．その**正則な切断**（holomorphic section）の空間を $\mathcal{O}(X, P \times_H F)$ あるいは $\mathcal{O}(P \times_H F)$ と書こう．また，

(10.26) $\mathcal{O}(P, F)^H := \{f \in C(P, F)^H : f: P \to F \text{ は正則写像}\}$

とおく．このとき，定理 10.35 の全単射対応は $\mathcal{O}(P \times_H F)$ と $\mathcal{O}(P, F)^H$ の間の全単射を導く． □

証明は，定理 10.35 の証明をなぞればよい．

例 10.37（S^1 上のファイバー束としての Möbius の帯の切断）　例 10.26 で見たように，$\mathbb{Z}$-主束
$$\mathbb{R} \to \mathbb{R}/\mathbb{Z}$$
に同伴したファイバー束
$$\pi\colon E := \mathbb{R} \times_{\mathbb{Z}} [-a, a] \to S^1 := \mathbb{R}/\mathbb{Z}$$
を考える．E は Möbius の帯と同一視できる．定理 10.35 より，ファイバー束 $\pi\colon E \to S^1$ の切断の空間 $\Gamma(E)$ は
$$C(\mathbb{R}, [-a,a])^{\mathbb{Z}} = \{f\colon \mathbb{R} \to [-a,a]\colon f(x+n) = (-1)^n f(x),\ \forall x \in \mathbb{R},\ \forall n \in \mathbb{Z}\}$$
$$= \{f\colon \mathbb{R} \to [-a,a]\colon f(x+1) = -f(x),\ \forall x \in \mathbb{R}\}$$
と同一視される．これは，この章の最初(§10.1)で述べた「Möbius の帯への切断と"符号つき周期関数"との同一視」の群論的解釈である．　□

例 10.38（斉次関数）　$\lambda \in \mathbb{C}$ に対し，S^1 上の複素直線束 $\mathcal{L}_\lambda$ を次のように構成する．

主束	P	$:= \mathbb{R}^2 \setminus \{(0,0)\}$
底空間	S^1	$:= \{(x,y) \in \mathbb{R}^2\colon x^2 + y^2 = 1\}$
構造群	H	$:= \mathbb{R}_+^\times = \{a \in \mathbb{R}\colon a > 0\}$
ファイバー	F	$:= \mathbb{C}$
表現	χ_λ	$\colon H \to GL_{\mathbb{C}}(F) \simeq \mathbb{C}^\times,\quad a \mapsto a^\lambda$

とおき，H-主束
$$\varpi\colon P \to S^1,\quad (a\cos\theta, a\sin\theta) \mapsto (\cos\theta, \sin\theta)$$
に同伴する複素直線束
$$\mathcal{L}_\lambda := P \times_{\chi_\lambda} F \to S^1$$
を定義する．この複素直線束 $\mathcal{L}_\lambda \to S^1$ の切断の空間 $\Gamma(\mathcal{L}_\lambda)$ を具体的に書き表してみよう．

$P = \mathbb{R}^2 \setminus \{(0,0)\}$ 上の複素数値連続関数全体を $C(P)$ と書き，
$$V_\lambda := \{f \in C(P)\colon f(ax, ay) = a^\lambda f(x,y)\ (\forall a > 0,\ \forall (x,y) \in P)\}$$
とおく．すなわち V_λ は λ 次**斉次関数**(homogeneous function of degree λ)全体のなすベクトル空間である．定理 10.35 により

(10.27) $$\Gamma(\mathcal{L}_\lambda) \simeq V_\lambda$$

が成り立つ．同型(10.27)の左辺の元は $X \simeq S^1$ 上のファイバー束の切断であるから，局所的には1変数の関数として表される．しかし，大域的に（つまり S^1 上の）1変数関数として切断を記述するのではなく，変数の個数を1個増やして2変数にして記述するというのがここでのポイントである．これによって，$GL(2, \mathbb{R})$ あるいはその部分群の $\Gamma(\mathcal{L}_\lambda)$ への作用（無限次元表現）が見やすくなるという利点がある（次の例参照）． □

例 10.39 上の例 10.38 を $GL(2, \mathbb{R})$-同変なファイバー束という観点から書き直してみよう．

$$G := GL(2, \mathbb{R})$$
$$Q := \left\{ \begin{pmatrix} a & b \\ 0 & d \end{pmatrix} : a > 0,\ d \in \mathbb{R}^\times,\ b \in \mathbb{R} \right\}$$
$$N := \left\{ \begin{pmatrix} 1 & b \\ 0 & d \end{pmatrix} : d \in \mathbb{R}^\times,\ b \in \mathbb{R} \right\}$$

とおく．N は Q の正規部分群なので，系 10.30 より $\varpi' : G/N \to G/Q$ は G-同変な Q/N-主束となる．以下の微分同相写像

$$G/N \simeq P\ (\simeq \mathbb{R}^2 \setminus \{{}^t(0,0)\}),\quad \begin{pmatrix} a & b \\ c & d \end{pmatrix} N \mapsto \begin{pmatrix} a & b \\ c & d \end{pmatrix}\begin{pmatrix} 1 \\ 0 \end{pmatrix} = \begin{pmatrix} a \\ c \end{pmatrix}$$

$$G/Q \simeq S^1,\quad \begin{pmatrix} a & b \\ c & d \end{pmatrix} Q \mapsto \frac{1}{\sqrt{a^2+c^2}} \begin{pmatrix} a \\ c \end{pmatrix}$$

$$Q/N \simeq H\ (= \mathbb{R}^\times_+),\quad \begin{pmatrix} a & b \\ 0 & d \end{pmatrix} N \mapsto a$$

によって，Q/N-主束 $\varpi' : G/N \to G/Q$ と例 10.38 における H-主束 $\varpi : P \to S^1$ とは同型になる．さらに

$$\widetilde{\chi_\lambda} : Q \to GL(1, \mathbb{C}) = \mathbb{C}^\times,\quad \begin{pmatrix} a & b \\ 0 & d \end{pmatrix} \mapsto a^\lambda$$

とおくと，$\widetilde{\chi_\lambda}$ は商写像 $Q \to Q/N \simeq H$ と $\chi_\lambda : H \to \mathbb{C}^\times$ の合成写像に他ならないから，Q-主束 $G \to G/Q$ に同伴した複素直線束

(10.28) $$G \times_{\widetilde{\chi_\lambda}} \mathbb{C} \to G/Q$$

と例 10.38 における複素直線束 $\mathcal{L}_\lambda = P \times_{\chi_\lambda} \mathbb{C} \to S^1$ とは同型な直線束になる．(10.27) と合わせて，

(10.29) $$\Gamma(G/Q, G \times_{\widetilde{\chi_\lambda}} \mathbb{C}) \simeq \Gamma(\mathcal{L}_\lambda) \simeq V_\lambda$$

という同型が示された．(10.28) は G-同変だから，次の項 (b) で述べるように，(10.29) の左辺は G の（無限次元）表現空間となる．同型 (10.29) によって，G の表現が V_λ 上に定義できることを示している．同様の方法で第 11 章では $GL(n, \mathbb{R})$ の無限次元表現を構成し，その既約性やユニタリ性を考察する． □

(b) G-同変なファイバー束の切断

G を位相群とし，ファイバー束 $\pi\colon E \to X$ は G-同変（定義 10.27）とする．群 G の E への作用や X への作用は，記述を簡単にするため，$g \in G$, $u \in E$, $x \in X$ に対して

$$u \mapsto g \cdot u \ (\in E), \quad x \mapsto g \cdot x \ (\in X)$$

と表すことにする．

定義 10.40 ファイバー束 $\pi\colon E \to X$ の（連続な）切断の空間 $\Gamma(E) \equiv \Gamma(X, E)$ における群 G の作用を次の式で定義する：$g \in G$, $s \in \Gamma(E)$ に対して

$$\begin{array}{c} X \text{への作用} \\ \downarrow \\ L(g)s\colon X \to E, \quad x \mapsto g \cdot s(g^{-1} \cdot x) \\ \uparrow \\ E \text{への作用} \end{array}$$

とする．ファイバー束 $\pi\colon E \to X$ は G-同変であるから

$$\pi(L(g)s(x)) = g \cdot (g^{-1} \cdot x) = x$$

が成り立つ．よって $L(g)s \in \Gamma(E)$ である．このようにして各 $g \in G$ に対して定義された写像

(10.30) $$L(g)\colon \Gamma(E) \to \Gamma(E)$$

は $L(g_1)L(g_2) = L(g_1g_2)$ $(g_1, g_2 \in G)$, $L(e) = \mathrm{id}_{\Gamma(E)}$ を満たすから,群 G の $\Gamma(E)$ への作用が定義された. □

上で述べた定義を E が自明束の場合に書き下したのが次の例である:

例 10.41(自明なファイバー束の切断と群作用) X, F を位相空間とし,$E = X \times F$(直積)とおく.自明なファイバー束 $\pi: E \to X$ の(連続な)切断の空間 $\Gamma(E)$ と $C(X, F)$(X から F への連続写像全体)を同一視する(例 10.8 (i)参照).

なお,群 G が X に連続に作用しているとしよう.このとき,G は直積 $E = X \times F$ にも
$$g: E \to E, \quad (x, v) \mapsto (g \cdot x, v) \quad (g \in G, x \in X, v \in F)$$
という式で作用し,自明束 $\pi: E \to X$ は G-同変となる.このとき,同型 $\Gamma(E) \simeq C(X, F)$ を用いて,G の $\Gamma(E)$ への作用を $C(X, F)$ への作用として書き表せば,

(10.31) $\quad L(g): C(X, F) \to C(X, F), \quad f(x) \mapsto f(g^{-1} \cdot x)$

となる. □

さて,定義 10.40 において,$\pi: E \to X$ がベクトル束ならば,切断の空間 $\Gamma(E)$ はベクトル空間であり,写像(10.30)は線型写像である.故に,$\Gamma(E)$ を表現空間とする G の表現が定義された.特に E が等質ベクトル束の場合,この表現は誘導表現と呼ばれる基本的な表現である.誘導表現については,次の項(c)で詳しく説明する.

なお,この項(b)では話を簡単にするため,連続な切断のみ扱ったが,G が Lie 群,$\pi: E \to X$ が C^∞ 級のファイバー束の場合には C^∞ 級の切断の空間 $\Gamma^\infty(E)$ にも G の作用を定義することができる.また,適当な測度に関して,L^2-切断も考えることがある(§11.2 参照).さらに,正則なファイバー束の場合には,正則な切断の空間に G の作用を定義することができる(第 13 章参照).

(c) 等質ファイバー束と誘導表現

前項(a),(b)の仮定が共に満たされるファイバー束の典型的な例として等

質ファイバー束を考え，その切断を記述しよう．

G を Lie 群，H を G の閉部分群とし，$X = G/H$ をその等質空間とする．群 H が位相空間 F に連続に作用しているとき(作用を σ で表す)，主束 $\varpi\colon G \to X$ に同伴したファイバー束
$$\pi\colon G \times_H F \to X$$
を考える．この(連続な)切断の空間 $\Gamma(G \times_H F)$ は定理 10.35 によって，$C(G, F)^H$ と同一視できる．ただし，

$C(G, F) := G$ から F への連続写像の全体

$C(G, F)^H := \{f \in C(G, F)\colon f(gh) = \sigma(h)^{-1} f(g) \ (\forall g \in G, \ \forall h \in H)\}$

群 G は $C(G, F)$ に自然に(左から)作用する：
$$L(g_0)\colon C(G, F) \to C(G, F), \quad f(g) \mapsto f(g_0^{-1} g) \quad (g_0 \in G)$$
このとき，次の定理は，切断の空間 $\Gamma(G \times_H F)$ への群 G の作用を $C(G, F)^H$ という(扱いやすい)空間の上で記述しようというものである．

定理 10.42

（ⅰ） $C(G, F)^H$ は $C(G, F)$ の G-不変な部分集合である．特に群 G の $C(G, F)^H$ への自然な作用が定義できる．

（ⅱ） 定理 10.35 における自然な同型
$$(10.32) \qquad \Gamma(G \times_H F) \simeq C(G, F)^H \subset C(G, F)$$
は群 G の作用を保つ．

（ⅲ） H が多様体 F に C^∞ 級に作用しているときは自然な同型
$$\Gamma^\infty(G \times_H F) \simeq C^\infty(G, F)^H$$
が存在し，この同型も群 G の作用を保つ．

（ⅳ） G, H が複素 Lie 群，F が複素多様体であり，H の F への作用を定義する写像 $H \times F \to F$, $(h, v) \mapsto \sigma(h) v$ が正則写像であるならば，定理 10.36 における全単射
$$\mathcal{O}(G \times_H F) \simeq \mathcal{O}(G, F)^H$$
は，群 G の作用を保つ．ここで左辺は正則なファイバー束(定義 10.3 参照) $G \times_H F \to G/H$ の正則な切断全体，$\mathcal{O}(G, F)$ は G から F への正則な写像全体を表す．

[証明] (i) 「$g_0 \in G$, $f \in C(G,F)^H \Longrightarrow f(g_0^{-1}\cdot) \in C(G,F)^H$」を示せばよい. ただし, $\cdot$ は変数($\in G$)を表す. $g \in G$, $h \in H$ とすると
$$f(g_0^{-1}gh) = \sigma(h)^{-1}f(g_0^{-1}g)$$
より, $f(g_0^{-1}\cdot) \in C(G,F)^H$ が示された.

(ii) $s \in \Gamma(G \times_H F)$ と $f \in C(G,F)^H$ が定理 10.35 における関係式 (10.24)
$$s(\varpi(g)) = [g, f(g)] \in G \times_H F \quad (\forall g \in G)$$
を満たしているとき $g_0 \in G$ に対して $L_{g_0}s \in \Gamma(G \times_H F)$ と $f(g_0^{-1}\cdot) \in C(G,F)^H$ が対応する関係式

(10.33) $\qquad (L_{g_0}s)(\varpi(g)) = [g, f(g_0^{-1}g)] \quad (\forall g \in G)$

を満たしていることを確かめればよい.

$$\begin{aligned}(L_{g_0}s)(\varpi(g)) &= g_0 \cdot s(g_0^{-1}\varpi(g)) \\ &= g_0 \cdot s(\varpi(g_0^{-1}g)) \\ &= g_0 \cdot [g_0^{-1}g, f(g_0^{-1}g)] \\ &= [g_0 g_0^{-1}g, f(g_0^{-1}g)] \\ &= [g, f(g_0^{-1}g)]\end{aligned}$$

より, 等式 (10.33) が成り立つ. (iii), (iv) の証明は (ii) とまったく同様である. 故に定理が示された. ∎

特に, F がベクトル空間であるときは, 切断の空間 $\Gamma(G \times_H F)$ もベクトル空間となるから, $\Gamma(G \times_H F)$ を表現空間とする G の表現が定義される. この表現を**誘導表現**(induced representation)といい, $\mathrm{Ind}_H^G(\sigma)$, $\mathrm{Ind}(H \uparrow G, \sigma)$ などと書くこともある(切断の種類は, 連続な切断, C^∞ 級の切断, L^2-切断, ⋯ など興味の対象によって様々な場合を考える). この場合にもう一度, 話の流れを整理しておくと,

$\qquad\qquad H$ の F への表現
$\qquad\qquad\qquad \Downarrow$
$\qquad G$ の等質ベクトル束 $G \times_H F \to G/H$ への作用
$\qquad\qquad\qquad \Downarrow$
$\qquad G$ の $\Gamma(G \times_H F)$ への表現(誘導表現)

となる．誘導表現は小さな群の表現から大きな群の表現を作る最も基本的な手段である．誘導表現については，第 11 章でもう少し詳しく述べよう．

§10.5　G-不変な切断

（a）　等質ファイバー束の G-不変な切断

引き続き前節 §10.4(c) の設定を仮定する．

等質ファイバー束 $G\times_H F \to G/H$ において，$o := eH \in G/H$ におけるファイバーは，次のように F と同一視できる．
$$(G\times_H F)_o = \{[e,v] : v \in F\} \simeq F$$
そこで写像 r_o を
$$r_o \colon \varGamma(G\times_H F) \to F, \quad s \mapsto s(o)$$
によって定義する．

G-不変な切断の全体を $\varGamma(G\times_H F)^G$，H-不変な F の元全体を F^H と表す．これは，群の表現に関する不変元の記号（§3.2(e)）と同様の記法である．このとき，次の定理が成り立つ．

定理 10.43　任意の等質ファイバー束 $G\times_H F \to G/H$ に対し，
$$r_o \colon \varGamma(G\times_H F)^G \to F^H$$
は全単射である．

［証明］　$C(G,F)^H$ の G-不変な元全体を $C(G,F)^{G\times H}$ と書く．定理 10.42 より，次の同型が成り立つ．

$$\begin{array}{ccccc}
\varGamma(G\times_H F)^G & \simeq & C(G,F)^{G\times H} & & \\
\cap & & \cap & & \\
\varGamma(G\times_H F) & \simeq & C(G,F)^H & \subset & C(G,F)
\end{array}$$

従って，
$$\tilde{r}_o \colon C(G,F) \to F, \quad f \mapsto f(e)$$
とおいたとき，

(10.34)　　　　　　　$\tilde{r}_o \colon C(G,F)^{G\times H} \to F^H$

が全単射であることをいえばよい．これを示そう．

$f \in C(G,F)^{G \times H}$ とすると，定義より

(10.35) $\quad f(g_0^{-1}gh) = \sigma(h)^{-1}f(g) \quad (\forall g_0, \forall g \in G, \forall h \in H)$

が成り立つ．特に，$g_0 = g = e$ とおいて，$\sigma(h)^{-1}f(e) = f(e)$ となる．従って $f(e) \in F^H$ である．

逆に，$u \in F^H$ とする．$f \in C(G,F)$ を $f(g) := u \ (\forall g \in G)$ と定義すると，
$$f(g_0^{-1}gh) = u = \sigma(h)^{-1}f(g) \quad (\forall g_0, \forall g \in G, \forall h \in H)$$
となるから $f \in C(G,F)^{G \times H}$ である．

この対応は互いに逆を与えているから(10.34)は全単射である． ■

上の証明より，切断 $s: X \to G \times_H F$ が G-不変なら s は自動的に連続写像となることに注意しよう．

以下の項(b)〜(e)では，様々な設定において「G-不変な切断」を記述した定理 10.43 が具体的にはどのような幾何的な意味をもつのか概観しよう．個々の証明はスケッチ程度にとどめる．

以下，G を Lie 群，H をその閉部分群とし，等質空間 G/H 上の様々な等質ファイバー束の例を考える．$\mathfrak{g}, \mathfrak{h}$ を G, H のそれぞれの Lie 環，
$$\mathrm{Ad}_{\mathfrak{g}/\mathfrak{h}}: H \to GL_\mathbb{R}(\mathfrak{g}/\mathfrak{h})$$
を等方表現とする(§10.3(d)参照)．また，以下の項(b)〜(e)では，等質空間 G/H の多様体としての構造が本質的であることを強調して，等質空間のかわりに等質多様体という用語を使おう．

(b) 例 1: 等質多様体上の不変測度

不変測度をあるファイバー束の切断の不変元と解釈することによって，等質多様体上の不変測度の存在条件が容易にわかる．最初に結果を述べよう．

定理 10.44 等質多様体 G/H 上に G-不変な測度が存在するための必要十分条件は等方表現 $\mathrm{Ad}_{\mathfrak{g}/\mathfrak{h}}: H \to GL_\mathbb{R}(\mathfrak{g}/\mathfrak{h})$ において
$$|\det \mathrm{Ad}_{\mathfrak{g}/\mathfrak{h}}(h)| = 1 \quad (\forall h \in H)$$
が成り立つことである． □

系 10.45 H がコンパクトならば等質多様体 G/H 上には G-不変な測度

が存在する．

[証明] $H \to \mathbb{R}_+^\times$, $h \mapsto |\det \mathrm{Ad}_{\mathfrak{g}/\mathfrak{h}}(h)|$ は連続準同型写像であるから，H がコンパクトなら，その像は乗法群 $\mathbb{R}_+^\times$ のコンパクト部分群（これは $\{1\}$ しかない）でなければならない． ∎

特に，$G/\{e\}$, $G \times G/\mathrm{diag}(G)$ に上の定理を適用すると次の系を得る．

系 10.46（Lie 群上の Haar 測度）

（ⅰ） Lie 群 G 上には，常に左不変な測度が存在する．

（ⅱ） Lie 群 G に両側不変な測度が存在するための必要十分条件は，随伴表現 $\mathrm{Ad}: G \to GL_\mathbb{R}(\mathfrak{g})$ において
$$|\det \mathrm{Ad}(g)| = 1 \quad (\forall g \in G)$$
が成り立つことである． ∎

上の定理や系は §3.2（群上の不変測度）や §6.4（Lie 群上の積分）などでも証明を与えたが，「等質ファイバー束の G-不変な切断」という観点から見ると，非常に簡単な原理に基づいていることがわかる．これを説明しよう．

[定理 10.44 の証明] 等質多様体 G/H 上の接ベクトル束 $T(G/H)$ は，等方表現
$$\mathrm{Ad}_{\mathfrak{g}/\mathfrak{h}}: H \to GL_\mathbb{R}(\mathfrak{g}/\mathfrak{h})$$
に同伴した等質ベクトル束 $G \times_H (\mathfrak{g}/\mathfrak{h})$ と同型である（∵ 命題 10.33）から，その余接ベクトル束 $T^\vee(G/H)$ に関しては
$$T^\vee(G/H) \simeq G \times_H (\mathfrak{g}/\mathfrak{h})^\vee$$
が成り立つ（∵ 定理 10.23）．$n = \dim G/H$ とすると，例 10.13 で述べたように，n 次の微分形式は
$$\wedge^n(T^\vee(G/H)) \simeq G \times_H \wedge^n(\mathfrak{g}/\mathfrak{h})^\vee$$
の切断に他ならない．ここで $\wedge^n(\mathfrak{g}/\mathfrak{h})^\vee \simeq \mathbb{R}$ であり，$h \in H$ はスカラー倍 $(\det \mathrm{Ad}_{\mathfrak{g}/\mathfrak{h}}(h))^{-1}$ で $\wedge^n(\mathfrak{g}/\mathfrak{h})^\vee \simeq \mathbb{R}$ に作用している．体積要素（測度）は「n 次の微分形式の絶対値 $(\neq 0)$」であることに注意して，H の $\mathbb{R}_+ = \{v \in \mathbb{R}: v > 0\}$ への作用を
$$h: \mathbb{R}_+ \to \mathbb{R}_+, \quad v \mapsto |\det \mathrm{Ad}_{\mathfrak{g}/\mathfrak{h}}(h)|^{-1} v \quad (h \in H)$$
で定義すると，等質ファイバー束 $G \times_H \mathbb{R}_+ \to G/H$ の切断が G/H 上の体積

要素(測度)に他ならない．定理 10.43 より
$$\Gamma(G \times_H \mathbb{R}_+)^G \simeq \mathbb{R}_+^H$$
であるから，G/H 上に G-不変な測度が存在するための必要十分条件は $\mathbb{R}_+^H \neq \emptyset$，すなわち，$|\det \mathrm{Ad}_{\mathfrak{g}/\mathfrak{h}}(h)| = 1 \ (\forall h \in H)$ が成り立つことである． ∎

(c) 例2：等質多様体上の Riemann 計量

多様体 X の各点 x に対し，正値対称な双線型形式
$$\langle\ ,\ \rangle_x : T_x X \times T_x X \to \mathbb{R}, \quad (u, v) \mapsto \langle u, v \rangle_x$$
が与えられており，任意の C^∞ 級ベクトル場 $Y, Z \in \mathfrak{X}(X)$ に対し，
$$X \to \mathbb{R}, \quad x \mapsto \langle Y_x, Z_x \rangle_x$$
が X 上の C^∞ 級関数となるとき，$\langle\ ,\ \rangle$ を X の **Riemann 計量**と呼ぶ．

V を $\mathbb{R}$ 上の有限次元ベクトル空間とし，
$$\mathcal{P}_+(V) := \{B : V \times V \to \mathbb{R} : B \text{ は正値対称双線型形式}\}$$
とおくと，$\mathcal{P}_+(V)$ は 2 次の対称テンソル $S^2(V^\vee)$ の開集合とみなせる．

多様体 X 上の Riemann 計量とは，ファイバー束 $\mathcal{P}_+(TX) \to X$ の C^∞ 級の切断に他ならない．特に，X が等質多様体 G/H のときは，命題 10.33 の証明と同様にして，$\mathcal{P}_+(T(G/H)) \to G/H$ は等質ファイバー束
$$G \times_H \mathcal{P}_+(\mathfrak{g}/\mathfrak{h}) \to G/H$$
と同型であることがわかる．ただし，H は $\mathcal{P}_+(\mathfrak{g}/\mathfrak{h})$ に次のように作用する：$h \in H$，$B \in \mathcal{P}_+(\mathfrak{g}/\mathfrak{h})$ に対して
$$(h \cdot B)(u, v) := B(\mathrm{Ad}_{\mathfrak{g}/\mathfrak{h}}(h)^{-1} u, \mathrm{Ad}_{\mathfrak{g}/\mathfrak{h}}(h)^{-1} v) \quad (u, v \in \mathfrak{g}/\mathfrak{h}).$$
従って，次の定理が成り立つ．

定理 10.47 等質多様体 G/H 上に G-不変な Riemann 計量が存在するための必要十分条件は，$\mathfrak{g}/\mathfrak{h}$ に適当な内積が存在して
$$\mathrm{Ad}_{\mathfrak{g}/\mathfrak{h}} : H \to GL_\mathbb{R}(\mathfrak{g}/\mathfrak{h}) \text{ がユニタリ表現}$$
となることである． ∎

注意 10.48 通常，ユニタリ表現というときは，$\mathbb{C}$ 上のベクトル空間に Hermite 内積が与えられて，表現がその内積を保つという意味であるが，ここでは $\mathbb{R}$ 上のベクトル空間の内積を保つという意味でユニタリ表現という用語を用いた．

[**定理 10.47 の証明**]　等質多様体 G/H 上の G-不変な Riemann 計量とは，$\Gamma(G\times_H\mathcal{P}_+(\mathfrak{g}/\mathfrak{h}))^G$ の元のことに他ならない．定理 10.43 より
$$\Gamma(G\times_H\mathcal{P}_+(\mathfrak{g}/\mathfrak{h}))^G \simeq (\mathcal{P}_+(\mathfrak{g}/\mathfrak{h}))^H$$
である．右辺 $(\mathcal{P}_+(\mathfrak{g}/\mathfrak{h}))^H$ は $\mathrm{Ad}_{\mathfrak{g}/\mathfrak{h}}\colon H\to GL_\mathbb{R}(\mathfrak{g}/\mathfrak{h})$ がユニタリ表現となるような $\mathfrak{g}/\mathfrak{h}$ 上の内積に他ならない．よって，定理が証明された．∎

H がコンパクトなら，内積を平均化することによって，常にユニタリ内積を与えることができる（定理 3.29 参照）．従って，次の定理を得る．

系 10.49　H がコンパクトならば，G/H には G-不変な Riemann 計量が存在する．　□

例 10.50（Poincaré 計量）　群 $G=SL(2,\mathbb{R})$ を上半平面
$$\mathcal{H}=\{z=x+\sqrt{-1}y\colon y>0\}$$
に，一次分数変換を用いて次のように作用させる：$g=\begin{pmatrix}a & b\\ c & d\end{pmatrix}\in G$ に対して
$$g\colon \mathcal{H}\to\mathcal{H},\quad z\mapsto \frac{az+b}{cz+d}.$$
複素数 $z=x+\sqrt{-1}y$ の虚部 y を $\mathrm{Im}\,z$ で表せば，
$$\mathrm{Im}\,\frac{az+b}{cz+d}=\frac{(ad-bc)}{|cz+d|^2}\mathrm{Im}\,z=\frac{1}{|cz+d|^2}\mathrm{Im}\,z$$
となるので，$\mathrm{Im}\,z>0$ ならば $\mathrm{Im}\,\frac{az+b}{cz+d}>0$，すなわち，$z\in\mathcal{H}$ ならば $\frac{az+b}{cz+d}\in\mathcal{H}$ である．

容易にわかるように G は $\mathcal{H}$ に推移的に作用する．$\sqrt{-1}\in\mathcal{H}$ における等方部分群 K を求めよう．
$$\frac{a\sqrt{-1}+b}{c\sqrt{-1}+d}=\sqrt{-1}\iff a=d,\ b=-c$$
$$\iff \begin{pmatrix}a & b\\ c & d\end{pmatrix}=\begin{pmatrix}\cos\theta & -\sin\theta\\ \sin\theta & \cos\theta\end{pmatrix}\quad(\exists\theta)$$
となる（2 番目の $\iff$ は $ad-bc=1$ を用いる）．従って $\sqrt{-1}$ における等方部分群は $K=SO(2)$ で与えられる．故に，上半平面 $\mathcal{H}$ は $G=SL(2,\mathbb{R})$ の等質多様体として
$$\mathcal{H}\simeq G/K=SL(2,\mathbb{R})/SO(2)$$

と表される．$K = SO(2)$ はコンパクトであるから，系 10.49 より，$\mathcal{H}$ には $SL(2,\mathbb{R})$-不変な Riemann 計量が存在する．

実際，**Poincaré 計量**と呼ばれる次の Riemann 計量:
$$ds^2 = \frac{dx^2 + dy^2}{y^2}$$
は $\mathcal{H}$ 上の $SL(2,\mathbb{R})$-不変な Riemann 計量であり，負の定曲率空間のモデルとなる重要な例である．この空間の幾何について詳しく解説した教科書として深谷賢治『双曲幾何』(岩波書店) を挙げておこう． □

(d) 例 3: 等質多様体上のベクトル場

等質多様体 G/H 上のベクトル場は，命題 10.33 より等質ファイバー束
$$G \times_H \mathfrak{g}/\mathfrak{h} \to G/H$$
の切断である．G-不変な実ベクトル場全体を $\mathfrak{X}(G/H)^G$ と書く．定理 10.43 を $F = \mathfrak{g}/\mathfrak{h}$ に適用すれば次の定理が得られる．

定理 10.51 任意の等質多様体 G/H に対して
(10.36) $$\mathfrak{X}(G/H)^G \simeq (\mathfrak{g}/\mathfrak{h})^H$$
が成り立つ． □

例 10.52（Lie 群上の左不変ベクトル場） $H = \{e\}$ のとき，$\mathfrak{X}(G/\{e\})^G \simeq \mathfrak{X}(G)^G$ は群 G 上の左不変ベクトル場全体を表す．一方，等式 (10.36) の右辺は $(\mathfrak{g}/\{0\})^{\{e\}} \simeq \mathfrak{g}$ であるから，$H = \{e\}$ の場合の定理 10.51 は，Lie 環の定義の同値な言い換え:
$$\text{左不変ベクトル場全体} \simeq \mathfrak{g} \quad (\text{定理 5.43 参照})$$
に他ならない． □

例 10.53（Lie 群上の両側不変ベクトル場） G_1 を Lie 群，$G = G_1 \times G_1$（直積群），$H = \text{diag}(G_1) := \{(g,g) \in G_1 \times G_1 : g \in G_1\}$ とする．
$$G/H = G_1 \times G_1 / \text{diag}(G_1) \underset{\text{微分同相}}{\simeq} G_1, \quad (g_1, g_2) \text{diag}(G_1) \mapsto g_1 g_2^{-1}$$
であるから，$\mathfrak{X}(G/H)^G$ の元は G_1 上の両側不変なベクトル場に他ならない．

一方，G_1 の Lie 環を $\mathfrak{g}_1$ とすると，

$$(\mathfrak{g}/\mathfrak{h})^H = (\mathfrak{g}_1 \oplus \mathfrak{g}_1/\operatorname{diag}(\mathfrak{g}_1))^{\operatorname{diag}(G_1)} \simeq \mathfrak{g}_1^{G_1}$$

となる．ここで，$\mathfrak{g}_1^{G_1} = \{X \in \mathfrak{g}_1 : \operatorname{Ad}(g)X = X \ (\forall g \in G_1)\}$．特に，$G_1$ が連結ならば $\mathfrak{g}_1^{G_1}$ は Lie 環 $\mathfrak{g}_1$ の中心に他ならない． □

例 10.53 より，特に次の命題が成り立つ（G_1 を改めて G と書く）．

命題 10.54 連結な Lie 群 G 上の両側不変なベクトル場の作るベクトル空間は，Lie 環 $\mathfrak{g}$ の中心と線型同型である． □

簡単な例で，定理 10.51 の計算を実行してみよう．

例 10.55 Heisenberg 群

$$G = \left\{ g(a,b,c) := \begin{pmatrix} 1 & a & c \\ 0 & 1 & b \\ 0 & 0 & 1 \end{pmatrix} : a, b, c \in \mathbb{R} \right\}$$

を $\mathbb{R}^2$ に

$$g(a,b,c) \colon \mathbb{R}^2 \to \mathbb{R}^2, \quad \begin{pmatrix} x \\ y \end{pmatrix} \mapsto \begin{pmatrix} x+ay+c \\ y+b \end{pmatrix}$$

と作用させる．群 G は $\mathbb{R}^2$ に推移的に作用し，原点 ${}^t(0,0) \in \mathbb{R}^2$ における等方部分群は $H = \{g(a,0,0) : a \in \mathbb{R}\}$ となる．従って，微分同相写像 $G/H \simeq \mathbb{R}^2$ が得られる．

G, H の Lie 環 $\mathfrak{g}, \mathfrak{h}$ を

$$\mathfrak{g} = \left\{ h(z,y,x) = \begin{pmatrix} 0 & z & x \\ 0 & 0 & y \\ 0 & 0 & 0 \end{pmatrix} : x, y, z \in \mathbb{R} \right\}, \quad \mathfrak{h} = \{h(z,0,0) : z \in \mathbb{R}\}$$

と表すと，

$$\mathfrak{g}/\mathfrak{h} \simeq \mathbb{R}^2, \quad h(z,y,x) + \mathfrak{h} \mapsto \begin{pmatrix} x \\ y \end{pmatrix}$$

と同一視できる．この同一視によって $\operatorname{Ad}_{\mathfrak{g}/\mathfrak{h}} \colon H \to GL_{\mathbb{R}}(\mathfrak{g}/\mathfrak{h})$ を書き表すと，

$$\operatorname{Ad}_{\mathfrak{g}/\mathfrak{h}} \colon H \to GL_{\mathbb{R}}(\mathfrak{g}/\mathfrak{h}), \quad g(a,0,0) \mapsto \begin{pmatrix} 1 & a \\ 0 & 1 \end{pmatrix}$$

となるから

$$(\mathfrak{g}/\mathfrak{h})^H \simeq \left\{ \begin{pmatrix} x \\ y \end{pmatrix} \in \mathbb{R}^2 : \begin{pmatrix} 1 & a \\ 0 & 1 \end{pmatrix} \begin{pmatrix} x \\ y \end{pmatrix} = \begin{pmatrix} x \\ y \end{pmatrix} \ (\forall a \in \mathbb{R}) \right\}$$

$$\simeq \left\{ \begin{pmatrix} x \\ 0 \end{pmatrix} \in \mathbb{R}^2 : x \in \mathbb{R} \right\}$$

である.故に,$\mathbb{R}^2$ 上のベクトル場の中で,Heisenberg 群 G で不変なベクトル場全体は 1 次元である($\frac{\partial}{\partial x} \in \mathfrak{X}(\mathbb{R}^2)$ のスカラー倍となる). □

(e) 例 4: 等質多様体上の微分形式とコホモロジー

例 10.13 と定理 10.23 より,等質多様体 G/H 上の p 次の微分形式は,等質ファイバー束

$$G \times_H \bigwedge^p((\mathfrak{g}/\mathfrak{h})^\vee) \to G/H$$

の切断である.定理 10.43 を $F = \bigwedge^p((\mathfrak{g}/\mathfrak{h})^\vee)$ に適用すれば次の定理が成り立つ.

定理 10.56 任意の等質多様体 G/H に対して,p 次の G-不変微分形式の空間 $(\mathcal{E}^p(G/H))^G$ は $(\bigwedge^p(\mathfrak{g}/\mathfrak{h})^\vee)^H$ と線型同型である.ただし,H はベクトル空間 $\bigwedge^p(\mathfrak{g}/\mathfrak{h})^\vee$ に双対等方表現の外積 $\bigwedge^p(\mathrm{Ad}_{\mathfrak{g}/\mathfrak{h}}^\vee)$ として作用する. □

この定理は,等質多様体のコホモロジーの計算に役に立つ.

多様体 X の **de Rham** コホモロジーの定義を手短かに復習しよう.X 上の p 次微分形式全体のなすベクトル空間を $\mathcal{E}^p(X)$ と表し,外微分を

$$d \colon \mathcal{E}^p(X) \to \mathcal{E}^{p+1}(X)$$

と書くと,p 次の de Rham コホモロジー群は

$$(10.37) \qquad H^p(X;\mathbb{R}) = \frac{\mathrm{Ker}(d \colon \mathcal{E}^p(X) \to \mathcal{E}^{p+1}(X))}{\mathrm{Image}(d \colon \mathcal{E}^{p-1}(X) \to \mathcal{E}^p(X))}$$

として定義されるベクトル空間である(例えば,『微分形式の幾何学』(森田 [32])定義 3.9 参照).また $b_p(X) := \dim_{\mathbb{R}} H^p(X;\mathbb{R})$ を X の p 次の **Betti 数** という.コンパクト群が多様体に作用しているとき,次の補題が成り立つ.

補題 10.57 連結コンパクト Lie 群 G が連結コンパクトかつ向きづけ可能な多様体 X に(C^∞ 級に)作用しているとする.G-不変な p 次微分形式の

空間を $\mathcal{E}^p(X)^G$ ($\subset \mathcal{E}^p(X)$) と表す．このとき，
(ⅰ) $d(\mathcal{E}^p(X)^G) \subset \mathcal{E}^{p+1}(X)^G$ が成り立つ．
(ⅱ) $H^p(X; \mathbb{R})$ の定義式(10.37)において右辺の $\mathcal{E}^j(X)$ を $\mathcal{E}^j(X)^G$ ($j = p-1, p, p+1$) に置き換えても同じコホモロジーを与える． □

証明はここでは述べない．

特に，コンパクト Lie 群 G が多様体 X に推移的に作用する場合は，定理 10.56 より $\mathcal{E}^p(X)^G$ を有限次元表現論の言葉で記述することができるため，コホモロジーの計算が著しく簡単になる．以下で述べるコンパクト Lie 群の低次の Betti 数の消滅定理(系 10.59)も，このことを応用して得られる．

次元が 2 以上の連結 Lie 群 G の随伴表現 $\mathrm{Ad}: G \to GL_\mathbb{R}(\mathfrak{g})$ が既約であるとき，G を単純 Lie 群というのであった．$G = SU(n)$ ($n \geq 2$)，$SO(n)$ ($n \geq 5$)，$Sp(n)$ ($n \geq 1$) などはコンパクト単純 Lie 群の例である．

補題 10.58 $\mathfrak{g}$ を連結コンパクト単純 Lie 群 G の Lie 環とする．
(ⅰ) G は複素 Lie 群ではない．
(ⅱ) $\mathfrak{g}_\mathbb{C} := \mathfrak{g} \otimes_\mathbb{R} \mathbb{C}$ は複素単純 Lie 環である．

［証明］ (ⅰ) もし G が複素 Lie 群の構造をもてば，随伴表現 $\mathrm{Ad}: G \to GL(\mathfrak{g})$ は複素解析的な表現である．従って，任意の行列要素(§3.1)は複素多様体 G 上の正則関数となるが，一方，G は連結かつコンパクトなので，複素関数論における Liouville の定理よりそれは定数関数となる．これは，$\mathrm{Ad}(g) = \mathrm{Ad}(e) = \mathrm{id}_\mathfrak{g}$ ($\forall g \in G$) を意味する．故に G は可換な Lie 群となってしまうが，これは G が単純 Lie 群であることに矛盾する．

(ⅱ) 随伴表現 $\mathrm{Ad}: G \to GL_\mathbb{C}(\mathfrak{g}_\mathbb{C})$ を既約分解して $\mathfrak{g}_\mathbb{C} = V_1 \oplus \cdots \oplus V_N$ となったとする．$N \geq 2$ として矛盾を示そう．V_j は $\mathfrak{g}_\mathbb{C}$ のイデアルなので，j-成分への射影 $p_j: \mathfrak{g}_\mathbb{C} \to V_j$ は複素 Lie 環の間の準同型写像となる．$p_j(X + \sqrt{-1} Y) = p_j(X) + \sqrt{-1} p_j(Y)$ ($X, Y \in \mathfrak{g}$) であり，$\mathfrak{g}_\mathbb{C} = \mathfrak{g} + \sqrt{-1} \mathfrak{g}$ だから $p_j \circ \iota \not\equiv 0$ である．ここで ι は自然な埋め込み $\mathfrak{g} \hookrightarrow \mathfrak{g}_\mathbb{C}$ を表す．$\mathfrak{g}$ は単純 Lie 環だから，0 でない Lie 環の準同型写像 $p_j \circ \iota: \mathfrak{g} \to V_j$ は単射でなければならない．特に $\dim_\mathbb{R} V_j \geq \dim_\mathbb{R} \mathfrak{g}$ が成り立つ．$\dim_\mathbb{R} \mathfrak{g}_\mathbb{C} = 2 \dim_\mathbb{R} \mathfrak{g}$ だから，もし $N \neq 1$ とすると，$N = 2$ かつ $p_j \circ \iota$ ($j = 1, 2$) は $\mathfrak{g}$ から V_j への全単射でなければならな

い．特に，V_j が複素 Lie 環であることから G は複素 Lie 群の構造をもつことになるが，これは(i)に矛盾する． ∎

系 10.59（コンパクト Lie 群の Betti 数） G を任意の連結コンパクト単純 Lie 群とするとき，その Betti 数は，
$$b_1(G) = b_2(G) = 0, \quad b_3(G) \neq 0$$
を満たす． □

例えば，系 10.59 によって，$n \geq 2$ のとき
$$H^1(SU(n); \mathbb{R}) = H^2(SU(n); \mathbb{R}) = \{0\}, \quad H^3(SU(2); \mathbb{R}) \neq \{0\}$$
が示されたわけである．特に $n=2$ の場合に系 10.59 の雰囲気を味わってみよう．このときは，例 3.26 の(3.30)で見たように $SU(2)$ と S^3（3次元球面）は微分同相であり，確かに $b_1(S^3) = b_2(S^3) = 0$, $b_3(S^3) = 1$ が成り立っている．

[系の証明] 4つのステップに分ける．

<u>ステップ(1)</u> 等質多様体 $G \times G / \mathrm{diag}(G)$ に対して定理 10.56 を適用すると，
$$G \times G / \mathrm{diag}(G) \simeq G \quad (\text{微分同相})$$
であるから
$$\mathcal{E}^p(G)^{G \times G} \simeq (\wedge^p(\mathfrak{g}^\vee \oplus \mathfrak{g}^\vee / \mathrm{diag}(\mathfrak{g}^\vee)))^G \simeq (\wedge^p(\mathfrak{g}^\vee))^G$$
$(\wedge^1(\mathfrak{g}^\vee))^G = (\wedge^2(\mathfrak{g}^\vee))^G = \{0\}$ を示せば，$H^1(G; \mathbb{R}) = H^2(G; \mathbb{R}) = \{0\}$ が補題 10.57 より成り立ち，$b_1(G) = b_2(G) = 0$ が証明されたことになる．

<u>ステップ(2)</u> $(\wedge^1(\mathfrak{g}^\vee))^G = \{0\}$ を示そう．

$\mathrm{Ad}: G \to GL_\mathbb{R}(\mathfrak{g})$ は既約であるから，その双対表現 $\mathrm{Ad}^\vee: G \to GL_\mathbb{R}(\mathfrak{g}^\vee)$ も既約である．$(\mathfrak{g}^\vee)^G$ およびその任意の部分空間は G-不変であるから，既約性より
$$(\mathfrak{g}^\vee)^G = \{0\} \quad \text{または} \quad \lceil (\mathfrak{g}^\vee)^G = \mathfrak{g}^\vee \text{ かつ } \dim_\mathbb{R} \mathfrak{g}^\vee = 1 \rfloor$$
が成り立つ．$\dim_\mathbb{R} \mathfrak{g} > 1$ より，後者は起こり得ない．故に，$(\mathfrak{g}^\vee)^G = \{0\}$ である．$\wedge^1(\mathfrak{g}^\vee) = \mathfrak{g}^\vee$ であるから $(\wedge^1(\mathfrak{g}^\vee))^G = \{0\}$ が示された．

<u>ステップ(3)</u> $(\wedge^2(\mathfrak{g}^\vee))^G = \{0\}$ を示そう．

G の表現としての同型 $\mathfrak{g}^\vee \otimes \mathfrak{g}^\vee \simeq S^2(\mathfrak{g}^\vee) \oplus \wedge^2(\mathfrak{g}^\vee)$ より
$$(\mathfrak{g}^\vee \otimes \mathfrak{g}^\vee)^G \simeq (S^2(\mathfrak{g}^\vee))^G \oplus (\wedge^2(\mathfrak{g}^\vee))^G$$

が成り立つ.

$(\mathfrak{g}^\vee \otimes \mathfrak{g}^\vee)^G \simeq \mathrm{Hom}_G(\mathfrak{g}, \mathfrak{g}^\vee)$ であり，補題 10.58 より $\mathrm{Ad}\colon G\to GL_{\mathbb{C}}(\mathfrak{g}\otimes_{\mathbb{R}}\mathbb{C})$ と $\mathrm{Ad}^\vee\colon G\to GL_{\mathbb{C}}(\mathfrak{g}^\vee\otimes_{\mathbb{R}}\mathbb{C})$ は共に既約表現であるから，Schur の補題より
$$\dim_{\mathbb{R}} \mathrm{Hom}_G(\mathfrak{g}, \mathfrak{g}^\vee) \leqq \dim_{\mathbb{C}} \mathrm{Hom}_G(\mathfrak{g}\otimes_{\mathbb{R}}\mathbb{C}, \mathfrak{g}^\vee\otimes_{\mathbb{R}}\mathbb{C}) \leqq 1$$
が成り立つ.

一方，G はコンパクトなので $\mathfrak{g}^\vee$ には G-不変な内積が存在する（定理 3.31 および注意 3.30）から，$\dim_{\mathbb{R}}(S^2(\mathfrak{g}^\vee))^G = 1$ である．故に，$(\bigwedge^2(\mathfrak{g}^\vee))^G = \{0\}$ が示された．

<u>ステップ(4)</u> B を $\mathfrak{g}$ の Killing 形式とすると，
$$w\colon \mathfrak{g}\times\mathfrak{g}\times\mathfrak{g}\to\mathbb{R}, \quad (X,Y,Z)\mapsto B([X,Y],Z)$$
は $\bigwedge^3(\mathfrak{g}^\vee)$ の元を定め，さらに任意の $g\in G$ に対し
$$w(\mathrm{Ad}(g)X, \mathrm{Ad}(g)Y, \mathrm{Ad}(g)Z) = w(X,Y,Z)$$
となるから $w\in(\bigwedge^3(\mathfrak{g}^\vee))^G$ である．後述する系 10.62 より $H^3(G;\mathbb{R})\neq 0$ が示された．

以上で系が証明された． ∎

系 10.59 と若干の位相幾何の結果を用いると，定理 6.77 の非常に短い別証明が得られる．これを紹介しよう．なお，以下では，単純 Lie 群のかわりに半単純 Lie 群と仮定しても結果は同じである．

系 10.60 任意のコンパクト単純 Lie 群の基本群 G は有限群である．特に，コンパクト単純 Lie 群の普遍被覆群もコンパクトである．

［証明］ Hurewicz の同型定理より，基本群 $\pi_1(G)$ の Abel 化 $\pi_1(G)/[\pi_1(G),\pi_1(G)]$ はホモロジー群 $H_1(G;\mathbb{Z})$ と同型である．G は Lie 群だから，基本群 $\pi_1(G)$ は可換群である（定理 6.6）．故に，$\pi_1(G)\simeq H_1(G;\mathbb{Z})$ という同型が成り立つ．一方，G はコンパクト多様体だから $\pi_1(G)$ は有限生成な群である．有限生成可換群の基本定理より，適当な素数 $p_1,\cdots,p_m$（重複を許す）と自然数 k によって
$$H_1(G;\mathbb{Z}) \simeq \mathbb{Z}^k \oplus (\mathbb{Z}/p_1\mathbb{Z}) \oplus \cdots \oplus (\mathbb{Z}/p_m\mathbb{Z})$$
と表される．普遍係数定理（例えば，ボット-トゥー『微分形式と代数トポロジー』（シュプリンガー東京）定理 15.14 参照）より

$$H^1(G;\mathbb{R}) \simeq \mathrm{Hom}(H_1(G;\mathbb{Z}),\mathbb{R}) \oplus \mathrm{Ext}(H_0(G;\mathbb{Z}),\mathbb{R}) \simeq \mathbb{R}^k$$

が成り立つ. 系 10.59 より, $\dim_{\mathbb{R}}(H^1(G;\mathbb{R})) = 0$ であるから $k=0$ が示された. 故に G の基本群は有限群である. ∎

定理 10.61 G を任意の連結コンパクト Lie 群とし, G/H を任意の対称空間 (定義 7.28 参照) とする. このとき, G/H の de Rham コホモロジーに関して次の同型が成り立つ:

$$H^p(G/H;\mathbb{R}) \simeq (\wedge^p(\mathfrak{g}/\mathfrak{h})^{\vee})^H.$$ ∎

証明は本書のレベルを超えるが, 大筋のみ説明しよう.

[証明のスケッチ] G はコンパクト群なので, 系 10.49 より等質多様体 G/H には G-不変な Riemann 計量が存在する. ω を G-不変な微分形式とすると, ω はこの Riemann 計量に関して調和形式 (harmonic form) となることが知られている (調和形式についてはここでは説明しない. 興味のある読者は, 例えば『微分形式の幾何学』(森田 [32]) の第 4 章を参照されたい). 特に,

$$d\colon \mathcal{E}^p(G/H)^G \to \mathcal{E}^{p+1}(G/H)^G$$

は 0 写像であることがわかる. 定理 10.56 と補題 10.57 より, 定理 10.61 が成り立つことがわかる. ∎

系 10.62 (Cartan–Eilenberg) 連結なコンパクト Lie 群 G の de Rham コホモロジー群は次の式で与えられる.

$$H^p(G;\mathbb{R}) \simeq (\wedge^p(\mathfrak{g}^{\vee}))^G \quad (p=1,2,\cdots).$$

[証明] Lie 群 G を対称空間として $(G \times G)/\mathrm{diag}(G)$ と表し (例 7.31 参照), 定理 10.61 を適用すればよい. ∎

例 10.63 n 次元球面 S^n を等質多様体として $S^n \simeq SO(n+1)/SO(n) = G/H$ と表すと, これは対称空間としての表示である. このとき $\mathfrak{g}/\mathfrak{h} \simeq \mathbb{R}^n$ に $H = SO(n)$ は自然表現として作用する. 従って

$$H^p(S^n;\mathbb{R}) \simeq (\wedge^p(\mathbb{R}^n))^{SO(n)} = \begin{cases} \mathbb{R} & (p=0,n) \\ 0 & (p \neq 0,n) \end{cases}$$

が成り立つ. ∎

《要約》

10.1 ファイバー束は局所的には直積位相空間の構造をもつ．その切断は関数概念の一般化を与える．

10.2 切断の記述には，(i) 変換関数を用いて局所的な関数の族として表す方法，(ii) 構造群を用いて(変数を増やして)大域的な1つの関数として表す方法がある．

10.3 等質ファイバー束は底空間に Lie 群が推移的に作用する同変ファイバー束である．逆も成り立つ．

10.4 等質ファイバー束の G-不変元は，1点のファイバーの不変元と1対1に対応している．これを用いて，等質多様体のコホモロジーや不変測度などが計算できる．

10.5 （用語）ファイバー束，切断，変換関数，構造群，主ファイバー束，同伴ファイバー束，同変ファイバー束，等質ファイバー束，誘導された作用，誘導表現

———————— 演習問題 ————————

10.1 $G = GL(n, \mathbb{R})$ の自然な作用で不変な $\mathbb{R}^n$ 上のベクトル場は **Euler 作用素** $E = \sum_{i=1}^{n} x_i \dfrac{\partial}{\partial x_i}$ のスカラー倍に限ることを示せ．

10.2 $\mathbb{P}^n\mathbb{C}, \mathbb{P}^n\mathbb{H}$ をそれぞれ $\mathbb{C}$ あるいは四元数体 $\mathbb{H}$ 上の n 次元射影空間とする．このとき，次の図式のように S^1, S^2, S^3 をそれぞれファイバーとするファイバー束(Hopf ファイバー束)の構造が定義されることを示せ．

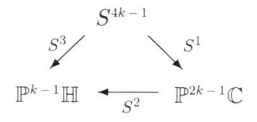

$$\begin{array}{ccc} & S^{4k-1} & \\ {}^{S^3}\swarrow & & \searrow^{S^1} \\ \mathbb{P}^{k-1}\mathbb{H} & \xleftarrow{S^2} & \mathbb{P}^{2k-1}\mathbb{C} \end{array}$$

10.3 連結なコンパクト単純 Lie 群上には，両側不変な Riemann 計量が必ず存在し，それは正のスカラー倍を除いて一意的であることを示せ．

10.4 $SL(n, \mathbb{R})$ 上の両側不変なベクトル場は 0 に限ることを示せ．

10.5 3次元の Heisenberg 群 G(例 10.55)上の両側不変なベクトル場の次元

は 1 であることを示せ.

10.6 定理 10.61 を用いて射影空間 $\mathbb{P}^m\mathbb{C}$ のコホモロジー群を計算せよ(位相幾何を既習の読者は,胞体分割を用いて計算する位相幾何的手法と比較すると面白いと思う).

11 誘導表現と無限次元ユニタリ表現

Lie 群 G とその閉部分群 H に対して，一方の表現から他方の表現を得る操作：

$$\text{（表現の制限）} \quad G \text{ の表現} \implies H \text{ の表現}$$
$$\text{（誘導表現）} \quad H \text{ の表現} \implies G \text{ の表現}$$

を考える．結果を先に述べると，この 2 つの操作は必ずしも既約性を保たないが，ユニタリ性は常に保つ（ように構成できる）．これらの性質を詳しく調べるのが本章の目標である．

まず，既約性について述べよう．制限の既約分解は分岐則と呼ばれ，特別な場合は物理における「対称性の破れ」の記述に対応する．一方，分岐則も誘導表現の既約分解も等質空間上の調和解析と密接な関係にある．いずれの既約分解も表現論の中心課題の 1 つである．この章では，G がコンパクトの場合に，「両者の既約分解が表裏一体である」という美しい関係（Frobenius の相互律）を証明する．誘導表現の意味（第 10 章）をよく理解すれば，Peter–Weyl の定理（第 4 章）から Frobenius の相互律がすぐに導かれることがわかるだろう．Frobenius の相互律の応用例として，$SO(2)$ の自明な 1 次元表現を $SO(3)$ に誘導した表現 $L^2(SO(3)/SO(2)) \simeq L^2(S^2)$ の既約分解を計算する．この結果は S^2 上の球面調和関数の群論的解釈にもなっている．

次に，ユニタリ性について述べる．等質空間 G/H に G-不変測度が存在す

る場合は，誘導表現がユニタリ性を保つことが容易にわかる(定理11.6)．不変測度が存在しない場合には，ユニタリ性を保つためにパラメータを少しずらす(いわゆる"ρのずらし")必要があり(定理11.23)，§11.2(a)ではその幾何的な意味を解説する．

誘導表現は，既約ユニタリ表現を生み出す宝庫でもある．例えば，単連結ベキ零 Lie 群の任意の既約ユニタリ表現は，適当な部分群の1次元ユニタリ表現からの L^2-誘導表現として構成できることが知られている(Kirillov の軌道法による分類)．一方，簡約 Lie 群に対しても L^2-誘導表現によって重要な既約表現を構成することができる．本章の後半では，これを $GL(n,\mathbb{R})$ のユニタリ主系列表現を例にとって解説する．既約性の証明では，(非コンパクトな)部分群への制限を用いる．そこでは，コンパクト部分群に関する分岐則とは正反対に，$\mathbb{R}^N$ の正則表現 $L^2(\mathbb{R}^N)$ における Fourier 変換(連続スペクトラムのみで分解される分岐則)が現れ，第2章で解説した「アフィン変換群の作用のエルゴード性」という幾何的な判定条件が重要な役割を果たす．

§11.1 Frobenius の相互律

(a) 表現の制限と分岐則

G を位相群，H をその部分群とする．群 G の表現 (π, V) が与えられたとき，$\pi(h)$ $(h \in H)$ は群 H の表現を定める．この表現を $(\pi|_H, V)$ と書き，表現 (π, V) の H への**制限**(restriction)または**簡約**(reduction)という．群 G も明示したいときは，$\pi|_H$ のかわりに $\mathrm{Rest}_H^G \pi$ や $\mathrm{Rest}(G \downarrow H)(\pi)$ という記号を使うこともある．

(π, V) が群 G の表現として既約であっても，制限 $(\pi|_H, V)$ は部分群 H の表現として既約とは限らない．$(\pi|_H, V)$ が H の既約表現に分解できるとき(例えば $(\pi|_H, V)$ が有限次元であって完全可約の場合)，制限 $\pi|_H$ の既約分解を与える公式を**分岐則**(branching law または branching rule)という．以下，分岐則のいくつかの例を挙げよう．例の証明はスケッチ程度にとどめる．

例 11.1 (テンソル積表現) §1.3(e)で述べたように，群 G' の2つの表

現 $(\pi_1,V_1),(\pi_2,V_2)$ のテンソル積表現 $(\pi_1\otimes\pi_2,V_1\otimes V_2)$ は，直積群 $G:=G'\times G'$ の外部テンソル積表現 $(\pi_1\boxtimes\pi_2,V_1\boxtimes V_2)$ を部分群 $H:=\mathrm{diag}(G')$ に制限したものに他ならない．すなわち，$\pi_1\otimes\pi_2\simeq\mathrm{Rest}(G'\times G'\downarrow\mathrm{diag}(G'))(\pi_1\boxtimes\pi_2)$ である． □

例 11.2（指標と極大トーラス） G を連結なコンパクト Lie 群，T をその極大トーラスとする．指標の理論(系 3.48)と極大トーラスの共役性(定理 6.62)により G の有限次元表現は T への制限だけで決定される．すなわち，π,π' を G の有限次元表現とするとき，分岐則 $\pi|_T$ と $\pi'|_T$ が一致する(T の表現として同型である)ことが，π と π' が G の表現として同型となるための必要十分条件である． □

例 11.3（制限 $U(2)\downarrow\mathbb{T}^2$） $(\lambda_1,\lambda_2)\in\mathbb{Z}^2$ $(\lambda_1\geqq\lambda_2)$ を最高ウェイトとする $G:=U(2)$ の有限次元既約表現を $\pi_{\lambda_1,\lambda_2}$ と書こう．$\pi_{\lambda_1,\lambda_2}$ は $\lambda_1-\lambda_2+1$ 次元の表現であり，定理 8.38(Cartan–Weyl の定理)より

$$\widehat{G}\simeq\{(\pi_{\lambda_1,\lambda_2},\mathbb{C}^{\lambda_1-\lambda_2+1}):\lambda_1\geqq\lambda_2;\lambda_1,\lambda_2\text{ は整数}\}$$

となる(例 8.42 も参照)．G の極大トーラス

$$T:=\left\{\begin{pmatrix}t_1 & 0 \\ 0 & t_2\end{pmatrix}:|t_1|=|t_2|=1\right\}$$

の 1 次元表現を各 $(a,b)\in\mathbb{Z}^2$ に対して

$$\chi_{a,b}\colon T\to\mathbb{C}^\times,\quad\begin{pmatrix}t_1 & 0 \\ 0 & t_2\end{pmatrix}\mapsto t_1^a t_2^b$$

と定義する．T は可換群なので既約ユニタリ表現はすべて 1 次元であり，

$$\widehat{T}\simeq\{(\chi_{a,b},\mathbb{C}):a,b\in\mathbb{Z}\}$$

となる．以上の記号の下で，$\pi_{\lambda_1,\lambda_2}$ の制限 $\pi_{\lambda_1,\lambda_2}|_T$ の分岐則は

$$\pi_{\lambda_1,\lambda_2}|_T=\chi_{\lambda_1,\lambda_2}\oplus\chi_{\lambda_1-1,\lambda_2+1}\oplus\chi_{\lambda_1-2,\lambda_2+2}\oplus\cdots\oplus\chi_{\lambda_2+1,\lambda_1-1}\oplus\chi_{\lambda_2,\lambda_1}$$

で与えられる．

$U(2)$ の表現の代わりに，$SU(2)$ の表現として上の例を書き直してみよう．$SU(2)$ には各次元に同値類を除いて唯一つの既約表現が存在し，

(11.1) $$\widehat{SU(2)}\simeq\{(\sigma_n,\mathbb{C}^{n+1}):n=0,1,2,\cdots\}$$

と表される．$U(2)$ の既約表現 $\pi_{\lambda_1,\lambda_2}$ を $SU(2)$ に制限した表現 $\pi_{\lambda_1,\lambda_2}|_{SU(2)}$ は

$SU(2)$ の表現としても既約であって
$$\pi_{\lambda_1,\lambda_2}|_{SU(2)} \simeq \sigma_{\lambda_1-\lambda_2}$$
となる.

また $SU(2)$ の極大トーラス $T_1 := \left\{ \begin{pmatrix} t & 0 \\ 0 & t^{-1} \end{pmatrix} : |t| = 1 \right\}$ の 1 次元表現を $n \in \mathbb{Z}$ に対して $\chi_n := \chi_{n,0}|_{T_1}$ と定義する.
$$\chi_{a,b}|_{T_1} = \chi_{a-b} \quad (a, b \in \mathbb{Z})$$
となることに注意しよう. 以上の記号の下で $\sigma_m \in \widehat{SU(2)}$ の制限 $\sigma_m|_{T_1}$ の分岐則は

(11.2) $$\sigma_m|_{T_1} = \chi_m \oplus \chi_{m-2} \oplus \cdots \oplus \chi_{-m}$$

となる. □

例 11.4(Clebsch–Gordan の公式) $U(2)$ の有限次元既約表現 $\pi_{\lambda_1,\lambda_2}$ と π_{μ_1,μ_2} ($\lambda_1 \geqq \lambda_2$, $\mu_1 \geqq \mu_2$) のテンソル積の分解は

$$\pi_{\lambda_1,\lambda_2} \otimes \pi_{\mu_1,\mu_2} \simeq \begin{cases} \pi_{\lambda_1+\mu_1,\lambda_2+\mu_2} \oplus \pi_{\lambda_1+\mu_1-1,\lambda_2+\mu_2+1} \oplus \cdots \oplus \pi_{\lambda_1+\mu_2,\lambda_2+\mu_1} \\ \qquad\qquad\qquad\qquad (\lambda_1 - \lambda_2 \geqq \mu_1 - \mu_2 \text{ のとき}) \\ \pi_{\lambda_1+\mu_1,\lambda_2+\mu_2} \oplus \pi_{\lambda_1+\mu_1-1,\lambda_2+\mu_2+1} \oplus \cdots \oplus \pi_{\lambda_2+\mu_1,\lambda_1+\mu_2} \\ \qquad\qquad\qquad\qquad (\lambda_1 - \lambda_2 \leqq \mu_1 - \mu_2 \text{ のとき}) \end{cases}$$

で与えられる. この公式を **Clebsch–Gordan の公式** という.

$m = \lambda_1 - \lambda_2$, $n = \mu_1 - \mu_2$ とおくと, 上の既約分解に対応する表現空間は
$$\mathbb{C}^{(m+1)(n+1)} = \mathbb{C}^{m+n+1} \oplus \mathbb{C}^{m+n-1} \oplus \cdots \oplus \mathbb{C}^{|m-n|+1}$$
と分解する.

また, (11.1) の記号を用いて, $SU(2)$ の表現として Clebsch–Gordan の公式を書くと
$$\sigma_m \otimes \sigma_n = \sigma_{m+n} \oplus \sigma_{m+n-2} \oplus \cdots \oplus \sigma_{|m-n|}$$
となる.

[例 11.4 の証明のスケッチ] $SU(2)$ の場合に示す. 簡単のため $m = 3$, $n = 2$ のとき
$$\sigma_3 \otimes \sigma_2 = \sigma_5 \oplus \sigma_3 \oplus \sigma_1$$

を示そう．コンパクト Lie 群の有限次元表現は，指標で決定される（系 3.48）．
従って

(11.3) $$\text{Trace}(\sigma_3 \otimes \sigma_2) = \text{Trace}(\sigma_5 \oplus \sigma_3 \oplus \sigma_1)$$

をいえばよい．指標の性質より，等式 (11.3) は

(11.4) $$\text{Trace}(\sigma_3)\text{Trace}(\sigma_2) = \text{Trace}(\sigma_5) + \text{Trace}(\sigma_3) + \text{Trace}(\sigma_1)$$

と同等である．そこで，等式 (11.4) の両辺の値が極大トーラス T_1 上一致していることをいえば十分である．これを示そう．$x = \text{diag}(t, t^{-1}) \in T_1$ とすると

$$\begin{aligned}
&(\text{Trace}(\sigma_3)\text{Trace}(\sigma_2))(x) \\
&= (t^3 + t + t^{-1} + t^{-3})(t^2 + 1 + t^{-2}) \\
&= (t^5 + t^3 + t + t^{-1} + t^{-3} + t^{-5}) + (t^3 + t + t^{-1} + t^{-3}) + (t + t^{-1}) \\
&= \text{Trace}(\sigma_5)(x) + \text{Trace}(\sigma_3)(x) + \text{Trace}(\sigma_1)(x)
\end{aligned}$$

となる．故に $\sigma_3 \otimes \sigma_2 = \sigma_5 \oplus \sigma_3 \oplus \sigma_1$ が示された．m, n が一般の場合もまったく同様である． ∎

例 11.5（主系列表現の K-type 分解）§1.2 例 1.41 で述べた例を考える．
すなわち，

$$G = SU(1,1) = \left\{ \begin{pmatrix} a & b \\ \bar{b} & \bar{a} \end{pmatrix} : |a|^2 - |b|^2 = 1,\ a, b \in \mathbb{C} \right\}$$

の $L^2(S^1)$ 上の表現 π を，$g = \begin{pmatrix} a & b \\ \bar{b} & \bar{a} \end{pmatrix} \in G$ に対して

$$\pi(g) \colon L^2(S^1) \to L^2(S^1), \quad f(z) \mapsto f\left(\frac{az + \bar{b}}{bz + \bar{a}}\right) \quad (|z| = 1)$$

と定義するのである．G のコンパクト部分群

$$K := \left\{ k_\theta := \begin{pmatrix} e^{\sqrt{-1}\theta} & 0 \\ 0 & e^{-\sqrt{-1}\theta} \end{pmatrix} : \theta \in \mathbb{R}/2\pi\mathbb{Z} \right\}$$

の 1 次元表現 χ_n ($n \in \mathbb{Z}$) を

$$\chi_n \colon K \to \mathbb{C}^\times, \quad k_\theta \mapsto e^{\sqrt{-1}n\theta}$$

と定義する．π の K への制限 $\pi|_K$ は

$$(\pi(k_\theta)f)(z) = f(e^{2\sqrt{-1}\theta}z) \quad (f \in L^2(S^1),\ |z| = 1)$$

によって与えられる．特に，$f(z)=z^n$ のとき
$$\pi(k_\theta)f = \chi_{2n}(k_\theta)f$$
が成り立つことに注意しよう．従って，Fourier 級数論(第 2 章)あるいは Peter–Weyl の定理(第 4 章)を $K\simeq S^1$ に適用することにより，$\pi|_K$ の分岐則は

$$\pi|_K \simeq {\sum_{n\in\mathbb{Z}}}^{\oplus} \chi_{2n}$$

で与えられることがわかる．対応する表現空間は Hilbert 空間としての離散直和(定義は §1.2 (g) 参照)

$$L^2(S^1) \simeq {\sum_{n\in\mathbb{Z}}}^{\oplus} \mathbb{C}z^n$$

に分解される．K は簡約 Lie 群 $G=SU(1,1)$ の**極大コンパクト部分群**である．一般に簡約 Lie 群 G の表現を極大コンパクト部分群 K に制限して既約分解した公式(分岐則)は **K-type 分解**と呼ばれ，G の無限次元表現論に有用な手法を提供する．　　　　　　　　　　　　　　　　　　　　　　□

(b) 　コンパクト群の誘導表現

この項では，誘導表現の最も簡単な場合としてコンパクト Lie 群の誘導表現を定義する．標語的に書くと「小さな群 H のユニタリ表現から大きな群 G のユニタリ表現を構成する」のが誘導表現である．§11.2 ではコンパクトという仮定を落とした一般化を説明する．

H をコンパクト Lie 群 G の閉部分群とする．H もコンパクト群だから，G/H には G-不変な測度 $d\mu$ が存在する (§10.5 系 10.45)．

(τ, W) を群 H の既約な(有限次元)ユニタリ表現とし，G-同変ベクトル束
$$\mathcal{W} := G\times_H W \to G/H$$
を考えよう (§10.3 参照)．

全射 $G\times W \to \mathcal{W}$, $(g,u)\mapsto [g,u]$ を用いて，$x=gH\in G/H$ におけるファイバー $\mathcal{W}_x = \{[g,u] : u\in W\}$ に内積

(11.5) 　　　　$([g,u],[g,u'])_{\mathcal{W}_x} := (u,u')_W \quad (u,u'\in W)$

§11.1 Frobenius の相互律 —— 479

を導入する．(11.5)の右辺が矛盾なく定義されていることを確かめよう．$h \in H$ とするとき gH と ghH は G/H の同じ点を表し，また $[g, u]$ と $[gh, \tau(h)^{-1}u]$ は $\mathcal{W}$ の同じ点を表すが，(τ, W) は群 H のユニタリ表現であることを用いると，

$$([gh, \tau(h)^{-1}u], [gh, \tau(h)^{-1}u'])_{\mathcal{W}_x} = (\tau(h)^{-1}u, \tau(h)^{-1}u')_W = (u, u')_W$$

となる．これは，(11.5)の右辺が $x = gH$ となる g のとり方によらずに定義できることを意味する．

次に，$\mathcal{W} \to G/H$ の切断の空間 $\Gamma(G/H, \mathcal{W})$ に内積

(11.6) $\quad (s_1, s_2) := \displaystyle\int_{G/H} (s_1(x), s_2(x))_{\mathcal{W}_x} \, d\mu(x) \quad (s_1, s_2 \in \Gamma(G/H, \mathcal{W}))$

を定義する．写像 $G/H \to \mathbb{C}$, $x \mapsto (s_1(x), s_2(x))_{\mathcal{W}_x}$ は G/H 上の連続関数であり，G/H はコンパクトだから(11.6)の右辺の積分は収束する．この内積に関して $\Gamma(G/H, \mathcal{W})$ を完備化して得られる Hilbert 空間を $L^2(G/H, \mathcal{W})$ と書く．

$d\mu$ は G-不変な測度であるから

(11.7) $\quad\quad\quad (L(g)s_1, L(g)s_2) = (s_1, s_2) \quad (\forall g \in G)$

が成り立つ．ここで $L(g): \Gamma(G/H, \mathcal{W}) \to \Gamma(G/H, \mathcal{W})$ $(g \in G)$ は G の自然な表現(§10.4 定義 10.40)を表す．(11.7)より，線型写像 $L(g)$ は $\Gamma(G/H, \mathcal{W})$ の完備化 $L^2(G/H, \mathcal{W})$ のユニタリ作用素として一意的に拡張される．拡張したユニタリ作用素も同じ記号 $L(g): L^2(G/H, \mathcal{W}) \to L^2(G/H, \mathcal{W})$ で表そう．このとき，命題 1.36 より次の定理が得られる．

定理 11.6 $(L, L^2(G/H, \mathcal{W}))$ は群 G のユニタリ表現である． □

定義 11.7 (L^2-誘導表現)　G のユニタリ表現 $(L, L^2(G/H, \mathcal{W}))$ を，H のユニタリ表現 (τ, W) の $\boldsymbol{L^2}$**-誘導表現**(L^2-induced representation)といい，この表現を $L^2\text{-}\mathrm{Ind}(H \uparrow G)(\tau)$ あるいは $L^2\text{-}\mathrm{Ind}_H^G \tau$ と書く． □

§11.2 では G, H が非コンパクトな場合に上の定義を一般化する(定義 11.24 参照)．

L^2-誘導表現の特別な例を見てみよう．

例 11.8 (τ, W) が H の自明な1次元表現のとき

$$L^2(G/H, \mathcal{W}) \simeq L^2(G/H)$$

であり，$L^2\text{-}\mathrm{Ind}_H^G \tau$ は $L^2(G/H)$ における自然な表現，すなわち，

$$L(g): L^2(G/H) \to L^2(G/H), \quad f(x) \mapsto f(g^{-1}x)$$

と同一視される．

特に，$H = \{e\}$ かつ (τ, W) が H の自明な 1 次元表現ならば，$L^2(G/H, \mathcal{W}) \simeq L^2(G)$ であり，$L^2\text{-}\mathrm{Ind}_H^G \tau$ は $L^2(G)$ における G の左正則表現に他ならない． □

L^2-誘導表現に対し，表現空間を $\Gamma(G/H, \mathcal{W})$ (連続な切断)，$\Gamma^\infty(G/H, \mathcal{W})$ (C^∞ 級の切断) として G の表現を定義したとき，この表現をそれぞれ $\mathrm{Ind}_H^G \tau$，$C^\infty\text{-}\mathrm{Ind}_H^G \tau$ と表し，(連続な)誘導表現，C^∞-誘導表現という．なお，$\Gamma^\infty(G/H, \mathcal{W})$ は $C^\infty(G/H, \mathcal{W})$ とも書く．また，$\mathrm{Ind}_H^G \tau$ は考えているカテゴリーによって違う意味で用いる文献もあることを注意しておく．

(c) Frobeniusの相互律

表現の制限(分岐則)(項(a))と誘導表現(項(b))の間には，次の双対性が成り立つ．

定理 11.9 (Frobenius の相互律(reciprocity law)**)** G をコンパクト Lie 群，H をその閉部分群とする．任意の $(\pi, V) \in \widehat{G}$ および任意の $(\tau, W) \in \widehat{H}$ に対して，

$$\mathrm{Hom}_H(\pi|_H, \tau) \simeq \mathrm{Hom}_G(\pi, L^2\text{-}\mathrm{Ind}_H^G \tau)$$

が成り立つ．特に，重複度に関する等式

$$[\pi|_H : \tau] = [L^2\text{-}\mathrm{Ind}_H^G \tau : \pi]$$

が成り立つ． □

§4.1 系4.19 より，コンパクト群の任意のユニタリ表現は既約表現の離散直和に分解(§1.2(g)参照)される．従って，定理11.9 から次の系が成り立つ．

系 11.10 G をコンパクト Lie 群，H をその閉部分群とし，$(\tau, W) \in \widehat{H}$ とする．このとき，L^2-誘導表現 $L^2\text{-}\mathrm{Ind}_H^G \tau$ は次のように G の既約表現に直和分解される．

§11.1 Frobenius の相互律 —— 481

$$L^2\text{-Ind}_H^G \tau \simeq \sum_{\pi \in \widehat{G}}^{\oplus} [\pi|_H : \tau]\pi$$
□

注意 11.11 有限群もコンパクトな Lie 群であるので，定理 11.9 や系 11.10 は成り立つ．なお，有限群の場合は，任意の関数は連続であり，C^∞ 級でもあり，L^2 でもあるので，関数解析の微妙さは現れない．そこで有限群に対しては，誘導表現を群環の係数拡大として代数的に定義し，係数拡大の普遍性から相互律を証明することもできる（有限群における Frobenius の相互律の代数的な取扱いに関しては，例えば，『群論』（寺田–原田[55]）定理 2.62 にも詳しく書かれている）．

注意 11.12 定理 11.9 および系 11.10 は，G が任意のコンパクト群（Lie 群でなくてもよい）に対しても成り立つ．証明も同様である．実際，証明の主な道具である Peter–Weyl の定理と等質空間 G/H 上の G-不変測度の存在定理は，いずれも（Lie 群とは限らない）任意のコンパクト群に対して成り立つからである．

誘導表現における各既約成分の重複度は考えている関数のクラスに依存しないことを見よう．表現空間の包含関係
$$C^\infty(G/H, \mathcal{W}) \subset \Gamma(G/H, \mathcal{W}) \subset L^2(G/H, \mathcal{W})$$
に応じて，各 $(\pi, V_\pi) \in \widehat{G}$ に対して
$$\text{Hom}_G(\pi, C^\infty\text{-Ind}_H^G \tau) \subset \text{Hom}_G(\pi, \text{Ind}_H^G \tau) \subset \text{Hom}_G(\pi, L^2\text{-Ind}_H^G \tau)$$
が成り立つ．実はこれらは同型である．すなわち次の定理が成り立つ．

定理 11.13 G をコンパクト Lie 群とする．定理 11.9 の設定において
$$\text{Hom}_G(\pi, C^\infty\text{-Ind}_H^G \tau) = \text{Hom}_G(\pi, \text{Ind}_H^G \tau) = \text{Hom}_G(\pi, L^2\text{-Ind}_H^G \tau)$$
が成り立つ． □

(d) Frobenius の相互律の証明

定理 11.9（Frobenius の相互律）および定理 11.13 の証明を
- Peter–Weyl の定理（第 4 章）
- 同伴ベクトル束の切断の解釈（第 10 章）

をもとに行おう．

$\mathcal{W} = G \times_H W \to G/H$ の切断の空間 $\Gamma(G/H, \mathcal{W})$ を主束 $G \to G/H$ に引き戻して書き直した定理 10.42 をさらに詳しく調べよう．まず

$$C(G, W) := G \text{ から } W \text{ への連続関数全体}$$

とおくと，$(g_1, g_2, h) \in G \times G \times H$ に対して

$$(g_1, g_2, h) : C(G, W) \to C(G, W), \quad F(x) \mapsto \tau(h) F(g_1^{-1} x g_2)$$

と定義することによって，直積群 $G \times G \times H$ の表現が $C(G, W)$ 上に定まる．

一方，テンソル積 $C(G) \otimes W$ には直積群 $G \times G$ の両側正則表現 $L \times R$ と H の表現 τ の外部テンソル積表現として表現 $(L \times R) \boxtimes \tau$ が定義される．

このとき，次の補題は定義より明らかであろう．

補題 11.14 $G \times G \times H$ の表現として同型 $C(G) \otimes W \simeq C(G, W)$ が成り立つ． □

特に，$\iota : H \to G \times G \times H$，$h \mapsto (1, h, h)$ によって $\iota(H)$ を $G \times G \times H$ の部分群と見たときの $\iota(H)$-不変元の空間の間の同型

$$(C(G) \otimes W)^{\iota(H)} \simeq C(G, W)^{\iota(H)}$$

が成り立つ．右辺は

$$\{F \in C(G, W) : F(gh) = \tau(h)^{-1} F(g) \ (\forall g \in G, \ \forall h \in H)\}$$

に他ならないから，$\Gamma(G/H, \mathcal{W})$ と自然に同一視することができる．

以上をまとめて次の補題を得る:

補題 11.15 G の表現として次の自然な同型が成り立つ．

(11.8) $\quad \Gamma(G/H, \mathcal{W}) \simeq C(G, W)^{\iota(H)} \simeq (C(G) \otimes W)^{\iota(H)} \subset C(G) \otimes W$ □

補題 11.15 における G の表現の同型対応は，関数(切断)のクラスを L^2 や C^∞ 級に変えても次のように成り立つ．

命題 11.16 次の自然な可換図式において，3つの自然な写像 $\simeq$ は G の表現としての同型を与える．

(11.9) $\quad\quad\quad L^2(G/H, \mathcal{W}) \simeq (L^2(G) \otimes W)^{\iota(H)}$

$\quad\quad\quad\quad\quad\quad\quad\quad\quad \cup \quad\quad\quad \cup$

(11.10) $\quad\quad\quad \Gamma(G/H, \mathcal{W}) \simeq (C(G) \otimes W)^{\iota(H)}$

$\quad\quad\quad\quad\quad\quad\quad\quad\quad \cup \quad\quad\quad \cup$

(11.11) $\quad\quad\quad C^\infty(G/H, \mathcal{W}) \simeq (C^\infty(G) \otimes W)^{\iota(H)}$

[証明] (11.10) は補題 11.15 で述べた．(11.11) もまったく同様にして確かめられる．(11.9) がユニタリ同値であることを示そう．G, H の正規化さ

れた Haar 測度をそれぞれ dg, dh とし，G/H 上の G-不変測度 $d\mu$ を

$$\int_G f(g)dg = \int_{G/H}\left(\int_H f(gh)dh\right)d\mu(gH)$$

と正規化しておく（系 6.56 あるいは系 10.45 参照）．G 上の Haar 測度 dg に関する 2 乗可積分関数全体のつくる Hilbert 空間を $L^2(G)$ と書くと，dg は両側不変なので G の両側正則表現 $L \times R$ は，$L^2(G)$ を表現空間とするユニタリ表現を定める．

次に，$s_i \in \Gamma(G/H, \mathcal{W})$ $(i=1,2)$ が同型 (11.8) において $f_i \in C(G,W)^{\iota(H)}$ に対応しているとする．このとき

$$\int_G (f_1(g), f_2(g))_W \, dg = \int_{G/H}\left(\int_H (f_1(gh), f_2(gh))_W \, dh\right)d\mu(gH)$$
$$= \int_{G/H}\left(\int_H (\tau(h)^{-1}f_1(g), \tau(h)^{-1}f_2(g))_W \, dh\right)d\mu(gH)$$

となる．ここで $\int_H dh = 1$ を用い，また右 H-不変な G 上の関数 $(f_1(g), f_2(g))_W$ を G/H 上の関数とみなすと

$$= \int_{G/H} (f_1(g), f_2(g))_W \, d\mu(gH)$$
$$= \int_{G/H} (s_1(x), s_2(x))_{\mathcal{W}_x} \, d\mu(x)$$

が成り立つ．故に (11.8) における G-写像

$$\Gamma(G/H, \mathcal{W}) \hookrightarrow C(G) \otimes W \subset L^2(G) \otimes W$$

は等長写像である．内積 (11.5) に関する完備化をとってユニタリ同値 (11.9) が得られる． ∎

［定理 11.9 の証明］ Peter–Weyl の定理（第 4 章）より，G の両側正則表現 $(L \times R, L^2(G))$ は

(11.12) $$L^2(G) \simeq \sum_{(\pi, V_\pi) \in \widehat{G}}^{\oplus} V_\pi \otimes V_\pi^\vee$$
$$L \times R \simeq \sum_{(\pi, V_\pi) \in \widehat{G}}^{\oplus} \pi \boxtimes \pi^\vee$$

と直積群 $G \times G$ の既約表現に直和分解される．$(\tau, W) \in \widehat{H}$ とすると，同

型(11.9)より G のユニタリ同値

$$(11.13) \quad (L^2(G) \otimes W)^{\iota(H)} \simeq \sum_{(\pi, V_\pi) \in \widehat{G}}^{\oplus} (V_\pi \otimes V_\pi^\vee \otimes W)^{\iota(H)}$$

$$\simeq \sum_{(\pi, V_\pi) \in \widehat{G}}^{\oplus} V_\pi \otimes (V_\pi^\vee|_H \otimes W)^H$$

$$\simeq \sum_{(\pi, V_\pi) \in \widehat{G}}^{\oplus} V_\pi \otimes \operatorname{Hom}_H(V_\pi|_H, W)$$

が得られる．ここで(11.13)の最初の式には群 G は左正則表現 L によって，(11.13)の最後の式には群 G は各直和成分の $(\pi, V_\pi) \in \widehat{G}$ によって，それぞれユニタリ表現として作用している．故に，$(\pi, V_\pi) \in \widehat{G}$ を止めて考えると

$$\operatorname{Hom}_G(V_\pi, (L^2(G) \otimes W)^{\iota(H)}) \simeq \operatorname{Hom}_H(V_\pi|_H, W)$$

が成り立つ．命題 11.16 のユニタリ同値写像(11.9)より，

$$(11.14) \quad \operatorname{Hom}_G(V_\pi, L^2(G/H, \mathcal{W})) \simeq \operatorname{Hom}_H(V_\pi|_H, W)$$

あるいは表現の記号を用いて

$$\operatorname{Hom}_G(\pi, L^2\text{-}\operatorname{Ind}_H^G \tau) \simeq \operatorname{Hom}_H(\pi|_H, \tau)$$

が成り立つことが示された．これで定理 11.9 の証明が完結した． ■

［定理 11.13 の証明］　最後に，L^2-誘導の場合の同型(11.14)から，他の関数空間(連続切断あるいは C^∞ 級切断)の結果を導こう．

$$C^\infty(G/H, \mathcal{W}) \subset \Gamma(G/H, \mathcal{W}) \subset L^2(G/H, \mathcal{W})$$

であるから，同型(11.14)における対応

$$\operatorname{Hom}_G(V_\pi, L^2(G/H, \mathcal{W})) \simeq \operatorname{Hom}_H(V_\pi|_H, W), \quad \widetilde{\varphi} \leftarrow \varphi$$

において，任意の $\varphi \in \operatorname{Hom}_H(V_\pi|_H, \mathcal{W})$ に対して

$$(11.15) \quad \widetilde{\varphi}(u) \in C^\infty(G/H, \mathcal{W}) \quad (\forall u \in V_\pi)$$

が示されれば

$$\operatorname{Hom}_G(V_\pi, C^\infty(G/H, \mathcal{W})) = \operatorname{Hom}_G(V_\pi, \Gamma(G/H, \mathcal{W}))$$

$$= \operatorname{Hom}_G(V_\pi, L^2(G/H, \mathcal{W}))$$

が得られ，定理 11.13 が得られる．(11.15)を示そう．

まず，ユニタリ同値(11.12)は行列要素をとる写像(Peter–Weyl の定理(定理 4.1)参照)

$$\widetilde{\Phi}_\pi : V_\pi \otimes V_\pi^\vee \to L^2(G), \quad u \otimes f \mapsto \widetilde{\Phi}_\pi(u \otimes f)$$
$$\widetilde{\Phi}_\pi(u \otimes f)(g) := \sqrt{\dim V_\pi} \langle \pi(g)^{-1} u, f \rangle$$

によって定義されていたことを思い出すと，$\varphi \in \mathrm{Hom}_H(V_\pi|_H, W)$ および $u \in V_\pi$ に対して $\widetilde{\varphi}(u) \in L^2(G/H, \mathcal{W})$ は次で与えられる：

(11.16) $\quad G \to W, \quad g \mapsto \widetilde{\varphi}(u)(g) := \sqrt{\dim V_\pi} \varphi(\pi(g^{-1})u).$

写像 $G \times V_\pi \to V_\pi$, $(g, u) \mapsto \pi(g^{-1})u$ および $\varphi : V_\pi \to W$ は C^∞ 級写像なので，その合成である $\widetilde{\varphi}(u)$ も C^∞ 級写像である．故に，$\widetilde{\varphi}(u) \in C^\infty(G/H, \mathcal{W})$ が成り立つことがわかる．以上から定理 11.13 が証明された．∎

(e) $L^2(S^2)$ の展開定理

円周 S^1 上の古典的な Fourier 級数論を，群 S^1 のユニタリ表現 $L^2(S^1)$ の既約分解の公式

$$L^2(S^1) \simeq \sum_{n \in \mathbb{Z}}^\oplus \mathbb{C} e^{inx}$$

と解釈し（第2章），さらにこの群論的解釈を推し進めてコンパクト群 G に対する $L^2(G)$ の展開定理（Peter–Weyl の定理）に到達した（第4章）．

さて，2次元球面 S^2 は Lie 群の構造をもたない．従って，Peter–Weyl の定理を直接 S^2 に適用することはできない．一方，Fourier 級数論の類似である球面調和関数を用いた $L^2(S^2)$ の展開定理が古くから知られている．この項では，Frobenius の相互律の応用例として，$L^2(S^2)$ の展開定理を群論的に説明しよう．

Lie 群 $SU(2)$ の随伴表現 $\mathrm{Ad} : SU(2) \to GL_\mathbb{R}(\mathfrak{su}(2))$ は

$$\mathfrak{su}(2) \simeq \left\{ \begin{pmatrix} \sqrt{-1}\,x & y + \sqrt{-1}\,z \\ -y + \sqrt{-1}\,z & -\sqrt{-1}\,x \end{pmatrix} : x, y, z \in \mathbb{R} \right\} \simeq \mathbb{R}^3$$

の球面 $x^2 + y^2 + z^2 = 1$ を不変にする．この作用は推移的であり，点 ${}^t(1,0,0) \in \mathbb{R}^3$ における等方部分群は $T = \{\mathrm{diag}(t, t^{-1}) : |t| = 1\}$ で与えられるから，微分同相 $SU(2)/T \simeq S^2$ を得る．T の自明表現を $\mathbf{1}$ と書くと，例 11.8 より，

(11.17) $\quad L^2(S^2) \simeq L^2(SU(2)/T, \mathbf{1})$

が成り立つ．さて，σ_k を $SU(2)$ の $k+1$ 次元既約表現とすると，例 11.3 で計算した制限 $SU(2)\downarrow T$ に関する分岐則の公式(11.2)より

$$[\sigma_k|_T : \mathbf{1}] = \begin{cases} 1 & (k=0,2,4,\cdots) \\ 0 & (k=1,3,5,\cdots) \end{cases}$$

が成り立つ．Frobenius の相互律(系 11.10)より次の定理が示された．

定理 11.17（球面調和関数による展開定理） $L^2(S^2)$ は $SU(2)$ の既約表現の直和として，次の形に分解される：

$$L^2(S^2) \simeq \sum_{m=0}^{\infty}{}^{\oplus} \sigma_{2m}.$$

□

注意 11.18 σ_{2m} に対応する表現空間は $2m+1$ 次元であり，これは m 次の**球面調和関数**(spherical harmonics)の空間

$$\{f \in C^{\infty}(S^2) : \triangle f = -m(m+1)f\} \quad (\subset L^2(S^2))$$

に一致する．ただし，$\triangle$ は S^2 上の標準的な Riemann 計量に関するラプラシアンである．

定理 11.17 における群論的解釈を用いて，球面調和関数を特殊関数で具体的に表示するという古典解析の結果を自然な形で得ることができる．高次元の球面 S^n など他の等質空間への一般化も群論や表現論の応用として興味深い話題であるが，ここでは深入りしない（興味ある読者は竹内勝[52]，岡本清郷[34]，Helgason [10] などの教科書を参照されたい）．

§11.2 無限次元表現の構成

(a) ユニタリ表現の L^2-誘導表現

H がコンパクト群でない場合に，ユニタリ表現の誘導表現 L^2-$\mathrm{Ind}(H\uparrow G)$ を拡張しよう．H がコンパクトでないときは，等質空間 G/H には G-不変な測度が存在するとは限らない．そこで測度を特定しないで積分を考えるのが自然な考え方である．

以下，M は n 次元多様体とする．M に向きづけできるかどうかは仮定しない．まず M 上の「積分」をファイバー束の言葉で整理しておこう．接ベクトル束 $TM \to M$ の $GL(n,\mathbb{R})$-主束である標構束(§10.2(d)参照)
$$F(TM) \to M$$
を考える．M 上の体積要素(測度)は，標構束の構造群 $GL(n,\mathbb{R})$ の 1 次元表現
$$|\det|^{-1} \colon GL(n,\mathbb{R}) \to GL(1,\mathbb{C}), \quad g \mapsto |\det g|^{-1}$$
に同伴した直線束

(11.18) $\qquad V(M) := F(TM) \times_{|\det|^{-1}} \mathbb{C} \to M$

の切断となっている(座標近傍系のとりかえに関する Jacobi 行列式の変換則を考えればよい)．$V(M)$ は M 上の**体積バンドル**と呼ばれる．このとき，コンパクト台をもつ連続な切断の空間 $\varGamma_c(M,V(M))$ 上で積分
$$\int_M \colon \varGamma_c(M,V(M)) \to \mathbb{C}, \quad s \mapsto \int_M s$$
が定義される．

次に，構造群 $GL(n,\mathbb{R})$ の 1 次元表現
$$|\det|^{-\frac{1}{2}} \colon GL(n,\mathbb{R}) \to GL(1,\mathbb{C}), \quad g \mapsto |\det g|^{-\frac{1}{2}}$$
に同伴した複素直線束
$$\sqrt{V(M)} := F(TM) \times_{|\det|^{-\frac{1}{2}}} \mathbb{C} \to M$$
を考える．$s_1, s_2 \in \varGamma_c(M, \sqrt{V(M)})$ ならば積 $s_1\overline{s_2} \in \varGamma_c(M, V(M))$ となるので，$\varGamma_c(M, \sqrt{V(M)})$ 上の内積
$$\varGamma_c(M, \sqrt{V(M)}) \times \varGamma_c(M, \sqrt{V(M)}) \to \mathbb{C}, \quad (s_1, s_2) \mapsto \int_M s_1\overline{s_2}$$
を定義することができる．この内積によって $\varGamma_c(M, \sqrt{V(M)})$ を完備化して得られる Hilbert 空間を $L^2(M, \sqrt{V(M)})$ と書こう．

例 11.19 $M = \mathbb{R}^n$ のとき Lebesgue 測度 $dx_1 dx_2 \cdots dx_n$ に関する 2 乗可積分関数のつくる Hilbert 空間を $L^2(\mathbb{R}^n)$ と書くと，次の対応

$$(11.19) \quad L^2(\mathbb{R}^n) \simeq L^2(\mathbb{R}^n, \sqrt{V(\mathbb{R}^n)}), \quad f(x) \mapsto f(x)\sqrt{dx_1 dx_2 \cdots dx_n}$$

が Hilbert 空間としての同型を与える．(11.19) の左辺の $L^2(\mathbb{R}^n)$ の定義には $\mathbb{R}^n$ 上の測度として Lebesgue 測度を採用することが必要であった．一方，(11.19) の右辺の $L^2(\mathbb{R}^n, \sqrt{V(\mathbb{R}^n)})$ の定義には $\mathbb{R}^n$ 上の特定の測度を用いていないことが重要である．そこで，(11.19) の同型対応を記述するには，左辺で用いた Lebesgue 測度を用いればよいのである． □

G を Lie 群，H をその閉部分群とし，$M = G/H$（等質空間）の場合を考えよう．G, H の Lie 環をそれぞれ $\mathfrak{g}, \mathfrak{h}$ と表す．等方表現

$$\mathrm{Ad}_{\mathfrak{g}/\mathfrak{h}} : H \to GL_{\mathbb{R}}(\mathfrak{g}/\mathfrak{h})$$

に付随する 1 次元表現を，各 $\lambda \in \mathbb{C}$ に対して

$$(11.20) \quad \rho^\lambda : H \to GL(1, \mathbb{C}), \quad h \mapsto |\det \mathrm{Ad}_{\mathfrak{g}/\mathfrak{h}}(h)|^{-\frac{\lambda}{2}}$$

と定義する．表現 $(\rho^\lambda, \mathbb{C})$ をまとめて $\mathbb{C}_{\rho^\lambda}$ と書く．また ρ^1 は単に ρ と書く．G/H に G-不変測度が存在するための必要十分条件は ρ が自明表現であることである（定理 10.44 参照）．このとき，(11.18) より，体積バンドル $V(G/H)$ およびその平方根バンドル $\sqrt{V(G/H)}$ は等質直線束として

$$V(G/H) \simeq G \times_H \mathbb{C}_{\rho^2} \to G/H$$

$$\sqrt{V(G/H)} \simeq G \times_H \mathbb{C}_\rho \to G/H$$

と表すことができる（§10.5(b) 参照）．

補題 11.20 任意の $s \in \Gamma_c(G/H, G \times_H \mathbb{C}_{\rho^2})$ に対して

$$(11.21) \quad \int_{G/H} s = \int_{G/H} L(g)s \quad (\forall g \in G)$$

が成り立つ．さらに定義域を広げて $s \in L^1(G/H, G \times_H \mathbb{C}_{\rho^2})$ に対しても (11.21) が成り立つ．

[証明] $\int_{G/H} L(g)s = \int_{g(G/H)} s = \int_{G/H} s$ より明らか． ∎

定理 11.21 $L^2(G/H, \sqrt{V(G/H)}) = L^2(G/H, G \times_H \mathbb{C}_\rho)$ 上に G の自然な表現が定義され，それはユニタリとなる．

§11.2 無限次元表現の構成 —— 489

[証明] 任意の $s_1, s_2 \in \Gamma_c(G/H, G \times_H \mathbb{C}_\rho)$ に対して
$$s_1 \overline{s_2} \in \Gamma_c(G/H, G \times_H \mathbb{C}_{\rho^2})$$
が成り立つ．そこで，補題 11.20 を適用すると，任意の $g \in G$ に対して

(11.22) $\quad \int_{G/H} (L(g)s_1)\overline{(L(g)s_2)} = \int_{G/H} L(g)(s_1 \overline{s_2}) = \int_{G/H} s_1 \overline{s_2}$

となる．$\Gamma_c(G/H, G \times_H \mathbb{C}_\rho)$ の内積を
$$(s_1, s_2) := \int_{G/H} s_1 \overline{s_2}$$
と定義すると，(11.22) より線型写像
$$L(g) : \Gamma_c(G/H, G \times_H \mathbb{C}_\rho) \to \Gamma_c(G/H, G \times_H \mathbb{C}_\rho)$$
は $\Gamma_c(G/H, G \times_H \mathbb{C}_\rho) \simeq \Gamma_c(G/H, \sqrt{V(G/H)})$ の内積を保つ．この内積に関して完備化した Hilbert 空間を $L^2(G/H, G \times_H \mathbb{C}_\rho) \simeq L^2(G/H, \sqrt{V(G/H)})$ と定義すると，§1.2 の命題 1.36 より，$L(g)$ は等長写像
$$L(g) : L^2(G/H, G \times_H \mathbb{C}_\rho) \to L^2(G/H, G \times_H \mathbb{C}_\rho)$$
に拡張することができる．故に $L^2(G/H, G \times_H \mathbb{C}_\rho)$ を表現空間とする G のユニタリ表現 L が定義された． ∎

注意 11.22 G/H に G-不変測度 $d\mu$ が存在するとき，すなわち ρ が自明表現に同値であるときは，$d\mu$ に関する 2 乗可積分関数全体のつくる Hilbert 空間を $L^2(G/H)$ と書くと，例 11.19 と同様に
$$L^2(G/H) \simeq L^2(G/H, \sqrt{V(G/H)}), \quad f(x) \mapsto f(x)\sqrt{d\mu(x)}$$
という Hilbert 空間の同型が成り立ち，$L^2(G/H)$ 上の自然な表現はユニタリ表現になる(これを**準正則表現**(quasi-regular representation)ということもある)．この事実を G/H に G-不変測度が存在しない場合を含む形で一般化したのが定理 11.21 である．

次に，(τ, W) を部分群 H のユニタリ表現とする．H から G への L^2-誘導表現を定義しよう．本書では主に W が有限次元表現の場合を扱うが，W が無限次元の Hilbert 空間でも同様の議論ができる．まず，H の表現
$$\tau \otimes \rho : H \to GL_\mathbb{C}(W \otimes \mathbb{C}) \simeq GL_\mathbb{C}(W), \quad h \mapsto \rho(h)\tau(h)$$
に同伴した G-同変ベクトル束

を定義する．コンパクト台をもつ連続な切断の空間 $\Gamma_c(G/H, \mathcal{W}_\rho)$ に内積を

$$\mathcal{W}_\rho := G \times_{\tau \otimes \rho} W \to G/H$$

(11.23) $\quad (s_1, s_2) := \displaystyle\int_{G/H} (s_1(x), s_2(x)) \quad (s_1, s_2 \in \Gamma_c(G/H, \mathcal{W}_\rho))$

と定義する．ここで $(s_1(x), s_2(x))$ は $x \in G/H$ におけるファイバー $(\mathcal{W}_\rho)_x$ の内積を表す．(τ, W) はユニタリ表現なので§11.1(b)(コンパクト群の誘導表現)の議論と同様にして，内積 $(s_1(x), s_2(x))$ が各 $x \in G/H$ に対して定義でき，$x \to (s_1(x), s_2(x))$ は $\Gamma_c(G/H, G \times_H \mathbb{C}_{\rho^2})$ の元を定めることがわかる．従って(11.23)の右辺における積分 $\displaystyle\int_{G/H} (s_1(x), s_2(x))$ が定義されるのである．

$\Gamma_c(G/H, \mathcal{W}_\rho)$ を内積(11.23)によって完備化して得られる Hilbert 空間を $L^2(G/H, \mathcal{W}_\rho)$ と表す．定理 11.21 とまったく同様にして次の定理が証明される：

定理 11.23 (τ, W) が H のユニタリ表現ならば，$L^2(G/H, \mathcal{W}_\rho)$ は G のユニタリ表現である． □

定義 11.24（L^2-誘導表現） 定理 11.23 で得られた G のユニタリ表現を $L^2\text{-Ind}_H^G \tau$ と書き，ユニタリ表現 (τ, W) の **L^2-誘導表現**という．L^2-誘導表現の定義において，体積バンドルの平方根バンドル $\sqrt{V(G/H)}$ をテンソルするため，H の表現 ρ のずらしが必要であった．これを表現論では，しばしば **ρ のずらし**（ρ-shift）といい，幾何的量子化に重要な役割を果たす． □

定義 11.24 は定義 11.7 の一般化になっている（注意 11.22 の同一視を使う）．すなわち，G/H に G-不変測度が存在するとしないとにかかわらず，

$$H \text{ のユニタリ表現 } \tau \implies G \text{ のユニタリ表現 } L^2\text{-Ind}_H^G \tau$$

という構成ができた．

(b) $GL(n, \mathbb{R})$ のユニタリ主系列表現

この項では，定理 11.23 を適用して，$G_\mathbb{R} := GL(n, \mathbb{R})$ の無限次元既約ユニタリ表現の族を構成しよう．

自然数 n を k 個の正の整数に分割する：

$$n = n_1 + n_2 + \cdots + n_k$$

$GL(n, \mathbb{R})$ の部分群 $P_{n_1, n_2, \cdots, n_k; \mathbb{R}}$ をブロック行列表示を用いて

$$P_{n_1, n_2, \cdots, n_k; \mathbb{R}} := \left\{ A = (A_{ij})_{1 \leq i,j \leq k} \in G_{\mathbb{R}} : \begin{array}{l} A_{ij} \in M(n_i, n_j; \mathbb{R}), \\ A_{ij} = 0 \ (1 \leq \forall i < \forall j \leq k) \end{array} \right\}$$

と定義する.

例 11.25 $n = 4$ のとき,

$$P_{1,1,1,1; \mathbb{R}} = \begin{pmatrix} * & 0 & 0 & 0 \\ * & * & 0 & 0 \\ * & * & * & 0 \\ * & * & * & * \end{pmatrix} \text{の形の } GL(4, \mathbb{R}) \text{ の元全体}$$

$$P_{2,1,1; \mathbb{R}} = \begin{pmatrix} * & * & 0 & 0 \\ * & * & 0 & 0 \\ * & * & * & 0 \\ * & * & * & * \end{pmatrix} \text{の形の } GL(4, \mathbb{R}) \text{ の元全体}$$

なので $P_{1,1,1,1; \mathbb{R}} \subset P_{2,1,1; \mathbb{R}}$ という包含関係がある. これを $P_{1,1,1,1; \mathbb{R}} \mbox{---} P_{2,1,1; \mathbb{R}}$ (左が右に含まれる) と略記すると,

$$P_{1,1,1,1; \mathbb{R}} \Longleftarrow \begin{array}{c} P_{1,1,2; \mathbb{R}} \\ P_{1,2,1; \mathbb{R}} \\ P_{2,1,1; \mathbb{R}} \end{array} \bowtie \begin{array}{c} P_{1,3; \mathbb{R}} \\ P_{2,2; \mathbb{R}} \\ P_{3,1; \mathbb{R}} \end{array} \Longrightarrow P_{4; \mathbb{R}} = GL(4, \mathbb{R})$$

という包含関係の図が得られる. □

$P_{n_1, n_2, \cdots, n_k; \mathbb{R}}$ は 2^k 個の連結成分をもつ $G_{\mathbb{R}}$ の閉部分群である. 証明は, 演習問題 11.4 としよう.

定義 11.26(放物型部分群) $P_{n_1, n_2, \cdots, n_k; \mathbb{R}}$ を $G_{\mathbb{R}}$ の**放物型部分群**(parabolic subgroup)という. $n_1 = n_2 = \cdots = n_k = 1$ (特に $k = n$) のとき $P_{1,1,\cdots,1; \mathbb{R}}$ を**極小放物型部分群**(minimal parabolic subgroup), $k = 2$ のとき $P_{n_1, n_2; \mathbb{R}}$ を**極大放物型部分群**(maximal parabolic subgroup)という. 極大, 極小の用語の由来は $n = 4$ の場合の例 11.25 の図から明らかであろう. また, 対角ブロックに実現される直積群

$$L_{n_1,\cdots,n_k;\mathbb{R}} := GL(n_1,\mathbb{R}) \times \cdots \times GL(n_k,\mathbb{R})$$

を $P_{n_1,n_2,\cdots,n_k;\mathbb{R}}$ の **Levi 部分群**(Levi subgroup)という. □

なお，$GL(n,\mathbb{C})$ に対しても放物型部分群が同様に定義される．こちらは，Borel–Weil の定理に用いられる(§13.4(a))．以下，$P_{n_1,n_2,\cdots,n_k;\mathbb{R}}$ を(前後関係から明らかな場合は) $P_{\mathbb{R}}$ と略記する．

多重指数 $\varepsilon = (\varepsilon_1, \varepsilon_2, \cdots, \varepsilon_k) \in (\mathbb{Z}/2\mathbb{Z})^k$, $\nu = (\nu_1, \nu_2, \cdots, \nu_k) \in \mathbb{C}^k$ に対して，$P_{\mathbb{R}}$ の 1 次元表現を

(11.24)　$\chi_{\varepsilon,\nu} \colon P_{\mathbb{R}} \to \mathbb{C}^{\times}, \quad (A_{ij})_{1 \leq i,j \leq k} \mapsto \prod_{i=1}^{n} |\det A_{ii}|^{\nu_i} (\mathrm{sgn}\, \det A_{ii})^{\varepsilon_i}$

と定義する．ここで $A_{ij} \in M(n_i, n_j; \mathbb{R})$ $(1 \leq i, j \leq k)$ である．

$P_{\mathbb{R}}$ の任意の 1 次元表現は $\chi_{\varepsilon,\nu}$ のどれかに同型である．証明は簡単だが，ここでは省略する．また次の補題は(11.24)の形から明らかである．

補題 11.27　$P_{\mathbb{R}} \equiv P_{n_1,n_2,\cdots,n_k;\mathbb{R}}$ を $G_{\mathbb{R}}$ の放物型部分群とする．(11.24)で定義された $\chi_{\varepsilon,\nu}$ が $P_{\mathbb{R}}$ のユニタリ表現となるための必要十分条件は $\nu \in (\sqrt{-1}\mathbb{R})^k$ となることである． □

$G_{\mathbb{R}}, P_{\mathbb{R}}$ の Lie 環をそれぞれ $\mathfrak{g}_{\mathbb{R}}, \mathfrak{p}_{\mathbb{R}}$ と表し，(11.20)に従って

$$\rho \equiv \rho_{n_1,n_2,\cdots,n_k} \colon P_{\mathbb{R}} \to GL(1,\mathbb{C}), \quad g \mapsto |\det \mathrm{Ad}_{\mathfrak{g}_{\mathbb{R}}/\mathfrak{p}_{\mathbb{R}}}(g)|^{-\frac{1}{2}}$$

とおく．また

(11.25)　$\varepsilon^{(0)} := (0,\cdots,0) \in (\mathbb{Z}/2\mathbb{Z})^k$

(11.26)　$\nu^{(0)} := (\nu_1^{(0)}, \cdots, \nu_k^{(0)}) \in \mathbb{C}^k, \quad \nu_j^{(0)} := \dfrac{1}{2} \left(\sum_{1 \leq l < j} n_l - \sum_{j < l \leq k} n_l \right)$

とおく．

補題 11.28　$P_{\mathbb{R}}$ の表現として ρ と $\chi_{\varepsilon^{(0)}, \nu^{(0)}}$ は同型である．

［証明］　$\rho(g) > 0$ $(\forall g \in P_{\mathbb{R}})$ なので，ρ の符号が $\varepsilon^{(0)}$ に対応することは明らかである．そこで，$d\rho$ と $d\chi_{\varepsilon^{(0)},\nu^{(0)}}$ が $P_{\mathbb{R}}$ の Lie 環 $\mathfrak{p}_{\mathbb{R}}$ の上で一致することをいえばよい．これは

$$d\rho(X) = -\frac{1}{2} \mathrm{Trace}(\mathrm{ad}(X) \colon \mathfrak{g}_{\mathbb{R}}/\mathfrak{p}_{\mathbb{R}} \to \mathfrak{g}_{\mathbb{R}}/\mathfrak{p}_{\mathbb{R}}) \quad (X \in \mathfrak{p}_{\mathbb{R}})$$

を用いて計算すればよい．簡単のため $n_1 = n_2 = \cdots = n_k = 1$ の場合に計算を実行してみよう．$X = (X_{ij})_{1 \leq i,j \leq n} \in \mathfrak{p}_\mathbb{R}$ に対して

(11.27) $\qquad \mathrm{ad}(X) E_{ij} \in (X_{ii} - X_{jj}) E_{ij} + \sum_{b-a<j-i} \mathbb{R} E_{ab}$

が成り立つから，$\mathfrak{g}_\mathbb{R}/\mathfrak{p}_\mathbb{R}$ の $\mathbb{R}$-基底 $\{E_{ij} + \mathfrak{p}_\mathbb{R} : 1 \leq i < j \leq n\}$ に対して (11.27) を適用すると，

$$d\rho(X) = -\frac{1}{2} \sum_{1 \leq i < j \leq n} (X_{ii} - X_{jj})$$

$$= -\frac{1}{2} \{(n-1) X_{11} + (n-3) X_{22} + \cdots$$

$$+ (-n+3) X_{n-1\,n-1} + (-n+1) X_{nn}\}$$

となる．一方，$n_1 = n_2 = \cdots = n_k = 1$ ならば $\nu_j^{(0)} = \dfrac{2j-1-n}{2}$ であるから
$$d\chi_{\varepsilon^{(0)}, \nu^{(0)}}(X) = d\rho(X) \quad (\forall X \in \mathfrak{p}_\mathbb{R})$$

が成り立つことがわかった．従って，補題 11.28 が示された．$n_1, \cdots, n_k$ が一般の場合の計算は読者自ら試みられたい．∎

このとき，次の定理が成り立つ．

定理 11.29 ($GL(n, \mathbb{R})$ のユニタリ主系列表現) $\sum_{j=1}^{k} n_j = n$ を満たす任意の正の整数 $n_1, n_2, \cdots, n_k$ および任意の $\varepsilon \in (\mathbb{Z}/2\mathbb{Z})^k$, $\nu \in (\sqrt{-1}\mathbb{R})^k$ に対して
$$\pi_{\varepsilon, \nu} \equiv \pi_{\varepsilon, \nu}(n_1, n_2, \cdots, n_k) := L^2\text{-Ind}(P_{n_1, n_2, \cdots, n_k; \mathbb{R}} \uparrow GL(n, \mathbb{R}))(\chi_{\varepsilon, \nu})$$
は $G_\mathbb{R} = GL(n, \mathbb{R})$ の既約ユニタリ表現である． □

定義 11.30 $\pi_{\varepsilon, \nu}$ を $GL(n, \mathbb{R})$ の**ユニタリ主系列表現** (unitary principal series representation) という．$k = n$ (すなわち $n_1 = n_2 = \cdots = n_k = 1$) のときのみを (狭義の) **ユニタリ主系列表現**，$k < n$ のとき (すなわち $n_j > 1$ となる j が少なくとも 1 つはある場合) **ユニタリ退化主系列表現** (unitary degenerate principal series representation) ということもある．なお，$\nu \in \mathbb{C}^k$ のときも表現 $\pi_{\varepsilon, \nu}$ を考えることがあり，この表現 $\pi_{\varepsilon, \nu}$ を**主系列表現**と呼ぶ．$\nu \notin (\sqrt{-1}\mathbb{R})^k$ のときはユニタリとは限らない． □

$G_\mathbb{R} = GL(n, \mathbb{R})$ あるいは $SL(n, \mathbb{R})$ の既約ユニタリ表現の同値類 $\widehat{G_\mathbb{R}}$ の分

類は，$n=2$ の場合 V. Bargman(1947)，$n=3$ の場合 I. Vahutinskii(1968)，$n=4$ の場合 B. Speh(1977)，n が一般の場合（$GL(n,\mathbb{C})$ と $GL(n,\mathbb{H})$ も含めて）D. Vogan(*Invent. Math.*, 1986)によって完成された．定理 11.29 によって構成されたユニタリ主系列表現は，$\widehat{G_{\mathbb{R}}}$ のすべてを尽くすわけではないが，$\widehat{G_{\mathbb{R}}}$ のかなり大きな部分を占める重要な表現である．$\widehat{G_{\mathbb{R}}}$ の残りの大きな部分を構成する手法として Zuckerman–Vogan の導来函手加群が知られている．その出発点はコンパクト群の Borel–Weil 理論であり，本書ではこれを第 13 章で解説する．

定理 11.29 において，$\pi_{\varepsilon,\nu}$ がユニタリ表現であることは定理 11.23 を適用すればすぐにわかる．$\pi_{\varepsilon,\nu}$ が既約であることの証明は難しい．本書では $k=2$ の場合（すなわち最も退化した主系列表現の場合）に §11.2(c) と (d) で $\pi_{\varepsilon,\nu}$ の既約性の証明を行う．その証明の中では分岐則（表現の制限の分解）や Fourier 変換，アファイン変換群（の部分群）の作用のエルゴード性が生き生きと活躍する．

（c） 退化主系列表現と Fourier 解析

この項では極大放物型部分群からの誘導表現を扱う．前項(b)の記号を用いれば，$k=2$, $P_{\mathbb{R}} = P_{n_1,n_2;\mathbb{R}}$ ($n_1+n_2 = n$) の場合である．この項の目標は $GL(n,\mathbb{R})$ の（退化）主系列表現を $L^2(\mathbb{R}^{n_1 n_2})$ という扱いやすい空間に実現し（命題 11.32），（退化）主系列表現の既約性をより簡単な表現の既約性（定理 11.33）に帰着することである．これらの目標のためには，$G_{\mathbb{R}}$ の表現そのものではなく，以下に定義する $P_{\mathbb{R}}^+$ への制限を考えれば十分であることがわかる．

それでは，記号を準備しよう．

$$P_{\mathbb{R}}^+ \equiv P_{n_1,n_2;\mathbb{R}}^+ := \left\{ \begin{pmatrix} A_{11} & A_{12} \\ O & A_{22} \end{pmatrix} \in GL(n,\mathbb{R}) : A_{ij} \in M(n_i,n_j;\mathbb{R}) \right\}$$

$$N_{\mathbb{R}}^+ \equiv N_{n_1,n_2;\mathbb{R}}^+ := \left\{ \begin{pmatrix} I_{n_1} & B \\ O & I_{n_2} \end{pmatrix} \in GL(n,\mathbb{R}) : B \in M(n_1,n_2;\mathbb{R}) \right\}$$

$$P_{\mathbb{R}} \equiv P_{n_1,n_2;\mathbb{R}} := \left\{ \begin{pmatrix} A_{11} & O \\ A_{21} & A_{22} \end{pmatrix} \in GL(n,\mathbb{R}); A_{ij} \in M(n_i,n_j;\mathbb{R}) \right\}$$

とおく．$N_{\mathbb{R}}^+ \subset P_{\mathbb{R}}^+$ は共に $G_{\mathbb{R}} = GL(n, \mathbb{R})$ の閉部分群である．

$G_{\mathbb{R}}$ の元 g を $n = n_1 + n_2$ に応じて $g = \begin{pmatrix} A & B \\ C & D \end{pmatrix}$ とブロック行列で表したとき，$D \in M(n_2, \mathbb{R})$ が可逆行列ならば

$$(11.28) \quad \begin{pmatrix} A & B \\ C & D \end{pmatrix} = \begin{pmatrix} I_{n_1} & BD^{-1} \\ O & I_{n_2} \end{pmatrix} \begin{pmatrix} A - BD^{-1}C & O \\ C & D \end{pmatrix} \in N_{\mathbb{R}}^+ P_{\mathbb{R}}$$

が成り立つ．また両辺の行列式をとれば

$$(11.29) \quad \det(A - BD^{-1}C) = (\det g)(\det D)^{-1}$$

が得られる．さらに，(11.28) を見ると，$N_{\mathbb{R}}^+ P_{\mathbb{R}}$ が $G_{\mathbb{R}}$ の稠密な開集合であることがわかる．

$(\lambda_1, \lambda_2) \in \mathbb{C}^2$, $(\varepsilon_1, \varepsilon_2) \in (\mathbb{Z}/2\mathbb{Z})^2$ に対して，2つの表現を考えよう．

(i) 1つめは $G_{\mathbb{R}}$ の主系列表現 $(L, \Gamma(G_{\mathbb{R}}/P_{\mathbb{R}}, G_{\mathbb{R}} \times_{P_{\mathbb{R}}} \chi_{(\varepsilon_1, \varepsilon_2), (\lambda_1, \lambda_2)}))$ である．等質直線束

$$G_{\mathbb{R}} \times_{P_{\mathbb{R}}} \chi_{(\varepsilon_1, \varepsilon_2), (\lambda_1, \lambda_2)} \to G_{\mathbb{R}}/P_{\mathbb{R}}$$

の連続な切断の空間 $\Gamma(G_{\mathbb{R}}/P_{\mathbb{R}}, G_{\mathbb{R}} \times_{P_{\mathbb{R}}} \chi_{(\varepsilon_1, \varepsilon_2), (\lambda_1, \lambda_2)})$ を

$$C(G_{\mathbb{R}})^{\chi_{(\varepsilon_1, \varepsilon_2), (\lambda_1, \lambda_2)}} := \{F \in C(G_{\mathbb{R}}) : F(gp) = \chi_{(\varepsilon_1, \varepsilon_2), (\lambda_1, \lambda_2)}(p)^{-1} F(g)$$
$$(\forall g \in G_{\mathbb{R}}, \forall p \in P_{\mathbb{R}})\}$$

と同一視する (§10.4 定理 10.35 参照)．$D \in GL(n_2, \mathbb{R})$, $g = \begin{pmatrix} A & B \\ C & D \end{pmatrix} \in GL(n, \mathbb{R})$ のとき，(11.29) より $F \in C(G_{\mathbb{R}})^{\chi_{(\varepsilon_1, \varepsilon_2), (\lambda_1, \lambda_2)}}$ に対して

$$(11.30) \quad F(g) = \det(g)^{-(\varepsilon_1, \lambda_1)} (\det D)^{(\varepsilon_1 - \varepsilon_2, \lambda_1 - \lambda_2)} F\begin{pmatrix} I_{n_1} & BD^{-1} \\ O & I_{n_2} \end{pmatrix}$$

が成り立つ．ここで $z \in \mathbb{R}^\times$ に対し，

$$(11.31) \quad z^{(\varepsilon, \lambda)} = |z|^\lambda (\operatorname{sgn} z)^\varepsilon \quad (\lambda \in \mathbb{C}, \varepsilon \in \mathbb{Z}/2\mathbb{Z})$$

と略記した．

(ii) 2つめは放物型部分群 $P_{\mathbb{R}}^+$ の表現 $(\sigma_{(\varepsilon_1, \varepsilon_2), (\lambda_1, \lambda_2)}, C(M(n_1, n_2; \mathbb{R})))$ である．ここで $C(M(n_1, n_2; \mathbb{R}))$ は，$M(n_1, n_2; \mathbb{R})$ 上の連続関数の全体であり，表現 $\sigma_{(\varepsilon_1, \varepsilon_2), (\lambda_1, \lambda_2)}$ は

(11.32)
$$\left(\sigma_{(\varepsilon_1,\varepsilon_2),(\lambda_1,\lambda_2)}\begin{pmatrix} A & B \\ O & D \end{pmatrix} f\right)(z) := (\det A)^{(\varepsilon_1,\lambda_1)}(\det D)^{(\varepsilon_2,\lambda_2)} f(A^{-1}zD - A^{-1}B)$$

と定義する．このとき，次の補題が成り立つ：

補題 11.31 $N_{\mathbb{R}}^+$ と $M(n_1, n_2; \mathbb{R})$ を同一視する．制限写像

(11.33) $\qquad C(G_{\mathbb{R}})^{\chi_{(\varepsilon_1,\varepsilon_2),(\lambda_1,\lambda_2)}} \to C(N_{\mathbb{R}}^+), \quad F \mapsto F|_{N_{\mathbb{R}}^+}$

は単射である．さらに(11.33)は $G_{\mathbb{R}}$ の主系列表現

$$(L, C(G_{\mathbb{R}})^{\chi_{(\varepsilon_1,\varepsilon_2),(\lambda_1,\lambda_2)}}) \simeq (L, \Gamma(G_{\mathbb{R}}/P_{\mathbb{R}}, G_{\mathbb{R}} \times_{P_{\mathbb{R}}} \chi_{(\varepsilon_1,\varepsilon_2),(\lambda_1,\lambda_2)}))$$

を $G_{\mathbb{R}}$ の放物型部分群 $P_{\mathbb{R}}^+$ に制限した表現から，$P_{\mathbb{R}}^+$ の表現 $(\sigma_{(\varepsilon_1,\varepsilon_2),(\lambda_1,\lambda_2)}, C(M(n_1, n_2; \mathbb{R})))$ への $P_{\mathbb{R}}^+$-線型写像である．

［証明］ $N_{\mathbb{R}}^+ P_{\mathbb{R}}$ は $G_{\mathbb{R}}$ において稠密なので，写像(11.33)は単射である．さらに，$g = \begin{pmatrix} A & B \\ O & D \end{pmatrix} \in P_{\mathbb{R}}^+$, $z \in M(n_1, n_2; \mathbb{R})$, $F \in C(G_{\mathbb{R}})^{\chi_{(\varepsilon_1,\varepsilon_2),(\lambda_1,\lambda_2)}}$ に対して

$$(L(g)F)\begin{pmatrix} I_{n_1} & z \\ O & I_{n_2} \end{pmatrix} = F\left(\begin{pmatrix} A^{-1} & -A^{-1}BD^{-1} \\ O & D^{-1} \end{pmatrix}\begin{pmatrix} I_{n_1} & z \\ O & I_{n_2} \end{pmatrix}\right)$$

$$= F\begin{pmatrix} A^{-1} & A^{-1}z - A^{-1}BD^{-1} \\ O & D^{-1} \end{pmatrix}$$

$$= (\det A)^{(\varepsilon_1,\lambda_1)}(\det D)^{(\varepsilon_2,\lambda_2)} F\begin{pmatrix} I_{n_1} & A^{-1}zD - A^{-1}B \\ O & I_{n_2} \end{pmatrix}$$

が成り立つ．ここで最後の等式は(11.30)を使った．$\sigma_{(\varepsilon_1,\varepsilon_2),(\lambda_1,\lambda_2)}$ の定義式(11.32)より写像(11.33)が $P_{\mathbb{R}}^+$-線型写像であることが証明された．∎

次に，$M(n_1, n_2; \mathbb{R}) \simeq \mathbb{R}^{n_1 n_2}$ の Lebesgue 測度 $dz = dz_{11} dz_{12} \cdots dz_{n_1 n_2}$ に関する L^2-関数全体のつくる Hilbert 空間を $L^2(M(n_1, n_2; \mathbb{R}))$ と表す．A, B, D を止めて考えたとき，

$$d(A^{-1}zD - A^{-1}B) = (\det A)^{-n_2}(\det D)^{n_1} dz$$

が成り立つ(後述の補題 11.34 参照)から，

(11.34) $\qquad \nu_1 := \lambda_1 + \dfrac{1}{2} n_2, \quad \nu_2 := \lambda_2 - \dfrac{1}{2} n_1$

が共に純虚数ならば，(11.32) と同じ式によって $L^2(M(n_1,n_2;\mathbb{R}))$ を表現空間とする $P_\mathbb{R}^+$ のユニタリ表現を定義することができる．このユニタリ表現も $\sigma_{(\varepsilon_1,\varepsilon_2),(\lambda_1,\lambda_2)}$ と表すことにする．

一方補題 11.28 より 1 次元表現 $\rho: P_\mathbb{R} \to GL(1,\mathbb{C})$, $g \mapsto |\det \mathrm{Ad}_{\mathfrak{g}_\mathbb{R}/\mathfrak{p}_\mathbb{R}}(g)|^{-\frac{1}{2}}$ は $\chi_{(0,0),\left(-\frac{1}{2}n_2,\frac{1}{2}n_1\right)}$ と同型である．従って (11.34) より，
$$\chi_{(\varepsilon_1,\varepsilon_2),(\nu_1,\nu_2)} \otimes \rho \simeq \chi_{(\varepsilon_1,\varepsilon_2),(\lambda_1,\lambda_2)}$$
が成り立つ．特に $\nu_1, \nu_2 \in \sqrt{-1}\mathbb{R}$ ならば，定理 11.23 における "ρ のずらし" より，L^2-誘導表現 $L^2\text{-}\mathrm{Ind}(P_\mathbb{R} \uparrow G_\mathbb{R})(\chi_{(\varepsilon_1,\varepsilon_2),(\nu_1,\nu_2)})$ の表現空間は Hilbert 空間 $L^2(G_\mathbb{R}/P_\mathbb{R}, G_\mathbb{R} \times_{P_\mathbb{R}} \chi_{(\varepsilon_1,\varepsilon_2),(\lambda_1,\lambda_2)})$ となり，これは
$$C(G_\mathbb{R})^{\chi_{(\varepsilon_1,\varepsilon_2),(\lambda_1,\lambda_2)}} \simeq \Gamma(G_\mathbb{R}/P_\mathbb{R}, G_\mathbb{R} \times_{P_\mathbb{R}} \chi_{(\varepsilon_1,\varepsilon_2),(\lambda_1,\lambda_2)})$$
を L^2-ノルムに関して完備化したものである ($G_\mathbb{R}/P_\mathbb{R}$ はコンパクトなので，コンパクト台の仮定は不要であることに注意する)．

補題 11.31 と同様にして次の命題が成り立つ：

命題 11.32 $(\nu_1,\nu_2) = \left(\lambda_1 + \frac{1}{2}n_2, \lambda_2 - \frac{1}{2}n_1\right) \in (\sqrt{-1}\mathbb{R})^2$ ならば，(11.33) で定義した $P_\mathbb{R}^+$-線型写像は，群 $P_\mathbb{R}^+$ のユニタリ表現 (主系列表現の $P_\mathbb{R}^+$ への制限)
$$(L^2\text{-}\mathrm{Ind}(P_\mathbb{R} \uparrow G_\mathbb{R})(\chi_{(\varepsilon_1,\varepsilon_2),(\nu_1,\nu_2)})|_{P_\mathbb{R}^+},\ L^2(G_\mathbb{R}/P_\mathbb{R}, G_\mathbb{R} \times_{P_\mathbb{R}} \chi_{(\varepsilon_1,\varepsilon_2),(\lambda_1,\lambda_2)}))$$
から
$$(\sigma_{(\varepsilon_1,\varepsilon_2),(\lambda_1,\lambda_2)},\ L^2(M(n_1,n_2;\mathbb{R})))$$
の上へのユニタリ表現の同型写像 (ノルムのスカラー倍を除く) を導く． □

$P_\mathbb{R}^+$-既約な $G_\mathbb{R}$ の表現は $G_\mathbb{R}$-既約でもあるから，上の命題 11.32 より，次の定理を示せば，$G_\mathbb{R}$ の (退化) ユニタリ主系列表現
$$L^2\text{-}\mathrm{Ind}(P_\mathbb{R} \uparrow G_\mathbb{R})(\chi_{(\varepsilon_1,\varepsilon_2),(\nu_1,\nu_2)})$$
の ($G_\mathbb{R}$ の表現としての) 既約性が示されたことになる．

定理 11.33 $\varepsilon_1, \varepsilon_2 \in \mathbb{Z}/2\mathbb{Z}$, $\lambda_1 \in -\frac{1}{2}n_2 + \sqrt{-1}\mathbb{R}$, $\lambda_2 \in \frac{1}{2}n_1 + \sqrt{-1}\mathbb{R}$ のとき $P_\mathbb{R}^+$ のユニタリ表現 $(\sigma_{(\varepsilon_1,\varepsilon_2),(\lambda_1,\lambda_2)}, L^2(M(n_1,n_2;\mathbb{R})))$ は既約である． □

(d) 放物型部分群の無限次元既約表現

この項の目標は定理 11.33 を証明することである．証明のアイディアは，

アファイン変換群 $\mathrm{Aff}(\mathbb{R}^n) = GL(n,\mathbb{R}) \ltimes \mathbb{R}^n$ の既約ユニタリ表現 $(\pi_\lambda, L^2(\mathbb{R}^n))$ を $\mathrm{Aff}(\mathbb{R}^n)$ の部分群に制限したときの既約性の判定条件(§2.2(c)(エルゴード性と既約性)で述べた定理2.14)に帰着させることである.

$A \in GL(n_1, \mathbb{R})$, $D \in GL(n_2, \mathbb{R})$ に対し
$$\psi(A, D): M(n_1, n_2; \mathbb{R}) \to M(n_1, n_2; \mathbb{R}), \quad z \mapsto AzD^{-1}$$
とおくと,$\psi(A,D)$ は $M(n_1, n_2; \mathbb{R}) \simeq \mathbb{R}^{n_1 n_2}$ の可逆な線型変換を定める. 従って,直積 Lie 群 $GL(n_1, \mathbb{R}) \times GL(n_2, \mathbb{R})$ の $n_1 n_2$ 次元表現

(11.35) $$\psi: GL(n_1, \mathbb{R}) \times GL(n_2, \mathbb{R}) \to GL(n_1 n_2, \mathbb{R}), \quad (A, D) \mapsto \psi(A, D)$$

が定義された. 次の補題はテンソル積の簡単な演習問題である.

補題 11.34 $\psi(A, D) \in GL(n_1 n_2, \mathbb{R})$ の行列式は次の式で与えられる.

(11.36) $$\det \psi(A, D) = (\det A)^{n_2} (\det D)^{-n_1} \qquad \square$$

写像 ψ を用いて,放物型部分群 $P_{\mathbb{R}}^+$ の群構造を記述しよう. まず

(11.37) $$H := \psi(GL(n_1, \mathbb{R}) \times GL(n_2, \mathbb{R}))$$

とおくと,H は $GL(n_1 n_2, \mathbb{R})$ の閉部分群である. H の単位元を含む連結成分を H_0 と書くと,
$$H_0 = \psi(GL(n_1, \mathbb{R})_+ \times GL(n_2, \mathbb{R})_+)$$
が成り立つ. ここで
$$GL(m, \mathbb{R})_+ := \{A \in GL(m, \mathbb{R}) : \det A > 0\}$$
は $GL(m, \mathbb{R})$ の単位元を含む連結成分である(この記号は後述の(11.39)と合わせた). 写像 ψ によって, 直積 Lie 群 $GL(n_1, \mathbb{R}) \times GL(n_2, \mathbb{R})$ はベクトル空間 $M(n_1, n_2; \mathbb{R})$ に線型に作用するから, 半直積群(§1.1(b)参照)
$$(GL(n_1, \mathbb{R}) \times GL(n_2, \mathbb{R})) \ltimes M(n_1, n_2; \mathbb{R})$$
を構成することができる.

補題 11.35 次の φ は Lie 群の同型写像を与える:
$$\varphi: (GL(n_1, \mathbb{R}) \times GL(n_2, \mathbb{R})) \ltimes M(n_1, n_2; \mathbb{R}) \to P_{\mathbb{R}}^+,$$
$$((A, D), B) \mapsto \begin{pmatrix} A & BD \\ O & D \end{pmatrix}.$$

[証明] φ が全単射であることは明らか.φ が群準同型であることを確か

めよう.

$$\varphi(((A_1,D_1),B_1)\cdot((A_2,D_2),B_2)) = \varphi((A_1A_2, D_1D_2), B_1+A_1B_2D_1^{-1})$$
$$= \begin{pmatrix} A_1A_2 & B_1D_1D_2+A_1B_2D_2 \\ O & D_1D_2 \end{pmatrix}$$
$$\varphi((A_1,D_1),B_1)\varphi((A_2,D_2),B_2) = \begin{pmatrix} A_1 & B_1D_1 \\ O & D_1 \end{pmatrix}\begin{pmatrix} A_2 & B_2D_2 \\ O & D_2 \end{pmatrix}$$
$$= \begin{pmatrix} A_1A_2 & A_1B_2D_2+B_1D_1D_2 \\ O & D_1D_2 \end{pmatrix}$$

であるから,φ は Lie 群の同型写像を与える. ∎

この項の目標は放物型部分群 $P_\mathbb{R}^+$ のユニタリ表現 $\sigma_{(\varepsilon_1,\varepsilon_2),(\lambda_1,\lambda_2)}$ の既約性を証明することであった.補題 11.35 より $P_\mathbb{R}^+$ は $M(n_1,n_2;\mathbb{R})\simeq\mathbb{R}^{n_1n_2}$ のアファイン変換として作用することがわかる.そこでアファイン変換群 $\mathrm{Aff}(\mathbb{R}^{n_1n_2})$ の表現とユニタリ表現 $\sigma_{(\varepsilon_1,\varepsilon_2),(\lambda_1,\lambda_2)}$ の関係を説明しよう.

アファイン変換 $g=(T,b)\in\mathrm{Aff}(\mathbb{R}^N)=GL(N,\mathbb{R})\ltimes\mathbb{R}^N$ に対して

$$\pi_\lambda(g):L^2(\mathbb{R}^N)\to L^2(\mathbb{R}^N),\quad f(z)\mapsto |\det T|^{-\lambda}f(T^{-1}(z-b))$$

と定義する((2.15)参照)と,$\lambda\in\dfrac{1}{2}+\sqrt{-1}\mathbb{R}$ のとき $(\pi_\lambda,L^2(\mathbb{R}^N))$ は $\mathrm{Aff}(\mathbb{R}^N)$ の既約ユニタリ表現になる(定理 2.10).$N=n_1n_2$ のとき,$M(n_1,n_2;\mathbb{R})$ と $\mathbb{R}^N$ を同一視すると,次の写像の合成

(11.38)
$$P_\mathbb{R}^+ \underset{\varphi^{-1}}{\simeq} (GL(n_1,\mathbb{R})\times GL(n_2,\mathbb{R}))\ltimes M(n_1,n_2;\mathbb{R}) \underset{(\psi,\mathrm{id})}{\to} H\ltimes\mathbb{R}^N \subset \mathrm{Aff}(\mathbb{R}^N)$$

によって,$\mathrm{Aff}(\mathbb{R}^N)$ の既約ユニタリ表現 $(\pi_\lambda,L^2(\mathbb{R}^N))$ を $P_\mathbb{R}^+$ のユニタリ表現に引き戻すことができる.この表現を $(\tilde\pi_\lambda,L^2(\mathbb{R}^N))$ と書き,これを具体的に表すと,$\begin{pmatrix} A & B \\ O & D \end{pmatrix}\in P_\mathbb{R}^+$,$f\in L^2(\mathbb{R}^{n_1n_2})=L^2(M(n_1,n_2;\mathbb{R}))$ に対し

$$\left(\tilde\pi_\lambda\begin{pmatrix} A & B \\ O & D \end{pmatrix}f\right)(z) = (\pi_\lambda(\psi(A,D),BD^{-1})f)(z)$$
$$= |\det\psi(A,D)|^{-\lambda}f(A^{-1}(z-BD^{-1})D)$$

となる.補題 11.34 を用いると

$$= |\det A|^{-\lambda n_2} |\det D|^{\lambda n_1} f(A^{-1} zD - A^{-1} B)$$

となり，さらに $\sigma_{(\varepsilon_1, \varepsilon_2), (\lambda_1, \lambda_2)}$ の定義式 (11.32) を思い出すと

$$= \left(\sigma_{(0,0),(-\lambda n_2, \lambda n_1)} \begin{pmatrix} A & B \\ O & D \end{pmatrix} f \right)(z)$$

となる．故に次の命題が示された．

命題 11.36 $\lambda \in \dfrac{1}{2} + \sqrt{-1}\mathbb{R}$ とする．$P_{\mathbb{R}}^+$ のユニタリ表現 $(\widetilde{\pi}_\lambda, L^2(\mathbb{R}^{n_1 n_2}))$ とユニタリ表現 $(\sigma_{(0,0),(-\lambda n_2, \lambda n_1)}, L^2(\mathbb{R}^{n_1 n_2}))$ は同値である． □

そこで §2.2(c) の方針に沿って，$(\widetilde{\pi}_\lambda, L^2(\mathbb{R}^{n_1 n_2}))$ の既約性を群 H の $\mathbb{R}^{n_1 n_2}$ における作用のエルゴード性と関連づけることによって調べよう．

n_1 行 n_2 列の実行列の "一般の位置にある" 元全体の集合を

$$M'(n_1, n_2; \mathbb{R}) := \{ B \in M(n_1, n_2; \mathbb{R}) : \operatorname{rank} B = \min(n_1, n_2) \}$$

と定義する．$M'(n_1, n_2; \mathbb{R})$ は $M(n_1, n_2; \mathbb{R})$ における稠密な開部分集合であり，$M(n_1, n_2; \mathbb{R}) \setminus M'(n_1, n_2; \mathbb{R})$ は $M(n_1, n_2; \mathbb{R}) \simeq \mathbb{R}^{n_1 n_2}$ の Lebesgue 測度に関して測度 0 の集合である．

補題 11.37 群 H およびその単位元成分 H_0 は，補題 11.34 で定義された $GL(n_1 n_2, \mathbb{R})$ の部分群とする．

（ⅰ）n_1, n_2 を任意の正の整数とする．H は $M'(n_1, n_2; \mathbb{R})$ に推移的に作用する．

（ⅱ）$n_1 \neq n_2$ ならば H_0 も $M'(n_1, n_2; \mathbb{R})$ に推移的に作用する．$n_1 = n_2$ ならば $M'(n_1, n_2; \mathbb{R}) = GL(n_1, \mathbb{R})_+ \cup GL(n_1, \mathbb{R})_-$ であり，H_0 は $GL(n_1, \mathbb{R})_\pm$ にそれぞれ推移的に作用する．ただし

(11.39) $\quad GL(m, \mathbb{R})_\pm = \{ A \in GL(m, \mathbb{R}) : \pm \det A > 0 \}$ （複号同順）．

［証明］（ⅰ）$n_1 \geq n_2$ ならば，$M'(n_1, n_2; \mathbb{R})$ の元は n_2 個の一次独立な縦ベクトル $\{\vec{v_1}, \cdots, \vec{v_{n_2}}\}$ として表される．$n_1 - n_2$ 個の縦ベクトル $\{\vec{v_{n_2+1}}, \cdots, \vec{v_{n_1}}\}$ をつけ加えて $\mathbb{R}^{n_1}$ の基底を作り，$g := (\vec{v_1} \cdots \vec{v_{n_2}} \cdots \vec{v_{n_1}}) \in GL(n_1, \mathbb{R})$ とおくと

$$\psi(g, I_{n_2}) \begin{pmatrix} I_{n_2} \\ O \end{pmatrix} = (\vec{v_1} \cdots \vec{v_{n_2}})$$

となる．これは，$\psi(GL(n_1, \mathbb{R}) \times \{I_{n_2}\})$ が $M'(n_1, n_2; \mathbb{R})$ に推移的に作用す

ることを意味する．同様にして $n_1 \leqq n_2$ のときは，H の部分群 $\psi(\{I_{n_1}\} \times GL(n_2, \mathbb{R}))$ が $M'(n_1, n_2; \mathbb{R})$ に推移的に作用することが示される．いずれにしても H は $M'(n_1, n_2; \mathbb{R})$ に推移的に作用することがわかり，(i) が証明された．

(ii) $n_1 > n_2$ の場合，$n_1 - n_2$ 個の縦ベクトル $\{\overrightarrow{v_{n_2+1}}, \cdots, \overrightarrow{v_{n_1}}\}$ をつけ加える際に，必要ならば $\overrightarrow{v_{n_1}}$ を $-\overrightarrow{v_{n_1}}$ にとりかえることによって $g = (\overrightarrow{v_1} \cdots \overrightarrow{v_{n_2}} \cdots \overrightarrow{v_{n_1}})$ の行列式が正になるように選ぶことができる．すなわち $\psi(GL(n_1, \mathbb{R})_+ \times \{I_{n_2}\})$ は $M'(n_1, n_2; \mathbb{R})$ に推移的に作用する．$n_1 < n_2$ の場合も同様である．故に $n_1 \neq n_2$ ならば H_0 は $M'(n_1, n_2; \mathbb{R})$ に推移的に作用する．$n_1 = n_2$ の場合は，上の証明より H_0 が $GL(n_1, \mathbb{R})_\pm$ にそれぞれ推移的に作用することがわかる．従って補題が証明された． ∎

補題 11.37 を用いて次の命題を示そう．

命題 11.38 (Levi 部分群の作用のエルゴード性)

(i) n_1, n_2 を任意の正の整数とし，$GL(n_1 n_2, \mathbb{R})$ の部分群 $H = \psi(GL(n_1, \mathbb{R}) \times GL(n_2, \mathbb{R}))$ ((11.37)参照) の $M(n_1, n_2; \mathbb{R}) \simeq \mathbb{R}^{n_1 n_2}$ への自然表現を考える．このとき，群 H の双対表現 $(\mathbb{R}^{n_1 n_2})^\vee$ における作用はエルゴード的(§2.2(c) 定義 2.11)である．

(ii) $n_1 \neq n_2$ ならば，H_0 の作用もエルゴード的である

[証明] $h \in GL(n_1 n_2, \mathbb{R})$ の転置行列を ${}^t h$ と書くことにすると，

$$h \in H \iff {}^t h \in H$$

が成り立つ．従って，双対表現における H の $(\mathbb{R}^{n_1 n_2})^\vee$ への作用のエルゴード性を確かめるかわりに，H の $\mathbb{R}^{n_1 n_2}$ への作用のエルゴード性を確かめればよい．これは補題 11.37(i) より確かに成り立つ．$n_1 \neq n_2$ の場合の H_0 の作用については補題 11.37(ii) を使えばよい． ∎

注意 11.39 この項では，単位元成分 H_0 に対する結果である命題 11.38(ii) は用いない．$n_1 = n_2 = 1$ の場合に $\mathbb{R} = \mathbb{R}_+ \cup \mathbb{R}_- \cup \{0\}$ に対応して Hardy 空間が定義された(演習問題 2.1 参照)のと同様に，$n_1 = n_2$ の場合は補題 11.37(ii) で述べた H_0-軌道の幾何に対応して $L^2(M(n_1, n_2; \mathbb{R}))$ が (高次元での) Hardy 空間とその共役の直和に分解する．

命題 11.38(i) と定理 2.14 より，アファイン変換群 $\mathrm{Aff}(\mathbb{R}^{n_1 n_2})$ のユニタリ表現 $(\pi_\lambda, L^2(\mathbb{R}^{n_1 n_2}))$ を $H \ltimes \mathbb{R}^{n_1 n_2}$ に制限した表現は既約である．(11.38) における写像

$$(\psi, \mathrm{id}) \colon (GL(n_1, \mathbb{R}) \times GL(n_2, \mathbb{R})) \ltimes M(n_1, n_2; \mathbb{R}) \to H \ltimes \mathbb{R}^{n_1 n_2}$$

は全射であるからこれを同型写像 φ(補題 11.35) で引き戻した $P_\mathbb{R}^+$ の表現 $(\widetilde{\pi}_\lambda, L^2(\mathbb{R}^{n_1 n_2}))$ も既約である．さらに，命題 11.36 を用いることにより，次の命題が示された．

命題 11.40 $\lambda \in \dfrac{1}{2} + \sqrt{-1}\mathbb{R}$ ならば，$L^2(\mathbb{R}^{n_1 n_2}) \simeq L^2(M(n_1, n_2; \mathbb{R}))$ を表現空間とする $P_\mathbb{R}^+$ のユニタリ表現 $\sigma_{(0,0),(-\lambda n_2, \lambda n_1)}$ は既約である． □

これは，定理 11.33 が $(\varepsilon_1, \varepsilon_2) = (0, 0)$, $(\lambda_1, \lambda_2) = (-\lambda n_2, \lambda n_1)$ の場合に証明されたことを意味する．さらに一般のパラメータに拡張するために次の補題を準備する：

補題 11.41 χ を $P_\mathbb{R}^+$ の 1 次元ユニタリ表現，σ を $P_\mathbb{R}^+$ のユニタリ表現とする．このとき，σ が既約 $\iff$ $\sigma \otimes \chi$ が既約．

［証明］σ の表現空間を $\mathcal{H}$ とすると，テンソル積表現 $(\sigma \otimes \chi, \mathcal{H} \otimes \mathbb{C}) \simeq (\sigma \otimes \chi, \mathcal{H})$ は同じ表現空間 $\mathcal{H}$ 上で

$$(\sigma \otimes \chi)(g)v := \chi(g)\sigma(g)v \quad (g \in P_\mathbb{R}^+, \ v \in \mathcal{H})$$

と定義される．従って $(\sigma, \mathcal{H})$ の任意の $P_\mathbb{R}^+$-不変部分空間は $(\sigma \otimes \chi, \mathcal{H})$ の $P_\mathbb{R}^+$-不変部分空間であり，また逆も成り立つ．故に，「σ が既約 $\iff$ $\sigma \otimes \chi$ が既約」の同値性が証明された． ■

最後に定理 11.33 の証明を完結させよう．

［定理 11.33 の証明］$\varepsilon_1, \varepsilon_2 \in \mathbb{Z}/2\mathbb{Z}$, $\mu_1, \mu_2 \in \sqrt{-1}\mathbb{R}$ に対し $P_\mathbb{R}^+$ の 1 次元ユニタリ表現 $\widetilde{\chi}_{(\varepsilon_1, \varepsilon_2),(\mu_1, \mu_2)}$ を

$$\widetilde{\chi}_{(\varepsilon_1, \varepsilon_2),(\mu_1, \mu_2)} \colon P_\mathbb{R}^+ \to \mathbb{C}^\times, \quad \begin{pmatrix} A & B \\ O & D \end{pmatrix} \mapsto (\det A)^{(\varepsilon_1, \mu_1)} (\det D)^{(\varepsilon_2, \mu_2)}$$

と定義する(べき乗の記号は(11.31)参照)．$\lambda_1 \in -\dfrac{1}{2}n_2 + \sqrt{-1}\mathbb{R}$, $\lambda_2 \in \dfrac{1}{2}n_1 + \sqrt{-1}\mathbb{R}$ とするとき

$$\lambda := \frac{\lambda_2 - \lambda_1}{n_1 + n_2}, \quad \mu := \frac{\lambda_1 n_1 + \lambda_2 n_2}{n_1 + n_2}$$

とおくと，$\lambda \in \frac{1}{2} + \sqrt{-1}\mathbb{R}$ かつ $\mu \in \sqrt{-1}\mathbb{R}$ となる．このとき
$$\sigma_{(0,0),(-\lambda n_2, \lambda n_1)} \otimes \widetilde{\chi}_{(\varepsilon_1, \varepsilon_2),(\mu,\mu)} \simeq \sigma_{(\varepsilon_1,\varepsilon_2),(\mu-\lambda n_2, \mu+\lambda n_1)} = \sigma_{(\varepsilon_1,\varepsilon_2),(\lambda_1,\lambda_2)}$$
であるから，命題 11.40 と補題 11.41 より $(\sigma_{(\varepsilon_1,\varepsilon_2),(\lambda_1,\lambda_2)}, L^2(\mathbb{R}^{n_1 n_2}))$ が $P_{\mathbb{R}}^+$ のユニタリ表現として既約であることが示された．故に定理 11.33 が証明された． ∎

最後に，$G_{\mathbb{R}} = GL(n,\mathbb{R})$ の（退化）主系列表現の既約性の証明の流れをまとめておこう．

(退化)主系列 $L^2\text{-Ind}(P_{\mathbb{R}} \uparrow G_{\mathbb{R}})(\chi)$ の既約性(定理 11.29，$k=2$)
   ⇑
放物型部分群 $P_{\mathbb{R}}^+$ への制限(分岐則)の既約性(定理 11.33)
   ⇑
$GL(n_1,\mathbb{R}) \times GL(n_2,\mathbb{R}) \curvearrowright \mathbb{R}^{n_1 n_2}$ の作用のエルゴード性(命題 11.38)

2番目の ⇑ の鍵は，Fourier 解析における「エルゴード性とアファイン変換群の表現の既約性」(§2.2 定理 2.14)である．

《要 約》

11.1 同伴ベクトル束の L^2-切断のなす Hilbert 空間上に L^2-誘導表現が構成される．

11.2 体積バンドルの平方根に対応する "ρ のずらし" によって，ユニタリ性を保つように L^2-誘導表現 $L^2\text{-Ind}(H \uparrow G)$ を構成できる．

11.3 G/H に G-不変測度が存在することと "ρ のずらし"$=0$ となることは同値である．

11.4 コンパクト群の表現の分岐則(部分群への制限の既約分解)と誘導表現の既約分解には，相互律が成り立つ．

11.5 $GL(n,\mathbb{R})$ の無限次元表現(主系列表現)を L^2-誘導表現によって構成する．主系列表現のユニタリ性や既約性は幾何的考察によって証明される．

11.6 (用語)分岐則，誘導表現，Frobenius の相互律，体積バンドルと ρ のずらし，放物型部分群，ユニタリ主系列表現，退化主系列表現，エルゴード性，

アファイン変換群，Fourier 変換，Hardy 空間

———————— 演習問題 ————————

11.1 $U(n)$ の対称テンソル積表現 $S^N(\mathbb{C}^n)$ を部分群 $U(k) \times U(n-k)$ に制限したときの分岐則を求めよ．

11.2 例 11.3 の記号の下で，$\mathbb{T}$ 上の有限 Fourier 級数
$$\bigoplus_{n \in \mathbb{Z}} a_n \chi_n = \bigoplus_{n \in \mathbb{Z}} \underbrace{(\chi_n \oplus \cdots \oplus \chi_n)}_{a_n \text{ 個}}$$
が，$SU(2)$ のある有限次元表現の極大トーラス $T_1 \simeq \mathbb{T}$ への分岐則として得られるために，数列 $a_n \in \mathbb{N}$ が満たすべき必要十分条件を求めよ．

11.3 $p > 1$ とする．$SO(2)$ の部分群 H_p を
$$H_p := \left\{ k\left(\frac{2j\pi}{p}\right) : j = 0, 1, \cdots, p-1 \right\} \simeq \mathbb{Z}/p\mathbb{Z}, \quad k(\theta) := \begin{pmatrix} \cos\theta & -\sin\theta \\ \sin\theta & \cos\theta \end{pmatrix}$$
と定義し，H_p の 1 次元表現 σ_l $(l = 0, 1, \cdots, p-1)$ を
$$\sigma_l : H_p \to \mathbb{C}^\times, \quad k\left(\frac{2j\pi}{p}\right) \mapsto e^{\frac{2\sqrt{-1}lj\pi}{p}}$$
とおく．$\widehat{SO(2)} \simeq \{\chi_n : n \in \mathbb{Z}\}$ と表すとき，次の既約分解の公式を示せ．
$$L^2\text{-Ind}(H_p \uparrow SO(2))(\sigma_l) \simeq \sum_{n \in \mathbb{Z}}^\oplus \chi_{pn+l}$$

11.4 $G_\mathbb{R} = GL(n, \mathbb{R})$ の放物型部分群 $P_{n_1, n_2, \cdots, n_k; \mathbb{R}}$（定義 11.26）の閉部分群 $N_{n_1, n_2, \cdots, n_k; \mathbb{R}}$ を

$$N_{n_1, n_2, \cdots, n_k; \mathbb{R}} := \begin{pmatrix} I_{n_1} & & & 0 \\ & I_{n_2} & & \\ & & \ddots & \\ * & & & I_{n_k} \end{pmatrix} \text{という形の実行列全体}$$

と定義する．このとき次を示せ．
(1) $L_{n_1, n_2, \cdots, n_k; \mathbb{R}} \times N_{n_1, n_2, \cdots, n_k; \mathbb{R}} \to P_{n_1, n_2, \cdots, n_k; \mathbb{R}}$，$(l, n) \mapsto ln$ は（全射な）微分同相を与える（これを **Levi 分解** という）．
(2) $P_{n_1, n_2, \cdots, n_k; \mathbb{R}}$ は 2^k 個の連結成分をもつ．

11.5 $G_\mathbb{R} := GL(n, \mathbb{R})$ の放物型部分群 $P_\mathbb{R} = P_{n_1, \cdots, n_k; \mathbb{R}}$ に対し，$M_\mathbb{R} := P_\mathbb{R} \cap O(n)$

とおく.

(1) $M_\mathbb{R} \simeq O(n_1) \times O(n_2) \times \cdots \times O(n_k)$ を示せ.

(2) 包含写像 $O(n) \subset GL(n, \mathbb{R})$ により，微分同相写像 $O(n)/M_\mathbb{R} \xrightarrow{\sim} G_\mathbb{R}/P_\mathbb{R}$ が誘導されることを示せ.

11.6 演習問題 11.5 の設定において，$\chi_{\varepsilon,\nu}$ を (11.24) で定義した $P_\mathbb{R}$ の 1 次元表現とし，$\chi_\varepsilon = \chi_{\varepsilon,\nu}|_{M_\mathbb{R}}$ とおく. このとき，$O(n)$-同変な直線束として
$$G_\mathbb{R} \times_{P_\mathbb{R}} \chi_{\varepsilon,\nu} \to G_\mathbb{R}/P_\mathbb{R} \quad \text{と} \quad O(n) \times_{M_\mathbb{R}} \chi_\varepsilon \to O(n)/M_\mathbb{R}$$
は同型であることを示せ.

11.7 $GL(2, \mathbb{R})$ の主系列表現 $\pi_{(\varepsilon_1, \varepsilon_2), (\nu_1, \nu_2)}$ を $SO(2)$ に制限すると，分岐則が
$$\sum_{k \in \mathbb{Z}}^{\oplus} \chi_{2k} \quad (\varepsilon_1 + \varepsilon_2 \equiv 0 \mod 2), \quad \sum_{k \in \mathbb{Z}}^{\oplus} \chi_{2k+1} \quad (\varepsilon_1 + \varepsilon_2 \equiv 1 \mod 2)$$

となることを示せ.

Weyl の ユニタリ・トリック 12

　1変数の正則関数は $\mathbb{C} \simeq \mathbb{R}^2$ の曲線に制限した値で一意的に決まる(一致の定理). この対応の逆は解析接続で与えられる. 例えば, 実軸上の三角関数 $\cos x$ を正則関数 $\cos z = 1 - \frac{1}{6}z^2 + \frac{1}{120}z^4 - \cdots$ に解析接続し, 虚軸に制限すると $\cos(\sqrt{-1}\,y) = 1 + \frac{1}{6}y^2 + \frac{1}{120}y^4 + \cdots = \cosh y$ という双曲関数が得られる. 同様に, 実軸上で単項式 x^n を考え, $\mathbb{C}$ 上の単項式 z^n に解析接続し, それを単位円周上に制限すると $(\cos\theta + \sqrt{-1}\sin\theta)^n = \cos n\theta + \sqrt{-1}\sin n\theta$ という関数を得る.

　この考え方をLie群の表現論に適用したのが, Weyl のユニタリ・トリックといわれる手法である. その証明は初等的であり, その結果は強力かつ有用である.

　例えば, $SL(n,\mathbb{C})$ の部分群 $SU(n)$ と $SL(n,\mathbb{R})$ の間には自然な連続写像が存在しない. しかし, Weyl のユニタリ・トリックによって, 両者の有限次元表現論はまったく同等であることが証明される. 従って, $SL(n,\mathbb{R})$ の有限次元既約表現の分類は, コンパクト群 $SU(n)$ の既約表現の分類(第8章)と同一である. また, $SL(n,\mathbb{R})$ の有限次元表現が完全可約であるということも, コンパクト群の表現の完全可約性(第3章)から導かれる.

　ユニタリ・トリックは Weyl の論文(1925年)によって明示的に述べられた. 約10年後には, $SL(n,\mathbb{R})$ などの有限次元表現の完全可約性に(コンパ

クト群の表現論を使わない）代数的な証明を与えようという方向の研究が Casimir と van der Waerden によって始まり，半単純 Lie 環の代数的な表現論の発展につながった．ユニタリ・トリックの素朴なアイディアは，現在に至るまで様々な場所で拡張され，解析的な表現論と代数的な表現論を結びつける橋渡しの役割を果たしている．

本章では，ユニタリ・トリックをできるだけ初等的に解説する．群が単連結ではない場合には，位相幾何的な条件が必要になる．最後に，等質空間や Clifford–Klein 形に対する Weyl のユニタリ・トリックの拡張を紹介する．

§12.1　複素化と実形

この節では，§6.1(a)や§7.1(f)や§9.1(a)などで少し触れた「複素化と実形」について系統的に解説を行う．

（a）　Lie 環の複素化と実形

係数体 $\mathbb{R}$ 上の Lie 環を実 Lie 環，$\mathbb{C}$ 上の Lie 環を複素 Lie 環と呼ぶのであった．実数の組 (a,b) から複素数 $a+\sqrt{-1}b$ を作ったように，実 Lie 環から複素 Lie 環を作ろう．現代風にいえば係数体の拡大である．まず，$\mathfrak{h}$ を実 Lie 環とする．複素ベクトル空間

$$\mathfrak{h}_\mathbb{C} := \mathfrak{h} \otimes_\mathbb{R} \mathbb{C} = \mathfrak{h} \oplus \sqrt{-1}\,\mathfrak{h}$$

の元を $X+\sqrt{-1}Y,\ X'+\sqrt{-1}Y'\ (X,Y,X',Y' \in \mathfrak{h})$ と表すと

$$[X+\sqrt{-1}Y,\ X'+\sqrt{-1}Y'] := ([X,X']-[Y,Y'])+\sqrt{-1}([X,Y']+[Y,X'])$$

と定義することにより $\mathfrak{h}_\mathbb{C}$ は $\mathbb{C}$ 上の Lie 環となる．$\mathfrak{h}$ は自然に $\mathfrak{h}_\mathbb{C}$ の部分 Lie 環とみなせる．

定義 12.1（Lie 環の複素化と実形）　$\mathfrak{h}$ を実 Lie 環とするとき，複素 Lie 環 $\mathfrak{h}_\mathbb{C} := \mathfrak{h} \otimes_\mathbb{R} \mathbb{C}$ を $\mathfrak{h}$ の**複素化**（complexification），逆に $\mathfrak{h}$ を $\mathfrak{h}_\mathbb{C}$ の**実形**（real form）という．より一般に，$\mathfrak{h}$ が複素 Lie 環 $\mathfrak{g}$ の部分 Lie 環であって，

(12.1) $$\mathfrak{g} = \mathfrak{h} + \sqrt{-1}\,\mathfrak{h}, \quad \mathfrak{h} \cap \sqrt{-1}\,\mathfrak{h} = \{0\}$$

が成り立つときも，$\mathfrak{g}$ を $\mathfrak{h}$ の複素化，$\mathfrak{h}$ を $\mathfrak{g}$ の実形という．　□

§12.1 複素化と実形 —— 509

例 12.2 次の Lie 環はいずれも $\mathfrak{gl}(n,\mathbb{C})$ の実形である.
$$\mathfrak{gl}(n,\mathbb{R}), \quad \mathfrak{u}(n), \quad \mathfrak{u}(p,q) \quad (p+q=n,\ p,q \geq 1) \qquad \square$$

例 12.3 次の Lie 環はいずれも $\mathfrak{sl}(n,\mathbb{C})$ の実形である.
$$\mathfrak{sl}(n,\mathbb{R}), \quad \mathfrak{su}(n), \quad \mathfrak{su}(p,q) \quad (p+q=n,\ p,q \geq 1)$$
さらに n が偶数 $(=2m)$ ならば $\mathfrak{su}^*(2m)$ も $\mathfrak{sl}(n,\mathbb{C})$ の実形である. $\qquad \square$

例 12.4 次の Lie 環はいずれも $\mathfrak{sp}(n,\mathbb{C})$ の実形である.
$$\mathfrak{sp}(n,\mathbb{R}), \quad \mathfrak{sp}(n), \quad \mathfrak{sp}(p,q) \quad (p+q=n,\ p,q \geq 1) \qquad \square$$

例 12.5 次の Lie 環はいずれも $\mathfrak{so}(n,\mathbb{C})$ の実形である.
$$\mathfrak{so}(n), \quad \mathfrak{so}(p,q) \quad (p+q=n,\ p,q \geq 1)$$
さらに, n が偶数 $(=2m)$ ならば $\mathfrak{so}^*(2m)$ も $\mathfrak{so}(n,\mathbb{C})$ の実形である. $\qquad \square$

複素ベクトル空間には,(同型を除いて)ベクトル空間としての実形が唯一つ存在する. 従って, 可換な複素 Lie 環にも (Lie 環の同型を除いて) 実形が唯一つ存在する. しかし, 可換でない Lie 環に対しては, 上の例で見たように, 1 つの複素 Lie 環にいくつかの異なる実形が存在することがある. 一方, 実形が 1 つも存在しないような複素 Lie 環もある. 半単純でない一般の複素 Lie 環では, 実形が存在する方が珍しいことを示唆する例を 1 つ挙げよう.

例 12.6 (実形の存在しない Lie 環) $\lambda \in \mathbb{C}^\times$ を 1 つ選び, $\mathfrak{g} = \mathbb{C}e_1 + \mathbb{C}e_2 + \mathbb{C}e_3$ を
$$[e_1, e_2] = e_2, \quad [e_1, e_3] = \lambda e_3, \quad [e_2, e_3] = 0$$
という関係式によって定義される 3 次元複素 Lie 環とする. $\lambda + \dfrac{1}{\lambda} \notin \mathbb{R}$ ならば, $\mathfrak{g}$ には実形が存在しない.

$\mathfrak{g}$ に実形 $\mathfrak{g}_\mathbb{R}$ が存在するとして矛盾を導こう. $[\mathfrak{g}_\mathbb{R}, \mathfrak{g}_\mathbb{R}] \otimes_\mathbb{R} \mathbb{C} = [\mathfrak{g}, \mathfrak{g}] = \mathbb{C}e_2 + \mathbb{C}e_3$ より, $[\mathfrak{g}_\mathbb{R}, \mathfrak{g}_\mathbb{R}]$ は $\mathbb{R}$ 上 2 次元のベクトル空間である. その $\mathbb{R}$-基底 f_2, f_3 を選び, さらに $f_1 \in \mathfrak{g}_\mathbb{R}$ を選んで, $\{f_1, f_2, f_3\}$ が $\mathfrak{g}_\mathbb{R}$ の $\mathbb{R}$-基底とする. このとき,
$$\{f_1, f_2, f_3\} := \{pe_1 + qe_2 + re_3,\ ae_2 + be_3,\ ce_2 + de_3\}$$
と書くと, $p(ad-bc) \neq 0$ が成り立つ. 必要ならば f_2, f_3 をとりかえて $pab \neq 0$ と仮定してよい. $\operatorname{ad}^k(f_1)f_2 \in [\mathfrak{g}_\mathbb{R}, \mathfrak{g}_\mathbb{R}] \simeq \mathbb{R}^2$ だから,
$$\operatorname{ad}^2(f_1)f_2 = \alpha \operatorname{ad}(f_1)f_2 + \beta f_2$$

となる $\alpha, \beta \in \mathbb{R}$ が存在する．$ab \neq 0$ より
$$p^2 = \alpha p + \beta, \quad p^2 \lambda^2 = \alpha p \lambda + \beta$$
となり，p を消去して $-\alpha^2 = \left(\lambda + 2 + \dfrac{1}{\lambda}\right)\beta$ を得るが，$\alpha, \beta \in \mathbb{R}$ なので，$\lambda + \dfrac{1}{\lambda} \notin \mathbb{R}$ ならば $\alpha = \beta = 0$ でなければならない．これは $p \neq 0$ に矛盾する．故に $\mathfrak{g}$ には実形が存在しない． □

次の命題は定義から明らかである．

命題 12.7 実 Lie 環 $\mathfrak{h}$ が複素 Lie 環 $\mathfrak{g}$ の実形ならば $\dim_{\mathbb{R}} \mathfrak{h} = \dim_{\mathbb{C}} \mathfrak{g}$. □

この命題を，例 12.2，例 12.4，例 12.5 に適用すると
$$\dim_{\mathbb{R}} \mathfrak{gl}(n, \mathbb{R}) = \dim_{\mathbb{R}} \mathfrak{u}(n) = \dim_{\mathbb{R}} \mathfrak{u}(p, q) = \dim_{\mathbb{C}} \mathfrak{gl}(n, \mathbb{C}) = n^2$$
$$\dim_{\mathbb{R}} \mathfrak{sp}(n, \mathbb{R}) = \dim_{\mathbb{R}} \mathfrak{sp}(n) = \dim_{\mathbb{R}} \mathfrak{sp}(p, q) = \dim_{\mathbb{C}} \mathfrak{sp}(n, \mathbb{C}) = 2n^2 + n$$
$$\dim_{\mathbb{R}} \mathfrak{so}(n) = \dim_{\mathbb{R}} \mathfrak{so}(p, q) = \dim_{\mathbb{C}} \mathfrak{so}(n, \mathbb{C}) = \frac{1}{2}(n^2 - n)$$
となる．

さて，上記の例 12.2〜例 12.5 では，定義 12.1 の条件(12.1)を 1 つずつ検証することも容易であるが，対称対($\S 7.1$(h)参照)を用いた次のような観点で統一的に理解することもできる．これを説明するために，まず，複素数 $\mathbb{C}$ において，複素共役 $z \mapsto \bar{z}$ と実数 $\mathbb{R}$ は
$$\{z \in \mathbb{C} : \bar{z} = z\} = \mathbb{R}$$
という対応関係があったことを思い出そう．これを Lie 環に一般化するのである．

複素 Lie 環 $\mathfrak{g}$ の実形 $\mathfrak{h}$ が与えられたとき，$\mathfrak{g}$ の任意の元は
$$X + \sqrt{-1}Y \quad (X, Y \in \mathfrak{h})$$
と一意的に書けることに着目して，次の写像 σ を定義する．
$$\sigma : \mathfrak{g} \to \mathfrak{g}, \quad X + \sqrt{-1}Y \mapsto X - \sqrt{-1}Y$$
σ は複素共役写像である．すなわち $\sigma(aX) = \bar{a}\sigma(X)$ ($a \in \mathbb{C}$, $X \in \mathfrak{g}$) が成り立つ．さらに σ は
$$\sigma([W, Z]) = [\sigma(W), \sigma(Z)] \quad (\forall W, \forall Z \in \mathfrak{g})$$
を満たすので，$\mathfrak{g}$ を(複素構造を忘れて)実 Lie 環とみなしたときの自己同型

写像を与える．また，明らかに σ は対合的(involutive)，すなわち $\sigma^2 = \mathrm{id}_{\mathfrak{g}}$ が成り立つ．逆に，このような σ (すなわち，複素共役な対合的自己同型写像)が与えられれば，$\mathfrak{g}$ の部分 Lie 環
$$\mathfrak{g}^\sigma := \{W \in \mathfrak{g} : \sigma W = W\}$$
は $\mathfrak{g}$ の実形を与える．実際，σ は実 Lie 環としての自己同型写像であるから $\mathfrak{g}^\sigma$ は $\mathfrak{g}$ の部分 Lie 環である．さらに，$\mathfrak{g}$ の $\mathbb{R}$ 上の部分ベクトル空間を
$$\mathfrak{g}^{-\sigma} := \{W \in \mathfrak{g} : \sigma W = -W\}$$
と定義すると，$\sigma^2 = \mathrm{id}_{\mathfrak{g}}$ より $\mathfrak{g} = \mathfrak{g}^\sigma + \mathfrak{g}^{-\sigma}$ ($\mathbb{R}$ 上のベクトル空間の直和)となる．さらに σ が複素共役なので
$$\mathfrak{g}^\sigma \simeq \mathfrak{g}^{-\sigma}, \quad W \mapsto \sqrt{-1}\,W$$
は全単射写像となる．以上から，$\mathfrak{g}^\sigma$ が $\mathfrak{g}$ の実形であることが示された．命題としてまとめておこう．

命題 12.8 $\mathfrak{g}$ を複素 Lie 環とする．「$\mathfrak{g}$ の実形 $\mathfrak{h}$」と「$\mathfrak{g}$ の複素共役な対合的自己同型写像 σ」とは 1 対 1 に対応している．その対応関係は次の式で特徴づけられる．
$$\mathfrak{h} = \{W \in \mathfrak{g} : \sigma W = W\} \qquad \square$$

例 12.9 $\mathfrak{g} = \mathfrak{gl}(n, \mathbb{C})$ として，例 12.2 を命題 12.8 によって復元してみよう．

（i）$\sigma_1 W := \overline{W}$

（ii）$\sigma_2 W := -W^*$ (ただし W^* は W の転置行列の複素共役)

（iii）$\sigma_3 W := -I_{p,q} W^* I_{p,q}$ $(p+q=n)$

とすれば，$\mathfrak{g}^{\sigma_1} \simeq \mathfrak{gl}(n, \mathbb{R})$, $\mathfrak{g}^{\sigma_2} \simeq \mathfrak{u}(n)$, $\mathfrak{g}^{\sigma_3} \simeq \mathfrak{u}(p,q)$ である．$\sigma_1, \sigma_2, \sigma_3$ はすべて複素共役であり，しかも $\mathfrak{gl}(n, \mathbb{C})$ の ($\mathbb{R}$ 上の Lie 環としての)自己同型写像になっている．故にこれらの Lie 環はすべて $\mathfrak{gl}(n, \mathbb{C})$ の実形である． $\square$

(b) Lie 群の複素化と実形

次に Lie 群に対して複素化や実形の概念を定義しよう．

定義 12.10 (Lie 群の複素化と実形) Lie 群 G の部分 Lie 群 H に対し，その Lie 環 $\mathfrak{g}$ と $\mathfrak{h}$ が複素化と実形の関係にあるとき，複素 Lie 群 G を Lie 群 H

の**複素化**，Lie 群 H を複素 Lie 群 G の**実形**という． □

例 12.11 次の Lie 群はいずれも $GL(n,\mathbb{C})$ の実形である．
$$GL(n,\mathbb{R}),\quad U(n),\quad U(p,q)\quad (p+q=n,\ p,q\geqq 1)$$
また，n が偶数ならば，$U^*(n)$(§7.1(e)参照)も $GL(n,\mathbb{C})$ の実形である． □

例 12.12 次の Lie 群はいずれも $O(n,\mathbb{C})$ の実形である．
$$O(n),\quad O(p,q)\quad (p+q=n,\ p,q\geqq 1)$$
また，n が偶数ならば，$O^*(n)$(§7.1(e)参照)も $O(n,\mathbb{C})$ の実形である． □

例 12.13 次の Lie 群はいずれも $Sp(n,\mathbb{C})$ の実形である．
$$Sp(n,\mathbb{R}),\quad Sp(n),\quad Sp(p,q)\quad (p+q=n,\ p,q\geqq 1).$$
□

例 12.14（上三角行列）
$$G=\{(x_{ij})_{1\leqq i,j\leqq n}\in GL(n,\mathbb{C}): x_{ij}=0\ (1\leqq \forall j<\forall i\leqq n)\}$$
とおくと，$H:=G\cap GL(n,\mathbb{R})$ は G の実形である． □

注意 12.15 定義 12.10 では G や H の連結性は仮定しないが，通常は G が連結でないときは，G の各連結成分に H の代表元が存在することを仮定する．例 12.12 はこのような例になっている．

Lie 群 H の複素化は，$H_{\mathbb{C}}$ という記号で表すことが多い．これは，それぞれの Lie 環 $\mathfrak{h}\subset\mathfrak{h}_{\mathbb{C}}$ が $\mathfrak{h}_{\mathbb{C}}\simeq\mathfrak{h}\otimes_{\mathbb{R}}\mathbb{C}$ という関係にあることを表すので便利な記法である．ただし，Lie 群 H の複素化には同型ではないものが存在する(もちろん Lie 環は同型である)ことがある．また，Lie 群 H の複素化が存在しない($\mathfrak{h}_{\mathbb{C}}$ を Lie 環とする如何なる複素 Lie 群も H を部分群として含まない)こともある．従って $H_{\mathbb{C}}$ と表される複素 Lie 群は H から一意的に存在するわけではないので，$H_{\mathbb{C}}$ という記号を用いるときは注意が必要である．

例 12.16

(ⅰ)（複素化が一意的でない例）$H=\mathbb{R}$（実数の加法群）とすると，次の複素 Lie 群
$$\text{乗法群}\quad \mathbb{C}^{\times}\supset\{e^t: t\in\mathbb{R}\}\simeq H,$$
$$\text{加法群}\quad \mathbb{C}\supset\{t: t\in\mathbb{R}\}\simeq H$$
はいずれも Lie 群 H の複素化である．

（ii）（複素化が存在しない例）H を $SL(2,\mathbb{R})$ の被覆群とすると，H の複素化は存在しない． $\square$

最後に，コンパクト Lie 群の複素化についての性質を調べておこう．例 12.16 で述べた悪い現象は起こらず，複素化は存在して一意的である．すなわち，次の定理が成り立つ．

定理 12.17 G_U を任意の連結なコンパクト Lie 群とする．

（i） 連結な複素 Lie 群 $G_\mathbb{C}$ が存在して
$$G_\mathbb{C} \supset G_U, \quad \mathrm{Lie}(G_\mathbb{C}) \simeq \mathrm{Lie}(G_U) \otimes_\mathbb{R} \mathbb{C}$$
を満たす．ただし $\mathrm{Lie}(G_U)$, $\mathrm{Lie}(G_\mathbb{C})$ はそれぞれ $G_U, G_\mathbb{C}$ の Lie 環を表す．すなわち，G_U の複素化 $G_\mathbb{C}$ が存在する．

（ii） 等質空間 $G_\mathbb{C}/G_U$ は単連結である．

（iii） $G_\mathbb{C}$ は同型を除いて一意的である．

［証明］（i）Peter–Weyl の定理の応用として，コンパクト Lie 群 G_U は適当なサイズの一般線型群 $GL(n,\mathbb{C})$ の部分群として実現されること（§4.1 定理 4.14）を思い出そう．さらに，コンパクト群の有限次元表現はユニタリ化可能なので，$G_U \subset U(n)$ と仮定してよい．$\mathfrak{g}_u := \mathrm{Lie}(G_U) \subset \mathfrak{u}(n) \subset \mathfrak{gl}(n,\mathbb{C})$ において $\mathfrak{g}_u \cap \sqrt{-1}\mathfrak{g}_u \subset \mathfrak{u}(n) \cap \sqrt{-1}\mathfrak{u}(n) = \{0\}$ が成り立つから，$\mathfrak{g}_u + \sqrt{-1}\mathfrak{g}_u \simeq \mathfrak{g}_u \otimes_\mathbb{R} \mathbb{C}$ となる．そこで $\mathfrak{g}_u + \sqrt{-1}\mathfrak{g}_u$ を Lie 環とする $GL(n,\mathbb{C})$ の連結な部分 Lie 群を $G_\mathbb{C}$ とおけば，$G_\mathbb{C}$ は G_U の複素化になっている．

（ii）Cartan 分解を与える微分同相写像
$$\begin{array}{ccccc} \sqrt{-1}\mathfrak{u}(n) & \times & U(n) & \simeq & GL(n,\mathbb{C}), \quad (X,g) \mapsto e^X g \\ \cup & & \cup & & \cup \\ \varphi: \quad \sqrt{-1}\mathfrak{g}_u & \times & G_U & \simeq & G_\mathbb{C} \end{array}$$
より等質空間 $G_\mathbb{C}/G_U$ は Euclid 空間 $\sqrt{-1}\mathfrak{g}_u$ と微分同相になる．故に $G_\mathbb{C}/G_U$ は単連結である．

（iii）$G_\mathbb{C}^{(1)}, G_\mathbb{C}^{(2)}$ を G_U の複素化とすると，それぞれの Cartan 分解 $\varphi^{(1)}, \varphi^{(2)}$ によって微分同相写像 $\varphi^{(2)} \circ (\varphi^{(1)})^{-1} : G_\mathbb{C}^{(1)} \to G_\mathbb{C}^{(2)}$ が得られる．$G_\mathbb{C}^{(i)}$ $(i=1,2)$ の積は $\sqrt{-1}\mathfrak{g}_u \times G_U$ 上の積として実解析関数で記述され，局所的には $i=1,2$ に対して一致する．故に $\varphi^{(2)} \circ (\varphi^{(1)})^{-1}$ は複素 Lie 群の同型を与える．■

例 12.11〜例 12.13 で述べたように，定理 12.17 における $G_\mathbb{C}$ には数多くの異なる実形が存在する．§7.1(f) で見たように，これらの例はすべて簡約 Lie 群であった．実は次の定理が成り立つ．

定理 12.18 定理 12.17 における複素 Lie 群 $G_\mathbb{C}$ の任意の実形 G は簡約 Lie 群である．

［証明］ G_U はコンパクト群なので，その Lie 環 $\mathfrak{g}_u$ は簡約 Lie 環であり（例 5.38 と定理 5.39），従ってその複素化 $\mathfrak{g}_u \otimes_\mathbb{R} \mathbb{C}$ も簡約 Lie 環になる．G の Lie 環 $\mathfrak{g}$ は $\mathfrak{g}_u \otimes_\mathbb{R} \mathbb{C}$ の実形だから簡約 Lie 環である．故に G は簡約 Lie 群になる． ∎

逆に，任意の簡約 Lie 群は，定理 12.18 によって得られる簡約 Lie 群と局所同型であることが知られている．

§12.2　Weyl のユニタリ・トリック

（a） Weyl のユニタリ・トリック――単連結の場合

$SU(2)$ の有限次元既約表現と $SL(2,\mathbb{R})$ の有限次元既約表現の間には自然な 1 対 1 対応が存在する――この驚くべき定理は，Weyl のユニタリ・トリックと呼ばれる「複素化の原理」の最も簡単な場合である．その証明は非常に簡単で，結果の応用範囲は広い．最初に単連結性を仮定した（通常述べられる）形で Weyl のユニタリ・トリックを説明しよう．

定理 12.19（Weyl のユニタリ・トリック（単連結の場合）） $G_\mathbb{C}$ を連結かつ単連結な複素 Lie 群とし，連結な部分群 G をその実形とする．それぞれの Lie 環を $\mathfrak{g}_\mathbb{C}, \mathfrak{g}$ と表す．V を $\mathbb{C}$ 上の有限次元ベクトル空間とするとき，次の 4 つの対象は自然に 1 対 1 に対応する：

（ⅰ） Lie 環 $\mathfrak{g}$ の V 上の表現　　$\rho_1 \colon \mathfrak{g} \to \mathrm{End}_\mathbb{C}(V)$．

（ⅱ） 複素 Lie 環 $\mathfrak{g}_\mathbb{C}$ の V 上の複素表現　　$\rho_2 \colon \mathfrak{g}_\mathbb{C} \to \mathrm{End}_\mathbb{C}(V)$．

（ⅲ） Lie 群 G の V 上の表現　　$\rho_3 \colon G \to GL_\mathbb{C}(V)$．

（ⅳ） 複素 Lie 群 $G_\mathbb{C}$ の V 上の複素解析的表現　　$\rho_4 \colon G_\mathbb{C} \to GL_\mathbb{C}(V)$．

さらにそれぞれの表現の同値類，部分表現，既約性は (ⅰ), (ⅱ), (ⅲ), (ⅳ) す

べて同じである. □

ここで(ii)における複素表現とは，ρ_2 が Lie 環の準同型写像であり，かつ，$\mathbb{C}$-線型写像であることを意味する．(iv)における**複素解析的表現**(holomorphic representation)とは，ρ_4 が群準同型であり，かつ，ρ_4 は複素多様体 $G_\mathbb{C}$ から複素多様体 $GL_\mathbb{C}(V)$ への正則写像(holomorphic map)であることを意味する．

[証明] (i) $\Longrightarrow$ (ii) $\Longrightarrow$ (iv) $\Longrightarrow$ (iii) $\Longrightarrow$ (i)の順に対応を説明する．

(i) $\Longrightarrow$ (ii) $\rho_2(X+\sqrt{-1}Y) := \rho_1(X) + \sqrt{-1}\rho_1(Y)$ $(X, Y \in \mathfrak{g})$ と定義すればよい．抽象代数の言葉で述べると，ρ_2 はテンソル積における係数拡大の普遍性によって ρ_1 を拡張した写像である(次の可換図式参照)．

$$\begin{array}{ccc} \mathfrak{g} & \xrightarrow{\rho_1} & \mathrm{End}_\mathbb{C}(V) \\ \cap & \nearrow_{\rho_2} & \\ \mathfrak{g}_\mathbb{C} \simeq \mathfrak{g} \otimes_\mathbb{R} \mathbb{C} & & \end{array}$$

(ii) $\Longrightarrow$ (iv) $G_\mathbb{C}$ は連結かつ単連結なので，§ 6.1 定理 6.14 より下の図式を可換にする群準同型写像 ρ_4 が一意的に存在する．

$$\begin{array}{ccc} G_\mathbb{C} & \xrightarrow{\rho_4} & GL_\mathbb{C}(V) \\ \exp \uparrow & & \uparrow \exp \\ \mathfrak{g}_\mathbb{C} & \xrightarrow{\rho_2} & \mathrm{End}_\mathbb{C}(V) \end{array}$$

ρ_4 の微分 ρ_2 は $\mathbb{C}$-線型写像であるので，群準同型写像 ρ_4 は複素解析的写像である(§ 6.2 命題 6.24). よって ρ_4 は(iv)の条件を満たす.

(iv) $\Longrightarrow$ (iii) ρ_4 の定義域を G に制限した写像を ρ_3 とすればよい．

$$\begin{array}{ccc} G_\mathbb{C} & \xrightarrow{\rho_4} & GL_\mathbb{C}(V) \\ \cup & \nearrow_{\rho_3} & \\ G & & \end{array}$$

(iii) $\Longrightarrow$ (i) $\rho_3 : G \to GL_\mathbb{C}(V)$ の微分表現を $\rho_1 : \mathfrak{g} \to \mathrm{End}_\mathbb{C}(V)$ と定義すればよい．

$$G \xrightarrow{\rho_3} GL_{\mathbb{C}}(V)$$
$$\exp \uparrow \qquad \qquad \uparrow \exp$$
$$\mathfrak{g} \xrightarrow{\rho_1} \mathrm{End}_{\mathbb{C}}(V)$$

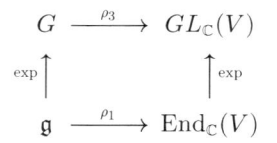

このようにして(i) $\Longrightarrow$ (ii) $\Longrightarrow$ (iv) $\Longrightarrow$ (iii) $\Longrightarrow$ (i) の対応を与えたが，連結な Lie 群の準同型は，その微分表現である Lie 環の準同型写像によって一意的に決定されるから，上記の対応はひとまわりすると自分自身に戻る(例えば $\rho_1 \to \rho_2 \to \rho_4 \to \rho_3 \to \rho_1$ と対応させると最初の ρ_1 と最後の ρ_1 は同型である)．

同値類，部分表現，既約性についても，上の対応はすべてこれを保存することから(i)〜(iv)においてすべて同等であることがわかる． ∎

注意 12.20 上の証明で見たように，(ii) $\Longrightarrow$ (iv)以外，すなわち，(iv) $\Longrightarrow$ (iii) $\Longrightarrow$ (i) $\Longrightarrow$ (ii) の対応は $G_{\mathbb{C}}$ が単連結であることを仮定しなくても成り立つ．

注意 12.21 定理 12.19 より，Lie 群の有限次元表現論を複素 Lie 環の有限次元表現論に帰着することができる．本書では，ユニタリ群 $U(n)$ や直交群 $SO(n)$ や斜交群 $Sp(n)$ などのコンパクト Lie 群の表現論を Peter–Weyl の定理に基づく解析的手法によって展開したが，同じ結果を $\mathfrak{gl}(n,\mathbb{C})$, $\mathfrak{so}(n,\mathbb{C})$, $\mathfrak{sp}(n,\mathbb{C})$ などの複素 Lie 環の表現論として代数的に導くこともできる(例えば，東郷重明[57]，松島与三[30]，Humphreys [13], Knapp [20], Samelson [41]などの教科書を参照されたい)．

Weyl のユニタリ・トリック(定理 12.19)を具体的な群に対して適用してみよう($SU(n)$ に対する結果は定理 8.44 を参照)．

例 12.22 複素ベクトル空間上の表現について次の 7 つの対象：

(i) $SL(n,\mathbb{C})$ の複素解析的な有限次元既約表現
(ii) $SL(n,\mathbb{R})$ の既約な有限次元表現
(iii) $SU(p,n-p)$ の既約な有限次元表現($0<p<n$)
(iv) $SU(n)$ の既約なユニタリ表現
(v) $\mathfrak{sl}(n,\mathbb{C})$ の既約な複素有限次元表現
(vi) $\mathfrak{sl}(n,\mathbb{R})$ の既約な有限次元表現
(vii) $\mathfrak{su}(p,n-p)$ の既約な有限次元表現($0<p<n$)

はいずれも次の 3 つの条件

$$\lambda_1 \geqq \lambda_2 \geqq \cdots \geqq \lambda_n$$
$$\lambda_i - \lambda_j \in \mathbb{Z} \quad (1 \leqq \forall i, \forall j \leqq n)$$
$$\lambda_1 + \cdots + \lambda_n = 0$$

を満たす実数の組 $(\lambda_1, \lambda_2, \cdots, \lambda_n) \in \mathbb{R}^n$ によってパラメトライズされる. □

注意 12.23 上の例に見るように，定理 12.19 で述べた形の Weyl のユニタリ・トリックでは，$G_{\mathbb{C}}$ が単連結であることは仮定するが，実形 G は単連結でなくてもよい(例えば $SL(2, \mathbb{R})$ の基本群 π_1 は $\mathbb{Z}$ と同型である).

注意 12.24

（ⅰ） Weyl のユニタリ・トリックでは，表現がユニタリ化可能であるという性質は保たれない．実際，$SU(n)$ の任意の有限次元表現はユニタリ化可能であるが，$SL(n, \mathbb{R})$ の有限次元既約表現でユニタリ化可能なものは自明な 1 次元表現しかない(演習問題 12.3 参照)．ユニタリ化可能であるという性質が保たれないにもかかわらず，完全可約性が保たれるのは驚くべきことである．

（ⅱ） 無限次元表現に対しては，Weyl のユニタリ・トリックは成り立たない．実際，前章で構成した $GL(n, \mathbb{R})$(あるいは $SL(n, \mathbb{R})$)の主系列表現に対応する $SU(n)$ の無限次元既約表現は存在しない．

完全可約性に関して，定理 12.19 が適用できる例と(定理 12.19 における単連結性の仮定が満たされないために)適用できない例を 1 つずつ述べよう.

例 12.25

（ⅰ） 実 Lie 群 $SL(n, \mathbb{R})$ の任意の有限次元表現は完全可約である．

（ⅱ） 実 Lie 群 $GL(n, \mathbb{R})$ の有限次元表現は完全可約とは限らない．

[例 12.25 の証明] （ⅰ） $G_{\mathbb{C}}$ の実形であるコンパクト群 $SU(n)$ の有限次元表現は完全可約である．単連結な複素 Lie 群 $G_{\mathbb{C}} = SL(n, \mathbb{C})$ に定理 12.19 を適用すれば，$G_{\mathbb{C}}$ の任意の実形の有限次元表現の完全可約性が導かれる．特に $SL(n, \mathbb{R})$ の有限次元表現は完全可約である．

（ⅱ）次の 2 次元表現は完全可約でない表現の例である:

$$\rho \colon GL(n, \mathbb{R}) \to GL(2, \mathbb{C}), \quad g \mapsto \begin{pmatrix} 1 & \log|\det g| \\ 0 & 1 \end{pmatrix}.$$

（b）　Weyl のユニタリ・トリック——一般の場合

複素一般線型群 $GL(n,\mathbb{C})$ は単連結ではなく $\mathbb{Z}$ と同型な基本群をもつので前項（a）で述べた形の Weyl のユニタリ・トリック（定理 12.19）は適用できない．実際，$GL(n,\mathbb{C})$ の実形 $GL(n,\mathbb{R})$ と，単連結 Lie 群 $SL(n,\mathbb{C})$ の実形 $SL(n,\mathbb{R})$ とには，有限次元表現の完全可約性に関して大きな差異があった（例 12.25 参照）．この項では，$GL(n,\mathbb{C})$ のように基本群が自明でない複素 Lie 群に対して，Weyl のユニタリ・トリックを一般化する．ポイントは，実形に関して位相幾何的な仮定を正確に定式化することである．これが次の定理であり，実用上便利な結果である．

定理 12.26（Weyl のユニタリ・トリック（一般の場合））　$G_{\mathbb{C}}$ は連結な複素 Lie 群とし，$G_{\mathbb{C}}$ の閉部分群 G はその実形であって，等質空間 $G_{\mathbb{C}}/G$ は単連結であると仮定する．V を有限次元の $\mathbb{C}$ 上のベクトル空間とするとき，次の 2 つの対象は自然に 1 対 1 に対応する．すなわち，τ_2 の定義域を G に制限したものが τ_1 である．

（i）　G の V 上の表現　　$\tau_1\colon G \to GL_{\mathbb{C}}(V)$

（ii）　$G_{\mathbb{C}}$ の V 上の複素解析的な表現　　$\tau_2\colon G_{\mathbb{C}} \to GL_{\mathbb{C}}(V)$　　　　□

定理の仮定に関して，参考のために次の命題を述べておく（$L=G_{\mathbb{C}}$，$H=G$ として適用する）．

命題 12.27　L は連結な Lie 群，H は L の閉部分群とする．このとき，次の 3 つの条件は同値である．

（i）　等質空間 L/H は単連結である．

（ii）　H は連結であり，かつ，包含関係 $H \subset L$ から誘導される基本群の準同型写像 $\pi_1(H) \to \pi_1(L)$ は全射である．

（iii）　H は連結であり，かつ，ホモロジー群の準同型写像 $H_1(H;\mathbb{Z}) \to H_1(L;\mathbb{Z})$ は全射である．

［証明のスケッチ］　ファイバー束 $L \to L/H$ に関するホモトピー群の長完全系列（6.27 参照）

$$\cdots \to \pi_1(H) \to \pi_1(L) \to \pi_1(L/H) \to \pi_0(H) \to \pi_0(L) = \{1\,\text{点}\}$$

より，(i) $\Longleftrightarrow$ (ii) の同値性が成り立つ．

さて，H, L は Lie 群なので，$\pi_1(H), \pi_1(L)$ は可換群となる (§6.1 定理 6.6)．一方，位相多様体 X の 1 次のホモロジー群 $H_1(X; \mathbb{Z})$ は $\pi_1(X)$ の Abel 化 $\pi_1(X)/[\pi_1(X), \pi_1(X)]$ と同型であるから $\pi_1(H) \simeq H_1(H; \mathbb{Z})$，$\pi_1(L) \simeq H_1(L; \mathbb{Z})$ となる．故に (ii) $\Longleftrightarrow$ (iii) が示された．■

次の系は定理 12.17 と命題 12.27 より直ちにわかる．

系 12.28 G が連結なコンパクト Lie 群，$G_\mathbb{C}$ が G の複素化ならば定理 12.26 の仮定が満たされる．□

例えば $(G, G_\mathbb{C}) = (U(n), GL(n, \mathbb{C})), (SO(n), SO(n, \mathbb{C})), (Sp(n), Sp(n, \mathbb{C}))$ などが系 12.28 の典型例である．

定理 12.26 を証明する前に，部分 Lie 群に関する位相幾何的な準備をする．補題 12.29 のうち (iii) が定理 12.26 の鍵になる．

補題 12.29 L は連結な Lie 群，H は L の閉部分群とし，等質空間 L/H は単連結であると仮定する．このとき次が成り立つ．

(i) H は連結である．
(ii) H が単連結ならば L も単連結である．
(iii) $\widetilde{L}$ を L の被覆となっている連結 Lie 群とし (単連結でなくてもよい)，$\mathfrak{h}$ を Lie 環とするような $\widetilde{L}$ の連結な部分群を $\widetilde{H}$ とする．また $\widetilde{Z}$ を被覆準同型 $\varphi \colon \widetilde{L} \to L$ の核 (kernel) とする．このとき
$$\widetilde{H} \supset \widetilde{Z}$$
が成り立つ．

［証明］ (i) と (ii) を同時に証明する．H をファイバーとするファイバー束 $L \to L/H$ に対するホモトピー群の長完全系列
$$\cdots \to \pi_1(H) \to \pi_1(L) \to \pi_1(L/H) \to \pi_0(H) \to \pi_0(L) = \{1 \text{点}\}$$
において，$\pi_1(L/H) = 1$ より $\pi_0(H) = \{1 \text{点}\}$ すなわち H は連結である．次に $\pi_1(H) = 1$ と仮定すれば，$\pi_1(L/H) = 1$ より $\pi_1(L) = 1$ が成り立つ．

(iii) 最初に $\widetilde{Z}$ は $\widetilde{L}$ の閉正規部分群であり，$\widetilde{Z}\widetilde{H} = \varphi^{-1}(H)$ は $\widetilde{L}$ の閉部分群であることに注意する．準同型定理より $\widetilde{L}/\widetilde{Z} \simeq L$，$\widetilde{Z}\widetilde{H}/\widetilde{Z} \simeq \widetilde{H}/(\widetilde{Z} \cap \widetilde{H}) \simeq H$ が成り立つ．従って次の同型が得られる．

$$L/H \simeq (\widetilde{L}/\widetilde{Z})/(\widetilde{Z}\widetilde{H}/\widetilde{Z}) \simeq \widetilde{L}/\widetilde{Z}\widetilde{H}.$$

特に，仮定より $\pi_1(\widetilde{L}/\widetilde{Z}\widetilde{H}) = \pi_1(L/H) = 1$ となる．$\widetilde{L}/\widetilde{Z}\widetilde{H}$ に(i)を適用すれば，$\widetilde{Z}\widetilde{H}$ が連結であることがわかる．φ は被覆写像なので $\widetilde{Z}\widetilde{H} = \varphi^{-1}(H)$ の Lie 環は $\mathfrak{h}$ である．$\widetilde{H}$ も $\widetilde{Z}\widetilde{H}$ も $\widetilde{L}$ の連結な部分群でその Lie 環が一致するから $\widetilde{Z}\widetilde{H} = \widetilde{H}$ でなければならない．故に $\widetilde{Z} \subset \widetilde{H}$ が証明された．■

［定理 12.26 の証明］（ii）$\Longrightarrow$（i）の対応は表現の制限 $\tau_1 := \tau_2|_G$ として得られる．定理を証明するためには，(i)$\Longrightarrow$(ii)，すなわち，τ_1 を与えたとき，τ_1 を拡張して $\tau_1 = \tau_2|_G$ となるように複素解析的表現 $\tau_2 : G_{\mathbb{C}} \to GL_{\mathbb{C}}(V)$ を構成すればよい．

$G_{\mathbb{C}}$ の普遍被覆群を $\widetilde{G_{\mathbb{C}}}$ とする．$\widetilde{G_{\mathbb{C}}}$ も複素 Lie 群である．被覆準同型写像 $\varphi : \widetilde{G_{\mathbb{C}}} \to G_{\mathbb{C}}$ の核を $\widetilde{Z}$ とする．$\widetilde{G_{\mathbb{C}}}$ と $G_{\mathbb{C}}$ の Lie 環を同型写像 $d\varphi$ によって同一視し，その部分 Lie 環である $\mathfrak{g}$ を Lie 環にもつような $\widetilde{G_{\mathbb{C}}}$ の連結部分 Lie 群を $\widetilde{G}$ とする．$G_{\mathbb{C}}/G$ は単連結なので，補題 12.29 より $\widetilde{G} \supset \widetilde{Z}$ が成り立つ．

さて，単連結複素 Lie 群に対する Weyl のユニタリ・トリック（定理 12.19）を $\widetilde{G} \subset \widetilde{G_{\mathbb{C}}}$ に対して適用すると，$\tau_1 \circ \varphi : \widetilde{G} \to GL_{\mathbb{C}}(V)$ を複素解析的表現 $\rho : \widetilde{G_{\mathbb{C}}} \to GL_{\mathbb{C}}(V)$ に拡張することができる（下の可換図式の左側参照）．

$$\begin{array}{ccc} \widetilde{Z} \subset \widetilde{G_{\mathbb{C}}} \\ \cap \quad \cup \quad \searrow^{\rho} \\ \widetilde{G} \xrightarrow{\tau_1 \circ \varphi} GL_{\mathbb{C}}(V) \end{array} \qquad \begin{array}{ccc} \widetilde{G_{\mathbb{C}}} \xrightarrow{\varphi} G_{\mathbb{C}} \xrightarrow{\tau_2} \\ \cup \quad\quad \cup \quad \searrow GL_{\mathbb{C}}(V) \\ \widetilde{G} \xrightarrow{\varphi} G \xrightarrow{\tau_1} \end{array}$$

ところで，$\tau_1 \circ \varphi : \widetilde{G} \to GL_{\mathbb{C}}(V)$ は $\widetilde{Z} \cap \widetilde{G}$ 上で自明であるから，ρ も $\widetilde{Z} \cap \widetilde{G}$ 上で自明である．ところが，$\widetilde{Z} \cap \widetilde{G} = \widetilde{Z}$ であるから，商群 $G_{\mathbb{C}} \simeq \widetilde{G_{\mathbb{C}}}/\widetilde{Z}$ から $GL_{\mathbb{C}}(V)$ への複素解析的な準同型写像 $\tau_2 : G_{\mathbb{C}} \to GL_{\mathbb{C}}(V)$ が存在して $\rho = \tau_2 \circ \varphi$ となる（上の図式の右側参照）．これによって(i)$\Longrightarrow$(ii)の対応も得られた．■

定理 12.26 を $GL(n, \mathbb{C})$ に適用すると次のような命題が得られる：

命題 12.30

（i） $GL(n, \mathbb{C})$ の任意の複素解析的な有限次元表現は完全可約である．

（ii） $U(p, n-p)$ $(0 \leqq \forall p \leqq n)$ の任意の有限次元表現は完全可約である．

(iii) 任意の p に対して $U(p,n-p)$ の既約な有限次元表現の同値類は
$$\{\lambda \in \mathbb{Z}^n : \lambda_1 \geqq \lambda_2 \geqq \cdots \geqq \lambda_n\}$$
によってパラメトライズされる. □

$U(p,n-p)$ は $GL(n,\mathbb{C})$ の実形であるが, $GL(n,\mathbb{C})$ の別な実形である $GL(n,\mathbb{R})$ に関しては,命題 12.30(ii) の類似の結果は成り立たない,すなわち $GL(n,\mathbb{R})$ の有限次元表現は完全可約とは限らない(例 12.25)ことに注意しよう.

上の命題を定理 12.26 から導くためには, $GL(n,\mathbb{C})/U(p,n-p)$ の基本群に関する次の補題 12.31(i) を確かめれば十分である. $GL(n,\mathbb{C})/GL(n,\mathbb{R})$ の基本群も次の補題 12.31(ii) で計算しておこう. $U(p,n-p)$ と $GL(n,\mathbb{R})$ の位相幾何的な違いが表現論における違いとして現れることが理解できると思う.

補題 12.31
(i) 任意の p に対して等質空間 $GL(n,\mathbb{C})/U(p,n-p)$ は単連結である.
(ii) 等質空間 $Y := GL(n,\mathbb{C})/GL(n,\mathbb{R})$ の基本群は $\mathbb{Z}$ と同型である.

[証明] (i) 次の包含関係
$$\begin{array}{ccc} U(n) & \overset{i_1}{\subset} & GL(n,\mathbb{C}) \\ {\scriptstyle j_2}\cup & & \cup {\scriptstyle j_1} \\ U(p) \times U(n-p) & \underset{i_2}{\subset} & U(p,n-p) \end{array}$$
が導く基本群の準同型の可換図式
$$\begin{array}{ccc} \pi_1(U(n)) & \xrightarrow{(i_1)_*} & \pi_1(GL(n,\mathbb{C})) \\ {\scriptstyle (j_2)_*}\uparrow & & \uparrow {\scriptstyle (j_1)_*} \\ \pi_1(U(p) \times U(n-p)) & \xrightarrow{(i_2)_*} & \pi_1(U(p,n-p)) \end{array}$$
を考える. このとき

(イ) $(i_1)_*$ は全単射であることを示そう. なんとなれば, $GL(n,\mathbb{C})$ は $U(n) \times \mathbb{R}^{n^2}$ と同相(Cartan 分解を用いた証明は定理 6.38 参照;岩澤分解を用いた証明は系 13.24 参照)であり, $U(n) \times \mathbb{R}^{n^2}$ は $U(n)$ とホモトピー同値であるから, $\pi_1(U(n)) \simeq \pi_1(U(n) \times \mathbb{R}^{n^2}) \simeq \pi_1(GL(n,\mathbb{C}))$ の合成

として $(i_1)_*$ は全単射である.

（ロ）$(j_2)_*$ は全射であることを示そう．なんとなれば，複素 Grassmann 多様体 $U(n)/U(p) \times U(n-p) \simeq Gr_p(\mathbb{C}^n)$ は単連結（演習問題 12.2 参照）なので，ホモトピー群の完全系列

$$\cdots \to \pi_1(U(p) \times U(n-p)) \xrightarrow{(j_2)_*} \pi_1(U(n)) \to \pi_1(U(n)/U(p) \times U(n-p))$$

において，$(j_2)_*$ は全射である.

（イ），（ロ）より $(j_1)_*$ も全射であることが示された．従って，命題 12.27 より $\pi_1(GL(n,\mathbb{C})/U(p,n-p)) = 1$ となる．

(ii) $Y = GL(n,\mathbb{C})/GL(n,\mathbb{R})$ をファイバー束として表すために次の可換な図式

$$\begin{array}{ccccc} SL(n,\mathbb{R}) & \hookrightarrow & GL(n,\mathbb{R}) & \xrightarrow{\det} & \mathbb{R}^\times \\ \cap & & \cap & & \cap \\ SL(n,\mathbb{C}) & \hookrightarrow & GL(n,\mathbb{C}) & \xrightarrow{\det} & \mathbb{C}^\times \end{array}$$

を考える．$X := SL(n,\mathbb{C})/SL(n,\mathbb{R})$ とおくと，X をファイバーとするファイバー束

$$GL(n,\mathbb{C})/GL(n,\mathbb{R}) \to \mathbb{C}^\times/\mathbb{R}^\times$$

が定義される．よって，ファイバー束に関するホモトピー群の完全系列

$$\cdots \to \pi_1(X) \to \pi_1(Y) \to \pi_1(\mathbb{C}^\times/\mathbb{R}^\times) \to \pi_0(X) \to \cdots$$

が得られる．一方，$SL(n,\mathbb{R})$ は連結であり，$SL(n,\mathbb{C})$ は連結かつ単連結だから，$\pi_1(X) = \{e\}$，$\pi_0(X) = \{1\text{点}\}$ である．故に，$\pi_1(Y) \simeq \pi_1(\mathbb{C}^\times/\mathbb{R}^\times) \simeq \pi_1(S^1) \simeq \mathbb{Z}$ となり，補題が証明された．∎

簡約 Lie 群でない場合にも定理 12.26 が適用できる例を 1 つ挙げておこう．

例 12.32

$$G_\mathbb{C} = \left\{ \begin{pmatrix} a & 0 & b \\ 0 & a^{-1} & c \\ 0 & 0 & 1 \end{pmatrix} : a \in \mathbb{C}^\times ; b, c \in \mathbb{C} \right\} \simeq \mathbb{C}^\times \ltimes \mathbb{C}^2$$

$$G = \left\{ \begin{pmatrix} \cos\theta & -\sin\theta & b \\ \sin\theta & \cos\theta & c \\ 0 & 0 & 1 \end{pmatrix} : \theta \in \mathbb{R} ; b, c \in \mathbb{R} \right\} \simeq SO(2) \ltimes \mathbb{R}^2$$

とおく．G は向きづけを変えない Euclid 運動群であり，$G_{\mathbb{C}}$ は G の複素化とみなせる．実際，$G \not\subset G_{\mathbb{C}}$ であるが

$$g = \begin{pmatrix} 1 & 1 & 0 \\ -\sqrt{-1} & \sqrt{-1} & 0 \\ 0 & 0 & 1 \end{pmatrix}$$

とおくと，$g^{-1}Gg \subset G_{\mathbb{C}}$ となり，$G_{\mathbb{C}}$ は G と同型な群 $g^{-1}Gg$ の複素化であることがわかる．このとき，$G_{\mathbb{C}}/gGg^{-1} \simeq \mathbb{R}^3$(微分同相)となるので，$G_{\mathbb{C}}/gGg^{-1}$ は単連結である．故に定理 12.26 が適用でき，$G_{\mathbb{C}}$ の複素解析的な有限次元表現(の同値類，組成列，既約表現，…)と G の有限次元表現(の同値類，組成列，既約表現，…)が 1 対 1 に対応する． □

§12.3　等質空間におけるユニタリ・トリック

この節では，等質空間における Weyl のユニタリ・トリックの一般化を概観する．前節までに述べたユニタリ・トリックがどのような定式化で拡張されるのか，その雰囲気を一本の流れとしてつかんでほしい．特に，項(b)の証明の細部や応用については点描するにとどめたが，興味ある読者は小林俊行–小野薫による原論文[23]を参照されたい．

(a)　簡約型等質空間と複素化

連結なコンパクト Lie 群 G_U の複素化を $G_{\mathbb{C}}$ とする(定理 12.17)．$G_{\mathbb{C}}$ の実形となる任意の連結な Lie 群 G は，簡約 Lie 群である(定理 12.18)．同様に，H_U を G_U の閉部分群，$H_{\mathbb{C}}$ をその複素化とし，$H = G \cap H_{\mathbb{C}}$ を $H_{\mathbb{C}}$ の実形と仮定する．すなわち，次の設定を考える：

(12.2)
$$\begin{array}{ccc} G_U & \subset G_{\mathbb{C}} \supset & G \\ \cup & \cup & \cup \\ H_U & \subset H_{\mathbb{C}} \supset & H \end{array}$$

例 12.33　$p+q=n$ とするとき，次は(12.2)の例になっている．

$$SU(n) \subset SL(n,\mathbb{C}) \supset SU(p,q)$$
$$\cup \qquad \cup \qquad \cup$$
$$SO(n) \subset SO(n,\mathbb{C}) \supset SO(p,q)$$

定義 12.34 設定(12.2)における G と H に対して，等質空間 G/H を**簡約型等質空間**(homogeneous space of reductive type)という．

(12.2)によって，次の等質空間の包含関係が得られる：

(12.3) $\qquad G_U/H_U \hookleftarrow G_\mathbb{C}/H_\mathbb{C} \hookleftarrow G/H.$

Lie 群の複素化と実形の関係の類似から，等質空間 G_U/H_U や G/H は複素等質空間 $G_\mathbb{C}/H_\mathbb{C}$ の "実形" であり，$G_\mathbb{C}/H_\mathbb{C}$ は G_U/H_U や G/H の "複素化" であるとみなすのが自然であろう．そこで，これらの等質空間に関してユニタリ・トリックの拡張を考えよう．

§12.1 では，Lie 群 G の複素化を，対応する Lie 環 $\mathfrak{g}$ の係数拡大から説明し始めた．さて，Lie 環 $\mathfrak{g}$ は G 上の左不変ベクトル場全体と同一視される(定理 5.43)．そこで，等質空間に対しても，ユニタリ・トリックを不変ベクトル場から説明し始めよう．まず，等質空間 G/H 上の左不変な実ベクトル場全体を $\mathfrak{X}_L(G/H)$ と書く(§10.5(d)参照)．$\mathfrak{X}_L(G/H)$ はベクトル場の括弧積で $\mathbb{R}$ 上の Lie 環となる．同様に，G/H 上の(実係数の)左不変な微分作用素全体のなす $\mathbb{R}$-多元環を $\mathbb{D}_L(G/H)$ と書く．

定理 12.35 左不変ベクトル場のなす Lie 環 $\mathfrak{X}_L(G_U/H_U)$ と $\mathfrak{X}_L(G/H)$ は同型な複素化をもつ．複素化の同型を与える写像 η は，左不変微分作用素環の複素化の環同型写像 $\tilde{\eta}$ に拡張される(下の図式参照)．

$$\tilde{\eta}: \mathbb{D}_L(G_U/H_U)\otimes_\mathbb{R}\mathbb{C} \simeq \mathbb{D}_L(G/H)\otimes_\mathbb{R}\mathbb{C}$$
$$\cup \qquad\qquad \cup$$
$$\eta: \mathfrak{X}_L(G_U/H_U)\otimes_\mathbb{R}\mathbb{C} \simeq \mathfrak{X}_L(G/H)\otimes_\mathbb{R}\mathbb{C}$$

特に，$H=\{e\}$ のときは $G/\{e\}\simeq G$ であり，$\mathfrak{X}_L(G/\{e\})$ や $\mathbb{D}_L(G/\{e\})$ は §5.6 で定義した $\mathfrak{X}_L(G)$ や $\mathbb{D}_L(G)$ と一致する．このとき η は複素 Lie 環の同型 $\mathfrak{g}_u\otimes_\mathbb{R}\mathbb{C} \simeq \mathfrak{g}\otimes_\mathbb{R}\mathbb{C}$ を与える．

[証明のスケッチ] 定理 10.51 を用いると，

$$\mathfrak{X}_L(G/H) \otimes_{\mathbb{R}} \mathbb{C} \simeq (\mathfrak{g}/\mathfrak{h})^H \otimes_{\mathbb{R}} \mathbb{C} \simeq (\mathfrak{g}_{\mathbb{C}}/\mathfrak{h}_{\mathbb{C}})^{H_{\mathbb{C}}}$$
$$\simeq (\mathfrak{g}_u/\mathfrak{h}_u)^{H_U} \otimes_{\mathbb{R}} \mathbb{C} \simeq \mathfrak{X}_L(G_U/H_U) \otimes_{\mathbb{R}} \mathbb{C}$$

となり，同型 η が示された．k 次以下の不変微分作用素全体(有限次元ベクトル空間)に対して同様の写像を考えると，$k \in \mathbb{N}$ は任意に大きくとれるので同型写像 $\tilde{\eta}$ が得られる．$\tilde{\eta}$ が多元環の同型を与えることは明らか． ∎

注意 12.36 $H \neq \{e\}$ のときは，定理 5.44 の類似が成り立たない．すなわち，$\mathfrak{X}_L(G/H)$ は必ずしも $\mathbb{R}$-多元環 $\mathbb{D}_L(G/H)$ を生成しない．

(b) Clifford–Klein 形と Hirzebruch の比例性原理

次に，微分形式について考えよう．複素多様体 M 上の正則な k 次の微分形式のなす空間を $\Omega^k(M)$ と表し，また実多様体 N 上の(複素係数)k 次の微分形式のなす空間を $\mathcal{E}^k(N)$ と書く．埋め込み写像(12.3)に関して微分形式を引き戻して

$$(12.4) \qquad \mathcal{E}^k(G_U/H_U) \xleftarrow{\text{制限}} \Omega^k(G_{\mathbb{C}}/H_{\mathbb{C}}) \xrightarrow{\text{制限}} \mathcal{E}^k(G/H)$$

という写像が得られる．多変数正則関数の一致の定理より，これらの制限写像は単射である．さて，(12.4)の各項には，群 $G_U, G_{\mathbb{C}}, G$ がそれぞれ作用している．従って，左不変な微分形式のなす部分空間について次の同型写像を得る($G_U \subset G_{\mathbb{C}} \supset G$ に関する Weyl のユニタリ・トリック)．

$$(12.5) \qquad (\mathcal{E}^k(G_U/H_U))^{G_U} \simeq (\Omega^k(G_{\mathbb{C}}/H_{\mathbb{C}}))^{G_{\mathbb{C}}} \simeq (\mathcal{E}^k(G/H))^G$$

これらの素朴な考察から，有用な様々な結果が得られる．

定理 12.37 任意の簡約型等質空間 G/H には G-不変測度が存在する．

[証明のスケッチ] H_U はコンパクトなので G_U/H_U には G_U-不変測度が存在する(系 10.45)．(12.5)より(向きづけができない場合は厳密には体積バンドルに移行して)，G/H には G-不変測度が存在する． ∎

注意深い読者は，上の証明は，既に Weyl の積分公式(定理 8.11，定理 9.23)を計算するときに複素化のルート系を用いるという形で使われていたことに気づくかもしれない．また，定理 12.37 の特別な場合として，§6.4

定理 6.47 の簡単な別証明が得られる.

系 12.38　任意の簡約 Lie 群はユニモジュラーである.

［証明］　等質空間 $G \times G / \operatorname{diag}(G)$ に定理 12.37 を適用すればよい. ∎

さらに，写像 (12.4) により，簡約型等質空間のコホモロジーについて次の結果が得られる.

定理 12.39　$n = \dim G/H$ とおく．(12.5) によって，次数を保つコホモロジー環の間に次の環準同型写像が誘導される：

$$\gamma: \bigoplus_{k=0}^{n} H^k(G_U/H_U; \mathbb{C}) \to \bigoplus_{k=0}^{n} H^k(G/H; \mathbb{C}).$$

［証明のスケッチ］　G_U はコンパクトなので，de Rham コホモロジーは G_U-不変な微分形式から代表元を選ぶことができる (補題 10.57)．さらに，(12.5) の対応は，G_U/H_U と G/H における外微分 d と可換なので，コホモロジーの間の写像を導く．(12.5) の対応は微分形式の積も保つので，γ は環準同型写像になる. ∎

ユニタリ・トリックは，等質空間よりさらに一般の次のような空間にも適用される.

定義 12.40（等質空間の Clifford–Klein 形）　Γ を G の離散部分群とする．Γ の G/H への自然な左作用が真性不連続 (properly discontinuous) かつ固定点をもたない (fixed point free) とき，両側剰余空間 $\Gamma \backslash G/H$ には，次の商写像

$$G/H \to \Gamma \backslash G/H$$

が局所微分同相写像となるような多様体の構造が定義される（例えば，『微分形式の幾何学』(森田 [32]) 命題 1.52 参照）．こうして得られた両側剰余空間 $\Gamma \backslash G/H$ は等質空間の **Clifford–Klein 形** (Clifford-Klein form) と呼ばれる. □

Clifford–Klein 形 $\Gamma \backslash G/H$ には，等質空間 G/H の G-不変な幾何構造（§10.5 の例を参照）がすべて遺伝している．いわば，G/H と"親子"のような関係にある多様体である.

例 12.41　任意の Riemann 面は 3 種類の等質空間

$$(\mathbb{C}^\times \ltimes \mathbb{C})/\mathbb{C}^\times \simeq \mathbb{C} \qquad \text{(Gauss 平面)}$$
$$PSL(2,\mathbb{C})/B \simeq \mathbb{P}^1\mathbb{C} \qquad \text{(Riemann 球面)}$$
$$PSL(2,\mathbb{R})/K \simeq \{x+\sqrt{-1}y \in \mathbb{C} : y>0\} \quad \text{(Poincaré 上半平面)}$$

のいずれかの Clifford–Klein 形として得られる(**Riemann 面の一意化定理**).ただし,$SL(2,F)$ ($F=\mathbb{R},\mathbb{C}$) を一次分数変換として $\mathbb{P}^1\mathbb{C}$ に作用させたとき(例 10.50,例 13.8 参照),$\pm I_2$ は自明に作用するので,
$$PSL(2,F) := SL(2,K)/\{\pm I_2\}$$
とおいた.B や K は等方部分群であり,それぞれ $\mathbb{C}^\times \ltimes \mathbb{C}$(半直積群)と $\mathbb{T}$ に同型な Lie 群である. □

定理 12.42(一般化された **Hirzebruch の比例性原理**)

(i) 定理 12.39 によって,次数を保つコホモロジー環の間に自然な環準同型写像

$$\gamma : \bigoplus_{k=0}^n H^k(G_U/H_U;\mathbb{C}) \to \bigoplus_{k=0}^n H^k(\Gamma\backslash G/H;\mathbb{C})$$

が誘導される.

(ii) $\Gamma\backslash G/H$ がコンパクトならば,γ は単射である.

(iii) (τ,V) を $H_\mathbb{C}$ の複素解析的な有限次元表現とし,複素ベクトル束 $E_U := G_U \times_{H_U} V \to G_U/H_U$ の j 次 Chern 類を $c_j(E_U) \in H^{2j}(G_U/H_U;\mathbb{R})$ とする.同様に,複素ベクトル束 ${}^\Gamma E := \Gamma\backslash G \times_H V \to \Gamma\backslash G/H$ の j 次 Chern 類を $c_j({}^\Gamma E) \in H^{2j}(\Gamma\backslash G/H;\mathbb{R})$ とする.このとき,すべての j に対して $\gamma(c_j(E_U)) = c_j({}^\Gamma E)$ が成り立つ. □

なお,Pontryagin 類や Euler 類などの特性類に対しても,適当な定式化の下で,定理 12.42(iii)と類似の結果が成り立つ.

注意 12.43

(i) G/H が非コンパクト型 Hermite 対称空間(特に,H は G の極大コンパクト部分群),$\Gamma\backslash G/H$ がコンパクト,V が等方表現 $\mathfrak{g}/\mathfrak{h}$ という設定での最高次のコホモロジーを考えた場合に,上記の定理は Hirzebruch によって最初に証明された(1958).これを **Hirzebruch の比例性原理**という.この場合には「Borel

埋め込み」と呼ばれる写像を用いることができるので，Hirzebruch の論文では Weyl のユニタリ・トリックの手法が使われていない．部分群 H が極大コンパクト群と仮定しない一般の場合には，この節で述べたユニタリ・トリックの手法が本質的に必要になる．

（ii）$\Gamma \backslash G/H$ がコンパクトな局所 Riemann 対称空間の場合には，定理 12.42 における単射写像 γ の像は，**松島–村上の公式**（Borel–Wallach [3] 参照）における，自明表現に対する Lie 環の相対コホモロジー群 $H^*(\mathfrak{g}, \mathfrak{h}; \mathbb{C})$ の寄与に対応している．

定理 12.42 の証明の詳細は [23] を参照されたい．ここでは，アイディアだけを述べておく．まず，Chern–Weil 理論によって特性類を記述し，特性類を与える不変多項式に対して $H_U \subset H_{\mathbb{C}} \supset H$ に関する Weyl のユニタリ・トリックを使う（特性類に関する Chern–Weil 理論については，例えば，『微分形式の幾何学』（森田 [32]）第 5 章を参照されたい）．次に，$G_U \subset G_{\mathbb{C}} \supset G$ に関する Weyl のユニタリ・トリックとして，写像 (12.5) を用いればよいのである．

ここで述べた定理 12.42 に見られるように，2 つの多様体 G_U/H_U と $\Gamma \backslash G/H$ の間には，ほとんどの場合には自然な直接の写像が存在しないにもかかわらず，両者には位相的なつながりが潜んでいる．そして，その位相的なつながりは，微分形式の解析接続を通すことによって明るみに出されたわけである．これらの位相的なつながりはまた，コンパクトな Clifford–Klein 形の存在に関する未解決問題（1990 年代の進展についての概説は [38] を参照されたい）にも関わっているが，本書ではこれ以上立ち入らない．

《 要 約 》

12.1 実 Lie 環には複素化が一意的に存在する．複素 Lie 環には，異なる実形が存在することもあり，実形が存在しないこともある．

12.2 単連結な複素 Lie 群の複素解析的な有限次元表現と，その実形となる Lie 群の有限次元表現論は同等である．それはまた，Lie 環の有限次元表現論とも同等になる．

12.3 等質空間やその Clifford–Klein 形に対してもユニタリ・トリックは様々な形で定式化される．例えば，特性類の間に成り立つ関係式はコンパクトな等質空間に対する関係式と同一である．

12.4 （用語）複素化，実形，共役な対合的自己同型，Weyl のユニタリ・トリック，複素解析的な表現，簡約型等質空間，真性不連続，Clifford–Klein 形，特性類，Hirzebruch の比例性原理

──────── 演習問題 ────────

12.1 $SL(2,\mathbb{C})$ を実 Lie 群と見たとき，複素 N 次元既約表現の同値類の個数は，N の約数の個数に一致することを示せ．

12.2 複素 Grassmann 多様体 $Gr_p(\mathbb{C}^n)$ は単連結であることを示せ．

12.3 $SL(n,\mathbb{R})$ の有限次元既約ユニタリ表現は自明な 1 次元表現に限ることを示せ．

13 Borel–Weil 理論

　コンパクト Lie 群の有限次元既約表現の分類にはいくつかの異なる手法が知られている．例えば，
（ⅰ）　指標公式を決定する方法（Peter–Weyl の定理を用いる）
（ⅱ）　Lie 環の表現論（最高ウェイト理論）
（ⅲ）　Borel–Weil 理論
などである．（ⅰ）は本書の第 8 章と第 9 章で解説した解析的な手法であり，（ⅱ）は代数的な手法である．（ⅰ）と（ⅱ）が同値であることは，Weyl のユニタリ・トリック（第 12 章）によってわかる．しかし（ⅰ）や（ⅱ）の分類方法では，既約表現がどのようなベクトル空間に実現されているのかが，あまり具体的に与えられないという欠点がある．

　一方，（ⅲ）の Borel–Weil 理論は複素多様体を土台とする幾何的な手法であり，既約表現の表現空間を具体的に構成する美しい理論である．

　この章の目的は，できるだけ初等的に Borel–Weil の理論を紹介することである．この章は第 8 章，第 10 章，第 12 章をふまえて話をすすめる．なお，この章で取り扱うのはユニタリ群 $U(n)$ の場合だけであるが，その理由は，Borel–Weil 理論の一般性を失わず，しかも幾何的あるいは解析的に本質的な部分を一層具体的に理解できるという利点があるからである．この章で解説するアイディアは，そのままの形で，任意のコンパクト Lie 群のすべての既約表現の構成に拡張することができる．

§13.1 旗多様体

(a) Borel 部分群

最初に，この章で頻繁に用いられる記号を説明しよう．

$G := U(n)$ （ユニタリ群）

$G_{\mathbb{C}} := GL(n, \mathbb{C})$ （G の複素化；§12.1 定義 12.10 参照）

$$T := \left\{ \begin{pmatrix} t_1 & & 0 \\ & \ddots & \\ 0 & & t_n \end{pmatrix} : t_j \in \mathbb{C},\ |t_j| = 1\ (1 \leqq j \leqq n) \right\} \quad (\text{G の極大トーラス})$$

$$A := \left\{ \begin{pmatrix} a_1 & & 0 \\ & \ddots & \\ 0 & & a_n \end{pmatrix} : a_1, \cdots, a_n > 0 \right\}$$

$B_- := \{ g = (g_{ij})_{1 \leqq i,j \leqq n} \in GL(n, \mathbb{C}) : g_{ij} = 0\ (i < j) \}$

$\quad = \begin{pmatrix} * & & 0 \\ & \ddots & \\ * & & * \end{pmatrix}$ という形の可逆な複素正方行列全体

$N_+ := \begin{pmatrix} 1 & & * \\ & \ddots & \\ 0 & & 1 \end{pmatrix}$ という形の複素正方行列全体

$N_- := \begin{pmatrix} 1 & & 0 \\ & \ddots & \\ * & & 1 \end{pmatrix}$ という形の複素正方行列全体

定義 13.1（Borel 部分群） B_- は $G_{\mathbb{C}}$ の **Borel 部分群**（Borel subgroup）と呼ばれる．これは，表現論における部分群 B_- の重要性を指摘した A. Borel にちなんだ名称である．$B_- = TAN_-$ を Borel 部分群 B_- の **Langlands 分解**（Langlands decomposition）という． □

補題 13.2 $G \cap B_- = T$.

[証明] $G \cap B_- \supset T$ は明らかである．逆の包含関係を示そう．$g \in G \cap B_-$ とする．$g \in G$ より $g^{-1} = {}^t\overline{g}$ が成り立つ．$g \in B_-$ より左辺の g^{-1} は下三角行列，右辺の ${}^t\overline{g}$ は上三角行列である．故に g は対角行列でなければならない．

さらに対角成分に関しては $g_{ii}^{-1} = \overline{g_{ii}}$ が成り立つことより $|g_{ii}|=1$ $(1 \leqq \forall i \leqq n)$. 故に $g \in T$ であることが示された. ∎

次に，いくつかの Lie 環を定義しておく．

$$\mathfrak{g} := \mathfrak{u}(n) = \{X \in \mathfrak{gl}(n,\mathbb{C}) : X+X^* = 0\} \quad (\text{歪 Hermite 行列})$$

$$\mathfrak{g}_\mathbb{C} := \mathfrak{gl}(n,\mathbb{C}) \quad (\mathfrak{g} \text{ の複素化})$$

$$\mathfrak{n}_- := \{X = (X_{ij})_{1 \leqq i,j \leqq n} \in \mathfrak{gl}(n,\mathbb{C}) : X_{ij} = 0 \ (i \leqq j)\}$$

$$\mathfrak{n}_+ := \{X = (X_{ij})_{1 \leqq i,j \leqq n} \in \mathfrak{gl}(n,\mathbb{C}) : X_{ij} = 0 \ (i \geqq j)\}$$

$$\mathfrak{t}_\mathbb{C} := \{X = (X_{ij})_{1 \leqq i,j \leqq n} \in \mathfrak{gl}(n,\mathbb{C}) : X_{ij} = 0 \ (i \neq j)\}$$

$$\mathfrak{t} := \{X = (X_{ij})_{1 \leqq i,j \leqq n} \in \mathfrak{gl}(n,\mathbb{C}) : X_{ij} = 0 \ (i \neq j),\ X_{ii} \in \sqrt{-1}\mathbb{R}\}$$

$$\mathfrak{a} := \{X = (X_{ij})_{1 \leqq i,j \leqq n} \in \mathfrak{gl}(n,\mathbb{C}) : X_{ij} = 0 \ (i \neq j),\ X_{ii} \in \mathbb{R}\}$$

$$\mathfrak{b}_- := \mathfrak{t}_\mathbb{C} + \mathfrak{n}_- = \mathfrak{t} + \mathfrak{a} + \mathfrak{n}_-$$

このとき，$\mathfrak{g}, \mathfrak{g}_\mathbb{C}, \mathfrak{n}_-, \mathfrak{n}_+, \mathfrak{t}_\mathbb{C}, \mathfrak{t}, \mathfrak{a}, \mathfrak{b}_-$ はそれぞれ Lie 群 $G, G_\mathbb{C}, N_-, N_+, TA, T, A, B_-$ の Lie 環である．

補題 13.3 $\mathfrak{g}_\mathbb{C}$ は次の形の Lie 環の和として表される．

（i） $\mathfrak{g}_\mathbb{C} = \mathfrak{n}_- + \mathfrak{t}_\mathbb{C} + \mathfrak{n}_+$ （Gelfand–Naimark 分解）

（ii） $\mathfrak{g} + \mathfrak{b}_- = \mathfrak{g}_\mathbb{C}$

[証明] （i）は明らか（標語的に説明すると「下三角 + 対角 + 上三角 = 全体」を意味する）．

（ii）を示そう．（i）より $\mathfrak{b}_- + \mathfrak{n}_+ = \mathfrak{g}_\mathbb{C}$ が成り立つから，$\mathfrak{n}_+ \subset \mathfrak{g} + \mathfrak{b}_-$ を示せば十分である．$\mathfrak{n}_+$ の任意の元 X に対し，$X = (X - X^*) + X^*$ と書き表す（ただし，$X^* = \overline{X}^T$）．このとき，$X - X^*$ は歪 Hermite 行列（つまり $X - X^* \in \mathfrak{g}$）であり，$X^* \in \mathfrak{n}_- \subset \mathfrak{b}_-$ であるから，$X \in \mathfrak{g} + \mathfrak{b}_-$ が示された． ∎

補題 13.3(i), (ii) は Lie 環に対する結果であるが，これを Lie 群の結果として発展させたのが定理 13.4 と定理 13.6 である．

定理 13.4 $G_\mathbb{C} = GL(n, \mathbb{C})$ とする．写像

$$\varphi : N_+ \times B_- \to G_\mathbb{C}, \quad (z, b) \mapsto zb$$

は直積 $N_+ \times B_-$ から $G_\mathbb{C}$ の開集合

$$G'_\mathbb{C} := \{g = (g_{ij})_{1 \leqq i,j \leqq n} \in G_\mathbb{C} : \det(g_{ij})_{k \leqq i,j \leqq n} \neq 0 \ (1 \leqq \forall k \leqq n)\}$$

の上への双正則写像である． □

定理 13.4 における全単射写像 φ の逆写像を
$$\psi : G'_{\mathbb{C}} \to N_+ \times B_-, \quad g \mapsto \psi(g) = (\psi_1(g), \psi_2(g))$$
とし，行列のサイズ n を強調したいときは $\psi^{(n)}(g) = (\psi_1^{(n)}(g), \psi_2^{(n)}(g))$ と書こう．また，（ここだけの記号で）$G'_{\mathbb{C}}$ を $GL'(n, \mathbb{C})$ とも書くことにする．

[定理 13.4 の証明]　n に関する帰納法で証明する．

$n=1$ のとき．$G'_{\mathbb{C}} = G_{\mathbb{C}}$ であり，定理は明らかに成り立つ．n まで正しいとして $n+1$ のとき，$g \in GL(n+1, \mathbb{C})$ をブロック行列として
$$g = \begin{pmatrix} a & b \\ c & d \end{pmatrix} \quad (a \in \mathbb{C} ; {}^t b, c \in \mathbb{C}^n ; d \in M(n, \mathbb{C}))$$
と表す．$g \in GL'(n+1, \mathbb{C})$ ならば $d \in GL'(n, \mathbb{C})$ であることに注意して，帰納法の仮定を用いると
$$d = \psi_1^{(n)}(d)\, \psi_2^{(n)}(d)$$
が成り立つ．そこで
$$\psi_1^{(n+1)}(g) := \begin{pmatrix} 1 & b\psi_2^{(n)}(d)^{-1} \\ 0 & \psi_1^{(n)}(d) \end{pmatrix} \in N_+,$$
$$\psi_2^{(n+1)}(g) := \begin{pmatrix} a - bd^{-1}c & 0 \\ \psi_1^{(n)}(d)^{-1}c & \psi_2^{(n)}(d) \end{pmatrix} \in B_-$$
とおくと $g = \psi_1^{(n+1)}(g)\, \psi_2^{(n+1)}(g) \in N_+ B_-$ となる．よって $n+1$ の場合に定理が成り立つ．数学的帰納法より定理が証明された． ■

注意 13.5　群 N_+ を $G_{\mathbb{C}}/B_-$ に左から作用させると有限個の軌道に分解する．この分解を **Bruhat 分解** という．各軌道は **Schubert 胞体** と呼ばれる．定理 13.4 は最も次元の高い Schubert 胞体を与えている．Bruhat 分解について詳しくは，例えば，『群論』（寺田-原田[55]）定理 1.87 を参照されたい．

(b)　旗多様体

引き続き前項(a)の設定を考える．特に，次の Lie 群の包含関係が成り立っている：

$$\begin{array}{ccc} G & \subset & G_{\mathbb{C}} \\ \cup & & \cup \\ T & \subset & B_- \end{array}$$

定理 13.6(旗多様体の等質空間としての 2 通りの表示) 包含写像 $G \hookrightarrow G_{\mathbb{C}}$ は，次の等質空間の微分同相写像を引き起こす：

(13.1) $$G/T \xrightarrow{\sim} G_{\mathbb{C}}/B_-$$

[証明] §6.3 定理 6.32 より，

(i) G が $G_{\mathbb{C}}/B_-$ に推移的に作用していること

(ii) $o := eB_- \in G_{\mathbb{C}}/B_-$ における G の等方部分群が T であること

の 2 つを示せばよい．

(ii)の証明: $o \in G_{\mathbb{C}}/B_-$ における G の等方部分群は $G \cap B_-$ である．これは補題 13.2 より T に一致する．よって(ii)が示された．

(i)の証明: G の o を通る軌道を $G \cdot o := \{g \cdot o \in G_{\mathbb{C}}/B_- : g \in G\}$ とおく．

<u>ステップ(1)</u> $G_{\mathbb{C}}$ は連結であり，$G_{\mathbb{C}}/B_-$ は連続写像 $G_{\mathbb{C}} \to G_{\mathbb{C}}/B_-$ の像である．故に，$G_{\mathbb{C}}/B_-$ も連結である．

<u>ステップ(2)</u>「コンパクト位相空間から Hausdorff 空間への連続写像の像はコンパクト，特に，閉集合である」という位相空間論の定理を思い出そう．ユニタリ群 G はコンパクトであり，$G_{\mathbb{C}}/B_-$ は Hausdorff 空間であるから，連続写像 $G \to G \cdot o \subset G_{\mathbb{C}}/B_-$ の像である $G \cdot o$ は $G_{\mathbb{C}}/B_-$ の閉集合となる．

<u>ステップ(3)</u> 補題 13.3(ii)より $(\mathfrak{g}+\mathfrak{b}_-)/\mathfrak{b}_- = \mathfrak{g}_{\mathbb{C}}/\mathfrak{b}_-$ である．$G_{\mathbb{C}}/B_-$ および，その部分多様体 $G \cdot o$ の点 o における接空間はそれぞれ

$$T_o(G_{\mathbb{C}}/B_-) \simeq \mathfrak{g}_{\mathbb{C}}/\mathfrak{b}_-, \quad T_o(G \cdot o) \simeq (\mathfrak{g}+\mathfrak{b}_-)/\mathfrak{b}_-$$

で与えられる．両者の右辺が一致するから，$G \cdot o$ は o を $G_{\mathbb{C}}/B_-$ の内点として含む．G の各元は $G_{\mathbb{C}}/B_-$ に同相写像として作用するから，任意の点 $g \cdot o$ ($g \in G$) も $G \cdot o$ の内点として含まれる．故に，$G \cdot o$ は $G_{\mathbb{C}}/B_-$ の開集合である．

連結集合における空でない部分集合が開かつ閉ならば全体に一致するから，ステップ(1), (2), (3)より $G \cdot o = G_{\mathbb{C}}/B_-$ が示された． ∎

等質空間の同型(13.1)の両辺を見比べることにより次の2つの性質が得られる：

(13.1)の左辺より，G/T はコンパクト，

(13.1)の右辺より，$G_{\mathbb{C}}/B_{-}$ は複素多様体．

このようにして得られたコンパクト複素多様体 $G/T \simeq G_{\mathbb{C}}/B_{-}$ を**旗多様体**という．

注意 13.7 旗多様体や後述する広義の旗多様体(定義 13.40)は，コンパクト Kähler 多様体の典型例を与える．また，(広義の)旗多様体は代数多様体の例にもなっている．複素多様体や代数幾何に興味のある読者は，この章で証明される旗多様体上の正則切断の次元公式と，複素多様体論(例えば，小林昭七『複素幾何』(岩波書店)第5章(Kähler 多様体))や代数幾何(例えば，上野健爾『代数幾何』(岩波書店)第6章(連接層のコホモロジー))における正則切断の消滅定理や非消滅定理などの一般論と比較されたい．

低次元の場合に直観を養っておこう：

例 13.8 $n=2$ とする．$G_{\mathbb{C}} = GL(2,\mathbb{C})$ を Riemann 球面 $\mathbb{C} \cup \{\infty\}$ に一次分数変換

$$g: \mathbb{C} \cup \{\infty\} \to \mathbb{C} \cup \{\infty\}, \quad z \mapsto \frac{az+b}{cz+d} \quad \left(g = \begin{pmatrix} a & b \\ c & d \end{pmatrix} \in G_{\mathbb{C}}\right)$$

で作用させる．$G_{\mathbb{C}}$ は $\mathbb{C} \cup \{\infty\}$ に推移的に作用し，0 における等方部分群は

$$\frac{a0+b}{c0+d} = 0 \iff b = 0$$

より B_{-} に一致する．故に，$n=2$ のとき，次の同型が成り立つ：

$$G/T \simeq G_{\mathbb{C}}/B_{-} \simeq \mathbb{C} \cup \{\infty\}. \qquad \square$$

(c) 旗多様体の名前の由来

前項(b)の例 13.8 で見たように，$n=2$ の場合，$G/T \simeq G_{\mathbb{C}}/B_{-}$ は Riemann 球面 $\mathbb{C} \cup \{\infty\}$，すなわち，1次元複素射影空間 $\mathbb{P}^1\mathbb{C}$ と同相であった．高次元の場合に，この見方を一般化しよう．

定義 13.9 $\mathbb{C}^n$ の**旗**(flag)とは，次の性質を満たす組 $(V_1, V_2, \cdots, V_{n-1})$ のこ

§13.1 旗多様体

とである：

（i） V_j は $\mathbb{C}^n$ の j 次元複素部分空間 $(1 \leqq j \leqq n-1)$.

（ii） $\{0\} \subset V_1 \subset V_2 \subset \cdots \subset V_{n-1} \subset \mathbb{C}^n$.

このような組 $(V_1, V_2, \cdots, V_{n-1})$ 全体を集めた集合を $\mathcal{B}_n$ と表す． □

$n=2$ ならば $\mathcal{B}_2$ は $\mathbb{C}^2$ の 1 次元部分空間全体であるから，1 次元複素射影空間 $\mathbb{P}^1\mathbb{C}$ に他ならない．

$n=3$ のとき，$\mathbb{C}$ 上のベクトル空間のかわりに $\mathbb{R}$ 上のベクトル空間で考えることによって，$\mathcal{B}_3$ を直観的に理解してみよう．定義によると，2 次元平面 α と α に含まれて原点を通る直線 l の組 (l, α) の全体が $\mathcal{B}_3$ である．$\mathcal{B}_3$ の元は次のように解釈することもできる．

旗竿の支点を固定し，竿の向きを自由に変えたり，竿の周りに旗を回転させたりする．このようにして得られる 1 つ 1 つの旗が $\mathcal{B}_3$ の元というわけである．この考察において，直観的には竿の向きの取り方(2 次元)と竿の周りの回転(1 次元)で，合計 3 次元の自由度があるので，$\mathcal{B}_3$ の次元が 3 であることが予想できるであろう．実際，すぐ後で証明する系 13.11 より $\mathcal{B}_3$ は $\frac{1}{2} \times 3 \times (3-1) = 3$ 次元の多様体である．

さて，$G_{\mathbb{C}} = GL(n, \mathbb{C})$ を縦ベクトルの空間 $\mathbb{C}^n$ に自然に作用させる．$g \in G_{\mathbb{C}}$, $V_j \subset \mathbb{C}^n$ に対し，

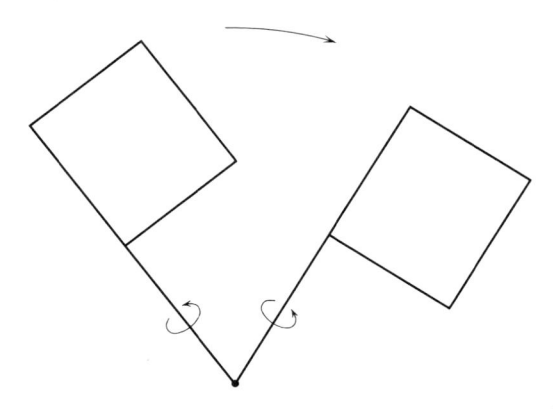

図 **13.1** 旗竿を動かしたり，旗を回転させたりした絵

$$g \cdot V_j := \{g\vec{x} \in \mathbb{C}^n : \vec{x} \in V_j\} \subset \mathbb{C}^n$$

と表す．V_j が j 次元ベクトル空間ならば，$g \cdot V_j$ もまた j 次元ベクトル空間である．$V_j \subset V_{j+1}$ ならば $g \cdot V_j \subset g \cdot V_{j+1}$ も明らかに成り立つ．そこで，$G_\mathbb{C}$ を $\mathcal{B}_n$ に

$$g : \mathcal{B}_n \to \mathcal{B}_n, \quad (V_1, \cdots, V_{n-1}) \mapsto (g \cdot V_1, \cdots, g \cdot V_{n-1}) \quad (g \in G_\mathbb{C})$$

という式によって作用させることができる．等質空間 $G_\mathbb{C}/B_-$ を旗多様体というのは次の定理に由来する：

定理 13.10 $G_\mathbb{C}$ は $\mathcal{B}_n$ に推移的に作用し，$\mathcal{B}_n$ は等質空間として

$$G_\mathbb{C}/B_- \simeq \mathcal{B}_n$$

と表される．

［証明］ $\vec{e_j} \in \mathbb{C}^n$ $(1 \leqq j \leqq n)$ を標準基底とする．$\mathbb{C}^n$ の j 次元部分空間を

$$V_j^o := \mathbb{C}\vec{e_n} + \mathbb{C}\vec{e_{n-1}} + \cdots + \mathbb{C}\vec{e_{n-j+1}} \quad (1 \leqq j \leqq n-1)$$

と定義する．さて，$(V_1, \cdots, V_{n-1})$ を $\mathcal{B}_n$ の任意の元とする．$\mathbb{C}^n$ の基底 $\vec{g_1}, \cdots, \vec{g_n}$ を

$$V_1 = \mathbb{C}\vec{g_n}, \quad V_2 = \mathbb{C}\vec{g_{n-1}} + \mathbb{C}\vec{g_n}, \quad \cdots, \quad V_{n-1} = \mathbb{C}\vec{g_2} + \cdots + \mathbb{C}\vec{g_n}$$

となるように選ぶ．縦ベクトル $\vec{g_j} \in \mathbb{C}^n$ $(1 \leqq j \leqq n)$ を横に並べた行列を

$$g := (\vec{g_1}, \vec{g_2}, \cdots, \vec{g_n})$$

と定義すると，$g \in GL(n, \mathbb{C})$ である．このとき，

$$(13.2) \quad g \cdot (V_1^o, V_2^o, \cdots, V_{n-1}^o) = (\mathbb{C}\vec{g_n}, \mathbb{C}\vec{g_{n-1}} + \mathbb{C}\vec{g_n}, \cdots, \mathbb{C}\vec{g_2} + \cdots + \mathbb{C}\vec{g_n})$$

が成り立つ．この式より，$G_\mathbb{C}$ は $\mathcal{B}_n$ に推移的に作用することがわかる．また $(V_1^o, V_2^o, \cdots, V_{n-1}^o) \in \mathcal{B}_n$ における等方部分群が B_- であることも (13.2) よりわかる．故に，定理が証明された． ∎

系 13.11 $\mathcal{B}_n$ は $\dfrac{1}{2}n(n-1)$ 次元のコンパクト複素多様体の構造をもつ．

［証明］ 定理 13.10 と定理 13.6 より $\mathcal{B}_n$ はコンパクト複素多様体である．$\mathcal{B}_n$ の複素多様体としての次元 $= \dim_\mathbb{C}(\mathfrak{g}_\mathbb{C}/\mathfrak{b}_-) = \dfrac{1}{2}n(n-1)$．従って系 13.11 が示された． ∎

§13.2 Borel–Weil の定理

(a) 旗多様体上の正則直線束

$\lambda = (\lambda_1, \cdots, \lambda_n) \in \mathbb{Z}^n$ に対し，複素 Lie 群 B_- の 1 次元表現 χ_λ を

(13.3) $\quad \chi_\lambda : B_- \to GL(1, \mathbb{C}) = \mathbb{C}^\times, \quad \begin{pmatrix} x_1 & & 0 \\ & \ddots & \\ * & & x_n \end{pmatrix} \mapsto x_1^{\lambda_1} x_2^{\lambda_2} \cdots x_n^{\lambda_n}$

と定義する．B_- を複素多様体とみなしたとき，χ_λ は B_- 上の正則関数であることに注意しよう．この 1 次元表現 $(\chi_\lambda, \mathbb{C})$ を $\mathbb{C}_\lambda$ と略記する．

B_- を構造群とする主ファイバー束 $\varpi : G_\mathbb{C} \to G_\mathbb{C}/B_-$ に同伴した等質直線束

$$\pi : \mathcal{L}_\lambda := G_\mathbb{C} \times_{B_-} \mathbb{C}_\lambda \to G_\mathbb{C}/B_-$$

を考えよう（§10.3 系 10.25）．すなわち，$\mathcal{L}_\lambda$ は直積集合 $G_\mathbb{C} \times \mathbb{C}$ に

$$(g, x) \sim (gb, \chi_\lambda(b)^{-1} x) \quad (\exists b \in B_-)$$

という同値関係を入れたときの，同値類全体の集合である．$\mathcal{L}_\lambda$ は $G_\mathbb{C} \times_{\chi_\lambda} \mathbb{C}$ と書くこともある．$\mathcal{L}_\lambda$ および $G_\mathbb{C}/B_-$ は複素多様体であり，$\pi : \mathcal{L}_\lambda \to G_\mathbb{C}/B_-$ は正則直線束を定める．この正則直線束の正則な切断全体のなすベクトル空間を $\mathcal{O}(\mathcal{L}_\lambda) \equiv \mathcal{O}(G_\mathbb{C}/B_-, \mathcal{L}_\lambda)$ と表す．さらに，正則直線束 $\pi : \mathcal{L}_\lambda \to G_\mathbb{C}/B_-$ は $G_\mathbb{C}$-同変であるから，$\mathcal{O}(\mathcal{L}_\lambda)$ 上に $G_\mathbb{C}$ の複素解析的な表現が自然に定義される（§10.3 定義 10.40 参照）．

(b) Borel–Weil の定理

$\mathcal{O}(\mathcal{L}_\lambda)$ を表現空間とする $G = U(n)$ の表現は既約または $\{0\}$ であり，逆に G の任意の既約表現がこの形で作られる．これを正確に述べたのが次の定理である．

定理 13.12（Borel–Weil の定理）　$\lambda = (\lambda_1, \cdots, \lambda_n) \in \mathbb{Z}^n$ に対して $\mathcal{O}(\mathcal{L}_\lambda)$ を正則直線束 $\mathcal{L}_\lambda \to G_\mathbb{C}/B_-$ の正則な切断全体のなすベクトル空間とする．

（ i ）　$\mathcal{O}(\mathcal{L}_\lambda) \neq \{0\} \iff \lambda_1 \geqq \lambda_2 \geqq \cdots \geqq \lambda_n$

（ii） $\lambda_1 \geqq \lambda_2 \geqq \cdots \geqq \lambda_n$ のとき，$\mathcal{O}(\mathcal{L}_\lambda)$ は $G=U(n)$ の有限次元既約表現であり，その最高ウェイト（定義 8.31）は $\lambda=(\lambda_1,\cdots,\lambda_n)$ である．特に，$\lambda=(\lambda_1,\cdots,\lambda_n),\ \lambda'=(\lambda'_1,\cdots,\lambda'_n) \in \mathbb{Z}^n$ が $\lambda_1 \geqq \cdots \geqq \lambda_n$ かつ $\lambda'_1 \geqq \cdots \geqq \lambda'_n$ を満たすとき，
$$\mathcal{O}(\mathcal{L}_\lambda) \text{ と } \mathcal{O}(\mathcal{L}_{\lambda'}) \text{ が同値な表現} \iff \lambda=\lambda'$$
が成り立つ． □

系 13.13（既約表現の幾何的実現） $G=U(n)$ の任意の有限次元既約表現 F は，旗多様体上の適当な正則直線束 $\mathcal{L}_\lambda$ の正則な切断の空間 $\mathcal{O}(\mathcal{L}_\lambda)$ に実現される．ここで λ は F の最高ウェイトであり，F によって一意的に決まる． □

系 13.14（正則切断の次元公式） $\lambda_1 \geqq \lambda_2 \geqq \cdots \geqq \lambda_n$ のとき
$$(13.4) \qquad \dim_{\mathbb{C}} \mathcal{O}(\mathcal{L}_\lambda) = \frac{\prod_{1 \leqq i < j \leqq n}(\lambda_i - \lambda_j + j - i)}{\prod_{k=1}^{n-1} k!}.$$
□

系 13.13 は最高ウェイトと有限次元既約表現の 1 対 1 対応（§8.3(c) 定理 8.38）と上記の定理 13.12 から直ちにわかる．また，系 13.14 は定理 8.41 （Weyl の次元公式）と定理 13.12 の帰結である．

(c) $G=U(2)$ の場合

定理 13.12（Borel–Weil の定理）を一般のユニタリ群 $G=U(n)$ に対して考える前に，$G=U(2)$ のときに具体的な計算によって定理の意味を理解しながら証明しよう．

以下，この項では $n=2$ とする．$\mathbb{P}^1\mathbb{C} = \mathbb{C} \cup \{\infty\}$ の開集合 U_1, U_2 を
$$U_1 := \mathbb{C}, \quad U_2 := \mathbb{P}^1\mathbb{C} \setminus \{0\}$$
と定義する．$\{U_1, U_2\}$ は $\mathbb{P}^1\mathbb{C}$ の開被覆である．例 13.8 における同型
$$G_{\mathbb{C}}/B_- \simeq \mathbb{P}^1\mathbb{C}\ (= \mathbb{C} \cup \{\infty\}), \quad \begin{pmatrix} a & b \\ c & d \end{pmatrix} B_- \mapsto \frac{b}{d}$$
によって，群論の立場から U_1, U_2 を記述すると，次の写像

(13.5)
$$N_+ \to G_{\mathbb{C}}/B_- \simeq \mathbb{P}^1\mathbb{C}, \quad \begin{pmatrix} 1 & z \\ 0 & 1 \end{pmatrix} \mapsto \begin{pmatrix} 1 & z \\ 0 & 1 \end{pmatrix} B_- \quad \mapsto z$$

(13.6)
$$N_+ \to G_{\mathbb{C}}/B_- \simeq \mathbb{P}^1\mathbb{C}, \quad \begin{pmatrix} 1 & w \\ 0 & 1 \end{pmatrix} \mapsto \begin{pmatrix} 0 & -1 \\ 1 & 0 \end{pmatrix}\begin{pmatrix} 1 & w \\ 0 & 1 \end{pmatrix} B_- \mapsto -\frac{1}{w}$$

のそれぞれの像が U_1 および U_2 である．写像(13.5), (13.6)によって U_1, U_2 の座標を $N_+ \simeq \mathbb{C}$ で与える．次の命題は若干長いが，$\mathcal{L}_\lambda \to \mathbb{P}^1\mathbb{C}$ の正則な切断の空間 $\mathcal{O}(\mathcal{L}_\lambda)$ の様々な解釈を与えるものである．

命題 13.15 $\mathcal{O}(\mathcal{L}_\lambda)$ を $\mathcal{L}_\lambda \to \mathbb{P}^1\mathbb{C}$ の正則な切断全体，$\mathcal{O}(U_i)$ を U_i ($\subset \mathbb{P}^1\mathbb{C}$) 上の正則関数全体とする．ただし，$U_2 = \mathbb{P}^1\mathbb{C}\setminus\{0\}$ 上の正則関数とは，(13.6)で与えられた座標 w に関して正則な関数という意味である．また，$n \in \mathbb{N} = \{0, 1, 2, \cdots\}$ に対し，P_n を z の n 次以下の多項式の作る複素ベクトル空間とする．

（i）次の同型が成り立つ．

(13.7) $\quad \mathcal{O}(\mathcal{L}_\lambda) \simeq \{F\colon G_{\mathbb{C}} \to \mathbb{C}\colon F\text{ は正則写像で，}(13.12)\text{を満たす}\}$

(13.8) $\quad\quad\quad \simeq \{(f, h) \in \mathcal{O}(U_1) \times \mathcal{O}(U_2)\colon f, h \text{ は}(13.13)\text{を満たす}\}$

(13.9) $\quad\quad\quad \simeq \left\{ f \in \mathcal{O}(\mathbb{C}) \colon \begin{array}{l} (-z)^{\lambda_2-\lambda_1} f(z) \text{ は } z = \infty \in \mathbb{P}^1\mathbb{C} \\ \text{の近傍で有界} \end{array} \right\}$

(13.10) $\quad\quad\quad \simeq \begin{cases} \{0\} & (\lambda_1 < \lambda_2) \\ P_{\lambda_1 - \lambda_2} & (\lambda_1 \geqq \lambda_2) \end{cases}$

ここで，(13.7)と(13.8)における関数 F, f, h は

(13.11) $\quad f(z) := F\begin{pmatrix} 1 & z \\ 0 & 1 \end{pmatrix}, \quad h(z) := F\left(\begin{pmatrix} 0 & -1 \\ 1 & 0 \end{pmatrix}\begin{pmatrix} 1 & -z^{-1} \\ 0 & 1 \end{pmatrix}\right)$

によって対応している．F および f, h は次の関数等式を満たす．

(13.12) $\quad F(gb) = \chi_\lambda(b)^{-1} F(g) \qquad (\forall g \in G_{\mathbb{C}}, \forall b \in B_-)$

(13.13) $\quad h(z) = (-z)^{\lambda_2 - \lambda_1} f(z) \quad (\forall z \in U_1 \cap U_2 = \mathbb{C}^\times)$

(ii) (13.9)と(13.7)の同型において f から F を次の公式

(13.14) $\quad F\begin{pmatrix} a & b \\ c & d \end{pmatrix} = (ad-bc)^{-\lambda_1} d^{\lambda_1 - \lambda_2} f\left(\dfrac{b}{d}\right)$

によって復元することができる．

(iii) $\lambda_1 \geqq \lambda_2$ のとき，$G_\mathbb{C} = GL(2, \mathbb{C})$ を $P_{\lambda_1 - \lambda_2}$ に

(13.15)
$$\begin{pmatrix} p & q \\ r & s \end{pmatrix}: P_{\lambda_1 - \lambda_2} \to P_{\lambda_1 - \lambda_2},$$
$$f(z) \mapsto (ps-qr)^{\lambda_2}(-rz+p)^{\lambda_1 - \lambda_2} f\left(\dfrac{sz-q}{-rz+p}\right)$$

と作用させると，(13.10)は G-同型である．

(iv) $\mathcal{O}_\lambda$ の次元は次の式で与えられる．

$$\dim \mathcal{O}_\lambda = \begin{cases} 0 & (\lambda_1 < \lambda_2) \\ \lambda_1 - \lambda_2 + 1 & (\lambda_1 \geqq \lambda_2) \end{cases}.$$

[命題の証明] (i) 同型(13.7)は，正則直線束 $\mathcal{L}_\lambda \to \mathbb{P}^1 \mathbb{C}$ の等質直線束としての表示

$$G_\mathbb{C} \times_{B_-} \mathbb{C}_\lambda \to G_\mathbb{C}/B_-$$

と §10.4 定理 10.36 から導かれる．

一方，正則直線束 $\mathcal{L}_\lambda \to \mathbb{P}^1 \mathbb{C}$ は，変換関数

$$\varphi_{21}: U_1 \cap U_2 \to \mathbb{C}^\times, \quad z \mapsto (-z)^{\lambda_2 - \lambda_1}$$

によって，直積束(自明束) $U_1 \times \mathbb{C}$ と $U_2 \times \mathbb{C}$ を貼り合わせたものとしても表される．従って，f と h が(13.13)の関係式を満たす(§10.1 定理 10.11)．よって，同型(13.8)が得られた．あるいは，同型(13.8)の別証明として，同型(13.7)を用いることもできる．すなわち，

$$h(z) = F\left(\begin{pmatrix} 0 & -1 \\ 1 & 0 \end{pmatrix} \begin{pmatrix} 1 & -z^{-1} \\ 0 & 1 \end{pmatrix}\right)$$

$$= F\left(\begin{pmatrix} 1 & z \\ 0 & 1 \end{pmatrix}\begin{pmatrix} -z & 0 \\ 1 & -z^{-1} \end{pmatrix}\right)$$

$$= \chi_\lambda \begin{pmatrix} -z & 0 \\ 1 & -z^{-1} \end{pmatrix}^{-1} F\begin{pmatrix} 1 & z \\ 0 & 1 \end{pmatrix}$$

$$= (-z)^{\lambda_2 - \lambda_1} f(z)$$

より関係式(13.13)および同型(13.8)を示すこともできる.

(13.8)⊂(13.9)は明らかである. 次に, (13.9)の条件を満たす正則関数 $f(z)$ は $z = \infty$ を真性特異点としない(すなわち $f(z)$ は多項式である)ことから(13.9)⊂(13.10)が成り立つ. (13.10)⊂(13.8)も明らかである. (13.8)⊂(13.9)⊂(13.10)⊂(13.8)となるから, これらはすべて一致する. 故に(i)が証明された.

(ii), (iii), (iv)は(i)より簡単に得られる. 細部の検証は読者に委ねよう. ■

定義 13.16(正則ベクトル場と正則微分形式) m 次元複素多様体 M 上のベクトル場 X が, 任意の局所複素座標 $(z_1, \cdots, z_m) \in V$ (V は $\mathbb{C}^m$ の開集合)で

$$X = \sum_{i=1}^{m} a_i(z_1, \cdots, z_m) \frac{\partial}{\partial z_i}, \quad a_i \in \mathcal{O}(V) \quad (1 \leq i \leq m)$$

と表されるとき, X を**正則ベクトル場**(holomorphic vector field)という. M 上の正則ベクトル場全体を $\mathfrak{X}_{\text{holo}}(M)$ と書こう. $\mathfrak{X}_{\text{holo}}(M)$ は $\mathbb{C}$ 上の Lie 環の構造をもつ.

複素多様体 M 上の 1 次微分形式 ω が局所的に

$$\omega = \sum_{i=1}^{m} b_i(z_1, \cdots, z_m) dz_i, \quad b_i \in \mathcal{O}(V) \quad (1 \leq i \leq m)$$

と表されるとき, ω を**正則 1 次微分形式**(holomorphic 1-form)という. 同様に正則 k 次微分形式も定義される.

M の正則接ベクトル束を $T_{\text{holo}} M \to M$, 正則余接ベクトル束(holomorphic cotangent bundle)を $T^*_{\text{holo}} M \to M$ と表すと,

$$\mathcal{O}(M, T_{\text{holo}} M) = \mathfrak{X}_{\text{holo}}(M)$$

$$\mathcal{O}(M, T^*_{\text{holo}} M) = M \text{ 上の正則 1 次微分形式全体}$$

である. □

例 13.17 $\mathfrak{X}_{\mathrm{holo}}(\mathbb{P}^1\mathbb{C})$ を具体的に求めよう．$\mathbb{P}^1\mathbb{C}$ を $G_{\mathbb{C}} = GL(2,\mathbb{C})$ の等質空間 $G_{\mathbb{C}}/B_-$ と表すと，$T_{\mathrm{holo}}(\mathbb{P}^1\mathbb{C})$ は，
$$\mathrm{Ad}_{\mathfrak{g}_{\mathbb{C}}/\mathfrak{b}_-} : B_- \to GL_{\mathbb{C}}(\mathfrak{g}_{\mathbb{C}}/\mathfrak{b}_-)$$
に同伴した複素等質ベクトル束として $G_{\mathbb{C}} \times_{B_-} (\mathfrak{g}_{\mathbb{C}}/\mathfrak{b}_-)$ と表される（命題 10.27 参照）．さて，$g = \begin{pmatrix} a & 0 \\ c & b \end{pmatrix}$ とおくと，
$$\mathfrak{g}_{\mathbb{C}}/\mathfrak{b}_- \simeq \mathbb{C}\begin{pmatrix} 0 & 1 \\ 0 & 0 \end{pmatrix} + \mathfrak{b}_-,$$
$$\mathrm{Ad}_{\mathfrak{g}_{\mathbb{C}}/\mathfrak{b}_-}(g)\begin{pmatrix} 0 & 1 \\ 0 & 0 \end{pmatrix} + \mathfrak{b}_- = g\begin{pmatrix} 0 & 1 \\ 0 & 0 \end{pmatrix}g^{-1} + \mathfrak{b}_- = \frac{a}{b}\begin{pmatrix} 0 & 1 \\ 0 & 0 \end{pmatrix} + \mathfrak{b}_-$$
であるから，$n=2$ の場合の χ_λ（定義は(13.3)参照）を用いて書くと，$\mathrm{Ad}_{\mathfrak{g}_{\mathbb{C}}/\mathfrak{b}_-} \simeq \chi_{(1,-1)}$ となる．故に

(13.16) $\quad T_{\mathrm{holo}}(\mathbb{P}^1\mathbb{C}) \simeq \mathcal{L}_{(1,-1)}, \quad \mathfrak{X}_{\mathrm{holo}}(\mathbb{P}^1\mathbb{C}) \simeq \mathcal{O}(\mathbb{P}^1\mathbb{C}, \mathcal{L}_{(1,-1)})$

が成り立ち，命題 13.15 より $\dim_{\mathbb{C}} \mathfrak{X}_{\mathrm{holo}}(\mathbb{P}^1\mathbb{C}) = 3$ がわかる．一方 $T^*_{\mathrm{holo}}(\mathbb{P}^1\mathbb{C}) \simeq \mathcal{L}_{(-1,1)}$ となるから，$\mathcal{O}(T^*_{\mathrm{holo}}(\mathbb{P}^1\mathbb{C})) = \mathcal{O}(\mathcal{L}_{(-1,1)}) = \{0\}$（命題 13.15），すなわち，$\mathbb{P}^1\mathbb{C}$ 上の正則な 1 次微分形式は 0 のみである． □

例 13.18 上の例 13.17 をより具体的に書いてみよう．なお，この例を Grassmann 多様体に一般化した結果は演習問題 13.4 で考える．

(i) $\mathfrak{X}_{\mathrm{holo}}(\mathbb{P}^1\mathbb{C})$ の元を $\mathbb{P}^1\mathbb{C} = \mathbb{C} \cup \{\infty\}$ の局所座標 $\mathbb{P}^1\mathbb{C} \setminus \{\infty\} \simeq \mathbb{C}$ 上で表すと，$a\dfrac{d}{dz} + bz\dfrac{d}{dz} + cz^2\dfrac{d}{dz}$ $(a,b,c \in \mathbb{C})$ となる．

(ii) $\mathfrak{X}_{\mathrm{holo}}(\mathbb{P}^1\mathbb{C})$ は $\mathfrak{sl}(2,\mathbb{C})$ と同型な $\mathbb{C}$ 上の Lie 環である．

［証明］（i）$w = z^{-1}$ の変数変換で
$$z^k \frac{d}{dz} = w^{-k}\frac{dw}{dz}\frac{d}{dw} = -w^{2-k}\frac{d}{dw}$$
となる．従って，$k=0,1,2$ ならば，$w=0$（すなわち $z=\infty$）の近傍で $z^k\dfrac{d}{dz}$ は正則である．よって
$$\mathfrak{X}_{\mathrm{holo}}(\mathbb{P}^1\mathbb{C}) \ni \frac{d}{dz},\ z\frac{d}{dz},\ z^2\frac{d}{dz}$$
が示された．例 13.17 より $\dim \mathfrak{X}_{\mathrm{holo}}(\mathbb{P}^1\mathbb{C}) = 3$ であるから $\mathfrak{X}_{\mathrm{holo}}(\mathbb{P}^1\mathbb{C}) = \mathbb{C}\dfrac{d}{dz}$

$+\mathbb{C}z\dfrac{d}{dz}+\mathbb{C}z^2\dfrac{d}{dz}$ が示された．

(ii) $f(z)$ が z の正則関数ならば，直接の計算によって

$$z^i\dfrac{d}{dz}\left(z^j\dfrac{df}{dz}\right)-z^j\dfrac{d}{dz}\left(z^i\dfrac{df}{dz}\right)=(j-i)z^{i+j-1}\dfrac{df}{dz}$$

となる．従って

$$\left[z^i\dfrac{d}{dz},z^j\dfrac{d}{dz}\right]=(j-i)z^{i+j-1}\dfrac{d}{dz}$$

が成り立つから，基底の対応

$$\begin{pmatrix}0 & 1 \\ 0 & 0\end{pmatrix}\mapsto z^2\dfrac{d}{dz},\quad \begin{pmatrix}1 & 0 \\ 0 & -1\end{pmatrix}\mapsto 2z\dfrac{d}{dz},\quad \begin{pmatrix}0 & 0 \\ 1 & 0\end{pmatrix}\mapsto -\dfrac{d}{dz}$$

によって $\mathfrak{sl}(2,\mathbb{C})$ から $\mathfrak{X}_{\text{holo}}(\mathbb{P}^1\mathbb{C})$ の上への Lie 環の同型写像が得られる． ∎

§13.3 Borel–Weil の定理の証明

この節の目標は定理 13.12 を証明することである．重要な項目に分けて説明しよう．

(a) 表現の幾何的実現

$\lambda=(\lambda_1,\cdots,\lambda_n)\in\mathbb{Z}^n$ が $\lambda_1\geqq\lambda_2\geqq\cdots\geqq\lambda_n$ を満たすとき，λ を最高ウェイトにもつ $G=U(n)$ の既約表現が $\mathcal{O}(\mathcal{L}_\lambda)$ の部分空間に実現されることを証明しよう（命題 13.33 で $\mathcal{O}(\mathcal{L}_\lambda)$ 自身が既約であることを証明する）．この幾何的実現は，Cartan–Weyl の最高ウェイト理論（第 8 章），Weyl のユニタリ・トリック（第 12 章），行列要素（第 3 章），等質ファイバー束の切断の解釈（第 10 章）の積み重ねとして自然な形で得られる．これらの復習を兼ねて説明しよう．

補題 13.19 (π,V) を $G=U(n)$ の有限次元既約表現，$(\overline{\pi},\overline{V})$ を (π,V) の共役表現，$(\pi^\vee,V^\vee)$ を (π,V) の反傾表現（§1.3(c)）とする．(π,V) の最高ウェイトを $\lambda\in\mathbb{Z}^n$ としよう．

(ⅰ) $(\overline{\pi}, \overline{V})$ の最低ウェイトは $-\lambda \in \mathbb{Z}^n$ である．すなわち
$$\overline{\pi}(b_-)\overline{u} = \chi_{-\lambda}(b_-)\overline{u} \quad (\forall b_- \in B_-)$$
となる 0 でないベクトル $\overline{u} \in \overline{V}$ が存在する．ここで $\chi_\lambda \colon B_- \to \mathbb{C}^\times$ は式(13.3)で定義した 1 次元表現である．

(ⅱ) $(\pi^\vee, V^\vee)$ の最低ウェイトも $-\lambda$ である．

［証明］ (ⅰ) u を既約表現 (π, V) の最高ウェイトベクトルとする．(π, V) の微分表現 $d\pi \colon \mathfrak{g} \to \mathrm{End}_\mathbb{C}(V)$ を $\mathfrak{g}_\mathbb{C}$ 上の複素線型写像に拡張して得られる $\mathbb{C}$-準同型写像を
$$d\pi_\mathbb{C} \colon \mathfrak{g}_\mathbb{C} \to \mathrm{End}_\mathbb{C}(V)$$
と書こう（§12.2 定理 12.19(ⅰ)$\Longrightarrow$(ⅱ)参照）．このとき
$$d\pi_\mathbb{C}(X)u = 0 \quad (\forall X \in \mathfrak{n}_+)$$
$$d\pi_\mathbb{C}(X)u = d\chi_\lambda(X)u \quad (\forall X \in \mathfrak{t}_\mathbb{C})$$
が成り立つ．複素正方行列 X に対し $X^* = {}^t\overline{X}$ と書き，
$$Y := \frac{1}{2}(X - X^*), \quad Z := \frac{1}{2\sqrt{-1}}(X + X^*)$$
とおくと，$Y, Z \in \mathfrak{u}(n)$, $X = Y + \sqrt{-1}Z$ が成り立つ．$d\pi_\mathbb{C}$ の定義より
$$d\pi_\mathbb{C}(X) = d\pi_\mathbb{C}(Y + \sqrt{-1}Z) = d\pi(Y) + \sqrt{-1}d\pi(Z)$$
であり，また $X \in \mathfrak{t}_\mathbb{C}$ のとき $Y, Z \in \mathfrak{t}$ なので $d\chi_\lambda(X) = d\chi_\lambda(Y) + \sqrt{-1}d\chi_\lambda(Z)$ が成り立つから，
$$(d\pi(Y) + \sqrt{-1}d\pi(Z))u = \begin{cases} 0 & (Y + \sqrt{-1}Z \in \mathfrak{n}_+) \\ (d\chi_\lambda(Y) + \sqrt{-1}d\chi_\lambda(Z))u & (Y + \sqrt{-1}Z \in \mathfrak{t}_\mathbb{C}) \end{cases}$$
となる．$\overline{V}$ の元を $\overline{v}$ $(v \in V)$ と表すと，共役表現の定義から
$$(d\overline{\pi}(Y) - \sqrt{-1}d\overline{\pi}(Z))\overline{u} = \begin{cases} 0 \\ \overline{(d\chi_\lambda(Y) + \sqrt{-1}d\chi_\lambda(Z))u} \end{cases}$$
となる．$Y, Z \in \mathfrak{t}$ なので $d\chi_\lambda(Y), d\chi_\lambda(Z) \in \sqrt{-1}\mathbb{R}$ であることに注意して

§13.3 Borel–Weil の定理の証明 —— 547

$$d\pi_{\mathbb{C}}(Y-\sqrt{-1}Z)\overline{u} = \begin{cases} 0 & (Y+\sqrt{-1}Z \in \mathfrak{n}_+) \\ -d\chi_\lambda(Y-\sqrt{-1}Z)\overline{u} & (Y+\sqrt{-1}Z \in \mathfrak{t}_{\mathbb{C}}) \end{cases}$$

を得る．さらに

$$Y+\sqrt{-1}Z \in \mathfrak{n}_+ \iff Y-\sqrt{-1}Z \in \mathfrak{n}_-$$
$$Y+\sqrt{-1}Z \in \mathfrak{t}_{\mathbb{C}} \iff Y-\sqrt{-1}Z \in \mathfrak{t}_{\mathbb{C}}$$

であるから，

$$d\overline{\pi_{\mathbb{C}}}(X)\overline{u} = \begin{cases} 0 & (\forall X \in \mathfrak{n}_-) \\ -d\chi_\lambda(X)\overline{u} = d\chi_{-\lambda}(X)\overline{u} & (\forall X \in \mathfrak{t}_{\mathbb{C}}) \end{cases}$$

が示された．故に $(\overline{\pi},\overline{V})$ は $-\lambda$ を最低ウェイトとする表現である．

(ii) $G = U(n)$ の表現として $(\overline{\pi},\overline{V})$ と $(\pi^\vee, V^\vee)$ は同型(§1.3 補題 1.53)であるから，(ii) は (i) の言い換えに他ならない． ∎

さて，(π, V) を $G = U(n)$ の有限次元既約表現で，その最高ウェイトは $\lambda \in \mathbb{Z}^n$ であるものとする．Cartan–Weyl の定理(定理 8.38)より，$\lambda_1 \geqq \cdots \geqq \lambda_n$ ならば，このような (π, V) は存在する．$u_{-\lambda}^\vee$ を反傾表現 $(\pi^\vee, V^\vee)$ の最低ウェイト $-\lambda \in \mathbb{Z}^n$ に対応したウェイトベクトルとする．$G_{\mathbb{C}}/G = GL(n,\mathbb{C})/U(n)$ は単連結(定理 12.17 あるいは定理 13.21 参照)であるから，Weyl のユニタリ・トリック(定理 12.26)が適用できる．そこで，G の表現 (π, V), $(\pi^\vee, V^\vee)$ をそれぞれ $G_{\mathbb{C}}$ の複素解析的な表現

$$\pi_{\mathbb{C}} \colon G_{\mathbb{C}} \to GL_{\mathbb{C}}(V), \quad \pi_{\mathbb{C}}^\vee \colon G_{\mathbb{C}} \to GL_{\mathbb{C}}(V^\vee)$$

に拡張しておく．§3.1 定義 3.1 に述べた行列要素を与える写像

$$V \times V^\vee \times G_{\mathbb{C}} \to \mathbb{C},$$
$$(v, v^\vee, g) \mapsto \Phi_{\pi_{\mathbb{C}}}(v, v^\vee)(g) := \langle \pi_{\mathbb{C}}(g)^{-1}v, v^\vee \rangle = \langle v, \pi_{\mathbb{C}}^\vee(g)v^\vee \rangle$$

において，特に $v^\vee = u_{-\lambda}^\vee$ (最低ウェイトベクトル)と固定すると，線型写像

(13.17) $\quad \Phi_{\pi_{\mathbb{C}}}(\cdot, u_{-\lambda}^\vee) \colon V \to C(G_{\mathbb{C}}), \quad v \mapsto \Phi_{\pi_{\mathbb{C}}}(v, u_{-\lambda}^\vee)$

が得られる．この写像は $(\pi_{\mathbb{C}}, V)$ から $G_{\mathbb{C}}$ の左正則表現 $(L, C(G_{\mathbb{C}}))$ の中への $G_{\mathbb{C}}$-線型写像である(§3.1 命題 3.5)．V は既約であるから写像 $\Phi_{\pi_{\mathbb{C}}}(\cdot, u_{-\lambda}^\vee)$ は

548──── 第 13 章　Borel–Weil 理論

0 写像か単射かのいずれかであるが，$u_{-\lambda}^{\vee} \neq 0$ であるから $\Phi_{\pi_{\mathbb{C}}}(\cdot, u_{-\lambda}^{\vee})$ は 0 写像ではない．故に単射である．

Image $\Phi_{\pi_{\mathbb{C}}}(\cdot, u_{-\lambda}^{\vee})$ の満たす性質を調べよう．まず
$$\Phi_{\pi_{\mathbb{C}}}(v, u_{-\lambda}^{\vee})(g) = \langle \pi_{\mathbb{C}}(g)^{-1}v, u_{-\lambda}^{\vee} \rangle$$
であり，$\pi_{\mathbb{C}}: G_{\mathbb{C}} \to GL_{\mathbb{C}}(V)$ は複素解析的な写像であるから，$\Phi_{\pi_{\mathbb{C}}}(v, u_{-\lambda}^{\vee})$ は $G_{\mathbb{C}}$ 上の正則関数である．

さらに，$g \in G_{\mathbb{C}}, b_- \in B_-$ ならば，
$$\begin{aligned}
\Phi_{\pi_{\mathbb{C}}}(v, u_{-\lambda}^{\vee})(gb_-) &= \langle v, \pi_{\mathbb{C}}^{\vee}(gb_-)u_{-\lambda}^{\vee} \rangle \\
&= \chi_{-\lambda}(b_-)\langle v, \pi_{\mathbb{C}}^{\vee}(g)u_{-\lambda}^{\vee} \rangle \\
&= \chi_{\lambda}(b_-)^{-1}\Phi_{\pi_{\mathbb{C}}}(v, u_{-\lambda}^{\vee})(g)
\end{aligned}$$
であるから，
$\Phi_{\pi_{\mathbb{C}}}(v, u_{-\lambda}^{\vee}) \in \{F \in \mathcal{O}(G_{\mathbb{C}}): F(gb_-) = \chi_{\lambda}(b_-)^{-1}F(g) \ (\forall g \in G_{\mathbb{C}}, \forall b_- \in B_-)\}$
が示された．右辺は，正則直線束 $\mathcal{L}_\lambda = G_{\mathbb{C}} \times_{\chi_\lambda} \mathbb{C} \to G_{\mathbb{C}}/B_-$ の正則な切断全体 $\mathcal{O}(\mathcal{L}_\lambda)$ と同一視される (§10.4 定理 10.36)．故に $\Phi_{\pi_{\mathbb{C}}}: V \to C(G_{\mathbb{C}})$ は，V から $\mathcal{O}(\mathcal{L}_\lambda)$ への 0 でない $G_{\mathbb{C}}$-準同型写像を与える．

以上をまとめて，次の補題が示された．

補題 13.20　$\lambda = (\lambda_1, \cdots, \lambda_n) \in \mathbb{Z}^n \ (\lambda_1 \geqq \lambda_2 \geqq \cdots \geqq \lambda_n)$ とする．(π, V) が λ を最高ウェイトとする $G = U(n)$ の有限次元既約表現ならば，
$$\mathrm{Hom}_G(V, \mathcal{O}(\mathcal{L}_\lambda)) \neq \{0\}$$
である．特に，$\mathcal{O}(\mathcal{L}_\lambda) \neq \{0\}$．　　　□

（b）　岩澤分解

定理 13.21（岩澤分解）
(13.18) 　　$U(n) \times A \times N_- \to GL(n, \mathbb{C}), \quad (k, a, n_-) \mapsto kan_-$
は直積多様体 $U(n) \times A \times N_-$ から $GL(n, \mathbb{C})$ の上への微分同相写像である．

［証明］　$AN_- := \{an_- \in G_{\mathbb{C}}: a \in A, \ n_- \in N_-\}$ とおく．$a, a' \in A; \ n_-, n'_- \in N_-$ ならば

§13.3 Borel–Weil の定理の証明 —— 549

$$(an_-)(a'n'_-) = aa'((a')^{-1}n_-a')n'_- \in AN_-$$
$$(an_-)^{-1} = a^{-1}(an_-^{-1}a^{-1}) \in AN_-$$

であるから，AN_- は $G_{\mathbb{C}} = GL(n, \mathbb{C})$ の部分群である.

まず，写像(13.18)の単射性を示そう. $k, k' \in U(n);\ a, a' \in A;\ n_-, n'_- \in N_-$ が

$$kan_- = k'a'n'_-$$

を満たすとすると

(13.19) $\qquad (k')^{-1}k = a'n'_- n_-^{-1} a^{-1}.$

(13.19)の左辺は $U(n)$ の元，右辺は AN_- の元である. 一方，

$$U(n) \cap AN_- = \{I_n\}$$

であるから，$k = k'$ かつ $an_- = a'n'_-$ が示された. さらに

$$(a')^{-1}a = (n'_-)n_-^{-1} \in A \cap N_- = \{I_n\}$$

より $a = a'$ かつ $n_- = n'_-$ もわかる. 故に，(13.18)は単射である.

次に，Gram–Schmidt の直交化の手続きを使って写像(13.18)の逆写像を具体的に構成しよう. $g \in GL(n, \mathbb{C})$ を縦ベクトル $\vec{g_1}, \cdots, \vec{g_n}$ を用いて

$$g = (\vec{g_1}\ \vec{g_2}\ \cdots\ \vec{g_n})$$

と表す.

$$a_n := \|\vec{g_n}\|, \quad \vec{u_n} := \frac{\vec{g_n}}{a_n}$$

とおき，以下 $j = n-1$ から順に $j = 1$ まで

$$a_j \equiv a_j(g) := \left\| \vec{g_j} - \sum_{i=j+1}^{n} (\vec{g_j}, \vec{u_i})\vec{u_i} \right\| \quad (>0)$$

$$\vec{u_j} := \frac{1}{a_j}\left(\vec{g_j} - \sum_{i=j+1}^{n} (\vec{g_j}, \vec{u_i})\vec{u_i}\right)$$

と定義すると，$\vec{u_1}, \cdots, \vec{u_n}$ は互いに直交する単位ベクトルであるから，これを縦に並べた行列

$$j \equiv k(g) := (\vec{u_1}\ \vec{u_2}\ \cdots\ \vec{u_n})$$

はユニタリ行列である. $\vec{u_j}$ は $\vec{g_j}, \vec{g_{j+1}}, \cdots, \vec{g_n}$ の線型結合で表されるから，k

は g を下三角行列で変換した形として

$$k = g \begin{pmatrix} a_1^{-1} & & & 0 \\ & a_2^{-1} & & \\ & & \ddots & \\ * & & & a_n^{-1} \end{pmatrix}$$

と表される．

(13.20) $\quad a \equiv a(g) \quad := \mathrm{diag}(a_1(g),\cdots,a_n(g)) \in A$
$\qquad n_- \equiv n_-(g) := a^{-1}k^{-1}g \qquad\qquad\quad \in N_-$

とおくと，$g = kan_-$ が成り立つ．以上から写像(13.18)は全単射写像であることが示された．さらに

$$G_{\mathbb{C}} \to U(n), \quad g \mapsto k(g)$$
$$G_{\mathbb{C}} \to A, \quad g \mapsto a(g)$$
$$G_{\mathbb{C}} \to N_-, \quad g \mapsto n_-(g)$$

はそれぞれ C^∞ 級である．以上より定理 13.21 が証明された． ∎

注意 13.22 定理 13.6 を用いれば，写像(13.18)が全射であることを
$$G_{\mathbb{C}} = GB_- = G(TAN_-) = (GT)AN_- = GAN_-$$
という式から簡単に示すことができる．一方，Gram–Schmidt の直交化を用いた上記の証明は，岩澤分解の具体的な計算方法が明示されているという利点がある．

定義 13.23（岩澤分解） $G_{\mathbb{C}} = U(n) \cdot A \cdot N_-$ の分解を $G_{\mathbb{C}} = GL(n,\mathbb{C})$ の岩澤分解(Iwasawa decomposition)と呼ぶ． □

系 13.24 $GL(n,\mathbb{C})$ は $U(n)$ と $\mathbb{R}^{n^2}$ の直積に微分同相である．

［証明］ 微分同相 $A \times N_- \simeq \mathbb{R}^n \times \mathbb{C}^{\frac{n(n-1)}{2}} \simeq \mathbb{R}^{n^2}$ と定理 13.21 より系が成り立つ． ∎

上記の系 13.24 は，Cartan 分解(定理 6.38)
$$GL(n,\mathbb{C}) \simeq U(n) \times \exp\mathfrak{p} \quad (\mathfrak{p} = \{\text{Hermite 行列}\})$$
からも導かれる．$n = 2$ の場合に，演習問題 13.1 で岩澤分解と Cartan 分解の関係を比較する．

さて，Lie 群 A の Lie 環 $\mathfrak{a}$ を $\mathbb{R}^n$ と同一視し，全単射写像 $\exp: \mathfrak{a} \to A$ の逆写像を $\log$ と表し，

(13.21) $\qquad\qquad H: G_\mathbb{C} \to \mathbb{R}^n, \quad g \mapsto \log(a(g))$

と定義する．(13.20)の記号を用いて $a(g) = \mathrm{diag}(a_1(g), \cdots, a_n(g)) \in A$ と表せば

(13.22) $\qquad\qquad H(g) = (\log a_1(g), \cdots, \log a_n(g)) \in \mathbb{R}^n$

である．

定義 13.25 式(13.21)によって定義された写像 $H: G_\mathbb{C} \to \mathbb{R}^n (\simeq \mathfrak{a})$ を**岩澤射影**(Iwasawa projection)という．なお，$\log$ をとらずに
$$G_\mathbb{C} \to A, \quad g \mapsto a(g) = \exp(H(g))$$
を岩澤射影と呼ぶこともある．$\exp(H(g))$ を $e^{H(g)}$ とも書くことにする．□

岩澤射影を具体的に計算するのには，次の命題が便利である．

命題 13.26 $1 \leq k \leq n$ とする．$g \in G_\mathbb{C}$ に対して，
$$(a_k(g)\, a_{k+1}(g) \cdots a_n(g))^2 = \det((g^*g)_{ij})_{k \leq i,j \leq n}$$

[証明] $g = kan_-$ ($k \in U(n)$, $a \in A$, $n_- \in N_-$) と表すと，
$$g^*g = n_-^* a^* k^* kan_- = n_-^* a^2 n_- \in N_+ B_-$$
が成り立つ．よって定理 13.4 の証明において，正方行列の右下の $(n-k+1)$ 次の小さな正方行列に制限して議論すれば命題が成り立つことがわかる．■

(c) $\mathcal{O}(\mathcal{L}_\lambda)$ の有限次元性

この項では $\dim_\mathbb{C} \mathcal{O}(\mathcal{L}_\lambda) < \infty$ を示す．これは，$E \to X$, $E' \to X$ をそれぞれコンパクト多様体 X 上の有限次元ベクトル束とするとき，楕円型線型偏微分作用素
$$P: \Gamma^\infty(X, E) \to \Gamma^\infty(X, E')$$
に関する次の定理の特別な場合($X = $ 旗多様体，$E = \mathcal{L}_\lambda$, $E' = \mathcal{L}_\lambda \otimes T^{*0,1}X$, $P = \bar{\partial}$, $\mathrm{Ker}\, P = \mathcal{O}(\mathcal{L}_\lambda)$)である．

定理 13.27 (Hodge–de Rham–Kodaira の定理) $\mathrm{Ker}\, P$ も $\mathrm{Coker}\, P$ も有限次元である．□

この項では定理 13.27 を用いずに $\dim_\mathbb{C} \mathcal{O}(\mathcal{L}_\lambda) < \infty$ を初等的に示そう．

証明の方針を大まかに述べよう．$\mathcal{O}(\mathcal{L}_\lambda)$ の元は局所的に $\frac{1}{2}n(n-1)$ 変数の正則関数を定める．$\dim \mathcal{O}(\mathcal{L}_\lambda) < \infty$ を示すための鍵は，$n=2$ の場合の式 (13.9) と同様にこの多変数正則関数の無限遠での漸近挙動を与える公式である．無限遠での評価は岩澤分解を用いて行う．その準備から始めよう．

補題 13.28 $F \in C(G_\mathbb{C})$ が
$$F(gan_-) = \chi_\lambda(a)^{-1} F(g) \quad (\forall g \in G_\mathbb{C}, \forall a \in A, \forall n_- \in N_-)$$
を満たすとする．
$$C := \sup_{k \in U(n)} |F(k)|$$
とおく（$U(n)$ はコンパクトなので，$C < \infty$ に注意する）と，
$$|F(g)| \leq C |\chi_\lambda(\exp H(g))^{-1}| \quad (\forall g \in G_\mathbb{C})$$
が成り立つ．ここで $H: G_\mathbb{C} \to \mathbb{R}^n$ は岩澤射影である．

[証明] $g = k e^{H(g)} n_-$ ($k \in U(n)$, $n_- \in N_-$) という形に $g \in G_\mathbb{C}$ を岩澤分解すると
$$|F(g)| = |\chi_\lambda(\exp(H(g)))^{-1}| |F(k)| \leq C |\chi_\lambda(\exp(H(g)))^{-1}|$$
となるので補題の主張は明らかである． ∎

補題 13.29 (τ, W) は $G = U(n)$ の既約ユニタリ表現で，その最低ウェイトが $-\Lambda \in \mathbb{Z}^n$ であるとする．$v_{-\Lambda} \in W$ をノルムが 1 の最低ウェイトベクトルとする．このとき次の等式が成り立つ：
$$(13.23) \qquad \|\tau_\mathbb{C}(g) v_{-\Lambda}\| = e^{-\langle H(g), \Lambda \rangle} \quad (\forall g \in G_\mathbb{C})$$

[証明] 岩澤分解によって $g = k e^{H(g)} n_-$ ($k \in G = U(n)$, $e^{H(g)} \in A$, $n_- \in N_-$) と表す．Weyl のユニタリ・トリックを用いて，$\tau: G \to GL_\mathbb{C}(W)$ を $G_\mathbb{C} \simeq GL(n, \mathbb{C})$ の正則な表現 $\tau_\mathbb{C}: G_\mathbb{C} \to GL_\mathbb{C}(W)$ に拡張する．このとき，$\|\tau(k) v_{-\Lambda}\| = 1$ より
$$\|\tau_\mathbb{C}(g) v_{-\Lambda}\| = \|\tau(k) e^{-\langle H(g), \Lambda \rangle} v_{-\Lambda}\| = e^{-\langle H(g), \Lambda \rangle}$$
となる．よって補題が示された． ∎

次に $\chi_\lambda(\exp H(g)) = e^{\langle H(g), \lambda \rangle}$ をもっと具体的に書き表してみよう．まず，$1 \leq k \leq n$ に対し，

$$f^{(k)} := (\underbrace{1,1,\cdots,1}_{k},\underbrace{0,0,\cdots,0}_{n-k}) \in \mathbb{Z}^n$$

とおく. $\lambda = (\lambda_1, \cdots, \lambda_n) \in \mathbb{Z}^n$ は

$$\lambda = \sum_{k=1}^{n}(\lambda_k - \lambda_{k+1})f^{(k)}$$

と表されることに注意する. ただし $\lambda_{n+1}=0$ とおいた. このとき,

$$\chi_\lambda(\exp(-H(g))) = \prod_{k=1}^{n}\exp(-\langle H(g), f^{(k)}\rangle)^{\lambda_k - \lambda_{k+1}}$$

となる. そこで, $g \in G_\mathbb{C}$ の関数 $\exp(-\langle H(g), f^{(k)}\rangle)$ を $g \in N_+$ に制限して調べよう. 命題 13.32 の証明で後述するように, $g \in N_+$ の場合が最も重要である.

(13.24) $$n_+ = \begin{pmatrix} 1 & z_{12} & \cdots & z_{1n} \\ & 1 & \ddots & \vdots \\ & & \ddots & z_{n-1\ n} \\ 0 & & & 1 \end{pmatrix} \in N_+$$

に対して

(13.25) $\quad P_k(n_+) := \exp(-2\langle H(n_+), f^{(k)}\rangle) \quad (1 \leqq k \leqq n)$

とおく. このとき, $\lambda = (\lambda_1, \cdots, \lambda_n) \in \mathbb{Z}^n$ に対して($\lambda_{n+1}=0$ とおいて)

(13.26) $$\chi_\lambda(e^{-H(n_+)}) = \prod_{k=1}^{n} P_k(n_+)^{\frac{\lambda_k - \lambda_{k+1}}{2}}$$

が成り立つ. $P_k(n_+)$ の満たす性質を述べよう(さらに精密な評価式は演習問題 13.2 を参照).

補題 13.30

(i) $P_n(n_+) = 1 \ (\forall n_+ \in N_+)$

(ii) $P_k(n_+)$ は $n_+ \in N_+$ の座標 $z_{ij}, \overline{z_{ij}} \ (1 \leqq i < j \leqq n)$ の多項式である.

[証明] (i) $\det(n_+) = 1$ より $\text{Trace}\, H(n_+) = 0$. よって $\langle H(n_+), f^{(n)}\rangle = 0$ となる.

(ii) G の自然表現 π_0 の反傾表現を $\pi_0^\vee : G \to GL_\mathbb{C}(\mathbb{C}^n)$, $g \mapsto {}^tg^{-1}$ と行列表示し, 表現空間 $\mathbb{C}^n$ の標準基底を $e_1, \cdots, e_n$ と表す. k 次外積テンソル空間

$\bigwedge^k(\mathbb{C}^n)$ の基底 $e_{i_1} \wedge \cdots \wedge e_{i_k}$ ($1 \leqq i_1 < \cdots < i_k \leqq n$) が正規直交基底になるように $\bigwedge^k(\mathbb{C}^n)$ に Hermite 内積を入れると，外積表現 $(\bigwedge^k(\pi_0^\vee), \bigwedge^k(\mathbb{C}^n))$ は G の既約ユニタリ表現であり，その最低ウェイトは $-f^{(k)}$，最低ウェイトベクトルは $e_1 \wedge \cdots \wedge e_k$ (のスカラー倍) で与えられる ($\S 8.3$ 例 8.34 参照)．$n_+ \in N_+$ に対し，下三角行列 ${}^t n_+^{-1}$ が

$$
{}^t n_+^{-1} = \begin{pmatrix} 1 & & & 0 \\ x_{21} & 1 & & \\ \vdots & \ddots & \ddots & \\ x_{n1} & \cdots & x_{n\ n-1} & 1 \end{pmatrix} \in N_-
$$

と表されたとする．このとき，x_{ij} は $n_+ \in N_+$ の座標 z_{ab} ($1 \leqq a < b \leqq n$) の多項式で表され，特に $x_{k+1\ k} = -z_{k\ k+1}$ ($1 \leqq k \leqq n-1$) が成り立っている．さて，前補題 13.29 より

$$
P_k(n_+) = e^{-2\langle H(n_+), f^{(k)}\rangle} = \|\bigwedge^k(\pi_0^\vee)(n_+)(e_1 \wedge \cdots \wedge e_k)\|^2
$$

が成り立つ．一方，次の等式

(13.27)
$$
\bigwedge^k(\pi_0^\vee)(n_+)(e_1 \wedge \cdots \wedge e_k)
$$
$$
= (e_1 + x_{21}e_2 + \cdots + x_{n1}e_n) \wedge (e_2 + x_{32}e_3 + \cdots + x_{n2}e_n)
$$
$$
\wedge \cdots \wedge (e_k + x_{k+1\ k}e_{k+1} + \cdots + x_{nk}e_n)
$$

より $P_k(n_+)$ は $x_{ij}, \overline{x_{ij}}$ ($1 \leqq j < i \leqq n$) の多項式である．従って $z_{ij}, \overline{z_{ij}}$ ($1 \leqq i < j \leqq n$) の多項式でもある．故に補題が証明された． ■

例 13.31 $P_k(n_+)$ ($n_+ \in N_+$) を $G_\mathbb{C} = GL(2, \mathbb{C}), GL(3, \mathbb{C})$ の場合に具体的に計算すると次のようになる．

$n = 2$ の場合：

$$
P_k \begin{pmatrix} 1 & z_{12} \\ 0 & 1 \end{pmatrix} = \begin{cases} 1 + |z_{12}|^2 & (k = 1) \\ 1 & (k = 2) \end{cases}
$$

$n = 3$ の場合：

§13.3 Borel–Weil の定理の証明──555

$${}^t n_+^{-1} = \begin{pmatrix} 1 & 0 & 0 \\ x_{21} & 1 & 0 \\ x_{31} & x_{32} & 1 \end{pmatrix} = \begin{pmatrix} 1 & 0 & 0 \\ -z_{12} & 1 & 0 \\ -z_{13}+z_{12}z_{23} & -z_{23} & 1 \end{pmatrix}$$

であることに注意すると

$$P_k \begin{pmatrix} 1 & z_{12} & z_{13} \\ 0 & 1 & z_{23} \\ 0 & 0 & 1 \end{pmatrix} = \begin{cases} 1+|x_{21}|^2+|x_{31}|^2 = 1+|z_{12}|^2+|z_{12}z_{23}-z_{13}|^2 & (k=1) \\ 1+|x_{32}|^2+|x_{21}x_{32}-x_{31}|^2 = 1+|z_{23}|^2+|z_{13}|^2 & (k=2) \\ 1 & (k=3) \end{cases}$$

命題 13.32 任意の $\lambda \in \mathbb{Z}^n$ に対して $\dim \mathcal{O}(\mathcal{L}_\lambda) < \infty$.

[証明] $G=U(2)$ のときの命題 13.15 の証明と同様に行う．まず等質直線束 $\mathcal{L}_\lambda = G_\mathbb{C} \times_{B_-} \mathbb{C}_\lambda \to G_\mathbb{C}/B_-$ としての表示から $\mathcal{O}(\mathcal{L}_\lambda)$ と

$$\{F: G_\mathbb{C} \to \mathbb{C}: F \text{ は関数等式}(13.28)\text{を満たす正則関数}\}$$

とを同一視する．ここで関数等式 (13.28) は次の式で定義する．

(13.28) $\qquad F(gb) = \chi_\lambda(b)^{-1} F(g) \quad (\forall g \in G_\mathbb{C}, \forall b \in B_-)$

一方，定理 13.4 より，$N_+ B_-$ は $G_\mathbb{C}$ の開集合であるから，一致の定理より正則関数 $F \in \mathcal{O}(G_\mathbb{C})$ は $N_+ B_-$ 上の値で一意的に定まる．さらに等式 (13.28) より制限写像

(13.29) $\qquad \mathcal{O}(\mathcal{L}_\lambda) \to \mathcal{O}(N_+), \quad F \mapsto F|_{N_+}$

は単射である．

さらに，補題 13.28 と (13.26) より

$$|F(n_+)| \leqq C|\chi_\lambda(\exp(-H(n_+)))| = C \prod_{k=1}^n P_k(n_+)^{\frac{\lambda_k - \lambda_{k+1}}{2}}$$

が任意の $n_+ \in N_+$ に対して成り立つ．

$$n_+ = \begin{pmatrix} 1 & z_{12} & \cdots & z_{1n} \\ & 1 & \ddots & \vdots \\ & & \ddots & z_{n-1\,n} \\ 0 & & & 1 \end{pmatrix}$$

と書くと $P_k(n_+)$ は $z_{ij}, \overline{z_{ij}}$ $(1 \leqq i < j \leqq n)$ の多項式だから，λ に依存する正数 $M>0$, $C'>0$ を適当に選べば

$$|F(n_+)| \leq C'\left(1+\sum_{1\leq i<j\leq n}|z_{ij}|\right)^M \quad (\forall n_+ \in N_+)$$

が成り立つ．故に N_+ 上の正則関数 F は各変数 z_{ij} に関して高々 M 次多項式である．これは，$N_+ \simeq \mathbb{C}^{\frac{n(n-1)}{2}}$ 上の正則関数 $F|_{N_+}$ が $(M+1)^{\frac{n(n-1)}{2}}$ 次元のベクトル空間

$$\{f(Z): f(Z) \text{ は } z_{ij} \, (1\leq i<j\leq n) \text{ の多項式で，各変数 } z_{ij} \text{ の高々 } M \text{ 次式}\}$$

に含まれることを意味する．故に $\dim_\mathbb{C} \mathcal{O}(\mathcal{L}_\lambda) \leq (M+1)^{\frac{n(n-1)}{2}} < \infty$ が示された． ∎

(d) 既約性

この項では $\mathcal{O}(\mathcal{L}_\lambda)$ の既約性を示す．$\mathcal{O}(\mathcal{L}_\lambda)$ が有限次元である（前項(c)）ことを用いると既約性の証明は簡単である．

命題 13.33 任意の $\lambda \in \mathbb{Z}^n$ に対し，G の表現 $\mathcal{O}(\mathcal{L}_\lambda)$ は $\{0\}$ または既約である．

[証明] 命題 13.32 より $\dim_\mathbb{C} \mathcal{O}(\mathcal{L}_\lambda) < \infty$ であり，コンパクト群 $G = U(n)$ の有限次元表現は完全可約である（§3.2 系 3.32）から，

(13.30) $\qquad\qquad \mathcal{O}(\mathcal{L}_\lambda) = W_1 \oplus \cdots \oplus W_m$

と G の既約表現の直和に分解される．さて，各 j に対して W_j の最高ウェイトベクトル $f_j (\neq 0)$ を選ぶ．次の同型

$$\mathcal{O}(\mathcal{L}_\lambda) \simeq \{F \in \mathcal{O}(G_\mathbb{C}): F(gb) = \chi_\lambda(b)^{-1}F(g) \,(\forall g \in G_\mathbb{C}, \forall b \in B_-)\}$$

による同一視で $f_j \in \mathcal{O}(\mathcal{L}_\lambda)$ を $G_\mathbb{C}$ 上の正則関数とみなせば，f_j は N_+ の作用で不変であるから，$f_j|_{N_+}$ は定数である．一方，命題 13.32 の証明で見たように $\mathcal{O}(\mathcal{L}_\lambda) \to \mathcal{O}(N_+)$, $F \mapsto F|_{N_+}$ は単射であるから，$f_j \,(1\leq j\leq m)$ は $\mathcal{O}(\mathcal{L}_\lambda)$ の元として互いに（0 でない）スカラー倍となる．一方，$f_j \in W_j \,(1\leq j\leq m)$ であるから，(13.30) が直和であるためには $m\leq 1$ でなければならない．故に命題が証明された． ∎

補題 13.20 と上記の命題 13.33 より次の系を得る．

系 13.34 $\lambda \in \mathbb{Z}^n$ が $\lambda_1 \geq \cdots \geq \lambda_n$ を満たすならば，$\mathcal{O}(\mathcal{L}_\lambda)$ は λ を最高ウェ

§13.3 Borel–Weil の定理の証明 —— 557

イトとする G の既約表現である. □

(e) 正則切断の消滅定理

最後に次の命題を示せば, 定理 13.12 の証明が完結する.

命題 13.35 $\lambda \in \mathbb{Z}^n$ が $\lambda_1 \geqq \lambda_2 \geqq \cdots \geqq \lambda_n$ を満たさないならば, $\mathcal{O}(\mathcal{L}_\lambda) = \{0\}$. □

証明の方針は, $G = U(2)$ の場合に帰着させることである. そのための準備として, 次の一般的な設定を考えよう.

$G_\mathbb{C}$ の複素閉部分群 P が

(13.31) $\qquad\qquad B_- \subset P \subset G_\mathbb{C}$

を満たすとする (実は (13.31) を満たす $G_\mathbb{C}$ の部分 Lie 群は自動的に閉部分群になることが知られている). さて, 正則関数 $F: G_\mathbb{C} \to \mathbb{C}$ が関数等式 (13.28) を満たすとする. このとき $g \in G_\mathbb{C}$ を固定して

$$\widetilde{F}(g): P \to \mathbb{C}, \quad p \mapsto F(gp)$$

とおくと, $\widetilde{F}(g)$ は P 上の正則関数であって

$$\widetilde{F}(g)(pb) = \chi_\lambda(b)^{-1} \widetilde{F}(g)(p) \quad (\forall p \in P, \forall b \in B_-)$$

を満たすから, $\widetilde{F}(g) \in \mathcal{O}(\mathcal{L}_\lambda|_{P/B_-})$ とみなせる. ここで $\mathcal{L}_\lambda|_{P/B_-}$ は B_--主束 $P \to P/B_-$ に同伴した複素直線束 $P \times_{B_-} \mathbb{C}_\lambda \to P/B_-$ を表す. よって, $\widetilde{F}$ は $G_\mathbb{C}$ から $\mathcal{O}(\mathcal{L}_\lambda|_{P/B_-})$ への写像を与える. なお, $\mathcal{O}(\mathcal{L}_\lambda|_{P/B_-})$ は有限次元であり, $\widetilde{F}$ が連続であることも簡単にわかる (より精密な結果を定理 13.45 の証明の中で示す). すなわち, $\widetilde{F} \in C(G_\mathbb{C}, \mathcal{O}(\mathcal{L}_\lambda|_{P/B_-}))$ である. 従って, 線型写像

(13.32) $\qquad \mathcal{O}(\mathcal{L}_\lambda) \to C(G_\mathbb{C}, \mathcal{O}(\mathcal{L}_\lambda|_{P/B_-})), \quad F \mapsto \widetilde{F}$

が得られた. $\widetilde{F}(g)(e) = F(g)$ であるから, $\widetilde{F} \equiv 0$ ならば $F \equiv 0$ すなわち, (13.32) は単射である. 故に次の補題が示された.

補題 13.36 (13.31) を満たす適当な複素閉部分群 P があって $\mathcal{O}(\mathcal{L}_\lambda|_{P/B_-}) = \{0\}$ ならば $\mathcal{O}(\mathcal{L}_\lambda) = \{0\}$. □

[命題 13.35 の証明]

$$B'_- = \left\{ \begin{pmatrix} a & 0 \\ c & b \end{pmatrix} : a, b \in \mathbb{C}^\times, c \in \mathbb{C} \right\}$$

とおく．$1 \leqq i \leqq n-1$ なる i を止めて，単射な準同型写像
$$\varphi_i \colon GL(2,\mathbb{C}) \to GL(n,\mathbb{C}), \quad A \mapsto \begin{pmatrix} I_{i-1} & & 0 \\ & A & \\ 0 & & I_{n-i-1} \end{pmatrix}$$
を定義する．ここで I_j は $GL(j,\mathbb{C})$ の単位行列である．

$P^{(i)} := B_- \cdot \varphi_i(GL(2,\mathbb{C}))$
$$= \begin{pmatrix} * & & & & & & 0 \\ & \ddots & & & & & \\ & & * & & & & \\ & & & * & * & & \\ & & & * & * & & \\ & & & & & * & \\ & & & & & & \ddots \\ * & & & & & & * \end{pmatrix} \begin{matrix} \\ \\ \\ i \\ i+1 \\ \\ \\ \\ \end{matrix} \text{ の形の } GL(n,\mathbb{C}) \text{ の元全体}$$
$$ i \quad i+1$$

とおくと，$P^{(i)}$ は $GL(n,\mathbb{C})$ の複素閉部分群であり，φ_i は双正則写像
$$P^{(i)}/B_- \simeq GL(2,\mathbb{C})/B'_- \simeq \mathbb{P}^1\mathbb{C}$$
を誘導する．さらに
$$\chi' \colon B'_- \to \mathbb{C}^\times, \quad \begin{pmatrix} a & 0 \\ c & b \end{pmatrix} \mapsto a^{\lambda_i} b^{\lambda_{i+1}}$$
とおくと，$GL(2,\mathbb{C})/B'_- \simeq P^{(i)}/B_-\ (\simeq \mathbb{P}^1\mathbb{C})$ 上の正則直線束の同型
$$GL(2,\mathbb{C}) \times_{B'_-} \mathbb{C}_{\chi'} \simeq \mathcal{L}_\lambda|_{P^{(i)}/B_-}$$
が得られる．命題 13.15（$n=2$ に対する Borel–Weil の定理）より，$\lambda_i < \lambda_{i+1}$ ならば $\mathcal{O}(\mathbb{P}^1\mathbb{C}, GL(2,\mathbb{C}) \times_{B'_-} \mathbb{C}_{\chi'}) = \{0\}$ が成り立つ．従って，$\mathcal{O}(\mathcal{L}_\lambda|_{P^{(i)}/B_-}) = \{0\}$ となり，補題 13.36 から $\mathcal{O}(\mathcal{L}_\lambda) = \{0\}$ となる．

$i\ (1 \leqq i \leqq n-1)$ は任意であるから命題 13.35 が証明された．∎

以上で Borel–Weil の定理（定理 13.12）の証明が完結した．

§13.4 Borel–Weil の定理の一般化

Borel–Weil の定理は，既約表現を複素多様体 $G_\mathbb{C}/B_-$ 上で具体的に構成する定理と解釈できる．一方，系 13.14 における次元公式は，複素多様体上の正則直線束に関する結果であり，証明の道具として表現論を用いたと解釈することもできる(結果の記述には表現論が現れないことに注意する)．この節では，後者の解釈を推し進めて，Grassmann 多様体などさらに一般の複素多様体(広義の旗多様体)上の正則直線束の正則切断の空間を，表現論を通して理解しよう．

(a) 放物型部分群と広義の旗多様体

自然数 n を k 個の正の整数 $n_1, n_2, \cdots, n_k$ に分割する：
$$n = n_1 + n_2 + \cdots + n_k$$
この分割に応じて $G_\mathbb{C} = GL(n, \mathbb{C})$ の部分群 $L_{n_1, n_2, \cdots, n_k}$, $N_{n_1, n_2, \cdots, n_k}$, $P_{n_1, n_2, \cdots, n_k}$ を次のように定義する．

$$L_{n_1, n_2, \cdots, n_k} := GL(n_1, \mathbb{C}) \times GL(n_2, \mathbb{C}) \times \cdots \times GL(n_k, \mathbb{C})$$

$$N_{n_1, n_2, \cdots, n_k} := \begin{pmatrix} I_{n_1} & & 0 \\ & I_{n_2} & \\ & & \ddots \\ * & & & I_{n_k} \end{pmatrix} \text{の形の複素行列全体}$$

$$P_{n_1, n_2, \cdots, n_k} := B_- \cdot L_{n_1, n_2, \cdots, n_k} = N_{n_1, n_2, \cdots, n_k} L_{n_1, n_2, \cdots, n_k}$$

定義 13.37 $P_{n_1, n_2, \cdots, n_k}$ を $G_\mathbb{C}$ の**放物型部分群**，$L_{n_1, n_2, \cdots, n_k}$ を $P_{n_1, n_2, \cdots, n_k}$ の **Levi 部分群** と呼ぶ．また $N_{n_1, n_2, \cdots, n_k}$ は $P_{n_1, n_2, \cdots, n_k}$ の閉正規部分群であり

$$P_{n_1, n_2, \cdots, n_k} = L_{n_1, n_2, \cdots, n_k} N_{n_1, n_2, \cdots, n_k} \quad (\text{半直積})$$

を $P_{n_1, n_2, \cdots, n_k}$ の **Levi 分解** (Levi decomposition) という． □

例 13.38 §13.1(a) の記号と比較すると $L_{1, 1, \cdots, 1} = TA$, $N_{1, 1, \cdots, 1} = N_-$, $P_{1, 1, \cdots, 1} = B_-$ が成り立つ． □

例 13.39 $n = 4$ のとき，

$$L_{1,2,1} = \begin{pmatrix} * & 0 & 0 & 0 \\ 0 & * & * & 0 \\ 0 & * & * & 0 \\ 0 & 0 & 0 & * \end{pmatrix} \text{の形の } GL(4,\mathbb{C}) \text{ の元全体}$$

$$P_{1,2,1} = \begin{pmatrix} * & 0 & 0 & 0 \\ * & * & * & 0 \\ * & * & * & 0 \\ * & * & * & * \end{pmatrix} \text{の形の } GL(4,\mathbb{C}) \text{ の元全体}$$

$$N_{1,2,1} = \begin{pmatrix} 1 & 0 & 0 & 0 \\ * & 1 & 0 & 0 \\ * & 0 & 1 & 0 \\ * & * & * & 1 \end{pmatrix} \text{の形の } GL(4,\mathbb{C}) \text{ の元全体}$$

□

定義 13.40(広義の旗多様体) 定理 13.6 と同様に議論することによって,等質空間 $G_{\mathbb{C}}/P_{n_1,n_2,\cdots,n_k}$ は $U(n)/(U(n_1) \times U(n_2) \times \cdots \times U(n_k))$ と微分同相であり,コンパクトな複素多様体の構造をもつことがわかる.これを**広義の旗多様体**(generalized flag manifold)あるいは**一般化された旗多様体**という. □

例 13.41(Grassmann 多様体) $\mathbb{C}^n$ の m 次元複素部分空間全体の作る集合である Grassmann 多様体 $Gr_m(\mathbb{C}^n)$ と $GL(n,\mathbb{C})/P_{m,n-m}$ は双正則同型となる.従って,$Gr_m(\mathbb{C}^n)$ は,広義の旗多様体の 1 つの例である. □

(b) 広義の旗多様体上での Borel–Weil の定理

各 $1 \leqq j \leqq k$ に対し,$GL(n_j,\mathbb{C})$ の複素解析的な有限次元表現
$$\pi_j : GL(n_j,\mathbb{C}) \to GL_{\mathbb{C}}(V_j)$$
が与えられたとき,$V := V_1 \otimes V_2 \otimes \cdots \otimes V_k$ 上に定義される外部テンソル積表現
$$\pi_1 \boxtimes \pi_2 \boxtimes \cdots \boxtimes \pi_k : L_{n_1,n_2,\cdots,n_k} \to GL_{\mathbb{C}}(V_1 \otimes V_2 \otimes \cdots \otimes V_k)$$
を考え,これを $P_{n_1,n_2,\cdots,n_k}$ の表現 π に次のように拡張する.

(13.33)
$$\begin{array}{rcl} \pi : P_{n_1,n_2,\cdots,n_k} & \to & GL_{\mathbb{C}}(V), \\ \begin{pmatrix} A_1 & & & 0 \\ & A_2 & & \\ & & \ddots & \\ * & & & A_k \end{pmatrix} & \mapsto & \pi_1(A_1) \otimes \pi_2(A_2) \otimes \cdots \otimes \pi_k(A_k) \end{array}$$

ただし $A_j \in GL(n_j, \mathbb{C})$ $(1 \leqq j \leqq k)$ である.
$$X := G_{\mathbb{C}}/P_{n_1, n_2, \cdots, n_k}$$
とおき，主束 $G_{\mathbb{C}} \to X$ に同伴した正則ベクトル束（系 10.25(iii) 参照）を

(13.34) $$\mathcal{V} := G_{\mathbb{C}} \times_{P_{n_1, n_2, \cdots, n_k}} V \to X$$

とおく．§13.2(a) で定義した正則直線束 $\mathcal{L}_\lambda$ は $n_1 = n_2 = \cdots = n_k = 1$ かつ $\dim V_1 = \dim V_2 = \cdots = \dim V_k = 1$ とした場合の $\mathcal{V}$ に他ならない.

正則ベクトル束 $\mathcal{V} \to X$ の正則な切断全体を $\mathcal{O}(X, \mathcal{V})$ とおく. $\mathcal{V} \to X$ は $G_{\mathbb{C}}$-同変なベクトル束であるから，$G_{\mathbb{C}}$ の自然な表現が $\mathcal{O}(X, \mathcal{V})$ 上に定義される．この項の目標は $G_{\mathbb{C}}$ の表現論を用いて $\mathcal{O}(X, \mathcal{V})$ を理解すること（いつ 0 になるか，正則な切断の次元はどうなるかなど）である.

さて，ある j $(1 \leqq j \leqq k)$ に対して (π_j, V_j) が $GL(n_j, \mathbb{C})$ の複素解析的な表現として既約でないときは，$GL(n_j, \mathbb{C})$ の複素解析的な表現の完全可約性 (Weyl のユニタリ・トリック；§12.2 命題 12.30 参照) より
$$V_j = V_j' \oplus V_j''$$
と $GL(n_j, \mathbb{C})$ の表現に直和分解できる．このとき，V_j を V_j', V_j'' にとりかえて X 上の正則ベクトル束 $\mathcal{V}', \mathcal{V}''$ を同様に定義すると，$\mathcal{V} = \mathcal{V}' \oplus \mathcal{V}''$ は $G_{\mathbb{C}}$-同変なベクトル束の直和になる．従ってその正則な切断の空間も直和分解される．すなわち
$$\mathcal{O}(X, \mathcal{V}) = \mathcal{O}(X, \mathcal{V}') \oplus \mathcal{O}(X, \mathcal{V}'')$$
は $G_{\mathbb{C}}$ の表現の直和となる．この手続きを繰り返せば，$\mathcal{O}(X, \mathcal{V})$ を調べるためには，すべての j $(1 \leqq j \leqq k)$ に対して (π_j, V_j) が $GL(n_j, \mathbb{C})$ の複素解析的な有限次元既約表現（同じことであるが，$U(n_j)$ の既約表現）の場合だけを考えればよいことがわかる．従って，以下ではそのように仮定し，各 j $(1 \leqq j \leqq k)$ に対して (π_j, V_j) の最高ウェイトを

$$\lambda^{(j)} = (\lambda_1^{(j)}, \lambda_2^{(j)}, \cdots, \lambda_{n_j}^{(j)}) \in \mathbb{Z}^{n_j}$$

とする．最高ウェイトの性質より

(13.35) $$\lambda_1^{(j)} \geqq \lambda_2^{(j)} \geqq \cdots \geqq \lambda_{n_j}^{(j)}$$

が成り立つことに注意しよう．$\lambda^{(j)}$ ($1 \leqq j \leqq k$) の成分を順に並べて

$$(13.36) \quad \lambda := (\lambda^{(1)}, \lambda^{(2)}, \cdots, \lambda^{(k)})$$
$$= (\lambda_1^{(1)}, \cdots, \lambda_{n_1}^{(1)}, \lambda_1^{(2)}, \cdots, \lambda_{n_2}^{(2)}, \cdots, \lambda_1^{(k)}, \cdots, \lambda_{n_k}^{(k)}) \in \mathbb{Z}^n$$

とおく．このとき，正則ベクトル束 $\mathcal{V} \to X$ の正則な切断に関して次の定理が成り立つ．

定理 13.42（広義の旗多様体上の Borel–Weil の定理）　$n = n_1 + \cdots + n_k$ を n の分割とし，各 j ($1 \leqq j \leqq k$) に対し (π_j, V_j) を $GL(n_j, \mathbb{C})$ の複素解析的な有限次元既約表現でその最高ウェイトが $\lambda^{(j)} \in \mathbb{Z}^{n_j}$ であるとする．式(13.33)によって $P_{n_1, \cdots, n_k}$ の表現 (π, V) を定め，(13.36)によって $\lambda \in \mathbb{Z}^n$ を定義する．$\mathcal{V}$ を $P_{n_1, n_2, \cdots, n_k}$ の既約表現 (π, V) に同伴した $X = G_{\mathbb{C}}/P_{n_1, n_2, \cdots, n_k}$ 上の正則ベクトル束とする((13.34)参照)．このとき

$$\mathcal{O}(X, \mathcal{V}) = \begin{cases} \{0\} & (\lambda \text{ は優整形式でない}) \\ \lambda \text{ を最高ウェイトとする } G \text{ の既約表現} & (\lambda \text{ は優整形式}) \end{cases}$$

特に，$\mathcal{O}(X, \mathcal{V})$ の次元は(13.4)と同じ公式によって与えられる．

ここで，(13.35)より，$\lambda \in \mathbb{Z}^n$ に対して

$$\lambda \text{ が優整形式(dominant integral)} \iff \lambda_1 \geqq \lambda_2 \geqq \cdots \geqq \lambda_n$$
$$\iff \lambda_{n_j}^{(j)} \geqq \lambda_1^{(j+1)} \ (1 \leqq \forall j \leqq k-1)$$

である． □

注意 13.43　定理 13.12(Borel–Weil の定理)は，定理 13.42 において $n_1 = n_2 = \cdots = n_k = 1$, $k = n$ とした場合に対応している．

（c）階段定理

定理 13.42 の証明を，すでに証明した形の Borel–Weil の定理(定理 13.12)に帰着させるために「階段定理」(定理 13.45)を証明する．そのアイディアは，§13.3（e）の議論を発展させたものになっている．広義の旗多様体上の Borel–Weil の定理(定理 13.42)の証明は，定理 13.45 の証明が終わったとき

完結する.

　前項(b)の設定を引き継ぐ. 記号を簡単にするため,
$$P := P_{n_1,n_2,\cdots,n_k}, \quad L := L_{n_1,n_2,\cdots,n_k}$$
とおく. $\lambda \in \mathbb{Z}^n$（定義は(13.36)参照）の定める B_- の指標を $\chi_\lambda : B_- \to \mathbb{C}^\times$ と書く. 2つの B_--主束 $G_\mathbb{C} \to G_\mathbb{C}/B_-$ および $P \to P/B_-$ に同伴した正則直線束をそれぞれ

$$\mathcal{L}_\lambda := G_\mathbb{C} \times_{B_-} \mathbb{C}_\lambda \to G_\mathbb{C}/B_-$$
$$\mathcal{L}_\lambda|_{P/B_-} := P \times_{B_-} \mathbb{C}_\lambda \to P/B_-$$

と書こう. $\mathcal{L}_\lambda|_{P/B_-}$ という記号は, 正則直線束 $\mathcal{L}_\lambda \to G_\mathbb{C}/B_-$ を底空間 $G_\mathbb{C}/B_-$ の部分多様体 P/B_- に制限したことを強調している. 正則直線束 $\mathcal{L}_\lambda|_{P/B_-} \to P/B_-$ は P-同変であるから, その正則な切断の空間 $\mathcal{O}(P/B_-, \mathcal{L}_\lambda|_{P/B_-})$ 上に P の表現が自然に定義される.

定理 13.44（放物型部分群に対する Borel–Weil 型定理）　$P = P_{n_1,n_2,\cdots,n_k}$ の表現 $\mathcal{O}(P/B_-, \mathcal{L}_\lambda|_{P/B_-})$ は(13.33)で定義された (π, V) と同型である.

　[証明]　$P_{n_1,n_2,\cdots,n_k} = L_{n_1,n_2,\cdots,n_k} N_{n_1,n_2,\cdots,n_k} = LN$（Levi 分解）なので, L と N に分けて証明すればよい.

<u>ステップ(1)</u>　群 $L = L_{n_1,n_2,\cdots,n_k}$ の表現として同型であることを示そう. 包含写像 $L \subset P$ は双正則写像 $L/(B_- \cap L) \simeq P/B_-$ を誘導するので, $B_- \cap L$ を構造群とする主束 $L \to L/(B_- \cap L)$ に同伴した L-同変な正則直線束

$$(13.37) \qquad L \times_{(B_- \cap L)} \mathbb{C}_\lambda \to L/(B_- \cap L)$$

は, $\mathcal{L}_\lambda|_{P/B_-} \to P/B_-$ と同型な正則直線束になる. ここで, $\mathbb{C}_\lambda$ は B_- の指標 χ_λ を $B_- \cap L$ に制限した1次元表現を表す（記号が増えて見にくくなるのを避けるため, 同じ記号を用いる）. 特に L の表現としての同型

$$(13.38) \quad \mathcal{O}(P/B_-, \mathcal{L}_\lambda|_{P/B_-}) \simeq \mathcal{O}(L/(B_- \cap L), L \times_{(B_- \cap L)} \mathbb{C}_\lambda)$$

が得られる. さらに, $L \simeq GL(n_1, \mathbb{C}) \times \cdots \times GL(n_k, \mathbb{C})$ という直積分解に対応して, (13.37)の正則直線束は, 各 j $(1 \leqq j \leqq k)$ に対する正則直線束

$$GL(n_j, \mathbb{C}) \times_{(B_- \cap GL(n_j, \mathbb{C}))} \mathbb{C}_\lambda \to GL(n_j, \mathbb{C})/(B_- \cap GL(n_j, \mathbb{C}))$$

の k 個の直積に同型である. ここでの $\mathbb{C}_\lambda$ は χ_λ を $B_- \cap GL(n_j, \mathbb{C})$ に制限し

た表現を表す．従って，$GL(n_j, \mathbb{C})$ の表現 V_j' を
$$V_j' := \mathcal{O}(GL(n_j, \mathbb{C})/(B_- \cap GL(n_j, \mathbb{C})), GL(n_j, \mathbb{C}) \times_{\chi_\lambda|_{B_- \cap GL(n_j, \mathbb{C})}} \mathbb{C})$$
と定義すると，
$$\mathcal{O}(L/(B_- \cap L), L \times_{(B_- \cap L)} \mathbb{C}_\lambda) \simeq V_1' \otimes V_2' \otimes \cdots \otimes V_k'$$
という L の表現としての同型が得られる．$GL(n_j, \mathbb{C})$ に対する Borel–Weil の定理(定理 13.12)より，V_j' は最高ウェイト $\lambda^{(j)}$ をもつ既約表現，すなわち (π_j, V_j) と同型である．故に
$$\mathcal{O}(P/B_-, \mathcal{L}_\lambda|_{P/B_-}) \simeq \mathcal{O}(L/(B_- \cap L), L \times_{(B_- \cap L)} \mathbb{C}_\lambda)$$
は L の表現として，外部テンソル積表現 $(\pi, V) = (\pi_1 \boxtimes \pi_2 \boxtimes \cdots \boxtimes \pi_k, V_1 \otimes V_2 \otimes \cdots \otimes V_k)$ に同型であることが示された．

<u>ステップ(2)</u> 群 $N = N_{n_1, n_2, \ldots, n_k}$ の表現として同型であることを示そう．(13.33)より群 N は V に自明に作用する．一方，群 N は P の正規部分群であり，しかも B_- に含まれるので等質空間 P/B_- に自明に作用する．さらに，群 N は $\mathrm{Ker}(\chi_\lambda: B_- \to \mathbb{C}^\times)$ に含まれるので，正則直線束 $\mathcal{L}_\lambda|_{P/B_-} \to P/B_-$ に自明に作用する．従って，$\mathcal{O}(P/B_-, \mathcal{L}_\lambda|_{P/B_-})$ にも自明な表現として作用する．

以上から，定理 13.44 が証明された． ■

定理 13.42 の証明の 1 つの鍵は定理 13.44(放物型部分群に対する Borel–Weil 型定理)であり，もう 1 つの鍵は次に述べる誘導表現に関する階段定理である．

定理 13.45 (複素解析的な誘導表現に関する階段定理) $G_\mathbb{C}$ の表現として，次の自然な同型が成り立つ．

(13.39) $\quad \mathcal{O}(G_\mathbb{C}/B_-, \mathcal{L}_\lambda) \simeq \mathcal{O}(G_\mathbb{C}/P, G_\mathbb{C} \times_P \mathcal{O}(P/B_-, \mathcal{L}_\lambda|_{P/B_-}))$ □

この定理は(複素解析的な)誘導表現に関する**階段定理**(induction by stages)と呼ばれる．$B_- \subset P \subset G_\mathbb{C}$ の包含関係に応じて，B_- の表現 χ_λ から P の表現 $\mathcal{O}(P/B_-, \mathcal{L}_\lambda|_{P/B_-})$ を構成し，次に P の表現 $\mathcal{O}(P/B_-, \mathcal{L}_\lambda|_{P/B_-})$ から $G_\mathbb{C}$ の表現 $\mathcal{O}(G_\mathbb{C}/P, G_\mathbb{C} \times_P \mathcal{O}(P/B_-, \mathcal{L}_\lambda|_{P/B_-}))$ ((13.39)の右辺)を構成した結果は，B_- の表現 χ_λ から一気に $G_\mathbb{C}$ の表現 $\mathcal{O}(G_\mathbb{C}/B_-, \mathcal{L}_\lambda)$ ((13.39)の左辺)を構成したものと一致する；標語的にいうと $B_- \to P \to G_\mathbb{C}$ と順に昇ることと $B_- \to$

§13.4 Borel–Weil の定理の一般化 —— 565

G と一気に昇る結果が一致するというのが階段定理という用語の由来である.

同型(13.39)の右辺は, 定理 13.44 より $\mathcal{O}(X, \mathcal{V})$ と同型であるから, 定理 13.45 と定理 13.12（通常の Borel–Weil の定理）から, 定理 13.42（広義の旗多様体に対する Borel–Weil の定理）が導かれることがわかる. そこで定理 13.45 の証明をしよう.

[証明] 最初に証明の方針を述べる.

(13.32)で定義された単射な $G_\mathbb{C}$-線型写像(§13.3 (e)参照)

(13.40) $$\mathcal{O}(\mathcal{L}_\lambda) \to C(G_\mathbb{C}, V), \quad F \mapsto \widetilde{F}$$

の像が

$$\mathcal{O}(G_\mathbb{C}, V)^P := \{\widetilde{F} \colon G_\mathbb{C} \to V \colon \widetilde{F} \text{ は(13.41)を満たす正則関数}\}$$

に一致することを示せばよい. ここで(13.41)は

(13.41) $$\widetilde{F}(gp) = \pi(p)^{-1}\widetilde{F}(g) \quad (\forall g \in G_\mathbb{C}, \forall p \in P)$$

と定義される関数等式である. これを2つのステップに分けて示す.

<u>ステップ(1)</u> (13.40)の像が $\mathcal{O}(G_\mathbb{C}, V)^P$ に含まれていることを示そう. まず, $V = \mathcal{O}(P/B_-, \mathcal{L}_\lambda|_P)$ の元は, P 上の正則関数 $h \colon P \to \mathbb{C}$ であって,

(13.42) $$h(pb) = \chi_\lambda(b)^{-1}h(p) \quad (\forall p \in P, \forall b \in B_-)$$

を満たすものと同一視されることに注意する. 任意の $g \in G_\mathbb{C}$, $p \in P$, $p' \in P$ に対して

$$\widetilde{F}(gp)(p') = F(gpp') = \widetilde{F}(g)(pp') = (\pi(p)^{-1}\widetilde{F}(g))(p')$$

が成り立つから, (13.41)が満たされる.

次に $\widetilde{F}\colon G_\mathbb{C} \to V$ が正則写像であることを示す. V は有限次元であることに注意してその基底 $h_1, h_2, \cdots, h_J$ $(J = \dim_\mathbb{C} V)$ をとる. h_i $(1 \leqq i \leqq J)$ を(13.42)を満たす P 上の正則関数とみなすと, 一次独立性から, P の J 個の点 $q_1, q_2, \cdots, q_J$ を選んで $J \times J$ 行列

$$A := (h_i(q_j))_{1 \leqq i, j \leqq J}$$

が可逆であるようにできる. A の逆行列の (i, j)-成分を $(A^{-1})_{ij}$ と書こう.

各 $g \in G_\mathbb{C}$ に対して, V の基底 h_i を用いて

$$\widetilde{F}(g) = \sum_{i=1}^{J} a_i(g) h_i \quad (a_i(g) \in \mathbb{C},\ 1 \leqq i \leqq J)$$

と表す．$\widetilde{F}: G_\mathbb{C} \to V$ が正則写像であることを示すためには，各 a_i が $G_\mathbb{C}$ 上の正則関数であることを示せばよい．定義より

$$F(gq_j) = \widetilde{F}(g)(q_j) = \sum_{i=1}^{J} a_i(g) h_i(q_j)$$

であるから，

$$a_l(g) = \sum_{j=1}^{J} F(gq_j)(A^{-1})_{jl} \quad (1 \leqq l \leqq J)$$

となる．F は $g \in G_\mathbb{C}$ の正則関数であったから，$a_l(g)$ $(1 \leqq l \leqq J)$ も $g \in G_\mathbb{C}$ の正則関数であることが示された．以上よりステップ(1)が示された．

<u>ステップ(2)</u> 写像(13.40)は $\mathcal{O}(G_\mathbb{C}, V)^P$ の上への写像であることを示そう．$\widetilde{F} \in \mathcal{O}(G_\mathbb{C}, V)^P$ を任意にとる．各 $g \in G_\mathbb{C}$ に対して $\widetilde{F}(g) \in V$ は，P 上の正則関数であって

$$\widetilde{F}(g)(pb) = \chi_\lambda(b)^{-1} \widetilde{F}(g)(p) \quad (\forall p \in P, \forall b \in B_-)$$

を満たすものと同一視される．さらに $\widetilde{F}$ は

$$\widetilde{F}(gp)(p') = \widetilde{F}(g)(pp') \quad (\forall p, \forall p' \in P)$$

を満たす．そこで $G_\mathbb{C}$ 上の関数 F を

$$F: G_\mathbb{C} \to \mathbb{C}, \quad g \mapsto \widetilde{F}(g)(e)$$

とおけば，F は $G_\mathbb{C}$ 上の正則関数であって

$$F(gb) = \widetilde{F}(gb)(e) = \widetilde{F}(g)(b) = \chi_\lambda(b)^{-1} \widetilde{F}(g)(e) = \chi_\lambda(b)^{-1} F(g)$$

を満たす．故に $F \in \mathcal{O}(\mathcal{L}_\lambda)$ であって，$\widetilde{F}$ は (13.40) における F の像になっている．よってステップ(2)も示され，以上で定理 13.45 が証明された．■

最後に，この章で述べた Borel–Weil の定理およびその一般化を，証明の筋道と主な証明の手法と共にまとめておこう．

$\mathbb{P}^1\mathbb{C}$ 上の Borel–Weil の定理(§13.2 (c))
(ロ), (ハ) ⇓
(通常の) Borel–Weil の定理(定理 13.12)
(ハ) ⇓
放物型部分群の Borel–Weil の定理(定理 13.44)
(イ) ⇓
広義の旗多様体上の Borel–Weil の定理(定理 13.42)

ここで，証明に用いられた主要な手法(イ), (ロ), (ハ)は次で与えられる．
  (イ)　(複素解析的な誘導表現に関する)階段定理(定理13.45)
  (ロ)　$U(n)$ の有限次元表現に関する最高ウェイト理論(第8章)
  (ハ)　旗多様体の幾何(定理13.6)，等質ファイバー束(第10章)

《要約》

13.1　旗多様体はコンパクトな複素多様体である．

13.2　簡約Lie環の表現が最高ウェイトをもつという代数的な条件は，その表現が旗多様体上の正則切断の空間に実現できるという幾何的な条件に対応する．

13.3　Borel–Weil の定理により，ユニタリ群(任意のコンパクト群)の既約表現を複素多様体上の正則直線束の正則な切断の空間に実現できる．

13.4　旗多様体上の等質正則直線束の正則な切断の空間は $\{0\}$ か既約表現の表現空間である．

13.5　Grassmann 多様体などの複素等質空間上の正則ベクトル束の切断の空間の次元が，表現論を用いて計算できる．

13.6　Borel–Weil の定理の証明には，$\mathbb{P}^1\mathbb{C}$ の旗多様体への種々の埋め込みが重要な役割を果たす．

13.7　(用語)旗多様体，Borel 部分群，岩澤分解，岩澤射影，正則直線束，最高ウェイト，広義の旗多様体，Grassmann 多様体，正則切断の消滅定理，正則切断の次元公式，放物型部分群，誘導表現の階段定理

──── 演習問題 ────

13.1　$G_\mathbb{C} = GL(2,\mathbb{C})$, $A = \{\mathrm{diag}(a_1, a_2): a_1, a_2 > 0\}$, $A_+ = \{\mathrm{diag}(a_1, a_2): a_1 \geqq a_2 > 0\}$ とする．$n = \begin{pmatrix} 1 & x \\ 0 & 1 \end{pmatrix} \in G_\mathbb{C}$ の

　　　　Cartan 射影　　$\psi: G_\mathbb{C} \to A_+$　　ただし $g \in K\psi(g)K$
　　　　岩澤射影　　　$a: G_\mathbb{C} \to A$　　　ただし $g \in Ka(g)N_-$

を計算せよ.

13.2 岩澤射影によって定義された関数 $P_k(n_+)$ ((13.25)参照)は，任意の k $(1 \leq k \leq n-1)$ に対して
$$P_k(n_+) \geq 1 + |z_{k\ k+1}|^2 \quad (\forall n_+ \in N_+)$$
を満たすことを示せ．ただし z_{ij} は n_+ の (i,j)-成分とする．

13.3 複素 Grassmann 多様体 $Gr_k(\mathbb{C}^n)$ 上の正則ベクトル場のつくるベクトル空間 $\mathfrak{X}_{\text{holo}}(Gr_k(\mathbb{C}^n))$ の次元を求めよ(k によらない!).

13.4 $\mathfrak{X}_{\text{holo}}(Gr_k(\mathbb{C}^n))$ は $\mathfrak{sl}(n,\mathbb{C})$ と同型な Lie 環であることを示せ.

13.5 広義の旗多様体 $GL(n,\mathbb{C})/P_{n_1,n_2,\cdots,n_k}$ の複素次元を求めよ．

13.6 Grassmann 多様体 $Gr_k(\mathbb{C}^n)$ の**標準直線束**(canonical line bundle)を $\mathcal{L} = \bigwedge^{k(n-k)} T^*_{\text{holo}}(Gr_k(\mathbb{C}^n)) \to Gr_k(\mathbb{C}^n)$ とする．

(1) $\mathcal{L} \to Gr_k(\mathbb{C}^n)$ は, $P_{k,n-k}$ の 1 次元表現
$$\chi : P_{k,n-k} \to \mathbb{C}^\times, \quad \begin{pmatrix} A & O \\ C & B \end{pmatrix} \mapsto (\det A)^{-n+k}(\det B)^k$$
に同伴した正則直線束 $G_\mathbb{C} \times_{P_{k,n-k}} \chi \to G_\mathbb{C}/P_{k,n-k}$ と同型な正則直線束であることを示せ．

(2) $Gr_k(\mathbb{C}^n)$ 上の正則直線束をテンソル積 $\mathcal{L}^{\otimes m} := \mathcal{L} \otimes \cdots \otimes \mathcal{L}$ によって定義する．このとき $\dim_\mathbb{C} \mathcal{O}(Gr_k(\mathbb{C}^n), \mathcal{L}^{\otimes m}) = 0$ $(m \geq 1)$ を示せ．

(3)
$$\dim_\mathbb{C} \mathcal{O}(Gr_k(\mathbb{C}^n), (\mathcal{L}^*)^{\otimes m}) = \frac{\left(\prod_{l=1}^{k-1} l!\right)\left(\prod_{l=mn+n-k}^{mn+n-1} l!\right)\left(\prod_{l=1}^{n-k+1} l!\right)}{\left(\prod_{l=mn}^{mn+k-1} l!\right)\left(\prod_{l=1}^{n-1} l!\right)}$$

が成り立つことを示せ．ここで $\mathcal{L}^*$ は $\mathcal{L}$ の双対直線束を表し，$(\mathcal{L}^*)^{\otimes m} = (\mathcal{L}^*) \otimes \cdots \otimes (\mathcal{L}^*)$ と定義する．

現代数学への展望

　Lie 群論や Lie 環論およびその表現論は，解析，幾何，代数を問わず，現代数学のほとんどすべての分野と何らかの関わり合いをもって，多種多様な方向に発展している．ここでは，本書の内容に直接関わる分野に絞って，さらに学習を進めるための参考書や今後の課題の案内をしよう．

(1) Lie 群
　本書では，$GL(n,\mathbb{R})$ の部分群あるいはそれに局所同型な位相群を Lie 群の定義として採用し，一般論を展開した．この定義を採用した理由は，必要となる多様体論の予備知識を最小限に抑えるためである．なお，$GL(n,\mathbb{R})$ の閉部分群のみに限定して Lie 群と Lie 環の対応(Lie 理論)を議論する場合には，収束などの証明が若干簡単になる(例えば，伊勢–竹内[14]，佐武[42]参照)．また，Lie 群の精密な構造論については Hochschild [12]が詳しい．

　一方,「C^∞ 級の群演算が与えられた多様体」を Lie 群の定義として採用し，積分多様体に関する Frobenius の定理を用いて Lie 理論を展開する方法もある．この流儀では，F. Warner の教科書[62]がすっきりと書かれている．

　Lie 群論のいくつかの定理は Riemann 幾何を用いて証明することもできる．例えば,「連結なコンパクト Lie 群に対して指数写像が全射になる」という系 6.63 は,「距離空間として完備な Riemann 多様体は測地的に完備である」という Hopf–Rinow の定理からも証明できる．Riemann 幾何の側面を強調した教科書としては，Helgason [10]が詳しい．

　無限次元の "Lie 群" という概念も提唱されている．大森[35]では，無限次元 "Lie 群" に対する Lie 理論の研究が扱われている．

(2) Lie 環

本書では，Lie 群を調べる手段として Lie 環を導入した(§5.3).

一方，Lie 群が背後に存在することを使わずに，Lie 環を独自の研究対象とすることも可能である．この方向の延長線上には，一般の体上の Lie 環論や無限次元 Lie 環論などもある．

代数的な立場からの Lie 環論には，入門書から本格的な教科書まで多くの和書や洋書([4], [13], [15], [29], [41], [43], [45], [51], [57]など)が存在している．そこで，本書では，代数的な Lie 環論よりはむしろ，解析的あるいは幾何的な考え方を重視する方向で執筆した．

本書の内容と相補うような Lie 環論の基礎項目をいくつかあげると，

(2-1) ベキ零 Lie 環，可解 Lie 環，半単純 Lie 環の基本的な性質，Engel の定理，Levi 分解，Ado–岩澤の定理

(2-2) 抽象的ルート系とその分類，ルート系から複素半単純 Lie 環を再構成すること

(2-3) Lie 環のコホモロジー

などがある．かいつまんで説明しよう．

(2-1)の内容のうち，前半部分の基礎的な結果は，佐武[43]，Samelson [41]，Serre [45]が読みやすいだろう．さらに，進んだ内容として，Bourbaki [4]，Jacobson[15]，松島[29]，東郷[57]などでは，Levi 分解(放物型部分代数に対して第 11 章，第 13 章で例示した)や Ado–岩澤の定理(本書では§5.6 で用いた)なども解説されている．

(2-2) §9.1 では，連結な古典型 Lie 群の極大トーラスに対するルート系(同等なことであるが，古典型複素半単純 Lie 環の Cartan 部分代数に対するルート系)を求めた．逆に，これらのルート系の満たす性質を公理化して，抽象的ルート系や Weyl 群を(Lie 群を用いずに)論じることもできる．特に，「既約」な抽象的ルート系は古典型(A_n, B_n, C_n, D_n 型)と 5 つの例外型(G_2, F_4, E_6, E_7, E_8 型)に分類できる．分類の証明は，線型代数だけを予備知識として行うことができ，多くの教科書で取り扱われている．例えば，[4], [10], [20], [29], [40], [41], [43], [46], [56], [57]などを参照されたい．

逆に，与えられた抽象的ルート系から，それをルート系としてもつ複素半単純 Lie 環が存在することが知られている．ルート系の分類を使えば，これを示すためには，5 つの例外型のルート系に対応する例外型 Lie 環を構成すればよい．東郷[57]は，この方針で存在定理を示している．また，横田[68]は，例外型 Lie 環のみならず例外型 Lie 群をも構成することをテーマとした類書のない本である．一方，ルート系の分類を使わない存在証明もいくつか知られている．Chevalley, Harish-Chandra, Serre による存在証明については，松島[29], Jacobson [15], Humphreys [13]を参照されたい．Serre による存在証明は，神保–Drinfeld による量子群(quantum group) $U_q(\mathfrak{g})$ の構成の基盤にもなっている．

(2–3) 本書で表現論や幾何的な性質として解説していた結果のいくつかは Lie 環のコホモロジーによっても解釈できる．例えば，「コンパクト単純 Lie 群の普遍被覆空間はコンパクトである」(定理 6.77，系 10.60)という位相幾何的な結果や「コンパクト Lie 群の有限次元表現は完全可約である」(系 3.32)という表現論の結果はいずれも，半単純 Lie 環の 1 次元のコホモロジー群の消滅定理から説明できる．Lie 環のコホモロジー群については，Borel–Wallach [3], Knapp [18], 松島[29], Vogan [59]などの教科書が詳しい．Lie 環のコホモロジー群は，等質空間の(位相的)コホモロジー群の計算や，簡約 Lie 群の無限次元既約表現の分類の手段の 1 つとしても用いられる．

(3) 等質空間

§ 7.3, § 7.4 で例示したように，等質空間の例には豊富で多種多様な幾何が関連している．Poincaré 平面 $SL(2,\mathbb{R})/SO(2)$ などの Riemann 対称空間は古くから研究されており，その構造論は，Helgason [10]や伊勢–竹内[14]の教科書で詳しく扱われている．

さらに広いクラスである簡約型等質空間(§ 12.3)には，必ず不変な(擬) Riemann 計量が存在し，さらに，不変な複素構造やシンプレクティック構造などの種々の幾何構造をもつものが多く存在する([24]やそこにあげておい

た文献を参照）．これらの幾何構造は，特別な場合には，幾何的量子化による表現の構成にも関係している．

また，戸田–三村[56]はLie群やコンパクト対称空間のコホモロジー群やホモトピー群などの位相的な性質について書かれた本格的な教科書である．

（4）Lie群やLie環の表現論

数学の様々な分野から群や表現が自然な対象として現れる．本文中でも強調したように，本来，表現論は "内部" で閉じているわけではなく，表現論以外の分野との接触も重要である．しかし，ここでは話を簡単にするために，表現論 "内部" の中心課題を次の2つに大別しよう（[26]参照）：

（4–1）　既約な表現（の同値類）を分類し，それを理解せよ．　　　⇒（5）

（4–2）　与えられた表現を既約分解せよ．　　　⇒（6）

（4–1）には，既約表現の構成，分類のパラメータ（指標やその他種々の不変量）の発見と計算，ユニタリ双対 $\hat{G}$ の分類，同値な表現の間の絡作用素の構成などの問題が含まれる．

（4–2）の基盤にあるのは，Lie群 G の任意のユニタリ表現は既約ユニタリ表現に分解できるというMauntnerの定理（[54]参照）である．一般のユニタリ表現の既約分解では，Lie群 $\mathbb{T}$ の正則表現 $L^2(\mathbb{T})$ の既約分解（Fourier級数展開，§2.1）のように既約分解が可算直和となる場合もあれば，Lie群 $\mathbb{R}$ の正則表現 $L^2(\mathbb{R})$ の既約分解（Fourier変換，§2.2）のように既約分解が "連続直和" となる場合もある．

（4–2）の特別な場合として

（a）　誘導表現の分解（例．等質空間上のPlancherel型定理など）⇒（6–1）

（b）　制限の分解（分岐則）（例．テンソル積の分解や θ-対応など）⇒（6–2）

が挙げられる．

本文で取り上げた話題と関連づけながら，（4–1），（4–2–a），（4–2–b）をそれぞれ次の項目（5），（6–1），（6–2）で概説しよう．主に簡約Lie群に限って話を進める．

(5) Lie群の既約表現の分類

(5–1) 有限次元既約表現の分類

コンパクトLie群の既約表現は最高ウェイトというパラメータによって分類できる(第8, 9章). Weylのユニタリ・トリック(第12章)によって, この分類は, 複素半単純Lie環の有限次元既約表現の分類と本質的に同等である. 複素半単純Lie環のCartan–Weylの最高ウェイト理論を(Lie群を用いずに)代数的に証明した教科書としては, Humphreys[13], Jacobson[15], Knapp[20], 松島[29], Samelson[41], 東郷[57]などが読みやすいだろう.

有限次元半単純Lie環の有限次元既約表現論は様々な一般化の出発点になっている. Lie群の(無限次元)最高ウェイト表現論, 量子群の表現論, Kac–Moody Lie環の表現論などもその例である. また, Weylの分母公式(系9.48)をモンスターLie環に対して一般化することによって, ムーンシャイン予想が解決されている(R. Borcherds, *Invent. Math.*, 1992).

(5–2) 無限次元既約表現の分類

コンパクトでない簡約Lie群には無限次元の既約表現が多く存在する(§11.2). 1970年代後半から1980年代初頭に(位相を類別しない立場での)無限次元既約表現の分類が完成した. 現在では, 大別して次の3種類の方法が知られている.

(a) 行列要素の漸近挙動に注目したLanglandsによる解析的な分類法 ([61])

(b) Voganによるminimal K-type理論とLie環のコホモロジーを用いる代数的な分類法([59])

(c) Beilinson–Bernstein, Brylinski–柏原による旗多様体 X 上の $\mathcal{D}$-加群の理論([53])と X 上の $K_{\mathbb{C}}$-軌道の幾何(青本和彦, Wolf, 松木敏彦)に基づく分類法

これらの相互の対応についても1980年代半ば頃より研究が進められている.

(5–3) 既約ユニタリ表現の分類

G がコンパクト群の場合は, G のすべての既約ユニタリ表現は正則表現 $L^2(G)$ の既約分解に現れる(第4章のPeter–Weylの定理). 群 G がコンパク

トでない場合は，G の既約ユニタリ表現は必ずしも正則表現 $L^2(G)$ の既約分解に現れない．こういう事情もあり，ユニタリ双対 $\hat{G}$ の分類は非常に困難な問題となっている．

V. Bargmann による $SL(2,\mathbb{R})$ の既約ユニタリ表現の分類（*Ann. Math.*, 1947）以来，約 60 年の間に Gelfand–Naimark, Vakhutinski, 土川真夫, 平井武, Dixmier, Duflo, Speh, Barbasch, Vogan 等によって，実ランク 1 の単純 Lie 群や $SL(n,\mathbb{R})$, $SL(n,\mathbb{C})$, $SL(n,\mathbb{H})$, $SO(n,\mathbb{C})$, $Sp(n,\mathbb{C})$ などに対してはユニタリ双対の分類が完成している．一方，$SO(p,q)$, $Sp(n,\mathbb{R})$ などの単純 Lie 群の既約ユニタリ表現の分類は未解決である．

(5-4) 既約表現の構成と Borel–Weil 理論の一般化

簡約 Lie 群の既約ユニタリ表現の構成法の両輪をなすのは，"放物型誘導表現" と "コホモロジー的放物型誘導表現" である．その最も簡単な場合を，本書ではそれぞれ，第 11 章（主系列表現）と第 13 章（Borel–Weil 理論）で解説した．前者についての一般論は，L^2-誘導表現（定義 11.24）に基づく．後者についての一般論は，本文では扱わなかったのでここで簡単に触れておく．

コンパクト Lie 群の旗多様体上の正則直線束の正則切断の空間を記述する Borel–Weil 理論は 1950 年代に生まれた．2 種類の一般化を考えよう．

1 つめの一般化として，正則切断の空間のかわりに Dolbeault コホモロジー群を考える．このとき，正則切断の場合の Borel–Weil の定理と同様に，Dolbeault コホモロジー群も既約または 0 になり，それを明確に決定することができる（Borel–Weil–Bott 理論）．

2 つめの一般化として，非コンパクトな複素多様体での Borel–Weil 理論を考えよう．例えば，Poincaré 平面 $\mathcal{H}$ 上の正則関数全体 $\mathcal{O}(\mathcal{H})$ は無限次元である．Lie 群 $SL(2,\mathbb{R})$ は一次分数変換によって $\mathcal{H}$ に作用しているので，$\mathcal{O}(\mathcal{H})$ 上に $SL(2,\mathbb{R})$ の表現が定義される．もっと一般に，$\mathcal{H}$ 上の同変な正則直線束 $\mathcal{L} \to \mathcal{H}$ の正則切断の空間 $\mathcal{O}(\mathcal{L})$ にも $SL(2,\mathbb{R})$ の表現を構成できる．Harish-Chandra(1955) はこの例を一般化し，非コンパクトな Hermite 対称空間上の同変正則直線束の正則切断の空間に正則離散系列表現と呼ばれる既約ユニタリ表現を構成した（[19]参照）．

この2つの方向の一般化を統合して，非コンパクトな複素等質多様体(広義の旗多様体の開部分集合)上に Dolbeault コホモロジー群を表現空間とする表現を考えることができる．この表現は，Kirillov–Kostant の軌道法の観点からは余随伴軌道の幾何的量子化に対応し，一般に無限次元の(ほぼ既約な)表現となる．これを数学的に厳密に構成するのは難しい問題であり，Langlands, 堀田良之, 岡本清郷, Schmid らによる重要な貢献の後, Wong (*J. Funct. Anal.* 1995)によって最終的に証明された．一方，この表現の構成を代数的に与える函手(コホモロジー的放物型誘導)は Zuckerman によって構成され，さらに，適当な条件の下でユニタリ性が保たれることを Vogan と Wallach が証明した(1984)．[21], [59]は代数的な手法による本格的な専門書であり，[61]は解析的な手法も解説している．幾何的背景や応用を含めて書かれた概説記事[24], [60]も参考になるだろう．

なお，パラメータが十分"正"の場合には，代数的立場では，現在これらの理論はほぼ一段落したといえる．一方，パラメータが特異である場合は，コホモロジー的放物型誘導表現が0になるかどうかさえ，一般的にはわかっていない．この部分は，既約ユニタリ表現の分類という大きな未解決問題にも関係しており，今後の研究を待たねばならない．

(6) 既約分解

(6–1) 部分群からの誘導表現の既約分解について

第2章の Fourier 級数論や第4章の Peter–Weyl の定理を，正則表現の既約分解の定理とみなし，次の一般化を考える．議論を簡単にするため，等質空間 G/H 上に G-不変測度が存在するとしよう．$\tau \in \hat{H}$ を群 G に誘導した表現は，G/H 上の G-同変ベクトル束の切断の空間に実現される．誘導表現の既約分解は等質空間 G/H 上の大域解析の問題ともいえる．最も基本的な場合は τ が自明な1次元表現 **1** の場合である．このとき，以下の場合に $L^2\text{-}\mathrm{Ind}_H^G(\mathbf{1}) \simeq L^2(G/H)$ の既約分解を具体的に与える定理(Plancherel 型の定理)が得られている：

(a) G/H が群多様体 $G' \times G'/\mathrm{diag}(G')$ の場合

$G' \stackrel{.}{=} \mathbb{T}, \mathbb{R}$ (Parseval–Plancherel の公式；第 2 章)，G' がコンパクト群のとき(Peter–Weyl の定理；第 4 章)，G' がベキ零 Lie 群のとき(Kirillov, 1967)，G' が簡約 Lie 群 G' のとき(Harish-Chandra, 1976)

(b) G/H が対称空間の場合

G/H が Riemann 対称空間のとき(Helgason)，G/H がベキ零対称空間のとき(Benoist)，G/H が半単純対称空間のとき(大島–関口 [37], Delorme, van den Ban-Schlichtkrull など).

もっと一般に，G/H が対称空間ではない場合や τ が 1 次元でない表現の場合に $L^2\text{-}\mathrm{Ind}_H^G(\tau)$ の既約分解を考えることは未開拓の領域であり，G のユニタリ表現論と大域解析学のいずれにも新しい課題を提起している．現時点で何が知られており，何が未解決かについては [24] や [69]，[73] を参照されたい．

(6–2) 部分群への制限の既約分解(分岐則)について

$G \supset H$ が両方とも簡約 Lie 群である場合に，$\pi \in \widehat{G}$ を部分群 H に制限した表現 $\pi|_H$ の既約分解(分岐則)を考えよう．分岐則を求める問題にも非可換調和解析，代数的表現論，複素幾何，組合せ論など多くの問題が関わり合っている．例えば，π が主系列表現などの場合は，Mackey の古典的理論([2] 参照)を適用することにより，制限 $\pi|_H$ の分岐則は等質空間上の Plancherel 型定理と同値な問題になることがわかる．一般には，分岐則を求める問題は非常に困難であり，現在に至るまで，特別な場合にしか理論が発展していない．その中で重要な対象を 2 つ述べる．

(a) 任意の $\pi \in \widehat{G}$ に対し，G の極大コンパクト群 K への制限 $\pi|_K$ は分岐則が離散的かつ各既約成分の重複度が有限となる(Harish-Chandra)．この結果は，「代数的」ユニタリ表現論の幕開けを告げる重要な定理であった．分岐則 $\pi|_K$ は K-type 公式と呼ばれ，そこから得られる情報は，無限次元表現の研究に有用である．Hecht–Schmid (1976) により解決された Blattner 予想や正則離散系列表現に関する Hua, Kostant, Schmid の公式などが K-type 公式の一例である．

(b) Segal–Shale–Weil 表現を簡約 dual pair に関して制限したときの分

岐則は，Howe 対応と呼ばれ，θ-lift など保型形式の整数論に重要な手法を与える．歴史的には，分岐則が離散的になる場合を手始めに，1970 年代から現在に至るまで Howe，柏原–Vergne，Adams 他多くの研究者によって具体的な分岐則が求められている．

1990 年代に入って，非コンパクトな部分群に関する分岐則が離散的かつ各既約成分の重複度が有限となるための判定条件が，小林俊行によって発見された([25])．これは，前述の Harish-Chandra の結果を特別な場合として含む．その後，Duflo, Gross, Huang, 小林俊行, Lee, Li, Loke, 織田孝幸, Ørsted, Pandžić, Savin, Speh, Vargas, Vogan, Wallach らによって，(a)や(b)で述べた以外の多数の新しい離散的な分岐則が発見され，また，新しい既約ユニタリ表現の構成，退化系列表現の組成列の研究，非対称等質空間上の大域解析の研究，局所対称空間のトポロジーの研究などにも離散的分岐則の理論の応用が広がっている．コンパクトではない群に関する離散的分岐則の研究は，シンプレクティック幾何の観点からも，今後興味深いと思われる．これらの話題に関する最先端の現状については講義録[1]や概説論文[26]や[74]に収録された論文が参考になるだろう．

本書では論じなかった話題のうち，例えば，$\mathcal{D}$-加群の表現論への応用については，既に良い成書，谷崎–堀田[53]などがある．また，量子群，代数群のモジュラー表現，最高ウェイト表現，等質空間の Clifford–Klein 形と不連続群，Lie 群上の解析，既約ユニタリ表現の分類問題などの最近の発展を概観するには，[27], [38], [71], [72], [73]の概説論文も参考になるだろう．ベキ零 Lie 群の表現論については Corwin–Greenleaf [7]や藤原英徳[70]の教科書を挙げておこう．

本書のひとつの目標は，Lie 群論やその表現論についての考え方をできるだけわかりやすく，広い範囲の読者に伝えることであった．Lie 群(環)論や表現論では，新しい理論が次々と生まれており，さらなる未知の世界が広がっていることを予感させる．我々は，大海原に出帆したばかりである．

参考文献

[1] J.-P. Anker and B. Ørsted (editors), *Lie theory: Unitary representations and compactifications of symmetric spaces*, Progress in Math. **229**, Birkhäuser, 2005.

[2] M. F. Atiyah et al., *Representation theory of Lie groups*, London Math. Soc. Lecture Notes Series **34**, Cambridge Univ. Press, 1979.

[3] A. Borel and N. Wallach, *Continuous cohomology, discrete subgroups, and representations of reductive groups*, Ann. Math. Stud. **94**, Princeton Univ. Press, 1980.

[4] N. Bourbaki, *Éléments de mathématique, Groupes et algèbres de Lie*, Hermann, 1960, 1972, 1968; (邦訳) ブルバキ, 数学原論 リー群とリー環 1, 2, 3, 杉浦光夫 訳, 東京図書, 1968, 1973, 1970.

[5] C. Chevalley, *Theory of Lie groups*, Princeton Univ. Press, 1946.

[6] C. Chevalley, *Théorie des groupes de Lie*, II, III, Hermann, 1951, 1955.

[7] J. Corwin and F. P. Greenleaf, *Representations of nilpotent Lie groups and their applications*, Part I, Cambridge Univ. Press, 1989.

[8] 江沢洋・島和久, 群と表現, 岩波書店, 2009.

[9] Gelfand et al., *Generalized functions*, I, II, III, IV, V (英訳), Academic Press (原著ロシア語, 1958–1966).

[10] S. Helgason, *Differential geometry and symmetric spaces*, Graduate Studies in Mathematics, Amer. Math. Soc., 2001.

[11] S. Helgason, *Groups and geometric analysis*, Math. Surveys and Monographs **83**, Amer. Math. Soc., 2000.

[12] G. Hochschild, *The structure of Lie groups*, Holden-Day, 1965; (邦訳) リー群の構造 (数学叢書 17), 橋本浩治 訳, 吉岡書店, 1972.

[13] J. E. Humphreys, *Introduction to Lie algebras and representation theory*, Graduate Texts in Math. **9**, Springer, 1972.

[14] 伊勢幹夫・竹内勝, リー群論, 岩波書店, 1992.

[15] N. Jacobson, *Lie algebras*, Dover, 1962.

[16] 吉川圭二，群と表現(理工系の基礎数学9)，岩波書店，1996．
[17] A. A. Kirillov, *Elements of the theory of representations*, Grundlehren **220**, Springer, 1976.
[18] A. Knapp, *Lie groups, Lie algebras and cohomology*, Math. Notes **34**, Princeton Univ. Press, 1988.
[19] A. Knapp, *Representation theory of semisimple groups: an overview based on examples*, Princeton Math. Series **36**, Princeton Univ. Press, 1986.
[20] A. Knapp, *Lie groups beyond an introduction*, 2nd ed., Progress in Math. **140**, Birkhäuser, 2002.
[21] A. Knapp and D. Vogan, Jr., *Cohomological induction and unitary representations*, Princeton Math. Series **45**, Princeton Univ. Press, 1995.
[22] S. Kobayashi, *Transformation groups in differential geometry*, Springer, 1972.
[23] T. Kobayashi and K. Ono, Note on Hirzebruch's proportionality principle, *J. Fac. Sci. Univ. Tokyo* **37**(1990), pp. 71–87.
[24] 小林俊行，簡約型等質多様体上の調和解析と表現論，『数学』第46巻，日本数学会，1994; (英訳) Translations, Series II, Amer. Math. Soc., 1998.
[25] T. Kobayashi, Discrete decomposability of the restriction of $A_q(\lambda)$ with respect to reductive subgroups I, II, III, *Invent. Math.* **117**(1994); *Ann. of Math.* **147**(1998); *Invent. Math.* **131**(1998).
[26] 小林俊行，半単純リー群のユニタリ表現の離散的分岐則の理論とその展開，『数学』第51巻，日本数学会，1999; (英訳) Sugaku Exposition, Amer. Math. Soc., 2005.
[27] T. Kobayashi, M. Kashiwara, T. Matsuki, K. Nishiyama and T. Oshima (editors), *Analysis on homogeneous spaces and representation theory of Lie groups*, Okayama-Kyoto (Advanced Studies in Pure Mathematics, 26), 紀伊國屋書店，2000．
[28] 黒田成俊，関数解析(共立数学講座15)，共立出版，1980．
[29] 松島与三，リー環論(現代数学講座15)，共立出版，1956．
[30] 松島与三，多様体入門，裳華房，1965．
[31] 壬生雅道，位相群論概説(現代数学3)，岩波書店，1976．
[32] 森田茂之，微分形式の幾何学，岩波書店，2005．
[33] 岡本清郷，等質空間上の解析学(紀伊國屋数学叢書19)，紀伊國屋書店，1980．
[34] 岡本清郷，フーリエ解析の展望(すうがくぶっくす17)，朝倉書店，1997．

[35] 大森英樹, 無限次元リー群論(紀伊國屋数学叢書 15), 紀伊國屋書店, 1978.
[36] 大島利雄, 確定特異点型の境界値問題と表現論,『上智大学数学講究録』第 5 巻, 1979.
[37] 大島利雄, 半単純対称空間上の調和解析,『数学』第 37 巻, 日本数学会, 1985; (英訳) Sugaku Exposition, Amer. Math. Soc., 2002.
[38] B. Ørsted and H. Schlichtkrull (editors), *Algebraic and analytic methods in representation theory*, Perspectives in Math. **17**, Academic Press, 1996.
[39] F. Peter and H. Weyl, Die Vollständigkeit der primitiven Darstellungen einer geschlossenen kontinuierlichen Gruppe, *Math. Ann.* **97**(1927), pp. 737–755.
[40] Л. С. Понтрягин (Pontryagin), *Непрерывные группы* (改訂第 3 版), Гостехиздат, 1973(ロシア語); (邦訳) ポントリャーギン, 連続群論 上・下, 柴岡泰光・杉浦光夫・宮崎功 訳, 岩波書店, 1974.
[41] H. Samelson, *Notes on Lie algebras*, Universitexts, Springer, 1989(初版 Van Nostrand, 1969).
[42] 佐武一郎, リー群の話, 日本評論社, 1982.
[43] 佐武一郎, リー環の話, 日本評論社, 1987.
[44] J.-P. Serre, *Représentations linéaires et espaces homogènes Kählérians des groupes de Lie compacts*, Exposé 100. Séminaire Bourbaki, 6e année, 1953/54.
[45] J.-P. Serre, *Lie algebras and Lie groups*, 2nd ed., Lecture Notes in Math. **1500**, Springer, 1992.
[46] 島和久, 連続群とその表現(応用数学叢書), 岩波書店, 1981.
[47] 杉浦光夫 編, ヒルベルト 23 の問題, 日本評論社, 1997.
[48] 杉浦光夫, 第五問題研究史 I, II, 第 7, 8 回数学史シンポジウム報告集, 津田塾大学, 1997, 1998.
[49] N. E. Steenrod, *The topology of fibre bundles*, Princeton Math. Series **14**, Princeton Univ. Press, 1950; (邦訳) スチーンロッド, ファイバー束のトポロジー(数学叢書 26), 大口邦雄 訳, 吉岡書店, 1976.
[50] 高橋陽一郎, 実関数とフーリエ解析, 岩波書店, 2006.
[51] 竹内外史, リー代数と素粒子論, 裳華房, 1983.
[52] 竹内勝, 現代の球関数(数学選書), 岩波書店, 1975.
[53] 谷崎俊之・堀田良之, D 加群と代数群(現代数学シリーズ), シュプリンガー東京, 1995.
[54] 辰馬伸彦, 位相群の双対定理(紀伊國屋数学叢書 32), 紀伊國屋書店, 1994.

［55］ 寺田至・原田耕一郎，群論，岩波書店，2006.
［56］ 戸田宏・三村護，リー群の位相 上・下（紀伊國屋数学叢書14），紀伊國屋書店，1978, 1979.
［57］ 東郷重明，リー代数，槇書店，1983.
［58］ V. S. Varadarajan, *Lie groups, Lie algebras, and their representations*, Graduate Texts in Math. **102**, Springer, 1984.
［59］ D. A. Vogan, Jr., *Representations of real reductive Lie groups*, Progress in Math. **15**, Birkhäuser, 1981.
［60］ D. A. Vogan, Jr., *Unitary representations of reductive Lie groups*, Ann. Math. Stud. **118**, Princeton Univ. Press, 1987.
［61］ N. Wallach, *Real reductive groups*, I, II, Pure and Appl. Math. **132**, Academic Press, 1988, 1992.
［62］ F. Warner, *Foundations of differential manifolds and Lie groups*, Graduate Texts in Math. **94**, Springer, 1983.
［63］ G. Warner, *Harmonic analysis on semisimple Lie groups*, I, II, Grundlehren **188**, **189**, Springer, 1972.
［64］ A. Weil, *L'intégration dans les groupes topologiques et ses applications*, Hermann, 1940.
［65］ 山内恭彦・杉浦光夫，連続群論入門（新数学シリーズ18），培風館，1960.
［66］ 横田一郎，群と位相（基礎数学選書5），裳華房，1971.
［67］ 横田一郎，古典型単純リー群，現代数学社，1990.
［68］ 横田一郎，例外型単純リー群，現代数学社，1992.
［69］ Y. Benoist and T. Kobayashi, Temperedness of reductive homogeneous spaces, *J. Eur. Math. Soc.* **17**(2015), pp.3015–3036.
［70］ 藤原英徳，指数型可解リー群のユニタリ表現――軌道の方法（数学の杜1），数学書房，2010.
［71］ 小林俊行，非リーマン等質空間の不連続群について，『数学』第57巻，日本数学会，2005;（英訳）Sugaku Exposition, Amer. Math. Soc., 2009.
［72］ 小林俊行，局所から大域へ――リーマン幾何を超えた世界で. Kavli IPMU News **25**(2014), pp.30–35.
［73］ T. Kobayashi and T. Oshima, Finite multiplicity theorems for induction and restriction, *Advances in Math.* **248**(2013), pp.921–944.
［74］ M. Nevins and P. Trapa (editors), *Representations of Lie Groups: In Honor of David A. Vogan, Jr. on his 60th Birthday*, Progress in Math. **312**, Birkhäuser, 2015.

演習問題解答

第1章

1.1 問題文の条件を(iii)と書こう．(i)かつ(ii) $\Longrightarrow$ (iii)：(ii)より $G \times G \to G \times G$, $(x, y) \mapsto (x, y^{-1})$ は連続であり，(i)より $G \times G \to G$, $(x, z) \mapsto xz$ は連続なので，これを合成すると $G \times G \to G$, $(x, y) \mapsto xy^{-1}$ が連続であることがわかる．

(iii) $\Longrightarrow$ (i)かつ(ii)：連続写像 $G \to G \times G$, $y \mapsto (e, y)$ と連続写像 $G \times G \to G$, $(x, y) \mapsto xy^{-1}$ を合成すると，写像 $G \to G$, $y \mapsto ey^{-1} = y^{-1}$ が連続であることがわかる．従ってまた $G \times G \to G$, $(x, y) \mapsto (x, y^{-1}) \mapsto x(y^{-1})^{-1} = xy$ も連続である．

1.2 $g = e$ で示せば十分である．写像 $G \times G \to G$, $(x, y) \mapsto xy^{-1}$ は連続だから，$ee^{-1} = e$ より，$VV^{-1} \subset U$ となるような e の開近傍 V が存在する．$h \in \overline{V}$ とすると，hV は h を含む開集合だから $hV \cap V \neq \emptyset$ となる．よって $ha = b$ となる $a, b \in V$ が存在する．このとき，$h = ba^{-1} \in VV^{-1} \subset U$ であるから，$\overline{V} \subset U$ が示された．

1.3 π が連続であることは，G/H の商位相の定義から明らか．次に，V を G の開集合とするとき，$\pi(V)$ が G/H の開集合であることを示そう．$\pi^{-1}\pi(V) = \bigcup_{h \in H} Vh$ であり，各 $h \in H$ に対して Vh は G の開集合だから，その合併集合として $\pi^{-1}\pi(V)$ も G の開集合である．故に，商位相の定義から $\pi(V)$ は G/H の開集合となる．

1.4 (1) $\tau(g_1 g_2)f = \tau(g_1)(\tau(g_2)f)$, $\tau(e)f = f$ は明らか．(2) 反傾表現の定義より直ちにわかる．

(3) $h \in V^\vee$, $u' \in V'$, $g \in G$, $v \in V$ とすると
$$\begin{aligned}
T(\pi^\vee(g)h \otimes \pi'(g)u')(v) &= (\pi^\vee(g)h)(v)(\pi'(g)u') \\
&= \pi'(g)(h(\pi^{-1}(g)v)u') \\
&= (\pi'(g) \circ T(h \otimes u') \circ \pi^{-1}(g))(v) \\
&= (\tau(g)T(h \otimes u'))(v)
\end{aligned}$$

となり，T が G-線型同型であることが示された．

1.5 各既約表現 τ_i $(1 \leq i \leq k)$ の重複度 n_i の直和として π が既約分解されたとすると，Schur の補題より

$$\mathrm{End}_G(V) \simeq M(n_1, \mathbb{C}) \oplus \cdots \oplus M(n_k, \mathbb{C})$$

となる．従って，(1) と (2) が同時に示された．

第 2 章

2.1 乗法群 $\mathbb{R}_+^\times := \{\xi \in \mathbb{R} : \xi > 0\}$ で不変な $\mathbb{R}$ の可測集合（正確には $H = \mathbb{R}_+^\times$ に対する条件 (2.18) を満たす可測集合）は測度 0 の集合の差を無視して $\varnothing, \mathbb{R}_+, \mathbb{R}_-, \mathbb{R}$ のみであることと定理 2.14 の証明で使われた議論を用いればよい．

2.2 正の整数 p に対して $C(p) := \{(m,n) \in \mathbb{Z}^2 : m \text{ と } n \text{ の最大公約数は } p\}$ とおき，また $C(0) := \{(0,0)\}$ とおく．このとき，

$$L^2(\mathbb{T}^2) \simeq \sum_{p=0}^\infty {}^\oplus \left(\sum_{(m,n) \in C(p)}^\oplus \mathbb{C} e^{\sqrt{-1}(mx+ny)} \right)$$

が G の既約分解を与える．

第 3 章

3.1 各 $x \in S$ に対し，x の近傍 V_x を $|F(y) - F(x)| < \varepsilon \ (\forall y \in V_x)$ となるように選ぶ．次に $xW_xW_x \subset V_x$ を満たす e の開近傍 W_x を選ぶ．このとき $xW_x \ (x \in S)$ は S の開被覆だから，有限個の点 $x_1, \cdots, x_N$ をとって $S \subset x_1W_{x_1} \cup \cdots \cup x_NW_{x_N}$ とできる．このとき，$W := W_{x_1} \cap \cdots \cap W_{x_N}$ は e の開近傍である．$x \in S$ に対し，$x = x_iw$ となる i と $w \in W_{x_i}$ を選ぶと，任意の $a \in W$ に対し，$xa = x_iwa \in x_iW_{x_i}W \subset V_{x_i}$ となるから，$|F(xa) - F(x)| < \varepsilon$ が示された．

3.2
$$|x_{11}|^{-n} |x_{22}|^{-n+1} \cdots |x_{nn}|^{-1} \prod_{1 \le i \le j \le n} dx_{ij}$$

3.3
$$C_c(H) \to \mathbb{C}, \quad f \mapsto \sum_{n \in \mathbb{Z}} 2^{-n} \int_\mathbb{R} f\begin{pmatrix} 2^n & y \\ 0 & 1 \end{pmatrix} dy,$$

$$C_c(H) \to \mathbb{C}, \quad f \mapsto \sum_{n \in \mathbb{Z}} \int_\mathbb{R} f\begin{pmatrix} 2^n & y \\ 0 & 1 \end{pmatrix} dy$$

がそれぞれ左不変測度，右不変測度となる．左不変測度，右不変測度はこれらの定数倍に限る．特に H はユニモジュラーでない．なお H_0 は実数の加法群 $\mathbb{R}$ と同型なので明らかにユニモジュラーである．

3.4
$$\int_G f(g)dg := \int_{\mathbb{R}^\times \times \mathbb{R}} f\begin{pmatrix} x & y \\ 0 & 1 \end{pmatrix} \frac{dxdy}{x^2} \quad (f \in C_c(G))$$
と定めれば，左不変な測度になる．

3.5 まず $\sigma \in \widehat{G}_f$ ならば $\int_G \chi_\sigma(g)dg = 0 \ (\sigma \neq \mathbf{1}), \ = 1 \ (\sigma = \mathbf{1})$ に注意しよう．そこで π を既約分解して $\sum_{\sigma \in \widehat{G}_f} n_\sigma \sigma$ と表すと，
$$\int_G \chi_\pi(g)dg = \sum_{\sigma \in \widehat{G}_f} n_\sigma \int_G \chi_\sigma(g)dg = n_1 = \dim V^G.$$

3.6 $u_1, u_2 \in V, \ f_1, f_2 \in V^\vee, \ v \in V$ とすると，
$$T((u_1 \otimes f_1) \cdot (u_2 \otimes f_2))(v) = T(f_1(u_2)u_1 \otimes f_2)v = f_1(u_2)f_2(v)u_1$$
$$T(u_1 \otimes f_1)T(u_2 \otimes f_2)(v) = T(u_1 \otimes f_1)(f_2(v)u_2) = f_1(u_2)f_2(v)u_1$$
となるから $T((u_1 \otimes f_1) \cdot (u_2 \otimes f_2)) = T(u_1 \otimes f_1)T(u_2 \otimes f_2)$ が成り立つ．T は基底上で積を保つ線型同型だから，T は環同型写像である．

3.7 $u, v \in V$ とするとき，次の等式
(1) $$(T(v_i \otimes v_j^\vee)u, v) = (u, T(v_j \otimes v_i^\vee)v)$$
を示せばよい．$u = v_a, \ v = v_b \ (1 \leq a, b \leq m)$ の場合に示せば十分である．
$$(T(v_i \otimes v_j^\vee)v_a, v_b) = \delta_{ja}(v_i, v_b) = \delta_{ja}\delta_{ib}$$
$$(v_a, T(v_j \otimes v_i^\vee)v_b) = \delta_{ib}(v_a, v_j) = \delta_{ib}\delta_{aj}$$
であるから等式(1)が示された．

3.8 G の表現としての同型 $\mathrm{Hom}_\mathbb{C}(W, V) \simeq W^\vee \otimes V$（演習問題 1.4 参照），および指標の性質（定理 3.43(i), (vi), (vii)）を用いればよい．

3.9
$$(\pi \otimes \pi^\vee)^G \simeq \mathrm{Hom}_G(\pi, \pi) \simeq \bigoplus_{i=1}^k \mathrm{Hom}_G(n_i\tau_i, n_i\tau_i)$$
$$\simeq \bigoplus_{i=1}^k \mathbb{C}^{n_i^2} \otimes \mathrm{Hom}_G(\tau_i, \tau_i) \simeq \bigoplus_{i=1}^k \mathbb{C}^{n_i^2}$$

第 4 章

4.1 (1) $\pi(g)$ の固有値を（重複をこめて）$\mu_1, \cdots, \mu_n \in \mathbb{C}$ とする．$(S^2\pi)(g)$ の固有値は $\mu_i\mu_j \ (1 \leq i \leq j \leq n)$，$(\wedge^2\pi)(g)$ の固有値は $\mu_i\mu_j \ (1 \leq i < j \leq n)$ となるから，

$$\chi_{S^2\pi}(g) - \chi_{\wedge^2\pi}(g) = \sum_{1\leq i\leq j\leq n}\mu_i\mu_j - \sum_{1\leq i<j\leq n}\mu_i\mu_j = \sum_{i=1}^n \mu_i^2$$
$$= \operatorname{Trace}\pi(g)^2 = \operatorname{Trace}\pi(g^2) = \chi_\pi(g^2)$$

よって(1)が示された.

(2)と(3) $\operatorname{Hom}_{\mathbb{C}}(V,V^\vee) \simeq V\otimes V \simeq S^2 V \oplus \wedge^2 V$ は G の表現としての直和分解を与える. 故に, G-不変元全体の空間についても, ベクトル空間としての直和分解
$$\operatorname{Hom}_G(V, V^\vee) \simeq (S^2 V)^G \oplus (\wedge^2 V)^G$$
が成り立つ. (π, V) および $(\pi^\vee, V^\vee)$ は既約であるから,Schur の補題より,

$$\dim\operatorname{Hom}_G(V, V^\vee) = \begin{cases} 1 & (\pi\simeq\pi^\vee \text{のとき}) \\ 0 & (\pi\not\simeq\pi^\vee \text{のとき}) \end{cases}$$

となる. 従って, $a=\dim(S^2 V)^G$, $b=\dim(\wedge^2 V)^G$ とおくと
$$\pi\simeq\pi^\vee \iff (a,b)=(1,0) \text{ または } (0,1)$$
$$\pi\not\simeq\pi^\vee \iff (a,b)=(0,0)$$

である. (1)より $\int_G \chi_\pi(g^2)dg = \int_G \chi_{S^2\pi}(g)dg - \int_G \chi_{\wedge^2\pi}(g)dg = a-b$ であるから, (2)と(3)が同時に証明された.

4.2 V の正規直交基底を $\{v_1,\cdots,v_m\}$ とし, $V^\vee$ における双対基底を $\{v_1^\vee,\cdots,v_m^\vee\}$ とすると, $v_i\otimes v_j^\vee$ $(1\leq i,j\leq m)$ は $V\otimes V^\vee$ の正規直交基底となる. 一方, $A = T(v_a\otimes v_b^\vee)$, $B=T(v_c\otimes v_d^\vee)\in\operatorname{End}_{\mathbb{C}}(V)$ $(1\leq a,b,c,d\leq m)$ とおくと $Bv_i = \delta_{id}v_c$ であるから,
$$(B^\vee v_j, v_i) = (v_j, Bv_i) = \delta_{id}\delta_{jc},$$
すなわち $B^\vee v_j = \delta_{jc}v_d$ となる. 故に $AB^\vee v_j = \delta_{jc}\delta_{bd}v_a$ が成り立つ. 注意 4.28 における記号を用いると
$$(T(v_a\otimes v_b^\vee), T(v_c\otimes v_d^\vee))_{\text{HS}} = \operatorname{Trace}(AB^\vee) = \delta_{ac}\delta_{bd}$$
これは $T(v_i\otimes v_j^\vee)$ $(1\leq i,j\leq m)$ が $\operatorname{End}_{\mathbb{C}}(V)$ における正規直交基底であることを示している.

4.3 $G=\{g_1,\cdots,g_n\}$ を有限群とする. 群 G の群 G 自身への左作用を考えると, 群 G は有限集合 $\{g_1,\cdots,g_n\}$ の置換として作用している. すなわち群準同型写像 $G\to\mathfrak{S}_n$ が得られた. この準同型は単射である. なんとなれば $gg_j = g_j$ $(j=1,2,\cdots,n)$ ならば $g=e$ であるから. 故に G は $\mathfrak{S}_n$ の部分群と同型である.

4.4
$\#G = \infty \iff$ どんなに大きな n に対しても互いに交わりがない G の開集合

$V_1, \cdots, V_n$ を選べる
$\iff \dim_{\mathbb{C}} L^2(G) = \infty$

であり，Peter–Weyl の定理より $\dim_{\mathbb{C}} L^2(G) = \infty \iff \#\widehat{G} = \infty$ が成り立つ．

第5章

5.1 $g \in GL(n, \mathbb{C})$ による内部同型を考えれば，X を gXg^{-1} で置き換えても結果は変わらないので，X が Jordan の標準型のときを考察すればよい．
$$|s-t| > 1 \implies \|e^{sX} - e^{tX}\| + \|e^{-sX} - e^{-tX}\| > \varepsilon$$
となる正数 ε があれば，像はコンパクトでない閉集合となる．X の固有値に純虚数でないものがあるか，あるいは，サイズが 1 以上の Jordan 細胞があれば，この条件が満たされることは，行列の成分を見ればわかる．従って，対角行列で対角成分が純虚数の場合を考察すればよい．像の閉包はコンパクトであるから，像が単射かどうかが問題となる．

X が対角化可能で，すべての固有値が純虚数で，0 と異なる固有値の比がすべて有理数になっていれば，像はコンパクト．

X が対角化可能で，すべての固有値が純虚数で，固有値の比に有理数でないものがあれば，像は閉集合でない．

それ以外では，像はコンパクトではない閉集合．

5.2 $e^{gXg^{-1}} = ge^X g^{-1}$ ($X \in \mathfrak{g} := \mathfrak{sl}(2, \mathbb{R})$, $g \in G := GL(2, \mathbb{R})$) より，exp の像に入るかどうかは，その共役類で定まっていて，$\mathfrak{g}$ の方も $\mathrm{Ad}(G)$ の作用によって移るものは，その代表元のみの考察に帰着される．

$$\exp \begin{pmatrix} x & 0 \\ 0 & -x \end{pmatrix} = \begin{pmatrix} e^x & 0 \\ 0 & e^{-x} \end{pmatrix}, \quad \exp \begin{pmatrix} 0 & y \\ 0 & 0 \end{pmatrix} = \begin{pmatrix} 1 & y \\ 0 & 1 \end{pmatrix},$$

$$\exp \begin{pmatrix} 0 & -x \\ x & 0 \end{pmatrix} = \begin{pmatrix} \cos x & -\sin x \\ \sin x & \cos x \end{pmatrix}$$

より，固有値が正の実数となるか，あるいは，対角化可能で固有値が絶対値 1 の複素数となる $SL(2, \mathbb{R})$ の元全体が $\exp \mathfrak{g}$ となる．特に，

$$G = \exp \mathfrak{g} \cup \exp \begin{pmatrix} 0 & -\pi \\ \pi & 0 \end{pmatrix} \exp \mathfrak{g}$$

がわかる．

5.3 $g=(x_{\mu\nu})_{\mu,\nu}\in GL(n,\mathbb{R})$ のとき, $(x_{\mu\nu})_{\mu,\nu}e^{tE_{ij}}=(x_{\mu\nu})_{\mu,\nu}(I_n+tE_{ij}+O(t^2))=(x_{\mu\nu})_{\mu,\nu}+t(x_{\mu i}\delta_{\nu j})_{\mu,\nu}+O(t^2)$ であるから, E_{ij} に対応する左不変ベクトル場は
$$\sum_{\mu,\nu}x_{\mu i}\delta_{\nu j}\frac{\partial}{\partial x_{\mu\nu}}=\sum_{\mu=1}^{n}x_{\mu i}\frac{\partial}{\partial x_{\mu j}}$$
となる.同様に $e^{-tE_{ij}}g$ を考えることにより,対応する右不変ベクトル場は $-\sum_{\nu=1}^{n}x_{j\nu}\frac{\partial}{\partial x_{i\nu}}$ となる.

5.4 $GL(2,\mathbb{R})$ は単位元成分と中心の元 $-I_2$ で生成されるから,「$X\in\mathfrak{gl}(2,\mathbb{R})\Longrightarrow[X,\Delta]=0$」を示せばよい.それは,
$$[E_{11},\Delta]=-[E_{11},E_{21}]E_{12}-E_{21}[E_{11},E_{12}]=0,$$
$$[E_{12},\Delta]=[E_{12},E_{11}]E_{22}+(E_{11}+I_2)[E_{12},E_{22}]-[E_{12},E_{21}]E_{12}$$
$$=-E_{12}E_{22}+(E_{11}+I_2)E_{12}-(E_{11}-E_{22})E_{12}=-[E_{12},E_{22}]+E_{12}=0$$
などから直接確かめられる.座標を使って書くと
$$\Delta=\left(x_{11}\frac{\partial}{\partial x_{11}}+x_{21}\frac{\partial}{\partial x_{21}}+1\right)\left(x_{12}\frac{\partial}{\partial x_{12}}+x_{22}\frac{\partial}{\partial x_{22}}\right)$$
$$-\left(x_{12}\frac{\partial}{\partial x_{11}}+x_{22}\frac{\partial}{\partial x_{21}}\right)\left(x_{11}\frac{\partial}{\partial x_{12}}+x_{21}\frac{\partial}{\partial x_{22}}\right)$$
$$=(x_{11}x_{22}-x_{12}x_{21})\frac{\partial}{\partial x_{11}}\frac{\partial}{\partial x_{22}}-(x_{11}x_{22}-x_{12}x_{21})\frac{\partial}{\partial x_{12}}\frac{\partial}{\partial x_{21}}$$
$$=\det\begin{pmatrix}x_{11}&x_{12}\\x_{21}&x_{22}\end{pmatrix}\det\begin{pmatrix}\dfrac{\partial}{\partial x_{11}}&\dfrac{\partial}{\partial x_{12}}\\\dfrac{\partial}{\partial x_{21}}&\dfrac{\partial}{\partial x_{22}}\end{pmatrix}.$$
一般の $GL(n,\mathbb{R})$ においても
$$\Delta=\sum_{\sigma\in\mathfrak{S}_n}\mathrm{sgn}(\sigma)(E_{\sigma(1)1}+(n-1)\delta_{\sigma(1)1})(E_{\sigma(2)1}+(n-2)\delta_{\sigma(2)1})\cdots(E_{\sigma(n)1})$$
とおくことにより同様な等式 $\Delta=\det(x_{ij})\det\left(\dfrac{\partial}{\partial x_{ij}}\right)$ (**Capelli 恒等式**) が成立する.この Δ は $E_{ij}+(n-j)\delta_{ij}$ を成分とする行列の行列式と考えられる.

5.5 漸化式 (5.71) の $j=3$ のときの右辺は
$$\frac{1}{2!}(3\,\mathrm{ad}(Z_1)Z_3+\mathrm{ad}(Z_3)Z_1)-\frac{1}{3!}(2\,\mathrm{ad}(Z_1)^2Z_2+\mathrm{ad}(Z_1)\,\mathrm{ad}(Z_2)Z_1)-\frac{1}{3!}\mathrm{ad}(Y)^3X$$
$$=\mathrm{ad}(Z_1)Z_3-\frac{1}{6}\mathrm{ad}(Z_1)^2Z_2-\frac{1}{6}\mathrm{ad}(Y)^3X=-\frac{1}{6}[X,[Y,[X,Y]]]$$

となるので，t^4 の項は $-\dfrac{1}{24}[X,[Y,[X,Y]]]$ となる．

第6章

6.1 単連結ベキ零 Lie 群 G の Lie 環を $\mathfrak{g}$ とする．$\exp: \mathfrak{g} \to G$ が全射な C^ω 級写像となることは，系 5.56 で示したが，それは標準座標を用いると，群の積が多項式写像で表せることからわかったのであった．$\mathfrak{g}$ に同じ多項式写像で積を定義する．$g_i \in G$ に対する $g_1(g_2g_3)=(g_1g_2)g_3$ などの関係は多項式の間の等式であることに注意すれば，$\mathfrak{g}$ は G と局所同型な Lie 群となることがわかる．$\exp$ は全射準同型で G は単連結であるので，$\exp$ は Lie 群の同型写像になる．

6.2 $g = \begin{pmatrix} a & b \\ c & d \end{pmatrix} \in G := SL(2,\mathbb{R})$ を $g = pk_\theta$ $(k_\theta \in SO(2),\ p \in P_0)$ と表そう．
$$g\begin{bmatrix}\sqrt{-1}\\1\end{bmatrix}=\begin{bmatrix}a\sqrt{-1}+b\\c\sqrt{-1}+d\end{bmatrix}$$
であるが，$g\sqrt{-1}=p\sqrt{-1}$，$\theta=\arg(c\sqrt{-1}+d)$ であるので
$$g\sqrt{-1}=\frac{a\sqrt{-1}+b}{c\sqrt{-1}+d}=\frac{(ac+bd)+\sqrt{-1}}{c^2+d^2}$$
となることを用いると，次式が得られる．
$$p=\begin{pmatrix}\dfrac{1}{\sqrt{c^2+d^2}} & \dfrac{ac+bd}{\sqrt{c^2+d^2}} \\ 0 & \sqrt{c^2+d^2}\end{pmatrix},\quad k_\theta=\begin{pmatrix}\dfrac{d}{\sqrt{c^2+d^2}} & \dfrac{-c}{\sqrt{c^2+d^2}} \\ \dfrac{c}{\sqrt{c^2+d^2}} & \dfrac{d}{\sqrt{c^2+d^2}}\end{pmatrix}$$

6.3 G を 3 次元の可換でない連結なコンパクト群とし，$\mathfrak{g}$ をその Lie 環とする．$0 \neq [\mathfrak{g},\mathfrak{g}]$ は半単純 Lie 環となるが，2 次元以下の半単純 Lie 環は存在しないので，それは $\mathfrak{g}$ に一致し，$\mathfrak{g}$ が単純となることがわかる．よって，$(\mathrm{Ad},\mathfrak{g})$ は実 3 次元の既約ユニタリ表現となる．正規直交基底を選んで $(\mathrm{ad},\mathfrak{g})$ を考えれば，$\mathrm{ad}: \mathfrak{g} \to \mathfrak{o}(3)$ という単射準同型ができるが，次元を考察すれば，これは同型であることがわかる．Lie 環 $\mathfrak{o}(3)$ をもつ単連結 Lie 群は $SU(2)$ で，その中心は $\{\pm I_2\}$ であるから，G は $SU(2)$ または $SU(2)/\{\pm I_2\} \simeq SO(3)$ と同型である．

6.4 Killing 形式が負の単純 Lie 環 $\mathfrak{g}$ は，トーラスの次元が 1 ならば $\mathfrak{su}(2)$ と同型となることを示せばよい．定理 6.77 の記号を用いて，$\Lambda = \{m : V_m \neq 0\} \subset \mathbb{Z}$ とおく．Λ の最大元を m とし，それ以外の $0 < n < m$ が存在したとする．$0 \neq X \in V_m$ に対し，$\mathfrak{g}' = V_n + V_{n-m}$ は $\mathrm{ad}(X), \mathrm{ad}(\overline{X})$ で不変であるから (6.65) より

$\mathrm{Trace}\, H(m)|_{\mathfrak{g}'} = 0$ となり，$n-m \in \Lambda$ かつ $n+n-2m = 0$ がわかり，$\Lambda = \{0, \pm n, \pm 2n\}$ を得る．今度は $0 \neq Y \in V_n$ をとると，$\mathfrak{g}'' = V_n + V_0 + V_{-n} + V_{-2n}$ が $\mathrm{ad}(Y)$, $\mathrm{ad}(\overline{Y})$ で不変なことから，$n+(-n)+(-2n) = 0$ となって矛盾が生じる．よって $\mathfrak{g}$ の次元は 3 であり，その Lie 環は $\mathfrak{su}(2)$ と同型になる．

6.5 $SU(n)$ が単純でないとすると，その Lie 環の複素化 $\mathfrak{sl}(n, \mathbb{C})$ も複素 Lie 環として単純でないので，$\mathfrak{sl}(n, \mathbb{C})$ が単純な複素 Lie 環であることを示せばよい．$\mathfrak{g}$ を $\mathfrak{sl}(n, \mathbb{C})$ の 0 でないイデアルとするとき，$\mathfrak{g}$ は $i \neq j$ を満たすある E_{ij} を含むことを示す．これが示されれば，$E_{ii} - E_{jj} = [E_{ij}, E_{ji}] \in \mathfrak{g}$，また $k \neq i, j$ のとき $E_{ik} = [E_{ii} - E_{jj}, E_{ik}] \in \mathfrak{g}$ となり，同様に $E_{ii} - E_{kk} \in \mathfrak{g}$．さらに $l \neq k$ のとき再び同様に $E_{lk} \in \mathfrak{g}$ および $E_{ll} - E_{kk} \in \mathfrak{g}$ を得るので，$\mathfrak{g} = \mathfrak{sl}(n, \mathbb{C})$ となる．

$X = \sum C_{ij} E_{ij}$ を 0 でない $\mathfrak{g}$ の元とする．$H = \mathrm{diag}(t, t^2, \cdots, t^n)$ とおくと，$0 < t \ll 1$ のとき $[H, E_{ij}] = (t^i - t^j) E_{ij}$ となって，$E_{ij}\ (i \neq j)$ は $\mathrm{ad}(H)$ に関する固有値が異なる．よって $i \neq j$ のとき $f_{ij}(\mathrm{ad}(H)) \sum_{\mu, \nu} C_{\mu\nu} E_{\mu\nu} = C_{ij} E_{ij}\ (C_{ij} \in \mathbb{C})$ となる多項式 f_{ij} が存在する．従って X が対角行列でなければ上の主張は示された．一方 X が対角行列のときは，X はスカラー行列ではないので $[X, E_{ij}] \neq 0$ となる E_{ij} があり，このとき $i \neq j$ で $E_{ij} \in \mathbb{C}[X, E_{ij}] \subset \mathfrak{g}$．なお，演習問題 8.3 に別証明がある．

6.6 (1) $X = \mathrm{diag}(\lambda_1, \cdots, \lambda_n)$ という対角行列のときは $\mathrm{ad}(X) E_{ij} = (\lambda_i - \lambda_j) E_{ij}$ となるので，

$$\langle X, X \rangle = \sum_{i=1}^{n} \sum_{j=1}^{n} (\lambda_i - \lambda_j)^2 = 2n \,\mathrm{Trace}\, X^2 - 2(\mathrm{Trace}\, X)^2.$$

$g \in GL(n, \mathbb{C})$ に対し，$\mathrm{ad}(gXg^{-1}) = \mathrm{Ad}(g)\,\mathrm{ad}(X)\,\mathrm{Ad}(g)^{-1}$ となるので X が対角化可能ならやはり上の式が成立する．よって，連続性から上の式は常に正しい．$\langle X, Y \rangle = \dfrac{1}{4}(\langle X+Y, X+Y \rangle - \langle X-Y, X-Y \rangle)$ を使うと (1) が得られる．

(2) $\mathfrak{gl}(n, \mathbb{C})$ の実形 $\mathfrak{g}_0$ の元 X に対する $\mathrm{ad}(X)$ は $\mathrm{End}_{\mathbb{R}}(\mathfrak{g}_0)$ の元であるが，複素化して $\mathrm{End}_{\mathbb{C}}(\mathfrak{g})$ の元と見ても行列表示は同じなので明らか．

6.7 (1) $\mathfrak{gl}(n, \mathbb{C}) = \mathfrak{sl}(n, \mathbb{C}) \oplus \mathbb{C} I_n$ に注意すれば，前問と補題 6.72 からわかる．

(2) $\langle\ ,\ \rangle$ は非退化だから，$X \in \mathfrak{sl}(n, \mathbb{C})$ に対し

$$\langle X, Y \rangle' = \langle \varphi(X), Y \rangle \quad (\forall Y \in \mathfrak{sl}(n, \mathbb{C}))$$

を満たす $\varphi(X)$ が定まり，$\mathrm{ad}(Z) X = \mathrm{ad}(Z) \varphi(X),\ \forall X, Z \in \mathfrak{sl}(n, \mathbb{C})$ となることがわかる．すなわち φ は $\mathbb{C}$ 上の随伴表現 $(\mathrm{ad}, \mathfrak{sl}(n, \mathbb{C}))$ からそれ自身への $\mathbb{C}$-線型作用素である．$\mathfrak{sl}(n, \mathbb{C})$ は単純であるから，Schur の補題より，φ は恒等写像のスカラー倍となる．

6.8 (1) $\mathfrak{su}(2)$ の元は $U(2)$ の元で対角化可能なことに注意すれば，問題 6.7 からわかる．

(2) $X \in V$ ならば X の固有値 $\pm\sqrt{-1}\lambda$ は $-\pi < \lambda < \pi$ を満たす．V に属する対角行列に $\exp$ を制限すると単射で像は $-I_2$ 以外の $U(2)$ の対角行列であることがわかる．$\pm I_2$ 以外の $U(2)$ の対角行列と可換な行列は対角行列に限ることと (1) に述べたことから，補題 6.37 の証明と同様にして $\exp$ は V から $SU(2)\setminus\{-I_2\}$ の上への 1 対 1 の C^ω 級写像であることがわかる．一方，定理 5.54 より，$\mathrm{ad}(X)$ の固有値に $2\pi\sqrt{-1}$ の 0 以外の整数倍に等しいものがなければ，$(d\exp)_X$ は全単射となることがわかるが，$\mathrm{ad}(X)$ の固有値は，0 と $\pm\sqrt{-1}\,2\lambda$ である．

第 7 章

7.1 (2) $A, B \in M(n, \mathbb{C})$ のとき，$(A+B\boldsymbol{j})^* = A^* - \boldsymbol{j}B^* = A^* - {}^t\!B\boldsymbol{j}$ を用いる．(1) も同様．

7.2 $O(p)$ の連結成分の個数は 2 個 (命題 7.7) であり，Cartan 分解より $O(p, q) \simeq (O(p) \times O(q)) \times \mathbb{R}^{pq}$ (微分同相) となることからわかる．

7.3 n に関する帰納法で示す．$n = 1$ のときは明らか．$g \in O(n)$ とする．$ge_1 = e_1$ ならば $g \in 1 \times O(n-1)$ となり，帰納法の仮定が使える．$ge_1 \neq e_1$ ならば，$e_1 - ge_1$ を法線とし原点を含む超平面を α とし，α に関する鏡映を s とする．このとき $sge_1 = e_1$ となるから $sg \in 1 \times O(n-1)$．帰納法の仮定より sg は高々 $n-1$ 個の鏡映の積で表される．

7.4 (1) $x^+ = a + e_1 \cdot b$ $(a \in C_n^+,\ b \in C_n^-)$ と表す．ただし a, b は $e_2, \cdots, e_n$ の積の線型和 (補題 7.35 参照) である．$a \cdot e_1 = e_1 \cdot a$, $b \cdot e_1 = -e_1 \cdot b$ を用いると，$x^+ \cdot e_1 = e_1 \cdot x^+$ から $b = 0$ が得られる．同じ議論を e_1 のかわりに $e_2, \cdots, e_n$ に対して順に適用すれば x^+ が 1 のスカラー倍であることがわかる．

(2) $x^- = a + e_1 \cdot b$ $(a \in C_n^-,\ b \in C_n^+)$ とおいて $a \cdot e_1 = -e_1 \cdot a$, $b \cdot e_1 = e_1 \cdot b$ を用いれば (1) と同様に示される．

7.5 $SL(2, \mathbb{R})$ の随伴表現 (§ 7.3 参照) を考えると $\mathrm{Ad}(SL(2, \mathbb{R})) \subset SO_0(2, 1)$ がわかる．Lie 環の次元より全射が成り立つことが示される．$\mathrm{Ker}\,\mathrm{Ad} = \{\pm I_2\}$ は明らか．

第 8 章

8.1 系 8.12 に $f(t)\equiv 1$ を代入し，$t_j = e^{\sqrt{-1}\theta_j}$ $(0\leqq \theta_j \leqq 2\pi)$ の座標で書けばよい．

8.2 $U(\neq 0)$ を $N_G(T)$-不変な $\bigwedge^k(\mathbb{C}^n)$ の部分空間とする．U は $\mathbb{T}^n$-不変でもあるから，$U = \bigoplus_{\lambda \in \Delta(U,T)} U_\lambda$ とウェイト分解することができる．ここで $\Delta(U,T) \subset \Delta(\bigwedge^k(\mathbb{C}^n),T)$ は U のウェイトの集合である．一方，U が $\mathfrak{S}_n$-不変であることから $\Delta(U,T)$ は $\mathfrak{S}_n$-不変でもある．ところが，$\mathfrak{S}_n$ は $\Delta(\bigwedge^k(\mathbb{C}^n),T)$ に推移的に作用するから $\Delta(U,T) = \Delta(\bigwedge^k(\mathbb{C}^n),T)$ でなければならない．さらに $\bigwedge^k(\mathbb{C}^n)$ の各ウェイトの重複度は 1 であるから，$U = \bigwedge^k(\mathbb{C}^n)$ でなければならない．故に $\bigwedge^k(\mathbb{C}^n)$ は既約である．

8.3 ルート系(例 9.7 も参照)の表示より，随伴表現 $\mathrm{Ad}\colon G \to GL(\mathfrak{g}\otimes_{\mathbb{R}}\mathbb{C})$ は $f_1-f_n = (1,0,\cdots,0,-1)$ を最高ウェイトとする既約成分を含む．一方，$\lambda = (1,0,\cdots,0,-1)$ を最高ウェイトとする $U(n)$ の(あるいは $SU(n)$ の)既約表現の次元は，Weyl の次元公式より n^2-1 である．$\dim \mathfrak{g}\otimes_{\mathbb{R}}\mathbb{C} = \dim \mathfrak{sl}(n,\mathbb{C}) = n^2-1$ であるから，これは随伴表現 $\mathrm{Ad}\colon G \to GL(\mathfrak{g}\otimes_{\mathbb{R}}\mathbb{C})$ が既約であることを示している．

第 9 章

9.1 (1) $n=1$ のときは成分計算より直ちにわかる．n が一般のときはブロック行列に分けると，$A \in M(2,\mathbb{R})$ に対し
$$A\begin{pmatrix} 0 & -1 \\ 1 & 0 \end{pmatrix} = \lambda \begin{pmatrix} 0 & -1 \\ 1 & 0 \end{pmatrix} A \quad (\lambda \neq \pm 1) \implies A = O$$
などの計算により $g \in O(2)\times O(2) \times \cdots \times O(2)$ (対角ブロック行列)がわかり，$n=1$ の場合に帰着される．

(2) (1)と同様．

9.2 $\mathcal{T}_e = \{G \text{ の極大トーラス}\}$ に G は
$$g\colon \mathcal{T}_e \to \mathcal{T}_e, \quad T' \mapsto gT'g^{-1} \quad (g \in G)$$
と作用する．極大トーラスは互いに共役だから G は $\mathcal{T}_e$ に推移的に作用する．$gTg^{-1} = T \iff g \in N_G(T)$ だから $T \in \mathcal{T}_e$ における等方部分群は $N_G(T)$ である．故に全単射 $G/N_G(T) \simeq \mathcal{T}_e$，$gT \mapsto gTg^{-1}$ が示された．

9.3 順に，1 個，4 個，8 個，2 個．極大トーラス $T \simeq \mathbb{T}^2$ の Lie 環を $\mathfrak{t} \simeq \mathbb{R}^2$ と書くと，$\exp\colon \mathfrak{t} \to T$ は $\mathbb{R}^2 \to \mathbb{T}^2$，$(x,y) \mapsto e^{\sqrt{-1}x}e^{\sqrt{-1}y}$ と同一視できる．従って，$\mathfrak{t}$

の閉集合 $S := \{(x,y) \in \mathbb{R}^2 : 0 \leqq x \leqq 2\pi,\ 0 \leqq y \leqq 2\pi\}$ の相向かい合う辺を貼り合わせた図形が $\mathbb{T}^2$ である．それぞれの群のルート系（例9.7〜例9.9）より，T_{reg} は S から図1の実線を除いた集合となる．貼り合わせ方に注意すると，連結成分の個数が $1, 4, 8, 2$ とわかる．

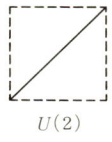

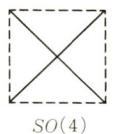

$U(2)$　　　$SO(5)$　　　$Sp(2)$　　　$SO(4)$

図1

9.4 最高ウェイト $f_1 + \cdots + f_k$ をもつ $SO(2n+1)$ の既約表現の次元は Weyl の次元公式より $\dfrac{(2n+1)!}{k!(2n-k+1)!}$ になる．一方 $f_1 + \cdots + f_k$ は外積表現 $\bigwedge^k(\mathbb{C}^{2n+1})$ の最高ウェイトであり，$\dim \bigwedge^k(\mathbb{C}^{2n+1}) = \dfrac{(2n+1)!}{k!(2n-k+1)!}$ なので，外積表現 $\bigwedge^k(\mathbb{C}^{2n+1})$ が既約であることがわかる．

9.5 最高ウェイト $f_1 + \cdots + f_k$ をもつ $SO(2n)$ の既約表現の次元は Weyl の次元公式より $\dfrac{(2n)!}{k!(2n-k)!}$ になる．$f_1 + \cdots + f_k$ は外積表現 $\bigwedge^k(\mathbb{C}^{2n})$ の最高ウェイトであり，$\dim \bigwedge^k(\mathbb{C}^{2n}) = \dfrac{(2n)!}{k!(2n-k)!}$ なので，外積表現 $\bigwedge^k(\mathbb{C}^{2n})$ が既約であることがわかる．

9.6 最高ウェイトが $f_1 + \cdots + f_{n-1} + f_n$ の既約表現と最高ウェイトが $f_1 + \cdots + f_{n-1} - f_n$ の既約表現の直和に既約分解する．これらの表現が外積表現の部分表現になっていることと，次元の比較からわかる．

9.7 ルート系の表示から，それぞれの最高ウェイトは $f_1 + f_2, 2f_1, f_1 + f_2$ となる．そこで次元公式による既約表現の次元と Lie 環の次元が一致することを見ればよい．

第10章

10.1 座標をスカラー倍する変換 $e^t : \mathbb{R}^n \to \mathbb{R}^n$, $x \mapsto e^t x$ $(t \in \mathbb{R})$ によって生成される接ベクトル $\left.\dfrac{d}{dt}\right|_{t=0} e^t x \in T_x \mathbb{R}^n$ が E_x に他ならない．$e^t g x = g e^t x$ $(\forall t \in \mathbb{R}, \forall g \in G)$ であるから，E は G の作用と可換なベクトル場である．

一方，$H = \{(g_{ij})_{1 \leqq i, j \leqq n} \in G : g_{11} = 1,\ g_{i1} = 0\ (2 \leqq i \leqq n)\}$ とおくと，$\mathbb{R}^n \setminus \{0\}$ は

等質空間 G/H と同一視できる.

$\mathrm{Ad}_{\mathfrak{g}/\mathfrak{h}}: H \to GL_{\mathbb{R}}(\mathfrak{g}/\mathfrak{h})$ は

$$\begin{pmatrix} 1 & g' \\ 0 & g'' \end{pmatrix}: \mathbb{R}^n \to \mathbb{R}^n, \quad \begin{pmatrix} x \\ y \end{pmatrix} \mapsto \begin{pmatrix} x + g'y \\ g''y \end{pmatrix}$$

で与えられるから $\mathfrak{X}(\mathbb{R}^n\setminus\{0\}) \simeq (\mathfrak{g}/\mathfrak{h})^H \simeq \mathbb{R}$.

10.2 系 10.30 と以下の微分同相写像に注意すればよい.

$$\begin{aligned} S^{4k-1} &\simeq U(2k)/U(2k-1) \simeq Sp(k)/Sp(k-1), \\ \mathbb{P}^{2k-1}\mathbb{C} &\simeq U(2k)/(U(1) \times U(2k-1)) \simeq Sp(k)/(U(1) \times Sp(k-1)), \\ \mathbb{P}^{k-1}\mathbb{H} &\simeq Sp(k)/(Sp(1) \times Sp(k-1)), \\ S^3 &\simeq Sp(1), \quad S^2 \simeq Sp(1)/U(1), \quad S^1 \simeq U(1). \end{aligned}$$

10.3 微分同相写像 $G \simeq (G \times G)/\mathrm{diag}(G)$ の右辺に定理 10.47 を適用すると, 等方表現 $\mathrm{diag}(G) \to GL_{\mathbb{R}}(\mathfrak{g} \oplus \mathfrak{g}/\mathrm{diag}(\mathfrak{g}))$ に G-不変な内積がスカラー倍を除いて一意的に存在することをいえばよい. この等方表現は, 随伴表現 $\mathrm{Ad}: G \to GL_{\mathbb{R}}(\mathfrak{g})$ と同型であり, 補題 10.58 および系 10.59 の証明ステップ (3) より $\mathrm{Ad}: G \to GL_{\mathbb{R}}(\mathfrak{g})$ には G-不変な内積が一意的に存在することがわかる.

10.4 命題 10.54 と $\mathrm{Ad}: SL(n, \mathbb{R}) \to GL_{\mathbb{R}}(\mathfrak{sl}(n, \mathbb{R}))$ が既約表現であることよりわかる.

10.5 G の Lie 環 $\mathfrak{g}$ の中心が $\mathbb{R}E_{13}$ であることと命題 10.54 よりわかる.

10.6 $\mathbb{P}^n\mathbb{C}$ の de Rham コホモロジー群は次の式で与えられる.

$$H^k(\mathbb{P}^n\mathbb{C}; \mathbb{R}) = \mathbb{R} \ (k = 0, 2, \cdots, 2n); \quad = \{0\} \ (\text{それ以外}).$$

コホモロジー群の係数を $\mathbb{R}$ のかわりに $\mathbb{C}$ として証明すれば十分である. $G = SU(n+1) \supset H = U(n)$ による等質空間として $G/H \simeq \mathbb{P}^n\mathbb{C}$ と表すと, 等方表現は H の自然表現 $H \subset GL(n, \mathbb{C})$ と同一視できる. $V = \mathbb{C}^n$ を実ベクトル空間と見ると, $V \otimes_{\mathbb{R}} \mathbb{C} \simeq V \oplus V^{\vee}$ となるので, H の表現の同型

$$\wedge^k(V) \otimes_{\mathbb{R}} \mathbb{C} \simeq \wedge^k(V \oplus V^{\vee}) \simeq \bigoplus_{j=0}^{k} (\wedge^j(V) \oplus \wedge^{k-j}(V^{\vee}))$$

が得られる. 特に, H-不変元の空間の同型

$$(2) \qquad \left(\wedge^k(V)\right)^H \otimes_{\mathbb{R}} \mathbb{C} \simeq \bigoplus_{j=0}^{k} \mathrm{Hom}_H(\wedge^{k-j}(V), \wedge^j(V))$$

が成り立つ. 外積表現 $\wedge^j(V)$ ($0 \leqq j \leqq n$) は互いに同値でない H の既約表現 (例 8.34 参照) なので, 同型 (2) の右辺は $k - j = j$ となる j が存在するときのみ, す

なわち，$k=0,2,\cdots,2n$ のときのみ，$=\mathbb{C}$ となる．従って，証明された．

第11章

11.1 $S^N(\mathbb{C}^n)$ の標準基底

$$\underbrace{e_1\otimes\cdots\otimes e_1}_{N_1\text{個}}\otimes\underbrace{e_2\otimes\cdots\otimes e_2}_{N_2\text{個}}\otimes\cdots\otimes\underbrace{e_n\otimes\cdots\otimes e_n}_{N_n\text{個}}\quad (N_1+N_2+\cdots+N_n=N)$$

の中で，$N_1+N_2+\cdots+N_k$ が一定($=m$ とすると，m は 0 から N を動く)の項をまとめることによって，直和分解

$$S^N(\mathbb{C}^n)=\bigoplus_{m=0}^{N}S^m(\mathbb{C}^k)\otimes S^{N-m}(\mathbb{C}^{n-k})$$

が得られる．定理 3.52 と例 8.35 より右辺が $U(k)\times U(n-k)$ に制限したときの分岐則を与える．

11.2 $a_n=a_{-n}\ (\forall n\in\mathbb{Z})$，かつ，十分大きな k をとれば次の 2 つの不等式が成り立つこと．

$$a_0\geq a_2\geq a_4\geq\cdots\geq a_{2k}=a_{2k+2}=\cdots=0,$$
$$a_1\geq a_3\geq a_5\geq\cdots\geq a_{2k+1}=a_{2k+3}=\cdots=0.$$

11.3 $\omega=k\left(\dfrac{2\pi}{p}\right)$ とおく．$\chi_m\in\widehat{SO(2)}$ に対して，
$[\chi_m|_{H_p}:\sigma_l]\neq 0\iff \chi_m(\omega)=\sigma_l(\omega)\iff \omega^{m-l}=1\iff m-l\equiv 0\mod p$
に注意して Frobenius の相互律を用いればよい．

11.4 (1) 行列の計算より明らか．(2) $N_{n_1,n_2,\cdots,n_k;\mathbb{R}}$ は Euclid 空間と同相なので，$P_{n_1,n_2,\cdots,n_k;\mathbb{R}}$ は $L_{n_1,n_2,\cdots,n_k;\mathbb{R}}$ とホモトピー同値になる．$GL(n_j,\mathbb{R})$ の連結成分は 2 個なので，それらの k 個の直積空間の連結成分は 2^k 個となる．

11.5 (1) $g\in P_\mathbb{R}\cap O(n)$ をブロック行列で表し，${}^tgg=g{}^tg=I_n$ に代入すればよい．

(2) 後述する定理 13.6 と同様に示される．

11.6 $O(n)/M_\mathbb{R}\simeq G_\mathbb{R}/P_\mathbb{R}$ と同伴ファイバー束の構成法より明らか．

11.7 演習問題 11.6 と同様にして($O(n)$ を $SO(n)$ に置き換える)

$$\pi_{(\varepsilon_1,\varepsilon_2),(\nu_1,\nu_2)}|_{SO(2)}\simeq L^2\text{-Ind}(H_2\uparrow SO(2))(\sigma_{\varepsilon_1+\varepsilon_2})$$

がわかる．そこで演習問題 11.3 の結果を使えばよい．

第12章

12.1 $SL(2,\mathbb{C})$ および直積群 $SU(2)\times SU(2)$ はいずれも $SL(2,\mathbb{C})\times SL(2,\mathbb{C})$ を複素化にもつから，Weyl のユニタリ・トリックより両者の複素有限次元既約表現は(同じ表現空間上で) 1 対 1 に対応する．一方，$SU(2)\times SU(2)$ の任意の既約表現は外積表現 $\sigma\boxtimes\tau$ (σ,τ はそれぞれ $SU(2)$ の既約表現)の形であり，その次元は $(\dim\sigma)(\dim\tau)$ である．また任意の正の整数 m に対し，次元が m であるような $SU(2)$ の複素有限次元既約表現が同型を除いて唯一つ存在する．従って，$SL(2,\mathbb{C})$ の複素 N 次元既約表現の同値類の個数は $\#\{(m,n)\in\mathbb{N}^2 : mn=N\}=N$ の約数の個数に一致する．

12.2 $H=\{(g_1,g_2)\in U(p)\times U(n-p) : (\det g_1)(\det g_2)=1\}$ とおくと H は連結な Lie 群である．単連結な Lie 群 $SU(n)$ は $Gr_p(\mathbb{C}^n)$ に推移的に作用し，$Gr_p(\mathbb{C}^n)\simeq SU(n)/H$ (微分同相) と表されるから，$Gr_p(\mathbb{C}^n)$ は単連結である．

12.3 $\varphi : SL(n,\mathbb{R})\to U(N)$ をユニタリ表現とする．$H:=E_{11}-E_{22}$, $X:=E_{12}\in\mathfrak{sl}(2,\mathbb{R})$ とおくと任意の $t\in\mathbb{R}$ に対して $\mathrm{Ad}(e^{tH})X=e^{2t}X$ となる．従って，$\mathrm{Ad}(\varphi(e^{tH}))d\varphi(X)=e^{2t}d\varphi(X)$ が成り立つ．$t\in\mathbb{R}$ を動かしたとき，左辺は相対コンパクト集合 $\mathrm{Ad}(U(N))d\varphi(X)$ に含まれるから，右辺が相対コンパクトとなるためには $d\varphi(X)=0$ でなければならない．$\mathfrak{sl}(n,\mathbb{R})$ は単純 Lie 環だから $\mathrm{Ker}\,d\varphi$ は $\{0\}$ または $\mathfrak{sl}(2,\mathbb{R})$ に一致する．$\mathrm{Ker}\,d\varphi\neq\{0\}$ より，$d\varphi=0$ となり，φ は自明表現であることが示された．

第13章

13.1
$$\psi(n)=\mathrm{diag}\left(\frac{|x|^2+2+|x|\sqrt{|x|^2+4}}{2},\ \frac{|x|^2+2-|x|\sqrt{|x|^2+4}}{2}\right),$$
$$a(n)=\mathrm{diag}\left(\frac{1}{\sqrt{1+|x|^2}},\ \sqrt{1+|x|^2}\right).$$

13.2

$(13.27)=e_1\wedge\cdots\wedge e_{k-1}\wedge e_k+x_{k+1\ k}e_1\wedge\cdots\wedge e_{k-1}\wedge e_{k+1}+$(残りの項)

ここで，(残りの項) は $-f^{(k)}=(-1,\cdots,-1,-1,0,\cdots,0)$ および $(-1,\cdots,-1,0,-1,0,\cdots,0)$ より大きなウェイトに対応したウェイトベクトルの和として表される項である．ウェイトベクトルは互いに直交するから

$$\|\wedge^k(\pi_0^\vee)(n_+)(e_1\wedge\cdots\wedge e_k)\|^2 = 1+|x_{k+1\ k}|^2+\|残りの項\|^2$$
$$\geqq 1+|x_{k+1\ k}|^2 = 1+|z_{k\ k+1}|^2.$$

13.3 $G_{\mathbb{C}}=GL(n,\mathbb{C})$ とおく.

$$Gr_k(\mathbb{C}^n)\simeq G_{\mathbb{C}}/P_{k,n-k} \quad (双正則同型),$$
$$\mathfrak{g}_{\mathbb{C}}/\mathfrak{p}_{k,n-k}\simeq M(k,n-k;\mathbb{C}) \quad (線型同型)$$

による同一視で,等方表現 $\mathrm{Ad}_{\mathfrak{g}_{\mathbb{C}}/\mathfrak{p}_{k,n-k}}\colon P_{k,n-k}\to GL_{\mathbb{C}}(\mathfrak{g}_{\mathbb{C}}/\mathfrak{p}_{k,n-k})$ は次の公式によって表される:$g=\begin{pmatrix}A & O\\ C & B\end{pmatrix}\in P_{k,n-k}$ に対して,$g\colon X\mapsto AXB^{-1}$ ($X\in M(k,n-k;\mathbb{C})$).よって,

$$\mathfrak{X}_{\mathrm{holo}}(Gr_k(\mathbb{C}^n)) = \mathcal{O}(G_{\mathbb{C}}/P_{k,n-k},\ GL(n,\mathbb{C})\times_{\mathrm{Ad}_{\mathfrak{g}_{\mathbb{C}}/\mathfrak{p}_{k,n-k}}}M(k,n-k;\mathbb{C}))$$
$$= \mathcal{O}(G_{\mathbb{C}}/B_-,\ G_{\mathbb{C}}\times_{B_-}\mathbb{C}_{(1,0,\cdots,0,-1)})$$

Weyl の次元公式(§8.3 定理 8.41)により右辺の次元は n^2-1 である.

13.4 $SL(n,\mathbb{C})$ の $Gr_k(\mathbb{C}^n)$ への左作用が誘導する Lie 環の準同型写像

$$i\colon \mathfrak{sl}(n,\mathbb{C})\to\mathfrak{X}_{\mathrm{holo}}(Gr_k(\mathbb{C}^n))$$

は明らかに,恒等的には 0 でない.$\mathfrak{sl}(n,\mathbb{C})$ は単純 Lie 環だから,i は単射である.演習問題 13.3 より $\dim_{\mathbb{C}}\mathfrak{X}_{\mathrm{holo}}(Gr_k(\mathbb{C}^n))=n^2-1=\dim_{\mathbb{C}}\mathfrak{sl}(n,\mathbb{C})$ となり,i は全単射である.故に $\mathfrak{X}_{\mathrm{holo}}(Gr_k(\mathbb{C}^n))$ は $\mathfrak{sl}(n,\mathbb{C})$ と同型な Lie 環となる.

13.5 $\dfrac{1}{2}(n^2-n_1^2-n_2^2-\cdots-n_k^2)$

13.6 (1) §10.3 の命題 10.34 と定理 10.23 より

$$\mathcal{L}\simeq G_{\mathbb{C}}\times_{P_{k,n-k}}\wedge^{k(n-k)}\mathrm{Ad}^\vee_{\mathfrak{g}_{\mathbb{C}}/\mathfrak{p}_{k,n-k}}\simeq G_{\mathbb{C}}\times_{P_{k,n-k}}\chi.$$

(2), (3) $\mathbf{1}_k=(1,1,\cdots,1)\in\mathbb{Z}^k$ と書くと,$d\chi$ を Cartan 部分代数 $\mathfrak{h}$ に制限したとき

$$-m\,d\chi|_{\mathfrak{h}} = m(n-k)\mathbf{1}_k+(-mk)\mathbf{1}_{n-k} = (mn,\cdots,mn,0,\cdots,0)+(-mk)\mathbf{1}_n$$

となる.定理 13.42 より $\mathcal{O}(Gr_k(\mathbb{C}^n),(\mathcal{L}^*)^{\otimes m})$ は $-m\,d\chi|_{\mathfrak{h}}$ を最高ウェイトとする既約表現であり,その次元は例 8.43 で求めた $D(k,mn)$ と一致する.よって(3)が示された.同様に,$\mathcal{O}(Gr_k(\mathbb{C}^n),\mathcal{L}^{\otimes m})$ は $m\,d\chi|_{\mathfrak{h}}$ を最高ウェイトとする既約表現となるが,$m\geqq 1$ なら $m\,d\chi|_{\mathfrak{h}}$ は優整形式(dominant integral)ではない.よって $\mathcal{L}^{\otimes m}$ の正則切断は 0 のみである.

#　欧文索引

adjoint operator　*149*
adjoint orbit　*334*
adjoint representation　*186, 211*
affine transformation　*7*
algebraic integer　*165*
anti-holomorphic　*244*
associated fiber bundle　*436*
associated vector bundle　*436*
automorphism group　*283*
base space　*422*
bilinear form　*312*
Borel subgroup　*532*
bounded operator　*147*
branching law　*474*
branching rule　*474*
canonical line bundle　*568*
Cartan subalgebra　*383*
center　*185*
character　*103*
class equation　*162*
class function　*128*
classical group　*290*
Clifford algebra　*318*
Clifford-Klein form　*526*
closed subgroup　*5*
commutative harmonic analysis　*53*
commutator　*183*
completely reducible　*14*
complex line bundle　*429*
complex manifold　*240*
complex structure　*241*
complex vector bundle　*429*

complexification　*241, 508*
conformal　*331*
conformal transformation　*331*
conjugacy class　*161*
conjugate　*161*
conjugate representation　*36*
continuous representation　*16*
contractible　*235*
contraction　*99*
contragredient representation　*36*
convolution　*50*
cotangent bundle　*423*
cotangent vector bundle　*265, 423*
covering map　*230*
C^r-structure　*43*
degree　*11*
differential representation　*211*
dimension　*11*
discrete subgroup　*198*
discrete sum　*21*
disjoint union　*403, 426*
dominant integral weight　*401*
dual pair　*120*
dual representation　*36*
elementary symmetric function　*354*
equivalence relation　*13*
equivalent　*13*
ergodic action　*62*
Euclidean motion group　*8*
exceptional group　*290*
extremal weight　*412*

fiber　　422
fiber bundle　　422
flag　　536
flag manifold　　345
flag variety　　345
Fourier transform　　54
frame bundle　　432
fundamental group　　231
fundamental representation　　365
G-equivariant　　440
G-equivariant fiber bundle　　441
G-equivariant vector bundle　　441
gauge transform　　442
general linear group　　10, 296
generalized flag manifold　　560
harmonic form　　469
highest weight　　363
highest weight vector　　363
holomorphic　　240
holomorphic 1-form　　543
holomorphic cotangent bundle　　543
holomorphic fiber bundle　　423
holomorphic function　　177
holomorphic line bundle　　430
holomorphic local coordinate system　　240
holomorphic representation　　244, 515
holomorphic section　　451
holomorphic tangent vector bundle　　448
holomorphic vector bundle　　429
holomorphic vector field　　543
homogeneous coordinate　　257
homogeneous fiber bundle　　439
homogeneous function　　452
homogeneous holomorphic line bundle　　440
homogeneous holomorphic vector bundle　　439
homogeneous manifold　　252
homogeneous space　　252
homogeneous space of reductive type　　524
homogeneous vector bundle　　439
ideal　　185
identity component　　175
indefinite orthogonal group　　306
induced representation　　457
induction by stages　　564
infinite dimensional representation　　11
inner automorphism group　　284
integral kernel　　155
integral operator　　155
intertwining operator　　12
invariant subspace　　13
involutive　　316
involutive automorphism　　316
irreducible decomposition　　15
irreducible representation　　14
irreducible unitary representation　　19
isomorphic　　185
isomorphism　　185
isotropy representation　　272
isotropy subgroup　　250
Iwasawa decomposition　　550
Iwasawa projection　　551
K-algebra　　99
L^2-induced representation　　479
Langlands decomposition　　532

left invariant measure   76
left regular representation   71
Levi decomposition   559
Levi subgroup   492
lexicographic order   363
Lie algebra   185
Lie group   45, 173
Lie subalgebra   185
Lie subgroup   173
lift   231
light cone   334
line bundle   429
local trivialization   422
locally compact topological group   75
locally compact topological space   71
locally isomorphic   173
matrix coefficient   69
maximal parabolic subgroup   491
maximal torus   276, 342
measure-preserving transformation   63
minimal parabolic subgroup   491
modular function   78
monomial alternating function   360
monomial symmetric function   360
multiplicity   29, 362
natural representation   12
nilpotent Lie algebra   216
nilpotent Lie group   216
non-commutative harmonic analysis   54
non-degenerate   313
normalized Haar measure   76
operator norm   145

orbit   250
orbital integral   130
order   161
orthogonal group   304
outer tensor product representation   38
p-adic integer   3
parabolic subgroup   491
pinor group   324
point at infinity   257
polarization identity   18
positive root system   403
principal bundle   432
principal H-bundle   432
product bundle   423
properly discontinuous   526
pseudo-orthogonal group   306
pseudo-Riemannian geometry   337
quasi-regular representation   489
quotient Lie algebra   186
quotient representation   13
quotient topology   5
real form   242, 508
real rank   310
real symplectic group   309
real vector bundle   429
reciprocity law   480
reducible   14
reduction   474
reductive Lie algebra   186
reductive Lie group   200
reflection   323
regular representation   57, 72
relative topology   5
representation   11, 185
representation space   11

restriction   474
ρ-shift   490
right invariant measure   76
right regular representation   71
root   383
root decomposition   383
root system   290, 383
root vector   383
Schur polynomial   368
section   419
self-adjoint operator   149
semidirect product group   7
semisimple Lie algebra   186
sesqui-linear form   312
sesqui-linear map   73
signature   351
simple Lie algebra   186
simple Lie group   289
simply connected   231
simply transitive   431
skew-symmetric   312
special linear group   301
special orthogonal group   304
special unitary group   304
spherical harmonics   486
spinor group   324
star algebra   100
strictly dominant integral weight   401
structure group   428
subrepresentation   13
support   54
symmetric   312
symmetric group   340

symmetric pair   316
symmetric space   316
tangent bundle   423
tangent space   202
tangent vector   202
tangent vector bundle   265, 423
τ-component   30
tensor product representation   36
topological group   2
topological vector space   3
torus   276
total space   422
transformation group   8
transition functions   425
transitive   250
trivial fiber bundle   423
trivial representation   11
unimodular   76
unitary degenerate principal series representation   493
unitary dual   19
unitary group   304
unitary operator   18
unitary principal series representation   493
unitary representation   18
universal covering group   231
universal enveloping algebra   125, 208
vector bundle   429
vector field   203
weight   362
weight vector   362
Weyl group   344

和文索引

*-環　　100
Ado–岩澤の定理　　220
A_{n-1} 型のルート系　　387
Baire 測度　　75, 77
Baire のカテゴリー定理　　251
Betti 数　　465
B_n 型のルート系　　387
Borel 測度　　77
Borel 部分群　　532
Borel–Weil 型定理
　　放物型部分群に対する——　　563
Borel–Weil の定理　　539
　　広義の旗多様体上の——　　562
Bruhat 分解　　534
Burnside の定理　　163
Campbell–Hausdorff の公式　　215
Capelli 恒等式　　588
Cartan 射影　　567
Cartan 部分代数　　383
Cartan 分解　　263, 264, 337
Cartan–Weyl の最高ウェイト理論
　　369, 409
Cauchy の評価式　　177
Cayley の定理　　145
C^∞ 級の切断　　423
C^∞ 級のファイバー束　　422
C^∞-Lie 群　　44
Clebsch–Gordan の公式　　476
Clifford 代数　　318
Clifford–Klein 形　　526
C_n 型のルート系　　387
C^ω 級　　176

C^ω-Lie 群　　44
C^r-Lie 群　　44
C^r-構造　　43
C^r-多様体　　42
de Rham コホモロジー　　465
de Sitter 群　　306
Dirichlet の定理　　49, 280
D_n 型のルート系　　387
Euclid 運動群　　8, 523
Euler 作用素　　470
Fourier 級数展開　　49, 120
Fourier 係数　　48, 132
Fourier 変換　　54
Frobenius の相互律　　480
G-同変　　440
G-同変なファイバー束　　441
G-同変なベクトル束　　441
G-線型写像　　12
G-不変な部分空間　　13
Gelfand–Naimark 分解　　533
H-主束　　432
H-主バンドル　　432
Haar 測度　　76
　　正規化された——　　76, 270
Hamilton の四元数体　　→ 四元数体
Hardy 空間　　65, 501
Heisenberg 群　　84, 464
Hermite 形式　　312
Hilbert 空間　　18
Hilbert 空間としての直和　　21
Hilbert–Schmidt 作用素　　147
Hilbert–Schmidt ノルム　　127, 145

Hilbert の第 5 問題　*41*
Hirzebruch の比例性原理　*527*
　　一般化された——　*527*
Hodge–de Rham–Kodaira の定理
　　551
Hopf ファイバー束　*435, 444, 470*
Hurewicz の同型定理　*468*
Jacobi 律　*185*
K-type 分解　*478*
Killing 形式　*282*
Kirillov の軌道法　*474*
L^2-関数の展開定理　*122*
L^2-誘導表現　*479, 490*
Langlands 分解　*532*
Laurent 多項式　*353*
Levi 部分群　*492, 559*
Levi 分解　*504, 559*
Lie 環　*185, 570*
　　——のイデアル　*185*
　　——の準同型写像　*185*
　　——の中心　*185*
　　——の直和　*186*
　　——の同型　*185*
　　——の同型写像　*185*
　　——の表現　*185*
Lie 群　*45, 133, 173, 569*
Lie 環の指数写像　*192*
Lorentz 群　*306*
Maurer–Cartan 形式　*86*
Möbius の帯　*420, 444, 452*
p 進整数　*3*
Parseval の公式　*133*
Parseval–Plancherel 型の公式　*128*
Parseval の等式　*51*
Peter–Weyl の定理　*53, 119, 481*
　　——における逆変換の公式　*128*

Plancherel の公式　*56*
Poincaré 計量　*463*
Poincaré–Birkhoff–Witt の定理
　　209
ρ のずらし　*490*
Riemann 球面　*257*
Riemann 計量　*461, 470, 486*
Riemann 面の一意化定理　*527*
Riesz の表現定理　*39*
Schubert 胞体　*534*
Schur 多項式　*368*
Schur の直交関係式　*94, 144*
Schur の補題　*26, 61, 96, 468*
　　$\mathbb{R}$ 上の——　*28*
Stone–Weierstrass の定理　*49, 139*
Sylvester の慣性法則　*313*
τ-成分　*30*
van der Monde の行列式　*360*
von Neumann–Cartan の定理　*192*
Weierstrass の多項式近似定理　*138*
Weierstrass の定理　*177*
Weyl 群　*344, 388*
Weyl の次元公式　*373, 410*
Weyl の指標公式　*368, 409*
Weyl の積分公式　*347, 396*
Weyl の分母公式　*410*
Weyl のユニタリ・トリック　*547*
　　（一般の場合）　*518*
　　（単連結の場合）　*514*
Whitney の埋め込み定理　*43*

ア 行

アファイン変換　*7*
アファイン変換群　*7, 60, 498*
位数　*161*
位相群　*2*

——として同型　4
　　——の準同型写像　4
　　——の同型写像　4
一次分数変換　462
1パラメータ部分群　209, 325
一様連続性　72
一般化された旗多様体　560
一般線型群　10, 296
岩澤射影　551
岩澤分解　259, 548, 550
ウェイト　362, 408
ウェイトベクトル　362, 408
エルゴード的　62, 501

カ行

解析的部分群　218
階段定理　564
外部テンソル積表現　38, 72, 475, 482
可換Lie環　185
可換調和解析　53
可縮　235
可分　18, 148
可約　14
慣性指数　313
完全可約　14, 517
簡約　474
簡約Lie環　186
簡約Lie群　200, 310, 514
簡約型等質空間　524
擬Riemann幾何　337
擬直交群　306
軌道　250
軌道積分　130
基本群　231
基本対称式　354

基本表現　365
逆Fourier変換　56
既約表現　14, 17, 369, 409, 539, 573
既約分解　15, 474, 575
既約ユニタリ表現　19, 493
球面調和関数　486
擬ユニタリ群　306
鏡映　323
狭義の優整形式　401
共形的　331
共形変換　331
共役　161
共役表現　36, 73, 545
共役類　161
行列表現　11
行列要素　69, 94, 98, 141, 547
強連続ユニタリ群　19
極小放物型部分群　491
局所コンパクト位相空間　71
局所コンパクト位相群　75
局所自明化　422
局所同型　173
極大コンパクト部分群　478
極大積分多様体　219
極大トーラス　276, 342, 380, 387
極大放物型部分群　491
近似定理
　　類関数の——　129
群環　125, 163, 481
群の表現　9
ゲージ変換　433, 442
交換子　183
広義の旗多様体　560
光錐　334
構造群　428, 432
交代Laurent多項式　353

交代関数　　352
合同変換群　　8
互換　　352
古典型単純 Lie 群　　311
古典群　　144, 290
コンパクト作用素　　147
コンパクト単純 Lie 群　　289
コンパクト半単純 Lie 群　　289

サ　行

最高ウェイト　　363, 409
最高ウェイトベクトル　　363
最端ウェイト　　412
最低ウェイト　　363, 546, 552
差積　　347, 407
作用素ノルム　　23, 145
次元　　11, 371
四元数体　　28, 43, 187, 296, 318, 386, 470
自己共役作用素　　149
自己同型群　　283
辞書式順序　　363, 409
次数　　11
自然表現　　12, 141, 143
実一般線型群　　297
実解析的　　176
実形　　242, 310, 508, 512
実斜交群　　309
実シンプレクティック群　　309
実ベクトル束　　429
実ランク　　310
支配的な整ウェイト　　401
指標　　103, 368, 409, 475
指標による射影　　108, 135
指標の直交関係式　　105
自明な表現　　11

自明なファイバー束　　423
射影　　422
主 H-束　　432
周波数　　50
縮約　　99
主系列表現　　25, 333, 493
主ファイバー束　　432
巡回表示の型　　162
準正則表現　　489
準同型定理　　186
商 Lie 環　　186
商 Lie 群　　252
商位相　　5
商表現　　13, 447
真性不連続　　526
シンプレクティック群　　144
推移的　　250, 445
随伴軌道　　334
随伴作用素　　91, 124, 149
随伴表現　　79, 186, 211
スピノル群　　290, 324, 382
制限　　474
斉次関数　　452
正則　　240, 449
正則 1 次微分形式　　543
正則関数　　177, 357
正則局所座標　　240
正則空間　　46, 251
正則準同型　　244
正則接空間　　243
正則接ベクトル　　243
正則接ベクトル束　　448, 543
正則直線束　　430, 539
正則な切断　　451, 539
正則なファイバー束　　423
正則表現　　57, 72

和文索引 ——— 607

正則ベクトル束　　429, 561
正則ベクトル場　　243, 543
正則余接ベクトル束　　543
正のルート系　　403
積分核　　155
積分作用素　　155
接空間　　202
接束　　423
切断　　419, 423
接バンドル　　423
接ベクトル　　202
接ベクトル束　　265, 423
0 にホモトープ　　229
全空間　　422
線型 Lie 群　　171
線型位相空間　　3
線型化　　9
線型偏微分作用素の環　　204
双正則写像　　428
双線型形式　　312
相対位相　　5
双対表現　　36
測地線　　328

タ　行

台　　54
対合的　　316
対合的自己同型　　316
対称　　312
対称 Laurent 多項式　　353
対称関数　　352
対称空間　　316
対称群　　162, 340
対称式の基本定理　　354
対称対　　316
対称テンソル表現　　366

代数的整数　　165
代数的直和　　21
体積バンドル　　487
互いに素な和集合　　403, 426
多元環　　99
畳み込み　　50, 56, 99, 119
単位元成分　　175
単項交代式　　360, 400
単項対称式　　360, 400
単純 Lie 環　　186
単純 Lie 群　　289, 310, 466
単純推移的　　431
単連結　　231, 239, 325, 333, 514, 518
重複度　　29, 362, 408, 480
調和形式　　469
直積束　　423
直線束　　429
直和表現　　14
直交群　　144, 304, 381
底空間　　422
テンソル積表現　　36, 142, 475
等角写像　　331
同型　　424
同次座標　　257
等質空間　　251, 571
等質正則直線束　　439
等質正則ベクトル束　　439
等質多様体　　252
等質ファイバー束　　439
等質ベクトル束　　439
同値　　13
同値関係　　13, 426
等長写像　　18
同伴したファイバー束　　436
同伴したベクトル束　　436
同伴ファイバー束　　436

等方表現　　272, 447, 488
等方部分群　　250
特殊線型群　　301
特殊直交群　　144, 304
特殊ユニタリ群　　144, 304
トーラス　　276

ナ 行

内部(自己)同型群　　284

ハ 行

旗　　536
旗多様体　　345, 536
反傾表現　　36, 545
反正則　　244
半双線型形式　　312
半双線型写像　　73
半単純 Lie 環　　186
半直積群　　7, 498
非可換調和解析　　54
非退化　　312
左 Haar 測度　　76
左正則表現　　71, 120, 152, 480
左不変な測度　　76
左不変微分作用素　　205, 524
左不変ベクトル場　　205, 463, 524
ピノル群　　324
被覆写像　　230, 349, 423
微分表現　　211
表現　　11
　体 K 上の——　　11
　無限次元——　　11
表現空間　　11
表現の同値類　　13
標構　　431
標構束　　432, 487

標準座標系　　193
標準直線束　　568
ファイバー　　422
ファイバー束　　422
ファイバー束の準同型写像　　424
ファイバー束の同型写像　　424
複素 Lie 群　　241, 302
複素一般線型群　　297
複素化　　241, 310, 350, 382, 508, 512
複素解析的　　240
複素解析的表現　　244, 515
複素構造　　241
複素斜交群　　302
複素シンプレクティック群　　302
複素多様体　　240
複素直線束　　429
複素直交群　　302
複素特殊線型群　　302
複素特殊直交群　　302
複素ベクトル束　　429
符号　　351
符号数　　313
符号表現　　352, 399
不定値直交群　　306
不定値ユニタリ群　　306
部分 Lie 環　　185
部分 Lie 群　　173
部分表現　　13
不変多項式環　　355
普遍被覆空間　　433
普遍被覆群　　231, 325
普遍被覆写像　　231
不変部分空間　　13
普遍包絡環　　125, 208
分岐則　　474
分極公式　　18

閉部分空間　17
閉部分群　5
ベキ零 Lie 環　216
ベキ零 Lie 群　84, 216
ベクトル束　429
ベクトル場　203
変換関数　425
変換群　8
変分法の基本原理　83
放物型部分群　491, 559
保測変換　63
ホモトピー　227, 235
ホモトピー同値　227, 235
ホモトープ　227

マ 行

松島–村上の公式　528
右 Haar 測度　76
右正則表現　71, 120, 153
右不変な測度　76
右不変微分作用素　205
右不変ベクトル場　205
無限遠点　257
モジュラー関数　78, 268
持ち上げ　231, 239

ヤ 行

有界作用素　23, 147
有限階の作用素　147
優整形式　401
誘導表現　457
ユニタリ化　93, 517
ユニタリ行列　340
ユニタリ群　144, 304, 340
ユニタリ作用素　18
ユニタリ主系列表現　493
　　狭義の——　493
ユニタリ双対　19
ユニタリ退化主系列表現　493
ユニタリ同値　19
ユニタリ表現　18
ユニタリ表現として同値　19
ユニモジュラー　76, 269
余接束　423
余接バンドル　423
余接ベクトル束　265, 423

ラ 行

絡作用素　12, 17
ランク　310, 393
離散直和　21, 136, 478, 480
離散部分群　198, 526
離散分解定理　138
両側正則表現　72, 118
両側不変な測度　76
隣接互換　352
類関数　128, 355
　　——の近似定理　129
類等式　162
ルート　383
ルート系　290, 383
ルート分解　383
ルートベクトル　383
例外型単純 Lie 群　311
例外群　290
連続な切断　423
連続に作用する
　　左から——　8
連続表現　16
連続表現の同型　17
連続表現の同値　17

ワ 行

歪 Hermite 形式　*312*

歪対称　*312*

小林俊行

    1962 年生まれ
    1985 年東京大学理学部数学科卒業
    現在 東京大学大学院数理科学研究科教授
    専攻 リー群論，無限次元表現論

大島利雄

    1948 年生まれ
    1971 年東京大学理学部数学科卒業
    現在 東京大学名誉教授
    専攻 代数解析学

リー群と表現論

2005 年 4 月 6 日 第 1 刷発行
2025 年 1 月 15 日 第 15 刷発行

著　者 小林俊行 大島利雄

発行者 坂本政謙

発行所 株式会社　岩波書店
〒101-8002　東京都千代田区一ツ橋2-5-5
電話案内　03-5210-4000
https://www.iwanami.co.jp/

印刷・大日本印刷　カバー・半七印刷　製本・松岳社

© Toshiyuki Kobayashi & Toshio Oshima 2005
ISBN978-4-00-006142-1　Printed in Japan

*群　論	寺田至・原田耕一郎	312頁	定価8030円
*可換環と体	堀田良之	354頁	定価5940円
*非可換環	谷崎俊之	162頁	定価3080円
*数論Ⅰ──Fermatの夢と類体論	加藤和也・黒川信重・斎藤毅	424頁	定価6710円
*数論Ⅱ──岩澤理論と保型形式	黒川信重・栗原将人・斎藤毅	254頁	定価4290円
*位相幾何	佐藤肇	136頁	定価3850円
*微分形式の幾何学	森田茂之	372頁	定価6160円
*Morse理論の基礎	松本幸夫	244頁	定価4070円
*幾何学的変分問題	西川青季	234頁	定価3960円
*複素幾何	小林昭七	324頁	定価5390円
*力学系	久保泉・矢野公一	390頁	定価9790円
*指数定理	古田幹雄	560頁	定価9350円
*離散群	大鹿健一	210頁	定価5830円
*シンプレクティック幾何学	深谷賢治	426頁	定価10560円
*特性類と幾何学	森田茂之	210頁	定価5830円
*一般コホモロジー	河野明・玉木大	258頁	定価4070円

A5判　＊印は岩波オンデマンドブックスです

新・数学の学び方　小平邦彦 編　　四六判318頁 定価3080円

1987年刊の『数学の学び方』に新エッセイ5篇を加えた新版．編者のほか，深谷賢治，斎藤毅，河東泰之，宮岡洋一，小林俊行，小松彦三郎，飯高茂，岩堀長慶，田村一郎，服部晶夫，河田敬義，藤田宏の各氏が寄稿．

───── 岩波書店刊 ─────
定価は消費税10%込です
2025年1月現在